化学工业出版社"十四五"普通高等教育本科规划教材

Organic Chemistry

有机化学

刘治国　张园园　王启卫　蒋珍菊　主编

化学工业出版社

·北京·

内容简介

本书共 23 章，包括：绪论、链烷烃、环烷烃、对映异构、卤代烷、烯烃、炔烃、醇、醚、共轭体系和共轭效应、苯和取代苯、非苯碳环芳香性和多苯环芳烃、酚和醌、波谱知识简介、醛与酮、羧酸、羧酸衍生物、双官能团化合物、有机含氮化合物、芳香杂环化合物、周环反应、碳水化合物、萜类、甾族化合物和生物碱，保持了国内外传统有机化学教材的组织结构，即以官能团为章的主线，紧扣化合物结构与性质之间的关系，突出不同官能团之间的反应关联。

本书采用 2017 版最新的有机化学命名规则，并将命名和重要的理论知识分散于相关章节，加强了对立体化学、反应机理、有机合成和光谱分析等有机化学中重点和难点知识的讲述。

本书可作为普通高等学校化学、应用化学、化工、材料、环境、药学、医学等专业的有机化学课程教材，也可供相关科技工作者参考。

图书在版编目（CIP）数据

有机化学/刘治国等主编 . —北京：化学工业出版社，2024.5
ISBN 978-7-122-45781-3

Ⅰ.①有… Ⅱ.①刘… Ⅲ.①有机化学-高等学校-教材 Ⅳ.①O62

中国国家版本馆 CIP 数据核字（2024）第 111283 号

责任编辑：李 琰 胡全胜 装帧设计：韩 飞
责任校对：田睿涵

出版发行：化学工业出版社
　　　　　（北京市东城区青年湖南街 13 号 邮政编码 100011）
印　　装：大厂聚鑫印刷有限责任公司
787mm×1092mm　1/16　印张 40¼　字数 1024 千字
2024 年 10 月北京第 1 版第 1 次印刷

购书咨询：010-64518888　　售后服务：010-64518899
网　　址：http://www.cip.com.cn
凡购买本书，如有缺损质量问题，本社销售中心负责调换。

定　　价：88.00 元　　　　　版权所有　违者必究

❖ 前 言

习总书记指出："我国高等教育肩负着培养德智体美全面发展的社会主义事业建设者和接班人的重大任务，必须坚持正确政治方向。高校立身之本在于立德树人"。教材是人才培养的核心要素之一，是影响学生发展最直接的介质之一。

有机化学作为化学专业的一门重要基础课，其内容是相当丰富的。对初学者来说，有一本阐明本学科的基本概念、基本原理和重要反应，并反映学科进展新水平、联系实际、便于自学、启迪思考的教科书是非常重要的。作为教师，也希望有一部编排体系合理、利于讲授和指导学生学习的教材。为此，编者在多年教学工作的基础上编著了《有机化学》讲义，改革教学内容，力求主次分明、深度适中、联系实际、加强逻辑思维，正确地处理好教材知识和思政内容关联，起到适合学情和社会发展需求以及提升课程实用性和教学育人的作用。

本书是一部较为系统的有机化学理论基础教材，共二十三章，按官能团分类，从结构和化学反应的角度介绍涉及各类化合物的基本知识，加强了对反应机理的讨论及现代波谱技术的应用，使之体现近现代有机化学的发展。依据双官能团化合物与单官能团的性能存在某些差异反应性，将重要的双官能团化合物单列一章。本书采用2017版有机化学命名规则，并将命名和重要的理论知识分散于相关章节，比如杂化轨道理论分别出现在链烷烃、烯烃、炔烃等章节中，亲核取代反应和消除反应分别安排在卤代烃和醇这一章，等。由于酚与醇在化学性质方面差异较大，所以将酚从醇中分离，将其和醌结合单独成章。为使学生尽早建立有机分子在三维空间的立体概念，在第二章和第三章讨论构象分析之后，第四章就介绍对映异构并在以后章节中不断深化。为达到有效地归纳有机反应和加深有机反应的联系，遵照循序渐进的原则，本书将一些复杂官能团的重要反应集中在第十八章双官能团化合物中介绍。按照官能团体系进行编排。

本书由西华大学、河南大学、商丘师范学院、南阳师范学院和周口师范学院等院校有机化学教学老师共同编写。参加具体编写工作的有：刘治国、王启卫、张园园、蒋珍菊、刘东芳、符志成、杨维清、张亚会、马兰、律娅婧、赵艳、杨慧、邓瑾妮、钟柳、丁涛、徐元清、房晓敏、刘新明、刘传志、邱东方、孙伟光、侯旭锋等老师。全书最后由刘治国、王启卫统一整理、补充、修改和定稿。

本书初稿经北京理工大学陈树森教授和复旦大学赵伟利教授审阅，他们对书稿提出了详细的修改意见。本书的出版得到了学校领导以及西华大学教务处陈明军副处长和化学系张燕主任的热情鼓励与帮助。本书的出版得到西华大学教材建设专项经费的支持，在此一并表示感谢。

由于编者水平有限，加上成稿时间仓促，书中疏漏欠缺以及不妥之处在所难免，希望读者提出宝贵意见，恳请批评指正。

编者

2024 年 4 月

❖ 目 录

第13章　酚和醌 ───── 298

第14章　波谱知识简介 ───── 320

第18章 双官能团化合物 ────────────── 439

第19章 有机含氮化合物 ────────────── 475

第20章　芳香杂环化合物 ——————— 524

第21章　周环反应 ——————— 561

第 1 章

绪 论

1.1 有机化学的产生和发展

有机化学（Organic Chemistry）经历了萌芽（如造纸术、本草学）、产生（有机化合物的提纯、生命力论的破灭）、近代发展（有机化合物分类系统的建立、有机合成的发展——煤焦油的工业利用、有机化合物结构理论的建立）和现代发展（有机化学原料路线的转变、天然有机合成的发展、现代分子结构理论的建立、分子结构测定技术等）四个阶段。

1.1.1 有机化学的产生

在古代，人们通常把从动植物中得到的物质称为有机物，如染料、糖、酒和醋等，并且发现一些来自动植物的物质可以用来治病。在数百年的时间里，医疗化学家们蒸馏了许多类型的天然物质，分离出较纯的有机化合物，如从醋中得到醋酸，从蚂蚁中得到蚁酸等。此时有机化合物的研究实际上是天然产物的研究。

随着科学技术的进步，有机化合物的分离提纯技术和分析方法不断发展，越来越多的天然产物被研究。人们发现许多性质和类型有很大差异的有机物都是由少数几种元素组成的，它们同从矿物中得到的无机物在性质和组成上有很大不同。18 世纪中后叶，人们还只能从动植物中取得有机酸等有机化合物，代表人物是瑞典化学家 Scheele（谢勒）（1742—1786），他一生提取或证明不少有机物，如酒石酸（1770）、草酸（1776）、乳酸和尿酸（1780）、柠檬酸（1784）、苹果酸（1785）、没食子酸与焦性没食子酸（1786）。1777 年，瑞典化学家 Bergman（伯格曼）将从动植物体内得到的物质称为有机物，以区别于有关矿物质的无机物。1806 年 J. Berzelius（贝采里乌斯）首先提出"有机化学"这个名称，其含意是研究有机体内物质的化学，以示与无机化学的区别。由于不能在实验室内合成有机化合物，对于有机物如何在有机体内形成也缺乏认识，因而产生了"生命力"论，认为有机物只能靠神秘的"生命力"在活体内制造，而不能用化学方法制得，特别是不能由无机物制备有机物，从而把有机化学与无机化学分开。1828 年，F. Wöhler（维勒）在实验室里希望用氰酸钾和硫酸铵制备氰酸铵时，却意外地获得了尿素：

$$2KOCN + (NH_4)_2SO_4 \longrightarrow K_2SO_4 + 2NH_4OCN \xrightarrow{\triangle} 2H_2NCONH_2$$

尿素是有机物，硫酸铵和氰酸铵是无机物，这说明有机物可以由无机物合成，不需要"生命力"的驱动。

自从 Wöhler 合成尿素起，"生命力"论虽未完全被抛弃，却也开始动摇，随后 1845 年 H. Kolbe（科尔贝）合成了醋酸，1854 年 M. Berthlot（贝特洛）合成了油脂，1861 年 A. M. Butlerov（布特列洛夫）合成了糖，彻底否定了"生命力"论，于是有机化学开始进入合成时代，人们不仅可以用无机物制备与天然有机物相同的物质，还可以合成有机体不能合成、比天然有机物更好的物质。截至 2022 年底，化学文摘数据库登记了超过 2.68 亿个化学物质。

这样，"有机"一词已失去它原来的含义。由于历史和习惯，人们仍用它来称呼一类具有许多共同特性的化合物——有机化合物。尽管有机物和无机物之间并没有一个绝对的界线，它们遵循着共同的变化规律，但在组成和性质上确实存在着某些不同之处。如所有的有机物都含有碳，绝大多数含有氢，还有一些含有氧、氮、硫、磷、卤素等。因此，1848 年，L. Gmelin（葛美林）把有机化学定义为研究碳的化学。1874 年，C. Schorlemmer（肖莱马）则把有机化学定义为碳氢化合物及其衍生物的化学。对于含碳化合物来说，习惯上把只包含碳元素的化合物和简单的碳化合物，如 CO、CO_2、CS_2、HCN 等看作无机化合物。

现代有机化学是研究有机化合物的来源、制备、结构、性质及其变化规律的科学。

1.1.2　有机化学的发展

随着有机纯品的增加、分析技术的发展，在对有机化合物的组成和性质有了一定认识的基础上，1857 年德国化学家 F. A. Kekulé（凯库勒）和英国化学家 A. S. Couper（古柏尔）提出有机物中碳是四价的概念和碳原子可以相互连接的学说，为有机化学结构理论的建立奠定了基础。1861 年俄国化学家 A. M. Butlerov（布特列洛夫）提出了"化学结构"的概念，指出有机分子中的原子不是机械堆积，而是按一定化学关系结合，化学结构决定化学性质。1874 年荷兰化学家 J. H. Van't Hoff（范霍夫）和法国化学家 J. A. Lebel（勒贝尔）建立了分子的立体概念，指出组成有机化合物分子的碳原子是正四面体构型，很好地解释了一些有机物的异构现象。例如，乙醇和甲醚，分子式都是 C_2H_6O，却是两个不同的化合物，性质完全不同。

自从 Wöhler 合成尿素后近 200 年来，有机化学蓬勃发展。1916 年美国化学家 G. N. Lewis（路易斯）用原子的电子可以配对成键（共价键）说明化学键的生成。1931 年德国化学家 E. Hückel（休克尔）用量子化学的方法解释了共轭有机分子的结构和性质，形成了休克尔分子轨道理论。1933 年英国化学家 K. Ingold（英果）等用化学动力学的方法研究饱和碳原子上亲核取代反应机理。这些研究工作对有机化学的进一步发展起了重要作用。

在确定化学键的本质、分子结构和反应机理上取得伟大成就后，有机合成手段和技巧也日益完善和提高。20 世纪 40 年代以后，紫外光谱、红外光谱、核磁共振、电子自旋共振、质谱、X 射线衍射等技术广泛应用于有机化学研究，不仅可用于有机分子的测定，还可用来监测反应进程。有机化学从宏观研究进入到微观探索，有机合成由常量、半微量进入到微量和精细合成，新的合成反应、方法和手段不断涌现。一系列与生命有关的复杂分子被一一阐述，并成功地合成了叶绿素、维生素 B12、胰岛素、前列腺素和核酸等天然生物大分子。1965 年，中国科学院上海生物化学研究所、上海有机化学研究所和北京大学等单位协作，历时六年九个月成功地合成了具有生物活性的结晶蛋白质——牛胰岛素（与天然胰岛素相同），这是世界上第一个合成的活性结晶蛋白质。1968 年起，北京生物物理所、上海生物化学研究所、上海有机化学研究所、上海细胞生物研究所、上海生物物理所和北京大学生物系协作完成人工合成酵母丙氨酸转移核糖核酸工作，这种核糖核酸由 76 个核糖核苷组成。1979 年底，对其中一个片断——核糖四十一核苷酸合成成功，1981 年合成另外三十五个核苷酸，至同年 11 月完成全合成，这是利用化学合成和酶促法相结合的方法进行全合成，在当时国外只能合成出九核苷酸。1978 年日本报道了三十一核苷酸的合成，所用方法与我国基本雷同。R. B. Woodward（伍德沃德）和世界上 100 多名著名有机化学家通过 90 多步反应，历经 11 年，于 1976 年成功合成了维生素 B_{12}。

1.2　有机化合物的结构和性质特点

1.2.1　有机化合物的结构和异构

有机化学是碳的化学。碳原子的最大特点是它能够自身相互连接成链或环，最少可以两个碳原子相连，最多可以成千上万，而每一种不同的连接就可以形成一个不同的化合物。碳原子越多，连接方式越多，因此，有机化合物的数目非常庞大。

碳元素在周期表中的特殊位置，决定了有机物有许多不同于无机物的特性。碳原子最外层有 4 个电子，当它与其他元素的原子（包括碳原子自身）结合形成分子时，很难用失去或接受 4 个电子的方式达到惰性气体的电子结构。因此，碳采取了与其相连的原子各自贡献相等数目的电子，双方共享的方式成键，这种由共享电子对形成的键叫做共价键。碳原子可以共价单键、双键和叁键与碳元素或其他元素的原子相结合。

饱和碳原子用正四面体表示，4 根键指向正四面体的 4 个顶点。碳与其他 4 个原子结合时，分子中各原子不在同一个平面上，而是呈四面体形，例如甲烷（CH_4），它的碳原子处在四面体中心，4 个氢原子位于 4 个顶点。

当碳链增长时，特别是连接的原子不同时，就会出现各种不同的连接方式和次序，以及不同的空间排列，从而形成有机化合物普遍存在的多种异构现象（isomerism）。分子式相同但各原子相互连接的方式和次序或在空间的排布不同，因而性质不同的化合物互为同分异构体（isomers）。这种异构现象是由共价键的刚性和方向性所决定的。有机化合物的异构现象可以分为构造异构（constitutional isomerism）和立体异构（stereo isomerism）两大类。

分子式相同，分子中各原子相互连接的方式和次序不同而产生的异构称为构造异构，可分为碳架异构、位置异构、官能团异构和互变异构等。

分子式相同，构造相同，但分子中原子或原子团在空间排列方式不同而产生的异构称为立体异构。立体异构包括构型异构和构象异构。构型异构主要分为两种：一种是顺反异构，因为双键或环的存在使分子中某些原子或原子团在空间的位置不同；另外一种是旋光异构。引起构象异构的原因是单键自由或部分旋转，从而使分子中原子或原子团有不同的空间排布形式。同分异构分类见图 1.1（将在以后各章中分别讨论）。

1.2.2　有机化合物中的化学键

有机化合物中连接各原子的化学键绝大多数为共价键，有机化合物的许多特性都与碳和共价键的特性有关。共价键的成键电子对是两个相连原子各贡献一个，且为两原子所共享，双方都没有失去或获得电子。但是共享电子对在两原子间的位置与两成键原子的电负性有关。当两个相同原子成键时，共享电子对（或电子云）均匀地分布在两原子之间，正负电荷中心重叠，这种共价键叫做非极性共价键。如果结合成键的两原子对电子的吸引力（即电负

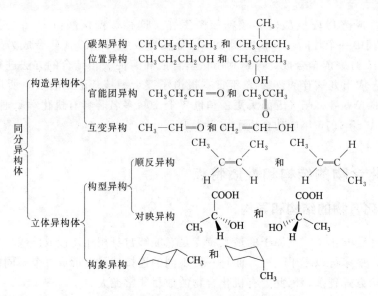

图 1.1 构造、构型和构象之间的关系

性）不同，则共享电子对或多或少地靠近吸引电子能力较强的原子，这种共价键叫做极性共价键。例如，氯甲烷（CH_3Cl）分子，由于氯原子吸引电子的能力大于碳原子，所以 C—Cl 键中的共享电子对偏向氯，使氯带部分的负电荷，用"δ^-"表示；碳带部分正电荷，用"δ^+"表示（图 1.2）。

　　这种由两原子的电负性不同所引起的极性是键的内在性质。分子的极性大小常用偶极矩 μ 表示。偶极矩具有方向性，一般用 $\longmapsto$ 表示，箭头指向负电性的一端。有机物分子的偶极矩是各个键的偶极矩的矢量和。不论是极性的还是非极性的共价键，当处于外界电场（如溶剂、试剂等）中时，会受到外界电场的影响，引起键内电子云密度重新分布，从而改变键的极性。这种键对外

$$\overset{\delta^+}{CH_3}\!\!-\!\!\overset{\delta^-}{Cl} \quad \longrightarrow$$

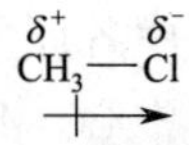

图 1.2　氯甲烷分子中 C—Cl 极性共价键

界电场的敏感性，叫做共价键的极化性。外界电场对键的极化是暂时的，一旦除去外界影响就会恢复到原来状态。各种共价键的极化性是不相同的，它依赖于键内电子云的流动性。电子云的流动性越大，键的极性也就越大。键的极性和极性大小在决定分子的反应性能方面起着重要作用。

　　在有机分子中，每一种共价键都有一定的键长和键能。键长是指形成共价键的两原子核核心之间的平衡距离，它与成键原子的半径有关。表 1.1 列出了一些共价键的键长。

表 1.1　一些共价键的平均键长

共价键	键长/pm	共价键	键长/pm
C—C(乙烷)	154	C≡N(乙腈)	115
C=C(乙烯)	134	C—F(氟甲烷)	142
C≡C(乙炔)	120	C—Cl(氯甲烷)	177
C—H(甲烷)	109	C—Br(溴甲烷)	194
C—O(甲醚)	144	C—I(碘甲烷)	213
C=O(甲醛)	121	N—H(甲胺)	101
C—N(三甲胺)	147	O—H(乙醇)	96
C=N(亚胺)	127		

　　键能（E）是指破坏或形成分子中某一个共价键所需的平均能。一般地，有机分子的键

能越小，键就越活泼，键能越大，键就越稳定。但必须区别键能和键解离能。键解离能（$DH°$）是指破坏或形成某一根键时所吸收或放出的能量，它是每一根键所特有的。例如，断裂甲烷（CH_4）的 4 根 C—H 键时，它们的键解离能是不同的（图 1.3）。

$$CH_4 \longrightarrow \cdot CH_3 + H\cdot \qquad D(CH_3\text{—}H)=435kJ \cdot mol^{-1}$$

$$\cdot CH_3 \longrightarrow \cdot\overset{\cdot}{C}H_2 + H\cdot \qquad D(CH_2\text{—}H)=444kJ \cdot mol^{-1}$$

$$\cdot\overset{\cdot}{C}H_2 \longrightarrow \cdot\overset{\cdot}{\underset{\cdot}{C}}H + H\cdot \qquad D(CH_2\text{—}H)=444kJ \cdot mol^{-1}$$

$$\cdot\overset{\cdot}{\underset{\cdot}{C}}H \longrightarrow \cdot\overset{\cdot}{\underset{\cdot}{C}}\cdot + H\cdot \qquad D(CH_2\text{—}H)=339kJ \cdot mol^{-1}$$

图 1.3　甲烷中各 C—H 键的键解离能

甲烷中 C—H 键的键能（E）为：$E=(435+444+444+339)/4=415.5kJ \cdot mol^{-1}$。一般地，键解离能更为有用，表 1.2 列出了一些共价键的键解离能。

表 1.2　一些化合物的键解离能

键	键解离能/ ($kJ \cdot mol^{-1}$)	键	键解离能/ ($kJ \cdot mol^{-1}$)	键	键解离能/ ($kJ \cdot mol^{-1}$)
H—H	435	$CH_3CH_2CH_2$—H	423	$C_6H_5CH_2$—CH_3	293
H—F	565	$(CH_3)_2CH$—H	412	C_2H_5—Cl	352
H—Cl	431	$(CH_3)_3C$—H	404	$CH_3CH_2CH_2$—Cl	343
H—Br	368	CH_2=CH—H	460	$(CH_3)_2CH$—Cl	339
H—I	297	CH_2=$CHCH_2$—H	360	$(CH_3)_3C$—Cl	331
F—F	155	C_6H_5—H	464	CH_2=CH—Cl	377
Cl—Cl	243	$C_6H_5CH_2$—H	368	CH_2=$CHCH_2$—Cl	285
Br—Br	188	CH_3—CH_3	377	C_6H_5—Cl	402
I—I	151	C_2H_5—CH_3	372	$C_6H_5CH_2$—Cl	301
CH_3—H	439	C_2H_5—C_2H_5	368	C_2H_5—Br	285
CH_3—F	460	$(CH_3)_2CH$—$CH(CH_3)_2$	364	n-C_3H_7—Br	285
CH_3—Cl	356	$(CH_3)_3C$—$C(CH_3)_3$	328	i-C_3H_7—Br	285
CH_3—Br	293	CH_2=CH—CH_3	385	t-C_4H_9—Br	264
CH_3—I	238	CH_2=$CHCH_2$—CH_3	301	C_6H_5—Br	337
C_2H_5—H	423	C_6H_5—CH_3	389	$C_6H_5CH_2$—Br	243
CH_3—OH	389	CH_3CH_2—OH	383	CH_3CH_2—NH_2	343

1.2.3　有机化合物的特点

由于形成有机分子的元素（碳）和化学键（共价键）的特点，绝大多数有机物都表现出许多不同于无机物的特性。

① 容易燃烧。一般的有机化合物都容易燃烧。如果分子中只有 C、H、O，则最终产物是 CO_2 和 H_2O，不留残渣，这个性质常用来区分有机物和无机物。

② 熔点（缩写为 m.p.）和沸点（缩写为 b.p.）低。有机物室温下常为气体、液体或低熔点的固体。因为有机化合物中的化学键主要是共价键，极性较小，有机分子排列靠分子间力维持，相互吸引力小，所以熔点和沸点一般较低。熔点或沸点是有机物的重要物理常数。

③ 难溶于水，易溶于有机溶剂。水是极性较大的分子，而有机物大多是非极性分子或极性较弱的分子。根据相似相溶原理，绝大多数有机物难溶于水。

④ 反应速度慢。大多数反应需加热、光照或加催化剂，以供给或减少断裂共价键所需的能量。

⑤ 副反应多，产物较复杂。有机分子组成复杂，反应时有机分子的许多部分都会受到影响，即反应时并不限定在分子某一部位。因此一般在得到主产物的同时还有副产物生成。

⑥ 热稳定性差。绝大多数有机物受热易分解，在 200～300℃时会逐渐氧化、分解。

⑦ 有同分异构体。很多有机化合物在组成上要比无机化合物复杂得多。例如，从自然界分离出来的维生素 B_{12}，组成为 $C_{63}H_{88}CoN_{14}O_{14}P$，有 181 个原子。甲醚（$CH_3OCH_3$）和乙醇（$CH_3CH_2OH$）虽然具有相同的分子组成（$C_2H_6O$），却是不同的物质，具有不同的物化性质。

1.3 有机化合物结构的几种表示方法

1.3.1 路易斯电子结构式

用一对电子表示一个共价键，例如，丙烷、甲醇和四氯化碳的路易斯电子结构式：

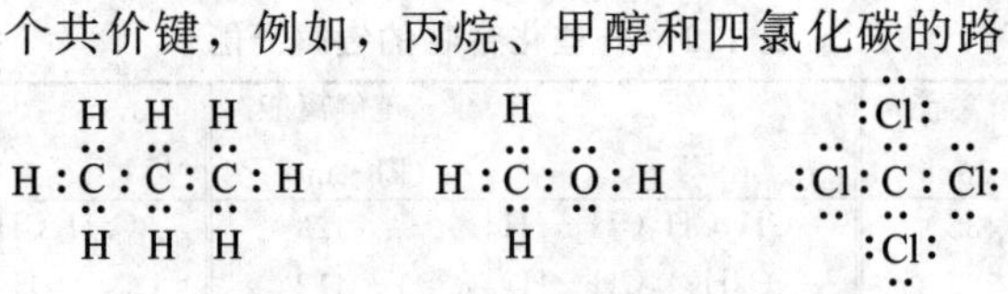

书写路易斯结构式时，也可以用"短线"表示成键电子对，用":"表示孤对电子。

1.3.2 价键式（凯库勒式）

用短线表示一个共价键，同时省去孤对电子的结构式称为凯库勒结构式。例如，丙烷、甲醇和四氯化碳的价键结构式：

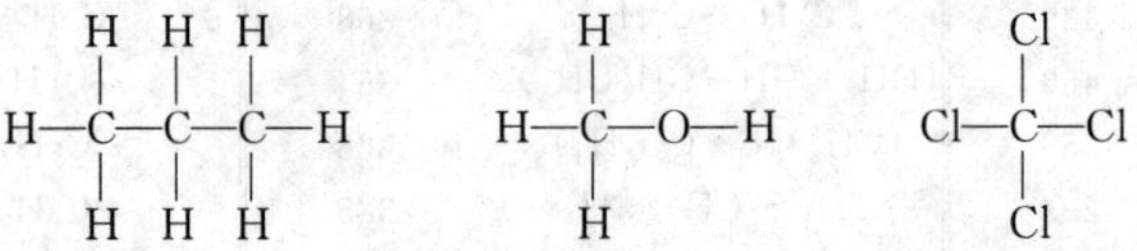

用"短线"表示成键电子对，每一个原子周围的电子总数与其原子状态的原子比较，若少一个电子在元素符号上加一个正号，表示带正电荷，多一个电子则加一个负号，表示带负电荷，孤对电子可以省略。例如：

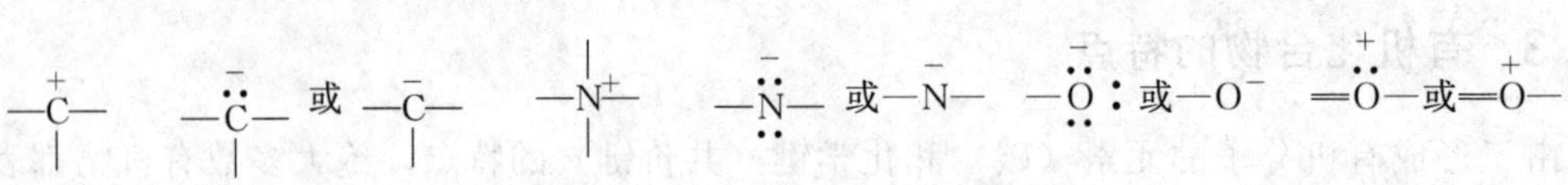

1.3.3 结构简式（简写式）

为简便起见，将凯库勒式中碳-碳、碳-氢之间的键线省略，双键、叁键保留下来，例如：

$$CH_3CH_2CH_3 \qquad CH_2{=}CHCH_3 \qquad CH_3C{\equiv}CH \qquad CCl_4$$

1.3.4 键线式（骨架结构）

省略碳、氢元素符号，只写碳-碳键，相邻碳-碳键之间的夹角画成约 120°，双键和叁键保留下来，杂原子和与杂原子相连的氢不能省略。例如：

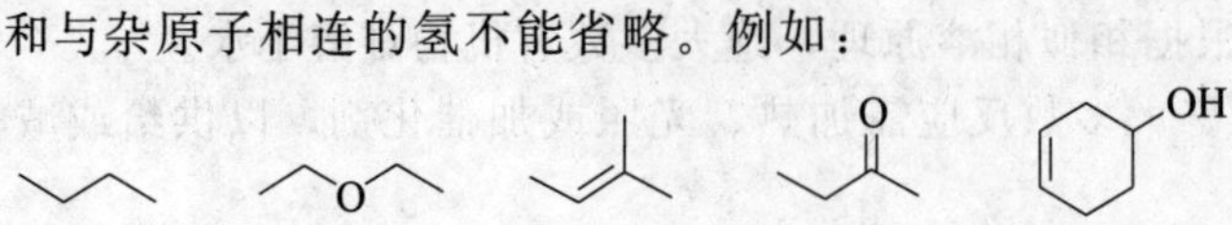

1.4 有机化合物的分类

有机化合物通常以分子骨架和所含的官能团（functional group）为基础进行分类。官能团是决定有机化合物主要化学性质的原子、原子团。

1.4.1 按碳骨架分类

1.4.1.1 链状化合物（脂肪族化合物）

链状化合物又称开链化合物，分为饱和链状化合物和不饱和链状化合物。

$$CH_3CH_2CH_2CH_3 \qquad CH_2\!=\!CHCH_2CH_3 \qquad$$

1.4.1.2 环状化合物

环状化合物分为脂环族化合物、芳香族化合物和杂环（含杂原子的环状）化合物。脂环族化合物和芳香族化合物的环上原子都是碳。杂环化合物的环上至少有一个杂原子。

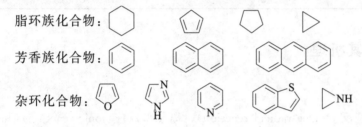

1.4.2 按官能团分类

官能团是指有机物中相对活泼的、决定化合物特性的原子或原子团。含有相同官能团的化合物，其基本性质相似。常见有机化合物的类型及其官能团列于表 1.3。

表 1.3 常见有机化合物的类型及其官能团

有机物类型	通式	官能团	代表化合物
烷烃	R—H	单键	CH_4，CH_3CH_3，△
烯烃	C=C	碳-碳双键	$CH_2\!=\!CHCH_3$，
炔烃	—C≡C—	碳-碳叁键	$CH_3\!-\!C\!\equiv\!C\!-\!CH_3$
芳烃		芳环	
卤代烃	R—X(F、Cl、Br 或 I)	—X	
醇和酚	ROH，ArOH	—OH	
醚	R—O—R′	—O—	CH_3OCH_3，$ArOCH_3$
胺	RNH_2，RR′NH，RR′R″N	$—NH_2$ NH N	CH_3NH_2，$(CH_3CH_2)_2NH$，$(CH_3)_3N$
醛	R—C(=O)H，Ar—C(=O)H	—CHO	CH_3CHO，C_6H_5CHO

续表

有机物类型	通式	官能团	代表化合物
酮	$R-\overset{\overset{O}{\|\|}}{C}-R'$ $Ar-\overset{\overset{O}{\|\|}}{C}-R$	$\overset{}{>}C=O$	CH_3COCH_3, $C_6H_5COCH_3$
羧酸	RCOOH	—COOH	CH_3COOH, C_6H_5COOH
酯	RCOOR′	—COOR′	$CH_3COOCH_2CH_3$
酰胺	$R-\overset{\overset{O}{\|\|}}{C}-NR'_2$ $Ar-\overset{\overset{O}{\|\|}}{C}-NR'_2$	$-\overset{\overset{O}{\|\|}}{C}-N$	CH_3CONH_2, $C_6H_5CON(CH_3)_2$
酰卤	$R-\overset{\overset{O}{\|\|}}{C}-X$ $Ar-\overset{\overset{O}{\|\|}}{C}-X$	$-\overset{\overset{O}{\|\|}}{C}-X$	CH_3COCl, C_6H_5COCl
腈	R—CN	—CN	CH_3CN
硝基物	$R-NO_2$	$-NO_2$	CH_3NO_2, $C_6H_5NO_2$
磺酸	$R-SO_3H$	$-SO_3H$	CH_3SO_3H, $C_6H_5SO_3H$
砜	$R-SO_2-R'$	$-SO_2-$	$CH_3-SO_2-CH_3$

1.5 有机反应类型及其机理

1.5.1 有机反应类型

有机反应主要分为自由基反应（free radical reaction）、离子型反应（ionic reaction）和协同反应（synergistic reaction）三种基本类型，如图 1.4 所示。

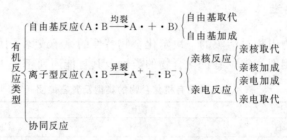

图 1.4 主要有机反应类型

有机反应本质是旧键的断裂和新键的生成。共价键的断裂有两种方式，一种是成键的一对电子平均分给两个成键的原子或原子团，这种断裂方式称均裂（homolysis）。均裂产生带未成对电子的原子或基团，称为自由基或游离基。这种通过共价键均裂生成自由基而发生的反应称为自由基反应。均裂一般在光、热或催化剂作用下发生，自由基是该反应过程中暂时存在的活性中间体。

另一种断裂方式是成键的一对电子完全归为成键原子中的一个原子或基团所有，形成正、负两种离子，这种断裂方式称为异裂（heterolysis）。当成键两原子之一是碳原子时，异裂既可能生成碳正离子，也可能生成碳负离子。这种通过共价键异裂生成正离子和负离子而进行的反应称为离子型反应。酸、碱或极性溶剂有利于共价键的异裂，碳正离子或碳负离子都是在反应过程中暂时存在的活性中间体。离子型反应又分为亲核反应和亲电反应。反应试剂容易获得电子或具有亲近电子的能力，这种试剂称为亲电试剂。反应试剂容易给出电子或具有亲近正电性中心的能力，这种试剂称为亲核试剂。由亲电试剂进攻反应物（底物）而发生的反应叫做亲电反应。由亲核试剂进攻反应物（底物）而发生的反应叫做亲核反应。

还有一类反应是反应过程中旧键的断裂和新键的生成同时进行，无活性中间体生成，这类反应称为协同反应。

1.5.2 有机反应机理

反应分子是如何相互作用而形成新分子的？什么样的分子形状更适于参加某种反应？为促进变化的发生需要多少能量？变化中是否有中间体形成？如果有的话，又如何检出这些短寿命的物质？这就是有机反应机理。反应机理也称反应历程或反应机制，它是有机化学研究的一个极为重要的内容。本节仅对有机反应的一些基本理论作简要介绍。

1.5.2.1 反应速率理论

（1）活化能（activation energy）

每个反应从反应物到生成物的过程中要越过一个能垒，这个能垒叫做活化能。每个反应的活化能是不相同的。例如：$A+B \rightleftharpoons C+D$ 的反应进程和能量变化关系见图 1.5。

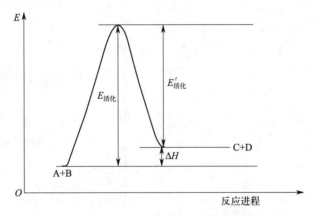

图 1.5　$A+B \rightleftharpoons C+D$ 的反应进程和能量变化关系

如图 1.5 所示，由 $A+B$ 生成 $C+D$ 是吸热反应，ΔH 是正值，$E_{活化} > E'_{活化}$。由 $C+D$ 生成 $A+B$ 的逆反应则是放热反应，ΔH 是负值，$E_{活化} < E'_{活化}$。即 $A+B$ 的位能比 $C+D$ 要低一个 ΔH 值。

（2）碰撞理论（collision theory）

反应速率主要取决于能量超过一定值（即 $E_{活化}$）的活化分子进行有效碰撞的速率，因此，反应速率（v）＝能量因子×碰撞频率（F）×取向因子（Z）。碰撞频率与反应温度、压力、粒子大小以及粒子运动速率有关。取向因子与反应粒子形状和反应类型有关。能量因子是具有足够能量的碰撞分数，它取决于温度和各反应的活化能，即能量因子＝$e^{-E/(RT)}$，R 是常数。则反应速率 $v = FZe^{-E/(RT)}$，E 和 T 为指数项，它们对反应速率的影响最大。下面举例说明 E 和 T 对反应速率的影响。

> 例①：在常温下，假如两个 F 和 Z 相同的类似反应，它们的活化能分别为（Ⅰ）
> 84kJ·mol^{-1}，（Ⅱ）92kJ·mol^{-1}，计算可知两个反应速率比 $\dfrac{v_1}{v_2} = \dfrac{e^{-84000/(8.314 \times 300)}}{e^{-92000/(8.314 \times 300)}} \approx$
> 24.72。反应（Ⅰ）的活化能比反应（Ⅱ）的活化能低 8kJ·mol^{-1}（约 1/10），反应速率快

约 25 倍，这说明活化能对反应速率影响很大。

例②：如果某反应的活化能为 63kJ·mol^{-1}，当反应温度由 250℃升至 300℃时，反应速率比 $\dfrac{v_{250}}{v_{300}}=\dfrac{e^{-63000/(8.314\times523)}}{e^{-63000/(8.314\times573)}}\approx0.28$。绝对温度约提高 10%，反应速率增加 3 倍。

上述两例说明，活化能和温度的微小变化，都会通过指数关系对反应速率产生很大的影响。但是注意，温度对反应活化能没有影响，无论温度高低，对一定的反应来说，其活化能是一定的。

1.5.2.2 过渡态理论

（1）过渡态

过渡态理论（transition state theory，TST）是指从反应物到产物要经历一个过渡态。如图 1.6 和图 1.7 所示，过渡态是一个旧键慢慢松弛、新键逐渐形成的过程，它位于反应进程中的能量最高点。图 1.6 中，A…B…C 是过渡态，它极不稳定，寿命很短，很难在实验中对它进行观察，因此对它的结构只能作一些推测。

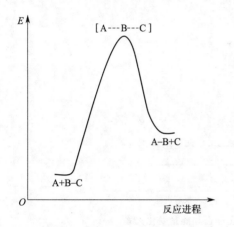
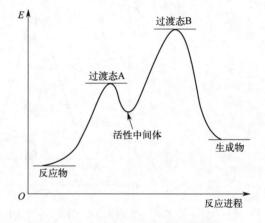

图 1.6　反应物到产物的过渡态　　　　　图 1.7　反应物到产物经历多步反应

因此，A 和 B—C 反应生成 A—B 和 C 的反应进程表示如下：

$$A+B-C\underset{\text{放热}}{\overset{\text{吸热}}{\rightleftharpoons}}\underset{\text{过渡态}}{[A\cdots B\cdots C]^{\neq}}\rightleftharpoons A-B+C$$

过渡态结构是根据如下内容来推测：在放热反应中，过渡态与反应物的能量差别小，在吸热反应中，过渡态与生成物能量差别小，分子的能量接近，结构也就近似，因此，在放热反应中过渡态形状与反应物近似，在吸热反应中过渡态与生成物形状近似。这一假定能够很好地解释一些实验事实，在以后的许多具体例子中将会看到这一点。

（2）活性中间体

一个一步完成的简单反应，其反应物和产物之间只有一个过渡态（图 1.6）。但很多有机反应是分步进行的，要经过两个以上中间过渡态才能完成。多步完成的复杂反应，其反应进程与能量变化关系可用图 1.7 表示。这个图清楚地显示了活性中间体（intermediate）与过渡态的本质区别。活性中间体位于两个过渡态间的能谷。虽然活性中间体也不稳定，但它是真实存在的，可用直接或间接的方法测定。而过渡态位于反应进程中的能量最高点，极不稳定，目前还很难测定。由于大多数有机反应有中间阶段，所以活性中间体对有机反应机理的研究具有重要意义，常见的活性中间体有：自由基、碳正离子、碳负离子、卡宾等，它们在反应的中间过程中形成，一旦形成，几乎瞬间就转变成新的分子。

（3）平衡控制和速率控制

图 1.8 表示的是反应 $C \xrightleftharpoons[E_2']{E_2} A \xrightleftharpoons[E_1']{E_1} B$ 的平衡控制（equilibrium control）与速率控制（rate control）之间的关系。

如图 1.8 所示，由 A 生成 B 和由 A 生成 C 是两个互相竞争的反应。因为由 A 生成 B 的活化能（E_1）比由 A 生成 C 的活化能（E_2）低，所以由 A 生成 B 的反应速率比由 A 生成 C 的高。在逆反应（由 B 生成 A 的反应）不显著时，由 A 生成 B 为主要产物，这种情况就是速率控制（也称动力学控制）。因为产物 C 比 B 的位能低得多，当逆反应也能顺利进行时，则 B 生成 A 比 C 生成 A 的速率要快，于是 B 生成 A，A 又生成 C，最后达到平衡时 C 为主要产物，这种情况就是平衡控制（也称热力学控制）。显然，温度低，反应时间短，有利于速率控制（动力学控制）；温度高，反应时间长，有利于平衡控制（热力学控制）。

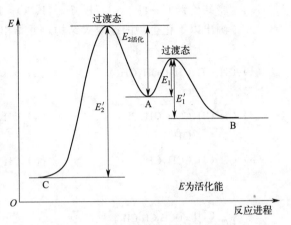

图 1.8　反应的平衡控制和速率控制

有机反应机理是有机化学研究的一个极为重要的领域。根据各不同反应类型，将在各章中详细讨论其反应机理。

1.6　学习有机化学的意义

有机化学和人类生活有着极为密切的关系。人们日常生活的衣、食、住、行离不开有机化学，人体本身的变化也是一系列有机物质的变化过程。人类生活中所需的材料，如染料、洗涤剂、黏合剂、添加剂、农药、医药等的合成离不开有机化合物。例如合成纤维，己二胺与己二酸反应制得轻柔结实的聚酰胺纤维，取名"尼龙"，其韧性、弹性和耐磨性都是出类拔萃的，尼龙丝既可以织成袜子、手套、衣服等，又可以制成传送带、渔网、缆绳等。丁基橡胶、丁腈橡胶、丁苯橡胶等合成橡胶的单体都是有机化合物，合成橡胶的机械强度远远超过天然橡胶，而且克服了天然橡胶受热发黏、冷却变脆的缺点。

有机化学是应用学科的基础，近年来人们关注的生命化学、材料化学、配位化学等均与有机化学相关，形成了许多与有机化学相关的交叉学科。可以预测，有机化学将会有更加光辉灿烂的前景。

自 1901 年诺贝尔（Nobel）奖设立以来，60％以上的诺贝尔化学奖授予了在有机化学研究方面有突出贡献的科学家。进入 21 世纪，诺贝尔化学奖几乎都是表彰在有机合成方面和揭示生物大分子微观行为与探索生物大分子反应机理等方面有重大贡献的科学家。

 习题

1.1　NaCl 与 KBr 各 1mol 溶于水所得的溶液与 NaBr 及 KCl 各 1mol 溶于水所得的溶

液是否相同？将 CH_4（甲烷）和 CCl_4（四氯化碳）各 1mol 混合得到的溶液，是否与 $CHCl_3$（三氯甲烷，又称氯仿）和 CH_3Cl（一氯甲烷）各 1mol 混合得到的溶液相同？为什么？

1.2 以生活中的常见物质为例，分别说明无机化合物与有机化合物的特性。

1.3 简单说明有机化学反应中的活性中间体（如碳正离子或碳负离子）与无机化学中的离子（如钠离子、氯离子）有何区别。

1.4 将共价键 C—H、N—H、F—H、O—H 按极性由大到小的顺序进行排列。

1.5 画出以下化合物的键线式结构，并指出含有哪种官能团。

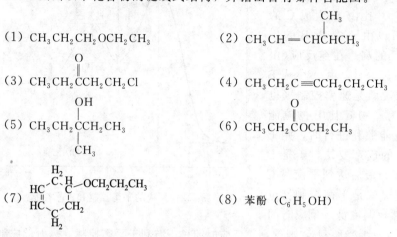

(1) $CH_3CH_2CH_2OCH_2CH_3$

(2) $\overset{\displaystyle CH_3}{CH_3CH=CHCHCH_3}$

(3) $CH_3CH_2\overset{\displaystyle O}{\overset{\|}{C}}CH_2CH_2Cl$

(4) $CH_3CH_2C\equiv CCH_2CH_3$

(5) $CH_3CH_2\overset{\displaystyle OH}{\underset{\displaystyle CH_3}{\overset{|}{\underset{|}{C}}}CH_2CH_3}$

(6) $CH_3CH_2\overset{\displaystyle O}{\overset{\|}{C}}OCH_2CH_3$

(7) $\begin{matrix} & H_2 & H \\ HC & C & C-OCH_2CH_2CH_3 \\ \| & & | \\ HC & C & CH_2 \\ & H_2 & \end{matrix}$

(8) 苯酚（C_6H_5OH）

1.6 甲醚（CH_3-O-CH_3）分子中 C—O—C 的夹角为 $110°43'$。甲醚是不是极性分子？如果是，用 ⊢→ 表示其偶极矩的方向。

1.7 有机化学中经常用到的键参数有哪些？

1.8 键能和键解离能有何区别？

1.9 有机化学是一门迅速发展的学科，列举出与有机化学相关的学科。

1.10 画出下列各三步反应的能量曲线图。

(1) 第一步最慢，第三步最快，总的反应为放热反应。

(2) 第一步最快，第三步最慢，总的反应为吸热反应。

(3) 第一步最慢，第二步最快，总的反应为放热反应。

1.11 假定由 A 到 C 经历了两步反应，并有如下能量曲线图。

$$A \underset{K_2}{\overset{K_1}{\rightleftharpoons}} B \underset{K_4}{\overset{K_3}{\rightleftharpoons}} C$$

请回答下列问题：

(1) 整个反应（A ⟶ C）是吸热反应还是放热反应？

(2) 哪步反应是决定反应速率的步骤？

(3) 哪一个是热力学最稳定的化合物？

(4) 哪一个是热力学最不稳定的化合物？

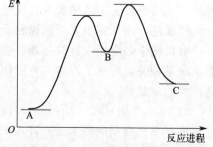

1.12 反应物 A 与 B 之间的反应是二级反应，其反应速率 $v=k[A][B]$，假设 A 和 B 起始浓度相同，求反应了 50% 时的速率。

第 ② 章

链烷烃

2.1 链烷烃的结构和命名

2.1.1 烃的定义与分类

只含碳和氢两种元素的化合物，叫做碳氢化合物（hydrocarbon），简称为烃（音 tīng），"烃"字是取碳的"火"和氢的"𢀖"构成的。烃是有机化合物的母体，各类有机化合物都可以看作烃分子中的氢原子被其他原子或原子团取代的产物。

根据烃分子中碳原子间连结形成的碳架，烃类化合物大致分类如下：

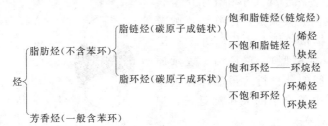

只含 C—C 和 C—H 的脂肪烃称为饱和脂肪烃，包括饱和链烷烃（alkanes）和饱和环烷烃。"饱和"可理解为分子中共价键均为 σ 键。"烷"表示碳原子结合氢原子数达到最高限度。

2.1.2 链烷烃的结构

2.1.2.1 链烷烃的空间结构

最简单的烷烃是甲烷，其分子式为 CH_4，它只表示碳原子与 4 个氢原子相连，不能说明甲烷的空间形象。甲烷的实际结构是正四面体结构，碳原子处于正四面体的中心，4 个氢原子处于正四面体的顶角，4 个 C—H 键长相等，∠HCH 夹角也相等。当烷烃中碳原子数为 3 个及以上时，碳链呈锯齿状，平均键角约为 109.28°，平均 C—C 键长为 154pm。烷烃分子中的碳以 sp^3 杂化才可以解释烷烃的这种结构特征。

2.1.2.2 碳原子的 sp^3 杂化轨道

碳的电子结构为 $(1s^2)(2s^2)(2p^2)$，碳的 sp^3 杂化过程如图 2.1 所示。

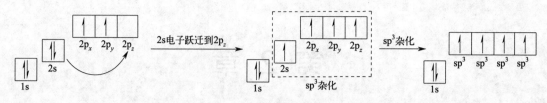

图 2.1 碳的 sp^3 杂化过程

轨道杂化只在形成化学键时才进行。碳的一个 sp^3 杂化轨道含有 1/4 的 s 轨道和 3/4 的 p 轨道，能量低于 2p，高于原来 2s。饱和碳原子共有 4 个 sp^3 杂化轨道，每个 sp^3 杂化轨道各有一个电子。甲烷中，碳原子分别与氢原子的 s 轨道重叠形成 4 个 C—H，4 个 sp^3 杂化轨道及其形成甲烷分子的空间关系见图 2.2。

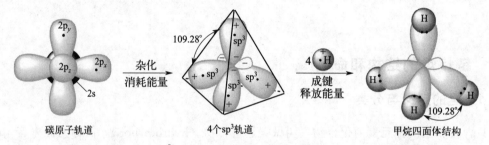

图 2.2 碳的 4 个 sp^3 杂化轨道空间关系（式中＋和－表示轨道的位相）

图 2.3 为表示甲烷空间形象的两种常见模型，其中图 2.3(a) 是比例模型（Stuart 模型），它根据分子中各原子的大小和化学键键长按 $2 \times 10^8 : 1$ 的比例放大制成，能确切反映分子中各原子的空间排布和相对体积。图 2.3(b) 为球棒模型（Kekulé 模型），它是用球表示原子，用棒代表原子间的共价键。虽然球棒模型不能准确反映分子中各原子的大小和键长，但是比较便于初学者观察。

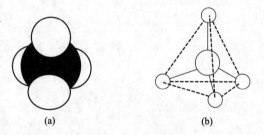

(a)　　　　　(b)

图 2.3 甲烷分子的正四面体模型

如果两个碳原子的 sp^3 轨道互相重叠形成 C—C，两个碳剩余的 sp^3 轨道分别与氢原子的 s 轨道重叠形成 6 个 C—H，即乙烷。乙烷相当于用甲基（—CH₃）代替甲烷正四面体中的一个氢原子。如果一个碳原子用 2 个 sp^3 轨道分别与两个碳的 sp^3 轨道互相重叠形成 2 个 C—C，三个碳剩余的 sp^3 轨道分别与氢原子的 s 轨道重叠形成 8 个 C—H，即丙烷。C—C 以及乙烷和丙烷分子的球棒模型见图 2.4。

碳-碳σ键　　　乙烷　　　丙烷

图 2.4 碳-碳 σ 键及乙烷和丙烷的空间结构

丙烷中三个碳原子不在一条直线上，因此三个碳以上的饱和碳链呈锯齿状。

σ 键是两个原子沿原子轨道对称轴方向互相重叠形成的，因此 σ 键的共同特点是电子云围绕键轴成轴对称分布，σ 键可以自由旋转，也可单独存在，比较牢固。

2.1.3　同系列和同分异构现象

链烷烃化合物，如甲烷、乙烷、丙烷……，分子式依次为 CH_4、C_2H_6、C_3H_8……，它们可用通式 C_nH_{2n+2}（$n \geqslant 1$）表示。链烷烃相互间相差至少一个"CH_2"基团。

凡具有一个通式，结构和性质相似，相邻两个化合物的分子相差一个 CH_2，物理性质随着碳原子数增加而有规律性变化的系列化合物，称为同系列。

同系列中的各个化合物彼此互称同系物，在有机化学中普遍存在。表 2.1 列出了部分链烷烃及其构造异构体数。

表 2.1　部分链烷烃及其构造异构体数

n	分子式	构造异构体数	名称
1	CH_4	1	甲烷
2	C_2H_6	1	乙烷
3	C_3H_8	1	丙烷
4	C_4H_{10}	2	正丁烷、异丁烷（2-甲基丙烷）
5	C_5H_{12}	3	正戊烷、异戊烷、新戊烷
6	C_6H_{14}	5	正己烷……
9	C_9H_{20}	35	正壬烷……
10	$C_{10}H_{22}$	75	正癸烷……
15	$C_{15}H_{32}$	4347	正十五烷……
20	$C_{20}H_{42}$	366319	正二十烷……

甲烷、乙烷和丙烷没有构造异构体。从丁烷开始有同分异构现象，即开始有构造异构体，且随碳原子数增加，异构体数目迅速增加。但实际存在的并没有这么多，n 和构造异构体数的关系，目前为止没有找到一个通用关系式。

构造（constitution），是指分子中原子（原子团）互相连接的方式和次序。

构造异构体（constitutional isomerism），是指分子式相同，分子中原子（原子团）互相连接的方式和次序不同的异构体。丁烷存在 2 种异构体，分别称为正丁烷和异丁烷。它们的分子式相同，均为 C_4H_{10}，但物理性质（如熔点和沸点等）均不同。

$$CH_3CH_2CH_2CH_3$$

$$CH_3CHCH_3$$
$$|$$
$$CH_3$$

正丁烷（m.p. $=-138.4℃$，b.p. $=-0.5℃$）　　异丁烷（m.p. $=-145.0℃$，b.p. $=-11.8℃$）

它们的区别仅仅为分子中原子和原子之间连接的次序不一样，异丁烷中碳链存在一个分支，这种异构体称为构造异构体，因为结构的差异涉及碳原子形成的骨架，所以也称为骨架异构体（sketetal isomers）。

又如，丙烯和环丙烷的分子式均为 C_3H_6，分子中原子连接的方式不同，也是构造异构体。

丙烯：　　　　　　　　环丙烷：△

2.1.4　烷烃分子中碳原子和氢原子的类型

烷烃分子中碳原子有四种类型，分别称为伯碳、仲碳、叔碳和季碳。

伯碳（常用 1°表示），又称一级碳（primary carbon）。伯碳原子只与一个碳原子相连，另外与三个氢原子相连。伯碳就是 CH_3，因此伯碳原子只能在链的一端。

仲碳（用 2°表示），又称二级碳（secondary carbon）。仲碳原子与两个碳原子相连，另外与两个氢原子相连。

叔碳（用 3°表示），又称三级碳（tertiary carbon）。叔碳原子与三个碳原子相连，另外与一个氢原子相连。

季碳，又称四级碳（quaternary carbon）。季碳原子与四个碳原子相连。

以戊烷为例，戊烷分子式为 C_5H_{12}，有 3 种构造异构体，分子中碳原子类型如下：

伯碳、仲碳和叔碳原子上的氢原子，相应地称为伯氢、仲氢和叔氢。不同类型的碳原子和氢原子的反应活性有较大差异。

2.1.5 烷烃的命名

碳原子的连接方式和碳原子可以连接各种原子的特点导致存在大量的有机分子。有机化合物命名包括系统命名法、习惯命名法（普通命名法）、衍生物命名法和俗名法。

2.1.5.1 直链烷烃的命名

十个碳原子以内的链烷烃，中文名称分别用甲、乙、丙、丁、戊、己、庚、辛、壬、癸表示碳原子数，再加上"烷"字。超过十个碳的链烷烃中文名称分别用汉字十一、十二等表示碳原子数，再加上"烷"字，英文烷的词尾为"ane"，见表 2.2（括号内为英文名）。

表 2.2 直链烷烃 C_nH_{2n+2} 的名称和物理性质

n	名称	分子式	沸点/℃	熔点/℃	密度(20℃)/(g·mL^{-1})
1	甲烷（methane）	CH_4	−161.7	−182.5	0.466(−164℃)
2	乙烷（ethane）	CH_3CH_3	−88.6	−172.0	0.572(−100℃)
3	丙烷（propane）	$CH_3CH_2CH_3$	−42.1	−187.7	0.5853(−45℃)
4	丁烷（butane）	$CH_3CH_2CH_2CH_3$	−0.5	−138.3	0.5787
5	戊烷（pentane）	$CH_3(CH_2)_3CH_3$	36.1	−129.8	0.6262
6	己烷（hexane）	$CH_3(CH_2)_4CH_3$	68.1	−95.3	0.6603
7	庚烷（heptane）	$CH_3(CH_2)_5CH_3$	98.4	−90.6	0.6837
8	辛烷（octane）	$CH_3(CH_2)_6CH_3$	125.7	−56.8	0.7026
9	壬烷（nonane）	$CH_3(CH_2)_7CH_3$	150.8	−53.5	0.7177
10	癸烷（decane）	$CH_3(CH_2)_8CH_3$	174.0	−29.7	0.7299
11	十一烷（undecane）	$CH_3(CH_2)_9CH_3$	195.8	−25.6	0.7402
12	十二烷（dodecane）	$CH_3(CH_2)_{10}CH_3$	216.3	−9.6	0.7487
13	十三烷（tridecane）	$CH_3(CH_2)_{11}CH_3$	235.4	−5.5	0.7564
14	十四烷（tetradecane）	$CH_3(CH_2)_{12}CH_3$	253.7	5.9	0.7628
15	十五烷（pentadecane）	$CH_3(CH_2)_{13}CH_3$	270.6	10.0	0.7685
16	十六烷（hexadecane）	$CH_3(CH_2)_{14}CH_3$	287.0	18.2	0.7733
17	十七烷（heptadecane）	$CH_3(CH_2)_{15}CH_3$	301.8	22	0.7780
18	十八烷（octadecane）	$CH_3(CH_2)_{16}CH_3$	316.1	28.2	0.7768
19	十九烷（nonadecane）	$CH_3(CH_2)_{17}CH_3$	329.7	32.1	0.7855
20	二十烷（icosane）	$CH_3(CH_2)_{18}CH_3$	343.0	36.8	0.7886

例如，$CH_3(CH_2)_9CH_3$，中文名称为十一（碳）烷。$CH_3(CH_2)_{11}CH_3$，中文名称为十三

（碳）烷。烷烃同系物，括号中"碳"字可以省略，但是其他同系物的命名，不能省略碳。

2.1.5.2　简单烷烃的普通命名

烷烃从丁烷开始有异构体。因此，简单烷烃除按碳原子数称为某烷外，还需加字头来区别各异构体。目前主要采用的字头（括号内为相应的英文前缀）如下。

"正"（*normal*，缩写为 *n*-）表示无支链的直链，如正丁烷 $CH_3CH_2CH_2CH_3$。

"异"（*iso*，缩写为 *i*-）表示链末端第二个碳原子上带有一个甲基，一般用于碳原子数不多于 6 的结构。例如：

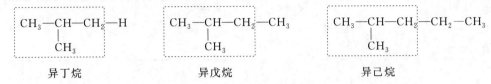

异丁烷　　　　　　　　异戊烷　　　　　　　　　异己烷

"新"（*neo*-）表示链端第二个碳为季碳的有机物，一般用于 5 或 6 个碳的结构。例如：

$$CH_3-\underset{\underset{CH_3}{|}}{\overset{\overset{CH_3}{|}}{C}}-CH_2-H \qquad CH_3-\underset{\underset{CH_3}{|}}{\overset{\overset{CH_3}{|}}{C}}-CH_2-CH_3$$

新戊烷　　　　　　　　　　　新己烷

化合物 $CH_3-\underset{\underset{CH_3}{|}}{C}-CH_2-\overset{\overset{CH_3}{|}}{CH}-CH_3$ 可命名为异辛烷，是一种习惯命名。虽然下列两个化

合物碳原子数也是 6，但用普通命名无法命名，因此普通命名范围有限。

$$CH_3-\underset{\underset{CH_3}{|}}{\overset{\overset{CH_3}{|}}{CH}}-CH-CH_3 \qquad CH_3-CH_2-\overset{\overset{CH_3}{|}}{CH}-CH_2-CH_3$$

上述带支链的异丁烷、异戊烷、新戊烷和异己烷的名称在 IUPAC 中仍在使用。

2.1.5.3　烷基及其命名

烃分子去掉一个氢原子所剩下的基团，称为烷基，脂肪烷基常用 R—表示，芳香烷基常用 Ar—表示。

链烷基的命名是由相应烷烃的名称转化而来，将"烷"字改为"基"字即可（英文名称是将烷的词尾-ane 换成基的词尾-yl）。常见烷基见表 2.3。

表 2.3　常见烷基及其名称与缩写

常用烷基	中文名	英文名	缩写
$H-\overset{\overset{H}{|}}{\underset{\underset{H}{|}}{C}}-$	甲基	methyl	Me 或 CH_3—
$H-\overset{\overset{H}{|}}{\underset{\underset{H}{|}}{C}}-\overset{\overset{H}{|}}{\underset{\underset{H}{|}}{C}}-$	乙基	ethyl	Et 或 CH_3CH_2—或 C_2H_5—

常用烷基	中文名	英文名	缩写
H-C-C-C-（H H H）	正丙基	*n*-propyl	*n*-Pr
CH₃-C-（CH₃ H）	异丙基（1-甲基乙基）	*iso*-propyl（1-methylethyl）	*i*-Pr
H-C-C-C-C-（H H H H）	正丁基	*n*-butyl	*n*-Bu
CH₃-C-CH₂-（CH₃ H）	异丁基（2-甲基丙基）	*iso*-butyl（2-methylpropyl）	*i*-Bu
CH₃-CH₂-C-（CH₃ H）	仲丁基（1-甲基-1-丙基）	*sec*-butyl，（1-methylpropyl）	*s*-Bu
CH₃-C-（CH₃ CH₃）	叔丁基（1,1-二甲基乙基）	*tert*-butyl（1,1-dimethylethyl）	*t*-Bu
CH₃-C-CH₂-（CH₃ CH₃）	新戊基（2,2-二甲基丙基）	*neo*-pentyl（2,2-dimethylpropyl）	*neo*-Pent

烷烃分子去掉 2 个氢原子所剩余的二价基团称为叉基。如—CH_2—称为甲叉基（methanediyl）。根据失去的氢原子是否来自同一碳原子，叉基分为两种，需要表明失去氢原子的位置，例如—CH_2—CH_2—称为乙-1,2-叉基（ethane-1,2-diyl）；CH_3—CH〈 称为乙-1,1-叉基（ethane-1,1-diyl）。由甲烷失去三个氢原子得到的三价基团（—CH〈）称为甲爪基（methanetriyl）。

2.1.5.4 链烷烃的系统命名法

随碳原子数的增加，烷烃的同分异构体数迅速增加。根据推算，癸烷有 75 种异构体。分子中碳原子数再加上各种字头的普通命名法，对于高级烷烃来说，显然不适用。

对有机化合物的命名，早在 1892 年，世界各国化学家在日内瓦（Geneva）举行会议，讨论制定了日内瓦命名原则。1957 年，国际纯粹和应用化学联合会（International Union of Pure and Applied Chemistry，IUPAC）正式提出有机化学命名法（IUPAC nomenclature of organic chemistry），经多次修订和补充，形成了全球有机化学界最广泛使用的 IUPAC 系统命名原则。

中国化学会（Chinese Chemistry Society，CCS）专门成立了"有机化学名词小组"，在我国 1960 年制定的《有机化学物质的系统命名原则》基础上，参考 IUPAC nomenclature of organic chemistry（1979 版），结合我国文字特点，于 1980 年制定了相应的"有机化学命名原则"（简称 CCS 80 年原则）。之后，经过几十年的不断增补与修订，2017 年由中国化学会专门组建的有机化合物命名审定委员会编辑出版了《有机化合物命名原则》（2017 版）。下面将链烷烃系统命名所涉及的要点和步骤做简要的叙述。

① 选择分子中最长的碳链为主链，按主链碳原子数称作"某烷"，并作为母体，将支链视为取代基。甲基、乙基、正丙基、正丁基、正戊基、正己基、异戊基、异丁基、新戊基、异丙基、仲丁基、叔丁基、叔戊基等取代基名称可直接使用。

② 从离支链最近的一端用阿拉伯数字将主链碳原子编号。例如：

$$CH_3 - \overset{1}{C}H - \overset{2}{C}H_2 - \overset{3}{C}H_2 - \overset{4}{C}H_2 - \overset{5}{C}H_3$$
$$\underset{CH_3}{|}$$

"最小规则"是指将碳链编号时，应使取代基具有最低系列编号。例如：

不正确编号 → 10 9 8 7 6 5 4 3 2 1 ← 正确编号

$$CH_3-CH_2-CH-CH_2-CH_2-CH_2-CH_2-CH-CH_3$$
$$\quad\quad\quad |\quad\ |\quad\quad\quad\quad\quad\quad\quad\quad\quad\quad |$$
$$\quad\quad\quad CH_3\ CH_3\quad\quad\quad\quad\quad\quad\quad\quad CH_3$$

根据"最小规则"，如果链两端在等距离处都有支链，应逐项比较，使所有取代基所处位次尽可能小。例如：

6 5 4 3 2 1 ← 不正确编号

正确编号 → 1 2 3 4 5 6

$$CH_3-CH-CH-CH_2-CH-CH_3$$
$$\quad\quad\ |\quad\ |\quad\quad\quad |$$
$$\quad\ CH_3\ CH_3\quad CH_3$$

③ 将取代基的位次和名称作为词头置于母体名称之前。例如：

$$\overset{1}{C}H_3 - \overset{2}{C}H - \overset{3}{C}H_2 - \overset{4}{C}H_2 - \overset{5}{C}H_3 \qquad\qquad \overset{1}{C}H_3 - \overset{2}{C}H - \overset{3}{C}H_2 - \overset{4}{C}H_2 - \overset{5}{C}H_2 - \overset{6}{C}H_3$$
$$\quad\quad |\quad\quad\quad\quad\quad\quad\quad\quad\quad\quad\quad\quad\quad\quad\quad |$$
$$\quad\ CH_3\quad\quad\quad\quad\quad\quad\quad\quad\quad\quad\quad\quad CH_3$$

2-甲基戊烷(2-methylpentane)   3-甲基己烷(3-methylhexane)

名称中"2"或"3"表示位次，"-"为半字符，"甲基"为取代基名称，"戊烷"或"己烷"为母体名。

④ 当分子中具有多个相同取代基时，将相同取代基合并，其数目用汉字二、三、四（英文相应的前缀为 di、tri、tetra）表示。但前面需将各取代基的位次逐个表明，例如：

$$CH_3-CH_2-\overset{8}{C}H-\overset{7}{C}H-CH_2-CH_2-CH_2-\overset{2}{C}H-CH_3$$
$$\quad\quad\quad\quad |\quad\ |\quad\quad\quad\quad\quad\quad\quad\quad |$$
$$\quad\quad\quad\ CH_3\ CH_3\quad\quad\quad\quad\quad\quad CH_3$$

2,7,8-三甲基癸烷
(2,7,8-trimethyldecane)

⑤ 当多个取代基不相同时，将各个取代基的位次和名称分别列出，中间加半字符"-"。不同取代基按取代基英文名称的字母顺序依次列出。构成复合词的词头如 *cyclo*-（环）、*iso*-（异）、*neo*-（新）等在判断字母顺序时有效，但前缀的取代基数目 di、tri、tetra 等不计入字母顺序，例如：

$$\quad\quad\quad\quad\quad\quad\quad CH_2CH_3$$
$$\quad\quad\quad\quad\quad\quad\quad\quad |$$
$$CH_3-CH_2-\overset{3}{C}H-CH_2-\overset{5}{C}H-CH_2-CH_2-CH_3$$
$$\ 1\quad\ 2\quad\quad\quad\ 4\quad\quad\ 6\quad\ 7\quad\ 8$$
$$\quad\quad\quad\ |$$
$$\quad\quad\quad CH_3$$

5-乙基-3-甲基辛烷
(5-ethyl-3-methyloctane)

$$\quad\quad\quad\quad\quad\quad\quad CH_2CH_3$$
$$\quad\quad\quad\quad\quad\quad\quad\quad |$$
$$CH_3-CH_2-\overset{3}{C}H-\overset{4}{C}H-CH_2-\overset{6}{C}H-CH_2-CH_3$$
$$\ 1\quad\ 2\quad\quad\quad\quad\quad\ 5\quad\quad\ 7\quad\ 8$$
$$\quad\quad\quad\ |\quad\ |$$
$$\quad\quad\ CH_3\ CH_3$$

6-乙基-3,4-二甲基辛烷
(6-ethyl-3,4-dimethyloctane)

$$CH_3-CH_2-\overset{3}{\underset{|}{CH}}-CH_2-\overset{5}{CH}-CH_2-CH_2-CH_3$$
$$\underset{1}{}\quad\underset{2}{}\quad\underset{|}{}\quad\underset{4}{}\quad\underset{|}{}\quad\underset{6}{}\quad\underset{7}{}\quad\underset{8}{}$$

3-甲基-5-丙基辛烷
(3-methyl-5-propyloctane)

⑥ 当主链的选择有几种可能时，一般选择带取代基最多的碳链为主链，目的是使取代基的名称较为简单。例如：

CH₂CH₂CH₃ ←—— 不正确(5′,6′,7′)

2,3,5-三甲基-4-丙基庚烷
(2,3,5-trimethyl-4-propylheptane)

CH₃

3-乙基-2,6,6-三甲基壬烷
(3-ethyl-2,6,6-trimethylnonane)

1 ←—— 正确(1,2)

⑦ 当主链的编号有几种可能时，应使字母顺序最先列出的取代基位次最小，例如：

CH₃   CH₂CH₃

3-乙基-6-甲基辛烷
(3-ethyl-6-methyloctane)

8 ←—— 不正确
1 ←—— 正确

CH₃ CH₃

4-异丙基-5-甲基辛烷
(4-isopropyl-5-methyloctane)

CH₃

CH₃ CH₃

4-乙基-5-异丙基辛烷
(4-ethyl-5-isopropyloctane)

CH₂CH₃

⑧ 对于更复杂的取代基，将支链按上述原则用阿拉伯数字编号，但其编号从与主链相连的碳开始。例如：

CH₃ ←—— 支链编号

CH₃-CH₂-C-CH₂-CH₃

CH₃-CH₂-CH₂-CH-CH-CH-CH₂-CH₂-CH₂-CH₃ ←—— 主链编号

CH₂CH₂CH₃

5-丙基-6-(1-乙基-1-甲基丙基)癸烷[5-(1-ethyl-1-methylpropyl)-6-propyldecane]

←—— 支链编号

6-(1-甲基戊基)十三烷
6-(1-methylpentyl)tridecane

2.2 链烷烃的构象

甲烷碳原子采用 sp³ 杂化轨道与 4 个氢原子 s 轨道结合。4 根 sp³ 杂化轨道的轴线互成 109°28′ 的夹角，4 个 C—H 键等长，因此甲烷分子如同一个正四面体，碳原子位于正四面体的中心，氢原子则位于正四面体的顶点，见图 2.3。对于构造确定的分子，其原子在空间的排布情况称为构象。

2.2.1 乙烷的构象

2.2.1.1 乙烷构象的表示方法

以甲基代替甲烷正四面体模型上的一个氢原子，得到乙烷的模型，乙烷两种构象如图 2.5 所示，其中图 2.5(a) 是比例模型（Stuart 模型），图 2.5(b) 是球棒模型（Kekulé 模型）。

图 2.5　乙烷的两种构象

Stuart 模型和 Kekulé 模型能清楚地表示多原子分子中各原子的空间形象，但是不便于书写。在有机化学中，常用图 2.6 所示的几种立体表达式来表示有机分子的构象。

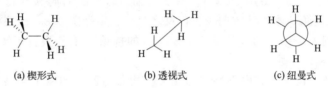

(a) 楔形式　　　　(b) 透视式　　　　(c) 纽曼式

图 2.6　乙烷分子的三种构象表达式

① 楔形式，又称立体式。画法是将两个碳原子及它们之间的共价键放在纸面上，与每个碳原子相连的另外三个原子之一也放在纸面上。余下的两个原子，则必然是一个位于纸平面的前方，离观察者近，其共价键用粗楔形箭头表示；另一个位于纸平面的后方，远离观察者，其共价键用虚线楔形箭头表示，如图 2.6(a) 所示。

② 透视式，又称锯架式。为使两碳原子上所连原子（原子团）清晰，将立体式纸平面上碳-碳键线向斜上方拉长，表示碳-碳键垂直纸平面，形成透视关系。与前方碳原子相连的三个原子处于纸前面某一平面。斜上方（远离纸平面）的碳所连的三个原子，则处于纸后面的某一平面，两个碳原子位于这两个平面之间。由于呈透视关系，故只画出有关的键线，如图 2.6(b) 所示。

③ Newman（纽曼）式。从碳-碳键轴线的正前方来观察乙烷分子，用圆表示碳-碳 σ 键。圆心表示前方碳原子，它所连三个氢（或基团）的键线用互成 120° 角的线段表示，交于圆心。后方碳原子看不见，故所连三个氢原子（或基团）的键线，只画在圆周，如图 2.6(c) 所示。在分析相邻碳原子上基团之间空间关系时，纽曼式较容易观察，故常使用。

2.2.1.2 乙烷的碳-碳单键旋转及其能垒

1929 年 Pitzer 提出，由于 σ 单键是圆柱形对称，绕轴旋转不会破坏 σ 键，却使相邻两碳原子上非键合的氢原子或原子团的相对位置发生变化。因为碳-碳单键的旋转，分子中原子或原子团在空间产生的不同排列的形象，称为构象（conformation）。分子组成相同，构造式相同，因构象不同而产生的异构体，称为构象异构体，任意两个构象之间互为构象异构体。乙烷的碳-碳单键旋转360°，形成无数个不同的构象异构体，其中两个极限构象分别为重叠型（eclipsed form）和交叉型（straqqered form），图2.7所示是乙烷重叠型和交叉型的空间形象的不同表示形式。

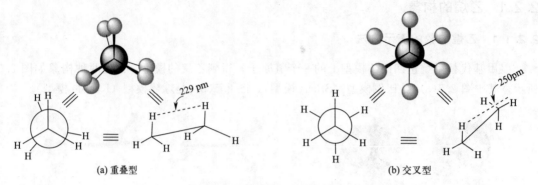

(a) 重叠型 (b) 交叉型

图 2.7 乙烷碳-碳单键旋转造成的两个不同空间形象

如图 2.7(a) 所示，从乙烷分子重叠型开始，固定一个碳原子（如前方的碳原子），将另一个碳原子带着所连的氢原子（或基团），绕碳-碳单键旋转360°，可以得到如图2.8所示内能和扭转角 θ 的关系曲线。

扭转角是指分子中的构象用 Newman 投影式描绘时，由于碳-碳单键旋转而产生的相邻非键合基团之间的夹角，顺时针方向为正，反之为负。根据图2.8，乙烷构象有如下特点。

① 扭转角分别为 $\theta = 0°$、120°、240°、360°时的构象为重叠型。扭转角分别为 $\theta = 60°$、180°、300°的构象为交叉型。

② 乙烷有无数个构象，其中重叠型和交叉型构象为乙烷的两个典型构象，其他构象处于这两个构象之间。

③ 重叠型中两个碳原子上的 C—H 键相距最近，两个最近氢的空间距离只有 229pm（图2.7），小于氢的范德华半径之和 240pm，因此存在互斥力，能量较高，不稳定。交叉型中两个碳原子上的 C—H 键相距最远（250pm），能量较低，稳定。因此无数个乙烷的构象中，由一个交叉型变成另一个交叉型构象时，需克服一个约 $12.5kJ \cdot mol^{-1}$ 的能垒，平均每对氢的互斥引起分子内能升高约 $4.16kJ \cdot mol^{-1}$。

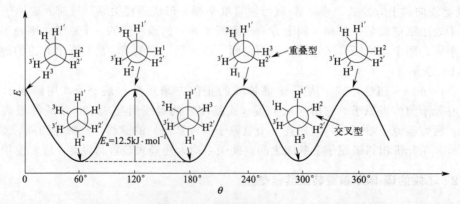

图 2.8 乙烷碳-碳键旋转及其构象内能与扭转角关系曲线

室温下，分子运动过程中相互碰撞时可产生约 $84kJ \cdot mol^{-1}$ 的能量，所以乙烷分子可绕 C—C 自由旋转。因此，乙烷是由许许多多乙烷构象的平衡混合物构成，但交叉型比例较大。当温度 $T=0K$ 时，乙烷只有一种交叉型构象，所以自由旋转是有条件的，要克服旋转时所需要的能量。分子内作用力控制着邻近和键合碳原子上取代基的排列，在乙烷中，相对稳定的交叉构象通过旋转越过一个高能态的重叠构象到另外一个交叉构象，需要越过的能垒很小，因此在常温下旋转非常快。

2.2.2　丙烷的碳-碳单键旋转及其构象

再向乙烷中引入一个取代基时，势能图会如何变化？例如丙烷，可看成是用一个甲基取代乙烷中的一个氢原子，丙烷的纽曼投影式内能和扭转角 θ 关系曲线如图 2.9 所示。

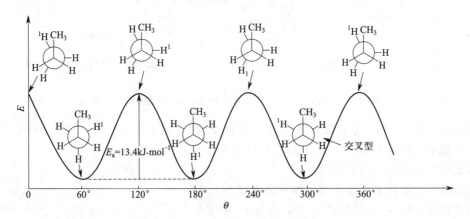

图 2.9　丙烷碳-碳键旋转及其构象内能与扭转角关系曲线

丙烷构象内能与扭转角关系曲线与乙烷的相似，相当于一个甲基取代了氢原子，因此极端的构象也是交叉型和重叠型，不同之处在于多了一对甲基和氢原子的重叠。因为甲基的范德华半径（200pm）比氢的大，导致空间位阻增大，增加了 C—C 旋转的能垒，使两种极端构象能垒差提高到 $13.4kJ \cdot mol^{-1}$，一对甲基与氢的互斥引起内能升高约 $5.06kJ \cdot mol^{-1}$。重叠型与交叉型的能量差是由甲基和氢重叠时的不利干扰造成的，这种现象称为空间位阻。甲基不仅提高了重叠构象的能量，也提高了交叉构象的能量。

2.2.3　丁烷的碳-碳单键旋转及其构象

丁烷，存在 C1—C2、C2—C3 和 C3—C4 三个碳-碳单键。观察丁烷 C—C 旋转 360°会发现其交叉构象和重叠构象比丙烷的多。丁烷以 C1—C2（与 C3—C4 相同）旋转的构象与丙烷的相似，相当于乙基取代了丙烷的甲基。丁烷以 C2—C3 旋转 360°形成的构象内能与扭转角曲线见 2.10。

丁烷有无数个构象，以 C_2—C_3 旋转，扭转角 θ 由 0°逐渐变到 360°有四种典型构象，如图 2.10 所示。

（1）$\theta=0$°或 360°为全重叠（两个甲基重叠）。C2 上—CH_3 与 C3 上—CH_3 离得最近，斥力最大，能量最高，所以①和⑦能量相同，最不稳定。

（2）$\theta=60$°或 300°为邻位交叉（也称顺式交叉）。C2 上—CH_3 与 C3 上—CH_3 虽然处于交叉位置，但是离得相对较近，斥力相对较大，所以②和⑥稳定性不如④。

（3）$\theta=120$°或 240°为部分重叠（甲基与氢重叠）。C2 上—H 与 C3 上—CH_3 离得较近，斥力也较大，所以③和⑤比①或⑦稳定，但不如②和⑥稳定。

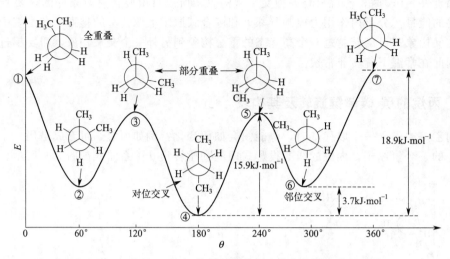

图 2.10　丁烷的 C_2—C_3 旋转及其构象内能与扭转角关系曲线

（4）扭转角 $\theta=180°$ 为对位交叉，或称为反交叉。C2 上—CH_3 与 C_3 上—CH_3 离得最远，斥力最小，能量最低，所以④是丁烷以 C2—C3 旋转形成的所有构象中最稳定的。

在室温下，丁烷主要以反交叉和顺交叉式构象存在，前者约占 63%，后者约占 37%，其他构象所占的份额很小。

构象式有其正规命名方法。以 Newman 投影式中两个选定的基团所形成的扭转角为标准，扭转角在 $0°\pm30°$ 的构象叫顺叠（syn-periplanar），用 sp 表示。在 $60°\pm30°$ 的构象叫顺错（syn-clinal），用 sc 表示。在 $120°\pm30°$ 的构象叫反错（$anti$-clinal），用 ac 表示。在 $180°\pm30°$ 的构象叫反叠（$anti$-periplanar），用 ap 表示。扭转角与构象名称关系见图 2.11。丁烷的扭转角及相应的构象式、名称、符号见表 2.4。

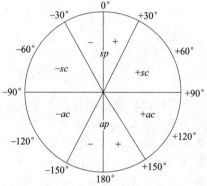

图 2.11　扭转角与构象名称的关系

表 2.4　构象式正规命名体系

扭转角 $\theta/°$	构象名称	符号	图例	习惯用名
$0°\pm30°$	顺叠 syn-periplanar	sp		全重叠
$60°\pm30°$	顺错 syn-clinal	sc		邻位交叉
$120°\pm30°$	反错 $anti$-clinal	ac		部分重叠

扭转角 $\theta/°$	构象名称	符号	图例	习惯用名
$180°\pm30°$	反叠 *anti*-periplanar	ap		对位交叉 （反式构象）

高级烷烃呈锯齿状排列，其中 C—H、C—C 都处于交叉式，碳链看起来像锯齿，是其最稳定的构象，例如戊烷和庚烷的构象：

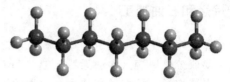

2.3 分子构象分析

研究分子不同构象的相对稳定性（能量）、含量和相互转化的平衡关系以及它们对化合物物理性质和化学反应的影响，称为构象分析。所有具有类似烷烃骨架的有机分子都表现出因碳-碳 σ 键旋转形成不同稳定性的构象，有机分子的化学反应性依赖于它们的构象特性。

乙烷有两种极限构象式，见图 2.8。由一种稳定的交叉型（如 $\theta=60°$ 时的构象式）转变成另一种稳定的交叉型（如 $\theta=180°$ 时的构象式）时，必须越过 $12.5\text{kJ}\cdot\text{mol}^{-1}$ 的旋转能垒。在 25℃时，分子的热运动能量约为 $RT=8.314\times10^{-3}\text{kJ}\cdot\text{K}^{-1}\cdot\text{mol}^{-1}\times298\text{K}\approx2.48\text{kJ}\cdot\text{mol}^{-1}$，这个能量不足以克服碳-碳键旋转能垒，使分子自由地呈现两种构象，而是按热平衡状态的 Boltzman 分布。两种构象式的比例可由下式计算：

$$\frac{\text{重叠型}}{\text{交叉型}}=\text{e}^{-\frac{\Delta E}{RT}}=\text{e}^{-\frac{12.5}{2.48}}\approx\frac{1}{155}$$

即乙烷分子主要以交叉型形式存在，并以它为中心在曲线波谷处扭转振动，如图 2.12 所示。

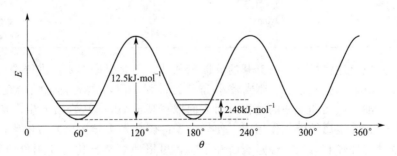

图 2.12 室温下乙烷分子主要扭转振动

图 2.12 中的阴影部分主要是乙烷分子的扭转振动区域，这种内能低的构象式称为构象体（conformer）。虽然常温时乙烷的重叠型构象存在的可能性很小，但构象体确实可通过它而迅速转化。根据 Eyring 的绝对速度理论：

$$v=\frac{kT}{h}\cdot\text{e}^{-\frac{\Delta H}{RT}}\cdot\text{e}^{-\frac{\Delta E}{R}}$$

计算可知，由乙烷的一种交叉型转变成另一种交叉型的速率 v 约为 $10^{10}\mathrm{s}^{-1}$，即在动态平衡中，乙烷交叉型寿命约为 $10^{-10}\mathrm{s}$。如果一种构象体的寿命能长达 $1\mathrm{s}$，分子的旋转能全需高达 $70\sim80\mathrm{kJ\cdot mol}^{-1}$。如果构象体之间在室温下不相互转化，则其内能差需超过 $85\mathrm{kJ\cdot mol}^{-1}$。一般说来，碳-碳单键的旋转能很难达到这一数值。因此，室温下大多数分子的各构象异构体间迅速地相互转化，无法分离。

2.4 烷烃的来源、制备和用途

2.4.1 烷烃和石油加工

在自然界，烷烃主要存在于天然气和石油之中。天然气主要是低分子量烷烃的混合物。天然气的主要成分是甲烷，含油天然气中 $C_3\sim C_5$ 成分增加，高级链烷烃称为石蜡。

石油是以链烷烃、环烷烃和芳香烃为主的混合物。不同产区的石油其成分也不同，一般为超过 150 多种烃类化合物的混合物。根据所含烃类的比例，可将石油分为三大类型——石蜡基型、环烷基型和芳香基型。例如，大庆油田为石蜡基型，含蜡量较高。巴库石油为环烷基型，含环己烷成分较高。

天然开采出来的石油为原油，是一种深色的黏稠液体，需经加工才能很好地使用。根据产品的主要用途，炼油厂可分成燃料型、润滑油型和化工型三种。炼油厂在设备和操作上大同小异，主要目的是将处理过的原油，经常压精馏和减压精馏进行分离。C_5 以下低级烃，可以根据其物理性质相差较大分离成纯品，中级和高级烃类则只能大致分离，石油精馏可以获得工业生产所需原料。石油精馏主要产品见表 2.5。

表 2.5 石油精馏主要产品

馏分	蒸馏温度(℃)	碳原子数	主要用途
石油气	<40	$C_1\sim C_4$	燃料
石油醚、轻汽油	30~120	$C_5\sim C_8$	燃料、溶剂
汽油、航空油	70~200	$C_5\sim C_{12}$	汽车、飞机燃料
煤油、轻柴油	230~270	$C_{11}\sim C_{16}$	燃料、导热油
柴油	300~320	$C_{15}\sim C_{18}$	柴油车燃料
润滑油、重油	320~340	$C_{18}\sim C_{20}$	润滑剂
固体石蜡	>360	$C_{24}\sim C_{34}$	蜡制品
沥青	不挥发	$>C_{30}$	建筑和公路

油厂除了完成上述将烃类大致分开的分馏工艺外，还会根据需要再进行裂化、裂解或重整。裂化（cracking）是将烃分子裂成较小分子的过程，但习惯上裂化是指在低于 600℃，以重质油生产汽油、煤油和柴油的过程。而人们把在高于 700℃ 从轻质油生产烯烃的过程称为裂解。重整是指在金属铂催化作用下，使烃分子的碳架发生异构化或芳构化，从而将直链烃转化为支链烃、环烃和芳烃。经过裂解和重整，可以使烃类转化为使用价值更高的产品。C_2 到 C_5 的烷烃可转化成乙烯、丙烯、丁二烯、异戊二烯。C_6 到 C_8 的烷烃，可转化成环己烷、苯、甲苯、二甲苯等。正辛烷作为柴油成分在燃烧时震动性很大，经过重整，可转化成支链烃，燃烧时震动性得到很大改善。目前，辛烷值仍是汽油在内燃机中燃烧时抗震性能指标。它规定抗震性最差的正庚烷的辛烷值为零，抗震性高的支链烷烃 2,2,4-三甲基戊烷（俗称异辛烷）的辛烷值为 100。

2.4.2　烷烃的合成方法

实验室里可通过烯烃加氢、卤代烃还原、羧酸盐和醛酮还原、武兹（Würtz）偶联等有机化学反应，合成烷烃纯品。

2.4.2.1　不饱和烃的催化加氢反应

在镍催化下，氢气和烯烃混合后发生氢化反应生成烷烃。烯烃容易制备和分离提纯，因此，烯烃氢化是制备烷烃的主要反应。例如：

$$C_4H_9-CH=CH_2+H_2 \xrightarrow[\text{室温}]{Ni} C_4H_9-CH_2-CH_3$$

除了镍催化剂外，还可以用 Pt 和 Pd 等催化剂，反应式中 r. t. 表示室温。

2.4.2.2　卤代烷偶联反应

卤代烷在活泼金属，如钠作用下得到碳链增长一倍的烷烃，该反应又称 Würtz（武兹）反应，反应可能是卤代烷与钠反应生成烷基钠中间体，然后再与卤代烷偶联得到烷烃。氯代烷、溴代烷或碘代烷都可以作为原料，其中溴代烷和碘代烷较好，但是伯卤代烷才可以得到较高产率的烷，且主要用于合成偶数碳原子的直链烷烃。例如：

$$2CH_3-CH_2-CH_2-CH_2-Cl \xrightarrow{Na} CH_3-CH_2-CH_2-CH_2-CH_2-CH_2-CH_2-CH_3$$

2.4.2.3　格氏试剂水解反应

卤代烷与金属镁在无水乙醚中反应得到 Grignard 试剂 RMgX，简称格氏试剂。格氏试剂水解或质子解得到烷烃，这种方法理论上可以合成任意结构的烷烃，但实际中不常用。

$$n\text{-}C_4H_9Br \xrightarrow{Mg/Et_2O} n\text{-}C_4H_9MgBr \xrightarrow{H_3O^+} n\text{-}C_4H_{10}$$

2.4.2.4　二烷基铜锂的偶联反应

卤代烷与金属锂反应生成烷基锂（RLi），RLi 与卤化亚铜反应生成二烷基铜锂（R_2CuLi），其再与另一分子的卤代烷发生偶联反应，得到增长碳链的烷烃，称为 Corey-House（科里-豪斯）反应。这种方法既可以合成偶数碳原子的烷烃，也可以合成奇数碳原子的烷烃。例如：

$$n\text{-}C_4H_9Br \xrightarrow[\text{无水无氧}]{Li} n\text{-}C_4H_9Li \xrightarrow{CuI} (n\text{-}C_4H_{10})_2CuLi \xrightarrow{CH_3CH_2CH_2Br} n\text{-}C_4H_9-CH_2CH_2CH_3$$

2.4.2.5　羧酸钠的碱熔反应

羧酸与氢氧化钠反应生成羧酸钠，羧酸钠与固体氢氧化钠以及氧化钙的混合物一起加热生成少一个碳原子的烷烃。例如：

$$CH_3COONa+NaOH/CaO \xrightarrow{\triangle} CH_4+Na_2CO_3$$

2.4.2.6　羧酸钠的电解反应

羧酸钠的水溶液电解时，阴离子羧酸根在阳极失去电子生成少一个碳原子的烷基自由基和 CO_2，两个烷基自由基偶联反应生成烷烃。主要合成偶数碳原子的直链烷烃，例如：

$$2CH_3CH_2CH_2CHOOHNa+2H_2O \xrightarrow{\text{电解}} \underbrace{CH_3CH_2CH_2CH_2CH_2CH_3+2CO_2}_{\text{阳极}}+\underbrace{2NaOH+3H_2}_{\text{阴极}}$$

烷烃的制备方法中所用原料主要是石油化工原料。随着世界上石油资源的不断减少，用煤炭和天然气为原料合成和替代石油正受到重视。以煤炭、一氧化碳和二氧化碳等为原料制备较大分子量有机化合物的化学称为 C_1 化学。

$$nC + (n+1)H_2 \xrightarrow[450℃,700atm]{FeO} C_nH_{2n+2}$$

$$2nCO + (4n+1)H_2 \xrightarrow[250℃]{Co-Th} C_nH_{2n+2} + C_nH_{2n} + 2nH_2O$$

注：$1atm = 101325Pa$。

我国科学家研究出全球首套年产 1000 吨二氧化碳加氢制汽油的中试装置，生产出符合国家标准的清洁汽油产品。

2.5 烷烃的物理性质

烷烃的碳原子为四面体，键角为 $109°28'$，因此小分子链烷烃结构是非常规则的锯齿状碳链。这条链不仅影响链烷烃的性质，而且影响具有这种主链的其他有机分子的性质。例如壬烷结构：

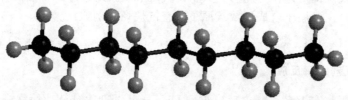

烷烃结构的特征表明，它们的物理常数变化趋势是可预测的。例如，在 25℃，低级烷烃是气体或无色液体，高级烷烃是蜡质固体。影响有机化合物熔点、沸点的根源主要是分子间作用力（又称范德华力）。分子间作用力包括取向力、诱导力和色散力，这些力都比化学键弱很多。但分子之间存在的这种弱的相互吸引力使分子有规律地聚集成液体和固体。

色散力是分子的瞬时偶极产生的吸引力。瞬时偶极是由分子在某瞬间正负电荷中心不重合所产生的一种偶极，存在于一切分子之间。非极性烷烃之间的聚集就是通过色散力相互吸引。当一个烷烃分子接近另一个烷烃分子时，由于电子排斥作用导致电子偏离，使分子产生瞬间键极化（瞬间偶极），又去排斥另一个分子中的电子向相反的方向运动而极化，使分子之间产生吸引力。

诱导力是分子固有偶极和诱导偶极之间所产生的吸引力。诱导偶极是分子受外界电场包括极性分子固有偶极场的影响所产生的一种偶极。诱导力存在于极性分子与非极性分子之间，也存在于极性分子与极性分子之间。

取向力是分子固有偶极之间所产生的吸引力。取向力只存在于极性分子之间。

非极性分子之间存在色散力。非极性分子与极性分子之间，存在色散力和诱导力两种。极性分子之间具有色散力、诱导力和取向力三种。分子间力没有方向性和饱和性，三种力的比例和大小取决于相互作用分子的极性和变形性。极性越大，取向力的作用越重要。分子越容易变形，色散力就越重要，诱导力和分子的极性、变形性都有关。但对大多数有机分子来说，色散力是主要的。只有偶极矩很大的分子，比如水，取向力才是主要的。

固体熔融和液体沸腾，都需要能量（通常是热的形式）。离子型化合物，如醋酸钠，强烈的离子间吸引力使得需要相当高的温度（324℃）才能使其熔化。

2.5.1　链烷烃的沸点和熔点

部分链烷烃的沸点和熔点见表 2.6。

表 2.6　部分链烷烃的沸点和熔点

烷烃		b. p. /℃	m. p. /℃
直链	支链		
甲烷		−161.7	−182.5
乙烷		−88.6	−172.0
丙烷		−42.1	−187.7
丁烷		−0.5	−138.3
	异丁烷	−12	−160.0
戊烷		36.1	−129.8
	异戊烷	30.0	−160.0
	新戊烷	9.0	−19.5
己烷		68.1	−95.3
	2-甲基戊烷	60.0	−154.0
	2,2-二甲基丁烷	50.0	−100.0
庚烷		98.4	−90.6
辛烷		125.7	−56.8
十八烷		316.1	28.2
十九烷		329.7	32.1
二十烷		343.0	36.8

烷烃为非极性分子，主要通过色散力相互吸引。色散力与分子表面积大小有关，一般较大的分子具有较大的比表面积，色散力也大。直链烷烃 C_1 到 C_4 常温为气体，C_5 到 C_{16} 为液体，C_{17} 以上为蜡状固体。虽然链烷烃熔点随着分子增大而增加，但是色散力比较弱，即使是高分子量烷烃的熔点也比较低。例如，含有 60 个碳原子的支链烷烃熔点也只有 99℃。

随着分子量的增加，烷烃同系列的沸点呈增高趋势，但是，每增加一个 CH_2 所造成的沸点升高值，随分子量的增加而呈减小趋势。这是由于系差 CH_2 在各同系物分子中所占比例不同。比例大，沸点升高就多，比例小，沸点升高就少。所以，低级烷烃沸点相差较大，较易分离。中高级同系物沸点相差较小，较难分离。链烷烃沸点、熔点和密度随碳原子数增加的变化规律如图 2.13 所示。

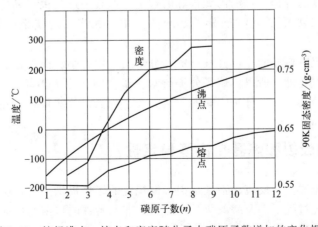

图 2.13　烷烃沸点、熔点和密度随分子中碳原子数增加的变化规律

带支链的链烷烃沸点，比同碳原子数的直链烷烃沸点低。这是因为支链使分子与分子之间的距离增大，且支链烷烃比它们的直链烷烃异构体具有更小的表面积，导致相互作用力减弱。因此，相同分子量的烷烃，支链越多的异构体，其沸点越低。这个规律性几乎可用于所有其他有机同系物中。

直链烷烃的熔点变化趋势，总的来说与沸点一样，即链烷烃熔点也是随着分子增大而增加，呈波折形变化上升。从奇数碳原子到高一级偶数碳原子同系物，熔点增加幅度大，而从偶数碳原子到高一级奇数碳原子同系物，熔点增加幅度小。例如，己烷（偶数碳原子）比戊烷（奇数碳原子）熔点高 34.5℃，而庚烷仅比己烷熔点高 4.7℃。这一现象的原因是熔点除受分子量影响外，还与晶格中分子的排列有关。偶数碳原子链烷烃对称性较高，在晶格中排列紧密，分子间作用力大，因此其熔点比低一级的奇数同系物高，且与高一级奇数同系物相差不多。色散力比较弱，因此即使是高分子量烷烃的熔点也相当低。例如，从 $C_{20}H_{42}$ 到 $C_{40}H_{82}$ 的直链烷烃的混合物，熔点低于 64℃。最长的人造直链烷烃是 $C_{390}H_{782}$，作为聚乙烯的分子模型合成，它的结晶分子是延伸的碳链，但加热到熔点（132℃）时碳链开始容易折叠，部分原因是分子内的吸引力。

与直链烷烃相比，支链烷烃熔点变化没有明显的规律，但是一些对称性特别高的支链烷烃，比如 2,2-二甲基丙烷，在晶格中能紧密排列，故其熔点明显高于它的构造异构体戊烷。具有高度致密形状的支链分子，因为非常有利于晶胞形成，使其熔点更高，比如 2,2,3,3-四甲基丁烷熔点为 94~97℃，其熔点比同碳数的辛烷（−56.8℃）的熔点高很多。另外一方面，辛烷比 2,2,3,3-四甲基丁烷的表面积明显更大，因此辛烷的沸点（125.7℃）高于同碳数 2,2,3,3-四甲基丁烷*（106.5℃）。

2.5.2 链烷烃的密度

链烷烃的密度随着分子量的增加而增大，但都小于 1，最后趋于常数值 $0.78g \cdot cm^{-3}$。其原因也在于分子之间的相互吸引力有上述变化规律。

2.5.3 链烷烃的溶解性

链烷烃不溶于水，而易溶于有机溶剂，特别是非极性的有机溶剂。关于化合物的溶解性质，特别是对溶解度的解释，目前尚无很好的理论。但有一点是很明确的，即化合物之间欲能发生溶解关系，需要溶质和溶剂分子之间的作用力相当，这就是"相似相溶"的经验规律。

链烷烃分子中仅有典型的非极性共价键，分子间作用力小。而水是极性共价键，分子间还可以相互作用形成氢键。所以，烷烃分子与水分子之间作用力不相适应，故不能溶于水。而石蜡和汽油都是烃类，它们分子之间的作用力大小相当，故能很好地互溶。

2.6 共价键的断裂和烷基自由基稳定性

链烷烃缺乏官能团，其反应性不是很强，但烷烃的燃烧提供了现代工业化社会所需的大部分能量。烷烃燃烧过程不涉及酸碱化学，是一个非常特殊的自由基反应。

自由基反应在生物化学（如衰老和疾病的过程）、环境（如破坏地球上空臭氧层）以及高分子材料（如织物和塑料）制备中发挥着重要作用。本章将讨论的链烷烃卤代反应就是一种自由基反应。链烷烃中的一个氢原子被卤素取代的重要性在于它引入了一个活性官能团，将烷烃转化为更容易进行化学反应的卤代烷。

2.6.1 共价键的断裂和键解离能

键的形成过程要释放能量。例如，两个氢原子形成 H—H 释放 $435kJ \cdot mol^{-1}$ 的能量。反过来，断裂 H—H 形成两个氢原子时，需吸收能量，大小与形成键时释放的相同，为 $435kJ \cdot mol^{-1}$。这个能量就称为键的解离能，用 $DH°$ 表示，它是对化学键强度的定量度量。

共价键的断裂包括均裂和异裂。化学键均裂形成自由基，键断裂时两个成键电子在两个参与的原子或碎片之间平均分开，这一过程称为键均裂。两个键合电子的分离用两个"鱼钩"箭头表示，并从键合处指向每个原子或碎片，例如，A—B 键均裂生成 A· 和 B· 自由基：

$$A\!\frown\!B \longrightarrow A\cdot + B\cdot \qquad \text{"鱼钩"箭头表示单电子转移方向和目标}$$

化学键异裂是指成键的一对电子完全给其中的一个原子或基团，异裂形成一个正离子和一个负离子，用"箭头"表示一对电子从键合处指向即将带负电的原子，例如：

$$A\!\frown\!B \longrightarrow A^+ + :B^- \qquad \text{"箭头"表示一对电子转移方向和目标}$$

在非极性溶剂中，甚至气相中都可以观察到键均裂。而异裂通常在极性溶剂中才容易产生，极性溶剂能稳定离子。异裂仅限于 A 和 B 两原子能分别稳定其正负电荷时才能发生。

解离能（$DH°$）是指键均裂所需的能量，用于衡量化学键的强度。表 2.7 列出一些常见共价键的解离能。

表 2.7　A—B 气相时解离能 （$DH°$, $kJ \cdot mol^{-1}$）

A 原子或基团	B 原子或基团						
	H	F	Cl	Br	I	OH	NH$_2$
H	435	565	431	368	297	498	452
CH$_3$	439	460	356	293	238	389	352
CH$_3$CH$_2$	423	451	352	285	234	383	343
CH$_3$CH$_2$CH$_2$	423	448	343	285	234	384	343
(CH$_3$)$_2$CH	412	445	339	285	234	402	360
(CH$_3$)$_3$C	404	440	331	264	230	402	356

$DH°$ 值越大，对应的键就越强，就越难以均裂。H—F 和 H—OH 都是很强的共价键，$DH°$ 值较高，但它们在水中能比较容易经异裂形成 H^+ 和 F^- 或 OH^-。

能量越接近、大小越紧密匹配的轨道重叠形成的键越强。例如氢和卤原子之间形成的键强度大小以 F＞Cl＞Br＞I 的顺序下降，这是因为卤原子的 p 轨道越来越大，电子云越来越分散，它与氢的相对较小的 1s 轨道重叠的效率降低了。同理，可以解释碳与卤之间形成的碳-卤键强度按同样的规律下降。

从左至右卤原子轨道尺寸增大。

$$\begin{array}{cccc} CH_3\text{—}F & CH_3\text{—}Cl & CH_3\text{—}Br & CH_3\text{—}I \\ DH°=460 & 356 & 293 & 238kJ \cdot mol^{-1} \end{array}$$

从左至右碳-卤键(C—X)强度渐弱。

2.6.2 烷基自由基稳定性

链烷基自由基的稳定性取决于碳-氢键的强度，烷烃中两种键的解离能见表 2.8。

表 2.8   一些链烷烃的键解离能（$DH°$，$kJ \cdot mol^{-1}$）

化合物	$DH°$	化合物	$DH°$
$CH_3{-}\!{\mid}\!{-}H$	439	$CH_3{-}\!{\mid}\!{-}CH_3$	377
$C_2H_5{-}\!{\mid}\!{-}H$	423	$C_2H_5{-}\!{\mid}\!{-}CH_3$	372
$C_3H_7{-}\!{\mid}\!{-}H$	423	$C_2H_5{-}\!{\mid}\!{-}C_2H_5$	368
$(CH_3)_2CHCH_2{-}\!{\mid}\!{-}H$	423	$(CH_3)_2CH{-}\!{\mid}\!{-}CH_3$	368
$(CH_3)_2CH{-}\!{\mid}\!{-}H$	412	$(CH_3)_2CH{-}\!{\mid}\!{-}CH(CH_3)_2$	364
$(CH_3)_3C{-}\!{\mid}\!{-}H$	404	$(CH_3)_3C{-}\!{\mid}\!{-}C(CH_3)_3$	328

如表 2.8 所示，链烷烃的 C—H 键能大小通常从甲烷到伯碳、仲碳和叔碳而降低。烷烃中 C—H 键能大小顺序如下：

$$CH_3{-}H \quad R_{伯碳}{-}H \quad R_{仲碳}{-}H \quad R_{叔碳}{-}H$$
$$DH° \approx 439 \quad\quad 423 \quad\quad 412 \quad\quad 404 kJ \cdot mol^{-1}$$

实验证明，C—H 均裂形成自由基稳定性由小到大的顺序为：

$$\cdot CH_3 < \cdot R_{伯碳} < \cdot R_{仲碳} < \cdot R_{叔碳}$$

为什么看起来相同的键表现出不同的 $DH°$ 值呢？因为不同类型自由基形成时需要吸收不同的能量，吸收越高能量形成的自由基越不稳定。烷基自由基形成需要能量的相对大小如图 2.14 所示。具有伯碳、仲碳和叔碳的烷烃 $CH_3CH_2CHR_2$，形成伯碳自由基需要吸热 $423 kJ \cdot mol^{-1}$。形成仲碳自由基需要吸热 $412 kJ \cdot mol^{-1}$，比形成伯碳自由基低了 $11 kJ \cdot mol^{-1}$。因此仲碳自由基比伯碳自由基稳定。形成叔碳自由基更少，只需 $404 kJ \cdot mol^{-1}$，比形成仲碳自由基低了 $8 kJ \cdot mol^{-1}$。因此比仲碳自由基稳定。

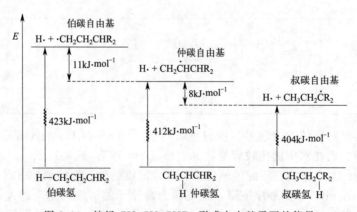

图 2.14   烷烃 $CH_3CH_2CHR_2$ 形成自由基需要的能量

2.6.3 烷基自由基结构与超共轭

如前所述，从键能大小能分析出烷基自由基稳定性顺序。能否从烷基自由基结构特点理解不同类型自由基稳定性大小呢？甲烷移去一个氢原子形成甲基自由基，光谱分析表明甲基自由基的碳为 sp^2 杂化，它是一个平面构型，未配对的电子占据了垂直于分子平面的未参与杂化的 p 轨道，结构如图 2.15 所示。

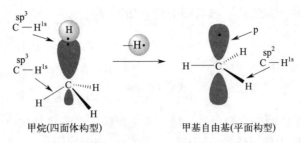

图 2.15　甲烷形成甲基自由基前后杂化轨道的变化

其他烷基自由基，包括伯碳、仲碳和叔碳自由基也是近乎平面结构，图 2.16 分别是乙基自由基（a）、异丙基自由基（b）和叔丁基自由基（c）结构。

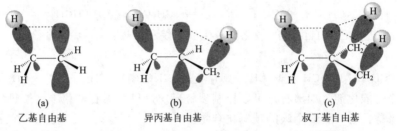

图 2.16　伯碳（a）、仲碳（b）和叔碳（c）自由基的结构

乙基自由基（a）中，甲基的 C—H（sp³ 或 σ 轨道）与自由基中心碳上单电子占据的 p 轨道共平面并与其一个叶瓣重叠，这种构象允许一对成键电子（σ 电子）离域到只有一个电子的 p 轨道中，这种现象称为超共轭。乙基自由基中共有 3 个 C—H 的 σ 电子与单电子的 p 轨道发生共轭。异丙基自由基中有两个甲基共 6 个 C—H 的 σ 电子与单电子的 p 轨道发生共轭。而叔丁基自由基中有三个甲基共 9 个 C—H 的 σ 电子与单电子的 p 轨道发生共轭。虽然这种超共轭比 p 轨道之间互相平行重叠形成 π 键要弱得多，相互作用所导致的稳定程度相对较小，一般只有 8～11kJ·mol⁻¹，但是正是这种超共轭作用，使烷基自由基稳定性大小顺序为叔丁基自由基＞异丙基自由基＞乙基自由基＞甲基自由基。仲碳，特别是叔碳自由基相对稳定的另一个贡献是烷烃中碳四面体构型向自由基平面构型变化，使取代基之间的空间拥挤度得到缓解，降低了内能。

从表 2.7 中碳原子和电负性较大原子的键解离能来看，例如 C—Cl，无论氯原子与伯碳、仲碳或叔碳成键，它们的键能（DH°）都基本相同。这可能是碳和大原子之间形成的键较长，减少了其周围空间斥力，即减少了它对键解离能的影响。

2.7　链烷烃的化学反应

2.7.1　热裂解反应

高温下烷烃中可以发生 C—H 和 C—C 均裂的反应，前者称为脱氢反应，后者称为断链反应，统称为热裂解反应，通式如下：

脱氢反应：$C_nH_{2n+2} \rightleftharpoons C_nH_{2n} + H_2$

断链反应：$C_nH_{2n+2} \rightleftharpoons C_mH_{2m} + C_kH_{2k+2}$　$(m+k=n)$

由于 C—H 键能比 C—C 键能大，因此直链烷烃断链反应比脱氢反应容易。一般地，断链反应主要产物是碳原子数较少的烷烃和烯烃，且在分子两端断裂的优势大于分子内断裂。

乙烷主要发生脱氢反应生成乙烯。己烷断链反应如下：

$$CH_3CH_2CH_2CH_2CH_3 \xrightarrow{高温} \begin{cases} \text{C1—C2 均裂} \longrightarrow CH_3 \cdot + \cdot CH_2CH_2CH_2CH_3 \\ \text{C2—C3 均裂} \longrightarrow CH_3CH_2 \cdot + \cdot CH_2CH_2CH_3 \\ \text{C3—C4 均裂} \longrightarrow CH_3CH_2CH_2 \cdot + \cdot CH_2CH_2CH_3 \end{cases}$$
己烷

己烷 C—C 裂解生成的烷基自由基，可以发生偶联、夺氢和歧化反应等。例如，甲基自由基和乙基自由基偶联生成丙烷：

$$CH_3 \cdot + \cdot CH_2CH_3 \longrightarrow CH_3CH_2CH_3$$

乙基自由基夺取丙烷的仲氢生成乙烷和异丙基自由基：

$$CH_3CH_2 \cdot + \overset{\overset{H}{|}}{CH_3CHCH_3} \longrightarrow CH_3CH_2 + CH_3\dot{C}HCH_3$$

1-丁基自由基和乙基自由基的歧化反应生成丁烷和乙烯：

$$CH_3CH_2CH_2CH_2 \cdot + \overset{\overset{H}{|}}{CH_2}{-}\dot{C}H_2 \longrightarrow CH_3CH_2CH_2CH_2 + CH_2{=}CH_2$$

使用特殊的催化剂（如沸石）可以控制裂解反应过程。沸石催化十二烷热裂解产生的混合物中，主要是含有 3 到 6 个碳的碳氢化合物：

$$\underset{\text{十二烷}}{CH_3(CH_2)_{10}CH_3} \xrightarrow{\text{沸石,482℃}} \underset{17\%}{C3} + \underset{31\%}{C4} + \underset{23\%}{C5} + \underset{18\%}{C6} + \underset{11\%}{\text{其他}}$$

催化剂可以加快热解速度，降低裂解反应温度，还能促使某些产物优先形成。催化剂加速反应的原因可能是使反应物经历新的途径生成产物，新途径所需活化能（E_{cat}）比没有催化剂时所经历的途径所需的活化能低，如图 2.17 所示。

虽然催化剂在其催化反应过程中不被消耗，但它可通过形成中间活性物质参与反应，并最终再生。因此，只需要少量的催化剂即可提高反应物的转化率。催化剂能改变反应的动力学，即能够提高反应达到平衡的速率，但不会影响平衡点的位置。

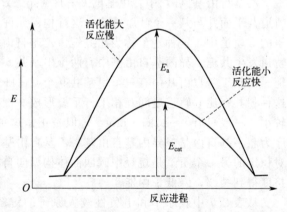

图 2.17　催化和非催化过程反应所需的活化能

2.7.2　氧化反应

烷烃只有比较稳定的 C—C 和 C—H 共价键，因此常温常压下与强酸、强碱、强氧化剂和强还原剂不反应，或反应速度很慢。但随着石油工业的发展，人们对烷烃的化学性质进行了大量研究，发现在适当温度、压力以及催化剂存在条件下可起反应，生成许多工业产品，现在烷烃已成为有机化学工业重要的原料之一。

2.7.2.1　燃烧反应和烷烃相对稳定性

燃烧反应遵循自由基反应机理，键的解离能越大，均裂后生成的自由基越活泼。利用键的解离能大小还能帮助人们分析有机反应热化学过程。为了比较烷烃相对稳定性，化学家们选择将化合物完全氧化（或称为燃烧），这是所有烃类或大部分有机物所共有的过程。这一过程就是将分子中所有碳原子转化为 CO_2（气体），将所有的氢转化为 H_2O（液体）。烷烃燃烧过程中两种产物的能量都很低，因此反应以热 $\Delta H^{\ominus}$（负值）的形式释放。

$$2C_nH_{2n+2}+(3n+1)O_2 \longrightarrow 2nCO_2+(2n+2)H_2O+热量（燃烧热）$$

完全燃烧释放出的热量称为燃烧热（$\Delta H^{\ominus}_{comb}$），许多燃烧热可高精度测量（表 2.9）。

表 2.9 一些有机化合物的燃烧热

化合物（状态）	名称	$\Delta H^{\ominus}_{comb}/(kJ \cdot mol^{-1})$
CH_4（气）	甲烷	-890.4
C_2H_6（气）	乙烷	-1559.8
$CH_3CH_2CH_3$（气）	丙烷	-2220.0
$CH_3(CH_2)_2CH_3$（气）	丁烷	-2876.1
$(CH_3)_3CH$（气）	2-甲基丙烷	-2867.7
$CH_3(CH_2)_3CH_3$（气）	戊烷	-3536.3
$CH_3(CH_2)_3CH_3$（液）	戊烷	-3509.5
$CH_3(CH_2)_4CH_3$（气）	己烷	-4194.5
$CH_3(CH_2)_4CH_3$（液）	己烷	-4163.1
CH_3CH_2OH（气）	乙醇	-1407.5
CH_3CH_2OH（液）	乙醇	-1366.9
$C_{12}H_{22}O_{11}$（固）	蔗糖	-5640.9

表 2.9 表明，烷烃的 $\Delta H^{\ominus}_{comb}$ 随着碳链增长而增加，这是因为长链烷烃系列具有更多的碳和氢。直链烷烃每增加一个 CH_2，燃烧热平均增加约 $660kJ \cdot mol^{-1}$。比较燃烧热时还必须考虑化合物燃烧时的物理状态（气体、液体或固体）。例如，液态和气态乙醇燃烧热相差 $40.6kJ \cdot mol^{-1}$，这个差值正好是液态到气态的蒸发热。

构造异构体含有相同碳数和氢数，然而它们燃烧时放出的热量并不相等。比如丁烷的燃烧热为 $-2876.1kJ \cdot mol^{-1}$，而 2-甲基丙烷（异丁烷）的燃烧热为 $-2867.7kJ \cdot mol^{-1}$。如图 2.18 所示，丁烷比 2-甲基丙烷的燃烧热低了 $8.4kJ \cdot mol^{-1}$，说明丁烷在热力学上没有它的异构体 2-甲基丙烷稳定。因此，具有相同碳原子数的烷烃异构体，直链的燃烧热最大，随支链数增加，燃烧热下降。

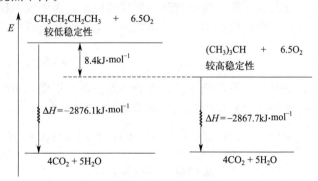

图 2.18 丁烷和 2-甲基丙烷的燃烧热和相对稳定性

2.7.2.2 烷烃的部分氧化反应

烷烃与氧在常温下不起反应，但在氧或空气和催化剂存在下，烷烃经部分氧化可转换为醇、醛、酮、酸等，这是工业上制备含氧有机化合物的重要方法。虽然氧化过程复杂，氧化的位置各异，产物是混合物，但是烷烃来源丰富，已成为非常重要的有机化工原料。例如：

$$CH_3CH_2CH_3 \xrightarrow[\text{250℃,17MPa}]{\text{空气,金属氧化物}} CH_3OH + CH_3COOH + CH_3COCH_3$$
丙烷　　　　　　　　　　　　甲醇　　　乙酸　　　丙酮

以石蜡（$C_{10}\sim C_{20}$）等高级烷烃为原料，在高锰酸钾、二氧化锰等催化下，用空气或氧气氧化烷烃制备高级脂肪酸等，其中 $C_{12}\sim C_{18}$ 的脂肪酸可以代替动植物油脂制造肥皂、表面活性剂等。

低级烷烃的蒸气与空气混合达到一定比例时，遇火焰或火花即迅速燃烧，迅速释放大量热，热不能迅速消散，致使产生的氧化碳和水蒸气突然膨胀，产生剧烈的爆炸现象。例如，甲烷在空气中含量达到 4.9%～16%（体积分数）时，遇火或静电立即爆炸，矿井瓦斯爆炸就是甲烷达到爆炸极限时引起的。

氧气量不足，可使烷烃燃烧不充分而产生有毒气体一氧化碳。汽油在汽缸中很难完全燃烧，故汽车排放的废气中含有一氧化碳，造成空气污染。但在工业上可利用甲烷不完全燃烧制备炭黑，它在橡胶、塑料和印刷油墨等中应用广泛。

$$CH_4 + O_2 \longrightarrow C(炭黑) + 2H_2O$$

2.7.3　取代反应

在高温或光照条件下，烷烃与氯气、溴、硝酸、硫酸等可以发生取代反应，生成相应的卤代烷、硝基化合物、烷基磺酸化合物。由于反应条件剧烈，产物往往是复杂的混合物，包括一元取代、多元取代，甚至可能有 C—C 断裂的产物。因此，除了少数特殊的情况外，烷烃的取代反应不作为合成的方法。

2.7.3.1　卤代反应

有机物分子中的氢原子被卤原子取代，生成卤代物并放出卤化氢的反应称为卤代反应。烷烃的卤代反应主要是指氯代和溴代反应，反应条件是加热或光照。

$$R-H + X_2 \xrightarrow{\triangle \text{或} h\nu} R-X + HX(X=Cl,Br)$$

烷烃与氟反应时放出大量的热，是爆炸性的。虽然可以采用惰性气体稀释的方法来控制，但仍过于激烈，因此很少采用。烷烃与碘的反应较困难，因生成的碘化氢是还原剂，反应平衡偏向反应物一方，直接碘代也不常用。卤代反应为自由基链反应，下面将详细介绍。

2.7.3.2　硝化反应

烷烃的硝化反应也是在高温下才能进行，十分激烈。除了甲烷与硝酸的反应能较好控制得到硝基甲烷外，其他烷烃一般只能得到混合的硝基化合物。例如：

$$CH_3CH_2CH_3 \xrightarrow[\text{420℃}]{HNO_3} CH_3CH_2CH_2NO_2 + (CH_3)_2CHNO_2 + CH_3CH_2NO_2 + CH_3NO_2$$
　　　　　　　　　　　　　25%　　　　　40%　　　　10%　　　　25%

工业上利用气相硝化反应生产低级硝基烷烃的混合物。

2.7.3.3　磺化和氯磺化反应

在高温下烷烃与硫酸反应生成烷基磺酸。例如，乙烷磺化得到乙基磺酸。

$$CH_3CH_3 + H_2SO_4 \xrightarrow{400℃} CH_3CH_2SO_3H + H_2O$$

在紫外线照射下，高级烷烃与 SO_2 和氯气组成的混合物反应，生成烷基磺酰氯，然后与氢氧化钠反应得到烷基磺酸钠，一种阴离子型表面活性剂。

$$\begin{array}{c} \text{R—H} \\ C_{14}\sim C_{16} \end{array} +SO_2+Cl_2 \xrightarrow{h\nu} \underset{\text{烷基磺酰氯}}{\text{R—SO}_2\text{Cl}} \xrightarrow{\text{NaOH}} \underset{\text{烷基磺酸钠}}{\text{R—SO}_2\text{ONa}}$$

2.8　烷烃卤代反应机理

有机反应机理是有机分子从反应物通过化学反应变成产物所经历的全部过程的详细描述，又称有机反应历程。反应机理涉及化学反应过程中原子的运动状态与路线，电子云密度及电子的移动方向，化学键的种类与改变，空间结构等一些性质。在一步反应（反应物只经过过渡态到产物的反应，又称基元反应）中，反应物经过过渡态直接转化为产物。在两步及两步以上多步反应中，形成一个或多个活性中间体再转化为产物，从反应物到活性中间体，从一个活性中间体到另一个活性中间体，从活性中间体到产物，都要分别经过过渡态，即任何一个一步反应都要经过过渡态。对于有 n 个活性中间体的反应（多步反应），存在着 $n+1$ 个过渡态。了解了这些活性中间体和过渡态的结构、能量、性质，也就阐明了这个反应的机理。了解了反应机理过程，也就阐明了化学键断裂和形成的顺序以及与每一步反应相关的能量变化。利用这些信息对于分析复杂分子可能发生的转变，理解反应发生所需的实验条件，都有很大的价值。

2.8.1　甲烷氯代反应机理

烷烃的卤代反应在高温、光照或自由基引发剂作用下进行。甲烷经氯代反应转化为氯甲烷存在如下实验事实：①甲烷与氯气混合物在黑暗中不加热，则无反应；②甲烷与氯气混合物经紫外线照射后，即使在黑暗中也可以继续反应；③甲烷与氯气混合物加热到 300℃ 高温，在黑暗中也能反应；④甲烷与氯气混合物，即使在 1 个光子作用下，也能产生许多分子的卤代产物；⑤氧气的存在，能延缓或抑制卤代反应；⑥有少量更高级的卤代烷烃生成，比如甲烷与氯气经光照反应有少量氯代乙烷生成。

甲烷和氯气在 300℃（用△表示加热）以上或用紫外线照射（用 $h\nu$ 表示光照）时反应，生成产物主要是一氯甲烷（CH_3Cl）、二氯甲烷（CH_2Cl_2）、三氯甲烷（$CHCl_3$）和四氯化碳（CCl_4）的混合物。

根据甲烷氯代反应现象和生成产物的实验事实，甲烷的氯代反应过程遵循自由基反应机理。与大多数自由基反应的机理一样，包括三个阶段：链引发、链传递和链终止反应。

（1）链引发反应

甲烷的 C—H 断裂需要 $439kJ \cdot mol^{-1}$ 的能量，Cl—Cl 键断裂需要 $243kJ \cdot mol^{-1}$ 的能量。因此，在加热或光照条件下 Cl_2 获得能量，Cl—Cl 共价键均裂生成两个高能量的氯原子（也称氯自由基），它是启动氯代反应所必需的过程，因此将这个反应过程称为自由基引发，又称链的引发。

$$\ddot{\overset{..}{\text{Cl}}}\text{—}\ddot{\overset{..}{\text{Cl}}}\text{:} \xrightarrow{\triangle\text{或}h\nu} 2\ddot{\overset{..}{\text{Cl}}}\cdot \quad \Delta H^\ominus = DH^\ominus = 243kJ \cdot mol^{-1}$$

引发步骤产生的自由基（本反应是氯原子），使整个反应中的后续发生成为可能。

（2）链传递反应

高能量的氯原子一旦产生，便从甲烷中夺取 1 个氢原子生成 HCl，甲烷失去氢原子所剩余的部分称为甲基自由基（$\cdot CH_3$）。这是链传递的第一步反应（第一个基元反应）。

$$\ddot{\overset{..}{\text{Cl}}}\cdot \; + \; \text{H—CH}_3 \longrightarrow \text{H—Cl} + \cdot CH_3$$

高活性氯原子从甲烷中夺氢生成甲基自由基，反应过程碳原子的轨道变化以及所经历的过渡态描述如图 2.19 所示。

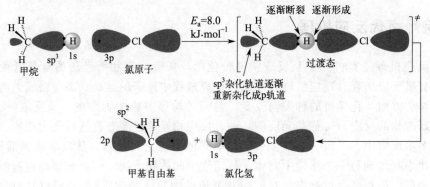

图 2.19　氯原子夺取甲烷氢原子形成甲基自由基和氯化氢反应过程近似轨道描述

四面体的甲烷到平面形的甲基自由基中间体，反应热 $\Delta H_1^{\ominus} = DH^{\ominus}(\mathrm{CH_3—H}) - DH^{\ominus}(\mathrm{H—Cl}) = 439 - 431 = +8.0\mathrm{kJ\,mol^{-1}}$，是正值，即这一过程是吸热反应，对向产物生成的平衡反应是不利的。从图 2.20 看出，甲烷与氯原子反应生成甲基自由基只经历一过渡态，处于能量的最高点，过渡态的能量比反应物高了 $17\mathrm{kJ \cdot mol^{-1}}$，为了使反应发生，还需提供最少 $17\mathrm{kJ \cdot mol^{-1}}$ 的能量，这个额外能量称为活化能。过渡态是 H—Cl 的形成与 C—H 的断裂基本同时进行的状态，放在图 2.20 右上角有标记的方括号中。

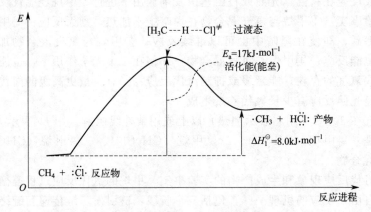

图 2.20　甲烷与氯原子第一步反应进程能量变化曲线

甲基自由基比氯原子更活泼，因此它与氯分子反应（第二步反应），生成一氯甲烷和一个新的氯原子。

$$\mathrm{\overset{..}{\underset{..}{Cl}}{-}\overset{..}{\underset{..}{Cl}}{:} + \cdot CH_3 \longrightarrow CH_3{-}Cl + :\overset{..}{\underset{.}{Cl}}\cdot}$$

第二步反应过渡态的能量比反应物高了 $4\mathrm{kJ \cdot mol^{-1}}$（活化能），小于第一步反应的活化能（$17\mathrm{kJ \cdot mol^{-1}}$），因此反应速率大于第一步，且 $\Delta H_2^{\ominus} = DH^{\ominus}(\mathrm{Cl—Cl}) - DH^{\ominus}(\mathrm{C—Cl}) = -113\mathrm{kJ \cdot mol^{-1}}$，是放热反应。所以在随后的反应中，生成的甲基自由基被快速消耗，使第一步反应的不利平衡（因为吸热）向有利于产物甲基自由基方向进行。如图 2.21 所示。

总反应仍是放热反应，反应热是两步反应热的总和，即 $\Delta H_{\text{总}}^{\ominus} = 105\mathrm{kJ \cdot mol^{-1}}$，计算如下：

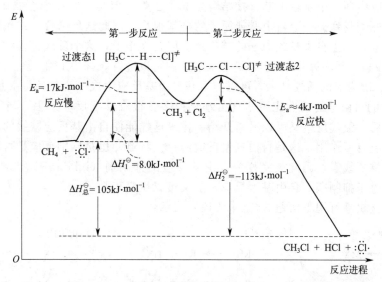

图 2.21 甲烷和氯气链传递反应生成 CH_3Cl 和氯化氢的完整势能图

$$CH_4 + \overset{\cdot\cdot}{\underset{\cdot\cdot}{Cl}}\cdot \longrightarrow CH_3\cdot + HCl \qquad \Delta H_1^{\ominus} = +8kJ \cdot mol^{-1}$$

$$CH_3\cdot + Cl_2 \longrightarrow CH_3Cl + \overset{\cdot\cdot}{\underset{\cdot\cdot}{Cl}}\cdot \qquad \Delta H_2^{\ominus} = -113kJ \cdot mol^{-1}$$

$$CH_4 + Cl_2 \longrightarrow CH_3Cl + HCl \qquad \Delta H_{总}^{\ominus} = -105kJ \cdot mol^{-1}$$

第二步生成的新氯原子再与甲烷反应，又产生新的甲基自由基，如此循环反应下去，理论上一个高能量的氯原子就可以使千万个甲烷分子发生取代，生成氯甲烷。

随着反应的进行，体系中生成的氯甲烷和起始反应物甲烷会一起与氯原子进行竞争反应，即氯原子也可以夺取氯甲烷的氢原子生成氯甲基自由基（·CH_2Cl），后者与氯分子反应得到二氯甲烷（CH_2Cl_2）。生成的二氯甲烷同样能和氯原子进行竞争反应，生成三氯甲烷。生成的三氯甲烷还能参与和氯原子竞争，生成四氯化碳，最终得到氯代甲烷的混合物。

$$CH_3Cl + \overset{\cdot\cdot}{\underset{\cdot\cdot}{Cl}}\cdot \longrightarrow \cdot CH_2Cl + HCl$$

$$\cdot CH_2Cl + Cl_2 \longrightarrow CH_2Cl_2 + \overset{\cdot\cdot}{\underset{\cdot\cdot}{Cl}}\cdot$$

$$CH_2Cl_2 + \overset{\cdot\cdot}{\underset{\cdot\cdot}{Cl}}\cdot \longrightarrow \cdot CHCl_2 + HCl$$

$$\cdot CHCl_2 + Cl_2 \longrightarrow CHCl_3 + \overset{\cdot\cdot}{\underset{\cdot\cdot}{Cl}}\cdot$$

$$\cdots\cdots$$

理论上，一个氯自由基的引发，可以产生许多氯代甲烷分子，故称为链的增长或链传递过程。在反应过程中，每一步反应都消耗了一个活性自由基，同时又产生了另一个高活性自由基，使下一步反应能够进行，像一环接一环的锁链一样，所以这种反应又叫链锁反应。

（3）链终止反应

在甲烷与氯气反应的产物中发现了少量的乙烷。生成少量乙烷的原因是自由基和自由基之间偶合形成共价键。在甲烷氯代过程中，下列反应都是可能发生的。

$$\overset{\cdot\cdot}{\underset{\cdot\cdot}{Cl}}\cdot + \cdot\overset{\cdot\cdot}{\underset{\cdot\cdot}{Cl}} \longrightarrow Cl_2$$

$$CH_3\cdot + \cdot\overset{\cdot\cdot}{\underset{\cdot\cdot}{Cl}} \longrightarrow CH_3Cl$$

$$CH_3\cdot + CH_3\cdot \longrightarrow CH_3CH_3$$

$$CH_3\cdot + \overset{\cdot\cdot}{\underset{\cdot\cdot}{O}} - \overset{\cdot\cdot}{\underset{\cdot\cdot}{O}}\cdot \longrightarrow CH_3 - \overset{\cdot\cdot}{\underset{\cdot\cdot}{O}} - \overset{\cdot\cdot}{\underset{\cdot\cdot}{O}}\cdot$$

$$\cdots\cdots$$

第三个反应中两个甲基自由基直接结合生成了乙烷。但是，它在混合物中浓度非常低，一个自由基或原子找到另一个自由基或原子的概率很小，因此这种结合方式相对较少。当这个反应一旦发生，产生自由基或原子的链传递反应就终止了，这个反应过程称为链终止。

甲烷氯代反应中平均每个自由基在终止反应之前可以进行 5000 次以上反应，但氧能减缓自由基反应速率。因为氧的活性很大，可以与甲基自由基反应生成一个新的自由基（·O—O—CH_3），这个新的自由基的活性比甲基自由基小得多，很难继续反应下去，当少量的氧被甲基自由基结合后，氯代反应又可以重新开始。像氧这样能使自由基反应减缓的物质，即使它的含量不多也能有所作用，这是自由基型反应的一大特点，也是判别反应是否为自由基型反应过程的一个重要线索，因此氧又称为自由基反应的抑制剂（inhibitor）。反应被抑制的时期为抑制期，过了抑制期，自由基型反应一般又可以恢复正常。

自由基反应机理可用下面通式（三个阶段）表示：

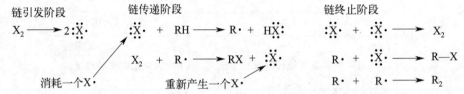

引发反应只需少量自由基进入链传递反应，因为在链传递过程中可重新产生自由基。链传递的第一步消耗掉一个自由基，第二步就产生一个新的自由基，新生成的自由基又进行链传递反应。一般一个自由基进入链传递，可以驱动数千个链循环反应。

甲烷与氯气反应生成氯甲烷的实际问题之一是产品选择性的控制。如前所述，如果想获得较多一氯甲烷，解决的办法是在反应中使用远远过量的甲烷。这种条件下，反应中活性氯原子在任何给定的时刻都被大量的甲烷所包围，使氯原子与氯代甲烷反应的机会大大减少，因此主要产物为一氯甲烷，实现了产品的选择性。

2.8.2　甲烷卤代反应的热化学分析

一个化学反应，除了要关注产物的生成外，对反应涉及的能量变化，即热化学性质也必须给予重视。能量的变化不仅涉及反应的快慢，更决定反应能否发生。

热化学分析是从能量的角度考察为什么烷烃卤代反应会按照上面所述的过程进行。首先，为什么自由基引发阶段是产生高能氯原子而不是甲基自由基？这要从它们共价键的解离能着手，已知 Cl—Cl 的解离能 243kJ·mol^{-1}，比甲烷中 CH_3—H 的解离能 439kJ·mol^{-1} 要低，所以是 Cl_2 均裂产生氯原子引发。

氯原子形成后，有两种可能方式，要么按下面（1）式反应直接生成 CH_3Cl 和一个氢自由基，要么按（2）式反应生成 ·CH_3 和 HCl。

$$Cl· + CH_3—H \longrightarrow CH_3Cl +·H \qquad (1) \qquad \Delta H_{(1)}^{\ominus} = 83kJ·mol^{-1}$$

$$CH_3—H +·Cl \longrightarrow ·CH_3 + HCl \qquad (2) \qquad \Delta H_{(2)}^{\ominus} = 8kJ·mol^{-1}$$

从表面看来，这两个反应历程似乎都能说明所有的实验事实。但是，按（1）式反应的热效应为 $\Delta H_{(1)}^{\ominus} = 83kJ·mol^{-1}$，它是断裂 CH_3—H（$\Delta H = 439kJ·mol^{-1}$）和形成 CH_3—Cl（$\Delta H = -356kJ·mol^{-1}$）的键解离能之和（或绝对值之差），"正"值是吸热反应。而按（2）式反应时的热效应为 $\Delta H_{(2)}^{\ominus} = 8kJ·mol^{-1}$，它是断裂 CH_3—H（$\Delta H = 439kJ·mol^{-1}$）和形成 H—Cl（$\Delta H = -431kJ·mol^{-1}$）的键解离能之和，也是吸热反应。但是，（2）式反应

吸热量小，生成甲基自由基比较容易。显然，按高吸热反应（1）生成 CH_3Cl 比较困难，因此反应按生成甲基自由基（2）式路径进行。

事实上，反应按（2）发生的概率比按（1）大得多，在 275℃ 时两者相差约 250 万倍。因此，由于反应（2）发生使反应（1）发生的概率几乎为零。在反应（1）和（2）两个可能的竞争反应中，反应总是按一种能量上最有利、最容易发生的过程进行。

但是，对于反应式（2）来说，如果仅提供给它 $8kJ \cdot mol^{-1}$ 的能量，反应也不足以发生。因为反应中键的断裂和生成不总是同时发生的，一个键形成所释放的能量不是恰好被另一个键断裂时吸收。为了使反应（2）发生，还必须额外地提供最少 $17kJ \cdot mol^{-1}$ 的能量，这个使反应发生所必须提供的最低限度的能量即为活化能（E_a）。

一旦反应（2）发生生成 $\cdot CH_3$ 后，再与 Cl_2 反应生成 CH_3Cl 和新的氯自由基，即进入甲烷链传递阶段是一个放热反应。因此，当反应物获得 $17kJ \cdot mol^{-1}$ 的活化能，经有效碰撞生成第一过渡态后，反应便可自发进行。活化能 $E_活$ 或 E_a 值可由式 $v = k e^{-\frac{E}{RT}}$，通过测试不同温度下的反应速率 v 计算得到。

同样方法，可以分别计算出氟代、溴代和碘代反应的反应热。计算结果如表 2.10 所示。

表 2.10　甲烷与卤素反应涉及键的解离能和反应热效应（ΔH）数据

单位：$kJ \cdot mol^{-1}$

X	$CH_3{-}H + \cdot X \longrightarrow \cdot CH_3 + H{-}X$			$X{-}X + \cdot CH_3 \longrightarrow X + CH_3{-}X$			$\Delta H_{Reac} = \Delta H_1 + \Delta H_2$
	键能	ΔH_1	键能	键能	ΔH_2	键能	
氟	439	−121	−565	155	−305	−460	−426
氯	439	8	−431	243	−113	−356	−105
溴	439	71	−368	188	−105	−293	−34
碘	439	142	−297	151	−83	−238	59

表 2.10 说明，氟代反应剧烈放热，放热高达 $426kJ \cdot mol^{-1}$，反应速率过快而难以控制。氯代和溴代反应放热适中，易于控制，比较常用。碘代需要吸热 $55kJ \cdot mol^{-1}$，反应难以进行。因此，甲烷的卤代反应，不同卤素的反应活性顺序是氟＞氯＞溴＞碘。

应该注意的是，单纯用反应热来讨论反应活性并不完全正确，因为反应热仅仅表示反应物和产物之间的热力学能差，而决定反应速率的是活化能的大小。即使反应是放热的，它们仍需得到一定的活化能后才能发生反应，就像甲烷的氯代反应，需要光照或者加热至 300℃ 高温才能反应。所有的化学反应中，分子之间若有不止一种反应途径时就会产生竞争反应，而活化能低的反应总是优先发生。

2.8.3　烷基自由基的存在

烷基自由基的存在，最早是通过图 2.22 所示的铅镜实验所证实。往一石英玻管中通入四甲基铅 $Pb(CH_3)_4$，在管的中间处小心加热，使四甲基铅受热分解。可观察到管内受热处慢慢产生光亮的铅沉积，而在管子出口，可获得由两个甲基自由基偶合而成的乙烷。

现代许多物理和化学手段，如顺磁共振技术、自由基截获反应等，都能证明烷基自由基的存在。某些稳定的烷基自由基，如三苯甲基自由基 $(C_6H_5)_3C\cdot$ 在室温无氧条件下可以存在，很容易被检测到。烷基自由基的存在，从实验上有力地证明了烷烃卤代反应遵循自由基机理。

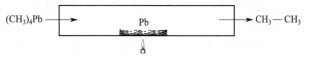

图 2.22　证明烷基自由基存在的铅镜实验

2.8.4 烷烃中不同类型氢的反应活性

2.8.4.1 烷烃中氢氯代反应的相对活性

除了甲烷和乙烷外，烷烃分子中有伯氢、仲氢和叔氢，致使一元卤代反应发生在不同的位置，得到卤代产物的混合物。例如，丙烷一氯代产物是 2-氯丙烷和 1-氯丙烷（异丙基氯）的混合物。

$$CH_3-CH_2-CH_3 + Cl_2 \xrightarrow[室温]{h\nu} \underset{57\%（2个仲氢贡献）}{CH_3-\overset{\overset{\displaystyle Cl}{|}}{CH}-CH_3} + \underset{43\%（6个伯氢贡献）}{CH_3-CH_2-CH_2-Cl}$$

丙烷有 2 个仲氢原子，被取代产物占比为 57%，比 6 个伯氢被取代产物的占比（43%）还大，这说明在同样条件下，仲氢的反应活性比伯氢高。仲氢每个氢对产物比例的贡献为（57/2），伯氢每个氢对产物比例的贡献为（43/6），则仲氢与伯氢相对反应活性之比为：仲氢/伯氢＝(57÷2)/(43÷6)≈4:1，即仲氢的反应活性是伯氢的 4 倍。

异丁烷一氯代产物是 2-氯-2-甲基丙烷和 1-氯-2-甲基丙烷的混合物：

$$CH_3-\overset{\overset{\displaystyle CH_3}{|}}{CH}-CH_3 + Cl_2 \xrightarrow[室温]{h\nu} \underset{2-氯-2-甲基丙烷（33\%）}{CH_3-\overset{\overset{\displaystyle CH_3}{|}}{\underset{\underset{\displaystyle Cl}{|}}{C}}-CH_3} + \underset{1-氯-2-甲基丙烷（67\%）}{CH_3-\overset{\overset{\displaystyle CH_3}{|}}{CH}-CH_2-Cl}$$

异丁烷一氯代产物的比例说明，叔氢的反应活性更高。异丁烷中一个叔氢被取代的占比高达 33%，而 9 个伯氢的一氯代产物占比才 67%。在室温光照条件下，叔氢和伯氢的氯代反应活性之比为：叔氢/伯氢＝(33÷1)/(64÷9)≈5:1，即叔氢的反应活性约是伯氢的 5 倍。

伯氢、仲氢和叔氢的键裂解能依次减小，键裂解能越小，键越弱，越易均裂。因此，室温、光照下，烷烃中叔氢、仲氢和伯氢的氯代反应速率比约为 5:4:1。

2.8.4.2 烷烃中氢溴代反应的相对活性

如果将丙烷和异丁烷分别进行溴代反应，它们一溴代产物的比例又如何呢？

$$CH_3-CH_2-CH_3 + Br_2 \xrightarrow[室温]{h\nu} \underset{97\%（2个仲氢贡献）}{CH_3-\overset{\overset{\displaystyle Br}{|}}{CH}-CH_3} + \underset{3\%（6个伯氢贡献）}{CH_3-CH_2-CH_2-Br}$$

溴代反应中，仲氢与伯氢活性比为（97÷2）/(3÷6)＝97:1，即仲氢反应活性是伯氢的 97 倍。这一反应结果表明烷烃进行溴代和氯代反应时，仲氢溴代比氯代反应的选择性高很多，这一反应在合成上有应用价值。

$$CH_3-\overset{\overset{\displaystyle CH_3}{|}}{CH}-CH_3 + Br_2 \xrightarrow[室温]{h\nu} \underset{99.5\%（1个叔氢贡献）}{CH_3-\overset{\overset{\displaystyle CH_3}{|}}{\underset{\underset{\displaystyle Br}{|}}{C}}-CH_3} + \underset{0.5\%（9个伯氢贡献）}{CH_3-\overset{\overset{\displaystyle CH_3}{|}}{CH}-CH_2-Br}$$

叔氢与伯氢活性比约为（99.5÷1）/(0.5÷9)≈1800:1。因此，烷烃中叔氢、仲氢和伯氢溴代反应速率比约为 1800:97:1，这意味着，烷烃中只要有叔氢，那么产物中主要是叔氢溴代产物。

实验事实说明，无论是氯代或溴代反应，烷烃中不同类型氢的反应活性次序为 3°>2°>1°>甲烷中的氢，这与相应烷基自由基的稳定性次序一致。下面以丙烷溴代为例说明。链引发后，溴原子夺取丙烷中的氢，可以形成异丙基自由基和正丙基自由基。由于异丙基自由基稳定、易生成，故在竞争反应中占优势，图 2.23 描绘了这一反应的能量关系。

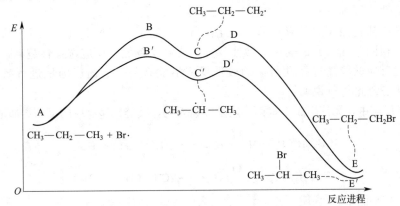

图 2.23　丙烷溴代反应的能量变化示意图

图 2.23 说明，由反应物 A 出发，经 BCD 路线生成 1-溴丙烷，经 B′C′D′ 路线则生成 2-溴丙烷。B′C′D′ 路线的中间产物 C′（异丙基自由基）能量比 BCD 路线的中间产物 C（丙基自由基）低，故反应主要按 B′C′D′ 进行。虽然活性中间体 C′ 比 C 稳定，但为什么第一过渡态 B′ 比 B 的能量低呢？由于过渡态不能稳定存在且难以直接研究，Hammond 假说认为，过渡态的结构和能量与其涉及的反应物和产物有关。如果分子的能量改变不大，其结构改变也不会太大，因此，过渡态的结构应与同一曲线上能量相近的分子（反应物 A、中间产物 C′ 或产物 E′）的结构相近。由于丙烷溴代是从相同反应物 A 出发，那么过渡态 B′ 和 B 应和相应的活性中间体 C′ 和 C 的能量有关。既然 C′ 的能量比 C 低，那么 B′ 的能量也就比 B 低，即按 AB′C′E′ 路径活化能低，因此生成 2-溴丙烷的速率要快，2-溴丙烷的比例就高。

2.8.4.3　溴代反应和氯代反应的选择性差异

反应选择性是指在特定条件下，同一底物分子在不同位置或方向上所生成的反应产物有好几种可能性。反应选择性包括化学选择性、区域选择性、官能团选择性和立体选择性等。由于有机反应副反应多，若反应选择性大，几种可能产物所占比例差别就大。若反应选择性小，几种可能产物所占比例差别就小。

烷烃中同时有叔氢原子、仲氢原子和伯氢原子时，它们氯代反应相对活性约为 5∶4∶1，即氯原子对三种氢的反应选择性并不太高，因此常常得到一氯代异构体的混合物。这些异构体的沸点相差不大，不易分离，因此烷烃的氯代反应不宜用来制备纯的氯代烷烃。当然，甲烷、乙烷和新戊烷等分子中只有一种氢，它们和氯反应制备一氯代产物相对单一，才具有实际意义。

烷烃中同时有叔氢原子、仲氢原子和伯氢原子发生溴代反应时，其相对活性之比为 1800∶97∶1。由于三种氢溴代反应活性差别如此之大，在同样反应条件下，溴代反应选择性远远高于氯原子，以至于烷烃溴代反应主要得到高比例的叔氢原子或仲氢原子被取代的溴代物。这种可能生成几种构造异构产物，却主要得到其中一种的反应，称为区域选择性反应（regioselective reaction）。反应的选择性高，有利于合成纯的有机物。

在整个有机化学学习过程中，应该经常注意有机反应选择性（或反应活性）的问题。主要有：①同一有机分子中不同位置的原子或基团对同一试剂的相对反应活性不同，即存在区域反应选择性，例如，丙烷或异丁烷中两种氢溴代反应活性，具有较大的选择性差异；②各种试剂对同一有机化合物的反应活性不同，即反应选择性，例如，丙烷或异丁烷中两种氢分别进行氯代和溴代反应，溴代比氯代选择性高得多；③相同官能团的不同有机化合物对同一试剂的反应活性不同等。

升高温度对活化能高的反应有利，因此在高于室温下，三种氢进行氯代反应活性的差异性还要减少。相同条件下，试剂反应活性越低，或温度越低，反应选择性越高，这是一普遍性规律。溴代反应的较高选择性与溴的较低反应活性有关。下面以丙烷进行氯代和溴代为例，应用过渡态理论进行说明。

丙烷氯代反应中，无论生成 1-氯丙烷还是 2-氯丙烷，其链传递反应的第一步都是放热反应。

$$CH_3CH_2CH_2—H + \cdot Cl \longrightarrow CH_3CH_3\dot{C}H_2 + HCl$$

$$(CH_3)_2CH—H + \cdot Cl \longrightarrow (CH_3)_2\dot{C}H + HCl$$

根据表 2.7 共价键的解离能，氯原子夺取丙烷伯氢的反应热 $\Delta H_{伯}^{\ominus} = DH^{\ominus}(CH_3CH_2CH_2—H) - DH^{\ominus}(H—Cl) = -8.0kJ \cdot mol^{-1}$。氯原子夺取丙烷仲氢的反应热 $\Delta H_{仲}^{\ominus} = DH^{\ominus}[(CH_3)_2CH—H] - DH^{\ominus}(H—Cl) = -19.0kJ \cdot mol^{-1}$，它们都是放热反应。

而丙烷溴代，无论生成 1-溴丙烷还是 2-溴丙烷，其链传递反应的第一步都是吸热反应。

$$CH_3CH_2CH_2—H + \cdot Br \longrightarrow CH_3CH_2\dot{C}H_2 + HBr$$

$$(CH_3)_2CH—H + \cdot Br \longrightarrow (CH_3)_2\dot{C}H + HBr$$

根据表 2.7 共价键的解离能，溴原子夺取丙烷伯氢的反应热 $\Delta H_{伯}^{\ominus} = 55.0kJ \cdot mol^{-1}$。溴原子夺取丙烷仲氢的反应热 $\Delta H_{仲}^{\ominus} = 44.0kJ \cdot mol^{-1}$，它们都是吸热反应。

根据 Hammond 假说，对于放热（活化能一般较小）和吸热（活化能一般较大）的基元反应，相对而言，放热基元反应的活化能不高，过渡态形成得早，其结构与反应物相似。而吸热基元反应的活化能高，过渡态形成得晚，其结构与产物相似。如图 2.24 所示，丙烷氯代时，两种第一过渡态的结构与反应物丙烷分子相似，故差别不大，能量相近，因此反应的选择性低。而丙烷溴代时活化能高，两种第一过渡态的结构，则分别与其活性中间体烷基自由基相似，故这两种过渡态之间差别大，反应速率有明显区别，体现较高的反应选择性。

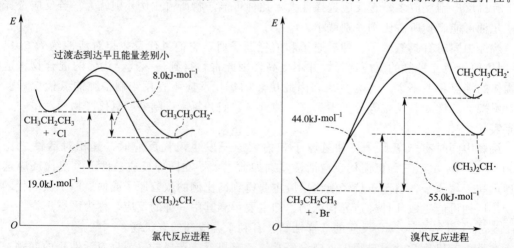

图 2.24　丙烷氯代和溴代的基元反应能量与反应进程曲线

综上所述，影响卤代反应产物异构体相对产率（反应选择性）的主要因素有三个：氢原子反应活性、氢原子个数和卤原子的反应活性。

2.9　烷烃与自然生活

神奇的大自然中，蜜蜂在给花授粉。似乎花在"本能地告诉蜜蜂给哪朵花授粉……"，而蜜蜂本能地知道哪朵花需要授粉。这种花能产生一种雌蜂所特有的、复杂的碳氢化合物混合物，用它的香味来吸引雄蜂，这种碳氢化合物混合物就是性引诱剂，是一种信息素，是特定物种所特有。研究发现兰花叶蜡的成分几乎与安德雷娜蜜蜂性信息素相同，能引诱雄性安德雷娜蜜蜂为其授粉。叶蜡主要由直链烷烃二十三烷（$C_{23}H_{48}$）、二十五烷（$C_{25}H_{52}$）和二十七烷（$C_{27}H_{56}$）组成，三者之比为 3∶3∶1。这是一个典型的"化学模仿"的案例，即一种物种使用一种化学物质来引起另一种物种想要的反应。兰花比大多数植物更具创新性，因为它的花瓣形状和颜色几乎与昆虫相似，而且能产生高浓度的类似信息素的混合物。这种现象的研究发现者称之为"性诈骗"，这种特殊的兰花对雄蜂产生了无可救药的吸引力。

2018 年，我国能源形式如下。①我国一年生产和消耗原油分别为 1.89 亿吨和 6.4 亿吨，进口依赖度接近 72％。②我国自产和消耗天然气分别为 1500 亿 m^3 和 2500 亿 m^3，进口依赖度约 41％。③我国水电理论计算装机容量有 7 亿千瓦，实际能开发利用的只有约 4 亿千瓦，2018 年已经开发了 3.5 亿千瓦，能开发利用的水电能源基本开发完了。④我国核电装机容量 4400 万千瓦。⑤可再生能源，包括风电、光伏、生物、海洋、潮汐和地热能等，2018 年风电能装机容量 1.87 亿千瓦，光伏装机容量 1.75 亿千瓦，但这两项入国网的电量很少。这五种形式能源加在一起相当于约 8 亿吨标准煤，而 2018 年我国需要共用掉 47 亿吨标准煤。其余 39 亿吨标准煤主要来自于煤炭。2018 年我国原煤产量为 36.8 亿吨，折合为 25.7 亿吨标准煤。我国因能源资源缺少导致产需严重矛盾，未来我国需开发自产天然气，包括页岩气、煤尘气等，大力发展可再生能源、天然气水合物和深层地热能（干热岩）等技术。全球干热岩能量是地球所有化石能源总量的 30 倍。

以石油为基础的经济受到了严重问题的困扰，特别是因为地球上的石油资源有限，它的未来也是不可持续的。因此，未来化学工业与材料发展的理想模式是努力实现环境保护和可持续发展目标的绿色化学活动。包括但不限于：①防止浪费；②发展合成方法，应最大限度地将所有的起始材料合并到最终产品中（"原子经济"性）；③反应使用和产生具有功能功效但很少或没有毒性的物质；④发展通过在环境温度和压力下能进行的反应，应尽量减少能量要求；⑤原料是可再生的；⑥开发高效的催化过程。

石油裂解的绿色方法代表性例子是将线性烷烃转化为具有良好选择性的较高和较低的同系物。例如，将丁烷在 150℃通过沉积在二氧化硅上的 Ta 催化剂时发生复分解反应得到丙烷和戊烷：

完全符合原子经济性，需要比传统裂化低得多的温度，满足绿色反应的要求。

习题

2.1　写出下列化合物的构造式。

(1) 异己烷　　(2) 新戊烷　　　　　　(3) 3,3-二乙基戊烷　　(4) 异辛烷

(5) 3,4,5-三甲基-4-丙基辛烷　　　　(6) 仅含有伯氢，没有仲氢和叔氢的 C_5H_{12}

(7) 仅含有一个叔氢的 C_5H_{12}　　　(8) 仅含有伯氢和仲氢的 C_5H_{12}

(9) 由一个丁基和异丙基组成的烷烃　(10) 4-*t*-butylheptane

(11) 3-ethyl-2-methylpentane　　(12) 4-*tert*-butyl-5-methylnonane

(13) 2,2,4,4-tetramethylhenxane　　(14) 2,2,5-trimethyl-4-propylheptane

2.2 按系统命名原则命名下列化合物。

(1) $(CH_3)_2CHCH_2CH_2CH(CH_3)_2$

(2) $CH_3CH_2CH_2\underset{\underset{CH_3-CHCH_2CH_3}{|}}{CH}CH_2CH_3$

(3) $CH_3CH_2\underset{\underset{CH_3}{|}}{CH}CH_2\overset{\overset{CH_3}{|}}{\underset{\underset{CH_3}{|}}{C}}CH_2\underset{\underset{CH_3}{|}}{CH}CH_2CH_3$

(4) $CH_3CH_2\underset{\underset{CH_3-CHCH_3}{|}}{CH}CH_2\overset{\overset{C_2H_5}{|}}{C}CH_2CH_2CH_3$

(5) $(CH_3CH_2\underset{\underset{CH_3}{|}}{C}H CH_2CH_2CH_2)_2CH_2$

(6) $(CH_3CH_2)_2CH\overset{\overset{CH_3}{|}}{\underset{\underset{CH_3}{|}}{C}}CH_2CH_3$

(7)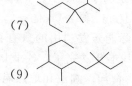

(8)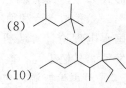

(9)

(10)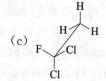

2.3 画出下列化合物的旋转内能曲线,并用 Newman 式表示曲线极值处的构象式。

(1) 2,3-二甲基丁烷的 C2-C3 σ 键旋转。(2) 2,2,3,3-四甲基丁烷的 C2-C3 σ 键旋转。

2.4 将下列三个透视式(锯架式),分别画成纽曼投影式,判断它们是不是相同的构象。

(a)　　　(b)　　　(c)

2.5 判断下面两组化合物是不是同一构象。

(1)　　　和　　　(2)　　　和

2.6 将下列烷烃按沸点由高到低的顺序排列。

(1) 己烷　(2) 癸烷　(3) 庚烷　(4) 2-甲基己烷　(5) 异己烷　(6) 2,3-二甲基丁烷

2.7 分别写出下列化合物的所有一元溴代产物,并判断各自主要产物。

(1) 2-甲基丁烷　　(2) 2,2,4-三甲基戊烷　　(3) 2,2,3-三甲基丁烷

2.8 计算下列两个化合物所得一元氯代或一元溴代产物的比例。

(1) $CH_3CH_2CH_2CH_3 + Cl_2 \xrightarrow[\text{室温}]{h\nu}$

(2) $CH_3\underset{\underset{CH_3}{|}}{CH}CHCH_3 + Br_2 \xrightarrow[\text{室温}]{h\nu}$ (上: CH_3)

2.9 将下列自由基分别按稳定性和反应活性由大到小的顺序排列。

(a)　　(b)　　(c)

2.10 写出下列化合物的最稳定构象。

(1) 1,2-二溴乙烷　　(2) $HOCH_2CH_2OH$ (乙二醇)

第 3 章

环烷烃

3.1 环烷烃的分类和命名

碳碳首尾相连呈环状的饱和烃称为环烷烃（cycloalkanes）。

3.1.1 环烷烃的分类

3.1.1.1 单环烷烃

分子中只有一个碳环，与链状烷烃相比，单环烷烃由于两端碳原子相连而减少了两个氢原子，因此单环烷烃的通式为 C_nH_{2n}，与单烯烃互为同分异构体。

为了书写方便，通常将环上的碳和氢省略，以平面正多边形表示环烷烃，例如：

单环烷烃根据环上碳原子数分为小环（3～4 个碳原子）、普通环（5～7 个碳原子）、中环（8～11 个碳原子）和大环（12 个及以上碳原子）。

3.1.1.2 二环烷烃和螺环烷烃

两个相邻环共用两个或多个碳原子（称为桥头碳）的化合物，称为桥环化合物。只有两个桥头碳的化合物，称为双环烷烃或二环烷烃。

两个相邻环之间共用一个碳原子（称为螺碳）的化合物，称为螺环烷烃。只有一个螺碳的化合物，称为（单）螺环烷烃。例如：

3.1.1.3 多环烷烃

多环烷烃是分子中共用两个以上桥头碳或至少有两个螺碳原子的化合物。例如：

3.1.1.4 联环烃

单环烷烃之间以共价键直接相连的化合物。例如：

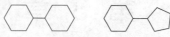

3.1.2 单环烷烃构造异构和顺反异构

单环烷烃的异构包括构造异构、顺反异构、旋光异构和构象异构。例如，C_5H_{10} 环烷烃的构造和顺反异构如下：

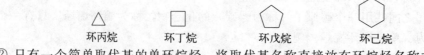

从（a）～（e）互为构造异构体。其中（e）存在顺反异构体（f）和（g）。

顺反异构是指构造相同，分子中原子（基团）在空间的排列方式不同。顺反异构是因为环的存在，使环上的 C—C 不能完全自由旋转而引起的。顺反异构是一种构型异构，如（e）中的两个甲基，其中（f）是两个甲基位于环所处平面的同侧，而（g）是两个甲基位于环所处平面的异侧，像（f）和（g）这种异构关系叫做顺反异构关系，是构型异构的一种。（f）和（g）顺反异构的原因是两个甲基不能通过碳-碳单键自由旋转互相转化，其是两个不同的化合物，它们的许多性质，如沸点等不一样：

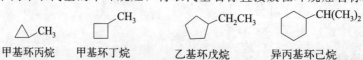

顺-1,2-二甲基环丙烷(b.p. 33℃)   反-1,2-二甲基环丙烷(b.p. 31.7℃)

两个取代基处于同一个碳上，无论两个取代基相同与否，不存在顺反异构体。例如：

1-溴-1-氯环丁烷

3.1.3 环烷烃的命名

3.1.3.1 单环烷烃的命名

① 没有取代基的单环烷烃，是在相应烷烃名称前加上"环"（英文名称前缀 cyclo）。

环丙烷   环丁烷   环戊烷   环己烷

② 只有一个简单取代基的单环烷烃，将取代基名称直接放在环烷烃名称之前，例如：

甲基环丙烷   甲基环丁烷   乙基环戊烷   异丙基环己烷

③ 如果有两个及以上相同或不同取代基时，先给环编号，并使环上取代基编号尽可能小。如果多个取代基相同，将取代基合并放在环烷烃名称之前，分别给出取代基的位次。如果多个取代基不相同，按照取代基英文单词字母顺序，排在最前面的编号为1，并尽量使其他取代基的位次最小。命名时按照取代基英文单词字母顺序将其依次放在环烷烃之前，并分

别给出取代基的位次，例如：

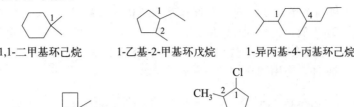

1,1-二甲基环己烷　　　1-乙基-2-甲基环戊烷　　　1-异丙基-4-丙基环己烷

1-乙基-1-甲基环丁烷　　　1-氯-2-甲基-4-丙基环戊烷

④ 取代基较为复杂时，一般将环作为取代基进行命名。

单环烷烃形式上去掉 1 个氢原子所剩余部分，称为相应的环烷基。例如：

环丙基　　　环丁基　　　环戊基　　　环己基

下面两个按链状化合物命名：

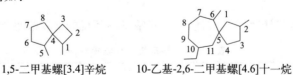

3-环己基庚烷　　　　　4-环丙基-2-甲基己烷

⑤ 有顺反异构体的，如果在同环上的不同碳上有两个取代基，以环平面为基准，两个取代基在平面同侧的称为"顺"（用 *cis* 表示）。两个取代基在平面异侧的称为"反"（用 *trans* 表示）。命名时将词头"顺"或"反"及半字符"-"冠于名称之前。例如：

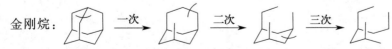

顺-1-溴-2-氯环丙烷　　反-1,3-二甲基环戊烷　　反-1-乙基-3-异丙基环戊烷

3.1.3.2　螺环烃的命名

① 确定母体。由螺环中总碳数确定母体名称为"螺某烷"（英文前缀 spiro）。

② 给螺环编号。规定先从小环中和螺碳相邻的碳开始编号，编完小环后再经螺原子向大环编号，有取代基时，使取代基位次最小。

③ 写法。螺环名称为：位次-取代基名称-螺［*a*.*b*］某烷。有多个取代基时，命名规则同取代的烷烃。*a* 为小环中除螺碳以外的碳数，*b* 为大环中除螺碳以外的碳数。*a* 和 *b* 之间用圆点"."隔开。例如：

1,5-二甲基螺[3.4]辛烷　　　10-乙基-2,6-二甲基螺[4.6]十一烷

3.1.3.3　桥环烷烃的命名

① 环数的确定。将桥环烷烃转变为链状，需切断几次，就是几元环。例如：

金刚烷：　　　一次　　　　二次　　　　三次

将金刚烷转变为链状结构，需切断三次，因此它是三环，按三环命名。

② 确定母体。由桥环上总碳数确定母体名，称为几环某烷。

③ 编号。规定从桥头碳开始编号，先编最长桥、再编次长桥、最后编最短桥，且使取代基位次最小。如果两个桥长度相同，有取代基的桥优先编号。

④ 写法。以二环为例：位次-取代基名称-二环［a.b.c］某烷。a 为最长桥除桥头碳外的碳数，b 为次长桥除桥头碳外的碳数，c 为最短桥除桥头碳外的碳数。桥长相同时，有取代基的桥优先。a、b 和 c 间用圆点"."隔开。例如：

7,7-二氯二环[4.1.0]庚烷   8-氯-3-乙基-1,9-二甲基二环[4.2.1]壬烷

2,7,7-三甲基二环[2.2.1]庚烷   三环[3.3.1.1^{3,7}]癸烷   三环[3.2.1.0^{2,4}]辛烷

3.1.3.4 联环烃的命名

环与环之间以共价键直接相连，且连键的数目少于环的总数所形成的化合物，称为联环。两个相同环烷烃组成的联环烷烃，使用词头"联二"后接该环烷烃名称或环烷基的名称。连接点用相应的位次表示，写在该名称之前。两环按环烷基的编号原则进行，一个环用不带撇的数字，另一个环用带撇的数字，取代基按英文首字母顺序排在联环烃之前。例如：

1,1′-联二环己烷   3′-乙基-2-甲基-1,1′-联二环戊烷   3-乙基-3′-甲基-1,1′-联二环戊烷

两个不相同饱和联环烃，一般以较大环作为母体（以不带撇的数字编号），另一个较小的环作为取代基来命名。如果小环上有取代基，看成是小环的"支链"，例如：

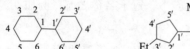

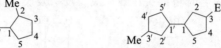

1-乙基-4-(2-甲基环丙基)环己烷   1-(2-氯-3-甲基环丙基)-4-乙基环己烷

3.2　环烷烃的物理性质

环烷烃的物理性质与链状烷烃相似，一些常见的环烷烃的物理性质见表 3.1。

表 3.1　一些环烷烃的物理性质

环烷烃（分子式）	熔点/℃	沸点/℃	密度(20℃)/(g·mL^{-1})
环丙烷(C_3H_6)	−127.6	−33	0.617
环丁烷(C_4H_8)	−80.0	13	0.689
环戊烷(C_5H_{10})	−93.9	49	0.746
甲基环戊烷	−142.0	72	0.749
环己烷(C_6H_{12})	6.6	81	0.778
甲基环己烷	−126	100	0.769
环庚烷(C_7H_{14})	−12	118	0.810
环辛烷(C_8H_{16})	14.3	151	0.830
环十二烷($C_{12}H_{24}$)	60	247	0.790
环十五烷($C_{15}H_{30}$)	64	300	0.790

环烷烃与链烷烃一样，都不溶于水。环丙烷和环丁烷是气体，环戊烷、环己烷等为液体，高级环烷烃为固体。环烷烃的沸点和熔点比同碳原子数的直链烷烃略高。如环己烷和甲基环戊烷沸点都比己烷高。同碳数的环烷烃侧链越多，沸点越低，如环己烷的沸点比甲基环戊烷高。没有侧链的环烷烃熔点比带侧链的环烷烃高得多，侧链越多，熔点越低，如环己烷熔点（6.6℃）高于甲基环戊烷（−142.0℃），甚至比分子量较大但有侧链的甲基环己烷（−126℃）高很多。这主要是因为环烷烃分子间色散力大于链烷烃以及刚性的环结构和环的对称性，使环烷烃比直链烷烃排列得更紧密。同碳数的环烷烃相对密度也略大于链烷烃，但仍小于 1。

3.3 环烷烃的化学性质

3.3.1 取代反应

与链烷烃相似，在高温或光照条件下，卤分子与环烷烃发生取代反应生成卤代环烷烃。没有取代基的环烷烃的氢相同，一取代产物单一，具有合成价值。反应机理与链烷烃一样，是自由基取代反应。反应通式如下：

$$\triangleright\!\!\rangle_n \xrightarrow[\text{$h\nu$或高温}]{X_2} x\triangleright\!\!\rangle_n \quad (X=Cl、Br；n\geqslant 1)$$

例如：

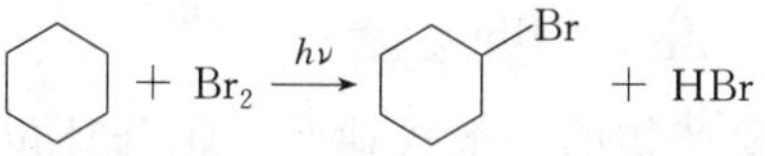

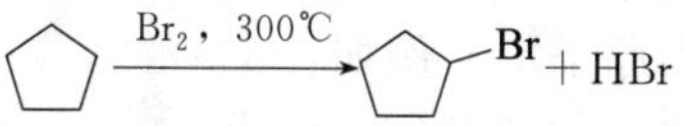

当环上有烷基取代基，和链烷烃相似，叔氢的溴代反应为主要产物，例如：

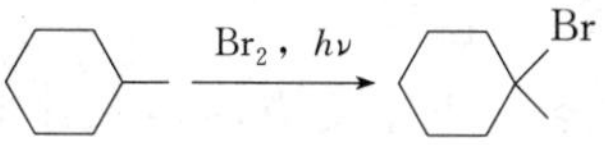

3.3.2 环烷烃加成开环反应

3.3.2.1 催化加氢反应

在 Ni、Pt、Pd 等催化剂作用下，环烷烃与氢气反应，碳-碳键断裂生成链烷烃，环的大小不同，反应的难易程度也不同，碳原子数为 5 以上的环很难开环。

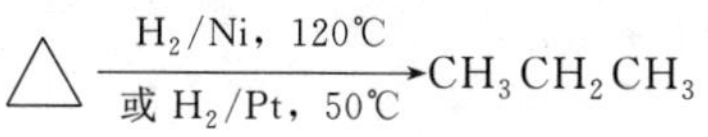

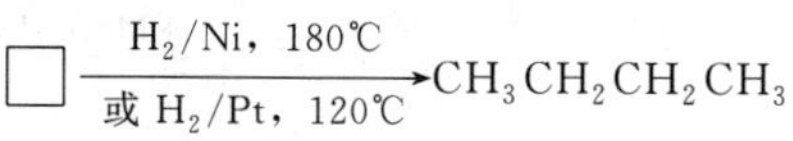

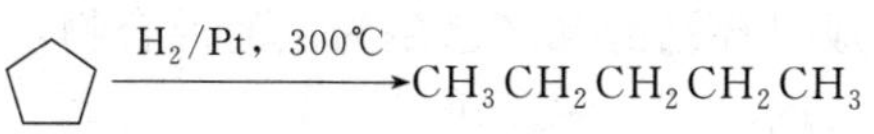

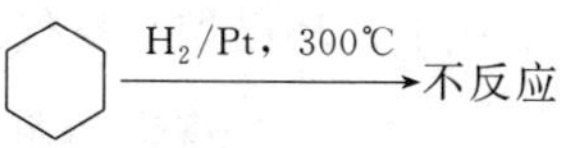

催化加氢反应表明，Pt、Pd 活性比镍高。环烷烃稳定性顺序为环己烷＞环戊烷≫环丁烷＞环丙烷，其中环丙烷最容易开环（还原），环戊烷虽能发生类似的反应，但反应条件非常苛刻，环己烷在 300℃ 铂催化下也不反应。因此，含有三元环的化合物，催化加氢总是三元环开环，一般从空间位阻小的或张力特别大的碳-碳键处开环，例如：

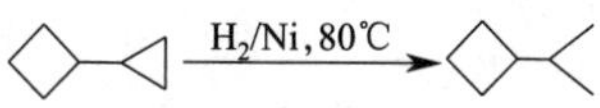

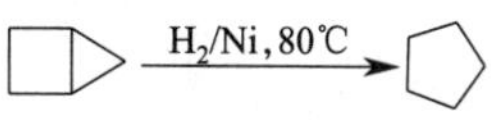

3.3.2.2 与卤素加成开环反应

这是环丙烷的特殊反应。环丙烷在室温（注意与光催化或高温取代反应条件的区别）

下与氯、溴发生开环加成反应生成二取代链状化合物，室温下环丁烷与氯、溴不反应，例如：

$$\triangle + Br_2 \xrightarrow[\text{室温}]{CCl_4} Br\diagdown\diagup\diagdown Br$$

室温下环丙烷能与溴反应这一性质，可用于区分其他链烷烃和环烷烃。取代环丙烷，一般从取代基最多的碳和取代基最少的碳之间开环，例如：

$$\diamondsuit\!\!\!\triangleleft \xrightarrow[\text{室温}]{Br_2/CCl_4} \diamondsuit\diagdown Br$$

对于桥环烃，在三元环与包含桥头碳的二元环之间，一般断裂张力较大的桥头碳之间的 σ 键，例如：

$$\text{（桥环结构）} \xrightarrow{Br_2} \text{（开环产物，标 Br、Br）}$$

3.3.2.3 与卤化氢加成开环反应

这也是环丙烷的特有反应。环丙烷与 HI、HBr、H_2SO_4 等试剂能发生开环反应。环丁烷及碳数更多的环烷烃在室温下与这些试剂不反应。

$$\triangle + HI \xrightarrow{\text{室温}} \diagup\diagdown I \qquad \triangle + HBr \xrightarrow{\text{室温}} \diagup\diagdown Br$$

烷基取代环丙烷与 HX 等试剂反应生成主要产物的一般规律是：①开环位置在含氢最多与含氢最少的两个碳之间；②氢加在含氢较多的碳原子上。例如：

$$\text{（2-甲基环丙烷）} + HBr \xrightarrow{\text{室温}} \text{（产物，标 Br）} \qquad \text{（1,1-二甲基环丙烷）} + HBr \xrightarrow{\text{室温}} \text{（产物，标 Br）}$$

上述实验事实也表明，环烷烃的开环反应活性顺序是环丙烷＞环丁烷＞五、六、七元环。

3.3.3 氧化反应

在常温下，高锰酸钾、臭氧等氧化剂不能氧化环烷烃。即使是环丙烷，在室温下也不能使 $KMnO_4$ 水溶液褪色，因此可以用此法区别环丙烷和不饱和烃（炔和烯）。

$$\text{（亚甲基环丙烷衍生物）} \xrightarrow{KMnO_4/H_3O^+} \text{（环丙烷）}COOH + O{=}\text{（丙酮）}$$

工业上，在钴盐催化下，环己烷与空气反应生成以环己醇和环己酮为主的混合物：

$$\text{（环己烷）} \xrightarrow{\text{空气/钴盐催化剂}} \text{（环己醇）}OH + \text{（环己酮）}O$$

在钴盐催化下，如果同时加热和加压，环己烷与氧气反应生成己二酸：

$$\text{（环己烷）} + O_2 \xrightarrow[\text{100℃,加压}]{\text{钴盐催化剂}} HOOC\diagdown\diagup\diagdown\diagup COOH$$

3.4 环烷烃的稳定性

为什么三元环不稳定，容易发生开环加成反应，而五元环、六元环较稳定，不易开环？

3.4.1　环烷烃的热化学数据分析

表 3.2 列出部分环烷烃的热化学数据。

表 3.2　某些环烷烃的生成热、燃烧热、张力能数据（kJ·mol^{-1}）

环烷烃	分子式$(CH_2)_n$中 n 值	生成热		燃烧热		张力能
		生成热 ΔH_f	折合生成热 $\Delta H_f/n$	燃烧热 ΔH_c	折合燃烧热 $\Delta H_c/n$	$\Delta H_f - n \times (-20.5)$
环丙烷	3	53.1	17.7	2076.3	697.1	114.6
环丁烷	4	28.4	7.1	2744.8	686.2	110.4
环戊烷	5	−76.9	−15.4	3320.0	664.0	25.6
环己烷	6	−123.3	−20.6	3951.6	658.6	0.30
环庚烷	7	−117.9	−16.8	4636.1	662.3	25.6
环辛烷	8	−124.2	−15.5	5308.8	663.6	39.8
环壬烷	9	−132.5	−14.7	5979.6	664.4	52.0
环癸烷	10	−154.2	−15.4	6636.0	663.6	50.8
环十一烷	11	−179.3	−16.3	7293.0	663.0	46.2
环十五烷	15	−301.0	−20.1	9879.0	658.6	6.5
链烷烃	—		−25.5	9879.0	658.6	—

表 3.2 中 ΔH_f 为生成热，在标准状况下，由单质（烷烃为碳和氢）生成 1mol 化合物所放出（负值）或吸收（正值）的能量，称为该化合物的生成热。ΔH_f 是衡量化合物稳定性的判据。ΔH_f 负值越大，说明放热越多，化合物越稳定。相反，ΔH_f 正值越大，说明吸热越多，化合物内能高，越不稳定。由于不同环烷烃 $(CH_2)_n$ 的分子量不同，为了便于比较，将各自的 ΔH_f 除以分子中所含 CH_2 的数目 n 值，折合成各化合物的每个 CH_2 单位的生成热 $\Delta H_f/n$。由表 3.2 看出，小环化合物的 $\Delta H_f/n$ 值为正值，说明小环内能高，不稳定。

表 3.2 中 ΔH_c 为燃烧热，即标准状况下，1mol 的物质与氧气完全燃烧时所放出的热量。分子内能高，相应的燃烧热数值大。为了便于比较，也将化合物的燃烧热 ΔH_c 除以分子中 CH_2 的数目 n 值，得到每个 CH_2 单位的燃烧热 $\Delta H_c/n$。其数值越大，分子越不稳定。从表 3.2 中 $\Delta H_c/n$ 值看出，环丙烷最不稳定，其次为环丁烷，环己烷最稳定，这与 ΔH_f 分析结果一致。

表 3.2 中最后一列 $[\Delta H_f - n \times (-20.5)]$ 称为张力能，张力能可以直观地理解为环烷烃与碳原子数相同的直链烷烃之间能量上的差异。链烷烃稳定，它们的 $\Delta H_f/n$ 值趋于一常数值 −20.5kJ·mol^{-1}，分子成环引起的能量升高值用 $[\Delta H_f - n \times (-20.5)]$ 来表示，即"张力能"。张力能越高，说明分子内能越高。由表 3.2 看出，小环张力能很大，故不稳定，中环次之，而普通环和大环的张力能较小。特别是环己烷跟链烷烃稳定性相当。三种数据给出环烷烃稳定性次序的结论是一致的，与环烷烃开环反应实验事实也是一致的。

3.4.2　张力学说

3.4.2.1　拜尔张力学说

为了解释小环不稳定性，早在 1885 年，A. Von Bayer（拜尔）就提出了张力学说，主要要点是：①成环的碳原子处于同一平面，即环烷烃为平面正多边形；②因为正常 C—C 夹角为 109°28′，所以环中 C—C 夹角要进行扩张或压缩，以趋向于 109°28′，从而产生张力；③键角扩张或压缩程度越大，张力也越大；④张力使环的稳定性降低，张力越大，环反应性越大。按 Bayer 张力学说环烷烃键角偏转值见表 3.3。

表 3.3　环烷烃偏转角度

环烷烃结构	△	□	⬠	⬡
环内碳-碳键夹角	60°	90°	108°	120°
偏转角度	24°44′	9°44′	0°44′	−5°44′
偏转角度＝(109°28′−环内碳-碳键夹角)/2				

由于环合的限制，环烷烃的 C—C 键角与 sp^3 杂化碳正常键角 109°28′ 相比有很大差异，三元环到六元环的 C—C 键角依次为 60°、90°、108° 和 120°。其中环丙烷和环丁烷偏离正常键角较大，张力也较大，分子内能高，所以不稳定。其中环丙烷偏转角度最大，也最不稳定，比环丁烷容易开环生成链状化合物，减少分子内能的趋势更强。但是拜尔张力学说存在严重不足，比如不能解释环己烷为什么比环戊烷稳定（实验事实也是如此）。另外，根据拜尔张力学说，比六元环大的环都有偏转角，并且环越大，偏转角越大，张力越大，但是事实是许多大环烷烃均很稳定，比如环十五烷与链烷烃稳定性几乎一样。现代实验已经证明，除了环丙烷的三个碳原子共平面外，其他环烷烃的成环碳原子并不共平面，因此拜尔的环烷烃为平面正多边形的学说是不正确的。但拜尔张力学说用分子内张力来解释环的稳定性的思路具有开拓性，"张力"这个名词一直沿用至今，只不过现代化学键理论赋予了"张力"新的含义。

3.4.2.2　现代分子张力理论

所有分子能量的升高，都是分子中存在张力的结果。现代分子张力理论认为有机分子中可能存在几种主要张力。

（1）范德华张力

Van der Waals（范德华）张力是指分子中非键合原子（原子团）之间的斥力，用 E_{nb} 表示。图 3.1 说明了当非键合原子之间接近的距离与原子的范德华半径之和相适应时，原子间体现弱的相互吸引作用使内能下降。一旦互相接近进入对方原子的范德华半径范围，原子（原子团）之间的作用立即呈现互相排斥，且随原子（原子团）间距离缩小而急剧增加，使分子内能剧增。范德华张力普遍存在，大小随原子（原子团）的范德华半径增加而迅速增加。分析范德华张力，对判断分子相对稳定性十分重要。

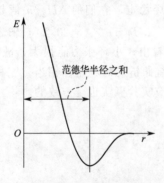

图 3.1　分子中非键合原子间的
能量与距离关系曲线图

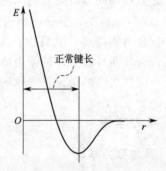

图 3.2　键合原子间的能量与距离关系曲线图

（2）键张力

键长偏离正常值所引起的张力，称为键张力（bond strain），用 E_1 表示。键张力的产生与范德华张力相似。两个用化学键连接的原子核之间距离等于平衡键长时，能量最低，键张力最小，分子内能降低。如图 3.2 所示，如果使某一个键伸长或缩短，该分子内能都会随之升高，分子稳定性降低。

（3）角张力

在共价键连接的多原子分子中，某键角偏离正常值所引起的张力称为角张力（angle strain），用 E_θ 表示。使键角的大小偏离正常值时，就会引起张力。Bayer 理论的环张力主要是角张力，角张力只是分子中存在的数种张力的一种，将在讨论环丙烷分子的成键状态时进一步叙述。

（4）扭转张力

扭转张力（torsional strain）是指分子任何偏离最稳定构象的形式，都会使碳-碳 σ 单键承受一定的张力，产生力图恢复到最稳定构象的倾向所引起的张力，用 E_ϕ 表示。例如乙烷分子以交叉构象最稳定，分子以此构象为中心进行扭转振动，就偏离了稳定的构象，会导致分子内能升高。

3.4.2.3　分子空间形象和受力分析

除了上述四种张力外，极性分子还存在偶极-偶极作用，有的还可以形成分子内氢键，在构象分析时都应予以考虑。另外，温度、溶剂等外界条件的变化也能改变分子的受力情况。总之，有机分子的空间形象，是分子受力的综合结果。

直链烷烃稳定构象，可以按正丁烷的稳定构象（对位交叉型）的思路延伸下去，这样对每一根碳-碳单键而言，两碳原子上所连基团均取最为远离的对位交叉排布，呈锯齿形状，这种构象使分子所承受的范德华张力最小。电子衍射技术证明，直键烷烃的碳架在固态时正是这种空间形象，如图 3.3 所示。

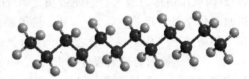

图 3.3　直链烷烃固态下的平面锯齿形结构

甲烷碳原子的 4 个 sp^3 杂化轨道轴线互成 $109°28'$ 的空间夹角，但是并非所有饱和碳原子与其他原子形成共价键的夹角都是这一数值。正丁烷的空间形象和键角见图 3.4（a）。

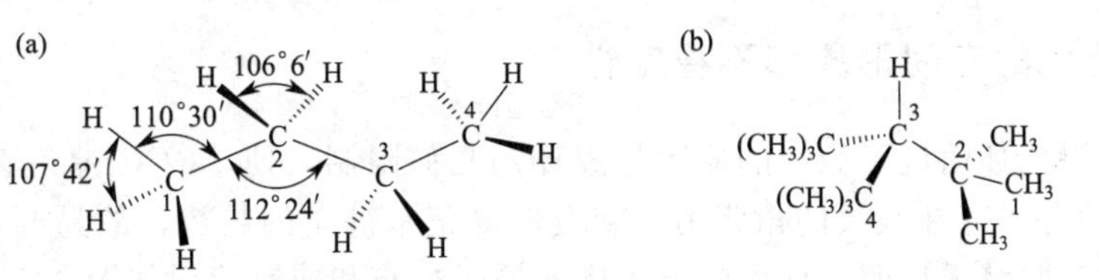

图 3.4　正丁烷（a）和三叔丁基甲烷（b）分子的空间形象

正丁烷分子的 $\angle C_1C_2C_3$ 为 $112°24'$，大于 $\angle HC_2H$ 的 $106°6'$，它们都偏离了 $109°28'$ 的空间夹角。这是因为 C2 所连的两个基团（甲基和乙基）体积比氢原子大，而倾向远离，以承受一定的角张力来减弱甲基和乙基间的范德华斥力。这种现象在有机分子中普遍存在，除非碳原子上所连 4 个基团完全相同，否则，就不可能是 $109°28'$ 的正四面体键角。

同理可以分析图 3.4（b）化合物，C2 和 C3 碳-碳键长一定大于正常的碳-碳键长 154pm，键角 $\angle C_2C_3C_4$ 一定大于 $109°28'$，以适当增加键张力和角张力的形式降低叔丁基之间的范德华斥力，最大限度地降低分子内能。

实验证明，乙二醇（$HOCH_2CH_2OH$）的邻位交叉构象比对位交叉更稳定。因为邻位交叉构象时两个羟基能形成分子内氢键（图 3.5），氢键的键能可达 $20kJ \cdot mol^{-1}$，分子内氢键的形成，有利于分子稳定。因此，乙二醇承受一定的扭转张力和范德华张力，而采取邻位交叉构象。对位交叉构象无法形成分子内氢键，相对于邻位交叉构象不稳定。

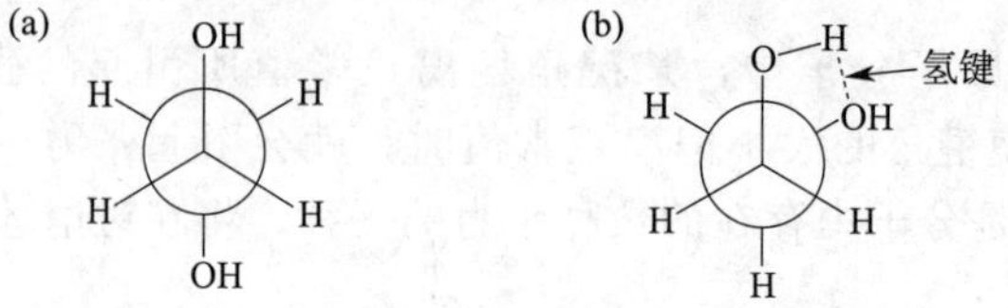

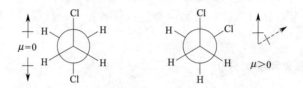

图 3.5　乙二醇的对位交叉和邻位交叉构象异构体

1,2-二氯乙烷（$ClCH_2CH_2Cl$）的两个邻位交叉构象和对位交叉构象如图 3.6 所示。

图 3.6　1,2-二氯乙烷两种构象异构体及其偶极形式

2 个极性共价键 C—Cl 之间存在偶极-偶极作用（本质是静电作用）。邻位交叉构象中，偶极-偶极作用斥力较大，迫使带负电性的两氯原子远离，因此，邻位交叉构象分子倾向于扭回对位交叉。但是，1,2-二氯乙烷最稳定构象是哪一种交叉型还与分子所处的状态有关。在气相条件下（分子与分子之间作用力忽略不计），对位交叉比邻位交叉内能低约 $4.6kJ \cdot mol^{-1}$，主要是因为最大程度避开了 C—Cl 之间的偶极-偶极排斥作用，所以气相时对位交叉构象体稳定，含量较多。但是，在液相时，偶极-偶极作用被分子周围所环绕的其他分子的极性作用所掩蔽，同时，当两氯原子距离接近氯原子的范德华半径之和时，可产生范德华引力作用。因此，液相时，两种交叉型构象的能量相当，含量基本相等。

3.5　环烷烃的构象分析

3.5.1　环丙烷的空间形象和不稳定性

拜尔早年提出环丙烷不稳定的原因是成环的几何限制，使 $\angle CCC$ 键角必须从 $109°28'$ 压缩到 $60°$，因而分子存在很大的角张力。它有恢复正常键角的趋势，故易开环生成链状化合物。现代物理实验结果证明，环丙烷分子中的原子排布和成键状况如图 3.7 所示。

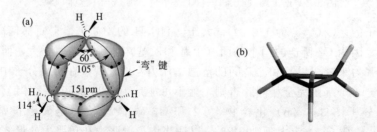

图 3.7　环丙烷分子中的碳-碳键（a）和碳-氢键的空间排布（b）

环丙烷的 $\angle CCC$ 键角为 $105°$（不是拜尔所说的 $60°$），但仍偏离正常 sp^3 杂化键角，故

有角张力。C—C 键长为 151pm，比正常 C—C 键长 154pm 短，故有键张力。另外，碳-碳键不能旋转，因此相邻碳上的氢原子只能处于重叠构象，使 C—C 具有扭转张力。

杂化轨道理论认为，环丙烷分子不稳定，很大程度上是由于形成两根 C—C 的碳原子杂化轨道夹角（105°）与键轴夹角（60°）不一致。在典型的 C—C 中，杂化轨道的轴线与原子间连线应是一致的，两个 sp^3 杂化轨道以"头碰头"方式求得最大重叠，成键最强。从图 3.7 看出，环丙烷的碳-碳之间轨道重叠，偏离了这种最大重叠方式，彼此交盖少，成键较弱，这种键称为"弯"键，弯键造成分子内能高、不稳定，因此容易进行开环反应。

根据环丙烷分子中键角的实际值，杂化轨道理论认为，环丙烷中碳原子杂化轨道介于 sp^3 和 sp^2 杂化之间。这种弯键的形成，导致碳-碳键长缩短，而且电子云偏向环平面的外侧，容易受到亲电试剂进攻，发生一些类似烯烃的反应。

3.5.2　环丁烷的空间形象

环丁烷承受张力的程度比环丙烷有所减少。环烷烃因环的存在限制了单键的自由旋转，但只要成环的原子不在一个平面上，单键可以部分旋转，彼此间可扭转而产生构象异构。实验证明，环丁烷的 4 个碳原子不在同一平面，亚甲基—CH_2—翘离其他 3 个碳原子组成的平面约 25°。这种构象的∠CCC 键角由共平面时的 90°减少到 88°，使角张力增加，但是可使 8 个氢原子避开全重叠构象，减少了范德华斥力。而且，各个碳原子的位置并非固定，而是处于振动平衡之中，形成图 3.8 所示"蝴蝶式"空间形象。

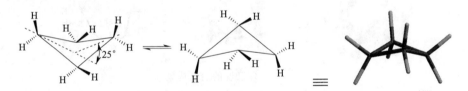

图 3.8　环丁烷的空间形象和碳-氢键的排布

3.5.3　环戊烷及其他环烷烃的空间形象

为避免碳原子共平面时相邻碳上重叠氢之间的范德华斥力，从环丁烷开始，成环碳原子不再共平面。因此每个环烷烃的稳定性都与其空间形象所造成的张力状况有关。图 3.9 是环戊烷主要空间形象。

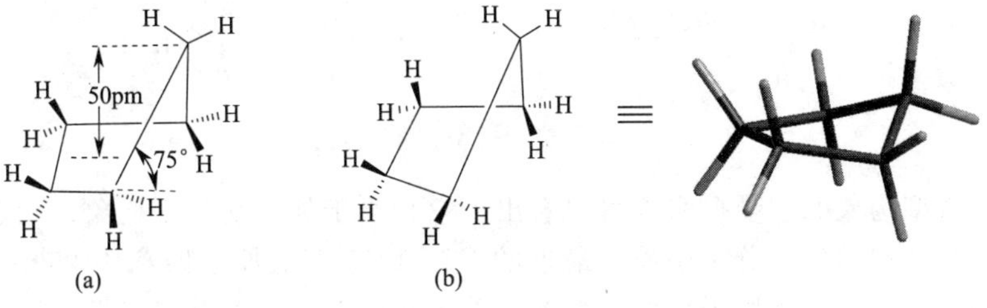

图 3.9　环戊烷信封型（a）和半椅型（b）空间形象

如果环戊烷按拜尔理论看成是平面型分子，其∠CCC 键角应为 108°，与四面体碳原子轨道夹角 109°28′非常接近，角张力非常小，因此环戊烷具有很好的稳定性。但是平面型构象时相连碳上的基团处于互相重叠的位置，这将产生较大的范德华斥力和扭转张力，影响分子的稳定性。为了克服这种较大的张力，环戊烷主要采取非平面的信封型或半椅型构象，轮流有一个亚甲基翘离其他原子组成的平面，有效降低张力。

3.5.4 环己烷构象分析及构象旋转能垒曲线图析

环己烷和更大的环烷烃分子中不存在环张力或者环张力很小。其中环己烷六个碳原子不共平面，相邻碳原子上的基团都处以交叉位置，分子稳定性更好。下面讨论环己烷的结构。

环己烷的构象有无数种，最典型且重要的是椅型（chair conformation）和船型（boat conformation）极限构象。将环己烷分子的 C2、C3、C5 和 C6 安排在同一平面，C1 和 C4 分别位于该平面的上下异侧，称为椅型，如图 3.10 所示。如果 C1 和 C4 处于该平面的同侧，称为船型，如图 3.11 所示。

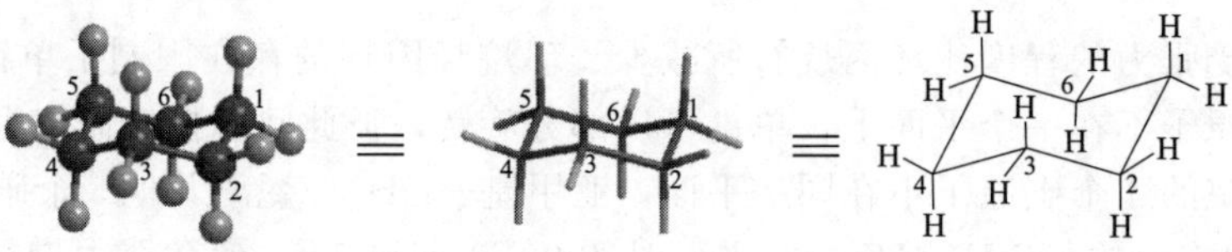

图 3.10 环己烷的椅型构象

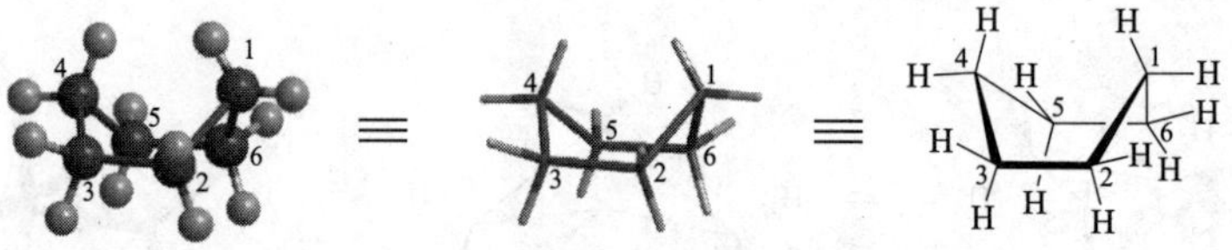

图 3.11 环己烷的船型构象

3.5.4.1 椅型构象

如图 3.12 所示，从 C1、C2 和 C6 所处平面向 C3、C4 和 C5 平面（即从 C2—C3 和 C6—C5 键轴方向）看过去，将环己烷的椅型构象投影，得到其相应的 Newman（纽曼）投影式。

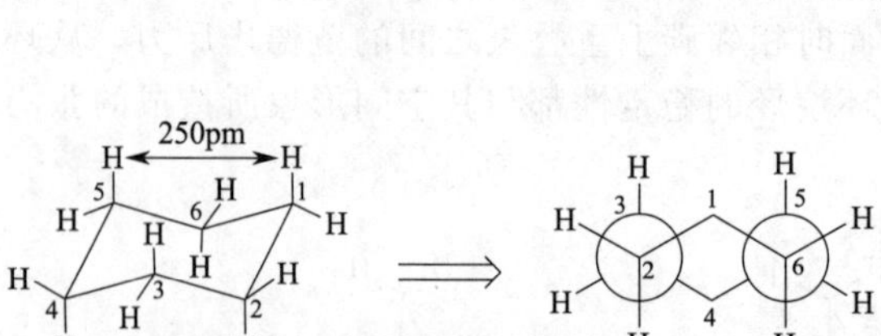

图 3.12 环己烷的椅型构象及其投影式

从环己烷椅型构象的纽曼投影式可以看出，它相当于邻位交叉型构象。相邻碳上氢原子排布与乙烷的交叉型相似。分子中相距最近的 C1 和 C5 上氢原子距离为 250pm，体现出范德华引力作用。同时，各碳原子均按典型的 sp^3 杂化轨道成键，没有键张力和角张力，也没有扭转张力。所以环己烷的椅型构象稳定，张力能为零，因此椅型构象是最稳定的。

环己烷椅型构象有三重对称轴（C_3 轴），绕此轴旋转 120° 或其倍数，得到的构象与原来的相同，如图 3.13 所示。

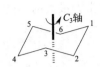

图 3.13　环己烷椅型构象 C_3 轴

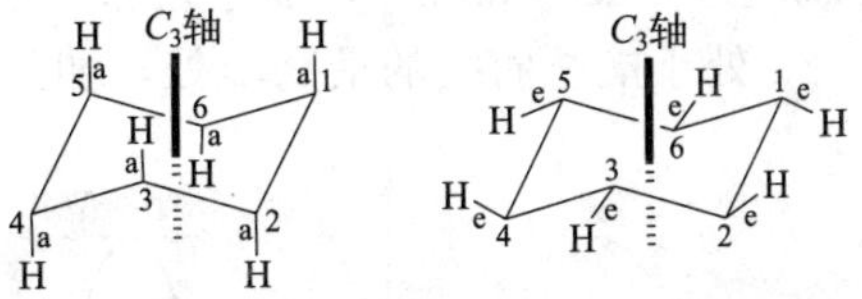

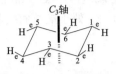

图 3.14　椅型构象中 a 键和 e 键

环己烷椅型构象中 C—H 分为两类，如图 3.14 所示。一是与 C_3 轴平行的 6 个 C—H，3 个朝上，3 个朝下，称为直立键（axial bonds），以 a 表示。二是与直立键成 $109°28'$ 的另外 6 个 C—H，3 个斜向上，3 个斜向下，都称为平伏键（equatorial bonds），以 e 表示。

3.5.4.2　船型构象

如图 3.15 所示，从 C1、C2 和 C6 所处平面向 C3、C4 和 C5 平面（即从 C2—C3 和 C6—C5 键轴方向）看过去，得到环己烷船型纽曼投影式。

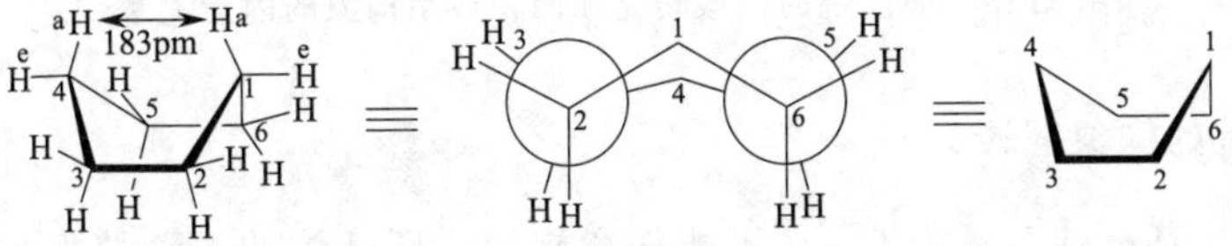

图 3.15　环己烷的船型构象及其纽曼投影式和键线式

船型纽曼投影式为全重叠型构象。位于环平面同侧的 C1 和 C4 上两个 a 键氢，面向环内，距离仅 183pm，彼此进入对方的范德华半径程度较大，产生很大张力，人们把这对氢形象地称为旗杆氢。在船型构象中碳-碳键长和键角可以保持正常值，但分子因重叠构象和旗杆氢仍存在很大的范德华斥力和扭转张力，故不稳定。船型构象比椅型构象内能高 $29.7 \mathrm{kJ \cdot mol^{-1}}$，室温下两种构象的热平衡分子比约为 $1:10^4$，室温下椅型构象占 99% 以上。

3.5.4.3　扭船型和半椅型构象

为了消除船型构象的一部分张力，通过碳-碳单键部分旋转，避开全重叠构象和两旗杆氢的相互排斥作用，形成图 3.16 所示扭船型（twist boat conformation）构象，扭船型构象有类似的 e 键和 a 键，分别用 e' 和 a' 表示。与船型构象相比，船头（C1）和船尾（C4）偏离了约 $30°$ 的扭转角，C1 和 C4 上的两个 C—H 斥力减小，使扭船型内能比船型低约 $6.7 \mathrm{kJ \cdot mol^{-1}}$，但比椅型高约 $23.0 \mathrm{kJ \cdot mol^{-1}}$。由扭船型构象转化到椅型构象，必须经过一个能垒（峰值），这个能垒所对应的构象式称为半椅型，如图 3.17 所示。

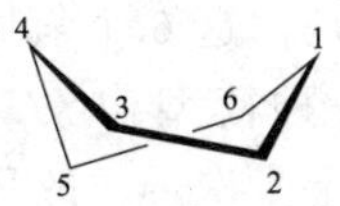

图 3.16　环己烷的扭船型构象

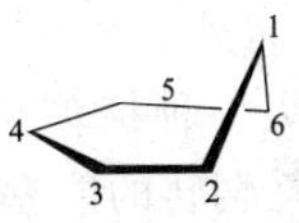

图 3.17　环己烷的半椅型构象

半椅型构象（half chair conformation）有 1 个—CH_2—翘离其他 5 个碳原子组成的平面。环上大多数碳键键角约 $120°$，偏离正常键角，且有 10 氢原子处于重叠型的位置。按一对重叠氢原子间作用能量升高 $4.2 \mathrm{kJ \cdot mol^{-1}}$ 计算，这 10 对氢原子相互作用造成的范德华

斥力就超过 $40kJ \cdot mol^{-1}$，加上角张力和扭转张力，半椅型构象的内能比椅型高约 $46kJ \cdot mol^{-1}$，处于能垒曲线的最高峰处，如图 3.18 所示。半椅型是张力最大的环己烷构象。

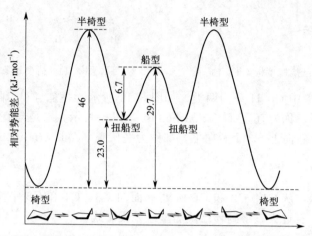

图 3.18 环己烷的构象转化和四种典型构象的内能关系

3.5.4.4 环己烷的构象翻转

不像链烷烃，环己烷分子中 C—C 不能任意旋转。环己烷的一种椅型构象通过 C—C 有限旋转，经过半椅型等转化为另一种椅型构象。对环己烷来说，这两种椅型构象是完全等同的，内能也相等。但是，仔细观察发现，经过这一转变，各氢原子在空间的相对位置发生了改变，图 3.19 描绘了这种变化关系。

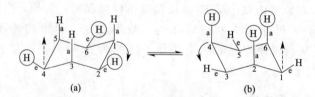

图 3.19 环己烷的椅型构象翻转和 a、e 键的变化

为了便于观察，仅画出环己烷"朝上方"的 6 个氢原子（它们互相为顺式关系，与另外未画出的 6 个氢是反式关系），并将 C2、C4 和 C6 朝上的 e 键用 Ⓗ 表示，如图 3.19(a) 所示。通过 C—C 的旋转，当 C4 向上振动达到由 C2、C3、C5、C6 组成的平面时，分子处于半椅型构象，越过能垒后，C4 继续向上振动，达到该平面的上方，分子处于船型。如果 C4 向上振动达到该平面上方的同时，C1 也向下振动达到该平面的下方，使 C4 和 C1 仍处于环平面的异侧，转化成如图 3.19(b) 所示的椅型构象。不难发现用 Ⓗ 表示的 3 个 e 键，转变成了 a 键。同时另外 3 个 C1、C3、C5 的 a 键转变成 e 键。但是，这 6 个氢原子仍然是"朝上方"。环己烷从一种椅型构象经过 C—C 部分旋转成另外一种椅型构象，称作"构象翻转"。环己烷构象翻转的能垒约为 $46kJ \cdot mol^{-1}$，翻转速度大于 1 次/s，故环己烷分子绝大部分以椅型构象存在。从环己烷构象分析可得如下内容。

① 椅型是环己烷最稳定的构象。在各种构象的平衡混合物中，椅型占 99.9%。这是因为在椅型构象中，相邻两个碳原子上 C—H 都处于交叉式，四种张力能为零。

② 室温下环己烷分子由于热运动，可以从一个椅型经过环的翻转，转化为另一个椅型构象，但翻转后 a 键和 e 键相互转化。

3.5.4.5　环庚烷和大环烷烃构象

表 3.2 所示，6＜碳原子数＜14 的环烷烃仍然存在较大张力，这是由于环内存在角张力、扭转张力和跨环氢间斥力。图 3.20 所示为环癸烷的空间形象和分子内主要张力。

对于大环化合物，由于环内空间较大，可以避免中环所出现的环内氢原子拥挤情况，张力较小，碳原子数≥14 的环烷烃的稳定性接近开链烷烃。

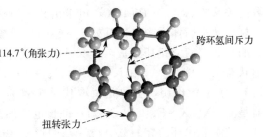

图 3.20　环癸烷空间形象及分子内主要张力

3.5.5　取代环己烷的构象分析

3.5.5.1　单取代环己烷的构象

当其他原子（原子团）取代环己烷 C1 上 a 键氢原子时，由于体积增加，该基团与 C3 和 C5 上 a 键氢的空间拥挤，产生范德华斥力，称为"1,3-二直立键作用"。当取代基处于 e 键位置时，由于 e 键向远离环的方向伸展，取代基体积的增加对临近氢原子的空间影响不大，因此对分子张力的影响也不大。例如，甲基环己烷两种椅型构象异构体，甲基位于 e 键的分子比甲基位于 a 键的分子内能低，更稳定，二者通过构象翻转而相互转化，平衡时甲基位于 e 键的构象占比达 95%，如图 3.21 所示。随着基团体积增大，处于 e 键的构象比例增多。

图 3.21　甲基环己烷的两种典型构象

单取代环己烷两种构象异构体之间内能的差值，称为构象能差 ΔG（kJ·mol^{-1}）。表 3.4 为常见单取代环己烷构象能差值。根据 ΔG 值，可求得构象翻转平衡常数和两种构象的比例。

表 3.4　单取代环己烷两种椅型构象能差（25℃）

取代基	$\Delta G/(\text{kJ·mol}^{-1})$	取代基	$\Delta G/(\text{kJ·mol}^{-1})$
—CH$_3$	−7.11	—Br	−2.09
—C$_2$H$_5$	−7.52	—I	−1.88
—CH(CH$_3$)$_2$	−8.78	—OH	−2.95
—C(CH$_3$)$_3$	−25	—OCH$_3$	−2.95
—C≡CH	−1.72	—OCOCH$_3$	−2.95
—C$_6$H$_5$	−12.96	—NH$_2$	−5.02
—F	−1.05	—N(CH$_3$)$_2$	−8.78
—Cl	−1.88	—COOH	−5.02

如表 3.4 所示，甲基环己烷的 $\Delta G=-7.11\text{kJ}\cdot\text{mol}^{-1}$，根据化学反应自由能与平衡常数的关系式 $\Delta G=-RT\ln K$，可求出其构象翻转的平衡常数 K 约为 17.63，从而求出甲基环己烷构象平衡体系中，甲基处于 e 键的分子数约占 95%。构象能差主要是由取代基位于 a 键时的 1,3-二直立键所造成，其大小与取代基和环中直接相连基团的体积、键长以及取代基形状有关。例如，—OH、—OCH₃、—OCOCH₃ 三个取代基的 ΔG 相同，因为，它们的1,3-二直立键作用，主要是由取代基中氧原子造成的。虽然从—F 到—I 取代基体积增加，但是 C—X（X=F、Cl、Br、I）键长也增加。因此除氟外，卤代环己烷的 ΔG 也相近。

烷基取代环己烷的 ΔG 与烷基的形状关系极大。与甲基相比，乙基只使 ΔG 值略有增大。异丙基的影响比较明显，特别是高度枝化的叔丁基，它们都尽可能将体积较大的部分偏离最拥挤的空间。叔丁基环己烷两构象内能相差 $25\text{kJ}\cdot\text{mol}^{-1}$，计算可知构象翻转的平衡常数大于 10^4，平衡体系中叔丁基处于 e 键的分子占 99.99%。这说明叔丁基基本上只处于 e 键位置，如果处于 a 键，由于分子内张力升高，分子非常不稳定，如图 3.22 所示。

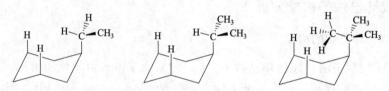

图 3.22　烷基形状对两构象能差 ΔG 值影响的原因分析

3.5.5.2　二甲基环己烷的构象分析

二甲基环己烷有位置异构，包括 1,1-、1,2-、1,3-和 1,4-位置构造异构体，其中，1,1-二甲基环己烷不存在构型异构。确定二甲基环己烷的构造和构型后，方能进一步进行构象分析。

（1）1,2-二甲基环己烷的优势构象

1,2-二甲基环己烷有顺-1,2-二甲基环己烷（a）和反-1,2-二甲基环己烷（b）两种构型：

顺-1,2-二甲基环己烷的两个甲基位于环平面同侧。因此，它的椅型构象两个甲基必然是一个占 e 键，另一个占 a 键，如图 3.23 所示。构象翻转后，C1 上处于 e 键上甲基变为占据 a 键，而 C2 上原 a 键的甲基变成占据 e 键。构象翻转前后分子内能是完全相同的，故用等长双箭头表示这种翻转过程。

图 3.23　顺-1,2-二甲基环己烷的椅型构象及翻转

反-1,2-二甲基环己烷有两种内能不同的椅型构象，一种是两个甲基均处在 a 键（a，a），这种构象中存在 4 对甲基与氢的 1,3-二直立键作用，内能较高。另一种是两个甲基均处在 e 键（e，e），不存在甲基和氢的 1,3-二直立键作用，内能较低。虽然两种构象也可以通过构象翻转互相转变，但由于 ΔG 值不为零，所以平衡常数就不会为零，在热平衡中二者的分子数也不相等，平衡偏向较稳定的（e，e）构象。因此，（e，e）构象是反-1,2-二甲基环己烷

分子的主要存在形式，这样的构象体称为优势构象或最稳定构象。反-1,2-二甲基环己烷的椅型构象及翻转如图 3.24 所示。

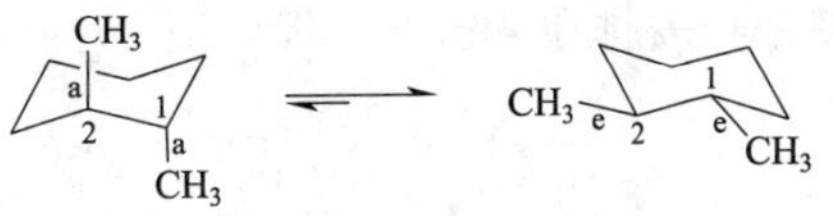

（2）1,3-二甲基环己烷的优势构象

图 3.24 反-1,2-二甲基环己烷的椅型构象及翻转

同样，顺-1,3-二甲基环己烷（a）和反-1,3-二甲基环己烷（b）两种构型如下：

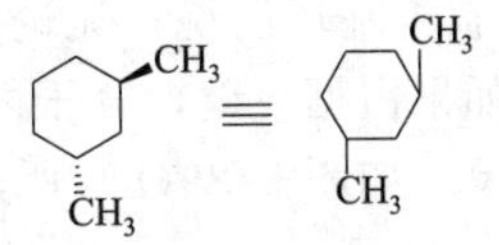

顺-1,3-二甲基环己烷的构象，两个甲基要么是（a，a）形式，要么是（e，e）形式，如图 3.25 所示。

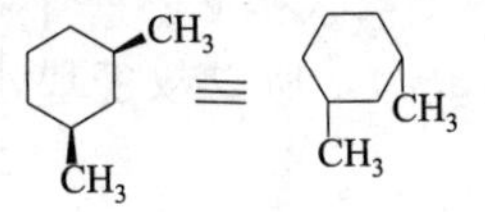

其中两个甲基均处在 e 键的（e，e）形式，不存在甲基和氢的 1,3-二直立键作用，内能较低，构象稳定。顺-1,3-二取代基环己烷的最稳定构象是两个取代基均处于 e 键上。

反-1,3-二甲基环己烷的椅型构象及翻转如图 3.26 所示。由于两个甲基处在环平面的异侧，所以，必须是一个甲基占据 e 键，另一个甲基占据 a 键。

图 3.25 顺-1,3-二甲基环己烷的椅型构象及翻转 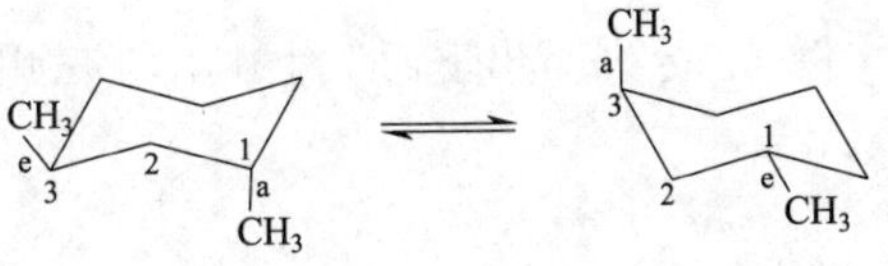　　图 3.26 反-1,3-二甲基环己烷的椅型构象及翻转

显然两种构象内能是完全相同的，反-1,3-二取代基环己烷的构象，只能一个取代基处于 e 键，另外一个处于 a 键。

（3）1,4-二甲基环己烷的优势构象

顺-1,4-二甲基环己烷（a）和反-1,4-二甲基环己烷（b）两种构型如下：

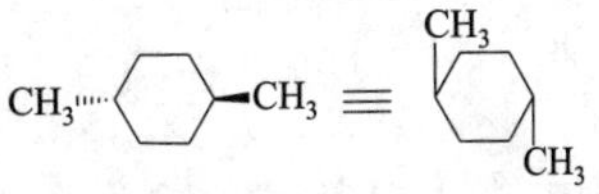

如图 3.27 所示，顺-1,4-二甲基环己烷构象两个甲基只有（a，e）形式，二者能量相同。

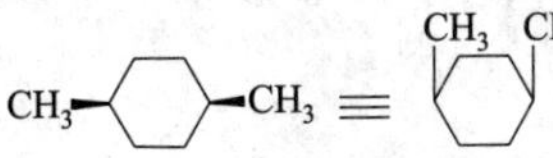

如图 3.28 所示，反-1,4-二甲基环己烷两个甲基有（a，a）和（e，e）两种形式。

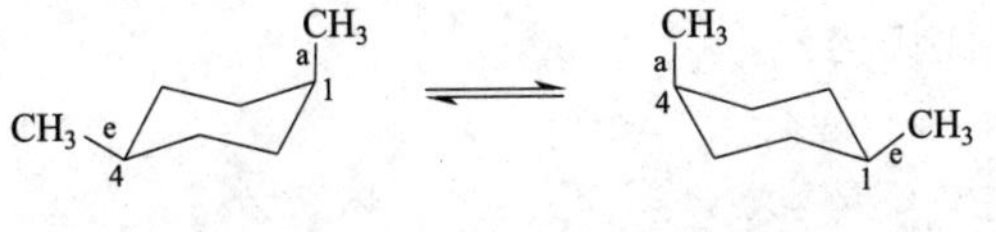

图 3.27 顺-1,4-二甲基环己烷的椅型构象及翻转 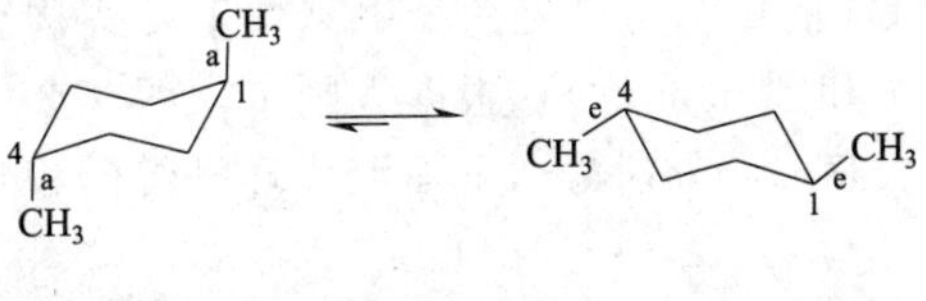　　图 3.28 反-1,4-二甲基环己烷的椅型构象及翻转

其中两个甲基处于（e，e）形式时，分子中无甲基和氢的 1,3-二直立键作用，内能较低，构象稳定。所以，反-1,4-二取代基环己烷的最稳定构象是两个取代基均处于 e 键上。

3.5.5.3 1-甲基-2-叔丁基环己烷的优势构象

1-甲基-2-叔丁基环己烷有顺-和反-两种构型。其中反-1-甲基-2-叔丁基环己烷的两个取代基都可安排在 e 键上，因此图 3.29(a) 是其优势构象。

(a) $(CH_3)_3C$ —— (b) $(CH_3)_3C$ ——

图 3.29 反-1-甲基-2-叔丁基环己烷（a）和顺-1-甲基-2-叔丁基环己烷（b）的构象

顺-1-甲基-4-叔丁基环己烷，无论怎样安排，两个取代基必然一个在 e 键、一个在 a 键。叔丁基体积大，如果占据 a 键，分子内能很高（表 3.4），所以叔丁基处 e 键、甲基处 a 键的构象是其稳定构象，如图 3.29(b) 所示。

3.5.5.4 多取代环己烷的优势构象

基于上述二取代环己烷稳定构象的分析，总结出了多取代环己烷稳定构象的两个经验规则：①多取代环己烷，如果没有构型限制、氢键等因素的参与，取代基总是位于 e 键上的椅型构象是其优势构象；②多取代环己烷，如果取代基相同且有构型限制，但没有氢键因素的参与，取代基在 e 键上多的椅型构象为优势构象，如果取代基不同且有构型限制，但没有氢键因素的参与，较大的基团尽可能多地位于 e 键上的椅型构象是优势构象。

例 1，分别写出下面三个 1,3,5-三甲基环己烷最稳定的构象。

（a）　　　　（b）　　　　（c）

（a）、（b）和（c）中三个取代基相同。其中（a）没有构型限制，也无分子内氢键，根据规则①，三个甲基都处于 e 键时椅型构象最稳定，如图 3.30(a) 所示。

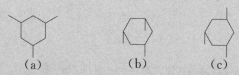

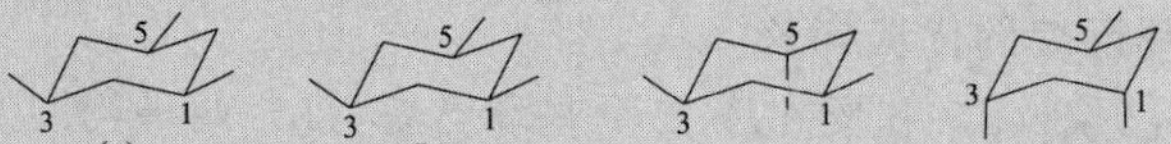

图 3.30　1,3,5-三甲基环己烷的优势构象

（b）中三个甲基都是顺式关系的构型限制，在其不同的椅型构象中，取代基在 e 键上最多的椅型构象为优势构象。如果先将 C1 的甲基置于 e 键，C3 上的甲基必然占于 e 键，两个甲基才处于顺式。C5 的甲基既与 C1 的甲基是顺位关系，也与 C3 的甲基是顺位关系，所以，C5 的甲基只有位于 e 键，所以（b）的构象与（a）相同，如图 3.30(b) 所示。（c）中 C5 的甲基与另外两个甲基处于反式构型，分析思路同（b），得到两种椅型构象图 3.30(c) 和图 3.30(d)，根据规则①，图 3.30(c) 是优势构象。

例 2，分别写出下面取代环己烷的稳定构象。

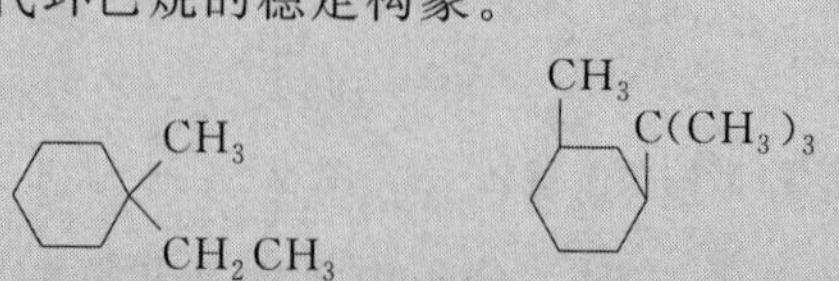

根据规则②，将大的基团优先处 e 键，因此它们的稳定构象分别如下：

根据经验规则，可以写出多取代环己烷衍生物最稳定的构象式。例如，六六六（$C_6H_6Cl_6$）有 8 个异构体，其中 γ-异构体杀虫能力最强，而最稳定的构象是六个氯都在 e 键的 β-异构体。

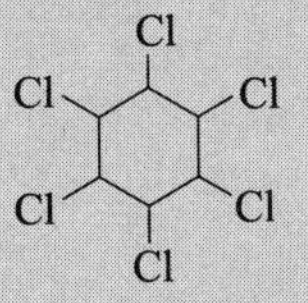

六六六　　　　　　　γ-异构体　　　　　　β-异构体

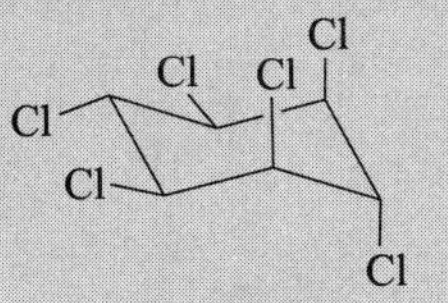

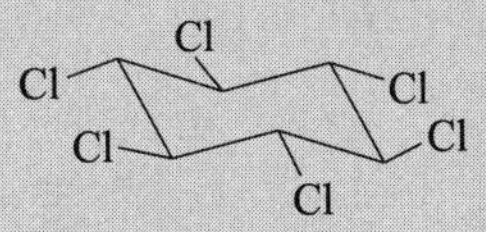

3.5.5.5　环己烷椅型构象的证明

环己烷椅型构象翻转已被核磁共振技术证实。将环己烷 12 个氢原子中的 11 个用氘取代，剩下的 1 个氢原子在室温核磁共振谱中显示一个单峰。随着测试温度下降，该峰形逐渐变宽，降温至 $-60.3\,^{\circ}\!C$ 时明显裂分。温度继续下降至 $-89\,^{\circ}\!C$ 时，裂分成两个单峰，如图 3.31 所示。

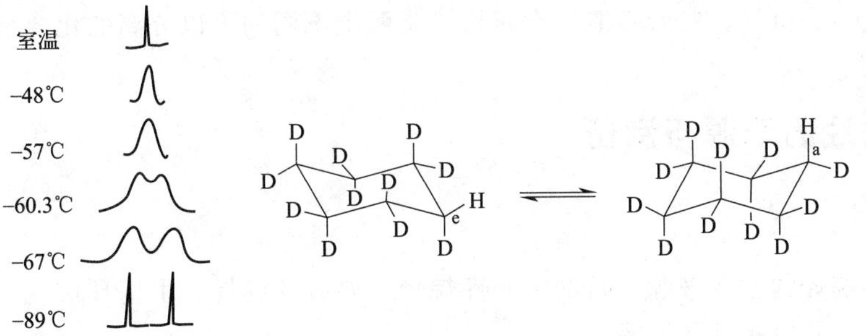

图 3.31　环己烷 D_{11} 的 ^1H NMR 随温度变化情况

图 3.31 说明，室温下，由于环己烷椅型构象迅速翻转，不能观测到 H 分别位于 e 键和 a 键的区别。低温时，构象翻转被减缓或"冻结"，H 分别位于 e 键和 a 键的环己烷分子的构象有足够长的寿命，故可被 ^1H NMR 检测到。人们也正是根据信号峰开始变化时的温度，求出环己烷椅型构象翻转所需跨越的能垒为 $46\,kJ\cdot mol^{-1}$（图 3.18）。

3.5.6　十氢化萘的构象

1890 年 H. Sachse（沙赫斯）从环己烷比环戊烷更稳定的实验事实出发，对拜尔成环原子共平面的张力学说提出疑问，并用模型显示在保持碳原子正四面体键角的前提下，环己烷可以呈现非共平面的椅型和船型。后来 E. Mohr（莫尔）用共用两相邻碳的两个椅型模型排出十氢萘（系统名称为二环 [4.4.0] 癸烷）应有两种异构体，预言了顺十氢萘和反十氢萘两种异构体的存在。这一预言后经实验证实：将萘在高温高压下氢化，随催化剂等条件不同，可分别得到这两种异构体。

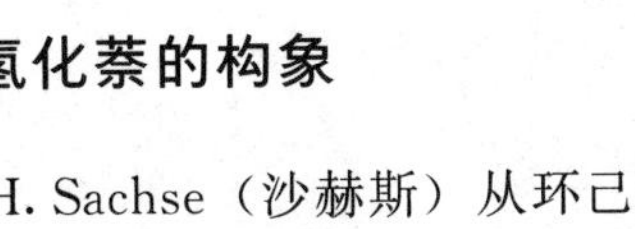

顺十氢化萘（b. p. $=193\,^{\circ}\!C$，m. p. $=-43\,^{\circ}\!C$，$\Delta H=-169.1\,kJmol^{-1}$）

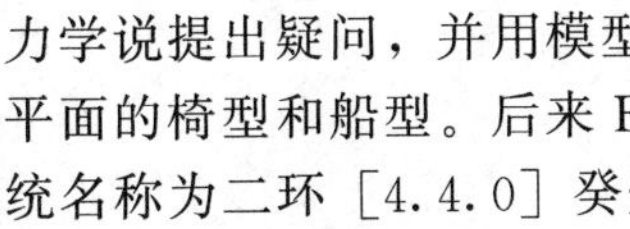

反十氢化萘（b. p. $=185\,^{\circ}\!C$，m. p. $=-31\,^{\circ}\!C$，$\Delta H=-182.1\,kJmol^{-1}$）

顺十氢化萘两个桥头氢处于环的同侧，一个环可视作 1,4-丁叉基（—$CH_2CH_2CH_2CH_2$—），取代了另一个椅型环上的 1,2 位，一端处于 e 键，另一端处于 a 键。而反十氢化萘的两个桥头氢处于环的异侧，环之间结合相当于 1,4-丁叉基两端均处于 e 键位置，且因成环的限制不能再翻转成（a，a）形式，故反十氢化萘比顺十氢化萘稳定，如图 3.32 所示。

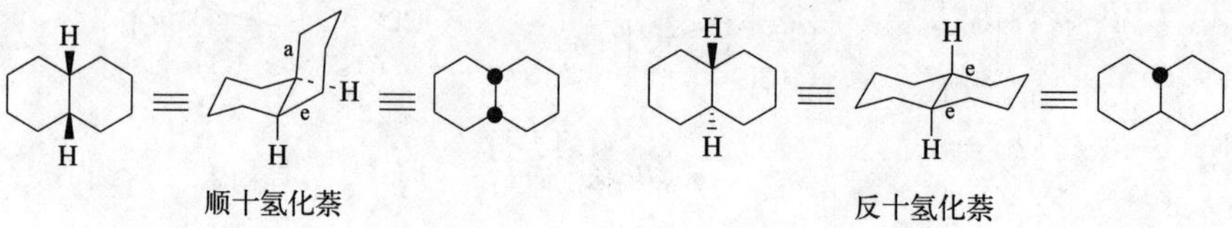

顺十氢化萘　　　　　　　反十氢化萘

图 3.32　十氢化萘两种异构体的椅型模型和画法

十氢化萘两种异构体画法如图 3.32 所示。用两个实楔形键或黑点表示顺十氢化萘两个桥头氢处于纸平面之上。用一个实楔形键和虚楔形键分别表示反十氢化萘中两个桥头氢一个处于纸平面之上，另一个处于纸面之下，或将处于纸面之上的氢只用黑点表示。

两种十氢化萘的结构，已由电子衍射技术证实。反十氢化萘比顺十氢化萘构象稳定，能量相差 $13.0kJ \cdot mol^{-1}$，二者不能任意转换，是两个不同的可以分离的化合物。

3.6　环烷烃的来源与制备

3.6.1　石油

石油是环烷烃的主要来源。石油中的环烷烃主要有环戊烷、甲基环戊烷、1,2-二甲基戊烷、环己烷以及甲基环己烷等。

3.6.2　芳香化合物的催化氢化

在 Pt、Pd 或 Ni 催化下，苯能与氢加成生成环己烷，这是工业上制取环己烷的主要方法。

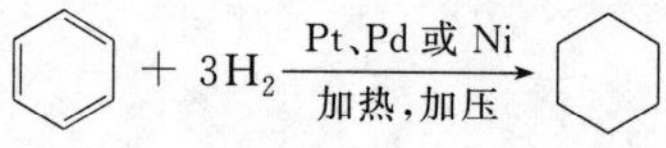

几乎同样条件下，甲苯催化氢化反应得到甲基环己烷。

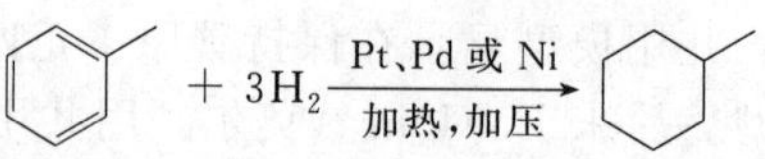

3.6.3　武兹合成法

武兹合成法利用两种卤代烃与钠反应产生新的 C—C，以合成更长碳链的烷烃。因为很多限制，这个反应很少用于合成，尤其是所合成的目标烷烃在自然界很容易得到的时候。但是，武兹反应在合成小环时很有用，特别是三元环。例如，1-溴-3-氯环丁烷和钠反应高收率得到二环 [1.1.0] 丁烷：

又如：

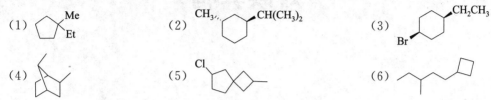

习题

3.1 系统命名下列化合物或根据名称写出构造式(用键线式)。

(1) ![Me, Et环戊烷结构] (2) ![CH₃, CH(CH₃)₂环己烷结构] (3) ![Br, CH₂CH₃环己烷结构]

(4) ![双环结构] (5) ![Cl, 螺环结构] (6) ![环丁基链状结构]

(7) 二环 [3.2.1] 辛烷 (8) 1-甲基螺 [5.5] 十一烷 (9) 顺-1,2-二甲基环己烷

(10) methylcyclopropane (11) *trans*-1-ethyl-3-methylcyclohexane

3.2 写出反-1-乙基-2-甲基环己烷的椅型构象及构象翻转的关系,并用双向箭头表示出平衡偏向关系。

3.3 写出下列化合物最稳定的构象式。

(1) ![Br, CH(CH₃)₂环己烷] (2) ![Cl, Cl, Cl, Cl, Cl, Cl环己烷] (3) ![CH₃, D, CH₃十氢萘结构]

(4) 顺-1,3-环己二醇 (5) 顺-1-异丙基-4-甲基环己烷 (6) 反-1,4-二叔丁基环己烷

3.4 完成下列反应。

(1) ![环丙烷] + HBr ⟶ ( ) (2) ![双环结构] $\xrightarrow{H_2/Ni}$ ( )

(3) ![Br, Br, Br, Br结构] $\xrightarrow{2Zn}$ ( ) $\xrightarrow{Br_2/h\nu}$ ( )

(4) ![苯环双CH₂Br结构] $\xrightarrow{2Na}$ ( ) (5) ![双环结构] $\xrightarrow[-60℃]{Br_2}$ ( )

3.5 某化合物 A 的分子式为 C_4H_8,室温能使 Br_2/CCl_4 溶液褪色,并生成分子式为 $C_4H_8Br_2$ 的主产物 B,但 A 不能使 $KMnO_4/H_2O$ 溶液褪色。A 与 HBr 反应主要生成 C,C 的分子式为 C_4H_9Br,丁烷和溴在光照下进行一取代得到的主要产物与 C 相同。试推测 A、B 和 C 的构造式,并写出主要反应式。

3.6 某化合物的分子式为 C_6H_{12},与溴在光照条件下反应,一溴代产物只有一种,二溴代产物有四种,试推测该化合物的结构。

第 ④ 章

对映异构

4.1 立体化学和立体异构现象

立体化学（stereochemistry）是从三维空间研究有机分子的真实形象以及不同形象对其物理与化学性质的影响。有机化合物的结构（structure）分为三个层次：构造（consititution）、构型（configuration）和构象（conformation）。

构造是指分子中原子（原子团）间相互连接的方式和次序，即原子间键合的问题。构造确定以后，还有构型和构象，即非键合原子（原子团）间的空间关系。对于构造确定的分子，构型是指分子中各原子（原子团）在空间的排布。对于构型确定的分子，由于 σ 单键的自由旋转，分子中各原子（原子团）在空间相对位置发生改变而有不同形象，称为构象。

构造相同，而构型不同所产生的同分异构体称为构型异构体。例如乳酸有 *R*-乳酸和 *S*-乳酸两种构型，它们构造相同，但构型不同。构型的改变，必涉及共价键（包括饱和键和不饱和键）的断裂和重建，所需能量较高，因此构型异构体常可以分离。构象的改变不涉及共价键断裂和重建，只与单键自由旋转或部分旋转有关，例如乙烷有重叠和交叉构象等。大部分分子热运动便能提供碳-碳单键旋转所需要的能量，因此构象异构体之间很容易互相转化（特殊情况除外），无法分离。在讨论同分异构体时，一般很少涉及构象异构体，通常所说的立体异构体是指构型异构体。

现代有机化学将构型异构体按分子间是否存在实物与镜像关系，把它们划分为对映异构体（enantiomers）和非对映异构体（diastereomers）。因为环的刚性不能自由旋转造成的顺反异构体（*cis-trans* isomers），既可能是对映异构体，也可能是非对映异构体。烯烃中因双键造成的顺反异构体，只能互为非对映异构关系（diastereomership）。对映异构体及其非对映异构体，往往具有光学活性（optical activity），或称旋光性。

4.2 偏振光、旋光度和比旋光度

4.2.1 偏振光

光波是一种电磁波，其振动方向与传播方向垂直，普通光波在垂直于其传播方向的平面任意振动。偏振光是指仅在一个平面内振动的光，将普通光通过起偏镜（polaroid lens），比如尼柯尔棱镜（Nicol prism），它只允许其镜轴平行的光线通过，在特定方向振动，对于无旋光性物质，偏振光特定振动方向不变，如图 4.1(a) 所示。

如果将偏振光通过光活性（也称手性）物质并能透射时，会使偏振光在其平面内旋转一定的角度。旋转的角度随光透射进程而增大，能使光线呈螺旋式前进，即偏振光会在一个不同的平面内振动，这一现象，称为偏振光偏振平面的旋转，能导致这一现象发生的性质，称为旋光性或光学活性。具有这种性质的物质称为旋光性物质或光活性物质。

测量物质旋光性的仪器称为旋光仪，其基本原理是在一个固定的棱镜（起偏镜）和一个带刻度盘的可旋转的棱镜（检偏镜）之间，放一样品管，转动检偏镜（也称可调棱镜）到某一位置，可观测到光线通过，刻度盘指示出样品旋转偏振平面的方向和角度，如图 4.1(b) 所示。

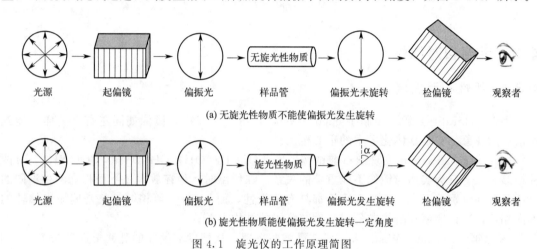

(a) 无旋光性物质不能使偏振光发生旋转

(b) 旋光性物质能使偏振光发生旋转一定角度

图 4.1　旋光仪的工作原理简图

根据是否具有旋光性，化合物可分为两类，一是具有旋光性物质，另一则是没有旋光性物质。

4.2.2　旋光度

旋光性物质使偏振光旋转的方向和角度，称为旋光度（degree of rotation），用 α 来表示。如物质使偏振光顺时针方向旋转，称为右旋，α 记为"＋"或 d（dextro-rotatory）；使偏振光逆时针方向旋转，称为左旋，α 记为"－"或 l（levo-rotatory）。旋转程度用度（°）表示。影响旋光度 α 的因素如下。

① 光的波长。不同波长测得的 α 值不同。常用的光源有钠灯黄光（波长为 589.3nm）、汞灯绿光（波长为 546.1nm）。

② 测量温度。温度上升，分子热运动加强，α 值一般下降。

③ 溶剂及溶剂的种类。液体物质可以用纯液体或配成溶液来测量，固体物质常常配成溶液来测量。是否使用溶剂以及溶剂类型，都可能影响 α 值的大小和方向。

④ 物质的浓度。样品管的长度和物质浓度（或密度）都会影响 α 值的大小和方向。

因此，在表示旋光度时，必须注明以上测试的条件。

4.2.3　比旋光度

比旋光度 $[\alpha]$ 大小可用下式表示：

$$[\alpha]_D^t = \frac{\alpha}{c \cdot l}（溶剂）$$

式中，α 为仪器测量值（°），t 为测量温度，D 表示用的钠光光源，c 为样品浓度或密度（$g \cdot mL^{-1}$ 或 $g \cdot cm^{-1}$），l 为样品管长度（分米，dm），括号内注明所用溶剂名称或纯度。比旋光度 $[\alpha]$ 定义为每毫升含 1 克旋光性物质的溶液，在 1 分米（10 厘米）样品管中测得的旋光度。$[\alpha]$ 与所测物质的量无关，是旋光性物质的属性或特有的物理性质（旋光性大小及方向）。

例如，将 6.15g 胆甾醇配成 100mL 氯仿溶液，在 20℃用 10cm 长样品管测得旋光度是 $-2.4°$，则胆甾醇的比旋光度为：

$$[\alpha]_D^{20} = \frac{-2.4}{1 \times \dfrac{6.15}{100}} = -39.0°（氯仿）$$

4.3 手性和对称性

4.3.1 手性和手性碳

手性（chirality）源于希腊字 cheir（手），是指一对实物和镜像如同左右手一样不能互相重叠的现象。它是立体化学中的重要概念。

1848 年，L. Pasteur 发现酒石酸钠铵 $[NaOOCCH(OH)CH(OH)COONH_4]$ 有两种结晶，二者互为实物与镜像不能重叠的关系。在低温时，他在放大镜下面将这两种不同的晶体分开并分别溶于水，发现水溶液都具有旋光性，而且 $[\alpha]$ 值相同，只是偏振光偏转的方向相反，这说明酒石酸钠铵的旋光性与分子的结构有关。

1873 年，Johannes Wislicenus 研究乳酸时发现，从糖发酵提取的乳酸熔点为 53℃，$[\alpha]$ 为 $-3.82°$，而从肌肉中提取的乳酸熔点也是 53℃，$[\alpha]$ 为 $+3.82°$，它们比旋光度值相同，但方向相反。将二者等量混合后，熔点为 18℃，旋光度为零，说明它们是两种化合物。Wislicenus 首次明确提出，这两种分子中原子的连接次序和方式相同（即构造相同），旋光性质（旋光方向）不同是因原子在空间的排布顺序不同。1874 年，J. H. Van't Hoff 和 J. A. Le Bel 同时提出碳的正四面体理论，得出不对称碳原子（asymmetric carbon atom）概念。1964 年，Chan、Ingold 和 Prelog 建议采用"手性"这一术语，并用手性碳原子（chiral carbon atom）代替不对称碳原子这一名词。

实物与镜像不能重叠的分子，称为手性分子（chiral molecule）。互相不能重叠的实物与镜像的两种异构体，称为对映异构体，简称对映体，它们的关系是对映异构关系。连有四个不同原子（原子团）的碳原子称为手性碳，以"C^*"表示。

例如，图 4.2 所示化合物中，标 $*$ 的碳为手性碳原子，其余为非手性碳原子。

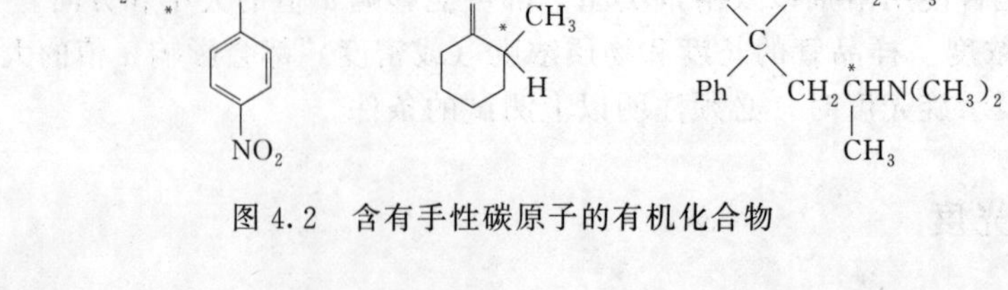

图 4.2 含有手性碳原子的有机化合物

4.3.2 对称因素

研究发现，分子与其镜像能否互相重合取决于分子本身的对称因素（symmetry of molecule）。对称因素主要包括对称面（σ）、对称中心（i）和对称轴（C_n）。

4.3.2.1 对称面

如果有一平面，能将分子切成互为实物和镜像关系的两个部分，这个平面即该分子的对称面（plane of symmetry），用 σ 表示。例如，苯具有许多对称面。

同一碳上连有两个完全相同原子（原子团）的化合物，有一个对称面。如二氯甲烷（CH_2Cl_2）分子中存在两个对称面，分别是 H—C—H 和 Cl—C—Cl 所处的平面，如图 4.3 所示。可看出，经过翻转、旋转操作后实物和镜像能重叠，是同一个化合物。

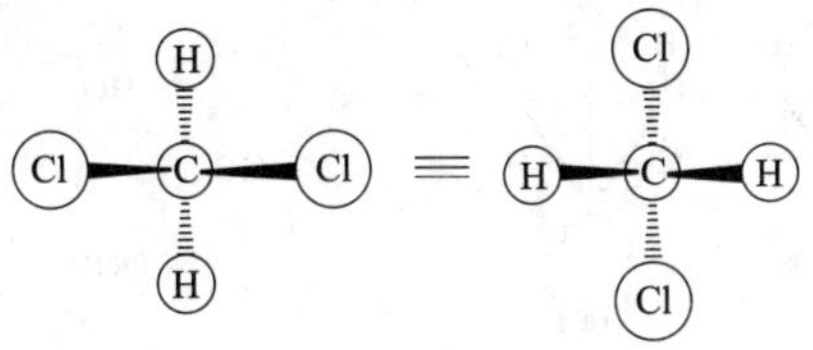

图 4.3 CH_2Cl_2 分子中存在的对称面 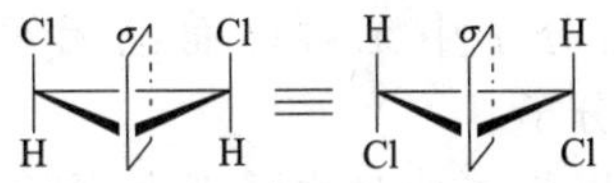　　　图 4.4 顺-1,2-二氯环丙烷的对称面

顺-1,2-二氯环丙烷分子中存在对称面 σ，实际上，三元环所在平面翻转 $180°$，实物和镜像能重叠，是同一个化合物，如图 4.4 所示。

具有对称面的分子，其实物与镜像能够互相重叠，称为对称分子（symmetric molecule）或非手性分子（achiral molecule），不具有旋光性，没有对映异构体。

4.3.2.2 对称中心

从分子中任意一个原子（原子团）开始，经过分子中心 P，在等距离的延长线上必有另一相同的原子（原子团）。这个 P 点就是这个分子的对称中心（center of symmetry），用"i"表示。如图 4.5(a) 所示，实物与其镜像可以重合（将右像离开纸平面翻转 $180°$ 后可以和实物重叠）。

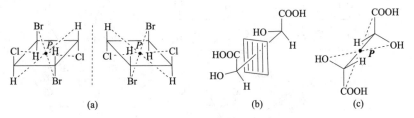

图 4.5 存在对称中心和对称面的分子

有对称中心"i"的分子，实物和镜像能够重叠，是对称分子，无手性，无对映异构体，无旋光性。图 4.5(b) 和图 4.5(c) 是酒石酸的重叠型和交叉型构象，图 4.5(b) 存在对称面，图 4.5(c) 有对称中心，因此它们均无手性。

4.3.2.3 旋转对称轴

穿过分子画一条直线，当分子以该直线作为旋转轴，旋转 $360°/n$（n 为大于 1 的自然数，注意 $n=1$ 的情况为原图形，不包括在内）获得的图形与原来分子完全重合，这一直线称为该分子的 n 阶旋转对称轴，用 C_n 表示。如图 4.6 所示，它们分别有 C_4、C_3 和 C_2 对称轴。

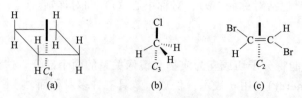

图 4.6　具有旋转对称轴因素的分子

如图 4.7(a) 所示，反-1,2-二氯环丙烷有 C_2 对称轴，实物（a）和镜像（a′）不能互相重叠。如果用旋光仪测定，一个是左旋，另一个是右旋，是两个不同的化合物。图 4.7（b）是酒石酸的一种交叉构象式，分子中有 C_2 轴，但分子中无对称面也无对称中心，也是手性分子。

不能以旋转轴对称因素来判断分子是否具有手性。如果一个分子既没有对称面也没有对称中心，那么这个分子就有手性，就有

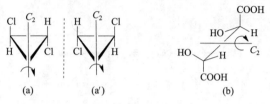

图 4.7　具有旋转轴对称因素的分子

对映异构体，就有旋光性。如果分子中有对称面或者有对称中心（二者只需具备一个），这个分子无手性。

4.3.2.4　更迭对称轴对称因素

如果一个分子围绕一个轴旋转 $360°/n$（n 为自然数），用一个垂直于该旋转轴的镜面将分子反映，得到的镜像与原分子重合，则该轴称为该分子的 n 阶更迭对称轴（alternating axis of symmetry）。具有 n 阶更迭对称轴的分子，能与其镜像重叠，如图 4.8 所示化合物，具有 S_4 对称因素 ［图 4.8(a)］，同时还具有 C_2 对称因素 ［图 4.8(b)］和平面对称因素 ［图 4.8(c)］。

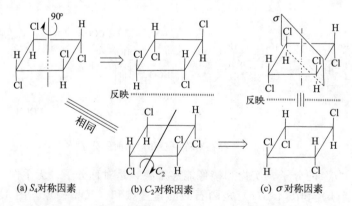

图 4.8　分子中同时具有 S_4、C_2 和 σ 对称因素

具有对称面的分子都可以与其镜像重叠，相当于有 S_1 对称因素 ［图 4.8(c)］。而具有对称中心的分子，实际上就是具有 S_2 对称因素 ［图 4.6(a)］。

在自然界至今未发现仅具有高阶更迭对称轴的化合物，人工合成的这类化合物也为数不多。图 4.9 所示为 1956 年合成的无对称面（相当 S_1）、无对称中心（相当 S_2），但具有 S_4 对称轴的化合物，这个分子较抽象，Ⅱ的镜像为Ⅰ，将Ⅰ逆时针旋转 90°，然后再向下旋转 90°得到Ⅲ，Ⅲ与Ⅱ相同，经过模型对比后实际上Ⅱ与其镜像Ⅰ可以重叠。

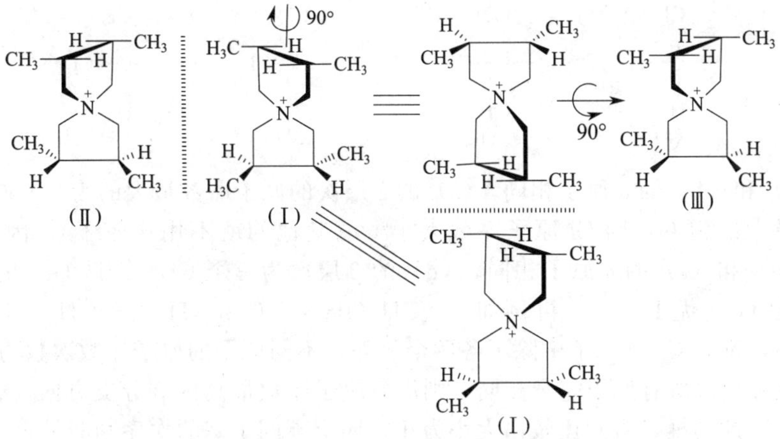

图 4.9　只有四阶更迭对称轴（S_4）的螺环铵离子化合物

凡是具有 S_4 轴的分子就能与其镜像重合，是非手性分子，没有 S_4 轴的分子都是手性分子。因此，分子是否具有 S_4 轴对称因素，成为判断分子手性的充分必要条件。由于仅具有高阶 S_4 轴的分子罕见，故通常把判断分子是否具有手性的方法简化成只要一个分子既无对称面又无对称中心，该分子就是手性分子。

4.4　含一个不对称碳原子的化合物

含有一个不对称碳原子的化合物有互为实物与镜像的对映体，即一对对映体，它们都有手性。例如，乳酸的结构为 $CH_3CH(OH)COOH$，它的两个立体构型如下：

一对对映体

如何命名这两个化合物呢？IUPAC 建议采用 Chan-Ingold-Prelog 提出的 R/S 法命名含有手性碳（C^*）的化合物。

4.4.1　对映异构体的 R/S 命名

4.4.1.1　次序规则

原子（原子团）优先次序按如下规则进行判断。

① 与手性碳直接相连的原子（称为 α 原子），按原子序数大小排列，原子序数高的为优先基团，如 $I>Br>Cl>F$。同位素按原子量大小排列，原子量大的为较优基团，如 $D>H$。如果—CH_3、—NH_2、—OH 和—F 直接与手性碳相连，直接相连的原子分别是 C、N、O 和 F。根据规则①，它们的优先次序为—$F>$—$OH>$—$NH_2>$—CH_3。

② 如果与手性碳直接相连的四个原子（α 原子）相同，从 α 原子依次外推，进一步比较与 α 原子相连的原子（称为 β 原子）。与手性碳直接相连的 α 原子只有 1 个，但是 β 原子往往不止 1 个，需逐个比较所有 β 层次的原子。首先比较原子序数最高的 $β_1$ 原子，如相同，再比较原子序数次高的 $β_2$ 原子，以 β 原子层次原子序数较大或其数目较多的基团为优先基团。例如：

$$
\begin{array}{llll}
\underset{(a)}{\overset{Cl}{\underset{H}{-C-H}}} > &
\underset{(b)}{\overset{OH}{\underset{CH_3}{-C-CH_3}}} &
\underset{(d)}{\overset{Cl}{\underset{Cl}{-C-Cl}}} > &
\underset{(e)}{\overset{Cl}{\underset{H}{-C-Cl}}}
\end{array}
$$

基团（a）和（b）的 α 原子相同，（a）的 β 层次的原子序数最大的为 Cl，（b）的 β 层次的原子序数最大的为 O，因 Cl 原子序数大于 O（其他的就不用比较了），因此（a）优于（b）。基团（d）和（e）的 α 原子相同，（d）的 β 层次为三个 Cl，多于（e）的 β 层次的 Cl 原子数，因此（d）优于（e）。再例如，$-CH_2OH > -CH_2NH_2 > -CH_2CH_3$，因为它们的 α 原子相同，都是 C，β 原子中除了各两个氢外，不同原子的原子序数次数为 O>N>C。

如果遇到 β 层次所有原子完全相同，则沿着原子序数最高的 β 分支方向，去逐个比较 γ 层次的原子，以此类推，直到比较出大小为止，四个不同丁基的次序判断见表 4.1。

表 4.1　四个不同丁基基团优先次序的判断

基团名称	基团结构	α原子	β₁原子	β₂原子	β₃原子	γ原子		
叔丁基		C	C	C	C	H	H	H
仲丁基		C	C	C	H	C	H	H
异丁基		C	C	H	H	C	C	H
正丁基		C	C	H	H	C	H	H

如表 4.1 所示，四个基团的 α 原子都相同，通过比较 β 层次原子，可定出叔丁基>仲丁基，它们都优于异丁基和正丁基。再沿着最高分支 β 到 γ 层次原子，可判断出异丁基>正丁基。因此，四个丁基的优先次序为叔丁基>仲丁基>异丁基>正丁基。

③ 双键、叁键及苯环，可认为双键是两原子重复相连，其中 π 键相连的原子，不再与任何基团相连，次序判断方法见表 4.2。

表 4.2　双键、叁键及苯环的次序判断

基团	相当于	α原子	β原子	γ原子	备注
乙烯基： $-\underset{\alpha}{CH}=\underset{\beta}{CH_2}$		C	C C H	C H H	一个 γ 碳
乙炔基： $-\underset{\alpha}{C}\equiv\underset{\beta}{CH}$		C	C C C	C C H	两个 γ 碳，但沿 γ 碳往下再无分支

基团	相当于	α原子	β原子	γ原子	备注
苯基：		C	C C C	C C H	两个 γ 碳,但沿 γ 碳往下还有分支

根据表 4.2 的拆分法比较,可判断出优先次序为苯基＞乙炔基＞乙烯基。

④ 构造相同而构型不同的基团,规定优先次序为 $R＞S$, $Z＞E$。

根据以上次序规则,常见原子(原子团)优先次序如下:

I、Br、Cl、SO_3H、SO_2R、SR、SH、F、OSO_2R、OSOR、OCOR、NO_2、NO、NR_2、$NHCOR$、NHR、NH_3、NH_2、CCl_3、COOR、COOH、$CONH_2$、COR、CHO、R_2COH、$RCHOH$、CH_2OH、C_6H_5、$C≡CH$、$C(CH_3)_2CH_2CH_3$、$C(CH_3)_3$、$CH=CHCH_3$、环己基、$CH(CH_3)CH_2CH_3$、$CH=CH_2$、$CH(CH_3)_2$、$CH_2C(CH_3)_3$、苯甲基、$CH_2CH=CH_2$、$CH_2CH(CH_3)_2$、$CH_2CH_2CH(CH_3)_2$、$CH_2(CH_2)_2CH_3$、Et、Me、D、H。

4.4.1.2　R 和 S 命名规则

根据 IUPAC,含有一个手性碳 C^* 的化合物,按以下规则命名。

① 与手性碳 C^* 相连的 4 个不相同基团为 abcd,按次序规则判定出 abcd 四个基团的先后次序,如 a＞b＞c＞d。

② 如图 4.10 所示,从手性碳 C^* 向次序最低基团 d 方向观察分子,考察 abc 基团在空间的关系。如果从 a→b→c 是顺时针排列,该 C^* 为 R 构型(拉丁文 rectus 的首字母,意为"右")。如果从 a→b→c 是逆时针排列,则该 C^* 为 S 构型(拉丁文 sinister 的首字母,意为"左")。

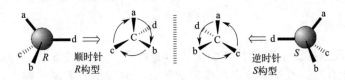

图 4.10　R 和 S 构型判断方法

根据 R/S 命名规则,确定乳酸(2-羟基丙酸)一对对映体的构型。首先判断出四个基团的次序为 OH＞COOH＞CH_3＞H,按图 4.10 方法判定它们的构型如下:

S-(+)-乳酸　　(d)H...C...OH(a)　|　(a)HO...C...H(d)　R-(-)-乳酸

一对对映体

同样的方法,可以判断下面一对对映体的构型如下:

S-2-丁醇　　|　R-2-丁醇

一对对映体

例①：判断下面化合物 C* 的构型。

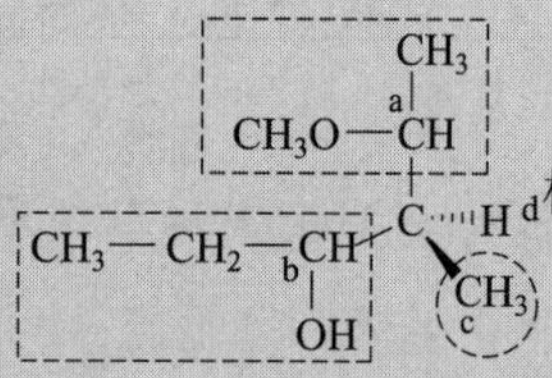

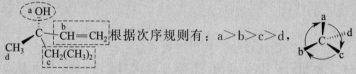

根据次序规则有：a＞b＞c＞d，

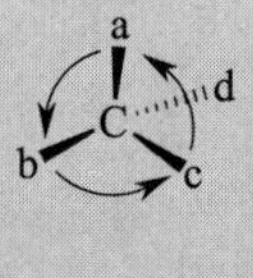

根据基团次序规则，判断 C* 上四个基团（abcd）优先次序，将最小原子（原子团）d 远离眼睛，从 C* 向 d 看过去，abc 的空间关系为逆时针，因此其构型为 S。

例②：判断下面化合物 C* 的构型。

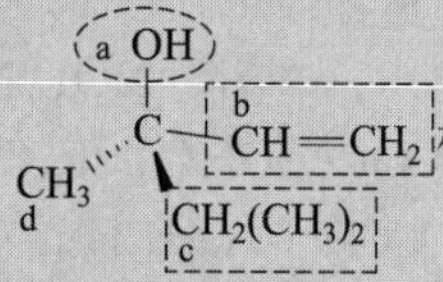

根据次序规则有：a＞b＞c＞d，

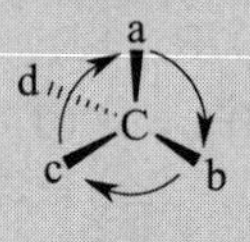

同例①方法，abc 的空间关系为顺时针，因此，为 R 构型。

例③：判断下面化合物 C* 的构型。

根据次序规则有：a＞b＞c＞d，

同例①方法，abc 的空间关系为逆时针，因此为 S 构型。

4.4.2 对映异构体表示方法

经常采用透视式和费歇尔（E. Fischer）投影式表示对映异构体。

4.4.2.1 Fischer 投影式

1891 年，费歇尔提出了直接在纸面上表示有机分子构型的方法。构造确定的化合物，如 *CHXRR′ 型化合物，费歇尔规定：将碳链竖直，编号小的碳原子朝上，手性碳 C* 处在纸面上，将 C* 所连接的上下两个基团指向纸平面后方，另两个处于水平的基团伸向纸前方，然后向纸面投影，画出 4 个基团及其共价键，以交叉点表示省去的 C*，得到 Fischer 投影式，如图 4.11 所示。

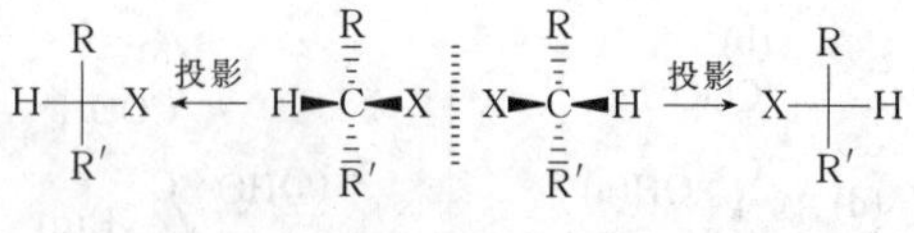

图 4.11 透视式和费歇尔投影式表示的一对对映体的立体构型

例如，以透视式和费歇尔投影式写出乳酸 $CH_3C^*H(OH)COOH$ 的对映异构体如下：

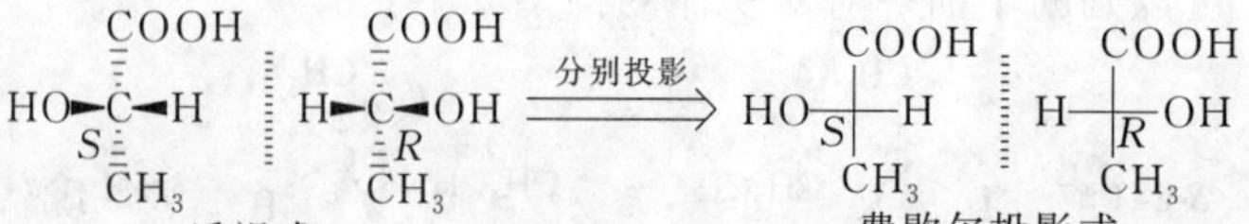

目前，在实际使用费歇尔投影式时，对碳链竖直的规定已经不那么严格，但是费歇尔式

中的上下基团朝后，水平基团朝前的规定必须严格遵守，否则就无法用这种平面式表达化合物的空间构型。下面以乳酸的一对对映体为例，说明投影式所表示的各个基团的空间关系，在对费歇尔式进行变换时，一定要注意以下几点。

首先，不能将费歇尔投影式离开纸面进行翻转，否则就改变了手性碳 C* 上原子团的空间顺旋，成为其对映体，如图 4.12 所示描绘了这种操作的结果。

其次，不能在纸面上将费歇尔投影式旋转 90°或 270°，否则成为其对映体。但是可以将费歇尔投影式旋转 180°。如图 4.13 所示，在纸面上将费歇尔投影式旋转 90°或 270°后成为其对映体。

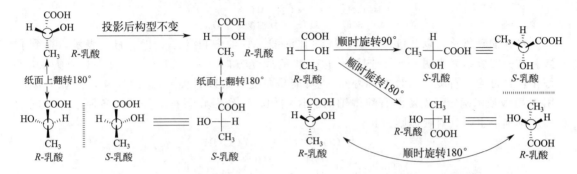

图 4.12　费歇尔投影式离开纸面
翻转 180°后变成其对映体

图 4.13　费歇尔投影式离开纸面
翻转 90°后成为其对映体

第三，将费歇尔投影式中手性碳 C* 上的任意两个原子（原子团）交换奇数次，该 C* 的构型改变，而交换偶数次，C* 的构型保持不变。对只有一个 C* 的化合物，C* 上任意两个基团交换奇数次，成为该化合物对映体，交换偶数次构型保持不变，是同一化合物。

采用费歇尔投影式的最大优点是可以简明地表达分子中有多个 C* 的分子构型。但是费歇尔投影式所表示的多个 C* 化合物的形象是一种不稳定的重叠构象。因此，将费歇尔投影式与其他立体表达式进行互相转化时，应特别注意，如内消旋酒石酸重叠式表示方法如图 4.14 所示。

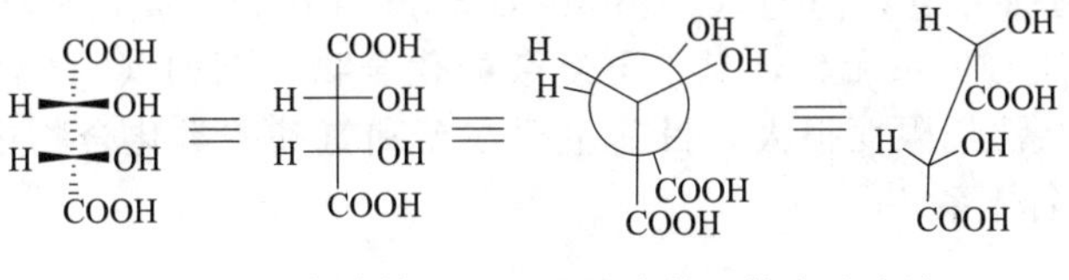

图 4.14　内消旋酒石酸重叠式的立体表达方式

4.4.2.2　D/L 构型体系

乳酸的两种构型可用费歇尔投影式方便地分别表示如下：

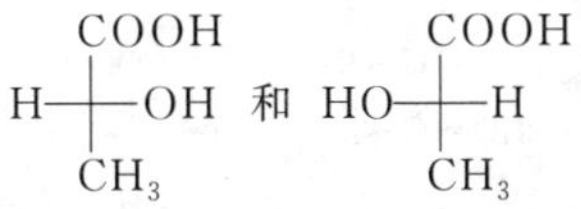

其中哪一个构型是表示 [α]＝＋3.82°的乳酸？1951 年以前，化学家不知道这两种构型中原子（原子团）的真实空间排列，因此无法解决这一问题，因为单靠测定旋光度的大小和方向不能确定。1906 年，M. A. Rosanoff 以右旋的甘油醛 [CH₂(OH)CH(OH)CHO] 为标准，人为地规定甘油醛 C* 上羟基处在费歇尔式的右侧者，为 D 构型，并称为 D-(＋)-甘油醛。左旋的甘油醛 C* 上羟基处在费歇尔式的左侧者，为 L 构型，并称为 L-(＋)-甘油醛：

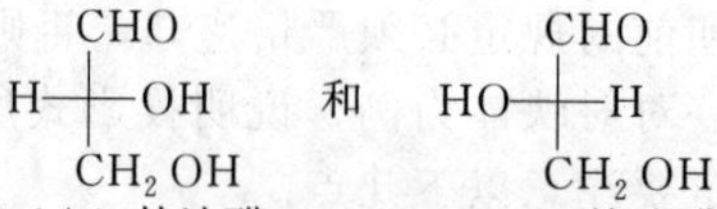

$$
\begin{array}{ccc}
\text{CHO} & & \text{CHO} \\
\text{H}\!-\!\!-\!\text{OH} & \text{和} & \text{HO}\!-\!\!-\!\text{H} \\
\text{CH}_2\text{OH} & & \text{CH}_2\text{OH} \\
\text{D-(+)-甘油醛} & & \text{L-(-)-甘油醛}
\end{array}
$$

光活性化合物在发生化学反应时，只要与手性碳结合键不断裂，分子的构型就保持不变。所以，通过化学方法，可以把许多光活性异构体的构型与 D-(+)-甘油醛关联，例如：

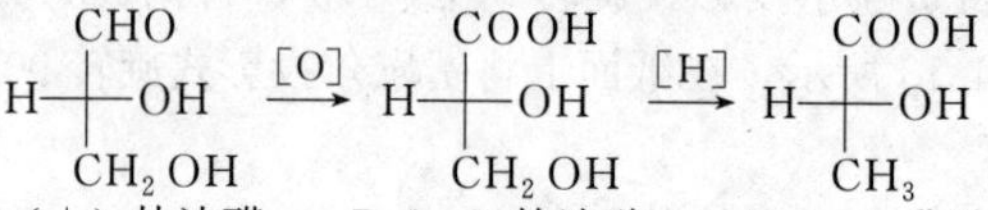

$$
\begin{array}{ccccc}
\text{CHO} & & \text{COOH} & & \text{COOH} \\
\text{H}\!-\!\!-\!\text{OH} & \xrightarrow{[\text{O}]} & \text{H}\!-\!\!-\!\text{OH} & \xrightarrow{[\text{H}]} & \text{H}\!-\!\!-\!\text{OH} \\
\text{CH}_2\text{OH} & & \text{CH}_2\text{OH} & & \text{CH}_3 \\
\text{D-(+)-甘油醛} & & \text{D-(-)-甘油酸} & & \text{D-(-)-乳酸}
\end{array}
$$

将甘油醛氧化，以 [O] 表示，得到甘油酸。甘油酸再还原，以 [H] 表示，得到乳酸。这一实验结果表明 D 或 L 构型与化合物的旋光方向（+）和（-）没有对应关系，D 型化合物可能是右旋（如 D-甘油醛），也可能是左旋（如 D-甘油酸）。1951 年，J. M. Bijvoet 用 X 射线技术确定了右旋酒石酸铷钠的晶体结构，得到右旋酒石酸分子中各原子在空间的实际排列为 I，其对映体则为 II。

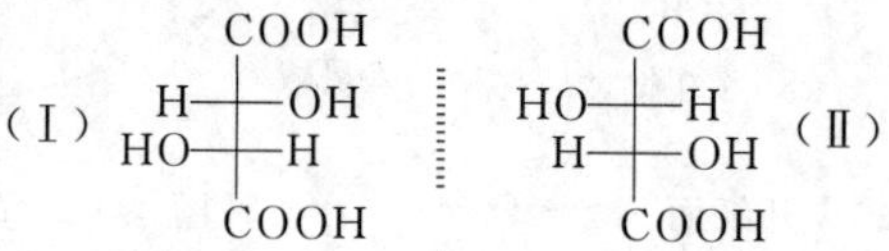

$$
(\text{I})\quad
\begin{array}{c}
\text{COOH} \\
\text{H}\!-\!\!-\!\text{OH} \\
\text{HO}\!-\!\!-\!\text{H} \\
\text{COOH}
\end{array}
\quad\Big|\quad
\begin{array}{c}
\text{COOH} \\
\text{HO}\!-\!\!-\!\text{H} \\
\text{H}\!-\!\!-\!\text{OH} \\
\text{COOH}
\end{array}
\quad(\text{II})
$$

右旋酒石酸的构型与右旋甘油醛存在以下关系（分别经化学转化都可以得到左旋乳酸）：

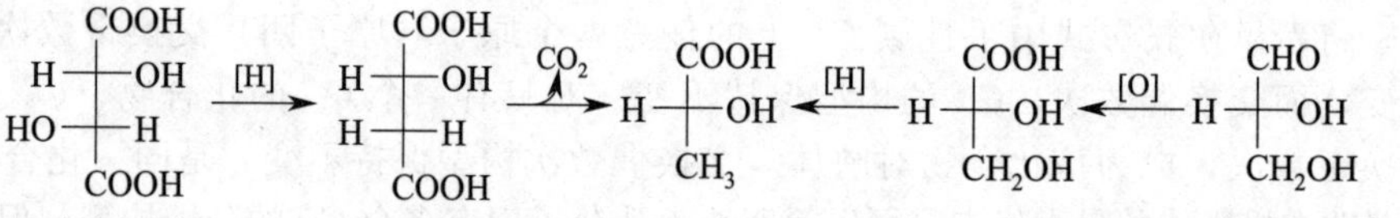

$$
\begin{array}{ccccccccc}
\text{COOH} & & \text{COOH} & & \text{COOH} & & \text{COOH} & & \text{CHO} \\
\text{H}\!-\!\!-\!\text{OH} & \xrightarrow{[\text{H}]} & \text{H}\!-\!\!-\!\text{OH} & \xrightarrow{-\text{CO}_2} & \text{H}\!-\!\!-\!\text{OH} & \xleftarrow{[\text{H}]} & \text{H}\!-\!\!-\!\text{OH} & \xleftarrow{[\text{O}]} & \text{H}\!-\!\!-\!\text{OH} \\
\text{HO}\!-\!\!-\!\text{H} & & \text{H}\!-\!\!-\!\text{OH} & & \text{CH}_3 & & \text{CH}_2\text{OH} & & \text{CH}_2\text{OH} \\
\text{COOH} & & \text{COOH} & & & & & & \\
\text{(+)-酒石酸} & & \text{(+)-苹果酸} & & \text{D-(-)-乳酸} & & \text{D-(-)-甘油酸} & & \text{D-(+)-甘油醛}
\end{array}
$$

上式化学转化结果说明，Rosanoff 假定右旋甘油醛 C^* 上羟基位于费歇尔式右侧的规定正好与客观事实一致。通过与（+）-酒石酸或（+）-甘油醛的联系，许多化合物的空间构型得到确定。这种构型称为绝对构型（absolute configuration）。但是许多手性化合物，例如 *CHFClBr 不能用 D/L 体系命名，对于更复杂的化合物，例如（+）-酒石酸，还容易引起混乱。因此 D/L 命名法局限性很大，目前主要在糖和氨基酸类化合物中应用，其他手性化合物已采用 R/S 命名体系。

4.4.2.3 利用费歇尔投影式直接判断 R/S

图 4.15 为乳酸两种构型，其中 A 和 B 为楔形构型，其费歇尔投影式分别为 A' 和 B'。实际上，A 和 A'、B 和 B'分别是同一化合物。根据 R/S 命名规则，A 为 S 构型，那么 A'也是 S 构型，B 为 R 构型，B'也是 R 构型。

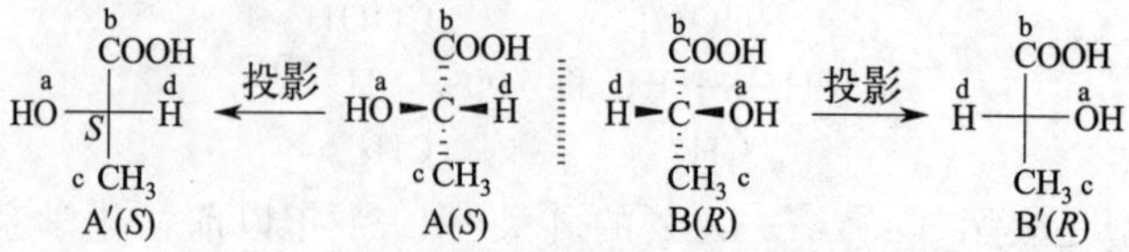

图 4.15 乳酸的楔形式和费歇尔投影式关系

利用费歇尔投影式，直接在平面上按照 a→b→c 顺时针关系判断 C^* 构型，则会出现与实际构型相反的结果，例如，A 为 S 型，A' 则为 "R" 构型。为此，直接利用费歇尔投影式判断 R/S 时必须注意以下两点：

① 当手性碳 C^* 上次序最小的基团 d 处于费歇尔投影式左或右位置（实际空间关系是指向

纸面前方）时，如果平面上 a→b→c 顺时针时为 S 构型，a→b→c 逆时针时为 R 构型。例如：

$$
\begin{array}{c}
CH_3 \\
a\ CHOCH_3 \\
CH_3 \underset{c}{\rule{0pt}{1em}}\!\!\!-\!\!\!- Hd \\
b\ CHCH_2CH_3 \\
OH
\end{array}
\qquad \text{基团次序}\quad a>b>c>d
$$

手性碳 C^* 上次序最小的基团 d（H）处于费歇尔投影式的右方，平面上 a→b→c 为顺时针方向，因此为 S 构型。

② 当手性碳 C^* 上次序最小的基团 d 处于费歇尔投影式上或下位置（实际空间关系是指向纸面后方的）时，如果平面上 a→b→c 顺时针时为 R 构型，逆时针时为 S 构型。例如：

$$
\begin{array}{c}
CH_3 \\
a\ CHOCH_3 \\
CH_3CH_2CH \underset{b}{\rule{0pt}{1em}}\!\!\!-\!\!\!- CH_3 \\
d\ H
\end{array}
\qquad \text{基团次序}\quad a>b>c>d
$$

手性碳 C^* 上次序最小基团 d（H）处于费歇尔投影式的下方，平面上 a→b→c 的顺序为逆时针，因此为 S 构型。

4.4.2.4　系统命名法中的 R/S

对于构型确定的化合物，IUPAC 命名法规定用带括号的 R 或 S（斜体）标明其构型，置于化合物名称最前，如果化合物旋光方向也已知，则需将表示旋光方向的（＋）或（－）放在带括号的 R 或 S 之后。如果化合物中有多个手性碳 C^*，需将其编号次序，从小到大逐个标明。

例如，左旋乳酸 $\begin{array}{c} COOH \\ H\!\!-\!\!\boxed{R}\!\!-\!\!OH \\ CH_3 \end{array}$ 为 R 构型，命名为：（R）-（－）-乳酸或（R）-（－）-2-羟基丙酸。

又如，右旋酒石酸 $\begin{array}{c} COOH \\ H\!\!-\!\!\boxed{R}\!\!-\!\!OH \\ HO\!\!-\!\!\boxed{R}\!\!-\!\!H \\ COOH \end{array}$，命名为（2R,3R）-（＋）-酒石酸或（2R,3R）-（＋）-2,3-二羟基丁二酸。

注意：D/L 构型是人为的构型标记方法，R/S 也是人为的构型标记方法，R/S 和 D/L 标记之间没有任何对应关系。还必须注意，有旋光性的化合物旋光方向是仪器测定出来的，因此 R/S 或 D/L 构型与化合物的旋光方向之间没有任何关系。

4.4.3　对映异构体和外消旋体

相同构造的乳酸在自然界有三种存在形式，除了前述（R）-（－）-乳酸和（S）-（＋）-乳酸外，还有一种是最早从牛奶中得到的（±）-乳酸。它们的熔点、旋光性等见表 4.3。

表 4.3　自然界三种乳酸主要物理性质

化合物	熔点/℃	$[\alpha]_D/°$	pK_a（25℃）
（R）-（－）-乳酸	53	＋3.82	3.97
（S）-（＋）-乳酸	53	－3.82	3.97
（±）-乳酸	18	0	3.86

（R）-（－）-乳酸和（S）-（＋）-乳酸构造相同但构型不同，是一对对映异构体，简称对映体。通常对映体的物理性质和化学性质相同，它们的区别就是构型不同，旋光方向不同，如果一个是左旋的，则另外一个一定是右旋的。但是在手性试剂、手性溶剂、手性催化剂等特

殊的手性环境或条件下，对映体的性质均不同，有时相差特别大。例如，右旋的葡萄糖在生物体内作用很大，左旋的无用，右旋的氯霉素可以治病，而左旋的不仅不能，而且有毒。

研究发现从牛奶中得到的乳酸是（R）-（－）-乳酸和（S）-（＋）-乳酸的等量混合物，其旋光度为零，熔点为 18℃，因为 R 构型乳酸是左旋，S 构型乳酸是右旋，二者旋光能力相同，方向相反互相抵消，因此旋光度为零。像（R）-（－）-乳酸和（S）-（＋）-乳酸这种对映体的等量混合物，称为外消旋体，用（±）-乳酸表示。显然，外消旋体是混合物，表现出与对映体不同的物理性质。

4.5 含多个手性碳的化合物

4.5.1 含两个不相同 C* 的化合物

3-氯-2-羟基丁二酸的构造如下：

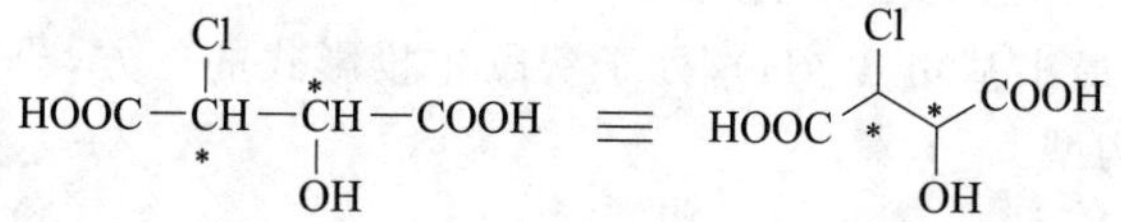

手性碳 C2* 连接的基团分别是 H、OH、COOH 和 CHClCOOH，而手性碳 C3* 连接的分别是 H、Cl、COOH 和 CHOHCOOH。化合物中两个 C* 所连基团中只要有一对不同，就是含有两个 C* 的构造和构型都不同的化合物，或称含两个不相同 C* 的化合物，可以写出 4 个费歇尔投影式：

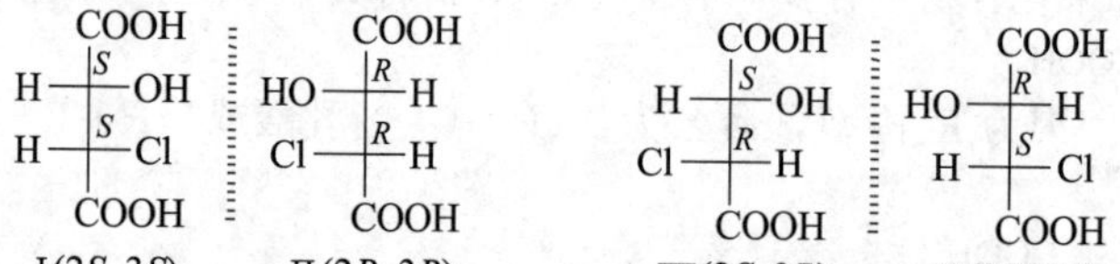

I (2S,3S)   II (2R,3R)   III (2S,3R)   IV (2R,3S)

虽然这 4 个化合物的构造都相同，但是根据费歇尔式的规定，这四个化合物经平移、平面内转动 180°操作，任意两个投影式都不能重叠！因此，它们是 4 个构型不同的立体异构体。其中 I 和 II、III 和 IV 分别是实物和镜像关系，互为对映异构体。那么 I 和 II 或 III 和 IV 分别等物质的量混合就构成外消旋体。

I 和 III、I 和 IV、II 和 III 以及 II 和 IV 之间也是互为立体异构体，但不是实物和镜像的关系，称为非对映异构体（diastereomer）。非对映异构体之间的主要化学性质基本相同，但是物理性质比如熔点、沸点、溶解性等差别很大。I 和 III 的 C2* 构型相同，而 C3* 构型不相同，像这种只有一个手性碳 C* 构型不同，其余 C* 构型均相同的非对映异构体，称为差向异构体。

又如，2,3,4-三羟基丁醛（即赤藓糖）的构造式为：

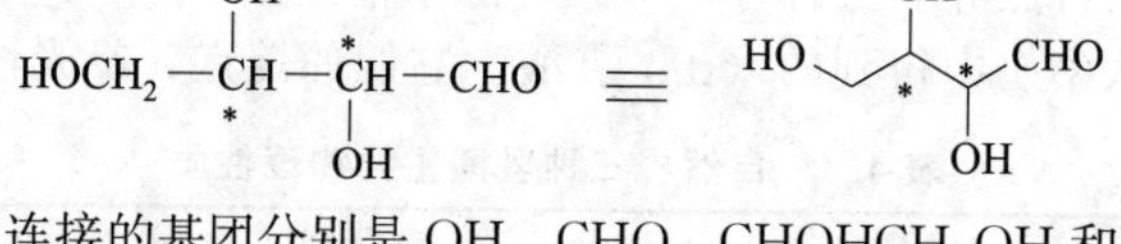

赤藓糖手性碳 C2* 连接的基团分别是 OH、CHO、CHOHCH₂OH 和 H，手性碳 C3* 连接的分别是 OH、CH₂OH、CHOHCHO 和 H，是含有两个不相同 C* 的化合物，它们的构型如下：

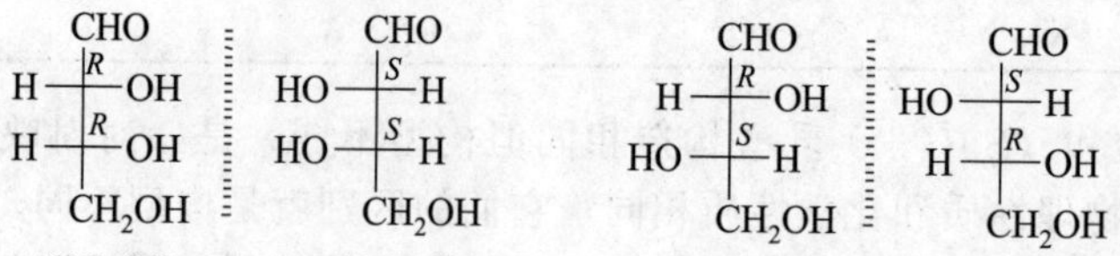

I (2R,3R)   II (2S,3S)   III (2R,3S)   IV (2S,3R)

赤藓糖共有 4 个构型异构体，2 对对映体，分别是Ⅰ和Ⅱ、Ⅲ和Ⅳ。其中Ⅰ和Ⅲ、Ⅰ和Ⅳ、Ⅱ和Ⅲ以及Ⅱ和Ⅳ之间分别为非对映异构体。

4.5.2 含两个相同 C* 的化合物

酒石酸（2,3-二羟基丁二酸），也含有 2 个手性碳 C*，但每个手性碳 C* 连接的基团都是 OH、COOH、CHOHCOOH 和 H。可以理解为构造完全相同而构型不同的两个手性碳 C*，这种化合物属于含两个相同 C* 的化合物。它们的费歇尔式如下：

Ⅰ(2R, 3S)　　　Ⅰ′(2S, 3R)　　　Ⅱ(2S, 3S)　　　Ⅲ(2R, 3R)

内消旋酒石酸　　　　　　左旋酒石酸　　右旋酒石酸

根据费歇尔式规则，将Ⅰ平面内旋转 180°就与Ⅰ′重叠，即Ⅰ和Ⅰ′是同一化合物。因此，实际上酒石酸只能画出 3 种费歇尔式。像Ⅰ和Ⅰ′中两个手性碳 C* 构造相同，但构型不同（如一个是 R，另外一个必为 S）的化合物，这两个手性碳 C* 在分子内形成实物和镜像关系，因此整个分子没有旋光性，这类化合物，称为内消旋（meso）化合物，或称内消旋体。虽然内消旋化合物含有手性碳 C*，但是分子内具有对称面，实物与镜像可互相重叠，是同一化合物，因此是非手性分子，没有旋光性。酒石酸实际上只有 3 个立体异构体，一个内消旋体和一对对映体（Ⅱ与Ⅲ）。

内消旋化合物是一个纯化合物，外消旋体为混合物。虽然内消旋体没有对映异构体，但有非对映异构体。如Ⅰ与Ⅲ或Ⅳ均为非对映异构体。三种酒石酸的主要理化性质见表 4.4。

表 4.4　三种不同构型酒石酸的主要物理性质

化合物	熔点/℃	$[\alpha]_D$/°	溶解度/(g/100mL)	pK_{a1}	pK_{a2}
(2R,3R)-(+)-酒石酸	170	+12.0	139	2.93	4.23
(2S,3S)-(−)-酒石酸	170	−12.0	139	2.93	4.23
(±)-酒石酸（外消旋体）	206	0	20.6	2.96	4.24
meso-酒石酸（内消旋体）	140	0	125	3.11	4.80

4.5.3 含两个 C* 化合物的赤式和苏式

含有两个 C* 化合物的构型，不少文献还用赤式或苏式来表示。赤式和苏式名称源于赤藓糖和苏阿糖两个名称的词头。赤藓糖和苏阿糖费歇尔式如下：

D-赤藓糖　　　　　L-赤藓糖　　　　　D-苏阿糖　　　　　L-苏阿糖

在两个 C* 上分别连有两组相同基团的 C*abX-C*abY 型化合物中，将第三组不同的基团 X 和 Y 置于费歇尔式的竖直位置。如果相同的基团位于费歇尔式同侧，则称为赤式或赤型，如果相同的基团处于费歇尔式异侧，则称为苏式或苏型。如下所示：

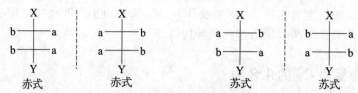

或者，在 $C^*abX\text{-}C^*abY$ 型化合物中，将一组相同的基团，例如 a，置于费歇尔式的竖直位置，如果另一组相同基团 b 位于费歇尔式同侧，则称之为赤式，反之称为苏式：

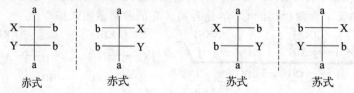

在具有两组相同基团的 $C^*abX\text{-}C^*abY$ 型化合物中，如果第三组基团也相同（即 X＝Y），那么内消旋的化合物为赤式，一对外消旋体为一对苏式。例如，上述酒石酸的三个构型异构体，内消旋酒石酸为赤式，外消旋体为苏式。

如图 4.16 所示，如果将费歇尔式与纽曼投影式相互转换，可看出赤式化合物的纽曼式中，相同基团要么全重叠，要么全对位交叉。而苏式化合物的纽曼式中，只可能使一组相同基团呈重叠关系，或如果使一组相同基团位于对位交叉关系，另一组相同基团则为邻位交叉。

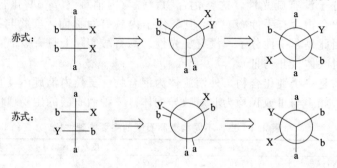

图 4.16　赤式和苏式构型的 Newman 式中各基团空间关系

4.5.4　具有三个 C^* 的化合物

如图 4.17 所示，2,3,4-三氯己烷，有 3 个不同的手性碳 C^*，4 对对映体，8 个立体异构体：

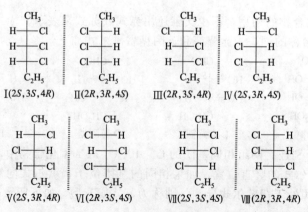

图 4.17　2,3,4-三氯己烷的 8 个立体异构体

下面讨论一个特殊的化合物 2,3,4-三羟基戊二酸的构型，它的构造式如下：

$$\underset{1}{HOOC}-\underset{2}{\overset{*}{CH}}-\underset{3}{\overset{☆}{CH}}-\underset{4}{\overset{*}{CH}}-\underset{5}{COOH}$$

2,3,4-三羟基戊二酸 $C2^*$ 和 $C4^*$ 的构造完全相同，可以写出 4 个立体异构体，如下：

Ⅰ(2R,3r,4S)　　　Ⅱ(2S,4S)　　　Ⅲ(2R,4R)　　　Ⅳ(2R,3s,4S)

Ⅱ和Ⅲ构成一对对映体，Ⅰ和Ⅳ是两个不同的内消旋体。C3 是手性碳吗？虽然手性碳 $C2^*$ 和 $C4^*$ 两个构造完全相同，但是不能说它们是相同的或是不同的手性碳，因为 $C2^*$ 和 $C4^*$ 有 R 和 S 之分。当 $C2^*$ 和 $C4^*$ 构型相同时（如Ⅱ或Ⅲ式中），则 C3 上连有完全相同的基团，C3 就不是手性碳。当 $C2^*$ 和 $C4^*$ 构型不相同时（如Ⅰ或Ⅳ式中），则 C3 上所连 4 个基团不同，C3 就是手性碳。但是注意，Ⅰ和Ⅳ都是非手性分子（都是内消旋体，没有旋光性），因为分子有对称面。像Ⅰ和Ⅳ中这种 C3 符合手性碳的定义，但又不是手性中心的碳原子称为"假"(pseudo)手性碳原子。若一个碳原子和两个构造相同的不对称碳原子相连，当两个不对称碳原子构型相同时（如Ⅱ和Ⅲ），该碳原子为对称碳原子。当两个不对称碳原子构型不同时（如Ⅰ和Ⅳ），则该碳原子为假不对称碳原子。假不对称碳原子的构型分别用 r 和 s 表示，在判别构型时规定 $R > S$，$Z > E$。因此Ⅰ式中 $C3^*$ 为 r 型，Ⅳ式中 $C3^*$ 为 s 型。

4.5.5　具有 n 个 C^* 的化合物

含有 n 个不相同手性碳 C^* 的化合物，其理论对映异构体和外消旋体数见表 4.5。

表 4.5　手性碳 C^* 数与理论立体异构体和外消旋体数

理论构型异构体数/个	理论对映体数/对	理论外消旋体数/个
2	1	1
4	2	2
8	4	4
16	8	8
2^n	2^{n-1}	2^{n-1}

含有 n 个不同 C^* 的化合物，理论上有 2^n 个构型异构体，2^{n-1} 对对映体。但是，因分子中含有相同 C^* 或成环等因素的限制，实际构型异构体数目小于 2^n。

4.5.6　具有 C^* 的碳环化合物立体异构体

4.5.6.1　环丙烷衍生物

含有手性碳的环状化合物，仅以顺式或反式描述往往不能完全确定其所有构型，例如，1,2-二甲基环丙烷，若以顺和反描述只有两个异构体。实际上它有 3 个立体异构体，如下所示：

顺-1,2-二甲基环丙烷　　　　反-1,2-二甲基环丙烷　　　　反-1,2-二甲基环丙烷
(1R,2S)-1,2-二甲基环丙烷　(1R,2R)-1,2-二甲基环丙烷　(1S,2S)-1,2-二甲基环丙烷

内消旋体(meso)　　　　　　　　　　　一对对映体

1,2-二甲基环丙烷是含有两个相同手性碳 C^* 的化合物。顺-1,2-二甲基环丙烷有 1 个 σ，无对映异构体，它是内消旋体。而反-1,2-二甲基环丙烷无 σ 也无 i，有一对互为实物与镜像的对映异构体，是两个不同的化合物。顺式和反式既是顺反异构体又是非对映异构体。

又如 1-溴-2-甲基环丙烷，若以顺和反描述时只有两个异构体。实际上 1-溴-2-甲基环丙烷有 4 个立体异构体，构型如下：

(1R,2S)　　　　(1S,2R)　　　　(1R,2R)　　　　(1S,2S)

顺式 (一对对映体)　　　　　　　　　反式 (一对对映体)

顺-1-溴-2-甲基环丙烷和反-1-溴-2-甲基环丙烷都无对称性因素，所以都是手性分子，都有实物与镜像不能重叠的对映体。因为 1-溴-2-甲基环丙烷含有两个不同手性碳 C^*，所以存在两对对映体，4 个立体异构体。

环系化合物中 C^* 的 R/S 判断与非环系相同，只需注意 C^* 所连基团的次序和观察方向，例如：

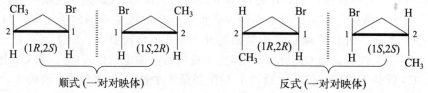

$C1^*$ 构型判断：(1R,2S)

$C2^*$ 构型判断：(1R,2S)

4.5.6.2　取代环己烷的立体异构体

一取代环己烷没有对映体，无手性。1,4-二取代环己烷，无论取代基相同与否都没有手性碳原子，只有顺反异构体。1,2-或 1,3-二取代环己烷，有两个手性碳 C^*，根据 C^* 构造相同与否，有 3 个或 4 个立体异构体。可以像上述三元环那样判断立体异构体，例如 1,3-二甲基环己烷有 3 立体异构体：

顺-1,3-二甲基环己烷　　　　反-1,3-二甲基环己烷　　　　反-1,3-二甲基环己烷
(1R,2S)-1,3-二甲基环己烷　(1S,2S)-1,3-二甲基环己烷　(1R,2R)-1,3-二甲基环己烷

内消旋体(meso)　　　　　　　　　　　一对对映体

4.6　关于手性和旋光性关系的进一步讨论

4.6.1　构象对映体

由 C—C 旋转所造成对映关系的两种异构体，称为构象对映异构体。如图 4.18 所示，

正丁烷 C2—C3 旋转内能曲线在 0～180°和 180°～360°范围互为对映关系。虽然构象异构体 a 和 a′以及 b 和 b′分别构成一对构象对映体，但是二者能通过构象改变而迅速互相转化，不能分离，视为同一化合物，不是手性分子，不具有旋光性。

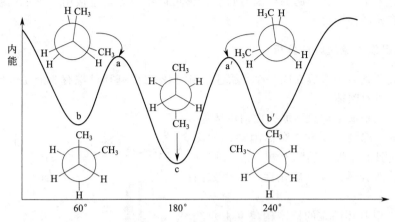

图 4.18　丁烷的构象异构体

4.6.1.1　内消旋酒石酸的构象对映体分析

将下面内消旋酒石酸Ⅰ平面内旋转 180°后得到Ⅰ′，Ⅰ与Ⅰ′为同一化合物。将Ⅰ或Ⅰ′转化为纽曼投影式得到Ⅱ或Ⅱ′，显然Ⅱ和Ⅱ′也是同一化合物：

Ⅱ(2R, 3S)　　Ⅰ(2S, 3R)　　Ⅰ′(2S, 3R)　　Ⅱ′(2R, 3S)

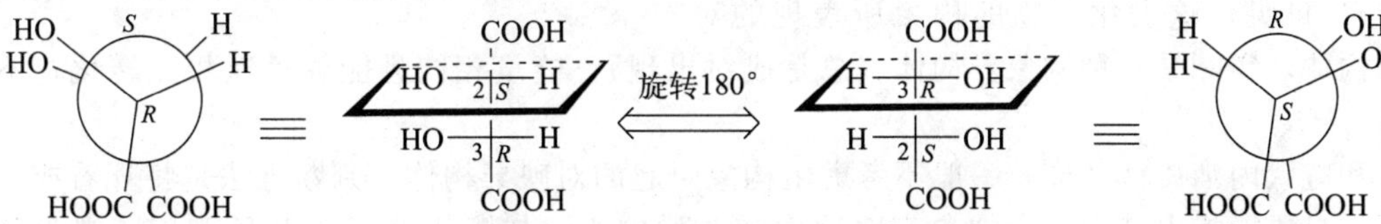

由内消旋酒石酸的费歇尔或纽曼投影式可看出，分子内都有一对称面，故没有手性。由于 C2 和 C3 之间 σ 键可以自由旋转，旋转后的构象是否具有手性呢？

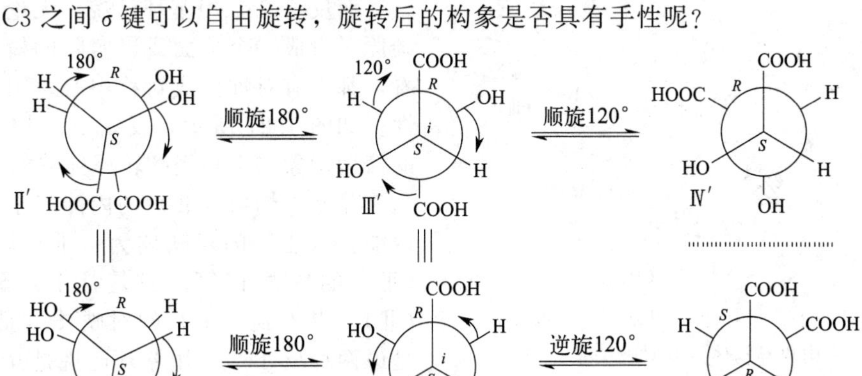

图 4.19　内消旋酒石酸几个典型构象

如图 4.19 所示，纽曼式Ⅱ或Ⅱ′纸面上碳原子顺时针旋转 180°分别得到Ⅲ和Ⅲ′。Ⅲ和Ⅲ′有对称中心 i，因此没有手性，实际上Ⅲ和Ⅲ′构象相同（能重叠）。将Ⅲ纸面下的碳再逆时针旋转 120°得到Ⅳ，而将Ⅲ′纸面下的碳顺时针旋转 120°得到Ⅳ′，很明显，Ⅳ和Ⅳ′中既

没有对称面 σ 也没有对称中心 i，二者不能重叠，是两个不同的构象，因此Ⅳ和Ⅳ′都具有手性，但是Ⅳ和Ⅳ′构成了一对对映体。也就是说，因为单键的自由旋转，内消旋酒石酸的构象中，要么有对称中心（σ 或 i），要么是互为实物与镜像关系的一对对映体，因此没有旋光性。一般地，因单键旋转引起的构象对映异构体可以不考虑，直接用费歇尔式或纽曼式分析分子是否有旋光活性即可。

4.6.1.2 环己烷构象对映体分析

如果将成环碳原子看成在同一个平面上，则1,2-二甲基环己烷有3个立体异构体，一个内消旋体和一对对映体。

环己烷主要是椅型构象，那么内消旋体顺-1,2-二甲基环己烷没有 σ 和 i 对称因素，如图4.20（Ⅰ）应具有手性。实际上顺-1,2-二甲基环己烷不是手性分子，没有旋光性，原因如图4.20所示。

顺-1,2-二甲基环己烷的椅型构象（Ⅰ）经翻转得到椅型构象（Ⅱ），显然构象（Ⅰ）和（Ⅱ）能量相同。将构象（Ⅱ）以 C_3 轴逆时针旋转 120° 后得到椅型构象（Ⅲ），（Ⅱ）和（Ⅲ）两构象恒等（是同一个构象）。而构象（Ⅲ）与（Ⅰ）互为实物和镜像关系（一对对映体）。可见，这类化合物的构象所表现的对

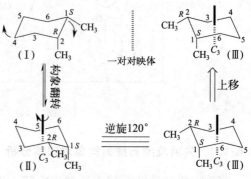

图 4.20 顺-1,2-二甲基环己烷的构象异构体及其对映关系

映异构体，实际是一种构象异构体（总是成对出现），能量相同且能够迅速相互转化，不能分离。

和链状内消旋体一样，一般不考虑由构象引起的对映异构体。判断方法是将环看成一个平面，只要能找出其中一个构象有对称面或对称中心，如顺-1,2-二甲基环己烷，视为分子无手性。

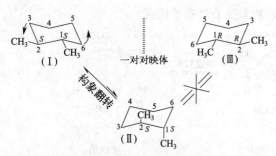

图 4.21 反-1,2-二甲基环己烷的构象异构体及其对映关系

而反-1,2-二甲基环己烷，无论是将成环碳原子看成一个平面或以实际的椅型构象来看，都没有对称面或对称中心，因此具有手性。如图4.21所示，反-1,2-二甲基环己烷的椅型构象（Ⅰ）经翻转得到构象（Ⅱ）。

显然，构象（Ⅱ）的内能高于（Ⅰ）的内能。（Ⅰ）的对映体为（Ⅲ），（Ⅰ）与（Ⅲ）的内能相等，但是（Ⅰ）翻转后为（Ⅱ），得不到（Ⅰ）的对映体（Ⅲ）。也就是说两种反-1,2-二甲基环己烷是互为实物和镜像关系，不能经过构象翻转互相变化，是两个不同的化合物，因此反-1,2-二甲基环己烷具有手性。

同理，1,3-二取代环己烷有两个不对称中心，如果两个取代基相同则有三个立体异构体，如果两个取代基不同则有四个立体异构体。当两个取代基相同时，比如反-1,3-二甲基环己烷，有一对对映体，具有手性。而顺-1,3-二甲基环己烷为内消旋体，无对映体，无手性，如下所示：

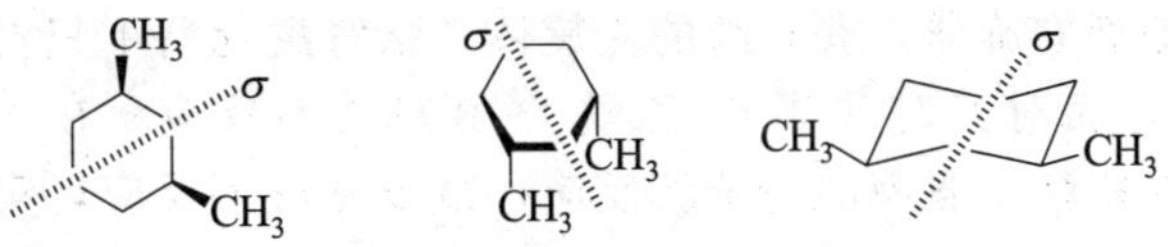

同理，1,4-二取代环己烷，无论取代基是否相同都没有手性碳原子，分子内有对称面，无手性，只有顺反异构体。

一般地，由构象引起的对映体可不考虑。因此，对于环状化合物，可将环看成一个平面，只要找出其有对称面或对称中心，就可认为它无手性，只存在构象异构体，无对映异构体。

4.6.2　手性与手性碳 C* 的关系

一般地，手性分子既没有对称面也没有对称中心。分子是否具有手性碳 C*，并不是分子具有手性的充分和必要条件，即具有手性碳 C* 的分子可能有手性也可能没有手性。如内消旋酒石酸。许多化合物没有 C* 也可能有手性（后面会讲到），有对映异构体。所以，手性才是产生对映异构体的必要和充分条件。分子有手性，则必然存在对映体，反之，分子具有对映体，该分子一定是手性分子。具有旋光性的化合物，必是手性化合物。因为旋光性是大量分子的宏观现象，例如外消旋体每个分子都是手性分子，作为整体却不具备光学活性。

图 4.22 是 H. Wynberg 于 1966 年合成的 5-乙基-5-丙基十一烷的一对对映体，但它们都没有旋光性，经过理论计算，该化合物的比旋光度约有 $10^{-5}°$，远低于旋光仪检测的限度，因此有的手性物质因其旋光能力很弱不能测出旋光度。

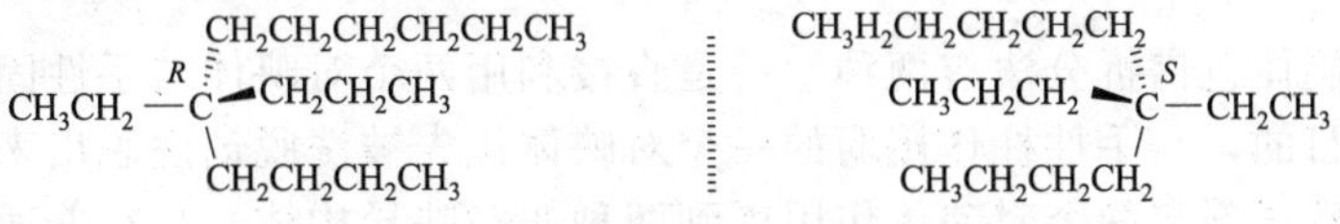

图 4.22　旋光度为"零"的手性化合物

4.6.3　外消旋体的拆分

将外消旋体分离成右旋体和左旋体的过程称为外消旋体拆分。外消旋体有三种：一是外消旋混合物，是指等量的对映体晶体混合，两个对映体的结晶外观上不一样；二是外消旋化合物，结晶时，对映体成对地出现于晶体中；三是外消旋固体溶液，结晶时对映体分子排列混乱。许多有重要应用价值的天然有机化合物是光学活性的，合成药物中许多也具有手性碳原子，它们的立体构型与其药理作用以及生化反应关系密切。

4.6.3.1　机械拆分法

在外消旋混合物中，对映体分别结晶成两种不同晶粒。当结晶晶粒较大，外观上用肉眼或放大镜可看出差别时，采用镊子等工具将对映体分开，1848 年，Louis Pasteur 采用该方法分离得到两种酒石酸结晶。这种方法只能拆分少量且特殊的样品。

4.6.3.2　酶解拆分法

利用微生物或活性酶能够分解对映体中一个的专一选择性功能，将外消旋体中一个对映体转化为其他物质，而另一个不变化，从而实现对映体的拆分。例如：青霉菌在外消旋酒石酸溶液中生长，它只消耗右旋体，获得纯的左旋体。猪肾酰化酶Ⅰ只对 N-乙酰-L-氨基酸进行水解生成 L-氨基酸，而对其对映体 N-乙酰-D-氨基酸不反应。在木瓜蛋白酶的作用下，N-酰基-D/L-氨基酸中只有 L-氨基酸与苯胺反应，D-氨基酸不反应，实现分离。

4.6.3.3　分步结晶法

向外消旋体饱和溶液中加入纯对映体之一的晶种，比如加入右旋体晶种使右旋体过饱和析出，冷却过滤得到右旋体。母液中所剩主要为左旋体，再加入左旋体晶种，使左旋体过饱和析出。经过反复操作，可分批次得到右旋体和左旋体，达到拆分目的。该方法较简单，但事先需有对映体晶种，而且母液使用多次后，拆分效果下降。

4.6.3.4　化学方法

化学方法是使外消旋体与某种手性试剂发生反应。左旋体和右旋体分别与同一手性试剂反应速率差别，更重要的是反应产物为非对映异构体。利用非对映异构体之间的熔点、沸点、溶解度等性质的差异性，再采用蒸馏、分步结晶等常规的分离提纯方法将对映体分离。最后利用逆反应，脱去手性试剂部分，达到拆分目的。许多植物碱，如马钱子碱、番木鳖碱和麻黄碱等碱性拆分剂可用作酸性对映体的拆分；常用的酸性拆分剂，如（+）-酒石酸、（+）-樟脑酸、L-（+）-谷氨酸等可用作碱性对映体的拆分。采用碱性手性试剂拆分酸性对映体的原理如下：

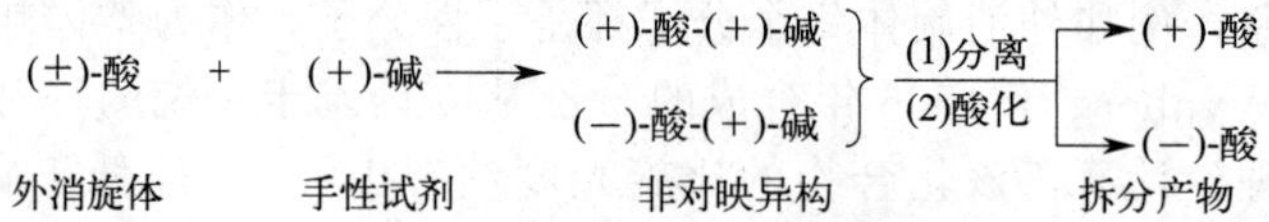

4.6.3.5　色谱拆分法

常用的外消旋体色谱拆分法有两种。一是直接利用两个对映体与手性固定相作用强弱的不同达到分离的目的，与手性柱作用弱的一个对映体优先被洗脱剂洗脱出来。二是与化学方法相似，采用手性试剂与两个对映体作用得到两种非对映异构体，再在普通固定相进行色谱分离，分离后的两个非对映异构体经过再生恢复到原来的手性化合物。

4.6.4　光学纯度和对映体过剩百分率

采用非手性物质合成手性化合物，通常得到的是外消旋体。例如，正丁烷光照下溴代，得到的主要产物是手性化合物 2-溴丁烷，但不具有旋光性，它就是外消旋体。有些反应会使手性碳 C* 构型完全翻转（比如 S_N2 反应）。有些反应会使手性碳 C* 构型发生 50% 的翻转（比如 S_N1 反应），形成外消旋体，旋光度为 0°，这种转化称为外消旋化。但多数情况下，只发生部分外消旋化，旋光度不等于零，得到不等量的对映体组成物。为此，常用光学纯度和对映体过剩百分率来衡量组成物的"纯度"。光学纯度（optical purity 缩写 O.P.）常用百分率表示，用下式计算：

$$O.P. = \frac{[a]_{实测}^{t}}{[a]_{max}^{t}} \times 100\%$$

式中，分子是反应产物实测比旋光度，分母是纯对映体的比旋光度。

对映体过量（enantiomeric excess，缩写为 e.e.）也用百分率（%）表示，常称 e.e. 值，是指一个对映体超过另一个对映体的百分数。如果 R 型对映体过量，则 e.e=R%−S%，如果 S 型对映体过量，则 e.e=S%−R%。例如，纯右旋乳酸的比旋光度为 +3.82°，如果测得合成的某乳酸产品比旋光度为 +1.91°，则该合成乳酸的光学纯度 O.P. 为 50%

(1.91÷3.82)。相当于"纯右旋体"占 50%，外消旋体占 50%（包括 25% 的右旋体和 25% 的左旋体），故合成乳酸中总右旋体实际占 75%，左旋体为 25%。那么，e.e＝75%－25%＝50%。一般地，e.e 数值上与 O.P. 相等。

4.7 烷烃卤代反应的立体化学

丁烷在控制条件下进行一氯代反应，主要产物是 2-氯丁烷。虽然 2-氯丁烷有一个手性碳 C*，但没有旋光性，是外消旋体。产生外消旋体是由烷烃卤代的自由基反应机理所决定。链引发后，氯自由基夺取丁烷的仲氢，形成仲丁基自由基。由于仲丁基自由基为平面构型，与 Cl$_2$ 反应时，Cl$_2$ 从两面进攻所需活化能相等，机会均等，形成两种能量完全相同、呈对映关系的过渡态 1 和过渡态 2，最后生成等量的 (R)-2-氯丁烷和 (S)-2-氯丁烷混合物，构成外消旋体，如图 4.23 所示。

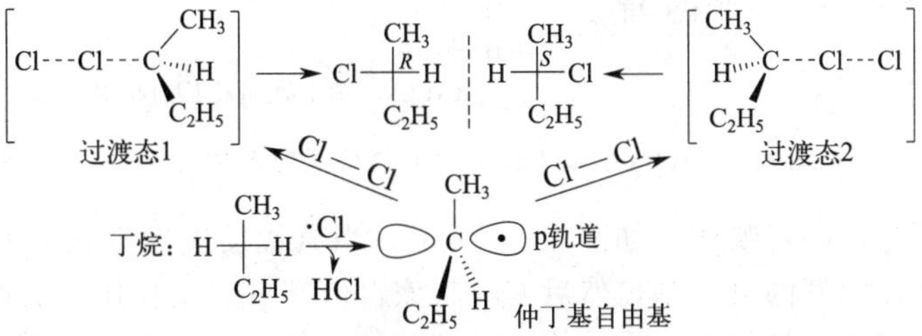

图 4.23　外消旋体 2-氯丁烷生成过程

(R)-1-氯-2-甲基丁烷进行一氯代反应，得到一种 1,2-二氯-2-甲基丁烷的产物：

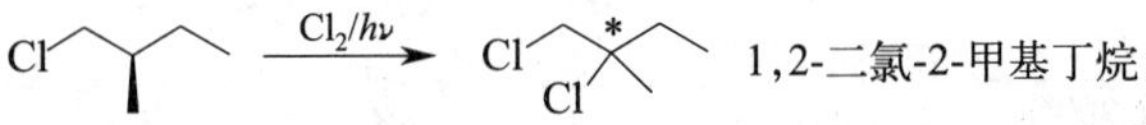

在讨论该反应机理之前，假如丁烷光氯代生成外消旋 2-氯丁烷的反应，不是上述自由基反应机理，而是按照下面简单的置换反应机理进行，似乎也能解释为什么会得到外消旋的 2-氯丁烷：

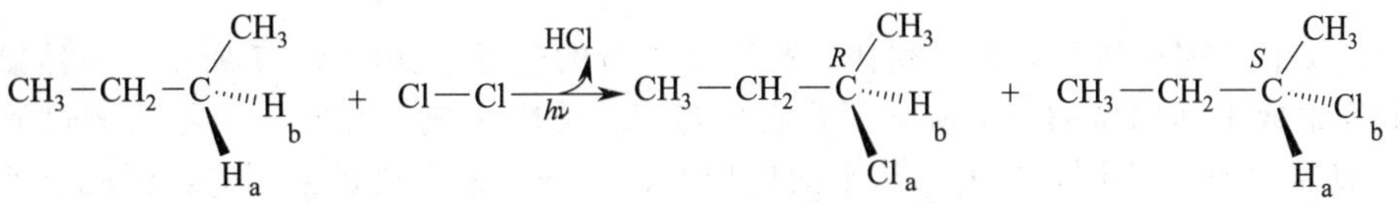

由于丁烷的两个仲氢是等同的，它们与 Cl$_2$ 反应机会也应均等，因此得到外消旋的 2-氯丁烷。如果按照简单置换机理解释具有光学活性的 (R)-1-氯-2-甲基丁烷进行一氯代反应，应该得到旋光性的产物，但实验事实是得到外消旋的 1,2-二氯-2-甲基丁烷，这个反应说明氯代反应不是简单的原子置换，而是经历了如图 4.24 所示的烷基自由基中间体的历程（与图 4.23 机理相同）。

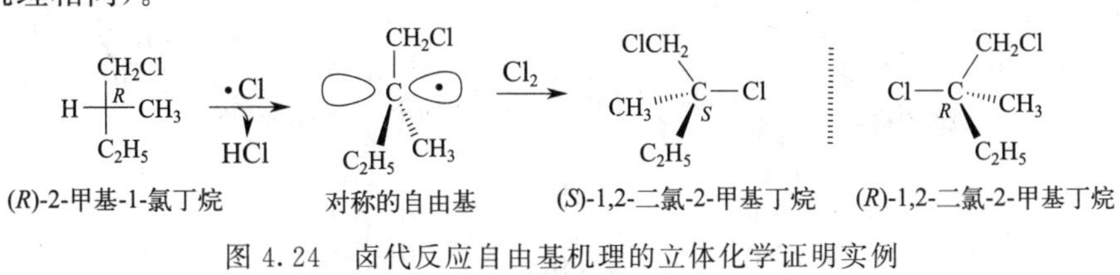

图 4.24　卤代反应自由基机理的立体化学证明实例

图 4.24 所示的立体化学过程为确证烷烃的卤代反应为自由基反应机理提供了证据。

实验表明，(S)-2-氟丁烷进行一氯代反应，共得 6 种产物，如图 2.25 所示。

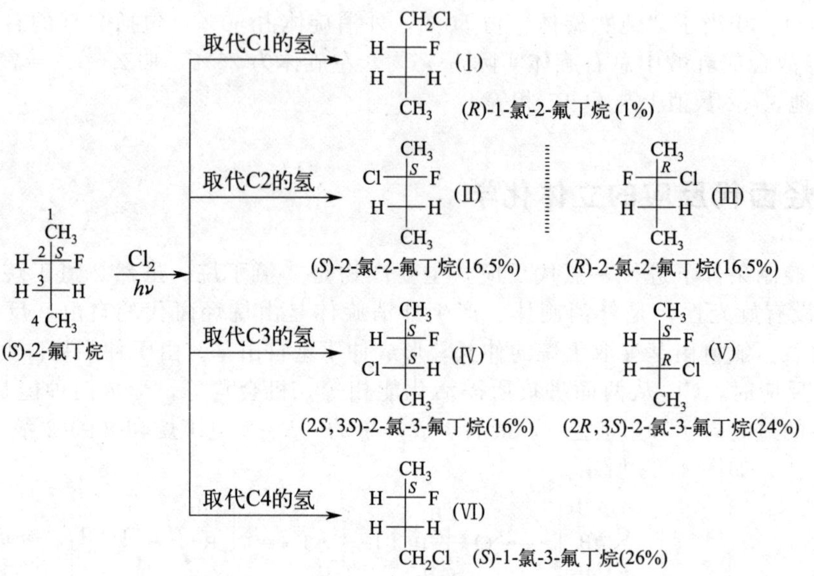

图 4.25 (S)-2-氟丁烷的一元氯代反应产物及比例

产物Ⅱ和Ⅲ是等量的对映体。如图 4.26 所示，当氯代反应发生在手性碳 C2* 上时，氯夺取氢原子形成平面构型的自由基，然后 Cl₂ 与该自由基 p 轨道作用生成产物，由于两边作用机会均等，因而产生等量的Ⅱ和Ⅲ，构成外消旋体，这一结果与上述图 4.23 和图 4.24 的机理一致。

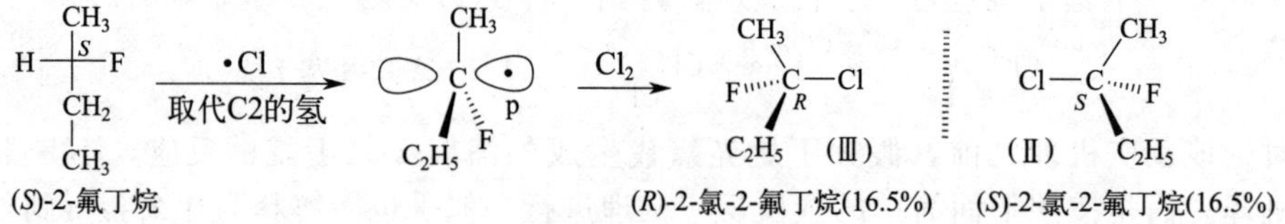

图 4.26 对称的平面构型自由基与 Cl₂ 反应生成外消旋体

图 4.25 中产物Ⅳ和Ⅴ为非对映体，且不是等量的生成。如图 4.27 所示，虽然氯原子夺取 C3 的氢生成平面构型的自由基，但是它再与 Cl₂ 反应生成产物时，所经历的过渡态 1 和过渡态 2 所需活化能不同，即 Cl₂ 从平面构型的自由基两面进攻机会不等，因此，产物Ⅳ和Ⅴ比例不同，在这一反应过程，C2* 构型始终保持不变。从 4.27 所示纽曼投影式构象来看，当 C3 上氢被氯自由基夺取形成自由基时，由于受手性 C2* 的影响，自由基分子仍是手性

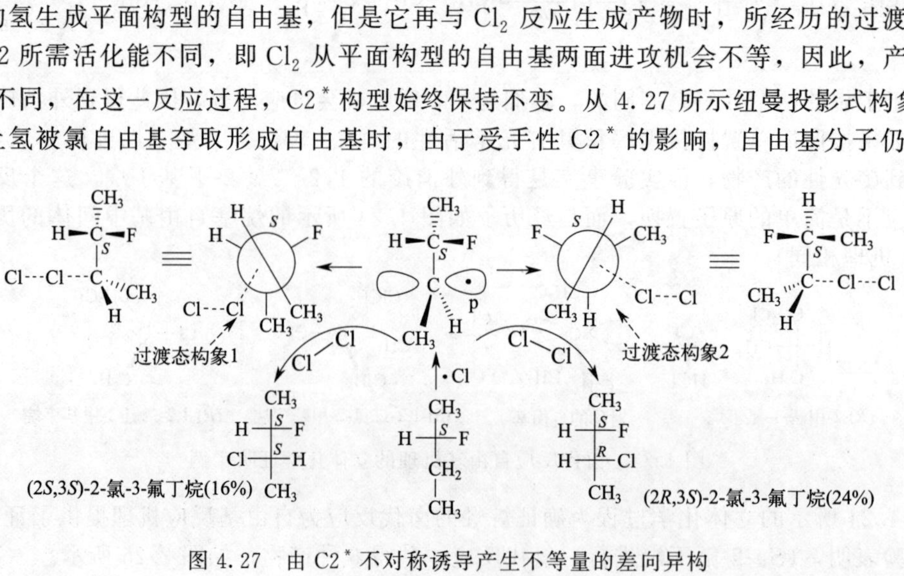

图 4.27 由 C2* 不对称诱导产生不等量的差向异构

的。该自由基与 Cl_2 反应经历的两种过渡态 1 和过渡态 2 呈非对映异构关系，二者能量不相同，其中过渡态 1 两个甲基处于重叠构象（能量高），过渡态 2 是甲基与氢处于重叠构象（能量低）。当 Cl_2 靠近自由基 p 轨道时沿着避开（远离）电负性较大的氟（氟外有三对孤对电子），从阻碍较小的方向接近自由基，以减少电性斥力。可以看出，经历过渡态 1 比经历过渡态 2 所需活化能高，所以生成（2S，3S)-2-氯-3-氟丁烷的比例比（2R，3S)-2-氯-3-氟丁烷的少。

这种分子中的不对称中心（如 C2*）对反应结果的影响，称为不对称诱导效应，在有机立体化学反应中十分常见，也十分重要。

4.8 不含手性碳化合物的手性

4.8.1 含其他手性原子的手性分子

4.8.1.1 含手性氮 N* 的化合物

胺为 NH_3 的衍生物，呈三角锥形结构。当叔胺的三个取代基不相同时，无对称面，也无对称中心，理论上是手性分子，例如：

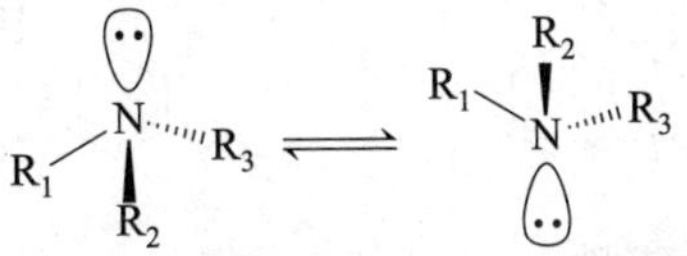

但是，胺分子在室温下构型翻转所需活化能非常小，翻转速度可达 $10^2 \sim 10^5$ 次/s，因此不能分离，是非手性分子。对于特殊结构的胺，比如氮原子处于桥头时，限制了其翻转，则具有手性。例如，Tröger 碱就存在一对对映体，可以拆分为两个不同构型的产物：

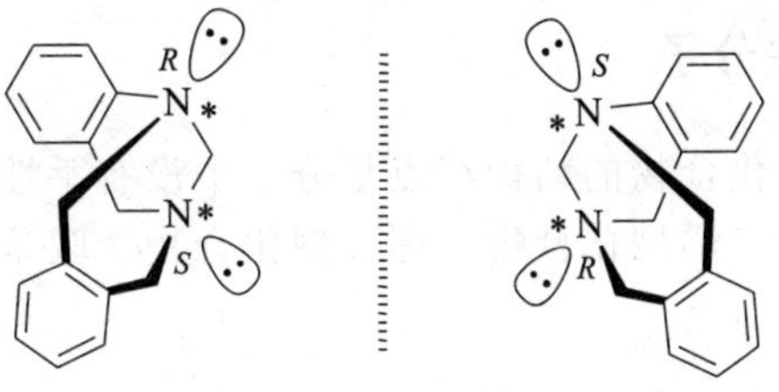

具有四个不同取代基的季铵盐，具有手性，例如：

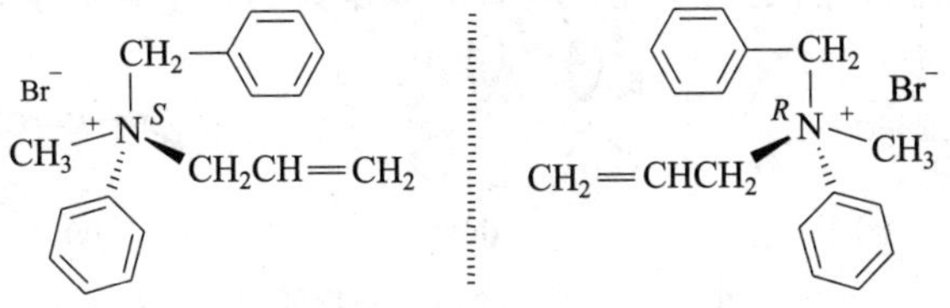

氧化叔胺的三个烷基不同时也具有手性，例如：

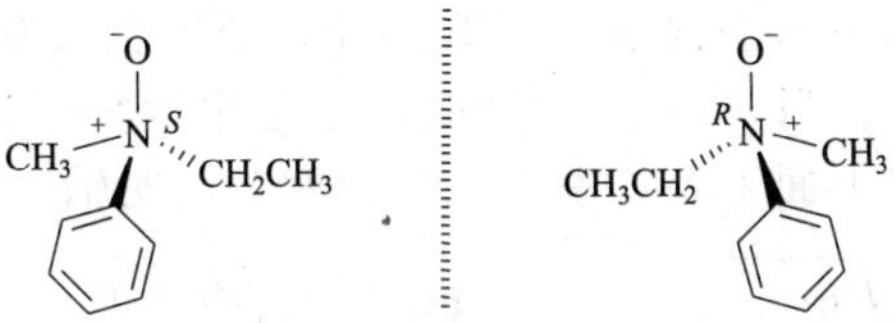

4.8.1.2 含手性原子 P* 、 As* 和 S* 的化合物

含手性磷、手性硫和手性砷的化合物构型翻转所需的活化能比胺高得多，可以得到有旋光性的化合物，例如：

手性磷：CH₃····P—CH₂CH₃ 手性砷：

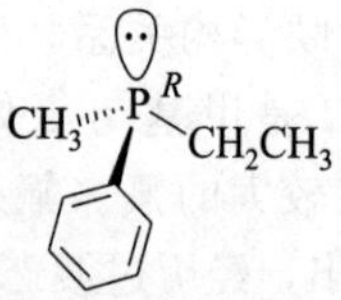

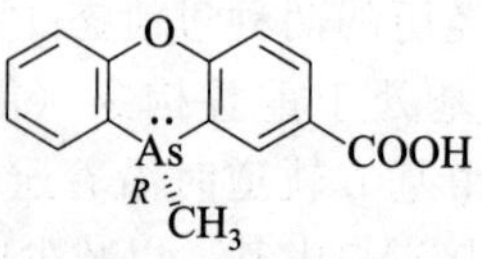

具有不同取代基的镤盐、砷盐、氧化膦等具有手性，例如：

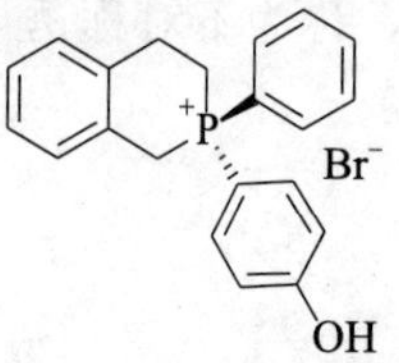

镤盐 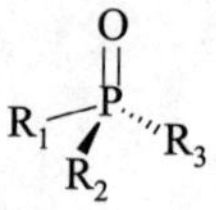　　　　　氧化膦 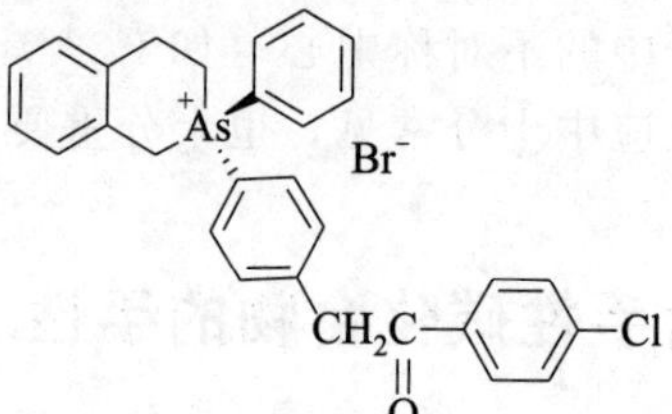　　　　　砷盐

具有不同取代基的锍盐和亚砜等也具有手性，例如：

手性锍盐：CH₃—S⁺—CH₂COOH ┊ HOOCCH₂—S⁺—CH₃
　　　　　　　C₂H₅　　　　　　　　　　　　　　C₂H₅

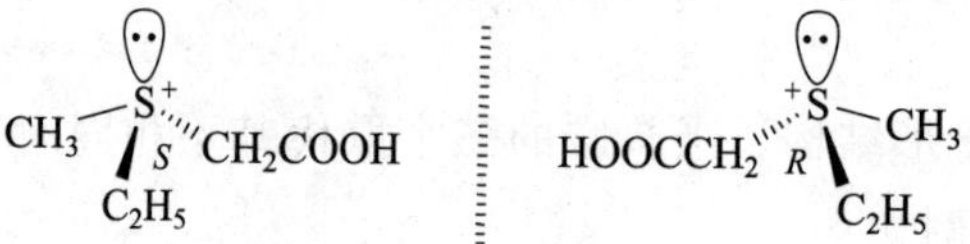

手性亚砜：

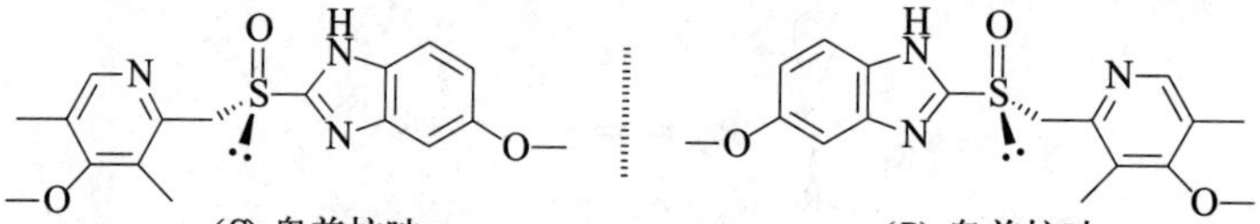

(S)-奥美拉唑　　　　　　　　(R)-奥美拉唑

含手性 N*、P*、S* 以及 As* 的化合物 R/S 构型判断与含手性碳 C* 化合物相似。即 N、P、S 以及 As 处于四面体中心，按基团次序规则进行判断，并规定孤对电子为最小的基团。

4.8.2　含手性轴的手性分子

手性轴（也称轴手性）化合物的结构特点是分子中没有手性原子，但有一个手性轴。常见的手性轴化合物主要有丙二烯型化合物、螺环型化合物、联苯型化合物等。

4.8.2.1　丙二烯型化合物

丙二烯型化合物结构特点是两个互相垂直的双键共用一个碳原子，如图 4.28 所示。

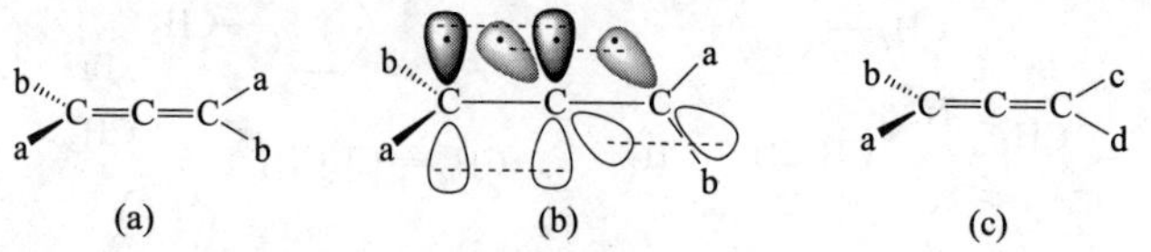

图 4.28　丙二烯型化合物的构型

互相垂直的双键是丙二烯的手性轴，只要 a≠b，分子就没有对称面，也没有对称中心，因此具有手性。化合物（c），当 a≠b，c≠d 时，也是手性分子。只要有一个碳上的两个基团相同时，就没有手性。以下面 1,3-二溴丙二烯为例，说明轴手性化合物的 R/S 标记规则。

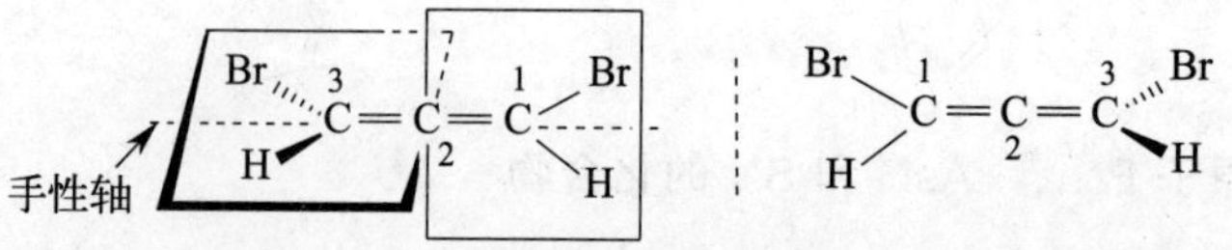

假设将手性轴压缩为球形，它就是手性中心。考察这个手性中心上所连基团之间的关系时，可以从手性轴的任何一端观察分子，并规定靠近观察者近端的基团都优于远端基团。同

端的基团按"次序规则"确定次序，最后按 R/S 规定分析各基团空间关系。

例如，从左向右观察下面 1,3-二溴丙二烯，确定 abcd 大小次序，abc 空间关系为逆时针，因此为 S 构型：

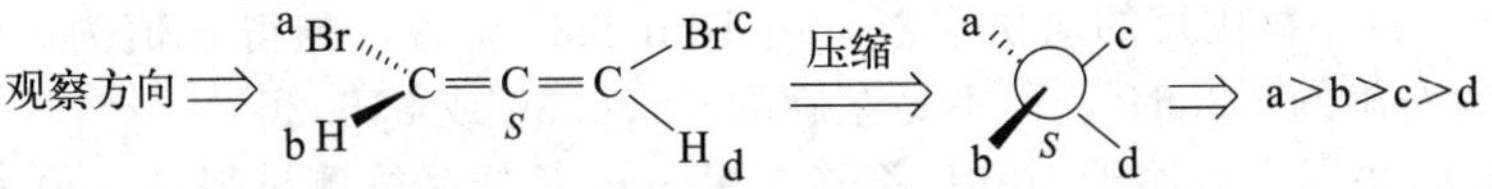

如果从右向左观察上面 1,3-丙二烯，abc 空间关系仍为逆时针，还是 S 构型：

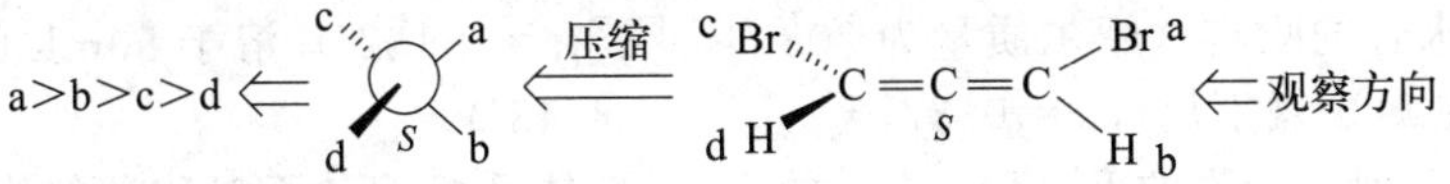

4.8.2.2 螺环型化合物

螺环型化合物结构特点是两个环共有一个碳原子，例如：

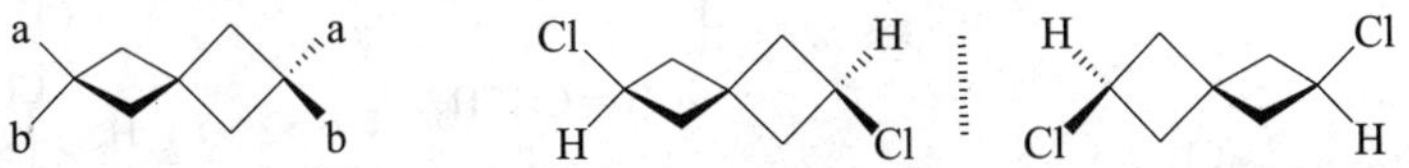

将两个四元环看着互相垂直的平面，当 a≠b 时，分子无对称面，也没有对称中心。其 R/S 标识规则同丙二烯衍生物，例如，abc 空间关系为逆时针，因此为 S 构型：

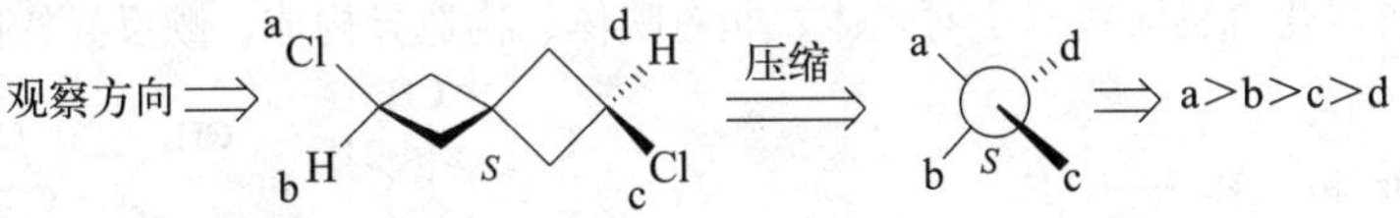

其对映体的 abc 空间关系为顺时针，故为 R 构型：

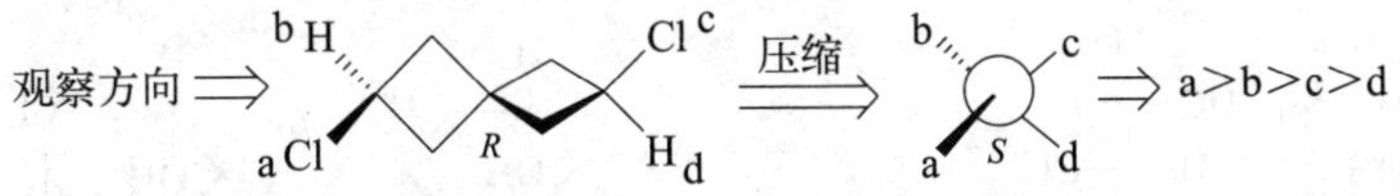

下面化合物类似螺环或丙二烯化合物，也是手性分子，其 R/S 标识规则与上述相同。

a>b>c>d，顺时针

a>b>c>d，逆时针

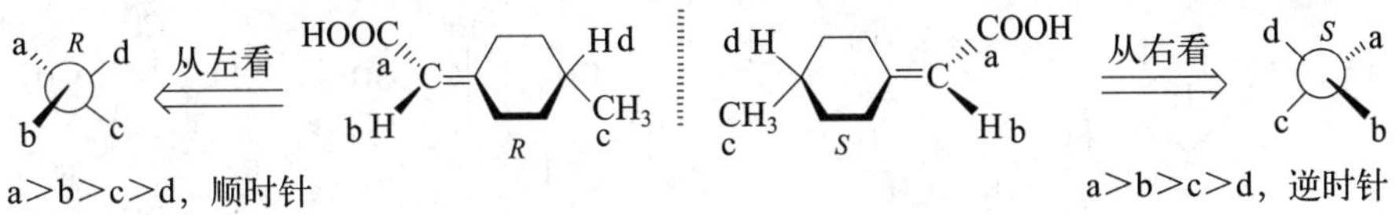

4.8.2.3 联苯型化合物

联苯型化合物如下：

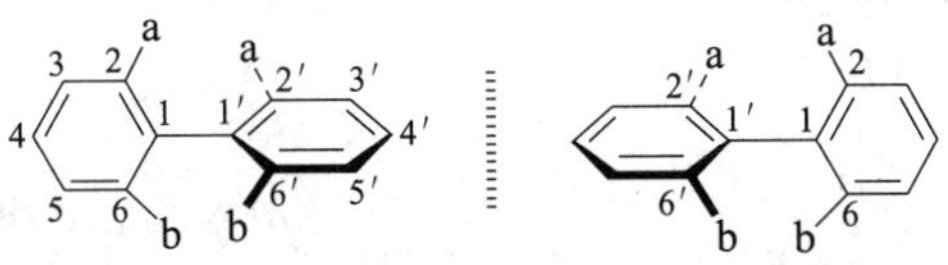

当 a 和 b 是 Br、I、COOH、NO$_2$、Cl、CH$_3$ 等较大基团，并处于 2,2′ 及 6,6′ 位时，导致两个苯环不能共平面，就是分子的手性轴。如果 a≠b，则分子中无对称面，也无对称中心，是手性分子。其 R/S 标识规则与上述相同，例如 6,6′-二硝基-1,1′-联苯-2,2′-二羧酸的一对对映体 R/S 构型：

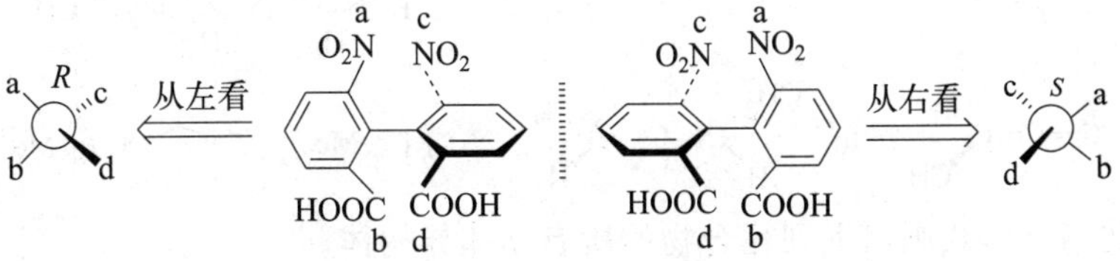

习题

4.1 计算下列化合物的比旋光度 $[\alpha]$。

(1) 1mol/L 的 2-氯戊烷的氯仿溶液，用 1dm 长样品管，测得 α 值为 +3.64°。如何确定其旋光方向为右旋的 +3.64°，而不是左旋的 −176.36°或 356.36°？

(2) 0.96g 的 2-溴辛烷溶于 10mL 乙醚，用 5cm 长样品管测试得到 α 值为 −1.80°。

4.2 用 10cm 长样品管测得下列化合物旋光度，检查其光学纯度，测量值最大可达多少？

(1) 3.0g 水合的吗啡（摩尔质量为 303.3，$[\alpha]_D = -132°$）溶于 50mL 的甲醇中。

(2) 纯品左旋 2-氯丁烷（$d = 0.87$，$[\alpha]_D = -8.48°$）。

4.3 写出下列化合物的 Fischer 式，并用 R/S 体系标记各不对称碳的构型。

(1) ... (2) ... (3) ...

(4) ... (5) ... (6) ...

4.4 下列各对化合物哪些属于对映体、非对映体、构造异构体、顺反异构体或同一化合物。

(1) ... (2) ...

(3) ... (4) ...

(5) ... (6) ...

(7) ... (8) ...

(9) ... (10) ...

(11) ... (12) ...

(13) ... (14) ...

4.5 用适当立体式画出下列化合物的所有立体异构体。

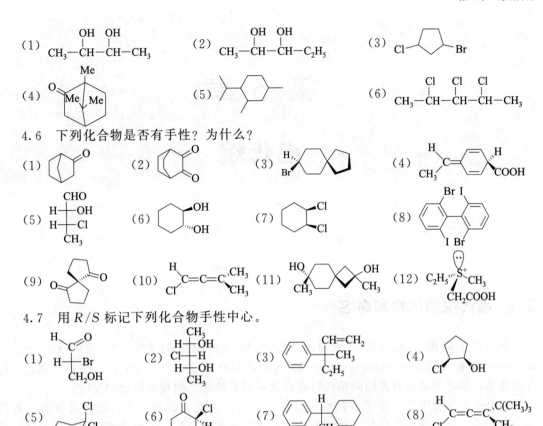

(1) CH₃-CH-CH-CH₃ (OH OH)

(2) CH₃-CH-CH-CH₂-CH₃ (OH OH)

(3) (环戊烷 Cl Br)

(4) (桥环 O Me Me Me)

(5) (环己烷 异丙基 甲基)

(6) CH₃-CH-CH-CH-CH₃ (Cl Cl Cl)

4.6　下列化合物是否有手性? 为什么?

(1) (双环 O)

(2) (双环 O O)

(3) (螺环 H Br)

(4) (CH₃ H H COOH)

(5) (CHO H-OH H-Cl CH₃)

(6) (环己烷 OH OH)

(7) (环己烷 Cl Cl)

(8) (联苯 Br I I Br)

(9) (螺环 O O)

(10) (H C=C=C CH₃ Cl CH₃)

(11) (螺环 HO CH₃ OH CH₃)

(12) (C₂H₅ S⁺ CH₃ CH₂COOH)

4.7　用 R/S 标记下列化合物手性中心。

(1) (H C=O H-Br CH₂OH)

(2) (CH₃ H-OH Cl-H CH₃)

(3) (苯基 CH=CH₂ CH₃ C₂H₅)

(4) (环戊烷 Cl OH)

(5) (环己烷 Cl Cl)

(6) (环己酮 O Cl H)

(7) (苯基 H 环己基 CH₃)

(8) (H C=C=C C(CH₃)₃ Cl CH₃)

4.8　用合适的立体式写出下列化合物一元光氯代所有可能的产物,并 (用虚线作镜面) 表示出哪些化合物之间存在对映异构关系,用 R/S 标记 C*。

(1) 3-甲基戊烷　　(2) 甲基环戊烷　　(3) (S)-1-氯-2-甲基丁烷

(4) (2R,3R)-2-氯-3-甲基戊烷　　(5) 1,1,4,4-四甲基环己烷 (不计构象异构)

4.9　画出三甲基环戊烷的所有异构体。

4.10　下列化合物能否拆分成对映异构体?

(1) 顺-1,2-二氯环己烷　　(2) 顺-1-叔丁基-2-氯-环己烷

4.11　下列叙述是否正确?

(1) 只要分子具有对称面,则分子就没有手性

(2) 只要分子具有对称中心,则分子就没有手性

(3) 只要分子具有对称轴,则分子就没有手性

(4) 只要分子具有手性碳原子,则分子就有手性

(5) 只要分子有手性,则必然含有手性中心

(6) 只要分子具有一个手性中心,就是手性分子

4.12　下面 A、B 和 C 三种化合物在下述哪种条件下具有旋光性?

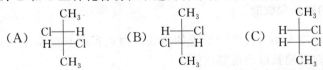

(A) (CH₃ Cl-H H-Cl CH₃)

(B) (CH₃ H-Cl Cl-H CH₃)

(C) (CH₃ H-Cl H-Cl CH₃)

(1) (A) 的乙醇溶液

(2) (A) 和 (C) 等量混合物的乙醇溶液

(3) (C) 的乙醇溶液

(4) (A) 和 (B) 等量混合物的乙醇溶液

(5) (B) 的甲醇溶液

(6) (A) 和 (B) 不等量混合物的乙醇溶液

第⑤章

卤代烷

5.1 卤代烷的结构和命名

有机化学提供了无数将一种物质转化为另一种物质的方法。官能团（functional groups），又称特性基团（characteristic groups），是有机分子的反应中心，因此，要想学好有机化学，就必须掌握官能团的结构特点以及不同官能团之间相互转化的反应。

烃分子中氢原子被卤原子取代的化合物，称为卤代烷。按分子中所含卤素分类有氟代烷、氯代烷、溴代烷和碘代烷。按烃基结构分类有饱和卤代烷、不饱和卤代烷和芳香族卤代烷。按分子中卤原子数分类有一卤代烷、二卤代烷和多卤代烷。按与卤原子直接相连的碳原子类型分类有伯卤代烷、仲卤代烷和叔卤代烷。本章主要学习烷烃分子中的氢原子被卤原子取代的化合物——卤代烷（haloalkane）。

5.1.1 卤代烷的结构

5.1.1.1 碳-卤键

一元卤代烷 R—X 的通式为（$C_nH_{2n+1}X$），X 为氟、氯、溴和碘。卤原子的引入，改变了烷烃分子中碳-碳键和碳-氢键的状况，因此卤原子是卤代烷的官能团。因卤素的电负性比碳大，故碳-卤键为极性共价键，成键电子对偏向卤原子，使卤原子带部分负电荷，用 δ^- 表示，与卤原子相连的碳带部分正电荷，用 δ^+ 表示。因此，卤代烷分子内的 C—X 具有明显的极性，如下所示。

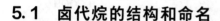

5.1.1.2 碳-卤键的键长和键能

碳-卤键键长和键能大小取决于卤原子的性质、卤代程度和烃基结构。表 5.1 为一卤甲烷和一卤乙烷的碳-卤键键长以及键解离能。

碳-氟键键能最高，因此，氟碳化合物热稳定性通常很高，不易分解。碳-碘键键能最低，碘代烷在较低温下或遇光就可以发生均裂分解，而氯代烷在高温下才会发生均裂分解。

表 5.1　一卤甲烷和一卤乙烷的碳-卤键键长及其键解离能

	CH$_3$—X		CH$_3$CH$_2$—X		CH$_3$—CH$_3$	
	键长/pm	键能/(kJ·mol^{-1})	键长/pm	键能/(kJ·mol^{-1})	键长/pm	键能/(kJ·mol^{-1})
C—F	142	460	139	464	—	—
C—Cl	177	356	176	352	—	—
C—Br	194	293	194	293	—	—
C—I	213	238	213	234	—	—
C—C	—	—	—	—	154	377

5.1.2　卤代烷的命名

5.1.2.1　普通命名

一卤代烷的普通命名是采取烷基名＋卤素名的命名原则，普通命名法只适于比较简单的卤代烷，例如：

卤代烷构造式	类	中文名	英文名
CH$_3$CH$_2$CH$_2$CH$_2$Br	伯	正丁基溴	n-butyle bromide
(CH$_3$)$_2$CHCl	仲	异丙基氯	isopropyl chloride
⬡—Br	仲	环己基溴	cyclohexyl bromide
(CH$_3$)$_3$CBr	叔	叔丁基溴	t-butyle bromide

5.1.2.2　IUPAC 系统命名

在系统命名里，卤原子总是被视作取代基，卤代烷是采用取代的命名原则，主要规则如下。

① 选择分子中最长碳链为主链，根据主链碳原子数称为"某烷"（母体）。

② 主链编号时，将卤原子作为取代基，像烷基一样视为主链的分支，从分支最近端开始编号，例如：

1-氯-3-甲基戊烷(1-chloro-3-methylpentane)

3-氯甲基戊烷[3-(chloromethyl)pentane]

③ 将取代基的编号和名称置于母体名称之前。根据 IUPAC 规则，取代基按英文名的字母顺序排列，卤原子取代基英文名及顺序为 bromo-（溴）、chloro-（氯）、fluoro-（氟）、iodo-（碘），例如：

3-溴-4-氯己烷(3-bromo-4-chlorohexane)

④ 如果两个不同取代基离链端相同，从 IUPAC 规定取代基英文名称字母顺序靠前的一端编号，例如：

2-溴-3-甲基丁烷(2-bromo-3-methylbutane)

⑤ 如果有多个不同取代基，从取代基较多的离链端最近一端开始编号，例如：

4-氯-2,2-二甲基戊烷(4-chloro-2,2-dimethylpentane)

3,3,5-三氯-2-甲基己烷(3,3,5-trichloro-2-methylhexane)

⑥ 桥环、螺环卤代化合物命名规则同环烷烃，卤原子作为取代基，例如：

1-氯-7,7-二甲基二环[2.2.1]庚烷   7,7-二氯二环[4.1.0]庚烷

⑦ 构型确定的化合物，必要时需用顺/反或 R/S 等词头标明它们的构型，例如：

反-1-氯-3-甲基环丁烷   (R)-2-溴丁烷   (1R,2R)-1-溴-2-甲基环己烷

反-1-溴-2-甲基环己烷包括（1R，2R)-1-溴-2-甲基环己烷及其对映体（1S，2S)-1-溴-2-甲基环己烷，因此具有手性中心的化合物采用 R/S 标记命名更准确。

5.1.2.3 其他命名

许多有机化合物常采用习惯或俗名命名，卤代烷也不例外，例如，丙烯的 α-H 被卤原子取代称为烯丙基卤，甲苯中甲基的氢被卤原子取代称为卤化苄或苄基卤：

$CH_2 = CHCH_2Br$ 烯丙基溴   氯化苄或苄基氯

多卤代烷常用俗名，例如 $CHCl_3$（氯仿）、$CHBr_3$（溴仿）、CHI_3（碘仿），三者统称为卤仿。CCl_4 称为四氯化碳，$CF_3CF_2CF_3$ 称为全氟丙烷。

低级的多氟代烷或氟氯烷常采用商品名，统称为氟利昂（freon），可用通式 F_{abc} 表示。其中 F 表示该化合物为氟代烷，a 为分子中碳原子数减 1，a 等于零时不写；b 为氢原子数加 1；c 为氟原子数。当按 F_{abc} 计算分子的原子数不足时，余下的为氯原子。如果还有其他原子，需另外标明。

例如：CCl_3F 的代号为 F_{11}，$CHClF_2$ 的代号为 F_{22}，CCl_2F_2 的代号 F_{12}，CBr_2F_2 的代号为 $F_{12}Br_2$。

5.2 卤代烷的物理性质

5.2.1 沸点

常见卤代烷的沸点见表 5.2。

表 5.2 常见卤代烷的沸点

卤代烷	F/℃	Cl/℃	Br/℃	I/℃
CH_3X	−78	−24	4	42
C_2H_5X	−38	12	38	72
$CH_3CH_2CH_2X$	−2.5	47	71	103
$(CH_3)_2CHX$	−9	35	59	90
$CH_3(CH_2)_3X$	32	78	102	130
$(CH_3)_3CX$	12	51	73	100(分解)
CH_2X_2	−52	40	99	180(分解)
CHX_3	−83	61	151	升华
CX_4	−128	77	190	升华
CH_3CHX_2	−25	57	110	179
XCH_2CH_2X	31	84	132	分解

常温下 C_1 的氟代烷和 C_1 到 C_4 的一氟代烷为气体。一卤甲烷中只有碘甲烷是液体（但易挥发），其余都是气体。碘甲烷常作为甲基化试剂，使用方便。常见卤代烷多为液体，高级卤代烷为固体。

直链一元伯卤代烷的沸点随分子量的增加而升高，且高于碳数相同的带支链的异构体。沸点与分子间的作用力密切相关，分子量增加和分子的极性增加导致卤代烷的沸点高于烷烃。烷基相同时，卤代烷的沸点高低顺序为 RI＞RBr＞RCl＞RF＞RH（烷）。

5.2.2 密度

卤代烷中，除一氟代烷和一氯代烷密度小于 1，其他卤代烷密度都大于 1。

5.2.3 溶解度

虽然碳-卤键有一定极性，但卤代烷仍是以共价键为特征的有机分子，且分子间不具形成氢键的结构特征。根据"相似相溶"规律，卤代烷不溶于水，易溶于有机溶剂。许多卤代烷是优良的有机溶剂，如二氯甲烷、二氯乙烷、氯仿等，由于它们的密度大于水，且不溶于水，故经常用作萃取剂。

5.2.4 偶极矩

大多卤代烷具有一定极性，其极性大小用偶极矩 μ 衡量。偶极矩是描述正负电荷中心分离度的物理量，数值上等于电荷量 q 与正负电荷重心距离 l 的乘积，单位为 D。偶极矩方向可用指向负端的箭头 $\longmapsto$ 表示。

偶极矩大小与元素电负性差异和共价键键长有关。对双原子分子来说，其偶极矩就是两原子间化学键的偶极矩。对多原子分子来说，其偶极矩是各个化学键偶极矩的矢量和。表 5.3 和表 5.4 分别为一卤代烷和多氯甲烷的偶极矩。

表 5.3 一卤甲烷和一卤乙烷的偶极矩　　　　单位：D

X	F	Cl	Br	I
CH_3—X	1.82	1.86	1.79	1.64
CH_3CH_2—X	1.94	2.04	2.03	1.91

表 5.4 多氯甲烷的偶极矩　　　　单位：D

结构式	CH_3Cl	CH_2Cl_2	$CHCl_3$	CCl_4
偶极矩	1.86	1.60	1.03	0

虽然 Cl 的电负性小于 F，但其偶极矩最大。原因是 C—Cl 键长比 C—F 的长（表 5.1），故 C—Cl 的 $q \times l$ 的数值比 C—F 大。表 5.4 中，四氯化碳 μ 值为零，这说明分子偶极矩是各共价键偶极矩的矢量和。许多有机分子存在极性键，但偶极矩很小甚至为零，原因是分子中可能存在对称因素，使极性键之间的作用互相抵消。例如 1,2-二氯乙烷（$ClCH_2CH_2Cl$），如图 5.1（a）所示，在气相时主要是以对位交叉构象存在，其偶极矩为零。而在液相时，如图 5.1（b）所示，邻位交叉构象的比例上升，其偶极矩不是零。对有机分子偶极矩的测量及分析，有助于了解分子的结构。

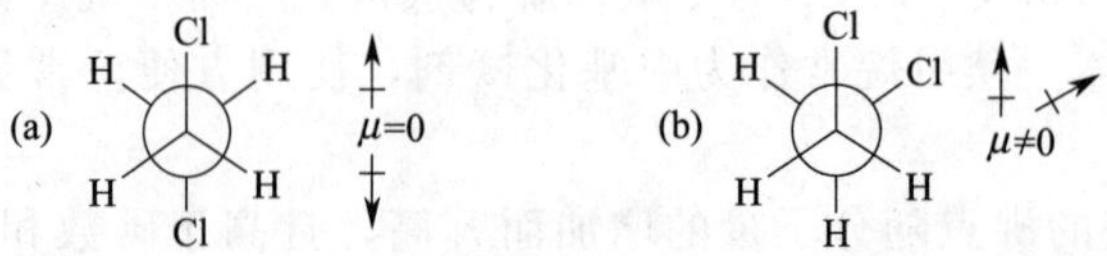

图 5.1 1,2-二氯乙烷两种构象异构体及相应的偶极矩

5.3 卤代烷的化学反应

5.3.1 可极化性

在外电场，比如溶剂、试剂、极性容器的影响下，分子或分子中某共价键的电荷分布产生相应的变化，称为极化。例如溴分子的 Br—Br 无极性（正负电荷重叠），$\mu=0$。如果它处在 E^+ 的外电场中，E^+ 的吸电子作用，引起 Br—Br 正负电荷中心分离，偶极矩不再为零：

$$Br \dot{-} Br \xrightarrow{\quad E^+ \quad} \overset{\delta^+}{Br} \dot{-} \overset{\delta^-}{Br}\ E^+$$
$$\mu=0 \qquad\qquad\qquad \longrightarrow \mu>0$$

这种因外界电场的影响使分子或分子的共价键极化而产生的键矩叫诱导键矩，它与极性共价键的偶极矩 μ 不同。在极性共价键中，μ 是由成键原子电负性不同引起的，因此是永久性的。而诱导键矩则是在外界电场的影响下产生的，是暂时现象，它随着外界电场的消失而消失，所以也叫瞬间偶极。

不同的共价键对外界电场有着不同的感受能力，这种感受能力通常叫做可极化性，又称极化度。共价键的可极化性越大，就越容易受外界电场的影响而发生极化。键的可极化性与成键电子的流动性有关，也与成键原子的电负性及原子半径大小有关。成键原子的电负性愈大，原子半径愈小，则原子核对外层电子束缚力愈大，电子流动性愈小，共价键的可极化性愈小。一般地：①同一族由上至下可极化性增大；②同一周期由左至右可极化性减小；③孤对电子的电子比成键电子可极化性大；④弱键比强键可极化性大；⑤离域状态的键（如双键）比处于定域状态的键（如 σ 键）可极化性大。可极化性大的键容易发生化学反应。

卤代烷的官能团为卤原子，因为 C—X 的极性，卤代烷的反应活性大大增加，容易发生许多化学反应，但是卤代烷的反应活性差别很大，这主要与 C—X 的强度和可极化性有关。由于氟、氯、溴和碘原子体积依次增大，电负性依次减小，C—X 键长依次增长，键能依次降低（表 5.1）。因此，在外电场作用下，C—X 可极化性次序为 R—I＞R—Br＞R—Cl＞R—F，烷基相同时，不同的卤代烷反应活性为 R—I＞R—Br＞R—Cl＞R—F。

从表 5.5 所示 C—X 发生均裂或异裂反应来看，C—X 强度次序都是 C—F＞C—Cl＞C—Br＞C—I，反过来它们容易断裂的次序是 C—I＞C—Br＞C—Cl＞C—F。

表 5.5 卤代烷 C—X 键的键能　　　　　　　　　　　　　单位：$kJ \cdot mol^{-1}$

键类型	F	Cl	Br	I
C—X 键的键能	460	356	293	238
CX_4 共价键（均裂）键能	544	293	251	209
CX_4 的离子键（异裂）：$CX_4 \longrightarrow X^- + {}^+CX_3$	1138	686	585	573

碘代烷反应活性最高，但它最贵且不稳定，故较少使用。活性较高的溴代烷常在实验室中使用。氯代烷便宜，实验室和工业上都常用。氟代烷的 C—F 很稳定，其性质与前三者差

异很大，不易发生化学反应。在讨论卤代烷的化学反应时，主要是指氯代烷、溴代烷和碘代烷。

5.3.2　电子效应

有机化合物的性质不仅与反应物结构有关，还与分子中电子云分布及环境对分子中电子云分布的影响有关。影响分子中电子云分布的因素称为电子效应，是影响化学反应性质的主要因素之一。常见的电子效应有诱导效应、共轭效应和超共轭效应。本章先学习诱导效应。

5.3.2.1　诱导效应

由分子中原子（原子团）的电负性（极性）不同引起成键电子云沿着分子链向某一方向移动的效应称为诱导效应（inductive effect），简称 I 效应。诱导效应具有如下两个特点。

① 诱导效应是通过分子中 σ 键传递，其作用是连续的，电子云密度变化的方向是一致的，总是向吸电子能力大的原子（原子团）方向传递。例如，1-氯己烷中氯原子吸电子诱导效应方向：

$$C \xrightarrow{\quad} C \xrightarrow{\quad} C \xrightarrow{\quad \delta\delta\delta^+} C \xrightarrow{\quad \delta\delta^+} C \xrightarrow{\quad \delta^+} C \xrightarrow{\quad \delta^-} Cl$$

② 诱导效应能力随着距离的增加而迅速衰减，一般经过 3～4 个 σ 键后，这种作用几乎消失。δ 有"微"的含义或表示部分。δ^+ 表示该中心部分相对的正电性，$\delta\delta^+$ 表示更少量的正电性，$\delta\delta\delta^+$ 表示更更少的正电性。

诱导效应导致分子中电子云的分布是各种基团综合影响的结果。原子（原子团）诱导效应大小以"氢"为标准，根据不同基团造成 σ 键电子云密度改变的方向，基团的诱导效应分为两类，即吸电子诱导效应（以 $-I$ 表示）和给电子诱导效应（以 $+I$ 表示）。

通过核磁共振、分子偶极矩测定等方法，可以比较基团吸电子能力的相对大小。需要注意的是，因各种测定方法的原理及受到的影响不同，特别是诱导效应本身与整个分子结构及其环境有关，所以，很难将各种取代基的诱导效应能力排成一个绝对的次序。综合各种实验事实，常见原子或原子团的诱导效应相对大小大致有如下次序：

$NR_3^+ > NO_2 > C=O > CN > F > Cl > Br > I > OH > OR > C\equiv CH > C_6H_5 > CH=CH_2 > H > R$

在不同场合，该次序可能有很大的差别，特别是位置相近的基团，要注重具体分析。携带负电荷的原子（原子团），如 O^-，具有给出电子的倾向，通常是 $+I$ 效应。

根据诱导能力产生的原因，诱导效应分为静态诱导效应（I_c）和动态诱导效应（I_d）。I_c 是分子的固有性质，是各基团固有电荷或元素电负性所造成的，无论反应发生与否 I_c 效应都存在，它可能对某一反应有利。I_d 是在发生化学反应时瞬时产生的，是在试剂或其所处环境影响下造成的分子中电子云密度的变化，是一种诱导可极化性，I_d 效应总是对反应有利。

5.3.2.2　甲基的诱导效应

甲基是有机化学中常见基团，它是给电子还是吸电子基团？在很长一段时间，人们认为甲基是给电子基团，因为这样能解释许多实验事实。例如，烷基自由基的稳定性大小顺序为 $(CH_3)_3C \cdot > (CH_3)_2CH \cdot > CH_3CH_2 \cdot > CH_3 \cdot$。又如，将要学习到醇的酸性相对大小顺序为 $CH_3OH > CH_3CH_2OH > (CH_3)_2CHOH > (CH_3)_3COH$。但是，这些大小次序是在溶液中的表现，由于溶剂的影响，不能正确反映分子、离子、自由基等本身的特征。研究发现，在气相状态下，醇的酸性大小次序为 $(CH_3)_3COH > (CH_3)_2CHOH > CH_3CH_2OH > CH_3OH$，也就是说，气相中醇失去质子后剩余的烷氧负离子稳定性次序为：

$$
\begin{array}{ccccccc}
& CH_3 & & CH_3 & & H & & H \\
& | & & | & & | & & | \\
CH_3\!-\!\!\!\!&\overset{}{C}\!-\!O^- & >\ CH_3\!-\!\!\!\!&\overset{}{C}\!-\!O^- & >\ CH_3\!-\!\!\!\!&\overset{}{C}\!-\!O^- & >\ H\!-\!\!\!\!&\overset{}{C}\!-\!O^- \\
& | & & | & & | & & | \\
& CH_3 & & H & & H & & H
\end{array}
$$

这说明甲基是以吸电子诱导效应分散氧上的负电荷而稳定。在学习羧酸时会发现，在气相条件下，CH_3CH_2COOH 的酸性比 CH_3COOH 强，即 $CH_3CH_2COO^-$ 比 CH_3COO^- 稳定，这也说明甲基是吸电子诱导效应。

现在普遍认为，在理论上，碳的电负性大于氢的电负性。所以与氢相比，在烷烃分子中，甲基呈现微弱的吸电子性。这一事实已由核磁共振氢谱证实。但是，由于甲基的吸电子能力很弱，体积比氢大，可极化度比氢高，所以甲基的电子效应容易受与之相连原子（原子团）的影响。当甲基与吸电子基团相连时，它就表现为 $+I$ 效应，与给电子基团相连时，又表现为 $-I$ 效应。在许多有机化合物中，甲基之所以长期被认为是给电子基团，是因为它与吸电子原子（原子团）相连。例如，当甲基与自由基碳（烷基自由基）相连时，其 $+I$ 效应，有利于自由基的稳定，该碳上所连烷基越多，自由基就越稳定，这就很容易解释烷基自由基稳定性次序。同样道理，也能说明碳正离子的稳定性次序，见本章 S_N1 机理。

相反，当甲基与带负电荷的原子（原子团）相连时，表现为 $-I$ 效应，所以在气相时有上述烷氧负离子的稳定性顺序。那么为何在水溶液和气相中烷氧负离子的稳定性次序是相反的呢？原因是，在水溶液中，负离子（不仅氧负离子）受到的溶剂化作用程度不同。体积比较小的甲氧基负离子（CH_3O^-）电荷密度高，受到溶剂化作用的程度比体积大的叔丁氧负离子 $[(CH_3)_3CO^-]$ 高。溶剂化作用造成的稳定性差异，掩盖了甲基微弱的电子效应。所以，在水溶液中，烷氧负离子稳定性次序为 $CH_3O^- > CH_3CH_2O^- > (CH_3)_2CHO^-$>$(CH_3)_3CO^-$，其共轭酸酸性次序为 $CH_3OH > CH_3CH_2OH > (CH_3)_2CHOH >$$(CH_3)_3COH$。因此，在讨论甲基的电子效应及其化学行为的影响时，要注意它所连接基团的结构特征和所处的环境。

5.3.3 亲核取代反应

卤代烷的 C—X 共价键，电负性较大的卤原子带部分负电荷，与卤原子相连的碳电子云密度比 X 低，带部分正电荷。但从表 5.5 数据可知，C—X 共价键发生异裂比均裂需要更多的能量，那么 C—X 为什么还会发生异裂呢？这是因为卤代烷的取代反应不是发生在气相（大多有机反应都不是在气相中进行），而是发生在溶液中，溶剂分子对卤代烷的溶剂化作用，为 C—X 发生异裂提供了所需的能量。就像氯化钠熔融时需要很高的温度才能形成自由移动的质点，而在常温下它很容易溶解于水一样。

卤代烷分子中，卤原子为吸电子诱导效应基团，致使与卤原子相连的碳上电子云密度降低，呈现正电性，容易被核外电子云密度较高的试剂进攻，通常称该试剂为亲核试剂（nucleophilic reagent）。亲核试剂可以带负电荷，如 OH^-、RO^-（烷氧负离子）、X^-（卤负离子）、^-CN（氰负离子）等；也可以是只带孤对电子的中性分子，如 NH_3、H_2O、ROH（醇）等。亲核试剂常用通式：Nu^-（带负电荷）或 :Nu（带孤对电子的中性分子）表示。从亲核基团的结构来看，就是 Lewis 碱，但是它们作用的对象不同。碱性是指其结合质子

（H^+）的能力大小，亲核性是指与带正电荷物质或部分正电性中心结合的能力。

卤代烷的亲核取代反应，是亲核试剂替代卤原子与正电性的碳原子成键，卤原子带着 C—X 异裂时的电子对离开，形成卤负离子，反应式如下：

$$R-X+Nu^- \longrightarrow R-Nu+X^-$$

Nu^- 为带负电荷的亲核试剂，X^- 称为离去基团（leaving group）。

5.3.3.1　水解反应

卤代烷与水反应是一个多相平衡，水是亲核试剂，产物为醇：

$$R-X+H_2O \Longleftrightarrow R-OH(醇)+HX$$

叔卤代烷在水作用下可以水解，水既是溶剂又是试剂，这种由溶剂分子直接作用于底物的反应，叫溶剂解反应，由水作溶剂并作用于底物的反应叫水解反应（hydrolysis）。

$$(CH_3)_3C-Cl+H_2O \longrightarrow (CH_3)_3C-OH+HCl$$

伯或仲卤代烷的水解通常需要加热、加碱或催化剂，才能进行，例如，一氯甲烷的水解：

$$CH_3Cl \xrightarrow[190℃,2.0MPa]{H_2O/Cu(OH)_2} CH_3OH$$

卤代烷在 Ag^+ 作用下，因为生成卤化银沉淀使反应平衡向右移动而容易进行水解。

$$CH_3CH_2CH_2CH_2Cl \xrightarrow{H_2O/Ag_2O} CH_3CH_2CH_2CH_2OH$$

但是，在 NaOH 或 KOH 等强碱以及高温等条件下，卤代烷水解为醇的产率下降，有的甚至得不到醇。原因是强碱和高温下卤代烷还能发生消除反应生成烯烃，例如：

$$CH_3CH_2CH_2CH_2CH_2Cl \xrightarrow[\triangle]{H_2O/NaOH} CH_3CH_2CH_2CH_2CH_2OH+CH_3CH_2CH_2CH=CH_2$$

如果用活性较大的 2-碘丙烷与水一起加热，主要生成 2-丙醇，但是在氢氧化钠水溶液中加热，则生成 2-丙醇和丙烯的混合物。

由于卤代烷的水解反应较复杂，因此在有机合成中应用受到限制。

5.3.3.2　醇解反应和 Williamson 反应

醇通式为 R—OH，可看成水分子中一个氢原子被烷基取代的产物。醇的氧上有孤对电子，是亲核试剂，可以与卤代烷进行亲核取代反应生成醚。

$$R-X+R'-\ddot{O}H(醇) \Longleftrightarrow R-O-R'(醚)+HX$$

醇解反应和水解相似，实际应用不大，一般用于研究反应机理。如果用醇钠作为亲核试剂与卤代烷反应可以得到醚，这种制备醚的方法称为 Williamson（威廉姆逊）反应：

$$R-X+R'-ONa(醇钠) \xrightarrow[\triangle]{R'OH} R-O-R'(醚)+NaX$$

醇钠由醇和金属钠反应制备，反应如下：

$$2R'-OH+2Na \longrightarrow 2R'-ONa+H_2$$

醇钠亲核能力大于醇，很容易与伯卤代烷反应得到较高收率的醚。例如：

$$CH_3CH_2CH_2CH_2Br+CH_3CH_2ONa \xrightarrow[\triangle]{CH_3CH_2OH} CH_3CH_2CH_2CH_2OCH_2CH_3+NaBr$$

$$CH_3CH_2Br + \langle \rangle - ONa \xrightarrow[\triangle]{\text{环己醇}} \langle \rangle - O - CH_2CH_3 + NaBr$$

注意，醇钠是强碱，因此威廉姆逊反应必须选择伯卤代烷作为底物。如果选择仲卤代烷或叔卤代烷作为底物与醇钠反应，醇钠作为碱使卤代烷消除卤化氢生成主要产物烯烃，而醚成为副产物，例如：

$$\langle \rangle^{Br} + CH_3CH_2ONa \xrightarrow[\triangle]{CH_3CH_2OH} \langle \rangle \text{（环己烯）} \quad 85\%$$

5.3.3.3 氨解反应

氨是带孤对电子的中性分子，是弱碱，但具有较强的亲核性，可顺利取代卤代烷中卤原子，生成铵盐，这一反应称为氨解反应。例如溴乙烷与氨反应首先生成溴化乙基铵：

$$CH_3CH_2Br + :NH_3 \longrightarrow CH_3CH_2\overset{+}{N}H_3\overset{-}{Br} \xrightarrow{:NH_3} CH_3CH_2NH_2 + \overset{+}{N}H_4\overset{-}{Br}$$
溴化乙基铵   乙胺

溴化乙基铵可与过量氨进行交换反应生成乙胺和溴化铵。乙胺的氮上也有孤对电子，可作为亲核试剂继续与卤代烷反应，得到溴化二乙基铵，反应如下：

$$CH_3CH_2Br + CH_3CH_2NH_2 \longrightarrow (CH_3CH_2)_2\overset{+}{N}H_2\overset{-}{Br} \xrightarrow{:NH_3} (CH_3CH_2)_2NH + \overset{+}{N}H_4\overset{-}{Br}$$
溴化二乙基铵   二乙胺

溴化二乙基铵也可与过量氨进行交换反应生成三乙胺和溴化铵。三乙胺仍可作为亲核试剂与卤代烷反应，并继续进行盐的交换反应最后能得到溴化四乙铵：

$$CH_3CH_2Br + (CH_3CH_2)_2NH \longrightarrow (CH_3CH_2)_3\overset{+}{N}H\overset{-}{Br} \xrightarrow{:NH_3} (CH_3CH_2)_3N + \overset{+}{N}H_4\overset{-}{Br}$$

$$CH_3CH_2Br + (CH_3CH_2)_3N \longrightarrow (CH_3CH_2)_4\overset{+}{N}\overset{-}{Br}$$

上述反应可以看成是氨的烷基化反应，反应产物一般是混合物，例如：

$$n\text{-}C_8H_{17}Cl \xrightarrow[\triangle,20h]{NH_3/CH_3OH} n\text{-}C_8H_{17}NH_2 + (n\text{-}C_8H_{17})_2NH + (n\text{-}C_8H_{17})_3N$$
约 11%   约 40%   约 42%

5.3.3.4 合成腈的反应

伯卤代烷与氰化钠或氰化钾在水溶液或水与有机溶剂混合溶剂中一起加热，生成腈（R—CN），亲核试剂是氰负离子（$^-$CN），反应通式如下：

$$R-X + NaCN \xrightarrow[\triangle]{H_2O/\text{醇}} R-C \equiv N + NaX$$

这是通过卤代烷合成增长一个碳链的反应，在有机合成中很有用。氰化钠或氰化钾的水溶液为强碱，能使仲、叔卤代烷发生消除反应生成烯烃，而亲核取代成为副反应，因此一般选择伯卤代烷作为底物。二元伯卤代烷可以合成二腈，例如：

$$Br-CH_2-CH_2-CH_2-CH_2-Br + 2NaCN \longrightarrow NC-CH_2-CH_2-CH_2-CH_2-CN + 2NaBr$$

注意，氰化钠、氰化钾是剧毒化合物，需按规程使用。

5.3.3.5 与炔钠的反应

伯卤代烷与炔钠反应，是增长碳链的重要反应。例如，乙炔钠和溴乙烷反应：

$$CH_3CH_2Br + HC \equiv CNa(\text{乙炔钠}) \longrightarrow CH_3CH_2-C \equiv CH + NaBr$$

5.3.3.6 与羧酸盐反应

伯卤代烷与羧酸钠反应生成酯，亲核试剂为羧酸根（RCOO$^-$），例如：

$$Br-CH_2-CH_2-Br+2CH_3COONa \xrightarrow{CH_3COOH} \begin{array}{l} CH_2-OOCCH_3 \\ | \\ CH_2-OOCCH_3 \end{array}$$

1,2-二溴乙烷　　　　乙酸钠　　　　　　二乙酸乙二醇酯

如果使用羧酸银盐作为亲核试剂，因为卤化银沉淀生成，平衡向右移动，反应很快。

$$CH_3CH_2Br+CH_3COOAg \longrightarrow CH_3COOCH_2CH_3+AgBr\downarrow$$

但是，银盐成本太高很少使用。

利用生成卤化银沉淀现象明显，采用卤代烷与硝酸银的乙醇溶液反应，根据伯卤代烷、仲卤代烷和叔卤代烷与硝酸银的反应速率差异性，用于定性鉴定，反应通式：

$$R-X+AgNO_3 \xrightarrow{CH_3CH_2OH} R-ONO_2+AgX\downarrow$$

反应速率次序为叔卤代烷＞仲卤代烷＞伯卤代烷＞CH_3X。叔卤代烷，以及烯丙式和苄基式卤代烷，室温下立即与硝酸银反应生成卤化银沉淀。仲卤代烷室温下摇动后才能生成卤化银沉淀。伯卤代烷室温下不反应，只有加热后才能生成卤化银沉淀。注意，如果卤原子直接连在不饱和碳（包括苯环）上加热也不反应。

这类反应也可以利用生成卤化银沉淀的颜色不同，定性鉴别氯代烷、溴代烷和碘代烷。

5.3.3.7　卤素交换反应

在丙酮中，碘化钠溶解度较大，而氯化钠或溴化钠很小。因此，在丙酮中氯代烷或溴代烷与碘化钠反应，生成碘代烷。因卤化钠沉淀使平衡向右移动，这一反应称为卤素交换反应，按 S_N2 机理进行，因此，氯（溴）代烷的反应速率为 $1°＞2°＞3°$，反应通式：

$$R-X+NaI \underset{丙酮}{\rightleftharpoons} R-I+NaX\downarrow(X=Cl\ 或\ Br)$$

5.3.3.8　生成硫醚的反应

伯卤代烷或仲卤代烷与硫醇钠（RSNa）反应生成硫醚。硫醇负离子（RS^-）为弱碱性、强亲核性的试剂，例如，溴代环己烷与甲硫醇钠反应生成环己基甲基硫醚：

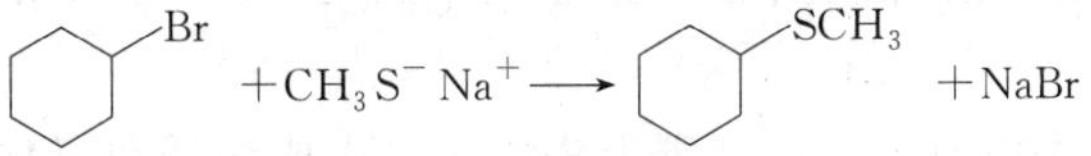

5.3.3.9　生成鏻盐的反应

伯卤代烷或仲卤代烷与三烷基膦，例如三苯基膦（PPh_3）、三甲基膦反应生成鏻盐，亲核试剂是带孤对电子的磷，例如：

$$CH_3-Br+P(CH_3)_3 \longrightarrow \begin{array}{c} CH_3 \\ | \\ CH_3-P^+-CH_3 \ \ Br^- \\ | \\ CH_3 \end{array}$$

亲核取代反应是卤代烷的重要反应，主要适用于伯卤代烷，一些亲核能力强但碱性较弱的亲核试剂，也能用于仲卤代烷的亲核取代。

5.3.4　消除反应

许多卤代烷的亲核取代反应，要求底物是伯卤代烷，是因为仲卤代烷，特别是叔卤代烷遇碱性试剂容易脱去卤化氢生成烯烃。增强试剂的碱性（$NaNH_2＞NaOH$），伯卤代烷消除 HX 生成烯烃会成为主要反应，例如：

$$CH_3-CH_2-Cl \quad \begin{array}{l} \xrightarrow[\text{200℃}]{H_2O/ZnSO_4} \quad CH_3-CH_2-OH \\[2mm] \xrightarrow{H_2O/NaOH} \quad CH_3-CH_2-OH \;+\; CH_2=CH_2 \\[2mm] \xrightarrow{NaNH_2} \quad CH_2=CH_2 \end{array}$$

仲卤代烷比伯卤代烷易消除，在碱性条件下主要生成烯烃，例如：

$$CH_3-\underset{\underset{Br}{|}}{CH}-CH_3 \quad \begin{array}{l} \xrightarrow[\triangle]{H_2O/NaOH} \quad CH_3-CH=CH_2 \;+\; CH_3-\underset{\underset{OH}{|}}{CH}-CH_3 \\[3mm] \xrightarrow[\triangle]{KOH/EtOH} \quad CH_3-CH=CH_2(79\%) \;+\; CH_3-\underset{\underset{OEt}{|}}{CH}-CH_3(21\%) \end{array}$$

叔卤代烷即使在中性条件下，也能发生消除反应，生成烯烃，例如：

$$CH_3-\underset{\underset{Br}{|}}{\overset{\overset{CH_3}{|}}{C}}-CH_3$$

$$\xrightarrow{EtOH} \quad CH_3-\underset{\underset{OEt}{|}}{\overset{\overset{CH_3}{|}}{C}}-CH_3\ (81\%) \;+\; CH_3-\overset{\overset{CH_3}{|}}{C}=CH_2\ (19\%)$$

$$\xrightarrow{H_2O/EtOH} \quad CH_3-\underset{\underset{OEt}{|}}{\overset{\overset{CH_3}{|}}{C}}-\underbrace{CH_3 \;+\; CH_3-\underset{\underset{OH}{|}}{\overset{\overset{CH_3}{|}}{C}}-CH_3}_{(87\%)} \;+\; CH_3-\overset{\overset{CH_3}{|}}{C}=CH_2 \quad (13\%)$$

$$\xrightarrow{KOH/EtOH} \quad CH_3-\overset{\overset{CH_3}{|}}{C}=CH_2\ (约100\%)$$

上述反应表明，消除反应和亲核取代反应经常互相伴随发生，是一对竞争反应，反应产物与反应物性质和反应条件密切相关。

有机化学中，常用 α、β、γ……ω 依次表示除了官能团以外的碳链的编号，与官能团直接相连的碳为 α 位，以此类推。卤代烷官能团为卤原子，烯烃官能团为 C＝C，编号如下：

$$\overset{\delta}{\underset{|}{C}}-\overset{\gamma}{\underset{|}{C}}-\overset{\beta}{\underset{|}{C}}-\overset{\alpha}{\underset{\boxed{H \;\; X}}{C}}- \quad \xrightarrow{强碱} \quad \overset{\beta}{\underset{|}{C}}-\overset{\alpha}{\underset{|}{C}}-C=C- \;+\; HX$$

卤代烷从 α-碳上失去卤原子、从 β-碳上失去氢，生成烯烃和卤化氢的反应，称为 β-消除反应，也称 1,2-消除反应，是制备烯烃的主要反应之一。其反应机理和影响因素后面讨论。

一定条件下，卤代烷还可以从 α 碳上失去卤原子和氢原子，生成非常活泼中间体"卡宾"和卤化氢，这一反应称为 α-消除反应，也称 1，1-消除反应，是制备卡宾的重要反应。

$$R-\underset{\underset{X}{|}}{\overset{\overset{H}{|}}{\underset{\alpha}{C}}}-H \quad \xrightarrow{强碱} \quad \underset{\text{卡宾}}{R-\ddot{C}H} \;+\; HX$$

卡宾分子呈电中性，是亲电的活性中间体。

5.3.5 还原反应

一般地，卤代烷还原是指卤原子被氢取代的反应。常用的还原方法有催化氢化和化学还原。RX 还原反应活性为 RI（易）＞RBr＞RCl（难）。

催化氢化是在 Pt、Pd 或 Ni 等催化下，卤原子被氢取代的反应。催化氢化容易使碳与杂原子（O、N、X）之间的键断裂，称为催化氢解。苯甲基型（苄基型）化合物特别容易发生催化氢解。因此，氢解主要适用于苄基型、烯丙基型卤代烷和碘代烷等的还原，例如：

$$CH_2Cl \text{(structure)} \xrightarrow{H_2/Pd} CH_3 \text{(structure)} \quad (90\%) \quad + \quad HCl$$

化学还原是利用能产生活泼氢的还原试剂，如氢化铝锂（$LiAlH_4$）、硼氢化钠（$NaBH_4$）、Zn/浓 HCl、Na/EtOH、Na/NH_3 等。例如：

$$CH_3(CH_2)_{14}CH_2{-}I \xrightarrow{Zn/\text{浓 }HCl} CH_3(CH_2)_{14}CH_3$$

$$CH_3(CH_2)_6CH_2{-}Br \xrightarrow{LiAlH_4} CH_3(CH_2)_6CH_3$$

$$(CH_3)_3C{-}Br \xrightarrow{NaBH_4} (CH_3)_3CH$$

作为可提供负氢离子的试剂，氢化铝锂还原能力比硼氢化钠强，几乎能还原所有卤代烷，反应机理为 S_N2，反应活性为 $CH_3X > 1°RX > 2°RX$，孤立的 C═C 不被还原。叔卤代烷容易发生消除反应。氢化铝锂需在无活泼质子的溶剂中使用。硼氢化钠为温和性还原剂，一般能将仲卤代烷、叔卤代烷、醛、酮、酰卤和酸酐等还原，可在质子性溶剂中使用。

5.3.6　卤代烷与金属反应

卤代烷能与许多金属，比如 K、Na、Li、Mg、Zn、Al、Cd、Hg、Pd 等，形成 C—M（M 表示金属原子）的化合物。这类化合物具有许多特殊的性能，在有机合成上十分有用，已成为有机化学的一个重要分支，发展十分迅速。通常将有机分子中碳与金属原子相连的化合物称为有机金属化合物（organometallic compound）。由于金属是给电子性的，C—M 中的碳原子是负电性，具有较强的亲核性或碱性。根据 C—M 的成键方式，可将有机金属化合物大致分成 3 类：①离子型化合物 R^-M^+，M 为 K、Na 等；②强极性共价键型 $\overset{\delta^-}{R}{-}\overset{\delta^+}{M}$，M 为 Li、Mg、Zn 等；③弱极性共价键型 R—M，M 为 Cd、Ru、Rh 等。

5.3.6.1　卤代烷与钠的反应

卤代烷和钠反应生成长链烷烃，称为 Würtz（武兹）反应。例如：

$$2CH_3CH_2CH_2CH_2Br \xrightarrow{2Na} CH_3CH_2CH_2CH_2{-}CH_2CH_2CH_2CH_3 + 2NaBr$$

$$2n\text{-}C_{20}H_{41}Br \xrightarrow{2Na} n\text{-}C_{40}H_{82} + 2NaBr$$

卤代烷与钠反应属于双分子偶联、构建 C—C 的反应。首先卤代烷与钠反应生成非常活泼的中间产物烷基钠 RNa，碳-钠键为离子键，带负电荷的碳称为碳负离子（carboanion），它具有非常强的亲核性，也具有较强碱性。碳负离子一旦生成，作为亲核试剂立即与另一分子卤代烷发生亲核取代反应，偶联生成长链烃，反应机理如下：

$$R{-}X + Na \xrightarrow{e^-} R\cdot + Na^+Cl^-$$

$$R\cdot + Na \xrightarrow{e^-} R^- Na^+ \quad （烷基钠）$$

$$R^- Na^+ + R{-}X \longrightarrow R{-}R + Na^+Cl^-$$

烷基钠为难溶于有机溶剂的固体，表现出离子型化合物的性质，遇水发生剧烈放热反应。因此，反应需在无水或非质子性溶剂中进行。烷基钠作为碱，能使卤代烷发生 β-消除反应，生成烯烃，所以武兹反应只能由伯卤代烷与钠反应制备直链烷烃。但不能用两种不同的卤代烷制备烷烃，否则将生成 3 种烷烃的混合物。

$$R—X+R'—X \xrightarrow{Na} R—R+R—R'+R'—R'$$

利用武兹反应，理论上可以合成长链烷烃。中间产物烷基钠也是强碱性试剂，致使武兹反应产率一般不高，因此很少用于合成。利用二卤代烷进行分子内的武兹反应可以合成环状化合物，特别是小环化合物（见环烷烃一章）。为了改善武兹反应产率低的问题，许多化学家曾研究用其他金属代替钠。其中用锌或镁均获得成功。例如：

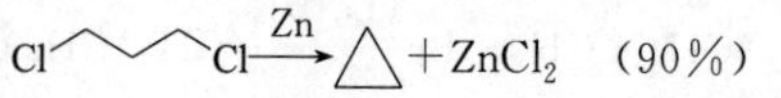

$$Cl\diagdown\diagup Cl \xrightarrow{Zn} \triangle + ZnCl_2 \quad （90\%）$$

$$2n\text{-}C_{16}H_{33}I \xrightarrow{Mg} n\text{-}C_{32}H_{66} + MgI \quad （70\%\sim80\%）$$

5.3.6.2 格氏试剂的制备和反应性

法国化学家 Victor Grignard 详细研究了卤代烷与镁的反应，制得用途广泛的有机镁试剂（organomagnesium reagent），又称烷基卤化镁（alky-magnesium halide），简称格氏试剂（Grignard reagent），常用 RMgX 表示，反应通式：

$$R—X+Mg \xrightarrow{无水乙醚} RMgX$$

伯、仲和叔卤代烷均可制备相应的格氏试剂，其中叔卤代烷和碘代烷反应的副产物较多。而氯代烷反应速度较慢，所以常选用溴代烷。一般地，制备格氏试剂常在无水乙醚（俗称干醚）中进行，生成的格氏试剂能溶于醚中，不需分离，直接使用。格氏试剂非常活泼，它所参与的反应称为格氏反应。格氏试剂在乙醚溶剂中还可能以下面络合物形式存在：

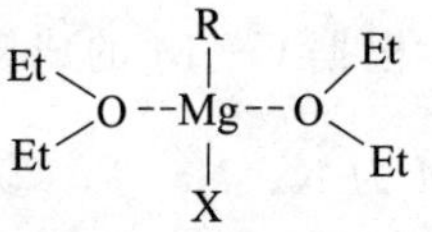

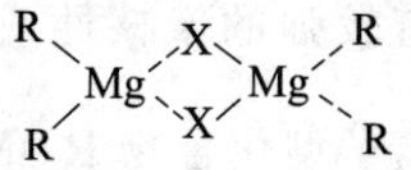

虽然格氏试剂在乙醚中的结构尚有争论，但格氏试剂中存在强极性的 C—Mg 共价键确定无疑。1942 年 Evans 根据在制备格氏试剂时，还能得到双分子偶联产物 R—R，且在电解格氏试剂时，正极和负极都可得到金属镁等实验事实，提出格氏试剂存在如下平衡：

在极性溶剂或试剂作用下，平衡向生成碳负离子方向移动。在温度较高条件下，平衡向生成自由基方向移动。

格氏试剂可以发生许多化学反应，是有机合成中常用的反应试剂。

（1）格氏试剂与含活泼氢的化合物反应

格氏试剂中 C—Mg 是强极性共价键，因为碳电负性大于镁，它们共享的一对电子偏向于碳，不仅使碳具有较强的亲核性，而且具有碱性。一些含活泼氢的化合物，如水、醇、羧酸、乙炔、胺等都能与格氏试剂反应，将它分解成相应的烃。含活泼氢的化合物相当于强酸，格氏试剂相当于强碱，二者作用生成弱碱和弱酸（烷烃）。以 H—A 代表含活泼氢的化合物，与格氏试剂反应通式如下：

$$\underset{\text{强碱}}{RMgX} + \underset{\text{强酸}}{HA} \longrightarrow \underset{\text{弱酸}}{RH} + \underset{\text{弱碱}}{AMgX}$$

空气中的湿气、试剂或溶剂中的水分可以分解格氏试剂，所以在制备和使用格氏试剂时，所用装置、溶剂或试剂，需经干燥处理，在无水条件下进行反应。

格氏试剂与水反应相当于将卤代烷进行了还原反应，例如：

$$n\text{-}C_4H_9MgX + H_2O \longrightarrow n\text{-}C_4H_{10} + XMgOH$$

但格氏试剂与水反应制备烃的意义不大。如用重水（D_2O）与格氏试剂反应，可将氘引入到有机分子中，制备含氘（D）的有机物。例如：

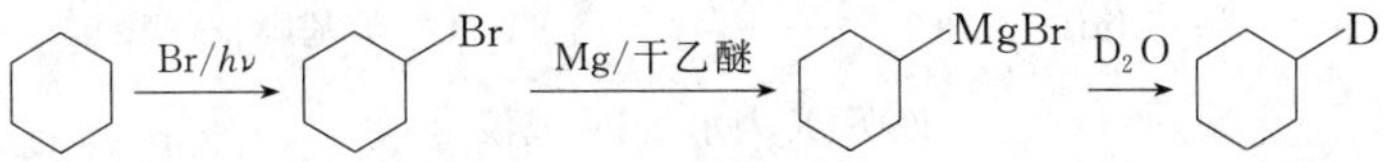

格氏试剂与含活泼氢化合物的反应，可以定量测定未知有机物中所含活泼氢的数目。方法是：用过量甲基碘化镁与待测化合物反应，根据收集到甲烷气体的体积，计算出该化合物中活泼氢的含量。

（2）格氏试剂与氧气的反应

格氏试剂 C—Mg 可与空气中的氧反应，生成氧化产物，再与水反应得到醇：

$$RMgX \xrightarrow{O_2} R\text{-}OMgX \xrightarrow{H_2O} R\text{-}OH + XMgOH$$

这一反应没有实际意义，所以，在制备和使用格氏试剂时，还需在无氧环境下进行。

（3）格氏试剂与羰基化合物的反应

格氏试剂与醛、酮、酯等含羰基（C=O）的化合物进行亲核加成反应，再经水解生成醇，是合成醇类化合物的普遍方法。例如，由氯代环己烷制备环己基甲醇：

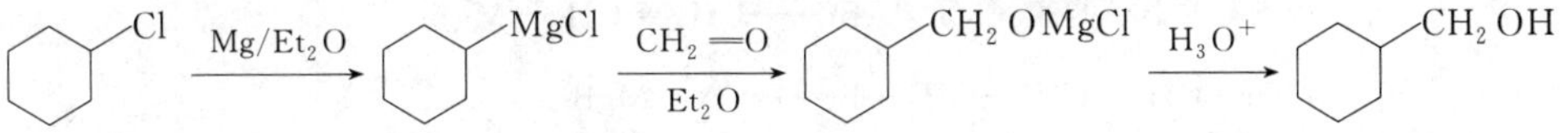

格氏试剂与酮反应制备叔醇，例如：

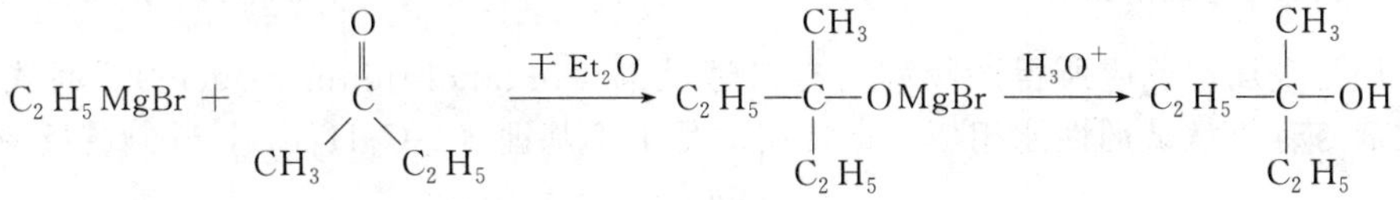

（4）格氏试剂与二氧化碳反应

将制备的格氏试剂加入干冰中，它与 CO_2（O=C=O）进行亲核加成反应，水解后得到羧酸，可用于制备增加一个碳的羧酸。例如：

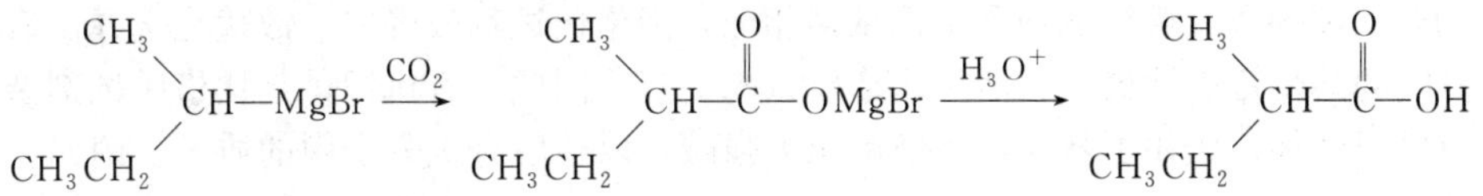

（5）格氏试剂与活泼卤代烷的反应

虽然格氏试剂是较强的亲核试剂，但是伯卤代烷的反应活性较低，所以格氏试剂较难与伯卤代烷进行亲核取代反应。仲和叔卤代烷反应活性较高，但是由于空间位阻，格氏试剂则表现出强碱性，使仲或叔卤代烷发生消除反应。所以，一般不用格氏试剂与卤代烷进行偶联反应制备烃。如果卤代烷不宜消除且比较活泼，比如卤化苄和烯丙基卤等，格氏试剂能与其发生亲核取代反应，制备苄基式或烯丙基式烃类。例如：

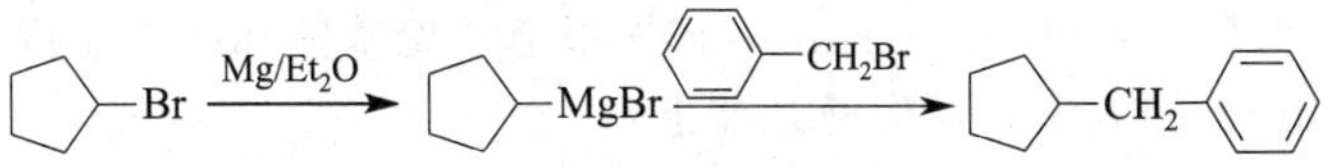

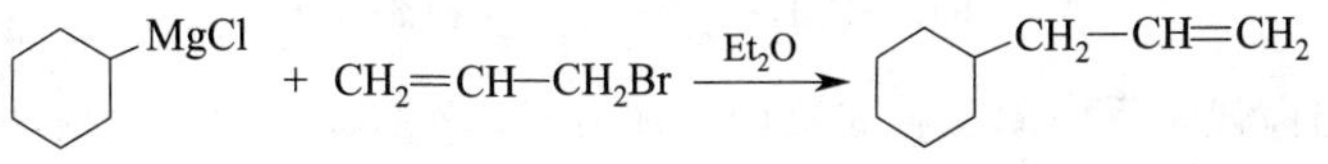

（6）格氏试剂与无机物的反应

格氏试剂能与许多无机卤化物反应，制备其他有机金属化合物或元素有机化合物。例如，有机镉化合物二乙基镉的制备：

$$2CH_3CH_2MgCl+CdCl_2 \xrightarrow{Et_2O} (CH_3CH_2)_2Cd(二乙基镉)+2MgCl_2$$

格氏试剂与三氯化磷反应制备烃基有机膦化合物。例如，三苯基膦（Ph_3P）的制备：

$$\text{〈苯环〉}—MgBr + PCl_3 \xrightarrow{Et_2O} \left(\text{〈苯环〉}\right)_3P（三苯基膦）+MgX_2$$

说明：X 表示氯和/或溴

二烷基镉和三苯基膦都是重要的有机合成试剂。因此，格氏试剂的成功研究，极大地促进了有机合成的发展，为此，Victor Grignard 获得了 1912 年的诺贝尔化学奖。

格氏试剂的合成和应用也有一些局限性。首先用来制备格氏试剂的卤代物分子中不能含有活泼氢，比如分子中含有羧基（—COOH）、羟基（—OH）、端炔（—C≡CH）、氨基等官能团的卤代物不能直接用于制备格氏试剂。其次，分子中含有羰基（C=O）、亚胺基（C=N）、氰基（C≡N）活性官能团以及类似结构的卤代物，一般也不直接用于制备格氏试剂。再次，许多二卤代烷不能制备格氏试剂，比如两个卤原子连在同一个碳原子上的卤代烷（又称为偕二卤代烷），与一卤代烷不同，对许多反应是惰性的。例如 CH_2Br_2 不能用于制备格氏试剂。而 1,2-二溴乙烷和 1,3-二溴丙烷类二卤化合物，与金属镁主要发生分子内脱卤素反应，分别得到乙烯和环丙烷，也不能得到格氏试剂。例如：

$$Br—CH_2—CH_2—Br \xrightarrow{Mg} CH_2=CH_2+MgBr_2$$

$$Br—CH_2—CH_2—CH_2—Br \xrightarrow{Mg} \triangle+MgBr_2$$

5.3.6.3　卤代烷与锂的反应

卤代烷与金属锂反应所得产物称为有机锂试剂（organolithium reagent），通式为 RLi。有机锂试剂与有机镁试剂性能相似，最常用的是正丁基锂（$n\text{-}C_4H_9Li$），其制备反应如下：

$$n\text{-}C_4H_9—Br+2Li \xrightarrow[-10℃,N_2\ 保护]{无水乙醚} n\text{-}C_4H_9Li+LiBr$$

有机锂试剂比格氏试剂更活泼，溶解性好，但价格较高。反应要求在无水、无氧和低温条件下进行。碘代烷与锂反应副产物较多，不宜用于制备有机锂试剂。

作为亲核试剂，有机锂试剂和格氏试剂相似，因格氏试剂较经济，故优先选择。有机锂试剂中 C—Li 的共价键极性更大，活性比格氏试剂更高。因此，有机锂试剂比格氏试剂亲核能力更大。有机锂试剂，比如丁基锂，还经常作为强碱，以夺取有机分子中的质子。例如：

$$\text{〈萘环 OCH}_3,\ H\rangle + C_4H_9Li \longrightarrow \text{〈萘环 OCH}_3,\ Li\rangle + C_4H_{10}$$

氯原子直接连在不饱和碳上的氯代烃（如氯乙烯、氯代苯）的 C—Cl 活性低，在乙醚中难以制成格氏试剂，但很容易制成有机锂试剂。

5.3.6.4　二烷基铜锂的制备及应用

美国化学家 E.J.Corey 和 H.O.House 首先报道了烷基锂和碘化亚铜在低温下反应合成二烷基铜锂（R_2CuLi）的方法，反应通式如下：

$$2RLi+CuI \xrightarrow[-78\sim0℃]{无水乙醚} R_2CuLi+LiI$$

二烷基铜锂与卤代烷反应用于合成烷烃，称为 Corey-House 烷烃合成法，反应通式如下：

$$R_2CuLi + R'-X \longrightarrow R'-R + RCu + LiX$$

二烷基铜锂仍具有较好的亲核性，但是碱性比有机锂试剂弱，因此 Corey-House 烷烃合成法比武兹偶联反应受到的限制要少。例如，二烷基铜锂不仅与伯卤代烷可以顺利偶合，产率很高，而且与仲卤代烷偶合的产率也比较高，例如：

$$(CH_3)_2CuLi + CH_3CH_2CH_2CH_2CH_2I \longrightarrow CH_3CH_2CH_2CH_2CH_2CH_3$$

$$(n\text{-}C_4H_9)_2CuLi + CH_3CH_2CH_2CH_2CH_2I \longrightarrow n\text{-}C_9H_{20}(80\%)$$

$$(n\text{-}C_4H_9)_2CuLi + \langle\text{hexagon}\rangle-I \longrightarrow n\text{-}C_4H_9-\langle\text{hexagon}\rangle \text{（主产物）} + \langle\text{hexagon}\rangle$$

伯、仲、叔卤代烷都可以制备成二烷基铜锂试剂。为尽量减少消除反应的副产物，在合成路线设计上，应优先考虑让二烷基铜锂与伯卤代烷反应。例如 3-甲基辛烷的合成：

$$\underset{\underset{CH_3}{|}}{CH_3CH_2CHBr} \xrightarrow[-10℃]{Li} \underset{\underset{CH_3}{|}}{CH_3CH_2CHLi} \xrightarrow[-10℃]{CuI} (\underset{\underset{CH_3}{|}}{CH_3CH_2CH})_2CuLi \xrightarrow{n\text{-}C_5H_{11}Cl} \underset{\underset{CH_3}{|}}{CH_3CH_2CH}-C_5H_{11}\text{-}n$$

不活泼的乙烯型卤代物也可以制成二烷基铜锂，而且二烷基铜锂也可以直接与乙烯型卤代物进行偶合反应。因此，Corey-House 还可以合成各种烃。例如：

$$(CH_2=CH)_2CuLi + Br-\langle\text{hexagon}\rangle-CH_3 \longrightarrow CH_2=C\langle\text{hexagon}\rangle-CH_3 \text{（80\%）}$$

与有机锂试剂和格氏试剂相比，二烷基铜锂试剂亲核性较弱，它不与羰基反应。因此，当反应物分子为带有羰基的卤代物，二烷基铜锂主要进行亲核取代反应，例如：

$$\underset{\underset{O}{\|}}{R-C}-(CH_2)_9CH_2-I + R'_2CuLi \longrightarrow \underset{\underset{O}{\|}}{R-C}-(CH_2)_9CH_2-R' \text{（60\%～80\%）}$$

5.4 饱和碳原子上的亲核取代反应机理

1927～1935 年，英国化学家 E. D. Hughes 和 C. Ingold 等系统研究了卤代烷的亲核取代反应动力学过程、立体化学特征及其影响因素，提出了饱和碳原子亲核取代反应的两种机理。一是溴甲烷在 NaOH 的 80% 乙醇水溶液中进行水解过程是二级反应，反应速率与碱和溴甲烷的浓度成正比：

$$CH_3Br + NaOH \xrightarrow{C_2H_5OH/H_2O} CH_3OH + NaBr$$

溴甲烷水解反应速率方程：$v_2 = k_2[CH_3Br][OH^-]$，k_2 为反应速率常数。

二是叔丁基溴在 NaOH 的 80% 乙醇水溶液中进行水解过程是一级反应，反应速率只与叔丁基溴的浓度成正比，与碱的浓度无关：

$$(CH_3)_3CBr + NaOH \xrightarrow{C_2H_5OH/H_2O} (CH_3)_3COH + NaBr$$

叔丁基溴水解反应速率方程：$v_1 = k_1[(CH_3)_3CBr]$，k_1 为反应速率常数。

实验结果说明溴甲烷和叔丁基溴具有不同的水解反应机理。其中，将溴甲烷水解称为双分子亲核取代（bimolecular nucleophilic substitution）反应，简称 S_N2 机理，叔丁基溴水解称为单分子亲核取代（unimolecular nucleophilic substitution）反应，简称 S_N1 机理。

5.4.1 S_N2 反应机理与特点

根据碰撞理论，分子发生反应时必须进行有效碰撞。比如溴甲烷的水解反应，取决于反应底物与试剂分子之间的有效碰撞，二者浓度越大，有效碰撞机会就越多，这种反应速率与底物和试剂浓度都成正比的化学反应，称为双分子反应，简称 S_N2 反应。S_N2 反应用于将两个较小的分子连接成一个较大的分子，或将一个官能团交换成另一个官能团。

5.4.1.1　S_N2 反应的过渡态

以溴甲烷水解为例，亲核试剂 OH^- 似乎可从两个不同方向靠近反应中心碳，如图 5.2 (a) 和图 5.2(b) 所示。一是 OH^- 从 C—Br 的背面逐渐靠近或进攻碳原子，溴原子逐渐远离该碳原子，称为背面进攻。二是 OH^- 从 C—Br 正面逐渐靠近或进攻碳原子，称为正面进攻。正面进攻时，OH^- 受到带孤对电子溴的排斥和空间阻碍，特别是 C—Br 逐渐拉长形成溴负离子时电性斥力更大，因此，OH^- 从远离 Br 的背面进攻碳需要的活化能要低。

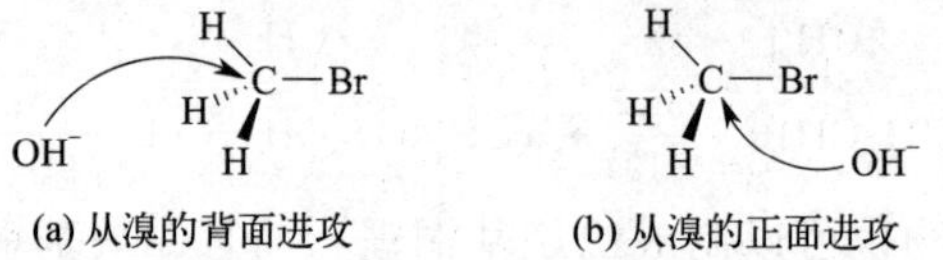

(a) 从溴的背面进攻　　　　　　(b) 从溴的正面进攻

图 5.2　亲核试剂从两种不同方向靠近碳原子的方式

溴甲烷水解时，首先 OH^- 从溴甲烷的 C—Br 背面进攻，发生有效碰撞，形成过渡态。过渡态结构可以看成是碳原子同时和 OH^- 及 Br^- 部分 "键合"。C—OH 没有完全形成，C—Br 也未完全断裂。过渡态形成过程是内能逐渐增加的慢过程，是控制整个反应速率的步骤。过渡态一旦形成，即立即分解，生成甲醇和 Br^-，并释放能量。整个反应进程的能量变化如图 5.3 所示。由于决定速率步骤涉及两个分子的有效碰撞，故反应速率方程为动力学二级方程。

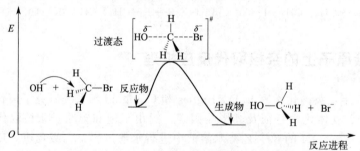

图 5.3　溴甲烷碱水解反应进程能量变化曲线

图 5.4 是溴甲烷发生 S_N2 反应过程碳原子轨道变化情况。当亲核试剂 OH^- 从 C—Br 背面接近 CH_3Br 分子到一定距离时，OH^- 上带一对电子的轨道与 C—Br 中 C 的 sp^3 杂化轨道（小端）接近并发生作用，使杂化轨道逐渐变形，原来与 Br 连接的大端逐渐变小，Br 与碳原子成键减弱。

同时，与 OH^- 接近的小端逐渐变大，作用逐渐增强，最后达到两端相同，使 C—Br 中 C 的 sp^3 杂化轨道变成 p 轨道，该碳 p 轨道与—OH 和—Br 两个基团同时相连，形成过渡态。此时，羟基氧上的负电荷与碳原子分享，而离去的溴原子开始从碳原子上带走部分电荷，形成反应中心的碳原子与 5 个原子（原子团）同时 "成键" 的过渡态，其中 C…O 和 C…Br 结合最弱，导致过渡态内能很高，极不稳定，一旦形成便继续变化，即与羟基作用的一端轨道逐渐变大，与溴作用的一端则逐渐变小。当形成产物时，碳原子又恢复成 sp^3 杂化状态，C—O 形成，C—Br 断裂，溴带着负电荷离去。

5.4.1.2　S_N2 反应的立体化学

按照 S_N2 反应机理，当 OH^- 从离去基团背面进攻的是一个手性碳，则这一取代过程涉及

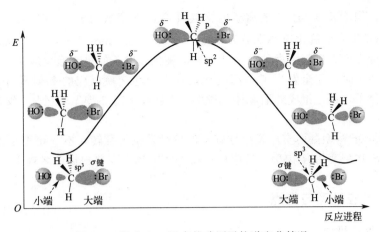

图 5.4　发生 S_N2 反应的碳原子轨道变化情况

该手性碳的构型改变，如图 5.5 所示。羟基从远离溴原子的背面进攻碳时，造成手性碳 C^* 构型翻转。这种反转是由 P. Walden 首先提出的，故称 Walden 翻转（Walden inversion）。

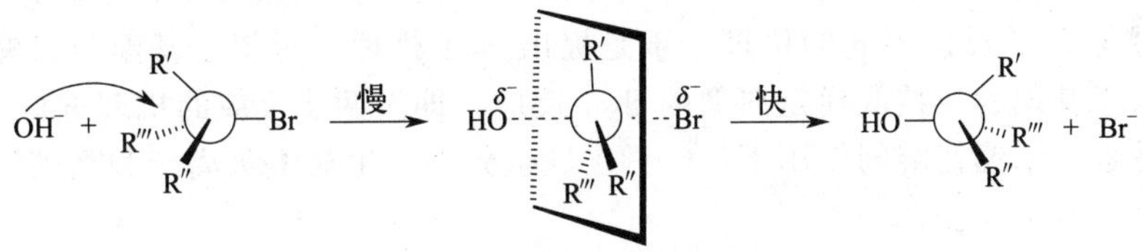

图 5.5　S_N2 反应的 Walden 构型翻转示意图

具有光学活性的 2-溴辛烷用浓氢氧化钠进行水解生成 2-辛醇，其为二级反应，典型的 S_N2 反应。如果用 $[\alpha]_D$ 为 $-34.6°$ 的 (R)-2-溴辛烷，水解后得到 (S)-2-辛醇的 $[\alpha]_D$ 值为 $+9.9°$：

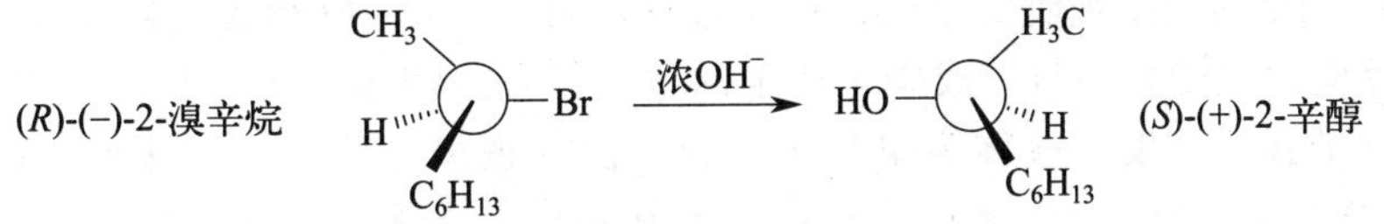

(R)-(-)-2-溴辛烷　　　　浓OH^-　　　　(S)-(+)-2-辛醇

相同条件下，若用 $[\alpha]_D = +34.6°$ 的 (S)-2-溴辛烷，水解后得到 $[\alpha]_D = -9.9°$的 (R)-2-辛醇：

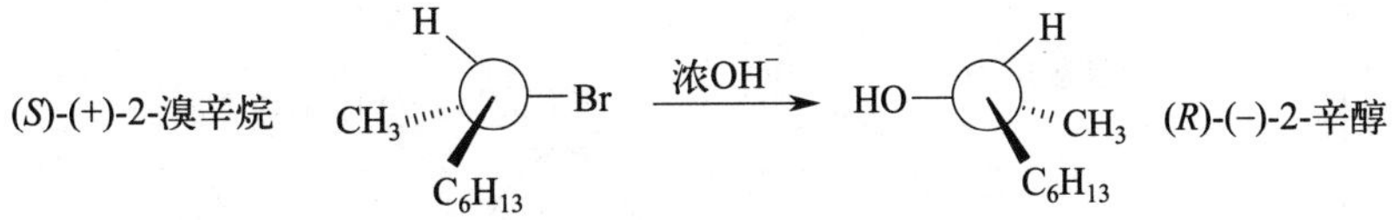

(S)-(+)-2-溴辛烷　　　　浓OH^-　　　　(R)-(-)-2-辛醇

这种由立体异构不同的分子生成立体异构不同产物的反应称为立体专一性反应（stereospecificity）。如果反应可能生成几种立体异构体，但主要生成其中一种异构体的反应称为立体选择性（stereoselectivity）反应。选择性有强弱之分，S_N2 反应的立体选择性为 100%，产物是唯一的。但是立体选择性反应不一定是立体专一性反应，这一点，在有机反应中十分常见。

用光学活性的 2-碘辛烷与同位素 ^{128}I 负离子进行下面的交换反应：

实验发现，^{128}I 负离子与 ^{127}I 负离子的交换反应速率常数为 $k_{exch} = 1.36 \times 10^{-3} mol^{-1} \cdot sec^{-1}$，而体系发生外消旋化速率常数为 $k_{exch} = 2.62 \times 10^{-3} mol^{-1} \cdot sec^{-1}$。如果将实验误差和碘同位素对旋光度影响等因素忽略不计，外消旋化速率正好是交换反应速率的两倍，即交换反应进行到一半时，完全发生了外消旋化，一半未起交换反应的 2-碘辛烷与另一半发生了交换反应的分子，正好组成外消旋体，说明 ^{128}I 负离子与 2-碘辛烷的 ^{127}I 交换后构型发生了翻转。

注意：Walden 构型翻转实质是手性碳上的价键发生了翻转，不一定都是由 R 构型变为 S 构型，或由 S 构型变为 R 构型，反应后产物的实际构型需要根据命名规则进行确定。

5.4.2 S_N1 反应机理与特点

5.4.2.1 S_N1 反应机理

将 $[\alpha]_D = -34.6°$ 的 (R)-2-溴辛烷用稀碱（注意前面讲的是用浓碱）水解，得到 2-辛醇的比旋光度为 $[\alpha] = +5.94°$，光学纯度只有纯右旋 2-辛醇（$[\alpha] = +9.9°$）的 60%。说明有部分发生水解反应的分子，其构型没有发生改变。且在稀碱条件下，水解速率与碱无关，显然是另一种与 S_N2 反应不同的机理，于是提出 S_N1 机理。对叔丁基溴与稀碱反应过程的研究，证明叔丁基溴的亲核取代是典型的 S_N1 反应，即按两步反应的机理进行。

第一步是叔丁基溴在溶剂作用下，C—Br 发生异裂，生成溴负离子和高度活性中间体碳正离子 (carbocation)：

$$(CH_3)_3C \overset{\curvearrowright}{—} Br \rightleftharpoons [(CH_3)_3 \overset{\delta^+}{C} ----- \overset{\delta^-}{Br}]^{\#} \rightleftharpoons (CH_3)_3C^+ \text{（碳正离子）} + Br^-$$

第二步，活性中间体碳正离子一旦生成，立即与亲核试剂 OH^- 结合，生成叔丁醇：

$$(CH_3)_3C^+ + OH^- \overset{快}{\longrightarrow} [(CH_3)_3 \overset{\delta^+}{C} ----- \overset{\delta^-}{OH}]^{\#} \longrightarrow (CH_3)_3C—OH$$

第一步 C—Br 断裂是吸收能量的慢反应过程，第二步 C—O 形成是释放能量的快速反应过程，整个反应过程受第一步形成碳正离子的过程控制。因为，第一步反应不涉及试剂碱，只涉及底物分子叔丁基溴，故称为单分子反应。反应速率方程为 $v_1 = k_1$ [叔丁基溴]，与 OH^- 浓度无关，为一级反应。S_N1 反应能量变化如图 5.6 所示，其中碳正离子是活性中间体，位于曲线中两个峰之间的凹点。

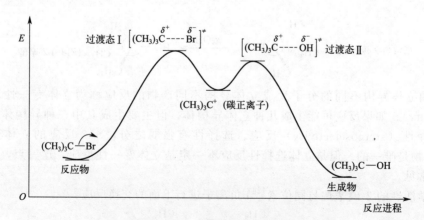

图 5.6 叔丁基溴 S_N1 水解反应机理能量变化图

5.4.2.2　碳正离子结构

碳正离子是指中心碳仅含有 6 个外层电子的基团，它比烷基自由基少一个电子，所以也称为烷基正离子（alkylcation）。可根据相应的烷基自由基改为烷基正离子来命名，如，$(CH_3)_3C^+$ 称为叔丁基正离子。

烷基正离子仅在溶液中存在很短时间，一般很难直接观察到。随着科学技术的发展，已有许多实验手段可以证明烷基正离子的存在，其中最杰出的工作是由 G. Olah 在 1963 年完成的。他测定了叔丁基氟及其与五氟化锑反应产物的核磁共振，如图 5.7 所示，叔丁基氟的三个甲基氢的化学位移 $\delta=1.3\mathrm{ppm}$，由于氟的耦合呈双重峰。叔丁基氟与五氟化锑反应产物氢的化学位移 $\delta=4.35\mathrm{ppm}$，氢的信号移到了低场，且是单峰。

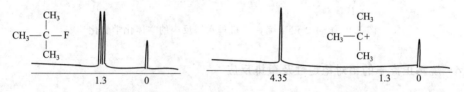

图 5.7　叔丁基氟与五氟化锑反应前后的核磁共振氢谱

Olah 实验证明，叔丁基氟与五氟化锑反应生成了叔丁基正离子，由于带正电荷碳强吸电子作用，3 个甲基上氢核外电子云密度下降，造成甲基氢的化学位移向低场移动。叔丁基氟与五氟化锑的反应如下：

$$CH_3\!-\!\underset{\underset{CH_3}{|}}{\overset{\overset{CH_3}{|}}{C}}\!-\!F + SbF_5 \longrightarrow \underset{CH_3\quad CH_3}{\overset{\overset{CH_3}{|}}{C^+}} \quad SbF_6^-$$

叔丁基正离子的红外光谱和拉曼光谱图，都与已知的平面构型的三甲基硼 $(CH_3)_3B$ 的谱图类似。通过 X 衍射测定稳定的三苯甲基正离子化合物的晶体结构，证明其中心碳原子为平面构型。因此，带正电性的碳采取 sp^2 杂化（见烯烃的结构），与三个相连的基团共平面，空间形象如图 5.8 所示。

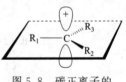

图 5.8　碳正离子的平面空间形象

5.4.2.3　S_N1 反应的立体化学

(S)-2-溴辛烷在稀碱条件下按 S_N1 反应机理进行，如图 5.9 所示。

第一步，C—Br 在溶剂作用下异裂，形成平面构型的烷基正离子。第二步，亲核试剂 OH^- 从碳正离子所处平面的两面进攻烷基正离子。如果 OH^- 从溴原子离去的背面进攻，该碳的构型就发生翻转。如果 OH^- 从溴原子离去的同面进攻，该碳的构型保持不变。在理想情况下，亲核试剂 OH^- 从烷基正离子平面两边进攻的机会等同，因此，生成 (R)-2-辛醇和 (S)-2-辛醇的机会也均等，则发生 S_N1 反应的产物为外消旋体。但是，在 (S)-2-溴辛烷的 C—Br 断裂形成烷基正离子过程中，还没有完全脱离溴负离子的影响下，OH^- 从背面进攻易于同面进攻，导致构型翻转的比例往往高于构型保持。

大量实验事实证明，光学活性的底物按 S_N1 机理发生亲核取代反应，均发生不同程度的外消旋化（racemization），使产物光学纯度下降。反过来看，发生外消旋化的亲核取代反应，是 S_N1 反应机理的立体化学特征，也是 S_N1 反应机理的证据。

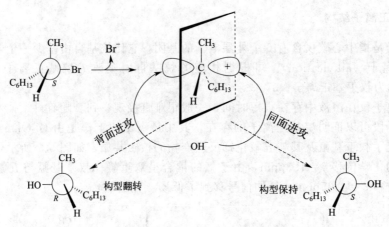

图 5.9 （S）-2-溴辛烷 S_N1 机理水解反应的立体化学变化

5.4.2.4 烷基正离子的相对稳定性及重排反应

表 5.6 列出在气相条件下几种不同氯代烷中 C—Cl 的解离焓 ΔH。

表 5.6 氯代烷气相时 C—Cl 解离焓 　　　　　　单位：$kJ \cdot mol^{-1}$

CH_3^+	$CH_3CH_2^+$	$CH_3CH_2CH_2^+$	$CH_3(CH_2)_2CH_2^+$	$(CH_3)_2CH^+$	$(CH_3)_3C^+$
953	798	807	807	698	631

图 5.10 是不同类型烷烃的 C—H 均裂形成自由基，再电离形成烷基正离子所需能量。

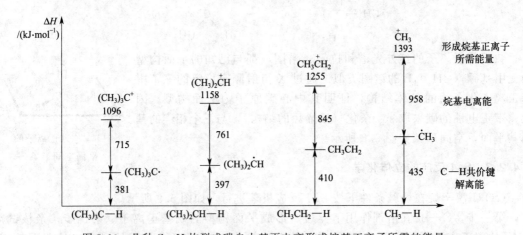

图 5.10 几种 C—H 均裂成碳自由基再电离形成烷基正离子所需的能量

从表 5.6 和图 5.10 得出的结论一致，即烷基正离子的稳定性次序为 $3° > 2° > 1° > {}^+CH_3$。

在有机化学反应中，碳骨架发生改变的现象，称为分子重排。不同烷基正离子相对稳定性次序，为某些碳正离子发生重排提供了条件，并可解释 S_N1 反应中经常发生分子重排的实验事实。例如，新戊基溴与强亲核试剂乙醇钠反应遵守 S_N2 机理，反应产物为乙基新戊基醚：

$$CH_3-\underset{\underset{CH_3}{|}}{\overset{\overset{CH_3}{|}}{C}}-CH_2-Br \xrightarrow[S_N2]{CH_3CH_2ONa} CH_3-\underset{\underset{CH_3}{|}}{\overset{\overset{CH_3}{|}}{C}}-CH_2-OCH_2CH_3 \quad 乙基新戊基醚$$

而新戊基溴与弱亲核试剂乙醇进行缓慢的乙醇解过程为 S_N1 反应，几乎只得到乙基叔戊基醚。

$$CH_3-\underset{\underset{CH_3}{|}}{\overset{\overset{CH_3}{|}}{C}}-CH_2-Br \xrightarrow[\text{溶剂解},S_N1]{CH_3CH_2OH} CH_3-\underset{\underset{OCH_2CH_3}{|}}{\overset{\overset{CH_3}{|}}{C}}-CH_2-CH_3 \quad 乙基叔戊基醚$$

新戊基溴进行乙醇解反应后，新戊基碳架发生改变转化为叔戊基，发生了分子重排，这是 S_N1 反应机理特征。重排原因是新戊基溴在溶剂分子作用下，生成的新戊基正离子（伯碳正离子）很不稳定，其相邻碳上的一个甲基带着一对电子迁移到该伯碳正离子上，形成更加稳定的叔戊基正离子，再与乙醇分子进行 S_N1 反应，生成乙基叔戊基醚，反应机理如下：

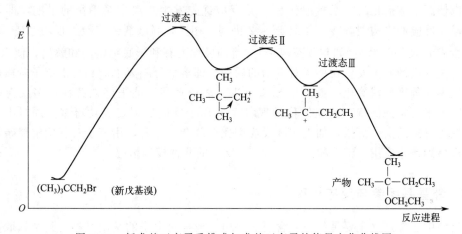

由烷基正离子稳定差异性引起的分子重排是有机反应中常见的现象，它从化学反应的角度证明了碳正离子的存在，有力支持了 S_N1 反应机理。图 5.11 为碳正离子重排过程能量变化曲线。

图 5.11　新戊基正离子重排成叔戊基正离子的能量变化曲线图

5.4.3　亲核取代反应的离子对机理

S. Winstein 根据大量实验事实，提出了亲核取代反应的离子对机理。随着对亲核取代反应的深入研究，这一理论得到很大的发展。离子对机理首先是针对卤代烷溶剂解反应提出的，可以解释许多 S_N2 或 S_N1 反应机理无法解释的实验事实。离子对机理认为，反应底物 R—X 在溶剂中存在如下平衡：

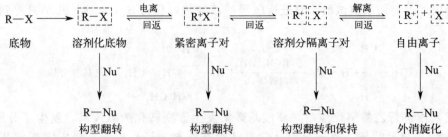

式中虚线方框线表示溶剂包围。R—X 被溶剂分子包围，形成溶剂化底物。在溶剂分子作用下，R—X 共价键异裂，形成由 R^+ 和 X^- 组成的紧密离子对（tight ion-pair），其特点是 R^+ 和 X^- 由静电力仍吸引在一起，作为整体被溶剂分子包围，离子间没有溶剂分子，这一过程称为电离（ionization），其逆过程，称为回返。接着，部分溶剂分子渗入到 R^+ 和 X^- 之间，形成溶剂分隔离子对，作为整体一起被溶剂化。溶剂分隔离子对继续受到溶剂分子的作用，形成完全自由的分别被溶剂包围的 R^+ 和 X^-，这一过程称为解离（dissociation）。

离子对机理是指亲核试剂（包括溶剂分子）对底物进行亲核取代反应时，可发生在溶剂化底物、紧密离子对、溶剂分隔离子对或自由离子这几个阶段的任一阶段。如果亲核试剂 Nu^- 进攻底物发生在紧密离子对时期，由于 X^- 的阻碍，Nu^- 只能从远离 X^- 的背面进攻 R^+，得到构型翻转的产物。如果发生在溶剂分隔离子对阶段，Nu^- 从 X^- 的正面进攻仍有阻碍，因此 Nu^- 还是主要从背面进攻。但是，在溶剂分隔离子对阶段，R^+ 和 X^- 的结合已经比较松弛，溶剂分子已渗入到 R^+ 和 X^- 之间，具备"同面进攻"的可能，会生成部分构型保持的产物。如果反应发生在自由离子阶段，则"背面进攻"和"同面进攻"概率相同，结果是发生外消旋化。

当试剂亲核能力很强、R—X 电离和解离生成的 R^+ 不稳定（如伯烷基正离子）、溶剂极性小难以使离子溶剂化时，亲核取代（S_N）反应优先发生在离子对平衡的早期，即紧密离子对阶段，反应产物构型翻转，类似于 S_N2 机理。相反，当试剂亲核能力很弱、R—X 电离和解离生成的 R^+ 较稳定（如叔碳正离子）、溶剂极性大有利于底物电离和解离，使 R^+ 很好溶剂化，则反应倾向于发生在离子对平衡的后期，即溶剂分隔离子对和自由离子阶段，反应产物发生不同程度外消旋化，类似于 S_N1 机理。离子对理论能很好地解释许多反应中"构型翻转"大于"构型保持"的立体化学现象，比 S_N1 反应机理要成功得多。同时由于 S_N2 过渡态缺乏直接的实验证据，加上实际反应都比较复杂，因此，用离子对理论解释亲核取代反应机理得到普遍应用，S_N2 和 S_N1 只是 S_N 反应的两种极端情况。

5.4.4 邻基基团参与反应机理

在反应中心邻近（主要是邻位）含有 π 键电子或孤对电子的基团可参与到亲核取代反应中，叫邻基基团参与反应，简称邻基参与（neighboring group participation，NGP）。邻基参与是饱和碳原子上亲核取代反应中一种常见的现象，它能使反应的某些性质，比如反应速度加快、产物结构和立体化学性质改变，因此在有机合成中得到应用。

能够产生邻基参与的基团有氧、硫、氮和卤原子等带孤对电子的原子（原子团），或具有 π 电子的基团。例如，—COOR、—OH、—SH、—NH$_2$、—NHR、—NR$_2$、—NHCOR、—Cl、—Br、—I 等中性基团，带负电荷的—COO$^-$、—O$^-$、—S$^-$ 基团以及苯环、C＝C、C＝O 等含 π 键的基团。

（S）-2-溴丙酸盐在碱性条件下水解，可得到 100% 的构型不变产物：

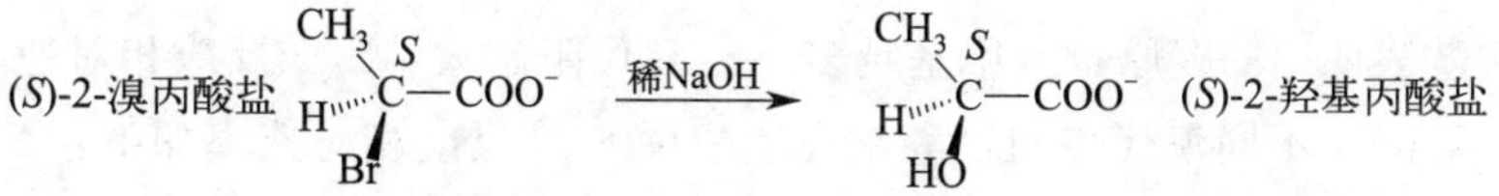

(S)-2-溴丙酸盐 →（稀NaOH）→ (S)-2-羟基丙酸盐

S_N1、S_N2 或离子对机理都不能解释这一反应结果。邻基参与理论认为，反应历程分两步：首先，负电荷基团—COO^-（邻基）从反应中心的背面进攻 α-碳原子，将离去基团（这里是溴）推出，发生分子内的 S_N2 反应，使构型翻转一次形成三元环中间体。其次，外部亲核试剂（这里是 OH^-）从反应中心的背面进攻三元环中间体，将邻基（—COO^-）推回，发生第二次 S_N2 反应，构型又翻转一次，最后构型不变。反应机理如下：

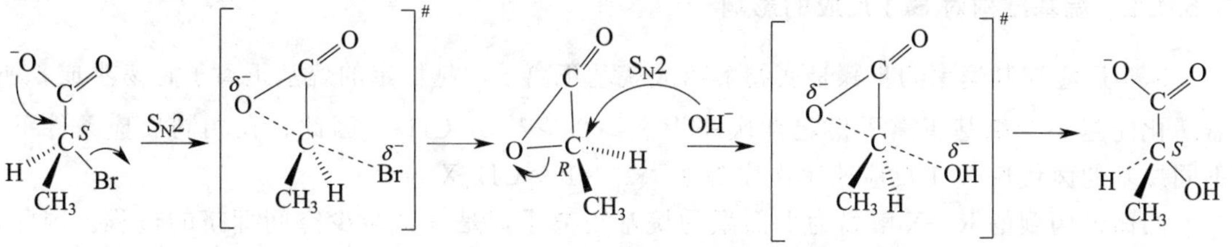

5.5 影响亲核取代反应的因素

带负电荷的亲核试剂（Nu^-），对饱和碳原子进行亲核取代反应可用以下通式表示：

$$R{-}L + Nu^- \xrightarrow{\text{溶剂}} R{-}Nu + L^-$$

下面分别讨论烷基 R 结构、离去基团 L、亲核试剂及溶剂性质等因素对亲核取代反应的影响。

5.5.1 烷基结构的影响

5.5.1.1 烷基结构对 S_N2 反应的影响

亲核试剂对反应中心碳的"背面进攻"是 S_N2 反应的关键步骤。因此，分子中其他基团的立体阻碍大小对 S_N2 反应影响很大。几种不同卤代烷的 S_N2 反应相对速率见表 5.7。

表 5.7 卤代烷发生 S_N2 反应相对速率（以卤乙烷的 S_N2 反应速率为基准）

α-碳上取代基的影响	CH_3X	CH_3CH_2X	$(CH_3)_2CHX$	$(CH_3)_3CX$
	$1\sim3\times10^2$	1	$2\times10^{-2}\sim1$	约为 0
β-碳上取代基的影响	CH_3CH_2X	$CH_3CH_2CH_2X$	$(CH_3)_2CHCH_2X$	$(CH_3)_3CCH_2X$
	1	4×10^{-1}	3×10^{-2}	1×10^{-4}

显然，无论在 α-碳原子或 β-碳原子上存在支链，都使反应速率下降。支链越多、越大，反应速率下降也越大，这种现象称为空间效应或空间位阻。

例①，四种溴代烷在丙酮溶剂中与碘化钠反应的相对速率如下：

	CH_3Br	CH_3CH_2Br	$(CH_3)_2CHBr$	$(CH_3)_3CBr$
k	150	1	0.01	0.001

例②，55℃时，在80％乙醇溶液中，四种溴代烷与 NaOH 的 S_N2 反应速率常数 k 如下：

	CH_3Br	CH_3CH_2Br	$(CH_3)_2CHBr$	$(CH_3)_3CBr$
k	2.14×10^8	1.71×10^7	4.75×10^5	约 0

例①和例②表明，α-碳原子上甲基越多，空间位阻越大，S_N2 反应相对速率越小。

例③，55℃时，不同溴代烷与乙醇钠在乙醇中 S_N2 反应相对速率如下：

CH_3CH_2Br	$CH_3CH_2CH_2Br$	$(CH_3)_2CHCH_2Br$	$(CH_3)_3CCH_2Br$
1	0.28	0.03	4.2×10^{-5}

例③表明，β-碳原子上甲基越多，空间位阻就越大，S_N2 反应相对速率越小。因此，在相同反应条件下，不同卤代烷 S_N2 反应速率次序为 $3° < 2° < 1° < CH_3X$。

5.5.1.2 烷基结构对 S_N1 反应的影响

S_N1 反应控制速率的步骤是底物解离成烷基正离子，越稳定的烷基正离子越易生成，所需活化能越小。烷基正离子稳定性次序为 $3° > 2° > 1° > {}^+CH_3$。因此，在相同反应条件下，不同烷基的卤代烷 S_N1 反应速率次序为 $3° > 2° > 1° > CH_3X$。

四面体构型的 R—X 解离为平面型的烷基正离子，是一个减少空间拥挤的过程。因此，空间效应对碳正离子形成有一定的影响。碳-卤键 C—X 的附近空间越拥挤，离去卤负离子形成碳正离子所得到的空间拥挤改善得越多，减少体系内能的收益也越大，这一顺序也是 $3° > 2° > 1° > CH_3X$。

例①，不同溴代烷在甲酸/水溶液中水解（甲酸使溶剂极性增加），按 S_N1 反应机理进行的相对反应速率为：

CH_3Br	CH_3CH_2Br	$(CH_3)_2CHBr$	$(CH_3)_3CBr$
1	1.7	4.5	1×10^8

例②，55℃，不同溴代烷用 80% 乙醇水解，它们的一级反应速率常数 k 为：

CH_3Br	CH_3CH_2Br	$(CH_3)_2CHBr$	$(CH_3)_3CBr$
1	1.39×10^4	2.37×10^4	1.01×10^8

例③，不同三级氯代烷，于 25℃，在丙酮/水溶液中进行水解反应的相对速率为：

1	2.06	2.4	6.91

虽然中心碳原子都是叔碳，但是与中心碳原子相连的基团越大空间位阻就越大，形成碳正离子趋势就越强，形成的碳正离子越稳定，因此 S_N1 反应相对速率增加。这说明空间拥挤程度越大的卤代烷，在形成平面烷基正离子时，得到的推动力越大，形成碳正离子越容易，亲核取代反应越快。

例④，下列 3 种三级溴代烷的水解反应相对速率为：

1	10^{-6}	10^{-12}

虽然例④的三个化合物中心碳原子都是叔碳，但当卤原子连在二环桥头碳上时，因桥环体系的刚性限制，无法形成平面型的碳正离子。因此，这种桥头叔卤代烷很难发生 S_N1 反应。另外，C—X 背面是封闭的环系，空间位阻很大，因此也很难按 S_N2 机理进行反应。

根据大量实验事实，一般链状化合物，烷基结构对亲核取代反应的影响，有如下规律，即如按 S_N2 机理，伯卤代烷反应最快，如按 S_N1 机理，叔卤代烷反应最快。

从左至右，S_N2 反应活性越来越大

$$3° \qquad 2° \qquad 1° \qquad CH_3—Cl$$

从左至右，S_N1 反应活性越来越小

根据离子对机理，亲核取代反应可发生在离子对平衡的任一阶段，即反应过程按 S_N2 和 S_N1 混合机理进行，反应速率大小为一级反应和二级反应之和：

$$v = k_1[RX] + k_2[RX][Nu^-]$$

伯烷基正离子不稳定，一般很难生成，因此一级反应速率常数很小，很难发生 S_N1 反应。相反，伯卤代烷发生 S_N2 反应时，空间阻碍较小，主要为 S_N2 反应。叔卤代烷因空间位阻难以发生 S_N2 反应，倾向于解离生成烷基正离子后，发生 S_N1 反应。特别注意的是，涉及烷基正离子的反应比较复杂，S_N1 取代反应往往伴随消除反应，有时发生分子重排反应等。仲卤代烷的反应，常常兼有 S_N2 和 S_N1 两种机理，且仲卤代烷的反应速率往往不大。伯卤代烷、仲卤代烷、叔卤代烷以及卤代甲烷发生亲核取代反应速率曲线如图 5.12 所示。

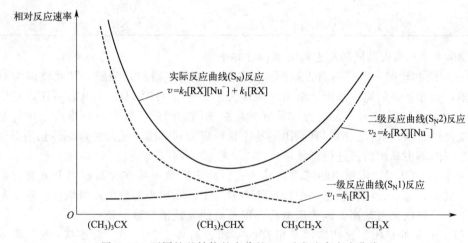

图 5.12　不同烷基结构的卤代烷 S_N 反应速率大小曲线

5.5.2　离去基团的影响

5.5.2.1　离去基团离去能力的影响

当离去基团为卤负离子时，根据 C—X 的解离能和可极化度，相同烷基卤代烷的反应活性是：$R—I > R—Br > R—Cl \gg R—F$。

根据 R—L 中 L 基团特点，在下列亲核取代反应中有如下情况：

中性反应物：$R—L + Nu^- \rightleftharpoons R—Nu + L^-$　离去基团带着负电荷离去

离子型反应物：$R—L^+ + Nu^- \rightleftharpoons R—Nu + L$　离去基团以中性分子离去

带着电子对离去的基团（L^- 或 L）是 Lewis 碱。为使反应容易向右进行，离去基团应是比亲核试剂 Nu^- 更弱的碱（L^-），或者是更稳定的中性分子（L）。根据实验事实，饱和碳原子上常见取代基团从易到难的离去倾向次序列于表 5.8。

表 5.8 离去基团离去倾向相对次序

待离去基团名称	离去基团结构	L 离去形式	L 的共轭酸	次序
重氮基	$-\overset{+}{N}\equiv N$	N_2		
对甲苯磺酰氧基	$-O-\overset{O}{\underset{O}{S}}-\!\!\!\!\!\!\!-CH_3$	$CH_3-\!\!\!\!\!\!\!-SO_3^-$	$CH_3-\!\!\!\!\!\!\!-SO_3H$	
碘	$-I$	I^-	HI	离
溴	$-Br$	Br^-	HBr	去
质子化羟基	$-\overset{+}{O}H_2$	H_2O	H_3O^+	能
氯	$-Cl$	Cl^-	HCl	力
质子化烷氧基	$-\overset{+}{\underset{H}{O}}C_2H_5$	C_2H_5OH	$C_2H_5\overset{+}{O}H_2$	从 上 至
乙酰氧基	$-OOCCH_3$	CH_3COO^-	CH_3COOH	下
羟基	$-OH$	OH^-	H_2O	减
烷氧基	$-OC_2H_5$	$C_2H_5O^-$	C_2H_5OH	弱
质子化氨基	$-\overset{+}{N}H_2CH_3$	CH_3NH_2	$CH_3NH_3^+$	
氰基	$-CN$	CN^-	HCN	
氟	$-F$	F^-	HF	
胺基	$-NHC_2H_5$	$C_2H_5NH^-$	$C_2H_5NH_2$	

根据表 5.8，离去基团的离去能力规律性如下。

① 强酸的共轭碱是良好的离去基团。例如，对甲基苯磺酸是强酸，其共轭碱为对甲基苯磺酸根，是非常好的离去基团。氢卤酸酸性大小顺序为 HI>HBr>HCl≫HF，它们离去能力为 $I^->Br^->Cl^-≫F^-$，I^- 是非常好的离去基团。因此，也常将较难离去的羟基转化为碘代烷再进行亲核取代。醇的官能团羟基是较难离去的基团，通常将羟基转化为对甲基苯磺酸酯等好的离去基团后再进行亲核取代。

② 体积大的基团比体积小的基团容易离去。离去后负电荷在大的基团上分散程度更大而稳定。例如，体积大的碘就是一个较好的离去基团，体积小的氟很难被取代。对甲基苯磺酸根是一个更好的离去基团，因为负电荷可以被硫的 d 轨道分散而稳定。

③ 带正电荷的基团，比相应不带电荷的基团容易离去。例如，重氮基—N_2^+ 离去生成氮气，较难离去的羟基质子化后较易以水分子离去。

5.5.2.2 离去基团离去能力对 S_N 反应的影响

一般地，基团离去倾向越大，越有利于亲核取代反应的进行。R—L 越易电离和解离达到自由离子阶段，反应越倾向于按 S_N1 机理进行，反应主要发生在离子对平衡的后期。R—L 中离去基团较难离去时，需借助强亲核试剂的作用，才能发生取代，故反应倾向按 S_N2 机理进行，反应主要发生在离子对平衡的早期。

5.5.3 亲核试剂的影响

5.5.3.1 亲核性和碱性

亲核性和碱性是同一基团具有的两种不同的性能，例如，氢氧根（OH^-）既是亲核试剂也是碱，它们共同点是都具有提供电子对的性质。它们的区别在于碱性是指试剂（无论是中性分子还是带负电荷的基团）结合质子的能力，亲核性是指试剂与带部分正电荷的碳原子结合的能力。碱性和亲核性大小次序不一定一致。

5.5.3.2　影响试剂亲核能力的因素

试剂亲核能力是在亲核取代和亲核加成反应中体现出来。亲核试剂在 S_N2 反应中体现出来的能力，情况比较复杂。即使是同一种试剂，在不同条件下，亲核能力也可能有很大变化。

试剂的碱性是决定其亲核性的重要因素。但是，由于亲核作用的对象不是质子，而是有机分子。因此，底物的烷基结构、离去基团离去能力、亲核试剂体积大小、试剂可极化度等，对试剂的亲核能力都有很大的影响。即使是同一个反应，在不同溶剂中进行，试剂的亲核能力往往有很大改变。因此，很难绝对地将不同试剂按其亲核能力大小排出次序。表 5.9 列出了不同亲核试剂在质子性溶剂中与溴甲烷反应的相对速率，其中有几种常见试剂的数据缺乏，而给出了其亲核能力相对位置，仅供参考。

表 5.9　CH_3Br 在质子性溶剂中与不同亲核试剂反应的相对速率

试剂	RS^-	CN^-	I^-	RO^-	OH^-	Br^-	NH_3	CH_3O^-	Cl^-	$CH_3CO_2^-$	F^-	ROH	H_2O
相对速率	12600	12600	10200	—	1600	775	—	316	102	52	10	—	1

根据表 5.9 速率顺序，可粗略地判断试剂亲核能力相对大小顺序。

① 碱的亲核性大于其共轭酸。例如，亲核性 OH^-（碱）$>H_2O$（共轭酸）；RO^-（碱）$>ROH$（共轭酸），这里，亲核性和碱性大小是基本一致的。

② 同一周期的不同元素，作为提供电子对的基团时，由于这些原子之间的体积相差不大，亲核性与碱性的变化规律基本一致，即亲核性随元素电负性增加而降低。例如，亲核性大小顺序为 R_3C^-（碳负离子）$>{}^-NR_2$（氮负离子）$>OH^->F^-$，它们共轭酸的酸性大小次序为 $HF>H_2O>NH_3>R_3C{—}H$。

③ 同族元素的原子体积变化比较大，体积大的原子，可极化度也大。体积大、易极化的原子作为亲核试剂提供电子对时，由于原子核对外层价电子束缚力小，电子云容易变形，因此容易与底物中带部分正电荷的碳原子空轨道发生相互作用，形成新键，体现出较强的亲核能力。在这种情况下，试剂的亲核性变化规律与碱性变化规律往往不一致。同族从上到下，碱性随电负性下降而下降，但亲核性随原子体积增大而增加，亲核性和碱性的变化规律相反。例如，卤负离子的碱性为 $I^-<Br^-<Cl^-<F^-$，在质子性溶剂中，它们的亲核性大小顺序为 $I^->Br^->Cl^->F^-$（注意，必须是在质子性溶剂中），亲核性与碱性次序正好相反，原因是除了与原子体积大小有关外，还与溶剂类型有关。与上述离去基团离去能力大小比较可以看出，碘负离子既是一个好的离去基团，又是一个好的亲核试剂。又如，H_2S 的酸性大于 H_2O，硫醇（RSH）的酸性大于醇（ROH）。因为硫原子体积大，比氧可极化度大，因此烷硫负离子（RS^-）的亲核性比烷氧负离子（RO^-）大，而碱性却是 RS^- 比 RO^- 弱，因此，RS^- 和 RO^- 都是相当强的亲核试剂。

④ 试剂本身的体积大小对其亲核性影响也较大，这不仅反映在直接提供电子对的原子可极化度，而且涉及整个亲核试剂的体积，试剂体积越大空间阻碍越大，不利于 S_N2 双分子亲核取代反应。例如，烷氧负离子的碱性次序为 $CH_3O^-<C_2H_5O^-<(CH_3)_2CHO^-<(CH_3)_3CO^-$，但是亲核性次序为 $CH_3O^->C_2H_5O^->(CH_3)_2CHO^->(CH_3)_3CO^-$，亲核性与碱性的次序正好相反。虽然 $(CH_3)_3CO^-$ 的碱性（结合质子的能力）很强，但是因其体积很大致使亲核性很弱，因此常将 $(CH_3)_3CO^-$ 称为强碱性弱亲核试剂。在某些只需要试

剂提供碱性，又要避免或发生较少的亲核取代反应时，常用叔丁醇钾或叔丁醇钠作为碱而不用乙醇钠或氢氧化钠。此外要特别注意，试剂亲核性与碱性不一致性，还与溶剂效应有关。

5.5.3.3 亲核试剂对 S_N 反应的影响

遵守 S_N1 机理的反应，亲核试剂的强度和浓度对 S_N1 反应的影响忽略不计。遵守 S_N2 机理的反应，亲核试剂的强度以及浓度的增加都有利于 S_N2 反应。但是，一个亲核取代反应究竟按 S_N2 机理进行，还是按 S_N1 机理进行，与反应条件有关，是具有竞争性的。因此，当亲核试剂的强度和浓度下降时，相对地有利于 S_N1 反应。

离子对理论能较好地说明亲核试剂对 S_N 反应类型的影响。试剂亲核能力强，反应发生在离子对平衡的早期。试剂亲核能力弱，反应发生在离子对平衡的后期。2-溴辛烷用浓碱水解时，主要按 S_N2 机理，产物构型翻转，用稀碱水解，主要按 S_N1 机理，产物部分外消旋化。

5.5.4 溶剂的影响

5.5.4.1 溶剂化效应

溶剂化效应（solvent effect）亦称"溶剂化作用"，是指在液相反应中，溶剂的性质对反应类型、反应平衡以及反应速率影响的效应。

溶质分子或离子被溶剂分子包围起来的现象，称为溶剂化。例如，NaCl 溶于水后，Na^+ 和 Cl^- 周围被层次化的水分子包围，水分子和离子间存在如图 5.13 所示的相互作用。

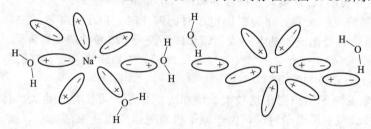

图 5.13 氯化钠溶于水后的溶剂化作用

溶剂化作用可提供能量，离子的溶剂化能可达 $2\times10^2 \sim 6\times10^2 kJ\cdot mol^{-1}$，这个值与共价键能相当，甚至更高。大多数有机反应，特别是极性共价键异裂的反应，发生在溶液中，溶剂化作用能提供化学键断裂时所需要的能量。

溶剂化的分子或离子，比未溶剂化的分子或离子更为稳定。例如，溶剂化了的 Na^+ 和 Cl^- 再次结合为 NaCl 时，必须先吸收能量以"推开"周围的水分子，这一过程比未溶剂化的 Na^+ 和 Cl^- 间结合要困难，如图 5.14 所示。

溶剂化效应使内能降低是由溶质和溶剂分子之间的作用力所致，溶剂化后溶质的正、负电荷被溶剂分散而稳定。例如，氯化钠溶于水后，钠

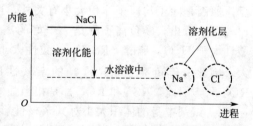

图 5.14 氯化钠在水中溶剂化前后的能量变化

离子周围的第一层水分子，均以偶极的负端与之作用，使钠离子的正电荷得到分散而趋于稳定，内能降低。同样，氯离子被水分子的正端包围，使氯离子的负电荷得到分散而稳定。中性分子或电荷分散的质点易被极性小的溶剂分子溶剂化，离子或电荷集中的质点，易被极性强的溶剂所溶剂化。体积越小、电荷密度越高的离子，越易溶剂化。溶剂化的分子或离子，

能量降低，更稳定。

5.5.4.2　溶剂的分类及其对试剂亲核性的影响

溶剂的分类方法很多，按酸碱行为可分为质子性溶剂和非质子性溶剂。按溶剂的物理性质，如介电常数和偶极矩大小的综合值，可分为极性溶剂和非极性溶剂。

根据有机化合物吸收光谱受溶剂影响的实验，采用吡啶鎓-N-苯氧内盐的溶剂化显色染料，在不同溶剂中最长波长溶剂化显色吸收谱带的跃迁能 $E_r(30)$（单位：$kJ \cdot mol^{-1}$）作为溶剂极性参数，根据 $E_r(30)$ 值将溶剂分成三大类：①质子性溶剂，$E_r(30)$ 值约为 $263 \sim 196 kJ \cdot mol^{-1}$；②非质子极性溶剂，$E_r(30)$ 约为 $196 \sim 167 kJ \cdot mol^{-1}$；③非质子非极性溶剂，$E_r(30)$ 值约为 $167 \sim 125 kJ \cdot mol^{-1}$。这种分类方法基本上反映了溶剂分子与溶质分子的相互作用，$E_r(30)$ 值愈高，溶剂极性愈大。表 5.10 列出了一些常用溶剂的 $E_r(30)$ 值，同时辅以介电常数 ε 值，供估计极性时参考。

表 5.10　常见溶剂分类及 $E_r(30)$

分类	溶剂	$E_r(30)/(kJ \cdot mol^{-1})$	ε
质子性溶剂	水	262	78.4
	甲酸	—	59
	甲醇	232	32.7
	80%乙醇水溶液	224	—
	乙醇	217	24
	乙酸	214（换算值）	6
非质子极性溶剂	乙腈	192	38
	二甲亚砜（DMSO）	188	49
	N,N-二甲基甲酰胺（DMF）	183	37
	硝基苯	175	35
	六甲基磷酰三胺（HMPA）	171	30
	丙酮	176	21
	环己酮	170	18
非质子非极性溶剂	乙酸乙酯	159	6
	乙醚	144	4
	苯	143	3
	环己烷	130	2
	己烷	129	1.8

常见质子性溶剂包括水、醇、羧酸、液氨等。它们的共同特点都是质子给体、极性较大，能使负离子强烈溶剂化。负离子的电荷密度越高，被溶剂溶剂化的程度越高。比如氟离子、氯离子、溴离子和碘离子，氟的电负性最大，体积最小，故电荷密度高，形成氢键能力最强，碘则完全相反。因此，在质子性溶剂中，它们的溶剂化效应顺序为 $F^- \gg Cl^- > Br^- > I^-$。溶剂化效应使负离子稳定性增加、反应活性降低，所以，在质子性溶剂中，它们的亲核性次序为 $I^- > Br^- > Cl^- \gg F^-$，表现出亲核性与碱性不一致。

环己烷、正己烷、苯等烃类和卤代烷，甚至醚、酯和酮类为非质子非极性溶剂。它们不能或难以使离子溶剂化，仅与电荷分散的以及中性的溶质有一定的相互作用。比如卤代烷与碘化钾的反应是一个 S_N2 反应，在丙酮中反应比在乙醇中快近 500 倍，原因是亲核试剂 I^- 在质子性溶剂乙醇中被强烈溶剂化，而在非质子非极性溶剂丙酮中，溶剂化对 I^- 作用甚微，因此在丙酮中亲核能力大为提高。

非质子极性溶剂与质子性溶剂的偶极矩和介电常数都比较大，但是非质子极性溶剂具有较强的电子对给体。重要的非质子极性溶剂如下：

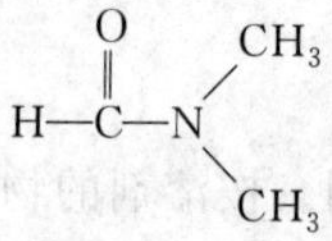

N,N-二甲基甲酰胺
N,N-dimethyl formamide 缩写为 DMF

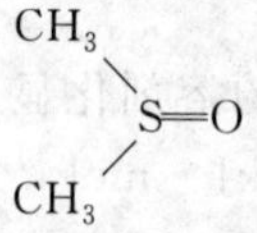

二甲亚砜
dimethyl sulfoxide 缩写为 DMSO

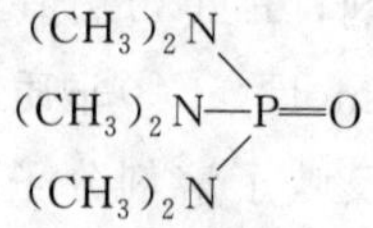

六甲基磷酰三胺
hexamethyl phosphoric triamide 缩写为 HMPA

这些溶剂的结构特点是分子中存在极性键，且电负性大的氧原子处于分子外端，氧上的孤对电子可以使正离子很好地溶剂化。但分子中较正电性部分（C、N 和 P）位于分子中心，受到周围基团的屏蔽或电荷分散，因此，不能对负离子溶剂化。非质子极性溶剂对溶质的作用明显不同于前述两类溶剂，非质子极性溶剂介电常数高，能使溶质离子对迅速解离，使正离子被强烈溶剂化，而负离子未被溶剂化，几乎是以"裸露"状态存在，既无相反电荷离子与之结合，又无溶剂化降低活性，使其亲核能力极大地提高。因此，在非质子极性溶剂中，卤负离子亲核能力顺序为 $F^- > Cl^- > Br^- > I^-$，与它们的碱性顺序一致。

DMF 等能同时很好地溶解共价型有机物和离子型试剂，是常用加速 S_N2 反应的有效溶剂。例如，CH_3I 和 Cl^- 的卤素交换反应，在 DMF 中进行的速率是在甲醇中的 1.2×10^6 倍。在实验中，DMF 并非能加速一切反应，需通过实验选取合适的溶剂。

5.5.4.3　溶剂对 S_N1 反应的影响

溶剂对 S_N1 反应的影响，主要是溶剂对底物和活性中间体的溶剂化效应。例如，叔丁基溴的溶剂解，反应速率随溶剂极性的增加而增加。例如（Sol—OH 表示亲核性溶剂）：

$$(CH_3)_3C\text{—}Br \xrightarrow[S_N1]{Sol\text{—}OH} (CH_3)_3C\text{—}O\text{—}Sol$$

Sol—OH：　98% C_2H_5OH　80% C_2H_5OH　50% C_2H_5OH　100% H_2O
相对速率：　　　1　　　　　　10　　　　　　29　　　　　　1450

因为 S_N1 反应控制速率（慢反应）的步骤是底物分子的解离、形成碳正离子过程。在极性溶剂中，C—L 共享电子对逐渐向 L 转移直至过渡态是一极性增加过程，也是溶剂化作用逐渐增加、内能逐渐降低过程，从而容易达到过渡态，当 C—L 完全电离和解离成碳正离子时溶剂化作用达到最大。溶剂化效应使生成碳正离子的反应活化能降低，反应加速，如图 5.15 所示。溶剂极性越大，对反应过渡状态和碳正离子的稳定作用越大，越能加快反应速率。即使电中性底物进行 S_N1 反应，极性溶剂也能加速反应，这与离子对理论的结论一致。

5.5.4.4　溶剂对 S_N2 反应的影响

溶剂极性对亲核能力有很大影响。溶剂对 S_N2 反应的影响与反应底物及亲核试剂是否带电荷密切相关。卤代烷的碱性水解和氨解，由于底物无电荷，亲核试剂 OH^- 带负电荷，而 NH_3 不带电荷，它们与碘甲烷反应过程电荷变化形式如下：

$$OH^- + CH_3\text{—}I \longrightarrow [\overset{\delta^-}{HO} \cdots CH_3 \cdots \overset{\delta^-}{I}] \longrightarrow CH_3\text{—}OH + I^-$$

$$:NH_3 + CH_3\text{—}I \longrightarrow [\overset{\delta^+}{H_3N} \cdots CH_3 \cdots \overset{\delta^-}{I}] \longrightarrow CH_3\text{—}\overset{+}{NH_3}I^-$$

碘甲烷水解形成过渡态是负电荷分散的过程，氨解形成过渡态是产生电荷的过程。因此，溶剂极性对这两个 S_N2 反应的影响不同。极性溶剂可以促进产生电荷的氨解，因为溶剂化作用降低了反应活性能，类似产生电荷的 S_N1 反应。但是，极性溶剂不利于形成电荷分散过渡态的碱条件下水解反应，溶剂极性越大，对试剂负离子的溶剂化作用越强烈，使反应活化能增高，如图 5.16 所示。因此，减小溶剂极性有利于中性底物（如卤代烷）与负离子试剂所进行的 S_N2 反应，这一结论也与离子对理论是一致的，即溶剂极性小，底物难解离，亲核取代反应发生在离子对平衡的早期。

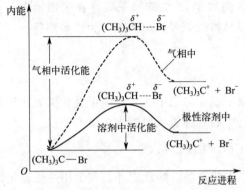

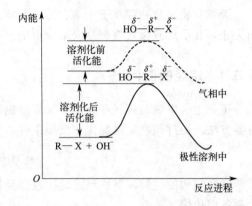

图 5.15　极性溶剂 S_N1 反应活化能降低　　图 5.16　极性溶剂使负离子反应活化能升高

5.5.5　影响 S_N 反应各因素的综合分析

总结以上 S_N2 和 S_N1 反应特点，归纳出对它们的有利因素对比列入表 5.11。

表 5.11　各因素对 S_N2 和 S_N1 反应的影响

影响因素	S_N2 反应	S_N1 反应
烷基结构	一级取代物	三级取代物
离去基团	离去基团不易离去	离去基团容易离去
试剂亲核性	试剂亲核性强、浓度高	与试剂亲核性和浓度无关
溶剂类型	溶剂极性小	溶剂极性高

影响亲核取代反应机理的各因素中，主要是底物的结构特征决定了亲核取代反应机理。一般地，伯卤代烷往往按 S_N2 机理反应，而叔卤代烷倾向按 S_N1 机理反应。但注意，溶剂化效应、试剂的亲核性以及催化剂等，有时不可忽略，甚至可改变反应历程。

仲卤代烷，既可按 S_N2 机理反应，也可按 S_N1 机理反应，反应如何进行，很大程度上取决于环境因素。事实证明，仲卤代烷和苄基型卤代烷在水、甲酸等极性溶剂中按 S_N1 机理反应，而在丙酮等非极性溶剂中，按 S_N2 机理反应。

例如，2-溴丁烷与 2,4,6-三甲基苯甲酸钠的反应，在非质子极性溶剂六甲基磷酰三胺（HMPA）中，产物构型 100% 翻转。这说明非质子极性溶剂使试剂亲核性极大增强，使反应完全按 S_N2 机理进行。

试剂亲核性和溶剂在反应机理竞争中所起到的作用，对其他卤代烷同样存在。例如，溴甲烷的典型反应遵守 S_N2 机理，但在甲酸中水解，由于溶剂极性强，按 S_N2 机理活化能升高（图 5.15），反应困难，则可按 S_N1 机理进行反应，只不过反应速率相当慢。同样，叔卤代烷与碘化钾在丙酮中反应，其固有的 S_N1 反应倾向受到抑制，则主要按 S_N2 机理进行，但反应速率小于二级和一级卤代烷。

5.6　卤代烷的制备

天然有机卤化物存在于土壤、海水及空气中，例如 3，5-二碘酪氨酸存在于珊瑚中。目前为止，几乎所有卤代烷都是人工合成的，主要以易得的烷烃、烯和醇等为原料制备。

5.6.1　烷烃的卤代

工业上，甲烷与氯气在高温下反应是制备一氯甲烷、二氯甲烷、三氯甲烷和四氯化碳的主要方法。通过调整原料配比和反应条件，可使其中的一种氯代甲烷为主要产物。

$$CH_4 \xrightarrow[350\sim400℃]{Cl_2} CH_3Cl + CH_2Cl_2 + CH_3Cl + CCl_4$$

特殊结构的烷烃，例如环己烷比较容易得到一卤代产物，除此之外，很少用烷烃直接卤代制备卤代烷。

5.6.2　烯烃加卤化氢

采用易得的烯烃与卤化氢或卤素反应，是制备一卤代烷或多卤代烷的常用方法。

$$CH_2{=}CH_2 + HCl \xrightarrow[30\sim40℃,0.3\sim0.4MPa]{无水\ AlCl_3} CH_3CH_2Cl$$

$$CH_2{=}CH_2 + Cl_2 \xrightarrow[40℃,0.1\sim0.2MPa]{FeCl_3} ClCH_2CH_2Cl$$

5.6.3　醇的卤代

以醇为原料与氢卤酸反应制取卤代烷是工业上和实验室中常用的方法。

$$CH_3CH_2CH_2CH_2OH \xrightarrow[回流]{NaBr/浓\ H_2SO_4} CH_3CH_2CH_2CH_2Br$$

另外，酮与五氯化磷反应可以制备偕二卤代烷，例如：

$$\underset{CH_3 \quad CH_3}{\overset{\overset{\textstyle O}{\|}}{C}} + PCl_5 \longrightarrow CH_3CCl_2CH_3$$

5.7　重要的卤代烷与用途

5.7.1　三氯甲烷

三氯甲烷俗称氯仿（$CHCl_3$），无色液体，有甜味，易挥发，沸点 61.3℃，密度 1.48g/cm^3，能与醇、醚、石油醚、苯、二硫化碳以及油类混溶。可由甲烷控制光氯化制备，也可由四氯化碳经还原反应或者由乙醇、乙醛和丙酮经过卤仿反应制备（见醛酮一章）。

氯仿在光照下与空气中氧反应生成剧毒化合物光气（$COCl_2$）和氯化氢。

$$2CHCl_3 + O_2 \xrightarrow{\text{光照}} 2\underset{\substack{| \\ Cl}}{\overset{\substack{O \\ \|}}{C}}\underset{Cl}{} \quad (\text{光气}) + 2HCl$$

氯仿中常加入1%左右的乙醇作稳定剂，破坏可能生成的光气，原理如下：

$$\underset{\substack{Cl \quad Cl}}{\overset{\substack{O \\ \|}}{C}} + 2C_2H_5OH \longrightarrow \underset{\substack{C_2H_5O \quad OC_2H_5}}{\overset{\substack{O \\ \|}}{C}} + 2HCl$$

氯仿有麻醉作用，早年曾用作麻醉剂。因其会造成肝脏损伤，现已被1,2-二溴-2-氯-1,1-二氟乙烷（$CHBrClCBrF_2$）等化合物替代。

氯仿是工业上生产四氟乙烯的原料，四氟乙烯是聚四氟乙烯的单体，反应如下：

$$CHCl_3 \xrightarrow[SbF_5]{HF} CHClF_2 \xrightarrow[700\sim800℃]{-HCl} \underset{\text{四氟乙烯}}{CF_2=CF_2} \xrightarrow{\text{聚合}} \underset{\text{聚四氟乙烯}}{\left[CF_2-CF_2\right]_n}$$

聚四氟乙烯是一种优良的耐温、耐腐蚀高分子材料，俗称"塑料王"。

5.7.2　四氯化碳

四氯化碳（CCl_4），无色液体，沸点76.8℃，密度1.594g/cm^3，有特殊气味，不燃烧，能与乙醇、乙醚、氯仿和石油醚等混溶，能溶解脂肪和油漆等物质。除了可由甲烷氯代制备外，还可由氯气和二硫化碳催化合成。

CCl_4不导电、密度大、不可燃，曾用作电器设备灭火剂。但在高温下，CCl_4与水蒸气反应生成剧毒的光气等，现已被其他灭火剂所代替。

$$CCl_4 + H_2O \xrightarrow{500℃} COCl_2 + 2HCl$$

CCl_4会加快破坏臭氧层，因此各国严格限制它的用途，仅限用于不消耗臭氧层的物质原料或特殊用途。

5.7.3　二氯二氟甲烷

二氯二氟甲烷商品名为氟利昂F_{12}，无色、无味、无腐蚀性、无刺激性的气体。沸点-29.8℃，液体密度1.486g/cm^3，溶于醇和醚等有机溶剂，与水、酸、碱均不起作用。四氯化碳与氟化氢在五氯化锑作用下生成二氯二氟甲烷。

$$CCl_4 + 2HF \xrightarrow{SbCl_5} CCl_2F_2 + 2HCl$$

二氯二氟甲烷是一系列低级氟氯烃的代表物。它们经压缩后成液体，又易气化，这一过程带走大量热，故曾广泛用作冰箱、冷冻设备中的制冷剂，但因其在大气中大量积存，破坏大气中臭氧保护层。因此，全球范围内禁止使用这类氟氯烃化合物。目前已采用五氟乙烷（HFC-125）、四氟乙烷（HFC-134a）、二氟甲烷（HFC-32）等更环保的制冷剂。

5.7.4　氟代医药

C—F是所有碳-卤键中最短和最强的，它比C—H略长，但更难断裂。因为$\overset{\delta^+}{C}—\overset{\delta^-}{F}$极

性非常大，氟带有孤对电子，能与带部分正电性的氢形成氢键，因此用 C—F 取代 C—H 可极大地影响医药的生物化学性质，比如增加药的水溶性和通过细胞膜的能力。而且稳定的 C—F 可抗代谢分解，使药物在体内存留更长时间，增强其药效。鉴于这些特性，目前市场上多达 20％的药物中含有一个或多个 C—F 的基团。例如胃溃疡药物兰索拉唑、降胆固醇药物阿托伐他汀、抗哮喘药物丙酸氟替卡松，以及麻醉剂氟烷和七氟醚等都是含有 C—F 的化合物。

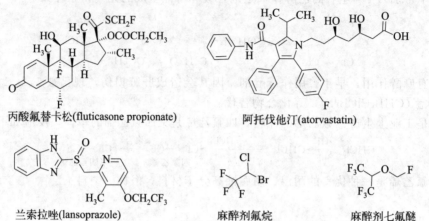

丙酸氟替卡松(fluticasone propionate)　　　　阿托伐他汀(atorvastatin)

兰索拉唑(lansoprazole)　　　麻醉剂氟烷　　　麻醉剂七氟醚

习题

5.1 写出 2-甲基丁烷与氯气在光照下反应生成所有一元氯代产物的 IUPAC 名称。

5.2 系统命名下列化合物。

(1) (CH$_3$)$_2$CHCHCH$_2$CH(CH$_3$)$_2$　(2) (CH$_3$)$_2$CHCHCHCH(CH$_3$)$_2$　(3) Cl〈 〉Br
　　　　　|　　　　　　　　　　　　　　　　　　|　|
　　　　　Br　　　　　　　　　　　　　　　　　Cl　Br

5.3 写出下列化合物的构造式。

(1) 叔丁基溴　　　(2) 仲丁基氯　　　(3) 3-bromo-2-methylpentane

(4) trans-1-bromo-4-ethylcyclohexane　　　(5) 2,2-dibromo-5,5-dimethylhexane

5.4 完成下列反应方程式。

(1) CH$_3$CH$_2$CH$_2$CH$_2$Br $\xrightarrow{\text{Li/己烷}}$ (　　) $\xrightarrow{\text{CuI}}$ (　　) $\xrightarrow{\text{CH}_2=\text{CHCH}_2-\text{Br}}$ (　　)

(2) HOCH$_2$CH$_2$Cl $\xrightarrow{\text{KI/丙酮}}$ (　　)　　　(3) CH$_3$\overset{\text{Br}}{\underset{\text{C}_2\text{H}_5}{\text{C}}}C$_3$H$_7$ $\xrightarrow{\text{H}_2\text{O}}$ (　　)

(4) D$\underset{\text{H}}{\overset{\text{Br}}{\text{C}}}C_2H_5$ $\xrightarrow{\text{NaCN}}$ (　　)　　　(5) ＼＼＼Br $\xrightarrow[\text{DMF}]{\text{CH}_3\text{COONa}}$ (　　)

5.5 判断下列各组反应中哪一个速度快？简要解释原因。

(1) (a) (CH$_3$)$_2$CHCH$_2$Cl + NaOH $\xrightarrow{\text{EtOH}}$ (CH$_3$)$_2$CHCH$_2$OH

　　(b) (CH$_3$)$_2$CHCH$_2$I + NaOH $\xrightarrow{\text{EtOH}}$ (CH$_3$)$_2$CHCH$_2$OH

(2) (a) (CH$_3$)$_3$CBr $\xrightarrow[\triangle]{\text{H}_2\text{O}}$ (CH$_3$)$_3$COH　　　(b) (CH$_3$)$_2$CHBr $\xrightarrow[\triangle]{\text{H}_2\text{O}}$ (CH$_3$)$_2$CHOH

(3) (a) CH$_3$CH$_2$\overset{\text{CH}_3}{\text{CH}}CH$_2$Br + NaCN ⟶ CH$_3$CH$_2$\overset{\text{CH}_3}{\text{CH}}CH$_2$CN

(b) $CH_3CH_2CH_2CH_2Br + NaCN \longrightarrow CH_3CH_2CH_2CH_2CN$

(4) (a) $CH_3CH_2Br + SH^- \xrightarrow{MeOH} CH_3CH_2SH$

  (b) $CH_3CH_2Br + SH^- \xrightarrow{DMF} CH_3CH_2SH$

(5) (a) $CH_3I + NaOH \xrightarrow{H_2O} CH_3OH$

  (b) $CH_3I + NaSH \xrightarrow{H_2O} CH_3OH$

(6) (a) $CH_3CH_2Br + KI \xrightarrow{EtOH} CH_3CH_2SH$

  (b) $CH_3CH_2Br + KI \xrightarrow{丙酮} CH_3CH_2SH$

5.6　氯乙烷可用作乙基化试剂、杀虫剂原料、麻醉剂等，试提出以三种不同 C_2 有机原料合成氯乙烷的方法。

5.7　根据下表中反应，简要完成 S_N2 和 S_N1 的内容。

$R-X + NaOH \xrightarrow{EtOH/H_2O} R-OH$	S_N2	S_N1
(1)立体化学特征	构型翻转	外消旋化
(2)动力学方程		
(3)是否有分子重排		
(4)R＝Me、Et、i-Pro、t-Bu 相对速率		
(5)X＝I、Br、Cl 的相对速率		
(6)升高温度的影响		
(7)增加[OH$^-$]的影响		
(8)溶剂中水的比例增加		
(9)溶剂中水的比例下降		

5.8　从原料 $CH_3CH_2CH_2Br$ 出发，合成下列化合物（其他无机和有机试剂任选）。

(1) $CH_3CH_2CH_2D$　　(2) $CH_3CH_2CH_2CN$　　(3) $CH_3CH_2CH_2CH_2CH = CH_2$

(4) $CH_3CH_2CH_2CH_3$　(5) $CH_3CH_2CH_2COOH$ (6) $CH_3CH_2CH_2CH_2CH_2CH_3$

5.9　简要解释下列诸实验结果。

(1) 无论实验条件如何改变，新戊基溴都很难发生 S_N 反应。

(2) 三种 2-甲基-2-卤丁烷（X＝I、Br、Cl）与甲醇作用速度不同，但均生成相同比例的 2-甲基-2-甲氧基丁烷。

(3) 在 S_N2 反应条件下，反应速度为：

(4) 光学活性 2-丁醇在碱溶液中，旋光度不变。而在稀硫酸中，迅速发生外消旋化。

(5) 在 S_N1 反应条件下，反应速度顺序为：

5.10　写出将正丁基溴转化为下列化合物的方程式，包括反应试剂和反应条件。

(1) 正丁醇：$CH_3CH_2CH_2CH_2OH$　　　　(2) 1-甲氧基丁烷：$CH_3OCH_2CH_2CH_2CH_3$

(3) 1-丁烯：$CH_3CH_2CH = CH_2$　　　　(4) 1-己炔：$CH_3CH_2CH_2CH_2C \equiv CH$

5.11　选择下列各题的最佳答案，并简述选择的依据。

(1) 下列化合物中按 S_N1 水解最慢的是（　　　）。

(a) 　　(b) 　　(c) 　　(d) $t\text{-BuCl}$

(2) CH_3I 与下列试剂发生 S_N2 反应最快的是（　　）。

(a) $EtOH$　　　(b) $NaNO_3$　　　(c) CH_3COONa　　　(d) —ONa

(3) 按 S_N1 反应速度最快的是（　　）。

(a) $\underset{\underset{Br}{|}}{CH_2}CH_2CH_3$　　　(b) $CH_3\underset{\underset{Br}{|}}{CH}\overset{\overset{CH_3}{|}}{CH}CH_3$　　　(c) $CH_3\overset{\overset{CH_3}{|}}{CH}CH_2CH_2Br$

(4) 按 S_N2 反应速度最快的是（　　）。

(a) $t\text{-BuCH}_2Br$　　　(b) $s\text{-BuCH}_2Br$　　　(c) $i\text{-BuCH}_2Br$　　　(d) $n\text{-BuCH}_2Br$

(5) 在 NaI/丙酮中反应最快的是（　　）。

(a) 　　(b) 　　(c) 　　(d)

(6) 在 $AgNO_3$/乙醇中反应最快的是（　　）。

(a) $CH_3(CH_2)_2Br$　　(b) $CH_3\overset{\overset{CH_3}{|}}{CH}CH_2Br$　　(c) $CH_3\overset{\overset{Br}{|}}{CH}CH_2CH_3$　　(d) $(CH_3)_3CBr$

(7) 在 $NaHCO_3$ 水溶液中反应最快的是（　　）。

(a) —Cl　　(b) —Br　　(c) —I　　(d) —F

5.12　指出下列合成路线不妥之处。

(1) $HO-CH_2-CH_2-Br \xrightarrow{Mg} HO-CH_2-CH_2-MgBr$

(2) $CH_3-\overset{\overset{CH_3}{|}}{\underset{\underset{CH_3}{|}}{C}}-Br \xrightarrow{CH_3ONa} CH_3-\overset{\overset{CH_3}{|}}{\underset{\underset{CH_3}{|}}{C}}-OCH_3$

5.13　为什么下面的反应只需催化量的 NaI 就能高收率得到碘代烷产物？

$$C_7H_{15}CH_2Cl+CH_3I \xrightarrow{催化量\ NaI} C_7H_{15}CH_2I+CH_3Cl\uparrow$$
$$(96\%)$$

5.14　将 2-溴丁烷进行水解反应，欲使其按 S_N1 机理进行，应如何改变反应条件？欲使其按 S_N2 历程进行，又应如何控制反应条件？

5.15　卤代烷和氢氧化钠在乙醇和水的混合溶剂中进行反应，下列实验现象属于 S_N1 还是 S_N2 反应？

(1) 两步反应，第一步是决定速率的步骤　　(2) 增加碱的浓度，反应速率基本不变

(3) 增加溶剂中水的比例，速率明显加快　　(4) 有重排现象

(5) 伯卤代烷反应速率大于叔卤代烷　　(6) 产物的构型 80% 消旋，20% 转化

(7) 减少溶剂中水的比例，速率明显加快　　(8) 将亲核试剂换为 SH^-，速率明显加快

5.16　采用简便化学方法鉴别：环己烷、溴代环己烷、氯代环己烷和碘代环己烷。

第 6 章

烯 烃

6.1 结构和命名

6.1.1 烯烃与碳-碳双键

含有碳-碳双键（C＝C）或碳-碳叁键的碳氢化合物，称为不饱和烃，主要分为烯烃、炔烃和芳香烃。烯烃是含碳-碳双键的不饱和烃，烯即稀少之意。C＝C 为烯烃的官能团。分子中只有一个 C＝C 的烃，为单烯烃，通式为 C_nH_{2n}。其分子组成比相应的链烷烃少两个氢原子，不饱和度为 1，与单环烷烃互为构造异构体。不饱和度计算公式：

$$\Omega = C + \frac{N-H}{2} + 1 \quad \text{或} \quad \Omega = C + 1 - \frac{H-N}{2}$$

式中，Ω 为不饱和度，C 为碳原子数，H 为氢原子数，N 为氮原子数，氧原子数不计，卤原子数加入氢原子数计算。

碳-碳双键的碳原子是按 sp^2 杂化成键，其杂化过程如图 6.1 所示。

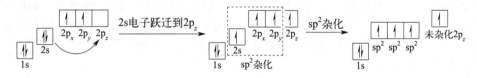

图 6.1　碳的 sp^2 杂化过程

一个 sp^2 杂化轨道含有 1/3 的 s 轨道和 2/3 的 p 轨道，其形状为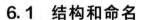，能量低于 2p，高于 2s。碳-碳双键的碳原子共有 3 个 sp^2 杂化轨道，每个 sp^2 杂化轨道各有一个电子，3 个 sp^2 杂化轨道共平面，轨道间夹角 120°。带一个电子的未参与杂化的 2p 轨道垂直于 3 个 sp^2 杂化轨道所处的平面。3 个 sp^2 杂化轨道及其形成乙烯分子的空间关系见图 6.2。

两个 sp^2 杂化的碳原子各以一个 sp^2 轨道，以"头对头"的形式交叠，形成 C—C σ 键。每个碳的另两个 sp^2 轨道分别与氢原子轨道重叠，共形成 4 个 C—H σ 键。双键上的碳原子及它们所连的四个氢原子处在同一平面。两碳上各余一个垂直于该平面且相互平行的 p 轨道，以"肩并肩"的形式最大程度地相互侧面交叠，形成 π 键。乙烯分子中 π 电子云分布、各键长及键角参数如图 6.3 所示。

碳-碳双键形成后，由于两个碳成键作用加强，因此双键的键长比单键短，键的力常数

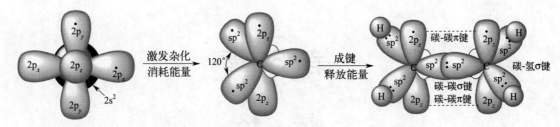

图 6.2 乙烯分子的结构

图 6.3 乙烯分子中 π 电子云分布及键长和键角参数

增大。力常数是与键能和键长有关的物理量，键能越大，键长越短，键的力常数越大。表 6.1 列出了乙烷、乙烯和乙炔中碳-碳单键和重键的有关数据。

表 6.1 不同碳-碳键的有关物理数据

化学键	键能/(kJ·mol^{-1})	键长/pm	力常数/(dyn·cm^{-1})
C—C 的平均	377	154	5.0×10^5
乙烯中 C═C	611	134	10.8×10^5
乙炔中 C≡C	836	120	14.7×10^5

虽然碳-碳双键的键能比碳-碳单键键能大，但并非单键的二倍。在碳-碳双键中，由于 π 键和 σ 键的成键方式不同，键能也不同。π 键是 p 轨道的侧面交盖，重叠程度小，键能约为 σ 键的三分之二。此外，碳原子核对 p 轨道内电子的束缚能力较对 s 轨道内电子小，因此，π 键的流动性大，容易被极化，造成电子对偏离，导致 π 键比 σ 键易断裂，是烯烃化学反应的中心。

碳-碳双键不能自由旋转，因为旋转会破坏 p 轨道的平行性，使 π 键断裂。但断裂 π 键约需 234kJ·mol^{-1}（π 键的键能）的能量，远高于一般构象转化的能垒。根据计算，约 500℃ 高温下，分子才具有相当于破坏 π 键的热运动能量，实现旋转。因此，室温下分子热运动能量不能破坏碳-碳双键。

6.1.2 二烯烃的分类和结构

分子中有两个碳-碳双键的烃，称为二烯烃，其通式为 C_nH_{2n-2}，不饱和度为 2。根据两个双键在分子中的相对位置，二烯烃分为三类。

6.1.2.1 孤立双烯

两个双键具有 —CH═CH—$(CH_2)_n$—CH═CH—（其中 $n \geqslant 1$）的结构特征，即两个双键被两个以上的单键隔开，性质与单烯烃相似，称为孤立双烯（isolated diene）。

6.1.2.2 累积双烯

累积双烯（cumulative diene）又叫螺二烯烃，具有 C═C═C 结构，两个双键共用一个碳原子（又称螺原子），两端碳原子为 sp^2 杂化。螺原子为 sp 杂化（见炔烃的结构），以其未杂化的 p_y 和 p_z 轨道分别与两端碳原子的 p 轨道形成两个 π 键，两个 π 键所在平面互相垂直。最简单的螺二烯烃又称为丙二烯，结构见图 6.4。

由于这种结构特点，当累积双烯两端碳原子均连有不同基团时，分子中没有对称面，也没有对称中心 i，是轴手性分子。最简单的具有轴手性的累积双烯为 2,3-戊二烯，如图 6.5 所示。

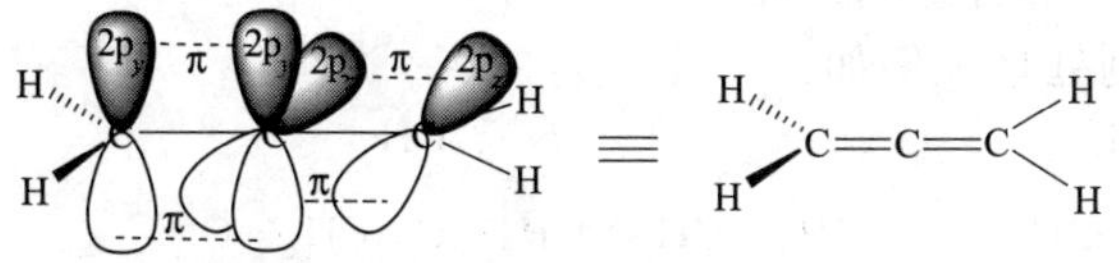

图 6.4　丙二烯的结构 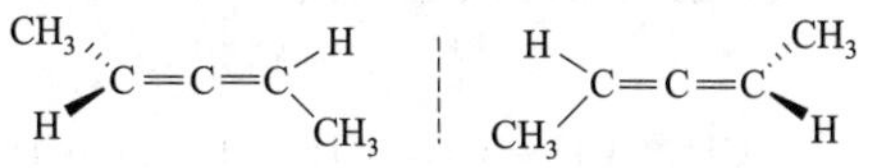　　　　　　　图 6.5　2,3-戊二烯对映异构

累积双烯中碳-碳双键键长为 131pm，比正常值 134pm 短，这说明分子内能高，不稳定。虽然累积双稀比端炔内能略低，但是较容易异构化成内能更低些的内炔或非累积双烯例如：

稳定性：　　　$CH_3—C≡C—CH_3 > CH_2=C=CH—CH_3 > CH_3CH_2—C≡CH$

生成热 ΔH_f：　　145kJ·mol^{-1}　　　　　162kJ·mol^{-1}　　　　　165kJ·mol^{-1}

但也有例外，例如：

稳定性：　　　$CH_3—C≡CH$　　$>$　　$CH_2=C=CH_2$

生成热 ΔH_f：　　185kJ·mol^{-1}　　　　192kJ·mol^{-1}

累积双烯非常少见，它是端炔和非端炔之间转化的中间体。

6.1.2.3　共轭双烯

共轭双烯（conjugated diene）具有—CH=CH—CH=CH—结构，双键和单键交替隔开。最简单的共轭双烯是 1,3-丁二烯，两个双键中的各原子（原子团）共平面，四个 sp^2 杂化碳上的 p 轨道相互侧面交盖，形成新的"4 电子 4 中心"分子轨道。π 电子的运动不再局限于两个碳原子之间，而是扩展到 4 个碳原子之间，从而使分子能量降低。这种现象称为"离域"（delocalization）或"共轭"（conjugation）。共轭及共轭效应将在有关章节详细讨论。

6.1.3　简单烯烃的命名

6.1.3.1　普通命名法

简单的烯烃命名类似烷烃，将相应的"烷"改为"烯"，英文名词尾后缀 ylene 或 ene。例如：

$$CH_2=CH—CH_3$$
丙烯（propylene）

$$CH_2=\underset{\underset{CH_3}{|}}{C}—CH_3$$
异丁烯（isobutylene）

6.1.3.2　衍生物命名法

简单的烯烃，可以乙烯为母体，看作是乙烯的衍生物来命名。例如：

$$CH_2=CH—CH_3$$　　　　$$CH_3—CH=CH—CH_3$$　　　　$$CH_2=CH—Cl$$
甲基乙烯　　　　　　　　对称二甲基乙烯　　　　　　　氯乙烯

$$CH_2=\underset{\underset{CH_3}{|}}{C}—CH_3$$　$$CH_3—CH=CH—CH_2CH_3$$
不对称二甲基乙烯　　对称乙基甲基乙烯

6.1.3.3 系统命名法

系统命名法是将碳-碳双键作为官能团，原则如下。

① 选择含双键的最长碳链为主链。根据主链中碳原子数目，称为"某烯"，作母体。英文名是将相应烷烃的词尾"ane"换成"ene"。

② 从靠近双键的一端开始，将主链碳原子编号，将编号较小的双键碳原子的位次，用阿拉伯数字加半字符"-"，置于官能团"烯"名称之前。

③ 主链上的其他取代基按烷烃命名原则处理。例如：

$$CH_3—CH=CH—CH_2CH_3 \qquad CH_2=\overset{\overset{\displaystyle CH_3}{|}}{C}—CH_3 \qquad CH_3—CH_2—CH_2—\overset{\overset{\displaystyle CH_2}{\|}}{C}—CH_2—CH_3$$

$$\text{2-戊烯} \qquad\qquad\qquad \text{2-甲基丙烯} \qquad\qquad\qquad \text{2-乙基戊烯}$$

④ 主链超过十个碳原子的烯烃，用汉字数字表示碳原子数，并在"烯"前加一个"碳"字，以避免与二烯烃或多烯烃混淆。单烯烃的双键在 1 位时，位次可以省略。例如：

$$CH_3(CH_2)_{19}CH=CH_2 \qquad\qquad CH_3(CH_2)_{15}CH=CH—CH=CH_2$$

$$\text{1-二十二碳烯或二十二碳烯} \qquad\qquad \text{1,3-二十碳二烯}$$

⑤ 必要时，用顺/反，或带括号的 Z/E 标明双键的构型，置于化合物名称之首。

6.1.4 烯烃的顺反异构及命名

分子式相同的链状单烯烃和单环烷烃互为同分异构。烯烃的同分异构中，碳架异构和官能团位置异构属于构造异构。例如，丁烯的三个构造异构体：

$$CH_2=\overset{\overset{\displaystyle CH_3}{|}}{C}—CH_3 \qquad CH_2=CH—CH_2CH_3 \qquad CH_3—CH=CH—CH_3$$

$$\text{2-甲基丙烯} \qquad\qquad \text{1-丁烯} \qquad\qquad\qquad \text{2-丁烯}$$

构造确定的烯烃，还可能有构型异构。例如，2-丁烯分子中原子（原子团）在空间（平面上）有两种不同的排布方式：

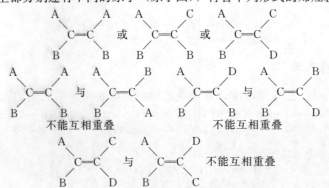

由于双键不能自由旋转，这两种异构体之间的相互转化涉及共价 σ 键或 π 键的断裂和重建，因而属于构型异构，一般用顺/反或 Z/E 命名这类异构体。

6.1.4.1 烯烃的顺反异构及普通命名

当双键碳原子上都分别连有不同的原子（原子团），符合下列形式的烯烃就产生顺反异构：

当双键中任何一个碳原子上连有相同原子（原子团），即符合下列形式时，不存在顺反异构。

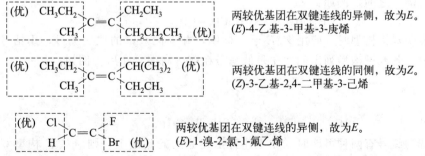

可能存在顺反异构的烯烃，如果双键的两个碳都连有同一种基团（如原子团 B），可以采用顺/反体系，即普通命名法命名。以双键连线及其延长线为基准，相同基团在同侧的，称为顺式，相同基团在异侧的，称为反式。

命名时，将带半字符的"顺-"或"反-"置于烯烃名称最前面，例如：

双键上连有四个不相同原子（原子团）的烯烃，采用顺/反命名时就会出现困难，例如：

6.1.4.2　烯烃顺反异构及 *Z/E* 命名

为了解决顺/反命名困难的问题，以双键连线及其延长线为基准，如果双键中两碳原子上所连的两较优基团在同侧为 *Z* 型（德文 Zusammen，"在一起"），在异侧为 *E* 型（德文 Entgegen，"相对或相反"）。命名时，将带半字符的"(*Z*)-"或"(*E*)-"置于烯烃名称最前面。例如：

两较优基团在双键连线的异侧，故为 *E*。
(*E*)-4-乙基-3-甲基-3-庚烯

两较优基团在双键连线的同侧，故为 *Z*。
(*Z*)-3-乙基-2,4-二甲基-3-己烯

两较优基团在双键连线的异侧，故为 *E*。
(*E*)-1-溴-2-氯-1-氟乙烯

Z/E 命名比顺/反命名适用范围广，但顺/反命名体系较方便，故在 IUPAC 命名中仍保留使用。需要注意的是，*Z/E* 和顺/反命名法各自成体系，二者没有必然的联系。例如：

(*E*)-4-乙基-3-甲基-3-庚烯
顺-4-乙基-3-甲基-3-庚烯

6.1.5 烯基的命名

烯烃分子去掉一个氢原子后的基团，称为烯基。烯基碳原子编号，从含自由价的碳原子开始。常见烯基及名称如下：

$$CH_2=CH- \qquad CH_3-CH=CH- \qquad CH_2=CH-CH_2-$$

乙烯基　　　1-丙烯基(1-可省略)　　2-丙烯基(俗称烯丙基)

带有两个自由价的基称"亚某基"，例如：

$$CH_2= \qquad CH_3-CH= \qquad CH_3-\overset{\overset{\displaystyle CH_3}{|}}{C}=$$

亚甲基　　　亚乙基　　　亚异丙基

6.1.6 单环烯烃的命名

单环烯烃母体是根据环碳原子数目称"环某烯"，例如：

环丙烯　　　环丁烯　　　环戊烯　　　环己烯

环上有取代基，环上不止一个双键时，应使官能团双键两碳原子编号最小，取代基位次也具最低系列，但双键上有取代基必从取代基的双键碳开始编号，例如：

(*R*)-3-甲基环己烯　4-甲基环己烯　1,3-二甲基环己烯　1,6-二甲基环己烯

小环和普通环烯烃，由于成环的限制，一般无法形成反式异构体，故不必注明顺式。环辛烯以上同系列才可能有顺/反或 Z/E 异构体存在。

6.1.7 二烯烃的系统命名

选取同时含两个 C=C 官能团的最长碳链为主链，根据主链碳原子数，称为"某二烯"。从离双键最近的一端将碳链编号，将两双键碳原子的较小编号依次列出（中间加逗号"，"）置于"某二烯"之前。例如：

$$CH_3CH_2CH=CH-CH=CH_2 \qquad 1,3\text{-己二烯}$$

在需表明双键构型时，应用 Z/E 予以标明，并连同双键的位次编号，用括号置于化合物名称之前。各双键构型列出的次序是低编号在前，高编号在后。例如：

(3*E*,6*Z*)-3,6-癸二烯

当主链的编号有两种可能时，在不违背上述原则的基础上，则应从 Z 构型双键的一端开始编号。例如：

(3*Z*,6*E*)-3,6-壬二烯

6.2　烯烃的来源和制备

烯烃及其衍生物广泛存在于自然界，例如，植物果实成熟时，其中乙烯含量增多。许多昆虫激素的分子中有碳-碳双键，它们在动植物体内含量甚微，生理功能却至关重要。大量烯烃由石油加工或其他方法制备。

6.2.1　石油裂解和烯烃的深冷分离

将轻质石油在一定条件下裂解，所得产物主要是沸点为 5℃ 以下的烯烃、烷烃和氢气的混合物。把裂解气深度冷冻至低于乙烯的沸点，使除氢气和甲烷以外的组分液化，再进行精馏分离。这一过程需在 $-100℃$ 低温和数十个大气压条件下进行，对技术和设备要求都很高。经深冷分离，可得纯度超过 99.5% 的乙烯，同时得到丙烯、丁二烯等重要有机化工原料。

6.2.2　由炔烃制备

通过选择性催化加氢或化学还原，可以将炔烃还原制备相应的烯烃（见炔烃一章）。

6.2.3　由卤代烷制备

6.2.3.1　由一卤代烷消除卤化氢制备

一卤代烷在碱性条件下，一般按 E_2 机理脱卤化氢（醇的一章详细讨论）。伯卤代烷消除只得端烯，可用于合成，为了减少 S_N2 对 E_2 反应的竞争，必须使用强碱弱亲核性试剂，比如叔丁醇钾（$t\text{-BuOK}$），增高温度、在较低极性溶剂中反应，以利于提高烯产率。例如：

$$CH_3CH_2CH_2CH_2-CH_2-Br \xrightarrow[40℃]{t\text{-BuOK}/t\text{-BuOH}} CH_3CH_2CH_2CH=CH_2(85\%)$$

叔卤代烷虽易发生消除，且遵循查依切夫规则，但选择性不高，往往得到混合物，难以满足合成要求。例如：

仲卤代烷往往得到包括亲核取代产物的混合物。例如：

6.2.3.2　由邻二卤代烷脱卤素制备

邻二卤代烷在锌、镁等作用下，可以同时脱去两个卤素原子形成双键。例如：

$$CH_3-\overset{\overset{\displaystyle Br}{|}}{CH}-\overset{\overset{\displaystyle Br}{|}}{CH}-CH_3 \xrightarrow{Zn} CH_3-CH=CH-CH_3+ZnBr_2$$

但由于邻二卤代烷主要由烯烃与卤素的加成反应得到，故该反应作为合成烯烃的方法意义不大。实际可提供一种保护双键和分离纯化烯烃的方法，例如 2-甲基-2-丁烯与 2-甲基丁烷的沸点相差 6.7℃，用蒸馏的方法很难分离。用如下框图所示过程，可以将二者完全分开。

| $(CH_3)_2CHCH_2CH_3$ b. p. 29.9℃ $(CH_3)_2C=CHCH_3$ b. p. 36.6℃ | $\xrightarrow{Br_2}$ | $(CH_3)_2CHCH_2CH_3$ b. p. 29.9℃ $(CH_3)_2CBrCHBrCH_3$ b. p. 165.7℃ | $\xrightarrow[\text{分离}]{\text{蒸馏}}$ | $(CH_3)_2CHCH_2CH_3$ $(CH_3)_2CBrCHBrCH_3 \xrightarrow{Zn} (CH_3)_2C=CHCH_3$ |

6.2.3.3　由格氏试剂与烯丙基卤代物反应制备

格氏试剂与烯丙基卤代物偶合反应，是制备端烯的较好方法。例如：

$$\text{⬠}-MgBr + BrCH_2-CH=CH_2 \longrightarrow \text{⬠}-CH_2CH=CH_2$$

6.2.3.4　由醇类制备

醇经酸催化脱水或 Al_2O_3 高温脱水可制备烯烃。例如：

$$\text{⬡}-OH \xrightarrow[\text{或者 } Al_2O_3,360℃]{98\% \ H_2SO_4,130\sim140℃} \text{⬡} \quad (83\%\sim89\%)$$

醇和酸（如硫酸、磷酸）一起加热，脱去一分子水生成烯烃，大多数反应遵循 E_1 机理。生成产物在质子影响下也会进一步重排使产物复杂化，因此，采用醇在酸作用下脱水制备烯烃，醇的结构一定要选择合适。例如，下面的反应得不到 1-丁烯：

$$CH_3CH_2CH_2CH_2-OH \xrightarrow[140℃]{H_2SO_4} CH_3-CH=CH-CH_3$$

使用 Al_2O_3 高温下脱水可以避免分子重排，例如：

$$CH_3CH_2CH_2CH_2-OH \xrightarrow[350℃]{Al_2O_3} CH_3CH_2CH=CH_2$$

6.3　烯烃的物理性质

烯烃的许多物理性质与烷烃相似，随分子量的增加，呈有规律的变化。

6.3.1　沸点和熔点

常温常压下，C_2 到 C_4 的烯烃为气体，C_5 到 C_{18} 的烯烃为挥发性液体，C_{19} 以上同系物为固体。烯烃同系物的沸点，随分子量增加而升高，支链使沸点降低。顺式异构体的沸点往往比反式异构体高，这是分子的偶极矩差异所造成的。C=C 位于链端的烯烃称为

1-烯烃，俗名端烯，端烯的沸点低于相应的烷烃。双键在链中的烯烃沸点、熔点比端烯的高。

与烷烃一样，烯烃的熔点与分子对称性有关。对称性高的乙烯熔点高于丙烯和 1-丁烯。对称性高的反式异构体的熔点高于其顺式异构体。环烯烃的熔点和沸点比同碳原子数链烯烃的高，例如环戊烯沸点和熔点高于戊烯。一些常见烯烃的熔点、沸点数据见表 6.2。

表 6.2　某些烯烃的熔点、沸点

化合物	结构式	沸点/℃	熔点/℃
乙烯	$CH_2{=}CH_2$	−103.7	−169.4
丙烯	$CH_3{-}CH{=}CH_2$	−47.4	−185.3
1-丁烯	$CH_3CH_2CH{=}CH_2$	−6.5	−185.3
顺-2-丁烯		3.7	−138.9
反-2-丁烯		1.0	−106.5
异丁烯	$CH_2{=}C(CH_3)_2$	−6.9	−140.4
1-戊烯	$CH_3CH_2CH_2CH{=}CH_2$	30.1	−165.2
3-甲基丁烯	$(CH_3)_2CHCH{=}CH_2$	25.0	−135.0
1-己烯	$CH_3(CH_2)_3CH{=}CH_2$	63.5	−139.8
环戊烯		44.0	−93.3
环己烯		83.0	−103.7
1-十八碳烯	$CH_3(CH_2)_{15}CH{=}CH_2$	179.0	17.5

6.3.2　密度和溶解度

烯烃的密度均小于水，略大于相应的烷烃。烯烃难溶于水，易溶于有机溶剂。

6.3.3　偶极矩

不同杂化碳原子的电负性大小顺序为 $C^{sp} > C^{sp^2} > C^{sp^3}$，因此烷基与双键碳原子相连时，表现为给电子性，加上 π 键的流动性，使分子极性增强。单取代乙烯的偶极矩（0.35～0.40D）大于烷烃偶极矩（<0.1D）。

顺反构型异构的烯烃，顺式的偶极矩大于反式，利用偶极矩值的差异性，可以区别烯烃的顺反异构体。

反式异构体，由于各个键的偶极矩矢量和为零，因此反-2-丁烯和反-1,2-二氯乙烯偶极矩为零，分子间作用力较小。顺式异构体两个取代基在同侧，存在偶极矩，分子之间除了范德华力，还有偶极-偶极相互作用，因此顺式异构体的沸点一般比反式略高。但是，顺式异构体对称性较低，在晶格中排列不如对称性高的反式异构体紧密，因此，顺式异构体的熔点一般比反式异构体低。

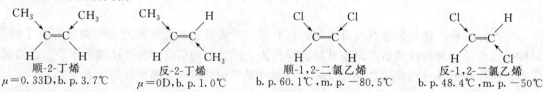

顺-2-丁烯
$\mu=0.33D, b.p.3.7℃$

反-2-丁烯
$\mu=0D, b.p.1.0℃$

顺-1,2-二氯乙烯
$b.p.60.1℃, m.p.-80.5℃$

反-1,2-二氯乙烯
$b.p.48.4℃, m.p.-50℃$

6.3.4　折射率

光折射是由物质分子中电子在光波电场影响下发生振动，阻碍光波的前进所产生。π键的流动性大，在外加电场作用下，容易受到极化，故烯烃的折射率高于烷烃。

上述数据说明，顺反异构体几乎所有的物理性质均存在差异。

6.4　烯烃的化学反应

烯烃的化学反应主要涉及官能团碳-碳双键以及与碳-碳双键直接相连的α-碳上的氢。

6.4.1　催化氢化

在催化剂 Pt 等存在下，烯烃容易与氢气发生加成反应，生成饱和烃：

$$R-CH=CH-R' \xrightarrow[\text{室温}]{H_2/Pt} R-CH_2-CH_2-R'$$

反应常在室温下进行，对氢气的吸收是定量的，可以按被吸收的氢气量来控制反应终点。常用催化剂有 Pt、Pd、Ni、Rh、Ru、PtO_2 等。实验室中常用的一种称为 Raney 镍的催化剂，是将铝-镍合金与碱液作用，溶去金属铝后形成，也称活性骨架镍。其他化学试剂一般不能还原碳-碳双键。

6.4.1.1　多相催化氢化

多数催化加氢反应是多相的表面催化过程。烯烃和氢分子吸附在催化剂表面，催化剂的功能是降低氢分子解离所需的活化能，使 H—H 断裂，形成两个较弱 H—M（金属）。形成的活泼氢与烯烃分子反应，形成烷烃后离开催化剂表面，如图 6.6 所示。

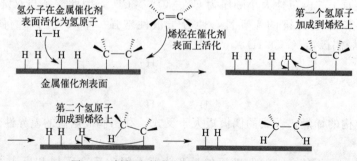

图 6.6　烯烃在催化剂表面氢化过程示意图

一般来说，两个氢原子是从双键平面的同一侧与之结合，是一个顺式加成，具有高度立体选择性。例如：

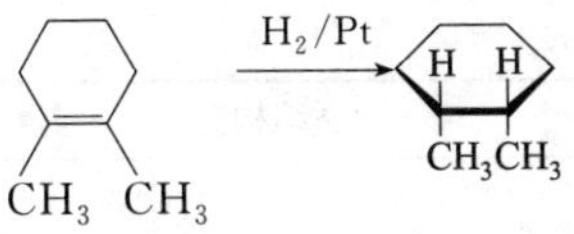

6.4.1.2 均相催化加氢

Wilkinson 使用三（三苯基膦）氯化铑，在苯溶液中实现了均相氢化。RhCl 和配体三苯基膦组成平面配位的过渡金属活化中心，烯烃均相催化加氢，是在过渡金属络合配位作用的基础上进行的。

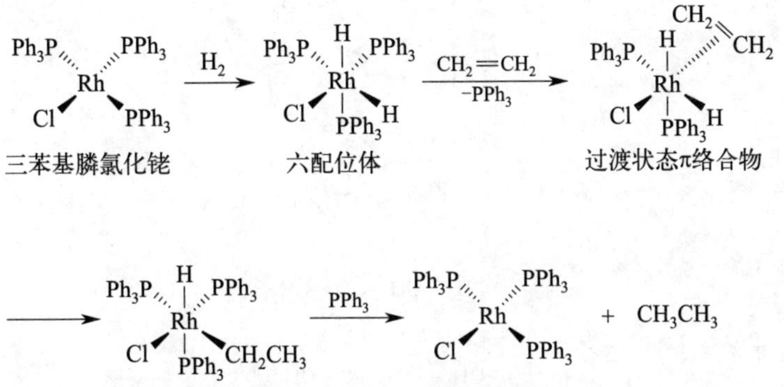

氢气首先与催化剂加成，形成六配位的八面体结构。然后，它与乙烯形成 π 络合物，换下一个配体三苯基膦，在此过程中，溶剂苯可能起了重要作用。失去的三苯基膦再度与铑配位，使氢转移到配位的乙烯上，形成乙基络合物，进而另一个氢转移到乙基上与之结合，得到氢化产物，同时形成新的配位催化中心。

上述络合配位催化加氢的机理还不十分成熟，但烯烃与过渡金属成键生成 π 络合物已为许多实验事实所证明。例如，二十世纪五十年代经 X 衍射证实，一种是早年就发现了的烯烃的 π 络合物 $K[PtCl_3 \cdot C_2H_4]$（称为 Zeise 盐），具有如图 6.7 所示的结构。该络合物中，$PtCl_3$ 的四个原子共平面，Pt 处于中间位置。此平面与乙烯分子轴线垂直，Pt 与两个碳原子距离相等，均为 214pm，由于乙烯分子与 Pt 配位，形成 d-p π 反馈键，碳-碳"双键"为 135pm。显然，与过渡金属配位后，碳-碳双键得到一定程度活化。形成 π 络合物是烯烃许多反应的先导阶段。

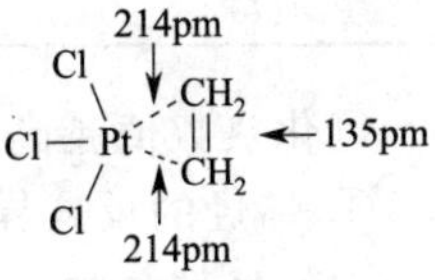

图 6.7 一种烯烃 π 络合物的结构

6.4.1.3 烯烃的氢化热及稳定性

烯烃氢化反应需要的活化能很小，一般可在常温下进行。反应涉及 H—H σ 键和 C＝C 中的 π 键断裂，生成两个 C—H σ 键，因此是一个放热反应。所放出的热量，称为氢化热。氢化热随烯烃结构不同而有所差异。表 6.3 列出了一些常见烯烃的氢化热。

表 6.3 一些烯烃的氢化热

烯烃	结构式	氢化热/$(kJ \cdot mol^{-1})$
乙烯	$CH_2＝CH_2$	−137.2
丙烯	$CH_3CH＝CH_2$	−125.9
1-丁烯	$CH_3CH_2CH＝CH_2$	−126.8
2-甲基丙烯	$(CH_3)_2C＝CH_2$	−118.8

续表

烯烃	结构式	氢化热/(kJ·mol^{-1})
顺-2-丁烯		-119.7
反-2-丁烯		-115.5
顺-2-戊烯		-119.7
反-2-戊烯		-115.5
3-甲基-1-丁烯	$CH_3-CH-CH=CH_2$ (上: CH_3)	-126.8
2-甲基-1-丁烯	$CH_3-CH_2-C=CH_2$ (上: CH_3)	-119.2
2-甲基-2-丁烯		-112.5
2,3-二甲基-2-丁烯		-111.3

氢化热数值越高，说明该烯烃内能越高，越不稳定，从表 6.3 可以看出两条规律。

① 烯烃的反式异构体比其顺式异构体稳定。图 6.8 表明，反-2-丁烯比顺-2-丁烯稳定。因为它们经催化加氢得到相同产物丁烷，氢化热数值高的顺-2-烯丁烯内能高，稳定性低。

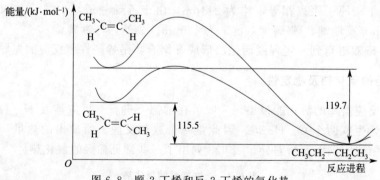

图 6.8　顺-2-丁烯和反-2-丁烯的氢化热

可用双键上甲基的空间位阻较大来解释，当分子中甲基处于双键同侧时，范德华张力和角张力都比甲基处于异侧的大。

② 双键碳原子上烷基越多的烯烃越稳定。即稳定性：

$R_2C=CR_2 > R_2C=CHR > R_2C=CH_2$，$RCH=CHR > RCH=CH_2 > CH_2=CH_2$

双键碳原子上取代烷基较多的烯烃较稳定，这一事实，可用杂化效应予以解释。杂化轨道 s 成分越多，原子核对电子的约束能力越大，形成的键越短、越强。表 6.4 为几个代表化合物的有关键长和键解离能数据。

表 6.4　几个化合物的键长和键解离能

化合物及键	碳-氢 σ 键长/pm	键解离能 /(kJ·mol^{-1})	化合物及键	碳-碳 σ 键长/pm	键解离能 /(kJ·mol^{-1})
$CH_3CH_2—H$	110	423	$CH_3CH_2—CH_3$	153	372
$CH_2═CH—H$	108	460	$CH_2═CH—CH_3$	150	385
$HC≡C—H$	106	—	$CH_3C≡C—CH_3$	146	—

6.4.1.4　影响烯烃催化加氢速率的结构因素

不同烯烃催化氢化的速率次序，与其稳定性次序正好相反，即取代烷基较少的烯烃容易氢化。因此，烯烃的相对氢化速率为：

$$CH_2{=}CH_2 > R{-}CH{=}CH_2 > R_2C{=}CH_2 > R_2C{=}CHR > R_2C{=}CR_2$$

这是因为双键上取代基的空间效应，阻碍烯烃分子吸附于催化表面。利用这种氢化速率上的差异，有时可以实现选择性加氢，例如：

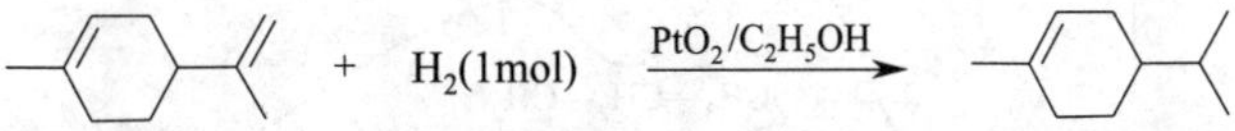

通过催化氢化，将不饱和化合物转化成饱和化合物，在工业上和研究工作中都具有重要意义。例如，汽油经过氢化处理，可将烯烃组分转化成烷烃，避免因聚合变质影响使用。植物油经氢化反应后，从液态变成固态，不仅改进了油脂的性质，还提高了经济价值。

6.4.2　亲电加成

烯烃中官能团 C═C 中 π 键强度小，是分子中薄弱环节。而且 π 电子暴露在分子平面的上下，易受缺电子试剂的进攻，发生加成反应。作为底物，烯烃的双键是一个富电子中心，与之反应的缺电子试剂，如正离子、路易斯酸等，称为亲电试剂。这类反应是烯烃的重要反应，叫做亲电加成（electrophilic addition）。

6.4.2.1　与卤化氢的加成反应

烯烃与卤化氢加成，生成卤代烷。反应常在冰醋酸等溶剂中进行，通入卤化氢气体即可，反应速率 HI＞HBr＞HCl。低分子量烯烃与氯化氢反应，一般需在 $AlCl_3$ 催化下进行。例如：

$$CH_2{=}CH_2 + HCl \xrightarrow{AlCl_3} CH_3CH_2Cl$$

常压下，浓氢溴酸和浓氢碘酸也可与烯烃反应，但烯烃与浓盐酸一般不发生反应。

双键的两个碳原子上取代基数不同的烯烃，称为“不对称烯烃”。它们与卤化氢加成，可能得到两种位置异构产物，有的甚至只得到一种产物。例如：

$$CH_3CH_2CH{=}CH_2 \xrightarrow[CH_3COOH]{HBr} \underset{80\%}{CH_3CH_2\underset{\substack{|\\Br}}{CH}{-}CH_3} + \underset{20\%}{CH_3CH_2CH_2{-}\underset{\substack{|\\Br}}{CH_2}}$$

$$CH_3{-}\overset{\substack{CH_3\\|}}{C}{=}CH_2 + HCl \longrightarrow CH_3{-}\overset{\substack{CH_3\\|}}{\underset{\substack{|\\Cl}}{C}}{-}CH_3 \quad 约\ 100\%$$

在众多实验的基础上，俄国化学家 Markovnikov（马尔科夫尼科夫）提出："不对称烯烃"与卤化氢加成，氢主要加在含氢较多的双键碳原子上。这是有机化学历史上发现的第一个区域选择性反应，称为马尔科夫尼科夫规则，简称"马氏规则"。凡加成结果符合这一规则的，称为"马氏加成"，否则为"反马氏加成"。

20 世纪初，开始用电子理论解释"马氏规则"。烯烃与 HX 的加成分两步进行，首先，H—X 解离的质子与烯烃中 π 电子云密度高的双键碳结合，形成碳正离子；其次，碳正离子与卤负离子结合，生成加成产物。例如：

$$CH_3\!\!-\!\!\underset{\delta^+}{CH}\!\!=\!\!\underset{\delta^-}{CH_2} \xrightarrow[\text{慢}]{H^+} CH_3\!\!-\!\!\overset{+}{CH}\!\!-\!\!CH_3 \xrightarrow{Br^-} CH_3\!\!-\!\!\underset{Br}{CH}\!\!-\!\!CH_3$$

由于不同杂化状态碳的电负性为 $C^{sp^2} > C^{sp^3}$，在丙烯分子中 CH_3 与 C^{sp^2} 杂化的碳相连，表现给电子性，致使 π 电子云分布不均匀，含氢较多的双键碳上电子云密度较高，故质子优先与该碳结合。按过渡态理论，这样形成的碳正离子比质子进攻含氢较少的双键碳形成的碳正离子稳定，如图 6.9 所示。

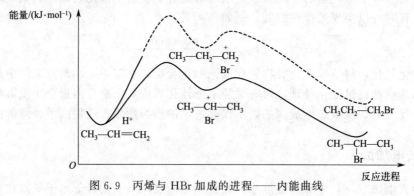

图 6.9　丙烯与 HBr 加成的进程——内能曲线

形成碳正离子的分步加成机理是从实验事实总结得出的。例如，在冰醋酸中环己烯与 HBr 反应，得到两种产物：

$$\text{环己烯} \xrightarrow[CH_3COOH]{HBr} [\text{环己基碳正离子}] \begin{array}{l} \xrightarrow{Br^-} \text{环己基溴 } 85\% \\ \xrightarrow{CH_3COO^-} \text{环己基乙酸酯 } 15\% \end{array}$$

因为反应体系中存在 Br^- 和 CH_3COO^-，它们分别与碳正离子竞争结合得到不同比例的产物。因此，只有按分步机理，才能合理解释。

3,3-二甲基-1-丁烯与氯化氢的加成反应，主要得到分子重排产物：

$$\underset{CH_3}{\overset{CH_3}{CH_3\!\!-\!\!\underset{|}{\overset{|}{C}}\!\!-\!\!CH\!\!=\!\!CH_2}} \xrightarrow{HCl} \underset{Cl\ \ CH_3}{\overset{CH_3}{CH_3\!\!-\!\!\overset{|}{C}\!\!-\!\!CH\!\!-\!\!CH_3}}\ 83\% \ +\ \underset{CH_3\ Cl}{\overset{CH_3}{CH_3\!\!-\!\!\overset{|}{C}\!\!-\!\!CH\!\!-\!\!CH_3}}\ 17\%$$

这一反应也说明反应形成了碳正离子中间体。

后来发现，当双键上连有强吸电子基团，如—CN、—COOH、—CF₃ 等时，卤化氢对碳-碳双键的加成反应，氢主要加到含氢较少的双键碳原子上。例如：

$$\overset{\delta^+}{CH_2}=\overset{\delta^-}{CH}-CN \xrightarrow[CH_3COOH]{40\%\ HBr} Br-CH_2-CH_2-CN$$

丙烯腈　　　　　　　　　　3-溴丙腈（70%）

其原因在于，—CN 的吸电子诱导效应（-I）和共轭效应（-C）都使 π 电子云偏向与其相连的含氢较少的双键碳原子上，极化方向与具有给电子效应基团相反。比较两种可能的活性中间体（Ⅰ）和（Ⅱ）的稳定性，可以得到同样的结论，虽然（Ⅰ）是仲碳正离子，但带正电荷的碳与吸电子的—CN 直接相连，受-I 影响大；而（Ⅱ）虽是伯碳正离子，但带正电荷的碳距—CN 较远，受-I 效应影响小，反而较前者稳定，故反应主要得到"反常"的产物。

活性中间体（Ⅰ）：$CH_3-\overset{+}{CH}-CN$　　　　　活性中间体（Ⅱ）：$CH_2-\overset{+}{CH_2}-CN$

可见，这只是一种表面上的"反常"。从电子理论来看，其实质是一致的。因此，广义的"马氏规则"是："不对称烯烃"与"不对称试剂"的亲电加成反应，试剂的正电性部分，加到电子云密度较大的双键的碳上，即主要按能形成较稳定的碳正离子中间体的方式，加到双键碳原子上。

有的烯烃与卤化氢加成反应时涉及碳正离子，会因分子重排可能使产物复杂化。因此，用这种方法合成卤代烷时，要特别注意烯烃的结构是否合适。例如：

$$CH_3CH_2CH=CHCH_3 \xrightarrow{HBr} CH_3CH_2\underset{\underset{Br}{|}}{CH}-CH_2CH_3 + CH_3CH_2CH_2-\underset{\underset{Br}{|}}{CH}CH_3$$

6.4.2.2　与卤素的加成反应

烯烃与卤素反应，一般在液相进行，常使用卤代烷作溶剂，生成邻二卤代物。例如：

$$CH_2=CH_2+Cl_2 \xrightarrow[40℃]{FeCl_3/ClCH_2CH_2Cl} Cl-CH_2-CH_2-Cl$$

$$CH_2=CH_2+Br_2 \xrightarrow{CCl_4} Br-CH_2-CH_2-Br$$

将乙烯通入 Br_2/CCl_4 溶液中生成 1,2-二溴乙烷，使溴的红棕色褪去，在实验室和工业上利用此反应鉴别烯烃。烯烃与卤素的加成反应速率次序为 $F_2>Cl_2>Br_2>I_2$。烯烃与氟的反应十分剧烈，需用大量氮气稀释，并及时移出放出的热量。烯烃与 Cl_2 和 Br_2 的反应，通常在溶液中进行，便于控制。烯烃与 I_2 的反应是可逆的，除个别例子外，无实际意义。

不同结构的烯烃与 Br_2 加成反应相对速率次序为：

$(CH_3)_2C=C(CH_3)_2>(CH_3)_2C=CHCH_3>(CH_3)_2C=CH_2>CH_2=CH_2>CH_2=CHCl$

烯烃与卤素加成反应速率，与 π 电子云密度有关，双键碳上烷基的 +I 效应，使 π 电子云密度增加，有利于加速反应。而氯的 -I 效应，使反应减慢。

乙烯与溴，在干燥的 CCl_4 溶液中反应很慢。加入 $FeBr_3$ 或其他极性试剂，可加速反应。此外，乙烯与 NaCl 的水溶液不发生反应。但乙烯通入溴的氯化钠水溶液，除得到 1,2-二溴乙烷外，还得到另外两种产物：

$$CH_2=CH_2 \xrightarrow{Br_2}{NaCl/H_2O} Br-CH_2-CH_2-Br+Br-CH_2-CH_2-OH+Br-CH_2-CH_2-Cl$$

1,2-二溴乙烷　　　　　　　2-溴乙醇　　　　　1-溴-2-氯乙烷

这一反应说明两个 C—Br 的形成是分步进行的。首先是 Br—Br 在外场的作用下（比如烯 π 电子、极性溶剂）发生极化，其中一个溴原子带部分正电荷（Br^{δ^+}），另一个溴原子带部分负电荷（Br^{δ^-}）。极化后的溴分子以带部分正电荷的 Br^{δ^+} 与烯烃的 π 电子结合，形成碳

正离子（σ络合物），同时离去一个溴负离子（Br⁻）。然后体系中的 OH⁻ 和 Cl⁻ 及 Br⁻ 进行竞争反应，与碳正离子结合，得到三种产物。动力学研究证明，这些负离子的存在，对反应速率无影响，也进一步说明，控制速率的步骤，是正电性试剂与烯烃形成碳正离子的步骤。根据许多实验事实，Bartlett 提出了烯烃与卤素加成的碳正离子中间体反应机理：

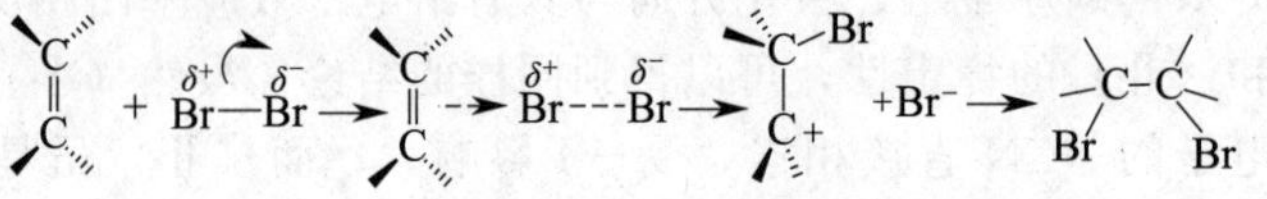

π络合物　碳正离子(σ络合物)

溴负离子与碳正离子的结合，类似 S_N1 反应，有两种可能方式：一种是相当于两个溴原子加在双键的同侧，称为顺式加成，另一种是加在异侧，称为反式加成。

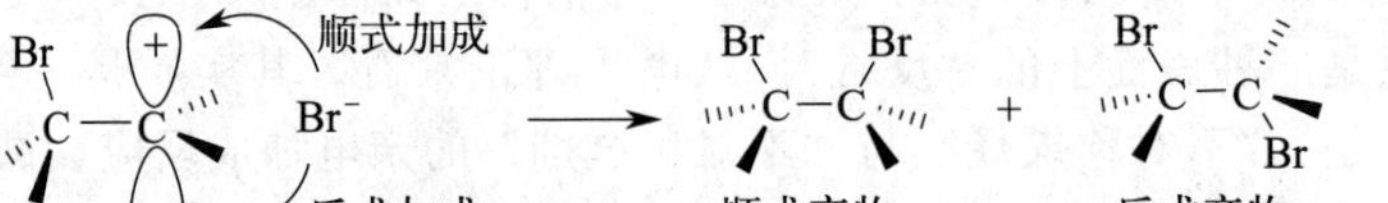

许多实验证明，许多烯烃与溴的加成是反式加成（anti addition），立体选择性相当高。例如，环己烯与溴反应，得到反-1,2-二溴环己烷（两溴位于环的异侧）：

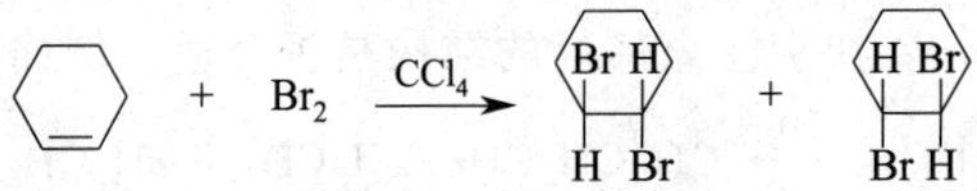

这一反应结果不能用简单的碳正离子中间体机理解释，如果是碳正离子机理应该有顺式产物。顺-2-丁烯与溴加成，得到一对对映体（外消旋体），反式加成产物达 99%：

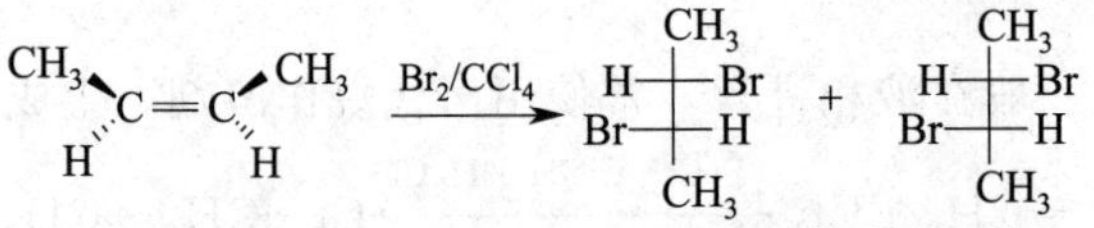

99%的外消旋体

而反-2-丁烯得到 99% 的内消旋体（meso），也是立体专一性反应：

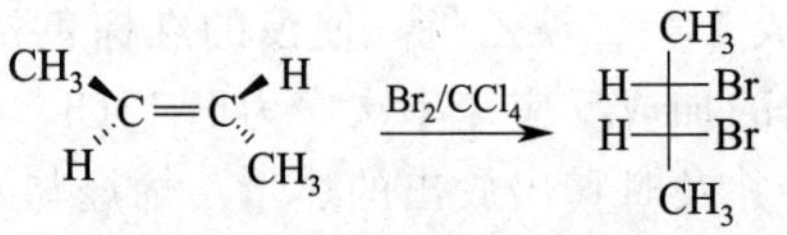

99%的内消旋体

顺-或反-2-丁烯分别与溴的加成，按照碳正离子机理，在解释反应的高度立体选择性时也遇到困难。I. Roberts 等认为碳正离子的 p 空轨道和相邻碳上溴的孤对电子轨道作用，像邻基参与一样，形成环状溴鎓正离子，提出了溴鎓离子（bromonium ion）机理：

碳正离子 　　　　　　　　溴鎓离子

三元环的溴鎓离子固定了中间体的构型，Br⁻ 或其他亲核试剂只能从远离溴的背后进攻两个碳原子之一（类似 S_N2），生成反式加成产物，例如，顺-2-丁烯与溴的反应机理：

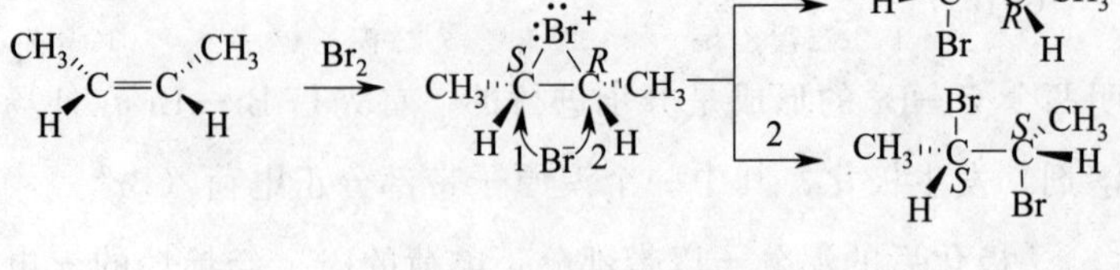

20 世纪 60 年代，G. A. Olah（欧拉）用核磁共振实验证实了溴𬭚离子的存在。他将 2-溴-3-氟-2,3-二甲基丁烷与 SbF_5 混合后，测出的核磁共振谱只有一种信号。这表明生成了结构对称的溴𬭚离子，四个甲基是等同的。反应如下：

$$CH_3\overset{Br}{\underset{CH_3}{\overset{|}{\underset{|}{C}}}}\overset{F}{\underset{CH_3}{\overset{|}{\underset{|}{C}}}}CH_3 \xrightarrow[-60℃]{SbF_5/SO_2} CH_3\overset{\overset{+}{Br}}{\underset{CH_3}{C}}\overset{}{\underset{CH_3}{C}}CH_3 \quad SbF_6^-$$

欧拉还发现，生成卤𬭚离子有一定要求。他研究了下面卤原子 X 不同时的反应过程。

$$CH_3\overset{X}{\underset{CH_3}{\overset{|}{\underset{|}{C}}}}\overset{F}{\underset{CH_3}{\overset{|}{\underset{|}{C}}}}CH_3 \xrightarrow[-60℃]{SbF_5/SO_2} CH_3\overset{\overset{+}{X}}{\underset{CH_3}{C}}\overset{}{\underset{CH_3}{C}}CH_3 \quad SbF_6^- \text{ 或 } CH_3\overset{X}{\underset{CH_3}{C}}\overset{+}{\underset{CH_3}{C}}CH_3 \quad SbF_6^-$$

$$X=I、Br、Cl \qquad\qquad X=F$$

当卤原子 X 分别为 I、Br、Cl 时，从核磁共振谱上均能看出形成了环状卤𬭚离子。而当卤原子 X 为 F 时，核磁共振仍显示为开链的经典碳正离子（两种甲基信号）。显然是由于氟的电负性强，不易给出电子形成环状卤𬭚离子。

事实上，上述烯烃与卤素加成，两种中间体的生成都是可能的，要视烯烃的结构和不同卤素的具体反应而定。按卤𬭚离子中间体机理，只能是反式加成。按碳正离子中间体机理，负离子的进攻相当于离子对的内返或外返，顺式加成比例上升。目前，趋于将卤𬭚离子机理和碳正离子机理统一起来。卤𬭚离子形成，正电荷得以分散到 3 个原子上，且每个原子仍保持八隅体的电子外壳，对稳定性有利。但必须克服形成𬭚离子三元环的张力，这又对稳定性不利。因此，卤𬭚离子与碳正离子处于竞争之中，当碳正离子稳定性不够时，卤𬭚离子机理占优势。而当碳正离子具有足够稳定性，反应按碳正离子机理进行的比例上升，甚至是主要的。在 Cl_2、Br_2 和 I_2 与烯烃的加成中，只有溴𬭚离子的稳定性最好，而氯或碘由于价电子的能级匹配性差，卤𬭚离子稳定性下降。脂肪族烯烃与除 F_2 外的卤素加成，主要按卤𬭚离子机理进行。当双键连有苯环等可以稳定碳正离子基团时，碳正离子机理才可能占优势。例如：

从下列反应产物中的立体异构体比例，可进一步说明这两种机理竞争情况。

83%的苏式对映体＋17%的赤式对映体
说明：反加为主，但伴随一定比例的顺加

32%的苏式对映体＋68%的赤式对映体
说明：顺加为主，但伴随一定比例的反加

这两个例子说明，溴𬭚离子比氯𬭚离子稳定。

6.4.2.3 与硫酸加成

烯烃与硫酸加成生成硫酸氢酯，反应机理与烯烃加卤化氢相似。首先质子加到双键的一个碳上，形成碳正离子中间体，然后硫酸氢根负离子与碳正离子结合，生成烷基硫酸氢酯。硫酸为二元酸，在一定条件下，可进一步与两分子的烯烃反应生成二烷基硫酸酯。例如：

$$CH_2\!=\!CH_2 \xrightarrow{98\% H_2SO_4} CH_3CH_2OSO_2OH \xrightarrow{CH_2\!=\!CH_2} CH_3CH_2OSO_2OCH_2CH_3$$

硫酸氢乙酯 　　　　　　　　　　　硫酸二乙酯

烷基硫酸氢酯不稳定，与水反应生成相应的醇，对于"不对称烯烃"，反应遵守"马氏规则"。例如：

$$CH_2=CH_2 \xrightarrow{98\%H_2SO_4} CH_3CH_2O-\overset{\overset{\displaystyle O}{\|}}{\underset{\underset{\displaystyle O}{\|}}{S}}-OH \xrightarrow[90\sim100℃]{H_2O} CH_3CH_2OH$$

$$CH_3-CH=CH_2 \xrightarrow{80\%H_2SO_4} CH_3-\underset{\underset{\displaystyle OSO_3H}{|}}{CH}-CH_3 \xrightarrow{H_2O} CH_3-\underset{\underset{\displaystyle OH}{|}}{CH}-CH_3$$

$$CH_3-\overset{\overset{\displaystyle CH_3}{|}}{C}=CH_2 \xrightarrow{65\%H_2SO_4} CH_3-\overset{\overset{\displaystyle CH_3}{|}}{\underset{\underset{\displaystyle OSO_3H}{|}}{C}}-CH_3 \xrightarrow{H_2O} CH_3-\overset{\overset{\displaystyle CH_3}{|}}{\underset{\underset{\displaystyle OH}{|}}{C}}-CH_3$$

最后产物实质上是烯烃与水的加成产物，这种反应称为烯烃的间接水合法。

6.4.2.4 与水加成

烯烃和水的反应性差，需要在高温、高压和酸（常用磷酸和硫酸）催化下才能进行。例如：

$$CH_2=CH_2+H_2O \xrightarrow[300℃,7MPa]{H_3PO_4} CH_3-CH_2-OH$$

$$CH_3-CH=CH_2+H_2O \xrightarrow[170℃,10MPa]{H_3PO_4} CH_3-\underset{\underset{\displaystyle OH}{|}}{CH}-CH_3$$

这一反应称为直接水合法，是工业上生成乙醇和异丙醇的重要方法之一。硫酸对烯烃的水合也有催化作用，例如：

$$CH_3-\overset{\overset{\displaystyle CH_3}{|}}{C}=CH_2 \xrightarrow{H_2O/H_2SO_4} CH_3-\overset{\overset{\displaystyle CH_3}{|}}{\underset{\underset{\displaystyle OH}{|}}{C}}-CH_3$$

该反应是酸催化醇脱水的逆反应，因此是可逆的，机理如下：

$$CH_3-\overset{\overset{\displaystyle CH_3}{|}}{C}=CH_2 \underset{-H^+}{\overset{H^+}{\rightleftharpoons}} CH_3-\overset{\overset{\displaystyle CH_3}{|}}{\underset{+}{C}}-CH_3 \underset{-H_2O}{\overset{H_2O}{\rightleftharpoons}} CH_3-\overset{\overset{\displaystyle CH_3}{|}}{\underset{\underset{\displaystyle \overset{+}{O}H_2}{|}}{C}}-CH_3 \underset{H^+}{\overset{-H^+}{\rightleftharpoons}} CH_3-\overset{\overset{\displaystyle CH_3}{|}}{\underset{\underset{\displaystyle OH}{|}}{C}}-CH_3$$

6.4.2.5 与次卤酸加成

烯烃与次卤酸加成，生成 β-卤代醇，例如：

$$CH_2=CH_2+HOBr \longrightarrow Br-CH_2-CH_2-OH \quad \beta\text{-溴乙醇}$$

在有机化学中，常把与官能团直接相连的碳称为 α-碳原子，然后依次称为 β-碳原子、γ-碳原子、δ-碳原子等。醇的官能团为—OH，溴原子处于其 β-碳原子，所以叫 β-溴乙醇。

次卤酸是弱酸，电离平衡常数 $K\approx3.6\times10^{-8}$，比碳酸还弱，故难以解离出质子。实际应用时不是先制备成次卤酸再与烯烃反应，而是以卤素和水代替次卤酸直接与烯烃作用。

例如：

$$CH_2=CH_2+Cl_2+H_2O \xrightarrow{50℃} Cl-CH_2-CH_2-OH+HCl$$

这个反应机理与烯烃和卤素的加成相似，首先生成卤鎓离子中间体，然后水分子从鎓离子的背后进攻，生成卤代醇。

环己烯与次卤酸加成产物说明，反应可能通过卤鎓离子，经反式加成开环：

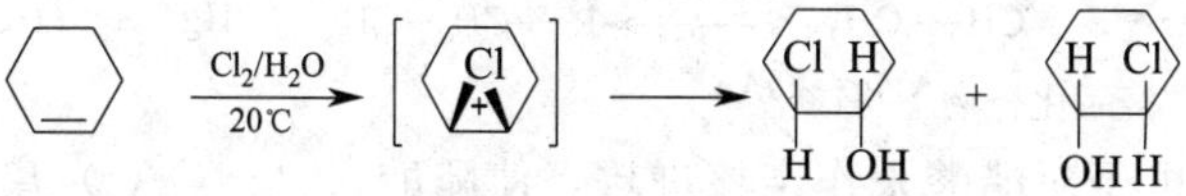

单纯烷基取代"不对称烯烃"与次氯酸的加成，同样经历以上过程，基本上能按"马氏规则"加成。例如：

丙烯的区域选择性下降，可能是因为活性中间体氯鎓离子稳定性不够，在试剂进攻时，优先开环，具有 S_N1 倾向，即按正电荷转移到含氢较少碳上的方向去断裂碳-氯键，与试剂结合，形成"马氏加成"产物。但也能按 S_N2 进攻位阻小的碳，生成"反马氏加成"的产物。

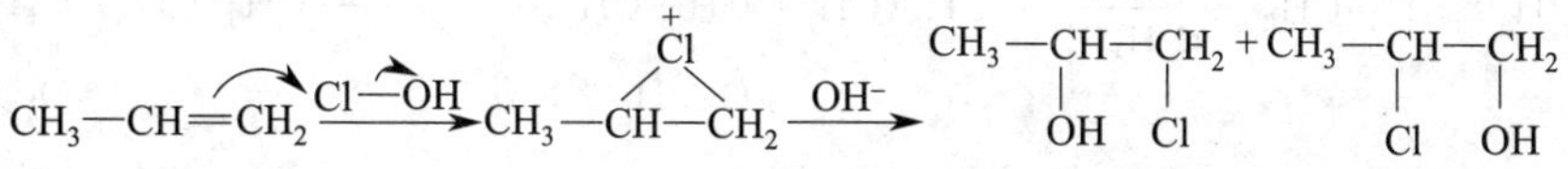

3-氯丙烯与卤化氢加成遵守马氏规则。但与次氯酸加成，主要得到"反马氏加成"产物：

原因是 3-氯的 $-I$ 效应不利于氯鎓离子按"马氏规则"方向，即不利于以 S_N1 机理为特征的优先开环，而是以 S_N2 为特征的开环反应为主。

6.4.2.6　羟汞化-脱汞反应

烯烃与醋酸汞[$Hg(OAc)_2$]的水溶液作用，生成羟基汞化合物，称为羟汞化反应。再用硼氢化钠还原脱汞，得顺马氏加成的醇，称为羟汞化-脱汞反应。此反应条件温和，在室温下数分钟即可完成，产率相当高，是实验室中合成醇的一种重要方法，缺点是汞有毒。例如：

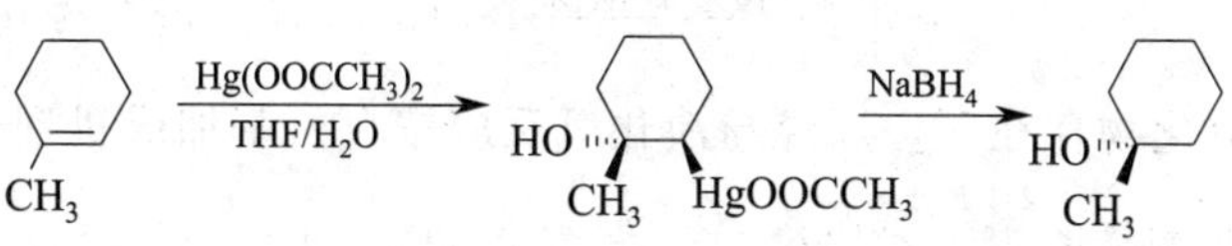

羟汞化反应可能经历如下过程：

$$R-CH=CH_2 \quad Hg-OAc \xrightarrow{-OAc} R-CH-CH_2 \xrightarrow{H_2O} R-CH-CH_2$$

$$\xrightarrow{H^+} R-CH-CH_2 \xrightarrow{NaBH_4} R-CH-CH_3 + Hg + HOAc$$
羟汞化合物

首先，烯烃的 π 电子对醋酸汞作亲核进攻，使醋酸根（—OAc）离去，形成三元环有机汞化合物（类似于鎓离子）。它在溶剂水的进攻下，发生开环，形成羟基汞化合物。由于开环是在酸性介质中进行，试剂水的亲核性不强，因此是带有一些 S_N1 特征的 S_N2 反应，即在水分子进攻下，连有较多烷基碳的 C—Hg 优先断裂，得到顺马氏加成的产物。虽带有 S_N1 特征，但开环反应本质上是 S_N2，即不经历碳正离子中间体，因此没有分子重排现象发生。例如，与卤化氢加成发生重排的 3,3-二甲基-1-丁烯，经历羟汞化-脱汞反应，分子骨架不发生改变。

$$CH_3-\overset{CH_3}{\underset{CH_3}{C}}-CH=CH_2 \xrightarrow[THF/H_2O]{Hg(OOCCH_3)_2} \xrightarrow{NaBH_4} CH_3-\overset{CH_3}{\underset{CH_3}{C}}-\overset{}{\underset{OH}{CH}}-CH_3$$

羟汞化-脱汞反应如在醇溶剂中进行，引起开环的试剂是醇分子 ROH，所以产物是醚。

$$CH_3(CH_2)_3CH=CH_2 \xrightarrow[C_2H_5OH]{Hg(OAc)_2} CH_3(CH_2)_3\overset{HgOAc}{\underset{OC_2H_5}{CH-CH_2}} \xrightarrow{NaBH_4} \underset{98\%}{CH_3(CH_2)_3\overset{}{\underset{OC_2H_5}{CH-CH_3}}}$$

6.4.3 自由基加成

6.4.3.1 烯烃与溴化氢加成的过氧化物效应

Kharasch 发现，"不对称烯烃"与溴化氢的加成产物，与体系中有无过氧化物有关。实验证明，在过氧化物存在下，烯烃与溴化氢加成，不遵守"马氏规则"是普遍的现象，称为"过氧化物效应"（peroxide effect）。例如：

$$CH_3-CH=CH_2+HBr \xrightarrow{过氧化物} CH_3-CH_2-CH_2-Br$$

$$BrCH_2-CH=CH_2+HBr \longrightarrow BrCH_2-\overset{}{\underset{Br}{CH}}-CH_3 + BrCH_2-CH_2-CH_2-Br$$

无过氧化物时　　　顺马氏加成产物 80%　　反马氏加成产物 20%
有过氧化物时　　　顺马氏加成产物 20%　　反马氏加成产物 80%

$$Br-CH=CH_2+HBr \begin{cases} \xrightarrow{无过氧化物} CHBr_2-CH_3 \quad 约 100\% \\ \xrightarrow{有过氧化物} BrCH_2-CH_2-Br \quad 约 100\% \end{cases}$$

原因是，在过氧化物存在下，烯烃与溴化氢反应按自由基加成机理进行：

链引发：$RO-OR$（过氧化物）$\xrightarrow{均裂} 2RO\cdot$

$$RO\cdot + H—Br \longrightarrow ROH + Br\cdot \quad \Delta H = -94kJ\cdot mol^{-1}$$

链传递：$CH_3—CH{=\!=}CH_2 + Br\cdot \longrightarrow CH_3—\overset{\cdot}{C}H—CH_2—Br \quad \Delta H = -37.6kJ\cdot mol^{-1}$

$$CH_3—\overset{\cdot}{C}H—CH_2—Br + H—Br \longrightarrow CH_3—CH_2—CH_2—Br + Br\cdot \quad \Delta H = -29.3kJ\cdot mol^{-1}$$

......

链传递第一步反应，可能产生两种烷基自由基（Ⅰ）和（Ⅱ）：

$$CH_3—\overset{\cdot}{C}H—CH_2—Br(Ⅰ) \quad 和 \quad CH_3—CH—\overset{\cdot}{C}H_2(Ⅱ) \atop \qquad\qquad\qquad\quad |\atop \qquad\qquad\qquad\quad Br$$

但（Ⅰ）的稳定性大于（Ⅱ），所以，反应主要通过（Ⅰ）得到"反马氏加成"产物。由于链传递两步反应均为放热反应，故链反应一旦引发，便可顺利传递下去。

烯烃与氯化氢或碘化氢加成，即使在过氧化物存在下，仍生成"顺马氏加成"产物。因为若按自由基链反应生成"反马氏加成"产物，在链增长阶段，烯烃与氯化氢的第二步为吸热反应，烯烃与碘化氢的第一步为吸热反应，因此一般不存在过氧化效应：

$$CH_3—CH{=\!=}CH_2 + X\cdot \longrightarrow CH_3—\overset{\cdot}{C}H—CH_2—X \quad X=I, \Delta H = +20.9kJ\cdot mol^{-1}$$

$$CH_3—\overset{\cdot}{C}H—CH_2—X + H—X \longrightarrow CH_3—CH_2—CH_2—X + X\cdot \quad X=Cl, \Delta H = +33.5kJ\cdot mol^{-1}$$

链传递阶段吸热反应，不利于链反应传递，故反应按亲电加成机理进行。

6.4.3.2 烯烃与四氯化碳的加成反应

烯烃与四氯化碳（CCl_4），在光照或加热下可按自由基链反应机理进行加成。例如：

$$CH_3CH{=\!=}CH_2 + CCl_4 \xrightarrow{h\nu} CH_3CH—CH_2—CCl_3 \atop \qquad\qquad\qquad\qquad\quad |\atop \qquad\qquad\qquad\qquad\quad Cl$$

链引发：$CCl_4 \xrightarrow{h\nu\ 或\ \triangle} \cdot CCl_3 + Cl\cdot$

链传递：$CH_3—CH{=\!=}CH_2 + \cdot CCl_3 \longrightarrow CH_3—\overset{\cdot}{C}H—CH_2—CCl_3$
（形成 C—C 比形成 C—Cl 放热多）

$$CH_3—\overset{\cdot}{C}H—CH_2—CCl_3 + CCl_4 \longrightarrow CH_3—CH—CH_2—CCl_3 + \cdot CCl_3 \atop \qquad\qquad\qquad\qquad\qquad\qquad\qquad |\atop \qquad\qquad\qquad\qquad\qquad\qquad\qquad Cl$$

......

乙烯和四氯化碳自由基引发反应，在链传递阶段，生成的烷基自由基不是夺取 CCl_4 中的氯完成加成反应，而是与另一分子乙烯发生自由基加成反应：

$$CH_2{=\!=}CH_2 \xrightarrow{\cdot CCl_3} \cdot CH_2—CH_2CCl_3 \xrightarrow{(n-1)CH_2{=\!=}CH_2} \cdot CH_2—CH_2(CH_2CH_2)_n CCl_3$$

控制反应条件，可得到 $n=1\sim4$ 的产物，将—CCl_3 水解为羧基（—COOH），可以得到 ω-氯代羧酸：

$$nCH_2{=\!=}CH_2 + CCl_4 \xrightarrow{h\nu} Cl—(CH_2CH_2)_n CCl_3 \xrightarrow{H_2O} Cl—(CH_2CH_2)_n COOH$$

6.4.4 硼氢化-氧化反应

碳-碳双键与硼烷能发生加成，形成相应的有机硼化物，称为硼氢化（hydroboration）反应。乙硼烷（B_2H_6）是理想的硼氢化试剂，它与烯烃的反应是瞬时、定量的。乙硼烷是由硼氢化钠和三氟化硼作用，在使用时制备：

$$3NaBH_4 + 4BF_3 \longrightarrow 2B_2H_6 + 3NaBF_4$$

乙硼烷为无色气体，有毒，是不能独立存在的甲硼烷“BH_3”的二聚物。乙硼烷通常在乙醚、四氢呋喃中保存和使用，在醚中解离为甲硼烷-醚的络合物（BH_3-R_2O），每根 H—B 均能对烯烃的双键进行加成，直至生成三烷基硼。乙烯与乙硼烷在 0℃即可反应：

$$CH_2{=}CH_2 \xrightarrow{B_2H_6} CH_3CH_2BH_2 \xrightarrow{CH_2{=}CH_2} (CH_3CH_2)_2BH \xrightarrow{CH_2{=}CH_2} (CH_3CH_2)_3B$$

反应是分步进行的，首先乙硼烷的一个 H—B 对一分子乙烯加成，乙烯过量时，硼烷的第二个和第三个 H—B 依次与乙烯反应，最后生成三乙基硼。不对称的烯烃与硼烷反应时，硼原子加到含氢较多的双键碳原子上，氢原子加到含氢较少的双键碳原子上，这是因为硼的电负性小于氢，在硼烷分子中，硼是缺电子中心，氢是相对负电中心。制备的三烷基硼（R_3B）无须分离，直接用于下步反应。用碱性过氧化氢水溶液氧化三烷基硼得到相应的醇，故整个过程称为硼氢化-氧化反应。其机理是三烷基硼先氧化生成三烷氧基硼，再水解生成醇。氧化的过程涉及类似称为 Bayer-Villiger 重排，烷基向缺电子氧上进行 1,2-迁移：

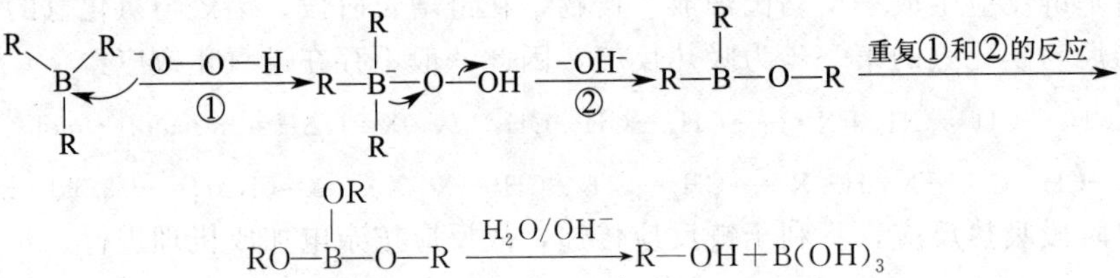

烯烃硼氢化-氧化反应，相当于烯烃与水间接水合得到醇，“不对称烯烃”的硼氢化-氧化产物为“反马氏加成”的醇，扩大了以烯为原料制备醇的方法。例如：

$$CH_3(CH_2)_3CH{=}CH_2 \xrightarrow{B_2H_6} \xrightarrow{H_2O_2/OH^-} CH_3(CH_2)_3CH_2{-}CH_2{-}OH$$

$$CH_3CH_2\underset{\displaystyle CH_3}{\underset{|}{C}}{=}CH_2 \xrightarrow{B_2H_6} \xrightarrow{H_2O_2/OH^-} CH_3CH_2\underset{\displaystyle CH_3}{\underset{|}{CH}}{-}CH_2{-}OH$$

实验证明，硼氢化-氧化反应不仅区域选择性高，而且也是高度立体选择性的。硼氢化是顺式加成，相当于氢和羟基从双键平面的同侧加到两双键碳原子上。例如：

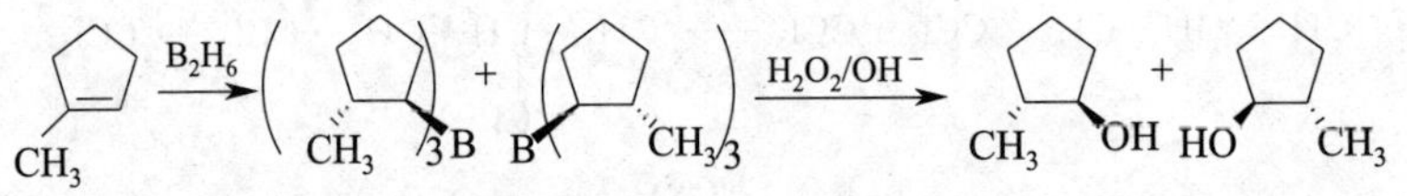

反应前后分子碳架没有改变，这说明 H—B 对烯烃的 C═C 加成是协同的，即通过一步反应形成四元环状过渡态。由于硼的电负性略小于氢以及立体阻碍的控制作用，硼加到含氢较多、立体阻碍较小的双键碳原子上：

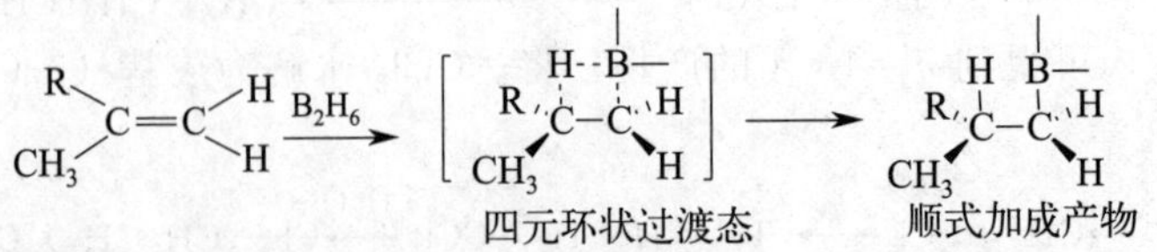

许多位阻大的烯烃，硼氢化可停留在二烷基硼甚至一烷基硼阶段，以及反应的高度立体选择性，均说明立体阻碍对反应及定向的影响。例如：

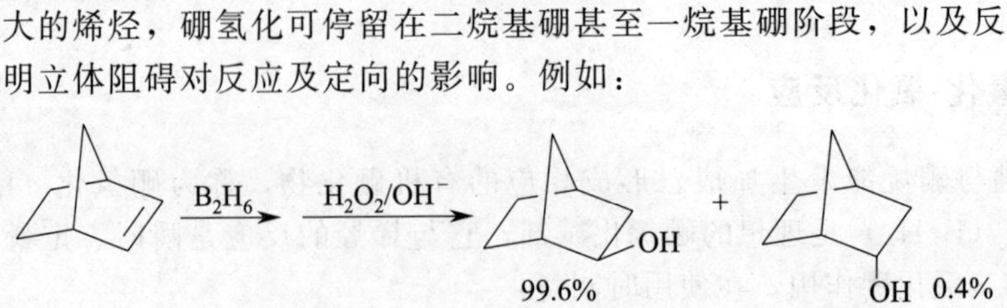

6.4.5　烯烃的氢甲酰基化反应

在高温、高压和催化条件下，烯烃与氢气及一氧化碳作用，将一个醛基（—CHO）加在双键碳上，称为氢甲酰基化反应。采用八羰基络二钴作催化剂，实现羰基合成反应。例如：

$$CH_2=CH_2+CO+H_2 \xrightarrow[150℃,100atm❶]{[Co(CO)_4]_2} CH_3-CH_2-CHO$$

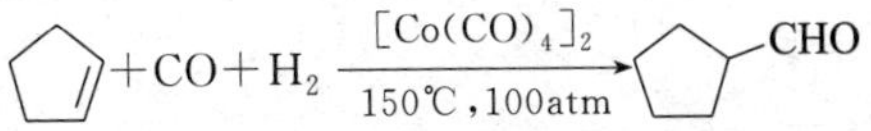

$$\bigtriangleup+CO+H_2 \xrightarrow[150℃,100atm]{[Co(CO)_4]_2} \text{（环戊基—CHO）}$$

醛的产率可达 60%～70%。对于"不对称烯烃"，反应的区域选择性不强。故工业上往往再进一步氢化，生产无须分离即能作溶剂使用的混合醇。

研究表明，用氢化羰基三苯基膦铑作为氢甲酰基化催化剂，区域选择性和催化活性均有极大提高，直链醛比例达 95% 以上。例如：

$$CH_3-CH=CH_2+CO+H_2 \xrightarrow[110℃,35atm]{HRh(CO)(PPh_3)_3} CH_3CH_2CH_2CHO$$

6.4.6　烯烃与卡宾加成

6.4.6.1　卡宾和卡宾体

卡宾是 carbene 的音译，也叫碳烯，是一种具有 6 个价电子、电中性的活性中间体，有两个未成键的电子，构造式为:CH_2。其氢原子换成其他原子或原子团，则称为卡宾体（carbenoid）或取代卡宾，:CCl_2 叫二氯卡宾。

卡宾有两种不同的状态。当卡宾的两个未成键电子占据同一个轨道时，称为单线态（singlet state），见图 6.10(a)。其碳原子采取 sp^2 杂化，并以两个 sp^2 轨道与其他原子（原子团）成键。另一个 sp^2 轨道被两个未成键电子占据，空出 p 轨道，故以 ∥CH_2 表示，它十分活泼。当卡宾的两个未成键电子分占两个轨道时称为三线态（triplet state），见图 6.10(b)。其碳原子采取 sp 杂化，以两个 sp 轨道与其他原子成键，两自旋平行的电子分占两个 p 轨道，故用 ∥CH_2 表示，它可看成是双自由基。由于两个未成键电子分占的轨道互相垂直，故排斥作用比单线态小，内能比单线态低。

(a) 单线态sp²杂化　　　　　　　　(b) 三线态sp杂化

图 6.10　卡宾的结构

6.4.6.2　卡宾的形成

卡宾可由重氮甲烷、乙烯酮等化合物在光照或加热条件下分解产生。例如：

---

❶　注：1atm＝101325Pa

$$CH_2N_2 \xrightarrow{\text{紫外线}} [:CH_2] + N_2 \qquad CH_2=C=O \xrightarrow[\text{或 } 700℃]{h\nu} [:CH_2] + CO$$

$$\text{重氮甲烷} \qquad\qquad \text{卡宾} \qquad\qquad\qquad \text{乙烯酮} \qquad\qquad \text{卡宾}$$

获得二卤卡宾的方便方法如下：

$$CHCl_3 + NaOH \xrightarrow[-HCl]{\text{相转移催化剂}} [:CCl_2]$$

$$CCl_4 + C_4H_9Li \xrightarrow[-60℃]{Et_2O} [:CCl_2] + C_4H_9Cl + LiCl$$

卡宾产生后，一般直接用于反应。新产生的卡宾多为单线态，用惰性气体稀释反应体系，使它失去部分能量，可得到三线态卡宾。在光敏剂二苯甲酮（$Ph_2C=O$）存在下，重氮甲烷光分解只得到三线态卡宾。

6.4.6.3 烯烃与卡宾的加成反应

烯烃与卡宾加成，得到环丙烷衍生物，用季铵盐为相转移催化剂可提高产率。例如：

$$\xrightarrow[\text{季铵盐}]{CHCl_3,NaOH/H_2O} \qquad 7,7\text{-二氯二环}[4.1.0]\text{庚烷}$$

烯烃与卡宾加成反应的立体化学，与卡宾的结构有很大关系。单线态卡宾活泼，它对烯烃的加成是一步完成，具有立体专一性，生成"顺加产物"。例如：

$$\xrightarrow[h\nu,\text{生成单线态卡宾}]{CH_2N_2} \qquad \text{内消旋体}$$

$$\xrightarrow[h\nu,\text{生成单线态卡宾}]{CH_2N_2} \qquad + \qquad \text{一对对映体}$$

$$\xrightarrow[50℃,\text{生成单线态卡宾}]{CHBr_3/t\text{-BuOK}} \qquad \text{内消旋体}$$

单线态卡宾一旦生成，立即与烯烃作用。其空轨道与烯烃 π 电子作用，未共用电子对反馈回去，两个 C—Cσ 键同时在烯烃同侧形成。

气相中类似反应的立体选择性下降。因为在气相中，卡宾经分子碰撞失去能量转变成三线态，它是以双自由基的形式与烯烃分步加成。卡宾先以一个单电子加到 π 键上，形成一个新的、两单电子分别属于原烯烃和卡宾的双自由基。它们在分子内结合成键较迟，以至原烯烃加成部位的 σ 键还可以旋转。这样，两 σ 键既可在烯烃同侧形成，得"顺加"产物，又可在烯烃异侧形成，得"反加"产物。例如：

$$\xrightarrow[h\nu,\text{生成单线态卡宾}]{CH_2N_2} \quad \text{双自由基} \xrightarrow{\text{顺加}} \text{内消旋体}$$

$$\downarrow \sigma \text{键旋转}$$

$$\xrightarrow{\text{反加}}$$

6.4.7　聚合反应

6.4.7.1　烯烃的二聚反应

异丁烯在 60% 硫酸作用下，于 $80\sim100\,^{\circ}\mathrm{C}$ 反应可得到分子式为 C_8H_{16} 的两种烯烃，它们经催化加氢均生成 $2,2,4$-三甲基戊烷（俗称异辛烷），反应如下：

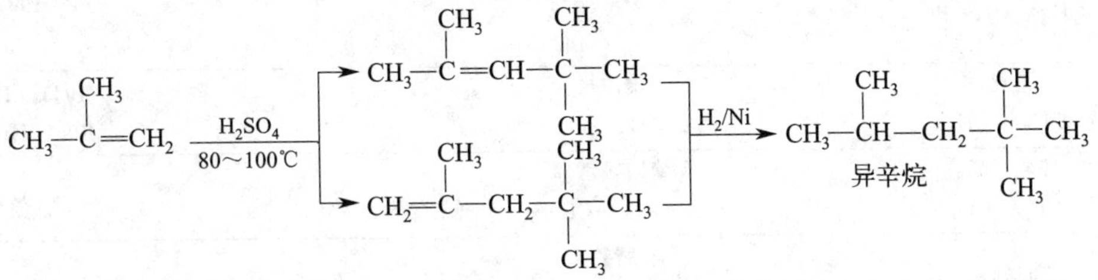

两种中间产物烯烃 (C_8H_{16})，是异丁烯在酸催化下生成的活性中间体碳正离子对另一个异丁烯亲电加成，生成的二聚体（dimer），反应机理如下：

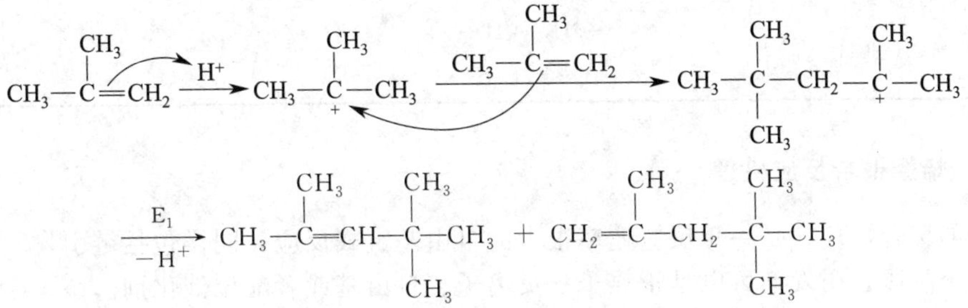

6.4.7.2　烯烃聚合反应

在催化剂作用下，烯烃碳-碳双键打开，按一定方式彼此自相加成，形成长链大分子的反应，叫聚合反应（polymerization），原料称为单体（monomer），产物称为聚合物（polymer）。反应通式如下：

$$\mathrm{CH_2\!=\!\underset{\underset{G}{|}}{CH}}\,(单体，G\,为不同取代基)\xrightarrow{引发剂}\mathrm{\underset{\underset{G}{|}}{\ \ \ \ }\!\!\!\!(CH_2\!-\!CH)_{\overline{n}}}\,(聚合物)$$

n 为聚合度，其值往往很大。由于聚合过程中，各分子的聚合度不同，因此，高分子聚合物只有平均分子量。

烯烃及其衍生物的加成聚合反应，产生了许多高分子化合物，可用作塑料、橡胶、纤维等材料。重要的聚烯烃化合物结构、商品名及代号列入表 6.5。

表 6.5　重要聚烯烃化合物结构、商品名及代号

单体结构和名称	聚合物商品名称与结构	代号	商品化年代
氯乙烯：$CH_2\!=\!CHCl$	聚氯乙烯：$\mathrm{\overline{\ }\!\!\!(CH_2\!-\!\underset{\underset{Cl}{|}}{CH})_{\overline{n}}}$	PVC	1927
甲基丙烯酸甲酯：$\mathrm{CH_2\!=\!\underset{\underset{CH_3}{|}}{C}\!-\!COOCH_3}$	有机玻璃：$\mathrm{\overline{\ }\!\!\!(CH_2\!-\!\underset{\underset{CH_3}{|}}{\overset{\overset{COOCH_3}{|}}{C}})_{\overline{n}}}$	PMMA	1931

续表

单体结构和名称	聚合物商品名称与结构	代号	商品化年代
醋酸乙烯酯： $CH_2\!=\!CH\!-\!OOCCH_3$	聚醋酸乙烯酯： $-\!(\!CH_2\!-\!CH\!)_n^-$ 　　　| 　　$OOCCH_3$	PVAC	1936
苯乙烯： $CH_2\!=\!CH\!-\!Ph$	聚苯乙烯： $-\!(\!CH_2\!-\!CH\!)_n^-$ 　　　| 　　Ph	PS	1937
乙烯： $CH_2\!=\!CH_2$	聚乙烯： $-\!(\!CH_2\!-\!CH_2\!)_n^-$	PE	1941(LDPE) 1951(HDPE)
四氟乙烯： $CF_2\!=\!CF_2$	聚四氟乙烯： $-\!(\!CF_2\!-\!CF_2\!)_n^-$	PTFE	1943
丙烯腈： $CH_2\!=\!CH\!-\!CN$	腈纶： $-\!(\!CH_2\!-\!CH\!)_n^-$ 　　　| 　　CN	PAN	1950
丙烯： $CH_2\!=\!CH\!-\!CH_3$	聚丙烯： $-\!(\!CH_2\!-\!CH\!)_n^-$ 　　　| 　　CH_3	PP	1957

6.4.7.3 烯烃聚合反应机理

烯烃的聚合反应，是一种反应速率很大的自由基链式反应，同样包括链引发、链传递和链终止三个阶段，引发剂可以是正离子、负离子、自由基或者配位催化剂。

（1）正离子引发的聚合反应

许多 Lewis 酸是正离子型聚合反应的引发剂，例如，硫酸、磷酸、三氯化铝、三氟化硼等。这类聚合反应所需活化能较小，在较低温度下即可实现。容易形成稳定碳正离子的烯烃，容易按正离子型聚合反应进行聚合，以异丁烯在三氟化硼引发下生成聚异丁烯的反应为例，聚合机理如下。

① 链引发。这一反应是由正离子引发的聚合反应，往往需要质子作为引发剂。三氟化硼和微量水作用生成酸，酸提供质子与烯烃亲电加成生成碳正离子：

$$BF_3 + H_2O \longrightarrow H^+(BF_3OH)^-$$
路易斯酸　　　　　质子酸

$$CH_3\!-\!\underset{CH_3}{\overset{CH_3}{C}}\!=\!CH_2 \xrightarrow{H^+} CH_3\!-\!\underset{CH_3}{\overset{CH_3}{C}}\!-\!CH_3$$

② 链传递。生成的碳正离子与第二个烯烃亲电加成反应生成新的碳正离子。

③ 链终止。碳正离子与 OH^- 反应（S_N1）或失去质子（E_1）。

（2）负离子引发的聚合反应

负离子型聚合反应所用引发剂为强碱，如氨基钠（$NaNH_2$）、正丁基锂（$n\text{-}C_4H_9Li$）

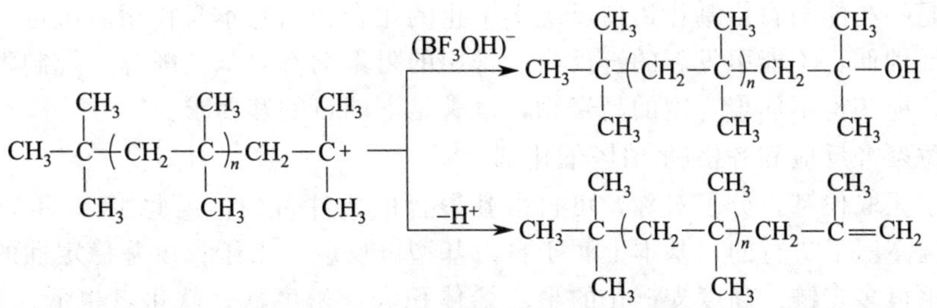

等。碳-碳双键上带有吸电子基团的烯烃，易在负离子引发剂作用下进行聚合。例如，丙烯腈在氨基钠引发下聚合，有如下链式反应过程：

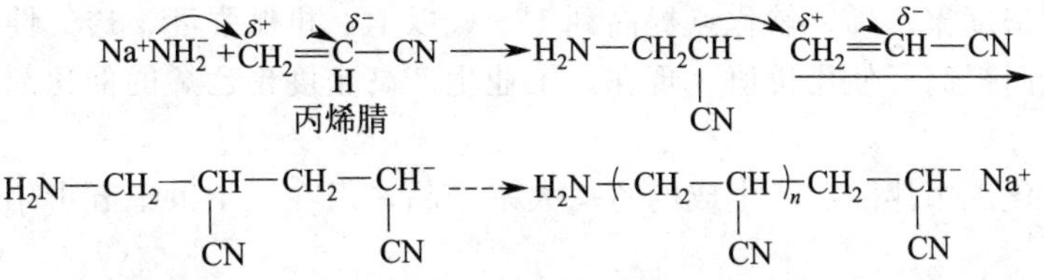

丙烯腈

（3）自由基引发的聚合反应

以过氧化苯甲酰为代表的过氧化物和偶氮二异丁腈是自由基型聚合反应常用的引发剂。它们分子中过氧键或偶氮基不稳定，受热或光照时，易按均裂方式断裂分子中弱的共价键，产生自由基引发反应：

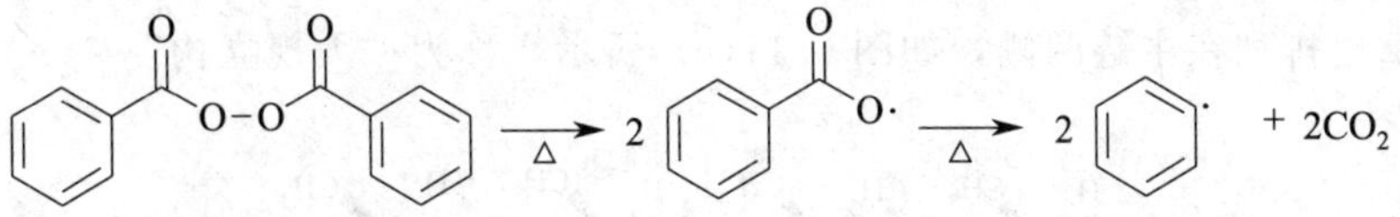

过氧化苯甲酰　　　　　　　　　　　苯基自由基

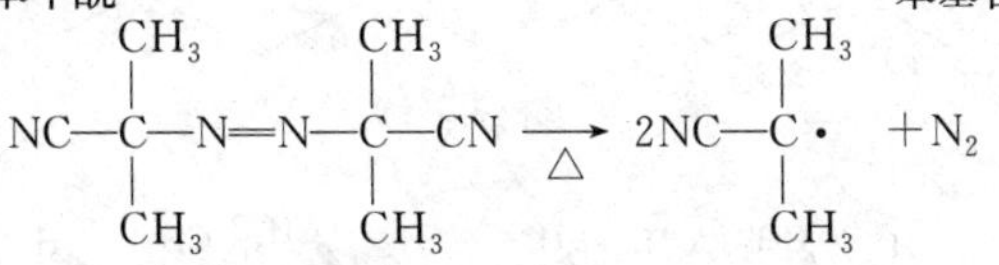

偶氮二异丁腈

当碳-碳双键上连有极性适中的官能团时，有利于按自由基反应机理聚合，以苯乙烯的聚合反应为例，机理如下。

① 链引发。例如，过氧化苯甲酰受热首先均裂，继而失去 CO_2 生成苯自由基（Ph·）。

② 链传递。苯自由基与烯烃进行自由基加成生成新的自由基。

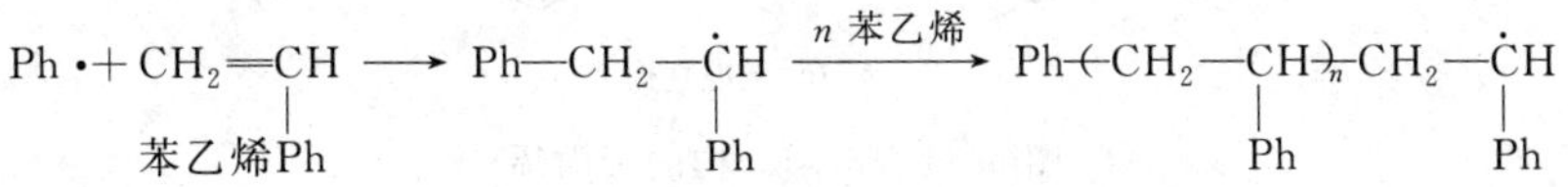

③ 链终止。任意两个自由基偶联或在阻聚剂作用下终止反应。

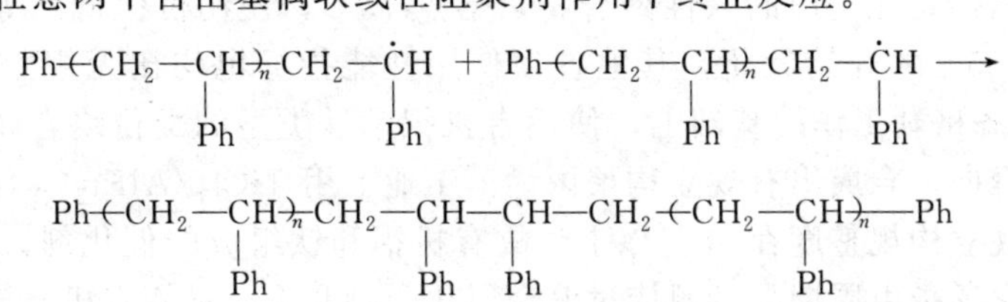

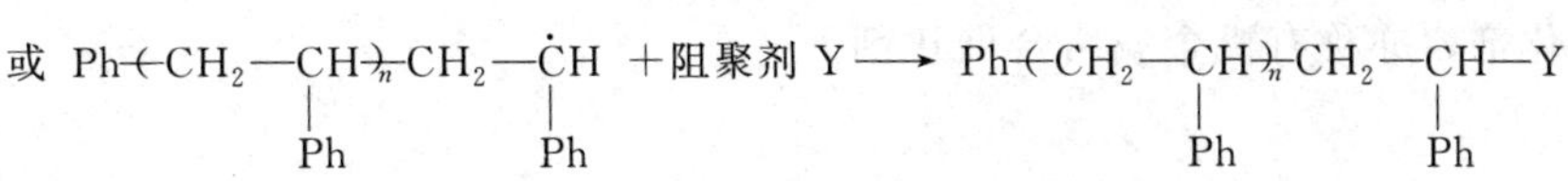

阻聚剂是一类能与自由基作用使反应链中止的化合物。它本身作用后虽也产生一个新的自由基，但活性低，不能引发新的链反应。常用的阻聚剂有对苯二酚等。控制阻聚剂的加入时间或比例，能获得不同聚合度的高聚物，以满足不同目的和要求。

（4）配位聚合反应和齐格勒-纳塔催化剂

乙烯分子无取代基，分子对称，可自由基聚合但条件苛刻，因此 1953 年以前，其聚合反应是在高温高压下进行的，基本上属于自由基型链反应。由于自由基稳定性的差异，聚合物分子中产生很多支链。高度支链化的聚乙烯体积大，密度低，软化点也低。其机械强度、透气性、耐溶剂性能比较差。1953 年 K. Ziegler（齐格勒）使用有机铝和氯化钛组合的催化剂，实现了乙烯的常压聚合。以后用此方法在低、中压下生产的聚乙烯，基本上是线性的，密度高，称为高密度聚乙烯。软化点提高到 125℃ 以上，机械强度、透气性、耐腐蚀性等均有很大改善，从而提高了使用价值。现在，工业生产高密度聚乙烯的催化剂已发展为 CrO_3/SiO_2 等体系。

丙烯是石油化工中伴随乙烯生成的另一大宗产品，但在二十世纪五十年代前，未开发成有实用价值的聚丙烯产品。原因是即使聚丙烯的重复单元 $—CH_2—\overset{\overset{\displaystyle CH_3}{|}}{CH}—$ 都按"头-尾"排列，在线性主链上，每隔一个碳原子，都出现一个手性 C^*，故分子有多种结构形式。若 C^* 上的甲基均处于平面锯齿形主链的同侧，如图 6.11（a）所示，称为"等规立构"。若交替地处于两侧如图 6.11（b）所示，称为"同规立构"，它们都属"有规立构"。如果这些甲基是杂乱无章地排列在主链两侧，如图 6.11（c）所示，称为"无规立构"。

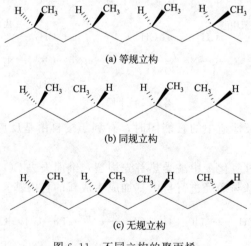

(a) 等规立构

(b) 同规立构

(c) 无规立构

图 6.11　不同立构的聚丙烯

无规立构聚丙烯是无定形的软性聚合物，熔点 75℃，使用价值低。等规立构聚丙烯熔点达 165℃，在 155℃ 才开始软化，其他各项使用性能指标也均比无规立构聚丙烯好。G. Natta（纳塔）在齐格勒工作的基础上，使用有机铝和钛类型的配位络合物催化剂，实现了丙烯的立体定向聚向，合成出有规立构聚丙烯。工业上用 $TiCl_3/AlEt_2Cl$ 作为催化剂，生产出的聚丙烯，有规立构规整度在 98% 以上。故有机铝和钛组成的催化剂，称为齐格勒-纳塔催化剂。现在，它泛指由周期Ⅳ～Ⅷ族过渡金属化合物和Ⅰ～Ⅲ族有机金属化合物组合而成的一大类催化剂，亦称有机金属络合催化剂。

6.4.8 氧化反应

6.4.8.1 环氧化

在催化剂银作用下，乙烯可被空气氧化成环氧乙烷。

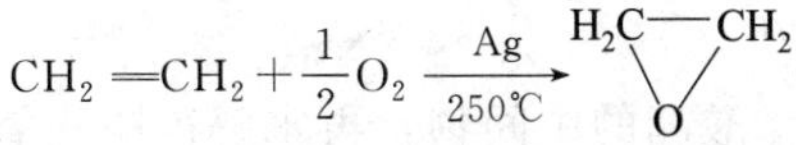

$$CH_2=CH_2 + \frac{1}{2}O_2 \xrightarrow[250℃]{Ag} \underset{O}{\overset{H_2C-CH_2}{\diagdown}} \text{（环氧乙烷或氧化乙烯）}$$

一般烯烃的环氧化，常用有机过氧酸作为氧化剂，主要有过氧乙酸（CH_3CO_3H）、过氧三氟乙酸（CF_3CO_3H）、过氧苯甲酸（$PhCO_3H$）和间氯过氧苯甲酸（m-CPBA）等。

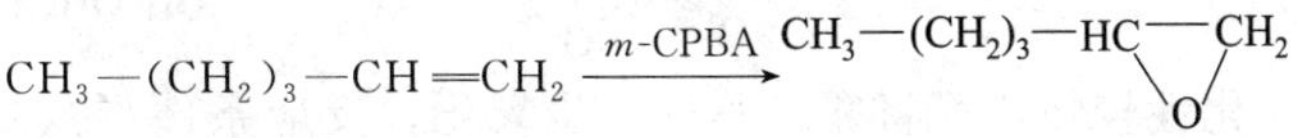

$$CH_3-(CH_2)_3-CH=CH_2 \xrightarrow{m\text{-CPBA}} CH_3-(CH_2)_3-HC\underset{O}{\diagdown}CH_2$$

烯烃的环氧化反应为顺式加成，具有立体专一性。例如，顺-2-丁烯生成内消旋体：

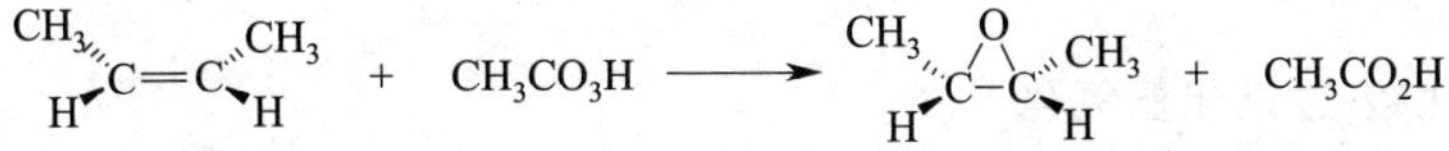

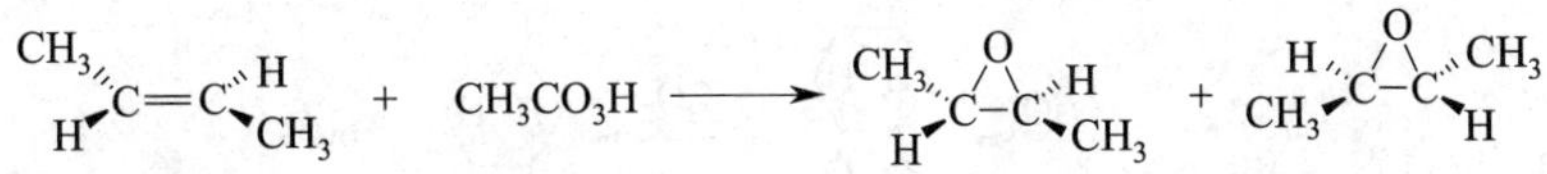

当双键两侧空间位阻不同时，环氧化反应从空间位阻小的一侧形成环氧：

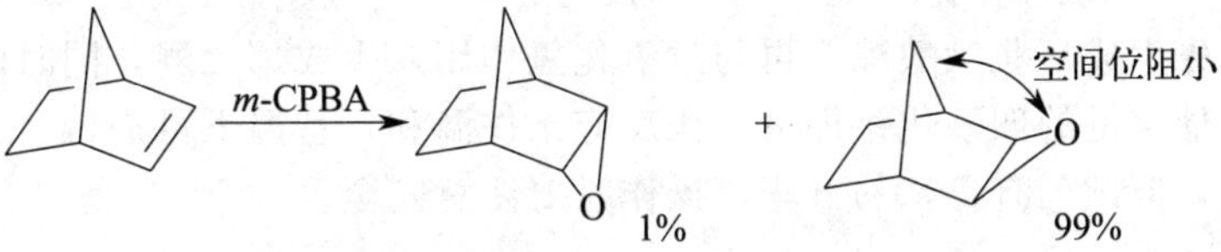

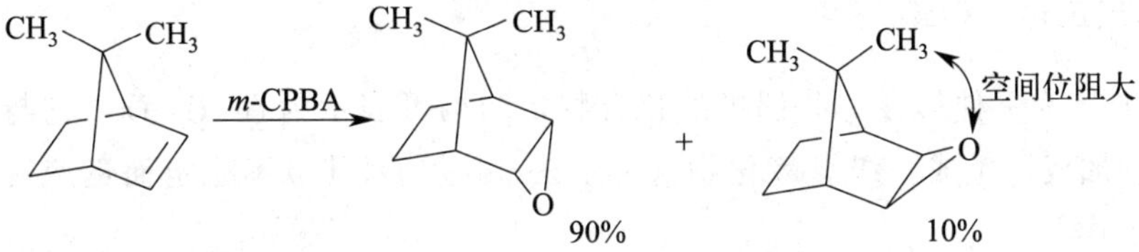

1,2-环氧化合物，在酸或碱催化下都很容易与水发生开环反应，生成反式邻二醇，例如：

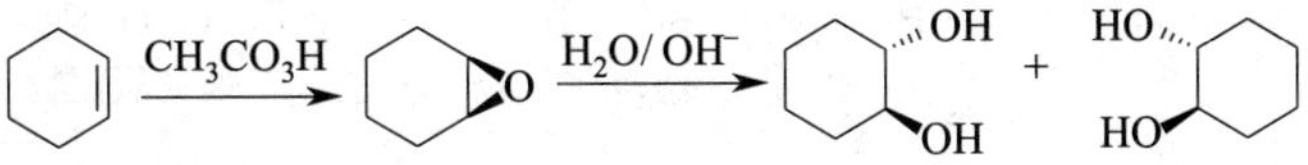

6.4.8.2 高锰酸钾溶液氧化

烯烃被冷的高锰酸钾稀碱溶液氧化，生成邻二醇，高锰酸根还原成二氧化锰：

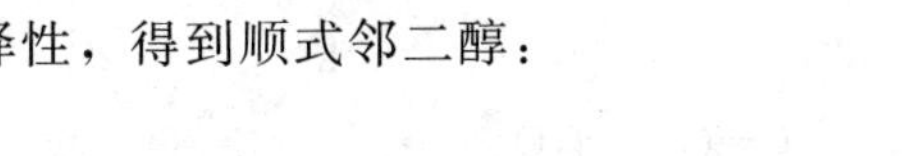

$$\underset{}{\diagup}C=C\underset{}{\diagdown} \xrightarrow[0℃]{KMnO_4, NaOH/H_2O} \underset{OH\ OH}{\diagup}C-C\underset{}{\diagdown}$$

反应具有高度立体选择性，得到顺式邻二醇：

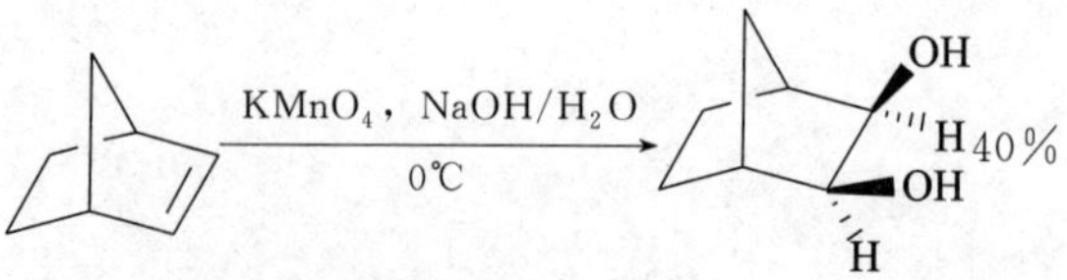

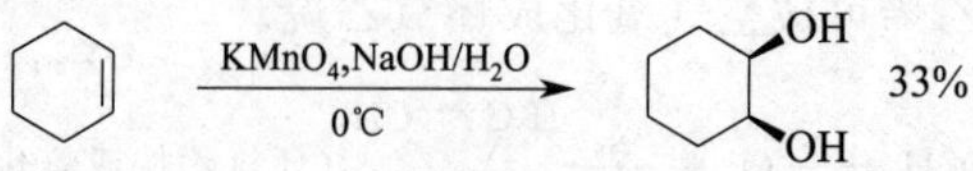

$$\text{KMnO}_4 , \text{NaOH/H}_2\text{O} \xrightarrow{0℃} \quad 40\%$$

$$\xrightarrow[\text{0℃}]{\text{KMnO}_4,\text{NaOH/H}_2\text{O}} \quad 33\%$$

一般认为，反应经历一个五元环状锰酸酯的中间物，再水解得顺式氧化产物邻二醇：

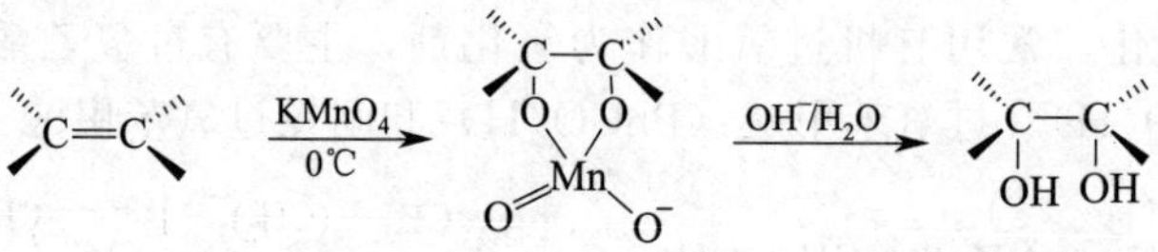

由于高锰酸钾氧化性较强，可将邻二醇进一步氧化，反应条件难控制，产率一般不高。但烯烃能使稀的高锰酸钾溶液紫色褪去，并产生棕色二氧化锰沉淀，是鉴定烯烃的很好的方法。

6.4.8.3　四氧化锇-过氧化氢氧化

烯烃经四氧化锇和过氧化氢联合处理，得到"顺加"的邻二醇，产率提高。

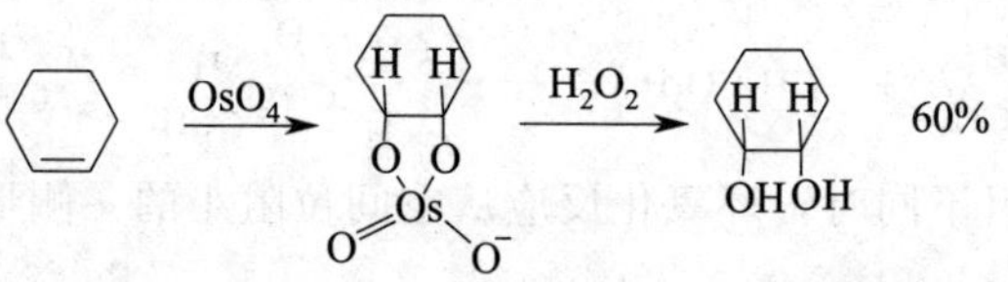

$$\xrightarrow{\text{OsO}_4} \qquad \xrightarrow{\text{H}_2\text{O}_2} \qquad 60\%$$

一般认为是先生成环状锇酸酯，再与过氧化氢作用，生成邻二醇，同时四氧化锇重新生成。因此，只需催化量的四氧化锇即可，该反应条件温和，室温下可进行。这是实验室制备邻二醇的好办法，但试剂有毒，易升华，操作时要注意安全。

6.4.8.4　臭氧氧化

臭氧（O_3）为一种具有1,3-偶极的化合物，结构可表示为 $:\overset{..}{O}-\overset{..}{O}-\overset{..}{O}:$，它与烯烃在低温下定量地进行加成，生成一级臭氧化物（molozonide），因其极不稳定而迅速转化成二级臭氧化物（ozonide）：

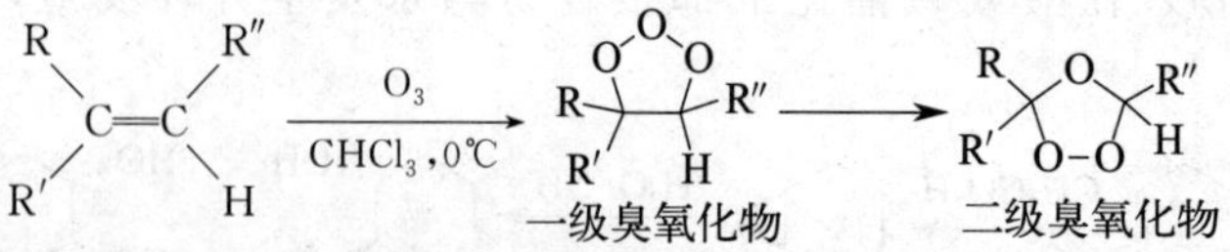

一级臭氧化物　　　二级臭氧化物

一级臭氧化物具有爆炸性，故常直接在溶液中用其他试剂分解。臭氧化物很易水解，生成两个羰基化合物和过氧化氢，过氧化氢可使醛继续氧化生成羧酸：

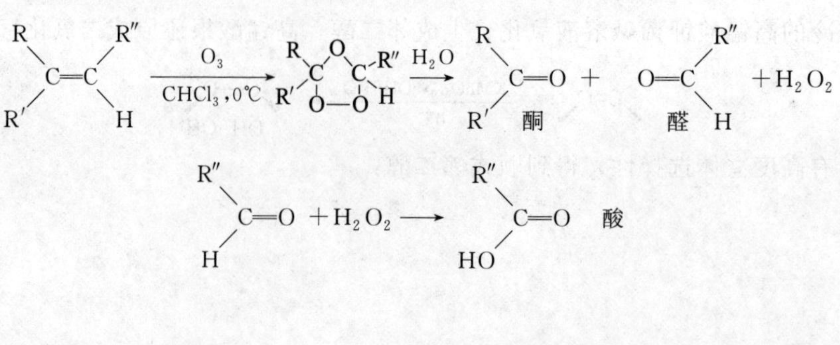

酮　　　　醛

酸

为了防止双氧水继续氧化羰基化合物，在水解时加入锌粉、$NaHSO_3$、甲硫醚（CH_3SCH_3）等还原剂，破坏过氧化氢，得到醛或酮，此法称为还原水解。例如：

$$\text{环己烯} \xrightarrow[\text{CHCl}_3,0℃]{\text{O}_3} \text{臭氧化物} \xrightarrow[\text{HOAc}]{\text{Zn/H}_2\text{O}} \text{己二醛 CHO/CHO}$$

$$(CH_3)_2CH(CH_2)_3CH\!=\!CH_2 \xrightarrow[\text{CHCl}_3,0℃]{\text{O}_3} \xrightarrow[\text{HOAc}]{\text{Zn/H}_2\text{O}} (CH_3)_2CH(CH_2)_3CHO+CH_2O$$

也可以采用催化剂铂或钯催化氢化法还原双氧水，防止羰基化合物进一步被氧化：

$$CH_3-C(CH_3)\!=\!CH_2 \xrightarrow[\text{CHCl}_3,0℃]{\text{O}_3} \xrightarrow{\text{H}_2/\text{Pt}} (CH_3)_2C\!=\!O + O\!=\!CH_2 + H_2O$$

也可以使用 $LiAlH_4$ 或 $NaBH_4$ 直接还原臭氧化物，得到相应两元醇，例如：

$$\text{环己烯} \xrightarrow[\text{CHCl}_3,0℃]{\text{O}_3} \text{臭氧化物} \xrightarrow{\text{NaBH}_4} \text{己二醇 OH/OH}$$

臭氧化-水解反应或水解还原反应除用于合成外，还是推断烯烃结构的重要方法。分子中若有 $=CH_2$（端烯）结构，反应后产生甲醛。若有 $=CHR$ 结构，产生醛 RCHO。若有 $=CRR'$ 结构，产生酮 RCOR'。因此，可根据臭氧化-还原水解的产物，推出原烯烃的结构。

6.4.8.5　烯烃的催化氧化

烯烃催化氧化，应用于许多重要石油化工产品，比如乙醛和丙酮的生产中：

$$CH_2\!=\!CH_2 \xrightarrow[120\sim130℃,0.2\sim0.3\text{MPa}]{\text{O}_2/\text{PdCl}_2\text{-CuCl}_2\text{-HCl 水溶液}} CH_3CHO$$

$$CH_3-CH\!=\!CH_2 \xrightarrow[120\sim130℃,0.2\sim0.3\text{MPa}]{\text{O}_2/\text{PdCl}_2\text{-CuCl}_2\text{-HCl 水溶液}} CH_3COCH_3$$

首先，乙烯在 $PdCl_2$ 催化下氧化为乙醛（反应速度慢，控制步骤）并析出金属 Pd：

$$CH_2\!=\!CH_2+PdCl_2+H_2O \longrightarrow CH_3CHO+Pd+2HCl$$

这步反应中，产物乙醛分子中的氧是由水分子提供的。

然后，反应析出的金属 Pd 重新被 $CuCl_2$ 氧化为 $PdCl_2$，而 $CuCl_2$ 被还原为 CuCl：

$$Pd+2CuCl_2 \longrightarrow PdCl_2+2CuCl$$

最后，被还原生成的 CuCl 在盐酸溶液中迅速被空气中氧气氧化为 $CuCl_2$：

$$2CuCl+1/2O_2+2HCl \longrightarrow 2CuCl_2+H_2O$$

上述三步反应中，$PdCl_2$ 是催化剂，$CuCl_2$ 是氧化剂（也是辅助催化剂）。

6.4.9　烯烃 α-氢的反应

直接连在双键碳原子上的氢，称为乙烯氢（vinyl hydrogen），是 C^{sp^2}—H，它的解离能略大于一般 C^{sp^3}—H 的解离能，故乙烯氢反应性能差。与碳-碳双键直接相连的 α-碳原子上的氢，称为烯丙氢（allyl hydrogen），也称 α-氢，它也是 C^{sp^3}—H，但解离能较小，故烯烃 α-氢性质活泼。

6.4.9.1　丙烯的 α 氧化反应

丙烯的 α 位容易被氧化，在氧化亚铜作用下，用空气可将丙烯氧化成丙烯醛。

$$CH_3-CH=CH_2 \xrightarrow[300\sim400℃,0.2\sim0.3MPa]{O_2(空气)/Cu_2O} CH_2=CH-CHO$$

6.4.9.2　丙烯的氨氧化

在磷钼酸铋等催化剂作用下，丙烯、氨气和空气的混合物反应，生成丙烯腈：

$$CH_3-CH=CH_2+NH_3+O_2 \xrightarrow{磷钼酸铋} CH_3CH_2CN+2H_2O$$

除丙烯外，甲苯和其他碳-碳双键 α 位有甲基的化合物均可以进行氨氧化。例如：

$$\underset{\underset{CH_3}{|}}{CH_3-C=CH_2} +NH_3+3/2O_2 \xrightarrow{磷钼酸铋} \underset{\underset{CN}{|}}{CH_3-C=CH_2} +3H_2O$$

$$\underset{}{\bigcirc}-CH_3 + NH_3 + 3/2O_2 \xrightarrow{磷钼酸铋} \underset{}{\bigcirc}-CN+3H_2O$$

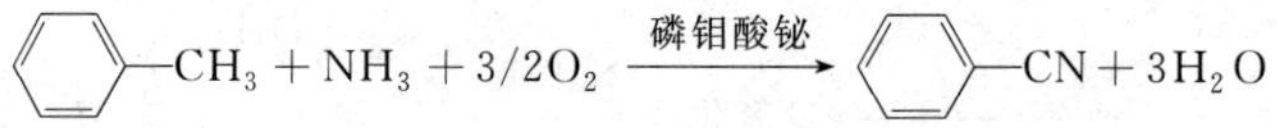

6.4.9.3　丙烯的高温氧化

实验证明，在溶液中或低于 250℃ 气相条件下，丙烯与氯发生亲电加成反应：

$$CH_3-CH=CH_2+Cl_2 \xrightarrow{<250℃} \underset{\underset{}{\overset{Cl\ \ \ \ Cl}{|\ \ \ \ \ |}}}{CH_3-CH-CH_2}$$

但若在氯浓度低、温度高于 250℃ 的气相中，则主要发生自由基取代，生成烯丙基氯：

$$CH_3-CH=CH_2+Cl_2 \xrightarrow{500℃} ClCH_2-CH=CH_2(烯丙基氯)$$

其反应机理为自由基取代反应，与烷烃氯代反应机理相似。

主要发生取代的原因是高温下氯容易均裂成氯自由基，它与丙烯按加成生成烷基自由基 $ClCH_2\dot{C}HCH_3$，而按取代生成烯丙型自由基（$\cdot CH_2=CHCH_2$），烯丙基自由基因为 p-π 共轭稳定。另一方面，氯的浓度低，生成的 $ClCH_2\dot{C}HCH_3$ 自由基不能及时与氯反应，便沿逆反应回到原料，即加成受到抑制。因此，在工业上采用过量丙烯与氯气在约 500℃ 下反应，接触时间 2s，取代产物 3-氯丙烯的收率可达 85％。

6.4.9.4　烯烃与 NBS 的反应

实验室中，在光照或过氧化物存在下，用 N-溴代丁二酰亚胺（N-bromosuccinimide，缩写 NBS）与烯烃反应，无须高温也主要得到 α-溴代产物。例如：

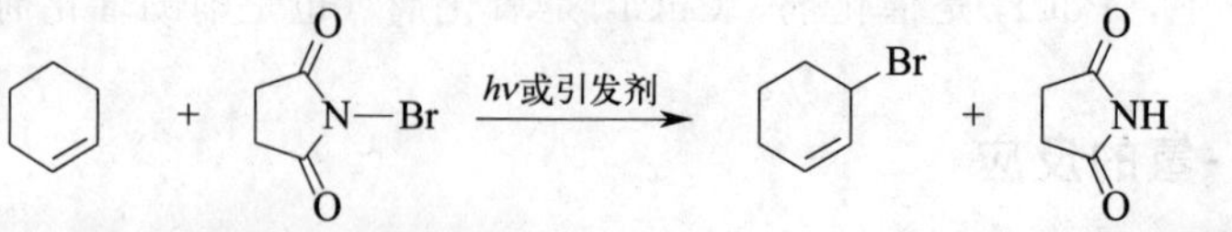

N-溴代丁二酰亚胺　　　　　　　　　　　　丁二酰亚胺

NBS 为固体，在四氯化碳中溶解度很小，体系中存在的极微量溴化氢，在其表面上与 NBS 作用生成少量溴：

Br_2 与烯烃发生自由基取代反应，产生 HBr，又立即与 NBS 作用。这样 NBS 不断消耗，并为反应提供恒量的低浓度 Br_2，直至反应完成。其反应机理如下：

$$\text{N—Br} + \text{HBr(少量)} \rightleftharpoons \text{NH} + \text{Br}_2$$

链引发：$\text{Br}_2 \xrightarrow{h\nu \text{ 或引发剂}} 2\text{Br} \cdot$

链增长：$\bigcirc + \text{Br} \cdot \longrightarrow \bigcirc + \text{HBr}$（去与 NBS 反应，产生 Br_2）

$$\bigcirc + \text{Br}_2 \longrightarrow \bigcirc + \text{Br} \cdot$$

反应需光照或引发剂启动，这说明反应是按自由基链反应机理进行。此外，在较低温度时，反应受动力学控制。由于反应过程溴的浓度较低，溴与烯烃加成生成的自由基没有按取代生成的烯丙型自由基稳定，且生成前者，不仅活化能高，即使生成，若无足够浓度 Br_2 与之作用，也会返回原料，故烯烃与 NBS 的反应以 α-取代为主。

6.5 个别化合物

6.5.1 乙烯

乙烯为无色、稍带甜香味的气体，存在于植物器官之中，一般含量甚微，成熟的果实中含量较高。其曾用作水果的催熟剂，主要由石油裂解气生成，焦炉煤气中也有一定含量。

乙烯大量用于生产聚乙烯，以及其他共聚高分子化合物。乙烯还可生产许多重要的有机化工原料，如环氧乙烷、乙醇、乙醛、氯乙烷、苯乙烯等。从乙烯出发的产品，产值占石油化工产值的几乎一半，加上乙烯深度冷冻分离的综合工业技术要求，故常用乙烯产量作为一个国家基本有机化学工业发展水平的标志。我国石油化学工业发展迅速，建立了许多石油化工基地，年产乙烯的能力进入了世界前列。

6.5.2 丙烯

丙烯为无色气体，主要从炼油气中得到。它也是有机合成的重要原料，用于生产异丙醇、氯丙烯、异丙苯等产品。由于丙烯的定向聚合成品已实现工业化，有规立构聚丙烯可用于生产薄膜、编织袋、塑料产品以及丙纶纤维。丙烯经氨氧化所得丙烯腈，是生产聚丙烯腈的单体。聚丙烯腈纤维（即腈纶）具有优良的保温性能，俗称人造羊毛。丙烯腈还可以用于其他单体共聚，改善高聚物性能，比如 ABS。

习题

6.1 写出下列化合物的所有异构体（包括立体异构体）的结构，并给出系统命名。

（1）戊烯　　　（2）甲基环己烯

6.2 用系统命名法命名下列化合物，有立体异构体的分别给出顺/反体系和 Z/E 体系的命名。

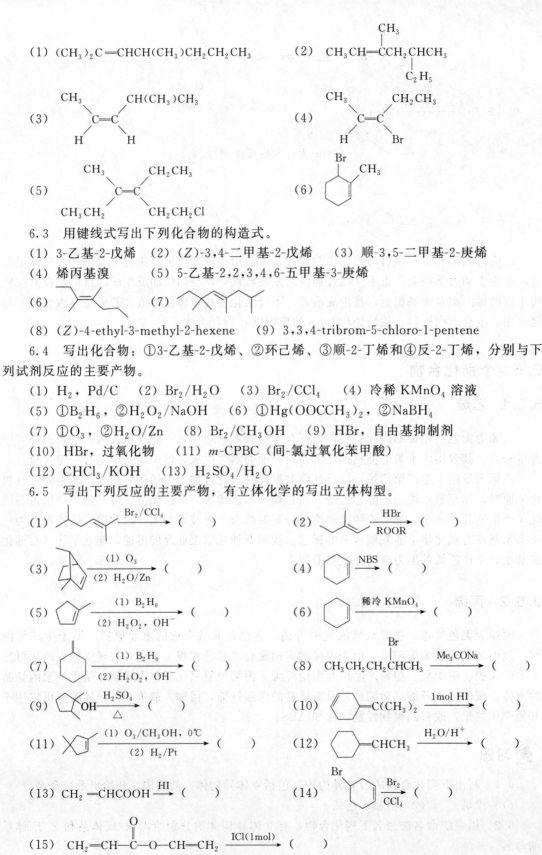

（1）$(CH_3)_2C$=$CHCH(CH_3)CH_2CH_2CH_3$

（2）CH_3CH=CCH$_2$CHCH$_3$
（带 CH$_3$ 和 C$_2$H$_5$）

（3）

（4）

（5）

（6）

6.3 用键线式写出下列化合物的构造式。

（1）3-乙基-2-戊烯　　（2）（Z）-3,4-二甲基-2-戊烯　　（3）顺-3,5-二甲基-2-庚烯

（4）烯丙基溴　　（5）5-乙基-2,2,3,4,6-五甲基-3-庚烯

（6）　　　　（7）

（8）（Z）-4-ethyl-3-methyl-2-hexene　　（9）3,3,4-tribrom-5-chloro-1-pentene

6.4 写出化合物：①3-乙基-2-戊烯、②环已烯、③顺-2-丁烯和④反-2-丁烯，分别与下列试剂反应的主要产物。

（1）H_2，Pd/C　　（2）Br_2/H_2O　　（3）Br_2/CCl_4　　（4）冷稀 $KMnO_4$ 溶液

（5）①B_2H_6，②H_2O_2/NaOH　　（6）①$Hg(OOCCH_3)_2$，②NaBH$_4$

（7）①O_3，②H_2O/Zn　　（8）Br_2/CH_3OH　　（9）HBr，自由基抑制剂

（10）HBr，过氧化物　　（11）m-CPBC（间-氯过氧化苯甲酸）

（12）$CHCl_3/KOH$　　（13）H_2SO_4/H_2O

6.5 写出下列反应的主要产物，有立体化学的写出立体构型。

（1）　　$\xrightarrow{Br_2/CCl_4}$　（　　）　　（2）　　$\xrightarrow[ROOR]{HBr}$　（　　）

（3）　　$\xrightarrow{(1)\ O_3}_{(2)\ H_2O/Zn}$　（　　）　　（4）　　$\xrightarrow{NBS}$　（　　）

（5）　　$\xrightarrow{(1)\ B_2H_6}_{(2)\ H_2O_2,\ OH^-}$　（　　）　　（6）　　$\xrightarrow{稀冷\ KMnO_4}$　（　　）

（7）　　$\xrightarrow{(1)\ B_2H_6}_{(2)\ H_2O_2,\ OH^-}$　（　　）　　（8）$CH_3CH_2CH_2CHCH_3$（带 Br）$\xrightarrow{Me_3CONa}$　（　　）

（9）　　$\xrightarrow[\triangle]{H_2SO_4}$　（　　）　　（10）　　$\xrightarrow{1mol\ HI}$　（　　）

（11）　　$\xrightarrow{(1)\ O_3/CH_3OH,\ 0℃}_{(2)\ H_2/Pt}$　（　　）　　（12）　　$\xrightarrow{H_2O/H^+}$　（　　）

（13）CH_2=$CHCOOH$ $\xrightarrow{HI}$（　　）　　（14）　　$\xrightarrow[CCl_4]{Br_2}$　（　　）

（15）CH_2=CH-$\overset{O}{\overset{\|}{C}}$-$O$-$CH$=$CH_2$ $\xrightarrow{ICl(1mol)}$（　　）

(16) $CH_3CH=CHCH_2CH=CHCF_3$ $\xrightarrow{Br_2(1mol)}$ (　　　)

6.6　完成下列转变，必要的无机试剂和有机试剂任选。

(1)

(2) $CH_3CHBrCH_3 \longrightarrow CH_3CH_2CH_2Br$

(3) $CH_3CH_2CHBrCH_2Br \longrightarrow CH_3CH_2CHBrCH_3$

(4)

(5) $CH_3CH_2C(CH_3)=CH_2 \longrightarrow CH_3CH_2C(CH_3)_2OCH_3$

(6)

(7)

(8)

6.7　排列下面各组的化合物与 HOBr 发生加成反应的活性顺序。

(1) 乙烯、丙烯、2-丁烯、丙烯酸　　(2) 氯乙烯、1,2-二氯乙烯、丙烯、乙烯

6.8　用化学方法鉴别下列各组化合物。

(1) 丁烷、1-丁烯、2-丁烯　　(2) 丁烷、甲基环丙烷、1-丁烯、2-丁烯

6.9　化合物 A（C_7H_{12}）与高锰酸钾溶液一起反应后得到环己酮。A 在酸作用下，能转变成其较稳定的异构体 B。B 经臭氧化反应后，再用 Zn/H_2O 还原水解得到 $CH_3COCH_2CH_2CH_2CHO$。B 与 Br_2/CCl_4 反应得到化合物 C。C 在 $NaOH/C_2H_5OH$ 中共热得到 D（C_7H_{10}）。D 经臭氧化反应后再还原水解则得到丙酮醛和丁二醛。推断 A、B、C、D 的结构，并写出有关反应式。

环己酮：　　丙酮醛：$CH_3-\overset{O}{\underset{\|}{C}}-CH=O$　　丁二醛：

6.10　化合物 C_7H_{14} 经臭氧氧化和水解反应，无论加不加 Zn 粉，均得到相同的产物。该化合物应具有怎样的结构？

6.11　化合物 A（C_7H_{12}）与干燥 HCl 反应得到 B（$C_7H_{13}Cl$）。B 与 t-BuOK/t-BuOH 作用，只能得到少量 A，而主要产物为 C（C_7H_{12}），C 是 A 的异构体。C 经臭氧化、还原水解得到环己酮和甲醛。推断 A、B、C 的结构式，并写出有关反应式。

6.12　由指定的有机原料出发，合成（可加无机试剂、有机试剂）下列化合物。

(1) 由异丙醇（$CH_3CHOHCH_3$）合成农药 1,2-二溴-3-氯丙烷

(2) 由丙烯合成 1,5-己二烯　　(3) 由丙烷合成 1-溴丙烷

(4) 由环己烷合成 3-溴环己烯　　(5) 由环己烷合成 1,2,3-三溴环己烷

6.13　化合物 A（C_7H_{12}）经硼氢化反应和碱性过氧化氢处理，得到外消旋体产物 B（$C_7H_{14}O$）。B 与 TsCl（对甲基苯磺酰氯）在吡啶中反应后，再用 t-BuOK/t-BuOH 处理，得到 A 的同分异构体 C，C 也是外消旋体。C 经臭氧化、$NaBH_4$ 还原得到 2-甲基-1,6-己二醇。推断 A、B、C 的结构，并写出有关反应式。

6.14　化合物 A（$C_7H_{15}Br$）经强碱处理得到烯烃混合物，经分离测定它们为 B、C、D 三种烯烃异构体，且均可催化氢化成 2-甲基己烷。经硼氢化、H_2O_2/OH^- 处理，B 得到醇 E（$C_7H_{15}OH$）。C、D 则分别得到几乎等量的 E 及其异构体 F。推断 A、B、C、D、E、F 的结构（均不考虑对映异构现象），并写出有关反应式。

6.15　化合物 A 的分子式为 C_5H_{10}，A 能被 $KMnO_4/H_2SO_4$ 氧化生成一分子 C_4 的羧酸，同时放出 CO_2 气体。若经臭氧化后还原水解得到两种不同的醛，试推测 A 可能的结构式，并写出有关反应式。

6.16　化合物 A 的分子式为 C_4H_8，它能使 Br_2/CCl_4 溶液褪色，但不能被稀的酸性高锰酸钾溶液氧化。1mol 的 A 与 1mol 的 HBr 反应生成 B，B 也可以从 A 的同分异构体 C(C_4H_8) 与 HBr 反应得到。化合物 C 既能使 Br_2/CCl_4 溶液褪色，也能使稀的酸性高锰酸钾溶液褪色。试推测化合物 A、B、C 的构造式，写出有关反应式。

6.17　写出下列反应的机理。

(1)

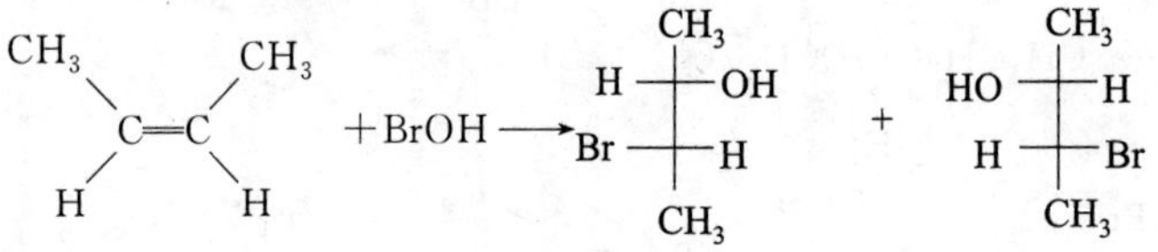

(2)

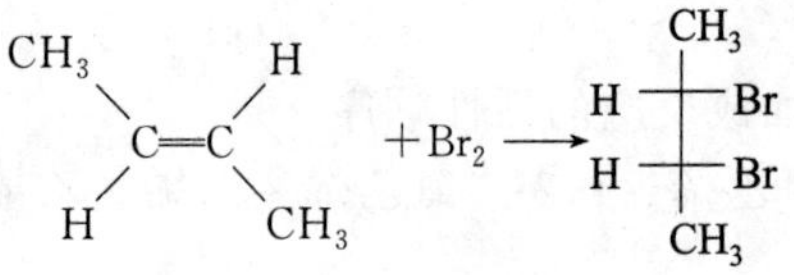

(3) $(CH_3)_3CCH{=\!=}CH_2 + HBr \longrightarrow (CH_3)_2\overset{\overset{\displaystyle Br}{|}}{C}{-}CH(CH_3)_2$

(4)

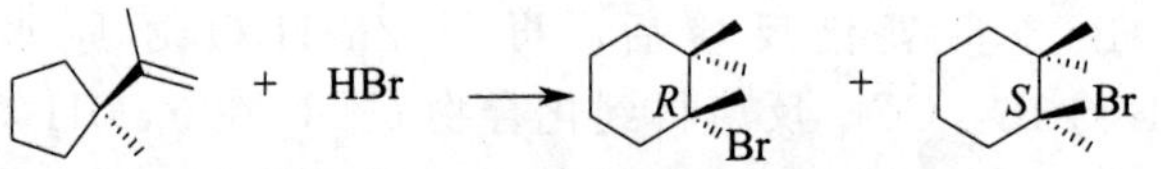

6.18　写出顺-2-丁烯与 HOBr 反应生成的产物，并以合理机理理解。

第 **7** 章

炔 烃

7.1 结构和命名

7.1.1 单炔烃及碳-碳叁键

含碳-碳叁键（C≡C）的不饱和烃，叫炔烃（alkynes）。含一个 C≡C 的炔烃称为单炔烃，它比相应的烷烃分子少 4 个氢原子，故单炔烃通式为 C_nH_{2n-2}，不饱和度为 2。

炔键的碳原子是 sp 杂化，其杂化过程如图 7.1 所示。

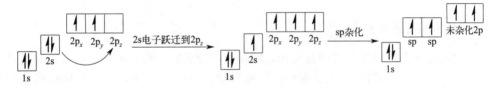

图 7.1　碳的 sp 杂化过程

两个 sp 杂化的碳原子各以一个 sp 杂化轨道相互"头碰头"重叠，形成 $C^{sp}—C^{sp}\sigma$ 键，另一个 sp 杂化轨道与其他原子成键，形成直线型的结构。每个碳余下的两个互相垂直的 p 轨道分别侧面交盖，形成两个互相垂直的 π 键，如图 7.2(a) 所示。现已证明该 π 键并不是简单地呈现两组侧面重叠的 p 轨道，而是形成一个以 σ 键为对称轴的圆筒状 π 电子云，如图 7.2(b) 所示。

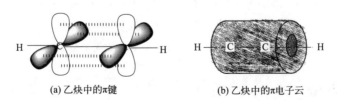

(a) 乙炔中的π键　　　　　(b) 乙炔中的π电子云

图 7.2　乙炔中碳-碳叁键成键和 π 电子云状况

圆筒状 π 电子云的形成，使 C≡C 键长比 C═C 键长更短，键能也增加。乙炔中 C≡C 键长（120pm）比乙烯（134pm）短，键能（836kJ·mol^{-1}）比乙烯（611kJ·mol^{-1}）大。由于直线型结构特征，炔烃只有碳架异构和叁键位置异构，室温下能存在的最小环炔为八元环。

7.1.2 炔烃的命名

7.1.2.1 炔烃的习惯命名

最简单的炔烃为乙炔（acetylene）。简单的炔烃，可作为乙炔的衍生物命名，例如：

$$
\underset{\text{异丙基乙炔}}{\underset{\displaystyle CH_3{-}CH{-}C{\equiv}CH}{\overset{\displaystyle CH_3}{|}}}
\qquad
\underset{\text{二甲基乙炔}}{CH_3{-}C{\equiv}C{-}CH_3}
\qquad
\underset{\text{乙烯基乙炔}}{CH_2{=}CH{-}C{\equiv}CH}
$$

7.1.2.2 单炔烃的系统命名

单炔烃的系统命名，原则上与烯烃相似。选取含 $C{\equiv}C$ 最长碳链为主链，按主链碳原子数，称为"某炔"（英文词尾 yne），作为化合物的母体。主链编号从靠近 $C{\equiv}C$ 一端开始，名称中标出 $C{\equiv}C$ 中较小的碳原子位数。例如：

$$
\underset{\text{3-甲基-1-丁炔（3-methyl-1-butyne）}}{\underset{\displaystyle CH_3{-}CH{-}C{\equiv}CH}{\overset{\displaystyle CH_3}{|}}}
\qquad
\underset{\text{4-甲基-2-戊炔（4-methyl-2-pentyne）}}{\underset{\displaystyle CH_3{-}CH{-}C{\equiv}C{-}CH_3}{\overset{\displaystyle CH_3}{|}}}
$$

$$
\underset{\displaystyle CH_3{-}CH_2{-}\underset{\underset{\displaystyle CH_3}{|}}{\overset{\overset{\displaystyle CH_3}{|}}{C}}{-}C{\equiv}C{-}\underset{\underset{\displaystyle CH_3}{|}}{\overset{\overset{\displaystyle CH_3}{|}}{C}}{-}CH_3}{}
$$

2,2,5,5-四甲基-3-庚炔
（2,2,5,5-tetramethyl-3-heptyne）

7.1.2.3 烯炔的系统命名

分子中同时含有双键和叁键的化合物，叫烯炔。命名时一般选取同时含双键和叁键的最长链为主链，称为"某烯炔"。主链编号应使重键碳原子编号最小，且一般从离链端最近的不饱和键开始编号，例如（注意二者的编号区别）：

$$
\underset{\text{3-戊烯-1-炔（3-pentene-1-yne）}}{\overset{5\quad4\quad3\quad2\quad1}{CH_3{-}CH{=}CH{-}C{\equiv}CH}}
\qquad
\underset{\text{1-戊烯-3-炔（1-pentene-3-yne）}}{\overset{1\quad2\quad3\quad4\quad5}{CH_2{=}CH{-}C{\equiv}C{-}CH_3}}
$$

如果双键和叁键离链端相同，从双键一端开始编号，例如：

$$
\underset{\text{4,4-二甲基-1-己烯-5-炔}}{CH_2{=}CH{-}CH_2{-}\underset{\underset{\displaystyle CH_3}{|}}{\overset{\overset{\displaystyle CH_3}{|}}{C}}{-}C{\equiv}CH}
\qquad
\underset{\text{（E）-4-乙基-3-甲基-1,3-己二烯-5-炔}}{\overset{6\quad5\quad\quad\quad2\quad1}{HC{\equiv}C{-}\underset{4}{C}{=}\underset{3}{C}{-}CH{=}CH_2}}
$$

7.2 炔烃的制备

7.2.1 乙炔的工业制备

7.2.1.1 电石法

电石，学名碳化钙，由生石灰和焦炭在电弧炉高温作用下生成：

$$CaO + 3C \xrightarrow{2200\sim3000℃} CaC_2 + CO$$

电石与水反应生成乙炔和氢氧化钙：

$$CaC_2 + 2H_2O \longrightarrow HC\equiv CH + Ca(OH)_2$$

电石法生产乙炔工艺成熟，纯度高达 99%。缺点是电耗高。

7.2.1.2　裂化法

将甲烷迅速通过加热管道（接触时间 $10^{-2}\sim10^{-1}$ s），使甲烷在 1500℃ 高温发生裂化反应生成乙炔，裂化气需迅速急剧冷却，避免继续分解。

$$2CH_4 \xrightarrow{1500℃} HC\equiv CH + 3H_2$$

以轻质石油作为原料，在 930～1230℃ 高温下，进行热裂解，也可以使乙炔成为主要产品。这种方法技术难度较高，通过控制工艺条件，可同时生成烯烃和乙炔，再分离。

由于乙炔生产过程能耗高，其合成方法逐渐改用以乙烯、丙烯等为原料的生产路线。

7.2.2　二卤代烷脱卤化氢制备炔烃

邻二卤代烷和偕二卤代烷在一定条件下，脱去两分子卤化氢生成炔烃。例如：

$$Cl-CH_2-CH_2-Cl \xrightarrow[-HCl]{KOH/醇} CH_2=CH-Cl \xrightarrow[高温]{KOH/醇} HC\equiv CH$$
$$氯乙烯$$

$$Cl-CH_2-CH_2-Cl \xrightarrow[-HCl]{KOH/醇} CH_2=CH-Cl \xrightarrow[-HCl]{NaNH_2} HC\equiv CH$$

1,2-二氯乙烷首先脱去一分子氯化氢，生成化学性质不活泼的氯乙烯比较容易。但再脱去另一分子氯化氢，比较困难，需要在高温（100～200℃）或更强碱（如 $NaNH_2$）条件下进行。

实验发现，脱卤化氢所用试剂（KOH 或 $NaNH_2$）与生成物中碳-碳叁键的位置有一定关系。以氢氧化钾为代表的碱性氢氧化物，在高温下，能使末端的叁键向链中间转移，异构化为二取代基乙炔，以获得较大的稳定性。例如：

$$CH_3-CH_2-\underset{\underset{Br}{|}}{CH}-\underset{\underset{Br}{|}}{CH_2} \xrightarrow[\triangle]{KOH} CH_3-CH_2-C\equiv CH \rightleftharpoons CH_3-C\equiv C-CH_3$$

叁键的迁移可能与累积双烯有关。1,2-二溴丁烷脱两分子 HBr，有两种产物：

$$CH_3-\underset{\underset{H}{|}}{\overset{\overset{H}{|}}{CH}}-\underset{\underset{Br}{|}}{\overset{\overset{H}{|}}{C}}-\underset{\underset{Br}{|}}{\overset{\overset{H}{|}}{CH}} \begin{cases} \rightarrow CH_3-CH_2-C\equiv CH & \text{1- 丁炔} \\ \rightarrow CH_3-CH=C=CH_2 & \text{1,2- 丁二烯} \end{cases}$$

由于连有卤原子的碳上氢，酸性较大，故有利消除成炔。但 1,2-丁二烯比 1-丁炔略稳定，具有竞争性，在高温下存在如下平衡移动，最后生成更稳定的非端炔（内炔）：

$$CH_3-CH_2-C\equiv CH \underset{150℃}{\overset{KOH}{\rightleftharpoons}} CH_3-CH=C=CH_2 \underset{150℃}{\overset{KOH}{\rightleftharpoons}} CH_3-C\equiv C-CH_3$$

生成热 ΔH_f(kJ/mol)：　　165　　　　　　　　162　　　　　　　　145

因此，一般在制备非端炔或在不可能发生异构化情况下，才使用氢氧化钾脱卤化氢。

例如：

$$\text{Ph—CHBr—CHBr—Ph} \xrightarrow[\text{回流}]{\text{KOH/CH}_3\text{OH}} \text{Ph—C}\!\equiv\!\text{C—Ph} \quad 60\%\sim69\%$$

$$\text{Ph—CH}\!=\!\text{CH—Br} \xrightarrow[130℃]{\text{KOH/C}_2\text{H}_5\text{OH}} \text{Ph—C}\!\equiv\!\text{CH} \quad 60\%$$

氨基钠的异构化作用与氢氧化钾相反，它使叁键从链中间迁移到链端。例如，2-辛炔或 2,3-二溴辛烷经氨基钠处理，均得到 1-辛炔：

$$\text{CH}_3\text{—(CH}_2)_4\text{—C}\!\equiv\!\text{C—CH}_3 \xrightarrow[150℃]{\text{NaNH}_2} \text{CH}_3\text{—(CH}_2)_4\text{—CH}_2\text{—C}\!\equiv\!\text{CNa} \xrightarrow{\text{H}_3\text{O}^+} \text{CH}_3\text{—(CH}_2)_4\text{—CH}_2\text{—C}\!\equiv\!\text{CH}$$

$$\text{CH}_3\text{—(CH}_2)_4\text{—CHBr—CHBr—CH}_3 \xrightarrow[150℃]{\text{NaNH}_2} \xrightarrow{\text{H}_3\text{O}^+} \text{CH}_3\text{—(CH}_2)_4\text{—CH}_2\text{—C}\!\equiv\!\text{CH}$$

这可能是由于非端炔通过上述累积双烯与端炔之间建立的平衡，在强碱性 NaNH_2 作用下，移向生成酸性端炔的方向。因此，在制备端炔时，应选用 NaNH_2 作为脱卤化氢试剂。

$$\text{CH}_3\text{—(CH}_2)_{13}\text{—CHBr—CH}_2\text{Br} \xrightarrow[150℃]{\text{NaNH}_2} \text{CH}_3\text{—(CH}_2)_{13}\text{—C}\!\equiv\!\text{CNa} \xrightarrow{\text{H}_3\text{O}^+} \text{CH}_3\text{—(CH}_2)_{13}\text{—C}\!\equiv\!\text{CH}$$

$$\text{CH}_3\text{—(CH}_2)_2\text{—CCl}_2\text{—CH}_3 \xrightarrow[150℃]{\text{NaNH}_2} \text{CH}_3\text{—(CH}_2)_2\text{—C}\!\equiv\!\text{CNa} \xrightarrow{\text{H}_3\text{O}^+} \text{CH}_3\text{—(CH}_2)_2\text{—C}\!\equiv\!\text{CH}$$

7.2.3 炔化物烷基化法

利用端炔的酸性，可制成金属炔化物。例如，乙炔与氨基钠作用，生成乙炔钠或乙炔二钠。金属炔化物与伯卤代烷发生亲核取代反应，生成增长碳链的炔烃。例如：

$$\text{HC}\!\equiv\!\text{CH} \xrightarrow[-33℃]{\text{NaNH}_2/\text{NH}_3(\text{l})} \text{HC}\!\equiv\!\text{CNa} \xrightarrow{n\text{-C}_4\text{H}_9\text{Br}} \text{HC}\!\equiv\!\text{C—CH}_2\text{CH}_2\text{CH}_2\text{CH}_3 \quad 89\%$$

$$\text{HC}\!\equiv\!\text{CH} \xrightarrow[-33℃]{\text{NaNH}_2/\text{NH}_3(\text{l})} \text{NaC}\!\equiv\!\text{CNa} \xrightarrow{2n\text{-C}_4\text{H}_9\text{Br}} n\text{-C}_4\text{H}_9\text{—C}\!\equiv\!\text{C—C}_4\text{H}_9\text{-}n$$

端炔的活泼氢能分解格氏试剂，生成炔基格氏试剂，例如：

$$\text{CH}_3\text{—(CH}_2)_3\text{—C}\!\equiv\!\text{CH} + \text{C}_2\text{H}_5\text{MgBr} \longrightarrow \text{CH}_3\text{—(CH}_2)_3\text{—C}\!\equiv\!\text{CMgBr} + \text{C}_2\text{H}_6$$

炔基格氏试剂中 $\text{C}^{sp}\text{—MgX}$ 离子性比 $\text{C}^{sp^3}\text{—MgX}$ 强。这是因为 sp 杂化碳的 s 成分高，碳核对核外电子束缚较强。炔基格氏试剂具有较强的亲核性，可以对伯卤代烷进行类似炔化钠的亲核取代反应。例如：

$$\text{CH}_3\text{—(CH}_2)_3\text{—C}\!\equiv\!\text{CMgBr} + \text{CH}_3\text{CH}_2\text{Br} \longrightarrow \text{CH}_3\text{—(CH}_2)_3\text{—C}\!\equiv\!\text{C—CH}_2\text{CH}_3$$

7.3 炔烃的物理性质

炔烃的许多物理性质与烯烃有相似之处。但由于叁键碳原子为 sp 杂化，炔烃具有线型结构的特点，分子间排列较紧密，作用力比相应烯烃和烷烃大，故物理性质也有一定差异。

7.3.1　沸点和熔点

乙炔、丙炔和 1-丁炔室温下为气体，中级炔烃为液体，它们的沸点比相应的烯烃高出约 $10 \sim 20 \, ℃$。炔烃同系列中，随分子量增加，熔、沸点都升高。相同碳链的炔烃，端炔的沸点明显低于非端炔异构体。

7.3.2　密度和溶解性

炔烃分子排列较紧密，密度略大于相应的烯烃，但仍小于水。炔烃分子极性小，易溶于有机溶剂，难溶于水，但水中溶解度略大于相应的烯烃。

7.3.3　偶极矩

单取代乙炔（也称端炔）分子中，由于烷基与叁键碳原子相连键 $C^{sp^3}—C^{sp}$ 是极化的，因此，端炔分子具有偶极矩。不同杂化碳原子的电负性呈现 $C^{sp} > C^{sp^2} > C^{sp^3}$ 的规律，所以，端炔的偶极矩大于端烯。对称性炔分子 $R—C \equiv C—R$ 偶极矩为零。

7.4　炔烃的反应

7.4.1　端炔酸性与金属炔化物的生成

端炔 $RC \equiv C—H$ ，由于 sp 杂化的碳电负性较大，故 $C^{sp}—H$ 的电子对偏向碳，氢带部分正电荷，共价键异裂倾向大。在电离平衡中，端炔负离子的负电荷受到 sp 杂化碳核较强的控制，增加其稳定性，经测定，端炔的电离平衡 pK_a 约为 25，酸性大于 NH_3，小于水和醇。

$$R—C \equiv CH \rightleftharpoons R—C \equiv C^- + H^+$$

因此，端炔可与氨基钠（液氨中）反应，生成炔钠，例如：

$$HC \equiv CH \xrightarrow{NaNH_2/NH_3(l)} HC \equiv CNa \xrightarrow{NaNH_2/NH_3(l)} NaC \equiv CNa （乙炔二钠）$$

端炔能与熔融的金属钠反应，生成炔钠。乙炔与金属钠反应除与实际用量有关外，还与反应温度有关：

$$HC \equiv CH \xrightarrow{Na}{110℃} HC \equiv CNa \xrightarrow{Na}{190℃} NaC \equiv CNa （乙炔二钠）$$

炔钠为白色固体，是离子型化合物，遇水或醇迅速分解，重新生成炔，相当于强酸置换弱酸，几乎不可逆：

$$HC \equiv CNa + H_2O \text{ 或 } C_2H_5OH \rightleftharpoons HC \equiv CH + NaOH \text{ 或 } C_2H_5ONa$$

端炔与银盐（银氨溶液）或亚铜盐（亚铜铵溶液）作用，分别析出白色或砖红色沉淀。反应迅速、灵敏、现象明显，是乙炔和端炔的重要鉴定方法：

$$RC\equiv CH \xrightarrow{Ag(NH_3)_2NO_3} RC\equiv C-Ag \text{（炔银，白色沉淀）}$$

$$RC\equiv CH \xrightarrow{Cu(NH_3)_2Cl} RC\equiv C-Cu \text{（炔亚铜，砖红色沉淀）}$$

干燥的炔银和炔亚铜等重金属炔化物不稳定，受热或震动会发生爆炸。因此，上述反应生成的沉淀应及时用稀硝酸分解。

7.4.2　炔钠与羰基化合物的反应

炔钠除与伯卤代烷进行亲核取代反应外（见 7.2.3 炔化物烷基化法），还可以与醛、酮发生亲核加成反应生成炔醇。其作用机理与格氏试剂十分相似。

$$RC\equiv C^-Na^+ + \overset{R}{\underset{(H)R'}{C}}\overset{\delta^+}{=}\overset{\delta^-}{O} \longrightarrow RC\equiv C-\overset{R}{\underset{R'(H)}{C}}-ONa \xrightarrow{H_3O^+} RC\equiv C-\overset{R}{\underset{R'(H)}{C}}-OH\text{（炔醇）}$$

工业上将端炔和醛或酮直接在碱性条件下加压，或通过乙炔亚铜（Cu_2C_2）的催化作用进行反应，制备炔醇或炔二醇，称为 Reppe（雷珀）反应。例如：

$$HC\equiv CH + H_2C=O \xrightarrow[\text{压力下}]{KOH} HC\equiv C-CH_2OH \text{（丙炔醇）}$$

$$HC\equiv CH + 2H_2C=O \xrightarrow[\text{压力下}]{KOH} HOCH_2-C\equiv C-CH_2OH \text{（丁炔-1,4-丁二醇）}$$

$$HC\equiv CH + (CH_3)_2C=O \xrightarrow[110℃]{Ni-Cu_2C_2} HC\equiv C-\overset{CH_3}{\underset{CH_3}{\overset{|}{\underset{|}{C}}}}-OH \text{（2-甲基-3-丁炔-2-醇）}$$

通过雷珀反应可以合成许多重要的有机合成中间体，再经过适当反应转化步骤，可生成1,4-丁二醇、1,3-丁二烯、异戊二烯等重要有机产品。

7.4.3　炔烃的加氢

7.4.3.1　催化加氢

在金属 Pt、Pd 等催化剂作用下，炔烃与两分子氢反应生成相应的烷烃，例如：

$$C_6H_5-C\equiv C-C_6H_5 + 2H_2 \xrightarrow{Pd/C（未毒化）} C_6H_5-CH_2-CH_2-C_6H_5$$

实验证明，碳-碳叁键比碳-碳双键容易加氢，这是因为具有碳-碳叁键的线性分子能更好地吸附于催化剂表面。利用这一差异性，使用 Lindlar（林德拉）催化剂，可使炔烃加氢反应，停留在烯烃阶段，而且产物主要是顺式烯烃。林德拉催化剂是将 Pd 吸附在 $CaCO_3$ 上，再掺加 $Pb(OAc)_2$ 或 $BaSO_4$ 或喹啉，使 Pd 部分中毒，活性降低，提高选择性。反应通式：

$$R-C\equiv C-R' \xrightarrow[Pd/CaCO_3, 喹啉]{H_2} \overset{R}{\underset{H}{}}C=C\overset{R'}{\underset{H}{}} \text{（顺式烯烃）}$$

$NaBH_4$ 和 $Ni(OAc)_2$ 在乙醇中反应得到 Ni_2B，俗称 P-2 催化剂，它也可以催化炔烃氢化得到顺式烯烃，例如：

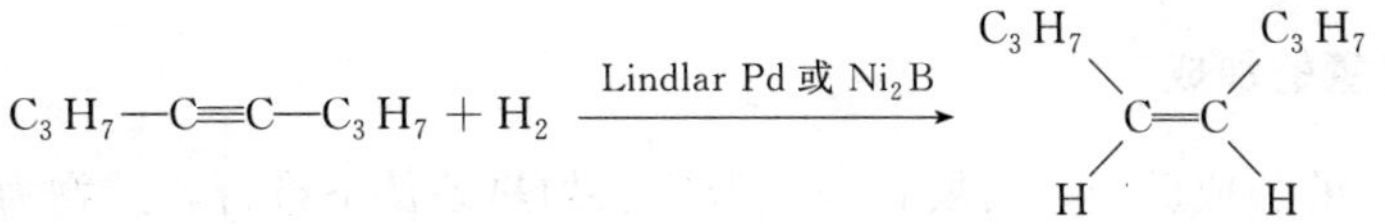

$$C_3H_7-C\equiv C-C_3H_7 + H_2 \xrightarrow{\text{Lindlar Pd 或 Ni}_2\text{B}} \underset{H}{\overset{C_3H_7}{\diagdown}}C=C\underset{H}{\overset{C_3H_7}{\diagup}}$$

7.4.3.2 金属钠/液氨还原

非端炔可被金属钠或金属锂在液氨中还原成烯烃，且主要得到反式异构体：

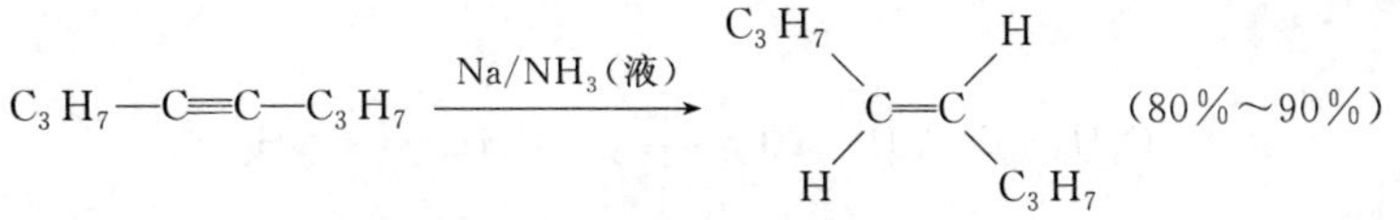

$$C_3H_7-C\equiv C-C_3H_7 \xrightarrow{\text{Na/NH}_3(\text{液})} \underset{H}{\overset{C_3H_7}{\diagdown}}C=C\underset{C_3H_7}{\overset{H}{\diagup}} \quad (80\%\sim90\%)$$

反应并不是由 Na 加 NH_3 产生出氢气还原，而是经历"电子-质子"还原过程。由于碳-碳叁键的 π 电子云呈圆筒状，相对而言，碳核暴露程度大，C^{sp} 电负性较大，故容易与电子相结合。炔烃首先从金属钠接受一个电子，形成自由基负离子，然后从液氨中接受一个质子，形成乙烯型自由基。该自由基再经历一次"电子-质子"过程，得到反式烯烃：

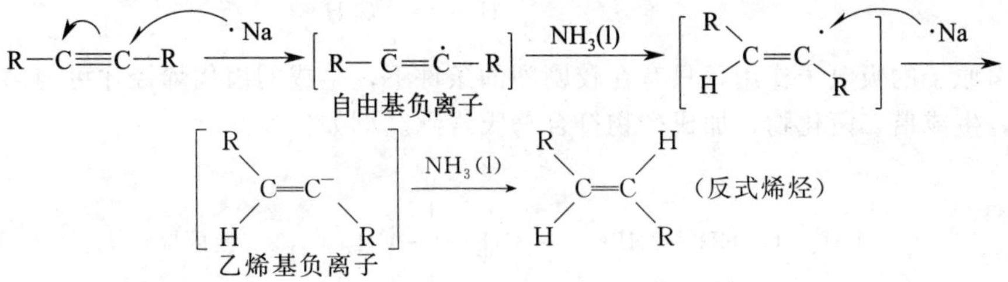

由于反式中间体比顺式中间体稳定，故产物以反式烯烃为主。这个方法不适用于还原端炔，因为它主要生成炔钠。

7.4.4 炔烃的亲电加成

虽然叁键有两个 π 键，但炔烃的 π 电子云不仅结合牢固，还受到电负性强的 sp 杂化碳核的控制，因此，炔烃的亲电加成一般比烯烃难。

7.4.4.1 与卤素的加成

在同样条件下，叁键比双键难发生亲电加成，氯与叁键的加成需要在 $FeCl_3$ 或 $SnCl_2$ 等 Lewis 酸催化下才能顺利进行。分子中同时存在叁键和双键时，卤素优先与双键反应。例如：

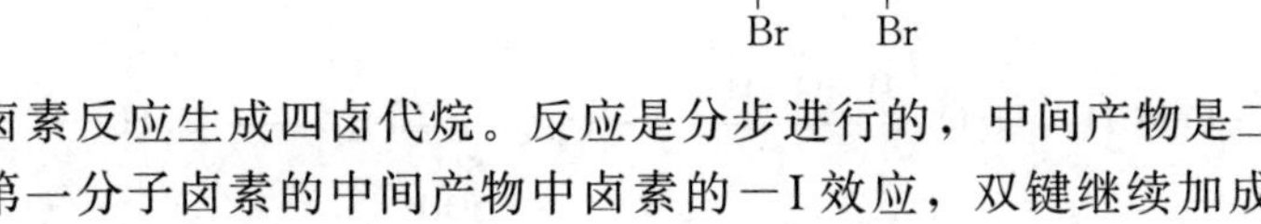

$$CH_2=CH-CH_2-C\equiv CH \xrightarrow{\text{1mol Br}_2} \underset{\underset{Br}{|}}{CH_2}-\underset{\underset{Br}{|}}{CH}-CH_2-C\equiv CH$$

炔烃与过量卤素反应生成四卤代烷。反应是分步进行的，中间产物是二卤烯烃，以反式加成为主。由于第一分子卤素的中间产物中卤素的 $-I$ 效应，双键继续加成速率减慢，故控制反应条件，反应可停留在二卤烯烃阶段。提高反应温度，才能得到四卤代烷的加成产物：

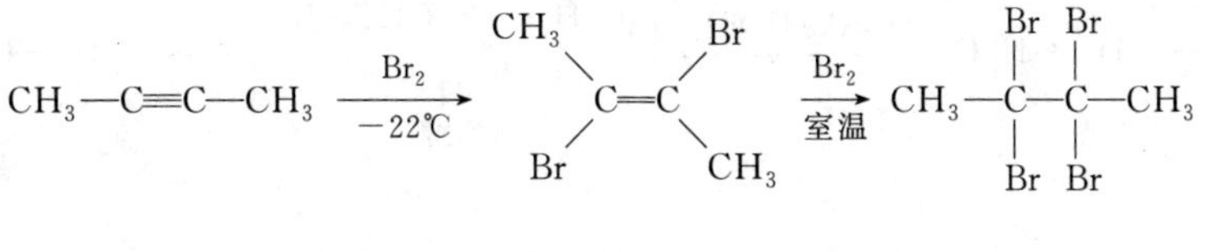

$$CH_3-C\equiv C-CH_3 \xrightarrow[-22℃]{\text{Br}_2} \underset{Br}{\overset{CH_3}{\diagdown}}C=C\underset{CH_3}{\overset{Br}{\diagup}} \xrightarrow[\text{室温}]{\text{Br}_2} CH_3-\underset{\underset{Br}{|}}{\overset{\overset{Br}{|}}{C}}-\underset{\underset{Br}{|}}{\overset{\overset{Br}{|}}{C}}-CH_3$$

7.4.4.2 与卤化氢的加成

乙炔与氯化氢的加成反应，需要在汞盐催化、加热条件下进行，产物为氯乙烯。

$$HC \equiv CH + HCl \xrightarrow[120 \sim 130℃]{HgCl_2} CH_2 = CH - Cl$$

炔烃与溴化氢的加成，比与氯化氢的加成容易些，一般用三溴化铁催化，端炔取向服从"马氏规则"。例如：

$$C_4H_9 - C \equiv CH + HBr \xrightarrow[15℃]{FeBr_3} C_4H_9 - \underset{Br}{C} = CH_2$$

二取代炔与 1mol 的 HX 反应生成的加成产物中，氢与卤原子在双键的异侧。例如：

$$CH_3CH_2C \equiv CCH_2CH_3 \xrightarrow{HCl} \underset{H}{\overset{C_2H_5}{\diagdown}} C = C \underset{C_2H_5}{\overset{Cl}{\diagup}} \quad (Z)\text{-3-氯-3-己烯}$$

因为卤原子的吸电子作用，只有在较剧烈的条件下，生成的卤代烯烃才可与第二分子卤化氢加成，生成偕二卤化物，加成产物符合马氏规则。例如：

$$CH_3 - C \equiv CH + 2HBr \longrightarrow CH_3 - \underset{Br}{\overset{Br}{\underset{|}{\overset{|}{C}}}} - CH_3 \quad (2,2\text{-二溴丙烷})$$

炔烃与溴化氢的加成反应，也存在过氧化物效应，即在过氧化物存在或光照条件下，按自由基机理加成，生成反马氏加成产物。例如：

$$C_4H_9 - C \equiv CH + HBr \xrightarrow{h\nu} C_4H_9 - CH = CH - Br \xrightarrow[h\nu]{HBr} C_4H_9 - CH_2 - CHBr_2$$

7.4.4.3 炔烃的水合反应

乙炔在硫酸汞的硫酸溶液催化下，与水加成，经历一个很不稳定的加成产物"乙烯醇"，再异构化得到乙醛：

$$HC \equiv CH + H_2O \xrightarrow{HgSO_4/H_2SO_4} [CH_2 = CH - OH] \Longrightarrow CH_3 - CH = O$$
$$\qquad\qquad\qquad\qquad\qquad\qquad\qquad\quad 乙烯醇 \qquad\qquad\qquad\quad 乙醛$$

炔烃的水合反应也遵守"马氏规则"，其他炔烃，在同样条件下，生成酮。例如：

$$C_4H_9 - C \equiv CH + H_2O \xrightarrow{HgSO_4/H_2SO_4} \left[C_4H_9 - \underset{OH}{\overset{}{C}} = CH_2 \right] \longrightarrow C_4H_9 - \underset{O}{\overset{}{C}} - CH_3$$
$$\qquad\qquad\qquad\qquad\qquad\qquad\qquad\qquad\qquad\quad 烯醇 \qquad\qquad\qquad\qquad\qquad 甲基酮$$

$$C_2H_5 - C \equiv C - C_2H_5 + H_2O \xrightarrow{HgSO_4/H_2SO_4} \left[C_2H_5 - \underset{OH}{\overset{}{C}} = CHC_2H_5 \right] \longrightarrow C_2H_5 - \underset{O}{\overset{}{C}} - CH_2C_2H_5$$
$$\qquad\qquad\qquad\qquad\qquad\qquad\qquad\qquad\qquad\qquad\qquad\quad 烯醇 \qquad\qquad\qquad\qquad\qquad\qquad 酮$$

一些非汞盐催化剂，如磷酸盐，在高温下也能催化炔烃的水合反应。随着石油化学工业的发展，炔烃水合制备醛、酮的方法已逐步被烯烃催化氧化的方法代替。

7.4.5　硼氢化反应

炔烃与乙硼烷按协同反应机理，顺式加成生成乙烯型硼化物。再用醋酸分解，得到顺式烯烃。例如：

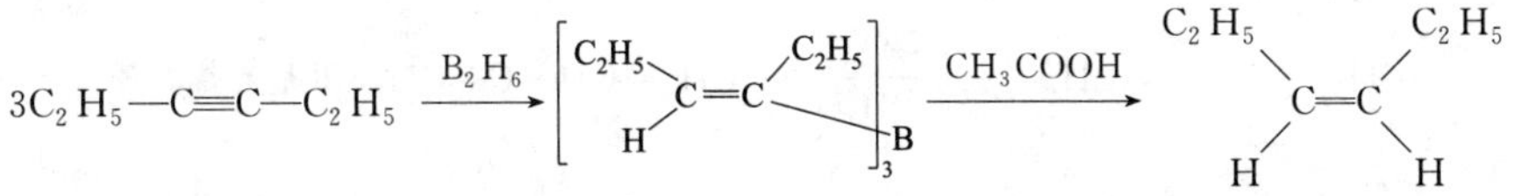

端炔与乙硼烷加成后，再用碱性过氧化氢分解，可以得到相应的醛。例如：

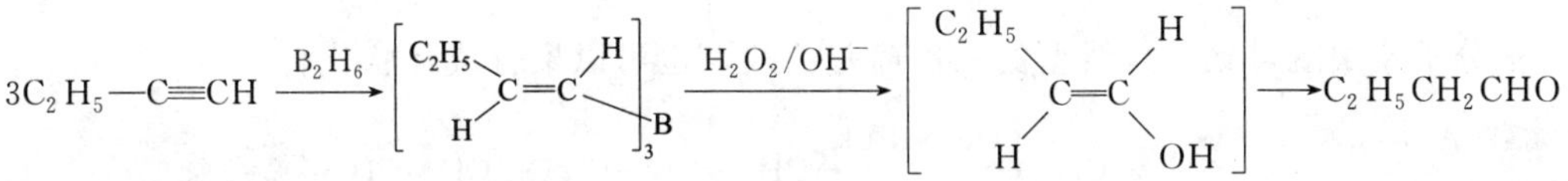

7.4.6　炔烃的亲核加成反应

在一定条件下，端炔，特别是乙炔，与氢氰酸、乙醇、乙酸等亲核试剂进行亲核加成反应，得到乙烯基衍生物，称为乙烯基化反应。其工艺较成熟，可以合成许多重要有机产品。在碱性条件下，乙炔与乙醇钠的乙醇溶液反应生成乙烯基乙醚：

$$HC\equiv CH + C_2H_5OH \xrightarrow{C_2H_5ONa} CH_2=CH-OC_2H_5 （乙烯基乙醚）$$

在乙酸锌作用下，乙酸与乙炔一起加热反应得到醋酸乙烯酯：

$$HC\equiv CH + CH_3COOH \xrightarrow{(CH_3COO)_2Zn} CH_2=CH-OOCCH_3 （醋酸乙烯酯）$$

在氯化亚铜或氰化亚铜催化下，乙炔与氢氰酸反应得到丙烯腈：

$$HC\equiv CH + HCN \xrightarrow{CuCN} CH_2=CH-CN （丙烯腈）$$

一般认为，上述是亲核试剂乙氧基负离子（$C_2H_5O^-$）、乙酸根（CH_3COO^-）、氰根负离子（CN^-）进攻炔碳的加成反应，是决定反应速率的步骤，因此为亲核加成。虽然，炔烃亲电加成反应活性不如烯烃，但是其亲核加成反应活性比烯烃大得多。

7.4.7　聚合反应

乙炔在不同条件下，可选择性地进行低聚，生成短链或环状化合物。

7.4.7.1　乙炔的二聚

二分子乙炔，在 $CuCl/NH_4Cl$ 的强酸性溶液催化下，一分子乙炔对另外一分子乙炔加成，生成乙烯基乙炔（1-丁烯-3-炔），并已实现工业化，是乙炔的重要反应之一。

$$HC\equiv CH + HC\equiv CH \xrightarrow[HCl]{CuCl/NH_4Cl} CH_2=CH-C\equiv CH （乙烯基乙炔）$$

乙烯基乙炔分子中同时存在双键和叁键，在有利于叁键反应的条件下，叁键可以选择性地优先反应，生成许多具有稳定共轭结构的有机中间体。例如：

$$CH_2=CH-C\equiv CH \xrightarrow[\text{Lindlar Pd}]{H_2} CH_2=CH-CH=CH_2 \text{（1,3-丁二烯）}$$

$$CH_2=CH-C\equiv CH \xrightarrow{HCl/CuCl} CH_2=CH-\underset{\underset{Cl}{|}}{C}=CH_2 \text{（2-氯-1,3-丁二烯）}$$

$$CH_2=CH-C\equiv CH \xrightarrow[HgSO_4/H_2SO_4]{H_2O} CH_2=CH-\underset{\underset{O}{\|}}{C}-CH_3 \text{ 甲基乙烯基酮}$$

7.4.7.2　乙炔的三聚

三分子乙炔既可聚合成线型的二乙烯基乙炔，也可以聚合成环状化合物——苯：

$$3\ HC\equiv CH \xrightarrow[HCl]{CuCl/NH_4Cl} CH_2=CH-C\equiv C-CH=CH_2$$

$$3\ HC\equiv CH \xrightarrow{500℃} \bigcirc$$

乙炔三聚成苯，需在 500℃ 高温下进行，且反应产率很低，没有工业化意义。虽然在三苯基膦羰基镍 $[Ph_3P \cdot Ni(CO)_2]$ 催化下，在 $60\sim70℃$、15atm 条件下，乙炔三聚成苯的产率提高到 80% 左右，但仍不及石油芳构化经济实用。

7.4.7.3　乙炔的四聚和多聚

用镍络合物作催化剂，借助其模板作用，实现了乙炔的四聚，产物为环辛四烯。

$$\begin{matrix} HC\equiv CH \\ \underset{\underset{HC\equiv CH}{|||}}{H} \quad \underset{\underset{C\equiv CH}{|||}}{H} \end{matrix} \xrightarrow[50℃,15\sim20atm]{Ni(CN)_2/THF} \bigcirc \text{环辛四烯}$$

在 $TiCl_4$ 与三烷基铝（R_3Al）组合或稀土化合物与 R_3Al 组合催化剂作用下，乙炔聚合成导电高分子材料聚乙炔。

$$n\ HC\equiv CH \xrightarrow{催化剂} \text{─}[CH=CH]_n \text{（聚乙炔）}$$

7.4.8　端炔的氧化偶联反应

端炔在亚铜盐和空气或氧气作用下，偶联形成二炔。例如：

$$n\text{-}C_4H_9-C\equiv CH \xrightarrow[60℃]{O_2/CuCl} n\text{-}C_4H_9-C\equiv C-C\equiv C-C_4H_9\text{-}n \quad 90\%$$

7.4.9　炔烃的氧化反应

炔烃也可以与 $KMnO_4$、O_3 等试剂发生类似烯烃的氧化反应，最终碳-碳叁键断裂，形成羧酸或二氧化碳。例如：

$$HC\equiv CH \xrightarrow{KMnO_4} \left[\underset{H-C-C-H}{\overset{O\quad O}{\parallel\quad\parallel}} \right] \xrightarrow{KMnO_4} CO_2 + H_2O$$

$$CH_3-C\equiv CH \xrightarrow{KMnO_4} \left[\underset{CH_3-C-C-H}{\overset{O\quad O}{\parallel\quad\parallel}} \right] \xrightarrow{KMnO_4} CH_3COOH + CO_2$$

$$C_2H_5-C\equiv C-CH_3 \xrightarrow{O_3} \left[C_2H_5-C\overset{O-O}{\underset{O}{\diagdown\diagup}}C-CH_3 \right] \xrightarrow{H_2O} C_2H_5COOH + CH_3COOH$$

炔烃的氧化反应主要用于炔烃的鉴别和结构推断，很少用于合成。

7.5 重要的炔烃——乙炔

纯净的乙炔是无色、无臭的气体。电石法生产的乙炔，因含有 PH_3、H_2S 而具有难闻的臭味。这些杂质对乙炔的进一步反应是有害的，也造成设备腐蚀，应先除去。

乙炔微溶于水，水溶性大于乙烯和乙烷，0.1MPa 下，它以 1∶1 体积比溶于水。易溶于有机溶剂，常压下以 1∶20 体积比溶于丙酮。在压力下，乙炔溶解度增加，如在 1.2MPa 下它以 1∶300 体积比溶于丙酮，而且性质稳定。因此，生产的乙炔可溶于丙酮等有机溶剂（装瓶），以供运输、使用。

乙炔是有机化工的基础，乙炔与氯化氢、水、乙醇、乙酸、氢氰酸等，在一定条件下进行亲电加成或亲核加成反应得到许多乙烯基化合物，比如氯乙烯、丙烯腈、醋酸乙烯酯等。聚醋酸乙烯酯及其水解产物（聚乙烯醇）广泛用于黏合剂、涂料等工业。目前，以乙炔出发制备聚氯乙烯，仍然是我国塑料工业的主要品种之一。随着石油工业的发展，乙烯基化反应的某些产品已逐步改由烯烃生产。

乙炔的另一重要用途是它与氧气混合后，燃烧温度可达 3000℃，用于切割钢材和焊接金属。

✎ 习题

7.1 选出正确的选项。

（1）鉴别环丙烷、丙烯与丙炔需要的试剂是（　　）。

A. ①$HgSO_4/H_2SO_4$；②$KMnO_4$ 溶液　B. ①$AgNO_3$ 的氨溶液；②$KMnO_4$ 溶液

C. ①Br_2 的 CCl_4 溶液；②$AgNO_3$ 的氨溶液

（2）鉴别 1.3-丁二烯、1-丁烯与 1-丁炔需要的试剂是（　　）。

A. ①$AgNO_3$ 的氨溶液；②顺丁烯二酸酐溶液　B. $AgNO_3$ 的氨溶液

C. ①$HgSO_4/H_2SO_4$；②$KMnO_4$ 溶液　D. ①Br_2 的 CCl_4 溶液；②$KMnO_4$ 溶液

（3）下列炔烃中，在 $HgSO_4$-H_2SO_4 的存在下发生水合反应，能得到醛的是（　　）。

A. 2-丁炔　　　　B. 1-丁炔　　　　C. 丙炔　　　　D. 乙炔

（4）1-戊烯-4-炔与 1 摩尔 Br_2 反应时，生成的主要产物是（　　）。

A. 3,3-二溴-1-戊烯-4-炔　　　　　　B. 1,2-二溴-1,4-戊二烯

C. 4,5-二溴-1-戊炔　　　　　　　　D. 1,5-二溴-1,3-戊二烯

7.2 命名下列化合物。

(1) $CH_2=CH-C\equiv CH$ (2) $(CH_3)_3C-C\equiv C-CH_2CH(CH_3)_2$

(3) [结构式]   (4) $(CH_3)_3C-C\equiv C-CH(CH_3)_2$

7.3 分别写出 1-丁炔和 2-丁炔与下列试剂反应的主要产物（没有反应的写不反应）。

(1) 热的 $KMnO_4/OH^-$；(2) H_2/Pt 催化氢化；(3) 过量 Br_2/CCl_4；(4) $AgNO_3$；

(4) ①B_2H_6、②$H_2O_2/NaOH$；(5) ①B_2H_6、②CH_3COOH；(6) H_2O，$HgSO_4/H_2SO_4$；

(7) $H_2/Lindlar$ 催化剂；(8) ①O_3、②H_2O。

7.4 如何实现下列转变（一步或多步反应）。

(1) $CH_3CH_2CH_2CH=CH_2 \longrightarrow CH_3CH_2CH_2C\equiv CH$

(2) $HC\equiv CH \longrightarrow CH_3CH_2CH_2CH_3$

(3) $HC\equiv CH \longrightarrow CH_3CH_2CH_2CH_2OH$

(4) $CH_3CH_2CH_2Br \longrightarrow CH_3CH_2CH_2C\equiv CCH_3$

7.5 从乙炔或丙炔出发，合成下列化合物。

(1) $(CH_3)_2CHBr$ (2) CH_3CH_2CHO (3) [结构式]

(4) [结构式 $CH_3-C(Br)(Cl)-CH_3$]   (5) [结构式 $CH_3-CO-CH=CH_2$]   (6) [结构式 $CH_3CH_2CH_2CH(OCH_2CH_3)CH_3$]

(7) $CH_2=CH-C(CH_3)=CH_2$ (8) 1,6-庚二烯-3-炔   (9) 2,2-二溴丙烷

(10) 2-溴丙烷   (11) 丙醇   (12) 1-溴丙烷

7.6 顺-9-二十三碳烯是家蝇性信息激素的有效成分，如何以乙炔及任选的直链醇为原料合成该化合物？

7.7 化合物 A 分子式为 C_8H_{12}，具有光学活性。A 在 Pt 催化下与氢反应生成 B(C_8H_{18})，并失去光学活性。A 在 Lindlar 催化剂催化下与 H_2 反应生成 C(C_8H_{14})，C 仍具有光学活性。但是，在液氨中 A 与金属钠作用生成 C 的异构体 D，却无光学活性。试推断 A～D 的结构。

7.8 化合物 A(C_5H_8) 与金属钠反应后再与正溴丙烷反应，得到化合物 B(C_8H_{14})。以 $KMnO_4$ 氧化 B 得到两种互为异构体的化合物 C 和 D（分子式均为 $C_4H_8O_2$）。A 在硫酸汞存在下与稀 H_2SO_4 作用得到酮 E($C_5H_{10}O$)。推断 A～E 的结构，并写出有关反应式。

7.9 化合物 A(C_5H_8)，吸收 1 分子氢后，再用 $KMnO_4/H^+$ 氧化生成一分子的酸 B($C_4H_8O_2$)，而用臭氧氧化还原水解后得到两种不同的醛。推测化合物 A 的结构式。

7.10 完成下列反应。

(1) $CH_3C\equiv CCH_3 \xrightarrow{Na/NH_3}$ (   ) $\xrightarrow{Br_2}$ (   ) $\xrightarrow[\triangle]{KOH/醇}$ (   )

(2) [环己烯结构式] $\xrightarrow{Br_2}$ (   ) $\xrightarrow{KOH/醇}$ (   )

第 8 章
醇

8.1 醇的结构和命名

8.1.1 醇的定义和结构

烃分子中饱和碳上的氢被羟基（hydroxyl）取代的化合物，称为醇（alcohol）。—OH 为醇的官能团，称为羟基。一元醇的通式为 ROH，分子中若有 2 个羟基，称为二元醇，有 3 个及以上羟基的叫多元醇。2 个羟基连在同一碳上的为偕二醇，3 个羟基连在同一碳上的为偕三醇，这两种化合物极不稳定，迅速失水成醛或羧酸。例如：

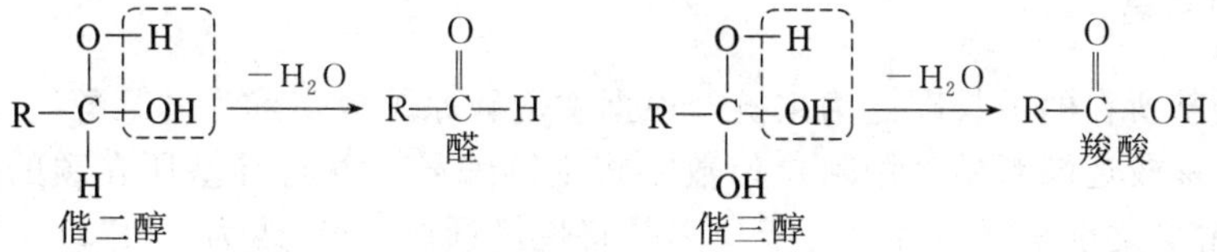

$$\begin{array}{ccc}
\overset{\displaystyle O\!-\!H}{\underset{\displaystyle H}{R\!-\!\overset{\displaystyle |}{\underset{\displaystyle |}{C}}\!-\!OH}} & \xrightarrow{-H_2O} & \overset{\displaystyle O}{R\!-\!\overset{\displaystyle \|}{C}\!-\!H}\\
\text{偕二醇} & & \text{醛}
\end{array}
\qquad
\begin{array}{ccc}
\overset{\displaystyle O\!-\!H}{\underset{\displaystyle OH}{R\!-\!\overset{\displaystyle |}{\underset{\displaystyle |}{C}}\!-\!OH}} & \xrightarrow{-H_2O} & \overset{\displaystyle O}{R\!-\!\overset{\displaystyle \|}{C}\!-\!OH}\\
\text{偕三醇} & & \text{羧酸}
\end{array}$$

按照与羟基相连碳的类型，分为伯醇、仲醇和叔醇三类，它们的性质也有差异。醇分子中键角 $\angle C\!-\!O\!-\!H$ 为 $109°$ 左右，氧原子按 sp^3 杂化成键，氧上有 2 对孤对电子分别占据在两个 sp^3 杂化轨道。醇的许多化学反应与这 2 对孤对电子有关。其结构如图 8.1(a) 所示。醇有形成氢键的能力，液态时醇分子间以氢键相互缔合，如图 8.1(b) 所示。

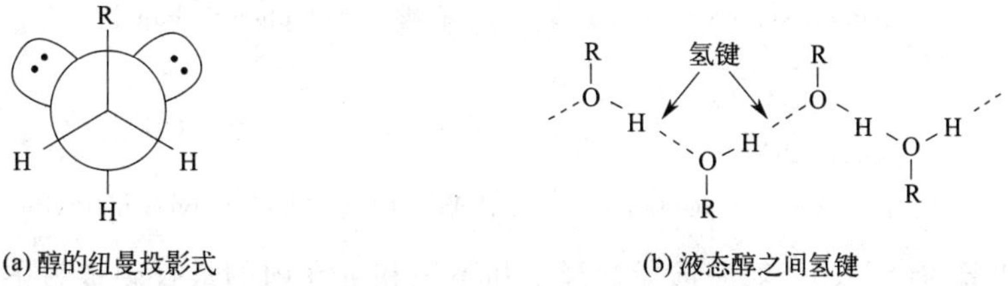

(a) 醇的纽曼投影式   (b) 液态醇之间氢键

图 8.1　醇的结构特征和液态醇分子之间氢键

多元醇还可形成分子内氢键，氢键可使分子内能降低，影响分子的空间构象。例如，乙二醇的优势构象为顺错（邻位交叉型），如图 8.2(a) 所示，顺-1,3-环己二醇的优势构象为（a、a）式，如图 8.2(b) 所示，其都是由分子内氢键克服了其他张力的结果。

(a) 乙二醇的优势构象　　　　　　　　(b) 顺-1,3-环己二醇的优势构象

图 8.2　氢键形成对分子优势构象的影响

8.1.2　醇的命名

8.1.2.1　普通命名

按官能团命名原则，根据与羟基相连烷基名称，命名为某醇。例如：

$$CH_3OH \qquad (CH_3)_2CHCH_2OH \qquad \text{（环己基）}—OH$$

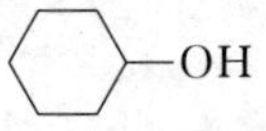

甲醇（methyl alcohol）　异丁醇（isobutyl alcohol）　环己醇（cyclohexyl alcohol）

普通命名法中碳链的编号用希腊字母表示。与官能团直接相连的为 α-碳，依次为 β、γ、δ 等。例如：

$$\overset{\beta}{Cl—CH_2}—\overset{\alpha}{CH_2}—OH \qquad$$

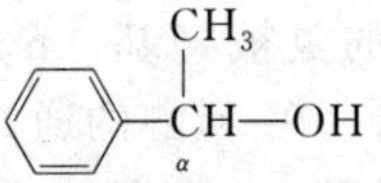

β-氯乙醇（β-chloro alcohol）　　　α-苯乙醇（α-phenyl alcohol）

8.1.2.2　系统命名

① 选择羟基所在的最长碳链为主链，根据主链碳原子数，称为"某醇"。

② 从离羟基较近端开始，用阿拉伯数字将主链编号。并将羟基所在碳的编号加半字符"-"置于"某醇"之前构成母体名。英文名是将烷烃词尾"e"改为"ol"。

③ 如有取代基，将取代基的编号及名称，加半字符置于母体名之前。取代基列出次序，IUPAC 规定按字母顺序。例如：

$$Cl—CH_2—CH_2—OH$$

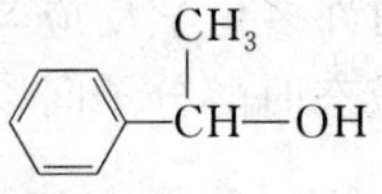

2-氯乙醇（2-chloroethanol）　　　1-苯基乙醇（1-phenylethanol）

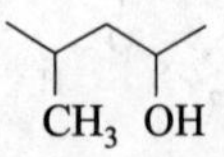

4-甲基-2-戊醇（4-methyl-2-pentanol） 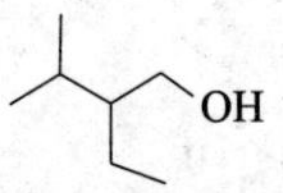　　　2-乙基-3-甲基丁醇（2-ethyl-3-methylbutanol）

④ 不饱和醇的命名，一般应选择含羟基和不饱和键在内的最长碳链为主链，并从靠近羟基的一端开始编号，命名时分别在不饱和键和醇之前标明官能团的位次，例如：

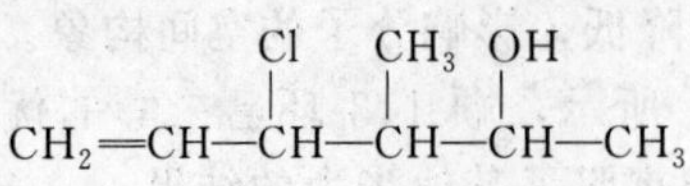

$$CH_2=CH—\overset{Cl}{CH}—\overset{CH_3}{CH}—\overset{OH}{CH}—CH_3$$

4-氯-3-甲基-5-己烯-2-醇
（4-chloro-3-methylhex-5-en-2-ol）

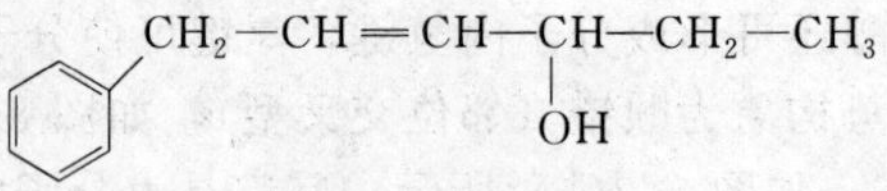

$$CH_2=CH—CH—CH—CH_2—CH_3$$

6-苯基-4-己烯-3-醇
（6-phenylhex-4-en-3-ol）

⑤ 多元醇应选择包括多个羟基在内的最长碳链为主链，按羟基数称为"某二醇""某三醇"等，并在醇的前面标明羟基的位次。例如：

3-氯-1,2-丙二醇
（3-chloropropane-1,2-diol）

2,3-二甲基-2,3-丁二醇
（2,3-dimethylbutane-2,3-diol）

1,3-环己二醇
（cyclohexane-1,3-diol）

⑥ 构型明确的化合物，还应标明它们的构型。例如：

顺-1,2-环己二醇或(1R,2S)-1,2-环己二醇
（1R,2S)-cyclohexane-1,2-diol）

（S,E)-4-甲基-4-庚烯-2-醇
（S,E)-4-methylhept-4-en-2-ol）

⑦ 如果分子中有优先的官能团，如醛、酮、羧酸，羟基作为取代基，例如：

1-羟基-2-己酮(1-hydroxyhexan-2-one)　　5-羟基辛酸(5-hydroxyoctanoic acid)

8.1.2.3　其他命名

许多常见醇还有俗名或商品名。例如，甲醇最初是经木材干馏所得，故称为木醇或木精。乙醇是酒类的主要成分，俗称酒精。乙二醇（$HOCH_2CH_2OH$）有甜味，俗称甘醇（简称 EG）。丙三醇[$HOCH_2CH(OH)CH_2OH$]俗称甘油。$CH_3CH \!=\! CHCH_2OH$（2-丁烯-1-醇）俗称巴豆醇。$PhCH \!=\! CHCH_2OH$（3-苯基丙烯醇）俗称肉桂醇。从薄荷中提取的醇，称为薄荷醇：

薄荷醇
(1S,2R,5S)-2-异丙基-5-甲基-1-环己醇
(1S,2R,5S)-2-isopropyl-5-methylcyclohexan-1-ol)

有些醇还可以看成是甲醇的衍生物，此时母体甲醇的英文名为 carbinol。例如：

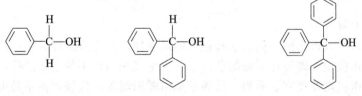

苯甲醇(phenylcarbinol)　　二苯甲醇(diphenylcarbinol)　　三苯甲醇(triphenylcarbinol)

8.2　醇的来源和制备

8.2.1　醇的来源

由谷物、薯类等酿酒，已有悠久的历史。所产酒中，乙醇含量可达 60% 左右，主要副产物是戊醇混合物，称为杂醇油。

高级醇以游离态或酯的形式存在于自然界。直链的三十烷醇 $CH_3(CH_2)_{28}CH_2OH$ 存在

于苜蓿中，含量虽微，却是一种植物生长激素。用于医药和香料的薄荷醇，是从薄荷中提取。肌醇以磷酸酯的形式存在于谷物种皮中。许多从动植物中得到的称为蜡的化合物，其实是高级醇或它们的酯，如蜂蜡、鲸蜡等。前人正是从这些天然化合物中得到醇，作为原料，进行有机化学研究。

8.2.2 醇的制备

8.2.2.1 由烯烃制备

随着石油化学工业的发展，许多醇类化合物常用烯烃制成。例如：

$$CH_2{=}CH_2 + H_2O \xrightarrow[300℃,70atm]{H_3PO_4} CH_3CH_2OH$$

虽然其单程转化率不高，但未转化的乙烯可循环使用。乙烯水合还可以分两步完成，即在硫酸作用下间接水合。乙烯先被浓硫酸吸收，生成硫酸氢乙酯，然后水解生成乙醇：

$$CH_2{=}CH_2 \xrightarrow[100℃]{98\%H_2SO_4} \underset{\text{硫酸氢乙酯}}{CH_3CH_2OSO_3H} \xrightarrow{H_2O} CH_3CH_2OH$$

间接水合方法，既可用于工业生产，也可用于实验室制备。除乙烯水合可生成伯醇外，其他烯烃水合均只能得到仲醇或叔醇，反应条件比乙烯水合要缓和些。例如：

$$CH_3{-}CH{=}CH_2 \xrightarrow[170℃]{H_2O/H_3PO_4} CH_3{-}\underset{OH}{CH}{-}CH_3$$

$$CH_3{-}\underset{CH_3}{C}{=}CH_2 \xrightarrow[室温]{10\%H_2SO_4} CH_3{-}\underset{\underset{OH}{\overset{CH_3}{|}}}{C}{-}CH_3$$

采用硼氢化-氧化法，可将端烯烃转化成伯醇。例如：

$$CH_3{-}CH{=}CH_2 \xrightarrow{B_2H_6} \xrightarrow{H_2O_2/NaOH} CH_3{-}CH_2{-}CH_2OH$$

有关烯烃制备醇的反应及其选择性规律，在烯烃一章的化学反应中已讨论。

8.2.2.2 由卤代烷制备

（1）卤代烷水解

卤代烷水解，可以得到醇。但此法有很大的局限性，因为除醇外，还有消除产物烯烃的生成。特别是叔卤代烷，即使在无碱的条件下，也生成相当比例的消除产物。另外，一般来说，醇比相应的卤代烷要便宜、易得。故通常是由醇来制备卤代烷，而不是由卤代烷来制备醇。因此，只有容易获得的伯卤代烷水解，才有制备意义。例如，烯丙醇和苯甲醇的制备：

$$CH_3{-}CH{=}CH_2 \xrightarrow{Cl_2 \atop 500℃} ClCH_2{-}CH{=}CH_2 \xrightarrow{20\%NaOH} HOCH_2{-}CH{=}CH_2$$

（2）由格氏试剂合成

卤代烷很容易制备格氏试剂，它与醛、酮、酯、酰氯、环氧化合物反应制备各种结构的醇，是实验室合成醇类的普遍方法，产率一般较高。

格氏试剂与甲醛反应后，水解可得到增加一个碳原子的伯醇。例如：

格氏试剂与其他醛反应合成各种仲醇，例如：

格氏试剂与酮反应制备各种叔醇，例如：

格氏试剂与环氧乙烷反应，可得到增加两个碳原子的伯醇，例如：

$$CH_3(CH_2)_2CH_2MgBr \xrightarrow{\overset{O}{\triangle}} CH_3(CH_2)_2CH_2(CH_2)_2OMgBr \xrightarrow{H_3O^+} CH_3(CH_2)_2CH_2(CH_2)_2OH$$

8.2.2.3　由羰基化合物还原

将易得的含羰基化合物醛、酮、酯、羧酸等还原，是制备相应醇的常用方法，还原方法包括催化加氢、铁粉加酸还原、金属钠加乙醇还原，以及硼氢化钠还原、氢化铝锂还原等。例如：

有关醛、酮的还原反应，将在有关羰基化合物的反应中进一步介绍。

8.3　醇的物理性质

一些常见醇的物理常数列于表 8.1。

表 8.1　一些常见醇的物理性质

化合物	m. p. /℃	b. p. /℃	密度/(g/mL)	水中溶解度/(g/100mL)
甲醇	−97.8	64.7	0.792	∞
乙醇	−114.7	78.4	0.789	∞

化合物	m. p. /℃	b. p. /℃	密度/(g/mL)	水中溶解度/(g/100mL)
正丙醇	−126.0	97.2	0.804	∞
异丙醇	−89.5	82.5	0.786	∞
正丁醇	−89.5	117.8	0.810	8
仲丁醇	−115.0	99.5	0.808	12.5
异丁醇	−108.0	107.9	0.802	11
叔丁醇	25.5	82.5	0.788	∞
正己醇	−51.6	157.0	0.819	0.6
环己醇	24.0	161.5	0.962	3.6
苯甲醇	−15.4	205.4	1.042	4.3
乙二醇	−12.9	197.5	1.113	∞
丙三醇	17.4	290.0(分解)	1.261	∞
季戊四醇	257	276/30mmHg	1.339	5.5
十二醇	24.0	260.0	0.833	不溶
十八醇	59.4	349.5	0.812	不溶

8.3.1 熔点和沸点

低级醇为无色、有特殊气味或辛辣味的液体。高级醇则为无色、无嗅、无味的固体。醇（尤其是低级醇）的熔、沸点比相近分子量的烃、卤代烷、醚、醛、酮都要高。这是由于醇的分子间以氢键缔合，固态醇液化、液态醇气化，都要先克服氢键作用。例如，乙醇沸点78.4℃。而分子量相近的丙烷只有−42℃。低级醇之间的沸点也相差较大，增加一个 CH_2，沸点升高18℃左右，到高级醇，这种差距逐渐减小，因为羟基在整个分子中的比例逐渐减小，它对整个分子间作用力造成的影响比例也减小。所以，差异也就不如低级醇明显。醇的异构体中，直链醇的沸点高于支链醇。相同碳架的伯醇沸点最高，仲醇次之，叔醇沸点最低。这是由于支链增大了分子间的距离，阻碍氢键形成，分子间作用力减弱。

简单多元醇为有甜味的黏稠液体。由于分子中羟基比例增加，其熔、沸点更高，如乙二醇。它与水混合可以降低水的熔点，可用作汽车水箱的抗冻剂。

8.3.2 密度

一元脂肪醇密度小于水，而大于相应的烷烃。含有苯环的芳香醇与水密度相当或略大于水，多元醇的密度大于水。

8.3.3 溶解性

C_1 到 C_3 的醇和叔丁醇，可与水任意混溶，这是因为它们容易与水分子形成氢键。C_4 到 C_6 的一元醇，在水中有程度不同的溶解性，这是因为分子中羟基的比例下降，疏水烷基的影响上升。直链伯醇随碳原子数增加，水中溶解度快速下降，正丁醇仅为 8g/100mL。高级一元醇微溶于水，易溶于烃类有机溶剂。

醇能溶于冷的浓硫酸、浓盐酸。这是因为羟基上的孤对电子具有接受质子的能力，生成质子化的醇 ROH_2^+，它与酸根部分构成锌盐，水溶性增加。醇类溶于强酸后，原醇分子中氧原子结合一个额外的质子，形成比其共价键价数更高的离子，称为镁离子，名称类似于铵离子英文名称的译音：

$$:NH_3 \xrightarrow{H^+} NH_4^+ \qquad CH_3OH \xrightarrow{H^+} CH_3\overset{+}{O}H_2$$

ammonia　ammonium ion　铵离子　　　　methyloxonium ion　甲氧鎓离子

因此，醇形成的锌盐，亦称为氧鎓盐或氧鎓离子（alkyloxonium salt）。含氧有机化合物形成锌盐而溶于浓硫酸，也是用来区别醇与烷烃的一种方法。

8.4　醇的酸性

醇可以接受强酸的质子，显示醇具有碱性，又可与碱金属或强碱作用，显示酸性。例如：

$$2CH_3CH_2OH + 2Na \longrightarrow 2CH_3CH_2ONa + H_2$$
$$CH_3CH_2OH + NaH \longrightarrow CH_3CH_2ONa + H_2$$

乙醇能与金属钠顺利反应，而叔丁醇很难与金属钠反应，但可与金属钾发生反应。这说明叔丁醇酸性比乙醇弱，或者说 $(CH_3)_3CO^-$ 的碱性比 $CH_3CH_2O^-$ 的碱性强。

醇还可以与镁、铝反应，例如：

$$2C_2H_5OH + Mg \longrightarrow (C_2H_5O)_2Mg + H_2$$
$$6(CH_3)_2CHOH + 2Al \longrightarrow 2[(CH_3)_2CHO]_3Al + 3H_2$$

不同结构的醇与金属反应活性有差异，伯醇反应最快，仲醇次之，叔醇最慢，这说明酸性次序为伯醇＞仲醇＞叔醇。

和水一样，醇也存在电离平衡：

$$H_2O + H_2O \rightleftharpoons H_3O^+ + OH^-$$
$$CH_3CH_2OH + CH_3CH_2OH \rightleftharpoons CH_3CH_2\overset{+}{O}H_2 + CH_3CH_2O^-$$

水和乙醇自电离平衡常数分别为 10^{-14} 和 10^{-17}。高级醇的自电离平衡常数更小，可见，醇的酸性比水弱。在水溶液中，醇存在另一种电离平衡：

$$ROH + H_2O \overset{K}{\rightleftharpoons} H_3O^+ + RO^- \qquad K = \frac{[H_3O^+][RO^-]}{[ROH][H_2O]}$$

由于稀溶液中，水的浓度可视为常数，故醇的酸性电离平衡常数表示为：

$$K_a = \frac{[H_3O^+][RO^-]}{[ROH]} \qquad 并有 \quad pK_a = -\lg K_a$$

化合物的 K_a 反映化合物给 H^+ 的能力。如果测定 K_a 值的方法和条件完全相同，比较不同化合物的 K_a 或 pK_a，就可知它们酸性强弱。表 8.2 列出几种常见醇及参考物的 pK_a 值。

表 8.2　几种常见醇及有关参考化合物的 pK_a 值

醇化合物	$(CH_3)_3COH$	CH_3CH_2OH	CH_3OH	$ClCH_2CH_2OH$	CF_3CH_2OH
pK_a	18	15.9	15.5	14.3	12.4
参考化合物	水	苯酚	CH_3COOH	HCl	HBr
pK_a	15.7	10.0	4.74	−2.2	−4.7

醇的酸性都很弱，明显小于有机酸。在水溶液中，不同类型醇酸性的强弱次序是伯醇＞仲醇＞叔醇，这一结果与它们和金属反应活性一致。乙醇的 β-氢被卤原子取代后，由于卤原子的吸电子诱导作用，其酸性显著增加。在相同条件下，给出质子的能力次序为 $F_3CCH_2OH > ClCH_2CH_2OH > CH_3CH_2OH$。

8.5 醇的化学反应

羟基是醇的官能团,由于氧的电负性比碳和氢都大,所以,氢-氧键和碳-氧键均为极性共价键。故醇分子以共价键异裂的反应为特征,且有两种方式,即氢-氧键断裂和碳-氧键断裂。

$$氢\text{-}氧键断裂:R—\overset{\delta^-}{O}\overset{\delta^+}{\underset{\xi}{}H} \qquad 碳\text{-}氧键断裂:\overset{\delta^+}{R}\overset{\delta^-}{\underset{\xi}{}O}—H$$

碳-氧键断裂类似卤代烷的碳-卤键断裂。因此,醇与卤代烷有一些类型相似的反应。但羟基不是一个好的离去基团,故醇的取代反应常需无机酸提供质子进行催化。碳-氧键断裂的能力与烷基正离子的稳定性一致,即 3°(叔醇)>2°(仲醇)>1°(伯醇)。

氢-氧键断裂是醇显酸性的结构基础。已知在质子性溶剂中,醇的酸性次序为:CH_3OH >CH_3CH_2OH>$(CH_3)_2CHOH$>$(CH_3)_3COH$,即醇的氢-氧键断裂能力为 1°>2°>3°。可见,涉及氢-氧键断裂的反应,一级醇反应活性高。而涉及碳-氧键断裂的反应,三级醇活性高。对同一反应,它们的反应机理可能不同。

8.5.1 醇的碱性

醇分子羟基氧原子上孤对电子,能从强酸中接受质子生成锌盐,其碱性与水相近。醇的碱性强弱主要与和羟基相连的烷基的电子效应有关。烷基的给电子能力越强,醇的碱性越强,烷基的吸电子能力越强,醇的碱性越弱。烷基空间位阻对醇的碱性也有影响。因此,醇的碱性大小顺序为叔醇>仲醇>伯醇。醇的碱性强弱也可以通过它的共轭酸的酸性强弱来判断,其共轭酸的酸性越弱,醇的碱性越强。醇也能与 BF_3 等路易斯酸作用生成锌盐。

8.5.2 醇的金属化合物

醇的金属化合物一般可以用醇与活泼金属直接反应得到,反应速率次序为 CH_3OH>1°>2°>3°,但反应速率小于水。乙醇与金属钠可迅速反应生成乙醇钠,但比水与金属钠的反应平稳得多。醇钠为白色固体,溶于醇和醚类溶剂。醇钠极易水解生成醇和氢氧化钠:

$$R—ONa+H_2O \Longleftrightarrow R—OH+NaOH$$

以上说明,水比醇的酸性强,醇钠碱性比氢氧化钠强,平衡偏向右边。实验室中利用此平衡,由 NaOH 或 KOH 的醇溶液提供一定浓度更强的碱 RO^-(烷氧负离子)。工业上通过移去平衡体系中水的方法,由醇和固体 NaOH 制备醇钠。

醇与金属的反应速率与金属的活泼性有关。例如,乙醇与金属镁反应需在较高温度才能进行。在实验室中,常用镁条除去醇中微量水,制备无水乙醇。

叔丁醇钾、异丙醇铝等是有机合成的重要试剂,常作为强碱应用于反应中。

8.5.3 生成酯的反应

8.5.3.1 醇与有机酸生成酯的反应

在无机酸催化下,醇与有机酸反应生成酯,有关反应及机理将在羧酸一章里讨论。

8.5.3.2　醇与含氧酸生成酯的反应

（1）硫酸酯

甲醇、乙醇与硫酸反应分别生成硫酸氢甲酯和硫酸氢乙酯。例如：

$$C_2H_5OH + HO—\overset{\overset{O}{\|}}{\underset{\underset{O}{\|}}{S}}—OH \underset{}{\overset{<100℃}{\rightleftharpoons}} C_2H_5O—\overset{\overset{O}{\|}}{\underset{\underset{O}{\|}}{S}}—OH + H_2O$$
硫酸氢乙酯

生成硫酸氢乙酯的反应，温度须低于 100℃，温度过高则会生成醚或烯烃。将硫酸氢乙酯或硫酸氢甲酯进行减压蒸馏可得到硫酸二乙酯或硫酸二甲酯。例如：

$$2CH_3O—\overset{\overset{O}{\|}}{\underset{\underset{O}{\|}}{S}}—OH \overset{减压蒸馏}{\longrightarrow} CH_3O—\overset{\overset{O}{\|}}{\underset{\underset{O}{\|}}{S}}—OCH_3 + H_2SO_4$$
硫酸氢甲酯　　　　　　硫酸二甲酯

硫酸二甲酯，缩写为 $(CH_3)_2SO_4$，与碘甲烷相似，是一种很好的甲基化试剂，且挥发性（b.p.188℃）比碘甲烷（b.p.42℃）低。但硫酸二甲酯毒性很大，蒸气对眼、呼吸道有强烈的刺激作用，液体对皮肤也有腐蚀作用，使用时应予以注意。

常用的一种乳化剂十二烷基硫酸钠（$C_{12}H_{25}OSO_3Na$），是由浓硫酸与 1-十二醇反应得到硫酸氢酯（$C_{12}H_{25}OSO_3H$），再用氢氧化钠中和制得：

$$C_{12}H_{25}OH + H_2SO_4（浓）\overset{40～50℃}{\longrightarrow} C_{12}H_{25}OSO_3H \overset{NaOH}{\longrightarrow} C_{12}H_{25}OSO_3Na$$

（2）硝酸酯

伯醇与硝酸反应也生成酯，例如：

$$CH_3OH + HO—\overset{\overset{O}{\|}}{N}—O \longrightarrow CH_3O—\overset{\overset{O}{\|}}{N}—O + H_2O$$
硝酸甲酯

醇的硝酸酯受热容易发生爆炸，在制备和处理时须十分小心。

乙二醇、甘油与硝酸反应分别得到乙二醇二硝酸酯和甘油三硝酸酯（俗称硝化甘油）：

$$HO—CH_2—CH_2—OH + HNO_3 \longrightarrow O_2NO—CH_2—CH_2—ONO_2$$
乙二醇二硝酸酯

$$\underset{\underset{OH}{|}}{CH_2}—\underset{\underset{OH}{|}}{CH}—\underset{\underset{OH}{|}}{CH_2} + HNO_3 \longrightarrow \underset{\underset{ONO_2}{|}}{CH_2}—\underset{\underset{ONO_2}{|}}{CH}—\underset{\underset{ONO_2}{|}}{CH_2} （甘油三硝酸酯）$$

乙二醇二硝酸酯和硝化甘油都是烈性炸药。硝化甘油还能用于血管扩张、心绞痛治疗。科学家研究发现硝化甘油能治疗心脏病的原因是它能释放出信使分子"NO"，并阐述了"NO"在生命活动中的作用机制。

（3）磷酸酯

磷酸较弱，不能与醇直接反应生成磷酸酯，一般由醇与相应的磷酰氯反应制备，例如：

$$\begin{matrix} n\text{-}C_4H_9—OH \\ n\text{-}C_4H_9—OH + \\ n\text{-}C_4H_9—OH \end{matrix} \quad \underset{\underset{Cl}{|}}{\overset{\overset{Cl}{|}}{Cl—P=O}} \quad \overset{-3HCl}{\longrightarrow} \quad \begin{matrix} n\text{-}C_4H_9—O \\ n\text{-}C_4H_9—O—P=O \\ n\text{-}C_4H_9—O \end{matrix}$$
磷酸三丁酯

磷酸酯是一类重要的化合物，常用作萃取剂、增塑剂和农药。磷酸酯还具有重要的生物化学意义，比如核酸、三磷酸腺苷（ATP）等生物物质均涉及磷酸酯结构。

（4）磺酸酯

对甲苯磺酰氯（*p*-toluenesulfonyl chloride，缩写 TsCl），是一种常见有机试剂，在碱的作用下，很容易与醇反应生成对甲苯磺酸酯：

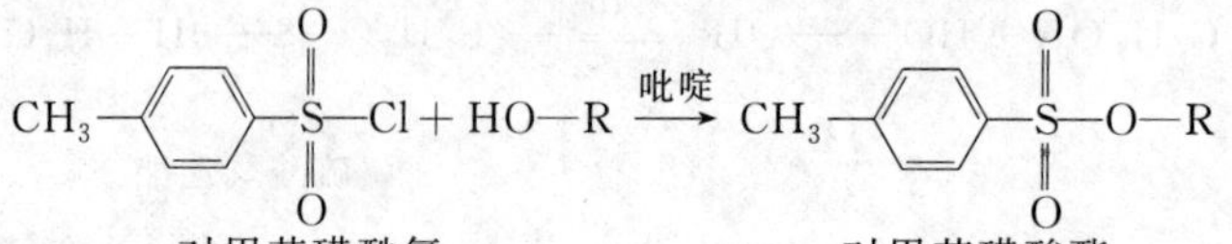

对甲苯磺酰氯　　　　对甲苯磺酸酯

从产物的结构看，相当于醇 ROH 中的羟基—OH 转化成一个好的离去基团对甲苯磺酸根负离子（TsO^-），因此，常先将醇转变成对甲苯磺酸酯再进行亲核取代反应。如果醇羟基与手性碳相连，磺酰化反应后烷基的构型不变，再进行取代反应时按 S_N2 反应机理进行，构型发生翻转。这种间接合成方法往往有很多优点。例如：

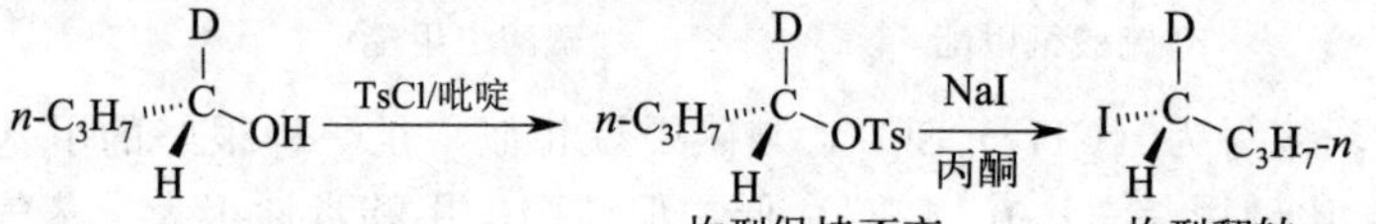

构型保持不变　　　　构型翻转

另外，苯磺酰氯、甲基磺酰氯（CH_3SO_3Cl）也常用来与醇反应生成磺酸酯，将醇羟基转化为容易离去的磺酸酯基团。

三级醇与无机酸不能生成相应的酯。因为在无机酸的作用下，三级醇容易通过碳-氧键断裂形成较稳定的三级烷基正离子，进而发生消除反应，生成烯烃。

8.5.4 醇羟基的取代反应

8.5.4.1 醇与卤化氢的反应

醇与卤化氢的反应，是由醇制备相应卤代烷的一种方法，其逆反应是卤代烷的水解：

$$R-OH + H-X \rightleftharpoons R-X + H_2O$$

碱性条件有利于逆反应，即卤代烷被碱 OH^- 取代生成醇和 X^-。此时，醇中羟基难以离去，正反应基本不发生。例如：

$$CH_3CH_2OH + NaBr \xrightleftharpoons{\text{碱性介质}} CH_3CH_2Br + NaOH \qquad K = 10^{-19}$$

将浓硫酸滴入下面反应体系，反应即可顺利向右进行：

$$CH_3CH_2OH + NaBr \xrightarrow{\text{浓 } H_2SO_4} CH_3CH_2Br \qquad 69\%$$

酸使醇质子化后，形成具有较好离去基团的 ROH_2^+，有利于反应发生。

不同卤化氢的反应速率次序为 HI＞HBr＞HCl。若用气体 HI 或 HBr 作试剂，可由 NaI 或 NaBr 与浓 H_2SO_4 反应而得。HCl 气体还需经过干燥，再通入醇中，以利于反应平衡向右进行。47%的氢碘酸水溶液，在加热条件下亦可顺利与醇反应。48%的氢溴酸水溶液，除加热外，还需加入浓硫酸才能与醇发生反应。而热的浓盐酸，则需加入无水氯化锌才能与醇发生反应。无水氯化锌 $ZnCl_2$ 作为 Lewis 酸起催化作用：

$$R-OH + ZnCl_2 \longrightarrow R-\underset{\displaystyle H}{\overset{+}{O}}\cdots\overset{-}{Z}nCl_2$$

不同类型醇的反应速率次序为：$3° > 2° > CH_3OH > 1°$。图 8.3 为它们与卤化氢的反应速率示意性曲线，其形态与卤代烷的亲核取代反应速率曲线大体相似，只是表明反应机理改变的速率转变点不在二级卤代烷之处，而在一级醇之处。

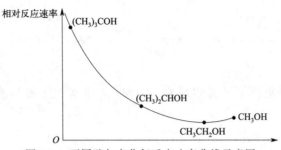

图 8.3　不同醇与卤化氢反应速率曲线示意图

醇与卤化氢反应，首先是醇被质子化。叔醇和仲醇因易形成烷基正离子，故反应随后按 S_N1 机理进行，且速率 $3° > 2°$。伯醇则是 S_N2 和 S_N1 反应的并存竞争。由于一级烷基正离子内能高，不易形成，按 S_N1 机理反应的速率减慢，故其主要按 S_N2 机理反应。但因在酸性介质中，卤负离子 X^- 的亲核性很小，按 S_N2 反应速率也不大，故伯醇与 HX 反应速率最小。甲醇空间阻碍小，只按 S_N2 机理进行反应，反应速率大于其他伯醇。这些已均为许多实验结果所证实。

$$R{-}OH \xrightarrow{H^+} R{-}\overset{+}{O}H_2 \begin{cases} \xrightarrow{S_N1} R^+ \xrightarrow{X} R{-}X \quad (3°和2°) \\ \xrightarrow{S_N2} \overset{\delta^+}{R}{\cdots}\overset{\delta^+}{O}H_2 \xrightarrow{X^-} R{-}X (其他直链伯醇和甲醇) \end{cases}$$

直链伯醇与卤化氢反应，主产物没有分子重排现象，说明主要按 S_N2 机理进行，例如：

$$CH_3CH_2CH_2CH_2OH + NaBr \xrightarrow{浓\ H_2SO_4} CH_3CH_2CH_2CH_2Br$$

β-碳上有支链的伯醇，在相同条件下，产生部分分子重排产物，例如：

$$\underset{\text{正常产物80\%}}{CH_3{-}\overset{\overset{\displaystyle CH_3}{|}}{CH}{-}CH_2OH + NaBr \xrightarrow{浓\ H_2SO_4} CH_3{-}\overset{\overset{\displaystyle CH_3}{|}}{CH}{-}CH_2Br} + \underset{\text{重排产物20\%}}{CH_3{-}\overset{\overset{\displaystyle CH_3}{|}}{\underset{\underset{\displaystyle Br}{|}}{C}}{-}CH_3}$$

反应若按 S_N2 机理进行，应只生成异丁基溴。但由于支链的立体阻碍，S_N2 反应受到一定抑制，故部分分子按 S_N1 机理进行反应，先生成异丁基正离子。因伯碳正离子不稳定，其空轨道与相邻碳上 C—H 发生作用，氢便带着成键电子对迁移到空轨道，形成较稳定的叔碳正离子，再与卤负离子结合，故有重排产物生成。机理如下：

$$CH_3{-}\overset{\overset{\displaystyle CH_3}{|}}{CH}{-}CH_2OH \xrightarrow{H^+} CH_3{-}\overset{\overset{\displaystyle CH_3}{|}}{CH}{-}CH_2{-}\overset{+}{O}H_2 \underset{-H_2O}{\rightleftharpoons} \underset{\text{伯碳正离子}}{CH_3{-}\overset{\overset{\displaystyle CH_3}{|}}{\underset{\underset{\displaystyle H}{|}}{C}}{-}\overset{+}{C}H_2}$$

$$\underset{H^-迁移}{\rightleftharpoons} \underset{\text{叔碳正离子}}{CH_3{-}\overset{\overset{\displaystyle CH_3}{|}}{\overset{+}{C}}{-}CH_3} \xrightarrow{Br^-} CH_3{-}\overset{\overset{\displaystyle CH_3}{|}}{\underset{\underset{\displaystyle Br}{|}}{C}}{-}CH_3$$

为什么是氢迁移，而不是甲基迁移呢？因为，若甲基带着成键电子对发生 1，2-迁移，生成的是仲碳正离子，这一迁移的推动力没有氢迁移大，因此是氢迁移。

新戊醇与溴化氢的反应是发生甲基的 1,2-迁移，生成 100％的重排产物：

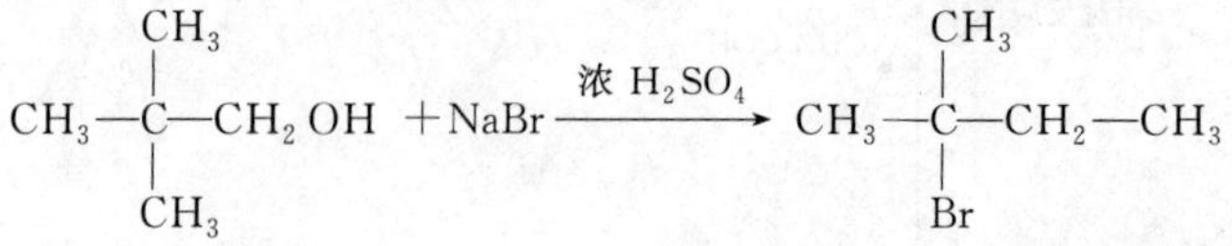

$$CH_3-\overset{\overset{\displaystyle CH_3}{|}}{\underset{\underset{\displaystyle CH_3}{|}}{C}}-CH_2OH +NaBr \xrightarrow{浓\ H_2SO_4} CH_3-\overset{\overset{\displaystyle CH_3}{|}}{\underset{\underset{\displaystyle Br}{|}}{C}}-CH_2-CH_3$$

仲醇的反应，分子重排更是普遍现象。例如，3-甲基-2-丁醇与溴化氢反应，得到几乎 100％的重排产物：

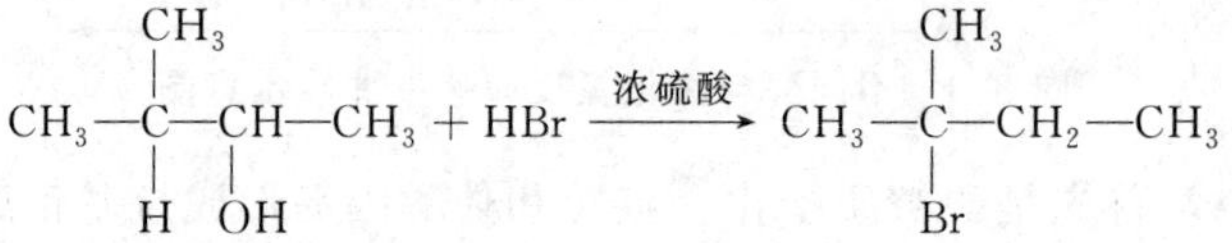

$$CH_3-\overset{\overset{\displaystyle CH_3}{|}}{C}-\underset{\underset{\displaystyle OH}{|}}{\overset{\overset{\displaystyle }{|}}{\underset{}{C}}H}-CH_3 +HBr \xrightarrow{浓硫酸} CH_3-\overset{\overset{\displaystyle CH_3}{|}}{\underset{\underset{\displaystyle Br}{|}}{C}}-CH_2-CH_3$$

甚至直链的仲醇与溴化氢的反应，也得到混合物。这只能用分子重排进行解释。例如：

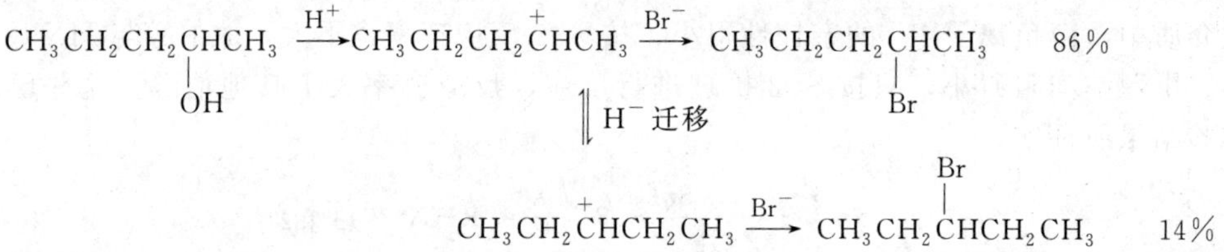

$$CH_3CH_2CH_2\underset{\underset{\displaystyle OH}{|}}{CHCH_3} \xrightarrow{H^+} CH_3CH_2CH_2\overset{+}{C}HCH_3 \xrightarrow{Br^-} CH_3CH_2CH_2\underset{\underset{\displaystyle Br}{|}}{CHCH_3} \quad 86％$$

$$\Big\Updownarrow H^- 迁移$$

$$CH_3CH_2\overset{+}{C}HCH_2CH_3 \xrightarrow{Br^-} CH_3CH_2\underset{\underset{\displaystyle Br}{|}}{CHCH_2CH_3} \quad 14％$$

虽然重排产生的仍是二级碳正离子，推动力不大，但这种氢 1，2-迁移的平衡无疑是存在的，这说明仲醇主要按 S_N1 机理反应。

小环取代的甲醇衍生物，与卤化氢反应，伴随着环的扩张。例如：

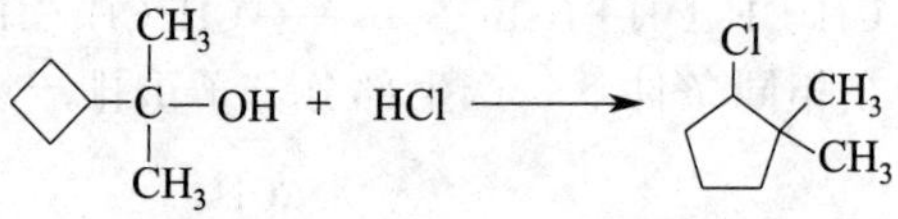

该反应按 S_N1 机理进行，首先生成碳正离子，然后四元环的一个 C—C 发生迁移，形成环戊基正离子，再与 Cl⁻ 结合，生成重排产物 2-氯-1,1-二甲基环戊烷。

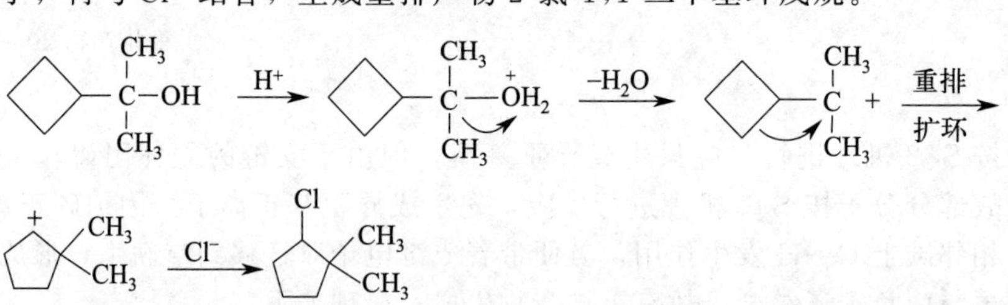

一般仲碳正离子，比叔碳正离子内能高出约 $70kJ \cdot mol^{-1}$，为什么先生成的三级碳正离子反而重排成二级碳正离子呢？原因在于这一迁移时四元环扩大成五元环，环张力由 $110kJ \cdot mol^{-1}$ 减少到 $25kJ \cdot mol^{-1}$，释放的能量足以克服由叔碳正离子形成仲碳正离子的不利因素，从而推动重排的发生。由于许多醇与卤化氢的反应，大都经历碳正离子阶段，除少数醇（如直链伯醇、叔丁醇）外，往往得到混合物，故一般不用这种方法制备卤代烷。

浓盐酸和 $ZnCl_2$ 一起加热制备的溶液称为 Lucas（卢卡斯）试剂，不同类型醇与卢卡斯试剂的反应速率不同，可对 $C_1 \sim C_6$ 的醇进行定性鉴定。在室温下，叔醇与卢卡斯试剂摇荡，立刻生成不溶于卢卡斯试剂的卤代烷，使溶液立即浑浊。仲醇在室温下，则需要摇荡数分钟才能发生反应，使溶液浑浊。而伯醇在室温下数小时也不反应，需加热才使溶液变浑浊。

8.5.4.2 醇与卤化磷的反应

醇与 PBr_3、PCl_3 等反应得到卤代烷。用磷和溴或碘，在使用时制备成 PBr_3 或 PI_3 效果更好。例如：

$$CH_3OH \xrightarrow{I_2/P} CH_3I + H_3PO_3$$

$$CH_3CH_2\underset{\underset{OH}{|}}{C}HCH_3 \xrightarrow{Br_2/P} CH_3CH_2\underset{\underset{Br}{|}}{C}HCH_3 + H_3PO_3$$

由于反应避免了强酸性介质，提高了试剂的亲核性，故有利于 S_N2 机理反应的竞争。例如，带 β 支链的伯醇，在此条件下，不发生重排：

$$CH_3CH_2\underset{\underset{CH_3}{|}}{C}HCH_2OH \xrightarrow{PBr_3} CH_3CH_2\underset{\underset{CH_3}{|}}{C}HCH_2Br \quad 60\%$$

多数仲醇也得到比卤化氢法高的产率。反应机理大致是：醇与三卤化磷反应生成卤代亚磷酸酯及卤化氢，其再相互作用，发生碳-氧键断裂，卤负离子取代亚磷酰氧基，生成卤代烷。

$$R-O\!\!\mid\!\!H + Br\!\!-\!\!PBr_2 \xrightarrow{-HBr} R-O-PBr_2 \xrightarrow{H-Br}$$

二溴代亚磷酸酯

$$\underset{\underset{H}{|}}{R-\overset{+}{O}-PBr_2} \begin{cases} \text{叔醇按 } S_N1 \quad R^+ + HO-PBr_2 \xrightarrow{Br^-} R-Br \\ \text{伯、仲醇按 } S_N2 \quad \left[\underset{Br\cdots R\cdots O-PBr_2}{\overset{H}{|}} \right] \longrightarrow R-Br + HO-PBr_2 \end{cases}$$

由于 Cl^- 的亲核能力低，与氯代亚磷酸酯的反应较慢，因此氯代烷收率一般低于 50%。另外氯代亚磷酸酯可与醇继续反应生成副产物亚磷酸酯：

$$ROH \xrightarrow{PCl_3} RO-PCl_2 \xrightarrow{PCl_3} \underset{\underset{OR}{|}}{RO-PCl} \xrightarrow{PCl_3} (RO)_3P$$

二氯代亚磷酸酯　　　　氯代亚磷酸二酯　　　亚磷酸酯

8.5.4.3 醇与氯化亚砜的反应

氯化亚砜（$SOCl_2$，thionyl chloride）也叫氯化亚硫酰，可视为亚硫酸的酰氯。氯化亚砜与醇反应生成氯代烷，是由醇制备氯代烷的好方法：

$$R-OH + SOCl_2 \xrightarrow{Et_2O} R-Cl + HCl + SO_2$$

如果醇羟基相连的碳原子有手性，所得氯代烷中的氯原子处在羟基原来所占的位置，即该碳原子构型保持不变。例如：

$$\underset{\underset{CH_3}{|}}{\overset{CH_3CH_2}{|}}\underset{H^{\backslash\backslash\backslash}}{C}-OH + SOCl_2 \xrightarrow{Et_2O} \underset{\underset{CH_3}{|}}{\overset{CH_3CH_2}{|}}\underset{H^{\backslash\backslash\backslash}}{C}-Cl$$

反应机理是醇先与氯化亚砜发生亲核取代反应生成氯代亚硫酸，由于硫上所连氯和氧的吸电子作用，碳-氧键强烈极化，在加热条件下碳-氧键断裂，形成紧密离子对：

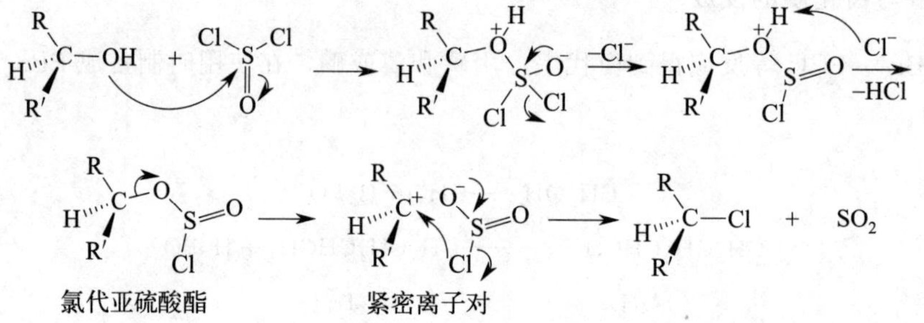

氯代亚硫酸酯　　　　　　　紧密离子对

氯作为离去基团（ ⁻OSOCl）中的一部分向碳正离子正面进攻，相当于离子对的"内返"（同面进攻），得到构型保持的氯代产物。由于取代反应犹如在分子内进行，所以称其为分子内亲核取代反应（intramolecular nucleophilic substitution），以 $S_N i$ 表示。

在低温时可以分离出反应中间产物氯代亚硫酸酯，加热氯代亚硫酸酯分解生成氯代烷和 SO_2。该实验是对上述机理的有力支持。

取代产物之所以保持构型，是因取代在紧密离子对阶段发生，故该反应与溶剂的关系很大。所用溶剂乙醚的极性小，能保证取代在紧密离子对阶段完成。若用碱性的极性溶剂，比如用吡啶代替乙醚，会使离子对平衡迅速达到溶剂分隔离子对阶段，Cl^- 的结合不再相当于"内返"，而是背面进攻为主，造成构型翻转。这是因为中间产物氯代亚硫酸酯及反应过程中产生的 HCl 都可与吡啶反应，生成吡啶盐：

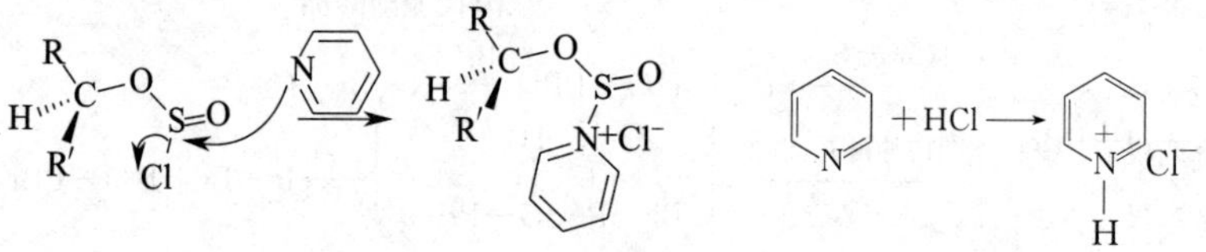

上述两种吡啶盐都含有"自由"的氯离子，它可以从碳-氧键的背面向中心碳原子进攻（即发生 $S_N 2$ 反应），使该中心碳原子的构型发生翻转。反应过程如下：

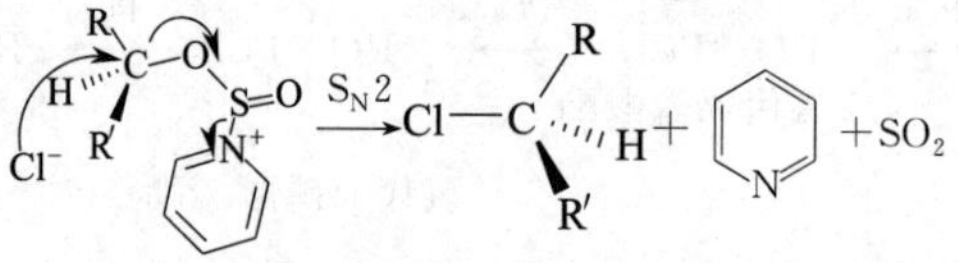

醇与氯化亚砜生成氯代烷的反应具有速率快、条件温和，不易发生重排，产率较高的特点。副产物 HCl 和 SO_2 都是气体，可直接离开反应体系，具有易分离提纯的特点。醇与氯化亚砜的反应，虽然具有以上优点，但 $SOCl_2$ 价格较高，且有腐蚀性，易被潮湿空气分解。所以在制备卤代烷时，要依据具体情况，选择合适的方法。

8.5.5　醇的脱水反应

醇在室温溶于冷的浓硫酸。如果加热，在低于 100℃时，乙醇与浓硫酸反应，生成硫酸氢乙酯。加热到 140℃，醇在浓硫酸作用下发生双分子间脱水，生成醚。这一过程被认为是一分子醇与另一分子质子化的醇（或硫酸氢乙酯）发生 $S_N 2$ 反应。例如：

$$2\ CH_3CH_2OH \xrightarrow[\substack{140℃}]{浓\ H_2SO_4} CH_3CH_2OCH_2CH_3 + H_2O$$

更高温度时，则发生醇的单分子（分子内）脱水反应，生成烯烃。例如：

$$CH_3CH_2OH \xrightarrow[\substack{170℃}]{浓\ H_2SO_4} CH_2=CH_2 + H_2O$$

除浓硫酸外，Al_2O_3、BF_3、$ZnCl_2$ 等 Lewis 酸均可作脱水剂，并能避免硫酸中质子对产物烯烃的异构化作用。反应条件均是较低温度有利于成醚，较高温度有利于成烯烃。例如：

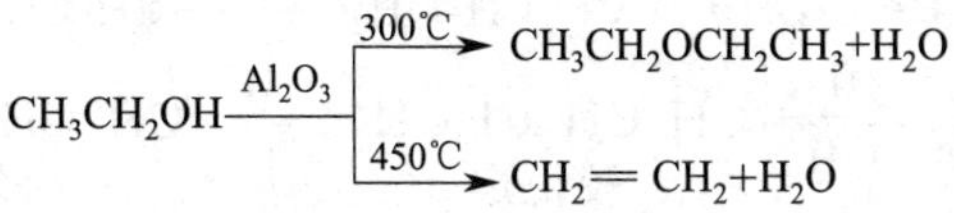

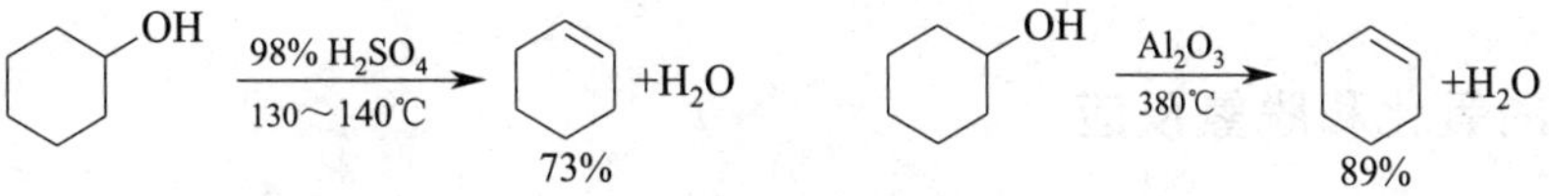

$$CH_3CH_2OH \xrightarrow{Al_2O_3} \begin{cases} \xrightarrow{300℃} CH_3CH_2OCH_2CH_3 + H_2O \\ \xrightarrow{450℃} CH_2=CH_2 + H_2O \end{cases}$$

发生消除反应生成烯烃的倾向是苄基型醇、烯丙型醇＞3°＞2°＞1°。例如：

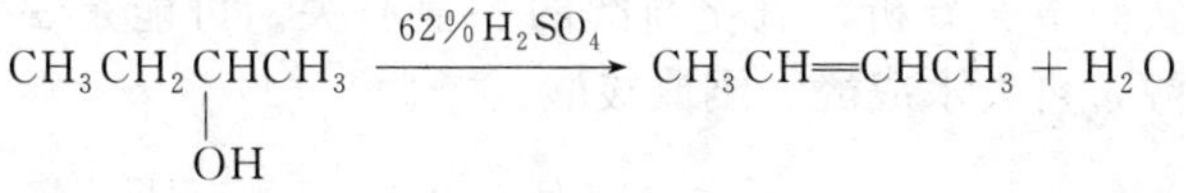

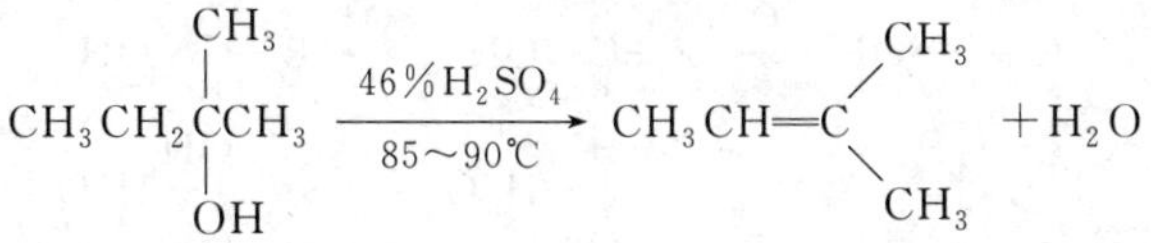

$$CH_3CH_2CHCH_3 \xrightarrow{62\%H_2SO_4} CH_3CH=CHCH_3 + H_2O$$
$$\underset{OH}{|}$$

$$\underset{\underset{OH}{|}}{CH_3CH_2CCH_3} \xrightarrow[\substack{85\sim90℃}]{46\%H_2SO_4} CH_3CH=C\underset{CH_3}{\overset{CH_3}{|}} + H_2O$$

苄基型醇和烯丙型醇脱水主要生成共轭烯烃，其脱水活性很高。例如：

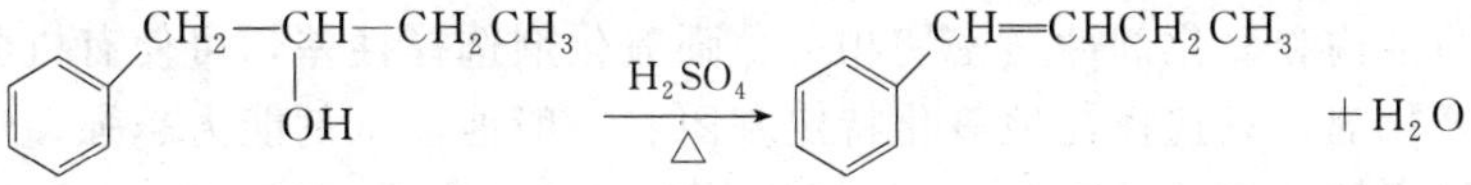

醇的结构对两个竞争反应影响很大。仲醇和叔醇消除反应按 E1 机理进行，发生分子重排的实验现象说明反应经历烷基碳正离子中间体，例如：

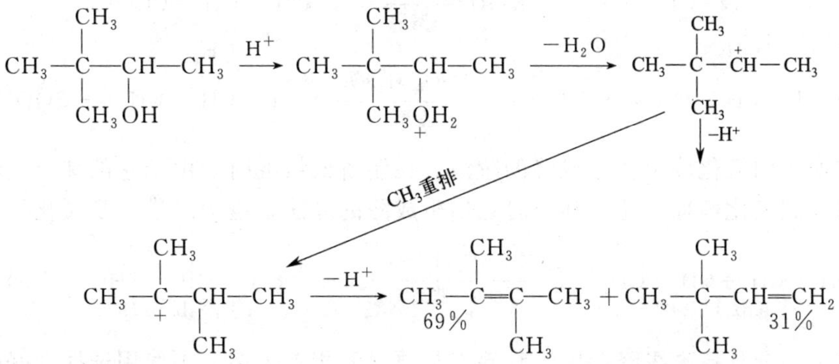

即质子化醇首先失水，生成烷基正离子。接着 β 碳上氢以质子形式离去，完成消除过程。但伯醇的脱水机理还是有争议。例如，正丁醇在硫酸作用下，主要生成 2-丁烯。一种解释是：质子化醇首先失水，生成一级碳正离子，再重排为二级碳正离子进行消除：

$$CH_3CH_2CH_2CH_2OH \xrightarrow{H^+} CH_3CH_2CH_2CH_2\overset{+}{O}H_2 \xrightarrow{-H_2O} CH_3CH_2CH_2\overset{+}{C}H_2$$

$$\downarrow -H^+$$

$$\xrightarrow{H^+ \text{重排}} CH_3CH_2\overset{+}{C}HCH_3 \xrightarrow{-H^-} CH_3CH=CHCH_3 + CH_3CH_2CH=CH_2$$

较稳定　　　　　　主要产物　　　　　次要产物

但这种解释与直链醇和卤化氢反应无分子重排的事实相矛盾。另一种解释是生成的 1-丁烯在质子催化下发生异构化，生成更稳定的 2-丁烯：

$$CH_3CH_2CH_2CH_2OH \xrightarrow{H^+} CH_3CH_2CH_2CH_2\overset{+}{O}H_2 \xrightarrow{-H_2O} CH_3CH_2CH_2\overset{+}{C}H_2$$

$$\xrightarrow{-H^+} CH_3CH_2CH=CH_2 \underset{-H^+}{\overset{H^+}{\rightleftharpoons}} CH_3CH_2\overset{+}{C}HCH_3 \underset{H^+}{\overset{-H^+}{\rightleftharpoons}} CH_3CH=CHCH_3$$

较稳定　　　　　　较稳定

正丁醇在 Al_2O_3 作用下脱水，只能生成 1-丁烯，说明酸催化下生成 2-丁烯与质子有关。

8.5.6　醇的氧化和脱氢反应

使有机分子中氧原子数增加或氢原子数减少的反应，称为氧化反应。醇的氧化反应机理仍然不十分清楚。从实验事实分析，氧化与醇的 α-氢有关。可能是 α-氢先被氧化，生成不稳定的偕二醇或偕三醇，再失水成醛、酮或羧酸。

反应与醇的结构和氧化剂性质密切相关。强氧化剂选择性差，可使有机分子的多个部位发生氧化。弱氧化剂，只选择性地氧化特定基团。一般地，试剂能力越强，选择性越差。

伯醇常用的强氧化剂有 HNO_3、$KMnO_4/H^+$、$K_2Cr_2O_7/H_2SO_4$，它们一般将伯醇氧化成羧酸。例如：

$$Cl-CH_2-CH_2-CH_2OH \xrightarrow[\text{室温}]{\text{浓 } HNO_3} Cl-CH_2-CH_2-COOH$$

$$C_2H_5-\overset{CH_3}{\underset{|}{CH}}-(CH_2)_2-CH_2OH \xrightarrow[\text{室温}]{KMnO_4/H_2SO_4} C_2H_5-\overset{CH_3}{\underset{|}{CH}}-(CH_2)_2-COOH$$

常希望伯醇的氧化停留在生成醛的阶段。在制备低级醛时，由于它的沸点比相应醇低得多，可采用控制氧化剂加入速率和及时蒸出生成醛的办法，避免醛进一步氧化。例如：

$$CH_3-CH_2-CH_2-CH_2OH \xrightarrow[50℃，蒸馏]{K_2Cr_2O_7/H_2SO_4} CH_3-CH_2-CH_2-CHO \quad 约50\%$$

b. p. 117.8℃　　　　　　　　　　丁醛 b. p. 49℃

本方法不适合制备高级醛，因为其沸点与原料醇相差不多，须使用选择性好的氧化剂。

仲醇被氧化生成酮，一般酮难以继续被氧化。例如：

但是硝酸、酸性高锰酸钾等强氧化剂能将酮继续氧化使其发生断键反应，一般用于环醇氧化制备二元酸。例如：

在更激烈的氧化条件下，会发生碳-碳键断裂成酸，环醇生成二元酸。例如：

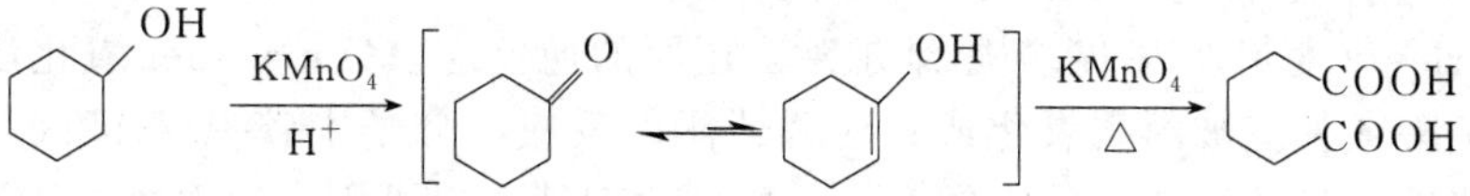

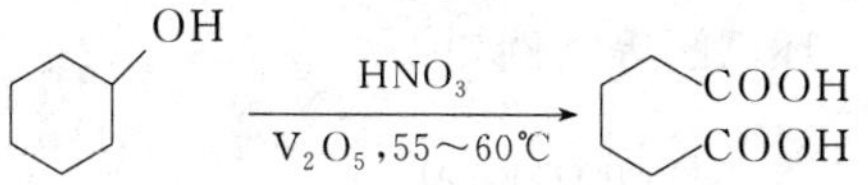

CrO_3（铬酐）和吡啶作用形成深红色的铬酐-双吡啶络合物［$CrO_3 \cdot (C_5H_5N)_2$］，称为 Sarrett（沙瑞特）试剂：

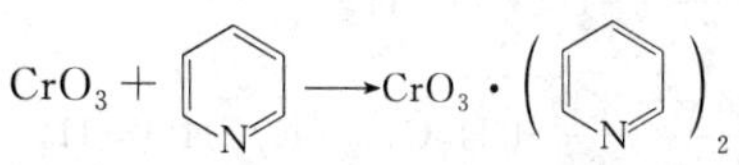

或写成 $(C_5H_5N)_2 \cdot CrO_3$

Sarrett 试剂可将伯醇氧化为醛，仲醇氧化为酮，特别是分子中有双键、叁键时氧化不受影响，而且可用于一些对酸敏感的醇。反应一般在 CH_2Cl_2 中、于室温下进行。例如：

$$CH_3—(CH_2)_5—CH_2OH \xrightarrow[CH_2Cl_2,\text{室温}]{(C_5H_5N)_2 \cdot CrO_3} CH_3—(CH_2)_5—CHO$$

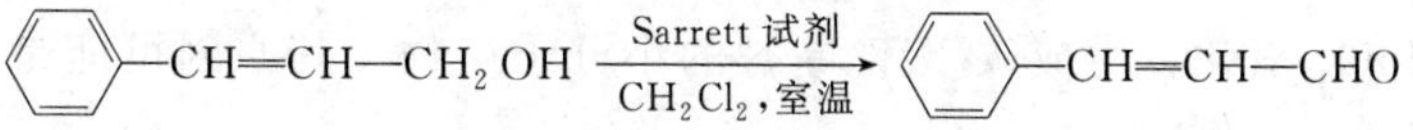

$$CH_3—(CH_2)_4—C\equiv CCH_2OH \xrightarrow[CH_2Cl_2,\text{室温}]{\text{Sarrett 试剂}} CH_3—(CH_2)_4—C\equiv CCHO$$

新制备的活性 MnO_2 可选择性地将烯丙型或炔丙型的醇氧化成醛或酮。分子中不饱和键或其他羟基不受影响，反应一般在室温即可进行。例如：

$$CH_2=CH—CH_2OH \xrightarrow[\text{室温}]{MnO_2} CH_2=CH—CHO$$

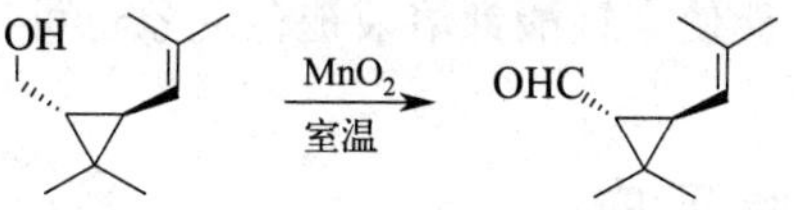

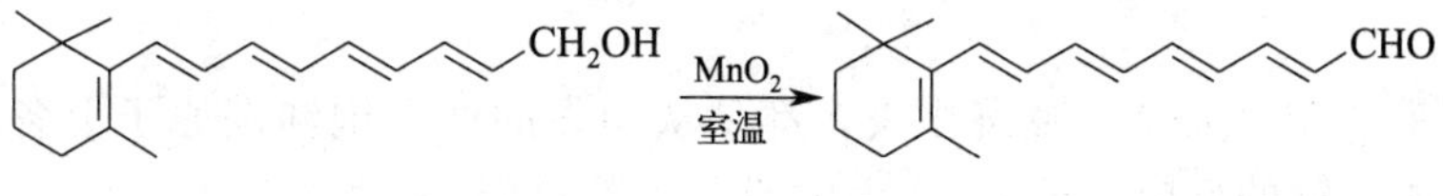

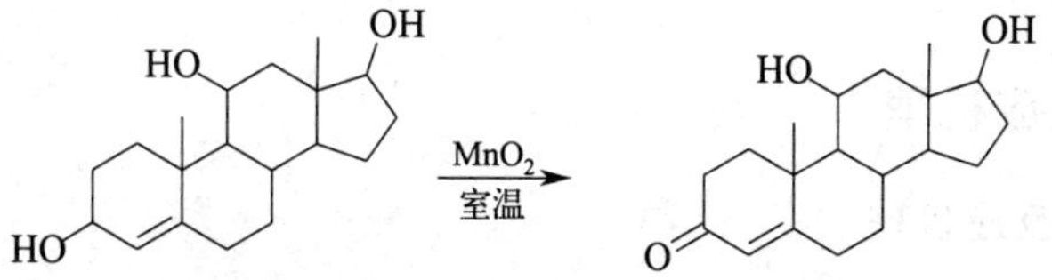

将 CrO_3（铬酐）加入稀硫酸溶液中得到一种将仲醇氧化为酮的试剂，称为 Jones 试剂。该氧化反应不影响分子中的双键或叁键，在 15℃左右即可反应。例如：

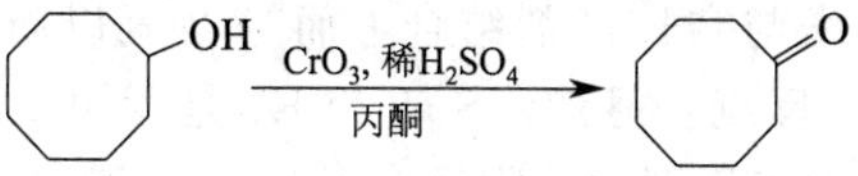

$$\text{(结构式) } \xrightarrow[\text{H}_2\text{O/丙酮}]{\text{CrO}_3,\ \text{H}_2\text{SO}_4} \text{(结构式)}$$

还有一种选择性氧化醇的方法叫 Oppenauer（欧芬脑尔）氧化法，它是 Meerwein-Ponndorf-Verley（麦尔外因-庞多夫-维尔莱）还原的逆反应。Oppenauer 氧化法是在叔丁醇铝催化下，伯醇或仲醇被丙酮氧化成相应醛或酮的反应，分子中碳-碳双键或其他对酸敏感的基团不受影响。除了用叔丁醇铝作 Lewis 酸催化剂外，也可用三异丙醇铝作为催化剂。氧化剂除了丙酮外，也可用丁酮、环己酮等。例如：

$$\text{(结构式)} + (CH_3)_2CO \xrightarrow{[(CH_3)_2CHO]_3Al} \text{(结构式)} + (CH_3)_2CHOH$$

醇蒸气通过金属或金属氧化物催化剂，直接脱氢是工业上制备醛的方法之一。例如：

$$CH_3OH \xrightarrow{\text{Cu}}[300℃] HCHO + H_2$$

$$CH_3CH_2CH_2CH_2OH \xrightarrow[450\sim500℃]{\text{铬铜氧化物}} CH_3CH_2CH_2CHO + H_2$$

仲醇脱氢生成酮。例如：

$$CH_3\overset{OH}{\underset{}{C}}HCH_3 \xrightarrow[300℃]{\text{Cu}} CH_3\overset{O}{\underset{}{C}}CH_3 \qquad \text{(环戊醇)} \xrightarrow[250\sim300℃]{\text{Cu}} \text{(环戊酮)}$$

叔醇无 α-氢，一般很难氧化，比如其对 $KMnO_4$ 的碱性和中性溶液均稳定。但叔醇在酸性介质中被 $KMnO_4$ 氧化，生成碳-碳键断裂的小分子产物。其原因可能是叔醇在酸催化下脱水，首先生成烯烃。例如：

$$CH_3\overset{CH_3}{\underset{CH_3}{\overset{|}{\underset{|}{C}}}}\!-\!OH \xrightarrow{KMnO_4/H^+} \left[CH_3\!-\!\overset{CH_3}{\underset{}{C}}\!=\!CH_2 \right] \xrightarrow{KMnO_4/H^+} CH_3\overset{CH_3}{\underset{}{C}}\!=\!O$$

CrO_3 或 $K_2Cr_2O_7$ 的稀硫酸溶液在氧化醇时，由橙色（Cr^{6+}）变成绿色（Cr^{3+}）的现象，可作伯、仲醇的定性鉴定。能使高锰酸钾溶液褪色现象也可用于伯、仲醇的定性鉴定。

8.6 饱和碳原子上的消除反应

醇的单分子脱水和卤代烷脱卤化氢，都是从相邻的两个饱和碳原子上各消除一个原子（原子团），形成 π 键的反应，即 1，2-消除或 β-消除反应。

8.6.1 三种消除反应机理

8.6.1.1 单分子消除反应机理

单分子消除反应（unimolecular elimination），用 E1 表示。

叔卤代烷的 S_N1 反应，首先是卤负离子（X^-）离去，形成叔碳正离子，再与亲核试剂结合。如果形成的碳正离子未与亲核试剂结合，而是 β-氢以质子形式离去，结果是脱 HX 生成烯烃，这种反应就是 E1 反应。显然，S_N1 和 E1 是竞争反应。例如，叔丁基氯在乙醇中的溶剂解反应，就伴随着相当程度的消除反应：

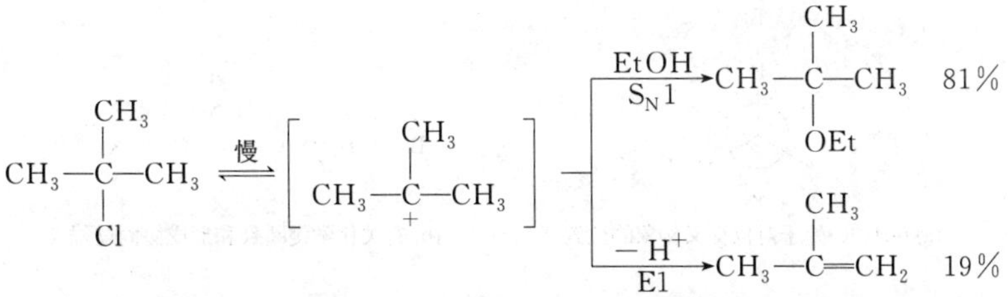

碱性条件下，叔丁基氯消除则成为主要反应，但反应机理也会发生改变。

叔丁醇与浓盐酸在室温下一起摇荡，即可发生典型的 S_N1 反应，生成叔丁基氯。而叔丁醇与硫酸共热，发生 E1 反应生成异丁烯。两个反应均经酸催化，生成相同的活性中间体叔丁基正离子，但因硫酸氢根（$HOSO_3^-$）亲核性比 Cl^- 弱，且反应温度较高，使 E1 成为主要反应。反应中质子化一步很快，而形成碳正离子是控制反应速率的慢步骤，机理如下：

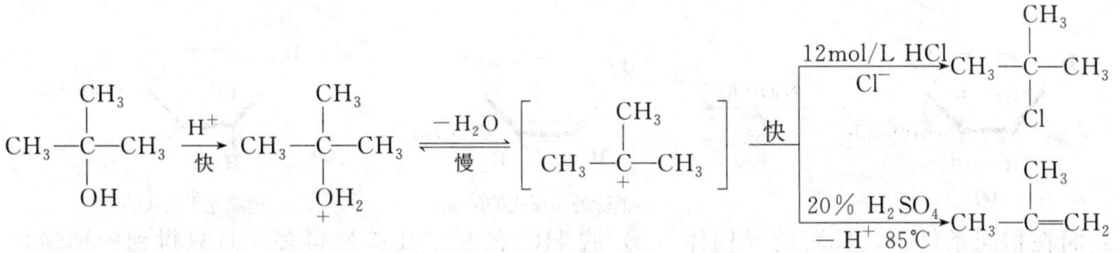

仲醇、叔醇的酸催化脱水是 E1 反应。典型的 E1 反应有如下几个特征：①反应速率方程式为动力学一级，即 $v=k$ [底物]；②不同类型的底物（如卤代烷或醇）反应速率次序为 $3°>2°>1°$；③可能存在分子重排现象。

8.6.1.2 双分子消除反应机理

双分子消除反应（bimolecular elimination），用 E2 表示。

卤代烷的取代和消除是一对竞争反应，在不同条件下，各自成为主要反应：

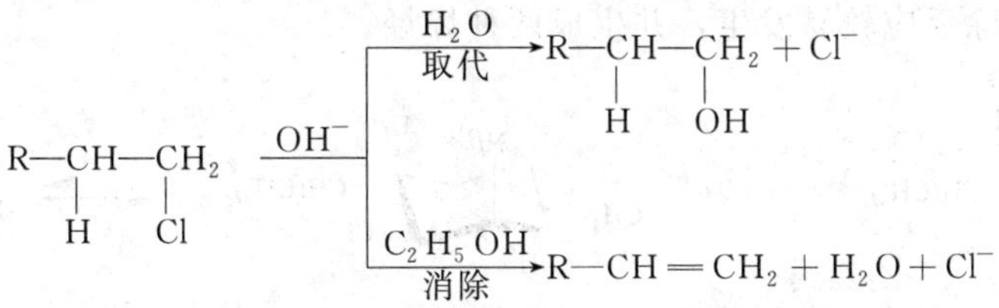

当 OH^- 进攻 α-碳时，发生 S_N2 反应。当 OH^- 作为碱夺取 β-氢时，则发生消除反应，此时是碱和底物相互作用，缺一不可，故为双分子消除反应，即 E2 反应，是一种协同反应过程。在强碱（以 B:表示）作用下，卤代烷 E2 反应的过渡态如图 8.4（a）和图 8.4（b）所示。

协同过程的优势在于：以部分 π 键[图 8.4（b）]形成时放出的能量，弥补 C_β—H 和 C_α—X 键断裂所需的能量，从而降低反应活化能。在这个过程中，α-碳和 β-碳杂化状态由 sp^3 逐渐变成 sp^2，与 H 和 X 成键的 sp^3 轨道逐渐变成 p 轨道，并相互平行形成 π 键[图 8.4（c）]。因此，C_β—H 和 C_α—X 在空间应基本处于平行状况[图 8.4（a）]，即 H_β、C_β、C_α 和 X 四原子共平面。一般情况下，E2 过渡态中，β-氢和离去基团处于对位交叉（反叠）构象的位置[图 8.4（a）]。像 E2 这种消除，称为反式（anti）消除。

环己烷衍生物消除反应的立体化学事实，支持上述反应 E2 消除的理论。实验发现，化合物（a）在碱的醇溶液中加热，迅速反应，并得到两种烯烃的混合物：

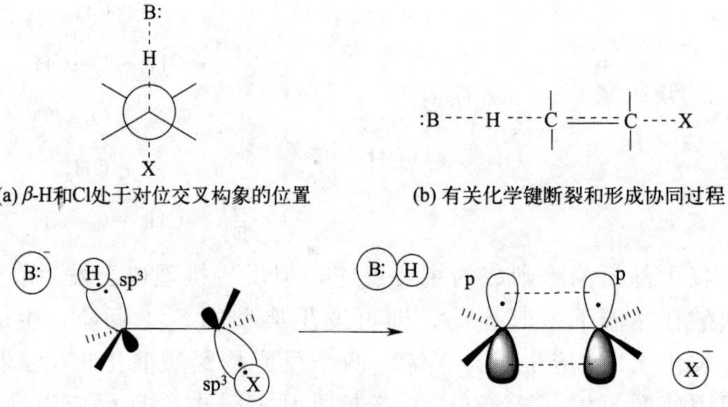

(a) β-H和Cl处于对位交叉构象的位置   (b) 有关化学键断裂和形成协同过程

(c) 互相平行的sp³轨道逐渐形成侧面交叉的p轨道

图 8.4　E2 反应的过渡态和轨道转化

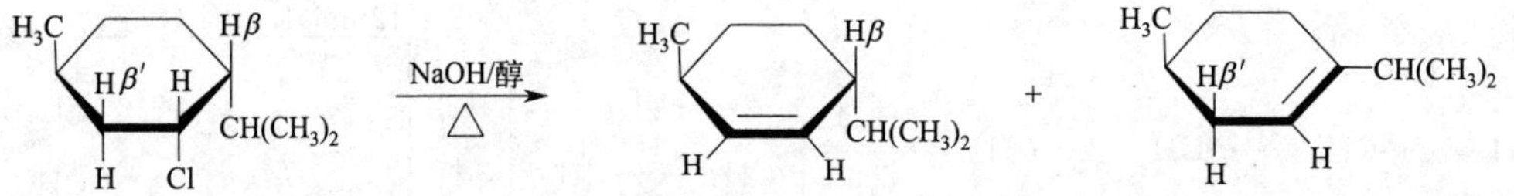

消除处于反式的β'-氢   消除处于反式的β-氢

而在相同条件下，（a）的异构体（b）脱 HCl 的反应要缓慢得多，且只得到一种烯烃：

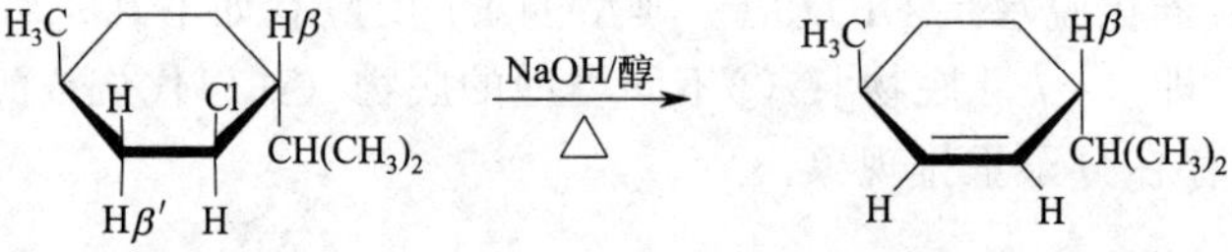

只能消除处于反式的β'-氢

　　这是因为环己烷环上相邻碳原子上的 Cl 和 β-H 两个原子（原子团）如果要处于反式共平面位置，都必须处于 a 键位置。（a）的优势构象正好符合这种要求，如图 8.5 所示，不仅离去基团氯处在 a 键，而且有两种 β-氢与氯处在反式消除过渡态所要求的位置（反式共平面）。因此，E2 消除反应较易发生，并生成两种烯烃。

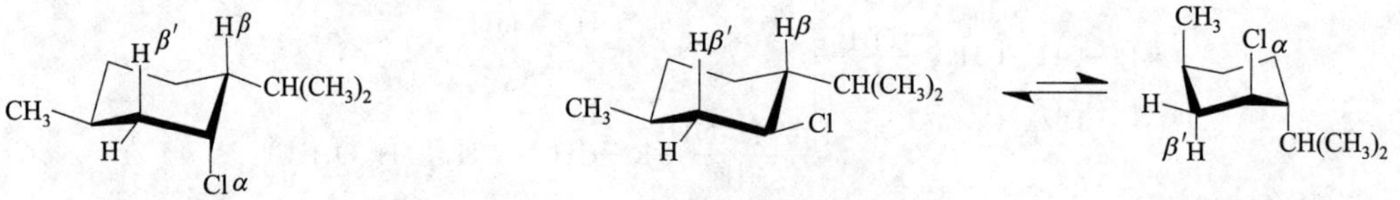

(a)的优势构象   (b)的优势构象   (b)的不稳定构象

图 8.5　化合物（a）和（b）的优势构象

　　而化合物（b）的优势构象中，氯原子处于 e 键，β-氢与 Cl 没有反式共平面的关系。因此，（b）必须经过一个如图 8.5 所示的椅型构象翻转，才能达到 E2 反应过渡态所要求的构象。翻转后的构象中，甲基、氯和异丙基都处于 a 键，内能高，反应活化能高，所以反应慢。此外，翻转后的构象，仅有一个与氯处于反式共平面关系的 β-氢，故只得到一种烯烃。
　　经过分析，E2 反应主要特征为：①为动力学二级反应，速率方程 $v = k$ ［底物］［试剂］；②反应未经碳正离子中间体，不发生碳架的改变，无分子重排现象；③有同位素效应。
　　不同同位素化合物的反应速率有差异的现象，叫做同位素效应。例如，相同条件下，异丙基溴 $(CH_3)_2CHBr$ 消除 HBr 生成丙烯的反应速率，是氘代异丙基溴 $(CD_3)_2CDBr$ 消除 DBr 的 7 倍。其原因是 C—H 解离能比 C—D 解离能低。由于形成 E2 反应过渡态这一控制反应速率的步骤涉及 C—H 的断裂，故键能的差异充分体现出来。若控制反应速率的步骤不涉及 C—H 断裂（如 E1 反应），则体现不出同位素效应。

8.6.1.3　Elcb 反应机理

Elcb 反应是指通过共轭碱（conjugated base）的单分子消除反应。在介绍 Elcb 反应及其规律之前，有必要了解一点关于碳氢酸酸性相对大小的知识。

（1）碳氢酸和碳负离子

如果将有机化合物中的 C—H 视作一种碳氢酸（carbon acid），其共轭碱就是碳负离子（carbanion）。

$$\overset{|}{\underset{|}{G}}—\overset{|}{\underset{|}{C}}—H \underset{}{\overset{K_a}{\rightleftharpoons}} \overset{|}{\underset{|}{G}}—\overset{|}{\underset{|}{C}}^- + H^+$$

一般说来，碳氢解离平衡常数 K_a 非常小，当该碳上连有强吸电子基团或能分散负电荷，使碳负离子较稳定时，K_a 值才会增大。可以通过动力学或热力学方法，测定各种碳氢酸的解离平衡常数。由于"酸性"越小的化合物，其 K_a 越难精确测定，加之实验方法不同，所报道的各种 C—H 解离能略有差异，但总体上仍然可以看出大致相同的规律（表 8.3）。

表 8.3　一些碳氢酸相对水的 pK_a 近似值

碳氢酸	共轭碱	pK_a
⬡—H	⬡⁻	≈52
CH_3—H	CH_3^-	≈49
CH_2=CH—H	CH_2=$\bar{C}H$	44
◯—H	◯⁻	43
CH_2=CH—CH_3	CH_2=CH—$\bar{C}H_2$	43
◯—CH_3	◯—$\bar{C}H_2$	41
$(C_6H_5)_2CH_2$	$(C_6H_5)_2\bar{C}H$	34
$(C_6H_5)_3CH$	Ph_3C^-	31.5
$HC\equiv CH$	$HC\equiv C^-$	25
CH_3CN	$\bar{C}H_2CN$	25
$CH_3SO_2CH_3$	$CH_3SO_2\bar{C}H_2$	23
CH_3COCH_2—H	$CH_3COCH_2^-$	20
⬠	⬠⁻	16.0
O_2N—CH_2—H	O_2N—CH_2^-	10.2
$(O_2N)_2CH$—H	$(O_2N)_2CH^-$	3.6

一些碳氢酸相对于水的 pK_a 值，一般有如下规律。

① 吸电子基，如—NO_2，能稳定碳负离子，吸电子基团愈多，吸电子能力愈强，则对应的碳氢酸的酸性愈强：$(O_2N)_2CH_2 > O_2NCH_3 > CH_3COCH_3$。

② 不同杂化碳原子吸电子能力为 $sp > sp^2 > sp^3$，因此酸性次序为乙炔>乙烯>乙烷。

③ sp^3 杂化碳上氢的酸性次序为：CH_3—H$>CH_3CH_2$—H$>(CH_3)_2CH$—H。由于表 8.3 酸性次序是测定后换算成与水溶液中水的电离平衡相一致，因此，可以说，烷基碳负离

子的稳定性次序为 $^-CH_3 > 1° > 2° > 3°$。这与在质子性溶剂中烷氧负离子的稳定性次序一致。

（2）Elcb 反应及特征

Elcb 反应是底物在碱（B:）作用下，形成底物共轭碱（碳负离子）的单分子消除。即底物发生 C—H 的异裂，形成碳负离子，然后再脱去离去基团 L^-：

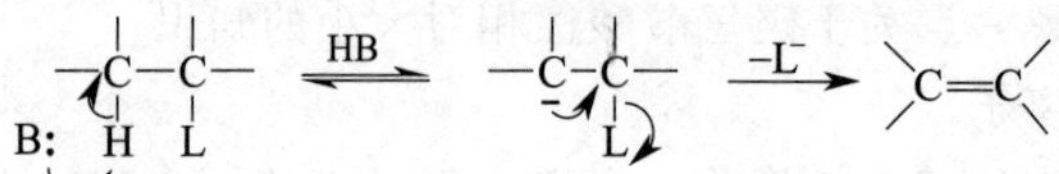

$$\underset{\substack{| \quad |\\ B: H \quad L}}{-\overset{|}{C}-\overset{|}{C}-} \xrightarrow{HB} \underset{\substack{|\\ L}}{-\overset{|}{C}-\overset{|}{C}-} \xrightarrow{-L} \overset{}{C}=\overset{}{C}$$

因此 Elcb 机理也称为碳负离子机理。

（3）Elcb 消除反应条件。

① 底物分子中的离去基团，离去倾向较小，不易形成碳正离子。

② β-氢活性（酸性）相对较大。在 β-碳原子上连有强的吸电子基团，如—NO_2、—CN、—CHO、—$^+SR_2$、—$^+NR_3$ 等，使碳负离子有足够的稳定性，较容易形成。

③ 试剂（B:）的碱性要强，足以夺取 β-氢。

由于有这些结构和反应条件上的要求，Elcb 反应的实例并不多。下面为属于少数按 Elcb 机理反应的例子之一：

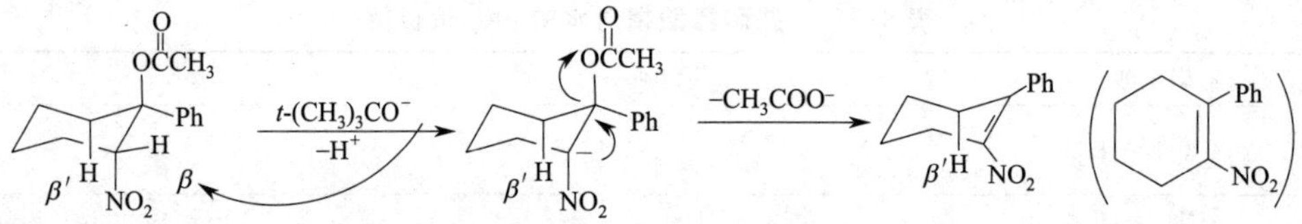

底物中的 CH_3COO^- 不是一个好的离去基团，故反应不能按 E1 机理进行，也难以按 E2 机理进行。因为，如果按 E2 机理进行，应该消去与 CH_3COO^- 处于反式共平面的 β′-氢。实际反应是：由于 β-氢受到 β-碳上硝基的活化，有足够的酸性（预测 $pK_a \approx 10$），故它与强碱 t-BuO^- 的平衡反应足以提供相当的碳负离子，再脱去 CH_3COO^-，形成产物。

（4）碳负离子的空间形象

在许多有机反应中，碳负离子起着十分重要的作用。它不仅具有不同于碳正离子的稳定性次序，而且具有不同于碳正离子的空间形象。这一说法，可从下述实验事实得到证明：

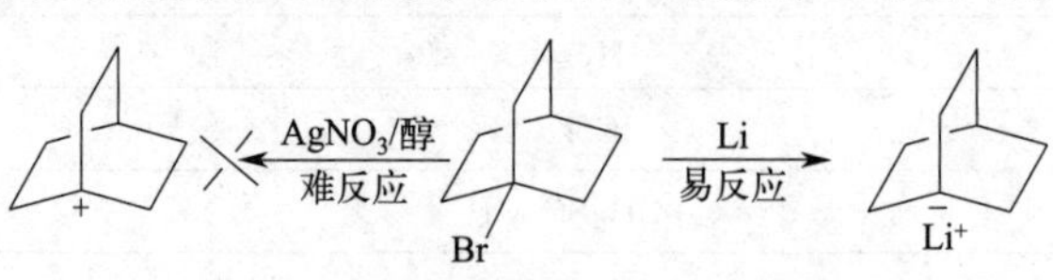

1-溴二环[2.2.2]辛烷

虽然 1-溴二环 [2.2.2] 辛烷是叔卤代烷，但由于桥环的刚性限制，在桥头碳上不能形成平面构型的碳正离子，所以溴很难以负离子形式离去，不能与 $AgNO_3$ 醇溶液反应生成卤化银沉淀。相反，1-溴二环 [2.2.2] 辛烷却很容易与活泼金属，比如 Li 反应。这说明烷基碳负离子不是简单的平面构型。现在普遍认为，除形成共轭体系等特殊情况外，烷基碳负离子具有如图 8.6 所示的四面体构型，并在一定条件下处于构型翻转的平衡之中，孤对电子占据着 sp^3 轨道，以减轻它与成键电子对之间的排斥作用。

8.6.2 消除反应的两种定向

具有两种不同 β-氢的化合物，可生成两种消除产物。例如：

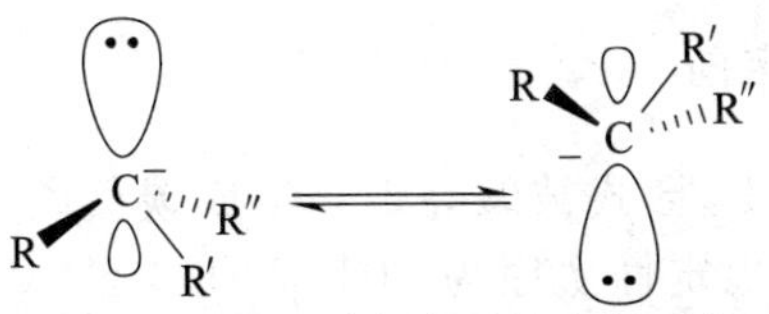

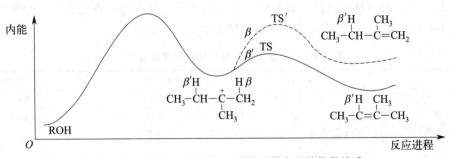

图 8.6 烷基碳负离子的空间形象

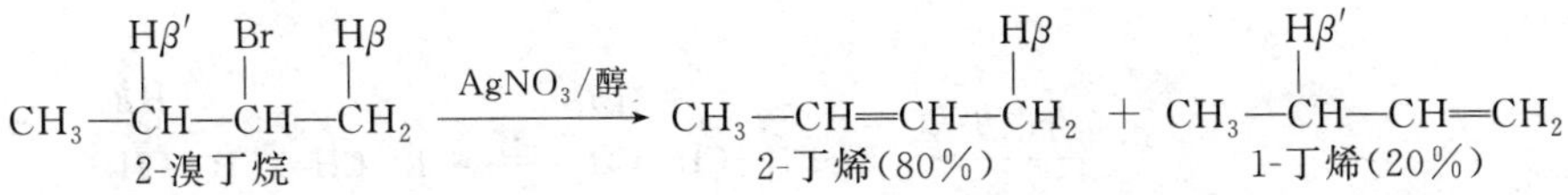

$$
\underset{\text{2-溴丁烷}}{CH_3-\overset{\overset{\displaystyle H\beta'}{|}}{CH}-\overset{\overset{\displaystyle Br}{|}}{CH}-\overset{\overset{\displaystyle H\beta}{|}}{CH_2}} \xrightarrow{AgNO_3/醇} \underset{\text{2-丁烯(80\%)}}{CH_3-CH=\overset{\overset{\displaystyle H\beta}{|}}{CH}-CH_2} + \underset{\text{1-丁烯(20\%)}}{CH_3-\overset{\overset{\displaystyle H\beta'}{|}}{CH}-CH=CH_2}
$$

Zaitsev（查依采夫）在研究卤代烷脱卤化氢的反应中发现：当脱卤化氢形成双键有多种可能时，主要失去含氢较少的 β-碳上的氢，双键上连有烷基较多的烯烃为主要产物，该烯烃称为查依采夫烯烃。例如，2-溴丁烷脱 HBr 主要产物为 2-丁烯。

而 Hofmann（霍夫曼）研究发现，季铵碱热消除反应的主要产物是双键碳上所连烷基较少的烯烃，该烯烃称为霍夫曼烯烃，例如，下面反应主要产物为 1-丁烯：

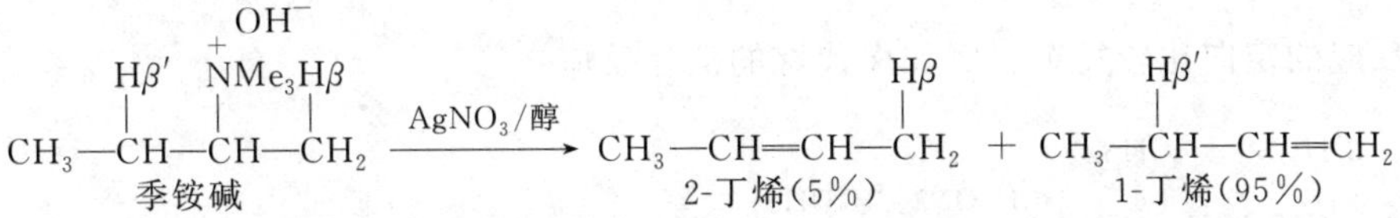

$$
\underset{\text{季铵碱}}{CH_3-\overset{\overset{\displaystyle H\beta'}{|}}{CH}-\overset{\overset{\displaystyle \overset{+}{N}Me_3}{|}}{CH}-\overset{\overset{\displaystyle H\beta}{|}}{CH_2}} \xrightarrow{AgNO_3/醇} \underset{\text{2-丁烯(5\%)}}{CH_3-CH=\overset{\overset{\displaystyle H\beta}{|}}{CH}-CH_2} + \underset{\text{1-丁烯(95\%)}}{CH_3-\overset{\overset{\displaystyle H\beta'}{|}}{CH}-CH=CH_2}
$$

8.6.2.1 E1 反应及查依采夫定向

实验结果表明，醇的酸催化脱水取向与卤代烷脱卤化氢一样，主要生成查依采夫烯烃。例如：2-甲基-2-丁醇经酸催化脱水，为 E1 反应。首先生成碳正离子，再以失质子的形式脱去 β-氢，形成烯烃。由于底物有两种 β-氢，故存在霍夫曼烯烃和查依采夫烯烃的竞争。

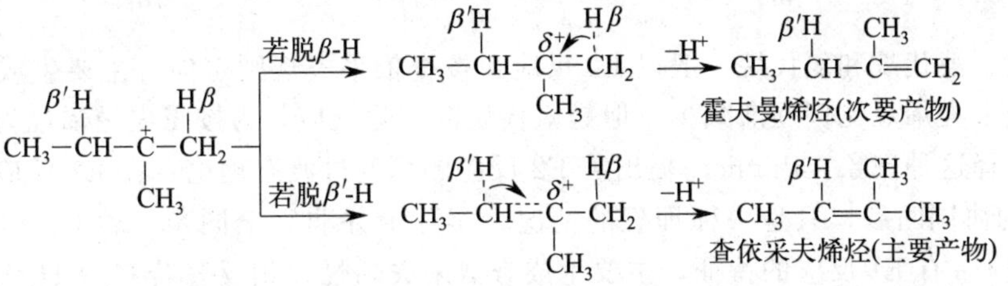

（反应式图）

如图 8.7 所示，由于脱去 β'-氢，碳正离子的正电荷向仲碳转移，比脱去 β-氢（正电荷向伯碳转移）形成的过滤态能量要低。另外，烯烃氢化热也说明双键上取代基较多的烯烃比其异构体稳定，因此主要生成查依采夫烯烃。

（能量关系图）

图 8.7 2-甲基-2-丁醇按 E1 消除两种定向的能量关系

8.6.2.2 Elcb 反应及霍夫曼定向

Elcb 反应首先是 β-氢以 H^+ 形式被碱夺走，生成碳负离子，再失去离去基团，主要得到霍夫曼烯烃。由于碳负离子稳定性次序为 $^-CH_3 > 1° > 2° > 3°$，如果底物的离去基团较难离去，而 β-氢具有足够的酸性，故失去含氢较多的 β-碳上氢所需活化能较低，故主要生成霍夫曼烯烃：

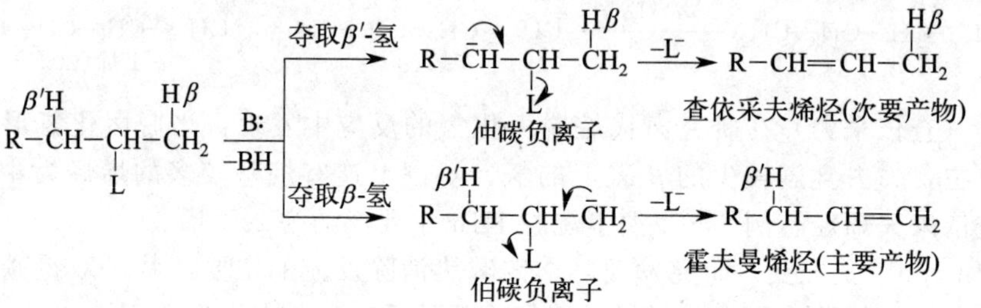

8.6.2.3 E2 反应的定向

E2 反应的定向比较复杂。例如卤代烷的消除反应：

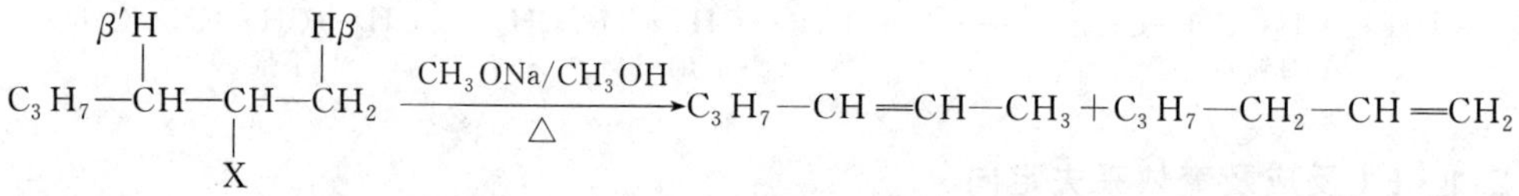

	C—X 键能/kJ·mol^{-1}	查依采夫烯烃	霍夫曼烯烃
I	217	81%	19%
Br	281	72%	28%
Cl	334	67%	33%
F	460	30%	70%

碘代烷、溴代烷和氯代烷一般以 E2 反应，按查依采夫规则定向，主要生成查依采夫烯烃。但查依采夫烯烃比例逐渐减少。但是氟代烷的消除反应，为按霍夫曼烯烃为主的定向。

为了解释这种现象，Bunnett 提出了 E2 反应的可变过渡态理论：在 E2 反应中，C_β—H 和 C_α—L 的协同断裂，只是一种理想的情况，实际上并非完全同步。若 C_α—L 断裂在先，则该 E2 反应带有 E1 反应的特征，主要生成查依采夫烯烃。相反，若 C_β—H 优先断裂，该 E2 反应带有 Elcb 反应的特征，主要生成霍夫曼烯烃。C—H 的键能约为 412kJ·mol^{-1}，小于 C—F 键能（460kJ·mol^{-1}）而高于其他 C—X 键能（334～217kJ·mol^{-1}）。故 C_α—F 比 C_β—H 后断裂，按霍夫曼烯烃取向。C—I、C—Br、C—Cl 比 C—H 先断裂，而且离去倾向为 I>Br>Cl，故这些卤代烷均按查依采夫定向消除，且产物中查依采夫烯烃比例随卤素离去倾向减小而减少。1,2-消除反应的定向规则总结示于表 8.4。

表 8.4　消除反应的三种机理和两种取向的关系

	C_α—L 先断裂		协同断裂	C_β—H 先断裂
中间体或过渡态	碳正离子		E2 过渡态	碳负离子
机理	E1	似 E1	似 Elcb	Elcb
常见底物	质子化醇	RI、RBr、RCl	RF、季铵碱	
产物取向	查依采夫烯烃			霍夫曼烯烃

8.6.3 影响消除反应取向的其他因素

8.6.3.1 空间效应

实验发现，在 E2 反应中，空间位阻的增加有利于生成霍夫曼烯烃。

（1）试剂体积的影响

例如，2-溴己烷的消除，一般主要生成查依采夫烯烃，但随碱的体积增大，霍夫曼烯烃的比例上升，有时甚至成为主要产物。例如：

$$C_3H_7\overset{\beta'H}{-}CH\overset{}{-}CH\overset{H\beta}{-}CH_2 \underset{70℃}{\overset{碱}{\longrightarrow}} C_3H_7-CH=CH-CH_3 + C_3H_7-CH_2-CH=CH_2$$
（X 在中间 CH 下方）

碱	查依采夫烯烃	霍夫曼烯烃
CH_3ONa	72%	28%
C_2H_5ONa	71%	29%
$(CH_3)_3CONa$	28%	72%
$(CH_3CH_2)_3CONa$	11%	89%

2-氯己烷的消除也具有相同规律：

$$C_3H_7\overset{\beta'H}{-}CH\overset{}{-}CH\overset{H\beta}{-}CH_2 \underset{70℃}{\overset{碱}{\longrightarrow}} C_3H_7-CH=CH-CH_3 + C_3H_7-CH_2-CH=CH_2$$
（X 在中间 CH 下方）

碱	查依采夫烯烃	霍夫曼烯烃
CH_3ONa	67%	33%
$(CH_3CH_2)_3CONa$	9%	91%

除了试剂的碱性上升有利于按 Elcb 过渡态反应的因素外，试剂的体积起到很大作用。试剂的体积越大，越倾向于进攻立体阻碍较小的 β-H，生成取代基较少的霍夫曼烯烃。

（2）离去基团体积的影响

同样，离去基团的体积增大，对其相邻碳的空间阻碍增大，不利于试剂进攻取代基较多碳上的 β'-氢。例如，具有不同取代基的戊烷，其消除反应产物查依采夫烯烃的比例，随离去基团体积的增大而减少：

$$C_2H_5\overset{\beta'H}{-}CH\overset{}{-}CH\overset{H\beta}{-}CH_2 \xrightarrow[-HL]{C_2H_5ONa/C_2H_5OH} C_2H_5-CH=CH-CH_3 + C_2H_5-CH_2-CH=CH_2$$
（L 在中间 CH 下方）

L	查依采夫烯烃	霍夫曼烯烃
Br	70%	30%
OTs	52%	48%
$^+S(CH_3)_2$	13%	87%
$^+N(CH_3)_3$	2%	98%

（3）底物结构的影响

底物中反应中心的空间阻碍增大，生成的霍夫曼烯烃增多。例如：

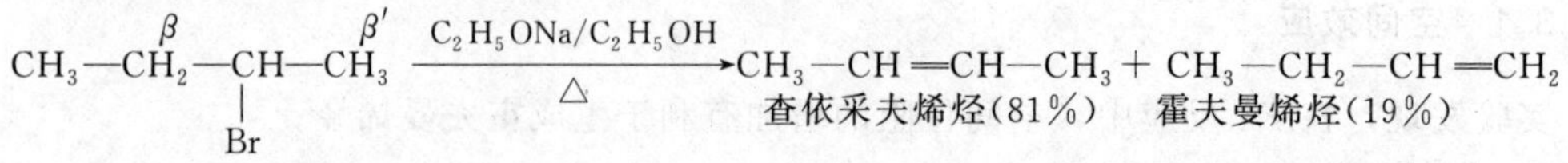

$$CH_3-CH_2-\underset{\underset{Br}{|}}{\overset{\beta}{C}H}-\overset{\beta'}{C}H_3 \xrightarrow[\triangle]{C_2H_5ONa/C_2H_5OH} CH_3-CH=CH-CH_3 + CH_3-CH_2-CH=CH_2$$

查依采夫烯烃（81%）　　　霍夫曼烯烃（19%）

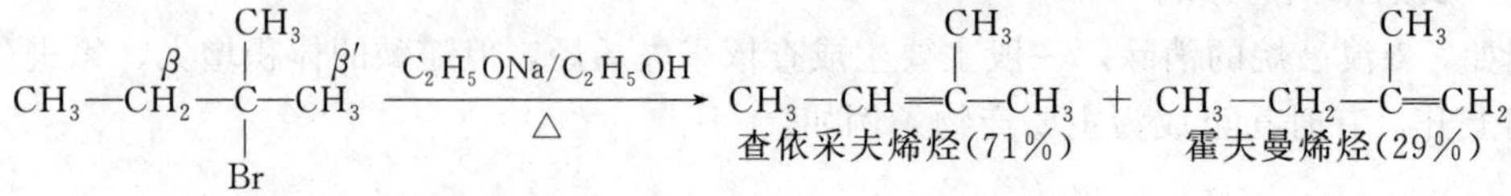

$$CH_3-CH_2-\underset{\underset{Br}{|}}{\overset{\overset{CH_3}{|}}{\overset{\beta}{\underset{}{C}}}}-\overset{\beta'}{C}H_3 \xrightarrow[\triangle]{C_2H_5ONa/C_2H_5OH} CH_3-CH=\underset{\underset{CH_3}{}}{\overset{\overset{CH_3}{|}}{C}}-CH_3 + CH_3-CH_2-\overset{\overset{CH_3}{|}}{C}=CH_2$$

查依采夫烯烃（71%）　　　　　　霍夫曼烯烃（29%）

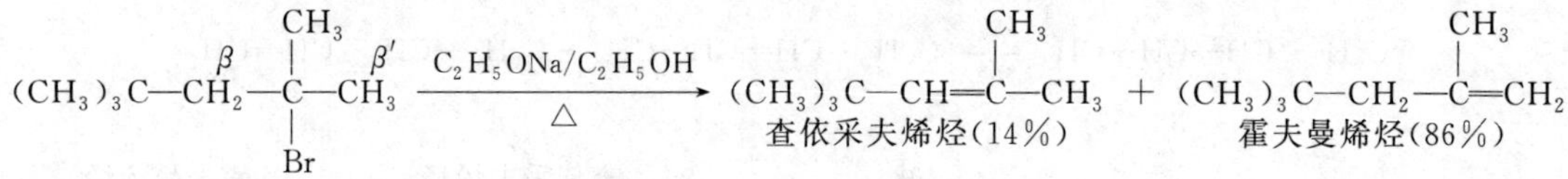

$$(CH_3)_3C-\overset{\beta}{C}H_2-\underset{\underset{Br}{|}}{\overset{\overset{CH_3}{|}}{C}}-\overset{\beta'}{C}H_3 \xrightarrow[\triangle]{C_2H_5ONa/C_2H_5OH} (CH_3)_3C-CH=\underset{\underset{CH_3}{}}{\overset{\overset{CH_3}{|}}{C}}-CH_3 + (CH_3)_3C-CH_2-\overset{\overset{CH_3}{|}}{C}=CH_2$$

查依采夫烯烃（14%）　　　　　　霍夫曼烯烃（86%）

三个反应的条件相同，都是典型的 E2 反应。由于最后一个反应底物 β-碳上连有体积庞大的叔丁基—$C(CH_3)_3$，空间阻碍太大，使碱难于接近该碳上 β-氢，而主要去夺取阻碍小的甲基（β'-碳）上的 β'-氢。所以，产物以霍夫曼烯烃为主。这一实验事实也可用构象分析来解释。反应按 E2 式消除，可形成如图 8.8 所示的两种构象。生成查依采夫烯烃的构象[图 8.8(a)]所经历的过渡态中，叔丁基、溴和甲基之间空间拥挤，造成内能高，不稳定，故难形成。而生成霍夫曼烯烃的构象[图 8.8(b)]经历的过渡态中，叔丁基远离溴和甲基，空间阻碍小，内能较低，易形成。故反应主要以图 8.8(b) 的构象经过 E2 过渡态，主要生成霍夫曼烯烃。

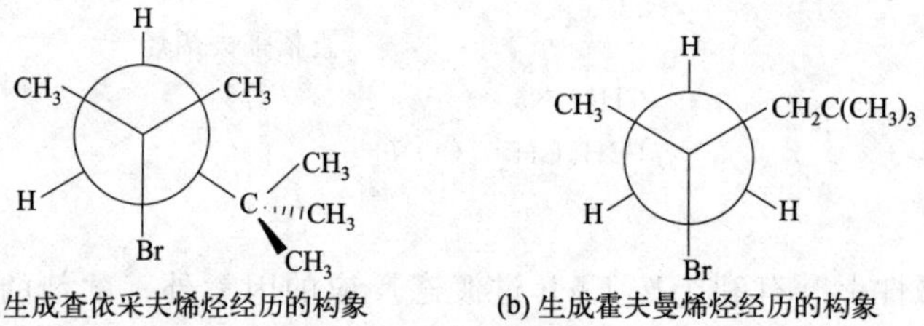

(a) 生成查依采夫烯烃经历的构象　　　(b) 生成霍夫曼烯烃经历的构象

图 8.8　$(CH_3)_3C-CH_2-CBr(CH_3)_2$ 进行 E2 反应的两种过渡状态

8.6.3.2 桥环体系的消除反应

由于环结构的限制，桥环化合物在发生消除反应时，常有一些特殊规律。

（1）Bredt（布雷德）规律

桥头碳上的卤原子，由于其背后环系的空间阻碍，以及桥头碳很难形成平面构型的碳正离子，故不易被取代。同样，因为桥头碳原子难以形成平面构型的 sp^2 杂化状态，这类化合物也很难发生消除反应。例如：

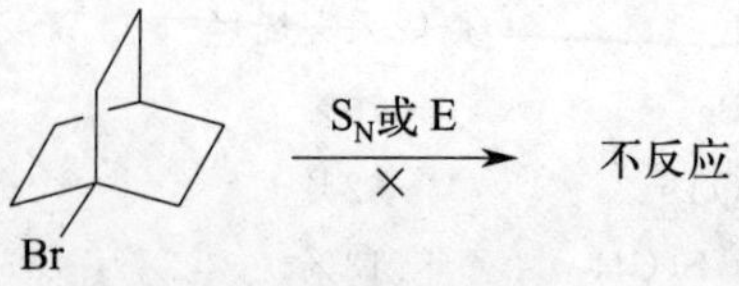

在较小桥环双环体系中，桥头碳上不能形成双键，这是布雷德规则的基本点。根据这个规则，2-位取代的小桥环双环体系的卤代烷和醇的消除，生成霍夫曼烯烃。例如：

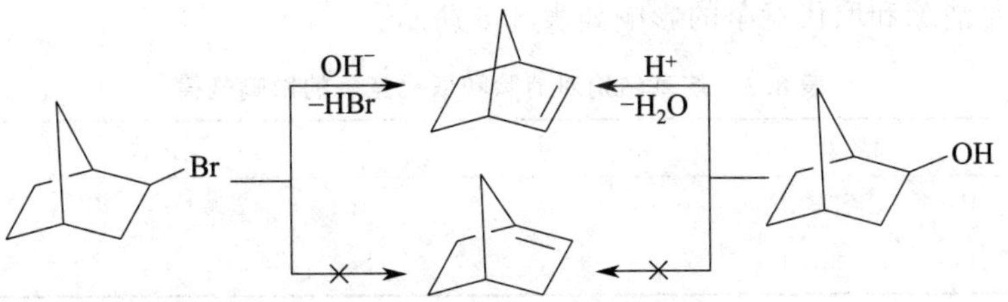

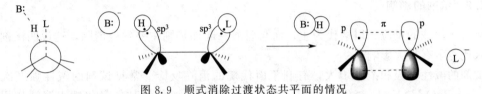

（2）顺式消除

在多数情况下，E2 反应是反式消除。但有时由于底物结构的限制，被夺取的氢和离去基团，处于顺叠构象位置，C_β—H 和 C_α—L 断裂与 π 键形成也可协同进行（图 8.9）这种消除方式，称为顺式消除。

图 8.9　顺式消除过渡状态共平面的情况

链状化合物顺式消除的过渡态能量比反式消除高，故一般按反式消除。但较小桥环状化合物，由于环的刚性，它不能形成反式消除所要求的构象时，就发生顺式消除。下例中，同位素标记化合物的消除产物不含氘，便是证明。

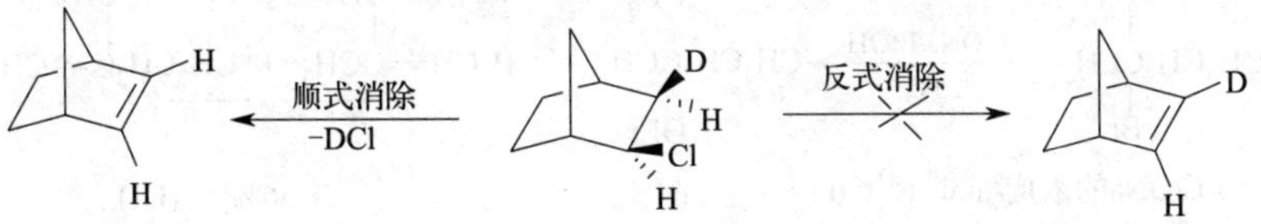

8.6.4　影响消除反应和亲核取代反应竞争的因素

8.6.4.1　烷基结构

醇的取代和脱水消除反应，主要按碳正离子机理进行，反应速率次序为 $3° > 2° > 1°$，竞争受其他因素影响更大些。卤代烷的烷基结构对竞争影响很大，情况也复杂得多。叔卤代烷的溶剂解因经历碳正离子中间体，已伴随相当程度的消除（E1）副产物。增加试剂亲核性，无疑有利于按 S_N2 反应，但因试剂碱性也增加，同样有利于 E2 反应竞争。由于消除是使底物从空间拥挤的 sp^3 四面体构型变成 sp^2 平面构型，空间张力减轻的程度是 $3° > 2° > 1°$。因此，在相同条件下，E2 反应速率次序也是 $3° > 2° > 1°$。例如：

$$CH_3(CH_2)_2CH_2CH_2Br \xrightarrow[55℃]{EtONa/EtOH} CH_3(CH_2)_2CH_2CH_2OEt + CH_3(CH_2)_2CH=CH_2$$
$$88\% \qquad\qquad\qquad 12\%$$

$$C_2H_5CH_2CHCH_3 \xrightarrow[55℃]{EtONa/EtOH} C_2H_5CH_2CHCH_3 + C_2H_5CH=CHCH_3 + C_2H_5CH_2CH=CH_2$$
$$\underset{Br}{|} \qquad\qquad 20\%\underset{OEt}{|} \qquad\quad 55\% \qquad\qquad 25\%$$

$$CH_3CH_2\underset{\underset{Br}{|}}{\overset{\overset{CH_3}{|}}{C}}CH_3 \xrightarrow[25℃]{EtONa/EtOH} CH_3CH_2\underset{OEt}{\overset{\overset{CH_3}{|}}{C}}CH_3 + CH_3CH=\overset{\overset{CH_3}{|}}{C}CH_3 + CH_3CH_2\overset{\overset{CH_3}{|}}{C}=CH_2$$
$$约3\% \qquad\qquad\qquad \underbrace{\qquad\qquad\qquad\qquad}_{97\%}$$

烷基结构对消除和取代竞争的影响如表 8.5 所示：

表 8.5　烷基结构对消除和取代竞争的影响规律

醇		卤代烷	
E1　　$3°>2°>1°$		E1　$3°>2°>1°$；　　E2　$3°>2°>1°$	
S_N1　　$3°>2°>1°$		S_N1　$3°>2°>1°$；　　S_N2　$1°>2°>3°$	

即伯卤代烷仅在 S_N2 反应条件下很活泼。叔卤代烷对消除反应十分敏感，仲卤代烷也容易消除，但更多地要看其他条件而定。因此，卤代烷的许多亲核取代反应，往往只适于伯卤代烷。

8.6.4.2　试剂的影响

醇与氢卤酸的反应，以取代为主，而与硫酸一起加热则主要发生消除，这说明试剂对消除和取代竞争有很大影响。

试剂的碱性增强和浓度增大，有利于卤代烷的消除反应。常见试剂的碱性强度次序为 $NH_2^->t\text{-}BuO^->EtO^->OH^->CH_3COO^-$。例如，卤代烷与氢氧化钾水溶液作用，得到相应的醇，如果与氢氧化钾的乙醇溶液作用，主要产物为烯烃。因为氢氧化钾和乙醇的平衡反应所提供的 EtO^- 的碱性比 OH^- 强。又如，叔戊基溴与不同浓度的 C_2H_5ONa/C_2H_5OH 溶液作用，得到不同比例的取代和消除产物。随着碱浓度的增大，消除产物增多：

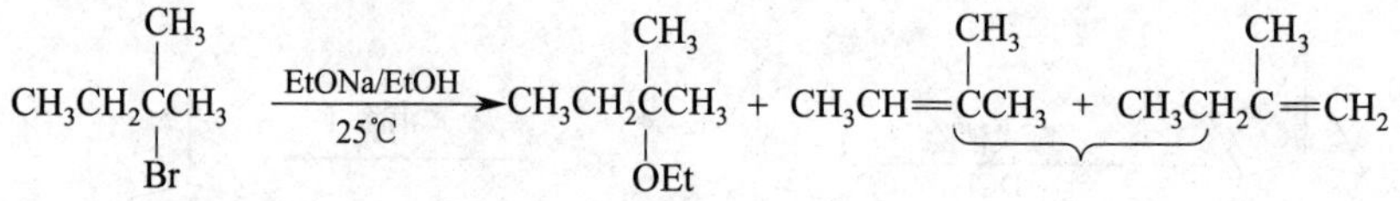

$$CH_3CH_2\overset{\underset{\displaystyle Br}{|}}{\underset{}{\overset{\displaystyle CH_3}{|}}}CH_3 \xrightarrow[25℃]{EtONa/EtOH} CH_3CH_2\overset{\overset{\displaystyle CH_3}{|}}{\underset{\displaystyle OEt}{|}}CH_3 + CH_3CH=\overset{\overset{\displaystyle CH_3}{|}}{C}CH_3 + CH_3CH_2\overset{\overset{\displaystyle CH_3}{|}}{C}=CH_2$$

EtONa 的浓度/mol·L^{-1}	0	64%	36%	(E1)
	0.02	54%	46%	
	0.08	44%	56%	(E2+E1)
	1	约2%	98%	

体积庞大、碱性较强的叔丁醇钾，即使与伯卤代烷作用，也主要发生消除反应得主产物烯烃，而在相同条件下，用乙醇钠作试剂，主要发生亲核取代反应得到主产物醚。例如：

$$CH_3(CH_2)_{15}CH_2Br \xrightarrow[40℃]{t\text{-}BuOK/t\text{-}BuOH} CH_3(CH_2)_{15}CH_2OC(CH_3)_3 + CH_3(CH_2)_{14}CH=CH_2$$
$$\qquad\qquad\qquad\qquad\qquad\qquad\qquad\qquad 15\% \qquad\qquad\qquad\qquad 85\%$$

$$CH_3(CH_2)_{15}CH_2Br \xrightarrow[40℃]{EtONa/EtOH} CH_3(CH_2)_{15}CH_2OCH_2CH_3$$

这一结果，除与试剂的碱性和亲核性有关外。一个重要的因素是叔丁醇钾体积大，不容易从背面进攻 α-碳，而容易夺取 β-氢。因此叔丁醇钠或叔丁醇钾亲核性较弱，主要用作强碱。

8.6.4.3　温度的影响

乙醇与浓硫酸反应，在 140℃ 主要生成双分子脱水产物乙醚，是一个亲核取代反应。而在 170℃ 生成单分子脱水产物乙烯，这说明高温有利于消除反应。

卤代烷的情况与此类似。伯卤代烷与醇钠在乙醇中反应，温度不高时，以取代反应为主，在较高温度下，生成的却几乎都是烯烃。

因为消除反应涉及 C_β—H 和 C_α—L 两个共价键的断裂，比涉及一个 C_α—L 共价键断裂的亲核取代反应的活化能更高。所以，高温有利于消除反应。

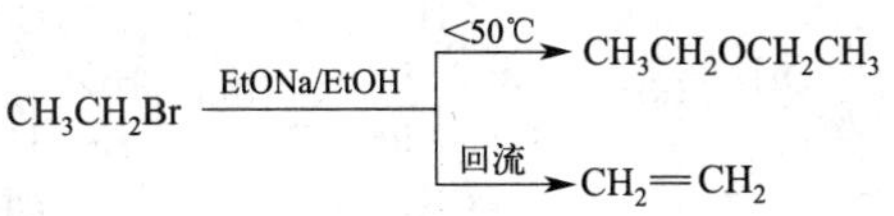

$$CH_3CH_2Br \xrightarrow{EtONa/EtOH} \begin{cases} \xrightarrow{<50℃} CH_3CH_2OCH_2CH_3 \\ \xrightarrow{回流} CH_2{=}CH_2 \end{cases}$$

8.6.4.4　溶剂极性

比较卤代烷与带负电荷的亲核试剂（$Nu{:}^-$）的 E2 和 S_N2 反应过渡态：

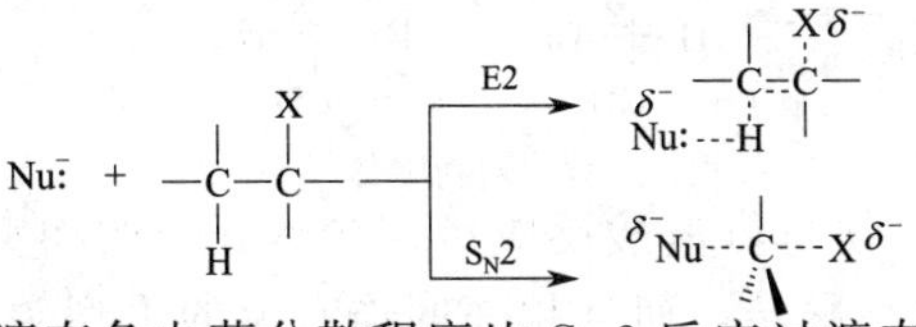

可以看出，E2 反应过渡态负电荷分散程度比 S_N2 反应过渡态要大。因此减小溶剂的极性，有利于对电荷分散程度高的过渡态的溶剂化，降低反应活化能，有利于消除反应。

8.6.4.5　伯卤代烷发生反应的典型条件

综合各种影响因素，溴乙烷的水解和消除的典型条件分别是：

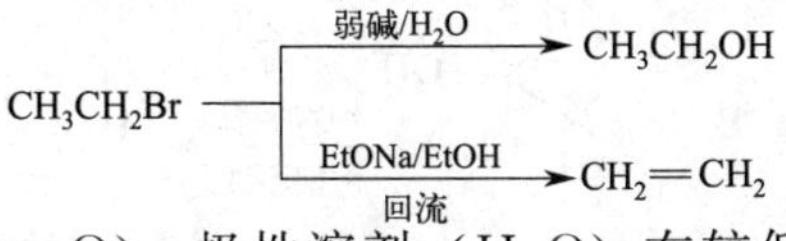

$$CH_3CH_2Br \begin{cases} \xrightarrow{弱碱/H_2O} CH_3CH_2OH \\ \xrightarrow[回流]{EtONa/EtOH} CH_2{=}CH_2 \end{cases}$$

水解时，使用弱碱（如 Ag_2O）、极性溶剂（H_2O）在较低温度反应。消除反应时，使用极性比水小些的溶剂（如乙醇）和强碱（NaOH），并需要加热。

8.6.5　对甲苯磺酸酯在合成上的应用

由于对甲苯磺酸酯（ROTs）中的对甲基苯磺酸根（TsO^-）是非常好的离去基团，它发生 S_N2 反应的倾向比卤代烷大，故在有机合成中，常将 ROH 转化为 ROTs，再进行取代反应，可以减少甚至避免消除竞争。例如，伯卤代烷与叔丁醇钾反应，主要生成消除产物，但用相应的对甲苯磺酸酯，在相同条件下，主要得到取代产物。同时，由于反应按 S_N2 机理，没有重排现象，例如：

$$CH_3(CH_2)_{15}CH_2OTs \xrightarrow[40℃]{t\text{-}BuOK/t\text{-}BuOH} CH_3(CH_2)_{15}CH_2OC(CH_3)_3 + CH_3(CH_2)_{14}CH{=}CH_2$$
$$\phantom{CH_3(CH_2)_{15}CH_2OC(CH_3)_3}\quad 99\% \qquad\qquad 1\%$$

$$\underset{OH}{CH_3CH_2CHCH_2CH_3} \xrightarrow{TsCl} \underset{OTS}{CH_3CH_2CHCH_2CH_3} \xrightarrow[25℃]{NaBr/DMSO} \underset{Br\quad 85\%}{CH_3CH_2CHCH_2CH_3}$$

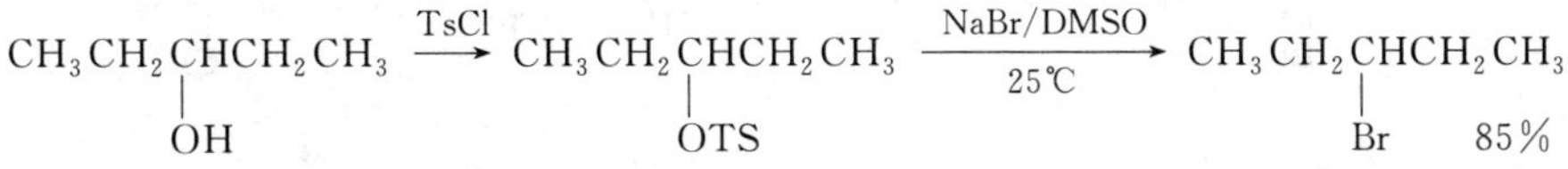

若由醇与氢溴酸直接反应，因分子重排，后一个反应会生成 2-溴戊烷的混合物。

8.7　邻基参与

1939 年 Winstein（温施泰因）等研究了氢溴酸与 3-溴-2-丁醇反应的立体化学异常现象，提出邻基参与（neighboring group participation）的概念。温施泰因等发现，具有光学活性的任意赤型 3-溴-2-丁醇（即 $2S$，$3R$-3-溴-2-丁醇及其对映体 $2R$，$3S$-3-溴-2-丁醇）与氢溴酸作用，均产生无光学活性的内消旋 2,3-二溴丁烷。

而光学活性的任一苏型 3-溴-2-丁醇（即 $2R$,$3R$-3-溴-2-丁醇及其对映体 $2S$,$3S$-3-溴-2-

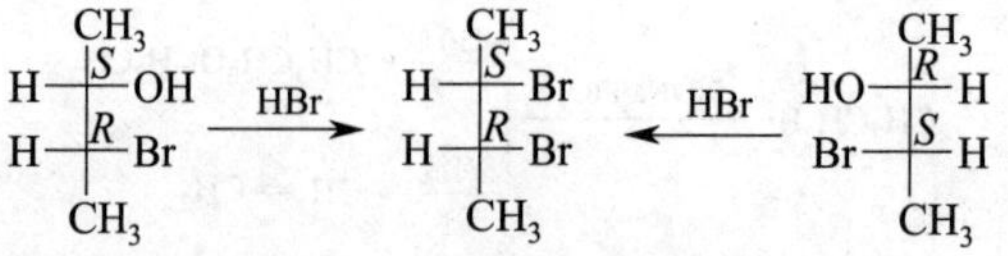

丁醇）与氢溴酸作用，则生成一对对映体（外消旋产物）。

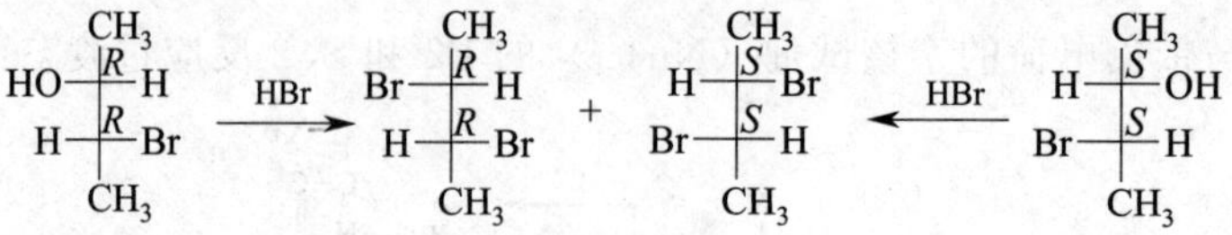

一对对映体

可以看出，任一苏型底物与氢溴酸反应后，50％分子的构型保持，而另 50％的分子，不仅羟基所在手型碳 C* 构型翻转，而且相邻的连有溴的手型碳 C* 的构型也发生了翻转。说明邻位碳上的溴，也参与了反应。现以（2S，3S）-3-溴-2-丁醇的反应为例，说明这种邻基参与反应的机理。当底物的羟基质子化使醇的 C—O 异裂得到活化时，相邻碳上溴的外层电子云密度较高，而且所处位置十分合适，便从质子化羟基的背后进攻与羟基相连的 C* 促使质子化羟基以水的形式离去，形成桥状溴鎓正离子（bridged bromonium ion）。

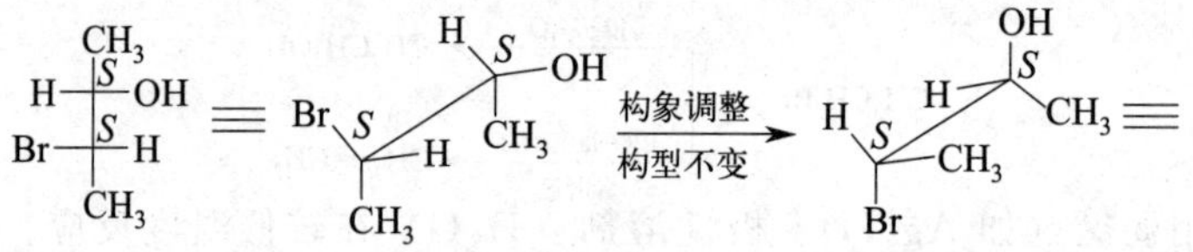

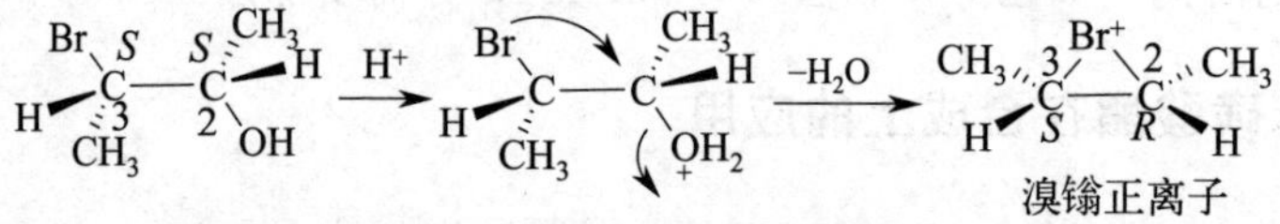

溴鎓正离子

这样，试剂的 Br⁻ 只能从环状溴鎓离子的背后进攻碳。若 Br⁻ 进攻原羟基所在的碳（C2），将三元环打开，相邻碳（C3）上溴恢复原构型位置，而试剂溴取代羟基后得到构型保持（实际经历两次构型反转）产物。若 Br⁻ 进攻原溴所在的碳原子（C3），其结果是原分子中的溴从反位取代 C2 上的羟基，而试剂溴也从背后取代原分子中的溴，造成两个的构型翻转。由于以上两种进攻的机会是完全相等的，故得到外消旋体。机理如下：

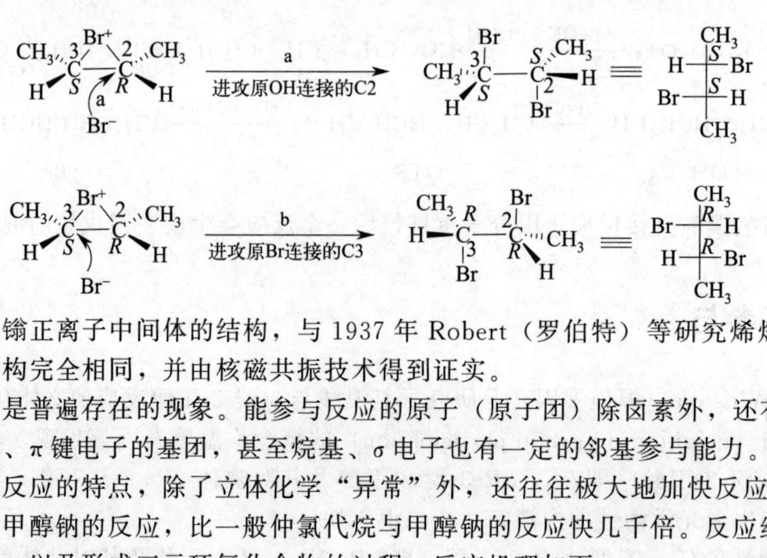

三元环溴鎓正离子中间体的结构，与 1937 年 Robert（罗伯特）等研究烯烃与溴加成反应中间体的结构完全相同，并由核磁共振技术得到证实。

邻基参与是普遍存在的现象。能参与反应的原子（原子团）除卤素外，还有氧、苯环等具有孤对电子、π 键电子的基团，甚至烷基、σ 电子也有一定的邻基参与能力。

邻基参与反应的特点，除了立体化学"异常"外，还往往极大地加快反应速率。例如，3-氯-2-丁醇与甲醇钠的反应，比一般仲氯代烷与甲醇钠的反应快几千倍。反应经历了氧负离子的邻基参与，以及形成三元环氧化合物的过程，反应机理如下：

相邻基团与反应中心距离合适，有效碰撞概率比分子间的大。因此，邻基参与形式上很像分子内催化，改变了反应机理，形成过渡态或活性中间体的内能降低，从而加速了反应。邻基的这种对反应加速作用，称为邻基促进（anchimeric assistance）。

Winstein 提出的邻基参与和离子对理论，是对经典的 S_N2 和 S_N1 反应机理的重要补充。例如，Ingold 等曾报道，2-溴丙酸在稀碱中水解，反应速率与碱的浓度无关，生成构型保持的产物。这一事实，无论用 S_N1 还是 S_N2 机理都不能予以解释。而邻基参与能很好地说明。即由于羧基（COO⁻）参与反应，氧负离子先从溴的背后进攻，发生分子内 S_N2 反应，生成不稳定的三元环内酯。这一控制速率步骤只与底物浓度有关，故 $v = k$ [底物]。OH⁻ 再从环背后进攻，完成反应。整个过程 C^* 构型经过两次翻转，故体系构型保持。

8.8 个别醇化合物

8.8.1 甲醇

甲醇是最简单的一元醇。工业上几乎都是采用一氧化碳、二氧化碳加压催化氢化法合成甲醇。工业上由一氧化碳和氢气合成甲醇的反应如下：

$$CO + 2H_2 \xrightarrow[200\sim300℃, 300\sim400atm]{ZnO\text{-}Cr_2O_3} CH_3OH$$

产率可达 100%，纯度 99% 以上。由于反应放热，一旦开始即可自行维持所需的高温。

甲醇有毒，5～10mL 导致严重中毒，致死量为 25g 左右。饮入一定量含甲醇的饮品，可以造成失明。因此，使用甲醇时要避免吸入其蒸气，防止其接触眼部和皮肤。甲醇易燃，与水及许多有机溶剂混溶，主要用作溶剂、燃料和有机合成原料。甲醇和硫酸二甲酯是有机合成中常用的甲基化试剂。

8.8.2 乙醇

乙醇俗称酒精，是人类最早获得的有机化合物之一，可由粮食发酵或乙烯水合制备。

乙醇能与水以及许多有机溶剂混溶。95.57% 的乙醇和 4.43% 的水，形成沸点为 78.13℃ 的恒沸溶液，比乙醇沸点 78.4℃ 低。因此使用蒸馏方法，从水溶液中最高只能获得普通乙醇，即 95% 乙醇。乙醇与无水氯化钙形成络合物（$CaCl_2 \cdot 4C_2H_5OH$），因此，乙醇中的水分不能用无水氯化钙除去。工业上在 95% 的普通乙醇中加入适量的苯，再蒸馏，先蒸出组成为苯：乙醇：水＝74.0：18.5：7.5 的三元恒沸液（b.p.64.86℃），随后蒸出组成苯：乙醇＝67.6：32.4 的二元恒沸液（b. p. 68.24℃），最后蒸出的才是沸点为 78.4℃的乙醇，称为无水乙醇（dehydrated alcohol），纯度最高可达 99.5％。此外，用离子交换树脂或生石灰与乙醇长时间回流，均可得到无水乙醇。如需得到绝对无水乙醇，可用金属镁处理无水乙醇，将少量水转变成 $Mg(OH)_2$ 后，再将乙醇蒸出。绝对乙醇纯度可达 99.95％，极易吸湿，必须严格处理并及时使用。乙醇毒性比其他醇小，对中枢神经有先兴奋后麻醉的作用。工业酒精或试剂酒精，往往含有少量甲醇等，故不能饮用。乙醇主要用作溶剂和有机合成的原料。

8.8.3　乙二醇

乙二醇（ethanediol）俗称甘醇（ethylene glycol 或 glycol），是具有甜味的黏稠液体。乙二醇一般由乙烯制备，主要有氧化乙烯法和次氯酸化法两种：

$$CH_2{=}CH_2 \xrightarrow[250℃,0.1MPa]{O_2/Ag} H_2C\overset{O}{\diagup\!\diagdown}CH_2 \xrightarrow[190℃,0.22MPa]{H_2O} \underset{OH\quad OH}{CH_2{-}CH_2}$$

$$CH_2{=}CH_2 \xrightarrow[70\sim80℃]{Cl_2/H_2O} \underset{Cl\quad OH}{CH_2{-}CH_2} \xrightarrow[105\sim110℃,0.1MPa]{Na_2CO_3/H_2O} \underset{OH\quad OH}{CH_2{-}CH_2}$$

乙二醇除作为汽车水箱抗冻剂、高沸点溶剂外，在有机合成、炸药工业、塑料工业、日用化工等领域，均有广泛用途。

8.8.4　丙三醇

丙三醇俗称甘油（glycerine），是油脂工业的重要副产品。随着石油工业的发展，大量甘油还可以丙烯为原料生产。

$$\underset{CH_2}{\overset{CH_3}{\underset{\|}{CH}}} \xrightarrow[550℃]{Cl_2} \underset{CH_2}{\overset{CH_2{-}Cl}{\underset{\|}{CH}}} \xrightarrow[70\sim80℃]{Cl_2/H_2O} \begin{matrix} \underset{Cl\ \ OH\ \ Cl}{CH_2{-}CH{-}CH_2} \\ + \\ \underset{Cl\ \ Cl\ \ OH}{CH_2{-}CH{-}CH_2} \end{matrix} \xrightarrow[80\sim90℃]{Ca(OH)_2} \underset{CH_2}{\overset{CH_2{-}Cl}{\underset{O}{CH}}} \xrightarrow[100\sim150℃]{Na_2CO_3/H_2O} \underset{CH_2{-}OH}{\overset{CH_2{-}OH}{CH{-}OH}}$$

甘油为无色黏稠液体，有甜味，易吸潮。能与水、乙醇混溶，微溶于乙醚，不溶于苯、氯仿、四氯化碳、汽油等非极性溶剂。甘油用于抗冻剂、吸潮剂、增塑剂等。甘油与硝酸反应，生成三硝酸甘油酯，俗称硝化甘油，为无色液体，是一种爆炸能力很强的炸药，受到震动、受热或与强氧化剂接触，发生爆炸。硝化甘油是治疗心绞痛的急救药物，具有舒张血管的功能。但经硅藻土吸附后，稳定性增强，是一种称为达纳（dynamite）炸药的主要成分。这种固体炸药防水，主要用于开矿、采石等。

✏ 习题

8.1　命名下列化合物

(1) $\underset{CH_2OH}{\overset{CH_2CH_3}{CH_3CH_2CHCHCH_3}}$

(2) $(CH_3)_2CHCH_2\underset{OH}{\overset{CH_2CH_3}{CCH(CH_3)_2}}$

（3） 　（4）　$ClCH_2CH_2CH(CH_3)CH_2\underset{\underset{\displaystyle C_2H_5}{|}}{C}HCH_2CH_2OH$

8.2　完成下列反应，写出反应主要产物的结构

（1） $\xrightarrow[CH_3COOH]{CrO_3}$（　　）

（2）（R）-2-丁醇 $\xrightarrow[\text{吡啶}]{TsCl}$（　　） $\xrightarrow[\text{丙酮}]{NaI}$（　　）

（3）（S）-2-丁醇 $\xrightarrow[\text{乙醚}]{SOCl_2}$（　　）

（4）$(CH_3CH_2)_2CHCH_2OH \xrightarrow{NaH}$（　　）

（5） $\xrightarrow{CH_3CO_3H}$（　　）$\xrightarrow{H_3O^+}$（　　）

（6）$CH_3\text{—}\overset{\displaystyle O}{\overset{\displaystyle /\backslash}{CH}}\text{—}CH_2 \xrightarrow{CH_3MgI} \xrightarrow{H_3O^+}$（　　）

8.3　解释下列实验现象并写出包括中间体或过渡态的反应式。

（1）异丁醇与 NaBr 和 H_2SO_4 反应生成异丁基溴及少量副产物叔丁基溴，而 3-甲基-2-丁醇在同样反应条件下只得到 2-甲基-2-溴丁烷。

（2）光学活性的（$2R,3R$）-3-溴-2-丁醇用 HBr 处理，产物 2，3-二溴丁烷无旋光性。

（3）二乙基环丁基甲醇在浓 H_2SO_4 作用下脱水，并发生环的扩大，生成 1，2-二乙基环戊烯；而二甲基环丙基甲醇与氯化氢发生取代生成 2-环丙基-2-氯丙烷，环并没有扩大。

（4）顺-4-叔丁基环己醇的对甲苯磺酸酯在 EtONa/EtOH 中迅速反应，得到 4-叔丁基环己烯，反应速率 $v=k$［酯］［碱］。而反-4-叔丁基环己醇的对甲苯磺酸酯在相同条件下反应缓慢，且 $v=k$［酯］。

8.4　从正丁醇和无机试剂分别合成下列化合物。

（1）正丁基溴　（2）1-丁烯　（3）正丁酸　（4）正丁烷　（5）正辛烷

（6）正丁酸正丁酯　（7）4-新辛醇　（8）1,2-丁二醇

8.5　合成题。

（1）由环己烷合成反-1,2-环己二醇　（2）由甲基环己烷合成反-2-甲基环己醇

8.6　光学活性的（$2R,3S$）-3-氯-2-丁醇与 NaOH 的醇溶液作用，得到光学活性的环氧乙烷衍生物。进一步与 KOH 水溶液作用，得到 2,3-丁二醇。该丁二醇的构型如何？

8.7　提出合理的机理解释下面反应。

第 9 章

醚

9.1 结构与命名

9.1.1 醚的结构

醚（ether）可视为水分子中的两个氢原子都被烷基取代的化合物，也可以看作是醇或酚分子的羟基氢被烷基取代的化合物。脂肪醚的通式为 R—O—R′，芳香醚通式为 Ar—O—R 或 Ar—O—Ar。如果两个烷基相同，称为（简）单醚或对称醚，否则称为混醚。两个烷基不同，称为混（合）醚或不对称醚。

脂肪醚中氧原子以 sp^3 杂化轨道与两个烷基结合，两对孤对电子占据另两个 sp^3 轨道。醚中(C)—O—(C)键，称为醚键，是醚的官能团。氧上孤对电子可以接受质子，使醚键活化，是醚发生反应的重要原因。

9.1.2 醚的命名

9.1.2.1 普通命名

醚的普通命名是给出与氧原子相连的烷基的名称，再加上醚（ether）。脂肪族单醚，常将词头"二"（di）省去。例如：

CH_3OCH_3　　　　$CH_3CH_2OCH_2CH_3$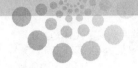

甲醚(dimethyl ether)　　乙醚(diethyl ether)　　二苯醚(diphenyl ether)

混醚则必须将两个烷基都列出。列出次序一般按基团英文名称字母顺序，但无严格规定。特别是含苯环的芳香醚。例如：

$CH_3OCH_2CH_3$　　　　$CH_3OC(CH_3)_3$

甲乙醚　　　　　　　甲叔丁基醚　　　　苯甲醚(茴香醚)

ethyl methyl ether　　*t*-butyl methyl ether　　phenyl methyl ether

9.1.2.2 醚的系统命名

复杂烷基的醚，宜用系统命名。此时将较大的复杂烷基作为母体，烷氧基（alkoxy-)

作为取代基。例如：

$$CH_3—\overset{\displaystyle OC_2H_5}{\underset{\displaystyle |}{CH}}—CH_2CH_2CH_3 \qquad\qquad CH_3CH_2OCH_2CH_2Br$$

2-乙氧基戊烷醚(2-ethoxypentane ether)　　1-溴-2-乙氧基乙烷(1-bromo-2-ethoxyethane)

$$ClCH_2CH_2OCH_2CH_2Cl$$

1-氯-2-(2-氯乙氧基)乙烷[1-chloro-2-(2-chloroethoxy)ethane]

9.1.2.3 醚的其他命名

结构复杂的醚，还有其他命名方法。例如：

$$Cl\overset{\beta'}{C}H_2\overset{\alpha'}{C}H_2O\overset{\alpha}{C}H_2\overset{\beta}{C}H_2Cl \qquad \beta,\beta'\text{-二氯乙醚或双}(2\text{-氯乙基})\text{醚}[bis(2\text{-chloroethyl})ether]$$

由两个或多个二元醇分子间脱水形成的含醚键的化合物，可用俗名或其他名称。例如：

$$HO\overset{1}{}\overset{3}{O}\overset{6}{O}\overset{9}{O}\overset{11}{}OH$$

3,6,9-三氧杂十一烷-1,11-二醇或三缩四乙二醇或四甘醇

多元醇的羟基被衍生成醚后，还可视为醚或醇来命名。例如：

$$\begin{array}{l} CH_2—OH \\ | \\ CH_2—OCH_2CH_3 \end{array}$$
　2-乙氧基乙醇(2-ethoxyethanol)
或乙二醇单乙醚(ethylene glycol monoethyl ether)

$$\begin{array}{l} CH_2—OCH_3 \\ | \\ CH_2—OCH_3 \end{array}$$
　1,2-二甲氧基乙烷(1,2-dimethoxyethane)
或乙二醇二甲醚(ethylene glycol dimethyl ether)

$$\begin{array}{l} CH_2—OCH_3 \\ | \\ CH_2—OH \\ | \\ CH_2—OH \end{array}$$
　3-甲氧基-1,2-丙二醇(3-methoxy-1,2-propanediol)
或丙三醇-1-甲基醚(glycerol-1-methyl ether)
或1-O-甲基丙三醇(1-O-methylglycerol)

9.2 醚的制备

9.2.1 醇的双分子脱水

低级伯醇在浓硫酸作用下，适当加热，双分子脱水，生成醚。例如：

$$CH_3CH_2CH_2CH_2OH \xrightarrow[140\sim160℃]{\text{浓 }H_2SO_4} (CH_3CH_2CH_2CH_2)_2O \quad (32\%\sim36\%)$$

$$ClCH_2CH_2OH \xrightarrow[\triangle]{\text{浓 }H_2SO_4} ClCH_2CH_2OCH_2CH_2Cl \quad (约78\%)$$

工业上生产乙醚时，先将乙醇和浓硫酸反应，在 60～100℃转化成中间产物硫酸氢乙酯，然后再将乙醇加入 125～140℃的中间产物之中：

$$CH_3CH_2OH+CH_3CH_2OSO_3H \xrightarrow{125\sim140℃} (CH_3CH_2)_2\overset{+}{\underset{|}{O}}HSO_4^- \longrightarrow (CH_3CH_2)_2O$$
$$H$$

除硫酸外，磷酸、对甲苯磺酸、三氟化硼等均可作催化剂。随碳原子数增加，醇用浓硫酸催化脱水，需较高温度，使消除副反应增加，产率下降，失去制备意义。

在一定温度下将醇蒸气通过 Al_2O_3 也可制备醚。醇脱水制醚一般只适于制备单醚，因为使用两种不同的醇脱水，可得到三种醚，产率不高，也难以分离提纯。

仲醇的酸催化脱水，经历碳正离子中间体，由于消除反应的竞争，醚的产率很低。

叔醇更不宜单独脱水制备单醚。然而，由于叔醇容易生成叔碳正离子，在一定条件下，将叔醇与伯醇或仲醇混合，可获得高产率的混醚。例如：

$$
\underset{\substack{\text{CH}_3 \\ | \\ \text{CH}_3-\text{C}-\text{OH} \\ | \\ \text{CH}_3}}{} + \underset{\substack{\text{HO}-\text{CH}-\text{CH}_3 \\ | \\ \text{CH}_3}}{} \xrightarrow[\text{室温}]{\text{KHSO}_4/\text{H}_2\text{O}} \underset{\substack{\text{CH}_3 \\ | \\ \text{CH}_3-\text{C}-\text{O}-\text{CH}-\text{CH}_3 \\ | \qquad | \\ \text{CH}_3 \quad \text{CH}_3}}{} \quad (82\%)
$$

原因是叔丁基正离子难与空间位阻大的叔丁醇作用，而易与空间位阻小的仲醇或伯醇结合。故混醚的产率较高，其反应机理如下：

$$
\underset{\substack{\text{CH}_3 \\ | \\ \text{CH}_3-\overset{+}{\text{C}} \\ | \\ \text{CH}_3}}{} + \underset{\substack{\text{HO}-\text{CH}-\text{CH}_3 \\ | \\ \text{CH}_3}}{} \rightleftharpoons \underset{\substack{\text{CH}_3 \quad \text{H} \\ | \quad | \\ \text{CH}_3-\text{C}-\overset{+}{\text{O}}-\text{CH}-\text{CH}_3 \\ | \qquad | \\ \text{CH}_3 \quad \text{CH}_3}}{} \rightleftharpoons \underset{\substack{\text{CH}_3 \\ | \\ \text{CH}_3-\text{C}-\text{O}-\text{CH}-\text{CH}_3 \\ | \qquad | \\ \text{CH}_3 \quad \text{CH}_3}}{}
$$

异丁烯在酸催化下也可形成叔碳正离子，故亦可与伯醇作用生成醚。例如：

$$
\underset{\substack{\text{CH}_3 \\ | \\ \text{CH}_3-\text{C}=\text{CH}_2}}{} + \text{CH}_3\text{CH}_2\text{OH} \xrightarrow{\text{H}_2\text{SO}_4} \underset{\substack{\text{CH}_3 \\ | \\ \text{CH}_3-\text{C}-\text{O}-\text{CH}_2\text{CH}_3 \\ | \\ \text{CH}_3}}{} \quad (80\%)
$$

9.2.2　Williamson 合成法

伯卤代烷与醇钠反应制备醚，是 Williamson 提出的一种合成醚的方法。既可以合成单醚，也可以合成混醚。仲卤代烷、叔卤代烷在碱性条件下，主要发生消除反应，不能用于合成醚。

$$
\underset{\substack{\text{CH}_3 \\ | \\ \text{CH}_3-\text{C}-\text{ONa} \\ | \\ \text{CH}_3}}{} + \text{CH}_3\text{Br} \longrightarrow \underset{\substack{\text{CH}_3 \\ | \\ \text{CH}_3-\text{C}-\text{O}-\text{CH}_3 \\ | \\ \text{CH}_3}}{}
$$

但是

$$
\underset{\substack{\text{CH}_3 \\ | \\ \text{CH}_3-\text{C}-\text{Br} \\ | \\ \text{CH}_3}}{} + \text{CH}_3\text{ONa} \longrightarrow \underset{\substack{\text{CH}_3 \\ | \\ \text{CH}_3-\text{C}=\text{CH}_2}}{}
$$

用相应醇的对甲苯磺酸酯（伯醇的酯）代替卤代烷，更有利于醚的生成。如：

$$
\text{⬡—OK} + \text{CH}_3\text{CH}_2\text{CH}_2\text{CH}_2\text{OTs} \longrightarrow \text{⬡—OCH}_2\text{CH}_2\text{CH}_2\text{CH}_3
$$

仲醇的对甲苯磺酸酯在醇钠作用下，主要得到消除反应产物：

$$
\text{⬡—OTs} + \text{CH}_3\text{CH}_2\text{ONa} \longrightarrow \text{⬡} \quad (85\%)
$$

可见在合成路线的设计中，必须充分考虑底物和试剂的结构。

9.3　醚的物理性质

多数醚为无色液体。醚与醚分子之间不能形成氢键。因此，醚的沸点大大低于其互为同分异构体的醇，而与分子量相近的烷烃相当。例如，乙醚沸点（34.5℃），与正戊烷沸点（36.1℃）相近，而正丁醇沸点达117.8℃。一些常见醚的物理性质见表9.1。

表 9.1 一些常见醚的物理性质

结构	名称	熔点/℃	沸点/℃	相对密度	溶解性
CH_3OCH_3	甲醚	−138.5	−24.9	0.661	溶于水
$CH_3OCH_2CH_3$	甲乙醚	−113.2	6.9	0.711	溶于水
$(CH_3CH_2)_2O$	乙醚	−116.6	34.5	0.714	微溶于水
$(CH_3CH_2CH_2)_2O$	正丙醚	−123.0	90.5	0.736	微溶于水
$(CH_3)_2CHOCH(CH_3)_2$	异丙醚	−85.9	68.3	0.730	不溶于水
$(CH_3CH_2CH_2CH_2)_2O$	正丁醚	−98.0	143.0	0.769	不溶于水
$CH_3O(CH_2)_3CH_3$	甲丁醚	−115.0	70.3	0.744	不溶于水
$CH_3CH_2O(CH_2)_3CH_3$	乙丁醚	−124	92.0	0.752	不溶于水
$CH_3OCH_2CH_2OCH_3$	乙二醇二甲醚	−69.0	85.0	0.867	不溶于水
$C_6H_5OCH_3$	苯甲醚	−37.7	155.5	0.995	不溶于水
$C_6H_5OC_6H_5$	二苯醚	26.0	257.9	1.075	不溶于水
四氢呋喃	四氢呋喃	−108.5	65.4	0.889	与水混溶
1,4-二氧六环	1,4-二氧六环	11.8	101.3	1.033	与水混溶
环氧乙烷	环氧乙烷	−111.0	10.7	0.871	易溶于水
环氧丙烷	环氧丙烷	−112.1	34.2	0.859	易溶于水
环氧氯丙烷	环氧氯丙烷	−57.2	117.9	1.181	不溶于水

乙醚沸点低、易燃，其蒸气具有麻醉作用，与空气混合到一定比例具有爆炸性，因此，在处理或蒸馏乙醚时，要特别注意通风，并严禁使用明火，以防事故。乙醚有一定的与水分子形成氢键的能力，水溶性与正丁醇相当，100mL水中可溶解8.0g。高级醚不溶于水，易溶于许多有机溶剂或有机化合物。醚密度小于水，是优良的有机溶剂，常用于提取有机物，或作为有机反应的溶剂。

9.4 醚的化学反应

一般来说，醚类是比较稳定的，尤其对碱性物质和还原剂。用无水氯化钙处理普通乙醚后，再压入钠丝除去其中的水分，然后蒸馏，是实验室制备无水乙醚的方法。

在一定的条件下，由于醚键的存在，醚类也表现出一些化学行为。

9.4.1 盐和络合物的生成

醚的氧原子上有孤对电子，是一种 Lewis 碱。醚溶于强无机酸，如浓硫酸后，形成锌盐：

$$R_2O + H_2SO_4 \longrightarrow R_2\overset{+}{\underset{H}{O}}H\overset{-}{S}O_4$$

但用水稀释到一定程度，醚又重新析出，分层。利用此性质，可将醚类与不溶于浓硫酸的烷烃或卤代烷分开。

醚类与许多 Lewis 酸形成络合物，在有机化学上有很多用途。例如，三氟化硼对许多有机反应具有催化作用，但它是气体，使用不方便，实际使用的是三氟化硼乙醚络合物。

$$(CH_3CH_2)_2O + BF_3 \longrightarrow (CH_3CH_2)_2OBF_3 \qquad 三氟化硼乙醚$$

三氟化硼乙醚络合物，简称三氟化硼乙醚，无色或暗褐色液体，沸点 125～126℃。在有机合成中用作傅-克乙酰化合烷基化、脱水、缩合和聚合反应的催化剂。另外，格氏试剂的生成和保存，也与醚类作为 Lewis 碱的络合作用有关。

9.4.2 醚键的断裂反应

醚在高温下与 47％氢碘酸或氢溴酸作用，醚键断裂，生成醇和卤代烷。如果卤化氢过量，则醇和卤化氢继续反应，生成另一分子卤代烷。

$$R-O-R' \xrightarrow[\triangle]{HX} R-X + R'-OH \xrightarrow{过量\ HX} R-X + R'-X$$

反应首先是醚类接受质子形成𨦡盐（氧鎓离子）R_2OH^+，使烷氧键活化，在卤负离子的作用下发生亲核取代反应。由于亲核性大小顺序为 $I^- > Br^- > Cl^-$，所以氢卤酸反应活性顺序为 $HI > HBr > HCl$。伯醇和仲醇形成的醚，按 S_N2 反应机理进行，首先得到较小烷基的卤代烷和较大烷基的醇。例如：

$$CH_3-\overset{\overset{\displaystyle CH_3}{|}}{CH}-O-CH_3 \xrightarrow{1mol\ HBr} CH_3-\overset{\overset{\displaystyle CH_3}{|}}{CH}-OH + CH_3Br$$

而叔醇形成的醚，按 S_N1 机理反应，首先得到的是三级卤代物，例如：

$$CH_3-\overset{\overset{\displaystyle CH_3}{|}}{\underset{\underset{\displaystyle CH_3}{|}}{C}}-O-CH_3 \xrightarrow{1mol\ HBr} CH_3-\overset{\overset{\displaystyle CH_3}{|}}{\underset{\underset{\displaystyle CH_3}{|}}{C}}-Br + CH_3OH$$

由于三级碳正离子容易形成，甲基叔丁基醚的醚键断裂反应，甚至在硫酸的作用下，也能发生。反应实质上是异丁烯与伯醇在酸催化下生成醚的逆反应。

$$CH_3-\overset{\overset{\displaystyle CH_3}{|}}{\underset{\underset{\displaystyle CH_3}{|}}{C}}-O-CH_2CH_3 \xrightarrow[\triangle]{H_2SO_4} CH_3-\overset{\overset{\displaystyle CH_3}{|}}{C}=CH_2 + CH_3CH_2OH$$

叔丁醚的生成和醚键断裂均很容易。利用这一性质，在合成中用来保护醇羟基。例如，从 β-氯乙醇 $Cl-CH_2-CH_2-OH$ 合成 1,3-丙二醇。若通过格氏试剂制备，需先保护醇羟基，步骤如下：

$$HOCH_2CH_2Cl + CH_3-\overset{\overset{\displaystyle CH_3}{|}}{C}=CH_2 \xrightarrow{浓\ H_2SO_4} (CH_3)_3C-O-CH_2CH_2Cl \xrightarrow{Mg/Et_2O}$$

$$(CH_3)_3C-O-CH_2CH_2MgCl \xrightarrow{HCHO} (CH_3)_3C-O-CH_2CH_2CH_2OMgCl \xrightarrow{H^+/H_2O}$$

$$(CH_3)_3C-O-CH_2CH_2CH_2OH \xrightarrow[\triangle]{稀\ H_2SO_4} HOCH_2CH_2CH_2OH$$

用碘化氢断裂醚键，早年曾作为测定有机化合物中甲氧基含量的方法，称为 Zeisel 法。

方法是将过量碘化氢与未知有机物作用后，蒸出易挥发的碘甲烷，用硝酸银的乙醇溶液吸收，测定消耗的碘化氢和生成的碘化银的含量，可测知化合物中甲氧基（$CH_3O—$）的含量。

Ar—O—R 类芳醚，因为氧原子与芳环形成 p-π 共轭，因此碳-氧键很难断裂。在浓 HI 作用下，总是 O—R 断裂形成卤代烷和酚。例如：

$$\text{（苯基-OCH}_2\text{CH}_2\text{CH}_3\text{）} + \text{浓 HI} \longrightarrow \text{（苯基-OH）} + CH_3CH_2CH_2—I$$

烯基醚非常活泼，在稀酸的作用下生成醛或酮：

$$C_6H_5—\underset{\overset{|}{OCH_3}}{C}=CH_2 \xrightarrow{H^+/H_2O} C_6H_5—\overset{\overset{O}{\|}}{C}—CH_3 + CH_3OH$$

$$CH_2=CH—OCH_2CH_3 \xrightarrow{H^+/H_2O} CH_3CHO + CH_3CH_2OH$$

烯基醚反应机理与上述醚键断裂不同。由于烷氧基的给电子共轭效应（+C），烯烃的亲电加成反应活性非常高，因此，该反应按烯烃的亲电加成反应机理进行：

$$CH_3CH_2\overset{..}{O}—CH=CH_2 \xrightarrow{H^+} CH_3CH_2\overset{+}{O}=CH—CH_3 \xrightarrow{H_2O} CH_3CH_2O—\overset{\overset{+OH_2}{|}}{C}H—CH_3$$

$$\rightleftharpoons CH_3CH_2\overset{+}{\underset{\overset{|}{H}}{O}}—CH—CH_3 \xrightarrow{-H^+} CH_3CH_2OH + CH_3CHO$$

苄基醚在 Pd、Pt 催化下容易发生氢解反应，生成甲苯和醇：

$$\text{（苯基-CH}_2—O—C_nH_{2n+1}\text{-}n\text{）} \xrightarrow{H_2/Pd-C} \text{（苯基-CH}_3\text{）} + HO—C_nH_{2n+1}\text{-}n$$

苄基醚非常稳定，由于容易氢解脱去苄基，因此是非常重要的保护羟基的物质之一。

9.4.3　过氧化物的生成

醚类虽然对一般离子型氧化剂稳定，却能与自由基型氧化剂，如与空气中氧慢慢作用，生成具有爆炸性的过氧化物。虽然过氧化物的结构还未完全确定，但其生成与 α-氢原子受到醚键的活化作用有关。乙醚的自由基氯代反应也比烷烃容易进行，而且选择性高，只发生在 α 位。这说明乙醚的 α 位容易发生自由基反应。例如：

$$CH_3—CH_2—O—CH_2—CH_3 \xrightarrow[\triangle]{Cl_2} CH_3—CH_2—O—\underset{\overset{|}{Cl}}{C}H—CH_3$$

因此，可以认为，乙醚生成过氧化物，在反应中涉及自由基的形成阶段：

$$CH_3—\underset{\overset{|}{H}}{C}H—O—CH_2—CH_3 \xrightarrow{自由基引发} CH_3—\overset{\cdot}{C}H—O—CH_2—CH_3 \xrightarrow{O_2}$$

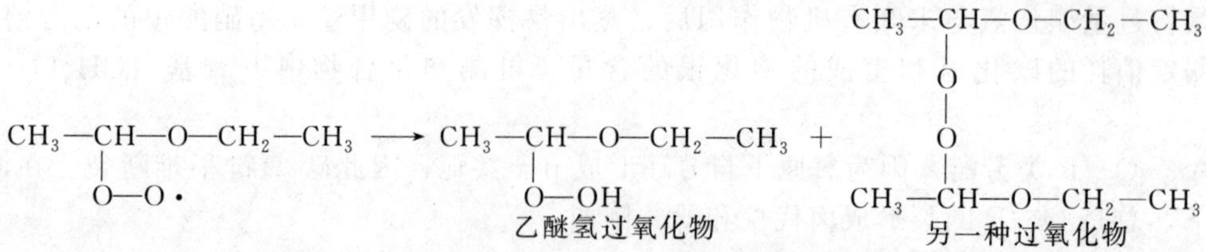

$$CH_3-CH-O-CH_2-CH_3 \longrightarrow CH_3-CH-O-CH_2-CH_3 + \underset{\text{另一种过氧化物}}{\begin{array}{c} CH_3-CH-O-CH_2-CH_3 \\ | \\ O \\ | \\ O \\ | \\ CH_3-CH-O-CH_2-CH_3 \end{array}}$$

由于过氧键—O—O—不稳定，其断裂仅需约 146kJ·mol^{-1} 的键能，故当醚的过氧化物浓缩达到一定浓度而且受热时，过氧键断裂形成新的自由基，引发一系列自由基反应，并迅速释放大量能量，引起爆炸。因此，在使用乙醚前，特别是对放置已久的醚，应检验过氧化物。含过氧化物的乙醚需用新配制的硫酸亚铁溶液洗涤，除去过氧化物后才能使用。为了防止过氧化物高度浓缩，蒸馏乙醚时，除不得使用明火外，严禁蒸干，剩下的残液也要小心处理。

9.5 环醚

醚键是环的一部分的醚叫环醚（cyclic ether）。

9.5.1 环氧乙烷

1,2-环氧化合物简称环氧化合物（epoxides），通常是指分子具有含氧三元环的醚类化合物。其中最简单的是环氧乙烷（oxirane），也称氧化乙烯（ethylene oxide）。

9.5.1.1 制备

环氧乙烷由乙烯和空气混合，在高温、高压下通过银催化氧化制备。

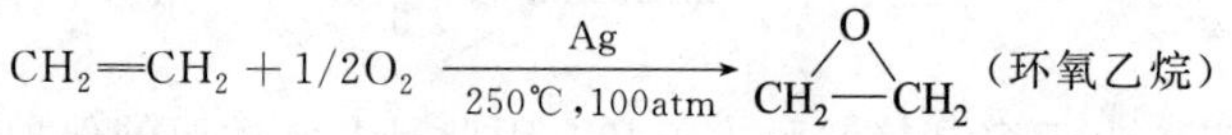

$$CH_2=CH_2 + 1/2O_2 \xrightarrow[250℃,100atm]{Ag} CH_2-CH_2 \text{（环氧乙烷）}$$

另外从乙烯与次氯酸加成产物 β-氯乙醇出发，经碱作用发生分子内亲核取代反应制备。这类反应主要用于合成环氧乙烷衍生物，产率也比较高。

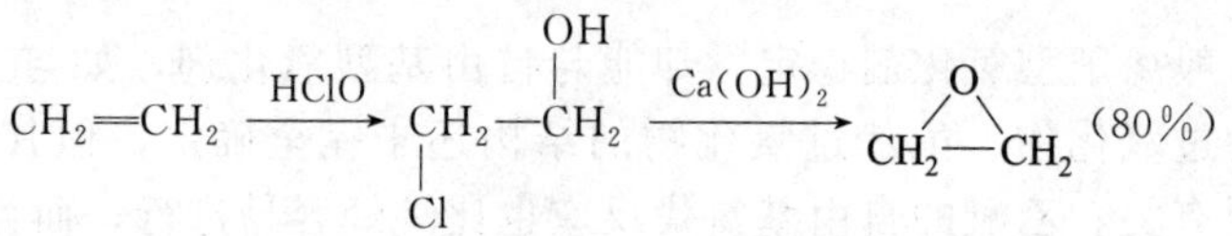

$$CH_2=CH_2 \xrightarrow{HClO} CH_2-CH_2 \xrightarrow{Ca(OH)_2} CH_2-CH_2 \quad (80\%)$$

由于 β-氯乙醇羟基的酸性，在碱的作用下生成的氧负离子进行邻基参与（分子内 S_N2 亲核取代），对氯离子的离去，形成环氧化合物，起到关键作用。利用这一反应原理可以合成其他环氧化合物。例如：

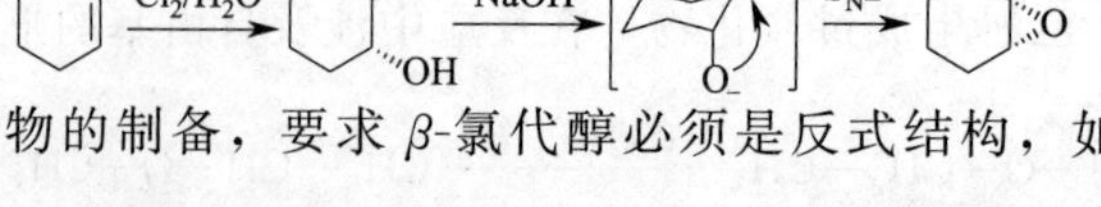

这种二环环氧化合物的制备，要求 β-氯代醇必须是反式结构，如果是顺式结构，在碱的作用下得到环己酮：

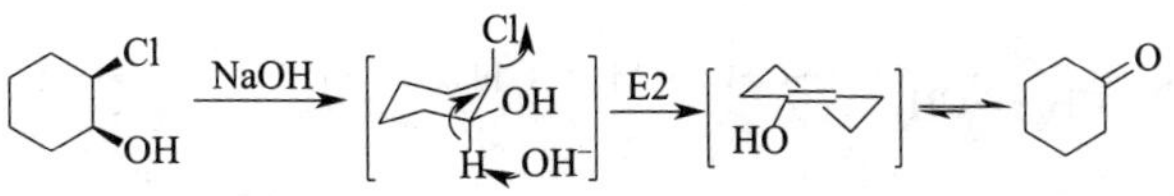

9.5.1.2 物理性质

环氧乙烷沸点约 10.7℃，常温下为无色气体，低温时为无色液体。具有类似乙醚的气味，能溶于水、乙醇、乙醚等。利用其挥发性和灭菌能力，可作熏蒸剂消毒灭菌。环氧乙烷与空气混合，在一定范围具有爆炸性。因此，在使用时必须注意安全。

9.5.1.3 化学反应

环氧乙烷作为三元环化合物，具有较大张力而不稳定，容易发生开环反应。

（1）羟乙基化反应

环氧乙烷与许多含活泼氢的化合物作用，在一定条件下开环，生成一系列在合成上有用的、带有羟乙基的产物。例如：

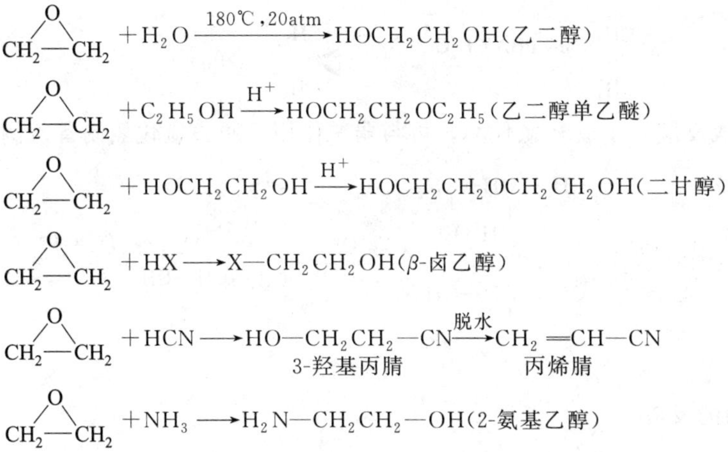

二甘醇等多甘醇是良好的高沸点溶剂或表面活性剂。β-羟基乙胺俗称胆胺，为无色油状液体，沸点 171℃，是纺织、制革工业的重要助剂和有机合成重要中间体。氨与过量环氧乙烷反应，可得到二乙醇胺和三乙醇胺。

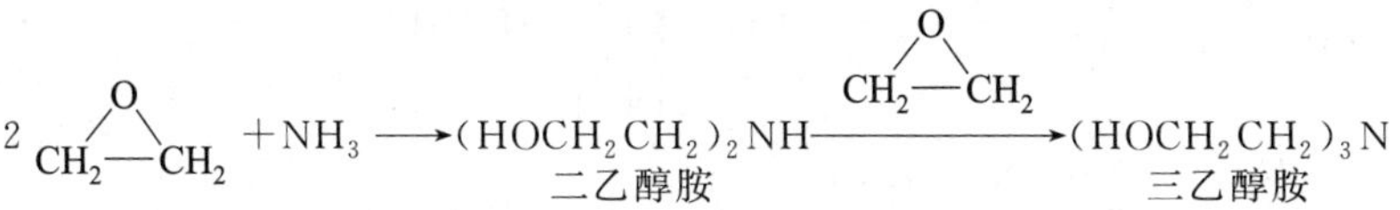

（2）与金属试剂的反应

环氧乙烷与格氏试剂反应，发生亲核开环反应，经水解得到比格氏试剂烷基多两个碳原子的伯醇，产率一般较高。例如：

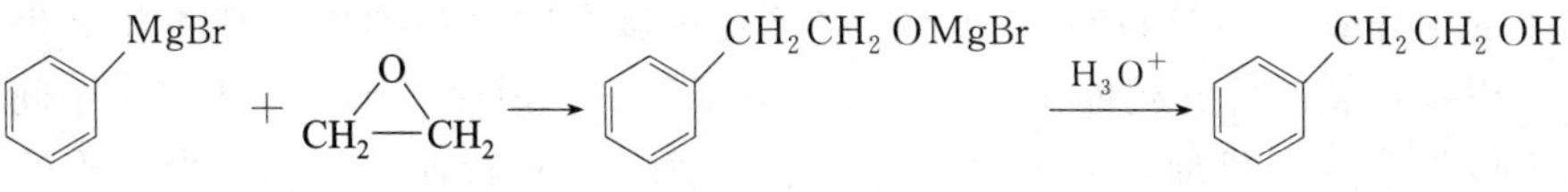

环氧乙烷与锂试剂能发生类似的反应。例如：

$$CH_3CH_2CH_2CH_2Li + \underset{CH_2\diagdown CH_2}{\overset{O}{\triangle}} \longrightarrow CH_3(CH_2)_3CH_2CH_2OLi \xrightarrow{H_3O^+} CH_3(CH_2)_3CH_2CH_2OH$$

9.5.2 环氧丙烷

1,2-环氧丙烷（1,2-epoxypropane）简称环氧丙烷，可视为环氧乙烷的甲基衍生物，故又称甲基环氧乙烷（methyl oxirane），亦称氧化丙烯（propylene oxide）。

9.5.2.1 环氧化合物的制备

烯烃经有机过氧酸氧化，生成环氧乙烷衍生物，是制备环氧乙烷衍生物的常用方法。

$$R-CH=CH_2 \xrightarrow[CH_2Cl_2]{\text{有机过氧化物}} R-CH\overset{O}{\diagup\diagdown}CH_2$$

间氯过氧苯甲酸（*m*-chloroperoxybenzoic acid 缩写为 *m*-CPBA）在室温下稳定，易溶于二氯甲烷等溶剂，应用广泛。例如：

烯烃与次氯酸加成反应，生成 β-氯代醇，再与弱碱作用，脱去氯化氢制备，例如：

$$CH_2=CH-CH_3 \xrightarrow{HClO} \begin{array}{c} CH_3-CH-CH_2 \\ \quad\ \ OH\quad Cl \\ + \\ CH_3-CH-CH_2 \\ \quad\ \ Cl\quad OH \end{array} \xrightarrow{Ca(OH)_2} CH_3-CH\overset{O}{\diagup\diagdown}CH_2$$

9.5.2.2 环氧乙烷衍生物的反应

取代环氧乙烷的反应，总的来说比较复杂。例如，格氏试剂与取代环氧乙烷反应，得到的产物一般为混合物。

环氧丙烷与许多试剂作用，发生开环反应。其区域选择性与反应的酸碱性有关。例如：

$$CH_3-CH\overset{O}{\diagup\diagdown}CH_2 \xrightarrow{C_2H_5OH/H^+} \begin{array}{c} CH_3-CH-CH_2OH \\ \quad\quad OC_2H_5 \end{array}$$

$$CH_3-CH\overset{O}{\diagup\diagdown}CH_2 \xrightarrow{C_2H_5ONa/C_2H_5OH} \begin{array}{c} CH_3-CH-CH_2OC_2H_5 \\ \quad\quad OH \end{array}$$

在酸性条件下，环氧化合物首先质子化，生成氧鎓离子，对碳-氧键的断裂开环起到催化作用。由于在酸性条件下，试剂的亲核性低，开环反应按带有 S_N1 特征的 S_N2 反应进行，其原因与 J. F. Bunnett（布纳特）对 E2 反应可变过渡态的分析类似。某些环氧化合物，如1-叔丁基-1-甲基环氧乙烷的酸催化反应，发生分子重排，说明经历了碳正离子中间体。但环氧丙烷的反应仍按 S_N2 机理，只不过具有一定程度的 S_N1 特征。可以认为，质子化的环氧丙烷在试剂进攻下，首先呈现 C—O 的部分断裂，正电荷主要往二级碳上分散，因此试剂进攻二级碳，形成能量较低的 S_N2 过渡态，使链间碳-氧键断开，形成中间产物，再脱质子，得到实际结合于链中间碳的产物，即主要生成 2-乙氧基-1-丙醇：

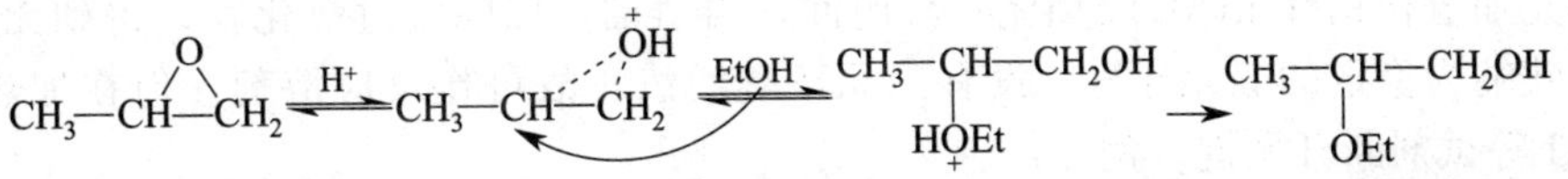

在碱性条件下，环氧丙烷受强的亲核试剂作用，直接进攻开环，按典型的 S_N2 机理进行。即试剂主要进攻阻碍小的碳原子，生成亲核试剂结合在链端的产物，即 1-乙氧基-2-丙醇。

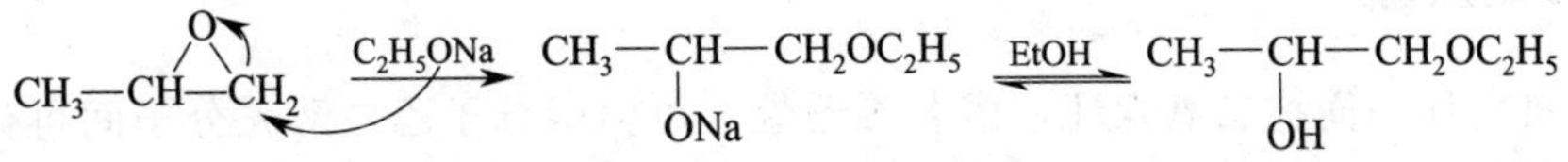

酸性条件下开环反应，仍按 S_N2 机理进行，因此立体化学也具有 S_N2 反应的特征，即按亲核试剂进攻的碳原子构型发生翻转。例如：

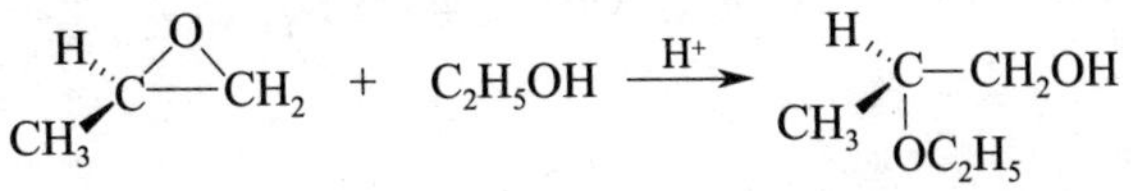

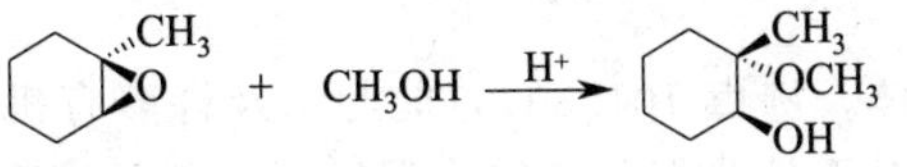

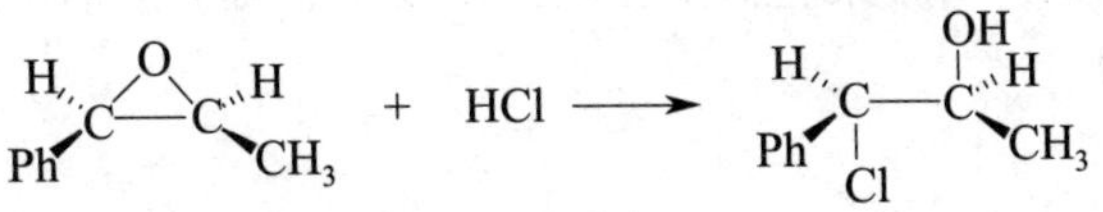

碱性条件下开环反应立体化学也具有 S_N2 反应的特征。例如：

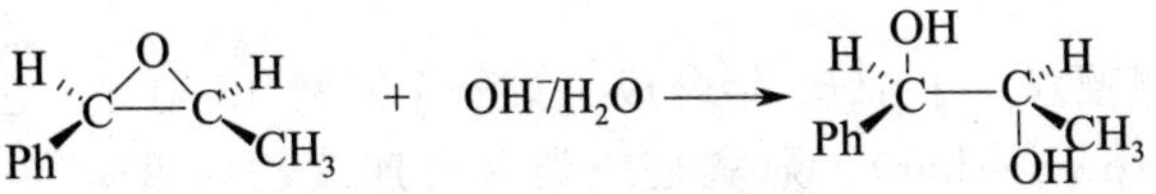

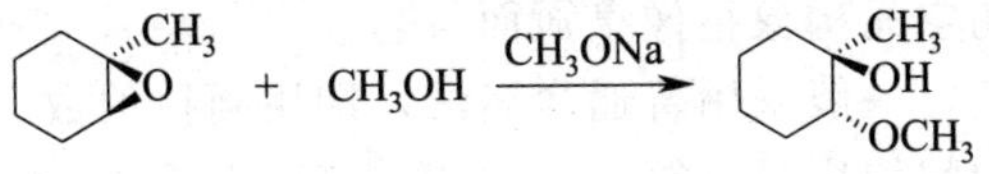

9.5.3　四氢呋喃

四氢呋喃（tetrahydrofuran 缩写为 THF）的结构和名称与杂环化合物呋喃（furan）有关。呋喃加氢后得到四氢呋喃。

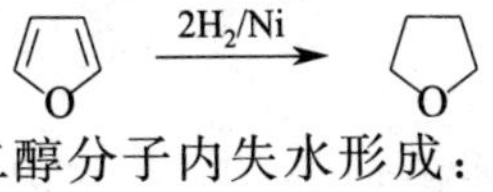

四氢呋喃还可由 1,4-丁二醇分子内失水形成：

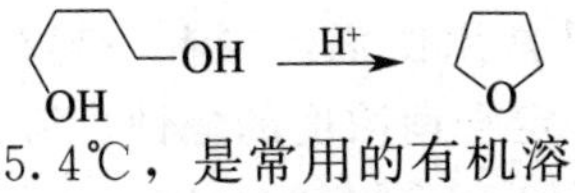

四氢呋喃为无色液体，沸点 65.4℃，是常用的有机溶剂，能与水和许多有机溶剂混溶。由于氧原子暴露在环外的结构特征，四氢呋喃分子的极性比乙醚大，故具有比乙醚更强的络合能力。一些不能在乙醚中制备成格氏试剂的化合物，如氯苯、氯乙烯，可在四氢呋喃中与镁一起加热顺利制成格氏试剂：

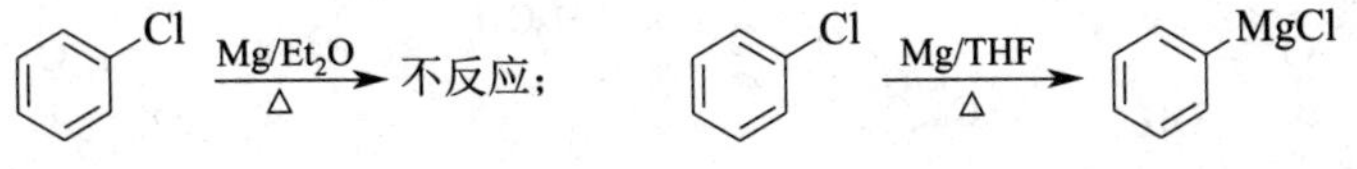

四氢呋喃分子中有 α-氢，同样可形成过氧化物，在处理时应注意。由于它溶于水，在实验室是先加氢化铝锂 $LiAlH_4$ 回流一段时间，再蒸馏，以除去过氧化物，得到无水四氢呋喃。四氢呋喃为稳定的五元环醚，没有三元环醚活泼，故可作反应溶剂。但在加热条件下，仍可被 HI 等试剂断开醚键，例如：

$$\text{（四氢呋喃）} + HI \xrightarrow{150℃} I\text{—}\text{—}I$$

9.5.4 二氧六环

1,4-二氧六环，简称二氧六环，俗名二噁烷。可由两分子乙二醇先分子间再分子内脱水或环氧乙烷二聚制备。

$$2\ HO\text{—}OH \xrightarrow[\triangle]{H_3PO_4} HO\text{—}O\text{—}OH \xrightarrow[\triangle]{H_3PO_4} \text{（二氧六环）}$$

$$2\ CH_2\text{—}CH_2 \xrightarrow[\triangle]{40\%H_2SO_4} \text{（二氧六环）}$$

二氧六环为无色易燃液体，沸点 101.3℃，能与水及许多有机溶剂混溶。二氧六环的性质和用途与四氢呋喃相似。对于某些需要在较高温度下、醚类溶剂中进行的反应，二氧六环是一种可供选择的溶剂。

9.6 冠醚

C. J. Pedersen（佩德森）于 1962 年合成了第一个冠醚 18-冠-6，它是一种新型的大环醚化合物，称为冠醚（crown ether）。冠醚是一类含有连续乙烯氧基（—CH_2CH_2O—）重复单元的化合物。由于它们的空间构象很像皇冠而得名。

冠醚系统命名比较复杂，一般采用普通命名法，即用阿拉伯数字在"冠"字前后标明成环总原子数和氧原子数，中间均用半字符"-"连接。有的冠醚中含有并联环己基、苯环等，命名时可将并联基团放在冠醚前面。例如：

15-冠-5　　　　　二苯并-18-冠-6　　　　　二环己基并-18-冠-6

多甘醇及其相应的二氯化物是常用试剂，二者一起在氢氧化钾的正丁醇溶液中加热回流，氢氧化钾与多甘醇形成具有一定平衡浓度的醇钾，溶于溶剂中反应。这是合成冠醚的基本方法（即 Williamson 反应）。例如 18-冠-6 的合成：

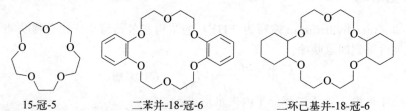

$$\xrightarrow[n\text{-}C_4H_9OH]{KOH}$$

反应机理是二元醇和二氯化物在 KOH 作用下分别进行了分子之间和分子内两次 S_N2 反应。二苯基冠醚，可由邻苯二酚与二氯代醚衍生物反应制得，例如：

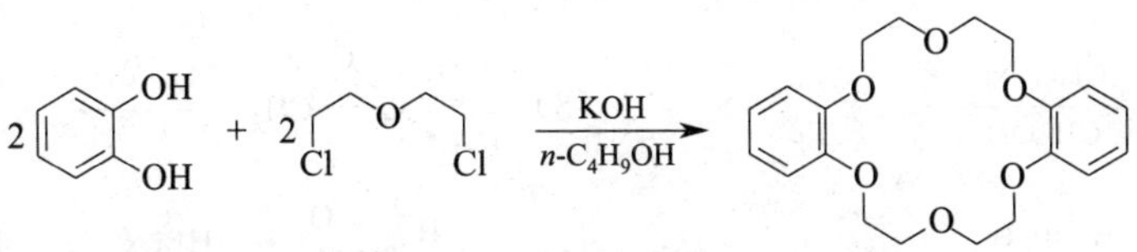

冠醚按成环氧原子的多少而形成不同孔径的内腔，其中氧原子可提供孤对电子。因此，不同冠醚可以选择性地络合不同的金属原子。例如：12-冠-4、15-冠-5、18-冠-6 能分别与 Li^+、Na^+、K^+ 形成稳定的络合物。利用冠醚的这种特性，可以对某种金属离子进行捕集、分离和分析。例如，18-冠-6 与 $KMnO_4$ 形成的离子对络合物能溶于苯、三氯甲烷等有机溶剂。

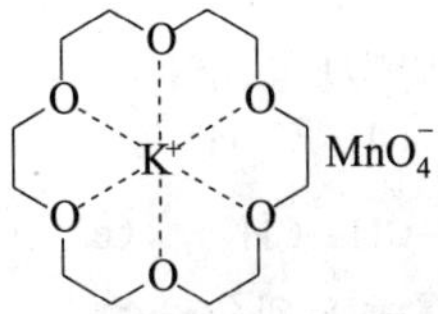

冠醚络合金属离子后，连同与金属离子配对的负离子一起溶于有机溶剂。于是，一些在有机溶剂中不溶的无机盐，在冠醚作用下，能顺利溶解或者从水相转移到有机相。许多有机物与无机试剂的反应，由于溶解性不一样，往往是一个多相反应。例如，在有机溶剂中用 $KMnO_4$ 氧化有机物是一个多相反应，时间长，产率低。若在反应体系中加入少量 18-冠-6，由于形成离子对络合物，可将 $KMnO_4$ 由水相转移到有机相，从而使反应可在室温下迅速完成，产率高达 90% 以上。这种技术称为相转移催化，具有冠醚这种功能的催化剂称为相转移催化剂，在有机反应中已得到了广泛应用。18-冠-6 冠醚与 KF 形成络合物，少量的冠醚就能提高氟负离子的亲核性，相当于强极性非质子性溶剂的功能，例如：

$$n\text{-}C_8H_{17}Br + KF \xrightarrow[\text{苯,室温}]{18\text{-冠-}6} n\text{-}C_8H_{17}F + KBr$$

$$n\text{-}C_7H_{15}Br + KOAc \xrightarrow[\text{室温}]{18\text{-冠-}6} n\text{-}C_7H_{15}OAc + KBr$$

冠醚化合物有一定毒性，使用时应予以注意。

习题

9.1　命名下列化合物。

(1)

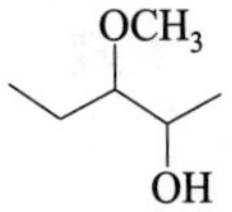

(2)

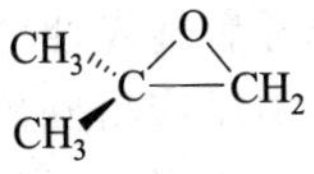

(3) $CH_3CH_2C(CH_3)_2OCH_3$

(4) $C_2H_5OCH(CH_3)_2$

(5)

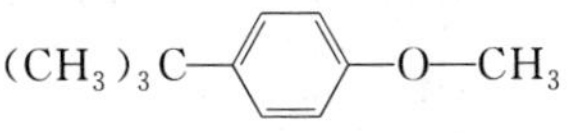

9.2　写出下列化合物的构造式。

(1) 3-乙氧基-2-甲基己烷　　(2) THF　　(3) 二氧六环

9.3　完成下列反应，写出反应主要产物（有的不止一个）。

(1) $(CH_3)_3CONa + n\text{-}BuBr \longrightarrow$

(2) $(CH_3CH_2CH_2O)_2Na \xrightarrow{HI\ (\text{过量})}$

(3) 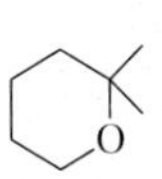 $+ HI\ (1mol) \longrightarrow$

(4) 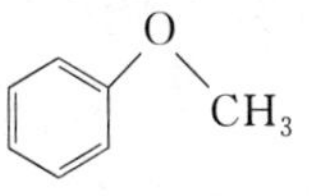 $\xrightarrow{HI}$

(5) 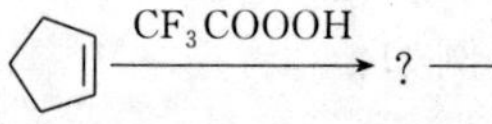 $\xrightarrow{CF_3COOOH}$? $\longrightarrow$

(6) 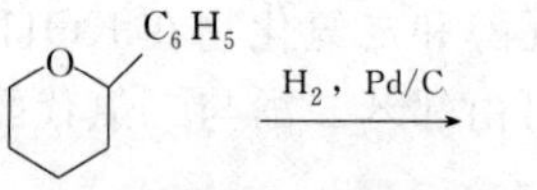 $\xrightarrow{H_2, \ Pd/C}$

(7) 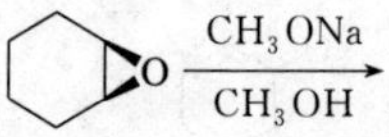 $\xrightarrow[CH_3OH]{CH_3ONa}$

(8) 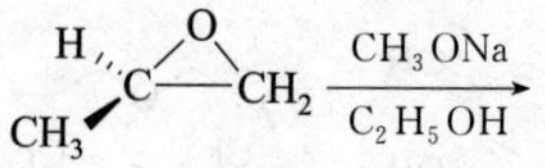 $\xrightarrow[C_2H_5OH]{CH_3ONa}$

(9) 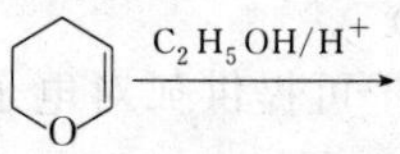 $\xrightarrow{C_2H_5OH/H^+}$

(10) 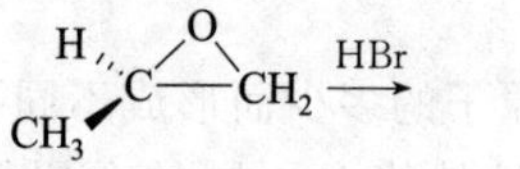 $\xrightarrow{HBr}$

(11) $(CH_3)_3CCl + n\text{-}BuONa \longrightarrow$

(12) $(CH_3)_3CONa + n\text{-}BuBr \longrightarrow$

9.4 乙基正丁基醚被等物质的量的热的浓氢溴酸分解，得到溴乙烷和1-溴丁烷。而乙基叔丁基醚被等物质的量的冷的浓氢溴酸分解，得到乙醇和叔丁基溴。解释实验现象，并写出包括中间体或过渡态的反应式。

9.5 判断下列化合物的沸点高低顺序。

(a) (b) (c) (d)

9.6 由正丁醇和无机试剂分别合成下列化合物。

(1) 正丁醚 (2) 乙基环氧乙烷

9.7 用流程框图形式提出下列化合物的分离或提纯方案。

(1) 含有少量过氧化物和乙醇的乙醚的纯化

(2) 乙醚和石油醚的混合物分离（注：俗称石油醚的物质是一种 $C_5 \sim C_6$ 为主的液态低级烷烃，有乙醚的气味）

9.8 写出下列反应的机理。

(1) 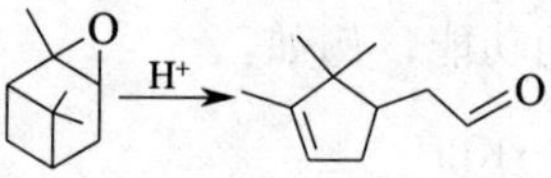 $\xrightarrow{H^+}$

(2) 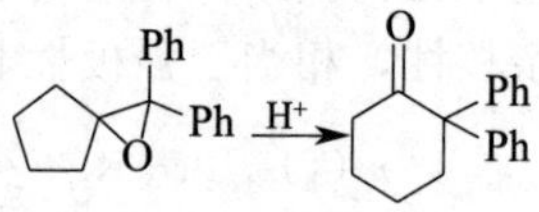 $\xrightarrow{H^+}$

(3) 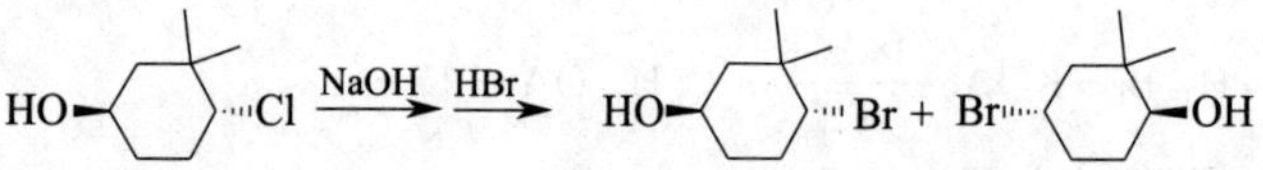 $\xrightarrow{NaOH}$ $\xrightarrow{HBr}$

(4) 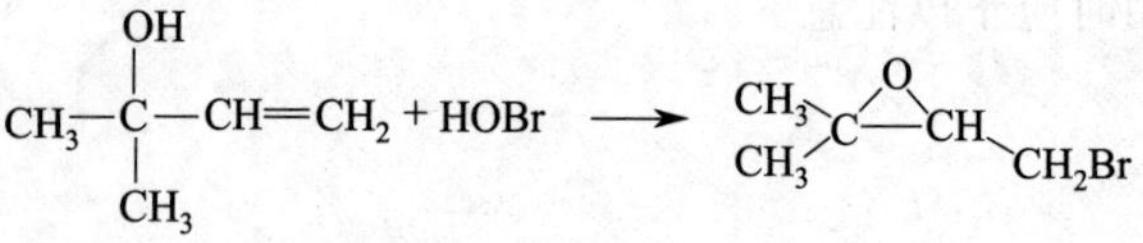 $+ HOBr \longrightarrow$

9.9 解释下列反应的实验事实。

(1) (2S,3R)-3-溴-2-丁醇用 HBr 处理后旋光性消失，写出这一反应的机理

(2) 甲基叔丁基醚与无水 HI 在乙醚中反应得到碘甲烷和叔丁醇

(3) 甲基叔丁基醚与 HI 在水溶液中反应得到甲醇和叔丁基碘

第 10 章

共轭体系和共轭效应

10.1 共轭体系

10.1.1 共轭和共轭双烯

分子碳链中单键和双键交替呈现的多烯烃,叫共轭烯烃。两个双键以单键相连的二烯烃,称为共轭双烯或共轭二烯。

10.1.1.1 共轭双烯的结构与稳定性

最简单的共轭烯烃是 1,3-丁二烯,结构如图 10.1 所示。

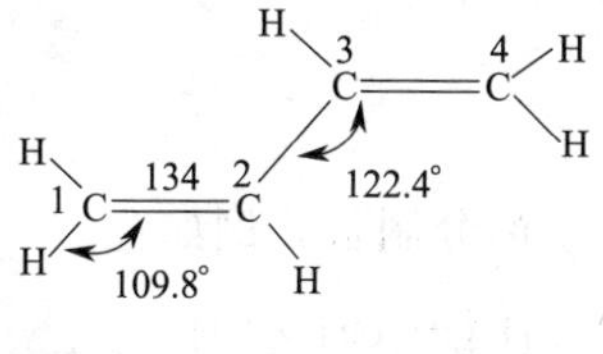

图 10.1　1,3-丁二烯的分子结构

如图 10.1 所示,C—C 键长 (148pm) 比正常碳-碳单键 (154pm) 短,说明不再是经典的碳-碳单键,这种像 1,3-丁二烯分子中键长变化的现象,称为键长平均化,这种变化与共轭双键的结构特点有关。在 1,3-丁二烯分子中,每个碳原子都是 sp^2 杂化,相邻的碳与碳之间均是以 sp^2 杂化轨道沿轴向互相重叠形成碳-碳 σ 键,其余的 sp^2 杂化轨道分别与氢原子的 1s 轨道重叠形成碳-氢 σ 键。因为,每个碳的三个 sp^2 杂化轨道共平面,所以四个碳原子都在一个平面上,每个碳原子没有参与杂化的 p 轨道均垂直于该平面,互相平行而重叠,形成离域 (delocalized) 的大 π 键。致使 C1 和 C2 及 C3 和 C4 之间的两个 π 键,在 C2 和 C3 之间可以部分重叠,这种重叠称为 π-π 共轭效应。C1、C2、C3 和 C4 之间形成的共轭体系,使所有 π 电子都可在共轭体系内运动,不再局限于原来 π 键,因此 π-π 共轭效应是一种离域的电子效应,离域 π 键对分子中的键长、键角均有影响(图 10.1),使共轭体系更趋于热力学稳定。

从氢化热数据看,1,3-丁二烯的氢化热 $(238.9 \text{kJ} \cdot \text{mol}^{-1})$ 比两个 1-丁烯的双键氢化热之和 $(253.6 \text{kJ} \cdot \text{mol}^{-1})$ 小了 $14.7 \text{kJ} \cdot \text{mol}^{-1}$,这说明离域 π 键的形成,使共轭体系获

得更大稳定性。这种由形成共轭体系所造成氢化热数值上的差额，称为 1,3-丁二烯的"共轭能"或"离域能"。表 10.1 列出了几个共轭双烯和单烯烃的氢化热。

表 10.1　几个共轭双烯和单烯烃的氢化热

烯烃结构	烯烃名称	总氢化热/(kJ·mol^{-1})	平均每个双键的氢化热/(kJ·mol^{-1})
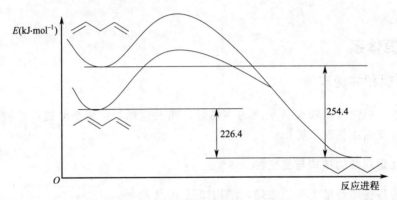	丙烯	125.9	125.9
	1-丁烯	126.8	126.8
	1,3-丁二烯	238.9	119.5
	1-戊烯	125.9	125.9
	1,4-戊二烯	254.4	127.2
	1,3-戊二烯	226.4	113.2

图 10.2 可以更清楚地说明这种关系。1,3-戊二烯比 1,4-戊二烯的氢化热少 28kJ·mol^{-1}，除去末端双键造成的差异，1,3-戊二烯具有一定的共轭能，比后者稳定。

图 10.2　两种戊二烯的氢化热

10.1.1.2　共轭双烯的制备

大量的 1,3-丁二烯可由石油 C$_4$ 馏分制备，例如：

$$CH_3CH_2CH_2CH_3 \xrightarrow[520\sim600\,℃]{AlO_3\text{-}CrO_3} \begin{array}{c} CH_3CH_2CH=CH_2 \\ + \\ CH_3CH=CHCH_3 \end{array} \xrightarrow[400\sim500\,℃]{镁、铁氧化物} CH_2=CH-CH=CH_2$$

许多化合物通过消除反应可生成共轭双烯。由于共轭双烯比孤立双烯和累积双烯都稳定，故当反应有多种可能产物时，主要向生成共轭双烯方向进行。1,3-二卤代烷、1,4-二卤代烷、1,4-二元醇在相应条件下消除，都能生成共轭双烯。例如：

$$CH_2=CH-\underset{X}{CH}-\underset{H}{CH}-CH_3 \xrightarrow{碱} CH_2=CH-CH=CH-CH_3$$

$$HC\equiv CH \xrightarrow[KOH]{2CH_2O} \xrightarrow{H_2/Ni} HOCH_2CH_2CH_2CH_2OH \xrightarrow[\triangle]{Al_2O_3} CH_2=CH-CH=CH_2$$

1,2-二醇容易发生 Pinacol（频哪醇）重排反应，但在非质子酸催化下发生消除反应：

$$CH_3-\underset{\underset{OH}{|}}{\overset{\overset{CH_3}{|}}{C}}-\underset{\underset{OH}{|}}{\overset{\overset{CH_3}{|}}{C}}-CH_3 \xrightarrow[420\sim470\,℃]{AlO_3\text{-}CrO_3} CH_2=\underset{\underset{}{\overset{\overset{CH_3}{|}}{C}}}{}-\underset{}{\overset{\overset{CH_3}{|}}{C}}=CH_2 \quad (79\%\sim85\%)$$

　　而 1,2-二卤代烷的消除一般生成炔烃，但在反应条件允许且底物结构不允许生成叁键时，共轭双烯常是主要产物。例如：

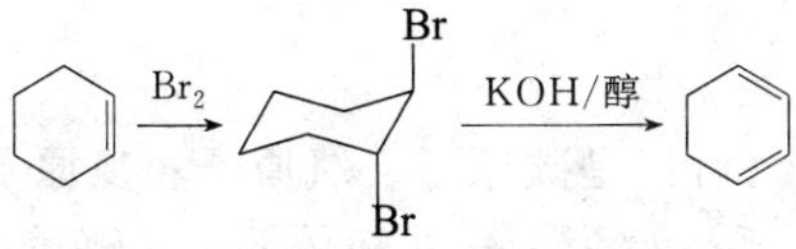

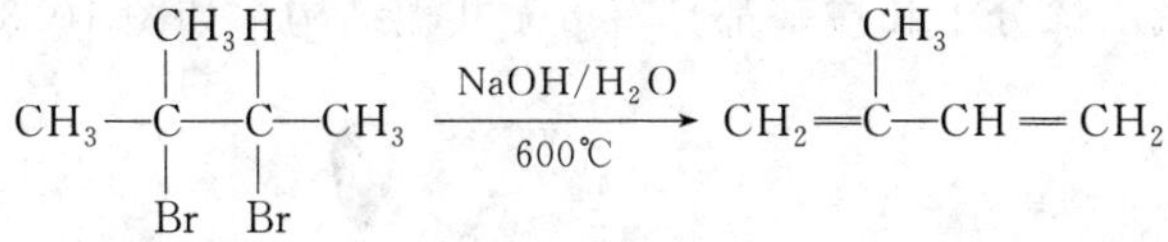

10.1.2　共轭体系分类

　　分子中存在类似上述造成电子离域、p 轨道之间相互作用的体系，称为共轭体系。按其结构特点，可进一步分为 π-π 共轭、p-π 共轭、σ-π 共轭和 σ-p 共轭等。

10.1.2.1　π-π 共轭

　　共轭烯烃中，构成共轭体系的碳原子共平面，每个碳都是 sp^2 杂化，每个碳各提供一个垂直于该平面的 p 轨道，以侧面交盖形成离域键，可看作 π 键之间的 p 轨道进一步作用形成，故称为 π-π 共轭。它是较强的共轭效应，离域的 π 电子数与构成共轭体系的原子数相同。例如：

$$CH_2=CH-CH=CH_2$$
1,3-丁二烯

环戊二烯　　1,3-环己二烯

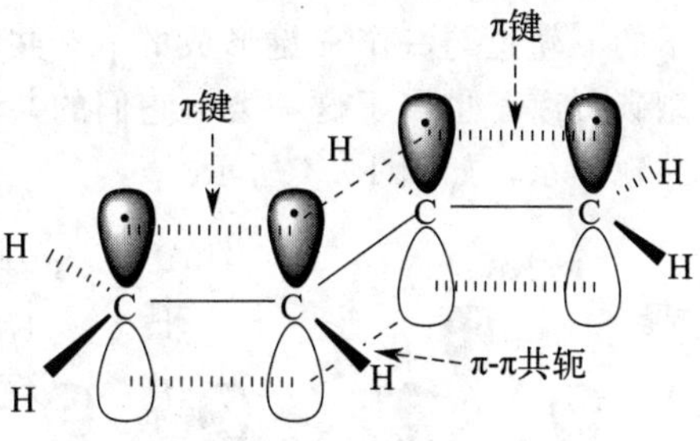

$$CH_2=CH-CH=CH-CH=CH_2$$
1,3,5-己三烯

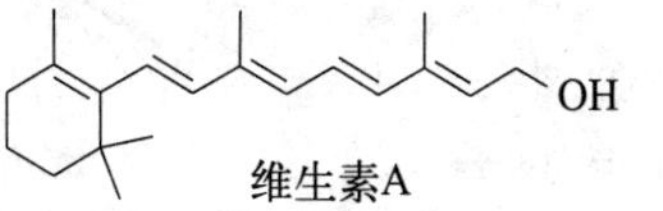

1,3-丁二烯分子的π-π共轭

维生素A

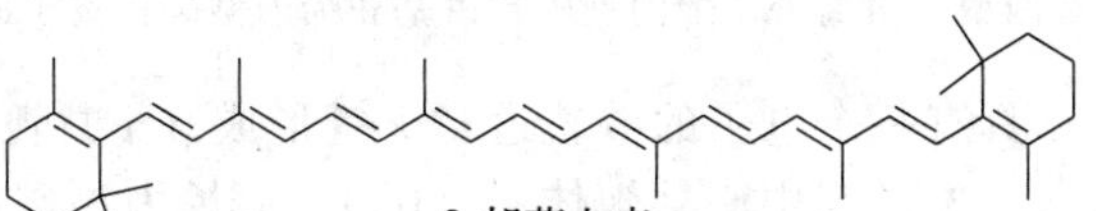

β-胡萝卜素

　　除了碳-碳 π 键能形成共轭体系外，碳-氧双键（羰基）、碳-氮双键（亚胺基）等含有 π 键的基团也能与碳-碳 π 键形成共轭体系。所不同的是，当羰基或亚胺基与碳-碳双键形成 π-π 共轭时，由于氧原子或氮原子的电负性比碳大，作为吸电子基的羰基或亚胺基使共轭体系的电子向羰基或亚胺基转移，共轭体系呈现 δ^+ 和 δ^- 交替分布的特点。例如：

10.1.2.2　p-π 共轭

　　π 键的 p 轨道与相邻原子（可以是碳原子、氧原子、氮原子等）上的 p 轨道之间侧面重叠，形成具有离域键的共轭体系，称为 p-π 共轭体系，p 轨道电子数可以是 0、1 或 2。p-π 共轭也是较强的共轭效应。氯乙烯分子和羧基都具有 p-π 共轭结构，如图 10.3 所示。

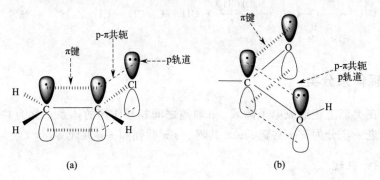

图 10.3　氯乙烯分子（a）和羧基（b）的 p-π 共轭结构

　　氯乙烯的 C—Cl 键长（169pm）比经典的 C—Cl 键长（177pm）短，这说明氯乙烯中碳-氯键带有一定的双键特性，这种 p-π 共轭结构，是氯乙烯的 C—Cl 难以断裂的内在原因。羧基中 C—O 键长（131pm），比醇中碳-氧键长（143pm）短得多，这说明羧基中的 C—O 双键特性更明显，p-π 共轭效应更大。

　　有一对电子的 p 轨道与一个 π 键形成的 p-π 共轭体系，除了氯乙烯、羧基等中性分子或基团外，烯丙型碳负离子也属于这一类，它们的共轭原子数比离域的 π 电子数少一个，形成四电子三中心共轭体系，如图 10.4 所示。

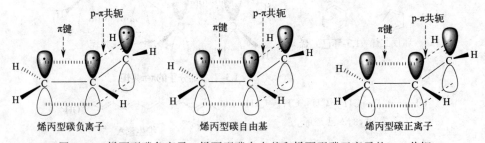

烯丙型碳负离子　　　　烯丙型碳自由基　　　　烯丙型碳正离子

图 10.4　烯丙型碳负离子、烯丙型碳自由基和烯丙型碳正离子的 p-π 共轭

　　烯丙型碳自由基，是具有一个电子的 p 轨道与 π 键形成 p-π 共轭体系，共轭原子数与离域的 π 电子数相同，形成三电子三中心共轭体系（Π_3^3）。而烯丙型碳正离子则是空的 p 轨道与 π 键形成 p-π 共轭体系，共轭原子数比离域的 π 电子数多一个，形成二电子三中心共轭体系（Π_3^2）。

10.1.2.3　碳-氢 σ 键超共轭

　　由于氢原子较小，对碳-氢键的电子云屏蔽效应小，因此，碳-氢 σ 键的轨道与相邻 π 键可能存在侧面较小范围重叠，称为 σ-π 超共轭，这种共轭与 π-π 和 p-π 体系相比小得多，是较弱的共轭效应。用 σ 键超共轭可以解释一些实验事实，例如，丙烯分子中，甲基上碳-氢

键的 σ 轨道与 π 键的 p 轨道，存在一定的侧面重叠，形成 σ-π 超共轭体系，由于碳-碳单键的旋转，甲基上三个 C—Hσ 轨道都有机会与 π 轨道小范围重叠，如图 10.5 所示。

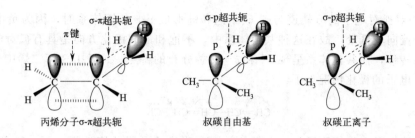

图 10.5　丙烯分子的 σ-π 超共轭和叔碳自由基及叔碳正离子的 σ-p 超共轭

如果碳-氢 σ 键轨道与相邻原子的 p 轨道侧面小范围重叠，称为 σ-p 超共轭，如图 10.5 的叔碳自由基和叔碳正离子。一般掺入这种 σ-π 超共轭或 σ-p 超共轭的 C—H 越多，分子或中间体越稳定。因此，可以用超共轭的观点解释下列烯烃的稳定性次序：

$$
\underset{CH_3}{\overset{CH_3}{C}} = \underset{CH_3}{\overset{CH_3}{C}} \ > \ \underset{CH_3}{\overset{CH_3}{C}} = \underset{H}{\overset{CH_3}{C}} \ > \ \underset{CH_3}{\overset{CH_3}{C}} = CH_2 \ > \ \underset{H}{\overset{CH_3}{C}} = CH_2 \ > CH_2 = CH_2
$$

同样，可以用 σ-p 超共轭解释下列烷基正离子的稳定性次序：

$$
CH_3 - \underset{CH_3}{\overset{CH_3}{C}}^+ \ > \ CH_3 - \underset{H}{\overset{CH_3}{C}}^+ \ > \ CH_3 - \underset{H}{\overset{H}{C}}^+ \ > \ H - \underset{H}{\overset{H}{C}}^+
$$

叔丁基正离子中有 9 个 C—H 可以与碳正离子 p 轨道发生超共轭，故最稳定。超共轭概念多用于自由基、碳正离子等反应活性中间体，解释化合物的相对稳定性或活泼性。参与超共轭效应烷基的碳-氢 σ 键数目越多，超共轭效应越大，因此，烷基超共轭能力次序如下：

$$-CH_3 > -CH_2R > -CHR_2 > -CR_3$$

10.1.3　共轭效应

离域 π 键的形成，不仅使共轭体系具有更大的稳定性，而且有独特的化学行为，原因来自多 p 轨道体系间的相互作用，这种电子效应，称为共轭效应（conjugation effects），简称 C 效应。其主要特点如下。

① 分子中各共轭原子间的相互影响通过共轭体系传递，其作用是远程的。碳-碳双键形成的 π-π 共轭体系，无论其共轭体系有多大，如果试剂对共轭体系一端有影响便通过大 π 键传到另一端，致使共轭体系中，各碳原子的电子云密度呈 δ^+ 和 δ^- 相间交替分布，且不会衰减。例如，氢离子靠近 1,3,5-己三烯分子一端时，共轭电子传递方向如下：

$$
\overset{\delta^+}{\underset{\delta^-}{\diagup}} \overset{\delta^+}{\underset{\delta^-}{\diagup}} \overset{\delta^+}{\underset{\delta^-}{\diagup}} H^+
$$

② 碳-碳不饱和键与含杂原子的双键，例如羰基、亚胺基、硝基、氰基等形成 π-π 共轭时，由于这些杂原子电负性比碳大，它们作为吸电子基致使共轭体系的电子向含杂原子的基

团转移，称为吸电子共轭效应（用－C 表示），这些基团称为吸电子共轭基团。共轭体系仍是呈现 δ^+ 和 δ^- 交替分布的特点（见 10.1.2.1 部分碳-碳双键与碳-氧双键形成的 π-π 共轭体系）。

③ 有一对孤对电子的 p 轨道与碳-碳不饱和键形成 p-π 共轭体系时，因为负电荷由电子云密度高处流向较低处，故在这种共轭体系中，不饱和键的极化方向是具有孤对电子的原子向共轭体系转移，使共轭体系呈现 δ^+ 和 δ^- 交替分布的特点。1-氯-1,3-丁二烯中 p-π 共轭造成分子中 π 电子的极化情况如下：

$$\underset{\delta^-}{CH_2}=CH-\underset{\delta^+}{CH}=CH-\overset{\delta^+}{Cl}:$$

即在共轭体系中，氯原子是给电子的，因此称为给电子共轭效应（用＋C 表示）。在上述 p-π 共轭体系中，带有孤对电子的 p 轨道都是给电子。但对于不同的原子，其 p 轨道 π 键的重叠程度不一样，其＋C 效应也不同，一般有如下规律。

① 同周期元素，各原子 p 轨道的大小大致接近，能形成很强的共轭效应，但是因电负性的增大，原子核对电子的束缚能力也增大，使得电子对共轭能力减弱，＋C 效应次序为：$-NR_2 > -OR > -F$。

② 同族元素，从上至下原子半径增加明显，越大的 p 轨道与 π 键的重叠越弱，电子共轭的能力也越弱，因此＋C 效应的次序为：$-F > -Cl > -Br > -I$，$-OR > -SR > -SeR > -TeR$、$-O^- > -S^- > -Se^- > -Te^-$。

10.1.4 共振论简介

为描述共轭体系的 π 电子离域，除可用上述分子轨道的方法外，还可用共振论（resonance theory）。共振论是 20 世纪 30 年代由美国化学家 Pauling（鲍林）提出，用于解释经典结构式不能圆满表示的结构。例如，经典结构式不能解释醋酸根的两个碳-氧键键长相等，负电荷均匀地分布在两个氧原子上。共振论基本点是，一些不能用单一经典价键式表示其确切结构的化合物，可以用两个或两个以上能量相近的、原子核排列相同但核外价电子排列方式不同的符合经典价键理论的电子排列式来表达。这些式子称为正则式（regular formula），亦称极限式。通过电子的重新排布，可以由一个正则式变成另外一个正则式，即共振。分子的真实结构，是这些正则式的共振杂化体，用双箭头置于这些正则式之间，外加方括号一起表示。共振杂化体不是各种正则式所表示的分子混合物，每个正则式只是共振杂化的极端情况。例如，氯乙烯分子共振杂化体可表示为：

$$\left[CH_2=CH-\overset{..}{\underset{..}{Cl}} \longleftrightarrow \bar{C}H_2-CH=\overset{+}{Cl} \right]$$

醋酸根的共振杂化体及共振杂化体以电子离域式表示如下：

$$\left[CH_3-C\overset{O}{\underset{O^-}{}} \longleftrightarrow CH_3-C\overset{O^-}{\underset{O}{}} \right] \qquad CH_3C\overset{O}{\underset{O}{(-}}$$

醋酸根的共振杂化体　　　　　　　电子离域式

一般，一个分子可书写出的正则式越多，共振杂化体越稳定，即该分子越稳定。氯乙烯分子可写出两个正则式，从该共振杂化体看出 C—Cl 有一定双键的特征，比单一经典构造式（$CH_2=CH-Cl$）所表示的结构要稳定。

每种正则式的书写不是任意的，且每种正则式对共振杂化体的真实结构的贡献大小也不同：①正则式必须遵循价键规则，形成共价键最多的且氢原子的外层电子数不超过 2 个，其他的都具有完整八隅体外壳的正则式贡献最大；②共振式中原子的排列完全相同，正负电荷分离较小的正则式贡献大；③正则式中配对的电子数或未配对电子数应该相等，如果有正负电荷分离时，以电负性较大的原子上带负电荷的正则式贡献大。

　　正确写出化合物的正则式，是共振论解释问题的基础。必须强调，各正则式只是核外价电子的分布状况不同，分子中各原子的位置不能变。例如下面两对结构式之间，都不是共振杂化体的正则式关系，而是两个不同的化合物：

$$CH_2{=}CH{-}\overset{Cl}{\underset{|}{C}}H{-}CH_3 \ 和 \ CH_3{-}\overset{Cl}{\underset{|}{C}}H{-}CH{=}CH_2 \ ; \ CH_3{-}\overset{O}{\overset{\|}{C}}{-}CH_3 \ 和 \ CH_2{=}\overset{OH}{\underset{|}{C}}{-}CH_3$$

　　根据共轭论，1,3-丁二烯可表示成如下共振结构：

$$\begin{bmatrix} CH_2{=}CH{-}CH{=}CH_2 \longleftrightarrow \overset{+}{C}H_2{-}CH{=}CH{-}\overset{-}{C}H_2 \longleftrightarrow \overset{-}{C}H_2{-}CH{=}CH{-}\overset{+}{C}H_2 \\ \longleftrightarrow CH_2{=}CH{-}\overset{+}{C}H{-}\overset{-}{C}H_2 \longleftrightarrow CH_2{=}CH{-}\overset{-}{C}H{-}\overset{+}{C}H_2 \\ \overset{-}{C}H_2{-}\overset{+}{C}H{-}CH{=}CH_2 \longleftrightarrow CH_2{-}\overset{+}{C}H{-}CH{=}CH_2 \end{bmatrix}$$

　　这就能解释 1,3-丁二烯分子中，碳-碳键长平均化趋势，以及它比较稳定的事实，也能解释发生 1,2-加成和 1,4-加成反应的实验事实。几种正则式对 1,3-丁二烯的真实结构都有贡献。其中 $CH_2{=}CH{-}CH{=}CH_2$ 的共价键最多，又无电荷分离，故贡献最大，因此常用它来近似表示 1,3-丁二烯的结构。不过分子的真实结构是形成了离域 π 键，比这种单双键交替的结构更稳定。

　　烯丙基自由基正确和错误的共振杂化体表示如下：

$$[CH_2{=}CH{-}\overset{\cdot}{C}H_2 \longleftrightarrow \overset{\cdot}{C}H_2{-}CH{=}CH_2] \qquad [CH_2{=}CH{-}\overset{\cdot}{C}H_2 \longleftrightarrow \overset{\cdot}{C}H_2{-}\overset{\cdot}{C}H{-}\overset{\cdot}{C}H_2]$$

烯丙基自由基正确的共振式　　　　　　　烯丙基自由基错误的共振式

　　正则式之间可以互相转换，可用弯箭头或鱼钩箭头分别表示一对电子或单电子转移的方向。例如：

　　醋酸根的两个正则式转换　　　　　　　甲醛质子化的两个正则式转换

丙烯醛分子中有电负性较大的氧原子，所有它的共振杂化体表示如下：

$$[CH_2{=}CH{-}CH{=}O \longleftrightarrow CH_2{=}CH{-}\overset{+}{C}H{-}\overset{-}{O} \longleftrightarrow \overset{+}{C}H_2{-}CH{=}CH{-}\overset{-}{O}]$$

　　共振论对具有离域特征的有机结构的描述，在某些方面比较简明，不需要分子轨道理论的复杂计算，就能解释一些有机化学事实，尤其在解释化合物的酸碱性、有机反应的定位效应方面较为成功。但作为一种学说，共振论不可避免也存在局限性。

　　按照书写正则式规则，苯分子和环丁二烯的结构均可看成是两个正则式的共振杂化体：

苯的两个正则式　　　　　　　环丁二烯的两个正则式

　　因此，苯用共振杂化体表示比以一个经典价键式表示的"环己三烯"结构要稳定，这是符合实验事实的。不过，环丁二烯也同样可以写出符合正则式规则的两种式子，但是它是很活泼的化合物，这一事实显然无法用共振论来解释。此外，有些化合物可写出数十种，甚至更多的正则式，这无疑是共振论的很大缺点。而且"可写出的正则式越多，分子越稳定"的说法，也没有可靠的理论依据。

价键理论（包括共振论）和分子轨道理论是随着有机化学发展而发展起来的两种理论，各有优缺点。有机化学吸取它们的长处，目的是用来解释相应实验事实。

10.2 共轭双烯的反应

虽然共轭双烯内能较低、比较稳定，但是其反应涉及的过渡态或活性中间体也具有共轭特征，所以，其反应活化能不高，化学性质活泼，并有特殊的化学行为。

10.2.1 1,2-加成和1,4-加成

孤立双烯 1,4-戊二烯与等物质的量的溴反应，生成 4,5-二溴-1-戊烯，继续加溴可得 1,2,4,5-四溴戊烷，两个双键孤立地进行反应，犹如单烯烃：

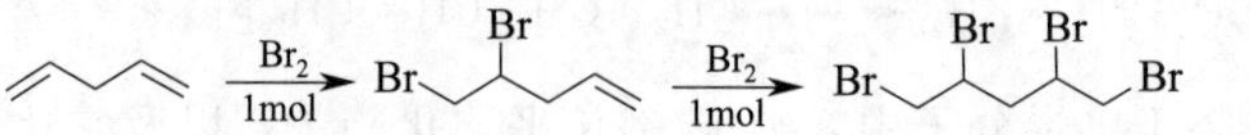

共轭的 1,3-丁二烯与等物质的量的溴加成反应，不仅得到 3,4-二溴-1-丁烯，而且还得到 1,4-二溴-2-丁烯。前者为 Br_2 加到双键的 C1 和 C2 上，称为 1,2-加成，后者为 Br_2 加到共轭体系的 C_1 和 C_4 上，C2 和 C3 间形成新的双键，称为 1,4-加成（也称为共轭加成）。两个产物的比例与反应温度等有关。

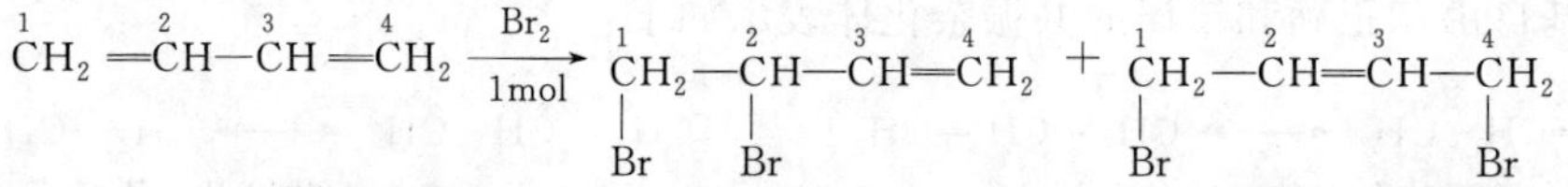

反应温度/℃	1,2-加成产物/%	1,4-加成产物/%
−80	80	20
−15	46	54
25	30	70
40	20	80
60	<10	>20

1,3-丁二烯与溴的加成，按亲电加成反应机理进行。溴正离子或极化溴的正端，攻击共轭双烯的末端碳，形成烯丙型正离子中间体，它具有 p-π 共轭的性质：

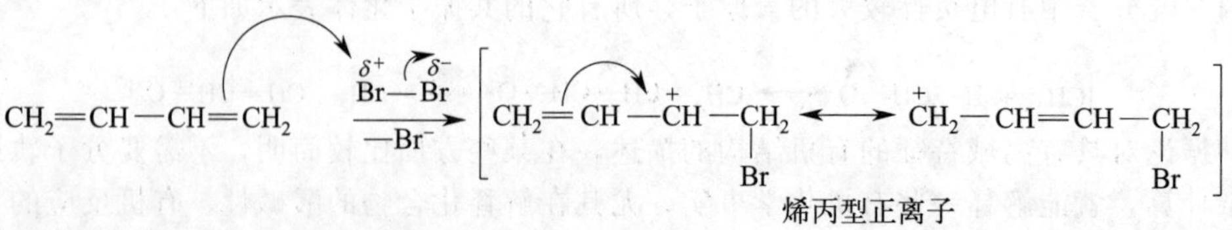

烯丙型正离子

这两种烯丙型正离子都比另一种可能的中间体 $CH_2{=}CH{-}CHBr{-}CH_2^+$ 稳定。在烯丙型正离子中，正电荷分散在 C2 和 C4 上。因此，与溴负离子的结合就有两种可能，即按 1,2-加成生成 3,4-二溴-1-丁烯，和按 1,4-加成生成 1,4-二溴-2-丁烯。其中 1,4-加成产物是双键上取代烷基较多的烯烃，比取代烷基较少的 3,4-二溴-1-丁烯稳定。反应进程如图 10.6 所示。

反应温度较低或时间较短，产物主要由活化能的高低所决定，即反应活化能低的产物优先生成，称为动力学控制或速率控制。因为，烯丙型正离子与溴负离子的 1,2-加成

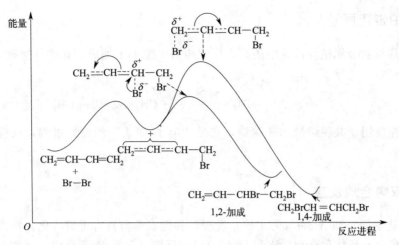

图 10.6　1,3-丁二烯与溴加成反应的能量关系

时，反应过滤态的正电荷在仲碳原子上，比 1,4-加成过滤态（正电荷在伯碳原子上）的内能低，所需活化能较小，故 1,2-加成产物是主要的。若反应温度较高或时间较长，则活化能不再是影响反应产物的主要因素，因为高温对活化能高的反应有利。根据反应的微观可逆性，竞争反应的产物是处于平衡状况，较长反应时间和较高温度下则有利于反应达到这种平衡。所以，产物的稳定性成为控制反应的主要因素，称为热力学控制或平衡控制。由于 1,4-加成反应需要活化能高，产物稳定，故需要较高反应温度。1,4-加成是共轭双烯加成中的普遍现象。除 1,3-丁二烯与溴的反应外，与 Cl_2、HBr、HCl 等均具有 1,4-共轭加成性质。

$$CH_2{=}CH{-}CH{=}CH_2 \xrightarrow[\text{1mol}]{Cl_2} \underset{\substack{|\\Cl}}{CH_2}{-}\underset{\substack{|\\Cl}}{CH}{-}CH{=}CH_2 + \underset{\substack{|\\Cl}}{CH_2}{-}CH{=}CH{-}\underset{\substack{|\\Cl}}{CH_2}$$

反应温度/℃	1,2-加成产物/%	1,4-加成产物/%
0	67	33
200	30	70

$$CH_2{=}CH{-}CH{=}CH_2 \xrightarrow[\text{1mol}]{HBr} CH_3{-}\underset{\substack{|\\Br}}{CH}{-}CH{=}CH_2 + CH_3{-}CH{=}CH{-}\underset{\substack{|\\Br}}{CH_2}$$

反应温度/℃	1,2-加成产物/%	1,4-加成产物/%
−80	80	20
40	20	80

不对称共轭二烯，例如 2-甲基-1,3-丁二烯亲电加成反应，符合"马氏"规则：

$$\overset{1}{CH_2}{=}\underset{\substack{|\\CH_3}}{\overset{2}{C}}{-}\overset{3}{CH}{=}\overset{4}{CH_2} \xrightarrow{HBr} CH_3{-}\underset{\substack{|\\CH_3}}{\overset{\substack{Br\\|}}{C}}{-}CH{=}CH_2 + CH_3{-}\underset{\substack{|\\CH_3}}{C}{=}CH{-}\underset{\substack{|\\Br}}{CH_2}$$

1,2-加成 　　　　 1,4-加成

1,2-加成和 1,4-加成经历的中间体如下：

$$H^+ + \overset{1}{CH_2}{=}\underset{\substack{|\\CH_3}}{\overset{2}{C}}{-}\overset{3}{CH}{=}\overset{4}{CH_2} \longrightarrow \left[CH_3{-}\underset{\substack{|\\CH_3}}{\overset{+}{C}}{-}CH{=}CH_2 \longleftrightarrow CH_3{-}\underset{\substack{|\\CH_3}}{C}{=}CH{-}\overset{+}{CH_2} \right]$$

1,2-加成正则式 　　　　 1,4-加成正则式

10.2.2　伯奇还原

共轭双烯可被金属钠在液氨中还原，反应相当于按 1,4-加成方式进行加氢，得到烯烃：

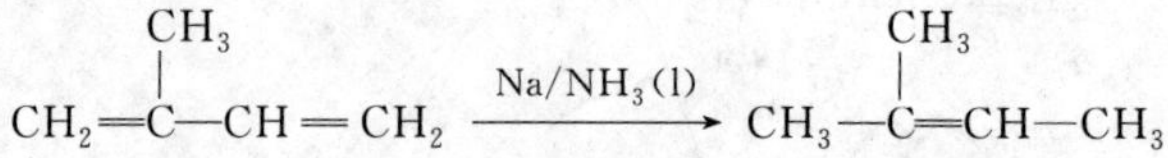

$$CH_2=C(CH_3)-CH=CH_2 \xrightarrow{\text{Na/NH}_3(l)} CH_3-C(CH_3)=CH-CH_3$$

伯奇还原仅用于共轭烯烃和非端炔，它是"电子-质子"的还原过程，反应历程类似苯的伯奇还原。

10.2.3　双烯合成反应

Diels（狄尔斯）和 Alder（阿尔德）发现，共轭双烯与具有重键的化合物很容易按 1,4-加成方式形成六元环状化合物，称为 Diels-Alder 反应，简称 D-A 反应，又称双烯合成。这一反应与自由基和离子型反应不同，是协同反应，即两个反应物之间新化学键形成、双键断裂以及新双键的形成是同时进行的，经历了六元环过渡态：

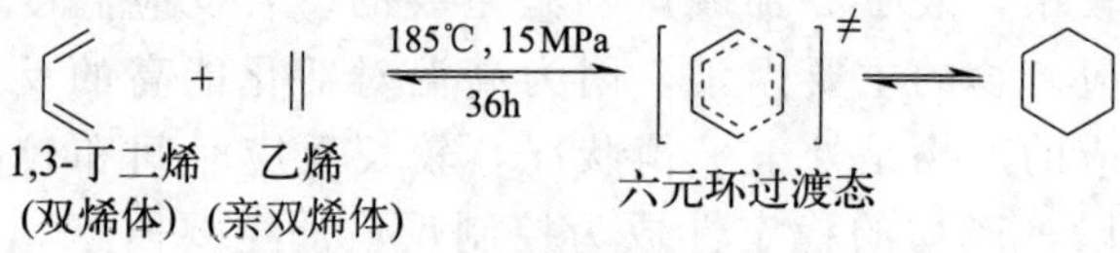

1,3-丁二烯　乙烯
（双烯体）（亲双烯体）　　　　六元环过渡态

狄尔斯和阿尔德第一次发现 1,3-丁二烯和顺丁烯二酸酐反应生成白色沉淀：

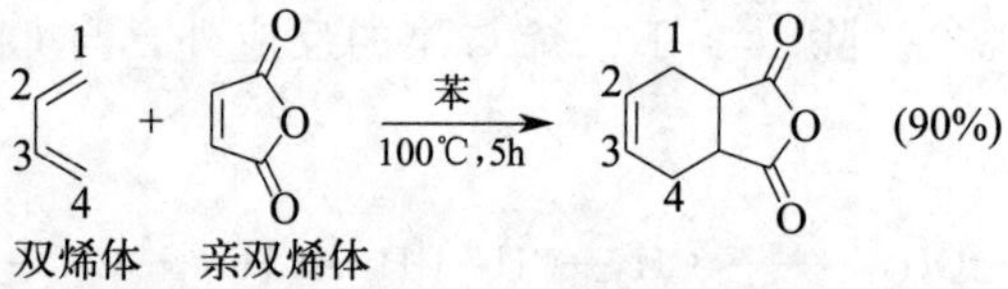

双烯体　亲双烯体　　　　　　　　　　（90%）

在 D-A 反应中，共轭双烯称为双烯体。为了有利于形成反应所需的六元环过渡态，对 C2—C3 单键来说，双烯体应按重叠型构象，称为 *s*-顺型构象。这是借助双键的顺/反异构名词来表示构象，故需加 *s* 以示与双键的顺/反异构型概念相区别，*s* 是单键的意思。因此，1 位取代的 *Z* 型 1,3-丁二烯衍生物，欲达 *s*-顺型构象，形成 D-A 反应过渡态，内能升高程度大，比较难发生 D-A 反应：

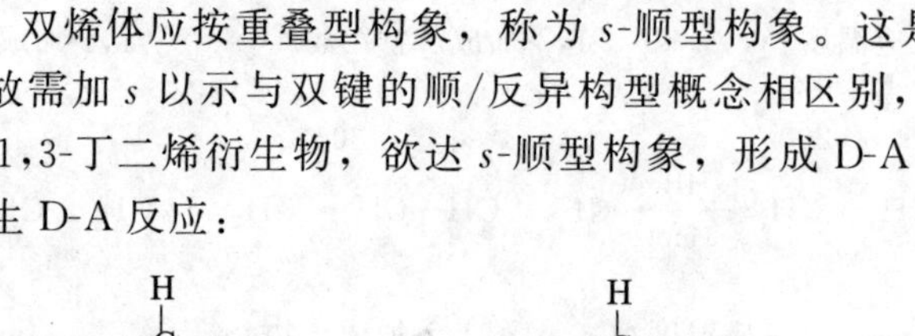

s-反型(内能低)　　　　　　　*s*-顺型(内能高)

只能以 *s*-反型构象存在的共轭二烯化合物，不能发生 D-A 反应。例如：

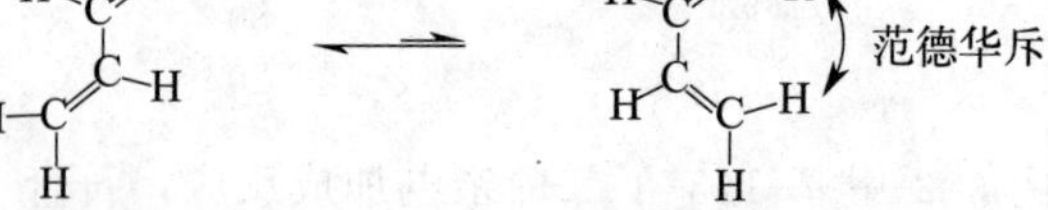

以 *s*-顺型构象存在的共轭二烯化合物，才能发生 D-A 反应。例如：

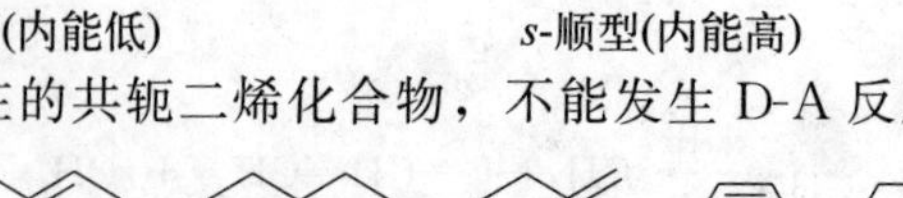

与双烯体发生 D-A 反应的另一个不饱和化合物，称为亲双烯体。一般要求它是一个在重键上连有吸电子基的化合物，吸电子能力越强，越容易进行 D-A 反应。例如：

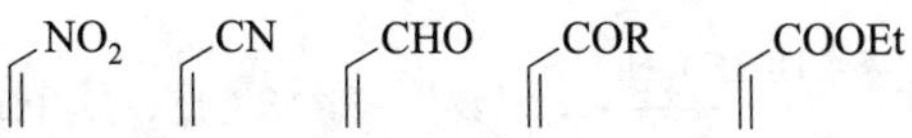

有的亲双烯体连有两个吸电子基。例如：

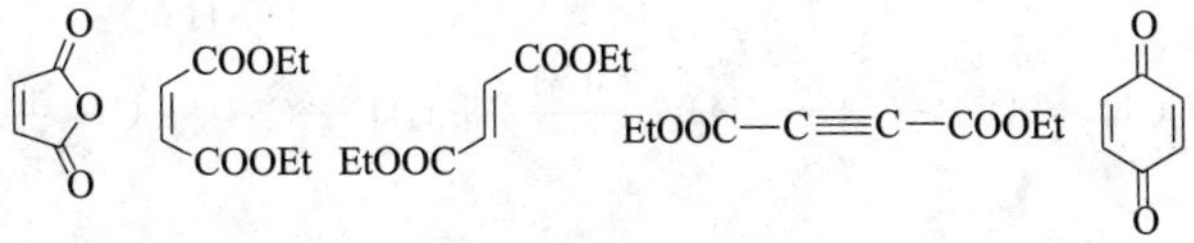

D-A 反应通常在室温或加热条件下进行。例如：

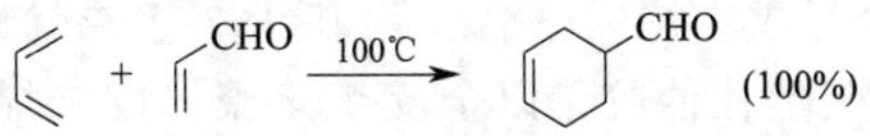

$$+ \quad \text{CHO} \quad \xrightarrow{100℃} \quad \text{CHO} \quad (100\%)$$

D-A 反应的立体化学特征是顺式加成的专一性反应，例如：

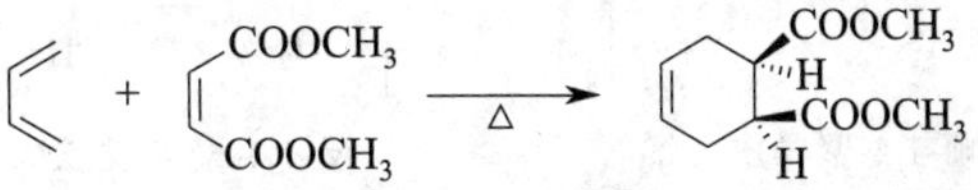

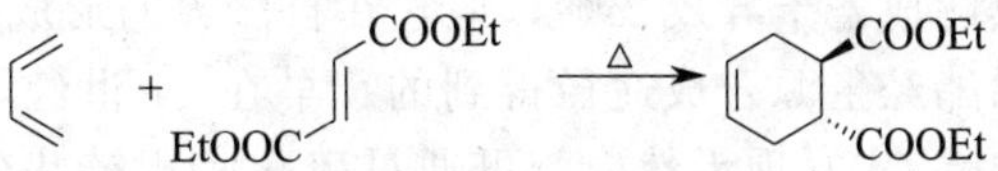

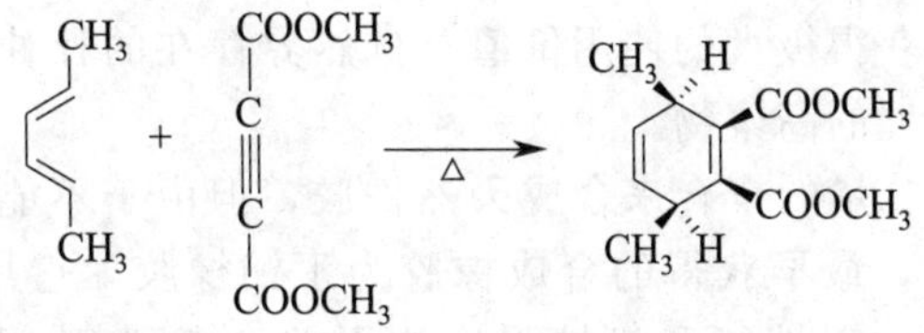

双烯体和亲双烯体均有取代基时，D-A 反应是区域选择性反应，主要生成取代基处于"邻位"或"对位"产物。例如：

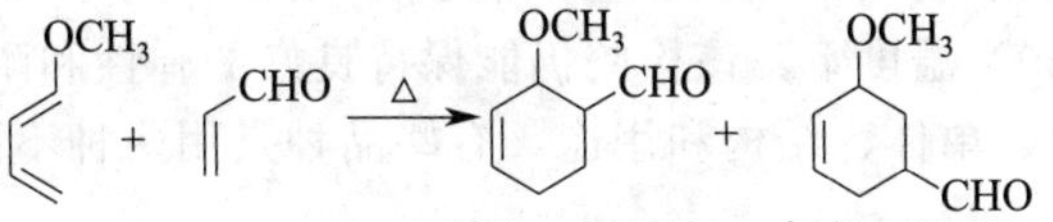

邻位，约100%　　间位，约0%

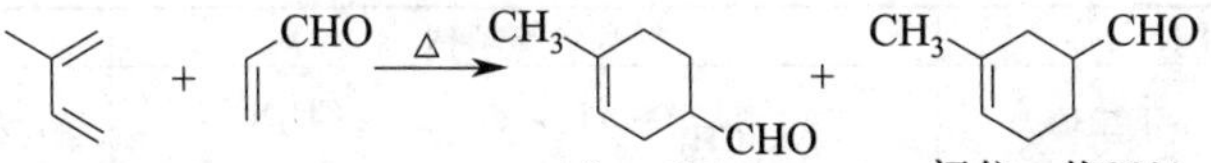

对位，约70%　　间位，约30%

D-A 关环反应为放热反应，是可逆的，在一定条件下，又分解成双烯体和亲双烯体。例如：

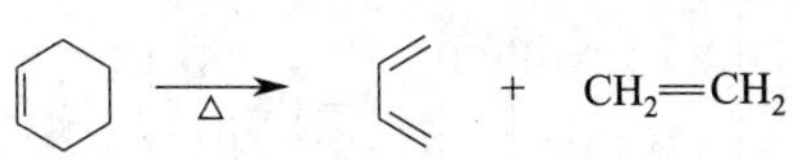

$$\xrightarrow{\triangle} \quad + \quad CH_2{=}CH_2$$

因此，双烯合成反应不仅可以用于合成具有六元环结构的化合物以及鉴定共轭双烯，还可以用于提纯和制备共轭双烯。由于发现双烯合成反应，狄尔斯和阿尔德获得 1950 年诺贝尔化学奖。

10.2.4　共轭双烯的聚合反应及橡胶

1,3-丁二烯在不同条件下，以 1,4-加成形式聚合，形成环状化合物和链状聚合物。例如：

$$\text{(CH}_2\text{=CHCH}_2)_2\text{Ni} \xrightarrow{20\%}$$ （反，反，反-1,5,9-十二碳环三烯）

$$n\ \text{CH}_2\text{=CH}-\text{CH}\text{=CH}_2 \xrightarrow{\text{催化剂}} \left[\text{CH}_2-\overset{H}{\underset{}{C}}=\overset{H}{\underset{}{C}}-\text{CH}_2\right]_n$$

具有 $\left[\text{CH}_2-\overset{CH_3}{\underset{}{C}}=\text{CH}-\text{CH}_2\right]_n$ 结构的链状高聚物，最早发现于天然橡胶（natural rubber）中。天然橡胶是由多个异戊二烯（学名 2-甲基-1,3-丁二烯）以全顺-1,4-聚异戊二烯形成的长链高分子化合物，而天然杜仲胶是以全反-1,4-聚异戊二烯形成的长链高分子化合物：

顺-1,4-聚异戊二烯　　　　反-1,4-聚异戊二烯

虽然天然橡胶可以热解成若干异戊二烯，但它在自然界的形成并不是通过异戊二烯的聚合，而是由焦磷酸异戊烯酯经生源合成途径得到的。早在 11 世纪，人类已经开始利用天然橡胶，但直到 19 世纪中叶，才发现天然橡胶可通过硫化实现链状分子间的进一步交联，从而减少黏性，增加弹性，获得极大的使用价值。自然界存在的杜仲胶（也称古塔波胶），是比天然橡胶更坚硬且少弹性的高聚物。

人们曾试图通过异戊二烯的聚合来合成天然橡胶，但由于不能实现"有规立构"聚合，产物性能一直不佳。例如，最早获得的合成橡胶为丁钠橡胶，它是在金属钠的催化下，由 1,3-丁二烯聚合而成，其黏着性能和机械强度均很差。直到 Ziegler-Natta（齐格勒-纳塔）催化剂问世，才使与天然橡胶性能相近的顺-1,4-聚异戊二烯的制备成为现实。1959 年，采用齐格勒-纳塔催化剂实现了丁二烯的定向聚合，得到了顺-1,4-聚丁二烯，称为顺丁橡胶。其主要特点是，在低至 -100℃ 温度下，该橡胶仍能保持良好的弹性和耐磨性。表 10.2 列出了几种主要合成橡胶的名称、单体、结构和用途，有些品种是用两种不同单体按一定比例进行"共聚"而制备。

表 10.2　几种主要合成橡胶

商品名	单体名称	聚合物结构	主要用途
丁钠橡胶	1,3-丁二烯	$\text{Na}^+\ \bar{\text{C}}\text{H}_2\cdots\cdots\text{CH}_2\bar{\ }\text{Na}^+$	胶板、胶垫等
丁苯橡胶	1,3-丁二烯和苯乙烯		轮胎
顺丁橡胶	1,3-丁二烯		耐低温胶
丁腈橡胶	1,3-丁二烯和丙烯腈		耐油胶
丁基橡胶	异丁烯、异戊二烯		内胎、防水涂料
氯丁橡胶	2-氯-1,3-丁二烯		耐蚀胶管
合成天然橡胶	异戊二烯		防水、电绝缘胶

10.3　三类卤代烯烃

　　根据卤原子在碳链上的位置，卤代烯烃分为三类：第一类是卤原子直接连在双键的碳原子上，称为乙烯型（vinyl）卤代烯烃，如氯乙烯和氯苯，C—X 不活泼；第二类是卤原子连在与双键碳相邻的 α-碳原子上，称为烯丙型（allyl）卤代烯烃，如烯丙基氯和氯化苄，C—X 十分活泼；第三类是卤原子与双键至少相隔 1 个饱和碳原子，如 R—CH＝CH—$(CH_2)_n$—X$(n \geqslant 1)$，称为孤立型卤代烯烃，C—X 活性与卤代烷的 C—X 相当。三类卤代烯烃 C—X 的化学活性次序是：烯丙型＞孤立型（相当于卤代烷）≫乙烯型。

　　表 10.3 列出了几个代表化合物的 C—Cl 键长及键均裂和异裂解离能数据。

表 10.3　几种氯代烷的有关数据

类型	卤代烷			乙烯型		烯丙型	
化合物	伯	仲	叔	CH_2＝CHCl	PhCl	CH_2＝CHCH$_2$Cl	PhCH$_2$Cl
偶极矩/D		205		1.45	1.69	/	/
碳-氯键长/pm		177		172	170		/
键解离能/(kJ·mol^{-1})	352	339	331	377	402	285	301

　　不同类型氯代烯烃中 C—X 活性差异，源于这些卤代烷本身或反应经历的活性中间体或过渡态具有的不同结构。当反应物本身为共轭体系时，反应活化能高，反应活性差。当反应活性中间体或过渡态为共轭体系时，反应活化能低，则反应活性大。

10.4　乙烯型卤代烯烃

10.4.1　乙烯型卤代烯烃的合成

10.4.1.1　炔烃的卤化氢加成

　　在催化剂作用下，炔烃与卤化氢加成，生成卤代烯烃，反应一般服从马氏规则。例如：

$$HC \equiv CH + HCl \xrightarrow{HgCl_2} CH_2 = CH - Cl$$

$$C_2H_5C \equiv CH + HCl \xrightarrow{HgCl_2} C_2H_5 \underset{\underset{Cl}{|}}{C} = CH_2$$

10.4.1.2　二卤代烷脱卤化氢

　　邻二卤代烷或偕二卤代烷脱一分子卤化氢形成卤代烯烃。特别是邻二卤代烷可以方便地由烯烃与卤素加成制备，而脱一分子卤化氢比脱二分子卤化氢反应条件要温和得多，容易停留在卤代烯烃阶段。由于连在有卤原子碳上的氢，酸性较强，故由邻二卤代烷脱卤化氢时，连有卤原子的碳上氢原子消除：

由于烯烃与卤素的加成反应是立体专一性的，卤代烷的消除反应又是反式消除，所以，下述制备乙烯型卤代烯烃的反应，也是立体专一性的。

$$\underset{\substack{H}}{\overset{\substack{C_2H_5}}{}}C=C\underset{\substack{C_2H_5}}{\overset{\substack{H}}{}} \xrightarrow[CCl_4]{Cl_2} \underset{\substack{H}}{\overset{\substack{C_2H_5\ \ Cl}}{}}C-C\underset{\substack{Cl}}{\overset{\substack{C_2H_5}}{}} \xrightarrow[t\text{-BuOH}]{t\text{-BuOK}} \underset{\substack{H}}{\overset{\substack{C_2H_5}}{}}C=C\underset{\substack{H}}{\overset{\substack{C_2H_5}}{}}$$

$$\underset{\substack{H}}{\overset{\substack{C_2H_5}}{}}C=C\underset{\substack{H}}{\overset{\substack{C_2H_5}}{}} \xrightarrow[CCl_4]{Cl_2} \underset{\substack{H}}{\overset{\substack{C_2H_5\ \ Cl}}{}}C-C\underset{\substack{Cl}}{\overset{\substack{C_2H_5}}{}} \xrightarrow[t\text{-BuOH}]{t\text{-BuOK}} \underset{\substack{H}}{\overset{\substack{C_2H_5}}{}}C=C\underset{\substack{C_2H_5}}{\overset{\substack{H}}{}}$$

此外，氯乙烯还可以直接由乙烯高温自由基氯代或氧化氯代反应制备：

$$CH_2=CH_2+Cl_2 \xrightarrow{\text{高温}} CH_2=CH-Cl+HCl$$

$$4CH_2=CH_2+2Cl_2+O_2 \longrightarrow 4CH_2=CH-Cl+2H_2O$$

10.4.2　乙烯型卤代烯烃的结构特点

从表 10.3 所列氯乙烯和表 10.4 溴乙烯有关数据，可以看出，碳-卤键的键长缩短，键解离能升高，是乙烯型卤代烯烃的一般特点。

表 10.4　溴乙烯和溴乙烷中 C—Br 数据

化合物	CH_3CH_2Br	$CH_2=CHBr$
C—Br 键长/pm	194	189
C—Br 解离能/($kJ \cdot mol^{-1}$)	285	327

乙烯型碳-溴键键能增强的原因与氯乙烯相似，是溴的 p 轨道与 π 键的 p 轨道发生一定程度的侧面交盖，形成 p-π 共轭，加强了溴原子与碳原子之间的结合。因此，溴乙烯的 C—Br 键长比饱和溴代烷的短，键能增大。

10.4.3　乙烯型卤代烯烃的化学性质

由于形成 p-π 共轭，乙烯型卤代烯烃获得额外的离域能，分子内能降低，化学性质稳定，与 NaI、NaOH、NaCN、NH_3、$AgNO_3$ 等试剂不发生亲核取代反应。只有在 KOH/醇中长时间回流或与强碱 $NaNH_2$ 作用，才能消除卤化氢生成碳-碳叁键。乙烯型卤代烯烃与金属镁在无水乙醚中较难反应制成格氏试剂，而需在四氢呋喃（THF）中回流，才能反应。其原因是在 THF 中回流反应能提供比乙醚中更高的温度，另外 THF 的环状结构，使氧上孤对电子外露，有更强的络合能力。

$$CH_2=CH-Cl+Mg \xrightarrow[\text{回流}]{THF} CH_2=CH-MgCl$$

虽然乙烯基氯化镁较难制备，但因双键的碳是 sp^2 杂化，与镁的电负性差异更大，因此 $CH_2=CH-MgCl$ 中的 C—Mg 极性更强，使它的反应活性比烷基氯化镁高。

氯乙烯的碳-碳双键活性也较低。原因是氯原子的 $-I$ 效应大于 $+C$ 效应，使双键上电子云绝对密度降低，因此氯乙烯亲电加成反应速率比乙烯低。

10.5 烯丙型共轭体系

烯丙型共轭体系涉及的范围较广，主要指烯丙型自由基、烯丙型碳正离子、烯丙型 S_N2 反应过渡状态和烯丙型碳负离子。

10.5.1 烯丙型碳自由基

虽然丙烯的 α-碳氢是一级氢，但是 α-C—H 键解离能比异丁烷中叔 C—H 解离能还低。原因在于，当丙烯被夺取一个 α-氢原子形成烯丙基自由基后，自由基碳原子的 p 轨道与相邻 π 键的 p 轨道可侧面交盖，形成图 10.4 所示“三电子三中心”的 p-π 共轭体系。电子离域使烯丙基自由基的稳定性与叔碳自由基的稳定性相当。因此，经历烯丙基自由基活性中间体的 α-卤代反应活化能较低，容易发生。例如：

$$CH_2=CH-CH_3 \xrightarrow[500℃]{Cl_2} CH_2=CH-CH_2Cl;$$

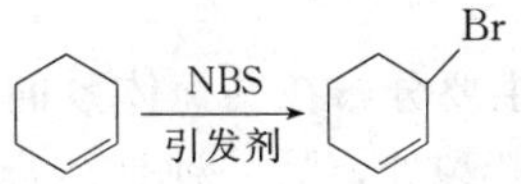

10.5.2 烯丙型碳正离子

3-氯丙烯的 C—Cl 异裂解离能（718kJ · mol^{-1}）比仲卤代烷的 C—Cl 异裂解离能（698kJ · mol^{-1}）略高。这是因为 3-氯丙烯的 C—Cl 异裂形成的烯丙型碳正离子，也是一个 p-π 共轭体系。但它是一个缺电子的“二电子三中心”体系，由碳正离子的空 p 轨道与相邻的 π 轨道发生侧面交盖，造成电子离域或正电荷分散，见图 10.4。因此，经历烯丙型碳正离子的反应容易进行。例如，3-氯丙烯与 $AgNO_3$ 醇溶液立即产生沉淀。因此，在 S_N1 反应条件下，烯丙型卤代烷反应活性与叔卤代烷相当。

烯丙型碳正离子的 p-π 共轭，可由“烯丙基重排”证明。例如，1-氯-3-甲基-2-丁烯在湿氧化银作用下，室温分解，产物中只有 15%是羟基取代在 1 位，85%的产物是双键位置发生了改变，羟基取代位置也不同。与 3-氯-3-甲基-1-丁烯在相同条件下水解得到几乎相同的结果：

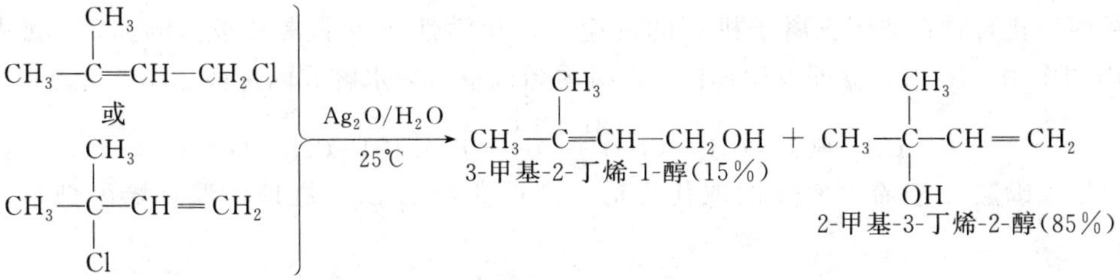

因此，可以认为这两种化合物的水解反应，经历了相同的活性中间体。事实上在银离子催化下，反应按 S_N1 机理进行，先形成烯丙型碳正离子：

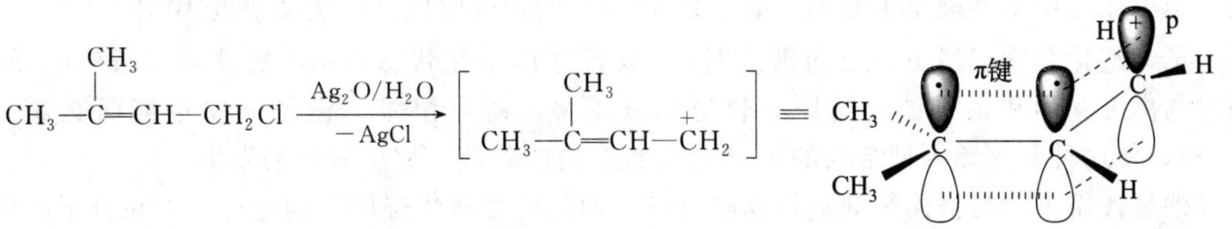

$$CH_3-\overset{\overset{\displaystyle CH_3}{|}}{\underset{\underset{\displaystyle Cl}{|}}{C}}-CH=CH_2 \xrightarrow[-AgCl]{Ag_2O/H_2O} \left[CH_3-\overset{\overset{\displaystyle CH_3}{|}}{\underset{+}{C}}-CH=CH_2 \right] \equiv$$

由于 p-π 共轭，正电荷不是定域于某一个碳原子，因此两种反应物形成的烯丙型碳正离子是完全相同的。其结果可用非经典结构式表示为：

$$\overset{\overset{\displaystyle CH_3}{|}}{\underset{\underset{\displaystyle CH_3}{|}}{C}}\cdots CH\cdots CH_2^+ \quad 或 \quad \overset{\overset{\displaystyle CH_3}{|}}{\underset{\underset{\displaystyle CH_3 \, 1/2+}{|}}{C}}\cdots CH\cdots CH_2 \,^{1/2+}$$

它们的真实结构用共振杂化体结构表示如下：

$$\left[CH_3-\overset{\overset{\displaystyle CH_3}{|}}{\underset{+}{C}}-CH=CH_2 \quad\longleftrightarrow\quad CH_3-\overset{\overset{\displaystyle CH_3}{|}}{C}=CH-\overset{+}{C}H_2 \right]$$

即正电荷主要分布在共轭体系的 C1 和 C3 上。它与 OH^- 的结合就有两种可能：一是结合于原 C—Cl 断裂处，另一种是结合于 p-π 共轭体系的另一端，得到"烯丙基重排"产物。

烯丙型醇类化合物，也非常活泼。例如，醇类一般不与二氧化锰反应，烯丙醇却能被二氧化锰氧化成丙烯醛：

$$CH_2=CH-CH_2-OH \xrightarrow{MnO_2} CH_2=CH-CH=O(丙烯醛)$$

在结构可能时，烯丙醇类化合物也具有烯丙型重排反应现象。例如：

$$\left.\begin{array}{l} CH_3-CH=CH-CH_2OH \\ \qquad\qquad 或 \\ CH_3-\underset{\underset{\displaystyle OH}{|}}{C}H-CH=CH_2 \end{array}\right\} \xrightarrow[0℃]{HCl} CH_3-CH=CH-CH_2Cl + CH_3-\underset{\underset{\displaystyle Cl}{|}}{C}H-CH=CH_2$$

1-氯-2-丁烯   3-氯-1-丁烯

10.5.3　烯丙型 S_N2 过滤态

烯丙型化合物在非碳正离子机理的反应中，化学性质也非常活泼。例如，3-氯丙烯与 NaI/丙酮作用（S_N2），立即发生浑浊。3-氯丙烯也很容易水解成丙烯醇：

$$CH_2=CH-CH_2-Cl \xrightarrow{OH^-/H_2O} CH_2=CH-CH_2-OH$$

对甲苯磺酸-2-丁烯-1-醇酯的取代反应，遵循典型的 S_N2 机理，没有烯丙型重排产物生成：

$$CH_3-CH=CH-CH_2OH \xrightarrow[吡啶]{TsCl} CH_3-CH=CH-CH_2OTs \xrightarrow{NaCl} CH_3-CH=CH-CH_2Cl$$

对甲苯磺酸-2-丁烯-1-醇酯

反应速率比对甲苯磺酸正丁醇酯（$n\text{-}C_4H_9OTs$）的相应取代反应速率快近 40 倍。

烯丙型化合物在经历 S_N2 过渡态时，α-碳原子的杂化状态由 sp^3 变成 sp^2。该碳 p 轨道同时与离去基团和亲核试剂的原子轨道部分重叠，还与相邻 π 键的 p 轨道侧面交盖（图 10.7），使这种具有烯丙型结构的 S_N2 过渡状态内能降低，故反应容易发生。

伯氯代烷不能与格氏试剂进行偶联反应，而烯丙型卤代烷可顺利进行，可在分子结构中

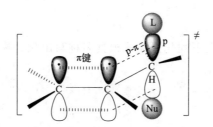

图 10.7　烯丙型 S_N2 过渡状态时的 p-π 共轭

引入烯丙基。例如：

$$\underset{}{\text{环己基}}\overset{MgBr}{} + CH_2=CH-CH_2-Cl \longrightarrow \underset{}{\text{环己基}}CH_2-CH=CH_2$$

10.5.4　烯丙型碳负离子

　　虽然大多数烷基碳负离子为四面体构型，但研究表明，烯丙型碳负离子是 sp^2 杂化的平面构型，孤对电子占据垂直于该平面的 p 轨道，形成如图 10.4 所示的"四电子三中心"p-π 共轭体系，使负电荷分散而稳定。

　　由烯丙型卤代物制备的格氏试剂，可作为烯丙型碳负离子的实例。烯丙型格氏试剂中存在 p-π 共轭，可由类似的"烯丙基重排"现象证明。实验发现，以 3-溴-1-丁烯和 1-溴-2-丁烯制备的格氏试剂，在水解以后生成相同比例的烯烃混合物：

$$\left.\begin{array}{c} CH_3-CH=CH-CH_2Br \\ \text{或} \\ CH_3-CH-CH=CH_2 \\ \quad\ \ | \\ \quad\ \ Br \end{array}\right\} \xrightarrow[\ (2)H_3O^+\ ]{(1)Mg/Et_2O} CH_3-CH_2-CH=CH_2 \ + \ \underset{27\%}{\overset{CH_3\quad CH_3}{C=C}} \ + \ \underset{16\%}{\overset{CH_3\quad H}{C=C}}$$

57%

　　合理的解释是，3-溴-1-丁烯和 1-溴-2-丁烯生成的格氏试剂具有相同的烯丙型碳负离子的 p-π 共轭结构：

$$\left[CH_3-\overset{-}{CH}=\!=\!=\overset{}{CH}=\!=\!=CH_2\right]\overset{+}{MgBr}$$

因而可能存在下述"烯丙基重排"的平衡：

$$CH_3-CH=CH-CH_2MgBr \Longrightarrow CH_3-\underset{\underset{MgBr}{|}}{CH}-CH=CH_2$$

　　制备烯丙型格氏试剂，除须注意上述"烯丙基重排"的可能外，还要考虑到烯丙型卤代物容易与格氏试剂发生偶联。按常规方法，由 3-溴丙烯制备格氏试剂，主要得到偶合产物 1,5-己二烯。其原因是烯丙型溴化镁一旦生成，可立即与未作用的 3-溴丙烯反应：

$$CH_2=CH-CH_2Br \xrightarrow[Et_2O]{Mg} CH_2=CH-CH_2MgBr \xrightarrow{CH_2=CH-CH_2Br} CH_2=CH-CH_2CH_2CH=CH_2$$

　　所以烯丙型溴化镁的制备必须用"高度稀释法"和在较低温度（约 0℃）下反应，即在剧烈搅拌下，将稀释的 3-溴丙烯滴入过量镁屑的乙醚中，以防止 $CH_2=CH-CH_2Br$ 的浓度过高及与生成的 $CH_2=CH-CH_2MgBr$ 接触。

习题

10.1 用系统命名法命名下列化合物或根据名称写出化合物的结构式。

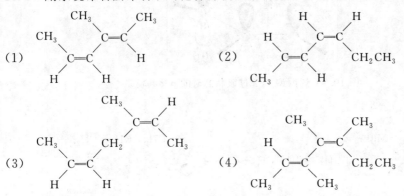

(5) 2-甲基-1,3-丁二烯

(6) 1,3-环己二烯

(7) 2-brom-1,3-butadiene

(8) 2,3-dimethyl-1,3-butadiene

10.2 下列各组反应中，哪种化合物是主要产物？

(1) $CH_2=CH-CH_2\overset{Br}{\underset{}{C}}HCH_2CH_3$ $\xrightarrow[\triangle]{KOH/醇}$ ⌒⌒⌒⌒ + ⌒⌒⌒⌒

(2) ⌒⌒ $\xrightarrow{NBS}$ Br⌒⌒⌒ + ⌒⌒⌒Br + ⌒⌒Br

(3) 苯环⌒⌒⌒ $\xrightarrow{1mol\ HBr}$ 苯环⌒⌒Br + 苯环Br⌒⌒

10.3 写出下列各式的中间产物和/或最后产物。

(1) $HC\equiv CH$ $\xrightarrow[NH_4Cl]{CuCl}$? $\xrightarrow[HgCl_2]{HCl}$?

(2) ⌒⌒ $\xrightarrow{Br_2/H_2O}$? $\xrightarrow{NaOH}$?

(3) $CH_2=CH-CH_2OH$ $\xrightarrow{SOCl_2}$?

(4) $CH_2=CH-CH_2OH$ $\xrightarrow{MnO_2}$?

(5) ⌒╲ $\xrightarrow{HCl}$?

(6) $CH_3CH=CHCH_2Br$ $\xrightarrow[Et_2O]{Mg}$? $\xrightarrow{CO_2}$? $\xrightarrow{H_2O}$?

(7) ⬡* $\xrightarrow[过氧化物]{NBS}$?

(8) $CH_2=CH-CH_2I$ $\xrightarrow{HOBr}$?

(9) ⌒⌒ $\xrightarrow{HBr}$?

(10) ⌒⌒ $\xrightarrow{Br_2}{40℃}$?

10.4 写出下列反应产物。

(1) ⬠ + ╲COOH $\xrightarrow{\triangle}$?

(2) ╲╱ + $HOOC-C\equiv C-COOH$ $\xrightarrow{\triangle}$?

(3) ⌒╲ + ╲CN $\xrightarrow{\triangle}$?

(4) ⌒⌒╲ + ╲COOEt $\xrightarrow{\triangle}$?

(5) 双环结构 $\xrightarrow{\triangle}$?

(6) $\overset{CH_3}{╲}$ + ╲CHO $\xrightarrow{\triangle}$?

10.5 指出下列每个化合物可由哪两个不饱和化合物通过双烯合成得到。

(1) 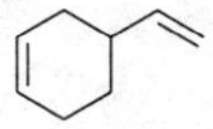 　(2) 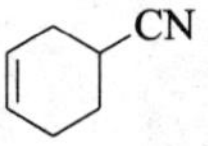 　(3) 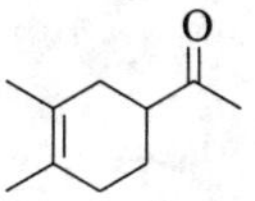 　(4)

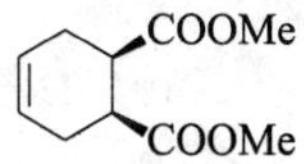

(5) 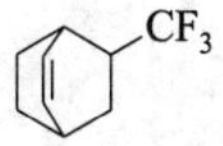 　(6) 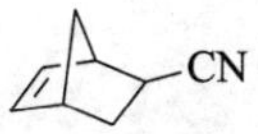 　(7)

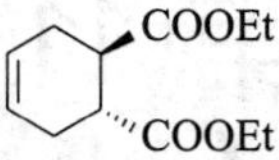

10.6　根据各小题要求回答问题。

(1) 指出下列各结构中存在哪些共轭效应。

$$CH_3—CH{=}CH—\overset{+}{\underset{\underset{CH_3}{|}}{C}}—CH_3 \qquad CH_3—CH{=}CH—OCH_3$$

(2) 解释下面实验事实。

1,3-丁二烯和 HBr 加成反应，1,2-加成比 1,4-加成快。

(3) 解释下面实验事实。

1,3-丁二烯和 HBr 加成反应，1,4-加成比 1,2 加成产物稳定。

(4) 解释下面实验事实。

2-叔丁基-1,3-丁二烯进行 Diels-Alder 反应时比 1,3-丁二烯快。

(5) 将下列化合物与 HBr 进行亲电加成反应的活性由大到小排序。

① $CH_2{=}CH—CH{=}CH_2$　② $CH_3CH{=}CHCH_3$

③ $CH_3CH{=}CH—CH{=}CH_2$　④ $CH_2{=}\overset{\overset{CH_3}{|}}{\underset{\underset{CH_3}{|}}{C}}—CH{=}CH_2$

(6) 根据某二烯烃进行下面两个反应的产物，推出某二烯烃的结构。

$$某二烯烃 \xrightarrow[]{O_3} \xrightarrow[]{Zn/H_2O} 2CH_3CHO + O{=}CH—CH{=}O$$

某二烯烃 $\xrightarrow{1mol\ Br_2}$

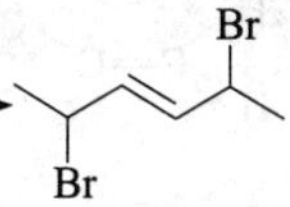

10.7　合成题。

(1) 以不超过三个碳原子的单官能团化合物为主要原料合成 1-戊烯。

(2) 以异丁烯和丙烯为原料合成 4,4-二甲基-1-戊烯。

10.8　三个化合物 A、B、C 的分子式均为 C_5H_8，它们都能使 Br_2/CCl_4 溶液褪色。A 与 $AgNO_3/NH_3$ 溶液产生沉淀，B 和 C 则不能。当用热的 $KMnO_4$ 氧化 A 得到 $CH_3CH_2CH_2COOH$ 和 CO_2，氧化 B 得到 CH_3CH_2COOH 和 CH_3COOH，氧化 C 得到 $HOOCCH_2CH_2CH_2COOH$。试推断 A、B、C 的结构，并写出有关反应式。

第⑪章

苯和取代苯

11.1 结构和命名

"芳香"一词来源于早年从自然界提取的这一类化合物具有芳香气味。现在则指这类化合物的特殊结构和性质，即芳香性（aromaticity）。芳香性化合物包括苯及其衍生物、有多个苯环的化合物和不含苯环但具有芳香性的非苯芳香化合物。含苯环的芳烃可以分为单环芳烃和多环芳烃两大类：

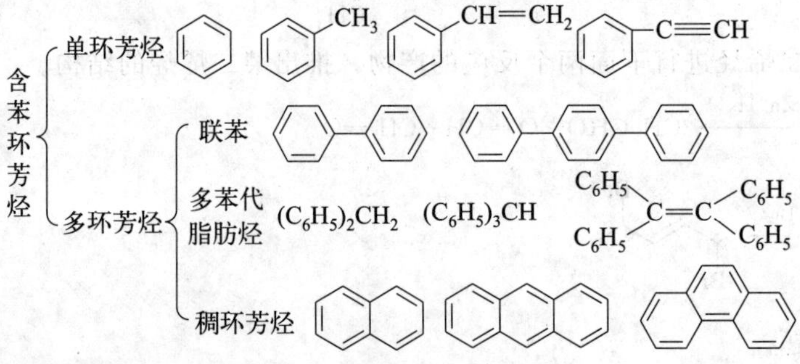

本章主要介绍苯及取代苯的物理化学性质。

11.1.1 苯的结构

苯（C_6H_6）是芳香烃（aromatic hydrocarbons）中最基本的化合物。对苯及其有关化合物的结构和特殊性质的研究，至今仍然是有机化学的重要课题之一。

早年从自然界提取的具有芳香气味的化合物，经降解可得到一种化学性质稳定的化合物，其组成为 C_6H_6，故认为 C_6H_6 是这一大类化合物的基本单元，称为苯（benzene），不饱和度为 4。如何表达其结构，曾长期困惑历史上的许多化学家。德国化学家 Kekulé（凯库勒）提出，苯分子具有单双键相间的六元环结构：

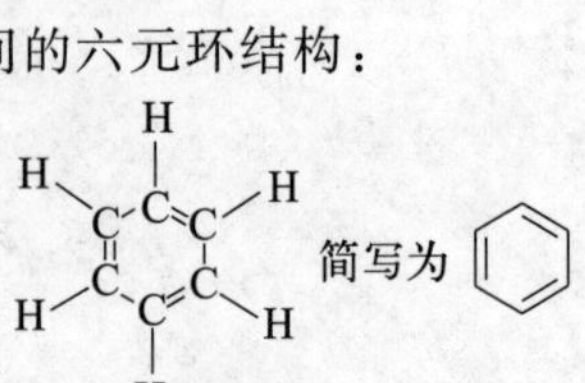

简写为

246

这种经典价键式，称为凯库勒式。但它仍然不能说明为何苯的邻位二元取代物只有一种。例如，下面两种构造式是等同的，为一种化合物：

臭氧化反应的结果，似乎可以说明苯环中"双键"和"单键"的位置不固定：

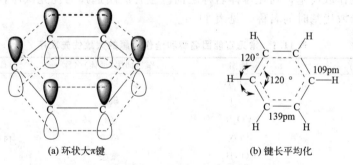

为此，凯库勒又提出苯分子中的单、双键迅速不断互换着，可以下式表示：

这种表示方法，与共振论的观点很接近。共振论认为，苯分子的结构不能用单一的经典价键式来表达，它是若干正则式的杂化体，其中最主要的两个正则式就是这两个凯库勒式：

现代物理方法测定，苯分子的各原子处在同一平面，碳-碳键的键长完全相同，均为 139pm，∠CCC 和 ∠HCC 均为 $120°$。苯分子中碳原子均按 sp^2 杂化成键，六个 p 轨道侧面交盖，形成如图 11.1（a）所示的环状大 π 键，不再有"单键"和"双键"之分，构成如图 11.1（b）所示的正六边形。

（a）环状大π键　　　　　　　　　（b）键长平均化

图 11.1　苯分子的结构

环状大 π 键的存在，可以通过核磁共振技术确定。基态苯分子在磁场中形成抗磁环电流，使得苯环外氢的信号有很大的改变。X 射线衍射法分析证明苯环是平面的正六边形，氢原子位于六边形的顶点，并测得苯分子中所有的碳-碳键都完全一样，采用扫描隧道显微镜技术获得的苯分子的图片，也证实了分子的环状结构。环状大 π 键的形成，是苯分子化学性质稳定、难以发生加成反应而倾向于发生亲电取代反应的结构基础。

11.1.2　取代苯的命名

芳香族化合物的命名原则中，IUPAC 保留且采取了许多习惯名称和俗名。

11.1.2.1 一取代苯的命名

一取代苯，按取代基团在命名规则中是作为取代基或化合物词尾两种方式进行命名，有很大的区别。简单烷基（—R）、卤原子（—X）、硝基（—NO_2）、亚硝基（—NO）等作为取代基，故按取代苯命名。例如：

| 甲苯 toluene | 乙苯 ethylbenzene | 异丙苯 cumene | 氯苯 chlorobenzene | 硝基苯 nitrobenzene |

苯环上有羟基（—OH）、氨基（—NH_2）、羧基（—COOH）、磺酸基（—SO_3H）、醛基（—CHO）以及双键和叁键等基团时，苯环是取代基，根据这些官能团，分别确定衍生化合物的词尾来命名。例如：

| 苯酚 phenol | 苯胺 aniline | 苯甲酸 benzoic acid | 苯甲醛 benzaldehyde | 苯磺酸 benzenesulfonic acid |

11.1.2.2 二取代苯的命名

二取代苯的命名，除遵循以上原则外，还有如下两点规定。

（1）主官能团的选择

二取代苯化合物，命名时选其中一个主官能团，以确定取代苯化合物的词尾（即母体）。其他官能团均视作取代基，列在母体名称之前。主官能团选择的优先次序，以及官能团作为化合物词尾或者取代基时的名称，见表 11.1。

表 11.1　常见官能团名称和选作词尾的大致优先次序

主官能团次序	官能团	作为词尾(母体)名称	作为取代基名称
1	—COOH	羧酸	羧基
2	—SO_3H	磺酸	磺酸基
3	—CO_2R	酯	烷氧羰基
4	—COX	酰卤	卤羰基或卤甲酰基
5	—$CONH_2$	酰胺	氨基甲酰基
6	—CN	腈	氰基
7	—CHO	醛	甲酰基
8	—CO—	酮	酮基
9	—OH	酚	羟基
10	—NH_2，—NHR	胺	氨基、N-烷基氨基
11	—OR	醚	烷氧基
12	—C≡CH	炔	乙炔基
13	C=CH_2	烯	乙烯基
14	R 或 Ar	烷或芳烃	烷基、芳基
15	—X	只做取代基	卤代
16	—NO_2，—NO	只做取代基	硝基、亚硝基

例如：

4-氨基苯酚
4-aminophenol

2-氨基苯甲酸
2-aminobenzoic acid

2-羟基苯甲醛
2-hydroxybenzaldehyde

（2）二取代基相互关系的表示

苯环上两个取代基之间的关系有三种，分别用习惯命名法词头"邻"（ortho-，缩写 o-）、"间"（meta-，缩写 m-）和"对"（para-，缩写 p-）表示。系统命名法是将苯环碳原子编号，并使化合物词尾的主官能团所在碳的位次最小。只作为取代基的二取代苯，按基团英文字母次序规则编号，例如：

邻二甲苯
1,2-二甲苯
o-二甲苯

间硝基甲苯
3-硝基甲苯
m-硝基二甲苯

对溴苯酚
4-溴苯酚
p-溴苯酚

对乙基甲苯
1-乙基-4-甲苯
p-乙基甲苯

11.1.2.3　多取代苯的命名

取代基相同的三取代苯，可采用习惯命名法命名，以"连""均""偏"词头表示取代基之间的关系。例如，三个三甲苯的结构和名称：

均三甲苯

连三甲苯

偏三甲苯

不同烷基取代的三取代苯，苯环上的编号应符合最低系列原则，烷基次序为英文字母顺序。有甲基时习惯将甲基取代碳编号为1，母体为甲苯。例如：

4-乙基-2-丙基甲苯　　1-乙基-2-异丙基-4-丙基苯　　3,5-二乙基甲苯

一般多取代苯，宜按系统命名法命名，用编号来表示各取代基之间的位置关系。决定化合物词尾的主官能团所在碳的位次为1，编号时按各取代基位次最小原则。取代基按英文字母顺序的原则置于母体之前。例如：

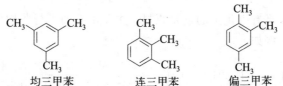

3-氯-5-硝基苯胺　　4-羟基-3-甲基苯甲酸　　4-氟-2-甲酰基苯腈　　3-氨基-5-磺酸基苯甲酸

11.1.2.4　复杂侧链取代苯的命名

从芳烃分子中去掉一个氢原子所剩余的部分，称为芳基（aryl，缩写为 Ar）。常见芳基

及其名称如下：

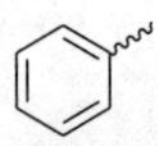

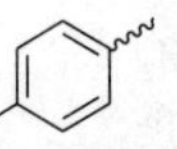

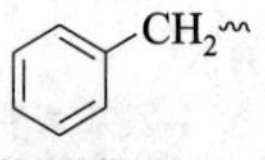

苯基(phenyl，缩写Ph)　　　对甲苯基(p-tolyl)　　　苯甲基，常称苄基(benzyl，缩写Bz)

当苯环上带有比较复杂的侧链，或者侧链上有官能团时，宜将苯环或其他芳基作为取代基来命名。例如：

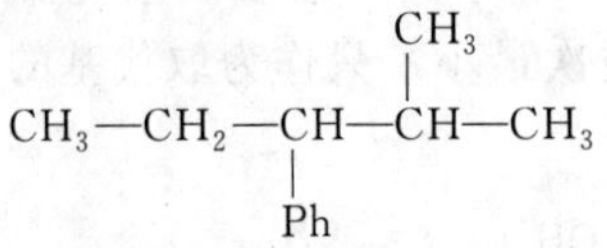

2-甲基-3-苯基戊烷　　　　　　1-溴-2-苯基乙烷(β-溴乙苯)
(2-methyl-3-phenylpentane)　　　(β-bromoethyl benzene)

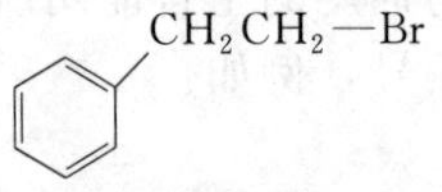

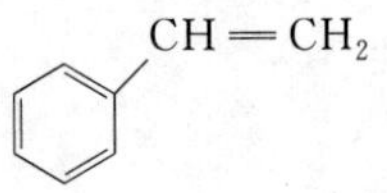

苯乙烯 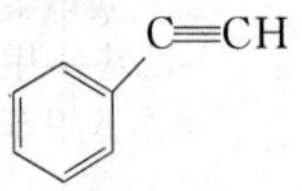　　　　苯乙炔 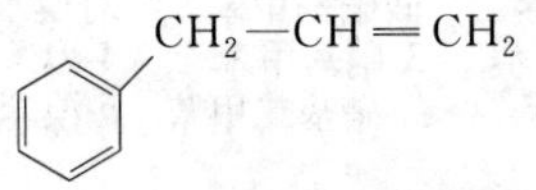　　　3-苯基-1-丙烯(烯丙基苯) 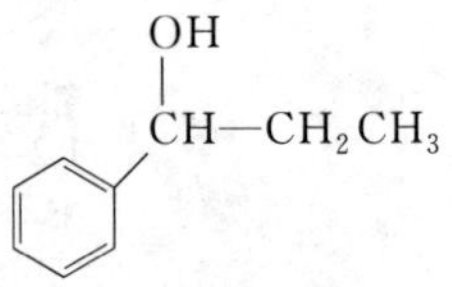　　　1-苯基-1-丙醇

11.2　苯、甲苯和二甲苯的来源

苯、甲苯和二甲苯是有机化工的重要原料，主要由石油进行芳构化制备。将直链烷烃经铂催化重整转化而成。例如：

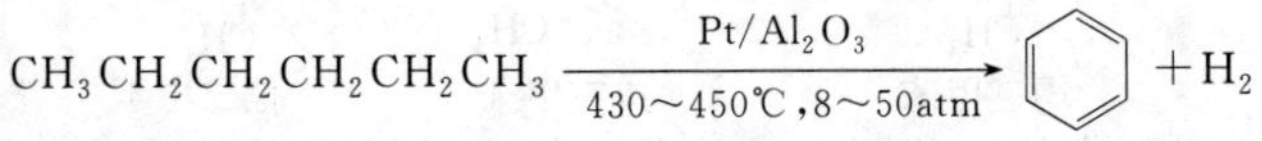

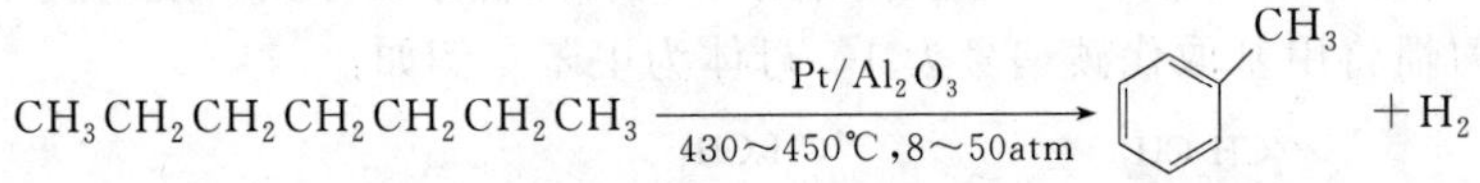

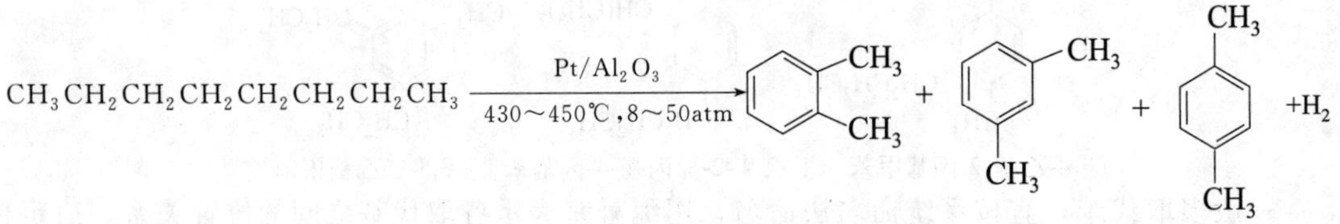

每吨石油经过 Pt 催化重整和分离，可以获得约 70kg 苯、180kg 甲苯和 130kg 二甲苯等。由于 Pt 催化重整所得苯相对不足，因此工业上再将所得甲苯氢解，获得更多的苯。

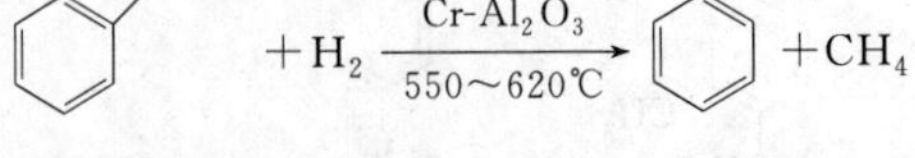

11.3　苯及低级同系物的物理性质

苯为无色液体，有特殊香味、有毒。吸入过量苯蒸气，急性中毒会引起神经性头昏，慢性中毒会造成肝脏损伤，使用时要特别注意。一些常见取代苯的物理常数见表 11.2。

表 11.2　常见取代苯的物理常数

化合物	b. p. /℃	m. p. /℃	相对密度
苯	80.1	5.5	0.879
甲苯	110.6	−94.9	0.867
乙苯	136.0	−95.0	0.867
丙苯	159.2	−99.2	0.862
异丙苯	152.4	−96.0	0.862
邻二甲苯	114.4	−25.2	0.879
间二甲苯	139.1	−47.9	0.864
对二甲苯	138.4	13.2	0.861
苯乙烯	145.2	−30.6	0.907
苯乙炔	142.4	−44.8	0.930

　　苯及其低级同系物的密度小于 1，不溶于水，易溶于有机溶剂。苯的偶极矩为零。低级衍生物具有一定的偶极矩，如甲苯 $\mu=0.37D$，这说明苯环有较高的可极化度。

　　研究苯衍生物的偶极矩，可以说明取代基的电子效应。例如，氯甲烷和氯苯的偶极矩分别为 1.94D 和 1.75D。氯原子连在可极化度高的苯环上，偶极矩反而减少，说明在氯苯中的氯的 +C 效应和 −I 效应的作用相反：

$$CH_3 \longrightarrow Cl \qquad \longrightarrow \mu=1.94D \qquad\qquad \longrightarrow \mu=1.75D$$

　　对氯甲苯的偶极矩为 2.21D，接近氯苯和甲苯偶极矩之和。这说明氯原子与甲基对分子极化作用的方向是一致的。进一步说明氯苯中，氯的 −I 效应大于 +C 效应。

$$CH_3 \longrightarrow \mu=0.37D$$
$$\longrightarrow Cl \longrightarrow \mu=1.75D \quad \Big\} \quad CH_3 \longrightarrow Cl \longrightarrow \mu=2.21D$$
$$理论 \mu=0.37 D+1.75D=2.12D$$

　　从对硝基氯苯的偶极矩也可以得出相同结论。硝基为强的 −I 和 −C 基团。硝基苯偶极矩为 4.28D，对硝基氯苯的偶极矩小于硝基苯，说明氯原子以吸电子效应为主，与硝基作用方向相反：

$$\longrightarrow NO_2 \longrightarrow \mu=4.28D$$
$$\longrightarrow Cl \longrightarrow \mu=1.75D \quad \Big\} \quad Cl \longrightarrow NO_2 \longrightarrow \mu=2.81D$$
$$理论 \mu=4.28 D−1.75D=2.53D$$

11.4　苯和取代苯的化学反应

11.4.1　加成反应

　　苯环不易发生加成反应。只能与氢气或氯气等在比较苛刻的条件下发生加成。

11.4.1.1　催化加氢

　　烯烃能在铂催化下于室温顺利进行加氢。但是苯环的催化加氢，需要高温和加压：

$$\longrightarrow CH = CH \longrightarrow +H_2 \xrightarrow{Pt} \longrightarrow CH_2—CH_2 \longrightarrow$$

$$\text{苯} + H_2 \xrightarrow[170\sim180℃,18\text{MPa}]{Ni} \text{环己烷} + 208\text{kJ}\cdot\text{mol}^{-1}$$

苯的氢化热为 208kJ·mol^{-1}。若环己烯的氢化热为 120kJ·mol^{-1}，则假设的"环己三烯"理论氢化热为 360kJ·mol^{-1}，这值比苯高 152kJ·mol^{-1}，说明苯比假设的"环己三烯"稳定，这一部分额外的能量，称为苯的共轭能（图 11.2）。保持环状大 π 共轭体系，是苯难发生加成反应的原因。

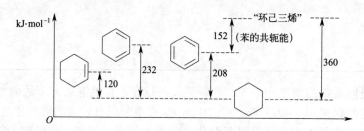

图 11.2　苯及有关化合物的氢化热

苯的催化加氢是环己烷脱氢的逆反应。工业上利用石油 Pt 重整制备苯，再加氢生产环己烷，进而生产环己醇、环己酮、尼龙等产品。

11.4.1.2　与氯气的加成

苯与氯气在紫外线照射下发生加成反应，生成 1,2,3,4,5,6-六氯环己烷，俗称六六六。

$$\text{苯} + Cl_2 \xrightarrow{\text{紫外线}} \text{六氯环己烷}$$

六六六有八种立体异构体，其中有效活性成分主要是 γ-体（或称丙体）六六六，含量 13%。曾作为杀虫剂，但因六六六属于致癌物，已经禁用。

11.4.2　伯奇还原反应

苯在质子性溶剂中，用碱金属还原生成非共轭的 1,4-环己二烯，称为 Birch（伯奇）还原反应。

$$\text{苯} \xrightarrow[C_2H_5OH,-33℃]{Na/NH_3(l)} \text{1,4-环己二烯}$$

在 $-33℃$ 条件下，苯与 Na/NH_3 反应缓慢，升高温度又易使产物异构化成共轭双烯，从而被进一步还原成环己烯，故欲获得 1,4-环己二烯，需加入 C_2H_5OH 加速提供质子。苯的伯奇还原机理是自由基负离子反应过程，苯先从碱金属获得电子，生成苯自由基负离子。然后再从溶剂中接受一个质子。这种"电子-质子"过程再重复一次，得到 1,4-环己二烯。

苯自由基负离子是一个共轭体系，可写出如下三个正则式：

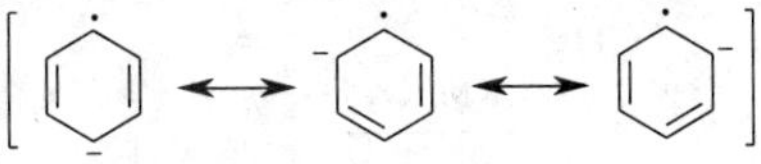

$$\left[\text{[结构式]} \longleftrightarrow \text{[结构式]} \longleftrightarrow \text{[结构式]} \right]$$

其中，以双键分隔，负电荷与自由基最远离的第一个正则式最稳定，对结构的贡献最大。虽然还没有统一确切的理论解释，但核磁共振证明，伯奇还原的中间产物环上对位电子云密度最大。在低温加乙醇的条件下，反应为动力学控制，故伯奇还原苯得到 1,4-环己二烯。苯环上有给电子基团时，伯奇还原速度比苯慢，得到双键带取代基的 1,4-环己二烯衍生物。例如：

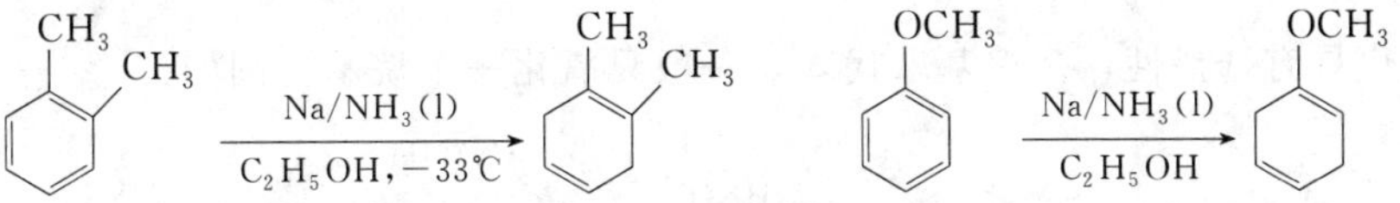

带有吸电子基团的苯环，得到以取代基在饱和碳原子上的 1,4-环己二烯衍生物。例如：

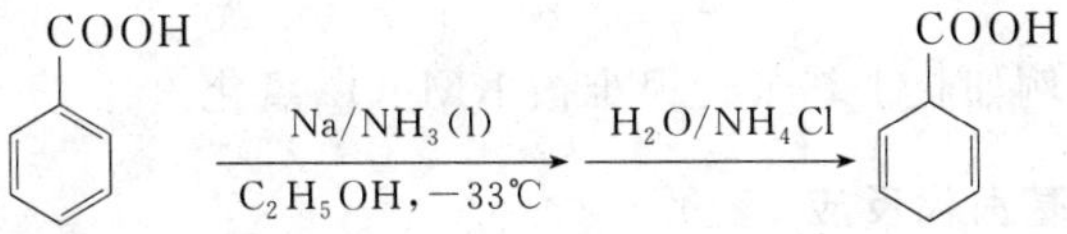

11. 4. 3　氧化反应

在通常条件下，苯不能被 $KMnO_4$、K_2CrO_7 等氧化剂氧化。但在催化剂 V_2O_5 存在时，可被空气氧化成丁烯二酸酐（俗称马来酸酐），后者进一步水解得丁烯二酸。

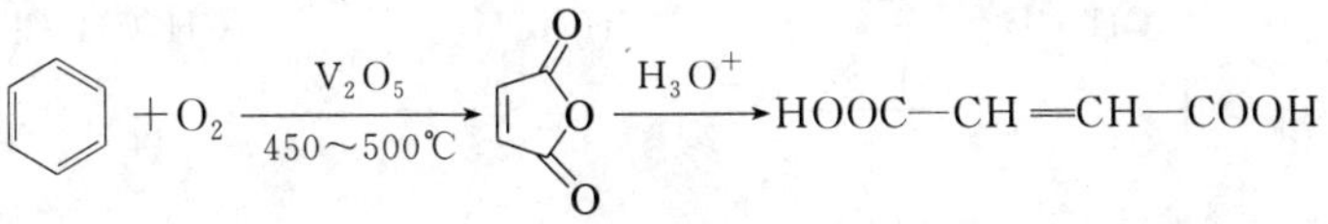

11. 4. 4　苯环侧链的反应

11. 4. 4. 1　苯环侧链的氧化

烷烃和苯环对氧化剂很稳定。但是烷基在苯环的影响下很容易被氧化，高锰酸钾、重铬酸钾、硝酸等均可将苯环侧链氧化。例如：

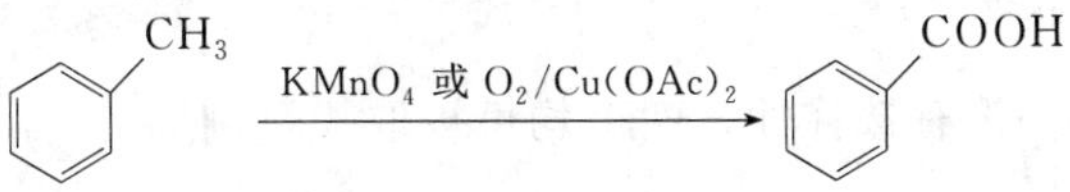

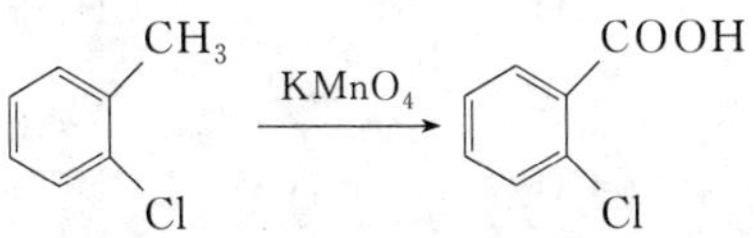

苯环侧链容易氧化，与 α-氢的活泼性有关。无论侧链长短，只要有 α-氢，就能被 $KMnO_4$ 氧化成苯甲酸：

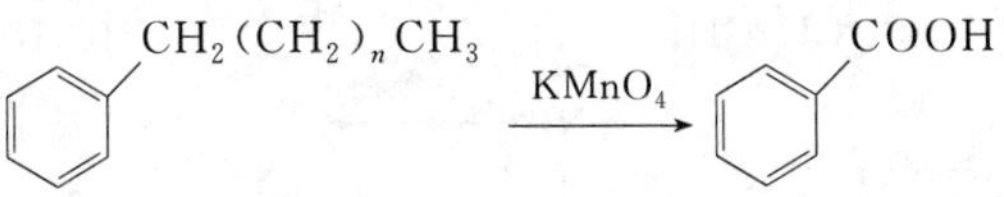

高锰酸钾能将对二甲苯氧化成对苯二甲酸，两个有 α-氢的烷基没有选择性：

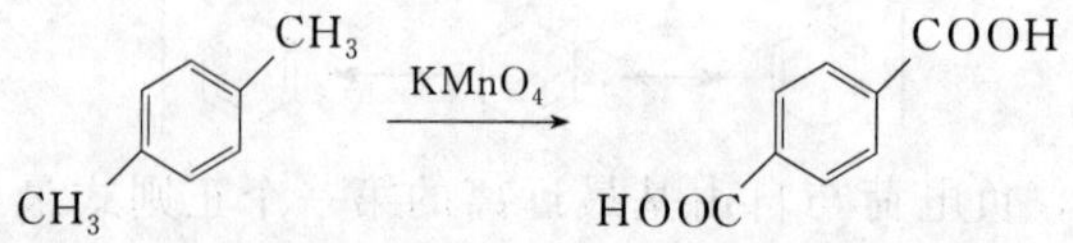

对苯二甲酸是合成涤纶（聚对苯二甲酸乙二醇酯，PET）的原料。工业上是在催化剂作用下，空气氧化制备：

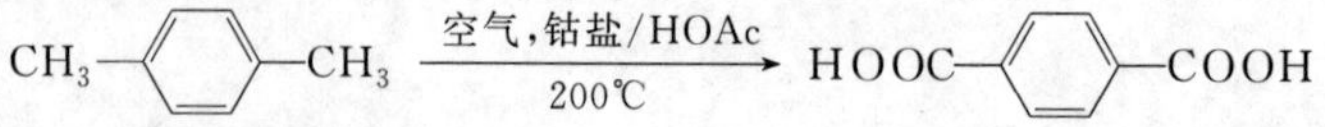

硝酸氧化具有选择性，多烷基取代苯，一般只氧化一个烷基。例如：

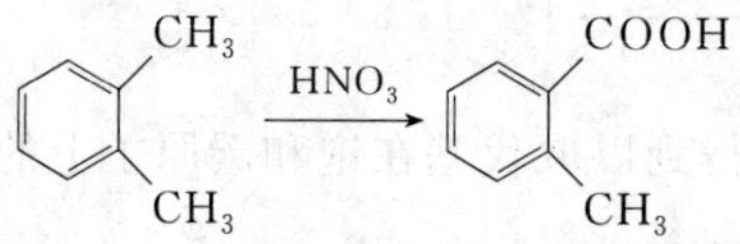

无 α-氢的烷基苯，例如叔丁基苯，很难被 $KMnO_4$ 氧化。

11.4.4.2 侧链的自由基卤代反应

苯环的 C—H 解离能约为 $464kJ \cdot mol^{-1}$。若按自由基链反应，链增长第一步生成苯自由基吸热较多。因此，苯环上难以发生自由基取代反应。而甲苯的 α-氢解离能约为 $368kJ \cdot mol^{-1}$，比容易形成叔碳自由基的 C—H 解离能还低。因此，芳烃的侧链 α-位易发生自由基卤代反应。与烷烃卤代反应选择性相似，溴代比氯代选择性高，例如：

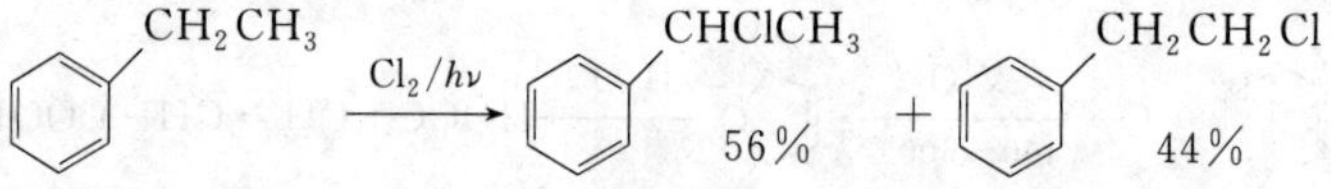

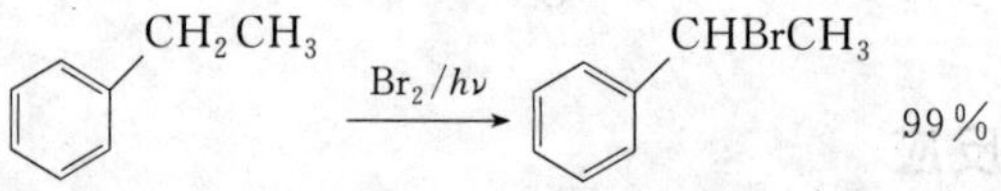

甲苯卤代反应容易生成一卤、二卤和三卤代甲苯的混合物。通过控制物料比、反应温度等反应条件，甲苯可得到一卤、二卤或三卤代甲苯为主的混合物：

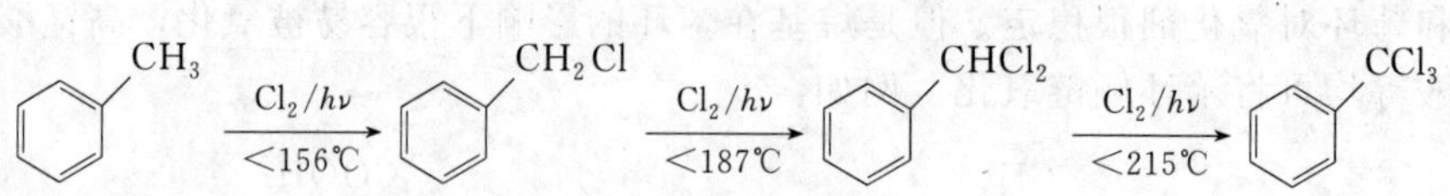

有两种 α-氢时，几乎没有选择性，两个均可被取代，例如：

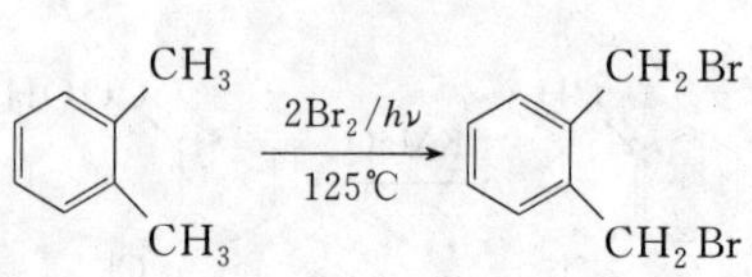

苯环侧链 α-氢溴代反应，常用 NBS 试剂，例如：

11. 4. 5　苯环上的亲电取代反应

苯环平面的上下平行重叠的 π 电子云结合较松弛，可作为电子源与缺电子的亲电试剂发生反应，类似于烯烃中 π 键的性质。但苯环中 π 电子云与烯烃不同，共轭形成的大 π 键使苯环具有特殊的稳定性，反应结果总是保持稳定的苯环结构。苯的结构特点决定了它的化学行为是容易发生亲电取代反应而不是仅仅发生加成反应，亲电取代是苯环上最重要的反应。亲电取代（electrophilic substitution）反应是指芳环上的氢原子被亲电试剂所取代的反应，一般在 Lewis 酸或质子酸催化下进行，是一种向芳环上引入官能团的重要方法。常见的亲电取代反应包括卤代、硝化、磺化、烷基化和酰基化反应等。这些亲电反应可用如下通式表示：

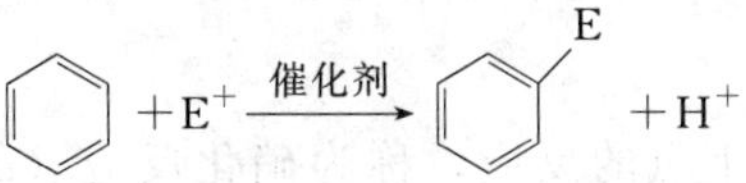

$$\text{苯} + E^+ \xrightarrow{\text{催化剂}} \text{苯-E} + H^+$$

亲电试剂 E^+ 与苯环反应的结果是亲电试剂取代了苯环上的氢。

11. 4. 5. 1　卤代反应

卤代反应（halogenation）是在铁粉作用下或直接在无水三卤化铁催化下进行。铁与 X_2 首先生成 FeX_3，起到催化作用，反应是放热的。如：

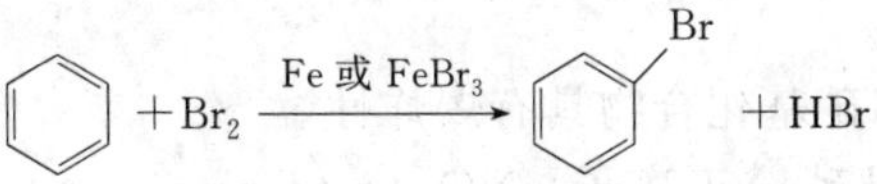

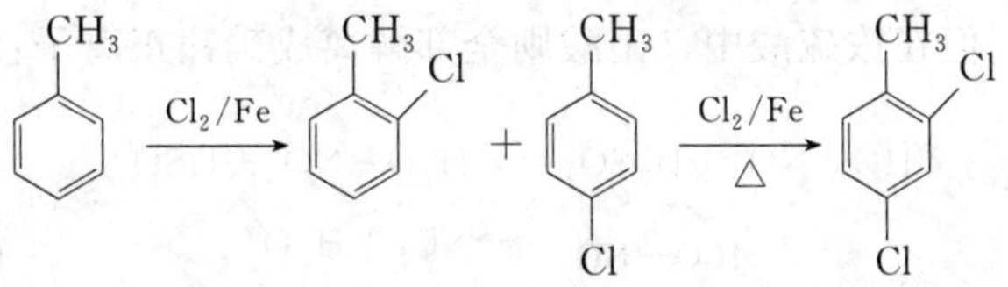

$$\text{苯} + Br_2 \xrightarrow{Fe \text{ 或 } FeBr_3} \text{溴苯} + HBr$$

碘代反应中，由于生成的 HI 是强还原剂，故需加入 HNO_3、HIO_3 等氧化剂，促使平衡向右移动。即使如此，反应进行得也很缓慢，收率较低，很少应用。因此，苯的卤代反应，主要是氯代和溴代。

卤代反应不是简单地由卤原子直接取代苯环上氢原子，是按"加成-消除"（addition-elimination）机理进行。以溴代为例，首先非极性溴分子在催化剂 $FeBr_3$ 作用下发生极化，提高其亲电性：

$$Br-Br + FeBr_3 \Longrightarrow \overset{\delta^+}{Br} \cdots \overset{\delta^-}{Br}-FeBr_3$$

带正电性的亲电试剂与苯环作用，形成 π-络合物，继而形成 σ-络合物：

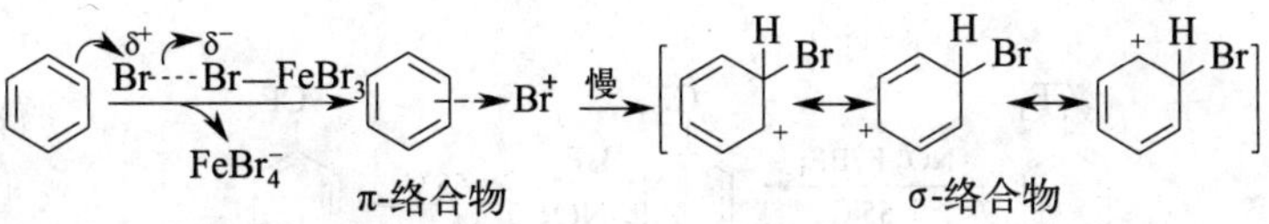

σ-络合物实质上是一个共轭的碳正离子，首尾相连的环状大 π 键被破坏，形成四电子五中心的 p-π 共轭体系，其稳定性远小于苯环。因此，形成 σ-络合物的过程，是一个吸收能量的慢过程，是决定整个反应速率的步骤。σ-络合物既可按逆反应失去 Br^+ 生成苯（逆反应）。也可以失去 H^+，生成产物溴苯，恢复稳定的环状大 π 键共轭体系：

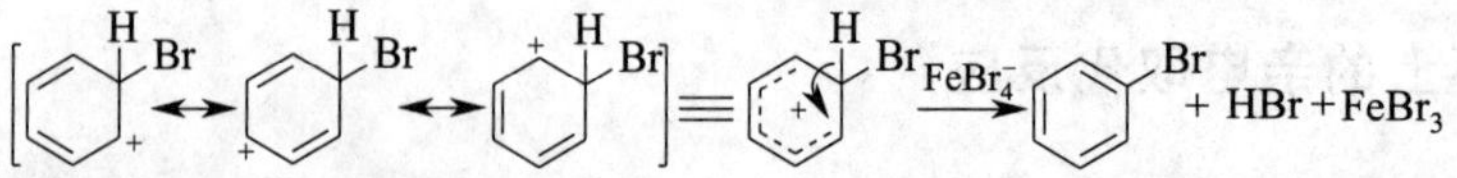

σ-络合物

σ-络合物的存在，是遵守"加成-消除"反应机理的有力证据，已由核磁共振技术测出溴正离子与六甲基苯形成的 σ-络合物，结构如下：

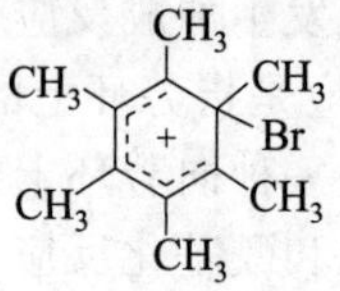

11.4.5.2　硝化反应

硝基（—NO_2）取代苯环上氢的反应，称为硝化反应（nitration）。常用试剂是浓硝酸和浓硫酸按比例组成的混合物，俗称混酸。升高温度可以提高硝化能力，得到多硝基化合物：

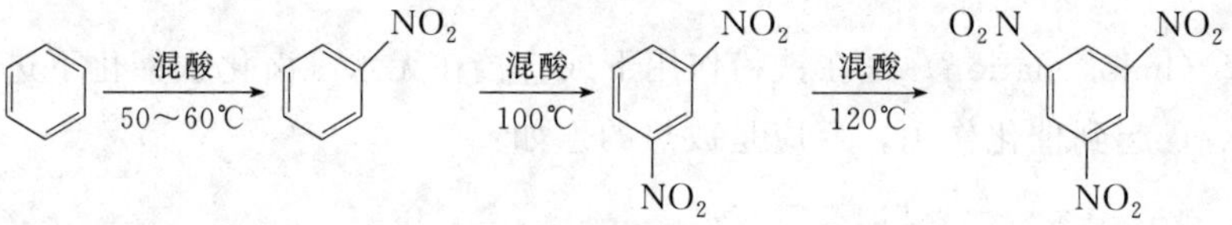

硝化是放热反应，且多硝基化合物具有爆炸性。

硝化反应的亲电试剂是硝鎓正离子 $^+NO_2$（nitronium ion）。在硝酸的电离平衡中，硝鎓正离子的浓度很小。但在浓硫酸中，硝酸则全部解离成硝鎓正离子：

$$HO-NO_2 + H_2SO_4 \Longrightarrow H_2\overset{+}{O}-NO_2 + HSO_4^-$$

$$H_2\overset{+}{O}-NO_2 \Longrightarrow \overset{+}{N}O_2 + H_2O$$

$$总反应: HNO_3 + H_2SO_4 \Longrightarrow \overset{+}{N}O_2 + H_2O + HSO_4^-$$

浓硫酸除催化产生 $^+NO_2$ 外，还起到吸收反应生成的水，以维持硝酸浓度的作用。混酸的 Raman 光谱与 $^+NO_2BF_4^-$ 等硝鎓盐很相似，在电解时，大量 $^+NO_2$ 向负极移动。这说明用混酸硝化，进攻苯环的亲电试剂是 $^+NO_2$，按照"加成-消除"机理进行的：

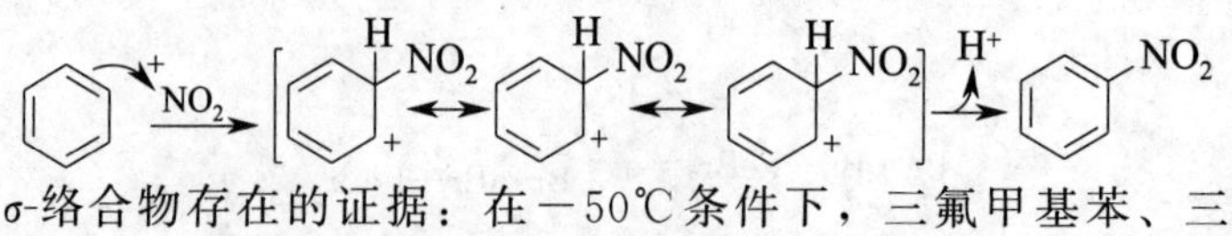

硝化反应的 σ-络合物存在的证据：在 $-50℃$ 条件下，三氟甲基苯、三氟化硼与氟化硝鎓的 1:1:1 络合物，已被分离并确定了结构。高于 $-55℃$ 时定量地转化成间硝基三氟甲苯：

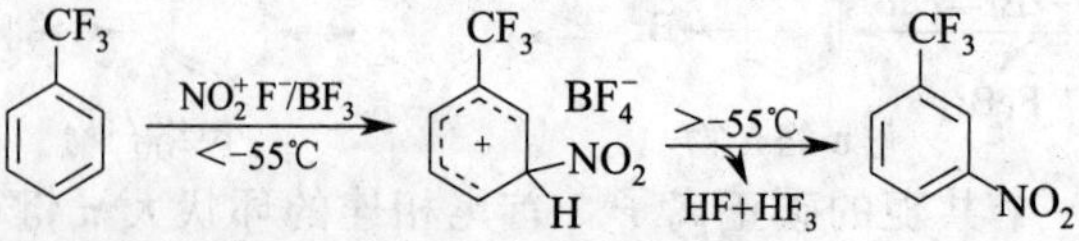

乙酸硝鎓 CH_3COONO_2 是一种比较缓和的硝化剂，它由乙酸酐（CH_3CO）$_2O$ 和硝酸反应制成。乙酸硝鎓氧化性较弱，选择性较高。

11.4.5.3 磺化反应

室温下，苯与浓硫酸不反应，升高温度或用发烟硫酸，苯可发生磺化反应（sulfonation），生成苯磺酸。继续提高反应温度，可以生成二元或三元磺化产物。

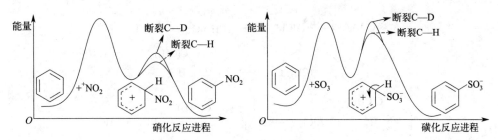

与硝化、溴代反应不同，磺化反应中的亲电试剂是极化度很高的中性分子三氧化硫。浓硫酸下苯磺化反应机理如下：

$$2H_2SO_4 \rightleftharpoons SO_3 + H_3O^+ + HSO_4^-$$

由于亲电试剂是中性分子，所以，磺化反应的 σ-络合物也是电中性的，它脱去 H^+ 比正电性的 σ-络合物困难。因此，磺化反应的第二步脱 H^+，仍需越过一较高的能垒。在相同条件下，氘代苯磺化速率为苯的 $1/2$，而硝化、溴代反应无此现象。这种由于同位素的差别，引起的反应速率上的差异，称为同位素效应。从亲电取代反应的 σ-络合物上脱去 H^+ 或 D^+，由于 C—D 比 C—H 强，所以，C—D 断裂需要的能量高一些，如图 11.3 所示。

图 11.3　硝化与磺化反应的能量变化比较

由图 11.3 看出，从磺化反应的 σ-络合物脱 H^+ 生成苯磺酸根需越过的能垒，与其逆反应失去 SO_3，生成苯所越过的能垒差别较小，即磺化反应实际是可逆的，脱 H^+ 一步是决定速率的步骤。由于断裂 C—D 能垒较断裂 C—H 高，氘代苯磺化的 σ-络合物脱去 D^+ 难，会更容易按逆反应失去 SO_3 生成氘代苯，所以，其正反应速率慢，体现出同位素效应。而硝化反应的 σ-络合物失去 H^+ 或 D^+ 所越过的能垒低，不是决定速率的步骤，即硝化反应实际是不可逆的，使 C—D 断裂和 C—H 断裂的差异，不足以影响整个反应速率，故体现不出同位素效应。

由于磺化反应的可逆性，提高硫酸浓度、移出反应中生成的水，有利于磺化。工业上制备苯磺酸的方法是将苯蒸气通入浓 H_2SO_4。未反应的蒸气可将产生的水带出，经分离后再重复使用。但是在较高温度下苯磺酸可与稀酸反应，又水解成芳烃。例如将过热水蒸气通入苯磺酸，可使它水解，生成的苯随水蒸气馏出。

磺化反应常用于分离和合成中。烷基苯磺酸钠是合成洗涤剂的主要成分，磺酸基的极性可增进有机物的水溶性。磺化可改进染料、药物等的性能。磺酸基还可以被烷基、氨基、硝基、氰基等取代。例如，苯磺酸钠的碱融法制备酚，是制备某些酚类的重要途径之一。利用磺化反应的可逆性，还可以暂时"封闭（blocking）"环上某位置。如甲苯直接氯化，得到邻位和对位氯代混合物。可先利用磺酸基的空间效应大易生成对位产物，然后再按下面合成较纯 2-氯甲苯：

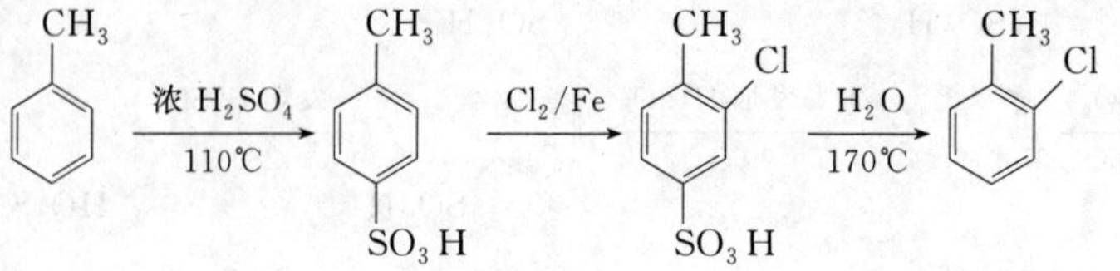

11.4.5.4 傅-克反应

C. Friedel（傅里德）和 J. M. Crafts（克拉夫茨）发现在无水 $AlCl_3$ 催化下，可由苯制备烷基苯、芳酮，称为 Friedel-Crafts 反应，简称傅-克反应或 F-C 反应。

（1）傅-克烷基化反应

在无水 $AlCl_3$ 等 Lewis 酸催化下，苯与烷基化试剂（比如卤代烷）作用生成烷基苯和卤化氢的反应，称为傅-克烷基化反应。例如：

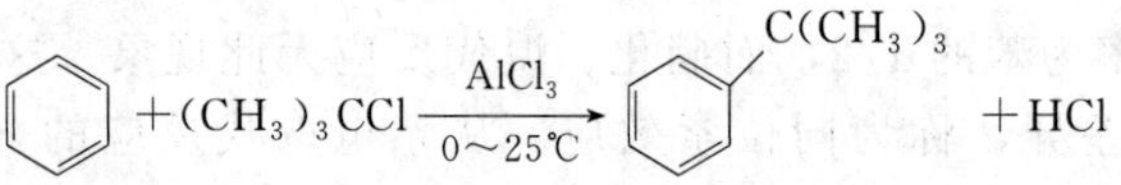

反应机理：

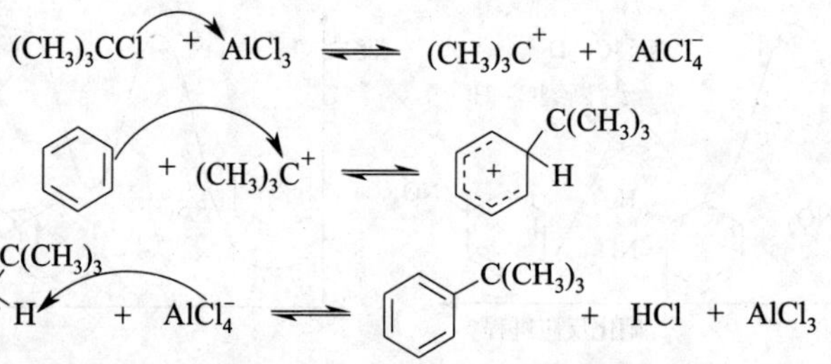

傅-克烷基化是制备苯同系物的一种方法。卤代烷为烷基化试剂时，常用催化剂及其催化活性顺序大致为：$AlCl_3 > FeCl_3 > SbCl_5 > SnCl_4 > BF_3 > TiCl_4 > ZnCl_2$，催化剂活性随烷基化试剂和反应条件的改变而发生变化。

烷基化试剂除了卤代烷外，还可以是烯烃或醇，例如：

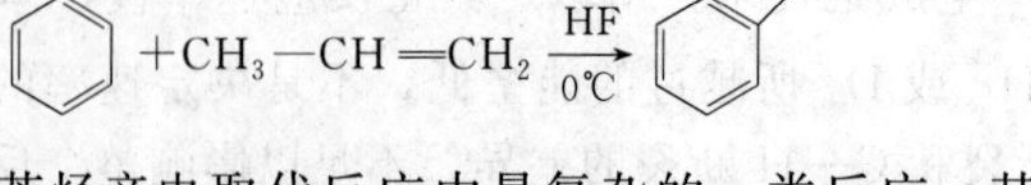

傅-克烷基化反应是芳烃亲电取代反应中最复杂的一类反应。其复杂性给反应机理的研究带来困难，主要问题如下。

① 容易生成多元烷基化产物。苯一元烷基化后，烷基与苯环相连体现出的 +I 效应和 σ-π 超共轭效应，使烷基苯比苯更容易发生亲电取代反应，生成二元甚至多元取代物：

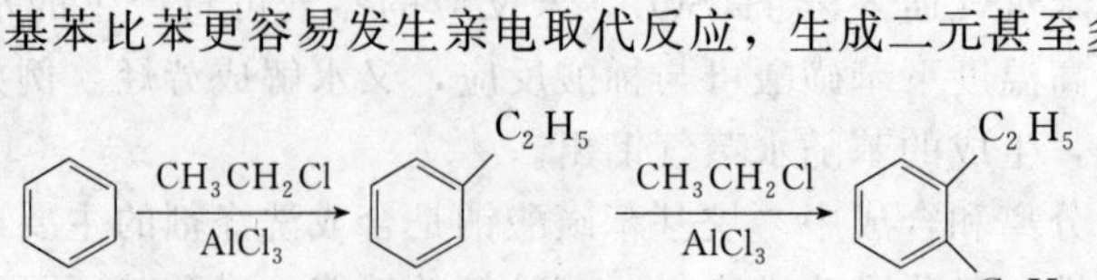

因此，在实际工艺中，要采取苯大大过量的办法，使反应主要停留在一元烷基苯阶段。

② 反应的可逆性和歧化（disproportionation）。傅-克烷基化反应的能量曲线与图 11.3 所示磺化反应相似，烷基苯在 AlCl$_3$ 催化下能脱去烷基，即傅-克烷基化反应是可逆的。此外，在高温及催化剂长时间作用下，两分子的一烷基苯可发生歧化反应，得到一分子脱去烷基的苯和一分子的二烷基苯。例如：

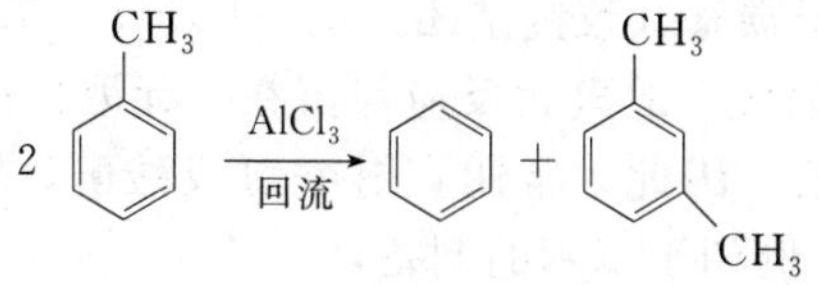

利用傅-克烷基化反应可逆性，二烷基苯与苯在催化剂作用下也可转化为两个一烷基苯：

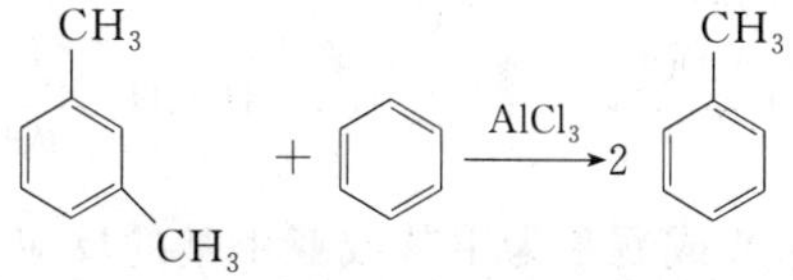

③ 烷基重排异构化。在傅-克烷基化反应中，亲电试剂可能是烷基正离子，也可能是极性的络合物。这两种机理，均已得到实验的支持。如果按典型的烷基正离子机理，则可发生分子重排。例如，在 AlCl$_3$ 催化下，苯与 1-氯-2,2-二甲基丙烷反应主要得重排产物：

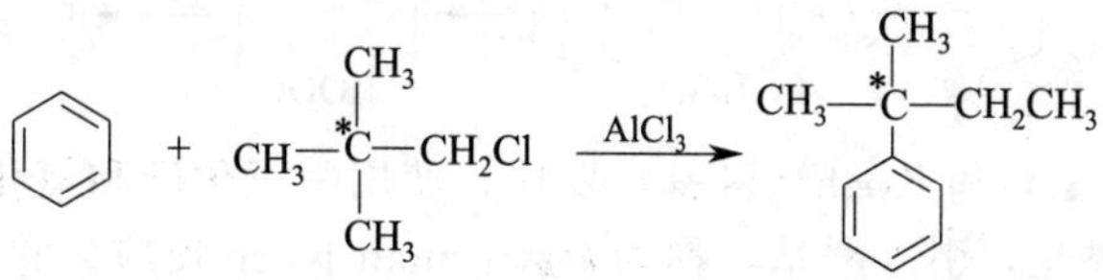

但在催化活性较弱的 FeCl$_3$ 催化下，主要得非重排产物。因此，可以认为此时亲电试剂是烷基卤与 FeCl$_3$ 形成的极性络合物。反应相当于苯环以 π 电子对卤代烷进行 S$_N$2 取代。

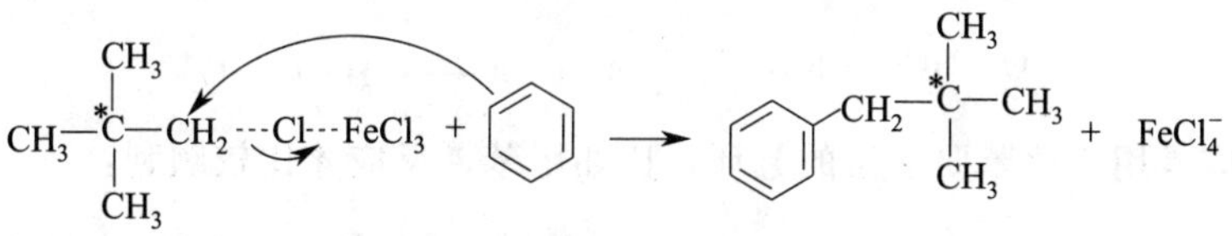

一般地，傅-克烷基化反应会发生不同程度的碳链重排，特别是在较高温度和使用催化活性较高 AlCl$_3$ 的条件下，不宜用来制备直链烷基取代苯。

（2）傅-克酰基化反应

在分子中引入酰基（RCO—）的反应称为酰基化。傅-克酰基化反应所用酰化剂是酰氯（RCOCl）或酸酐[(RCO)$_2$O]。采用酰氯作酰化剂，催化剂无水 AlCl$_3$ 与酰化剂的物质的量比应略大于 1：1。原因是产物酮与 AlCl$_3$ 形成络合物，使催化剂失去活性：

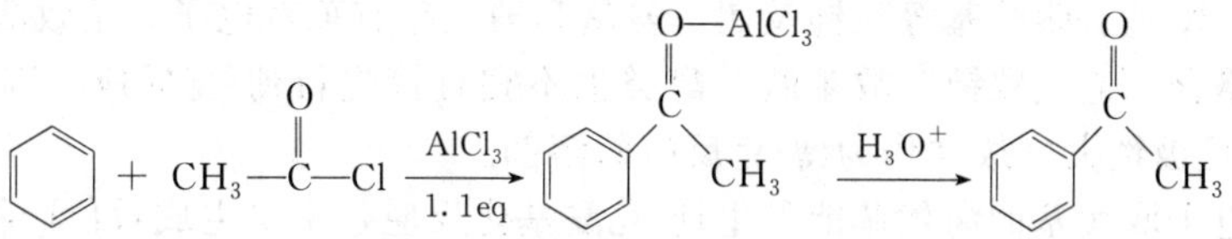

反应中第二步酸性下水解是破坏 AlCl$_3$ 与产物形成的络合物。酰基化的亲电试剂可能是酰氯在 AlCl$_3$ 作用下形成的酰基正离子（acylium ion），也可能是极性络合物：

酰基化反应与烷基化反应相比，有如下特点。

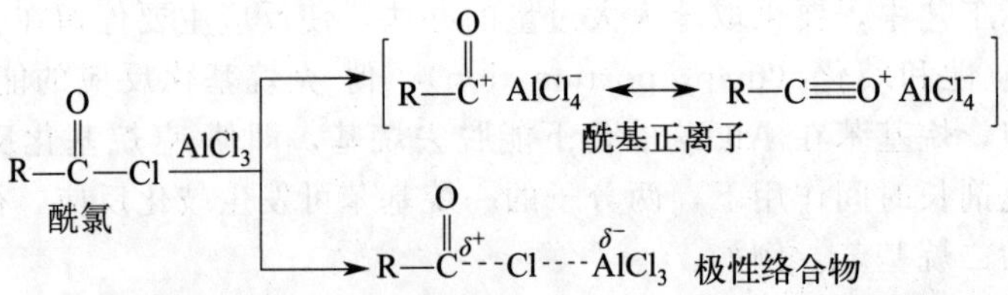

① 酰基引入苯环后，由于羰基（致钝基团）的—I效应，苯环钝化（电子云密度大大降低），不易再进一步发生亲电取代。故酰化反应停留在一元取代产物阶段。

② 不存在歧化和重排现象。因此，常用直链酰氯或酸酐，将苯酰基化后，再将羰基还原，来制备直链烷基取代苯。例如丁基苯的制备：

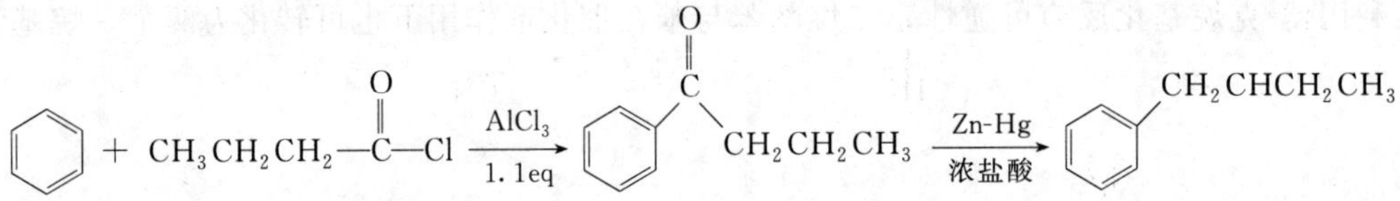

这种用锌-汞齐或锌粉还原醛或酮基为甲基或亚甲基的反应，称为Clemmensen（克莱门森）反应。

分子内的酰基化反应比较容易进行，羧酸即可酰基化，用 H_2SO_4 或多聚磷酸（polyphosphoric acid，缩写为PPA）作为催化剂，反应可顺利进行，例如：

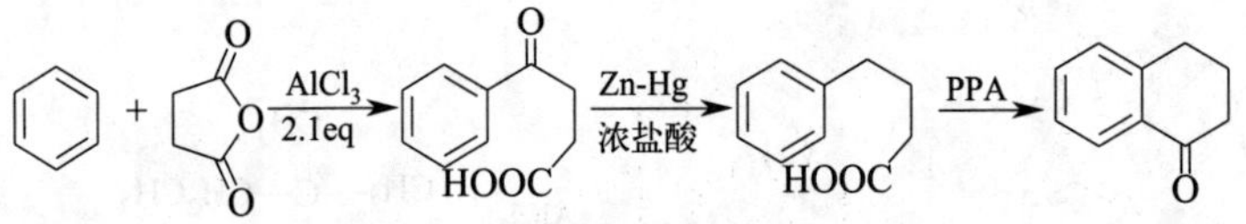

Gatterman（贾特曼）和Koch（科赫）发现，使用一氧化碳和氯化氢混合物，在Lewis酸催化下可使苯环甲酰化，引入醛基，称为Gatterman-Koch反应。它可看成是傅-克酰基化的特例。一般认为，Gatterman-Koch反应的亲电试剂是在 $AlCl_3$ 作用下产生的甲酰基正离子：

$$CO+HCl+AlCl_3 \longrightarrow \left[H-\overset{+}{C}{\equiv}O \longleftrightarrow H-\overset{+}{C}{=}O \right]$$

实际上反应常用于比苯要活泼的芳环，比如甲苯，反应才比较顺利：

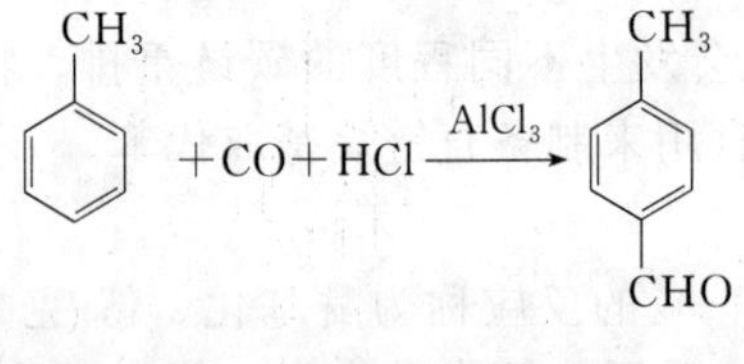

由于苯环上已有的基团对苯的亲电取代反应具有不同程度的致活或致钝作用。苯环上连有致钝作用的基团时，傅-克烷基化或酰基化反应都很难发生。因此，傅-克反应要求底物苯环上没有硝基、酰基、磺酸基等致钝基团。氨基和酚羟基有孤对电子，是致活基团，但能与催化剂 $AlCl_3$ 络合，造成致钝。故苯胺、酚类也不宜直接进行傅-克反应。因硝基苯不发生傅-克反应，而且极性大，故常作为傅-克反应的溶剂。

具有弱吸电子取代基的卤代苯能发生傅-克酰基化反应，主要生成对位产物：

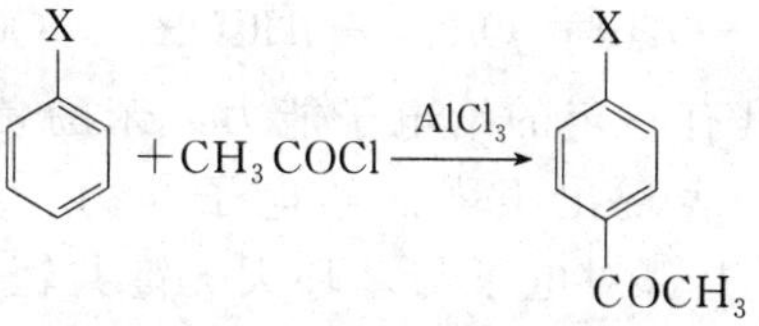

（3）氯甲基化反应

在无水氯化锌存在下，芳烃与甲醛和氯化氢反应，芳烃上的氢原子被氯甲基取代的反应称为 GL Blanc（布兰克）氯甲基化（chloromethylation）反应。除了氯化锌（常用）外，还可以用氯化铝、氯化锡、硫酸等催化剂，它们都具有增加 H^+ 浓度的作用。反应机理如下：

$$HCl + ZnCl_2 \rightleftharpoons H^+ + ZnCl_3^-$$

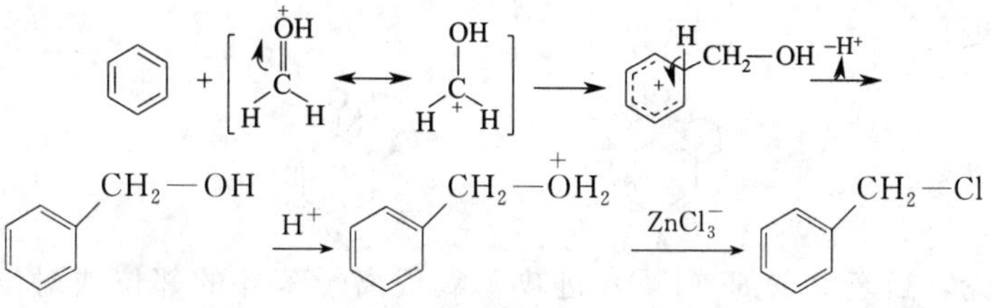

氯甲基化反应类似于傅-克反应，环上有强吸电子取代基时，产率很低甚至不反应。

11.5　取代苯亲电取代反应的定位规则

实验发现，苯环上的取代基，对新引入基团的位置和反应速率，有很大的影响。例如甲苯比苯容易进行亲电取代反应，而硝基苯亲电取代反应比苯难，且产物都是混合物：

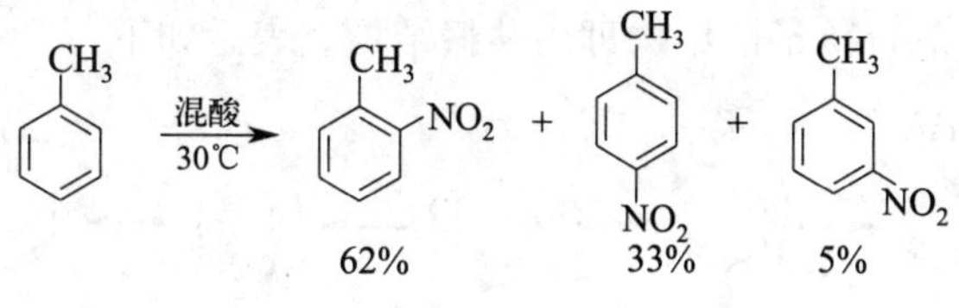

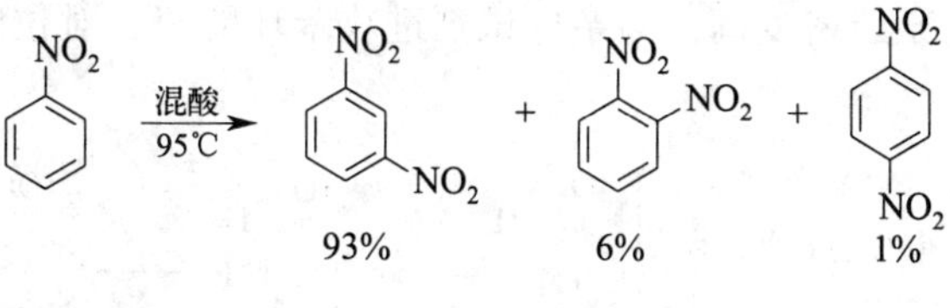

11.5.1　取代基的定位规则

根据发生在苯环上的亲电取代反应中的定位规则和取代基使苯环致活或致钝情况，将苯环上的取代基分为两类：一是邻、对位定位基（包括致活和弱致钝），二是间位定位基（致钝）。

11.5.1.1　邻、对位定位基（Ⅰ类定位基）

（1）致活的邻、对位定位基（I_a）

苯环上有一个致活基团时，在亲电取代反应中，使取代反应主要发生在原取代基的邻位和对位，而且反应速率比苯的反应速率快。常见致活基团及其致活能力次序大致如下：

—O$^-$、—NR$_2$、—NH$_2$、—OH、—OR、—NHCOR、—OCOR、—R、—Ph、—CH$_2$Cl

这些基团的共同特点是具有一定的给电子能力。苯酚负离子中的 O$^-$ 有负电荷，通过 p-π 共轭效应（＋C 效应）表现出很强的给电子能力。苯酚中，酚羟基虽不带负电荷，且具有—I 效应，但其氧上孤对电子与苯环大 π 键共轭（＋C 效应），使苯环电子云密度增加，而且＋C 效应大于—I 效应。烷基 sp^3 杂化碳与芳环 sp^2 杂化碳相连时，体现＋I 效应，且有 σ-π 超共轭效应。苯基虽为—I 基团，但与苯环相连后，作为共轭体系，具有＋C 效应，特别是亲电试剂进攻苯环所经历的中间体与苯环的共轭效应，能促进反应进行。

致活基团的给电子作用，使苯环电子云密度增高，特别是邻、对位的相对密度更高，有利于亲电试剂的进攻。例如：甲苯和苯氧负离子环上电子云极化正负相间，使取代基的邻、对位电子云密度更高。

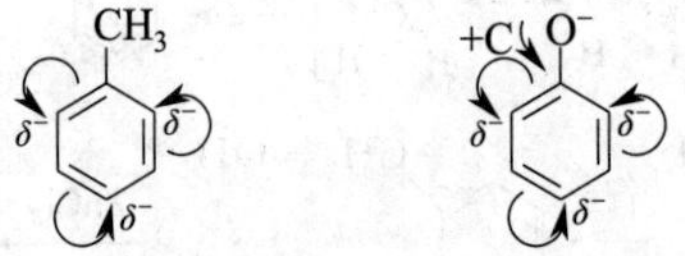

按过渡态理论，当亲电试剂（E$^+$）进攻苯氧负离子苯环的邻位或对位时，σ-络合物中电荷正负相间地分布于共轭体系，与氧负离子相连的碳所带的正电荷，得到分散而稳定。如果 E$^+$ 进攻间位，σ-络合物中氧负离子直接与电子云密度高的碳相连，造成负电荷集中而不稳定：

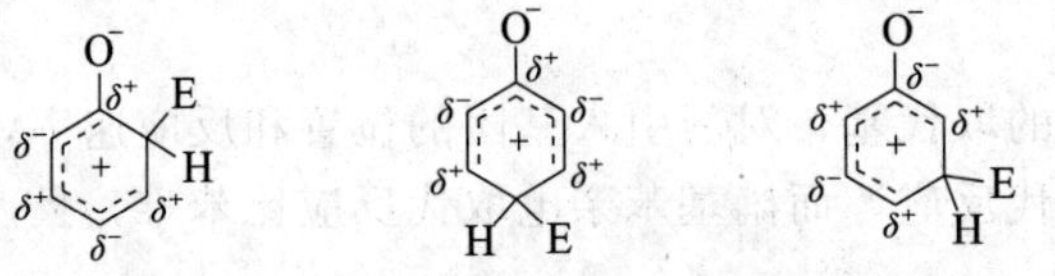

按共振论观点，苯氧负离子的结构可用共振结构式表示如下：

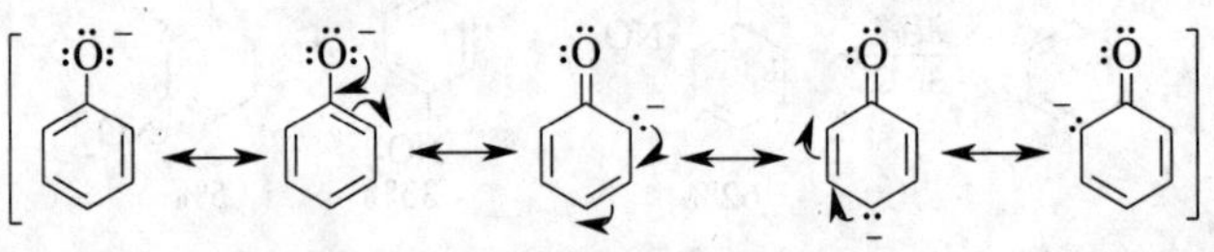

苯环上邻、对位电子云密度高。当亲电试剂进攻苯环的邻、对位时，σ-络合物的共轭结构可分别表示为：

邻位取代的σ-络合物：

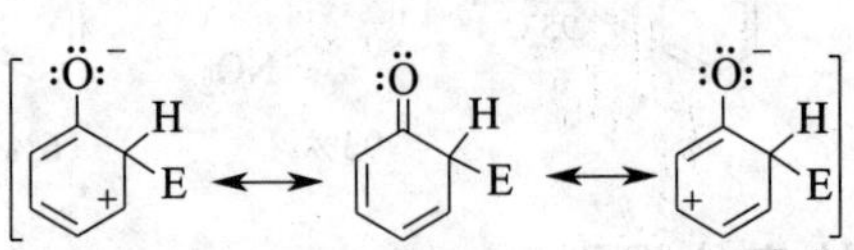

对位取代的σ-络合物：

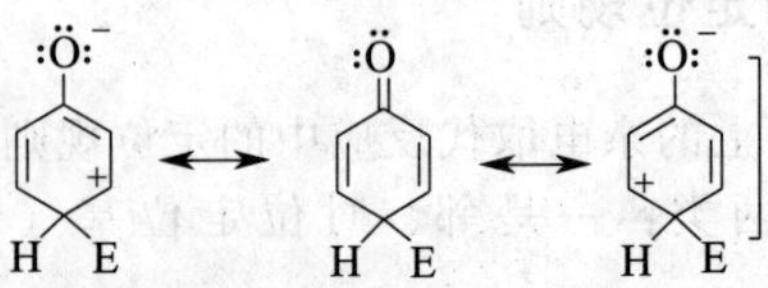

邻位或对位取代的三个正则式中，都有一个特别稳定的无电荷分离的保持羰基（C＝O）的正则式。而 E$^+$ 进攻间位时，σ-络合物共振结构为：

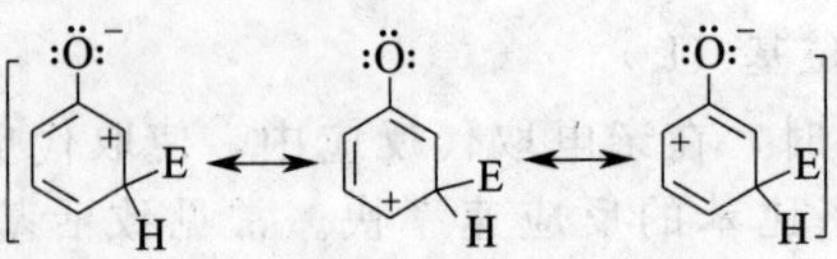

间位取代的三个正则式都是电荷分离的。故邻位和对位的 σ-络合物较稳定，容易形成。

可见，致活的邻、对位定位基的苯环，亲电取代反应比苯快，且主要发生在邻位和对位。

（2）致钝的邻、对位定位基（I_b）

卤原子是致钝的邻、对位定位基。实验证明，卤代苯的亲电取代反应比苯困难，但是取代基主要进入卤代苯的邻位和对位。例如：

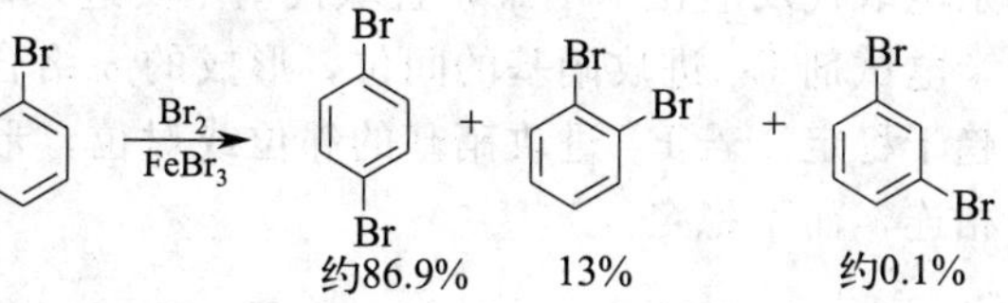

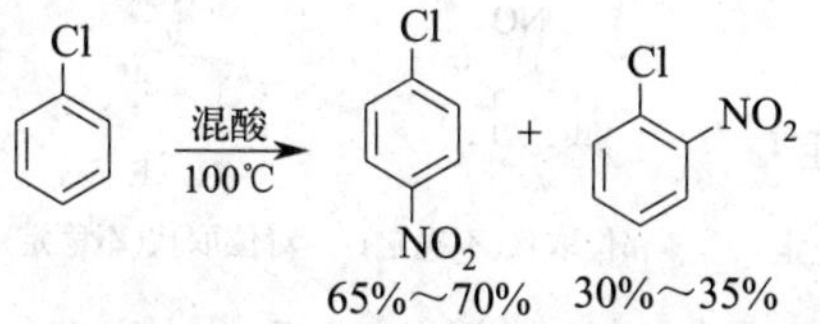

约86.9%　　13%　　约0.1%

65%～70%　30%～35%

对位取代产物比例高于邻位是由 Cl 或 Br 的空间效应所致。

卤原子连在苯环上，因卤素电负性比碳大造成 $-I$ 效应，导致苯环电子云密度降低，使卤苯亲电取代反应条件比苯要略剧烈些。而卤原子的孤对电子与苯环 p-π 共轭引起的 $+C$ 效应，使卤苯的邻、对位电子云密度仍是相对于间位高，故亲电取代主要发生在邻、对位。

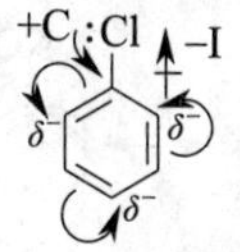

以上实例说明，按电子理论观点，在共轭体系中，由共轭效应造成的碳原子上电子云相对密度的高低决定着反应的定向。而由共轭效应和诱导效应共同决定的电子云绝对密度的高低决定着反应速率。

按照共振论的观点，亲电试剂 E^+ 进攻氯苯的邻位或对位时，σ-络合物的共振结构有 4 个正则式。而进攻间位时，共振结构只有 3 个正则式：

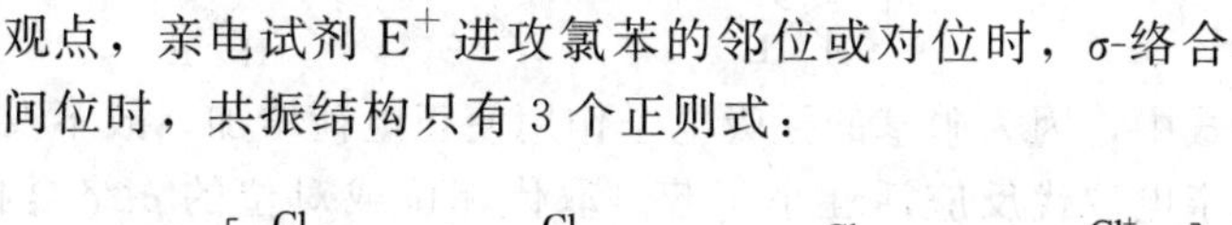

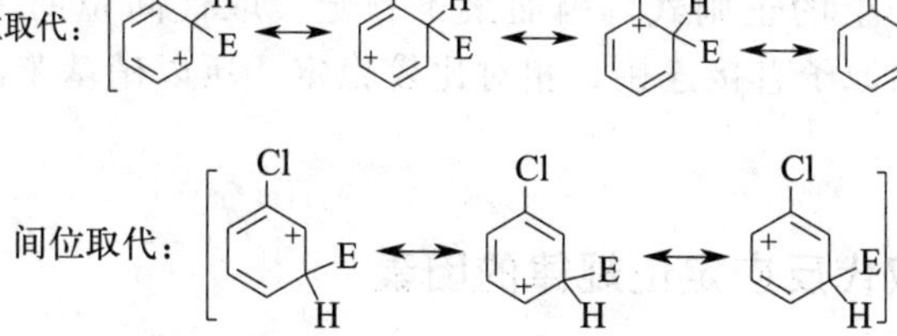

邻位取代：

间位取代：

亲电试剂进攻邻位或对位比进攻间位生成的中间体稳定，故按邻、对位取代为主。

11.5.1.2　间位定位基（Ⅱ类定位基）

苯环上有一个致钝基团时，亲电取代反应主要发生在原取代基的间位，而且反应速率比苯的慢。常见致钝基团的致钝能力及大致定位能力次序为：

$-NR_3^+$、$-NH_3^+$、$-NO_2$、$-CX_3$、$-CN$、$-CHO$、$-COR$、$-CO_2R$、$-CONH_2$、$-SO_3H$、$-CO_2H$

致钝基团都是具有较强的－I 和－C 效应的吸电子基团，使苯环上的电子云密度下降，特别是邻、对位电子云密度下降更多，硝基苯环上电子云分布为：

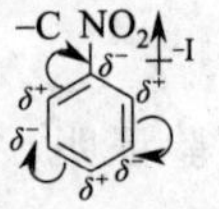

因此，硝基苯发生亲电取代反应比苯困难，且取代基主要进入硝基的间位。

过渡态理论认为，亲电试剂 E^+ 进攻硝基的间位，形成的 σ-络合物，相对带部分负电荷的碳与硝基直接相连，趋于稳定。若 E^+ 进攻硝基的邻位或对位，形成的 σ-络合物，硝基均是与带部分正电荷的碳相连，而不稳定：

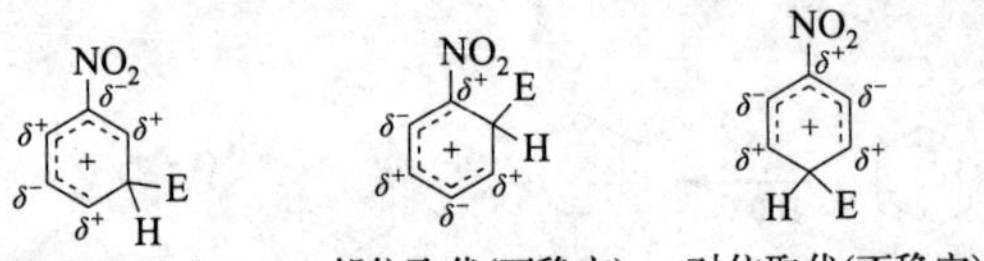

间位取代(稳定)　　邻位取代(不稳定)　　对位取代(不稳定)

共振论给出类似的结果，E^+ 攻击硝基苯间位和邻、对位时，σ-络合物的共振结构分别为：

间位取代：

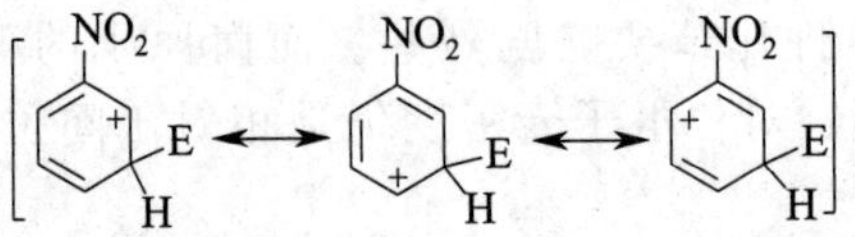

邻位取代：

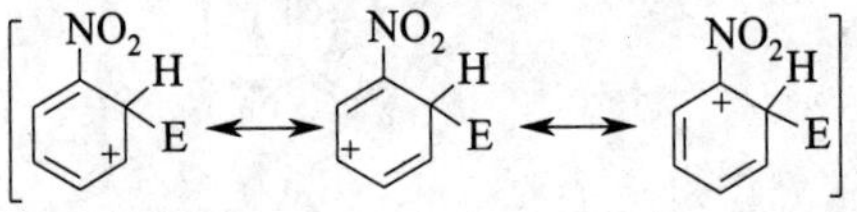

对位取代：

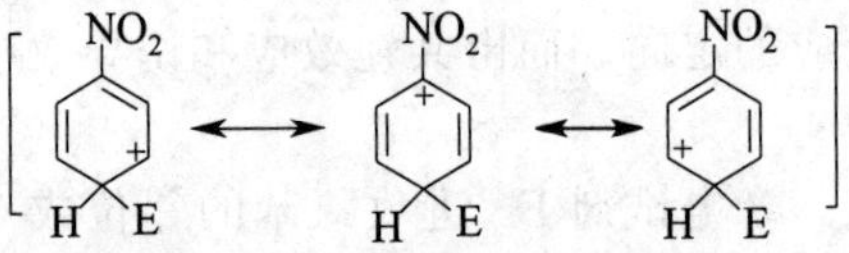

所有这些正则式中，因为硝基的强吸电子作用使正电荷增加，故不及苯的相应 σ-络合物稳定，因此硝基苯亲电取代反应活性小于苯。取代邻位或对位的 σ-络合物，均有—NO_2 直接连在带正电荷碳原子上的正则式，因而最不稳定。取代间位的 σ-络合物的正则式中—NO_2 不与带正电荷的碳原子直接连接，相对比较稳定。所以硝基苯的亲电取代主要发生在间位。

11.5.2 影响亲电取代反应定位规律的因素

11.5.2.1 空间效应

苯环上已有基团的空间效应对定位有影响。邻、对位定位基位阻较大时，一般使进攻基团主要进入对位。取代基体积愈大，对位产物比例愈高。例如：

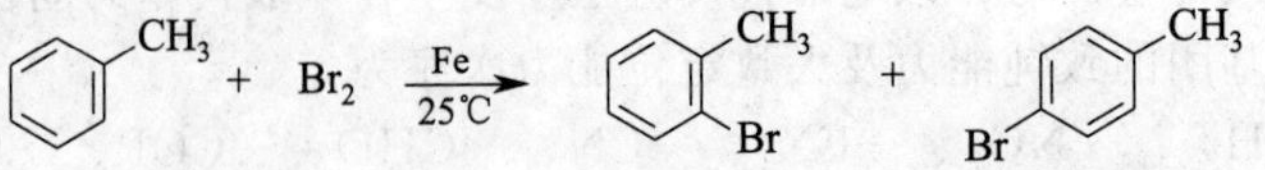

(占比35%)　　　(占比65%)

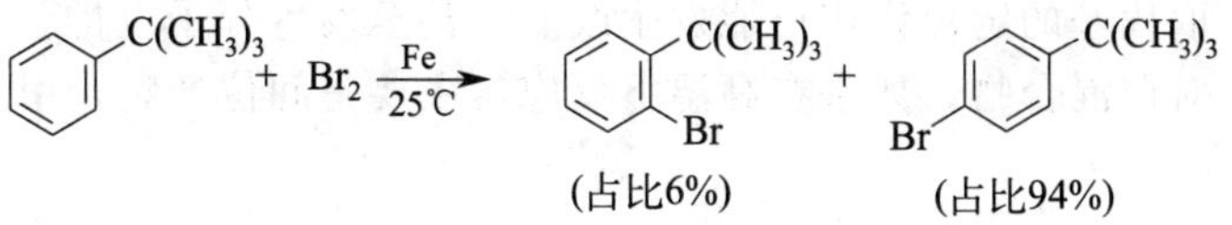

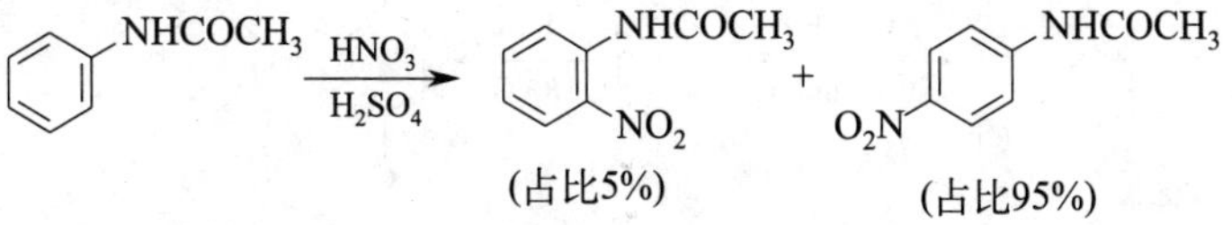

（占比6%）　　　（占比94%）

（占比5%）　　　（占比95%）

因为空间位阻，1,3-二取代苯，亲电取代反应很少发生在 2 位。例如：

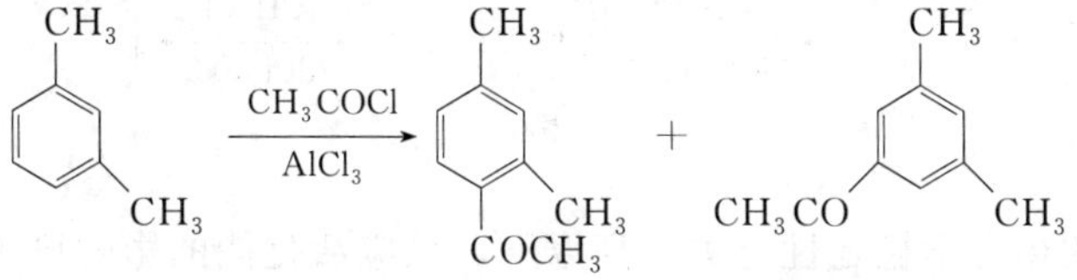

试剂的空间效应也有类似影响，例如，溴苯的卤代产物比例明显受试剂体积的影响：

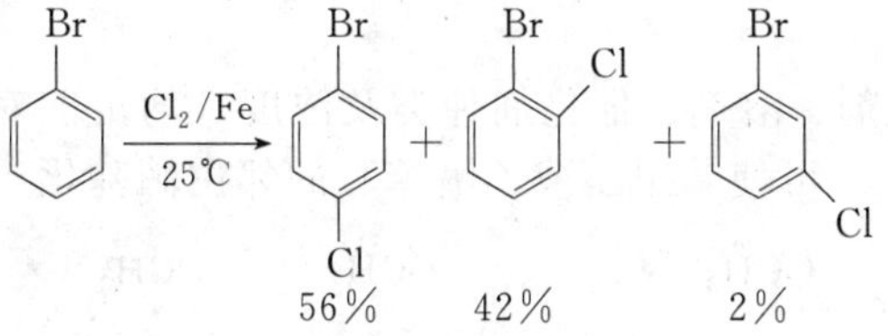

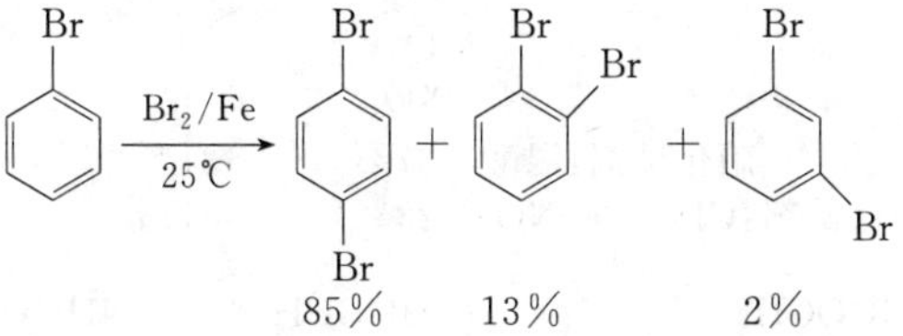

56%　　　42%　　　2%

85%　　　13%　　　2%

异丁烯与甲苯的傅-克烷基化反应主要生成对位产物和少量的间位产物：

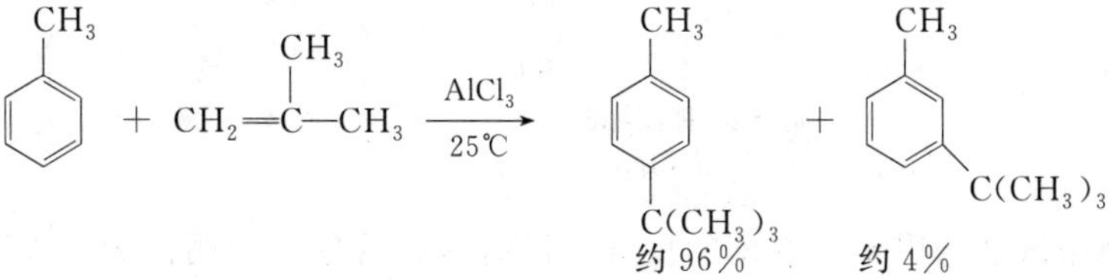

约 96%　　　约 4%

11.5.2.2　温度的影响

反应温度对亲电取代反应产物比例影响很大。例如：

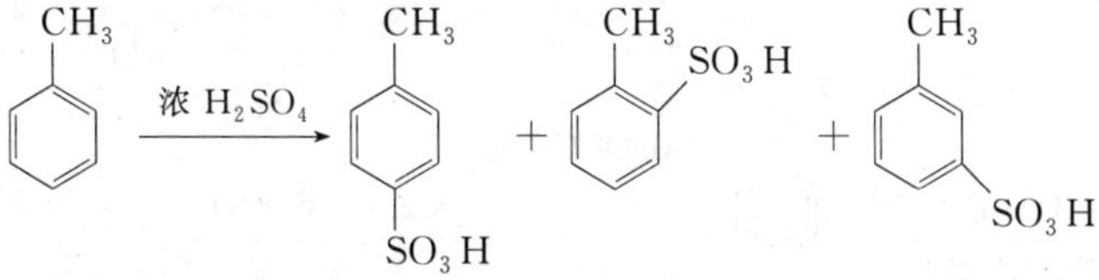

反应温度 0℃　　　43%　　　53%　　　4%
反应温度 100℃　　　79%　　　13%　　　8%

在较高温度，取代基的定位作用可能发生改变，甚至发生分子重排。氯代苯进行亲电取代反应主要得邻、对位混合物。如果在高温下反应，主要是间位产物，甲苯高温下也主要是间位取代产物：

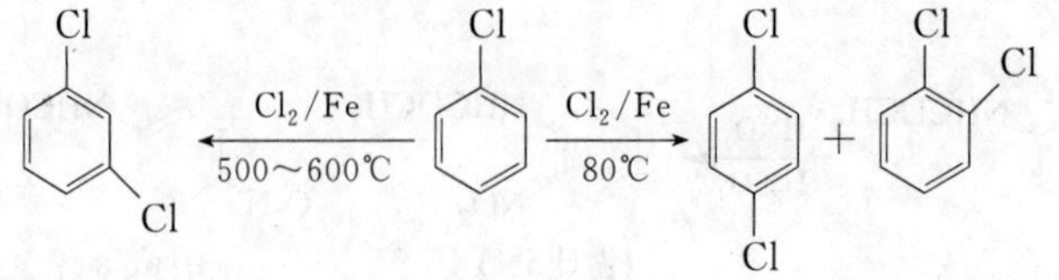

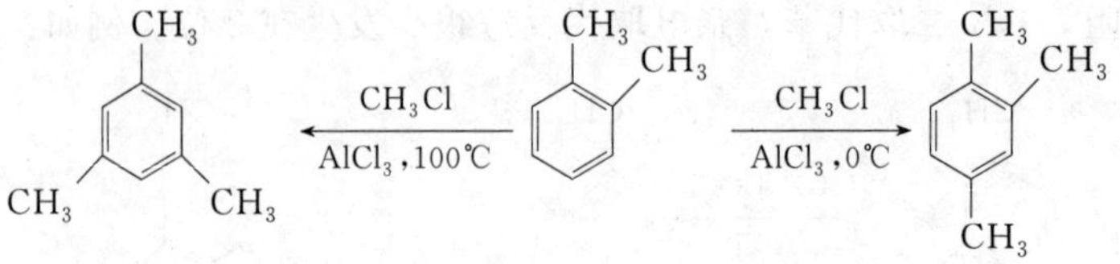

这主要与产物的热力学稳定性有关。高温下，反应活化能的影响已不明显，而由平衡控制决定着反应方向，主要生成稳定性较大的产物。

11.5.2.3 试剂的影响

亲电取代反应所用试剂、溶剂、催化剂种类及浓度，均可能对产物定位有影响。例如，乙酰硝鎓（CH_3COONO_2）可使苯甲醚或乙酰苯胺的邻位硝基化产物比例上升：

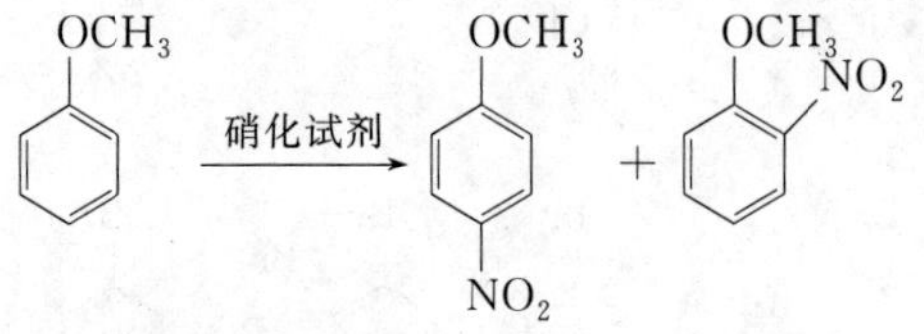

| | 硝化试剂：混酸 | 67% | 31% |
| | 硝化试剂：CH_3COONO_2 | 28% | 71% |

| | 硝化试剂：混酸 | 95% | 5% |
| | 硝化试剂：CH_3COONO_2 | 30% | 68% |

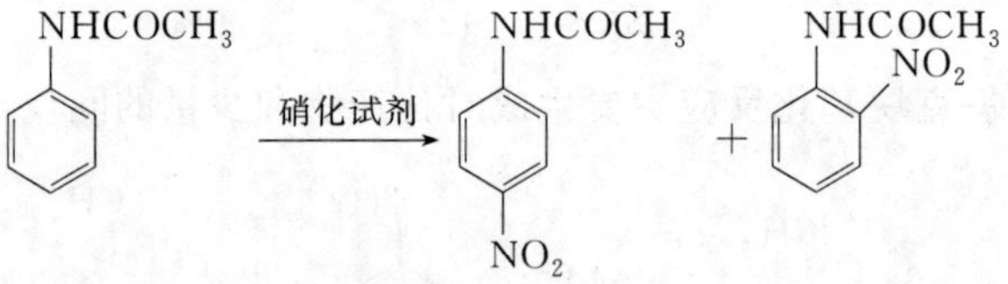

但是乙酰硝鎓试剂与甲苯、氯苯的反应，没有这种现象，说明试剂与苯甲醚反应时，可能先与含氧基团形成络合物，从而与邻位接近，使取代反应主要发生在邻位。

三氟乙酸铊（thallation trifluoroacetate，缩写 TTFA）的三氟乙酸溶液称为铊化试剂。当苯环上连有—COOH、—COOR、—CH_2CH_2OH、—CH_2OR 等基团时，铊化反应只发生在邻位。原因是铊能与这些含氧的基团络合，并同邻位的碳构成五元环或六元环过渡态。例如：

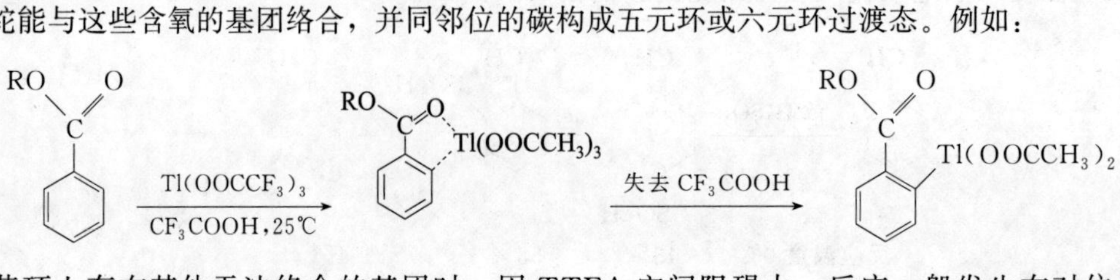

若环上存在其他无法络合的基团时，因 TTFA 空间阻碍大，反应一般发生在对位。如：

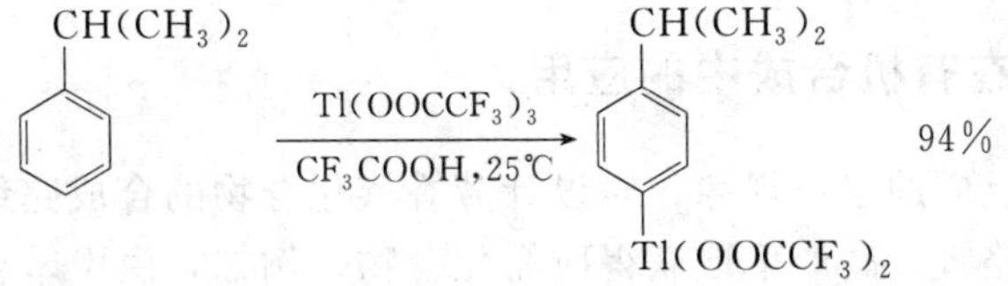

$$\text{（图）} \xrightarrow[\text{CF}_3\text{COOH,25℃}]{\text{Tl(OOCCF}_3)_3} \text{（图）} \quad 94\%$$

铊化反应是可逆的。在较高温度（73℃）下，主要生成较稳定的间位取代物：

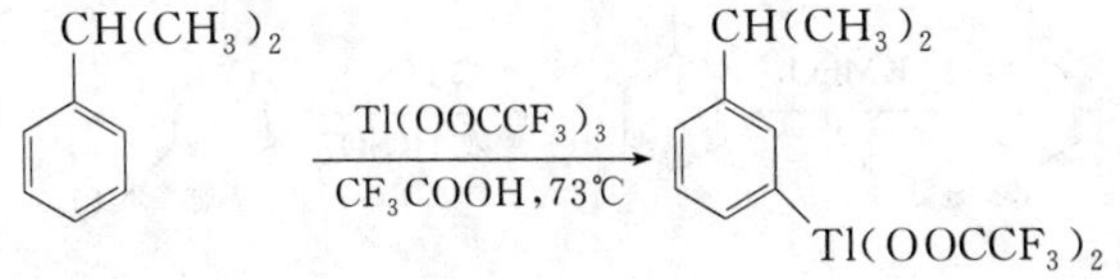

$$\text{（图）} \xrightarrow[\text{CF}_3\text{COOH,73℃}]{\text{Tl(OOCCF}_3)_3} \text{（图）}$$

铊化物的 C—Tl 很弱，键解离能为 $105 \sim 125 \text{kJ} \cdot \text{mol}^{-1}$，—$\text{Tl(OOCCF}_3)_2$ 基团很容易被其他原子（原子团），如—OH、—CN、—I 等亲核体取代。铊化反应可用来合成一些不易直接合成的化合物，例如：

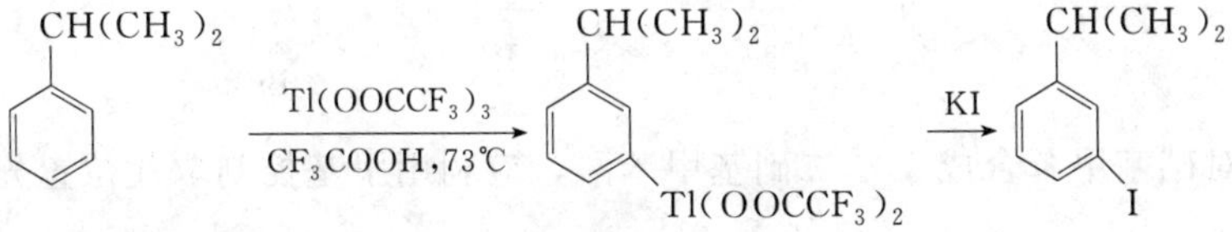

$$\text{（图）} \xrightarrow[\text{CF}_3\text{COOH,73℃}]{\text{Tl(OOCCF}_3)_3} \text{（图）} \xrightarrow{\text{KI}} \text{（图）}$$

铊化物有剧毒，在使用时应遵守相关规章制度。

11. 5. 3　二取代苯的定位规律

当苯环上具有两个或两个以上取代基时，环上电子云密度的分布状况，是多个取代基团的电子效应的综合结果。如果这些基团的定位作用不矛盾，亲电试剂进入它们共同决定的位置。例如，下列化合物进行硝化反应，硝基进入的位置及比例为：

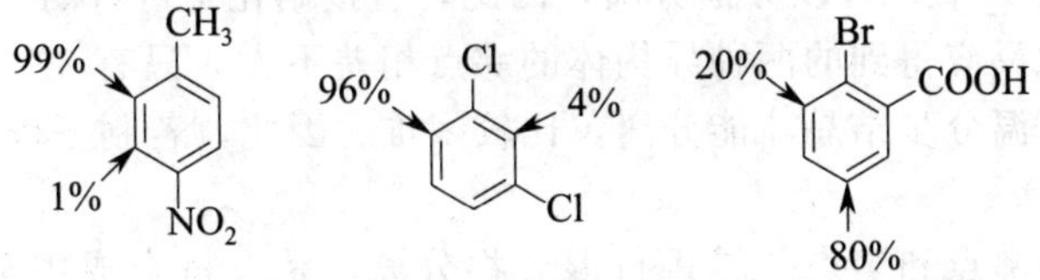

若苯环上两个取代基的定位规律不一致，新进入基团的位置由定位能力强的基团决定。环上基团分属不同类型定位基时，作用次序是：邻、对位致活定位基＞卤原子＞间位定位基。

同类基团竞争时，定位能力强的基团决定主要取代位置，例如：

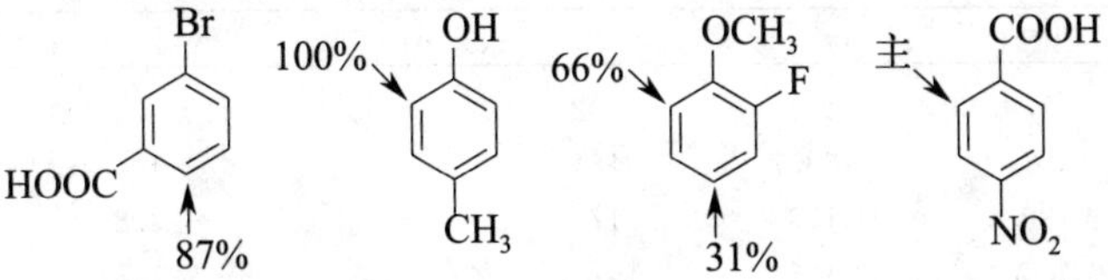

若两个基团的定位能力相差不大，产物往往很复杂。加上定位规律还受其他因素影响，故应注意综合分析和借鉴文献资料。

如果是两个烷基，虽然致活能量相当，烷基的空间位阻决定新基团的导入位置：

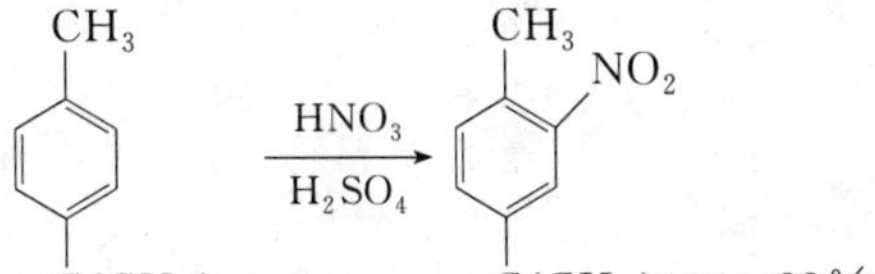

$$\text{（图）} \xrightarrow[\text{H}_2\text{SO}_4]{\text{HNO}_3} \text{（图）} \quad 88\%$$

11.5.4 定位规律在有机合成中的应用

苯环上亲电取代反应的定位规律，对设计芳香族化合物的合成路线极为重要。按照这些规律，可以设计最佳路线、高产率地获得所需化合物。例如，由甲苯合成间硝基苯甲酸：

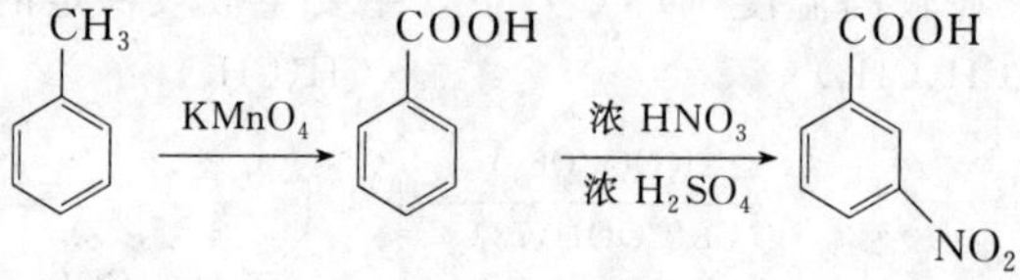

例如，由苯合成 1-溴-3-硝基苯，必先硝化再溴化，否则只能得到邻或对硝基溴苯：

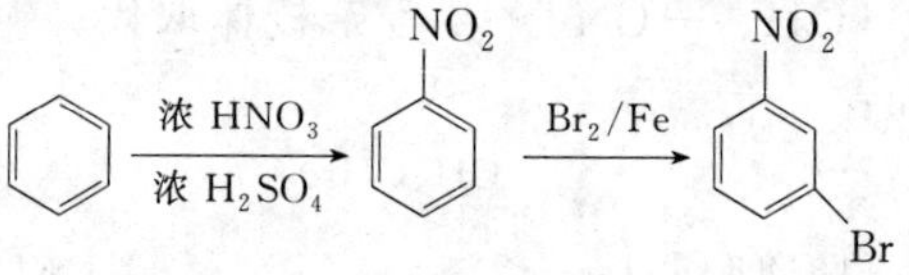

例如，由对硝基甲苯合成 3,4-二硝基甲苯酸，应利用甲基控制取代位置先硝化再氧化：

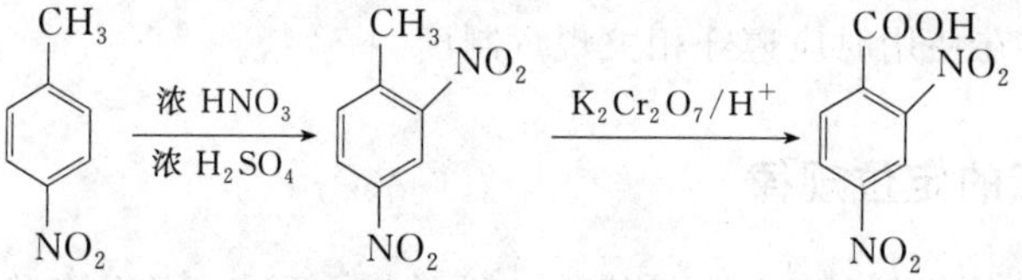

产物能否有效分离，也应在合成路线设计中充分考虑。对于许多带有邻、对位定位基的苯环来说，反应往往得到混合产物。例如由甲苯合成对硝基甲苯，必然有邻位异构体产生。但是它们的沸点相差 17℃，可以分馏分离，因此，直接硝化是可行的。

但是，甲苯氯化反应得到的两种异构体的沸点相差不大，只有 3℃，分馏分离困难。熔点又偏低，需采用低温分步结晶才能分离，比较困难。因此，若制备较纯的这类化合物，需采取其他间接路线。

利用有机化合物沸点和熔点差异进行混合物分离，是有机合成中常用的方法。表 11.3 列出了一些常见二取代苯的沸点和熔点数据，供设计合成路线时参考。

表 11.3　某些二取代苯的熔点和沸点数据

取代基	b. p. /℃			m. p. /℃			分离情况
	o-	m-	p-	o-	m-	p-	
CH_3,Cl	159	162	162	−35	−48	7.6	难
CH_3,Br	181.7	183.7	184	−27	−40	29	难
Cl,Cl	180.5	173	174	−15	−24.8	53	尚可
Cl,Br	203.4	196	192.7	−12	−21.5	67	可
Br,Br	224	218	219	7.1	−7	89	可
CH_3,NO_2	221.5	232	238.5	−9.5	15	51.7	可
Cl,NO_2	245.5	235.6	242	32.5	46	83.5	可
Br,NO_2	258	265	256	43	56	127	可
COOH,Cl	升华	升华	升华	142	158	243	可
COOH,Br	升华	280	升华	150	155	255	可
OH,Cl	176	214	217	33	43	111	可
OH,Br	195	236	238	5	33	64	可

11.6　卤苯

根据卤原子在分子中的位置，含有苯基的卤代烷可分为三类，其化学活性顺序为：

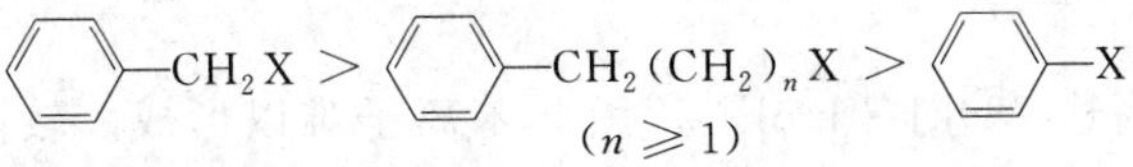

其中苄基卤的活性相当于烯丙基型卤化物。其他侧链卤化物相当于卤代烷。卤苯相当于乙烯型卤化物。本节主要讨论卤苯。

11.6.1　与金属的反应

11.6.1.1　Würtz-Fittig 反应

卤苯和卤代烷在金属钠的作用下，发生偶联反应生成烷基苯的反应，称为 Würtz-Fittig 反应。例如：

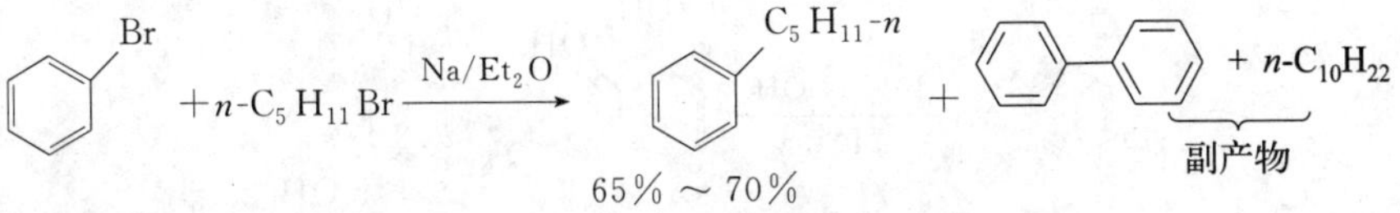

由于苯负离子比烷基负离子稳定，容易生成，故在 Na 作用下，卤苯先形成苯基钠（PhNa），作为亲核试剂与卤代烷发生 S_N2 反应。因此，在 3 种可能的产物中，以烷基苯的比例最高。而且，各产物的物理性质相差较大，容易分离。

11.6.1.2　与金属镁的反应

卤苯中碳-卤键 C—X 反应活性次序为 C—I>C—Br>C—Cl>C—F，它们形成格氏试剂的条件也不相同。溴苯与金属镁可在无水乙醚中形成格氏试剂。而氯苯与金属镁则必须在四氢呋喃中回流才行。在有机合成中，利用这种差异，可以实现选择性反应：

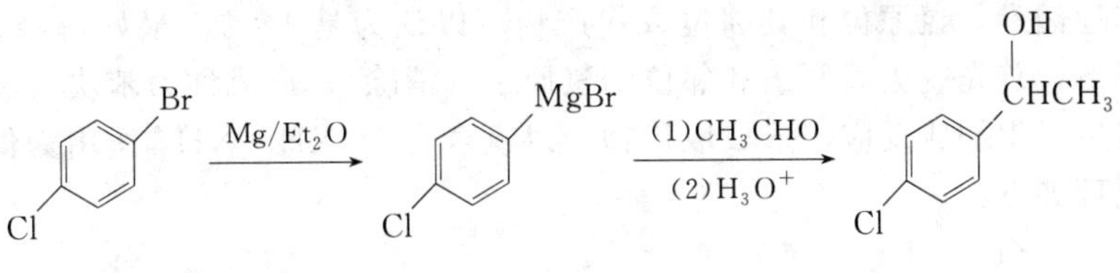

苯基卤化镁（PhMgX）十分活泼。

11.6.1.3　与金属锂的反应

卤苯与金属锂在乙醚中可顺利反应，生成苯基锂。

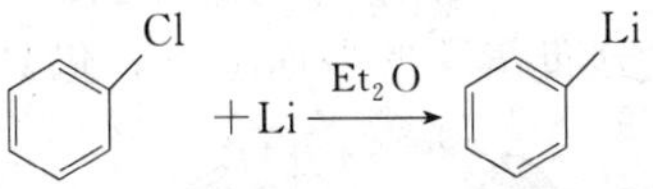

溴苯与烷基锂进行金属交换生成苯基锂。这一反应也说明苯负离子比烷基负离子稳定。例如：

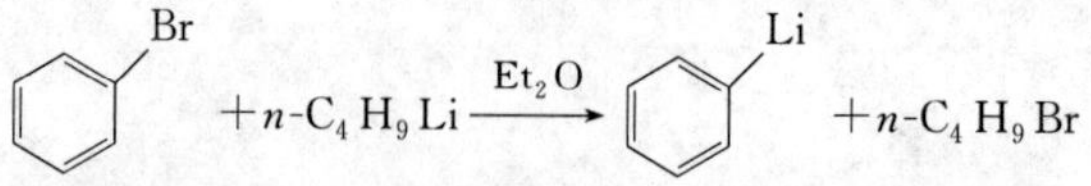

$$\text{(structure)} + n\text{-}C_4H_9Li \xrightarrow{\text{Et}_2\text{O}} \text{(structure)} + n\text{-}C_4H_9Br$$

11.6.2 卤苯的取代反应

氯苯气相电离能高达 $789\text{kJ}\cdot\text{mol}^{-1}$，因此苯离子难以形成。较高电子云密度的苯环，阻碍亲核试剂的进攻，使苯的取代反应不能按卤代烷的 S_N1 或 S_N2 机理进行。

11.6.2.1 "消除-加成"反应机理

氯苯很难水解，只有在高温、高压及催化剂催化下才能水解成苯酚：

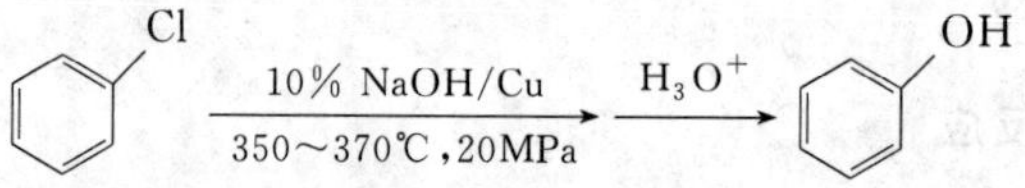

$$\text{(C}_6\text{H}_5\text{Cl)} \xrightarrow[350\sim370℃,20\text{MPa}]{10\% \text{ NaOH/Cu}} \xrightarrow{\text{H}_3\text{O}^+} \text{(C}_6\text{H}_5\text{OH)}$$

该反应没有合成价值。邻溴甲苯在类似条件下水解，生成邻甲苯酚和间甲苯酚的混合物：

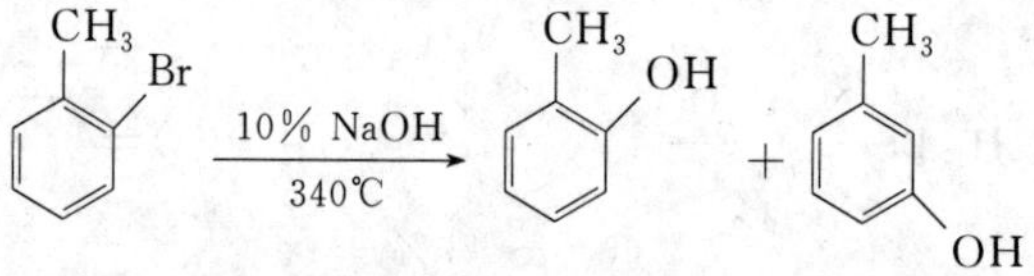

$$\text{(structure)} \xrightarrow[340℃]{10\% \text{ NaOH}} \text{(邻甲苯酚)} + \text{(间甲苯酚)}$$

许多事实和氯苯水解的同位素实验，以及在低温下卤苯与强碱 $NaNH_2$ 的反应均说明，取代还发生在原卤原子的邻位。例如，氯苯同位素跟踪实验结果：

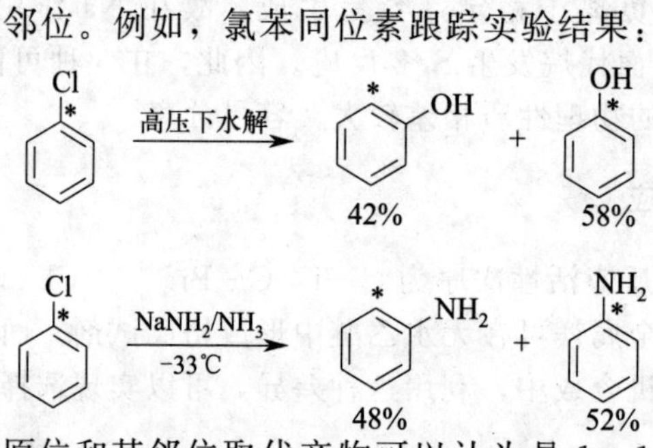

$$\text{(structure)} \xrightarrow{\text{高压下水解}} \underset{42\%}{\text{(*OH)}} + \underset{58\%}{\text{(OH*)}}$$

$$\text{(structure)} \xrightarrow[-33℃]{\text{NaNH}_2/\text{NH}_3} \underset{48\%}{\text{(*NH}_2\text{)}} + \underset{52\%}{\text{(NH}_2\text{)}}$$

不考虑其他因素，氯原位和其邻位取代产物可以认为是 1∶1。最好解释是：卤苯在强碱或高温作用下，首先脱去卤原子和邻位的氢原子（消除），形成称为苯炔（benzyne）的活性中间体，然后发生加成反应，形成取代物。以氯苯与 $NaNH_2/NH_3$ 作用为例，其"消除-加成"反应机理如下：

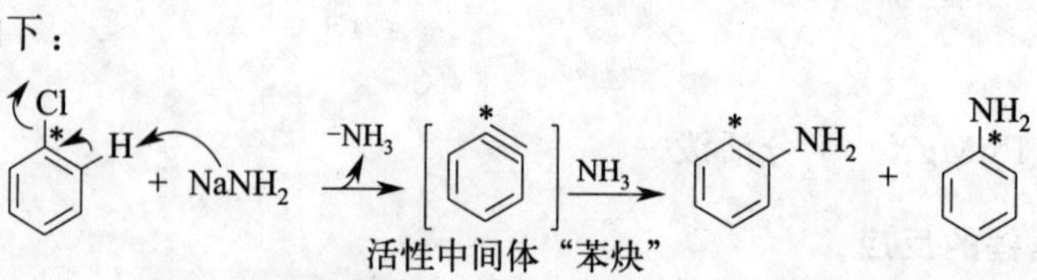

$$\text{(structure)} + \text{NaNH}_2 \xrightarrow{-\text{NH}_3} \underset{\text{活性中间体"苯炔"}}{\text{[}\text{(benzyne)}\text{]}} \xrightarrow{\text{NH}_3} \text{(*NH}_2\text{)} + \text{(NH}_2\text{*)}$$

苯炔的结构如图 11.4 所示。增加的"π 键"实际上是两个相邻碳的 sp^2 杂化轨道侧面交盖形成。由于轨道不平行，重叠程度很小，非常不稳定，因此苯炔的内能很高，反应性很强。原苯环上离域 π 电子云仍然分布在环形平面上下，仍具有芳香性。

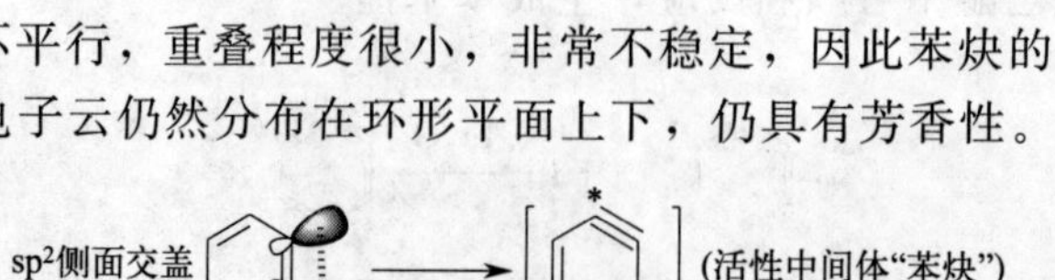

$$\text{sp}^2\text{侧面交盖 (structure)} \longrightarrow \text{[}\text{(structure)}\text{] (活性中间体"苯炔")}$$

图 11.4 苯炔的结构

约在 8K 低温条件下能离析得到苯炔，并能观察到其红外光谱特征吸收。用狄尔斯－阿尔德反应加入双烯活性剂捕捉的方法，也间接地说明了苯炔的存在。例如，在产生苯炔的体系中加入 1,3-环己二烯试剂，可得到双烯合成产物：

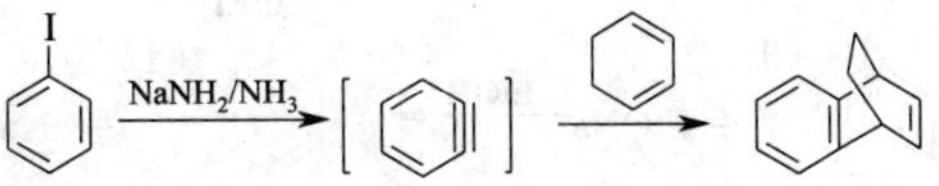

利用苯炔活性中间体，即"消除-加成"机理可以解释下面的反应：

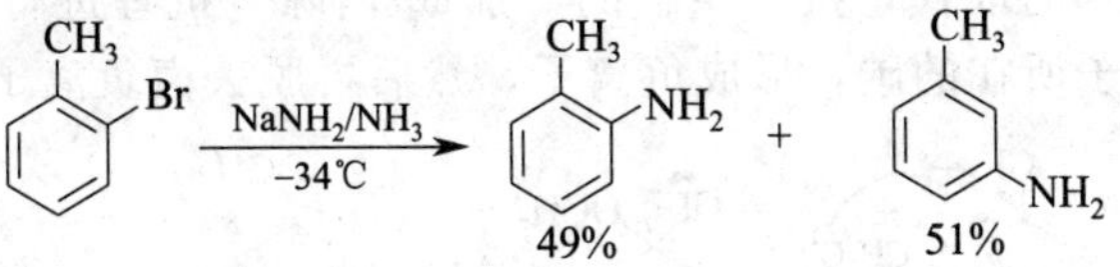

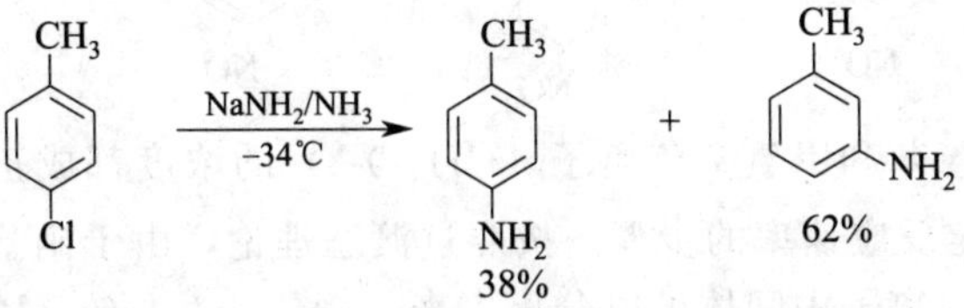

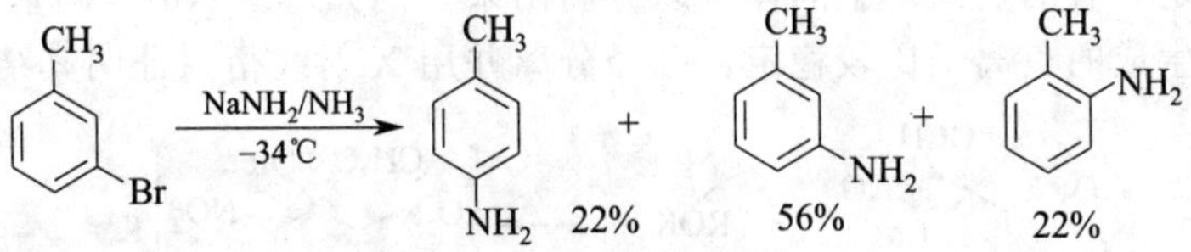

但当卤原子的邻位都有取代基时，反应不发生：

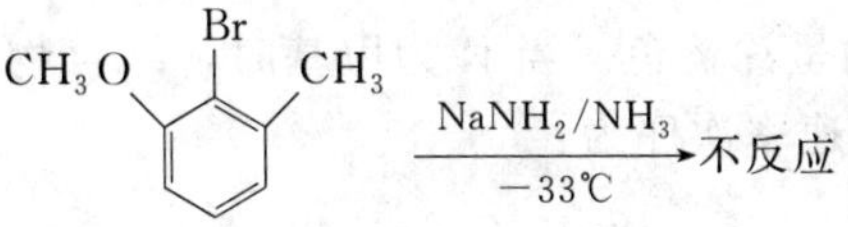

11.6.2.2 "加成-消除"反应机理

当卤苯的邻位或对位有硝基等强吸电子基时，卤原子较易被亲核试剂取代。硝基数目越多，反应越易进行。例如：

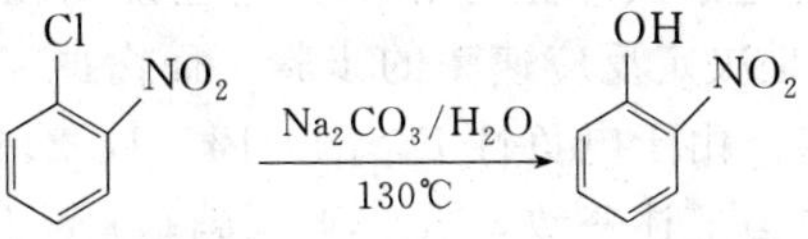

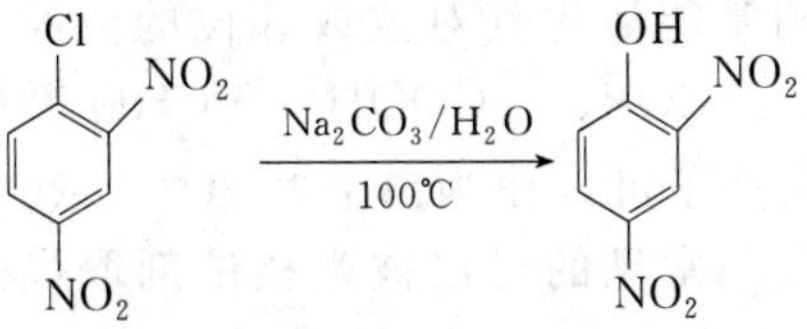

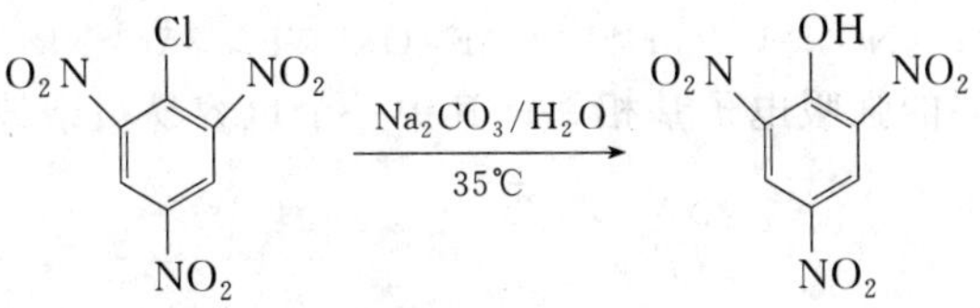

显然，邻、对位的硝基对卤原子被亲核试剂取代起着活化作用。原因是硝基具有很强的 $-I$ 和 $-C$ 效应，使其邻、对位碳上电子云密度大为降低，有利于亲核试剂进攻。硝基处于间位时则不发生反应。例如：

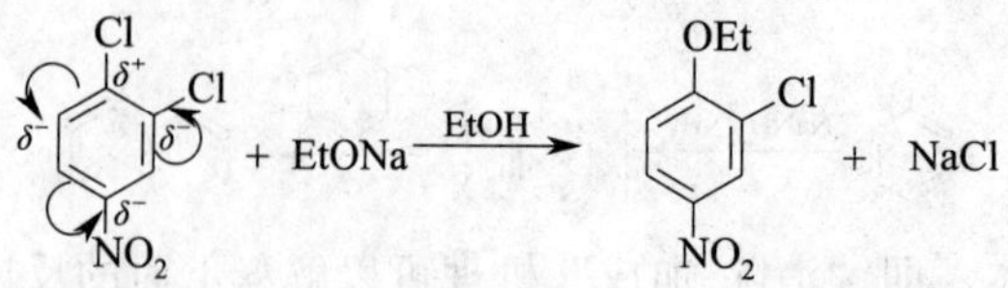

研究表明，对硝基氯苯的取代，按照亲核的"加成-消除"机理进行。亲核试剂首先进攻电子云密度较低的卤原子所在的碳，形成负离子，然后再脱去卤负离子形成苯环：

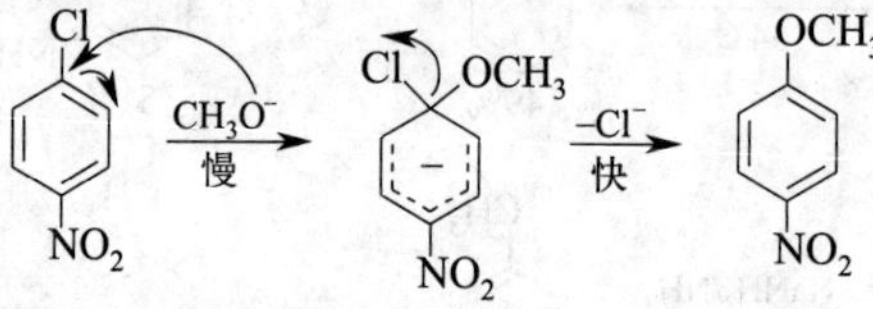

其反应速率与对硝基氯苯和甲氧基负离子（CH_3O^-）的浓度都成正比，说明对硝基氯苯和 CH_3O^- 都参与了决定反应速率的步骤。按照过渡态理论，由于硝基吸电子效应，反应中间体负离子稳定，有的负离子中间体可以分离出来。例如，2，4，6-三硝基苯甲醚与乙醇钾或者甲醇钾反应生成的负离子比较稳定，已经分离并用 X 射线衍射证明其结构：

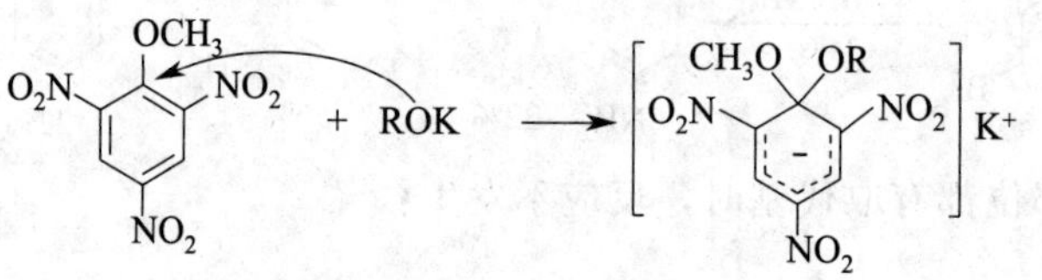

当 R 为乙基时，络合物呈深蓝色。当 R 为甲基时，络合物为红色。2，4-二硝基卤苯在相同条件下的亲核取代反应速率次序为：

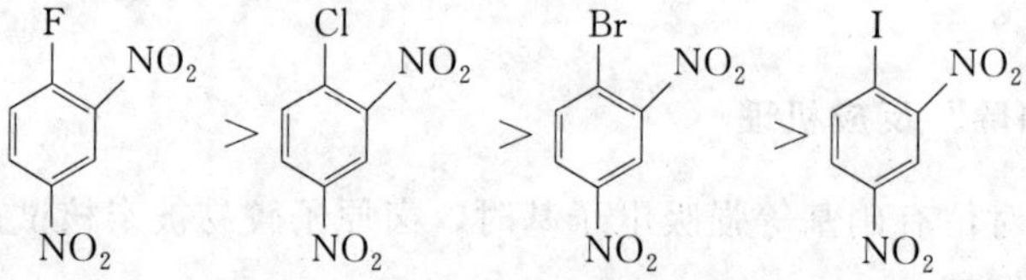

与卤代烷的亲核取代反应速率次序正好相反。这也说明在 2,4-二硝基卤苯的亲核取代反应过程中，C—X 的断裂不是决定反应速率的步骤。而卤原子的电负性对反应活性中间体或过渡态的稳定有很大的影响。由于电负性 F＞Cl＞Br＞I，2,4-二硝基卤苯起亲核取代反应时负离子中间体的稳定性次序与上述一致，故 2,4-二硝基氟苯反应最快。

苯环上的吸电子基除了硝基能活化其对位或邻位的卤原子外，其他的吸电子基，比如 $-SO_3H$、$-CN$、$^+-NR_3$、$-COR$、$-COOH$、$-CHO$ 等吸电子基都能促进亲核取代反应的进行。另外，除了卤负离子可以作为离去基团外，RO^-、NO_2^-、RSO_3^- 等也可以作为离去基团被亲核试剂取代。常见的可以被亲核试剂取代的基团及其反应的活泼性顺序大致为：

$$F＞NO_2＞Cl＞Br＞I＞OAr＞OR＞SR＞SAr＞NR_2$$

即使两个相同或不同的强吸电子基相邻，其中一个也容易被亲核试剂取代，例如：

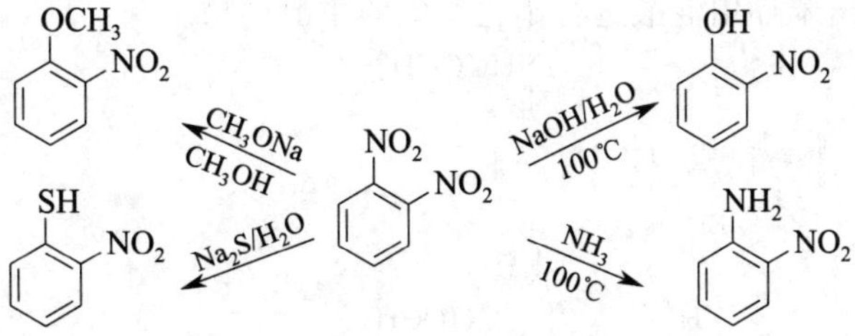

习题

11.1　命名下列化合物。

(1) 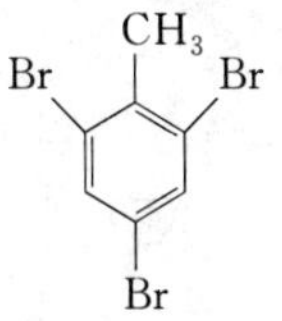　(2) 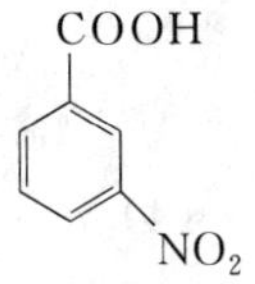　(3) 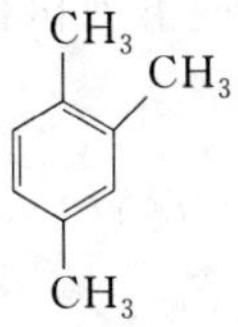　(4) 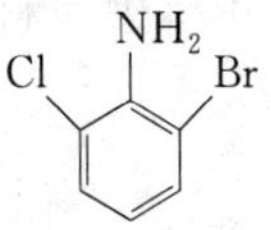

(5) 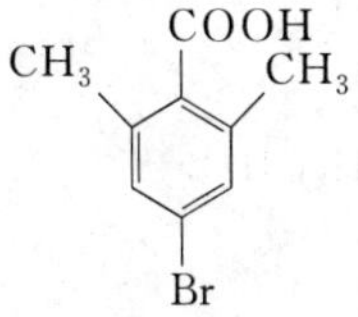　(6) 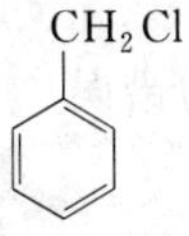　(7) 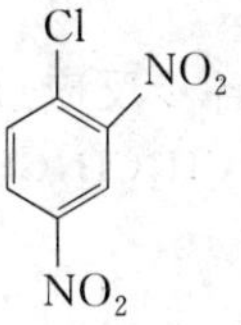　(8) 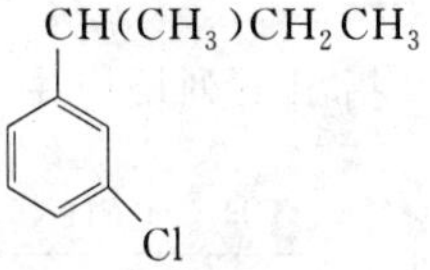

11.2　写出下列化合物的构造式。

(1) 对硝基氯化苄　(2) 苯乙炔　(3) 对氨基苯磺酸　(4) 三苯甲醇

(5) 2,4,6-三硝基甲苯　(6) 4-环己基乙苯　(7) 间氯苯甲酸

11.3　写出下列各组反应的中间和/或最终主要产物。

(1) 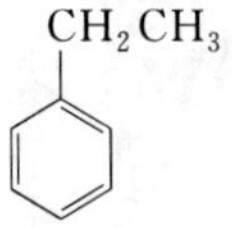 $\xrightarrow{Br_2/h\nu}$ (　) $\xrightarrow[Et_2O]{Mg}$ (　) 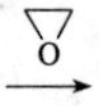 (　) $\xrightarrow{H_3O^+}$ (　)

(2) 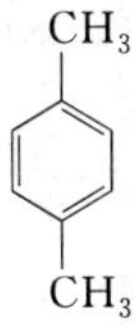 $\xrightarrow[C_2H_5OH]{Na/NH_3}$ (　)

(3) 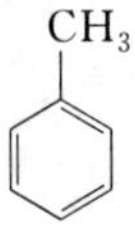 $\xrightarrow{Br_2/h\nu}$ (　) $\xrightarrow{HC\equiv CNa}$ (　)

(4) 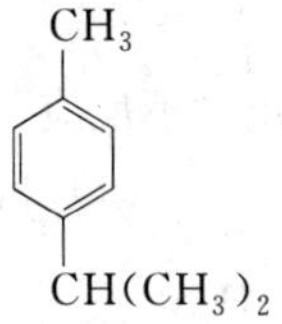 $\xrightarrow{KMnO_4}$ (　)

(5) 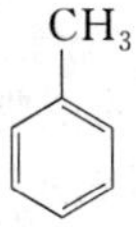 $\xrightarrow{Br_2/h\nu}$ (　) $\xrightarrow[\triangle]{CH_3OH}$ (　)

(6) 2 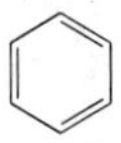 $+CH_2Cl_2 \xrightarrow{AlCl_3}$ (　)

(7) 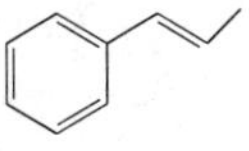 $\xrightarrow[(2)\ Zn/H_2O]{(1)\ O_3}$ (　)

(8) 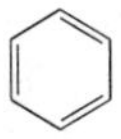 $\xrightarrow[H^+]{(CH_3)_2C=CH_2}$ (　)

(9) 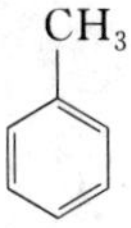 $\xrightarrow[ZnCl_2]{CH_2O/HCl}$ (　)

(10) 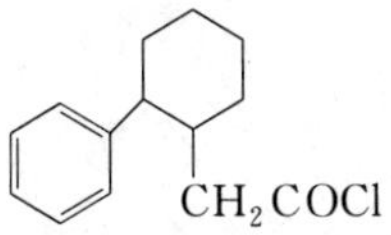 $\xrightarrow{AlCl_3}$ (　)

(11) 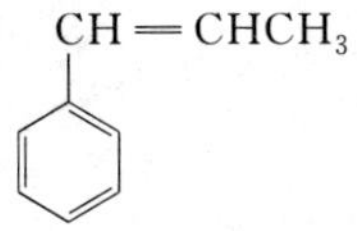 $\xrightarrow{Br_2/h\nu}$ (　)

11.4 用箭头指出苯环用混酸进行硝化反应的主要产物。

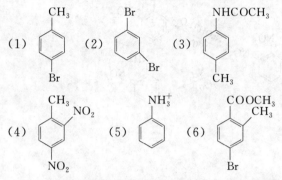

11.5 以苯或甲苯为原料分别合成下列化合物。

11.6 指出下列反应中（包括各步反应过程）的错误。

(1)

苯 $\xrightarrow[\text{AlCl}_3]{\text{CH}_3\text{CH}_2\text{CH}_2\text{Cl}}$ CH$_2$CH$_2$CH$_3$ $\xrightarrow{\text{Br}_2/h\nu}$ CH$_2$CH$_2$CH$_2$Br

(2)

NO$_2$苯 $\xrightarrow[\text{AlCl}_3]{\text{CH}_3\text{CH}_2\text{Cl}}$ NO$_2$—CH$_2$CH$_3$ $\xrightarrow{\text{KMnO}_4}$ NO$_2$—CH$_2$COOH

(3)

NO$_2$苯 $\xrightarrow{\text{Br}_2/h\nu}$ NO$_2$—Br

(4)

NH$_2$苯 $\xrightarrow[\text{浓 H}_2\text{SO}_4]{\text{浓 HNO}_3}$ NH$_2$—NO$_2$ + NH$_2$—NO$_2$

(5)

NO$_2$—Cl—Cl $\xrightarrow[\triangle]{\text{NaOH}}$ NO$_2$—OH—OH

(6) 苯 + Cl—苯 $\xrightarrow{\text{AlCl}_3}$ 联苯

11.7 写出丙基苯与下列试剂反应的主要产物（如果不能反应的只写出"不反应"即可）。

(1) H$_2$/Ni，200℃，10MPa　　(2) KMnO$_4$/△　　(3) I$_2$/Fe　　(4) HOCl

(5) PhCl/AlCl$_3$，80℃　　(6) PhCH$_2$Cl/AlCl$_3$　　(7) 环己烯/H$_2$SO$_4$

11.8 完成下列反应。

(1) 苯—CH$_2$CH$_2$C(CH$_3$)$_2$（OH） $\xrightarrow{\text{H}_2\text{SO}_4}$ (　　)

(2)

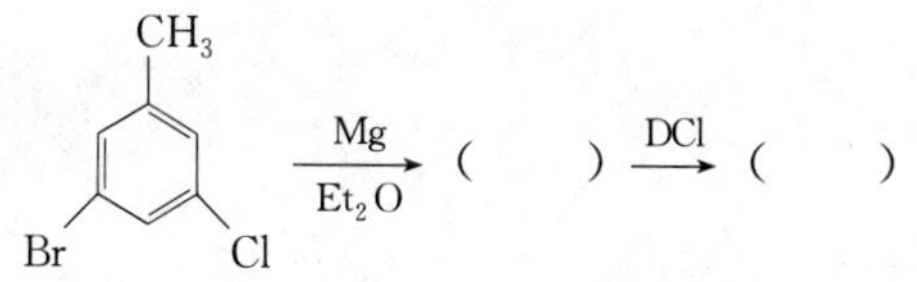

$$\xrightarrow[\text{Et}_2\text{O}]{\text{Mg}}\;(\qquad)\;\xrightarrow{\text{DCl}}\;(\qquad)$$

(3)

$$\xrightarrow{\text{Na/NH}_3}\;(\qquad)$$

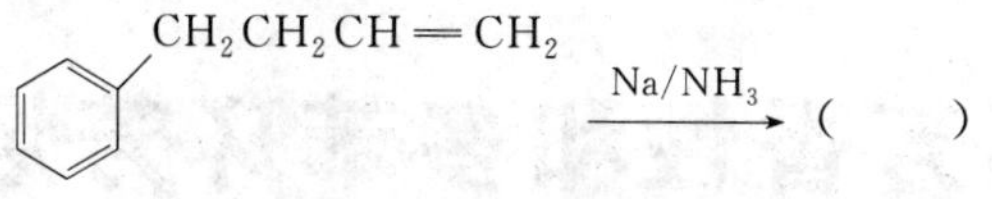

(4)

$$\xrightarrow[\text{Ni}]{1\text{mol H}_2}\;(\qquad)$$

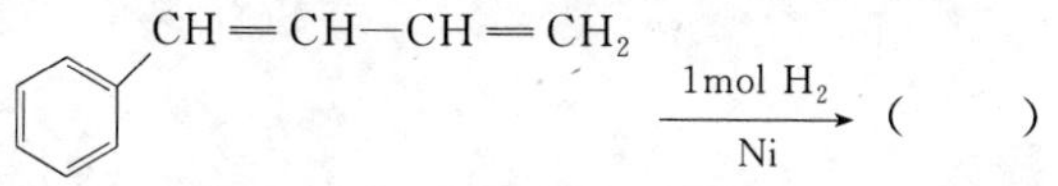

11.9　对下列各组化合物在相同条件下发生亲电取代反应的速率进行排序。

(1) 苯、甲苯、对二甲苯、间二甲苯、均三甲苯

(2) 苯、氯苯、苯乙酮、苯酚、苯酚钠、硝基苯

11.10　用化学方法鉴别下列各组化合物。

(1) 苯和环己二烯　(2) 甲苯和甲基环己烷　(3) 氯苯和氯代环己烷　(4) 苄醇和甲苯

11.11　苄醇在冷的浓硫酸作用下生成高沸点的树枝状物质，其结构可能是什么？用反应式表明其形成机理。

11.12　三种芳烃 A、B、C 的分子式均为 C_9H_{12}。用高锰酸钾热溶液氧化，则分别生成一元酸、二元酸和三元酸。经硝化反应，A、B 和 C 分别生成三种、两种和一种硝基化合物。试推出 A、B、C 的结构，并写出有关反应式。

11.13　化合物 A（$C_{10}H_{12}$）高温高压下氢化得到 B（$C_{10}H_{20}$）。A 经臭氧化，再还原水解得 C（C_8H_8O）和 D（C_2H_4O）。将 C 硝化生成分子式为 $C_8H_7NO_3$ 的主要产物 E。试推出 A、B、C、D、E 的结构。

11.14　化合物茚（indene，分子式为 C_9H_8）能迅速使 Br_2/CCl_4 或稀、冷 $KMnO_4$ 溶液褪色。茚在室温下吸收 1mol 的 H_2，生成茚满（indane，分子式为 C_9H_{10}），剧烈氢化则生成分子式为 C_9H_{16} 的化合物。茚在剧烈条件下氧化生成邻苯二甲酸，推导出茚和茚满的结构式。

11.15　以甲苯为主要原料提出下列化合物的合成路线。

(1) 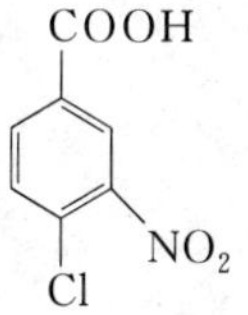　(2) 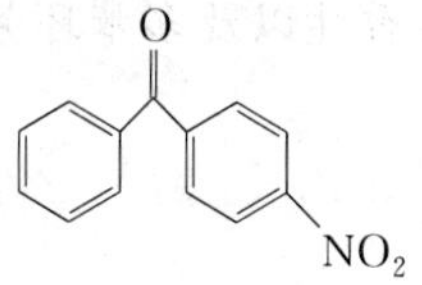　(3)

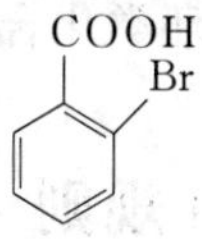

11.16　写出下列反应的机理。

(1)

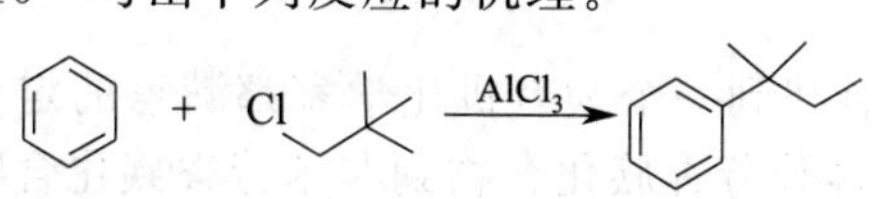

(2)

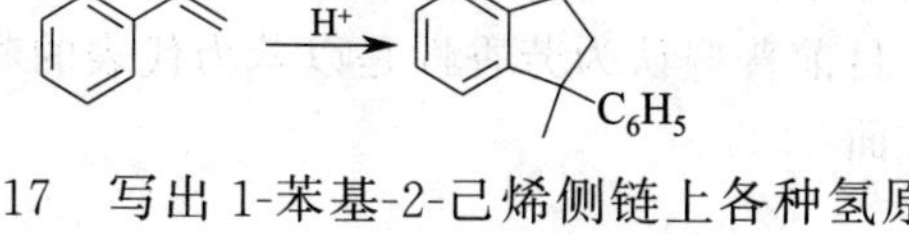

11.17　写出 1-苯基-2-己烯侧链上各种氢原子在高温进行自由基取代反应，被溴原子取代的各种可能的产物，并判断相对难易程度。

第 12 章

非苯碳环芳香性和多苯环芳烃

12.1 芳香族化合物分类

随着化学科学的发展，人们发现了许多不含苯环的化合物也具有同苯相似的特性，从而使芳香性概念不断演进和深化。根据分子中是否含有苯环，可以将芳香族化合物分为两大类，即含苯芳香族化合物和非苯芳香族化合物。

含苯芳香族化合物有单苯环和多苯环（联苯型、稠环和多苯代脂烷），例如：

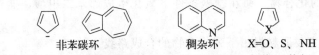

| 苯或取代苯 | 联苯 | 稠环 | 多苯代脂烷 |

非苯芳香族化合物是指分子中不含苯环的碳环和杂环芳香化合物。例如：

非苯碳环　　稠杂环　　X=O、S、NH

本章主要讨论不含苯环的碳环类化合物的芳香性以及多苯环芳烃。

12.2 芳香性和 Hückel 规则

12.2.1 芳香性的特性

迄今为止，对芳香性（aromaticity）还没有找到一个为有机化学家都满意的定义，其原因在于具有芳香性的化合物范围十分广泛，从含苯芳香族化合物到非苯芳香族化合物，从中性分子到芳香性离子，从碳环化合物到含有杂原子的杂环化合物等，芳香性仍是在继续探究的理论问题。根据芳香性概念的产生和发展，目前普遍认为芳香性是以苯为代表的芳香族化合物所具有的特性，它主要表现为以下三个方面。

12.2.1.1 大 π 键

在芳香族化合物中，成环的所有原子处于或接近同一平面，都有一个 p 轨道垂直于这个平面，相邻 p 轨道相互交盖，形成环状的闭合共轭体系，即大 π 键。π 电子不局限于某一个原子，而是在这个环状的共轭体系中流动，有较高的离域能，因而降低了整个体系的能量，使环表现出特有的稳定性。

12.2.1.2　键长平均化和磁场诱导环电流

在芳环中由于大 π 键的形成，芳环碳-碳键的键长有趋于平均化倾向，如苯环中没有 C=C 和 C—C 之分。

对芳环的核磁共振（NMR）研究表明，在外加磁场作用下，芳环的 π 电子环流产生诱导磁场。芳环的氢处于去屏蔽区，即 π 电子诱导环电流对氢核产生去屏蔽作用，化学位移向低场移动，一般在 7ppm 左右。

12.2.1.3　化学性质

与烯烃不同，芳香族化合物难发生加成或氧化反应，一般易发生亲电取代反应。

12.2.2　休克尔规则

德国化学家 Hückel（休克尔）根据许多环状化合物具有芳香性的事实，提出一条判断化合物芳香性的规则："一个具有共平面的闭合共轭体系，只有当其 π 电子数为 $4n+2$（n 为零或正整数）时，才可能有芳香族的稳定性"，称为休克尔规则或 $4n+2$ 规则。

休克尔规则是经验规则，可用于判断单环类共轭多烯化合物的芳香性。例如下列化合物的 π 电子数分别为 2、6、10，属于 $4n+2$ 体系，符合休克尔规则，它们都是芳香性化合物。

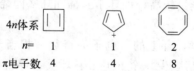

环丁二烯、环戊二烯正离子以及环辛四烯的 π 电子数为 4 或 8，属于 $4n$ 体系，不符合休克尔规则，因而不具有芳香性。

事实上环丁二烯极不稳定，只有在极低温度下才能存在。环辛四烯具有烯烃的特征，与其电环化产物环[4.2.0]辛-2,4,7-三烯形成平衡，但以环辛四烯为主：

因此，环辛四烯容易与 Br_2、HBr 等亲电试剂发生加成反应，而不是取代反应。

这类具有 $4n$ 个 π 电子的环状体系，称为反芳香性化合物。一般具有 π 电子数为 $4n$（n 为正整数）的环状共轭体系都是反芳香性的。

休克尔规则的理论基础是分子轨道理论。在环状共轭多烯（C_nH_n）中，所有碳原子都是 sp^2 杂化，且处于一个平面上。每个碳原子都有一个 p 电子，它们可以组成 n 个分子轨道，当 $n=3\sim8$ 时的 C_nH_n 分子轨道能级和基态的电子结构如图 12.1 所示。

图 12.1 所示分子轨道的能级关系可以用半径为 2 的圆、顶角朝下的内接正 n 边形表示。每个顶角位置相当于一个分子轨道的能级，圆心位置相当于未成键的原子轨道能级（虚线

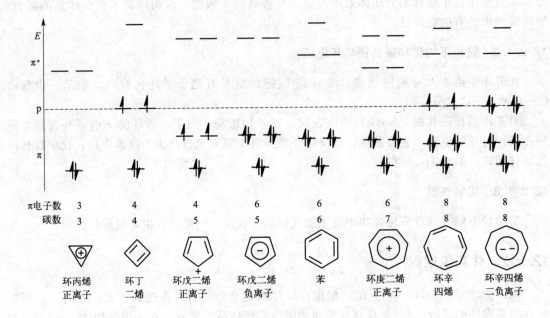

π电子数	3	4	4	6	6	6	8	8
碳数	3	4	5	5	6	7	8	8

| 环丙烯正离子 | 环丁二烯 | 环戊二烯正离子 | 环戊二烯负离子 | 苯 | 环庚二烯正离子 | 环辛四烯 | 环辛四烯二负离子 |

图 12.1　C_nH_n 分子轨道能级及基态的电子结构

处）。处于圆心以上的顶角相当于反键轨道（π^*），处于圆心以下的顶角相当于成键轨道（π）。如果所有成键轨道都被自旋成对的电子所充满，非键轨道也全部被充满或全空时，该化合物有芳香性。

当碳数为 6、10……，即 π 电子数符合 $4n+2$ 时，π 轨道和 π^* 各占一半，所有 p 电子恰好填满成键轨道，分子能量比相应直链多烯烃低，因此分子具有芳香性，如苯。

当碳数为 4、8……，即 π 电子数符合 $4n$ 时，分子轨道中有两个非键轨道，剩下（$n-2$）个分子轨道中，π 轨道和 π^* 各占一半，p 电子除占满成键轨道外，还有 2 个电子分别占据二个非键轨道，这时环的能量较高，如环丁二烯和环辛四烯，它们不具有芳香性，是反芳香性分子。

当碳数为 3、5、7……时，环上的 p 电子为奇数，相当于 C_nH_n 为自由基，也是非芳香性的。如果把环丙烯自由基减少一个 p 电子、环戊二烯自由基增加一个 p 电子和环庚三烯自由基减少一个 p 电子，则形成环丙烯正离子、环戊二烯负离子和环庚三烯正离子，它们的 π 电子数分别为 2、6，都符合休克尔规则（$n=0$、1），它们是具有芳香性的离子化合物。

休克尔规则在解释大量实验事实和预言新的芳香体系方面是极其成功的。它还适用于七个或多个 CH_2 在环外的同芳香体系及某些稠环周边共轭体系。

12.2.3　芳香性判据

判断一个化合物是否具有芳香性，主要应用休克尔规则和 NMR 数据，它应符合以下条件：①一般是共轭多烯单环化合物；②所有组成环的原子共平面或接近共平面，它们都有一个 p 轨道垂直于该平面；③π 电子数符合 $4n+2(n=0、1、2、3……)$；④在 NMR 谱上，环外质子的化学位移比普通双键的质子更移向低场。其中③或④起主导作用，环的平面性是必要条件，但并非所有平面环都具有芳香性。

12.3　非苯碳环芳香性化合物

12.3.1　两个 π 电子的体系

12.3.1.1　环丙烯正离子

环丙烯中有一个碳是 sp^3 杂化，虽然该碳原子与环共平面，但不能与双键形成共轭体系。因此，即使电子数符合 $4n+2(n=0)$，根据芳香性判据①，环丙烯无芳香性。如果 3-氯环丙烯失去氯负离子变成环丙烯正离子后，三个碳都是 sp^2 杂化，所有原子共平面，形成具有两个 π 电子的共轭体系（环丙烯正离子），符合休克尔规则，具有芳香性。

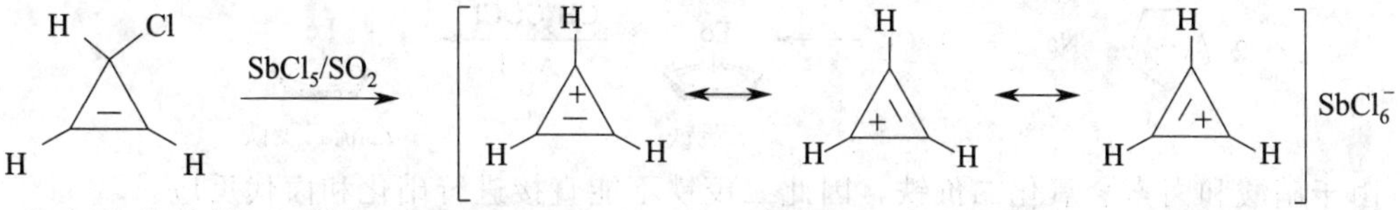

含有取代基的环丙烯正离子盐（1）和（2）已被先后合成出来：

它们具有盐的性质，不溶于苯、乙醚等非极性或极性较小的溶剂，能溶于乙腈、DMF等极性溶剂。化合物（1）中碳-碳键长接近苯环碳-碳键的长度，正电荷不是集中在一个碳原子上，而是分布在由三个碳原子组成的共轭体系中。具有芳香性的环丙烯酮也被合成出来，反应和结构如下：

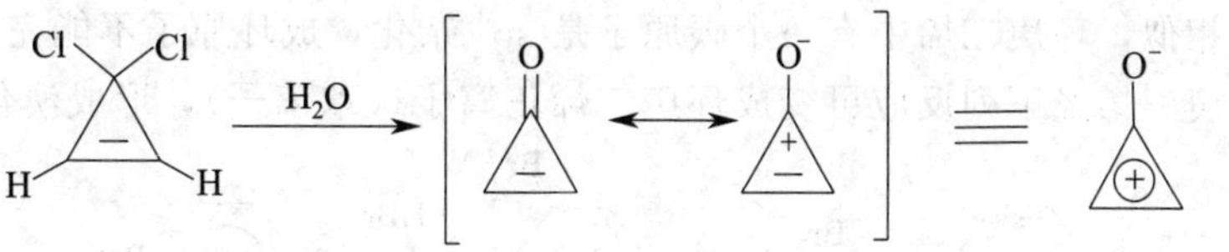

12.3.1.2　环丁二烯双正离子

环丁二烯不具芳香性。如果环丁二烯非键轨道上两个电子都失去，变成环丁二烯双正离子，π电子数为 2，根据休克尔规则，它具有芳香性。例如，四苯基环丁二烯双正离子：

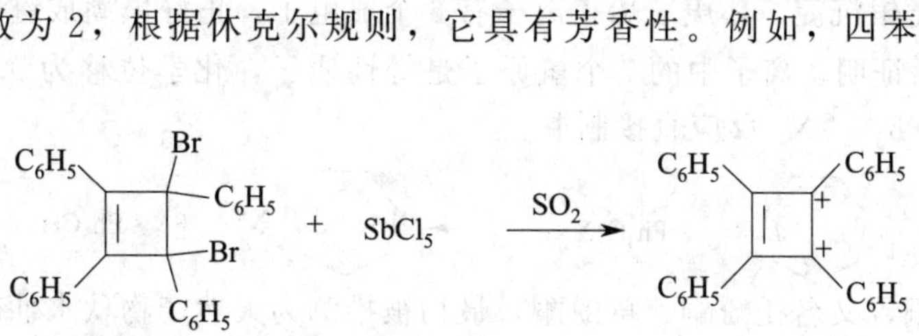

12.3.2　六个 π 电子体系

12.3.2.1　环戊二烯负离子

环戊二烯饱和碳上氢的酸性（$pK_a=16$）比三苯甲烷的酸性（$pK_a=31.5$）强很多，与乙醇相当。在碱金属（Na、K）或强碱（RONa）作用下会产生负离子盐：

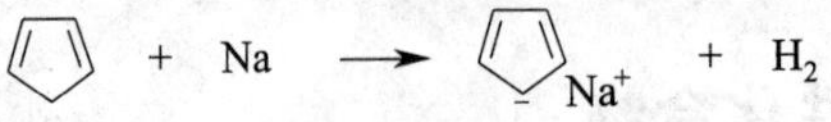

$$\text{环戊二烯} + \text{Na} \longrightarrow \text{环戊二烯负离子}^- \text{Na}^+ + \text{H}_2$$

甚至与三乙胺反应成盐:

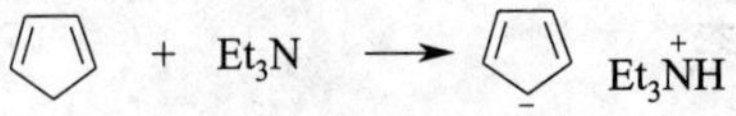

$$\text{环戊二烯} + \text{Et}_3\text{N} \longrightarrow \text{环戊二烯负离子}^- \text{Et}_3\overset{+}{\text{N}}\text{H}$$

环戊二烯负离子 π 电子数为 6,成键轨道被填满,具有芳香性。NMR 证实环戊二烯负离子五个氢原子完全相同,δ 为 5.84ppm。环戊二烯负离子钠盐与 $FeCl_2$ 作用能形成稳定的具有夹心结构的金属化合物——二茂铁。二茂铁是黄色固体,熔点 $172\sim174℃$,在空气中很稳定,加热到 $400℃$ 也不分解。二茂铁的环戊二烯环上能发生类似于苯环的傅-克和磺化等亲电取代反应。例如:

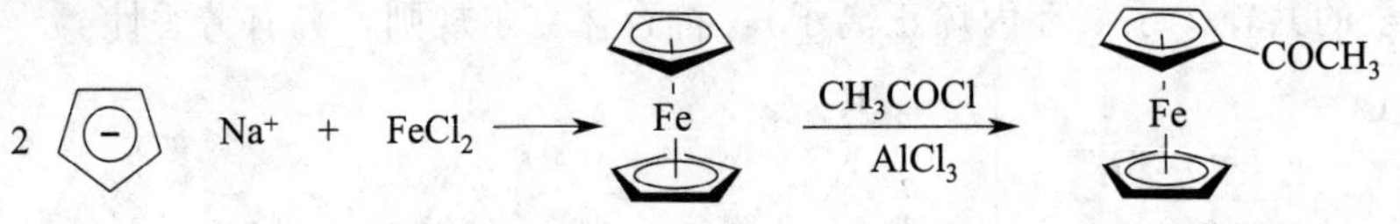

$$2 \text{环戊二烯负离子}^{(-)} \text{Na}^+ + \text{FeCl}_2 \longrightarrow \underset{\text{二茂铁}}{\text{Fe 夹心结构}} \xrightarrow[\text{AlCl}_3]{\text{CH}_3\text{COCl}} \underset{\text{乙酰二茂铁}}{\text{Fe 夹心结构}-\text{COCH}_3}$$

由于硝酸和卤素会氧化二价铁,因此二茂铁不能直接进行硝化和卤代反应。

杯烯具有较大的偶极矩 ($\mu=6.3\text{D}$),是因其主要以环戊二烯负离子和环丙烯正离子内盐结构形式存在。这种结构形式的五元环和三元环都具有芳香性,因此杯烯具有芳香性。但是,富烯(亚甲基环戊二烯)的稳定性来源于其环外碳-碳双键,以环戊二烯负离子形式存在的量很少,因此没有芳香性,富烯偶极矩较小 ($\mu=1.1\text{D}$)。

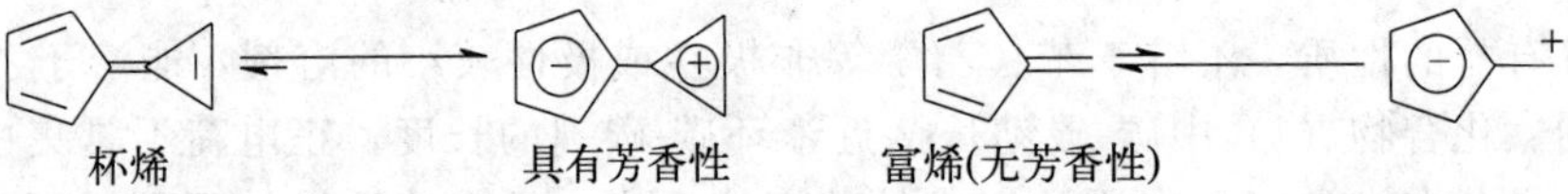

杯烯   具有芳香性   富烯(无芳香性)

12.3.2.2　环庚三烯正离子

与环丙烯相似,环庚三烯中有一个碳原子是 sp^3 杂化,成环原子不能完全共平面,故没有芳香性,环庚三烯经下列反应可变成环庚三烯正离子(䓬离子),形成溴化䓬盐:

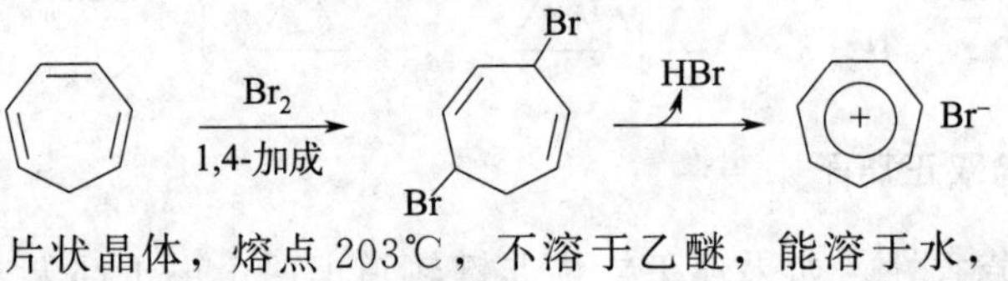

溴化䓬盐是黄色片状晶体,熔点 $203℃$,不溶于乙醚,能溶于水,其水溶液与 $AgNO_3$ 作用立即生成溴化银沉淀。环庚三烯正离子有 6 个 π 电子,正好填满成键轨道,因此具有芳香性。经 NMR 谱证明,离子中的 7 个氢原子是等性质子,化学位移为 9.2ppm。䓬盐也可以用环庚三烯和 $Ph_3C^+X^-$ 反应直接制取。

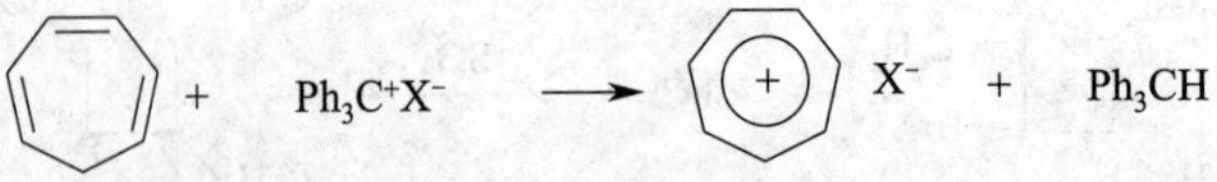

$$\text{环庚三烯} + \text{Ph}_3\text{C}^+\text{X}^- \longrightarrow \text{环庚三烯正离子}^{(+)} \text{X}^- + \text{Ph}_3\text{CH}$$

环庚三烯酚酮,又名托酚酮、草酚酮,最初被推测为天然产物秋水仙碱和细柄酸中的结构单位:

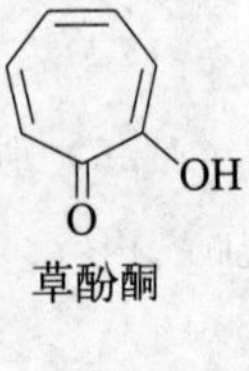

草酚酮 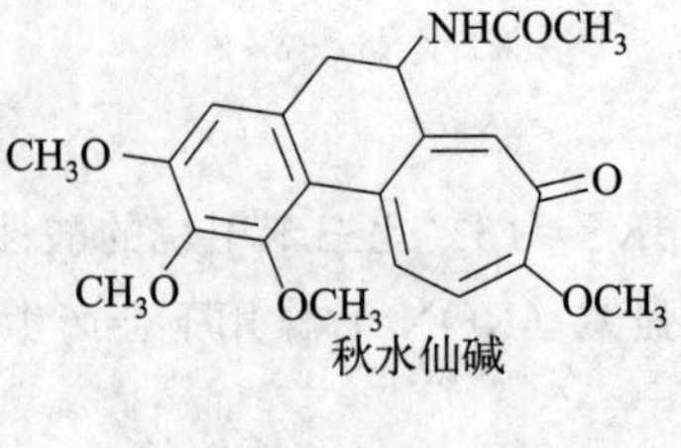   秋水仙碱 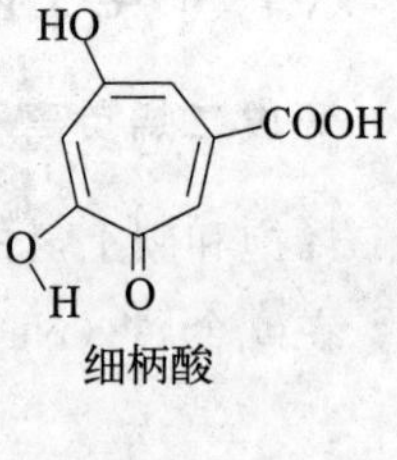   细柄酸

草酚酮是无色针状晶体,熔点 50～52℃,易溶于水。草酚酮中虽有羰基,却不与羟胺和缩氨脲反应,说明它的羰基性质很弱,而能发生类似苯环亲电取代反应,例如:

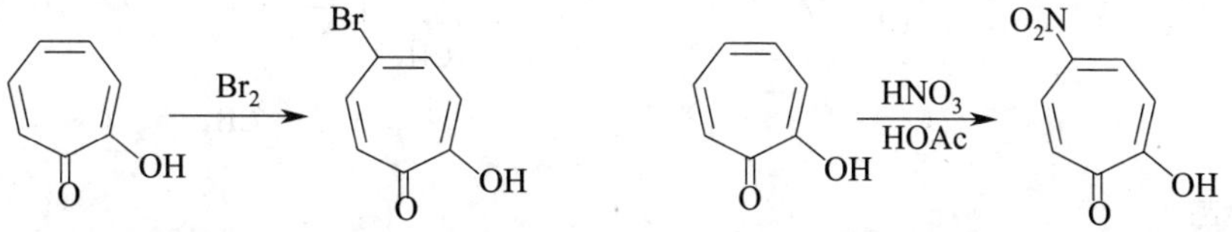

草酚酮性质类似苯酚,易发生亲电取代反应,主要生成 5 位或 3 位的取代产物,说明它具有芳香性,与理论上推测草酚酮应具有芳香性是一致的。草酚酮的结构可用下式表示:

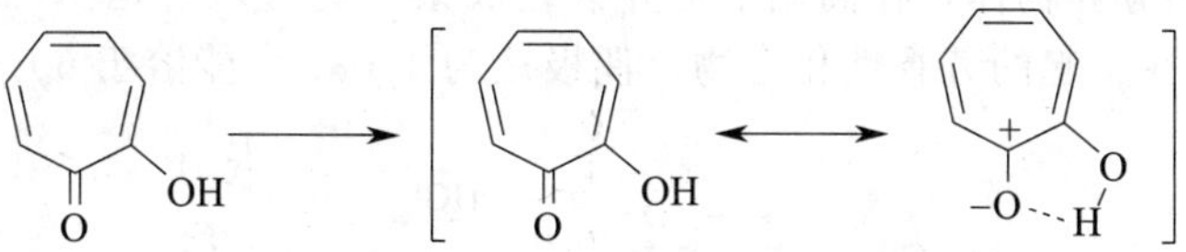

草酚酮环具有环庚三烯正离子结构,π 电子数为 6,氢原子在两个氧原子之间迅速交换,不是固定在某一个氧原子上。草酚酮也可以看作是草酮的衍生物,草酮羰基性质也不显著,偶极矩 ($\mu = 4.3D$) 较大,具有芳香性,呈碱性,能与盐酸形成盐:

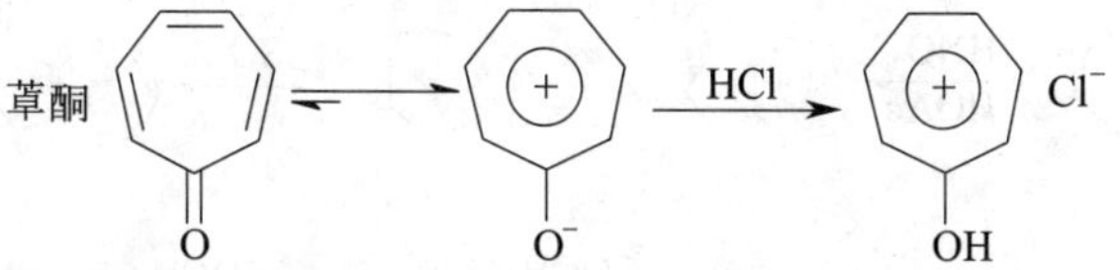

具有芳香性的环戊二烯负离子和环庚三烯正离子以 σ 键组合的化合物仍具有芳香性:

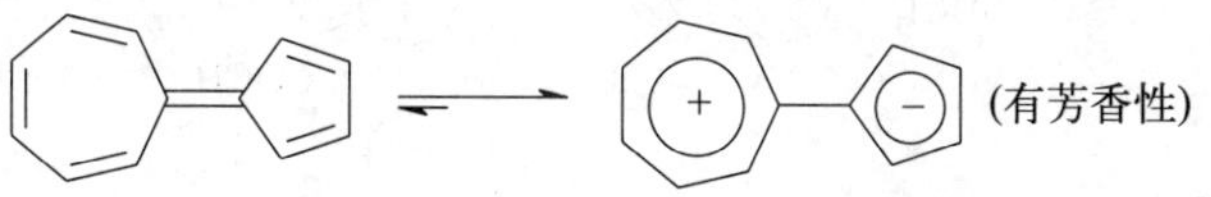

但,7-亚甲基-1,3,5-环庚三烯,难以形成环庚三烯正离子,没有芳香性:

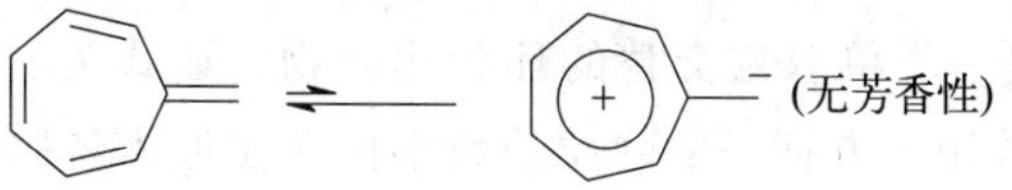

12.3.3 十个 π 电子体系

12.3.3.1 环辛四烯双负离子

环辛四烯含有 8 个 π 电子,属 $4n$ 体系,没有芳香性。实验证明它是马鞍形结构,成环原子不共平面,键长和键角接近于烯烃。环辛四烯在四氢呋喃(THF)中与金属钾或钠作用,接受两个电子产生平面型的环辛四烯双负离子:

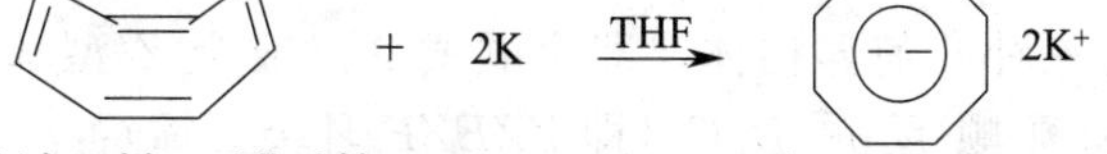

环辛四烯,无芳香性   环辛四烯双负离子,芳香性

在环辛四烯双负离子中,两个非键轨道被填满(图 12.1 中的 C_8H_8),有 10 个 π 电子,负电荷分布在环的共轭体系中,根据休克尔规则,具有芳香性。环上 8 个质子是等同性的,化学位移都为 5.7ppm。双(环辛四烯双负离子)的铀盐和 1,3,5,7-四甲基环辛四烯双负离子都已经制备出来:

12.3.3.2 薁

薁（yù）的 IUPAC 名为双环［5.3.0］癸五烯，又称甘菊蓝，蓝色固体，熔点 98～100℃，它是萘的同分异构体，在高温下可异构化成萘。薁可认为是由环庚三烯正离子和环戊二烯负离子稠合在一起的芳香性化合物，偶极矩为 1.08D，能溶于 60％的硫酸或盐酸中。

薁不发生 Diels-Alder 反应，但可发生亲电取代反应，一般发生在五元环，可进一步说明薁的芳香性特征。

12.3.4 大环轮烯

轮烯（annulene）是一类单双键交替的环状化合物，通式为（CH）$_n$。命名时以轮烯为母体，将环内碳原子总数用带方括号的阿拉伯数字标注在母体名称前面，称某轮烯。如：

环辛四烯或[8]轮烯　　环癸五烯或[10]轮烯

大环轮烯是指环碳原子总数等于和大于 10 的轮烯。大环轮烯是否具有芳香性主要取决于：①π 电子数是否符合 $4n+2$ 规则，②成环原子是否共平面或接近共平面，平面扭转不能大于 100pm，③轮内（即环内）氢原子之间没有或很少有空间斥力。

12.3.4.1 [10] 轮烯

理论上［10］轮烯有三种几何异构体，即全顺式 A（或全 Z 型环癸五烯）、单反式 B（即 ZZZZE 环癸五烯）和顺-顺-反-顺-反 C（即 ZZEZE 环癸五烯）：

A　　　　B　　　　C

［10］轮烯有 10 个 π 电子，π 电子数符合 $4n+2(n=2)$，却没有芳香性。对于 A 来说，所有 C—C—C 键角都为 144°，比 sp^2 杂化的正常键角（120°）大，分子中存在相当大的角张力，使 A 不能保持平面结构。B 中的角张力比 A 虽小一些，但仍不能使环保持在同一平面。因此 A、B 不具芳香性，它们只能在极低温度（－80℃）下存在，低温下 A

的化学位移在 5.47ppm 处（单峰），B 的在 5.86ppm 处。C 的所有键角虽然可以是 120°，排除了角张力，但环内两个氢原子相距太近，产生空间斥力，严重影响分子的稳定性，因此无芳香性。

如果用其他基团代替 C 环内两个氢原子，则可排除环内氢原子的非键张力。如已合成的 1，6-亚甲基 [10] 轮烯，即双环[4.4.1]-十一-1,3,5,7,9-五烯（D），亚甲基在环平面的上方，不存在环内相互排斥。环平面的 10 个碳原子组成具有 10 个 π 电子的共轭体系，符合休克尔规则，具有芳香性。NMR 测定表明，这个环平面上的质子化学位移为 6.8～7.5ppm，而环平面上方亚甲基的两个质子，受环 π 电子环流屏蔽，化学位移在 −0.5ppm。

(D)

如果用一个羰基代替亚甲基或两个氟原子取代亚甲基的氢原子，该轮烯仍具有芳香性。

12.3.4.2　[12] 轮烯

[12] 轮烯具有 12 个 π 电子，不符合 $4n+2$ 规则，环内三个氢原子相互排斥，而且极不稳定，在 −50℃ 以上，可重排成双环化合物 E，它们都没有芳香性。

12.3.4.3　[14] 轮烯

[14] 轮烯有两个异构体 F 和 G，主要以 F 式存在。在 F 和 G 中也存在轮内氢原子的相互排斥，但 F 中排斥程度要小些。在低温（−60～−40℃）条件下，F 显示芳香性，用 NMR 测定，环外氢的化学位移为 7.6ppm，环内氢为 0.1ppm。

在 [14] 轮烯中引入其他基团或叁键消除轮内氢原子的相互影响。如取代 [14] 轮烯 H 和单脱氢 [14] 轮烯 I 都有芳香性，可以进行硝化和磺化反应。

取代[14]轮烯，有芳香性　　　　单脱氢[14]轮烯，有芳香性

12.3.4.4　[16] 轮烯

[16] 轮烯类似于 [12] 轮烯，在溶液中迅速发生构象变动。

由于轮内氢原子的相互排斥，[16] 轮烯不能形成共平面分子，π 电子数为 16，属于 $4n$ 体系，不符合休克尔规则，因此无芳香性。

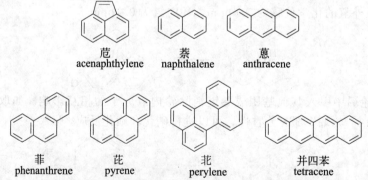

12.3.4.5 [18] 轮烯

[18] 轮烯，轮内 6 个氢原子斥力较小，平面偏差小于 100pm，碳-碳键长几乎都相等，因此它很稳定，在 230℃ 时也不分解。^{1}H NMR 分析表明，[18] 轮烯环外氢的化学位移为 9.28ppm，环内六个氢的化学位移在 2.99ppm。因此，[18] 轮烯具有芳香性。

[18]轮烯,有芳香性

[20] 轮烯和 [24] 轮烯已经制备出来，它们都具 $4n$ 轮烯的特性，不具有芳香性。按休克尔规则，[22] 轮烯有 22 个 π 电子，符合 $4n+2$ 规则，具有芳香性，也已经被合成出来。

12.4 多苯环芳烃

12.4.1 稠环芳烃

苯环与苯环共用相邻两个碳原子形成的化合物称为稠环（fused ring）芳烃。IUPAC 保留了常见稠环芳烃的俗名，由 4 个及 4 个以上苯环直线型稠合的芳烃称为"并某苯"。例如：

苊 acenaphthylene	萘 naphthalene	蒽 anthracene
菲 phenanthrene	芘 pyrene	苝 perylene	并四苯 tetracene

由 4 个及 4 个以上苯环非直线型稠合成角式的稠环，除了已有特定名称外，均应选含有最多苯环数的、有特定名称的稠环或直线型稠环为母体，其余为取代部分（应尽可能简单）。母体各边按原环系编号次序，将它们标以 a、b、c……，取代部分根据原环系编号次序，将各原子标以 1、2、3……。若取代部分在碳环，应使稠环边编号最小。命名时，将取代部分的编号数字列在前，母体部分字母列于后，中间用半字符相连，并加上方括号，置于取代名称和母体名称之间。稠合处的数字顺序，按母体定位字母顺序为准，方向相同时数字从小到大，相反时，则数字从大到小。例如：

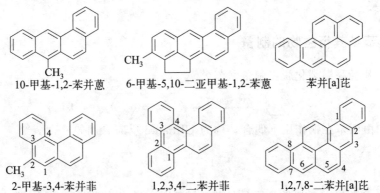

苯并[a]蒽或1,2-苯并蒽　　二苯并[a,h]蒽或1,2,5,6-二苯并蒽　　蒽并[2,1-a]并四苯

1,2,5,6-二苯并蒽是 1915 年在煤焦油中发现的，并被鉴定具有显著致癌性。下列化合物为致癌芳烃。

10-甲基-1,2-苯并蒽　　6-甲基-5,10-二亚甲基-1,2-苯蒽　　苯并[a]芘

2-甲基-3,4-苯并菲　　1,2,3,4-二苯并菲　　1,2,7,8-二苯并[a]芘

苯并稠环大多数是实验室合成出来的，也有在燃烧过程中产生的。例如，烟草燃烧产生的苯并〔a〕芘是一类致癌物质，它在肝脏中被氧化为环氧二醇：

12.4.2　联环芳烃

芳环与芳环通过单键直接相连形成的化合物，为联环芳烃。例如：

联苯(1,1′-biphenyl)　　对三联苯(p-terphenyl)

联环芳烃及其衍生物：规定从两芳环相连的碳原子开始，分别用阿拉伯数字和带"′"的阿拉伯数字将芳环碳原子编号，以标明官能团和取代基的位置。例如：

2′,6′-二氯-6-硝基-1,1′-联苯-3-羧酸　　1′,2′-联萘-2-酚

12.4.3　多苯代脂烷

多个苯环通过一个或多个碳原子连接形成的化合物称为多苯代脂烷。命名时将苯环作为取代基，按烃命名。例如：

三苯甲烷　　　　　　　二苯甲烷　　　　　　　1,2-二苯乙烷

三苯甲烷类化合物性质较特殊，其他多苯代脂烃同时具有脂链和苯环的特征。

12.5　联苯

12.5.1　联苯及其衍生物的制备

工业上将苯经高温裂化脱氢制备联苯：

实验室中由卤苯在铜作用下偶合，称为 Ullmann 反应。例如：

若是溴苯或氯苯，一般要求环上有吸电子基团，反应才能顺利进行。例如：

二苯基铜锂在低温下可氧化生成联苯。

联苯衍生物常通过联苯胺重排反应制备。由于联苯胺本身是致癌物质，故反应主要用来制备环上具有取代基的联苯胺衍生物。例如：

2,2′-二氯氢化偶氮苯　　　　　　　3,3′-二氯-4,4′-联苯胺

联苯胺重排产物经重氮化反应可转化成一系列联苯衍生物。此外，芳香重氮盐与苯的 Gomberg-Bachmann 反应，可用于合成特殊的联苯衍生物。例如：

4-甲基联苯

12.5.2　联苯的性质

联苯为无色固体，熔点 68.5～71℃，沸点 255℃，不溶于水，易溶于有机溶剂，热稳定性好。26.5％联苯与 73.5％二苯醚组成熔点为 12℃ 的低共熔混合物，作为有机热载体，在 400℃ 温度下可长时间使用。

晶体联苯分子中两个苯环共平面，对称性好，形成晶格点阵而稳定。气态时，两苯环平面呈 45°夹角，苯环上 2 位和 2′位的氢原子之间体现引力作用而稳定，是其优势构象。如果联苯的 2,6,2′,6′位氢均被较大基团取代，例如 6,6′-二硝基-联苯-2,2′-二甲酸、6,6′-二氨基-2,2′-二甲基联苯，甚至 2,2′-联苯二磺酸，分子中两苯环之间的 σ 键旋转能垒相当高，存在对映异构现象。

苯基的＋C 效应大于－I 效应，苯基对另一个苯环相当于致活的邻对位定位基，使联苯比苯更容易发生亲电取代反应。除少数试剂主要使反应发生在 2 位外，联苯亲电取代反应主要得到 4 位取代产物。例如：

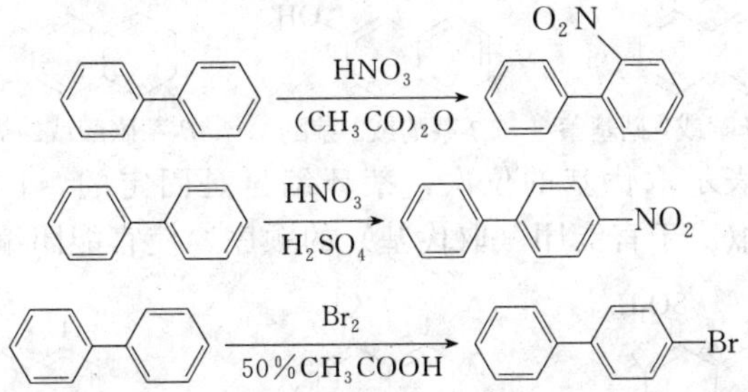

一取代联苯的亲电取代反应，存在同环和异环取代的定位问题。亲电取代反应发生在已有致活定位基的苯环上，称同环取代。例如：

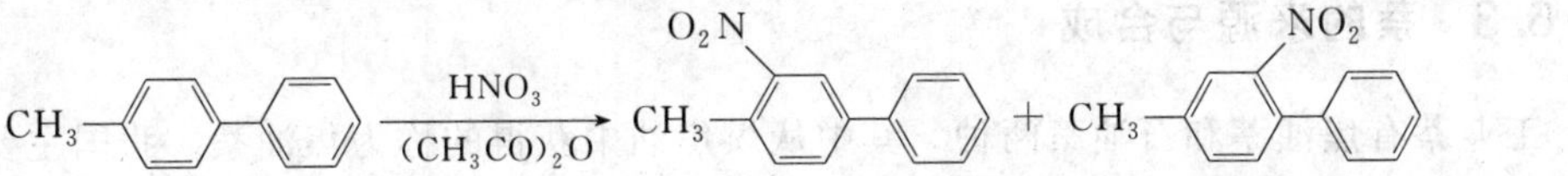

具有致钝定位基的联苯，反应发生在不具致钝定位基的苯环上，称异环取代。例如：

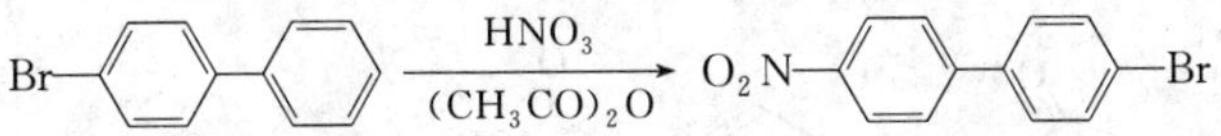

12.6　萘

12.6.1　萘的结构

萘的两个苯环在同一平面上，每个碳原子以 sp^2 杂化形成碳-碳 σ 键，各碳原子没有杂化的 p 轨道侧面互相重叠形成共轭体系，共有 10 个 π 电子，符合休克尔规则，具有芳香性。萘的结构共振杂化体表示如下：

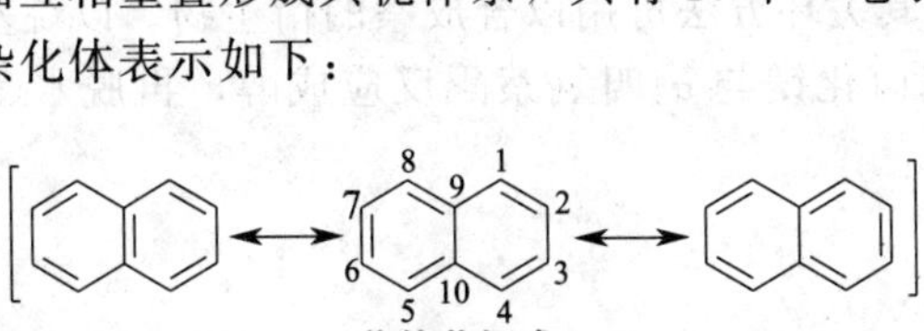

萘的共振式 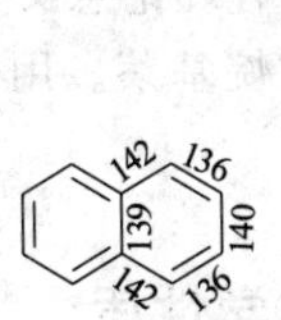　　　　　　　　　　萘的碳-碳键长/pm

C9 和 C10 的 p 轨道除了彼此互相重叠之外，还分别与 C1、C8 及 C4、C5 的 p 轨道重叠，导致分子中碳-碳键长不相等，电子云密度也不是均匀分布在 10 个碳原子上。X 射线衍射表明，萘环上单双键的平均化程度不及苯环，故不及苯稳定。量子力学计算表明，萘环上各碳原子上电子云密度也不相同。其中，C1 上电子云密度最高，这与萘的亲电取代反应容易发生在 α 位的定位规律相符合。

12.6.2 萘的衍生物命名

萘只有两种不同的位置，可以分别用 α（1、4、5、8 位）和 β（2、3、6、7 位）表示：

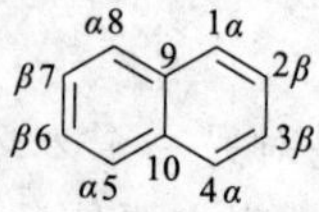

取代萘的命名类似取代苯。一取代萘的取代基位置可用 1、2 或 α、β 表示。例如：

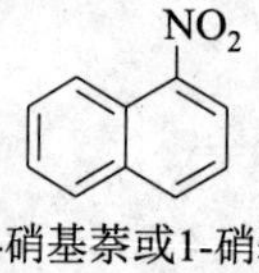

α-硝基萘或1-硝基萘　　　β-萘酚或2-萘酚　　　β-萘磺酸或2-萘磺酸

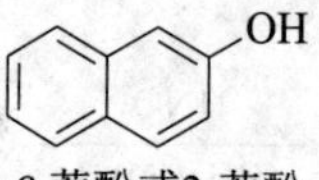

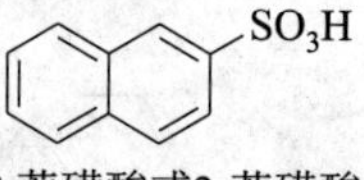

多取代萘要用数字表示取代基的位次，萘环编号是固定的，1 可以起始于任何一个 α 位，从哪个 α 位置开始取决于官能团（取代基）的顺序，使官能团编号尽可能小。例如：

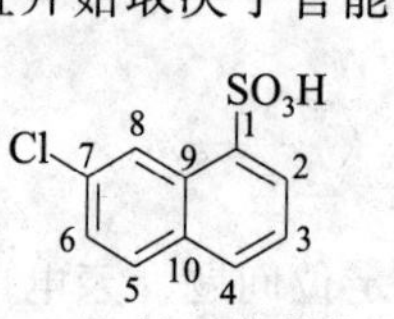

7-氯-1-萘磺酸 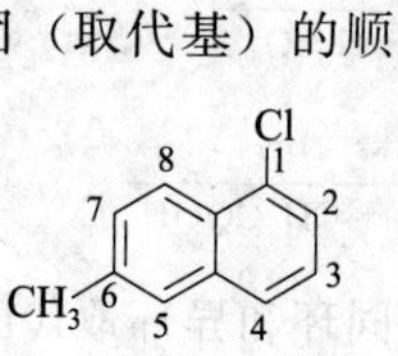　　　1-氯-6-甲基萘 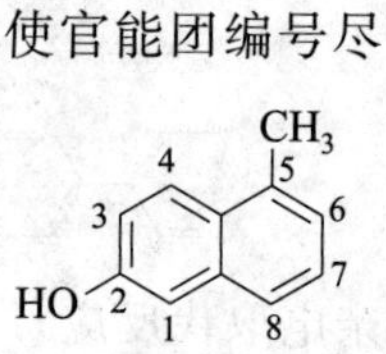　　　5-甲基-2-萘酚

12.6.3 萘的来源与合成

工业萘有焦油萘和石油萘两种，其中从煤焦油中获得的称为焦油萘。我国主要从煤焦油的萘油馏分中分离制备焦油萘，生产技术水平与国际先进水平相当。

Haworth（哈沃斯）合成法主要是利用苯的傅-克酰化和羰基还原，合成路线如下：

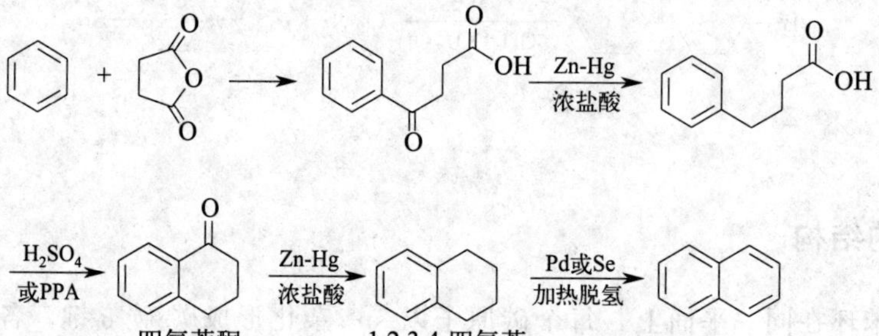

α-四氢萘酮　　　1,2,3,4-四氢萘

萘的合成仅具有理论意义，但其关环方法可用以合成萘的衍生物。以烷基苯为原料，按上述路线可合成 β-烷基萘。用烷基卤化镁与 α-四氢萘酮反应成醇，再脱水、脱氢，则可合成 α-烷基萘。

12.6.4 萘的化学性质

萘是无色片状晶体，熔点 80.5℃，易升华，具有特殊气味，是基础化工原料，主要用于合成树脂、增塑剂、防老剂、纤维、染料、医药和香料等。

12.6.4.1 亲电取代反应

萘卤代、硝化反应主要发生在 α 位。例如：

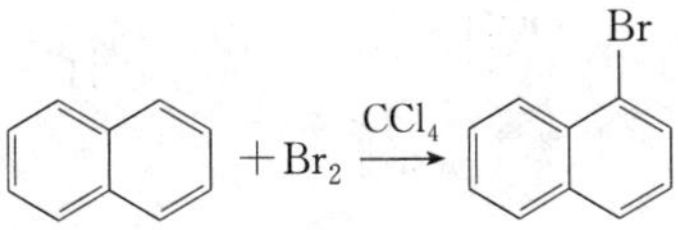

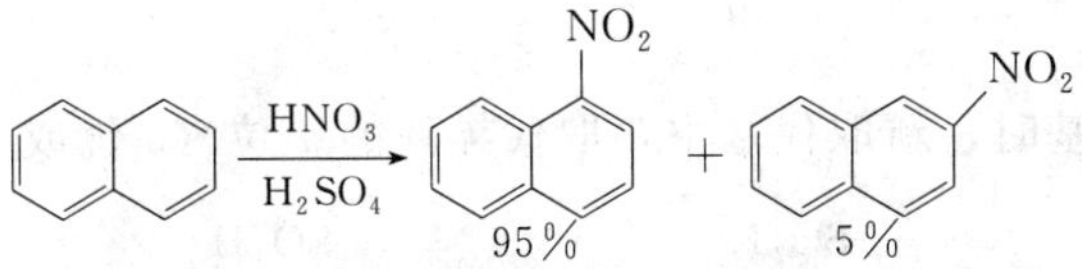

这一事实，可用过渡态理论解释。亲电试剂 Br^+ 进攻萘的 α 位形成的中间体，有五个正则式，其中有两个保持完整的苯环结构。见下图：

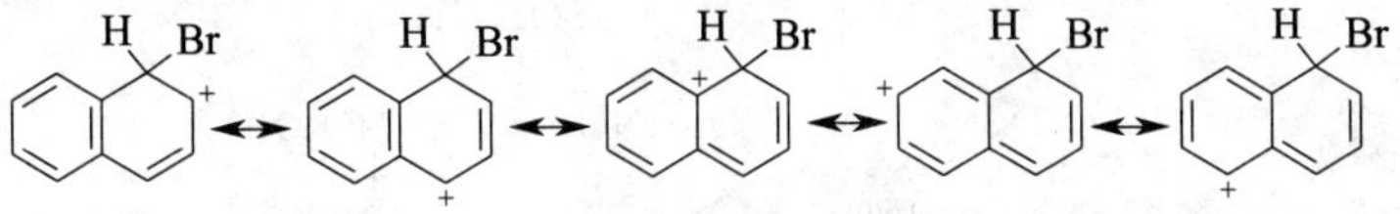

而亲电试剂进攻萘环的 β 位时，形成中间共振杂化体的五个正则式中，只有一个保留完整的苯环结构：

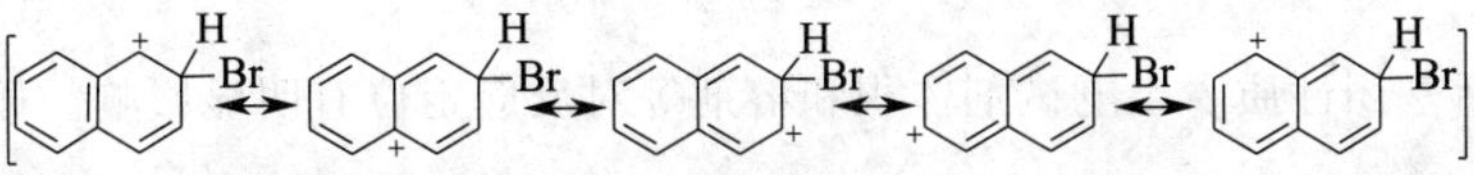

因此，萘环亲电取代反应发生在 α 位比在 β 位所需能量更低，反应速率更快。

萘的磺化反应定位与温度有关，因 α-萘磺酸分子中磺酸基与 8 位氢之间范德华斥力较大，不及 β-萘磺酸稳定。当温度低于 80℃ 时，反应为动力学（速率）控制过程，磺化反应主要发生在 α 位。温度高于 160℃，反应为热力学（平衡）控制过程，生成较稳定的 β-萘磺酸。

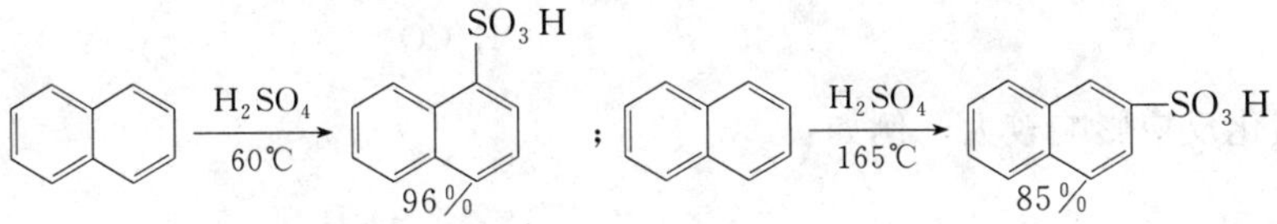

α-萘磺酸加热到 160℃ 以上可以转化为热力学稳定的 β-萘磺酸：

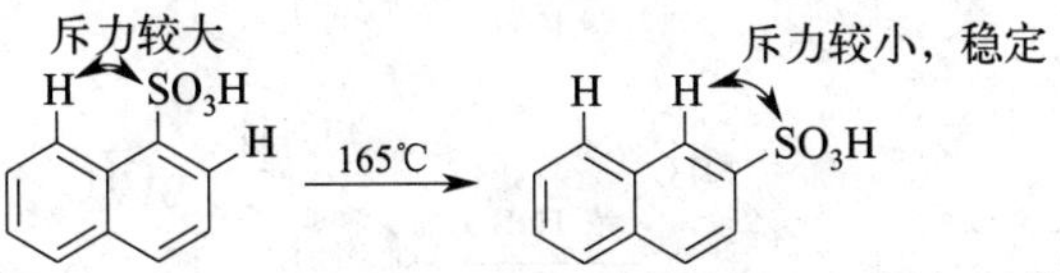

萘的烷基化反应产物比较复杂，故烷基萘宜用哈沃斯法合成。萘的酰基化反应定位规律受溶剂影响较大。非极性溶剂以 α 取代为主，极性溶剂以 β 取代为主：

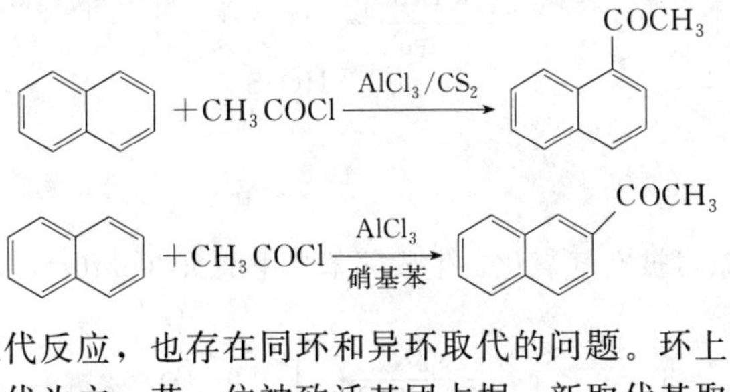

一取代萘的亲电取代反应，也存在同环和异环取代的问题。环上有致活定位基时，反应发生在同环，以 α 位取代为主。若 α 位被致活基团占据，新取代基取代其对位。若致活定位基在 β 位，新取代基取代其相邻的 α 位（1 位）。例如：

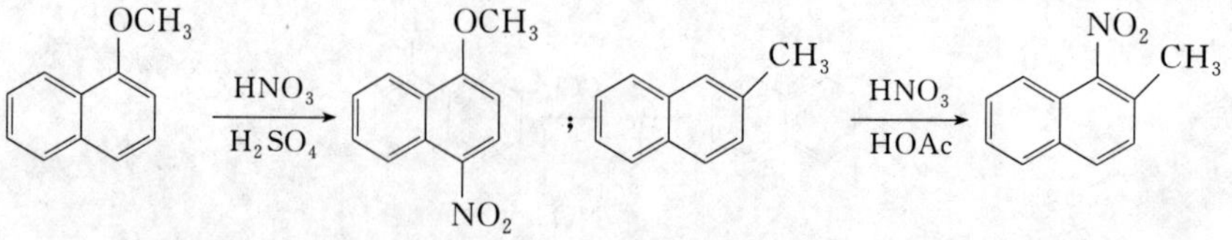

有机化学

萘环上有致钝定位基时，新取代基主要取代异环的 α 位（5 位或 8 位）。例如：

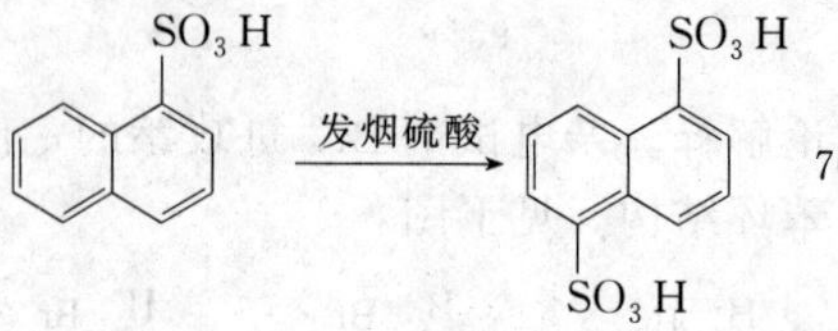

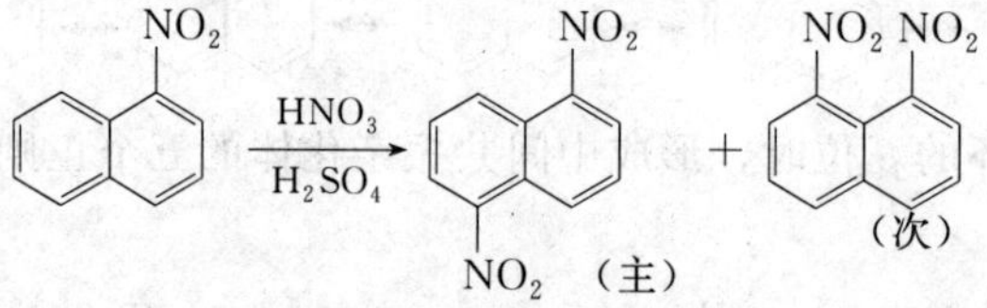

发烟硫酸　70%

HNO_3 / H_2SO_4　（主）　＋　（次）

此外，致活基团性质、亲电试剂体积和溶剂等对反应定位有明显影响。例如：

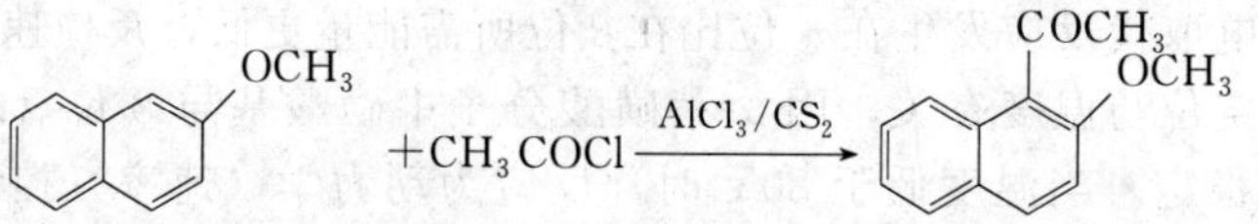

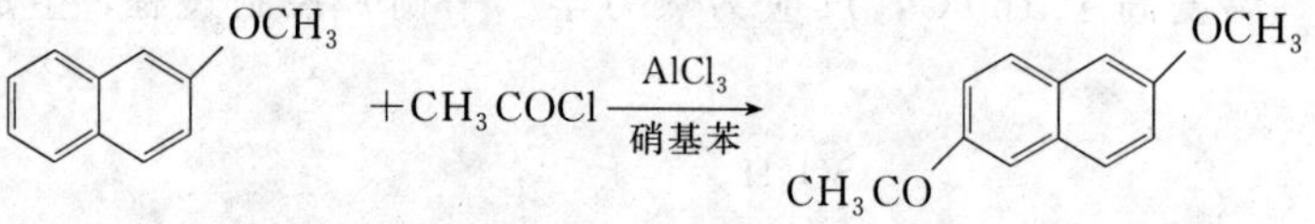

$+CH_3COCl \xrightarrow{AlCl_3/CS_2}$

$+CH_3COCl \xrightarrow[\text{硝基苯}]{AlCl_3}$

温度对磺化反应影响较大，例如：

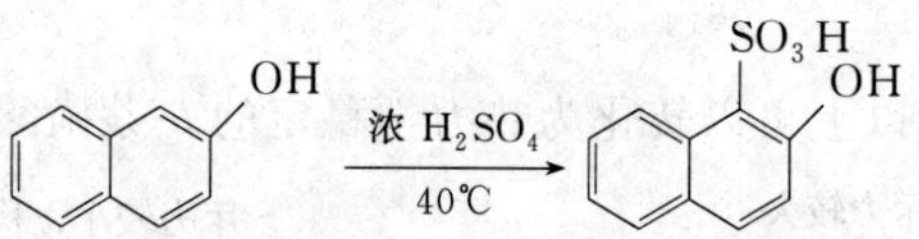

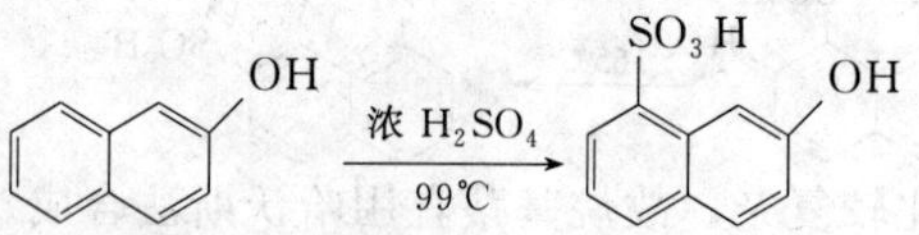

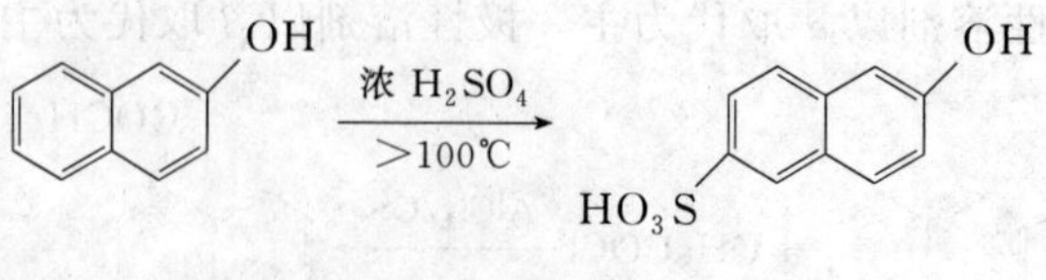

$\xrightarrow[40℃]{\text{浓 } H_2SO_4}$

$\xrightarrow[99℃]{\text{浓 } H_2SO_4}$

$\xrightarrow[>100℃]{\text{浓 } H_2SO_4}$

12.6.4.2 氧化反应

在 V_2O_5 催化下，萘可被空气氧化，生成邻苯二甲酸酐（phthalic anhydride），俗称苯酐：

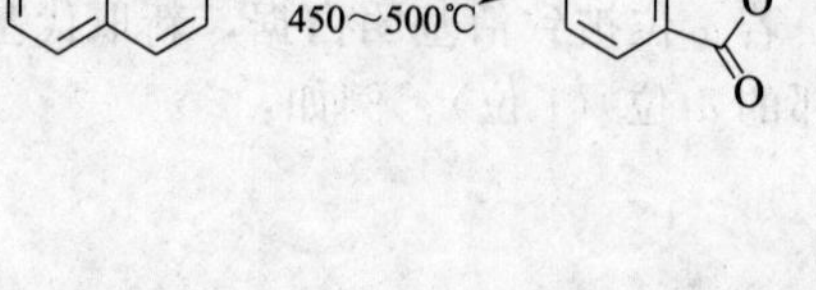

$\xrightarrow[450\sim500℃]{V_2O_5}$　苯酐

萘在室温下即可被 CrO_3/CH_3COOH 氧化生成 1,4-萘醌。β-烷基萘更易被氧化，是电子云密度较高的烷基所在的环被氧化成醌式。例如：

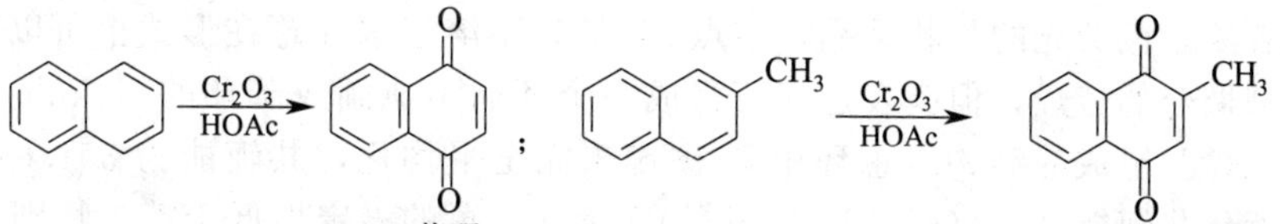

1,4-萘醌　　　　　　　　　　　　　　2-甲基-1,4-萘醌

12.6.4.3　还原反应

由于碳-碳键长未完全平均化，萘环比苯环体现较多的双键性质，容易被化学试剂还原或催化加氢。类似苯的伯奇还原，在液氨中，萘可被金属钠加乙醇还原成具有孤立双键结构的 1,4-二氢萘。反应温度升高，产物可异构化成更稳定的 1,2-二氢萘。

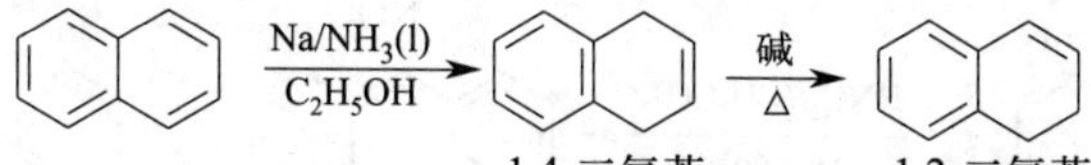

1,4-二氢萘　　　　1,2-二氢萘

金属钠和沸点较高的戊醇（138℃）一起回流，可将萘还原成四氢萘（tetralin）。

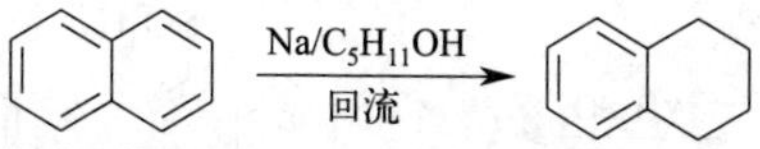

四氢萘也可由萘部分催化加氢制备。在更剧烈条件下，萘经催化加氢生成十氢萘（decalin）。

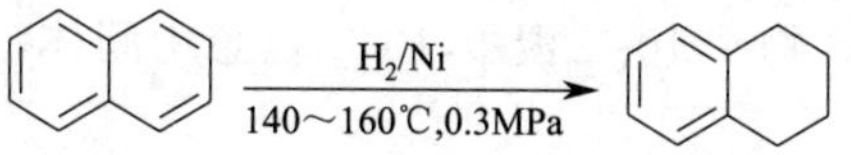

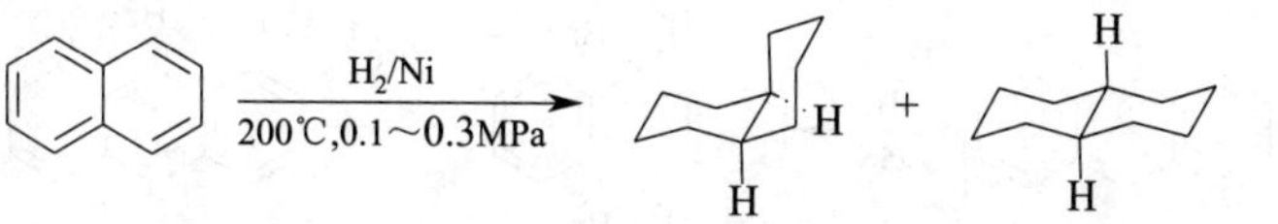

顺十氢萘(约75%)　　反十氢萘(约25%)

四氢萘与溴容易发生取代反应，产生溴化氢，是实验室制备高浓度溴化氢的方法。

12.7　蒽

12.7.1　来源与合成

蒽可以从煤焦油的蒽油馏分（300～360℃）中分离得到。Haworth 合成法也可以合成蒽环，但现主要用于合成其中间产物蒽醌及其衍生物：

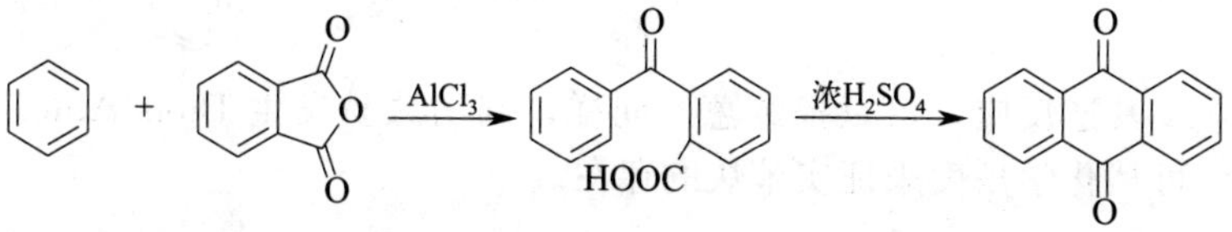

某些取代蒽醌也可用此法合成。蒽醌及其衍生物经还原、脱氢芳构化得到蒽及其衍生物：

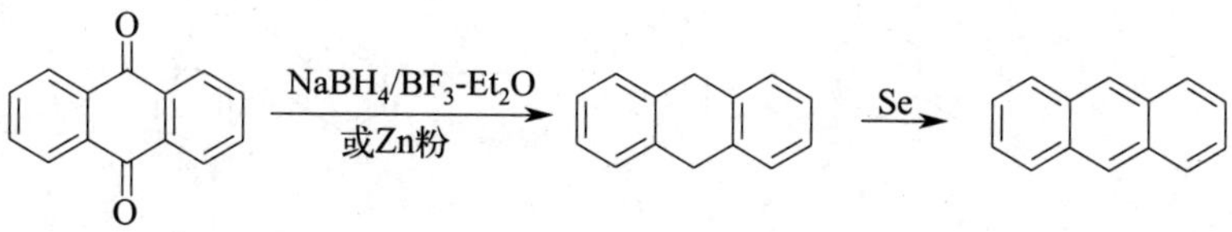

12.7.2 蒽的性质

蒽为具有淡蓝色荧光的片状结晶,熔点 215℃,不溶于水。蒽在形式上可以看成是三个苯环呈直线型稠合的芳烃,但其表达式可写成一个环而不能画成苯环的 Kekulé 式,相当于萘环与"丁二烯"组成的结构。蒽环中碳-碳键未完全平均化,共轭能为 $351.6 kJ \cdot mol^{-1}$,低于苯环和萘环共轭能之和($406 kJ \cdot mol^{-1}$),因此,蒽的稳定性低于萘,特别是 γ 位容易发生化学反应。

12.7.2.1 亲电取代

蒽只有 α 位、β 位和 γ 位。相对电子云密度为 γ 位>α 位>β 位,一般亲电反应发生在 γ 位,但往往得到多元取代物,加上还受其他因素影响,产物复杂,应用价值不大,例如:

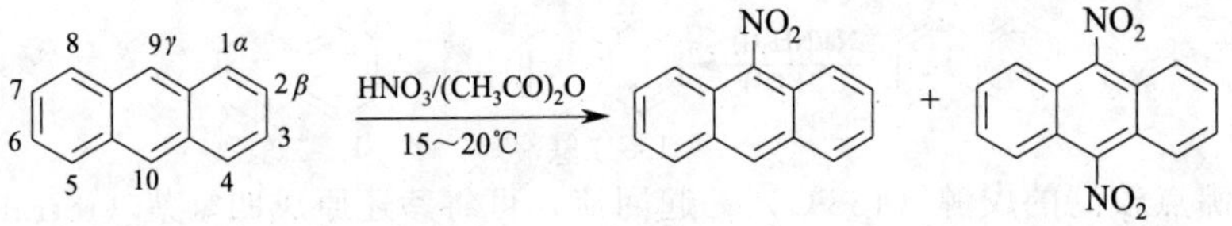

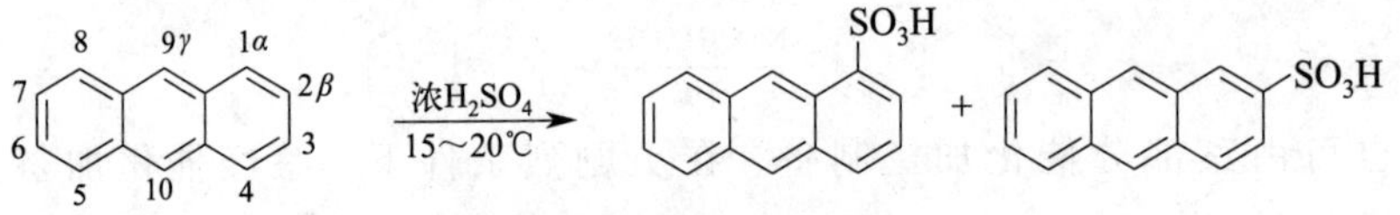

磺化主要发生在 α 或 β 位。如果取代 γ 位,可能是较大基团—SO_3H 与两个 α-H 互相排斥的原因。蒽与溴在 25℃ 先生成加成产物 9,10-二溴-9,10-二氢蒽中间体,然后失去 HBr 生成 9-溴蒽:

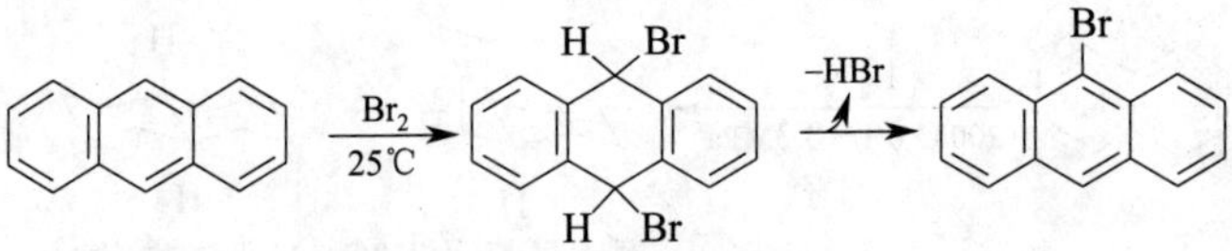

9,10-二溴-9,10-二氢蒽中间体的生成,可看成是 1,3-丁二烯的 1,4-加成。

12.7.2.2 Diels-Alder 反应

由于蒽的 9,10 位容易进行加成反应,生成具有两个独立苯环的化合物,故蒽易发生双烯合成反应。例如:

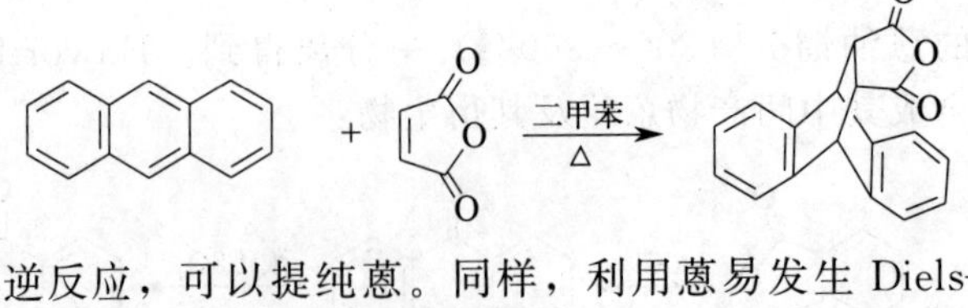

利用此反应及其逆反应,可以提纯蒽。同样,利用蒽易发生 Diels-Alder 反应来捕获活性中间体苯炔,可从化学角度来证实苯炔的存在。

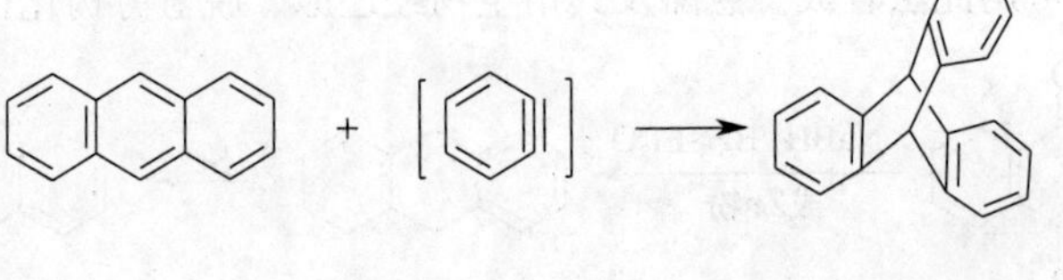

12.7.2.3 氧化反应和还原反应

蒽在重铬酸钾酸性溶液或三氧化铬的乙酸溶液中被氧化为 9,10-蒽醌，在乙醇溶液中用金属钠还原或用氧化铜-铬催化氢化蒽还原为 9,10-二氢蒽：

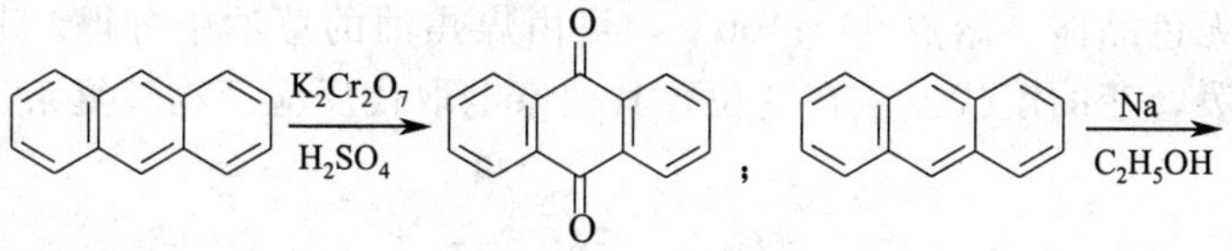

9,10-二氢蒽

12.7.3 蒽醌

蒽醌是淡黄色晶体，熔点 284～286℃，难溶于水和许多有机溶剂，易溶于热苯。蒽醌可由蒽经 V_2O_5 催化、在 300℃下由空气氧化制备。由于煤焦油中蒽的产量少，工业上还采取 Haworth 合成路线生产蒽醌衍生物。

由于蒽醌溶解性差，苯环上又具有羰基致钝基团，故很少发生亲电取代反应。但在 130～160℃高温下可被发烟硫酸磺化，产物 β-蒽醌磺酸（俗称 β-酸），β-酸是蒽醌染料的重要中间体：

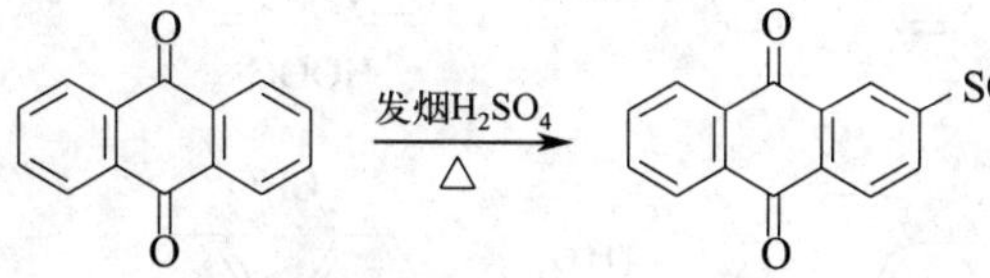

β-酸

β-酸与浓氢氧化钠溶液一起加热至 180～200℃反应，可以制备茜素：

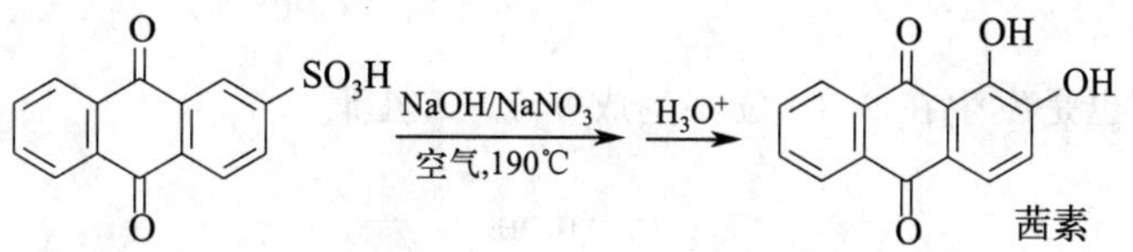

茜素

β-酸经氨解等反应可以合成标准还原蓝 RSN，俗称阴丹士林蓝，结构如下：

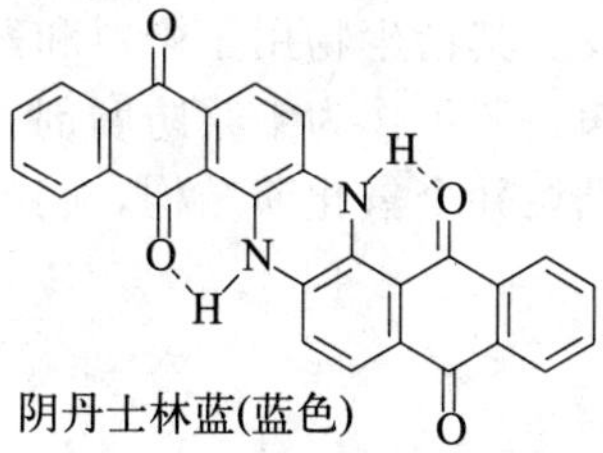

阴丹士林蓝(蓝色)

蒽醌染料的另一重要中间体是 1-氨基-4-溴蒽醌-2-磺酸，俗称溴氨酸。其生成路线如下：

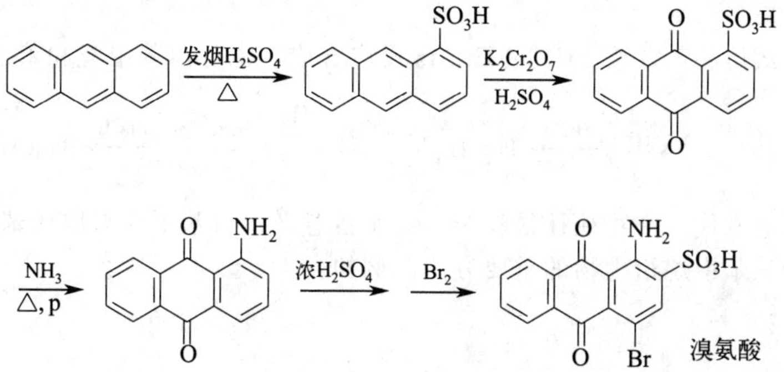

溴氨酸

12.8 菲

菲环可视为三个苯环角型稠合而成。菲可写出三个完整苯环的形式，共轭能略高于蒽，小于苯与萘之和。菲为无色晶体，熔点 98～100℃，可由煤焦油的蒽油中分得。菲的化学性质类似蒽，但不及蒽活泼，菲的溴代发生在 9 位，其他亲电取代反应产物较复杂。

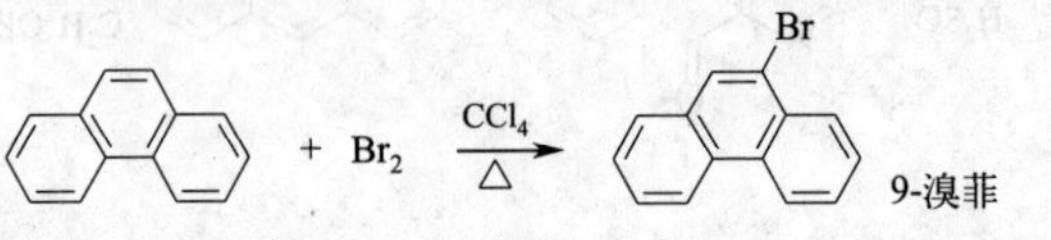

菲的氧化发生在 9，10 位，生成菲醌，但产率不高：

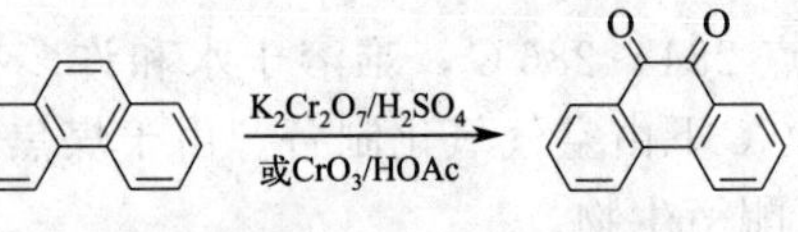

因为菲的 9，10 位体现双键性质，容易氧化断裂。例如：

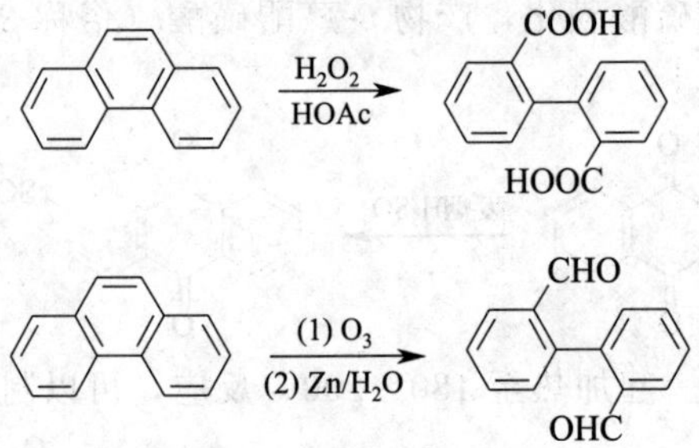

菲的还原反应也是发生在 9，10 位，生成 9，10 二氢菲：

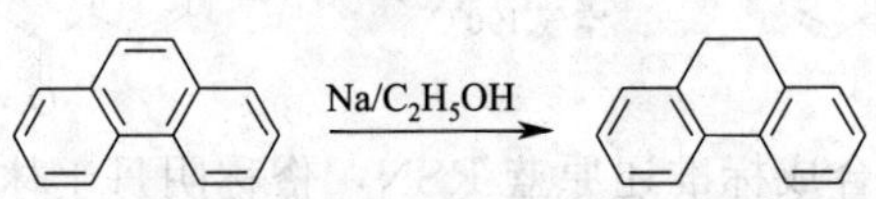

菲的实际应用有待进一步开发。其衍生物用于染料和药物，菲醌具有抑菌能力，用于拌种可防止谷物黑穗病、棉花苗期病，还可作为纸浆防腐剂。许多天然化合物的结构与菲环有关，例如，甾体的基本骨架为环戊烷并全氢化菲结构，吗啡也具有菲环骨架。

12.9 三苯甲烷及衍生物

12.9.1 制备方法

三苯甲烷由氯仿和苯，按 Friedel-Crafts 反应合成，也可由苯甲醛和苯缩合制备：

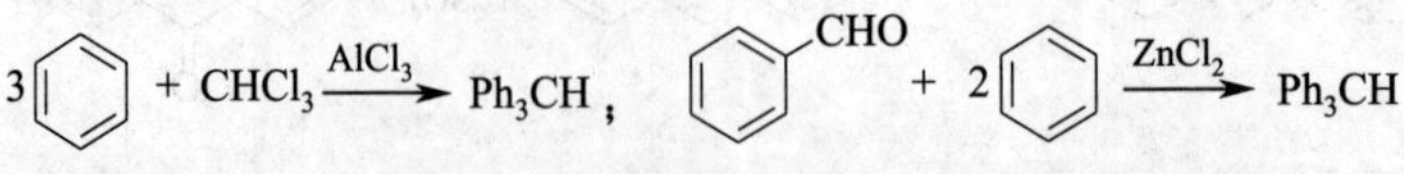

三苯甲烷亲电取代，产物往往很复杂，无制备意义。由苯甲醛与取代苯，特别是芳叔胺的缩合，是制备三苯甲烷衍生物的重要方法。例如：

$$\text{PhCOH} + 2 \text{ } \underset{}{\text{PhN(CH}_3)_2} \xrightarrow{\text{ZnCl}_2} (\text{CH}_3)_2\text{N} \underset{}{\text{—}} \text{C} \underset{\text{H}}{\overset{\text{Ph}}{|}} \underset{}{\text{—}} \text{N(CH}_3)_2$$

12.9.2　三苯甲烷及其有关物质的性质

三苯甲烷是无色结晶,熔点 92~94℃。受到三个苯基的影响,三苯甲烷分子中次甲基上氢特别活泼,使三苯甲烷及其衍生物有许多特殊的化学性质。

12.9.2.1　酸性

三苯甲烷与强碱,如氨基钠作用,生成深红色的三苯甲基钠。

$$\text{Ph}_3\text{CH} + \text{NaNH}_2 \xrightarrow[-33℃]{\text{NH}_3(1)} \text{Ph}_3\text{C}^- \text{ Na}^+$$

下列化合物的 pK_a 值数据,说明三苯甲烷有一定酸性。其原因是三苯甲基负离子的负电荷与三个苯基共轭而分散,故较稳定。

$$酸性:\text{Ph}_3\text{CH} > \text{Ph}_2\text{CH}_2 > \text{PhCH}_3 > \text{PhH} > \text{CH}_3\text{CH}_3$$
$$\text{p}K_a:\quad 31.5 \qquad 34 \qquad 41 \qquad 43 \qquad 约 50$$

12.9.2.2　三苯甲基正离子的形成

三苯甲烷易被氧化成三苯甲醇,后者也可由苯基溴化镁与苯甲酸乙酯或二苯甲酮反应制备:

$$\text{Ph}_3\text{CH} \xrightarrow{\text{CrO}_3} \text{Ph}_3\text{C—OH} \qquad \text{PhCOOEt} \xrightarrow[\text{(2)H}^+/\text{H}_2\text{O}]{\text{(1)PhMgBr/Et}_2\text{O}} \text{Ph}_3\text{C—OH}$$

三苯甲醇溶于浓硫酸,生成金黄色的三苯甲基正离子。用水或乙醇将此溶液稀释,又重新生成三苯甲醇或醚 (Ph$_3$COC$_2$H$_5$),金黄色也随之消失:

$$\text{Ph}_3\text{C—OH} \xrightarrow{浓 \text{ H}_2\text{SO}_4} \underset{金黄色}{\text{Ph}_3\text{C}^+ \text{HSO}_4^-} \begin{cases} \xrightarrow{\text{H}_2\text{O}} \text{Ph}_3\text{C—OH} + \text{H}_2\text{SO}_4 \\ \\ \xrightarrow{\text{EtOH}} \text{Ph}_3\text{C—OEt} + \text{H}_2\text{SO}_4 \end{cases}$$

12.9.2.3　三苯甲基自由基的形成

三苯甲烷容易发生自由基卤代反应。

$$\text{Ph}_3\text{C—H} + \text{Br}_2 \xrightarrow{h\nu} \text{Ph}_3\text{C—Br} + \text{HBr}$$

三苯甲基溴(或氯)在隔绝空气条件下,与活泼金属(如锌粉)作用,生成稳定的三苯甲基自由基,显黄色。在无氧条件下,随着三苯甲基自由基浓度增高而二聚成白色固体,在溶液中二者存在动态平衡:

$$2 \text{ Ph}_3\text{C—Br} \xrightarrow[隔绝空气]{\text{Zn/苯}} \underset{黄色}{2 \text{ Ph}_3\text{C} \cdot} \Longleftrightarrow 二聚体(白色固体)$$

如果三苯甲基自由基与空气接触,则生成无色过氧化物 Ph$_3$COOCPh$_3$,熔点为 185℃。

1900 年,Gomberg 在苯溶液中将三苯氯甲烷与很细的银粉作用得到二聚体(白色固体)。那时 Gomberg 认为这就是他希望合成的六苯基乙烷(实际上不是)。直到 1968 年通过核磁共振发现这个化合物有三组质子信号，紫外光谱 λ_{max} 达 315nm。考虑到三苯甲基自由基所具有的共振结构，其二聚体是如下醌式结构：

三苯甲基自由基共振结构　　　　　二聚体(白色固体, m.p.145～147℃)

三苯甲基自由基或正离子中，三个苯环不共平面，而是像三叶风扇的叶片，倾斜一定角度，以减轻氢间的范德华张力。可能因立体阻碍太大，六苯基乙烷至今尚未真正合成。

12.9.3　三苯甲烷染料

三苯甲烷及其衍生物的研究，不仅具有理论意义，而且有实际价值，它们构成染料的一大类。三苯甲烷类染料多为三苯甲烷的氨基或羟基衍生物。高度共轭的醌式结构离子在发色上可能起重要作用。例如孔雀绿：

三苯甲烷染料均有这种醌式结构，例如品红和龙胆紫：

（品红）　　　　　　　　　　　（龙胆紫）

习题

12.1　下列每组化合物或离子哪些具有芳香性？

12.2　命名下列化合物。

（4）Ph—C(Ph)—OH

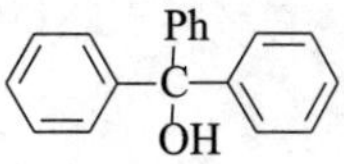

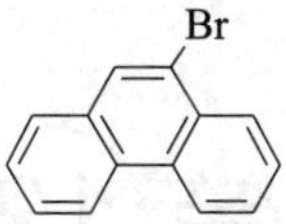

（5）（9-溴菲结构）

（6）（蒽醌衍生物：1-NH₂，2-SO₃H，4-Br）

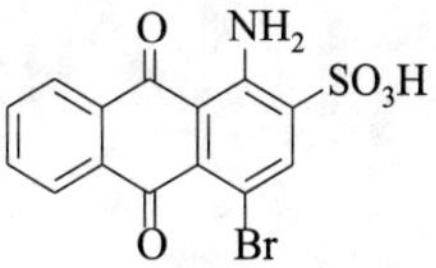

12.3　解释下列化合物定位效应。

（1）联苯的亲电取代反应主要发生在 4 位。

（2）萘进行硝化和卤代反应主要得到 α 位异构体。

（3）2-甲基萘的磺化反应主要生成 6-甲基萘-2-磺酸。

12.4　完成下列反应。

（1） 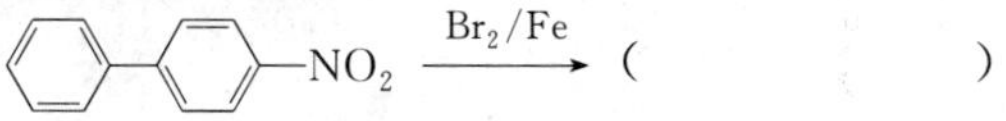
$$\text{(联苯-4-NO}_2) \xrightarrow{\text{Br}_2/\text{Fe}} (\qquad)$$

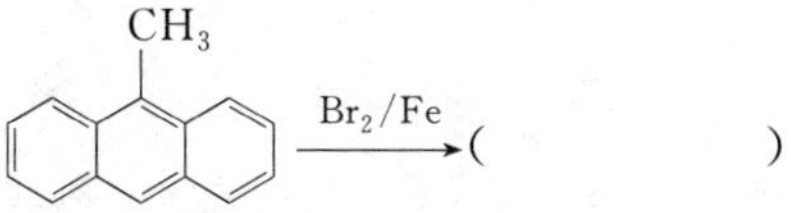

（2）
$$\text{(邻硝基氯苯)} \xrightarrow[\text{浓 NaOH}]{\text{Zn}} (\qquad) \xrightarrow[\triangle]{\text{H}_2\text{SO}_4} (\qquad)$$

（3）
$$\text{(9-甲基蒽)} \xrightarrow{\text{Br}_2/\text{Fe}} (\qquad)$$

（4）
$$\text{(2-甲基萘)} \xrightarrow[\text{CH}_3\text{CO}_2\text{H}]{\text{HNO}_3} (\qquad)$$

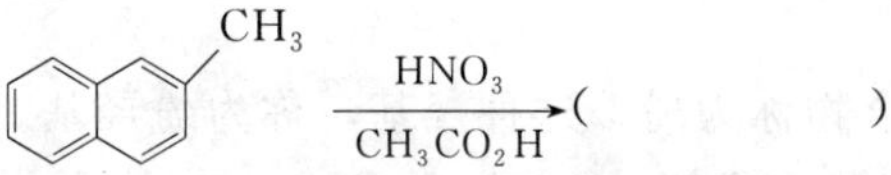

12.5　解释下列化合物的酸性大小变化趋势的原因。

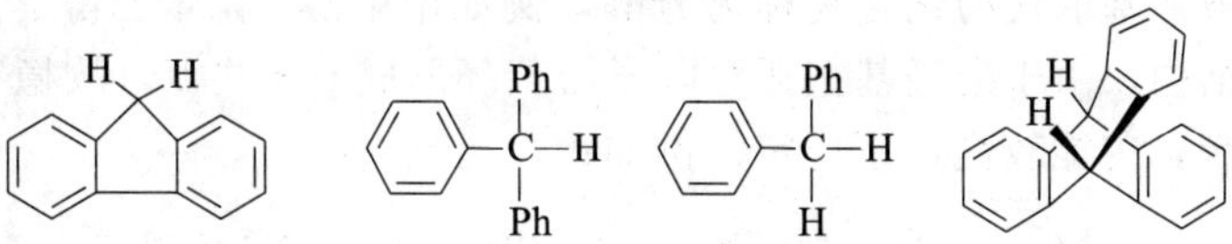

（芴）	（三苯甲烷 Ph₃CH）	（二苯甲烷 Ph₂CH₂）	（三蝶烯结构）
pK_a: 23	31.5	34	40

12.6　合成题。

（1）以苯为主要原料合成萘。

（2）以苯和萘为主要原料合成蒽、9-溴蒽和蒽醌。

12.7　解释或回答下列问题。

（1）苯负离子（苯环⁻）为什么具有芳香性？

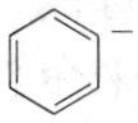

（2）[10] 轮烯具有 10 个 π 电子，为什么没有芳香性？

（3）为什么 γ-吡喃酮（结构）中（$\diagdown$C=O）上氧比醚中氧的碱性强？

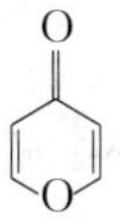

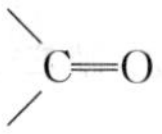

（4）苯炔很活泼，为什么具有芳香性？苯炔的活泼性与芳香性二者之间是否矛盾？为什么？

第 ⑬ 章

酚和醌

13.1　酚的结构和命名

13.1.1　酚的结构

芳烃分子中芳环上的氢被羟基取代的化合物称为酚，这种羟基，称为酚羟基。酚（phenol）类的通式为 Ar—OH，最简单的酚为苯酚（C_6H_5OH 或 PhOH），俗称石炭酸。芳烃分子侧链上的氢被羟基取代的化合物称为芳醇，例如苯甲醇、β-苯乙醇、β-萘乙醇。酚可看成是酮的烯醇式结构，由于酚羟基上孤对电子与芳环形成 p-π 共轭，故稳定，而其酮式结构破坏了芳环大 π 键，内能较高，不稳定。例如：

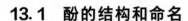

$\Delta H=-67\text{kJ·mol}^{-1}$

13.1.2　酚的命名

一元酚的系统命名原则是在"酚"字前加上芳环的名称作为母体。多元酚的名称常用俗名。苯环上有其他优先作为词尾的官能团时，酚羟基作为取代基来命名。例如：

4-甲基苯酚(来苏酚)　邻硝基苯酚或2-硝基苯酚　2,4,6-三硝基苯酚(苦味酸)

系统名：4-烯丙基苯酚或对烯丙基苯酚
俗名：原朴酚，佳味酚(chavicol)

α-萘酚　　　β-萘酚　　　邻苯二酚(儿茶酚)　间苯二酚(雷锁辛)

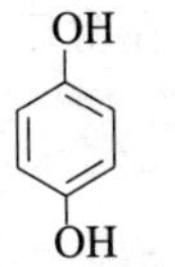

　　对苯二酚(氢醌) 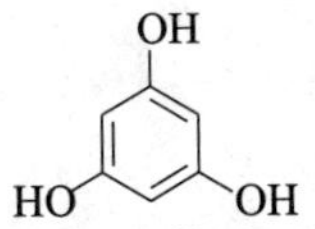　　均苯三酚(根皮酚) 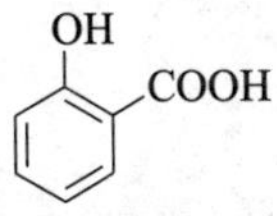　　邻羟基苯甲酸(水杨酸)

13.2　酚的来源和制备

　　酚类化合物存在于自然界中。利用酚的酸性（能与 NaOH 生成钠盐），可从煤焦油中分离出苯酚、甲酚和二甲酚等。这种方法的产量占世界总生产能力的 1.5% 左右，大量的酚类需工业生产提供。

13.2.1　磺酸盐碱融熔法

　　苯磺酸钠碱融熔法是早期工业上生产苯酚的方法，包括磺化、中和、碱熔和酸化等步骤：

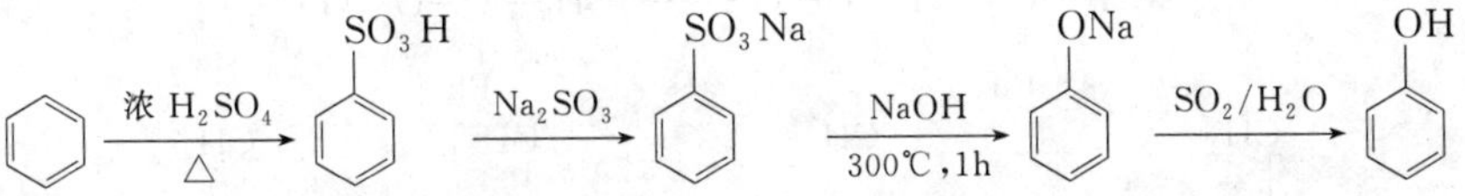

　　中和这步是用亚硫酸钠，生成的 SO_2 和 H_2O 用于最后一步的酸化反应，重新得到亚硫酸钠，进行循环使用。同位素实验证明，碱融熔可能按以下的加成-消除机理进行：

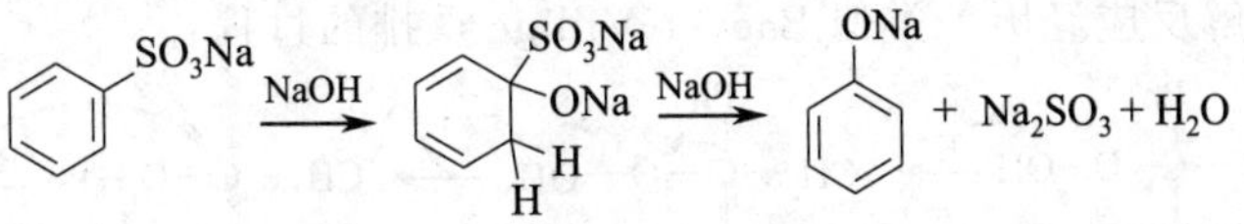

　　该方法虽工艺成熟，但步骤较多，条件苛刻，加上设备腐蚀和环境污染，国内外已基本淘汰。此外，在 300℃ 以上的高温下碱熔反应，除磺酸基外，环上—X、—NO_2、—COOH 等基团也可能被取代。因此，这种方法的应用范围有限，常用于间苯二酚、烷基苯酚和萘酚等的生产。例如：

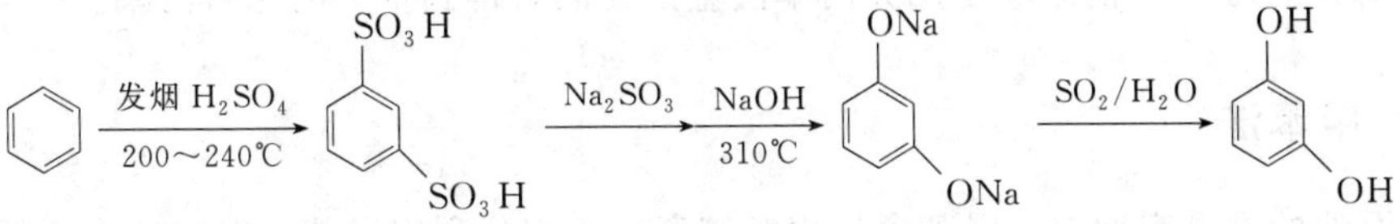

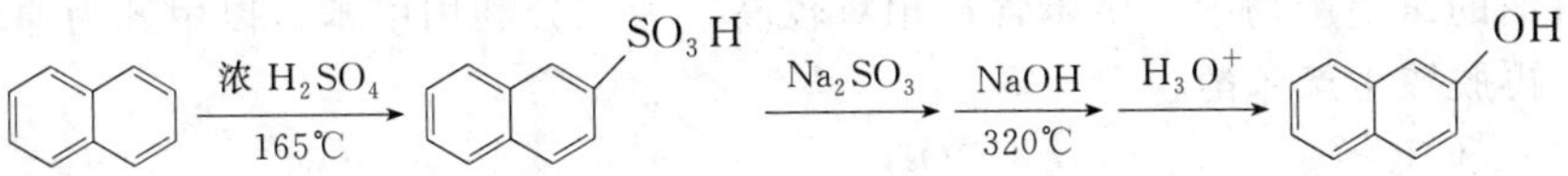

13.2.2　氯苯法

　　氯苯的碳-氯键非常牢固，需在高温、高压和催化剂作用下才能水解得到苯酚，反应按苯炔机理进行。该方法条件苛刻，不宜用于大规模生产：

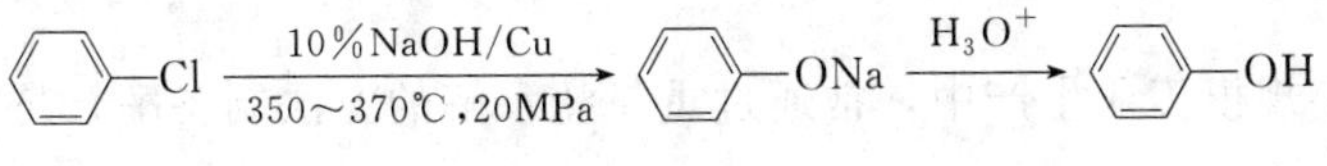

当卤原子的对位或邻位有吸电子基时，水解比较容易，可在常压下进行（见 11.6.2）。

13.2.3 异丙苯法

由苯和丙烯经傅-克烷基化反应生产异丙苯，其侧链 α-H 活泼，经空气氧化生成氢过氧化异丙苯。氢过氧化异丙苯在酸作用下重排，可同时生产苯酚和丙酮：

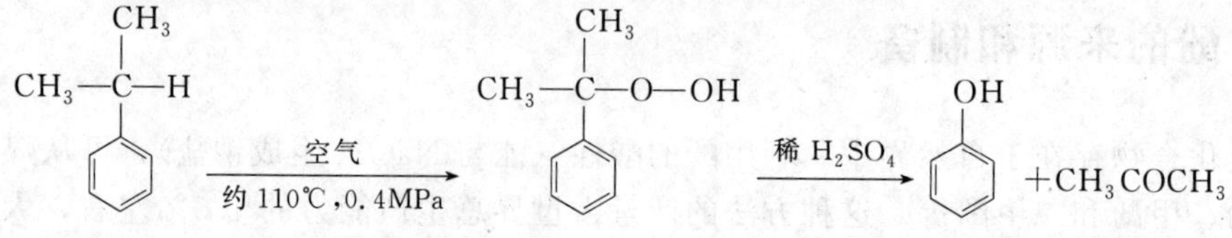

异丙苯氧化过程为自由基反应机理：

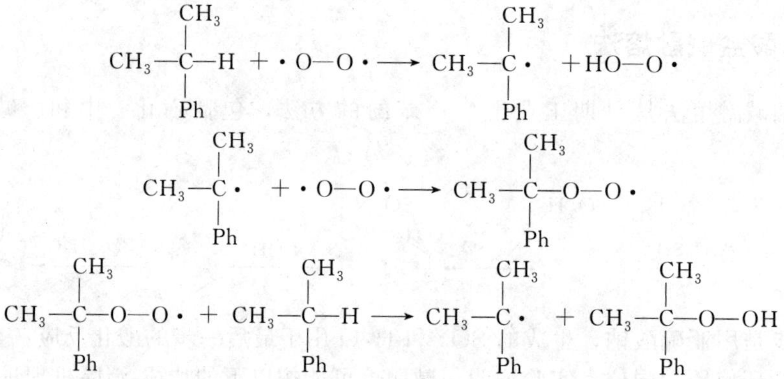

过氧化物酸分解反应经历了类似 Baeyer-Villige 重排的过程：

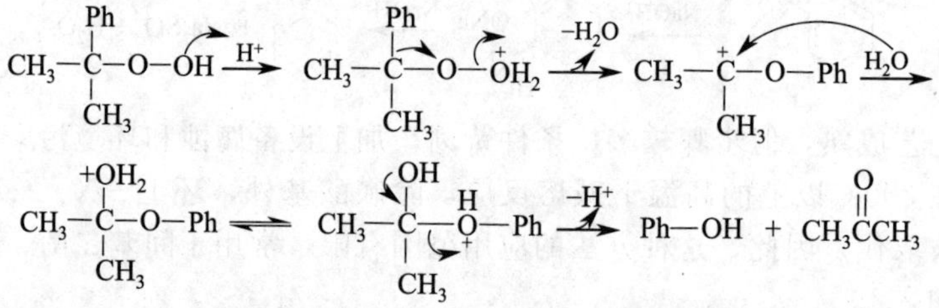

目前世界上约 90% 的苯酚是用异丙苯法生产，同时得到重要的原料丙酮。

13.2.4 甲苯法

由于石油的重整产物中，甲苯含量相对较高，为充分利用甲苯，以甲苯为原料，经两步催化氧化，再脱羧生产苯酚：

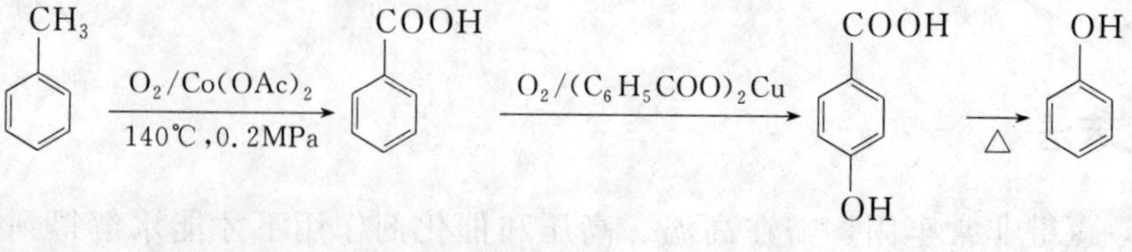

13.2.5 重氮盐法

在实验室或小规模工业生产中，常通过重氮盐水解的方法制备酚，特别是制备不宜用碱融熔等方法制备的酚。例如：

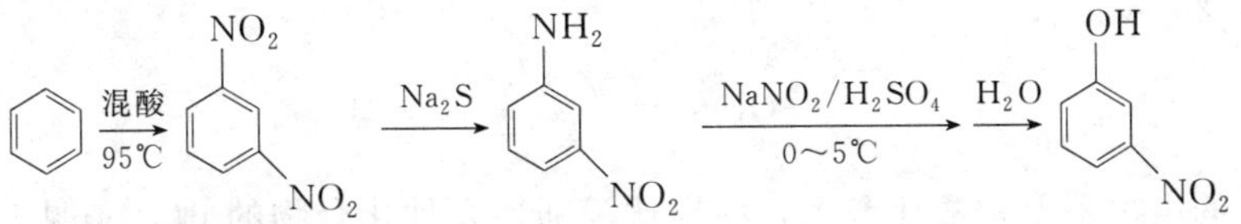

13.3　酚的物理性质

　　苯酚为白色针状结晶，当暴露于空气中或在光照下，易变成粉红色。含少量水的苯酚，熔点会下降。苯酚微溶于冷水中，能与 65℃ 以上的热水混溶；易溶于许多有机溶剂，但不溶于石油醚。

　　一取代苯酚，其对位异构体熔点最高，与其分子对称性有关。多元酚熔点较高，水溶性与其分子间形成氢键的能力有关。一些常见酚的物理性质见表 13.1。

表 13.1　常见酚的物理性质

化合物	熔点/℃	沸点/℃	溶解度/$[g \cdot (100g)^{-1}]$
苯酚	43	181.7	9.3
邻甲苯酚	30.9	191.0	2.5
间甲苯酚	11.5	202.2	2.5
对甲苯酚	34.8	201.9	2.3
邻氯苯酚	8.0	174.9	2.8
间氯苯酚	33.5	214.0	2.6
对氯苯酚	43.0	220.0	2.7
邻硝基苯酚	45.0	216	0.2
间硝基苯酚	97.0	197^{70}	1.4
对硝基苯酚	114.0	279(分解)	1.7
2,4-二硝基苯酚	115.0	升华	0.6
α-萘酚	96.0	288(升华)	不溶
β-萘酚	123.0	295	0.1
邻苯二酚	105.0	245	45.1
间苯二酚	110.0	281	111
对苯二酚	170.0	285.2	8
均苯三酚	218.0	升华	1

　　大多数酚是无色针状结晶或白色结晶，少数烷基酚为高沸点液体，它们遇空气和光易变红，遇碱变色更快。低级酚都有特殊的刺激性气味，尤其对眼睛、呼吸道黏膜、皮肤等有强烈的刺激和腐蚀作用，在使用时应注意安全。

13.4　酚的化学性质

　　酚和醇的官能团都是羟基，但是性质有很大不同。酚的氧原子与芳环形成 p-π 共轭使碳-氧键极性减弱而不易发生断裂，因此主要发生羟基的氢-氧键断裂和苯环上取代反应。

13.4.1　酚的酸性

　　p-π 共轭使氧原子电子云密度降低，与醇相比，酚的羟基酸性明显增强。例如苯酚，它电离生成的苯氧负离子氧上的负电荷通过 p-π 共轭向苯环离域，因此，它比烷氧负离子稳定得多，容易形成。

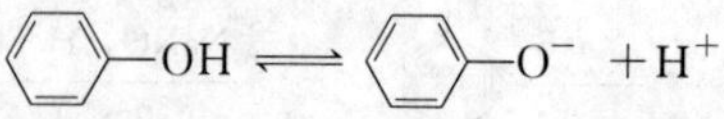

$$\text{C}_6\text{H}_5\text{—OH} \rightleftharpoons \text{C}_6\text{H}_5\text{—O}^- + \text{H}^+$$

所以，酚的电离平衡常数比醇大，酸性比醇强，几种化合物的 pK_a 值见表 13.2。

表 13.2　几种化合物的 pK_a 值

化合物	$\text{C}_2\text{H}_5\text{OH}$	H_2O	PhOH	H_2CO_3	$\text{CH}_3\text{CO}_2\text{H}$	苦味酸
pK_a	15.9	15.7	10.0	6.38	4.74	0.25

苯酚的酸性比碳酸还弱，为一弱酸，不能溶于 $NaHCO_3$ 水溶液，但可溶于 NaOH、碳酸钠水溶液，生成苯酚钠：

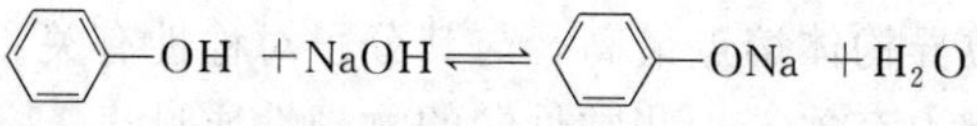

$$\text{C}_6\text{H}_5\text{—OH} + \text{NaOH} \rightleftharpoons \text{C}_6\text{H}_5\text{—ONa} + \text{H}_2\text{O}$$

往苯酚钠水溶液通入 CO_2，苯酚重新游离出来（形成白色沉淀）。利用这一性质，可分离纯化苯酚类化合物，也可用于鉴别：

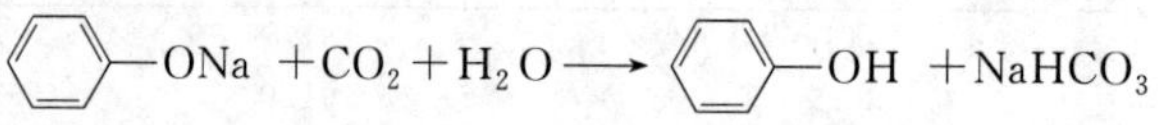

$$\text{C}_6\text{H}_5\text{—ONa} + \text{CO}_2 + \text{H}_2\text{O} \longrightarrow \text{C}_6\text{H}_5\text{—OH} + \text{NaHCO}_3$$

取代基对酚的酸性影响很大。取代基性质对苯酚酸性大小影响见表 13.3。

表 13.3　一些取代苯酚的 pK_a 值

取代基	邻位	间位	对位
—OCH_3	10.0	9.7	10.2
—CH_3	10.2	10.01	10.14
—F	8.8	9.2	9.9
—Cl	8.49	8.85	9.1
—$COCH_3$	/	9.2	8.0
—CN	/	/	8.2
—NO_2	7.22	8.39	7.15

当苯环上的取代基为吸电子基时，酚的酸性增加。吸电子能力越强、吸电子基越多，酸性增加得越多。例如：

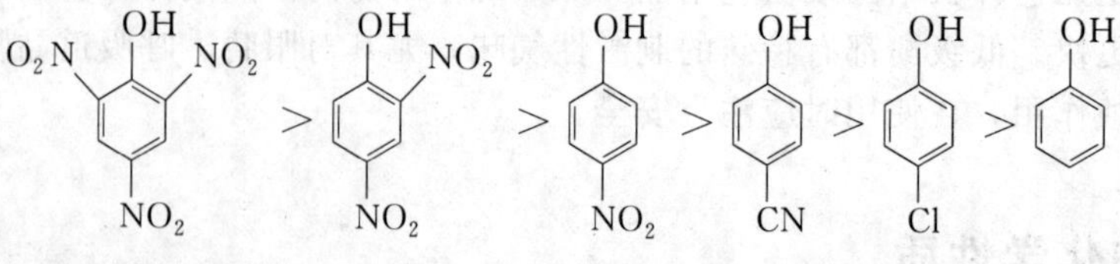

当苯环上的取代基为给电子基并位于对位时，酚的酸性减弱。给电子能力越强，酸性减弱得越多。例如：

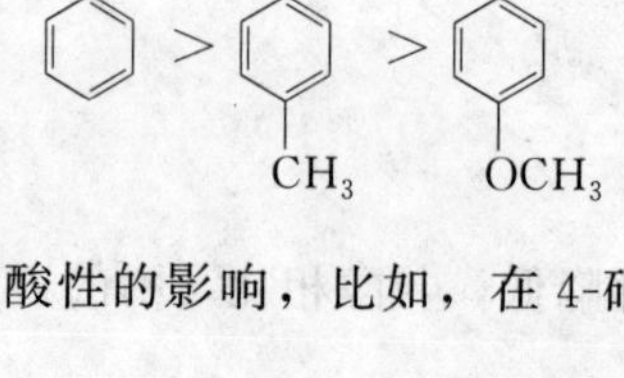

空间位阻影响吸电子基对酚酸性的影响，比如，在 4-硝基苯酚的 3 位和 5 位同时连有甲

基时，因为两个甲基的空间效应的阻碍使硝基与苯环不能很好处于共平面，导致硝基的－C 消失，使酚的酸性减弱。在 4-硝基苯酚的酚羟基的两个邻位同时连有甲基，两个甲基的空间效应对酚的酸性影响较小：

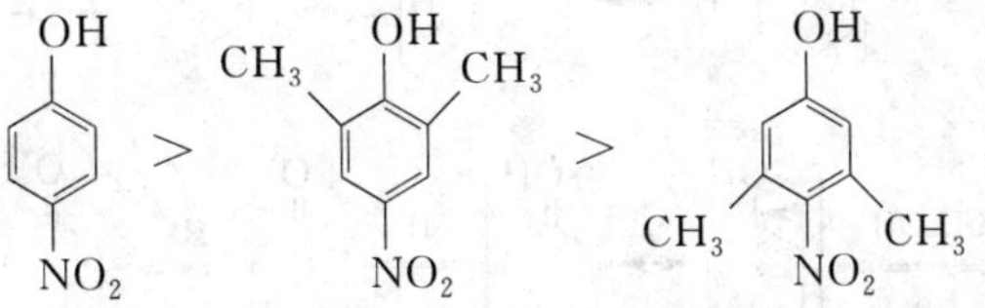

13.4.2　酚醚的生成及性质

酚羟基中 C—O 稳定，难断裂。例如，苯酚在 ThO_2（氧化钍）催化下，加热到 450℃，才能进行双分子脱水。但酚可方便地转变为钠盐，或在碱性条件下作为亲核试剂与硫酸二甲酯反应生成苯甲醚，与卤代烷发生 Williamson 反应生成酚醚。例如：

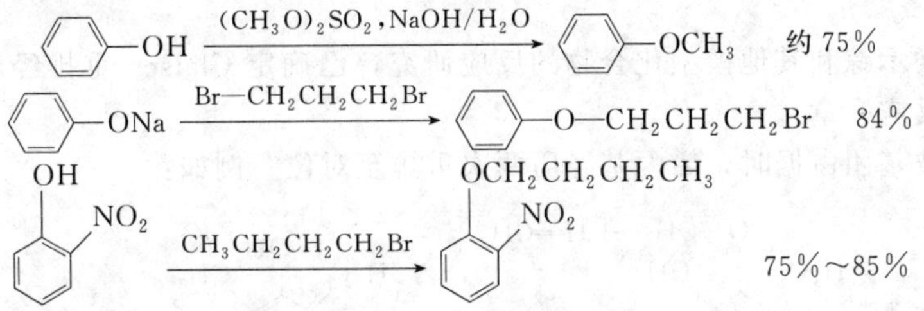

酚钠与卤代苯的反应，需要在较苛刻条件下才能进行，例如：

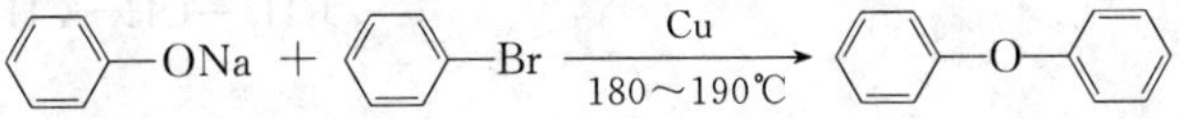

当卤代苯的邻、对位连有强吸电子基，比如硝基时，反应则容易进行。例如：

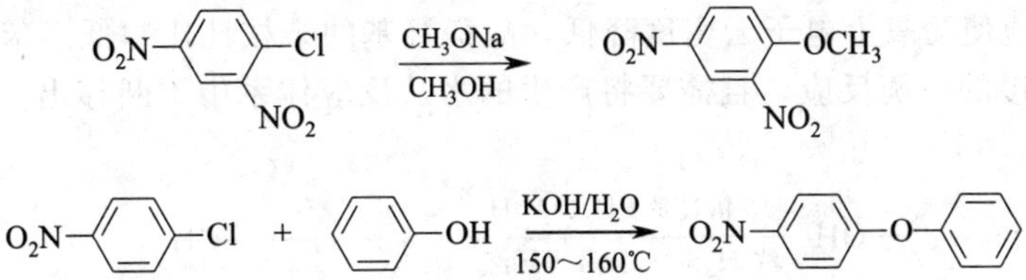

酚醚一般很稳定，芳脂醚容易被 HI 分解，生成苯酚和碘代烷。例如：

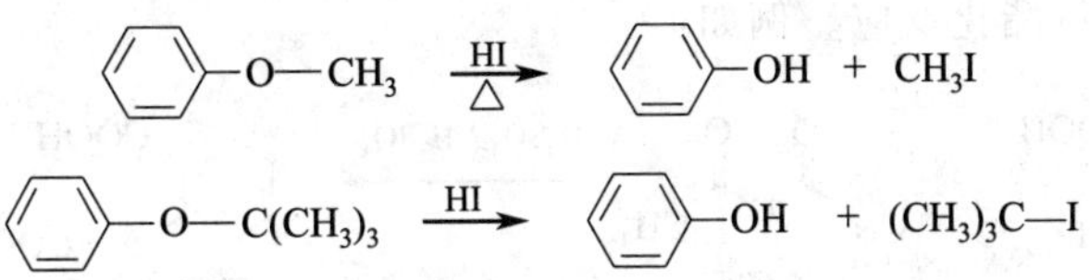

利用这一性质，可将烷氧基作为酚羟基的保护基。二芳醚分子中氧原子上电子云被两个苯环分散，难以形成锌盐，故不能被 HI 等试剂分解。

苯甲醚经伯奇还原，得到 3,6-二氢化合物，即 1-甲氧基-1,4-环己二烯：

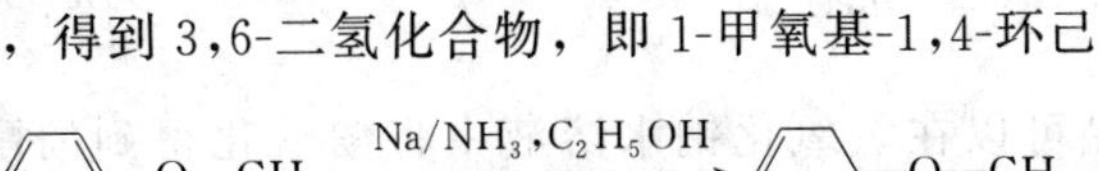

1-甲氧基-1,4-环己二烯是一种不稳定的烯醇醚。在酸作用下，首先分解生成 3-环己烯

酮，进一步异构化生成稳定的 2-环己烯酮，其机理如下：

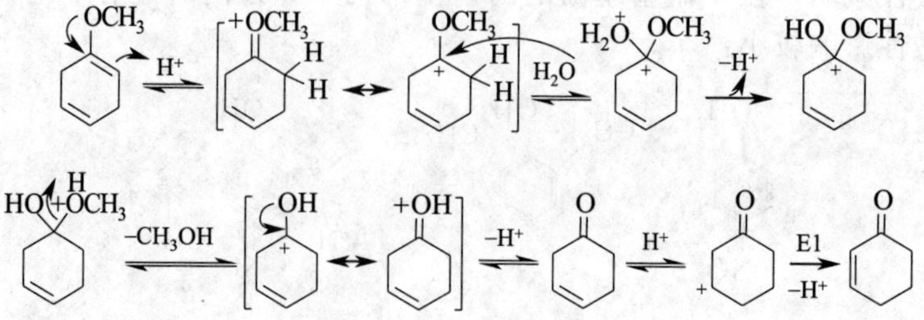

该反应将苯甲醚转变成 α, β-不饱和环己酮，在甾体化学、有机合成等领域具有重要应用价值。苯基烯丙基醚在受热时，发生 Claisen 重排反应，生成 o-烯丙基苯酚。

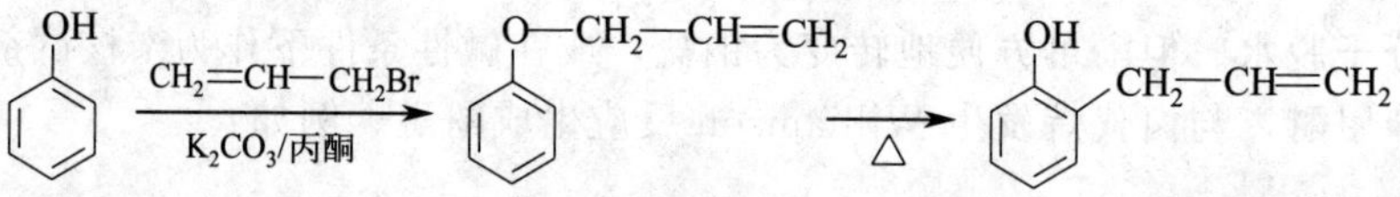

通过同位素示踪和其他模型化合物的反应研究，已确定 Claisen 重排经历了六元环过渡态（详见周环反应一章）。

当邻位都被基团占据时，烯丙基经历两次重排至对位。例如：

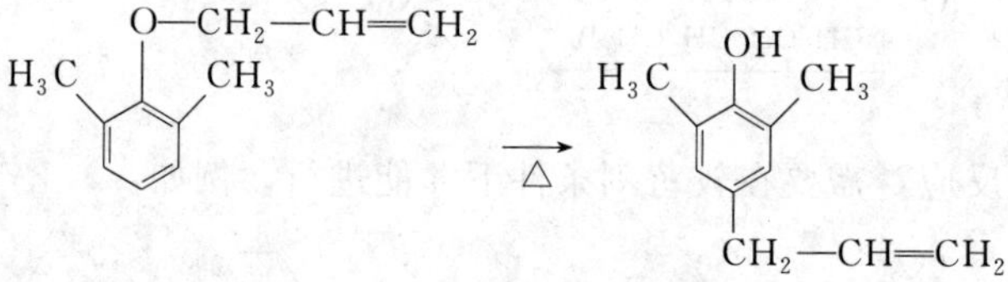

13.4.3 酰化反应及 Fries 重排

由于 p-π 共轭使酚氧上电子云密度降低，故酚羟基的亲核性比醇低。苯酚与羧酸直接酯化是一个相当缓慢的平衡反应，且需要将产生的水从反应体系中不断移出，例如：

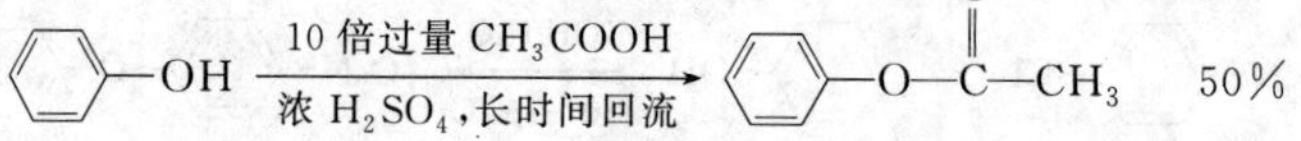

因此酚酯的制备，一般在碱（吡啶、三乙胺、碳酸钠）或强酸（硫酸、磷酸）催化下，用酰氯或酸酐与酚进行酯化反应。例如：

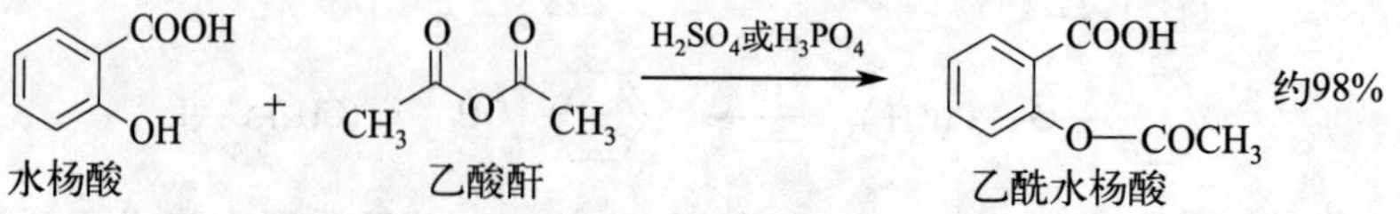

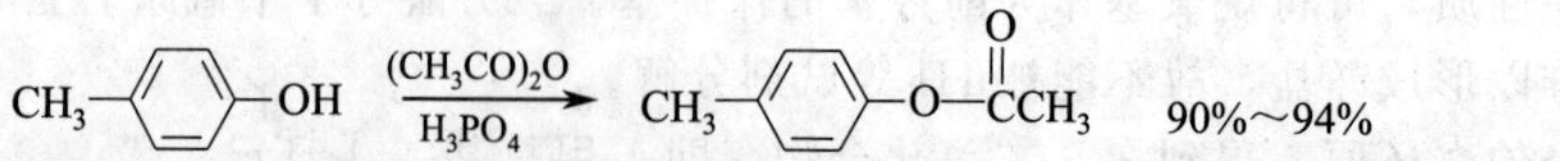

用较稳定的芳酰氯可以在氢氧化钠水溶液中将酚酰化得到酚酯，称为 Schotten-Baumann 法。碱将苯酚转变为亲核性更强的苯氧负离子，同时吸收产生的氯化氢。例如：

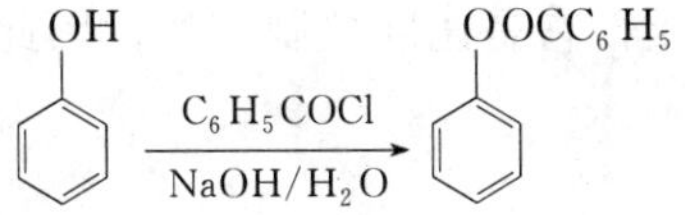

苯甲酸苯酯(phenyl benzoate)80%

将酚酯与无水三氯化铝共热，再用酸处理，得到羟基芳酮，水蒸气蒸馏将邻位和对位异构体分离。这种将酚酯中的酰基转移到酚羟基邻或对位的反应，称为 Fries 重排。例如：

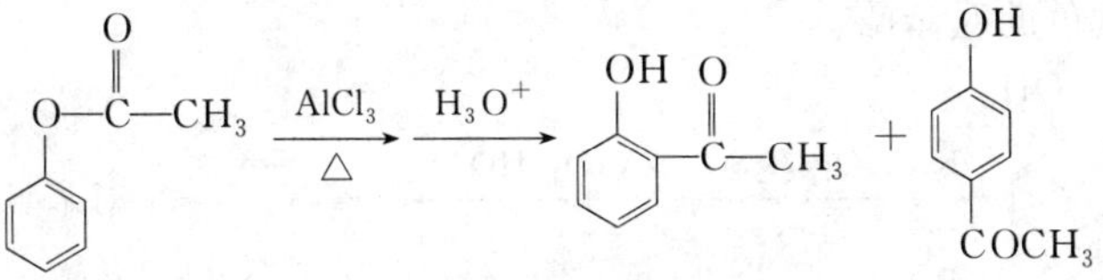

邻羟基苯乙酮　对羟基苯乙酮

这种合成羟基芳酮的方法，往往比苯酚的环上酰化反应效果好。Fries 重排反应的温度，对产物比例影响很大。在较高温度下，重排主要得邻位产物，低温主要得对位产物。例如：

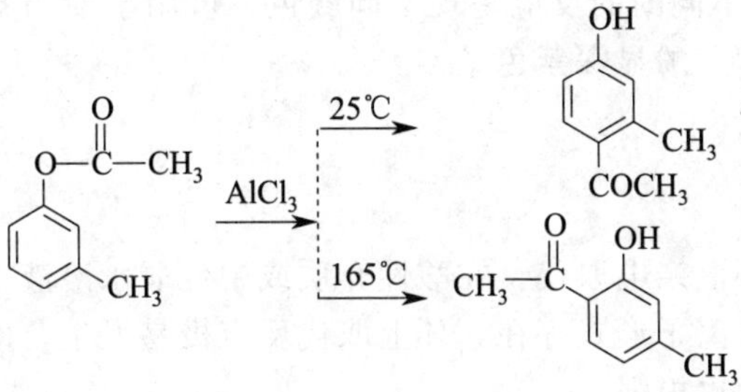

4-羟基-2-甲基苯乙酮 85%

2-羟基-4-甲基苯乙酮 95%

重排机理还是一个争论中的问题。根据环上有强致钝基团（如—NO_2）的酚酯不发生 Fries 重排，以及将两种酚酯混合，加热得到交叉重排产物的实验事实，人们普遍认为重排反应是经历酰基正离子中间体的亲电取代：

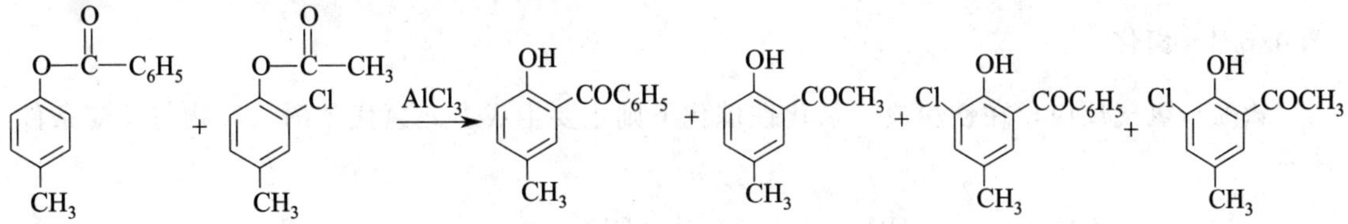

首先，酚酯与 $AlCl_3$ 形成络合物，促使酚酯的酰-氧键断裂，生成酰基正离子，再发生环上亲电取代，机理如下：

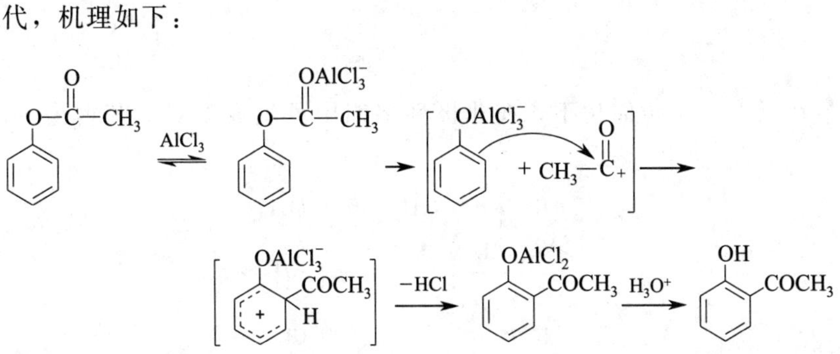

邻羟基苯乙酮能形成分子间氢键而使体系稳定，是热力学稳定的，是平衡控制产物，但生成它所需活化能较大，因此高温时主要生成邻羟基苯乙酮。生成对羟基苯乙酮时两个取代

基没有空间位阻,所需活化能较低,故容易形成,它是速度控制产物,因此在低温时主要生成对位异构体。

13.4.4 氧化反应

酚暴露于空气中或光照下,逐渐氧化,呈粉红色。暴露时间长,则变成棕色。苯酚经氧化剂氧化,可生成黄色的对苯醌。

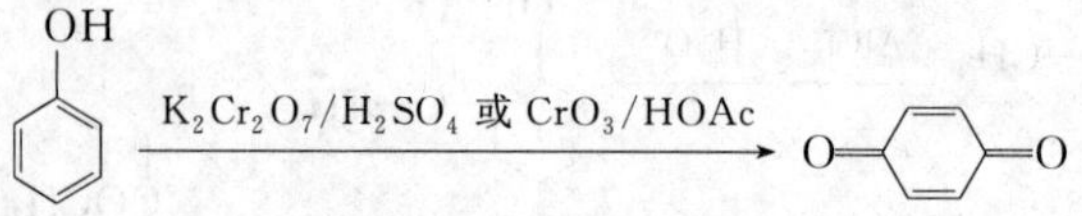

$$\xrightarrow{\text{K}_2\text{Cr}_2\text{O}_7/\text{H}_2\text{SO}_4 \ \text{或} \ \text{CrO}_3/\text{HOAc}}$$ 对苯醌

13.4.5 与三氯化铁的颜色反应

三氯化铁水溶液的颜色反应,是烯醇式结构的定性鉴定方法。苯酚与三氯化铁水溶液形成紫红色络离子 $[\text{Fe}(\text{OPh})_6]^{3-}$。不同酚的反应呈现不同颜色,可用于酚的鉴别。例如甲酚显蓝色,邻苯二酚显深绿色,间苯二酚显深紫色。

13.4.6 芳环上的取代反应

受羟基的活化,苯酚容易发生环上亲电取代。在酸性介质或中性非水溶液中,苯酚反应性适中。在碱性介质中,因以苯氧负离子形式存在,环上取代反应极易发生,即使在中性水溶液中,由于存在以下平衡,反应性也极强。

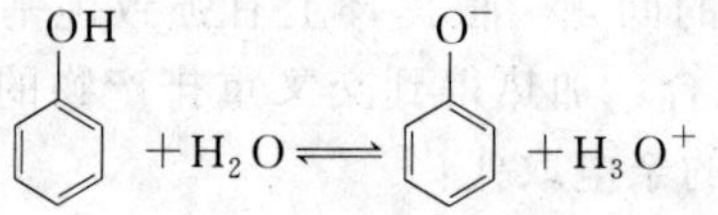

$$+\text{H}_2\text{O} \rightleftharpoons +\text{H}_3\text{O}^+$$

13.4.6.1 卤化

苯酚与氯气反应,在铁粉或三氯化铁催化下则主要生成多元氯代苯酚(产物与反应条件有关):

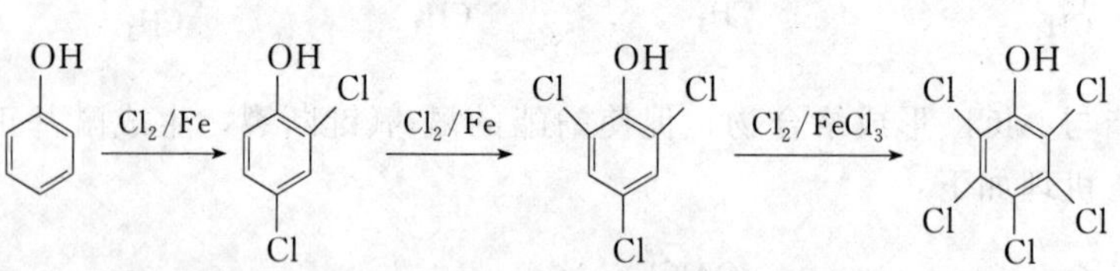

苯酚与氯在无 Lewis 酸催化下,在非极性溶剂中可生成以对氯苯酚为主的一元氯代苯酚:

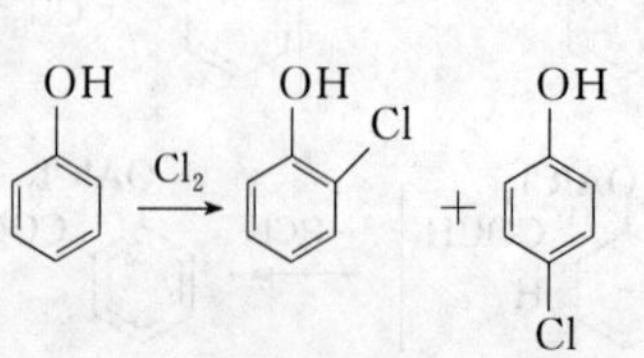

苯酚与次氯酸(HOCl)或次氯酸叔丁酯 $[(\text{CH}_3)_3\text{COCl}]$ 反应生成以邻位为主的一元氯代酚:

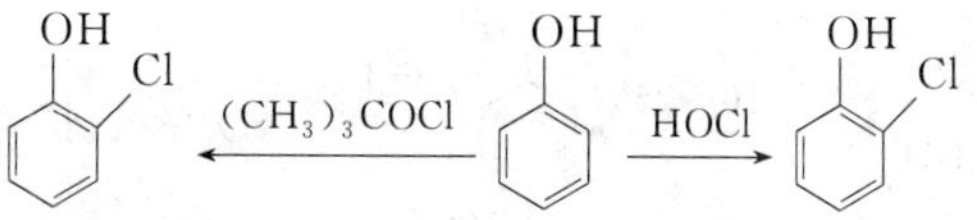

苯酚与过量溴水迅速发生多元取代，生成黄色沉淀物，反应非常灵敏，在苯酚浓度为 10mg/mL 时，便可检出，是苯酚的一种定性鉴定方法。沉淀物 2,4,4,6-四溴-2,5-环己二烯酮（此化合物可用作苯胺和苯酚衍生物的溴化试剂），经亚硫酸氢钠溶液洗涤，生成白色的三溴苯酚。整个反应是定量进行的，故可用作定量分析。

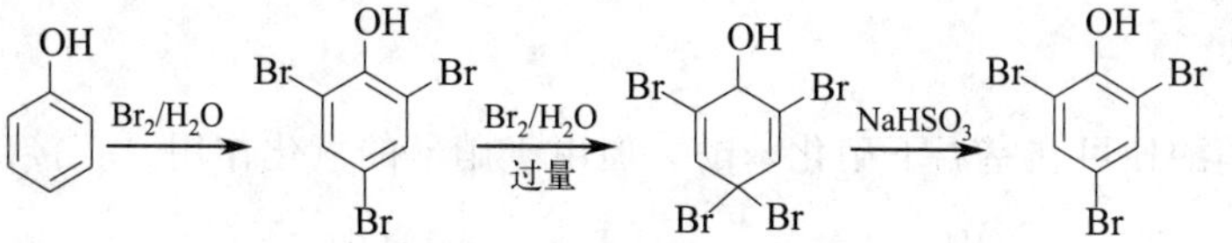

（白色沉淀）　　2,4,4,6-四溴-2,5-环己二烯酮

反应机理与苯氧负离子及其共振结构羰基 α-碳负离子的活性有关。苯酚和溴水反应受平衡的影响，一方面，由于溴的 $-I$ 效应，溴代苯氧负离子比苯氧负离子稳定，且易形成，有利于反应向生成三溴苯氧负离子方向进行：

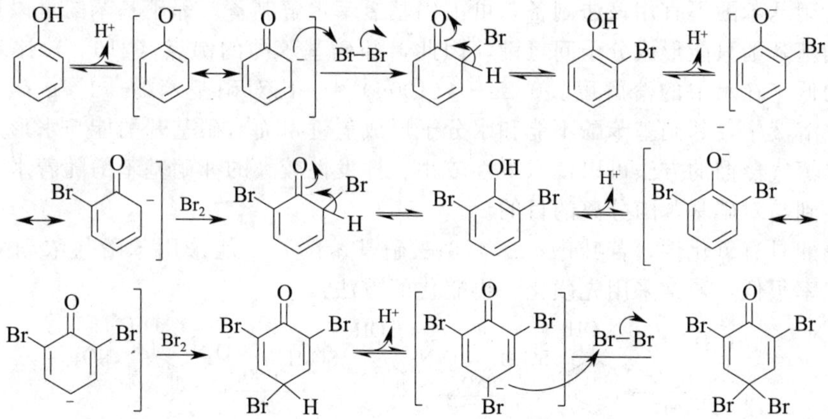

但另一方面，溴代反应使体系中 HBr 浓度不断增加，不利于形成苯氧负离子。因此，在一定酸度条件下，溴代可停留在生成二溴苯酚阶段。例如：

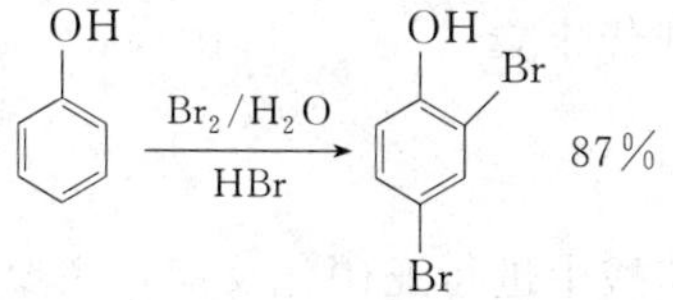

低温下，苯酚与 Br_2 在 CCl_4 等非极性稀溶液中反应，主要得到对溴苯酚：

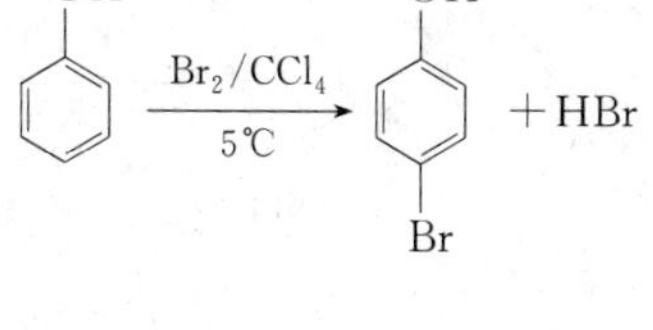

13.4.6.2　磺化

苯酚的磺化反应很容易进行，室温下可得到动力学控制的邻羟基苯磺酸产物。高温下磺化，或者将邻羟基苯磺酸加热，则得到热力学控制的对羟基苯磺酸产物。

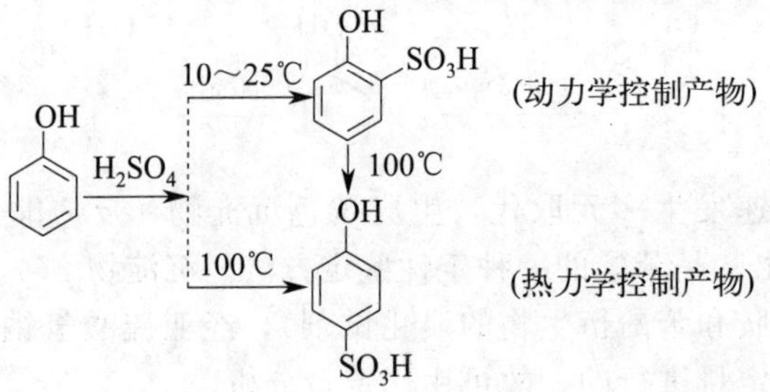

13.4.6.3 硝化

用 20% 稀硝酸便可在室温下硝化苯酚。但由于硝酸的氧化作用，直接硝化的产率较低：

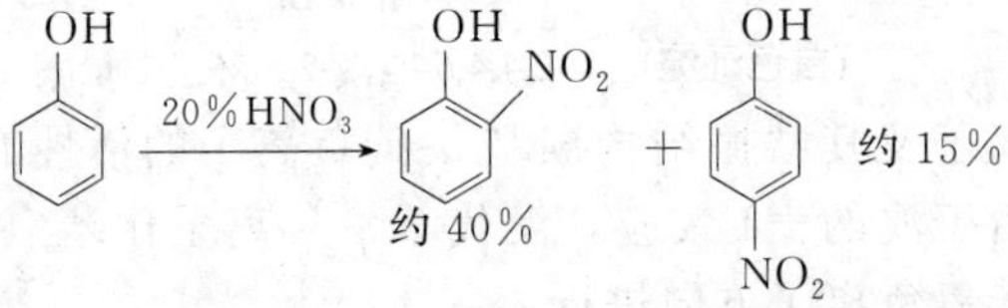

因此，硝基苯酚不宜用该法制备，可由硝基氯苯水解制备。邻硝基苯酚可以形成分子内氢键，对硝基苯酚只能形成分子间氢键，因此，邻硝基苯酚的沸点（216℃）比对硝基苯酚（279℃）的低，在水中的溶解度 $[0.2g \cdot (100g)^{-1}]$ 比对硝基苯酚 $[1.7g \cdot (100g)^{-1}]$ 的小。在水溶液中，邻硝基苯酚不能和水分子形成氢键，而对硝基苯酚能与水形成氢键。这样，采用水蒸气蒸馏的方法可以使水溶性较小、挥发性较大的邻硝基苯酚随着水蒸气蒸馏出来，从而达到与对硝基苯酚分离的目的。

因为硝酸具有氧化性，苦味酸（2,4,6-三硝基苯酚）不能采用苯酚与浓硝酸硝化法制备，否则产率很低，通常采用先磺化、再硝化的方法：

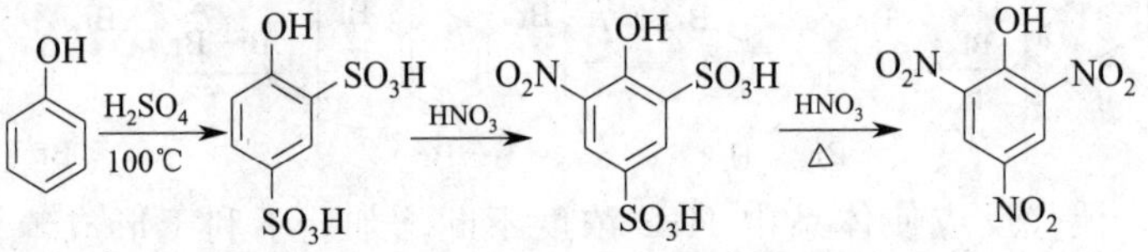

苯酚环上引入吸电子的磺酸基后，抗氧化能力增强，在较高温度下，再利用磺化反应可逆性，硝基将磺酸基取代，得到苦味酸。

13.4.6.4 亚硝化

苯酚与亚硝酸在水溶液或醋酸中进行亚硝化反应，主要产物是对亚硝基苯酚，再经氧化反应，并进一步分离可以得到对硝基苯酚：

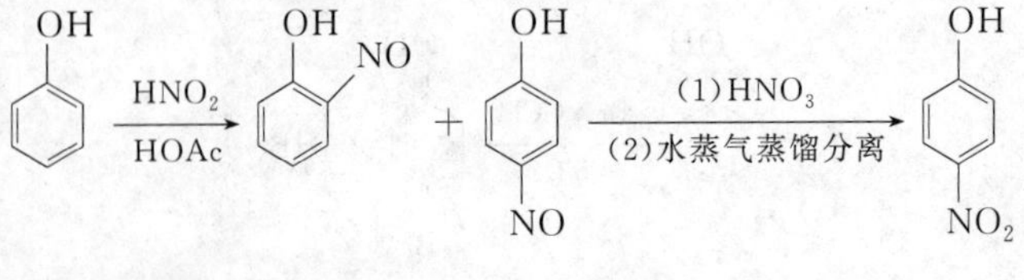

13.4.6.5 傅-克烷基化和酰基化

酚很容易进行傅-克反应，但是采用 $AlCl_3$ 为催化剂进行苯酚的傅-克反应，效果往往不好。原因是苯酚与 $AlCl_3$ 生成二氯酚铝（$PhOAlCl_2$），溶解性差，使反应难以进行。使用

BF_3、$ZnCl_2$、HF、H_3PO_4、H_2SO_4、PPA（多聚磷酸）等，一般可使反应顺利进行。例如：

苯酚和邻苯二甲酸酐在 H_2SO_4 或 $ZnCl_2$ 催化下，经缩合反应生成酚酞：

反应机理类似傅-克反应：

酚酞在酸性溶液中无色，而在碱性溶液中形成具有醌式结构的负离子，呈红色：

无色　　　　　　　　　　　红色

13. 4. 6. 6　Reimer-Tiemann 反应

苯酚、氯仿和氢氧化钠水溶液共热，在苯环上引入醛基，经酸化生成邻羟基苯甲醛和对羟基苯甲醛的反应，称为 Reimer-Tiemann 反应。

$$20\%\sim35\% \qquad 8\%\sim12\%$$

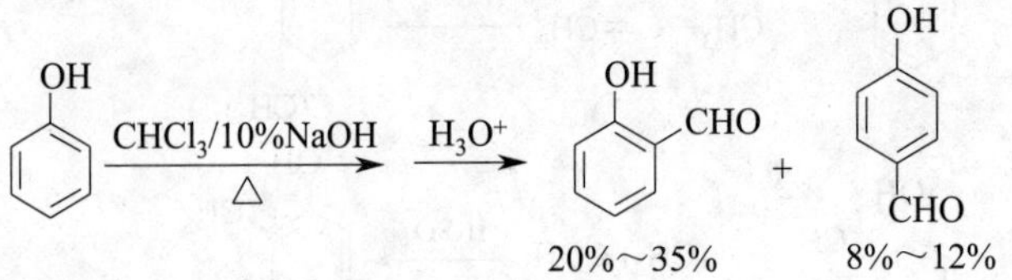

氯仿与氢氧化钠首先生成单线态的活性中间体二氯卡宾（碳为 sp^2 杂化），这种活性中间体与苯氧负离子迅速结合是 Reimer-Tiemann 反应的关键步骤，反应机理如下：

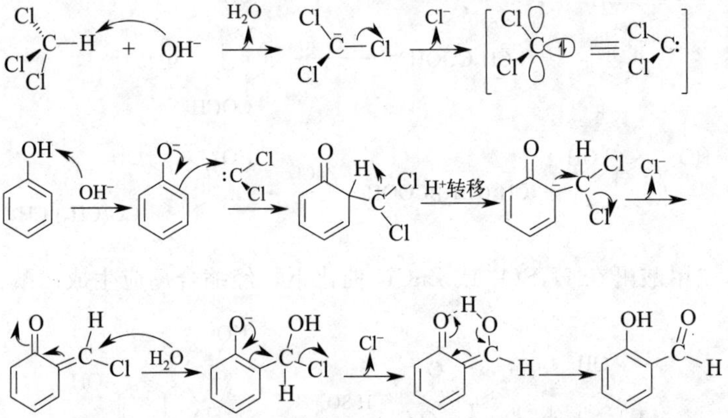

因在碱性介质中苯酚十分活泼，反应副产物多，因此产率并不高。但该方法只需一步即可引入醛基，操作方便，故仍得到广泛应用，特别是在香料工业中。以醇溶液代替水溶液，降低反应温度，可以减少副反应，提高产率。例如：

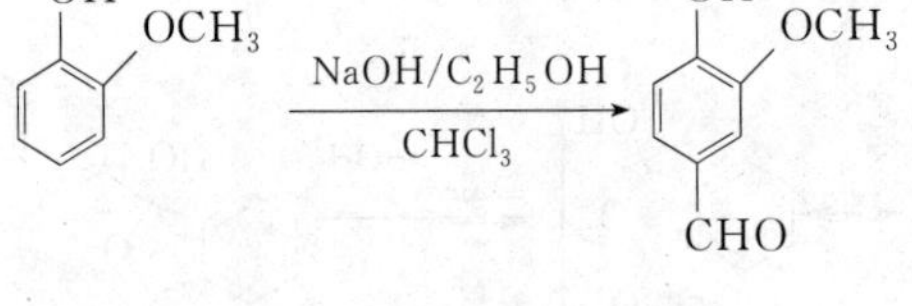

4-羟基-3-甲氧基苯甲醛
（香兰素）

13. 4. 6. 7　Kolbe-Schmitt 反应

苯酚钠与 CO_2 反应，在苯环上引入羧基，称为 Kolbe-Schmitt 反应：

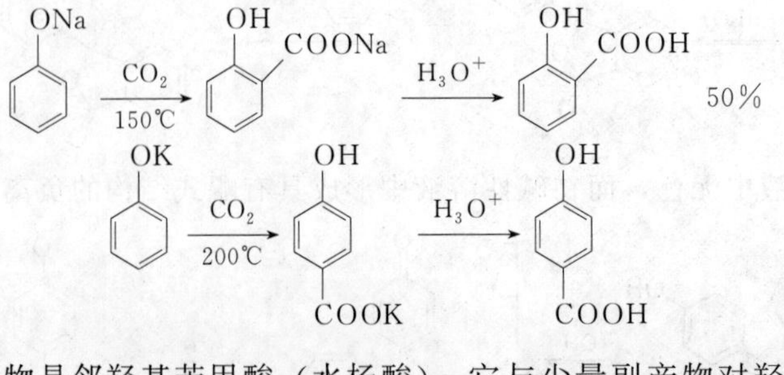

苯酚钠盐主要产物是邻羟基苯甲酸（水杨酸），它与少量副产物对羟基苯甲酸可通过水蒸气蒸馏很容易进行分离。如果用苯酚钾盐进行 Kolbe-Schmitt 反应，主要是对位产物。反应机理可能与苯氧负离子对 CO_2 的加成有关，水杨酸的生成过程如下：

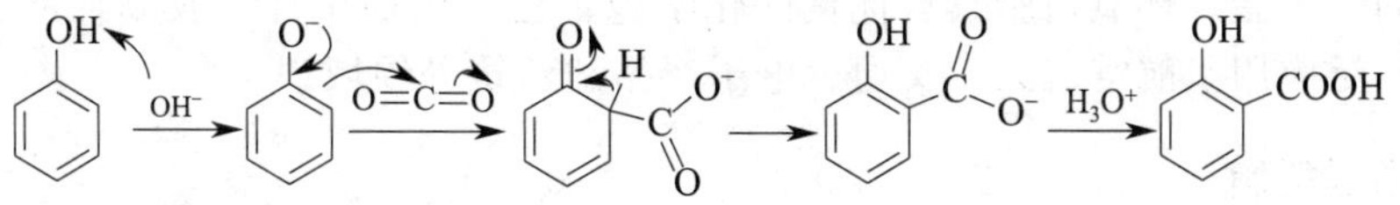

苯环上具有$—NO_2$、$—CN$、$—SO_3H$ 等强致钝基团时，不发生反应。多元酚或环上具有$—NH_2$ 等强的致活基团时，更容易发生反应，例如：

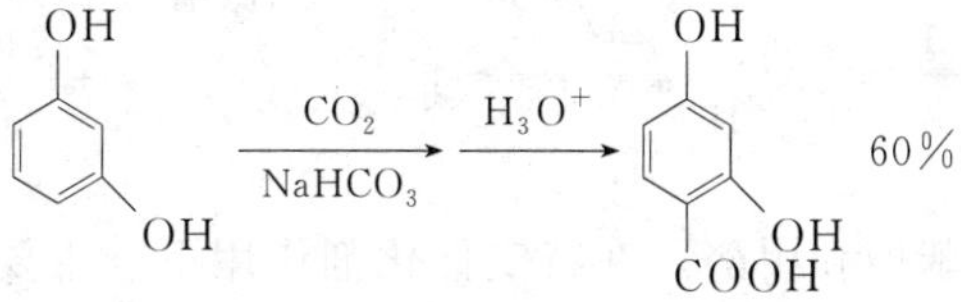

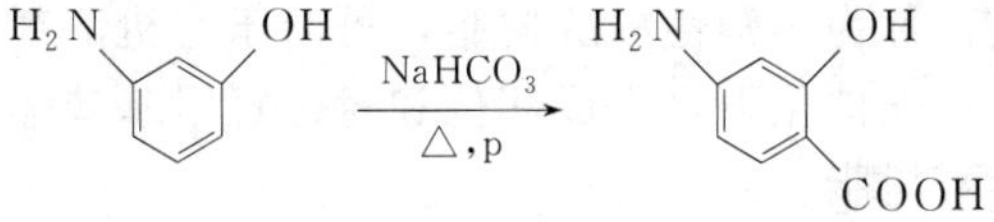

4-氨基-2-羟基苯甲酸
（对氨基水杨酸）

对氨基水杨酸（*p*-aminosalicylic acid，PAS）的钠盐和钙盐是一种抗结核药物。

13.4.7　缩合反应

在酸或碱作用下，苯酚与许多羰基化合物缩合，生成重要的有机工业品。

13.4.7.1　双酚 A 及环氧树脂

苯酚和丙酮在酸作用下缩合生成双酚 A：

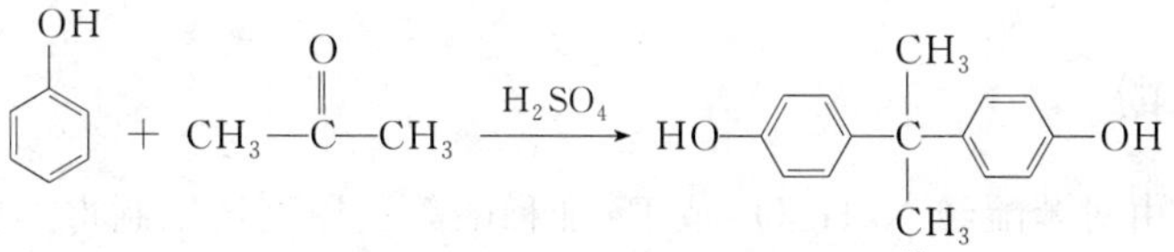

双酚 A

双酚 A 与光气或碳酸酯缩聚产物为工程塑料聚碳酸酯（PC）。

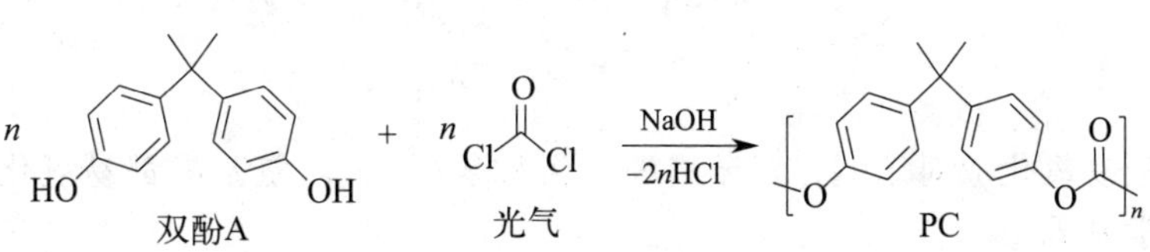

双酚 A 与环氧氯丙烷在碱性条件下缩聚，得到缩水甘油醚型环氧树脂：

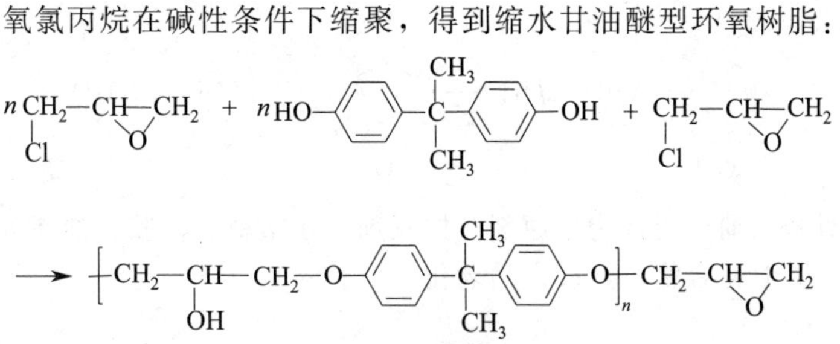

环氧树脂

环氧树脂是指分子结构中含有两个或两个以上环氧基团的一类聚合物。由于环氧基的化学活性，可用多种含有活泼氢的化合物（比如胺）使其开环，固化交联生成网状结构，因此它是一种热固性树脂。环氧树脂具有优良的化学稳定性、热稳定性、胶黏性能、电绝缘性、力学性能，广泛应用于航空航天、交通、电子产品和建筑等领域。

13.4.7.2　酚醛树脂

在酸或碱作用下苯酚与甲醛中活泼的羰基发生加成，生成邻/对位羟甲基苯酚：

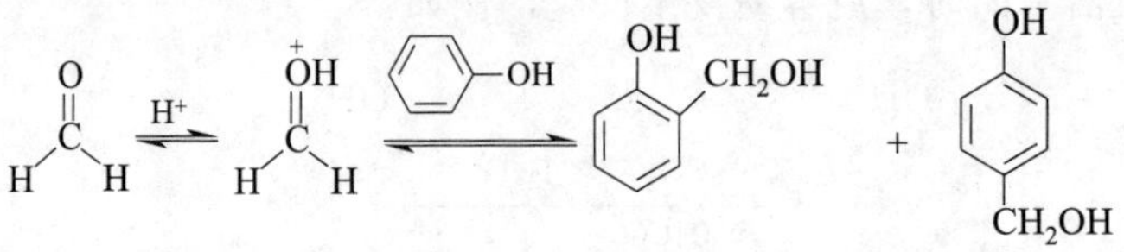

如果是等物质的量的苯酚和甲醛，在特定催化剂作用下，主要生成邻位羟甲基苯酚，然后进行缩聚反应得到线型酚醛树脂，称为热塑性酚醛树脂，可溶于有机溶剂，用作干性油的添加剂等。如果过量苯酚与甲醛，在碱催化下，生成邻位和对位羟甲基苯酚，再经缩聚交联反应生成体型树脂，称为热固性酚醛树脂。

13.5　重要的酚类化合物

13.5.1　苯酚

苯酚具有强烈腐蚀性，有毒，苯酚及其衍生物是防腐剂和消毒剂的有效成分。例如甲基酚和肥皂液组成的混合物，是常用消毒剂"来苏水"。五氯酚钠是灭钉螺杀虫剂。

大量苯酚用于生产酚醛树脂、环氧树脂等。苯酚经催化氢化，生成环己醇，它与环己酮是生产锦纶-6（俗称尼龙6，PA6）、锦纶-66（俗称尼龙66，PA66）的关键原料。

13.5.2　对苯二酚

对苯二酚，可由对苯醌经 $NaHSO_3$ 或 Fe 加稀酸等还原剂还原制得。例如：

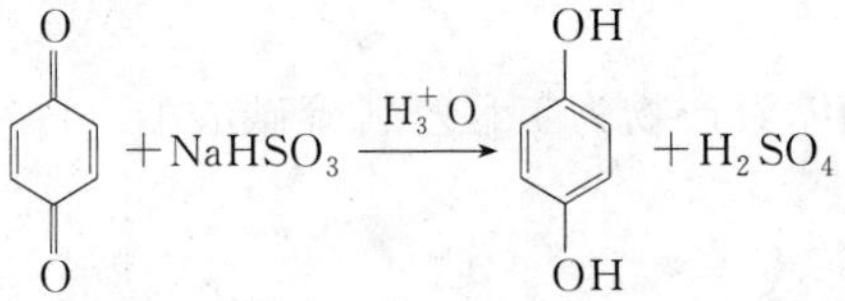

对苯二酚极易氧化成对苯醌。对苯二酚（俗称氢醌）、对氨基酚都易氧化成醌，是黑白照相显影的化学基础。

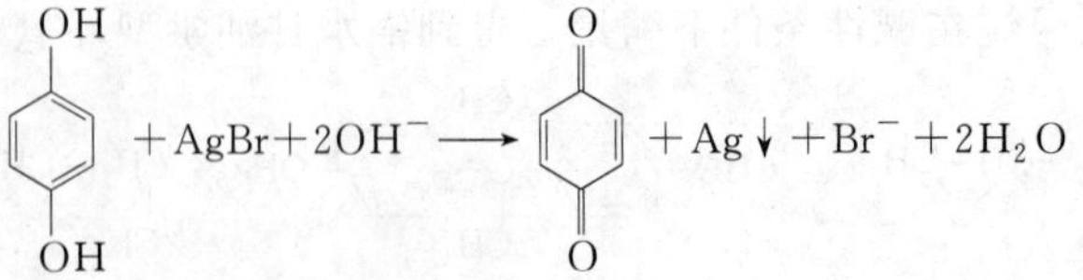

因易氧化，对苯二酚广泛作为还原剂、抗氧剂。在塑料、橡胶、油漆等产品中往往都需要添加对苯二酚或类似化合物，延缓产品老化。

13.5.3　邻苯二酚

邻苯二酚，俗称儿茶酚，可由干馏 3,4-二羟基苯甲酸（俗称原儿茶酸）得到：

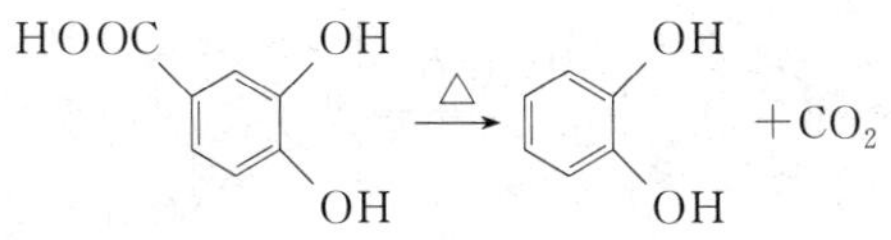

原儿茶酚是肾上腺素的分解代谢产物，也是葡萄酒、绿茶、红茶以及草药中存在的木质素的重要组成成分，具有抗炎和抗肿瘤的作用。原儿茶酸可由天然产物香草醛经碱熔、酸化而得。

工业上采用邻氯苯酚高温高压水解，邻羟基苯磺酸钠碱熔等方法生产邻苯二酚。邻苯二酚的许多性质与对苯二酚相似，如可氧化成邻苯醌，可用于照相器材、染料、药物等精细化工。叔丁基邻苯二酚是橡胶和塑料中的稳定剂。

13.5.4　间苯二酚

间苯二酚可由间苯二磺酸钠碱熔法生产。间苯二酚不能氧化成醌式结构，可与钠-汞齐反应，生成 1,3-环己二酮，反应经历了酮式-烯醇式互变异构。

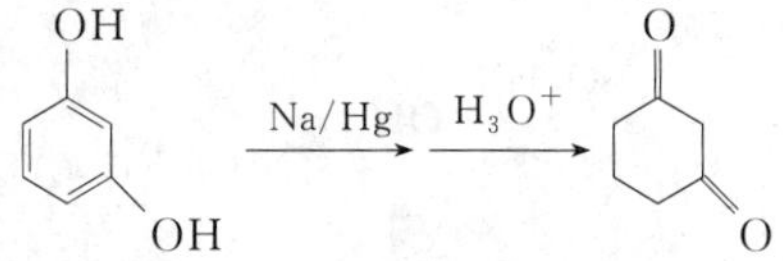

间苯二酚极易发生亲电取代反应，是重要的有机原料，用于生产树脂、胶合剂、药物、染料等。

13.5.5　1-萘酚和 2-萘酚

1-萘酚（又称 α-萘酚）和 2-萘酚（又称 β-萘酚）存在于煤焦油中，但含量很少。1-萘酚的传统制备方法有 α-萘磺酸碱熔法和 α-萘胺水解法，工业上还以萘为原料加氢制备四氢萘，再经氧化得到四氢萘酮，最后脱氢合成 1-萘酚，反应原理如下：

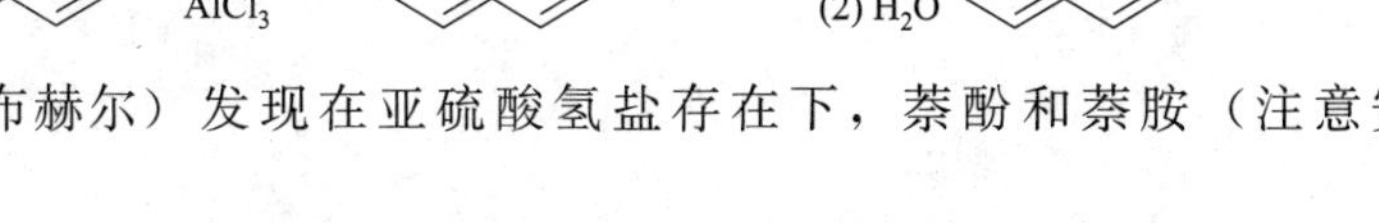

以萘为原料经 2-萘磺酸碱熔法和 2-异丙基萘氧化法可以制备 2-萘酚。萘与丙烯作用得到 2-异丙基萘，再经氧化和重排反应制备 2-萘酚的同时，还得到丙酮：

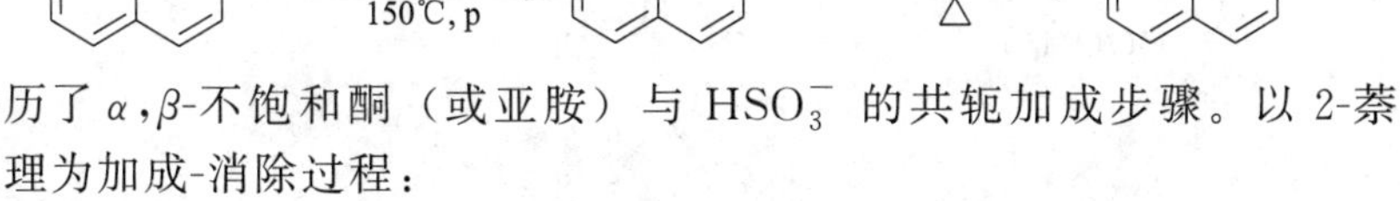

Bucherer（布赫尔）发现在亚硫酸氢盐存在下，萘酚和萘胺（注意安全）可以互相转化：

反应经历了 α,β-不饱和酮（或亚胺）与 HSO_3^- 的共轭加成步骤。以 2-萘酚的反应为例，反应机理为加成-消除过程：

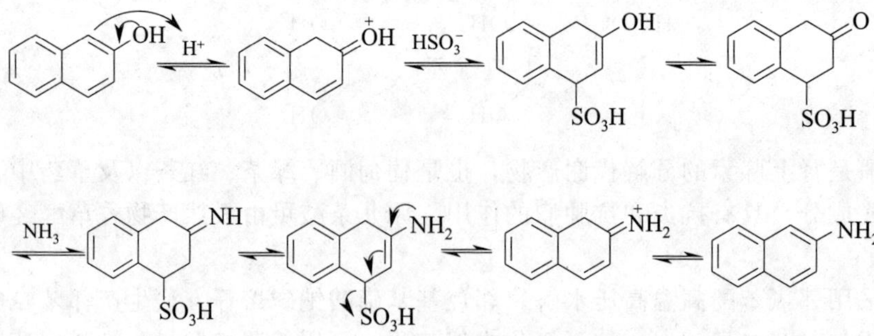

对于萘的 β-衍生物的制备，Bucherer 反应具有重要意义。因为这类化合物一般不能通过亲电取代反应得到，而是先由 β-萘磺酸经碱熔法制备 β-萘酚，后经 Bucherer 反应生成 β-萘胺，再经重氮化及相应的转换来合成。

Bucherer 反应适用于萘酚、蒽酚等稠环和杂环酚及其衍生物的合成。萘胺，特别是 β-萘胺，列为劳动环境中的致癌物质。因此，在合成萘胺衍生物时，应避免用萘胺作原料，而是用相应萘酚作原料，制备一系列中间体后，再经 Bucherer 反应将羟基转化成氨基。例如氨基 G 酸的合成：

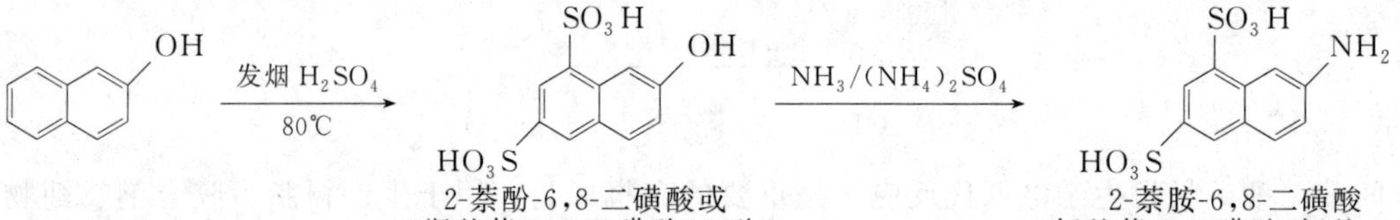

2-萘酚-6,8-二磺酸或
7-羟基萘-1,3-二磺酸(G 酸)

2-萘胺-6,8-二磺酸
7-氨基萘-1,3-磺酸(氨基 G 酸)

13.6 醌

13.6.1 醌的结构和命名

醌是指具有环己二烯二酮结构的一类化合物，分为邻醌和对醌两种结构单元：

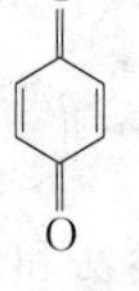

邻醌和对醌称为醌式结构，其中单双键键长已接近正常值，不再具备苯环的特征。因醌类与芳香族化合物密切相关，故可用芳香族化合物的衍生物来命名。例如：

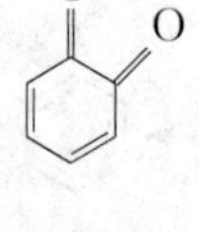

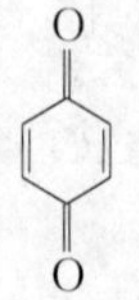

对苯醌(1,4-苯醌) 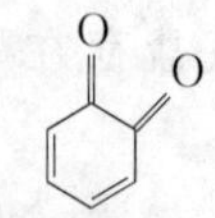　　邻苯醌(1,2-苯醌) 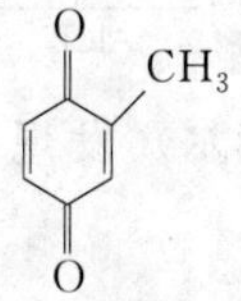　　2-甲基-1,4-苯醌

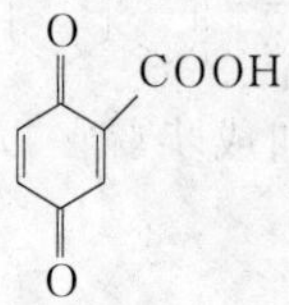

1,4-苯醌-2-甲酸 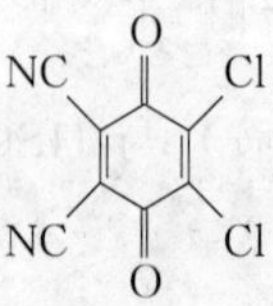　　2,3-二氯-5,6-二氰基苯醌 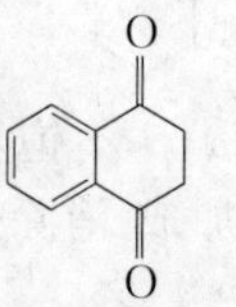　　1,4-萘醌

13.6.2 醌的来源和制备

13.6.2.1 醌的来源

醌类染料是一种具有醌式结构的物质，例如茜素：

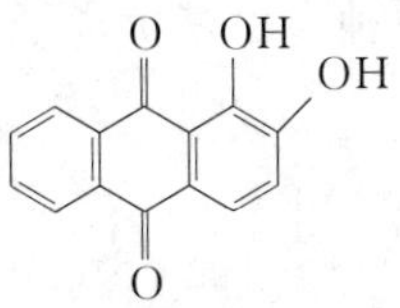

1,2-二羟基-9,10-蒽醌（茜素）

染料是能将纤维或其他基质染成一定颜色的有机化合物，它们大多可溶于水，或通过一定的化学处理在染色时转变成可溶状态，主要用于织物的染色和印花。有些染料不溶于水但可以溶于醇等有机溶剂，用于油蜡、塑料等物的着色。

醌广泛存在于自然界，天然色素大都因其具有醌式结构（发色团）而有颜色。许多天然醌类化合物具有生理功能，在人和某些动物体内生物氧化还原反应中起重要作用的泛醌 Q10 和维生素 K 均含有醌式结构：

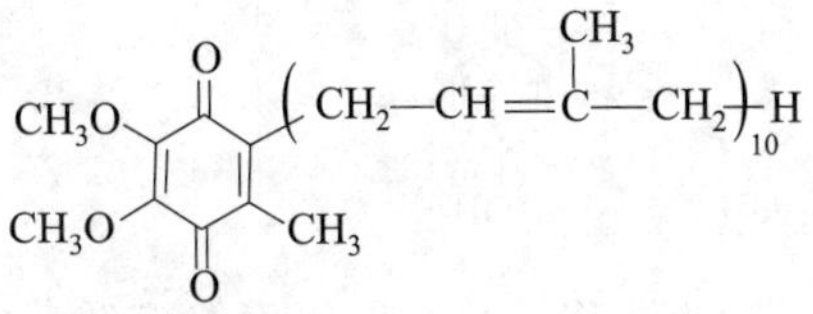

泛醌Q10 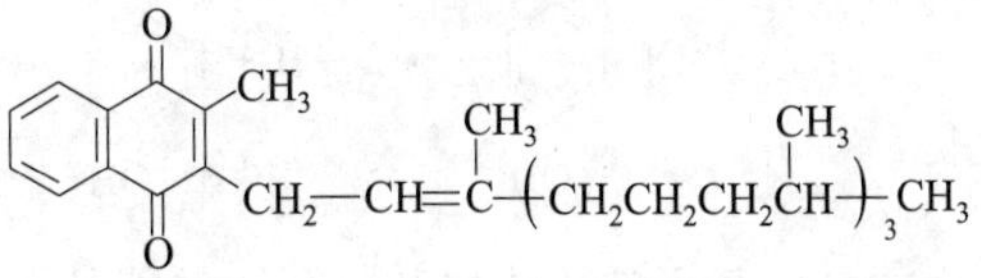　　　　　　　　　维生素K

13.6.2.2 醌的制备

酚或芳胺氧化是制备醌的主要方法。用苯酚直接氧化制备苯醌产率较低，工业上用芳胺氧化生产对苯醌，例如：

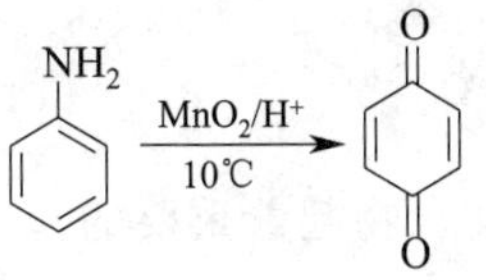

多环芳烃本身易氧化时，可直接氧化，也是工业上制备醌的方法，例如：

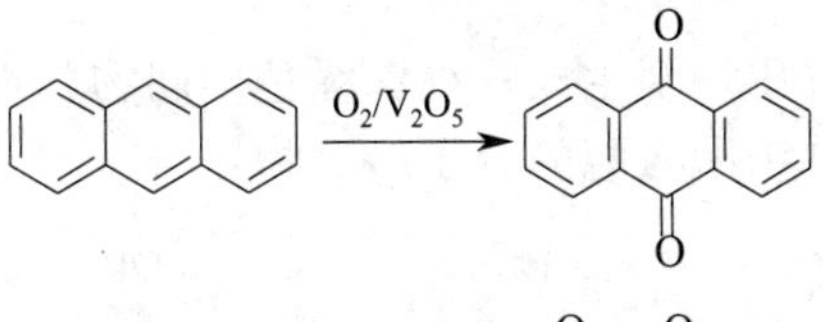

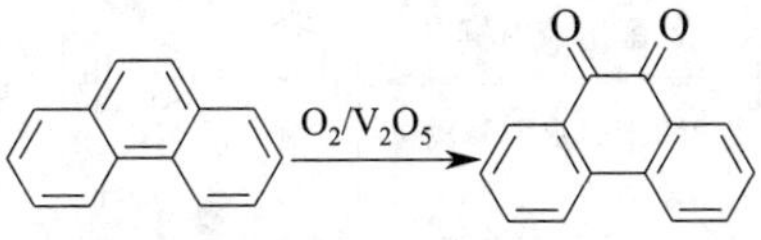

13.6.3 醌的化学性质

13.6.3.1 还原反应

对苯醌容易还原成氢醌，氢醌也易氧化成对苯醌，因而构成一对氧化-还原对：

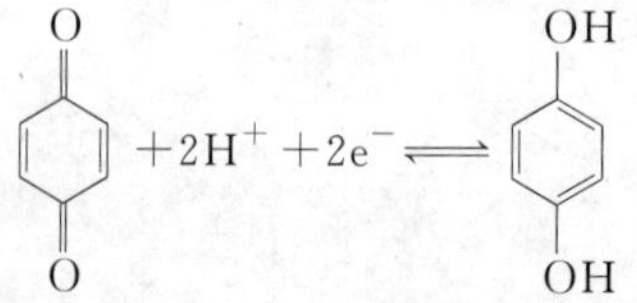

醌的还原，为两次接受单电子过程，生成氢醌双负离子，再与质子结合得到氢醌。第一次接受一个单电子的活性中间体叫做半醌，它是一种自由基负离子，其结构已被电子自旋共振（electron spin resonance，ESR）谱证实。

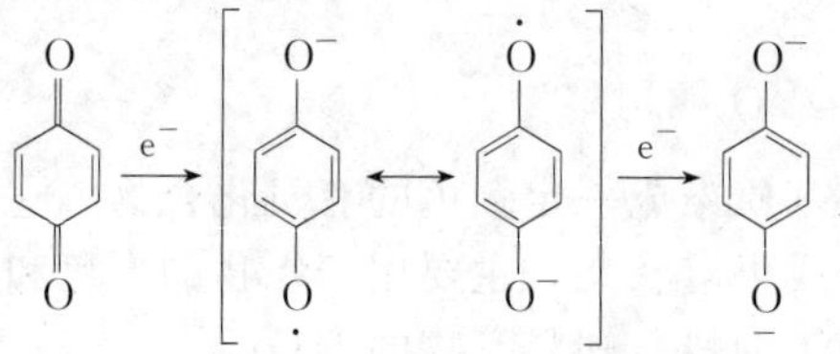

具有半醌结构的苯氧自由基的形成，是酚类作为抗氧剂的基础，它们能阻止链反应传递：

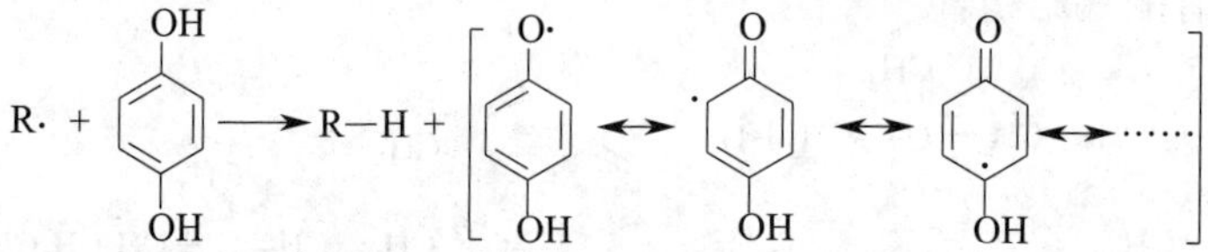

产生的自由基可歧化成醌和氢醌，并能彼此形成电荷转移络合物，因而终止链反应。

醌类容易还原，可作为脱氢试剂。比如四氯苯醌、2,3-二氯-5,6-二氰基-1,4-苯醌（DDQ）都是常用的脱氢试剂，例如：

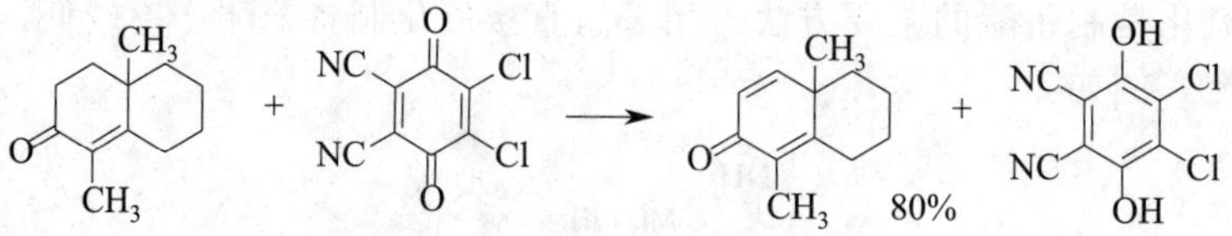

生物氧化还原中，氢醌和醌类化合物起着重要的作用。

13.6.3.2 醌氢醌

在醌还原和氢醌氧化过程中，会生成一种深绿色中间物，现象十分明显。将等物质的量醌和氢醌混合，即析出这种称为醌氢醌的分子络合物：

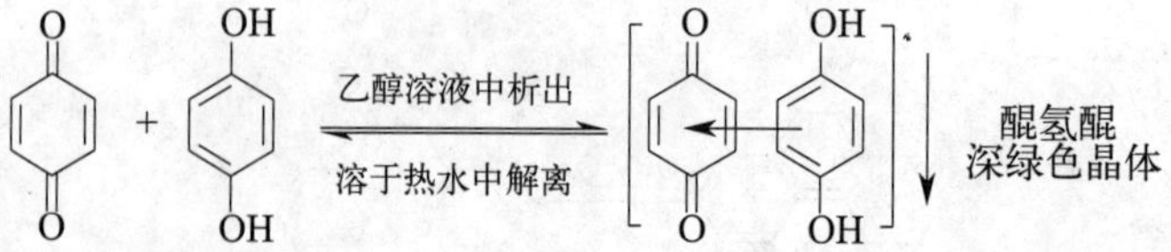

研究表明，在络合物结晶中，醌环和氢醌环相互平行并交错排列着。氢醌环上 π 电子云密度高，称为电子给体（donor），醌环电子云密度低，称为电子受体（acceptor）。二者通过电荷转移络合，称为电荷转移络合物（charge transfer complex）。电荷转移络合物已成为人们所关注的研究课题。

13.6.3.3　加成反应

醌具有类似 α,β-不饱和酮的性质，其中碳-碳双键可与溴发生加成反应。例如：

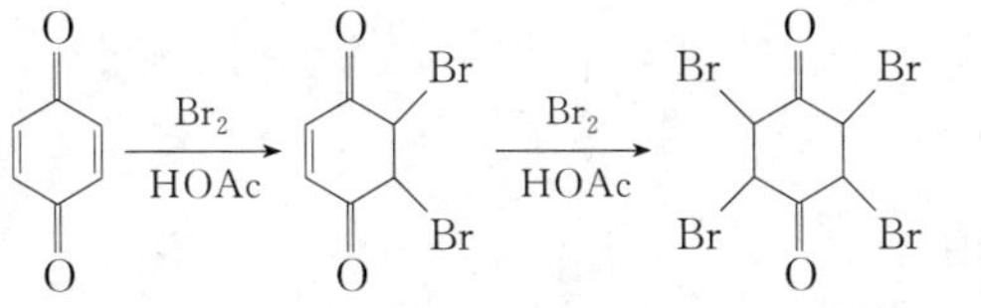

2,3,5,6-四溴-1,4-环己二酮

醌中的碳-氧双键在酸性条件下，与羟胺反应，生成肟，显示酮的性质：

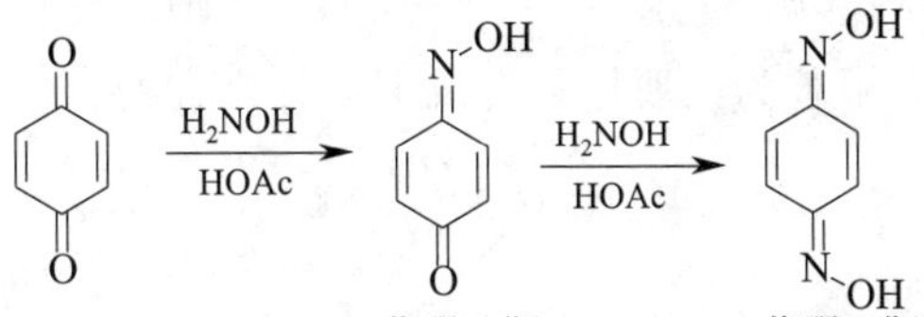

苯醌一肟　　　　苯醌二肟

已证明，苯醌一肟与对亚硝基苯酚通过互变异构迅速转化，通常认为是同一化合物：

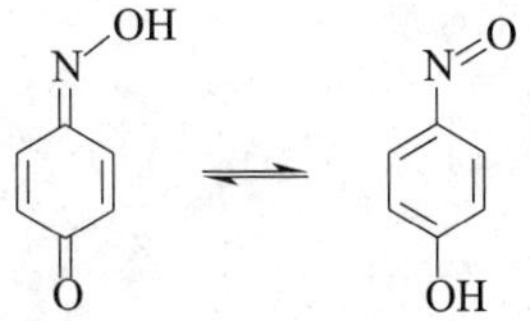

对苯醌与氢氰酸发生 1,4-加成反应，生成 2-氰基-1,4-苯二酚：

对苯醌中碳-碳双键受两个羰基活化，可作为亲双烯体与丁二烯发生 D-A 反应，例如：

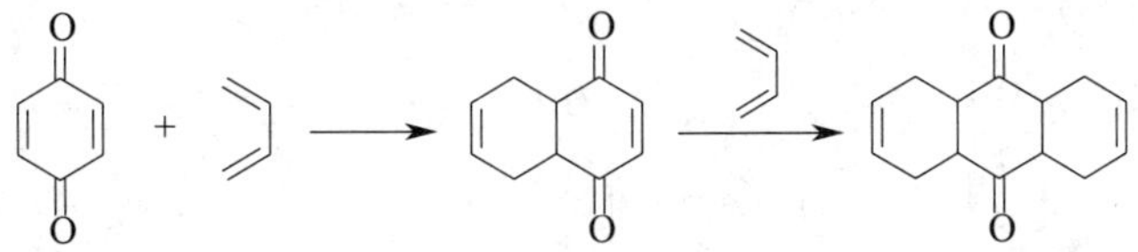

习题

13.1　命名下列化合物。

(1) 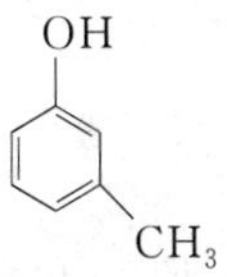　　　　(2) 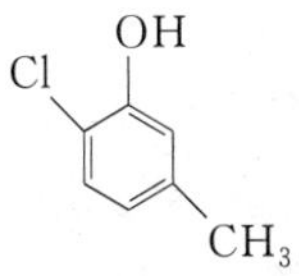　　　　(3) 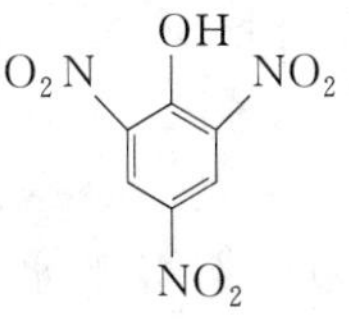　　　　(4)

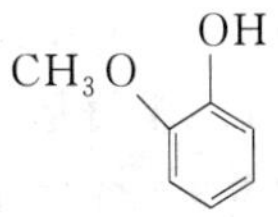

13.2　写出邻甲基苯酚与下列试剂反应的主要产物。

(1) $(CH_3O)_2SO_2$，$NaOH$　　(2) $NaCr_2O_7/\,H^+$　　(3) CH_3COOH/H_2SO_4，
(4) 浓 H_2SO_4，25℃　　(5) ①Br_2/H_2O，②$NaHSO_3$　　(6) Br_2/CCl_4
(7) $(CH_3CO)_2O/H_2SO_4$　　(8) $NaNO_2+H_2SO_4$　　(9) $CHCl_3+NaOH/H_2O$

(10) CO_2，K_2CO_3，240℃　　(11) 稀、冷 HNO_3　　(12) $(CH_3)_3COH/H_3PO_4$

13.3　完成下列转变。

(1) 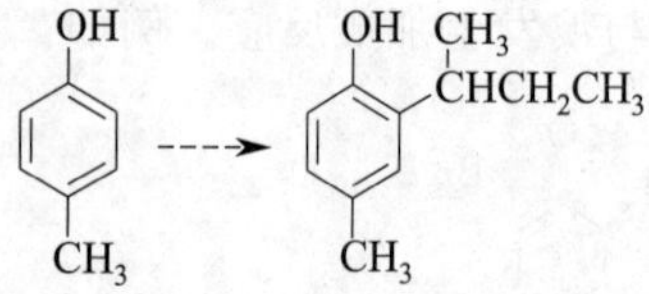 　　(2)

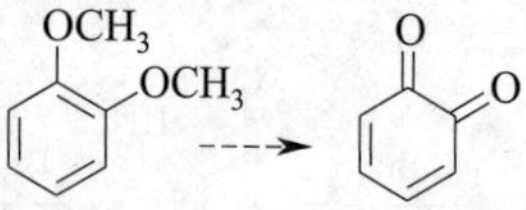

(3) 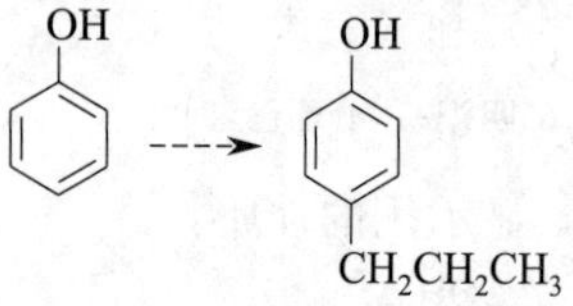 　　(4)

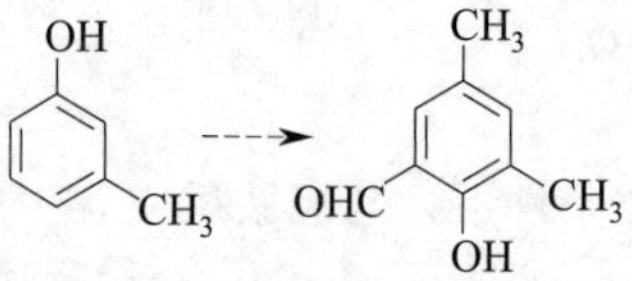

13.4　以苯、甲苯或二甲苯为主要原料合成下列各化合物。

(1) 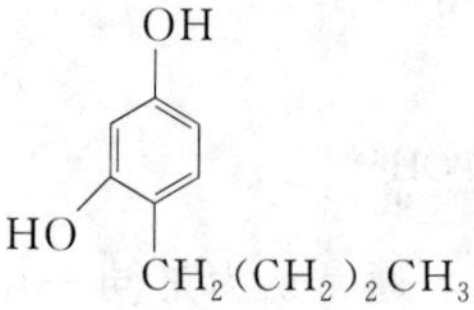 　　(2) 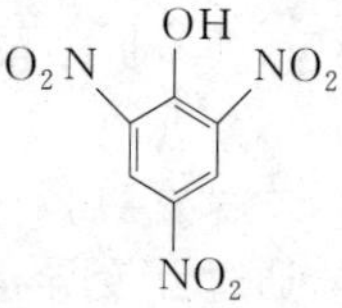 　　(3)

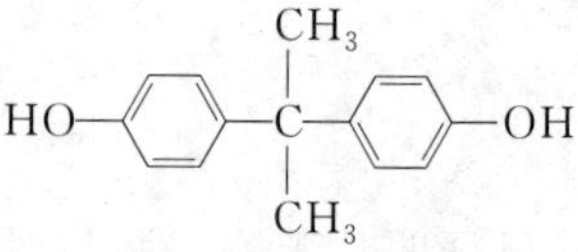

(4) 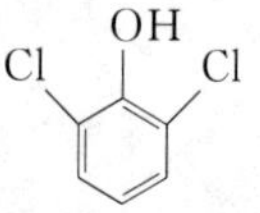 　　(5) 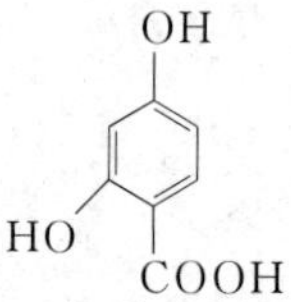 　　(6)

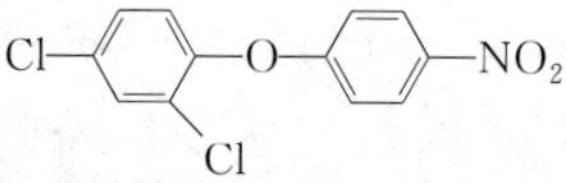

13.5　写出以苯和丙烯为原料经过异丙苯生产苯酚和丙酮，进而制备双酚 A 的反应和机理。

13.6　将下列各组化合物按酸性由大到小排列。

(1)

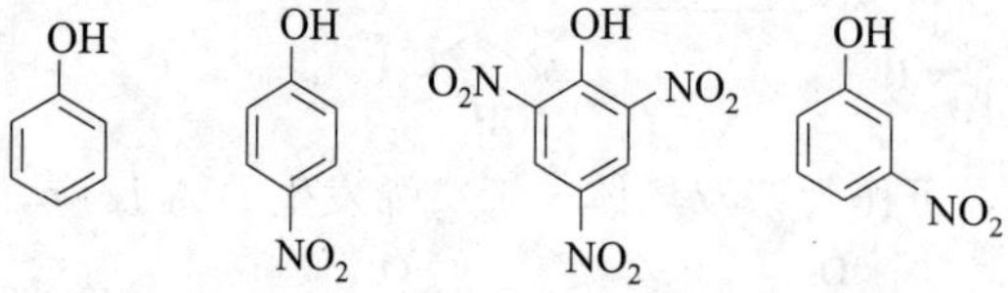

(2) 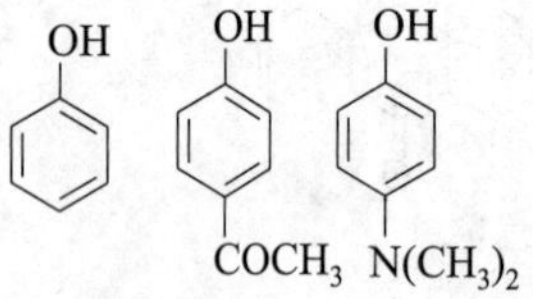 　　(3)

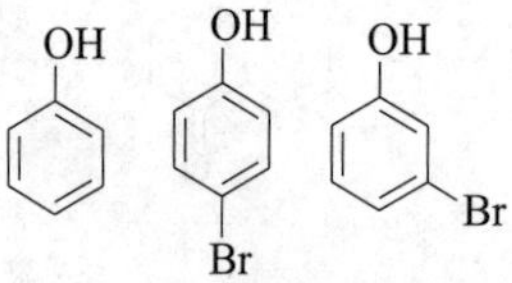

13.7　用简便的化学方法鉴别下列各组化合物。

(1) 苯酚和甲苯；(2) 水杨酸、乙酰水杨酸、水杨酸乙酯和乙酰水杨酸乙酯；

(3) 对甲苯酚、对甲基苯甲醇和对甲苯甲醚；(4) 苯酚和 2,4-二硝基苯酚

13.8　分离下列各组化合物。

(1) 邻硝基苯酚和对硝基苯酚；(2) 对甲苯酚和甲苯

13.9　推导结构。

(1) 化合物 $A(C_7H_8O)$ 不溶于水、稀盐酸及 $NaHCO_3$ 水溶液，但是可以溶解于 $NaOH$ 水溶液。A 与溴水反应迅速生成沉淀 $B(C_7H_5OBr_3)$，试推出 A 和 B 的结构。

(2) 从月桂油叶中分离出化合物 A 和 B，它们的分子式均为 $C_{10}H_{12}O$，它们都不溶于水、稀盐酸及 $NaOH$ 水溶液，但 B 与酸或碱共热可以转化为 A。A 与 Br_2/CCl_4 反应生成化合物 $C(C_{10}H_{12}OBr_2)$。A 和 B 与 $KMnO_4$ 溶液共热均生成对甲氧基苯甲酸。化合物 A 可通

过对溴苯甲醚的格氏试剂与烯丙基溴偶合反应合成。试推断 A、B、C 的结构。通过什么样的合成路线可以合成 A 以证实推断结构。

(3) 从松叶中分离出化合物 A($C_{10}H_{12}O_3$)，A 不能溶于 $NaHCO_3$ 水溶液，但能溶于 NaOH 水溶液。A 与苯甲酰氯在吡啶中反应生成 B($C_{24}H_{20}O_5$)，A 用冷 HBr 处理得到 C($C_{10}H_{11}O_2Br$)，用热 HI 处理则得到碘甲烷和 D($C_9H_9O_2I$)，而 A 与 CH_3I 及碱溶液共热则生成 E($C_{11}H_{14}O_3$)。化合物 B 与 E 不溶于 NaOH 水溶液，但对 Br_2/CCl_4 呈正反应。化合物 C 和 D 则能溶于 NaOH 水溶液，也对 Br_2/CCl_4 呈正反应。A 臭氧氧化和还原水解得到香草醛（4-羟基-3-甲氧基苯甲醛）。试推断 A、B、C、D、E 的结构，并写出有关反应式。

香草醛（4-羟基-3-甲氧基苯甲醛）结构：

(4) 同位素 [14]C 标记的烯丙基氯与 6-烯丙基-2-甲基苯酚在碱性溶液中反应生成的产物，经分离后加热得到两种 4,6-二烯丙基-2-甲基苯酚。其中一种 A 比另一种 B 产率要高，试推断 A 和 B 的结构（确定 [14]C 的位置，同位素 [14]C 标记的原料为 $ClCH_2CH{=\!\!=}C^*H_2$）

第⑭章

波谱知识简介

14.1 简述

14.1.1 波谱分析在有机分子结构测定中的应用

从天然产物中分离或由实验合成得到的有机物，经过分离提纯后，为确认其结构，按传统方法首先要进行元素定量分析、确定实验式（即最简式）、测定分子量确定分子式。再通过化学反应，确定分子中的官能团及位置，必要的时候，还要由已知结构的化合物来合成该化合物，以论证所得到的结构是否正确，这样使得有机物的结构确定工作量大、时间长，而且存在准确性问题。

随着波谱、X衍射晶体结构分析等物理技术的发展，确定分子结构的方法有了很大改观。波谱等物理技术的发展及其在化学中的应用，极大地促进了有机化学的发展。波谱数据已列为有机化合物的物理常数。使用波谱手段测定有机物的结构，具有以下优点：①样品用量少，一般只需数 μg 到 mg 级，而且除了质谱外，其他方法测定的样品均能回收，这对许多研究，如提取得到的含量甚微的激素等物质的结构测定，无疑是十分有意义的；②测定快速、准确，高分辨质谱测定分子量，误差为 10^{-9} 数量级。此外，波谱方法还可以进行如下工作：①鉴定反应的活性中间体，如碳正离子，这对研究化学机理具有重要意义；②监测反应进程，如羰基化合物的 $C=O$，在红外光谱 $1850\sim1660cm^{-1}$ 范围有强的吸收峰，根据它的产生或消失及强度变化，可以判断 $C=O$ 的反应是否发生或完成；③其他的特殊用途，如进行反应动力学研究、定量分析等。

14.1.2 电磁波与波谱能

电磁波的基本公式为：$c=\nu\cdot\lambda$。式中，c 为光速 3×10^{10} cm·s^{-1}；λ 为波长（wave length），常用单位为 cm；ν 为频率（frequency），单位为赫兹（Hz）。

波数（wave number）$\bar{\nu}$ 是频率的另一种表示方法，指 1cm 内波的数目，$\bar{\nu}=\dfrac{1}{\lambda}$，单位是 cm^{-1}。

根据 Einstein-Plank 定律，电磁波的能量是量子化的，光的能量和波的频率成正比：$\varepsilon=h\nu=hc/\lambda$。式中，$h$ 为 Plank 常数 6.626×10^{-34} J·s^{-1}。如果用摩尔光子能量 E 描述，

每摩尔光子能量为：

$$E = \frac{Nhc}{\lambda} = \frac{11.98}{\lambda}(J \cdot mol^{-1})$$

式中，N 为阿伏伽德罗常数，等于 6.02×10^{23}。

由于分子、原子、电子的运动能量都是量子化的，当频率为 ν 的电磁波被分子中某一种运动所吸收，该运动便发生能级的跃迁，从内能为 E_1 的低能态跃迁到内能为 E_2 的高能态，而且 $\Delta E = E_2 - E_1 = h \cdot \nu$，通过体系吸收电磁波的频率 ν，来测定体系中某种运动由一种状态到另一种状态的能量差 ΔE 的实验过程，称为波谱学（spectroscopy）。利用连续改变频率的电磁波对体系扫描，体系内即可发生各种运动状态的变化，将它们记录下来得到相关谱图（spectrum）并研究，从而进行分子结构分析和鉴定的方法，称为波谱分析（spectrum analysis），它已成为有机化学工作者必须掌握的研究手段。

14.1.3　电磁波谱区域与吸收光谱的产生

电磁波包括从宇宙射线到无线电波极宽的区域，不同的区域，往往采用不同的波长单位。在紫外和可见区常用纳米（nanometer），单位为 nm；在红外区常用微米（micrometer），单位为 μm。它们与厘米、米换算关系如下：

$$1nm = 10^{-3} \mu m = 10^{-6} mm = 10^{-7} cm = 10^{-9} m$$

电磁波谱区域按照频率从低到高（或按波长从长到短）的顺序排列为：无线电波、微波、远红外、红外、近红外、可见光、紫外、远紫外、X 射线、γ 射线、宇宙线。波谱分析所用电磁波谱区域见表 14.1。

表 14.1　波谱分析所用电磁波谱区域

波谱区域	波长	跃迁类型
无线电波	$1 \sim 100 m$	原子核自旋跃迁（核磁共振）
微波	$0.1 \sim 100 cm$	分子转动能级跃迁
远红外	$50 \sim 1000 \mu m$	分子转动能级跃迁
红外	$0.8 \sim 50 \mu m$	分子振动能级跃迁
可见光	$400 \sim 800 nm$	外层（π 和 n 电子）电子跃迁
紫外	$200 \sim 400 nm$	外层（π 和 n 电子）电子跃迁
远紫外	$10 \sim 200 nm$	中层（σ 电子）电子跃迁
X 射线	$0.1 \sim 10 nm$	内层电子跃迁
γ 射线	$10^{-3} \sim 0.1 nm$	核跃迁

物质吸收光子，从低能级跃迁到高能级而产生的光谱，称为吸收光谱。吸收光谱是线状谱或带状谱。研究物质的吸收光谱可以了解原子、分子和其他许多物质的结构和运动状态，以及它们同电磁场或粒子相互作用的情况。

分子吸收光谱基本分为三类，即转动光谱、振动光谱和电子光谱。分子吸收光子引起分子转动能级的变化，能量吸收的波段在电磁波谱的远红外和微波区域。根据简单分子的转动光谱可以测定键长和键角，这种吸收光谱在有机化学中用途很小。

分子吸收光子使分子的振动能级发生改变，在每一振动能级改变时还伴有转动能级改变，谱线密集，吸收峰加宽，称为"振动-转动"吸收带或"振动"吸收光谱，其大部分产生于中红外区域，形成于近红外区，因此常称为红外光谱（infrared spectroscopy）。

分子吸收光子后使电子从低能级跃迁到高能级，产生电子能级的改变，称为电子光谱。引起这种改变所需的能量比前两种都高，一般在紫外和可见光区域，因此这种光谱常称作紫外-可见光谱（ultraviolet-visible spectroscopy）。

有机分子结构分析常用的波谱方法包括紫外光谱、红外光谱、核磁共振和质谱。前三种方法是以光学理论为基础，研究物质与光的相互作用而形成的谱图。质谱则是将分子打碎，记录碎片得到的谱图。

14.2　紫外光谱

14.2.1　紫外光谱的产生

紫外光谱（ultraviolet spectroscopy，UV）属于电子光谱，是由分子的价电子从基态跃迁到激发态而产生的。有机分子中主要有：形成单键的 σ 电子、形成不饱和键的 π 电子和未成键的孤对电子（又称非键合电子，也称 n 电子）。基态时，σ 电子和 π 电子分别处在 σ 成键轨道和 π 成键轨道上，n 电子处在非键轨道上。它们吸收合适的能量后，可以跃迁到能量更高的能级上，可供跃迁能级有 σ* 反键轨道和 π* 反键轨道。图 14.1 描绘了电子能级和几种可能的跃迁形式。

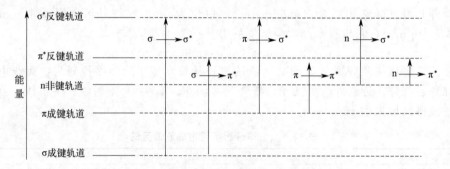

图 14.1　电子能级与电子跃迁形式

烷烃只有 σ 键，只能发生 σ→σ* 跃迁。含有 C═C、 C≡C 、 C═O、 C═N 等重键的化合物有 σ 键和 π 键，可能发生 σ→σ*、 σ→π*、 π→σ*、 π→π* 的跃迁。含有氧、卤素等带孤对电子（n 电子）的原子时，还可能发生 n→σ*、 n→π* 的跃迁。

通常将电子的跃迁分为三种类型：基态成键轨道上的电子跃迁到激发态的反键轨道，称为 N→V 跃迁，主要是 σ→σ* 和 π→π* 跃迁。杂原子的孤对电子向反键轨道的跃迁，称为 N→Q 跃迁，主要是 n→σ* 和 n→π* 的跃迁。σ 电子激发到各个高能级轨道上，最后变成分子离子的跃迁，发生在高真空紫外的远端。

有机分子中最常见的跃迁和所需的光波波长见表 14.2。

表 14.2　有机分子中最常见电子跃迁类型及所需激发光的波长

电子跃迁类型	需要吸收光的波长/nm
σ→σ*	＜160
n→σ*	180～200（含硫的化合物吸收波长可达 215nm）
n→π*	205～290
π→π*（孤立双键）	150～200

σ→σ* 和 n→σ* 跃迁需要较高的能量，吸收波长处于真空紫外区，在 200～400nm 紫外区无吸收。故在测定样品的紫外光谱时，一般可用烷烃、饱和醇、醚、氯代烷等作为溶剂。

虽然 n→π* 跃迁所需能量最低，但因 n 电子和 π 电子的轨道区域不同（图 14.2），跃迁概率较小，吸收较弱。因此将这种跃迁称为禁阻跃迁（forbidden transition），n→π* 跃迁引起的紫外吸收带称 R 吸收带。

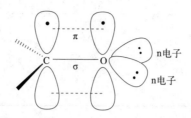

图 14.2 羰基（C═O）中 n 电子和 π 电子轨道的不同区域

孤立双键的 π→π* 跃迁吸收波长也在真空紫外区。如果有多个双键共轭时，最大波长吸收峰 λ_{max} 随共轭体系增大而向长波方向移动，见表 14.3。

表 14.3 紫外吸收波长与双键共轭体系的关系

化合物	共轭双键数	λ_{max}/nm	ε_{max}
乙烯：H_2C═CH_2	1	171	1.5×10^4
1,3-丁二烯：	2	217	2.1×10^4
1,3,5-己三烯：	3	258	3.5×10^4
苯：	3	254	—
维生素 A：	5	325	18.5×10^4
β-胡萝卜素：	11	438	19.1×10^4

从表 14.3 可以看出，1,3-丁二烯在紫外区有吸收。共轭体系愈大，跃迁所需能量愈低，被吸收光波波长愈长。共轭化合物的 π→π* 吸收带称为 K 吸收带。

能够吸收紫外区光波的官能团，称为紫外区的发色团，也称生色团。如 1,3-丁二烯、羰基（C═O）等，一般是碳-碳共轭结构、含有杂原子的不饱和结构、能进行 n→π* 跃迁的基团、能进行 n→σ* 跃迁并在近紫外区域有吸收的基团。常见的一些发色团及其紫外吸收峰见表 14.4。

表 14.4 常见发色团及其紫外吸收峰（标 * 者表示无溶剂）

化合物	发色团	溶剂	λ_{max}/nm	K_{max}
乙烯	CH_2═CH_2	气态*	171	15530
乙炔	HC≡CH	气态*	173	6000
1,3-丁二烯		环己烷	217	21000
苯		水	203.5,254	7400,205
甲苯	—CH_3	水	206.5,261	700,225
甲醛	H_2C═O	蒸气*	182,289	10000,12.5
丙酮	$(CH_3)_2C$═O	环己烷	190,279	1000,22
乙酸	—COOH	水	204	40
乙酸乙酯	—$COOC_2H_5$	水	204	60

化合物	发色团	溶剂	λ_{max}/nm	K_{max}
乙酰氯	—COCl	庚烷	240	34
乙酰胺	—CONH$_2$	甲醇	295	160
硝基甲烷	—NO$_2$	水	270	14
丙酮肟	$(CH_3)_2C=NOH$	气态*	190,300	5000,—
重氮甲烷	$CH_2=\overset{+}{N}=\overset{-}{N}$	乙醚	417	7

如果某有机分子本身不能吸收紫外线，但与发色团相连后，能使吸收带向长波方向移动的官能团，称为助色团，如—NH$_2$、—OH 等。助色团一般是带有孤对电子的基团，连在不饱和键或共轭体系上时，由于 p-π 共轭发生电子离域使电子跃迁需要的能量差变小，吸收峰向长波方向位移，并使颜色加深，这种效应称为助色效应。乙烯、α,β-不饱和羰基和苯环体系被助色团取代后 λ_{max} 的增加值见表 14.5。

表 14.5　一些不饱和体系被助色团取代后 λ_{max} 的增加值

不饱和体系	OR	NR$_2$	SR	Cl	Br
G—C=C	30	40	45	5	—
G—C=C—C=O	50	95	85	20	30
⌬—G	20,17	51,45	55,23	10,2	10,6

紫外吸收峰与溶剂、温度等实验条件有关，当吸收峰位移朝长波方向移动时常称"红移"，朝短波方向移动常称"蓝移"。

14.2.2　紫外光谱图

由于价电子跃迁所需能量高于分子的转动能级和振动能级，因此电子跃迁难免伴随着分子的转动能级和振动能级的变化，紫外光谱并不是一条谱线而是无数条谱线。另外，由于溶剂作用，很难看到紫外吸收的精细结构，实际形成的紫外吸收峰是较宽的吸收带。由图 14.3 可以看出，化合物吸收光子性质是通过一条吸收曲线来描述的。横坐标为吸收光的波长，单位为 nm，图 14.3 中吸收最强的位置在 375 nm 处，纵坐标为吸收峰的吸收强度，最大吸光度为 0.58。

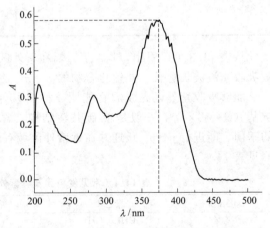

图 14.3　某有机化合物的紫外吸收光谱

根据 Lambert-Ber 定律，吸光度 A 计算公式如下：

$$A = \lg\frac{I_0}{I} = -\lg\frac{I}{I_0} = \varepsilon l c = \lg\frac{1}{T}$$

式中，I_0 为入射光强度；I 为透射光强度；c 为溶液的物质的量浓度，$mol \cdot L^{-1}$；l 为光在溶液中经过的距离，一般为吸收池（样品池）厚度，cm；ε 为摩尔吸光系数（表示单位量物质对某光波的吸收能力，一般地，当 $\varepsilon > 10^4$ 时，价电子的跃迁是允许的，而当 $\varepsilon < 10^3$ 时，跃迁可能性较小）。除了 A 做横坐标外，T（透过率）、$1-T$（吸收率）、ε 和 $\lg\varepsilon$ 都可以作为紫外光谱的纵坐标。

吸收带中吸收强度最大处的波长，称为 λ_{max}。用紫外光谱图描绘化合物性质时，应标出 λ_{max}（nm），并给出对应的 ε 值。

14.2.3　紫外光谱的应用

14.2.3.1　鉴定发色团和推断分子共轭的程度

紫外光谱主要用于在紫外区域有强吸收的物质。有机共轭分子在紫外区域有强的吸收，且共轭体系愈大，λ_{max} 值愈大，因此可根据 λ_{max}，推断分子中共轭的大致情况。实验证明，每增加一个共轭双键，可红移 10～40nm，具体关系见表 14.6。

表 14.6　λ_{max} 值与共轭双键数关系

λ_{max}/nm	220	260	300	340	380	400	410
共轭双键数	2	3	4	5	6	7	8

14.2.3.2　利用 Woodward-Fieser 规则判断结构

Woodward 从大量取代共轭双烯和 α,β-不饱和醛酮的 λ_{max} 值和结构关系中，总结出经验规律（表 14.7），并首先将波谱方法用于有机结构分析。

表 14.7　Woodward-Fieser 经验规则

	共轭体系	⌇⌇	⬡	⌇O	
	λ_{max} 基本值/nm	217	253	215	
	延长一个双键	+30	+30	+30	
$\Delta\lambda/nm$	取代烷基 R	+5	+5	α	+15
				β	+12
				γ 或更远	+18
	环外双键结构	+5	+5	+5	

下面利用表 14.7 规则，举例计算化合物的 λ_{max} 值（nm）。

例①，计算　的 λ_{max} 值。

解：基值　　　　217
　　2 个 R　　2×5＝10
　　计算值　　　227　　　实验值 226

例②，计算　的 λ_{max} 值。

解：基值　　　　217
　　4 个 R　　4×5＝20
　　2 个环外　2×5＝10
　　计算值　　　247　　　实验值 248

例③，计算　的 λ_{max} 值。

解：
基值	253	（同环双烯）
延长双键	30	
3 个 R	3×5=15	
1 个环外	5	
计算值	303	实验值 304

例④，下面反应产物，实验测得紫外 λ_{max} 值为 242 nm，试分析产物结构是哪一个。

解：

（A）λ_{max} 计算值：

基值	217
3 个 R	3×5=15
计算值	232

（B）λ_{max} 计算值：

基值	217
4 个 R	4×5=20
1 个环外	5
计算值	242

计算值与产物实测值 242 nm 对比，可推测产物结构为（B）。

14.2.3.3 定量分析

一定条件下，特定样品的 λ_{max} 值和 ε 值为常数，通过测定不同浓度标准溶液的紫外光谱，做吸光度（A）与标准浓度关系的工作曲线，再测定待测样品的 A 值。根据 $A=\varepsilon lc$ 关系，可求出该样品的浓度。

14.2.3.4 纯度检验

紫外光谱的灵敏度很高，化合物浓度达 10^{-5} mol·dm^{-3} 便可检出。因此，许多产品检验中，用紫外光谱可对某些杂质进行定性分析和定量检验。例如，工业上生产无水乙醇时会用到苯，苯的紫外光谱有三个吸收带，吸收峰波长 λ 分别为 E_1 带 184nm（$\varepsilon=6.8\times10^4$）、$E_2$ 带 204 nm（$\varepsilon=1.9\times10^4$）和芳香化合物的特征吸收带 B 带 254 nm（$\varepsilon=250$）。不含苯时，乙醇的紫外光谱在 204 nm 处无明显吸收带。

14.2.3.5 区别顺反异构体

烯烃顺反异构体结构上的差异，可在紫外光谱中表现出来。例如，1,2 二苯乙烯反式异构体的 λ_{max} 值为 290nm（$\varepsilon=2.7\times10^4$），而顺式异构体，由于两个苯环存在空间阻碍，分子不能很好地共平面，共轭程度小于反式，λ_{max} 值降低为 280nm（$\varepsilon=1.0\times10^3$）。这种共轭程度不同引起 λ_{max} 值和 ε 值的变化，是有机化学中的普遍现象。一般地，反式的 λ_{max} 值和 ε 值比顺式大，可基于此来区别顺反异构体。

14.2.4 紫外光谱的局限性

紫外光谱的"指纹作用"比较差，不同化合物可能在紫外光谱中有相同的 λ_{max} 值，甚至完全相同的谱图，就像沸点是化合物的物理常数，许多有机物具有相同沸点一样。另外，溶剂以及酸碱性等对某些化合物的紫外光谱影响很大，并有一定规律。虽然利用这些性质可以来推测化合物的结构，但是仅仅根据紫外光谱不能完全确定物质的分子结构，尤其很难完成一系列结构相似的化合物的结构鉴定。

14.3　红外光谱

当用一束连续改变的红外线照射有机化合物时，一定频率的光波被吸收，转化成分子振动能，将透过光以单色器色散得到红外谱图。

图 14.4 是邻甲基苯甲酸的红外光谱，横坐标为波数，单位为 cm^{-1}，表示吸收峰的位置，纵坐标为吸光度（A）或透过率（$T/\%$）。通常红外谱图中吸收峰是指向下方。

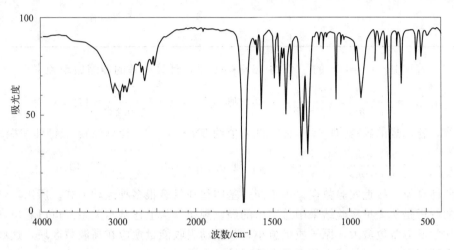

图 14.4　邻甲基苯甲酸的红外光谱

测量时，样品的状态（压片、成膜或溶液）对谱图有一定影响，应予以标明，一般固体样品采取与 KBr 混合压片。吸收峰的相对强度和形状，可用英文缩写来表示，如 vs（极强）、s（强）、m（中强）、w（弱）、b（宽峰）等。

14.3.1　基团振动频率

14.3.1.1　理论基础

红外光谱属于分子振动-转动光谱，分子中原子与原子间的化学键的键长和键角不是固定不变的，当分子受到红外线的照射时，吸收一定频率的光波发生振动（转动）。亚甲基（CH_2）三原子的几种基本振动形式如图 14.5 所示。

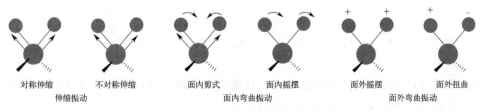

图 14.5　亚甲基的几种基本振动形式

根据 Hooke 定律，质量为 m_1 和 m_2 的双原子基团的简谐振动频率（cm^{-1}）用下式表示：

$$\bar{\nu} = \frac{1}{2\pi c}\sqrt{\frac{f}{\mu}} = 1307\sqrt{\frac{f}{\mu}}$$

式中，μ 为折合质量，$\mu = (m_1 \times m_2)/(m_1 + m_2)$，$m$ 为原子量；f 为化学键的力常数，单位为 $N \cdot cm^{-1}$ 或 $g \cdot s^{-2}$。一些化学键力常数见表 14.8。

表 14.8　一些常见化学键的力常数　　单位：$N \cdot cm^{-1}$ 或 $g \cdot s^{-2}$

化学键	力常数	化学键	力常数	化学键	力常数
C—C	4.5	C—H	5.07	C≡C	12.2
C—O	5.77	C=C	9.77	O—H	7.6
C—N	4.8	C=O	12.06		

例①，若羰基（C=O）的 f 值约 $12 N \cdot cm^{-1}$，计算羰基的伸缩振动频率。

解：$\mu_{C=O} = \dfrac{m_1 \times m_2}{m_1 + m_2} = \dfrac{12 \times 16}{12 + 16} = 6.86$，则 $\bar{\nu}_{C=O} = 1307\sqrt{\dfrac{12}{6.86}} \approx 1720 cm^{-1}$

例②，若烯烃的碳-氢键（C—H）的 f 值约 $5 N \cdot cm^{-1}$，计算该碳-氢键伸缩振动频率。

解：$\mu_{C-H} = \dfrac{m_1 \times m_2}{m_1 + m_2} = \dfrac{12 \times 1}{12 + 1} = 0.92$，则 $\bar{\nu}_{C-H} = 1307\sqrt{\dfrac{5}{0.92}} \approx 3040 cm^{-1}$

这些计算值，接近实验数据，由于同一基团往往具有很多种运动形式。所以，红外光谱吸收峰的解析是从大量实验结果中总结出的经验规律。从上述基本关系式可以看出，原子间结合的化学键力常数愈大，原子质量愈小，其振动吸收能量愈应在高波数区域，这些规律能帮助人们理解和记忆红外特征频率所在的区域。

14.3.1.2　影响振动频率的结构因素

（1）杂化状态

有机化合物中，C—H 的强度次序为：C^{sp}—H＞C^{sp^2}—H＞C^{sp^3}—H，所以引起振动所需的能量依次下降，不同 C—H 的伸缩振动吸收峰范围见表 14.9。

表 14.9　不同 C—H 伸缩振动吸收峰范围

C—H	C≡C—H	C=C—H	C—C—H
ν_{C-H}/cm^{-1}	3330～3300	3140～3010	2998～2850

一般，化学键的杂化轨道中，s 轨道占比越多，化学键的力常数越大，吸收频率越高。因此，碳碳叁键、双烯和单键的伸缩振动吸收频率也是逐个减小：

$$C≡C \qquad C=C \qquad C—C$$

碳-碳伸缩振动（cm^{-1}）：约 2150　　　约 1650　　　约 1200

（2）电子效应

羰基化合物的 $\nu_{C=O}$ 变化范围较宽，其数值与羰基碳上取代基的电子效应有很大关系，根据共振论观点，羰基可写成如下共振结构：

$$|\overset{}{C}=O \longleftrightarrow \overset{+}{C}-\overset{-}{O}|$$

羰基连有给电子基团，有利于后一正则式，双键性质减弱，单键特征增加，力常数下降，使吸收峰波数降低。羰基连有吸电子基团，有利于前一正则式，双键性质增强，吸收峰波数就升高。例如：

化合物：	$CH_3-\overset{O}{\underset{\|}{C}}-F$	$CH_3-\overset{O}{\underset{\|}{C}}-Cl$	$CH_3-\overset{O}{\underset{\|}{C}}-H$	$CH_3-\overset{O}{\underset{\|}{C}}-NH_2$
$v_{C=O}(cm^{-1})$	1850	1810	1725	1690

与乙醛相比，前面两个化合物的 $v_{C=O}$ 值较高，是与卤素的诱导效应大于共轭效应（$-I$ $>+C$）有关。最后一个化合物中—NH_2 的 $+C>-I$，使 N 给出电子后有利于下面正则式：

$$CH_3-\overset{O^-}{\underset{\|}{C}}=\overset{+}{N}H_2$$

该正则式使羰基显示单键性质，故振动频率降低。

碳-碳双键与羰基形成 α,β-不饱和共轭体系，削弱了羰基双键的性质，使羰基吸收向低波数方向移动。例如：

羰基伸缩振动（cm^{-1}）：　1715　　　　　1685～1670

（3）环张力

环酮中的羰基红外吸收频率随环张力增加而增加，见表 14.10。

表 14.10　环酮的羰基红外吸收频率

C=O	环丙酮	环丁酮	环戊酮	环己酮	环庚酮
$v_{C=O}/cm^{-1}$	1815	1780	1745	1715	1705

这一事实不能只用电子效应来解释，需要考虑整个分子的立体状况，从三元环到七元环，C—C=O 键角逐渐减小，C=O 的伸缩振动受到牵连的 C—C 的制约也逐渐减小，因此，所需能量逐渐减小，吸收峰的频率也逐渐降低。

类似的，环外烯烃的吸收频率随着环的缩小而升高：

$CH_2=C=CH_2$				
$v_{C=C}(cm^{-1})$：　1950	1780	1678	1657	1650

丙二烯可看作环外烯烃的特殊例子，也可以认为是中间范碳因 sp 杂化，增加了力常数。

双键处于环内，其吸收频率也随着环张力增大而向长波数方向移动，环丁烯达到最小值。但是，环丙烯的吸收频率反而升高：

$v_{C=C}(cm^{-1})$：　650	1646	1611	1566	1641

（4）氢键

氢键的形成，使成键原子间的作用减弱，吸收频率向低波数移动，—OH、—COOH、—NH_2、—$CONH_2$ 等基团中的 H 以质子给予体形成氢键时，其伸缩振动频率向低波数区移动，并伴随有吸收峰强度增加和峰形变宽现象。例如，低浓度游离醇的 v_{O-H} 在 3610～3460cm^{-1} 有吸收峰，随着浓度增加，形成不同程度的氢键，在 3400～3200cm^{-1}，甚至更低波数范围出现较宽的羟基伸缩振动吸收峰。

能接受质子的基团，如羰基（C=O）形成氢键后，使羰基的双键性质减弱，单键性质增强，力常数减小，其红外吸收频率降低。

14.3.2 红外区域划分

根据有机化合物在红外区域的吸收峰归属，可将红外区域分为特征频率区和指纹区（表14.11）。其中$4000\sim1500cm^{-1}$为特征频率区。这一区域，包括许多主要官能团的振动吸收峰。通过分析特征频率的归属，可判断化合物是否具有某官能团或基团，是红外解析的重点。$1500\sim650cm^{-1}$为指纹区，每一种化合物在该区域都有其特有的峰形，犹如人的指纹。波数较小的某些单键伸缩振动吸收峰也落在指纹区。$650\sim400cm^{-1}$为远红外区，只有少数有机化合物的官能团在此区域有特征峰。

表 14.11　红外区域划分　　　　　　　　单位：cm^{-1}

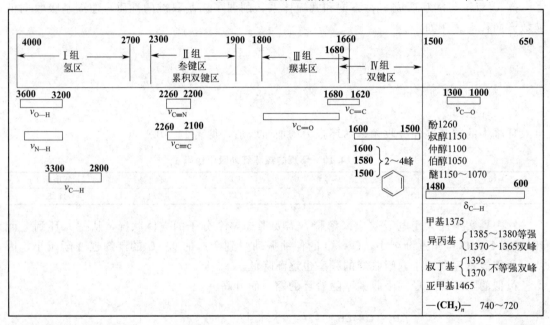

14.3.3 相关峰与红外谱图解析实例

能够证明化合物中存在某种官能团的一组吸收峰，称为相关峰。例如，图14.4中，$3300\sim2800cm^{-1}$宽峰（v_{O-H}）、$1250\sim1200cm^{-1}$（v_{C-O}）和$1680cm^{-1}$强峰（$v_{C=O}$），可推测该化合物具有羧基，是一种羧酸。

14.3.3.1 醇类化合物

图14.6和图14.7分别是2-丁醇（$C_4H_{10}O$）和苯甲醇（C_7H_6O）的红外光谱图。

图14.6中，在$3600\sim3200cm^{-1}$有强的宽峰，是典型的"v_{O-H}"信号，在$1800\sim1600cm^{-1}$无强的"$v_{C=O}$"吸收峰，因此不是羧酸。由于分子式提示不含氮，故可排除是胺的可能，而在$1100cm^{-1}$指纹区找到仲醇羟基的相关峰——碳-氧单键伸缩振动吸收峰"v_{C-O}"。除确定官能团羟基外，谱图还提供了其他结构信息，如在$3000cm^{-1}$以上，除v_{O-H}外，无吸收峰，而略低于$3000cm^{-1}$有饱和"$C^{sp^3}-H$"的特征吸收峰，说明是饱和化合物。

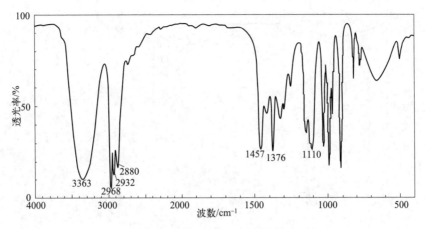

图 14.6　2-丁醇的红外光谱

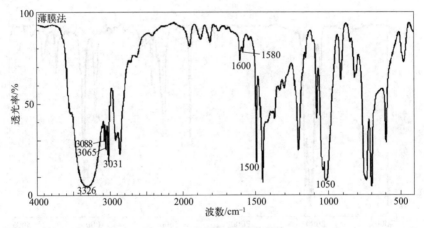

图 14.7　苯甲醇的红外光谱

如图 14.7 所示，在 3600～3200cm^{-1} 有强的宽峰，在 1800～1600cm^{-1} 无强的 "$v_{C=O}$" 吸收峰，这些信息与图 14.6 中醇的信息相似，但在 1050cm^{-1} 指纹区找到伯醇羟基的相关峰——碳-氧单键伸缩振动吸收峰 "v_{C-O}"。除确定官能团羟基外，在 3000cm^{-1} 以上，除 v_{O-H} 外，在 3100～3000cm^{-1} 有不饱和 "C^{sp^2}—H" 的特征吸收峰，结合在双键区 1600cm^{-1}、1580cm^{-1} 和 1500cm^{-1} 有 2～4 个苯环伸缩振动的吸收峰，可以确定该化合物含有苯环。

14.3.3.2　链烃类化合物

图 14.8 为正辛烷的红外光谱，由于不存在官能团，因此除了 3000～2850cm^{-1} 的饱和 "C^{sp^3}—H" 的特征吸收峰和 1400cm^{-1} 左右的 "δ_{C-H}" 特征峰外，无其他特征吸收峰。

图 14.9 为 1-辛烯的红外光谱。1-辛烯除有饱和烷基的特征吸收峰外，在 3080cm^{-1} 出现典型的 "C^{sp^2}—H" 的特征吸收峰，结合双键区 1640cm^{-1} 的峰，可断定为烯烃。995cm^{-1} 和 915cm^{-1} 为 "C^{sp^2}—H" 弯曲振动吸收峰。

图 14.10 为 1-辛炔的红外光谱，除有饱和烷基的特征吸收峰外，在 3320cm^{-1} 处有端炔叁键碳上氢的 "C^{sp}—H" 的特征吸收峰，相应的 "C^{sp}—H" 的弯曲振动吸收峰降低到 638cm^{-1}，特别是 2120cm^{-1} 有端炔的碳-碳叁键 "$v_{C≡C}$" 特有的吸收峰。

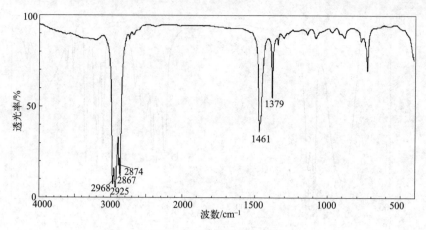

图 14.8　正辛烷的红外光谱

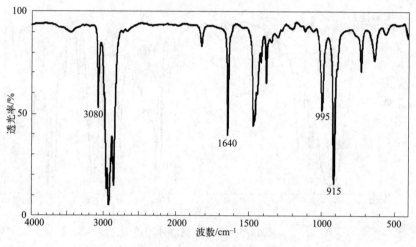

图 14.9　1-辛烯的红外光谱

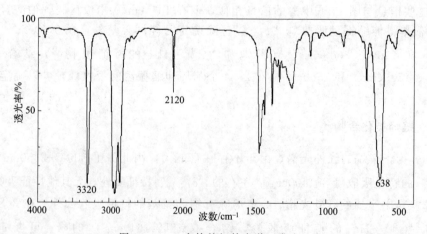

图 14.10　1-辛炔的红外光谱（膜法）

图 14.11 为 2-辛炔的红外光谱，只有饱和烷基的特征吸收峰，不仅 3000cm^{-1} 以上没有端炔的"C^{sp}—H"的特征吸收峰，而且叁键区的碳-碳叁键"$v_{C\equiv C}$"的吸收峰很弱，不易察觉。

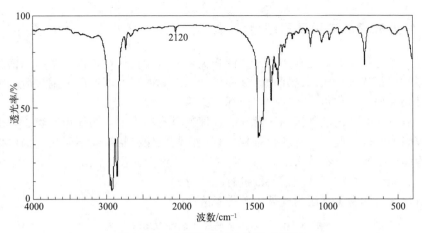

图 14.11 2-辛炔的红外光谱（膜法）

在红外光谱中，基团从基态到激发态的跃迁中必须伴随着偶极矩的变化，才能产生吸收峰，这就是"红外选律"。内炔（ R—C≡C—R ）等对称性结构的伸缩振动在红外中不产生吸收峰。另外，即使基团电负性相似时， R—C≡C—R′ 碳-碳叁键" $v_{C≡C}$ "的吸收峰也很弱，甚至观察不到。红外的这一局限可由拉曼（Raman）光谱来弥补。

14.3.3.3 芳烃类化合物

图 14.12 为异丙苯的红外光谱。苯环" C^{sp^2} —H"的伸缩振动吸收峰处于 $3140 \sim 3000cm^{-1}$ ，苯环骨架伸缩振动在 $1600cm^{-1}$ 、 $1580cm^{-1}$ 、 $1500cm^{-1}$ 左右有 2～4 个吸收峰。

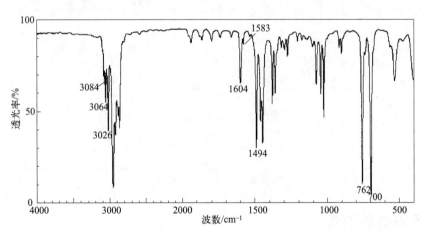

图 14.12 异丙苯的红外光谱

指纹区 $860 \sim 680cm^{-1}$ 范围内的吸收峰还可提供取代苯的结构信息，称为"2·1·2·1"规律，见表 14.12。

表 14.12 取代苯指纹区特征吸收峰规律

化合物	吸收峰数	吸收峰波数/cm^{-1}	
单取代苯	2	770～730	710～690
邻二取代苯	1	770～735	
间二取代苯	2	810～750	725～680
对二取代苯	1	840～790	

14.3.4 红外光谱的应用及局限性

红外光谱除能提供有机化合物官能团的相关峰外，往往还可提供一些结构信息，利用红外光谱的指纹特征峰，可鉴定已知物。许多已知化合物的标准图谱已汇编成册，可供参考对照，国内外相关研究机构也有相应的红外标准谱库。

然而，有机化合物的红外谱图非常复杂，即使具有相当丰富的知识和经验，也很难解析每一个吸收峰的归属。此外，有些化合物的官能团吸收频率特征性不明显，如卤代烷的C—X吸收峰均落在指纹区，不易确定。因此，单凭红外谱图往往不能确定一个未知化合物的结构，还要结合元素分析和其他波谱手段进行综合分析。

一些有机化合物常见基团的红外吸收带见表14.13。

表 14.13　一些基团吸收带的频率和相对强度

化合物	基团	吸收频率/cm^{-1}	吸收强度
	C—H(伸缩)	2962～2853	(m～s)
烷烃	—CH$(CH_3)_2$	1385～1380 及 1370～1365	(s)
	—C$(CH_3)_3$	1395～1385 及约 1365	(m)、(s)
	=C—H(伸缩)	3095～3010	(m)、(v)
	C=C(伸缩)	1680～1620	
烯烃	R—CH=CH_2	1000～985 及 920～905	(s)
	R_2C=CH_2(面外弯曲)	900～880	(s)
	(Z)RCH=CHR	730～675	(s)
	(E)RCH=CHR	975～960	(s)
炔烃	≡C—H（伸缩）	约 3300	(s)
	C≡C（伸缩）	2260～2100	(v)
	Ar—H(伸缩)	约 3030	(v)
	芳环取代类型 单取代	710～690 及 770～730	(v, s)
芳烃	（C—H 邻二取代	770～735	(s)
	面外弯曲） 间二取代	725～680 及 810～750	(s)
	对二取代	840～790	(s)
醇、酚和羧酸	—OH(醇、酚)	3600～3200	(s,b)
	—OH(羧酸)	3600～2500	(s,b)
醛、酮、酯和羧酸	C=O（伸缩）	1850～1660	(s)
胺	N—H（伸缩）	3500～3300	(m)
腈	C≡N（伸缩）	2600～2200	(m)

说明：s—强吸收；b—宽吸收带；m—中等强度吸收；v—吸收强度可变。

14.4　核磁共振波谱

质量数和原子序数均为偶数的原子核，自旋量子数为零，因而没有自旋现象和磁矩，不产生核磁共振现象。自旋量子数不等于零的原子核，具有核自旋（nuclear spin）运动，可产生核磁共振现象。目前研究最多的是自旋量子数等于 1/2 的原子核，比如 ^1H、^{13}C、^{19}F、^{31}P 等。目前研究得最多的是 ^1H 的核磁共振和 ^{13}C 的核磁共振。^1H 的核磁共振称为质子磁共振（proton magnetic resonance），简称 PMR，常表示为 ^1H NMR。^{13}C 的核磁共振（carbon-13 nuclear magnetic resonance），简称 CMR，常表示为 ^{13}C NMR。

20 世纪 40 年代观察到有机分子中氢核的核磁共振，并发现它们的共振信号位移与分子结构有关。例如乙醇能产生 3 种信号，且其强度比为 3∶2∶1，正好与 CH_3CH_2OH 的三种氢相对应，如图 14.13 所示。

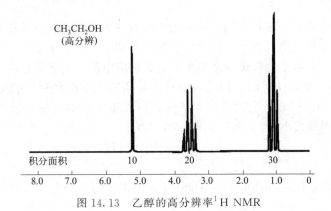

CH₃CH₂OH
(高分辨)

积分面积

图 14.13　乙醇的高分辨率¹H NMR

因此，有机分子的结构在核磁共振谱图上能得到很大程度的反映。随着核磁共振理论和技术的发展，核磁共振波谱已成为有机结构分析中最重要的手段之一。

本节主要介绍氢核核磁共振波谱，简称为^{1}H NMR，简单介绍碳核核磁共振波谱，简称为^{13}C NMR。

14.4.1　基本原理

14.4.1.1　核磁共振

氢核自旋产生的磁矩 μ，在外加磁场 H_0 作用下，只能有两种方向。一种是与外磁场同向的 α 态，能量较低（E_1）。另一种是与外磁场反向的 β 态，能量较高（E_2）。如图 14.14 所示。

(a) 核自旋形成磁矩μ　　　(b) 不同取向的核磁矩μ　　　(c) 在外磁场H_0中核磁矩的取向

图 14.14　核自旋与核磁矩

当以一定频率的电磁波照射氢核，氢核吸收能量 $\Delta E = E_2 - E_1 = h\nu$，发生从 α 态到 β 态的跃迁，称为核磁共振（nuclear magnetic resonance）。并有如下关系：

$$\nu = \frac{r}{2\pi}H$$

式中，ν 为共振频率，Hz；H 为核感受到的磁场强度，Gauss；r 为核的磁旋比，单位为 rad·T^{-1}·s^{-1}。氢核（^{1}H）含有一个质子，自旋量子数为 1/2，磁旋比为 26.7519 rad·T^{-1}·s^{-1}。氢核在 1.0T 强磁场中的振动频率为 42.576MHz·T^{-1}，在 1.5T 场强中为 63.864MHz·T^{-1}，等。"

核磁共振所产生的电磁波频率与磁场强度成正比，当外磁场强度 $H_0 = 14092$ Guass 时，ν 约为 60 MHz。

14.4.1.2 屏蔽效应

如果有机分子中所有氢核都在同一频率无线电波照射下发生核磁共振，那就只能产生一种信号，这对结构分析就毫无意义。但是，实际上有机分子中氢核的外围有电子绕核运动，在外磁场 H_0 作用下，电子绕核运动会形成一定的感应电流，而感应电流所产生的感应磁场 H' 的方向总是对抗外磁场 H_0 的。因此，氢核实际所感受的磁场强度会略小于外加磁场的强度，大小为 $H = H_0 - H'$。也就是，氢核受到核外电子云的抗磁屏蔽效应（diamagnetic effect），核磁共振频率大小为：

$$v = \frac{r}{2\pi} H = \frac{r}{2\pi}(H_0 - H') = \frac{rH_0}{2\pi}(1-\sigma)$$

式中，σ 为屏蔽常数（shielding constant），σ 的大小与核外电子云密度呈正比。

14.4.2 化学位移（chemical shift）

不同化学环境（chemical environment）的氢核，核外电子云密度不同，受到的屏蔽程度也不同，因此，信号出现在核磁共振谱图的位置就不同，这种位移差异，称为化学位移。绝大多数有机分子中氢核的化学位移值在 $0 \sim 600\,Hz$ 范围内变化。在实际操作中，是将样品与化学性质稳定、信号强的标准物质一起测量，这个物质是四甲基硅烷 $(CH_3)_4Si$（tetramethylsilane，缩写 TMS），一种常用的内标物质。将样品和内标信号的频率差与仪器射频的比值表示为化学位移，用 δ 表示，单位为 ppm（parts per million）。

$$\delta = \frac{v_{样} - v_{标}(Hz)}{v_{仪}(MHz)} = \frac{\Delta v}{v_{仪}} \times 10^{-6} = \frac{\Delta v}{v_{仪}}(ppm)$$

Δv 在 $0 \sim 600\,Hz$ 范围，δ 值大都在 $0 \sim 10\,ppm$ 范围内变化。TMS 中氢核核外电子云密度较高，其信号位置定为原点。绝大多数有机化合物氢核的信号在 TMS 的左边，称为低场（downfield），取该方向的 δ 值为正。TMS 的右边为高场（upfield），δ 值为负。图 14.15 为 1,2,2-三氯丙烷 $(CH_3CCl_2CH_2Cl)$ 的 ^1H NMR 谱图，几种常用术语标在相应位置。

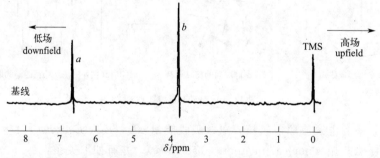

图 14.15　低分辨率 1,2,2-三氯丙烷的 ^1H NMR 谱图

δ 值大，在低场，δ 值小，在高场。化学位移值的另一种表示方法是 τ 值，$\tau = 10 - \delta$，这种表示方法优点是使 τ 值变化方向与场强的变化方向一致。

14.4.3 化学位移值与有机分子结构的关系

化学位移值基本上反映了氢核的化学环境，表 14.14 列出了有机化合物中各种氢核 δ 值的大致分布情况。

表 14.14　有机化合物中各类氢核的化学位移　　　　　单位：ppm

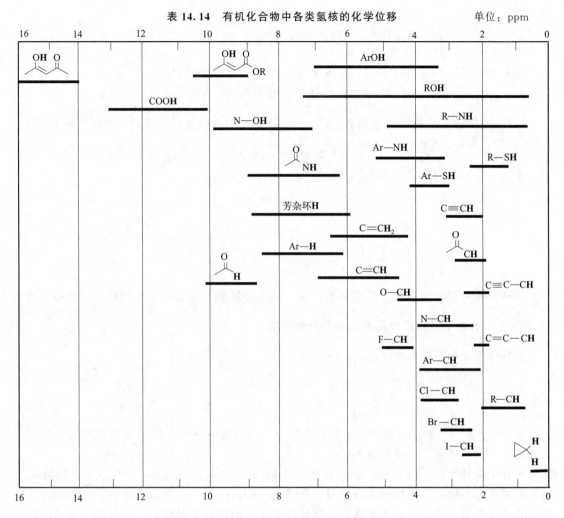

饱和碳上氢的 δ 值在 1.0ppm 左右（伯氢约为 0.9ppm、仲氢约为 1.2ppm、叔氢约为 1.5ppm）。不饱和碳上氢的 δ 值在 4.5～7.0ppm。

与吸电子基团 A 相连碳上的 α-氢（H—C—A），δ 值增加 1～3ppm，其中 A 为—NO_2、—OC(O)R、—OH、—OR、—CO—、—COOR、—X、—NH_2、—Ph、—CH＝CH_2、—C≡CH、—C≡N 等。当 A 再远离一个碳原子时，如 H—C—C—A 结构中 β-氢核的 δ 值增加约 0.5ppm。当 A 继续远离，其影响甚微。

羟基氢的信号范围较宽，峰的相对强度较小，峰形低平，常掩盖在其他峰中。因此，要使用累加、放大、重水交换等方法予以确认。这类活泼氢的 δ 值随实验条件（如浓度、温度等）变化很大。

14.4.4　影响化学位移的因素

14.4.4.1　诱导效应的影响

核外电子云密度减少，氢核磁共振发生在低场。因此受—I 效应影响愈强的氢核的 δ 值愈大，如 CH_3X 化合物中甲基的化学位移与 X 基团电负性的关系为：

	X	F	OH	Cl	Br	NH$_2$	I	H
电负性	4.0	3.5(O)	3.1	2.8	3.0	2.5	2.1	
δ/ppm	4.26	3.38	3.05	2.68	2.20	2.16	0.23	

CH$_4$ 中的 H 被 n 个 Cl 取代后，氢的 δ 值随 n 值增加而增加。

化合物：	CH$_3$Cl	CH$_2$Cl$_2$	CHCl$_3$
δ/ppm	3.05	5.33	7.26

—I 效应随碳链增长而迅速减弱，CH$_3$(CH$_2$)$_n$Br 中甲基氢的 δ 值随 n 值增加而减小。

n	0	1	2	3
δ/ppm	2.68	1.65	1.04	0.86

苯环上氢的 δ 值也受环上取代基的影响。如：

化合物：	⬡—NO$_2$	⬡	⬡—CH$_3$	CH$_3$—⬡—CH$_3$（含CH$_3$）
δ/ppm	8.2～7.4	7.37	7.17	6.78

苯环上的氢可能因有邻、对位关系，其 δ 值比较复杂，峰形往往不规则，呈现多组峰。

14.4.4.2　π 电子云屏蔽作用及磁各向异性效应

几种典型烃分子的氢核 δ 值（ppm）如下：

化合物：	⬡	H$_2$C=CH$_2$	HC≡CH	CH$_3$CH$_3$
δ/ppm	7.37	5.84	2.88	0.96

sp^3 碳电负性最小，故烷烃的氢核 δ 值较小。但只用电负性差异不能解释乙炔分子中氢核 δ 值小于乙烯氢和苯环氢的事实。

苯分子氢具有较大的 δ 值，原因在于分子的磁各向异性（anisotropy）。分子的取向不同，其性质是不同的，而核磁共振是对大量分子平均的结果。在外磁场作用下，若苯分子平面垂直于外磁场，苯的闭合大 π 键产生感应环电流，同时产生对抗外磁场的感应磁场。其磁力线方向在苯环中间与外磁场是相反的，而在苯环外围与外磁场是相同的。于是形成了抗磁区（diamagnetic area）和顺磁区（paramagnetic area），如图 14.16 所示。在较低磁场强度下发生核磁共振，相当于氢核外电子云密度减少，故顺磁区称为去屏蔽区（deshielding area）。与此相反，抗磁区称为屏蔽区（shielding area），处于该区氢核 δ 值移向高场。

如图 14.17 所示，立体异构化合物（a）中甲基氢的 δ 值为 2.31ppm，而（b）中甲基受到苯环的屏蔽作用，信号在高场出现，甲基氢的 δ 值为 1.77ppm。

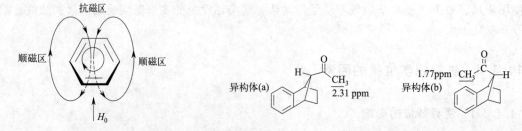

图 14.16　苯环 π 电子环流产生的感应磁场　　　图 14.17　—CH$_3$ 处于不同区域对氢核 δ 值的影响
（抗磁区和顺磁区）

环状大 π 键共轭体系的环内氢受到强的屏蔽作用，δ 值出现在高场，例如 ［18］ 轮烯环内氢 δ 值为 −2.99ppm，环外氢 δ 值为 9.28ppm。

相似的，烯烃分子中处于分子平面内的质子在去屏蔽区（顺磁区），化学位移较大，在 4.5～6.5ppm。有处于平面上下方的质子因在屏蔽区（抗磁区），δ 值就较小。如图 14.18 所示。

如图 14.19 所示，异构体（a）中的氢核受下方 π 键环流的屏蔽作用，共振发生在较高场，δ 值较小。异构体（b）中氢远离 π 键环流的屏蔽区，共振发生在低场，δ 值较大：

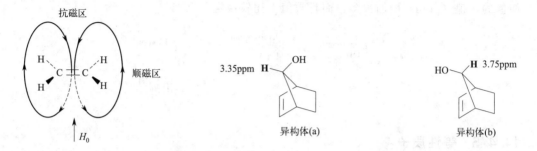

图 14.18　乙烯分子 π 电子形成的去屏蔽区（顺磁区）和屏蔽区（抗磁区）　　图 14.19　乙烯 π 电子各向异性效应对 δ 值的影响

乙炔氢所受影响更为复杂。除了有如图 14.20(a) 所示处于去屏蔽区的可能外，还有如图 14.20(b) 所示 π 电子以键轴为中心呈圆柱体对称分布，使处在键轴方向的质子处于按另一种方式产生更强环流所形成的屏蔽区。由于磁各向异性以及 sp 杂化碳电负性的综合影响，叁键碳上氢的 δ 值比 sp^2 碳上氢的小，一般在 2.5ppm 左右。

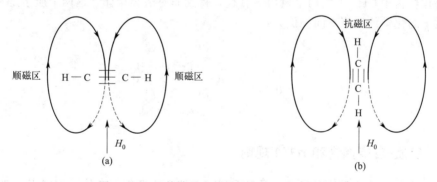

图 14.20　乙炔分子在外磁场中的两种不同情况

醛基的 π 电子云影响与乙烯相似，醛基的氢处于去屏蔽区，但是由于与强吸电子的羰基直接相连，故醛基上氢的 δ 值可达 9～10ppm。

14.4.4.3　立体效应的影响

如图 14.21 所示，两个异构体相应氢的 δ 值不同，可以看出立体效应对它们的影响。氢周围的空间拥挤，其核外电子云受排斥，电子云密度降低，其 δ 值增大。

14.4.4.4　氢键的影响

氢键的形成会使质子的共振信号向低场方向移动，化学位移变大。由于形成氢键的程度

图 14.21　立体效应对化学位移值的影响（δ值单位为 ppm）

与样品浓度等条件有很大关系，故形成氢键的羧基上氢的 δ 变化范围较宽。形成分子内氢键使氢的 δ 值（ppm）增加很多，而且数值上比较稳定。例如：

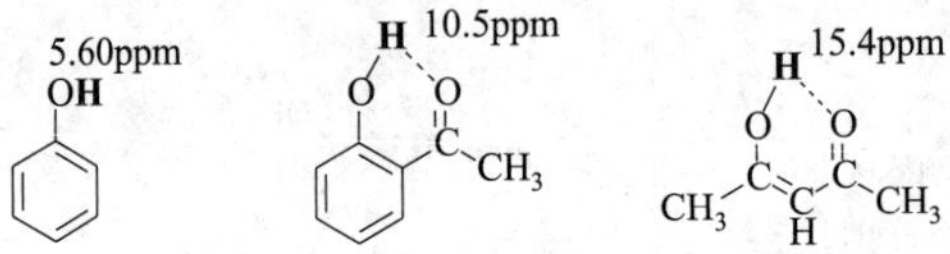

14.4.5　等性质子

同一分子中，化学环境相同的氢核的化学位移值相同。这样的氢核，称为等性质子（equivalent protons），也称磁全同质子。

等性质子的判断方法是：设想用一取代基 Z 代替各种氢，如果得到的是相同化合物或者互为对映异构体，这两种氢核就是等性质子或称化学等价。例如 CCl_3CH_2Cl 中的两个氢是等性的。因它们被取代得到的是对映异构体。由于对映异构体中相应氢的化学位移相同，核磁共振谱不能区别对映异构体。

如果化合物中 CH_2 上的两个氢用 Z 替代，得到非对映异构体，这两个质子是不等性的，不等性质子的化学位移值不同。例如：

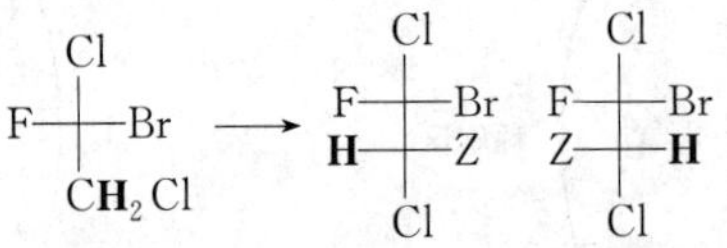

非对映异构体

14.4.6　自旋-自旋偶合和 $n+1$ 规则

在分辨率较高的核磁共振仪上，可以看到溴乙烷更为精细的结构，如图 14.22 所示。

精细结构是由化学位移确定的峰裂分而形成。裂分的原因是相邻碳上氢核之间的相互影响。

14.4.6.1　自旋-自旋偶合和自旋-自旋裂分

自旋核之间的相互干扰，称为自旋-自旋偶合（spin-spin coupling），其结果是谱图中有关信号峰发生分裂，称为自旋-自旋裂分（spin-spin splitting）。

由于每个氢核均有 α 态和 β 态两种取向，分别与外磁场 H_0 相同或相反。在溴乙烷的结构中，亚甲基（CH_2）两个氢核的取向可以相同，也可以相反。共有三种自旋组合态 M，构成不同的局部磁场，如图 14.23 所示。甲基氢的吸收峰分裂为 3 个，其高度比为 1：2：1。同理，甲基（CH_3）的三个氢核有 4 种自旋组合态 M，使亚甲基氢的吸收峰分裂为 4

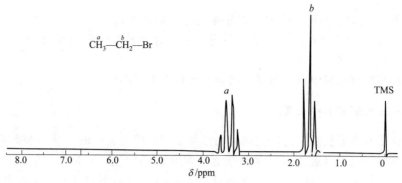

图 14.22 溴乙烷的^{1}H NMR 谱图

个，其高度比为 1:3:3:1。

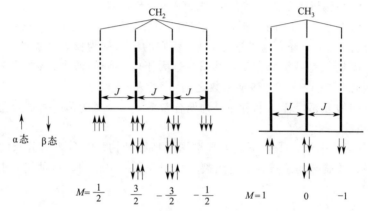

图 14.23 乙基的甲基和亚甲基之间^{1}H 的自旋相互影响及裂分

原子间的自旋偶合作用是通过成键电子传递的，偶合作用强度以偶合常数（coupling constant）J 表示，单位为 Hz。乙基中甲基与亚甲基氢核之间相隔 3 个单键（H—C—C—H），偶合常数约 7Hz。裂分是甲基和亚甲基之间氢核磁共振相互干扰引起的，不受外磁场强度等因素影响，所以等性质子对同一氢核的偶合常数相同，且对于特定结构为定值。相隔 4 个及 4 个以上单键的氢核间，偶合常数趋于零。如果此时 $J \neq 0$，则称为远程自旋偶合（remotespin coupling），简称远程偶合。

简单的裂分峰具有以下特点：

① 裂分峰的化学位移按该组峰的中心位置计算，即 δ 值不变；

② 裂分峰的强度由峰面积表示，即在谱图中由仪器给出的峰面积的"积分高度"来表示峰的相对强度。裂分峰的强度按照表 14.15 所示的规律。

表 14.15 裂分峰的名称、缩写符号及相对强度比

峰名	符号	相对强度比
单峰（singlet）	s	--
双重峰（doublet）	d	1:1
三重峰（triplet）	t	1:2:1
四重峰（quartlet）	quar	1:3:3:1
五重峰（quintlet）	quin	1:4:6:4:1
……	……	……
多重峰（multiplet）	m	……

③ 相互偶合而裂分的两组峰中，裂分峰间的 J 值相等；

④ 裂分峰的强度比存在微小差别，使得发生偶合而形成的两组裂分峰，形成"外低内高"的趋势，称为"向心规律"。

以上特点对判断谱图中峰的归属及偶合关系有很大帮助。

14.4.6.2　一级谱图和 $n+1$ 规则

自旋偶合使谱图形状复杂化，但同时也提供了邻近碳上氢核的信息。本章节仅讨论相邻碳上氢核的影响。因为自旋偶合不是直接通过空间磁场传递，而是通过核间成键电子对传递，故超过四根 σ 键的（H—C—C—C—H）氢核间偶合常数 $J \approx 0$。同碳上的等性质子（H—C—H）之间也没有偶合作用，但同碳上的不等性质子存在自旋偶合。烯烃和环状化合物的偶合作用比较复杂，还存在远程偶合的情况。所以，实际上许多化合物的核磁共振谱图是很复杂的，谱图的解析需要进一步的波谱知识和简化技术。

按照图 14.23 和表 14.13 的分析，一组氢的相邻碳原子上有 n 个等性质子与之发生偶合，则该组氢应有 $n+1$ 个峰。这种遵守 $n+1$ 规则的谱图称为核磁共振的一级谱（first-order spectrum）。其特点是各组峰化学位移值差远大于峰裂分的偶合常数（$\Delta\delta/J \geqslant 6$）。其强度比相当于二项展开式 $(a+b)^n$ 各项系数之比。

当氢核有不同的近邻，若 n 个氢为一种偶合常数，n' 个氢为另一种偶合常数，则将呈现 $(n+1)(n'+1)$ 重峰。

$n+1$ 存在以下局限性：①它不能解释谱图的精细结构；②各组裂分峰的强度比绝大部分不等于二项展开式展开的系数；③每组裂分峰间距不一定相同，这种间隔也不一定代表偶合常数。

14.4.7　核磁共振氢谱的应用

^1H NMR 谱图提供的结构信息主要有：

① 分子中存在几种不同的氢，并由其化学位移值推断它们的大致归属；

② 由代表各信号峰面积的积分高度，可知各种氢的相对含量；

③ 由各组峰的裂分情况，推断相邻碳原子上等性质子的数目。

例如，化合物 $C_{11}H_{16}$ 的 ^{1}HNMR 数据为：$\delta=0.9ppm$（s，9H）；$\delta=2.5ppm$（s，2H）；$\delta=7.2ppm$（m，5H）。表明该化合物有三种不同的氢。$\delta=7.2ppm$ 的为多重峰，并且含有 5 个氢，可能为苯环上的氢。$\delta=0.9ppm$ 的为烷基氢，由于是单峰，且有 9 个氢，可能为叔丁基结构。余下的 2 个氢属于亚甲基，由于连着苯环，δ 值增至 2.5ppm，且是单峰，说明相邻碳上无氢，故该化合物为：

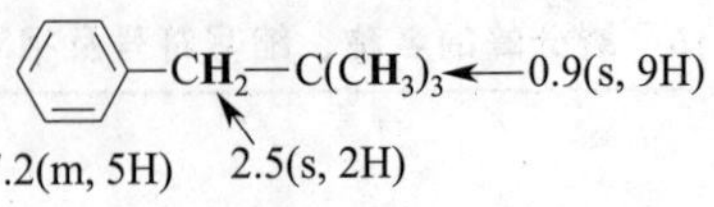

$$\underset{7.2(m,\ 5H)}{\text{〇}}\!-\!\underset{2.5(s,\ 2H)}{CH_2}\!-\!C(CH_3)_3 \leftarrow 0.9(s,\ 9H)$$

14.4.8　核磁共振碳谱简介

有机化合物中的碳元素主要是 ^{12}C，而具有核自旋现象的 ^{13}C 的自然丰度只有 1.1%。因此碳的 NMR 信号弱，灵敏度低。随着技术发展，通过多次扫描分子，将信号累加，可得到满意的[13]C NMR 谱图。^{13}C NMR 的优点是其化学位移值分布范围宽，可达 600ppm，不易发生信号峰的重叠，能直接反映有机分子的碳骨架信息。另外，由于[13]C 丰度很低，碳骨架中[13]C 和[13]C 相连的概率很低，^{13}C 核之间的偶合干扰小，因此，^{13}C NMR 谱图呈现某种信号峰就相当于某种碳归属的简明对应关系。如图 14-24 所示为未去偶的 1,2,2-三氯丙烷的碳谱。

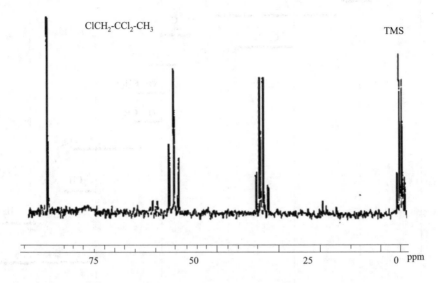

图 14.24　未去偶的 1,2,2-三氯丙烷的[13]C NMR 谱图

图 14.24 中峰的裂分是由与[13]C 核相连的[1]H 核的偶合导致的，可采用质子去偶技术消除这些裂分，简化谱图。

如图 14.25 所示，是去偶合的 1-氯辛烷的高分辨[13]C NMR 谱图。

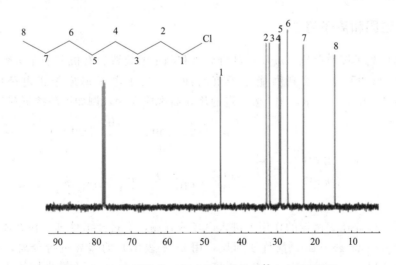

图 14.25　去偶合的 1-氯辛烷的高分辨[13]C NMR 谱图

实际上，分子结构对[13]C NMR 的化学位移影响与[1]H NMR 相似，但是更为复杂。表 14.16 列出了常见有机基团的[13]C NMR 的化学位移值。

表 14.16　常见有机化合物^{13}C NMR 的化学位移　　　　　　单位：ppm

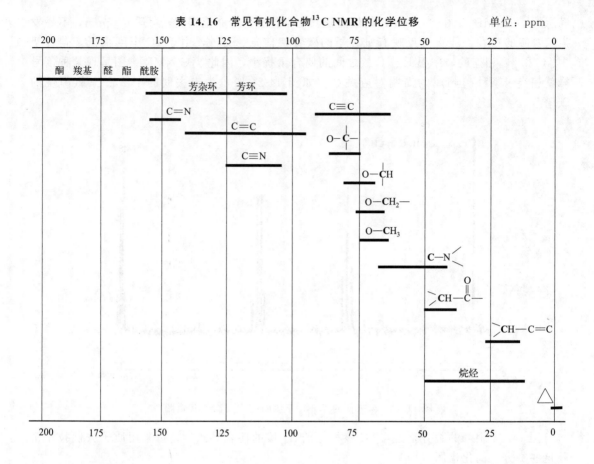

14.5　质谱简介

14.5.1　质谱图和离子峰

　　质谱仪是使离子按质荷比（m/z）进行分离和测定的装置。有机分子在质谱仪的离子源（如电子轰击电离源）中，受到高能电子束的冲击，失去电子形成带正电荷的分子离子（molecular ion），用 M$^+$ 表示，M$^+$ 按一定的规律断裂成碎片，例如甲醇按下列过程裂解：

$$CH_3\ddot{O}H \xrightarrow{e^-} \left[CH_3\dot{O}H\right]^+$$
$$m/z\ 32$$

$$\xrightarrow{-H\cdot} \left[CH_2{=}\dot{O}H\right]^+ \xrightarrow{-H} \left[CH_2{=}O\right]^+ \text{-----}\longrightarrow$$
$$m/z\ 31 \qquad\qquad m/z\ 30$$

$$\xrightarrow{-OH} \left[CH_3\right]^+ \xrightarrow{-H\cdot} \left[\cdot CH_2\right]^+ \text{-----}\longrightarrow$$
$$m/z\ 15 \qquad\qquad m/z\ 14$$

　　这些正离子碎片在加速器的作用下进入电场或磁场，经过技术处理，根据离子质量与电荷比值（mass-to-charge ratio，简称质荷比，用 m/z 表示）的差异进行分离，再经仪器处理、记录得到的以 m/z 为横坐标，相对强度（relative intensity）为纵坐标的谱图，即为质谱图。如图 14.26 所示。

　　相对强度最大的峰（相对强度为 100%），称为基峰。由分子离子形成的峰称分子离子峰。当分子离子峰能够稳定存在时，其质荷比 m/z 数值上就等于化合物的分子量，如图 14.26 所示，m/z 为 32，即甲醇的分子量。有机分子离子峰强度变化很大，它可能成为基

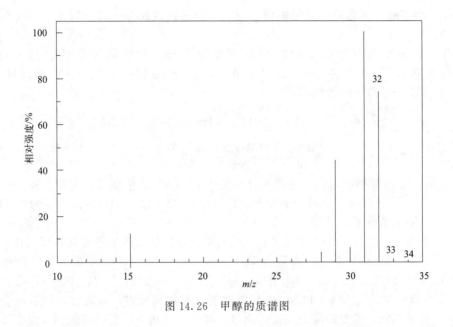

图 14.26　甲醇的质谱图

峰，也可能观察不到，如图 14.26 所示，m/z 为 31 的是甲醇裂解的碎片（$[CH_2=\overset{+}{O}H]$）的质荷比。

由于同位素的质量数不同，除分子离子和碎片离子外，还有它们的同位素峰。如图 14.26 所示，$m/z=33$ 为 M+1 峰，$m/z=34$ 为 M+2 峰。在某些分子的质谱图中，分子离子的同位素峰强度可能超过分子离子峰或与之相当，如图 14.27 所示的溴乙烷的质谱图，M（$m/z=108$）和 M+2（$m/z=110$）两个峰的强度几乎相等。

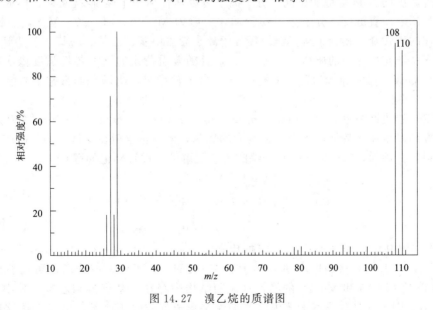

图 14.27　溴乙烷的质谱图

正确地判断分子离子峰，对确定化合物分子量和推断结构非常有用。因为分子离子峰不一定就处于质谱图的最右端，所以在判断分子离子峰时，应根据以下三条经验原则。

① 分子离子峰应符合"氮律"，即由 C、H、N、O、P 和卤素组成的化合物，分子中若含偶数个氮原子，分子量为偶数，若含奇数个氮原子，分子量为奇数。

② 分子离子峰与邻近峰的质量差应合理，不可能出现比分子离子峰小 3～14 个质量单位的碎片峰。

③ 分子离子峰与其同位素峰的相对强度应合理。常见同位素的自然丰度^{13}C 为 1.1%、^{2}H 为 0.016%、^{18}O 为 0.2%、^{15}N 为 0.36%。分子式为 $C_nH_mN_xO_y$ 的（M+1）和（M+2）相对于分子离子峰的强度：

$$\frac{M+1}{M} = (1.1 \times n) + (0.016 \times m) + (0.36 \times x) + (0.2 \times y)$$

$$\frac{M+2}{M} = \frac{(1.1 \times n)^2}{200} + (0.2 \times y)$$

M+2 峰一般强度很小，但含氯或溴的有机分子 M+2 峰很强且有规律。由于^{37}Cl 自然丰度为 32.5%，故含有一个氯原子的分子，（M+2）/M≈1/3。^{81}Br 自然丰度为 49.5%，因此，有一个溴原子的分子，（M+2）/M≈1。

由于分子离子峰与其同位素峰之间有密切关系，可以从质谱信息直接推导出化合物的结构。例如分子量为 30 的化合物，可能为 C_2H_6（乙烷）或 CH_2O（甲醛）等。根据公式计算，乙烷的（M+1）/M=2.2%，而甲醛的（M+2）/M=0.2%。J. H. Beynon 将分子量在 500 以下的化合物结构与 M+1 和 M+2 峰强度的关系编制成表，可直接运用。当质谱图中不呈现分子离子峰时，需要降低电子束的能量，减少分子离子碎裂的可能性，以获得分子离子信息。除分子离子峰外，各碎片峰的归属也能为结构分析提供大量信息。

14.5.2 常见有机化合物的质谱

14.5.2.1 烷烃

直链烷烃中的碳-碳键键能相同，分子离子可以从任何一个碳-碳键断裂，形成不同碳原子数的碎片离子。直链烷烃分子离子峰较弱，一般为 M−15、M−29、M−43、M−57 等不同质荷比的碎片峰，相当于从直链烷烃分子离子裂去甲基、乙基、丙基、丁基等生成的离子。质谱图特征是相邻峰的质荷比之差为 14，且随着质荷比的增大各峰强度依次减弱。由于$[C_3H_7]^+$（$m/z=43$）和$[C_4H_9]^+$（$m/z=57$）离子较稳定，所以它们常常是直链烷烃质谱中的基峰。

支链烷烃的质谱中也有 $m/z=29$、$m/z=43$、$m/z=57$、$m/z=71$……系列碎片。支链烷烃裂解容易发生在支链处，优先失去最大的烷基，形成正电荷在支链多的叔碳或仲碳阳离子一侧最稳定。例如，3,3,5-三甲基庚烷的主要裂解处（虚线标记的键）：

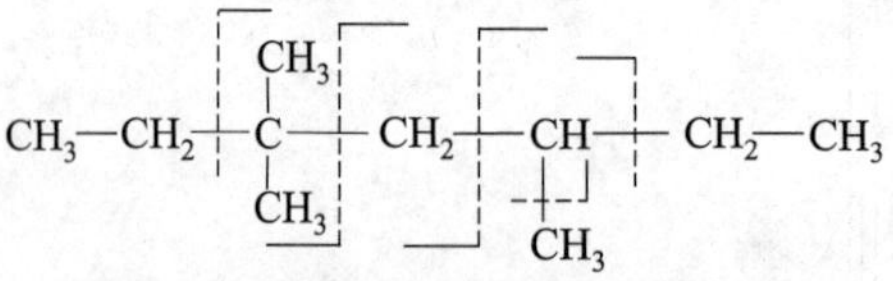

3,3,5-三甲基庚烷裂解形成的主要碎片峰有：$m/z=71$（M−C_5H_{11}），$m/z=85$（M−C_4H_9），$m/z=113$（M−C_2H_5），$m/z=127$（M−CH_3），另外，该分子还可以看到质荷比为 15、29 以及 M−15 和 M−29 的峰，这说明结构中存在甲基支链和乙基。其中，$m/z=71$ 的峰最强，因为它是分子离子丢失最大的烷基形成的叔碳正离子，可以根据这些特征峰来确定分子中支链的位置。

14.5.2.2 烯烃

双键的存在，可增加烯烃分子离子峰的强度，容易发生 β-裂解形成稳定的烯丙型正离子、间隔 14 质量单位的一系列峰，即质荷比为 41、55、69、83……$41+14n$ 的碎片峰。如果是单烯，其 σ 键断裂得到 $C_nH_{2n-1}^+$ 的峰，即质荷比为 27、41、55、69、83……$27+14n$ 的碎片峰。例如：

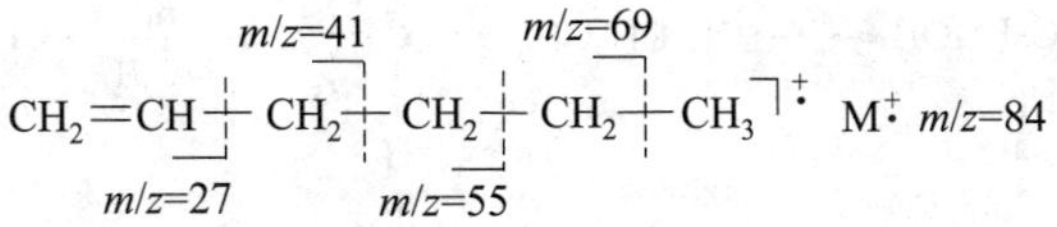

$$CH_2\text{=}CH \underset{m/z=27}{\underbrace{}} CH_2 \underset{m/z=55}{\underbrace{}} CH_2 \underset{}{\underbrace{}} CH_2 \underset{}{\underbrace{}} CH_3 \quad M^+\ m/z=84$$

（$m/z=41$，$m/z=69$ 标于上方）

具有 γ-氢的烯烃发生麦氏重排形成偶质量数的 C_nH_{2n} 正离子峰。例如：

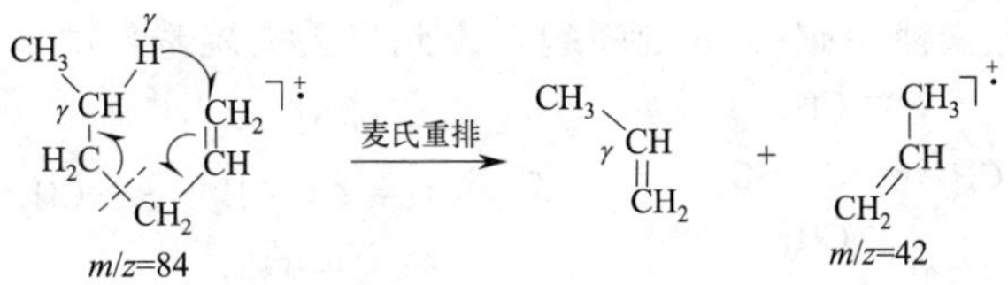

$m/z=84$ ——麦氏重排——> 产物 + $m/z=42$

14.5.2.3　芳烃

芳烃有较强的分子离子峰，苯的分子离子峰 $m/z=78$ 是基峰。稠环化合物的分子离子峰是基峰，例如萘的 $m/z=128$ 是基峰。

烷基苯以 β-断裂最为重要，产生稳定的环庚三烯（C_7H_7）正离子 $m/z=91$ 是基峰，它继续裂解失去乙炔分子产生 $m/z=65$ 的环戊二烯（C_5H_5）正离子和 $m/z=39$ 的离子峰。烷基苯的 α-裂解产生 $m/z=77$ 的苯基离子峰，它失去乙炔分子产生 $m/z=51$ 的离子峰。直链烷基苯的烷基中有 γ-氢时发生麦氏重排，形成 $m/z=92$ 的离子峰。例如，丁基苯的主要裂解过程：

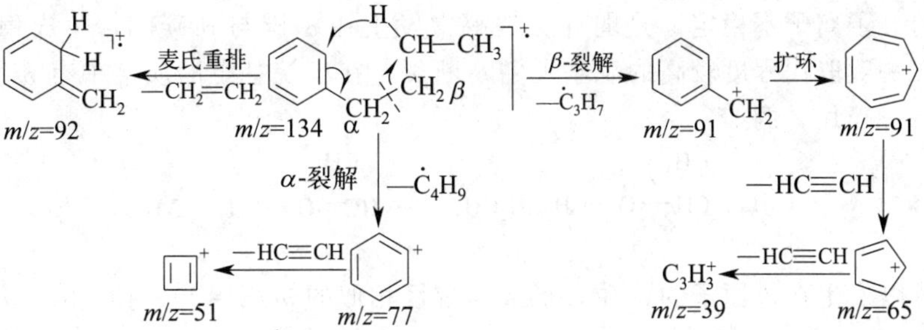

14.5.2.4　醇类

醇的分子离子峰很弱，直链醇可发生 α-裂解、β-裂解、γ-裂解、δ-裂解：

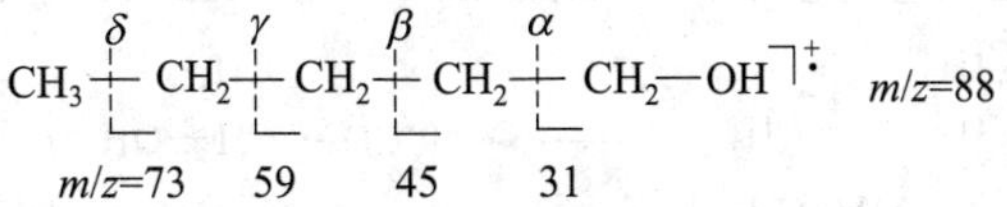

$$CH_3 \overset{\delta}{\underset{m/z=73}{\underbrace{}}} CH_2 \overset{\gamma}{\underset{59}{\underbrace{}}} CH_2 \overset{\beta}{\underset{45}{\underbrace{}}} CH_2 \overset{\alpha}{\underset{31}{\underbrace{}}} CH_2\text{—}OH \quad m/z=88$$

α-裂解是醇类的主要裂解方式，质谱图中主要碎片几乎都是 α-裂解产生的。

伯醇 α-裂解形成稳定的 $m/z=31$ 的离子峰是基峰。例如：

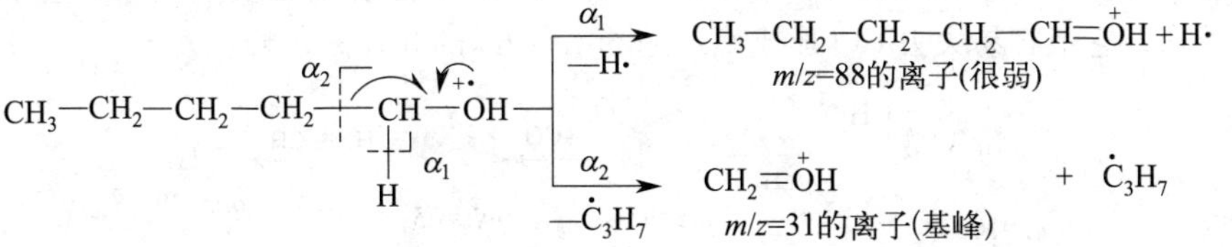

$$CH_3\text{—}CH_2\text{—}CH_2\text{—}CH_2 \overset{\alpha_2}{\underset{\alpha_1}{}} CH\text{—}OH$$

$\xrightarrow[-H\cdot]{\alpha_1} CH_3\text{—}CH_2\text{—}CH_2\text{—}CH_2\text{—}CH\text{=}\overset{+}{O}H + H\cdot$
　　　　　　　$m/z=88$的离子(很弱)

$\xrightarrow[-\dot{C}_3H_7]{\alpha_2} CH_2\text{=}\overset{+}{O}H \quad + \quad \dot{C}_3H_7$
　　　　　$m/z=31$的离子(基峰)

仲醇有三种 α-裂解，分别失去氢自由基和烷基自由基，一般以失去最大的烷基形成的离子最稳定。例如：

$$CH_3CH_2CH_2CH \overset{+}{=} \overset{\cdot \cdot}{O}H \xleftarrow[-\dot{C}H_3]{\alpha_2} CH_3CH_2CH_2 \overset{\alpha_1}{-}\overset{CH_3}{\underset{H}{\overset{|}{\underset{|}{C}}}}\overset{\alpha_2}{-}\overset{+}{\underset{\alpha_3}{\cdot}}\overset{\cdot \cdot}{O}H \xrightarrow[-\dot{C}_3H_7]{\alpha_1} CH_3CH \overset{+}{=} \overset{\cdot \cdot}{O}H$$

m/z=73(弱)　　　　　　　*m/z*=88　　　　　　　　　　　　　*m/z*=45(基峰)

$$\downarrow -H\cdot \quad \alpha_3$$

$$CH_3CH_2CH_2 - \overset{CH_3}{\underset{}{\overset{|}{C}}} \overset{+}{=} \overset{\cdot \cdot}{O}H \quad m/z=87(很弱)$$

叔醇不含 α-氢，有三种 α-碳-碳 σ 键断裂，因此只丢失烷基自由基。例如：

$$CH_3 - \overset{\alpha}{\underset{CH_3}{\overset{|}{\underset{|}{C}}}} \overset{CH_3}{\overset{+\cdot}{-\overset{\cdot \cdot}{O}H}} \xrightarrow{\alpha} CH_3 - \overset{CH_3}{\underset{}{\overset{|}{C}}} \overset{+}{=} \overset{\cdot \cdot}{O}H \quad + \quad \cdot CH_3$$

m/z=74　　　　　　　　　　　　*m/z*=59(基峰)

叔丁醇失去甲基自由基，形成稳定的 $m/z=59$ 的离子峰是基峰。其他叔醇形成 $m/z=59+14n$ 的峰。

醇还容易失去水分子形成 $M-18$ 的离子峰。例如：

$$CH_3CH_2 - \overset{CH_3}{\underset{CH_3}{\overset{|}{\underset{|}{C}}}} \overset{+\cdot}{-\overset{\cdot \cdot}{O}H} \xrightarrow{\alpha} \left[CH_3CH_2 - \overset{CH_3}{\underset{}{\overset{|}{C}}} = CH_2 \right]^{\ddagger} + H_2O$$

m/z=88　　　　　　　　　　　*m/z*=70

14.5.2.5　醚类

（1）脂肪醚

脂肪醚的分子离子不稳定，是弱峰。裂解常发生在 α-碳与 β-碳间，生成稳定性较强的含氧离子峰，一般取代程度较高的烷基发生 β-断裂。在二烷基醚的质谱中有 $m/z=31$、45、59、73、$87 \cdots \cdots$ 碎片。例如：

$$C_2H_5 \overset{CH_3}{\underset{}{\overset{|}{C}H}} \overset{+\cdot}{-\overset{\cdot \cdot}{O}} - CH_2CH_2CH_3 \longrightarrow HC \overset{CH_3}{\underset{}{\overset{|}{}}} \overset{+}{=} \overset{\cdot \cdot}{O} - C_3H_7 + \dot{C}_2H_5$$

m/z=87

裂解也可以发生在氧原子的 α-位，形成与烷烃相似的 $m/z=29$、43、57、71、85 碎片。例如：

$$R'CH_2 \overset{+\cdot}{-\overset{\cdot \cdot}{O}} - CH_2 - R \longrightarrow R'\dot{C}H_2 + \overset{\cdot \cdot}{\underset{}{\overset{+}{O}}} - CH_2 - R$$

裂解也可能经历四元环过渡态重排，形成 $m/z=28$、42、56、$28+14n$ 等碎片。例如：

$$R'CH_2 - \overset{CH_3}{\underset{}{\overset{|}{C}H}} \overset{+\cdot}{-\overset{\cdot \cdot}{\underset{\uparrow}{O}}} \overset{}{\underset{H-CH-R}{\overset{|}{C}H_2}} \longrightarrow R'CH_2 - \overset{CH_3}{\underset{}{\overset{|}{C}H}} - OH + \overset{CH_2}{\underset{}{\overset{||}{C}H-R}}$$

m/z=28+14n

（2）芳香醚

芳香醚分子离子峰较强。例如，苯甲醚在氧原子的 α 位烷基处发生裂解，生成 $m/z=93$ 的碎片离子峰，它很容易失去 CO 形成稳定的 $m/z=65$ 的碎片离子峰：

m/z=108　　　　　*m/z*=93　　　　*m/z*=65　　　　　*m/z*=39

甲基上 α-氢重排转移失去 $CH_2=O$ 基团，生成 $m/z=78$ 的碎片离子峰，继续失去一个氢自由基产生 $m/z=77$ 的碎片离子峰，也可能是直接丢失 $CH_3O\cdot$ 自由基，形成 $m/z=77$ 的碎片离子峰：

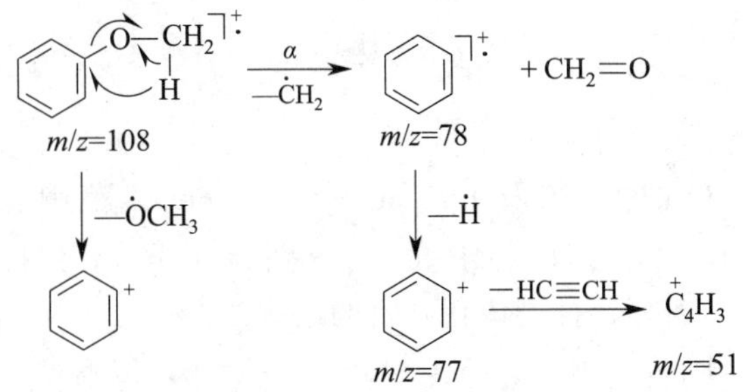

苯乙醚有 β-氢，除了有上述苯甲醚的裂解方式以外，还可以发生麦氏重排，形成相对强度很大的 $m/z=94$ 的碎片离子峰：

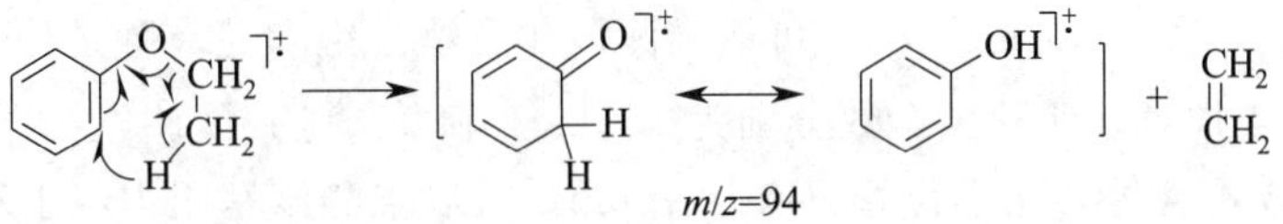

苯乙醚裂解形成 $m/z=94$ 的峰是基峰，可以根据 $m/z=94$ 峰的存在判断烷基芳醚的烷基是一个碳还是两个及两个以上的碳。

14.6 波谱分析实例

利用 IR 和 ^1H NMR 谱图，进行有机结构分析，步骤大致如下。

① 由分子式可知分子中总的氢原子个数，再根据下式计算不饱和度 Ω。

$$\Omega=1+碳原子个数-\frac{一价原子数-氮原子数}{2}$$

例如，化合物 $C_8H_7O_3Cl$ 的不饱和度：$\Omega=1+8-(8-0)/2=5$。

根据不饱和度 Ω 可以初步判断，该化合物可能是哪一类化合物，表 14.17 列出了有机分子结构与 Ω 的关系。

表 14.17 有机分子结构与不饱和度 Ω 的关系

不饱和度	有机分子结构
$\Omega=1$	C=C、C=O、单环
$\Omega=2$	C≡C、双烯、环烯、不饱和羰基化合物
$\Omega=3$	双键和环的搭配
$\Omega=4$	苯环

② 从 IR 的特征频率区开始，寻找官能团的相关峰，以确定是否存在某种官能团。

③ 从 ^1H NMR 看结构细节：有几种氢；它们的化学环境如何；各种氢的数目（积分高度和总氢数）及相邻碳原子上氢的数目。

④ 由以上信息和化学知识，推断化合物的结构片断，确定化合物结构。

⑤ 再从波谱中论证该结构式。有时，这样的工作需要反复进行，才能得出正确结论。

例①：某化合物分子式为 C_8H_{10}，^1H NMR 的 δ_H 分别为 1.2 （t，3H）、2.6 （q，2H）、7.1 （b，5H）ppm，推测该化合物的结构。

解：由分子式计算不饱和度 $\Omega = 1+8-(10-0)/2 = 4$，可能有苯环，1.2（t，3H）为与 CH_2 相邻的基团 CH_3 的化学位移；2.6（q，2H）为与 CH_3 相邻的基团 CH_2 的化学位移，7.1（b，5H）为苯环上 5 个 H 的化学位移，因此，该化合物结构为：

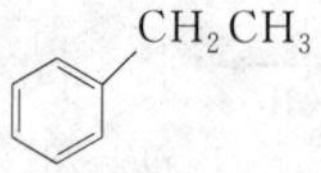

例②：化合物 $C_6H_{14}O$ 的 IR 图表明在 $3600 \sim 3200 cm^{-1}$ 范围有强而宽的峰，同时在 $1100 cm^{-1}$ 左右处有特征吸收峰。^1H NMR 的 δ_H 分别为 0.9（s，9H）、1.1（d，3H）、2.0（s，1H）、3.4（m，1H）ppm，推测该化合物的结构。

解：根据分子式 $C_6H_{14}O$，$\Omega = 1+6-(14-0)/2 = 0$，因有氧，故该化合物是饱和醇或醚。

从 IR 主要数据得知，在 $3600 \sim 3200 cm^{-1}$ 有强峰且峰形宽，是羟基 v_{O-H} 的特征吸收峰，其相关峰 v_{C-O} 在 $1100 cm^{-1}$ 处，可以推测该化合物是饱和醇，且是仲醇。

^1H NMR 有 4 种氢，四种氢个数分别为 1、1、3 和 9。其中含 9 个氢的为单峰，证明与这个基团相连的碳不含氢，化学位移只有 0.9ppm，可以推测该基团为叔丁基—$C(CH_3)_3$。

化学位移为 1.1ppm 的基团有 3 个氢，且是双重峰，可以推测该基团是其邻碳上有一个氢的甲基结构 $(CH)—CH_3$。

化学位移为 3.4ppm 的基团，化学位移较大，且是导致 $(CH)—CH_3$ 中甲基氢裂分的一个氢，提示该碳连有吸电子基，该吸电子基为羟基。根据以上分析及相关片段，该化合物的结构为：

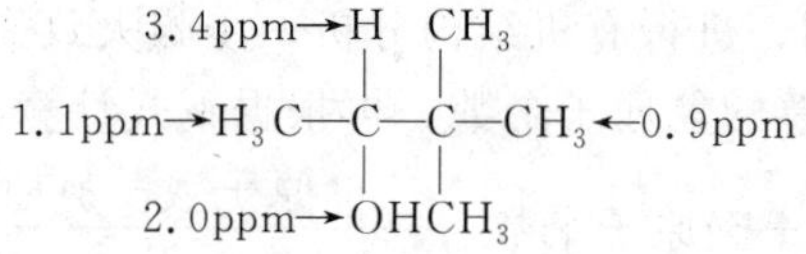

例③：化合物 C_9H_{10} 的 IR 在 $3100 \sim 3000 cm^{-1}$、$3000 \sim 2900 cm^{-1}$、$1650 cm^{-1}$、$1600 cm^{-1}$、$1580 cm^{-1}$、$1500 cm^{-1}$、$800 cm^{-1}$、$700 cm^{-1}$ 有特征吸收峰和相关峰。^1H NMR 的 δ_H 分别为：（a）7.3（m，5H）、（b）5.3（s，1H）、（c）5.0（s，1H）和（d）2.0（s，3H）ppm。推测该化合物的结构。

解：分子式 C_9H_{10}，$\Omega = 1+9-(10-0)/2 = 5$，可能含有多重键，一般是苯环和一个双键。

根据 IR 数据可知，在 $3100 \sim 3000 cm^{-1}$ 有 sp^2 杂化碳的 v_{C-H} 的特征吸收峰。在 $3000 \sim 2900 cm^{-1}$ 有 sp^3 杂化碳的 v_{C-H} 的特征吸收峰。在 $2200 cm^{-1}$ 左右无信号，说明无 sp 杂化碳的 v_{C-H} 的特征吸收峰，即无端炔键。$1600 cm^{-1}$、$1580 cm^{-1}$ 和 $1500 cm^{-1}$ 以及 $1650 cm^{-1}$ 提示有苯环和双键，这与计算的不饱和度吻合。在 $800 cm^{-1}$ 和 $700 cm^{-1}$ 的吸收峰提示苯环为单取代或间二取代，需要进一步论证。

根据 ^1H NMR 有 4 组吸收峰，氢的数目分别为 5、1、1、3。从（a）峰 δ 为 7.3ppm，多重峰，结合 IR 给出的信息，可以确定，它是苯环上氢的信号峰，有 5 个 H 提示为单取代苯。（b）和（c）都是单峰，化学位移相差 0.3ppm，应该是双键碳上的氢。（d）化学位移 2.0ppm，单峰且有 3 个氢，应是连有吸电子基的甲基氢，该甲基也不可能连在苯环上。因此该化合物应该是下列（A）和（B）结构中的一种：

$$CH{=}CH{-}CH_3 \quad (A)$$

$$\overset{CH_3}{\underset{}{C}}{=}CH_2 \quad (B)$$

（A）和（B）用 IR 不易区别，从 ^{1}H NMR 可以看出该化合物（B）符合。因（A）式甲基相邻的碳上有氢，会使甲基的氢核裂分，故化合物结构为（B）。甲基连在双键上，化学位移增加到 2.0ppm，双键同碳上两个氢是不等性质子，相邻碳无氢，故（b）和（c）都是单峰。

例④：化合物 C_3H_6O 的 IR 主要在 $3000 \sim 2800 cm^{-1}$ 和 $1000 cm^{-1}$ 左右有特征吸收峰及相关峰。^{1}H NMR 的 δ_H 只有 2 组信号，分别为（a）3.7（t，4H）和（b）1.8（m，2H）ppm，推测该化合物的结构。

解：分子式 C_3H_6O，$\Omega = 1 + 3 - 6/2 = 1$，可能是含有 C=C、C=O 或单环类化合物。

根据 IR 数据，化合物主要在 $3000 \sim 2800 cm^{-1}$ 有 sp^3 杂化碳的 υ_{C-H} 特征吸收峰和在 $1000 cm^{-1}$ 左右有 υ_{C-O} 的特征吸收峰，所以可以排除含有羟基（醇）、C=C（双键）和 C=O（羰基）官能团的化合物，因此可以推测该化合物是饱和的单环醚类化合物，其结构应该是下面化合物（A）和（B）的一种，单从 IR 数据无法确认，需要其他方法进一步论证。

$$(A) \; H_3C{-}\underset{\underset{O}{\diagup\diagdown}}{CH}{-}CH_2 \qquad (B) \; H_2C\overset{CH_2}{\underset{O}{\diagup\diagdown}}CH_2$$

根据 ^{1}H NMR 有 2 组信号，排除了是环氧丙烷化合物（A）的可能。从氢的比例和相互裂分的情况可以得出（a）峰的相邻碳上应该有两个氢，且（a）为化学位移较大的 4 个氢，所以（a）的碳是直接连在氧原子上。故可推出该化合物为（B）。

例⑤：化合物 C_4H_8O 的 IR 在 $3000 cm^{-1}$ 以上无吸收峰，但在 $3000 \sim 2800 cm^{-1}$ 和 $1720 cm^{-1}$ 有特征吸收峰。^{1}H NMR 有 3 组峰，δ_H 值分别为（a）2.0（s，3H）、（b）2.3（q，2H）和（c）1.0（t，3H）ppm。试推测该化合物的结构。

解：分子式 C_4H_8O，$\Omega = 1 + 4 - 8/2 = 1$，可能是含 C=C、C=O 或单环类化合物。

根据 IR 数据，化合物在 $3000 cm^{-1}$ 以上无吸收峰，在 $3000 \sim 2800 cm^{-1}$ 和 $1720 cm^{-1}$ 有特征吸收峰。所以可以推测是饱和的醛或酮类化合物，其结构如下（A）和（B）所示。可用 ^{1}H NMR 进一步论证其结构。

$$(A)CH_3{-}CH_2{-}CH_2{-}CHO \qquad (B) \; CH_3{-}\overset{\overset{O}{\|}}{C}{-}CH_2{-}CH_3$$

根据 ^{1}H NMR 只有 3 组信号，且在 $9 \sim 10$ppm 无醛基的吸收峰，因此可以排除化合物结构是（A）。根据所给数据（a）和（b）化学位移差别不大，且（a）是单峰，二者是互相孤立的两个信号。（b）和（c）是相互裂分的 2 组氢，符合典型的乙基基团，且（b）是连接较强的吸电子基，故可推出该化合物为（B）。

例⑥：化合物 A 由碳、氢和氧组成，元素分析碳占 68.6%，氢占 8.6%。A 经质谱确认分子量为 70。紫外光谱分析在 220 nm（$\varepsilon = 1.6 \times 10^4$）和 320 nm（$\varepsilon = 25$）有吸收峰。红外光谱在 $3200 cm^{-1}$ 以上无吸收峰，在 $3010 cm^{-1}$、$2700 cm^{-1}$、$1700 cm^{-1}$（强）、$1450 cm^{-1}$ 有特征吸收。^{1}H NMR 分析在 9.5、6.8、6.1 和 2.2ppm 有峰，且 H 的个数分别为 1、1、1 和 3。试推测该化合物的结构。

解：由元素分析得到该化合物 C、H 和 O 的原子个数比：

$$C：H：O=\frac{68.60}{12}：\frac{8.60}{1}：\frac{100-68.60-8.6}{16}=5.72：8.60：1.43=4：6：1$$

该化合物分子量为 70，符合氮律，故分子式为 C_4H_6O，不饱和度 $\Omega=1+4-6/2=2$，不可能有苯环。

紫外光谱在 220 nm 有强吸收，提示有共轭双键"$\pi\rightarrow\pi^*$"跃迁的吸收带，320nm 有非常弱的吸收，提示有"$n\rightarrow\pi^*$"跃迁的吸收带。因此，该化合物可能是 α,β-不饱和醛或酮，并符合不饱和度推算的结果。

根据 IR 光谱，在 $3200cm^{-1}$ 以上无吸收峰，可以排除醇的可能。$1700cm^{-1}$ 处有 $v_{C=O}$ 的强吸收，可进一步确定为含羰基的化合物。在 $3010cm^{-1}$ 左右有 sp^2 杂化碳的 v_{C-H} 的吸收峰，$1450cm^{-1}$ 有 $v_{C=C}$ 的吸收峰，可以判断有 $C=C$。在 $2700cm^{-1}$ 有吸收峰，说明该羰基为醛基，这一结论还可以由 ^1H NMR 在 9.5ppm 处的信号进一步证实。故该化合物的结构为：

$$\underset{\quad}{CH_3-CH=CH-C}\overset{\displaystyle O}{-H}$$

由 ^1H NMR 四组峰中氢的个数以及化学位移大小可以看出与推测的结构基本吻合。

🖊 习题

14.1 以下化合物可在近紫外区产生哪些吸收带？

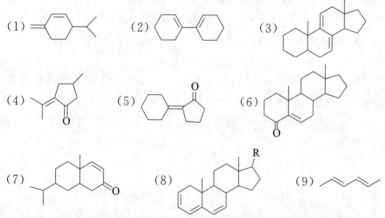

14.2 1-辛炔中 C^{sp}—H 伸缩振动约在 $3350cm^{-1}$ 处，忽略同位素效应对键的力常数的影响，试计算：

(1) $CH_3(CH_2)_5C\equiv C-D$ 中 C—D 的伸缩振动吸收峰的位置

(2) $CH_3(CH_2)_5C\equiv C^{13}-H$ 中 C^{13}—H 的伸缩振动吸收峰的位置

14.3 如何用红外光谱的特征吸收峰来区别下列各组化合物？

(1) $Ph-C\equiv C-H$ 和 $Ph-CH=CH_2$

(2) $CH_3-C\equiv C-CH_3$ 和 $CH_3CH_2C\equiv CH$

(3) CH_3CH_2OH 和 CH_3COOH 　　(4) CH_3CH_2COCl 和 $ClCH_2OCH_3$

(5) 邻二甲苯 和 对二甲苯　　(6) 环己烯 和 环己烷

14.4 解释下列各实验事实。

(1) 反-1,2-环戊二醇在 $3640\sim3620\mathrm{cm}^{-1}$ 有吸收带，该吸收带随样品浓度变化而变化。而顺-1,2-环戊二醇的相应吸收峰在 $3450\sim3250\mathrm{cm}^{-1}$，而且位置几乎不随浓度变化。

(2) 解释羰基的 IR 吸收峰在下列两个异构体中呈现差别的原因。

t-Bu　　O　　Br　　IR:1742cm^{-1}　　　　t-Bu　　O　　Br　　IR:1730cm^{-1}

14.5 某化合物可能为下列三种结构之一，试推测相关结构。

(A)　(B)　(C)

经 IR 测定在 $3360\mathrm{cm}^{-1}$ 和 $1685\mathrm{cm}^{-1}$ 处有强吸收峰，请问该化合物的结构可能是哪一个？

14.6 下列各化合物中分别有多少种等性质子？

(1) Cl₂C=CH₂　(2) BrHC=CH₂　(3) (环丙烷衍生物)

(4) (CH₃)₂C=CH(CH₃)　(5) $CH_3-CH-CH_2CH_3$ (Cl)　(6) (对二乙基苯)

(7) $CH_3CH_2OCH_2CH_3$　(8) $ClCH_2CH_2OH$　(9) (环丙烷衍生物)

(10) (CHCl₂O环)　(11) (环氧乙烷)　(12) $CH_3CCH_2CH_2CH_2CCH_3$

14.7 均三甲苯的 ^{1}H NMR 谱图数据为 (δ)：2.35ppm (s, 9H)、6.70ppm (s, 3H)。当在液态 SO_2 中，用 HF 和 SbF_5 处理均三甲苯后，^{1}H NMR 谱图出现 4 组单峰 (δ)：2.8ppm (s, 6H)、2.9ppm (s, 3H)、4.6ppm (s, 2H) 和 7.7ppm (s, 2H)。解释这一实验结果。

14.8 写出符合 ^{1}H NMR 数据的 C_3HCl_2 的构造式。

(1) δ 2.4 (s, 6H)；　　(2) δ 2.2 (q, 2H)，δ 3.7 (t, 4H)

14.9 写出符合 ^{1}H NMR 数据的 $C_5H_{10}Br_2$ 的构造式。

(1) δ 1.0 (s, 6H)，δ 3.4 (s, 4H)；(2) δ 1.0 (t, 6H)，δ 2.4 (q, 4H)

(3) δ 1.0 (s, 9H)，δ 5.3 (s, 1H)；　(4) δ 1.3 (m, 2H)，δ 1.85 (m, 4H)，δ 3.35 (t, 4H)

14.10　根据下列化合物的分子式及 ^{1}H NMR 数据，推断它们的结构。

(1) $C_2H_3Cl_3$：δ 2.75（s，3H）　(2) $C_2H_4Br_2$：δ 2.4（d，3H），δ 5.8（q，1H）

(3) C_4H_9Br：δ 1.7（s，9H）　　(4) $C_2H_3Br_3$：δ 4.15（d，2H），δ 5.75（t，1H）

(5) C_3H_7Br：δ 1.7（d，6H），δ4.2（q，1H）

(6) C_4H_9Cl：δ 0.96（d，6H），δ 1.85（m，1H），δ 3.3（d，2H）

(7) $C_4H_8Br_2$：δ 1.70（d，6H），δ 4.4（q，2H）

(8) $C_4H_7Br_3$：δ 1.95（s，3H），δ 3.89（s，4H）

(9) $C_{10}H_{14}$：δ 1.30（s，9H），δ 7.28（m，5H）

(10) $C_{10}H_{14}$：δ 0.89（d，6H），δ1.86（m，1H），δ 2.46（d，2H），δ 7.11（m，5H）

(11) C_9H_{10}：δ 2.04（quin，2H），δ 2.91（t，4H），δ 7.71（m，4H）

(12) $C_{10}H_{13}Cl$：δ 1.57（s，6H），δ 3.07（s，2H），δ 7.27（m，5H）

14.11　某化合物分子式为 $C_{10}H_{14}$，核磁共振氢谱分析表明其有三组峰：（a）$\delta=$ 1.25ppm 处为三重峰；（b）$\delta=2.5$ppm 处为四重峰；(c) $\delta=7.10$ppm 处为单峰。a、b 和 c 三组峰的积分比为 3：2：2，推测该化合物的结构。

14.12　某化合物 A 的分子式为 $C_{10}H_{12}$，其能使 Br_2/CCl_4 褪色。用高锰酸钾溶液氧化生成苯甲酸，臭氧氧化-还原反应生成化合物 B（C_8H_8O）和 C（C_2H_4O）。^{1}H NMR 分析表明 A 有四组峰：(a) 单峰，5 个氢；(b) 单峰，3 个氢；(c) 四重峰，1 个氢；(d) 双重峰，3 个氢。试推测 A、B、C 化合物的结构。

14.13　化合物 $C_8H_8O_2$ 的 IR 在 $3100cm^{-1}$ 以上无吸收，但在 $3000cm^{-1}$ 左右、$2800cm^{-1}$ 左右（有两个峰）、$1700cm^{-1}$（强）、$1600cm^{-1}$、$1580cm^{-1}$、$1500cm^{-1}$、$1260cm^{-1}$、$1040cm^{-1}$ 和 $830cm^{-1}$ 有强吸收峰。^{1}H NMR 有 3 组氢峰，δ_H 值分别为 (a) 9.1（s，1H）、(b) 6.9～7.9（m，4H）和 (c) 3.9（s，3H）ppm。试推测该化合物的结构。

14.14　某化合物由 C、H 和 O 组成，元素分析 C 占 78.6%，H 占 8.3%。经质谱确认分子量为 122。紫外光谱分析在 200 nm 有非常强的吸收带，258 nm 左右有非常弱的吸收峰。红外分析在 $3600\sim3200cm^{-1}$（强宽峰）、$3100\sim2800cm^{-1}$、$1600\sim1450cm^{-1}$、$1050cm^{-1}$、$750cm^{-1}$ 和 $700cm^{-1}$ 有特征吸收。^{1}H NMR 分析有 7.2（m，5H）、3.7（t，2H）、2.8（t，2H）和 2.6（b，1H）四组峰。试推测该化合物的结构（注：b 表示宽峰）。

── 第 ⑮ 章 ──

醛和酮

碳原子与氧原子以双键相连，称为羰基（C=O，carbonyl group）。羰基与一个烷基和一个氢相连则称为醛（aldehyde），羰基与二个烷基相连称为酮（ketone）。醛和酮都是羰基化合物。

醛分子中的 $\overset{\text{O}}{\underset{\|}{\text{—C}}}$—H 叫醛基（aldehyde group），也称甲酰基，缩写为—CHO。酮分子中的羰基也叫酮基（ketone group）或氧亚基。

15.1 结构和命名

15.1.1 羰基的结构

羰基中的碳和氧都是 sp^2 杂化。碳原子的 3 个 sp^2 轨道分别与其相邻的原子形成 3 个 σ 键，其中一个与氧相连，这 3 个 σ 键共平面。羰基碳剩下的一个 p 轨道与氧的一个 p 轨道平行重叠形成 π 键，垂直于三个 σ 键组成的平面，其结构如图 15.1 所示。3 个 σ 键之间的夹角，不是平均的 120°，例如甲醛和丙酮，它们的 3 个键角都接近 120°，但有差别（图 15.1）。甲醛中∠HCO 略大于丙酮中的∠CCO，而甲醛的∠HCH 小于丙酮的∠CCC，显然是由丙酮两个甲基比甲醛中二个氢间相互排斥作用大所致。

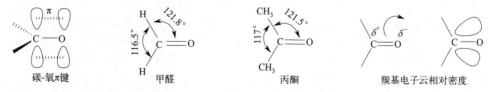

图 15.1　羰基、甲醛、丙酮结构以及羰基的电子云分布

由于氧比碳的电负性大，碳-氧双键上的电子偏向氧，所以羰基是极性基团，有偶极矩，负极朝向氧的一边，正极朝向碳的一边，其电子云分布如图 15.1 所示，甲醛和丙酮的偶极矩分别为 2.27D 和 2.85D。由偶极矩看出，甲基与羰基相连表现出给电子效应。

15.1.2 命名

15.1.2.1 习惯命名

醛的名称常来自羧酸，将"酸"改为"醛"。例如：CH_3CHO 乙醛（acetaldehyde），由乙酸（acetic acid）得来。C_6H_5CHO 苯甲醛（benzaldehyde），由苯甲酸（benzoic acid）得来。

酮是根据与羰基相连的两个烷基的名称来命名，把简单的烷基放在前面，复杂的放在后面，再加"酮"（ketone）字，称作某（基）某（基）酮。在不致发生误解的情况下，烷基名称的"基"字可以省去。例如：

$CH_3COCH_2CH_3$　甲乙酮（methyl ethyl ketone）

$\text{（环己基）}—COCH_2CH_3$　乙基环己基酮（ethyl cyclohexyl ketone）

15.1.2.2 系统命名

① 选含有羰基的最长碳链为主链称为某醛或某酮。醛从醛基碳原子开始编号，醛基位于链段，不必标明位置。酮从距羰基最近的一端编号，在名称中需注明羰基的位置，用甲、乙、丙、丁……表示碳原子数。若有两个以上的羰基则称为"二酮""三酮"等。支链的位置和名称置于醛或酮名称之前。英文名称，醛将相应烃名的字尾"e"改为"al"，也可以用"aldehyde"或"carbaldehyde"作字尾。酮则将"e"改为"one"，若是"二酮"或"三酮"则保留"e"再加上"dione"，"trione"。例如：

CH_3CHO 乙醛（acetaldehyde），CH_3COCH_3（propanone）。

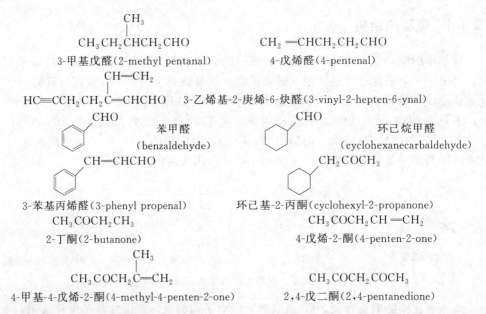

链状二醛的命名，只须在"醛"之前加"二"字即可，英文名称在相应烃名之后加"dial"。如 $OHCCH_2(CH_2)_3CH_2CHO$ 庚二醛（heptanedial）。再如，2-丁炔二醛（2-butynedial）。含有两个以上醛基的链状多醛，当醛基都连在同一无支链的主链时，可在不包括醛基碳原子在内的主链烃名称之后加"三醛""四醛"。英文名称在相应烃名之后加"tricarbaldehyde""tetracarbaldehyde"，醛基的位次标在烃名之前。若以二醛为主链（包括两个醛基碳原子），把主链上的醛基作取代基，称作"甲酰基"（formyl-)，放在名称之前，例如：

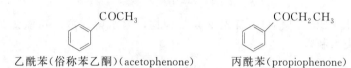

丁烷-1,2,4-三醛(butane-1,2,4-tricarbaldehyde)　　3-甲酰基己二醛(3-formylhexanedial)

二醛和二酮也常用 α（两个羰基相邻）、β（相隔一个碳）、γ（相隔两个碳）表示两个羰基的相对位次。例如：

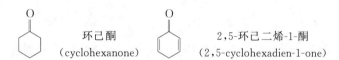

α-戊二酮(2,3-戊二酮)　　β-戊二酮(2,4-戊二酮)

由芳基和脂基组成的简单混酮，可用酰基作词头命名，即将含有羰基的链烃作酰基放在芳烃名称之前称"某酰苯"。英文名称在酰基名称后加"ophenone"。例如：

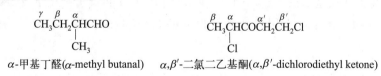

乙酰苯(俗称苯乙酮)（acetophenone)　　丙酰苯（propiophenone)

② 羰基在脂环上称作某环酮，从羰基碳开始编号，英文名称将相应环烃名的字尾"e"略去，再加"one"。例如：

O

环己酮　　（cyclohexanone)

O

2,5-环己二烯-1-酮

（2,5-cyclohexadien-1-one)

③ 碳原子的位次有时也用希腊字母表示，与醛羰基直接相连的碳称为 α-碳原子，其余依次称为 β-碳原子、γ-碳原子、δ-碳原子……。酮羰基两侧分别用 α-碳原子，α'-碳原子，β-碳原子，β'-碳原子表示。如：

$$\overset{\gamma}{CH_3}\overset{\beta}{CH_2}\overset{\alpha}{CH}CHO$$
$$\underset{CH_3}{|}$$

$$\overset{\beta}{CH_3}\overset{\alpha}{CH}CO\overset{\alpha'}{CH_2}\overset{\beta'}{CH_2}Cl$$
$$\underset{Cl}{|}$$

α-甲基丁醛(α-methyl butanal)　　α,β'-二氯二乙基酮(α,β'-dichlorodiethyl ketone)

15.2　一元醛、酮的制备

15.2.1　醇的氧化和脱氢

伯醇和仲醇用三氧化铬氧化分别生成醛和酮。伯醇用酸性重铬酸钾氧化成醛时，会被继续氧化成羧酸。将醛从反应体系中移出的方法可用于制备低级醛，例如，将乙醇滴加到重铬酸钾的稀硫酸溶液中，保持温度在 50℃，将生成的乙醛（b. p. 20.8℃）及时蒸出。吡啶氧化铬[$CrO_3(C_5H_5N)_2$，即 Sarrett 试剂]，在氯仿或二氯乙烷中能选择性地将伯醇氧化成醛，产率较高。仲醇用重铬酸钾和硫酸氧化成酮时，不易继续被氧化，能得到较好的产率。工业上则常用催化脱氢方法制备醛和酮。有关醇氧化制备醛和酮参见第 8 章醇的氧化反应部分。

15.2.2　烃类氧化

15.2.2.1　烷基苯的氧化

与芳环直接相连的碳原子上的氢受芳环影响容易被氧化。由于醛比烃更易氧化，所以需要控制实验条件或选择适当氧化剂。例如，用二氧化锰和硫酸氧化甲苯，让硫酸过量，分批加入 MnO_2 同时迅速搅拌，可得到苯甲醛：

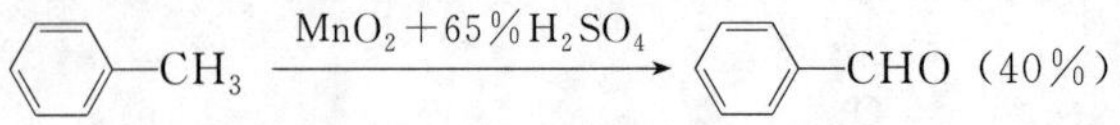

$$\bigcirc\!\!-CH_3 \xrightarrow{MnO_2+65\%H_2SO_4} \bigcirc\!\!-CHO（40\%）$$

用铬酐和乙酐氧化甲苯，首先生成不易氧化的偕二乙酸酯，分离出偕二乙酸酯后再水解得到醛：

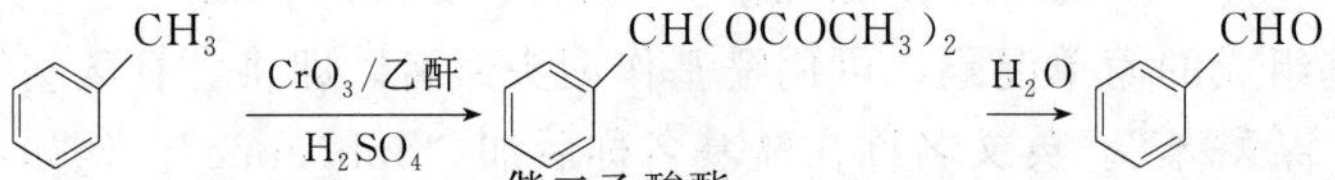

用铬酰氯氧化（Etard 反应），首先生成复合物，再水解成醛。铬酰氯是由三氧化铬与氯化氢在硫酸中失水制得：

$$CrO_3+2HCl \xrightarrow{H_2SO_4} CrO_2Cl_2+H_2O$$

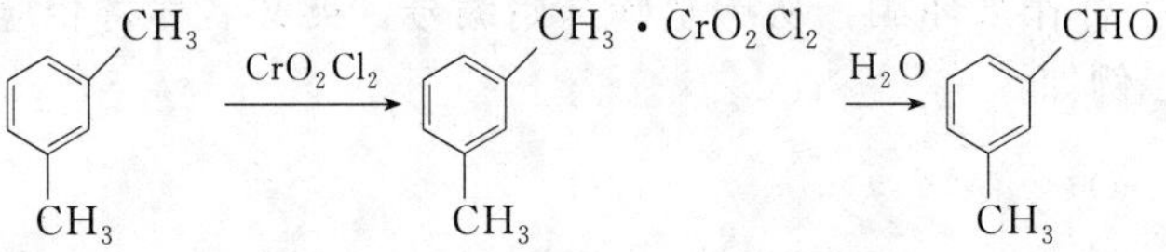

这个反应的特点是分子中虽有两个甲基存在，但只有其中一个被氧化。必须注意的是反应过程中生成的棕色复合物有爆炸性，要小心分离出再水解。

15.2.2.2　烯烃的氢甲酰化反应

烯烃在催化剂八羰基二钴 $[Co_2(CO)_8]$ 作用下与 CO 和氢于高压下反应得到主要产物为一级醛的混合物。在工业上用石油裂解得到的烯烃进行氢甲酰化，然后还原来制备低级醇：

$$R-CH=CH_2 \xrightarrow[125℃,高压]{CO/H_2} \underset{（主）}{R-CH_2-CH_2-CHO} + R-\underset{\underset{CHO}{|}}{CH}-CH_3$$

15.2.2.3　烯烃臭氧化

烯烃的臭氧化反应除曾在测定结构上起了很大作用外，还具有一定制备价值。例如：

$$n\text{-}C_6H_{13}CH=CH_2 \xrightarrow{O_3} \xrightarrow{Zn/H_2O} n\text{-}C_6H_{13}CHO$$

15.2.2.4　炔烃加成

炔烃的直接或间接水合以及硼氢化-氧化反应制备醛（酮），参见炔烃一章。

15. 2. 3　Gattermann-Koch 反应

在无水 $AlCl_3$ 等 Lewis 酸催化下，芳烃与酸酐或酰氯反应得到芳酮，这一反应称为 Friedel-Crafts 反应，是制备芳酮的常用方法。

如果将等物质的量比的 CO 和干燥的 HCl 混合气体，在 $AlCl_3$ 及 Cu_2Cl_2 或 $TiCl_4$ 等 Lewis 酸存在下与芳烃反应，导入—CHO 生成芳醛，称为 Gattermann-Koch 反应：

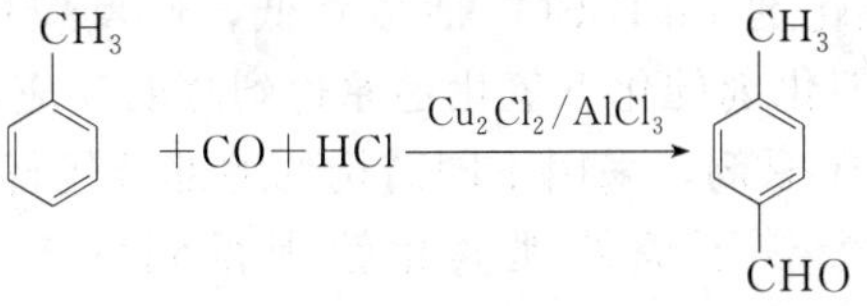

此反应相当于甲酰氯的 Friedel-Crafts 反应。甲酰氯可由氯磺酸和甲酸反应制得，由于它不稳定，故得到的通常是 CO 和 HCl 混合气体：

$$HCOOH + ClSO_3H \longrightarrow HCOCl \longrightarrow CO + HCl$$

15. 2. 4　Vilsmeier 反应

强给电子基取代的芳香化合物，如芳胺、酚或酚醚，在三氯氧磷（$POCl_3$）、二氯亚砜（$SOCl_2$）、$ZnCl_2$ 等催化下与 N,N-二甲基甲酰胺（DMF）反应，在给电子基团的对位引入甲酰基的反应，称为 Vilsmeier 反应。例如：

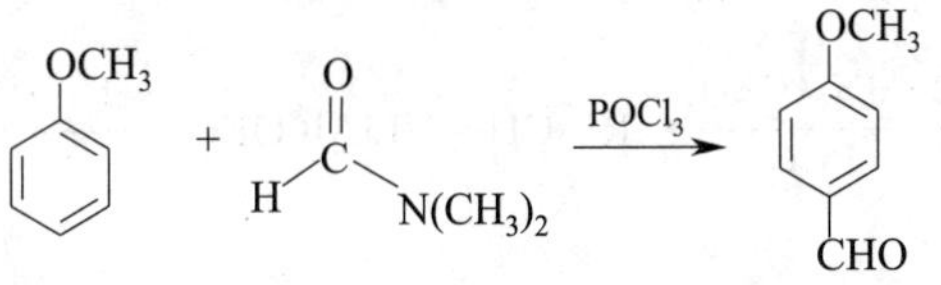

15. 2. 5　Reimer-Tiemann 反应

酚与氯仿在碱作用下反应，可以在羟基的邻位引入醛基，称为 Reimer-Tiemann 反应。例如：

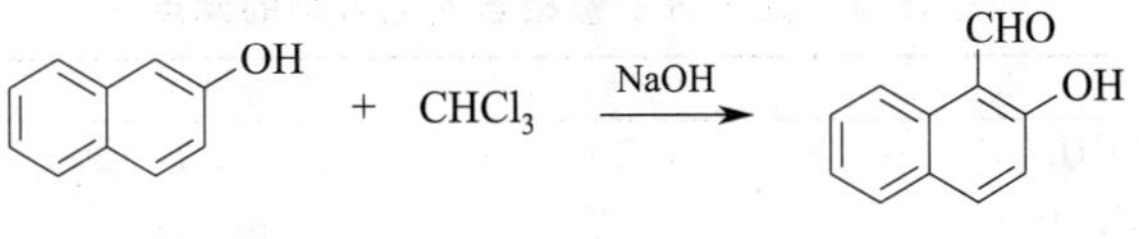

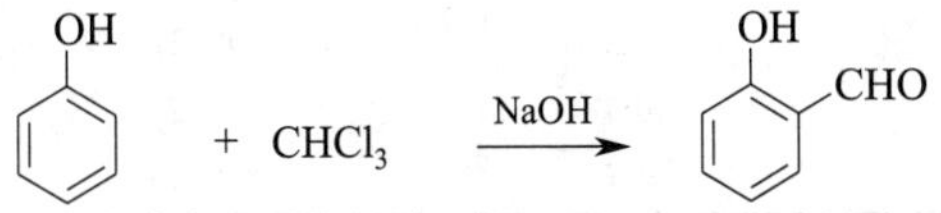

15. 2. 6　羧酸盐热解

羧酸钙、羧酸钡盐或锰盐，加热可得到酮，此方法可用于制备对称酮：

$$(RCOO)_2Ca \xrightarrow{\triangle} RCOR + CaCO_3$$

己二酸盐热解可以得到少一个碳的环戊酮，例如：

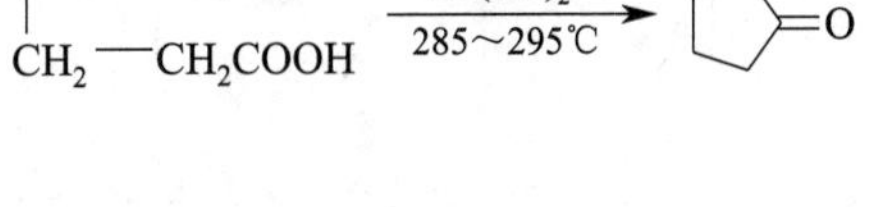

15.2.7 羧酸衍生物还原制备醛

羧酸衍生物酰氯、酯、酰胺和腈在一定条件下用特殊的试剂还原成醛。例如：

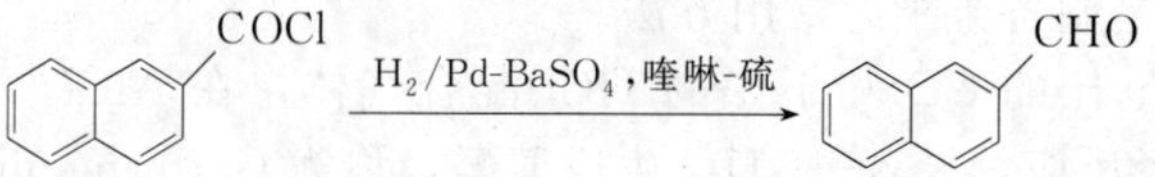

喹啉-硫（喹啉-S）使催化剂 Pd-BaSO$_4$ 活性降低，使反应停留在醛的阶段。这种酰氯在喹啉-S 或硫脲钝化的 Pd 催化剂催化下氢化还原得到醛的反应，称为 Rosenmund 还原。

氢化铝锂是一种很强的还原剂，采用不同结构的醇部分代替氢化铝锂中的氢原子，可降低还原能力。例如采用三个叔丁醇处理氢化铝锂得到的三叔丁氧基氢化铝锂 LiAlH[(CH$_3$)$_3$CO]$_3$，可以将酰氯还原到醛，且不影响硝基、醛基、氰基：

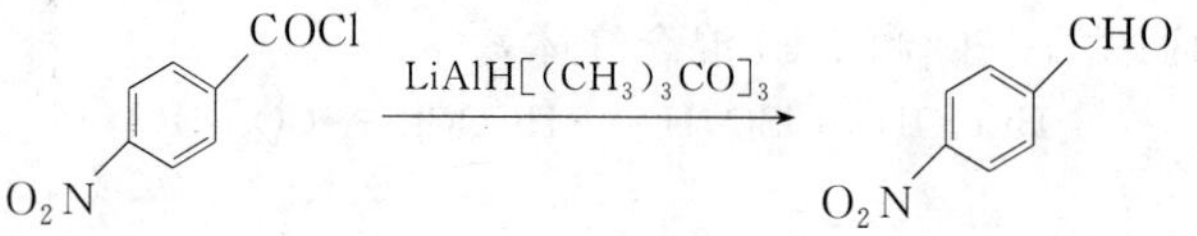

三乙氧基氢化铝锂 LiAlH(OEt)$_3$ 可以将 N，N-二甲基酰胺、腈还原后，再水解得到醛：

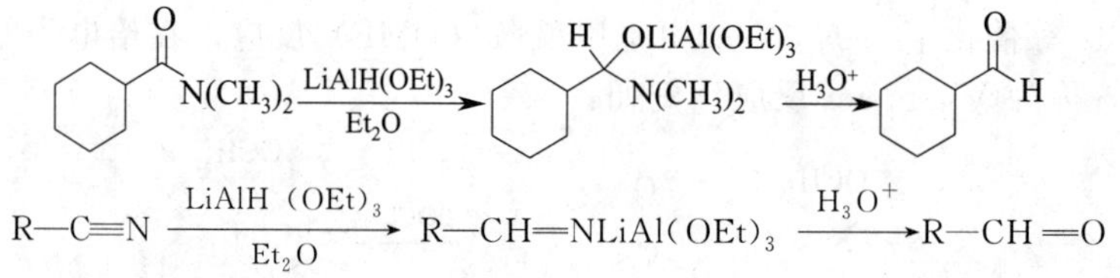

15.3 物理和波谱性质

由于羰基的极性，增加了分子间的作用力，使醛、酮的沸点比分子量相当的烃和醚高。但因分子间不能以氢键缔合，故沸点比相应的醇低，如表 15.1 所示。

表 15.1 几个分子量相当的化合物的沸点

化合物	名称	分子量	沸点/℃
CH$_3$CH$_2$CH$_2$CH$_2$CH$_2$CH$_2$OH	1-己醇	102.17	156～157
CH$_3$CH$_2$CH$_2$CH$_2$CH$_2$CHO	己醛	100.18	130～131
CH$_3$CH$_2$COCH$_2$CH$_2$CH$_3$	3-己酮	100.16	125.5
CH$_3$CH$_2$CH$_2$CH$_2$CH$_2$CH$_2$CH$_3$	庚烷	100.20	98.4
CH$_3$CH$_2$CH$_2$OCH$_2$CH$_2$CH$_3$	丙醚	102.17	91

醛、酮分子中氧可以和水形成氢键，所以低级醛、酮能溶于水。甲醛、乙醛、丙酮可与水混溶。其他醛、酮随分子量增加在水中溶解度减小。醛、酮在常见有机溶剂中均能溶解。

醛、酮的红外光谱图中，在 $1700cm^{-1}$ 左右有非常强的羰基伸缩振动吸收峰，这一区域干扰很少，较易找出，对鉴定羰基化合物极有用。C═O 有以下两种正则式：

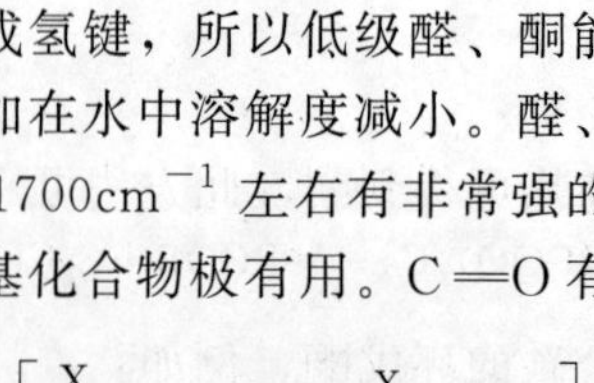

其贡献随羰基化合物种类而异，当 X、Y 为吸电子基时，有助于双键特征的正则式，羰基伸缩振动吸收峰向高波数一端移动。反之，当 X、Y 为给电子基时，则对单键特征正则式贡献大，吸收带向低波数一端移动。常见羰基化合物 C=O 的吸收峰位置为：

RCHO	$1740\sim1720cm^{-1}$	RCH=CHCHO	$1705\sim1680cm^{-1}$
ArCHO	$1715\sim1695cm^{-1}$	RCOR	$1725\sim1705cm^{-1}$
ArCOR	$1700\sim1680cm^{-1}$	RCOCH=CHR	$1685\sim1665cm^{-1}$

醛基的 C—H 在 $2880\sim2665cm^{-1}$ 有伸缩振动吸收峰，用来判断是否有醛基，并可与酮区别。

在核磁共振谱中，由于羰基的吸电子效应和磁各向异性，醛基氢的信号出现在低场（约 9.5ppm），与羰基相邻碳上氢的化学位移相比，烷基氢向低场移动约 1ppm，出现在 2.2ppm 左右。由于羰基碳原子和电负性强的氧原子相连，羰基碳原子的信号出现在比苯环碳原子更低场处，约 200ppm。与羰基相邻的碳（α-碳）原子因为存在去屏蔽效应，其化学位移也比较大。例如：

$$CH_3 - CH_2 - CHO \qquad CH_3 - \overset{\overset{O}{\|}}{C} - CH_3 \qquad CH_3 - \overset{\overset{O}{\|}}{C} - CH_2 - CH_3$$

6.50　　37.30　　202.20　　　　30.92　　207.07　　　　29.49　　209.56　　36.89　　7.86

15.4　化学性质

醛、酮的化学性质主要取决于它们的官能团——羰基。羰基碳带部分正电荷易受亲核试剂进攻，与羰基相连碳上的氢（即 α-氢）受羰基影响比其他碳上氢活泼，具有一定的酸性。对于醛来说，还有与羰基直接相连氢的反应。

15.4.1　羰基的亲核加成反应

醛、酮易和亲核试剂发生加成反应。试剂的亲电部分与氧结合，亲核部分与碳结合，反应的难易取决于羰基碳原子亲电性和试剂亲核性的强弱以及空间阻碍等条件。一般讲，酮羰基碳的亲电性比醛弱，因为酮羰基与两个烷基相连，阻碍亲核试剂对羰基碳的接近，此外，烷基表现的给电子作用也降低了羰基碳的亲电性能。所以在许多亲核加成反应中，醛比酮活泼。

15.4.1.1　反应机理和反应活性

（1）反应机理

以 HNu 代表亲核试剂，Nu^- 为亲核部分，H^+ 为亲电部分，则加成反应通式为：

$$\overset{\delta^+}{\underset{}{C}}\overset{\delta^-}{=}O + HNu \rightleftharpoons \overset{|}{\underset{|}{C}} - OH \quad (Nu)$$

反应可被酸或碱催化。

① 碱催化机理。碱首先与 HNu 作用形成强亲核试剂 Nu^-，提高 Nu^- 的浓度，从而加速反应。Nu^- 进攻羰基碳是决定速率步骤，反应往往是可逆的。

$$OH^- + HNu \longrightarrow H_2O + Nu^-$$

$$\overset{\delta^+}{\underset{\delta^-}{C}}=O + Nu^- \underset{慢}{\rightleftharpoons} -\overset{|}{\underset{|}{C}}-O^- \rightleftharpoons \overset{H_2O}{\rightleftharpoons} -\overset{|}{\underset{|}{C}}-OH + OH^-$$
$$\qquad\qquad\qquad\quad Nu \qquad\qquad Nu$$

例如，HCN 亲核试剂：

$$OH^- + HCN \longrightarrow H_2O + CN^-$$

$$\overset{\delta^+}{\underset{\delta^-}{C}}=O + CN^- \underset{慢}{\rightleftharpoons} -\overset{CN}{\underset{|}{\underset{|}{C}}}-O^- \overset{H_2O}{\rightleftharpoons} -\overset{|}{\underset{|}{C}}-OH + OH^-$$
$$\qquad\qquad\qquad\qquad\quad\quad\qquad\qquad\quad CN$$

② 酸催化机理。酸的作用是使羰基氧质子化，活化羰基，这一步容易进行。决定速率的步骤仍是亲核试剂进攻羰基碳原子这一步。

$$\overset{\delta^+}{\underset{\delta^-}{C}}=\overset{..}{O} + H^+ \underset{快}{\rightleftharpoons} \left[\overset{+}{C}=\overset{+}{O}H \longleftrightarrow \overset{+}{C}-OH \right] \overset{HNu慢}{\rightleftharpoons} -\overset{+NuH}{\underset{|}{\underset{|}{C}}}-OH \overset{}{\underset{-H^+}{\longrightarrow}} -\overset{Nu}{\underset{|}{\underset{|}{C}}}-OH$$

（2）反应活性及影响反应活性的诸因素

① 电子效应。羰基加成反应关键一步是亲核试剂对羰基碳原子的进攻。当羰基连有吸电子基团时，羰基碳原子上电子云密度降低有利于亲核加成。若羰基连有芳基、烯基或具有未共用电子对的基团（如—OR，—NR_2），给电子共轭效应使羰基稳定，亲核加成反应速率降低，有关羰基化合物反应活性次序是：

$$HCHO > RCHO > RCOR' > RCOOR' > RCONR_2'$$

$$RCHO > \text{⬡}-CHO \qquad RCOR' > RCO-\text{⬡} > RCO-\text{⬡}-NR_2$$

例如，取代苯甲醛的反应活性：

$$\underset{NO_2}{\text{⬡}-CHO} > \underset{Cl}{\text{⬡}-CHO} > \text{⬡}-CHO > \underset{CH_3}{\text{⬡}-CHO} > \underset{OCH_3}{\text{⬡}-CHO}$$

② 立体（空间）效应。羰基所连基团越大，立体障碍使试剂进攻越困难。同时加成过程中羰基碳原子由 sp^2 逐渐向 sp^3 转化，是增加立体障碍的过程，基团大时太"拥挤"，不利于亲核加成反应的进行。故反应活性是 HCHO > RCHO > RCOR。

③ 亲核试剂的影响。对于给定的羰基化合物来说，试剂的亲核性越强反应越容易，一般有如下规律：带负电荷的亲核试剂比它的共轭酸的亲核性强，如 OH^- 比 H_2O 强；极性大的比极性小的强，如 HCN 比 H_2O 强；碳负离子比同周期其他元素负离子亲核性强，$R_3C^- > R_2N^- > RO^- > F^-$；试剂的体积越大，反应越不易进行，例如，与同一醛加成时 HCN 比 $NaHSO_3$ 容易。

羰基加成反应是一个平衡反应，影响反应速率的诸因素都直接影响平衡位置，所以，各种不同的加成反应平衡常数不一样。

15.4.1.2 羰基的加成反应

（1）水合反应

羰基与水进行加成反应生成水合物即偕二醇：

$$\underset{R'}{\overset{O}{\underset{R}{\parallel}}}C + H_2O \rightleftharpoons \underset{R'}{\overset{HO\quad OH}{\underset{R}{C}}} \qquad \text{偕二醇}$$

这是一个平衡反应，从热力学上讲是不利的，平衡偏向于左方，因此常见的醛和酮所形成的水合物不稳定，很少见。脂肪醛中甲醛在水中几乎全部形成水合物，但分离不出来。三氯乙醛和水可形成稳定的水合三氯乙醛，显然是由于三氯甲基（—CCl₃）的强吸电子作用增加了羰基碳原子的正电性，使—OH 不易离去，失水困难。

$$Cl_3CCHO + H_2O \longrightarrow Cl_3C\underset{H}{\overset{OH}{\underset{|}{\overset{|}{C}}}}OH \qquad \text{水合氯醛 m. p. 57℃}$$

除了三氯乙醛容易形成水合物外，茚三酮和苯甲酰甲醛因羰基连有强吸电子基能形成稳定的水合物：

茚三酮　　　　水合茚三酮　　　　苯甲酰甲醛　　　苯甲酰甲醛一水合物

（2）与醇的反应

醇和羰基的加成反应在合成上是有价值的，它也是可逆反应。在酸催化下一分子醇加到羰基上形成半缩醛（hemiacetal）或半缩酮（hemiketal）。半缩醛（酮）一般不稳定，易分解为原来的醛或酮，一般不易分离。但是，半缩醛（酮）可以继续与另一分子醇进行反应，失去一分子水，生成稳定的化合物，称为缩醛（acetal）或缩酮（ketal），并能从过量的醇中分离出来。半缩醛（酮）和缩醛（酮）生成通式如下：

$$\underset{R'}{\overset{O}{\underset{R(H)}{\parallel}}}C + R''OH \overset{H^+}{\rightleftharpoons} \underset{R'}{\overset{R''O\quad OH}{\underset{R(H)}{C}}} \overset{R''OH/H^+}{\rightleftharpoons} \underset{R'}{\overset{R''O\quad OR''}{\underset{R(H)}{C}}}$$
$$\qquad\qquad\qquad\qquad\qquad \text{半缩醛（酮）} \qquad\qquad \text{缩醛（酮）}$$

以丙酮与甲醇反应为例，在酸催化下形成半缩酮和缩酮的反应历程如下：

半缩酮

（缩酮）

反应的平衡位置与醇和水的含量有关，水越少越有利于缩合物的生成。因此制备时常将醛或酮溶于醇，通入干燥的氯化氢气体。在酸性水溶液中，缩醛或缩酮又能重新水解为醛或酮。因此，在有机合成反应中，常用缩醛和缩酮保护羰基。例如，下面合成反应过程，为了防止格氏试剂与羰基反应，首先采用乙二醇将羰基保护起来：

$$Br-CH_2-CH_2-CHO + HO \diagup OH \xrightarrow{\text{干 HCl}} Br-CH_2-CH_2-\overset{O}{\underset{O}{\diamond}}$$

$$\xrightarrow[\text{Et}_2\text{O}]{\text{Mg}} BrMgCH_2-CH_2-\overset{O}{\underset{O}{\diamond}} \xrightarrow{D_2O} DCH_2-CH_2-\overset{O}{\underset{O}{\diamond}} \xrightarrow{H_3O^+} DCH_2-CH_2-CHO$$

但是，4-羟基或 5-羟基醛（酮）容易分子内半缩醛化，生成的环状半缩醛（酮）很稳定：

$$HO \diagdown CHO \xrightarrow{\text{干 HCl}} \overset{O}{\underset{}{\diagup}} OH \quad ; \quad \overset{OH}{\underset{CHO}{}} \xrightarrow{\text{干 HCl}} \overset{O}{\underset{}{}} OH$$

γ-羟基丁醛

$$HO \underset{4}{\diagdown} \overset{2}{\underset{OH}{|}} CHO \xrightarrow{\text{干 HCl}} \overset{O}{\underset{4}{\diagdown}} \overset{1}{\underset{2}{}} OH \xrightarrow{CH_3OH} \overset{O}{\underset{4}{\diagdown}} \overset{1}{\underset{2}{}} OCH_3$$

2,4-二羟基丁醛　　　　　半缩醛　　　　　　缩醛

一般讲，因为空间位阻，大分子醛比小分子醛较难形成缩醛。制备大分子缩醛时，通常是将醛溶入醇中再通入干燥氯化氢，待反应达到平衡后用碱除去酸，蒸出过量醇得到缩醛，缩醛对碱稳定，醇既是反应物又是溶剂，过量的醇有利于缩醛的生成。

缩酮比缩醛更难生成，因此常用共沸蒸馏的方法及时除去反应中生成的水，使反应向生成缩酮方向进行。酮与乙二醇或 1,3-丙二醇作用生成环状缩酮比与简单醇作用要顺利些，这是因为二元醇缩酮反应是分子数不变的反应，一元醇缩酮是分子数减少的反应，前者热力学上有利，此外，从空间效应来看，二元醇和环状缩酮的空间障碍都小些。例如：

$$\overset{O}{\diamond} + HO \diagup OH \xrightarrow{C_6H_6/TsOH} \overset{O}{\underset{O}{\diamond}} \quad (85\%)$$

缩酮还可用原甲酸酯与酮反应得到，例如：

$$\underset{CH_3 \diagdown CH_3}{\overset{O}{\|}} + \underset{OCH_2CH_3}{\overset{OCH_2CH_3}{H-\overset{|}{\underset{|}{C}}-OCH_2CH_3}} \xrightarrow{H^+} \underset{CH_3}{\overset{OCH_2CH_3}{CH_3-\overset{|}{\underset{|}{C}}-OCH_2CH_3}} + \underset{CH_3CH_2O \diagdown OCH_2CH_3}{\overset{O}{\|}}$$

原甲酸三乙酯　　　　丙缩酮二乙醇　　　　　　碳酸二乙酯
　　　　　　　　　（2,2-二乙氧基丙烷）

缩醛（酮）为偕二醚结构，在碱性条件下稳定，在酸性条件下水解成原来的醛（酮），且比醚水解容易得多。缩醛（酮）的这一特性常在有机合成中用于保护羰基。缩醛和缩酮除了用于合成外，也常用于高分子材料改性。例如，聚乙烯醇缩甲醛、缩乙醛、缩丁醛等在涂料、黏合剂以及薄膜等方面有广泛的应用。聚乙烯醇与醛的反应通式如下：

$$\underset{OH \quad OH}{\wedge\wedge\wedge\wedge} + R-CHO \longrightarrow \underset{R \quad H}{\overset{O \quad O}{\wedge\wedge\wedge}}$$

苯甲醛、苯乙醛等形成的缩醛具有一定香味，例如苯甲醛缩醛为具有果香味无色液体，可应用于日用和食品香精中。

硫醇与醛、酮有类似的加成反应，且更容易些。这是因为硫的亲核性比氧大，硫代缩醛和硫代缩酮的酸水解要在氯化汞或氧化汞存在下才能进行。若用 Raney 镍作催化剂加氢可得到相应的烃。

$$R-CHO + R'SH \xrightarrow{H^+} R-CH\begin{array}{c}SR'\\SR'\end{array} \xrightarrow{H_2O/HgCl_2} R-CHO$$

$$R-\underset{R'}{\overset{O}{\underset{|}{C}}}=O + HS\overset{}{\underset{}{}}SH \xrightarrow{H^+} R-\underset{R'}{\overset{S}{\underset{|}{C}}}\overset{S}{\underset{}{}} \xrightarrow{H_2/Ni} R-CH_2+C_2H_6+H_2S$$

（3）与 HCN 加成

羰基与氢氰酸加成得到 α-羟基腈（α-氰醇），反应通式如下：

$$\underset{R}{\overset{R}{\underset{}{}}}C=O + HCN \longrightarrow \underset{R}{\overset{R}{\underset{}{}}}C\begin{array}{c}CN\\OH\end{array} \quad （\alpha\text{-羟基腈}）$$

该反应能被碱所催化，因为氢氰酸是一个弱酸，不易解离为氰离子，加碱有利氰负离子生成，加速反应。机理如下：

$$HCN+OH^- \underset{}{\overset{快}{\rightleftharpoons}} {}^-CN+H_2O$$

$$\underset{R}{\overset{R}{\underset{}{}}}C=O + {}^-CN \underset{}{\overset{慢}{\rightleftharpoons}} \underset{R}{\overset{R}{\underset{}{}}}C\begin{array}{c}O^-\\CN\end{array} \xrightarrow{H_2O快} \underset{R}{\overset{R}{\underset{}{}}}C\begin{array}{c}OH\\CN\end{array} + OH^-$$

从平衡式可知，在碱存在下反应是可逆的，因此在分离氰醇前须将碱中和，否则氰醇会在蒸馏时逐渐分解成原来的醛（酮）和 HCN。氰醇对酸稳定，酸性条件下反应不会逆转。要注意的是 HCN 挥发性大（沸点为 26.5℃）且有剧毒，反应一定要在通风橱中进行。此外，取代基的大位阻空间效应和给电子效应都不利于亲核试剂对羰基的加成，因此醛、脂肪族甲基酮和环上碳数小于 8 的环酮可以发生此反应。

醛或酮与氢氰酸的加成反应用来合成增长碳链的 α-羟基腈或 α-羟基酸化合物。例如，丙酮与氢氰酸加成反应制备得到 2-羟基-2-甲基丙腈，后者在甲醇溶液中用浓硫酸催化反应得到有机玻璃单体——α-甲基丙烯酸甲酯。

$$\underset{CH_3}{\overset{CH_3}{\underset{}{}}}C=O \xrightarrow{NaCN/H^+} \underset{CH_3}{\overset{CH_3}{\underset{}{}}}C\begin{array}{c}CN\\OH\end{array} \xrightarrow{CH_3OH/H_2SO_4} CH_2=\underset{}{\overset{CH_3}{\underset{|}{C}}}-COOCH_3$$

$$\underset{\text{2-羟基-2-甲基丙腈}}{} \qquad \underset{\alpha\text{-甲基丙烯酸甲酯}}{}$$

（4）与 NaHSO₃ 加成

亚硫酸氢钠与羰基进行亲核加成反应生成 α-羟基磺酸盐白色结晶。亲核试剂是亚硫酸根负离子，反应机理为：

$$HO-\overset{O}{\underset{\overset{||}{S}}{}}-\overset{+}{ONa} \rightleftharpoons HO-\overset{O}{\underset{\overset{||}{\underline{S}}}{}}=O + Na^+$$

$$>C=O + \left[HO-\overset{O}{\underset{\overset{||}{S}}{}}=O \rightleftharpoons -\overset{}{\underset{}{C}}-SO_3H\right]Na^+ \rightleftharpoons -\overset{ONa}{\underset{}{C}}-SO_3H \overset{Na^+}{\rightleftharpoons} -\overset{\overline{O}}{\underset{}{C}}-SO_3H Na^+ \rightleftharpoons -\overset{OH}{\underset{}{C}}-SO_3Na$$

由于硫的强亲核性，不需酸催化便可发生反应，而且反应很灵敏。但因 ⁻SO₃H 体积较大，故只能与醛、脂肪族甲基酮和 8 个碳以下的环酮加成。

α-羟基磺酸盐为离子型化合物，易溶于水，难溶于有机溶剂，遇酸或碱又分解成原来的化合物，故可用来提纯和分离醛或脂肪族甲基酮：

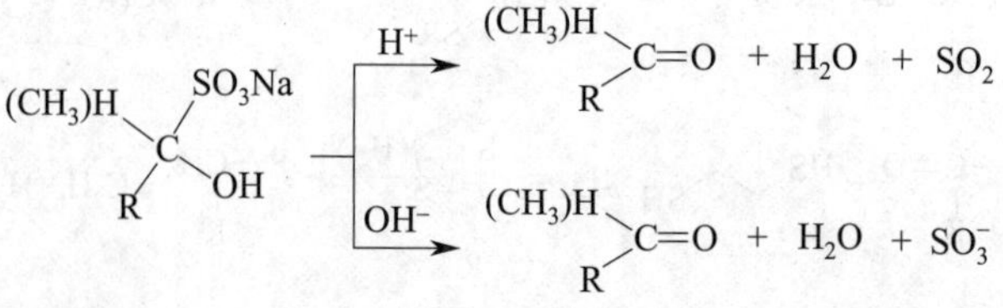

$$(CH_3H) \overset{SO_3Na}{\underset{OH}{\overset{|}{\underset{|}{C}}}} R \xrightarrow[OH^-]{H^+} \begin{array}{l} (CH_3H)\overset{|}{C}=O + H_2O + SO_2 \\ (CH_3H)\overset{|}{C}=O + H_2O + SO_3^- \end{array}$$

醛与亚硫酸氢钠反应形成 α-羟基磺酸盐及其可逆反应，是分离纯化醛的一种常见方法。例如下面两个化合物的分离：

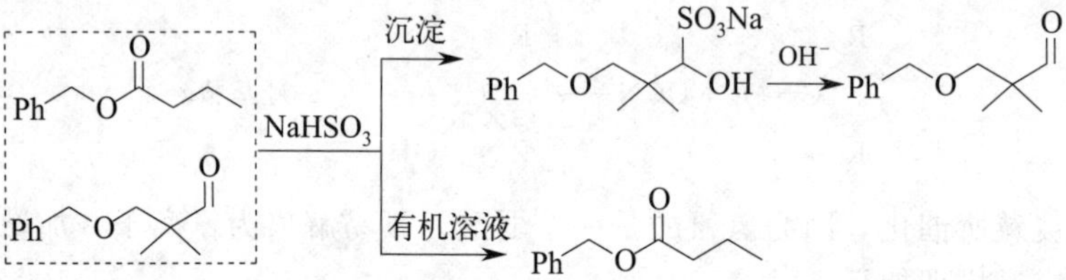

芳香醛及少数不含 α-氢的脂肪醛在有 CN^- 的水/乙醇溶液中短时间温热，发生双分子缩合反应生成 α-羟基酮。例如，苯甲醛在 KCN 的催化下自身缩合生成安息香，这种特殊的缩合反应叫做安息香缩合反应。

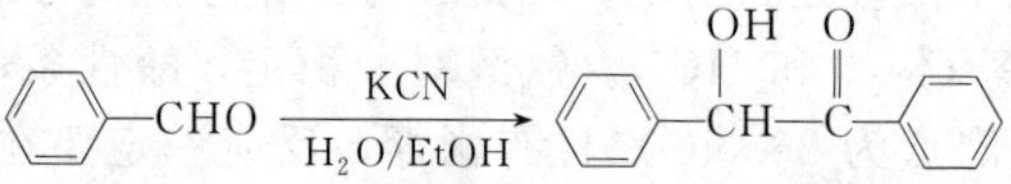

反应机理首先是 CN^- 和羰基加成形成羟基腈，后者的 α-氢被碱夺去生成亲核性的碳负离子，接着与另一分子醛加成，经质子转移、CN^- 消去得 α-羟基酮。

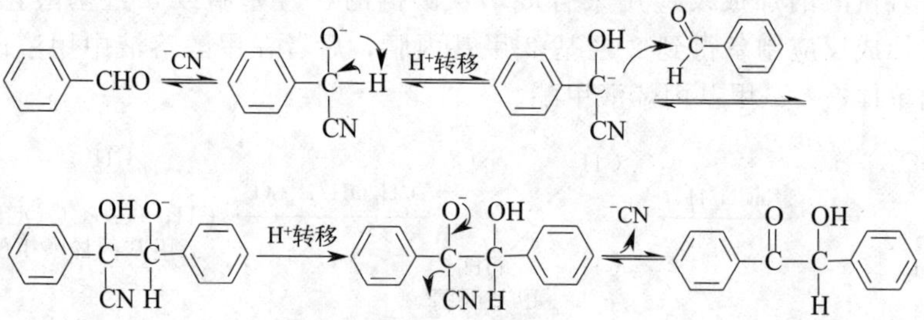

两种不同的芳醛也会发生同样的缩合反应，生成混合安息香。例如：

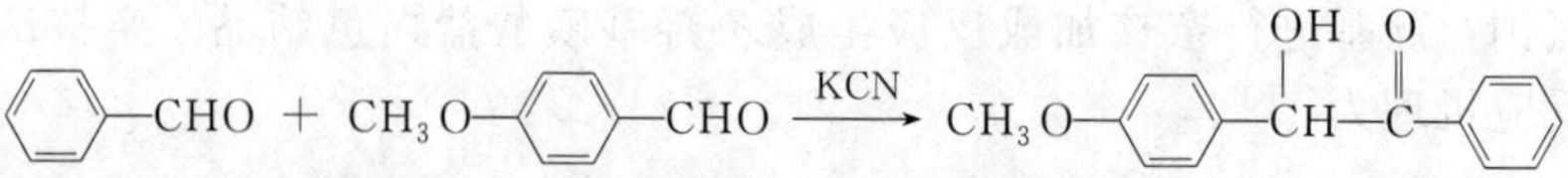

由于氰化物剧毒，操作不便，后改用便宜易得的维生素 B_1（盐酸硫胺）为催化剂，操作安全。此外噻唑季铵盐也可用来作安息香缩合反应的催化剂：

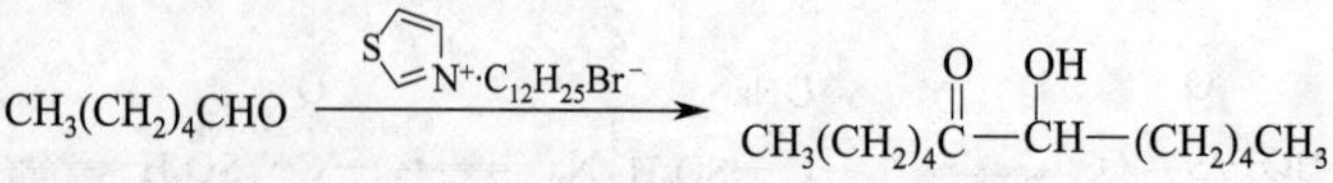

（6）与格氏试剂和烷基锂反应

格氏试剂和烷基锂分子中都有一个极性很强的碳-金属键。与金属相连的碳具有很强的亲核性，因此格氏试剂和烷基锂都是强亲核试剂，反应几乎是不可逆的。醛、酮与格氏试剂、烷基锂加成后再水解得到醇。

$$
\begin{array}{c}
\underset{R'}{\overset{R}{C}}=O \ +R''MgX \longrightarrow \underset{R'}{\overset{R}{\underset{OMgX}{\overset{R''}{C}}}} \xrightarrow{H_2O} \underset{R'}{\overset{R}{\underset{OH}{\overset{R''}{C}}}}
\end{array}
$$

$$
\begin{array}{c}
\underset{R'}{\overset{R}{C}}=O \ +R''Li \longrightarrow \underset{R'}{\overset{R}{\underset{OLi}{\overset{R''}{C}}}} \xrightarrow{H_2O} \underset{R'}{\overset{R}{\underset{OH}{\overset{R''}{C}}}}
\end{array}
$$

格氏试剂用途很广，和羰基的反应只是最普通的一种，当羰基所连基团不太大时，一般都能正常进行。

甲醛与格氏试剂反应后水解可以制备增加一个碳原子的伯醇，例如：

$$
\text{环己基-Cl} \xrightarrow[\text{Et}_2\text{O}]{\text{Mg}} \text{环己基-MgCl} \xrightarrow[(2)\text{H}_3\text{O}^+]{(1)\text{HCHO}} \text{环己基-CH}_2\text{OH}
$$

其他醛与格氏试剂反应后水解可以制备各种仲醇。例如：

$$
\xrightarrow[\text{Et}_2\text{O}]{\text{Mg}} \xrightarrow[(2)\text{H}_3\text{O}^+]{(1)\text{RCHO}} \quad \text{（仲醇）}
$$

酮与格氏试剂反应后水解可以制备各种叔醇。例如：

$$
\text{CH}_3\text{CH}_2\text{CH}_2\text{MgBr} + \xrightarrow[\text{Et}_2\text{O}]{} \xrightarrow[]{\text{H}_3\text{O}^+} \quad
$$

若羰基所连基团太大，空间位阻会使反应发生"异常"。例如，下面反应中格氏试剂充当强碱，经过六元环过渡态夺取酮的 α-H，形成烃，酮则发生烯醇化：

$$
(\text{CH}_3)_2\text{CH}\overset{O}{\underset{}{C}}\text{CH}(\text{CH}_3)_2 \xrightarrow{\text{RCH}_2\text{MgX}} \left[\cdots \right] \longrightarrow (\text{CH}_3)_2\text{C}\overset{\text{OMgX}}{=}\text{CH}(\text{CH}_3)_2 \ + \ \text{RCH}_3
$$

叔丁基格氏试剂遇到大位阻的酮，还能提供负氢，使位阻较大的酮还原为仲醇，例如：

$$
\underset{(\text{CH}_3)_2\text{CH}}{\overset{(\text{CH}_3)_2\text{CH}}{C}}=O \xrightarrow{(\text{CH}_3)_3\text{CMgX}} \cdots \longrightarrow \underset{(\text{CH}_3)_2\text{CH}}{\overset{(\text{CH}_3)_2\text{CH}}{CH}}\text{—OMgX}
$$

该反应经过一个环状过渡态，格氏试剂中叔丁基上的氢以负离子转移到羰基碳原子上，自身则形成烯烃，这是因为格氏试剂有较大的空间障碍，使得与 Mg 相连的烷基碳原子无法接近酮 α-碳上的 H，只能采取给出其相邻碳上的负氢离子进行反应。

与格氏试剂相比，有机锂试剂活性更高，即使是叔丁基锂，也可在低温下与大位阻的酮进行加成反应，得到产率较高的叔丁醇：

$$(CH_3)_3C-\overset{\overset{\displaystyle O}{\|}}{C}-C(CH_3)_3 + (CH_3)_3CLi \xrightarrow{\text{Et}_2O} \xrightarrow{H_3O^+} (CH_3)_3C-\overset{\overset{\displaystyle OH}{|}}{\underset{\underset{\displaystyle C(CH_3)_3}{|}}{C}}-C(CH_3)_3 \quad (80\%)$$

（7）与炔化物的加成

炔钠、炔基卤化镁等与醛或酮进行亲核加成反应。炔钠与羰基加成的结果是将 $RC\equiv C^-$ 连到羰基碳原子上，得到炔醇类化合物，在很多情况下可直接用乙炔或端炔在氢氧化钾、氨基钠等强碱作用下反应：

$$\overset{O}{\bigcirc} + R-C\equiv C^- Na^+ \longrightarrow \overset{\overset{\displaystyle +Na^-O \quad C\equiv CR}{|}}{\bigcirc} \xrightarrow{H_2O} \overset{\overset{\displaystyle HO \quad C\equiv CR}{|}}{\bigcirc}$$

（8）与氨的衍生物加成

醛、酮与氨的衍生物加成产物一般不稳定，很容易失去一分子水。反应是碱性的胺对羰基碳的亲核进攻，一般需弱酸催化，酸可使羰基质子化，降低羰基碳的电子云密度，有利于亲核试剂的进攻。但酸也能使胺质子化，降低胺的亲核性，因此，pH 的控制是重要的。对于一个具体的反应来讲都有自己的最佳 pH。用 H_2N-G 代表氨的衍生物，它们与醛、酮的反应机理可用下面通式表示。

$$\overset{\diagup}{\underset{\diagdown}{C}}=O \xrightarrow{H^+} \overset{\diagup}{\underset{\diagdown}{C}}-\overset{+}{O}H \xrightarrow{H_2N-G} \overset{\overset{\displaystyle OH}{|}}{\underset{\underset{\displaystyle NH_2-G}{|}}{C}} \xrightarrow[\text{H}^+\text{转移}]{} \overset{\overset{\displaystyle \overset{+}{O}H_2}{|}}{\underset{\underset{\displaystyle NH-G}{|}}{C}} \xrightarrow{-H_2O}$$

$$\left[\overset{\diagup}{\underset{\diagdown}{\overset{+}{C}}}-NH-G \longleftrightarrow \overset{\diagup}{\underset{\diagdown}{C}}=\overset{\overset{\displaystyle H}{|}}{\overset{+}{N}}-G \right] \xrightarrow{-H^+} \overset{\diagup}{\underset{\diagdown}{C}}=N-G$$

醛或酮与伯胺反应失去一分子水生成取代亚胺（substituted imine）或称 Schiff 碱：

$$R-CHO + R'-NH_2 \Longrightarrow R-CH=N-R' + H_2O$$

由脂肪胺和脂肪醛、脂肪酮形成的亚胺稳定性比芳基取代亚胺低，制备也比后者困难，通常需用恒沸蒸馏（azeotropic distillation）的办法及时移去反应中生成的水以促进反应进行。例如环己酮与叔丁基胺在苯中进行缩合，利用苯与水形成恒沸物将水及时移去。

$$\overset{O}{\bigcirc} + (CH_3)_3C-NH_2 \longrightarrow \overset{}{\bigcirc}=N-C(CH_3)_3 \quad 85\%$$

醛或酮与肼（H_2NNH_2，hydrazine）、取代肼（$RNHNH_2$）及氨基脲（$H_2NNHCONH_2$，semicarbazide）反应，分别形成腙和缩胺脲，这些产物通常是稳定的。例如：

$$\overset{O}{\bigcirc} + H_2NNH_2 \longrightarrow \overset{}{\bigcirc}=NNH_2 \quad (环戊酮腙)$$

$$CH_3CHO + \overset{NHNH_2}{\bigcirc} \longrightarrow \overset{NHN=CHCH_3}{\bigcirc}$$

苯肼　　　　　　　乙醛苯腙

$$\overset{CHO}{\bigcirc} + H_2NNH-\overset{\overset{\displaystyle O}{\|}}{C}-NH_2 \longrightarrow \overset{CH=NNHCONH_2}{\bigcirc}$$

氨基脲　　　　　　苯甲醛缩胺脲

醛或酮与苯肼、2,4-二硝基苯肼、氨基脲的缩合物都是很好的结晶，且具有固定的熔点。缩合物经酸催化水解后又可得原来的醛、酮，所以可用来鉴别和提纯醛、酮。

醛、酮与羟胺（H_2NOH，hydroxylamine）反应分别生成醛肟（aldoxime）和酮肟（ketoxime）。一般讲，羟胺亲核性较强，室温下都能反应。例如：

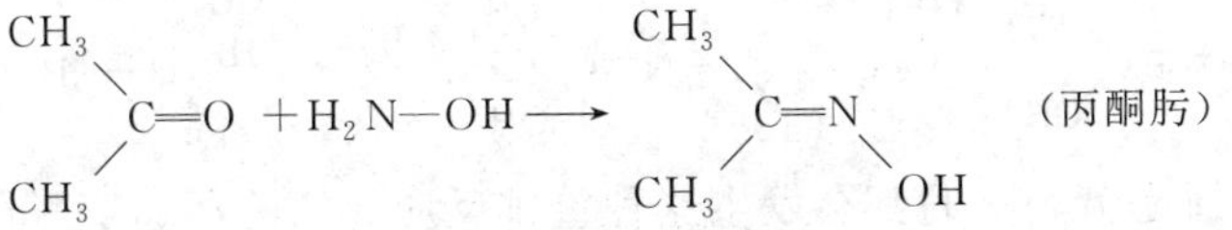

$$CH_3CHO + H_2N-OH \longrightarrow CH_3CH=N-OH \quad （乙醛肟）$$

肟一般为结晶性固体，容易分离与纯化，也常用来鉴定醛、酮。肟与稀酸一起加热，可水解成原来的醛、酮，因此也可以通过肟来提纯醛和酮。

肟存在 Z/E 构型异构体。例如，苯甲醛肟的构型异构体：

(Z)-苯甲醛肟,35℃　　　　　(E)-苯甲醛肟,132℃

酮肟在酸性试剂（如 H_2SO_4、$POCl_3$、PCl_5、聚磷酸等）存在下发生重排反应生成酰胺，称为贝克曼（Beckmann）重排：

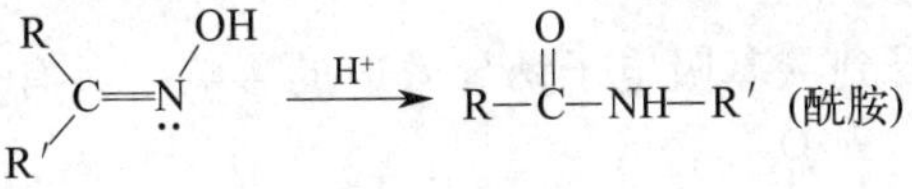

反应通过以下机理进行：

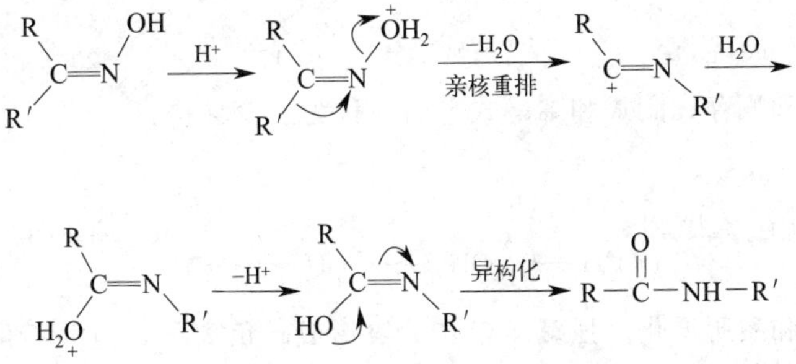

实验证明，酮肟的两个顺反异构体发生 Beckmann 重排反应后，得到的产物不同，重排结果是羟基反位上的烷基迁移到氮原子上。仔细辨别下面两个重排反应产物的不同。

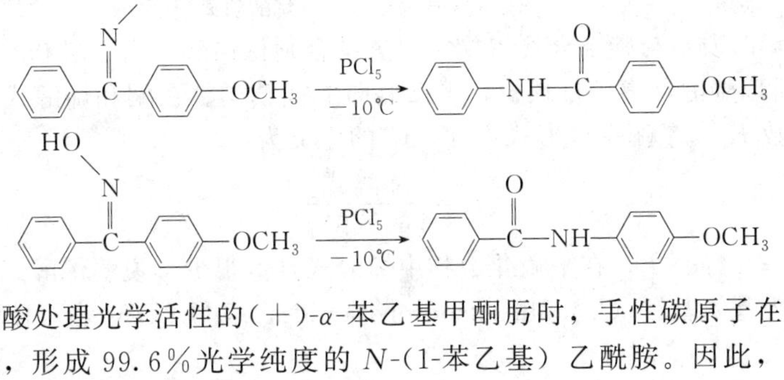

此外，用硫酸处理光学活性的（＋）-α-苯乙基甲酮肟时，手性碳原子在分子内发生迁移后构型保持不变，形成 99.6% 光学纯度的 N-(1-苯乙基) 乙酰胺。因此，在重排过程中 R 的迁移与离去基团的离去可能是协同进行的。

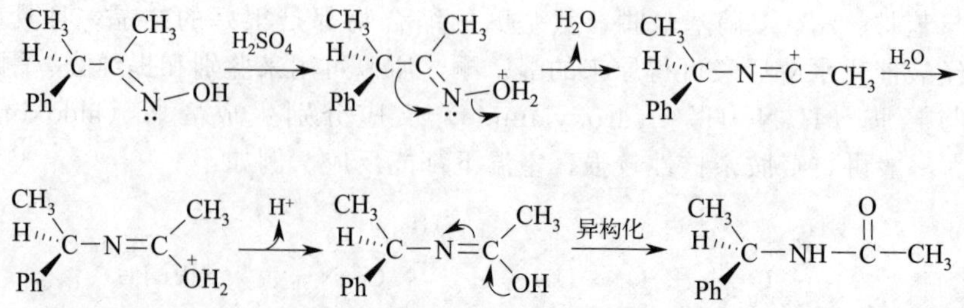

无论脂肪酮肟还是芳香酮肟都会发生这种重排反应。乙醛肟、庚醛肟、苯甲醛肟经重排后所得酰胺产率可高达75%～96%。环酮肟重排得内酰胺（lactams），进一步水解得氨基酸。例如环己酮肟重排后得到己内酰胺（caprolactam），水解开环得到6-氨基己酸，经缩聚反应可得到一种性能优良的高分子材料尼龙-6：

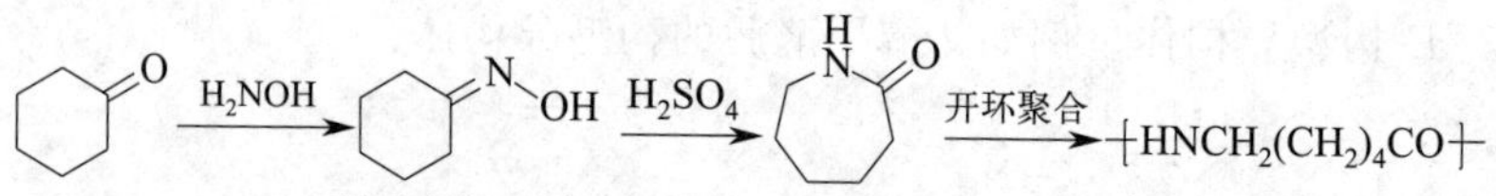

环己酮肟　　　　己内酰胺　　　　尼龙-6

Beckmann重排不仅具有理论上的意义，而且在帮助判断异构酮肟（stereoisomeric oximes）的结构和有机合成上也很有价值。

15.4.2 酮式-烯醇式互变异构

醛和酮的α-氢原子，受到羰基吸电子诱导效应的影响，具有一定的酸性。例如：

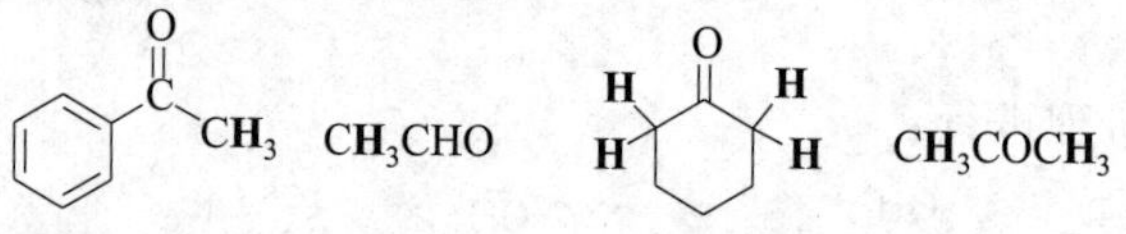

pK_a　16　　17　　17　　20

在溶液中，醛和酮存在酮式和烯醇式平衡，称为互变异构：

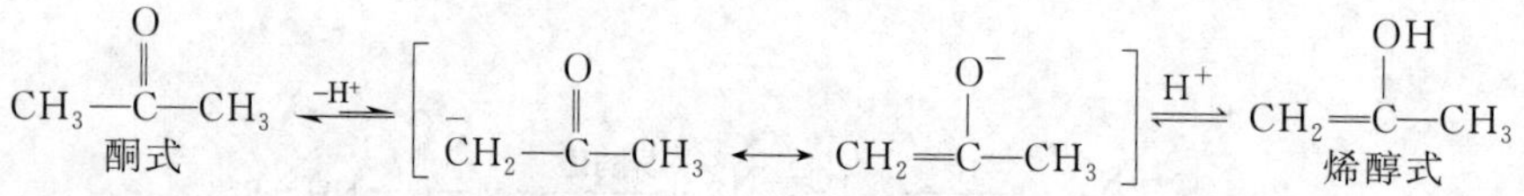

平衡可以被碱和酸所催化。强碱能夺取α-氢形成碳负离子，但并不是真正的碳负离子，而是碳负离子和烯醇负离子的共振杂化体，负电荷分散在碳和氧之间：

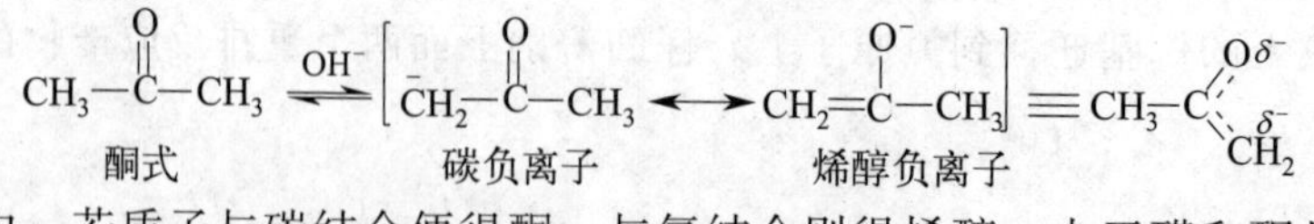

在水溶液中，若质子与碳结合便得酮，与氧结合则得烯醇。由于醛和酮是弱酸，水中最强碱是OH^-，所以烯醇负离子量很少，平衡偏向酮式结构。在酮和烯醇式互变异构的平衡中，常用平衡常数K衡量哪一种形式占优，K的定义为：

$$K=\frac{[\text{烯醇式}]}{[\text{醛或酮}]}$$

对于简单的一元醛、酮，在平衡化合物中烯醇式含量很少，说明烯醇式不稳定。若用一个强碱，如二异丙基氨基锂（lithium diisopropylamide，缩写LDA），可使酮完全变成相应的烯醇盐，如：

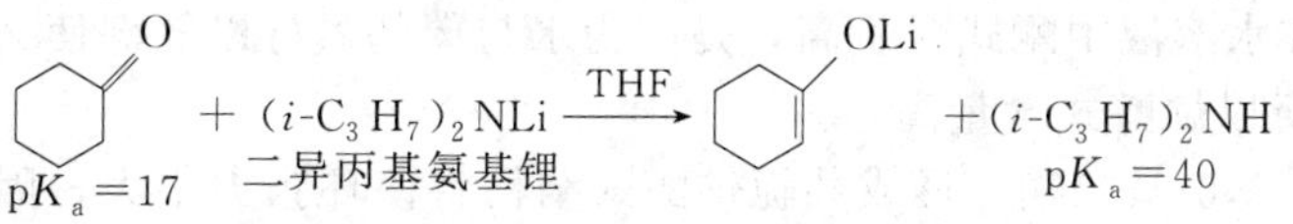

$$\underset{\underset{pK_a=17}{}}{\text{环己酮}} + (i\text{-}C_3H_7)_2NLi \xrightarrow{\text{THF}} \underset{}{\text{环己烯醇锂}} + (i\text{-}C_3H_7)_2NH \quad pK_a=40$$

二异丙基氨基锂

碱夺取 α-H 烯醇化一步反应是慢过程，为决定速率的步骤。酸的作用是使羰基质子化，促进烯醇式生成。例如：

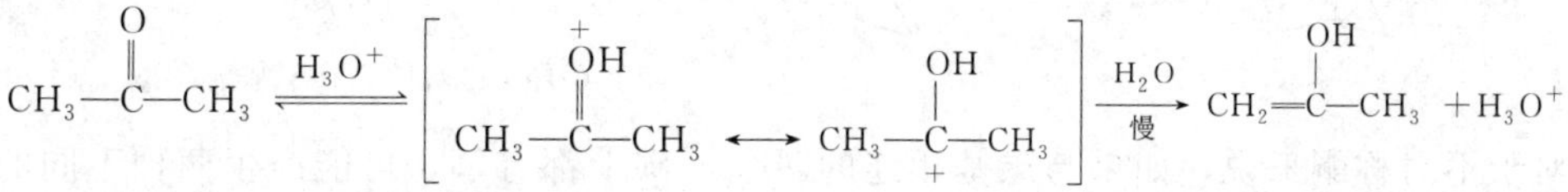

酸作用下烯醇化的第一步，即羰基氧质子化一步很快达到平衡，为快速反应过程。决定速率的步骤是第二步，即从 α-碳上夺取质子的一步。

烯醇的存在可用重氢交换的办法证明。若将酮溶在含有 DCl 或 NaOD 的 D_2O 中，则所有的 α-氢都会与重氢交换。交换后酮中重氢的数目用质谱或 ^1H NMR 能很容易测出：

$$CH_3CH_2COCH_2CH_3 + D_2O \xrightarrow{OD^- \text{ 或 } D^+} CH_3CD_2COCD_2CH_3 + H_2O$$

$$2,2,4,4\text{-}d_4\text{-}3\text{-戊酮}$$

虽然烯醇式不稳定，含量很少，但醛、酮的很多反应都是通过烯醇式进行的，因而醛和酮的许多反应能被酸或碱所催化。

一些特殊结构的醛或酮，它们形成的烯醇式因与其他不饱和基团形成共轭体系而稳定，使烯醇式含量增多，有时甚至以烯醇式为主。例如，2,4-戊二酮化合物（熔点 $-23\,℃$），室温时烯醇式约占 80%，除了一个羰基烯醇式后与另一个羰基共轭，还因形成分子内氢键使烯醇式结构相对稳定：

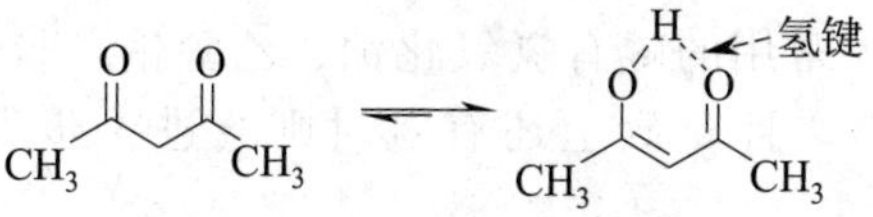

苯酚可以看作 2,4-环己二烯酮的烯醇式，由于苯环的高度稳定性，平衡偏向烯醇一边。几个常见羰基化合物形成烯醇式相对比例由高到低顺序为：

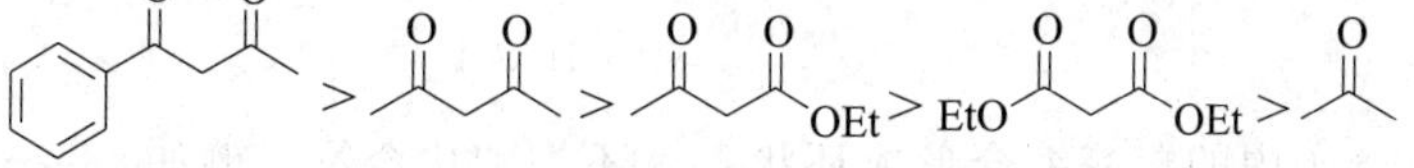

应当指出的是，烯醇式的含量与结构和介质有关，特殊结构或特殊条件下烯醇式比酮式稳定。例如：

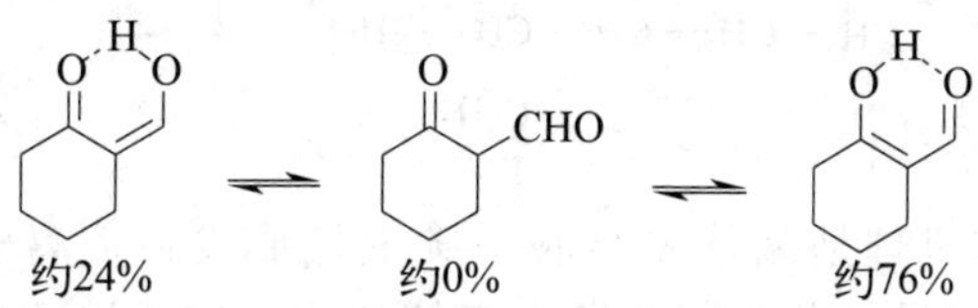

约24%　　　　　约0%　　　　　约76%

CCl_4溶液中

约70%(水溶液)　　　　约30%(水溶液)

约8%(己烷溶液)　　　　约92%(己烷溶液)

2,4-戊二酮在水溶液中酮式含量高，是因为水与羰基氧可以氢键使其稳定。而在己烷中没有这种缔合，所以烯醇式含量高。

二环[2.2.2]-2,6-辛二酮，形成共轭烯醇式结构将使环张力很大，因此只能按如下形成烯醇式：

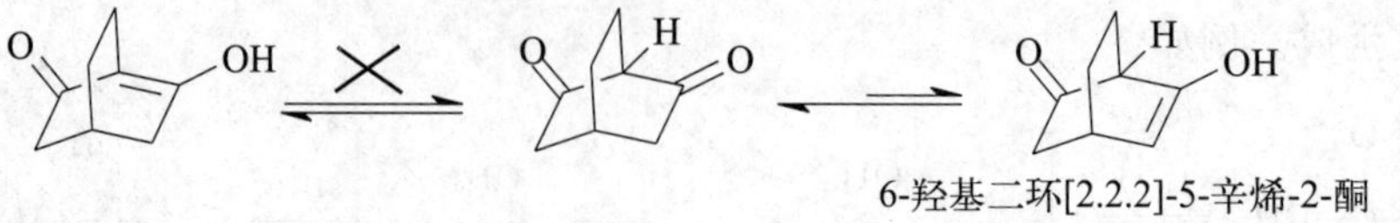

6-羟基二环[2.2.2]-5-辛烯-2-酮

对于不对称酮来说，如果与羰基相连的两个 α-碳上都有氢，可能产生两种不同的烯醇，以哪种为主呢？它们的比例受热力学和动力学控制，如果由两个不同质子离去的速率决定含量比例则是动力学控制，而由两个稳定性不同的烯醇式决定达到平衡后的含量比例则是热力学控制。例如：

$$\underset{B}{CH_2=\overset{OH}{\overset{|}{C}}-CH_2-CH_3} \rightleftharpoons CH_3-\overset{O}{\overset{\|}{C}}-CH_2-CH_3 \rightleftharpoons \underset{A}{CH_3-\overset{OH}{\overset{|}{C}}=CH-CH_3}$$

烯醇式 A 中双键上连接的烷基较多，较稳定，因此，受热力学控制时 A 含量高。烯醇式 B 的碳上取代基少，空间位阻较小，质子易离去，生成快，故受动力学控制时，则 B 的含量高。

15.4.3 羟醛（醇醛）缩合反应

有 α-氢原子的醛，在碱催化下发生自身缩合反应生成 β-羟基醛的反应，称为羟醛缩合反应（aldol condensation）。常用的碱有氢氧化钠、乙醇钠、叔丁醇铝等。若反应条件激烈（如碱的浓度大、温度较高），且 α-碳上还有氢时则会进一步失去一分子水生成 α,β-不饱和醛：

$$CH_3CH_2CH_2CHO \xrightarrow[<10℃]{NaOH/H_2O} CH_3CH_2CH_2\overset{OH}{\overset{|}{C}H}-\underset{CH_2CH_3}{\underset{|}{C}HCHO} \xrightarrow{90℃} CH_3CH_2CH_2CH=\underset{CH_2CH_3}{\underset{|}{C}CHO}$$

二元醛进行分子内的羟醛缩合形成环状 α,β-不饱和化合物，例如：

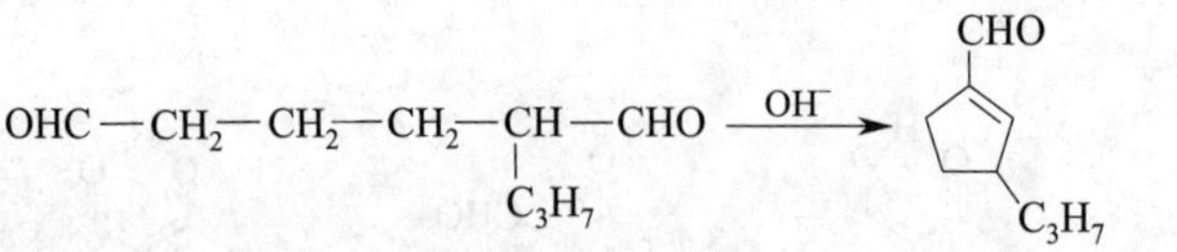

羟醛缩合反应可能的机理是碱首先夺取 α-碳上氢形成碳负离子（是烯醇负离子的互变异构体），接着碳负离子同另一分子羰基发生亲核加成反应。以乙醛为例，羟醛缩合反应生成 β-羟基醛的机理如下：

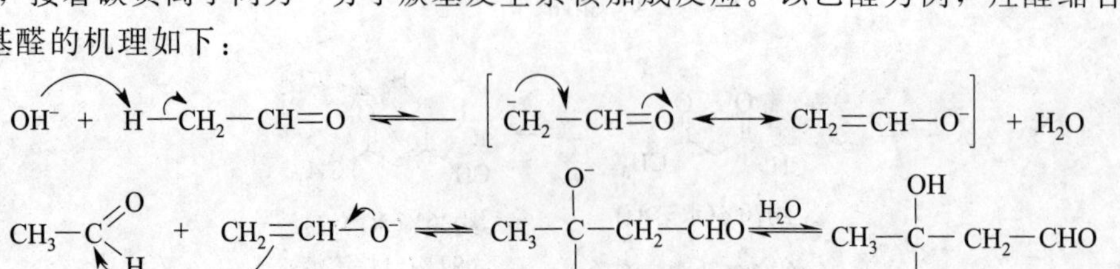

β-羟基醛脱水生成 α,β-不饱和醛的机理如下：

$$CH_3-\overset{\overset{\displaystyle OH}{|}}{CH}-\underset{\underset{\displaystyle H}{|}}{CH}-CH=\overset{+}{O}+OH^- \underset{H_2O}{\rightleftharpoons} CH_3-\overset{\overset{\displaystyle OH}{|}}{CH}-CH-CH=O^- \rightleftharpoons CH_3-CH=CHCHO$$

酮也能发生这一反应，但平衡更偏向左方，用普通方法几乎得不到产物。但若及时将产物与催化剂分离，可以解决这一问题，得到好的收率，方法是在一个索氏提取器内进行反应。例如将氢氧化钡放在滤纸筒内，丙酮沸点低，在瓶内沸腾后至冷凝管回流下来，滴到滤纸筒内与氢氧化钡接触形成二丙酮醇（diacetone alcohol），等满至虹吸管高度时被抽回瓶中，由于二丙酮醇沸点高（166℃），积存在瓶内不再和碱接触，随着丙酮不断反应，产物随时移出平衡体系，使反应向右进行。产率可达约 70%。

$$2\ CH_3-\overset{\overset{\displaystyle O}{\|}}{C}-CH_3 \underset{Soxhlet}{\overset{Ba(OH)_2}{=\!=\!=\!=}} CH_3-\underset{\underset{\displaystyle CH_3}{|}}{\overset{\overset{\displaystyle OH}{|}}{C}}-CH_2-\overset{\overset{\displaystyle O}{\|}}{C}-CH_3$$

二元酮很容易进行分子内缩合反应，生成 α,β-不饱和酮，可用于合成五元环、六元环或七元环化合物。例如：

$$CH_3-\overset{\overset{\displaystyle O}{\|}}{C}-CH_2-CH_2-\overset{\overset{\displaystyle O}{\|}}{C}-CH_3 \overset{OH^-}{\underset{\triangle}{\longrightarrow}}$$

若用两个不同的醛进行缩合，得到的是混合物，在合成上没有价值。但若其中一个醛无 α-氢，则与有 α-氢的醛或酮发生交叉缩合，生成 α,β-不饱和醛或酮，这一反应称为 Claisen-Schmidt 反应，产率相当高。例如：

$$\bigcirc\!\!-CHO + CH_3-\overset{\overset{\displaystyle O}{\|}}{C}-CH_3 \overset{NaOH/H_2O}{\underset{室温}{\longrightarrow}} \bigcirc\!\!-CH=CH-\overset{\overset{\displaystyle O}{\|}}{C}-CH_3$$

为什么具有 α-氢的脂肪醛或酮自身缩合不是主要反应呢？下面以苯甲醛和乙醛的缩合为例进行说明：

$$Ph-CHO + CH_3CHO \rightleftharpoons \begin{array}{l} CH_3-\overset{\overset{\displaystyle OH}{|}}{\underset{\underset{\displaystyle H}{|}}{C}}-CH_2-CHO\ (乙醛自身缩合) \\[3mm] Ph-\overset{\overset{\displaystyle OH}{|}}{\underset{\underset{\displaystyle H}{|}}{C}}-CH_2-CHO \overset{H_2O}{\longrightarrow} \bigcirc\!\!-CH=CH-CHO \end{array}$$

反应初期可生成两个醇醛，一个是乙醛自身缩合物，另一个是交叉缩合物，但由于后者的羟基同时受苯和醛基的作用，更容易发生不可逆的失水反应（E_{1cb} 消除），所以经过一段时间后，乙醛自身缩合的醇醛通过平衡体系逆转，使最终产物为 3-苯基丙烯醛（肉桂醛）。

一个改进的交叉羟醛缩合方法是用二异丙基氨基锂（LDA）作催化剂，先将酮全部变成相应的烯醇盐，接着把另一醛或酮加到烯醇盐的冷溶液中，反应可迅速有效地进行，开始

生成的是 β-羟基酮的锂盐，加水分解后得醇酮。

$$CH_3COCH_3 \xrightarrow[-78℃]{LDA/THF} CH_3-\overset{OLi}{\underset{|}{C}}=CH_2 \xrightarrow{CH_3CHO} CH_3COCH_2\overset{OLi}{\underset{|}{C}}HCH_3 \xrightarrow{H_2O} CH_3COCH_2\overset{OH}{\underset{|}{C}}HCH_3$$

如果用 LDA 作催化剂，一个不对称的酮和芳醛缩合，取代基较少的烷基参加缩合反应的产物是主要产物。例如：

$$\text{（苯甲醛）CHO} + CH_3COCH_2CH_3 \xrightarrow[-78℃]{LDA/THF} \xrightarrow{H_2O} \text{（苯基）}CH=CHCOCH_2CH_3$$

从以上各例可以看出，羟醛缩合反应条件温和，产率很高，应用范围广，因此在合成上很有用。需要说明的是，Claisen-Schmidt 反应总是生成带羰基的大基团和另一大基团成反式的产物，这种专一性是由失水的机理及中间物不同构象的空间阻碍所决定的：

$$\text{（苯甲醛）CHO} + CH_3COC(CH_3)_3 \xrightarrow{OH^-} \text{（反式烯烃）} \quad \text{（约 88\%）}$$

15.4.4 Wittig 试剂和 Wittig 反应

Wittig 试剂是由三苯基膦和卤代烷反应制得，反应原理如下：

$$(C_6H_5)_3P + RCH_2-X \xrightarrow{S_N2} (C_6H_5)_3\overset{+}{P}-CH_2R\ \overset{X^-}{} \xrightarrow{强碱} [(C_6H_5)_3\overset{+}{P}-\overset{-}{C}HR \longleftrightarrow (C_6H_5)_3P=CHR]$$

三苯基膦　　　　　　　季鏻盐　　　　　　　　　　磷叶立德

反应首先经 S_N2 反应生成季鏻盐（phosphonium salts），在非质子性溶剂中季鏻盐与强碱作用得到内鎓盐，称为磷叶立德，即 Wittig 试剂。常用的强碱有 $NaNH_2$、C_6H_5Li、n-C_4H_9Li、C_2H_5OLi、NaH 和 CH_3ONa 等，非质子性溶剂有 THF、DMF 和乙醚等。醛或酮与 Wittig 试剂作用，生成烯类化合物和三苯氧膦，反应由 Wittig 发现，故称 Wittig 反应。它是一个很有用的制备烯的方法。例如：

$$\text{（环己酮）}=O + (C_6H_5)_3P=CH_2 \xrightarrow{Et_2O} \text{（环己烯基）}=CH_2 + (C_6H_5)_3PO$$

$$CH_3-\overset{O}{\underset{\|}{C}}-CH_3 + (C_6H_5)_3P=CHCH_3 \xrightarrow{Et_2O} CH_3-\overset{CHCH_3}{\underset{\|}{C}}-CH_3 + (C_6H_5)_3PO$$

羰基化合物除醛、酮外还可以是酯，但活性不同，其次序是醛＞酮＞酯。磷叶立德试剂与醛、酮有时甚至在 $-80℃$ 也能迅速反应，酯不反应。例如：

$$CH_3O-\text{（苯基）}-\overset{O}{\underset{\|}{C}}-CH_2CH_2COOCH_3 \xrightarrow[Et_2O]{(C_6H_5)_3P=CHCH_3} CH_3O-\text{（苯基）}-\overset{CHCH_3}{\underset{\|}{C}}-CH_2CH_2COOCH_3$$

一般认为 Wittig 反应包括三步，第一步磷叶立德与羰基进行亲核加成生成内鎓盐；第二步生成氧磷杂环丁烷；第三步分解成烯烃及三苯基氧膦：

$$(C_6H_5)_3\overset{+}{P}-\overset{-}{C}HR'' + \underset{R'}{\overset{R}{C}}=O \longrightarrow \underset{R''-CH-\overset{+}{P}(C_6H_5)_3}{\overset{\overset{R}{\underset{|}{R'-C-O^-}}}{|}} \xrightarrow{\text{环化}}$$

$$\underset{R''-CH-P(C_6H_5)_3}{\overset{\overset{R}{\underset{|}{R'-C\underset{\curvearrowright}{\overset{\curvearrowleft}{-}}O}}}{|}} \xrightarrow{\text{分解}} \underset{R'}{\overset{R}{C}}=CHR'' + (C_6H_5)_3PO$$

从三氯化磷出发先制成亚磷酸酯，再与卤代烷通过 Arbuzov（阿布佐夫）反应制成比较便宜的含活泼亚甲基的膦酸酯。膦酸酯在强碱（如 CH_3ONa、NaH 等）存在下和醛、酮反应制得烯。反应是在缓和条件下迅速而顺利的进行，收率良好：

$$PCl_3 + ROH \longrightarrow (RO)_3P \xrightarrow{R'CH_2X} \underset{\underset{OR}{|}}{\overset{\overset{O}{\|}}{RO-P-CH_2R'}} \xrightarrow{CH_3ONa}$$

亚磷酸三酯

$$\underset{\underset{OR}{|}}{\overset{\overset{O}{\|}}{RO-P-\overset{-}{C}HR'}} \xrightarrow{\ \ \rangle C=O\ \ } \underset{\underset{O\underset{\curvearrowright}{-C}\langle}{\overset{RO}{|}}}{\overset{\overset{O^-}{|}}{RO-\underset{\curvearrowright}{P}-CHR'}} \xrightarrow{\text{分解}} \ \rangle C=CHR' + \underset{\underset{OR}{|}}{\overset{\overset{O}{\|}}{RO-P-O^-}}$$

这一改进的反应称为 Wittig-Horner 反应，其特点是副产物膦酸盐溶于水，容易除去，克服了 Wittig 反应中生成的三苯基氧膦很难除去的缺点。

以肼叶立德代替膦叶立德的研究中，我国有机化学家黄耀曾等做了系统的工作，证明具有吸电子取代基的肼叶立德活性比 Wittig 试剂高。

15.4.5　氧化和还原反应

15.4.5.1　氧化反应

醛很易氧化，较弱的氧化剂就能将醛氧化成相同碳原子的羧酸。例如，Tollens（托仑）试剂（硝酸银的氨溶液，简称银氨溶液）可将脂肪醛和芳香醛氧化为相同碳原子数的羧酸，Tollens 试剂还原为白色的银，如果反应在洁净的玻璃仪器中进行，可在玻璃壁上形成银镜，也因此称为银镜反应：

$$RCHO \text{ 或 } ArCHO + Ag(NH_3)_2OH \xrightarrow{\triangle} RCO_2NH_4 \text{ 或 } ArCO_2NH_4 + Ag\downarrow + H_2O + NH_3$$

Tollens 不能氧化酮，可用此来鉴别醛和酮。弱氧化剂 Fehling（斐林）试剂能氧化脂肪醛，但不能氧化芳香醛，可用于脂肪醛和芳香醛的鉴别。Fehling 试剂起氧化作用的为二价铜离子，其将脂肪醛氧化为羧酸，自身还原为砖红色的氧化亚铜（Cu_2O）沉淀：

$$RCHO + 2Cu^{2+} + 5OH^- \longrightarrow RCO_2^- + Cu_2O\downarrow + 3H_2O$$

Fehling 试剂是由硫酸铜溶液和酒石酸钾钠溶液混合而成，因为是酒石酸络合的二价铜离子，具有较大空间位阻。糖尿病人的尿中含有葡萄糖（六碳醛糖），可以用 Fehling 试剂检测。

另一种与 Fehling 试剂相似，能氧化脂肪醛和还原糖的弱氧化剂是本尼迪克（Benedict）试剂，它是由硫酸铜、柠檬酸钠和无水碳酸钠配制成的蓝色溶液，氧化剂是柠檬酸络合的二价铜离子。本尼迪克试剂可以存放，克服了 Fehling 必须现配现用的缺点。

分子结构中有不饱和键的醛，用弱氧化剂氧化时，只氧化醛基而不影响不饱和键，可以用来合成特定结构的羧酸。例如：

$$CH_3-CH=CH-CHO \xrightarrow{Ag(NH_3)_2OH} \xrightarrow{H^+} CH_3-CH=CH-COOH$$

常用的铬酸、高锰酸钾等强氧化剂均能在室温以下将醛氧化成羧酸。例如：

$$n\text{-}C_6H_{13}CHO \xrightarrow[H_2O,20℃]{KMnO_4/H_2SO_4} n\text{-}C_6H_{13}COOH$$

反应机理如下：

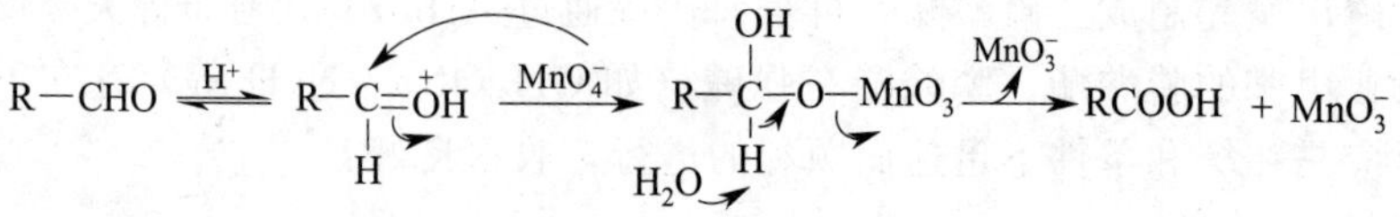

$$3MnO_3^- + H_2O \longrightarrow 2MnO_2 + MnO_4^- + 2OH^-$$

　　醛在空气中能自动氧化，部分生成羧酸，这种氧化称为自动氧化反应。例如苯甲醛在保存过程中，在瓶口出现白色固体，就是苯甲醛被空气中氧气氧化为羧酸的原因。光或微量金属（Fe、Co、Mn、Ni 等）离子对自动氧化有催化作用。

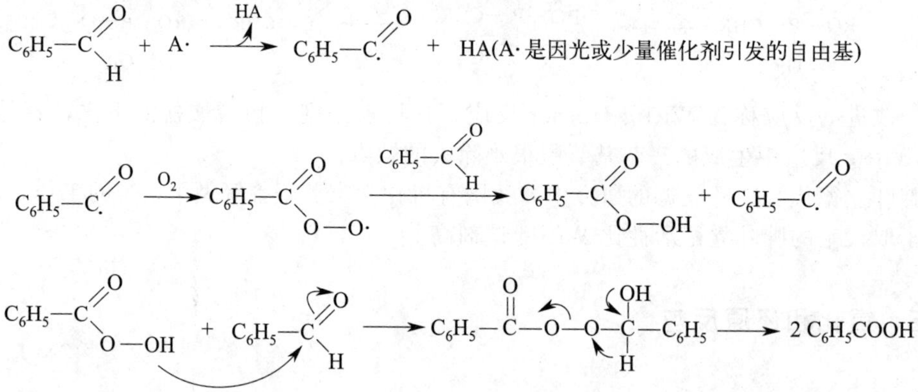

　　酮不易被氧化，但 $KMnO_4$、HNO_3 等强氧化剂可将酮氧化，使碳链从羰基两边断裂，生成几个分子量较小的羧酸混合物。例如：

$$RCH_2COCH_2R' \xrightarrow{HNO_3} RCO_2H + R'CO_2H + RCH_2CO_2H + R'CH_2CO_2H$$

　　所以酮的氧化一般不用于合成中。但若是对称的环酮氧化后可得到二元酸，如环己酮氧化得己二酸，它是生产尼龙-66 的原料：

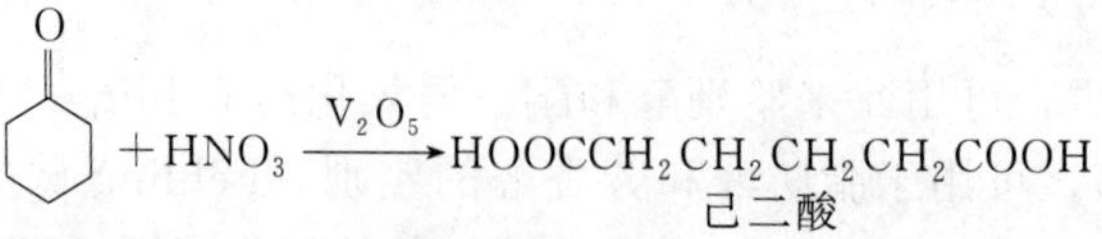

　　用过氧酸氧化酮时发生重排反应生成酯，常用的过氧酸有过氧乙酸、过氧苯甲酸、过氧三氟乙酸，以过氧三氟乙酸效果最好。这个反应称为 Baeyer-Villiger 重排反应。例如：

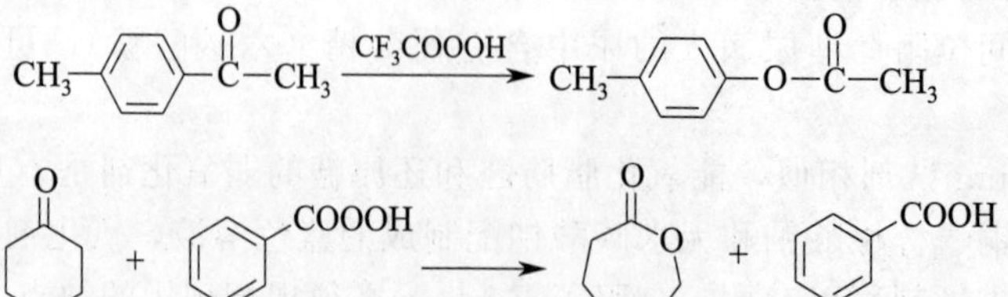

反应为亲核 1,2-重排反应，过氧酸和酮分子中羰基加成，再发生 O—O 异裂，同时迁

移基团 R 从碳上转移到氧原子：

$$R'-\overset{O}{\overset{\|}{C}}-O-OH + R-\overset{O}{\overset{\|}{C}}-R \underset{}{\overset{\text{加成}}{\rightleftharpoons}} \overset{R}{\underset{R}{\overset{|}{\underset{O-O}{\overset{OH}{\underset{|}{C}}}}}}-\overset{O}{\overset{\|}{C}}-R' \xrightarrow[\text{重排}]{R'COO^-}$$

$$R-\overset{OH}{\overset{|}{\underset{+}{C}}}-O-R \xrightarrow{R'COO^-} R-\overset{O}{\overset{\|}{C}}-O-R + R'COOH$$

从反应机理来看，不对称酮应得到两种产物，但因羰基所连基团的转移能力不同，通常仍以一种产物为主。基团转移能力的大小顺序为—H＞C₆H₅—＞R₃C—＞R₂CH—＞RCH₂—＞—CH₃。例如：

$$\text{⬡}-COCH_3 + CF_3COOOH \longrightarrow \text{⬡}-OCOCH_3$$

15.4.5.2 还原反应

（1）催化加氢还原

醛和酮催化加氢分别生成伯醇和仲醇。羰基催化加氢反应活性低于碳-碳双键，需在加热和加压下进行：

$$R-\overset{O}{\overset{\|}{C}}-R + H_2 \xrightarrow[\triangle]{\text{Pt 或 Pd 或 Ni}} R-\overset{OH}{\underset{H}{\overset{|}{\underset{|}{C}}}}-R$$

因此，分子中如有碳-碳双键或叁键会同时加氢生成饱和键。例如：

图 + H₂ —Ni→ 图

如果选择钯-碳（Pd-C）等催化剂，一般只还原双键而不还原羰基。例如：

图 + H₂ —Pd-C→ 图

（2）金属氢化物还原

硼氢化钠（NaBH₄）、氢化铝锂（LiAlH₄）以及它们的取代物，如三甲氧基氢化铝锂[LiAl（OCH₃）₃H]、三叔丁氧基氢化铝锂 LiAl[OC（CH₃）₃]₃H 是还原羰基最常用的试剂。以硼氢化钠为例，反应过程如下：

图

氢化铝锂是一个强还原剂，不仅可将醛和酮还原为醇，而且也能将羧酸、羧酸衍生物还原。硼氢化钠是一个较缓和的还原剂，一般使醛、酮或酰氯还原成醇。二者都具有选择性，当双键和羰基同时存在时，一般只还原羰基。例如：

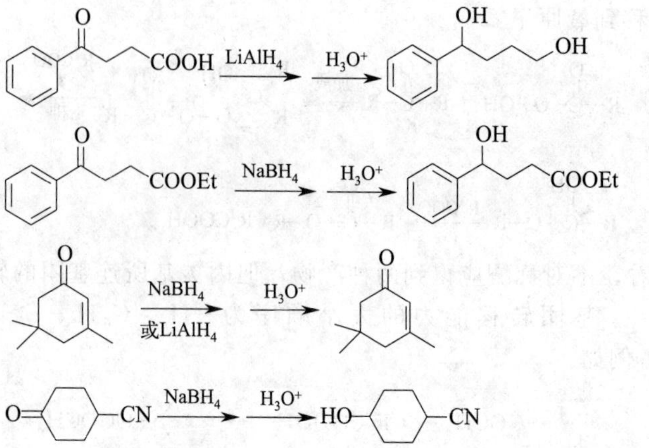

氢化铝锂极易水解，反应需在无水条件下进行。硼氢化钠可在乙醇等质子性溶剂中进行。

（3）Meerwein-Ponndorf-Verley 还原

异丙醇铝在异丙醇溶剂中，可将醛、酮还原为醇，自身氧化成丙酮，把生成的丙酮不断蒸出，使反应朝产物方向进行，称为 Meerwein-Ponndorf-Verley 反应。反应过程如下：

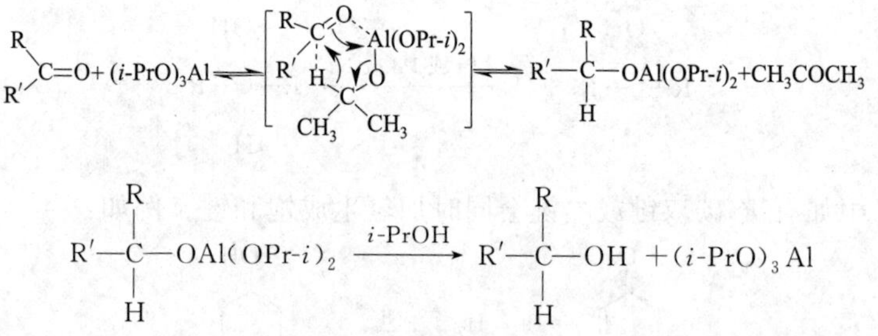

从反应过程看，因为过量异丙醇的存在，异丙醇铝会反复生成，因此异丙醇铝是催化剂，异丙醇为还原剂。这个反应的优点在于它只还原醛、酮羰基，对 $C{=\!=}C$ 和 $—NO_2$ 等不起作用。

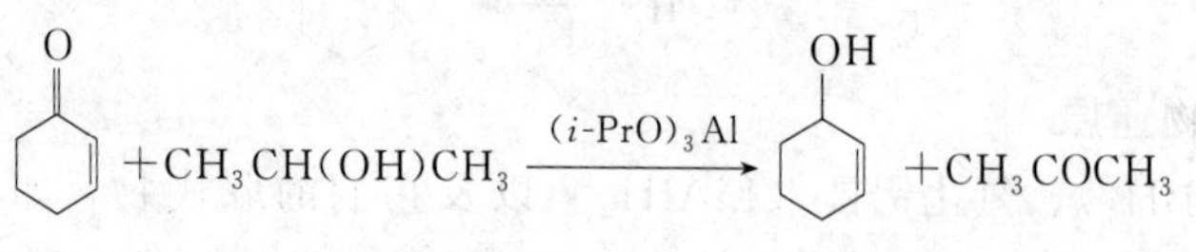

（4）活泼金属还原

在质子性（HA）溶剂中，醛、酮可以被活泼金属还原成醇，常用的有 Na、Li、Zn、Mg、Fe、Sn 等。醛在碱性溶液中易起缩合等反应，不宜在碱性溶液中还原。反应是分步进行的，羰基从金属接受一个电子变成负离子自由基，再接受一个电子变成二价负离子，然后从溶剂中接受质子成醇，以钠还原为例反应过程如下：

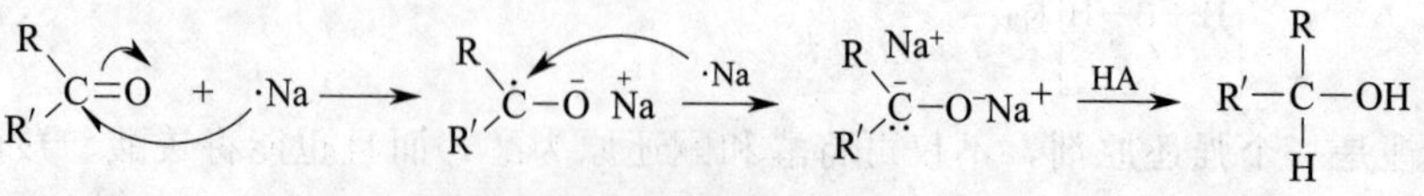

例如，2-庚酮用钠在乙醇中还原得到 2-庚醇：

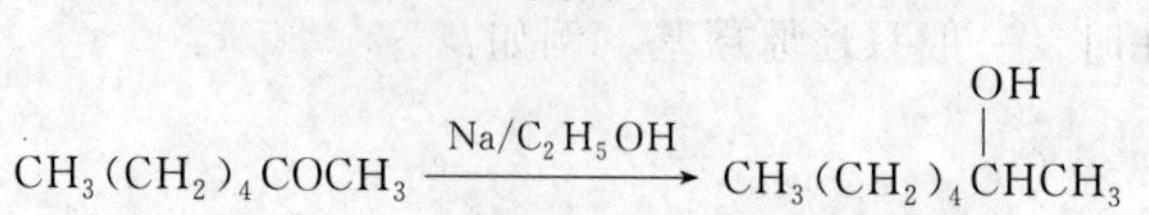

$$CH_3(CH_2)_4COCH_3 \xrightarrow{Na/C_2H_5OH} CH_3(CH_2)_4\overset{\overset{\displaystyle OH}{|}}{C}HCH_3$$

庚醛用铁加乙酸还原得 1-庚醇：

$$CH_3(CH_2)_5CHO \xrightarrow{Fe/CH_3COOH} CH_3(CH_2)_5CH_2OH$$

酮与镁、镁-汞齐或铝-汞齐在非质子性溶剂中反应，按双分子机理进行，两负离子自由基相互结合，生成双分子还原产物邻二叔醇。反应过程如下：

例如：

Li、K 或 Ga 等与氯化钛（$TiCl_4$）组成的体系，使醛、酮发生还原偶联反应，生成烯：

（5）Clemmensen 还原

醛或酮与锌-汞齐和浓盐酸一起加热回流，羰基被还原成亚甲基的反应称为 Clemmensen（克莱门森）还原反应。

锌-汞齐是用锌粒与汞盐（$HgCl_2$）在稀盐酸溶液中反应制得，锌把 Hg^{2+} 还原成 Hg，然后 Hg 在锌的表面上形成锌-汞齐。这个反应的机理还不清楚，但醇在同样条件下不被还原，说明醇不是中间产物。由于反应是在酸性条件下进行，因此对酸不稳定的化合物不能用此法还原。这一反应，在有机合成中常用于合成直链烷基苯，例如：

$$\text{(CH}_3\text{O, HO)-C}_6\text{H}_3\text{-CHO} \xrightarrow[\triangle]{\text{Zn-Hg, 浓 HCl}} \text{(CH}_3\text{O, HO)-C}_6\text{H}_3\text{-CH}_3$$

α,β-不饱和酮的双键能被还原，例如：

$$\text{C}_6\text{H}_5\text{-CH=CHCOCH}_3 \xrightarrow[\triangle]{\text{Zn-Hg, 浓 HCl}} \text{C}_6\text{H}_5\text{-CH}_2\text{-CH}_2\text{CH}_2\text{CH}_3$$

（6）Wolff-Kishner-Huang 还原

醛或酮和肼反应生成腙，它在强碱作用下分解，羰基被还原成亚甲基。Wolff-Kishner 的方法是将生成的腙和无水乙醇及乙醇钠（乙醇与金属钠反应制得）在高温（约 200℃）加热反应，将羰基还原为亚甲基。由于反应温度高，需在高压釜或封管中进行，操作不方便，也不安全。1946 年，我国化学家黄鸣龙对此法进行了改进，将醛或酮和 KOH 或 NaOH、水合肼及高沸点水溶性有机溶剂（比如二甘醇或三甘醇）混合，常压下进行回流反应几小时，然后蒸出水分，再回流 1~2 小时完成腙的分解，将羰基还原为亚甲基。这一反应称为黄鸣龙改良的 Wolff-Kishner 反应，也称 Wolff-Kishner-Huang 还原。例如：

$$\text{C}_6\text{H}_5\text{O-C}_6\text{H}_4\text{-COCH}_2\text{CH}_2\text{COOH} \xrightarrow[\text{三甘醇, 195℃}]{\text{H}_2\text{NNH}_2,\ \text{KOH/H}_2\text{O}} \text{C}_6\text{H}_5\text{O-C}_6\text{H}_4\text{-CH}_2\text{CH}_2\text{CH}_2\text{COOH}$$

$$\text{C}_6\text{H}_5\text{-COCH}_2\text{CH}_3 \xrightarrow[\text{二甘醇, 175℃}]{\text{H}_2\text{NNH}_2,\ \text{H}_2\text{O/KOH}} \text{C}_6\text{H}_5\text{-CH}_2\text{CH}_2\text{CH}_3$$

黄鸣龙改进方法不仅可以在实验室应用，而且可以大规模工业化，成为国际上的公认方法。反应机理如下：

$$\underset{\text{腙}}{\overset{R}{\underset{R'}{\text{C}}}{=}\text{N-NH}_2} \rightleftharpoons \overset{R}{\underset{R'}{\text{C}}}{=}\text{N-N}\overset{}{\underset{H}{\text{N}}} \rightleftharpoons R\overset{H}{\underset{R'}{\text{C}}}\text{-N}{=}\text{N}\overset{}{\underset{H}{\text{N}}} \rightleftharpoons R\overset{}{\underset{R'}{\text{C}}}\text{-N}{=}\text{N}$$

$$\xrightarrow{\text{慢}}\ \text{N}_2\ +\ \overset{R}{\underset{R'}{\text{C}}}\text{H}^- \xrightarrow{\text{BH 或 H}_2\text{O}} \overset{R}{\underset{R'}{\text{C}}}\text{H}_2$$

如果采用二甲亚砜为溶剂，反应可在较低温度下进行。经过黄鸣龙的改进，还原反应可以大规模进行，适用于工业生产，且原料经济、收率良好。此法为在碱性条件下进行，可以和酸性条件下的 Clemmensen 还原互补。

（7）硫代缩醛（酮）脱硫加氢还原

醛（酮）在酸性条件下与硫醇反应生成硫代缩醛（酮），然后在 Raney 镍催化下加氢脱硫，还原为亚甲基。例如：

$$\xrightarrow[\text{BF}_3]{\text{CH}_3\text{CH}_2\text{SH}} \xrightarrow{\text{H}_2\text{/Ni}}$$

该方法对 α,β-不饱和醛（酮）中的碳-碳双键没有影响：

$$\xrightarrow[\text{BF}_3]{\text{HSCH}_2\text{CH}_2\text{SH}} \xrightarrow{\text{H}_2\text{/Ni}}$$

15. 4. 5. 3 Cannizzaro 反应

无 α-氢的醛在浓碱作用下一分子被氧化成酸，另一分子被还原成醇的反应，称为 Cannizzaro 反应，也称歧化反应。例如：

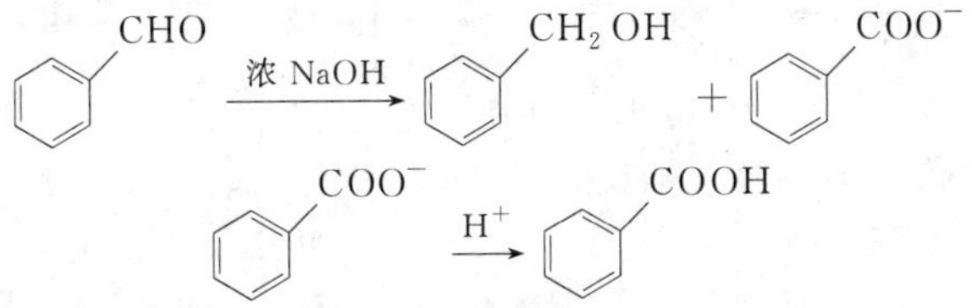

以苯甲醛为例，反应机理如下：

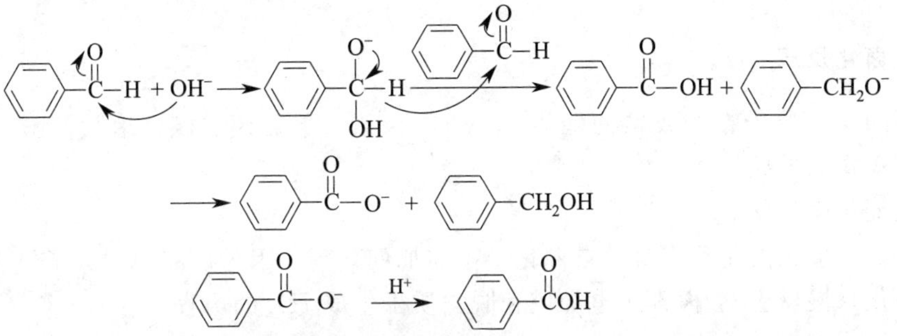

在 Cannizzaro 反应中，负氢离子的转移艰难，反应很慢，因此有 α-H 氢的醛在碱性条件下优先发生羟醛缩合而不发生歧化反应。

分子内也可以进行 Cannizzaro 反应。例如：

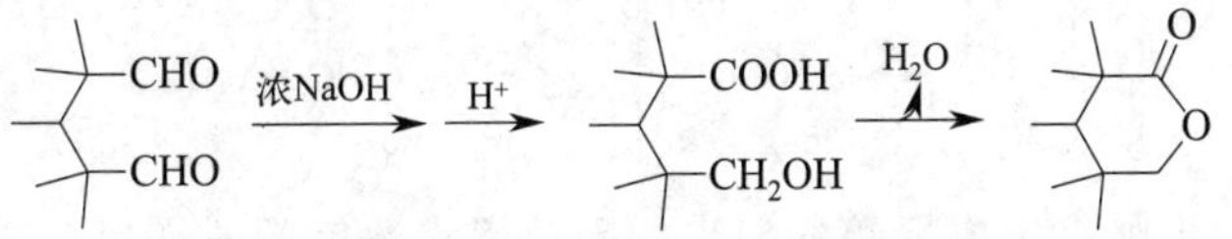

二分子不同醛发生交叉 Cannizzaro 反应，利用甲醛还原性强易被氧化成酸，另一醛还原成醇来合成一些重要化合物，是由芳醛制备芳醇的特殊方法。甲醛总是氢的给予体，例如：

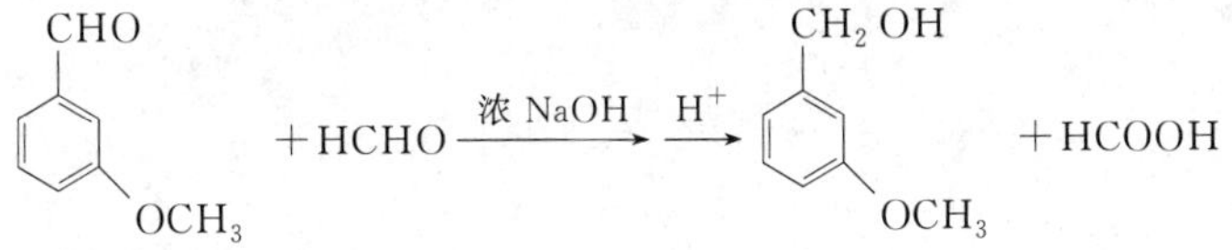

以交叉 Cannizzaro 反应原理，工业上用于生产季戊四醇：

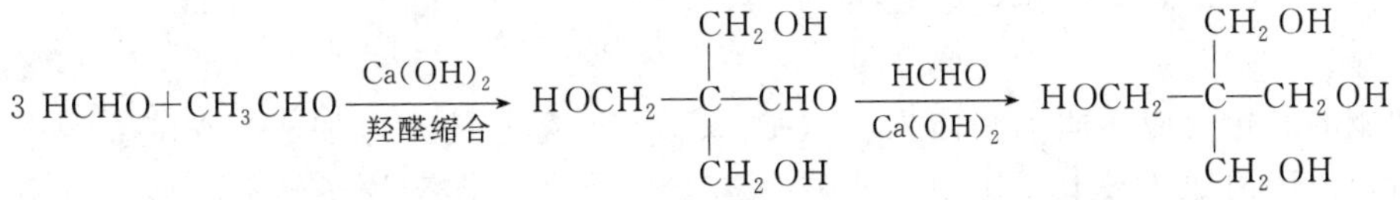

15.4.6 外消旋化和 α-氢的卤化反应

15.4.6.1 外消旋化

α-碳是手性碳的醛或酮，如 (R)-3-苯基-2-丁酮，溶解在含有氢氧化钠或氯化氢的乙醇水溶液中，旋光度会逐渐降低直至为零。其速率与酮和氢氧化钠或氯化氢的浓度成比例。这一过程是通过烯醇式中间体进行的，烯醇式是一个非手性的平面结构，在动态平衡中，质子可以从平面上下进攻 α-碳，而且概率相同：

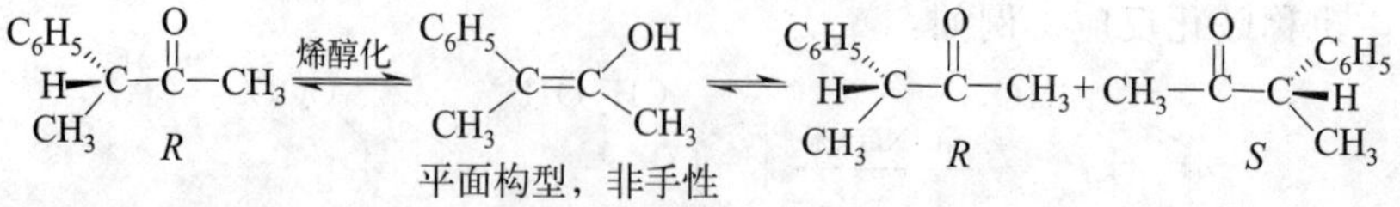

如果手性碳不是 α-碳，则不会外消旋化：

15.4.6.2　卤化反应

醛或酮的 α-氢原子在酸或碱的催化下，可被卤素（氯、溴、碘）取代。酸、碱的作用就是催化烯醇式的形成。

（1）酸催化卤化反应

一般地，酸催化卤化反应常是自催化，不需加催化剂，因为反应中生成了氢卤酸。酸催化经历烯醇化（慢反应）、卤素亲电加成和脱去质子生成 HX 的历程：

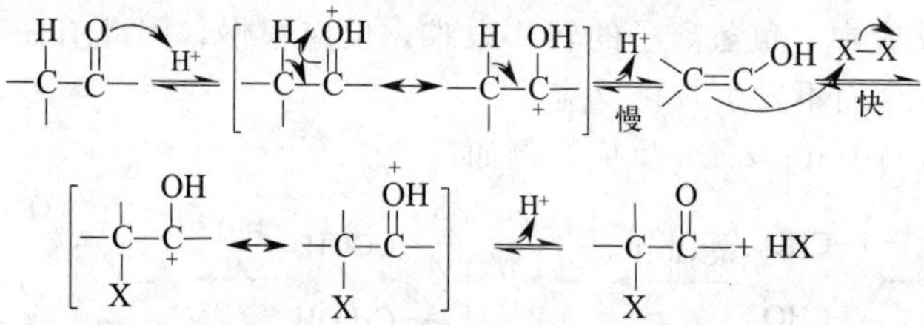

决定反应速率的步骤是生成烯醇的一步，因此卤素浓度的改变对反应速率没有影响。反应可以停留在一卤取代阶段。例如：

$$CH_3COCH_3 + Br_2 \xrightarrow{室温} CH_3COCH_2Br + HBr$$

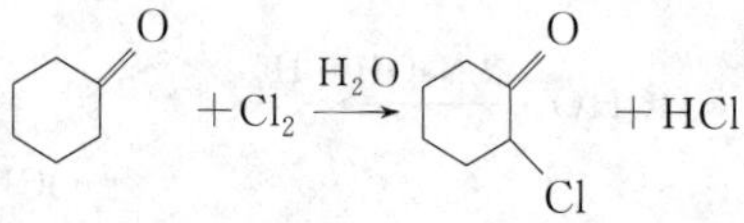

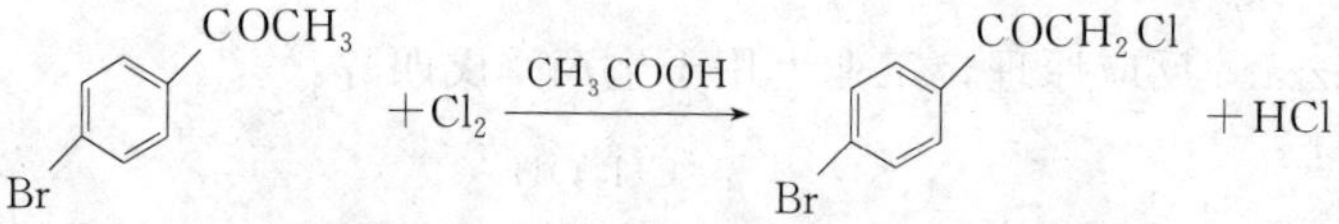

由于醛和酮的卤化反应实质上是卤素与碳-碳双键（烯醇）的亲电加成。在醛、酮进行一卤化反应后，由于卤原子吸电子作用，使碳-氧双键的电子云向碳原子转移，羰基氧原子上的电子云密度降低，降低了氧原子的碱性，不利于形成烯醇式，进一步卤化的能力下降，因此在酸催化下，醛或酮的卤化反应可以停留在一卤取代阶段。

对于非对称酮，反应具有选择性，酸催化下一卤取代发生在取代基较多的 α-碳原子上，这是因为在酸催化下，主要是形成取代基较多的烯醇式。例如：

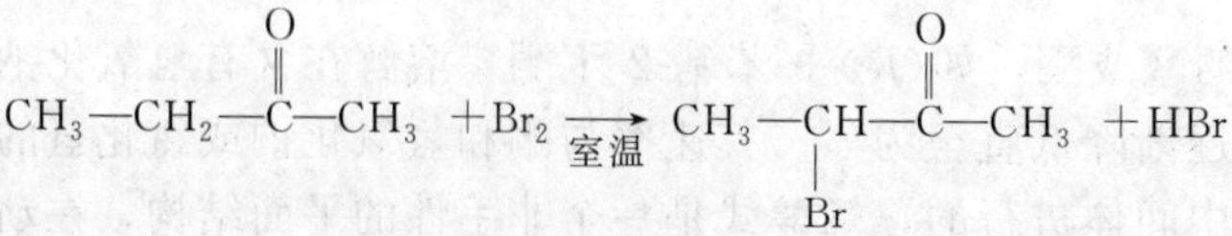

（2）碱催化卤化反应

醛和酮在碱催化下卤化按以下历程进行：

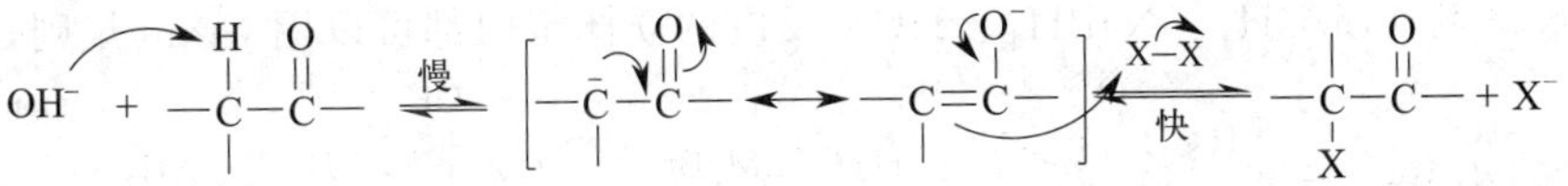

$$\text{OH}^- + \overset{|}{\underset{|}{\text{C}}}\text{—}\overset{\text{O}}{\overset{\|}{\text{C}}}\text{—} \underset{\text{慢}}{\rightleftharpoons} \left[\overset{|}{\underset{|}{\text{C}}}\text{—}\overset{\text{O}}{\overset{\|}{\text{C}}}\text{—} \longleftrightarrow \text{—}\text{C}=\text{C}\text{—} \right] \overset{\text{X—X}}{\underset{\text{快}}{\longleftarrow}} \overset{|}{\underset{\text{X}}{\text{C}}}\text{—}\overset{\text{O}}{\overset{\|}{\text{C}}}\text{—} + \text{X}^-$$

碱催化首先是碱夺取 α-氢形成碳负离子，然后 α-碳受极化的正卤离子进攻生成 α-卤化物。决定速率的一步是碱夺取 α-氢。因为吸电子的卤素使 α-氢活性增加，更易被碱夺取形成碳负离子，因此更易被卤原子取代，所以反应难停留在一卤取代阶段。乙醛、甲基酮在碱催化下卤代生成的 α,α,α-三卤化物进一步与碱反应，得到少一个碳原子的羧酸盐和三卤甲烷（卤仿）：

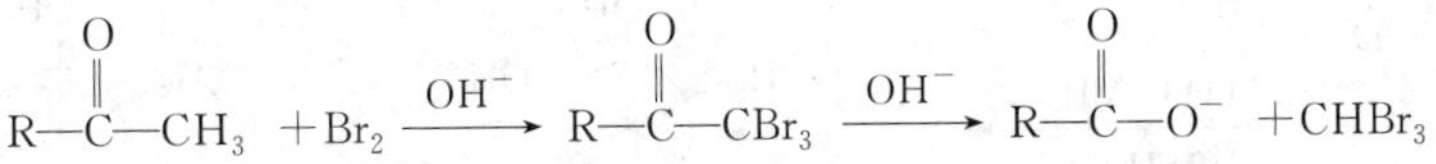

$$\text{R}\text{—}\overset{\text{O}}{\overset{\|}{\text{C}}}\text{—}\text{CH}_3 + \text{Br}_2 \xrightarrow{\text{OH}^-} \text{R}\text{—}\overset{\text{O}}{\overset{\|}{\text{C}}}\text{—}\text{CBr}_3 \xrightarrow{\text{OH}^-} \text{R}\text{—}\overset{\text{O}}{\overset{\|}{\text{C}}}\text{—}\text{O}^- + \text{CHBr}_3$$

这个反应称为卤仿反应（haloform reaction），其可能的历程如下：

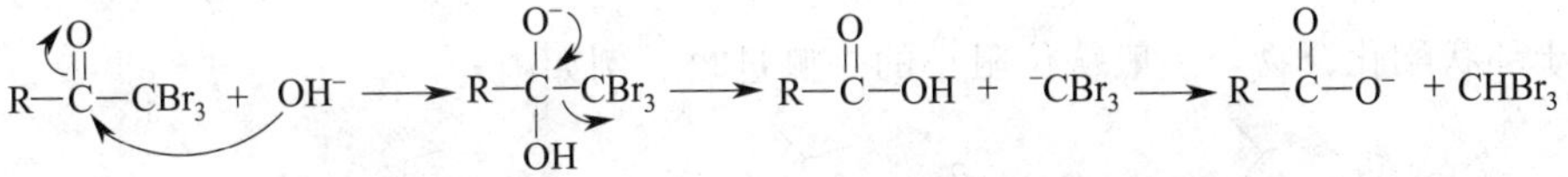

$$\text{R}\text{—}\overset{\text{O}}{\overset{\|}{\text{C}}}\text{—}\text{CBr}_3 + \text{OH}^- \longrightarrow \text{R}\text{—}\overset{\text{O}^-}{\underset{\text{OH}}{\overset{|}{\text{C}}}}\text{—}\text{CBr}_3 \longrightarrow \text{R}\text{—}\overset{\text{O}}{\overset{\|}{\text{C}}}\text{—}\text{OH} + {}^-\text{CBr}_3 \longrightarrow \text{R}\text{—}\overset{\text{O}}{\overset{\|}{\text{C}}}\text{—}\text{O}^- + \text{CHBr}_3$$

若卤素是 I_2 则得到黄色的沉淀碘仿（CHI_3），可用来鉴定甲基酮和具有 $RCH(OH)CH_3$ 结构的醇，因为后者能被 $I_2/NaOH$ 氧化成具有甲基酮结构的化合物。

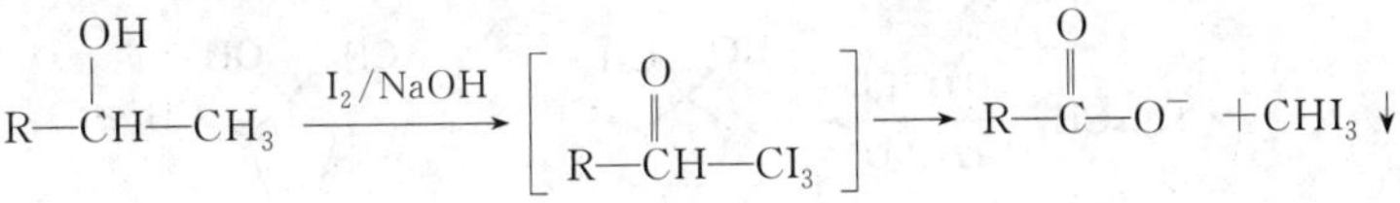

$$\text{R}\text{—}\overset{\text{OH}}{\underset{}{\overset{|}{\text{CH}}}}\text{—}\text{CH}_3 \xrightarrow{I_2/\text{NaOH}} \left[\text{R}\text{—}\overset{\text{O}}{\overset{\|}{\text{CH}}}\text{—}\text{CI}_3 \right] \longrightarrow \text{R}\text{—}\overset{\text{O}}{\overset{\|}{\text{C}}}\text{—}\text{O}^- + \text{CHI}_3 \downarrow$$

15.5 羰基加成的立体化学

羰基为平面结构，不对称的酮羰基发生加成反应时产生一个不对称碳原子，如果没有其他结构的影响，应产生一对外消旋体：

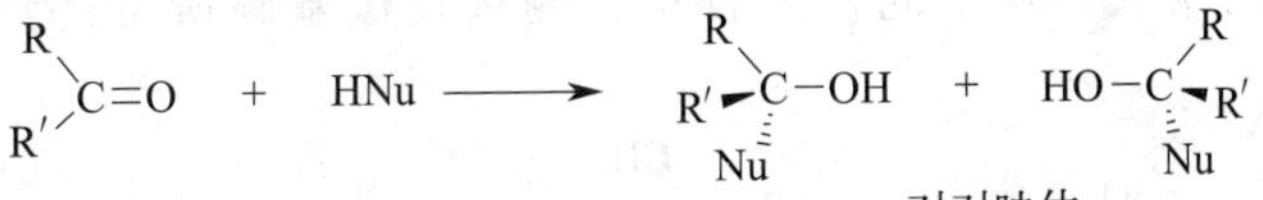

$$\overset{\text{R}}{\underset{\text{R}'}{\text{C}}}=\text{O} + \text{HNu} \longrightarrow \text{R}'\text{—}\overset{\text{R}}{\underset{\text{Nu}}{\overset{|}{\text{C}}}}\text{—OH} + \text{HO—}\overset{\text{R}}{\underset{\text{Nu}}{\overset{|}{\text{C}}}}\text{—R}'$$

一对对映体

若羰基的 α-碳是一个手性中心，则亲核试剂 Nu^- 从两边接近羰基碳的机会不完全相等，即生成的两个非对映体的量不相等。试剂与含手性 α-碳原子的羰基化合物发生加成时，遵循 Cram 规则，常可预测优势产物的生成，如图 15.2 所示。

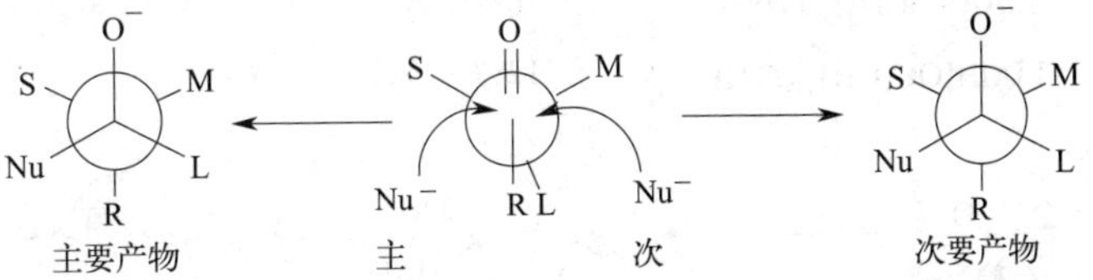

图 15.2　Cram 规则

图 15.2 中表示一个羰基和一个手性碳原子相连，碳原子上连接的三个原子团按次序规则分别用 L（大）、M（中）和 S（小）代表，起反应时酮的构象为羰基在 M 和 S 之间（此时官能团周围位阻最小），亲核试剂总是从 S 的一边接近羰基，生成的产物为主要产物。醛

或酮与格氏试剂、LiAlH$_4$、NaBH$_4$、HCN 反应的立体定向都可以用 Cram 规则，例如：

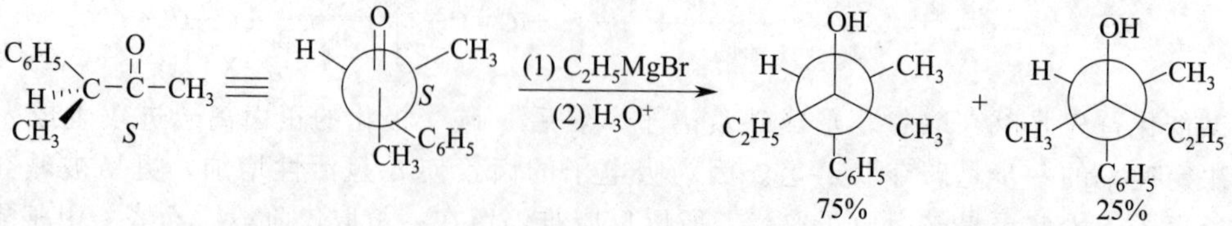

如果 α-手性碳上有羟基、氨基等基团，因其能与羰基形成分子内氢键，所以羟基或氨基与羰基处于重叠构象是其稳定构象，以亲核试剂从位阻小的一侧进攻的产物为主：

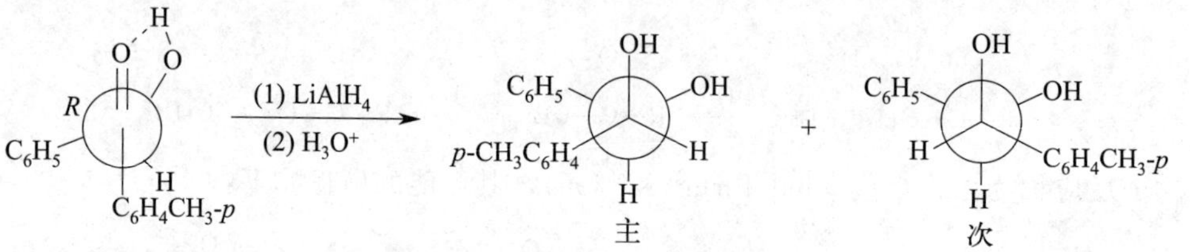

对于环状酮化合物，一般从位阻小的一侧进攻。例如：

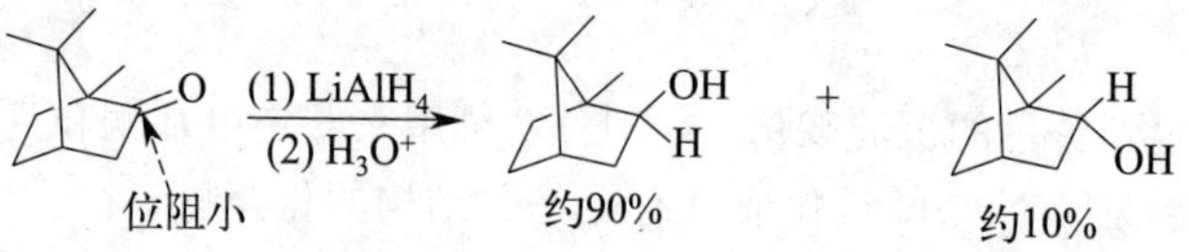

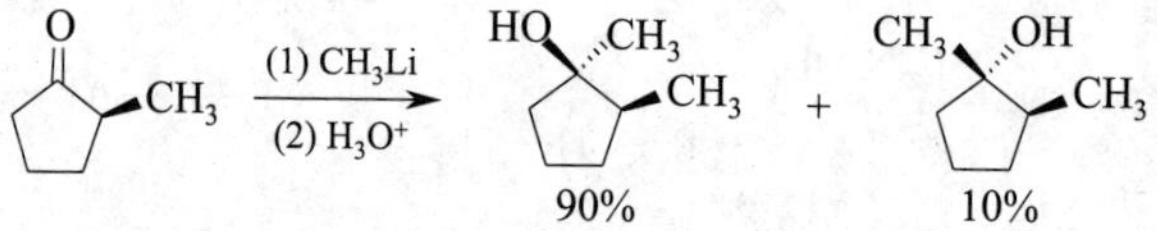

当羰基两侧的立体环境相差不多时，则主要得到较稳定的产物。例如：

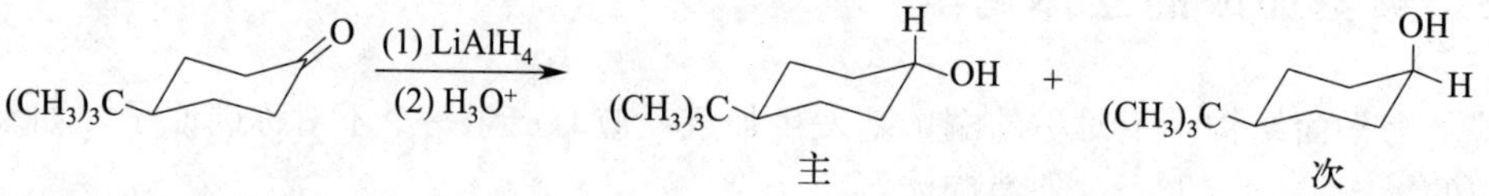

随着试剂体积的增大，从空间位阻较小一侧进攻羰基碳所得优势产物的比例增加。例如：

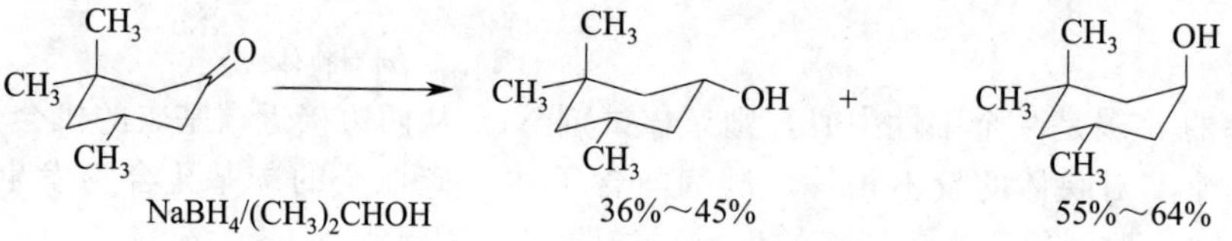

NaBH$_4$/(CH$_3$)$_2$CHOH	36%～45%	55%～64%
LiAlH$_4$/Et$_2$O	37%～48%	52%～63%
LiAlH(OCH$_3$)$_3$/THF	20%～8%	80%～92%
LiAlH[OC(CH$_3$)$_3$]$_3$/THF	12%～4%	88%～96%

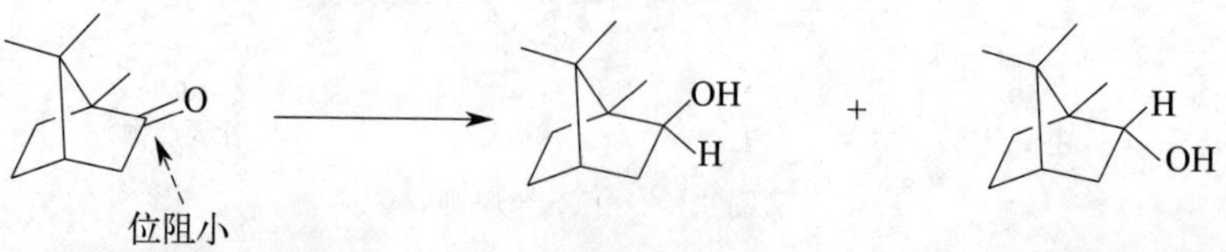

NaBH$_4$/(CH$_3$)$_2$CHOH	86%	14%
LiAlH$_4$/Et$_2$O	90%	10%
LiAlH(OCH$_3$)$_3$/THF	99%	1%
LiAlH[OC(CH$_3$)$_3$]$_3$/THF	93%	7%

三甲氧基氢化铝锂表现出的空间位阻比三叔丁氧基氢化铝锂还大，这是因为前者倾向于形成二聚体或三聚体，而后者却能保持单体形式。

对于 2-甲基环己酮来说，$NaBH_4$ 体积不大，邻位甲基不足以影响负氢对羰基碳的进攻，故生成稳定性较大的产物，而 $LiBH[CH(CH_3)CH_2CH_3]_3$ 的体积很大，所以只能从位阻小的一侧进攻：

$NaBH_4$	20%	80%
$LiBH[CH(CH_3)CH_2CH_3]_3$	7%	93%

Cram 规则只适于动力学控制的反应，平衡控制的不适用，平衡控制主要生成稳定性大的产物。

15.6 个别重要的醛、酮化合物

15.6.1 甲醛

甲醛在工业上是将甲醇蒸气和空气混合在高温下通过银催化剂氧化制得。甲醛和未作用的甲醇用水吸收，再蒸去一部分甲醇，所得水溶液含 40% 甲醛和 8%～10% 甲醇，叫做"福尔马林"。

甲醛在常温下为气体，对眼、鼻和喉的黏膜有强烈的刺激作用。甲醛虽易液化，但液态甲醛极易聚合，因此甲醛通常是以水溶液（37%～50%）、醇溶液或聚合物的形式储存和运输。甲醛水溶液减压浓缩得聚甲醛。多聚甲醛是甲醛的链状聚合物 $[HO(CH_2)_nOH]$，为白色固体，含甲醛 91%～98%，聚合度 n 可从 8 到 100，加热时解聚成甲醛气体和水蒸气，在水、醇等极性溶剂中，可以通过解聚而溶解。在 60%～65% 的甲醛水溶液中加少量酸蒸馏，馏出物用有机溶剂提取，得到环状三聚甲醛。

$$3\ CH_2O \ \Longrightarrow \quad \text{三聚甲醛}$$

三聚甲醛为白色晶体，熔点 62℃，沸点 112℃，蒸馏时不分解也不解聚，能溶于水及有机溶剂，在强酸存在下解聚成甲醛。

甲醛与氨反应，可得到六亚甲基四胺，俗称乌洛托品，不仅可用作有机合成的氨化试剂，而且可以用作酚醛树脂的固化剂。

15.6.2 乙醛

乙醛是生产乙酸、乙酸乙酯、乙酸酐的原料，工业上有乙炔水合、乙醇氧化脱氢、乙烯催化氧化等制乙醛工艺。例如。

$$CH_2{=}CH_2 + 1/2 O_2 \xrightarrow{CuCl_2,PbCl_2} CH_3CHO$$

乙烯和氯化钯生成络合物，络合物水解生成乙醛和钯：

$$CH_2{=}CH_2 + PbCl_2 + H_2O \longrightarrow CH_3CHO + Pd + 2HCl$$

氯化铜使钯重新氧化为氯化钯，本身还原为氯化亚铜：

$$2CuCl_2 + Pd \longrightarrow 2CuCl + PdCl_2$$

空气中的氧再把氯化亚铜氧化成氯化铜，结果等于用空气中氧将乙烯氧化成乙醛。氯化钯和氯化铜的腐蚀性很强，要用特殊材料制造设备。

乙醛是一个低沸点液体，很容易氧化，通常把它变为环状三聚乙醛保存。三聚乙醛是一种有香味的液体，沸点124℃，在硫酸作用下解聚。

15.6.3　苯甲醛

苯甲醛（benzaldehyde）是一种无色液体有机化合物，在风信子、香茅、肉桂、鸢（yuān）尾、岩蔷薇中有发现，主要以苷的形式存在于植物的茎皮、叶或种子中。苯甲醛具有苦杏仁、樱桃及坚果香，俗称苦杏仁油，又称为安息香醛。

苯甲醛的工业生产方法主要有甲苯氯化再水解法、苯甲醇氧化法、甲苯直接氧化法（是甲苯氧化制苯甲酸的中间产物）和苯与一氧化碳和氯化氢加压加热法等。

苯甲醛是重要的化工原料，用于制造月桂醛、月桂酸、苯乙醛和苯甲酸苄酯等。其也是药物、染料和香料的重要中间体或原料。

15.6.4　丙酮

丙酮是一个重要的合成原料和溶剂，它既溶于水又溶于有机溶剂。以往它是用淀粉或蔗糖蜜发酵制备，这显然很不经济。目前，丙酮的工业生产主要是以异丙苯法为主，也有部分丙酮采用异丙醇氧化脱氢、丙烯催化氧化等工艺制备。

丙酮沸点56℃，广泛用于无烟火药、人造纤维、油漆等工业产品。丙酮作为化工原料可用于生产有机玻璃、双酚A型环氧树脂、农药、抗生素等。

15.6.5　环己酮

环己酮是一种无色透明液体有机化合物，沸点156℃，带有泥土气息，含有痕迹量的酚时，则带有薄荷味。不纯物为浅黄色，随着存放时间延长生成杂质而显色，呈水白色到灰黄色，具有强烈的刺鼻臭味。

环己酮可以苯酚为原料加氢裂化法转化为环己醇，再将环己醇氧化脱氢制备，后又改进为在钯催化剂存在下，苯酚高效液相加氢裂化一步法制得环己酮。环己酮还可以环己烷为原料采用空气氧化制备，环己烷氧化实际得到的是环己酮和环己醇的混合物，别名酮醇油，即KA油，不分离再进行催化脱氢，将环己醇转化为环己酮。

环己酮是重要化工原料，用于制造尼龙、己内酰胺和己二酸的主要中间体。其也是重要的工业溶剂，用于硝化纤维、氯乙烯聚合物、氯乙烯共聚物或甲基丙烯酸酯聚合物、有机膦杀虫剂及许多类似物的溶剂。可用作活塞型航空润滑油的黏滞溶剂以及脂、蜡及橡胶的溶剂，也用作染色和褪光丝的均化剂，擦亮金属的脱脂剂，木材着色涂漆。还用作指甲油等化妆品的高沸点溶剂。

 习题

15.1　写出下列化合物的 IUPAC 名称。

(1)　$(CH_3)_3CCOCH_3$　　(2)　$(CH_3)_3CCH_2COCH_2CH_3$　　(3)　

(4)　　　(5)　$(CH_3)_2C=CHCH_2CHO$　　(6)　$CH_3CH(OCH_3)CH_2CHO$

(7)　　(8)　　(9)　

(10)　　　(11)　　　(12)　

15.2　根据下列化合物的名称写出结构式或构型。

(1)（S）-2-羟基丙醛　　(2) 反-2-氯-4-甲氧基环戊酮　　(3) 2,4-戊二烯醛

(4) 环己酮缩二乙醇　　(5) 肉桂醛　　(6) 水杨醛　　(7) D-甘油醛

15.3　写出丙醛与下列试剂反应的主要产物。

(1)　$NaBH_4/Et_2O$　(2)　N_2H_4，$NaOH/(HOCH_2CH_2)_2O$，△　(3)　①$PhMgX$②H_3O^+

(4)　①$NaHSO_3$②$NaCN$　(5)　$OH^-/△$　(6)　CH_3OH/HCl（干燥）　(7) 乙二醇/干 HCl

(8)　①$HSCH_2CH_2SH$②$H_2/RaneyNi$　(9)　$Br_2/HOAc$　(10)　$Ag(NH_3)_2OH$

(11)　H_2NOH　(12)　$H_2NCONHNH_2$　(13)　$PhNHNH_2$　(14) 稀 $KMnO_4$ 或 $Cr_2O_7^{2+}$

(15)　$Ph_3P=CHCH_3$　(16)　① 2 $HCHO$，$Ca(OH)$② $HCHO$，浓 OH^-

15.4　写出 4,4′-二甲基环己酮与下列试剂反应的主要产物。

(1)　Br_2/CH_3COOH　(2)　CH_3COOOH　(3)　$LiAlH_4$/乙醚　(4) 浓 HNO_3/V_2O_5

(5)　$NaBH_4/EtOH$　(6)　① $CH_3C\equiv CNa$ /液 $NH_3$②H_2O　(7)　KCN＋稀 H_2SO_4

(8)　$H_2NOH+NaOAc+HOAc$　　(9)　$\frac{1}{2}$mol $H_2NNH_2+NaOAc+HOAc$

(10)　$PhCHO/NaOH$　　(11)　$H_2NNH_2+NaOH/(HOCH_2CH_2)_2O$，190℃

(12)　Zn/Hg，浓 HCl　　(13)　$NaOD/D_2O$，5℃

15.5　将下列羰基化合物按亲核加成活性的大小顺序排列。

(1)　CH_3CHO，CH_3COCH_3，CF_3CHO，$CH_3CH=CHCHO$，$CH_3COCH=CH_2$

(2)　$ClCH_2CHO$，$BrCH_2CHO$，$CH_2=CHCHO$，CH_3CH_2CHO，CH_3CF_2CHO

(3)　$HSCH_2CH_2CHO$，$NCCH_2CHO$，CH_3SCH_2CHO，CH_3OCH_2CHO，CH_3SeCH_2CHO

(4)　$(CH_3)_3COC(CH_3)_3$，CH_3COCHO，$CH_3COCH_2CH_3$，CH_3CHO，CH_3COCH_3，$PhCHO$

(5)　R_2CO，$PhCOR$，$PhCOPh$，$PhCH_2COR$

(6) 环戊酮，环丁酮，环丙酮

15.6　写出下列化合物的互变异构。

(1) 2-甲基环己酮　　(2) 苯乙酮　　(3) 2-丁酮　　(4) 乙酰丙酮　　(5) 1,3-环己二酮

(6) 苯甲酰丙酮　　(7) 2-甲酰基环己酮　　　　(8) 1,2-二苯基乙酮

15.7　采用化学方法区别下列各组化合物。

(1) 环己酮、环己烯、环己醇、环己烷　　(2) 苯乙酮、戊醛、3-戊酮、2-戊酮

(3)

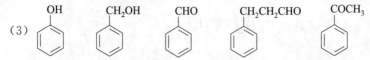

(4) 环己酮、2-己醇、3-己醇、环己基甲醛

(5) 4-戊炔-2-酮和 3-戊炔-2-酮

15.8 解释下列实验事实。

(1) 质子化的丙酮与亲核试剂 Nu⁻ 反应时，Nu⁻ 总是进攻羰基碳而不是正电性的氧。

(2) 5-叔丁基-2-甲基环己酮和 4-叔丁基-2-甲基环己酮，在碱（B⁻）作用下达到平衡时，它们的顺和反比例正好相反，为什么？

$$(CH_3)_3C \underset{1\%}{\diagdown} CH_3 \xrightarrow{B^-} (CH_3)_3C \underset{99\%}{\diagdown} CH_3$$

$$\underset{99\%}{\overset{CH_3}{(CH_3)_3C}} O \xrightarrow{B^-} \underset{1\%}{\overset{CH_3}{(CH_3)_3C}} O$$

（3）苯乙酮的乙醚溶液在微量 AlCl₃ 催化下和 Br₂ 反应可得到高产率 PhCOCH₂Br；如果用 2.5 摩尔的 AlCl₃ 和苯乙酮混合后滴加 Br₂，则产物为间溴苯乙酮。

（4）光学活性的 3-苯基-2-戊酮在酸性溶液中会发生消旋化，而光学活性的 3-苯基-3-氯-2-戊酮在同样条件下不会发生消旋化。

（5）在碱性溶液中 Br₂ 和 $C_6H_5COCH_2CH_3$ 各 1 摩尔相互作用，得到的是 $C_6H_5COCBr_2CH_3$ 和未反应的 $C_6H_5COCH_2CH_3$ 各 0.5 摩尔。

（6）3-环己烯-1-酮在酸性条件下会发生异构化生成 2-环己烯-1-酮。

（7）环己酮与 CH_3MgBr 反应后酸化得到高收率的叔醇 1-甲基-1-环己醇。在同样条件下环己酮与 $(CH_3)_3CMgBr$ 反应后只得到约 1% 的 1-叔丁基-1-环己醇，大部分是没有反应的环己酮。

15.9 完成下列反应。

(1) $C_6H_5CHO + CH_3CHO \xrightarrow{\text{稀 NaOH}} (\qquad)$

(2) $C_6H_5CHO + CH_3COCH_3 \xrightarrow{\text{稀 NaOH}} (\qquad)$

(3) $CH_3COCH_3 + H_2NNHCONH_2 \longrightarrow (\qquad)$

(4) $CH_3CH_2CH_2CHO \xrightarrow{Ph_3P=C(CH_3)_2} (\qquad)$

(5) $\underset{O}{\bigcirc} + CH_3CH=PPh_3 \longrightarrow (\qquad)$

(6) $(CH_3CH_2)_2CO \xrightarrow{Mg/Hg} \xrightarrow{H_3O^+} (\qquad)$

(7) $CH_3COCH_2CH=CH_2 \xrightarrow{NaBH_4} \xrightarrow{H_3O^+} (\qquad)$

(8) $CH_3CH_2COCH_3 \xrightarrow{Cl_2/NaOH} (\qquad)$

(9) $C_6H_5COCH_3 \xrightarrow{CH_3COOOH} (\qquad)$

(10) $(CH_3)_3CCOCH_3 \xrightarrow{CF_3COOOH} (\qquad)$

(11) $\xrightarrow{\text{OH}^-}$ （　　）

(12) $\xrightarrow{\text{K}_2\text{CO}_3}$ （　　）

(13) $\underset{\text{CH}_3\text{OCCH}_2\text{CH}_2\text{CH}_2\text{COCH}_3}{}$ $\xrightarrow{(\quad)}$ $\xrightarrow{(\quad)}$ $\text{CH}_3\text{OCCH}_2\text{CH}_2\text{CH}_2\text{CH}_3$

(14) $\text{CH}_3\text{OCCH}_2\text{CH}_2\text{CH}_2\text{COCH}_3$ $\xrightarrow{(\quad)}$ $\text{CH}_3\text{OCCH}_2\text{CH}_2\text{CH}_2\text{CHCH}_3$ （OH）

(15) $\text{CH}_2\!=\!\text{CHCH}_2\text{CH}_2\text{CH}_2\text{CHO}$ $\xrightarrow{(\quad)}$ $\text{CH}_2\!=\!\text{CHCH}_2\text{CH}_2\text{CH}_2\text{COOH}$

(16) $\xrightarrow[(2)\ \text{H}_3\text{O}^+]{(1)\ \text{LiAlH}_4}$ （主）＋（次）

(17) $\text{CH}_2(\text{CH}_2)_4\text{COCH}_3$ $\xrightarrow{(\quad)}$ $\text{CH}_2(\text{CH}_2)_4\text{CH}_2\text{CH}_3$

(18) ＋HCHO $\xrightarrow{\text{浓 OH}^-}$ （　　）＋（　　）

(19) $\xrightarrow{\text{催化量 NaCN}}$ （　　）

(20) $\text{CH}_2\!=\!\text{CH}\overset{\text{O}}{-}\text{C}\!-\!\text{CH}_3$ $\xrightarrow{\text{CH}_3\text{ONa}/\text{CH}_3\text{OH}}$ （　　）

(21) $\underset{\text{Ph}}{\overset{\text{H}}{\text{CH}_3\text{C}}}\overset{\text{O}}{-}\text{C}\!-\!\text{CH}_3$ $\xrightarrow{\text{LiAlH}_4}$ $\xrightarrow{\text{H}_3\text{O}^+}$ （　　）

(22) $\underset{\text{H}}{\overset{\text{C}_6\text{H}_5}{\text{CH}_3\!-\!\text{C}\!-\!\text{CHO}}}$ $\xrightarrow{\text{C}_6\text{H}_5\text{MgBr}}$ $\xrightarrow{\text{H}_2\text{O}}$ （　　）

(23) $\xrightarrow{(\text{CH}_3\text{CH}_2\overset{\text{CH}_3}{\text{CHO}})_3\text{AlHLi}}$ （主）

(24) $\xrightarrow{\text{LiAlH}_4}$ （主）

15.10　写出下列酮发生 Baeyer-Villiger 氧化反应的主要产物。

(1) 苯乙酮　(2) 环戊酮　(3) 3,3-二甲基-2-丁酮　(4) 甲基环己基甲酮

15.11　由指定原料和必要的试剂合成相关产物。

(1) 以丁醛合成：$\text{CH}_3\text{CH}_2\text{CH}_2\underset{\underset{\text{CH}_2\text{OH}}{|}}{\overset{\overset{\text{OH}}{|}}{\text{CHCHCH}_2\text{CH}_3}}$

(2) 以戊醛合成：$\text{CH}_3\text{CH}_2\text{CH}_2\text{CH}_2\overset{\overset{\text{OH}}{|}}{\text{CH}}\!-\!\text{C}\!\equiv\!\text{CH}$

(3) 以 3-苯基丙烯醛合成：$\text{C}_6\text{H}_5\text{CH(Br)CH(Br)CH}_2\text{Cl}$

(4) 以乙醛合成：1,3-丁二烯

(5) 以丙烯醛合成：$HOCH_2CH(OH)CHO$

(6) 以甲苯合成：外消旋 $C_6H_5CH(Br)CH(Br)C_6H_5$

(7) 以丁醛合成：$CH_3CH_2CH_2COCH(Br)CH_2CH_2CH_3$

(8) 以环戊醇合成：$OHC(CH_2)_3CHO$

(9) 以 C_4 及 C_4 以下有机原料合成：

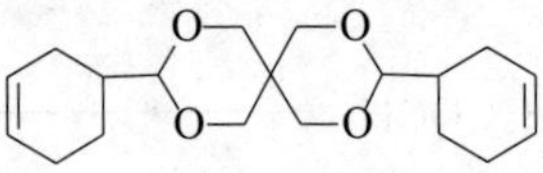

(10) 以环戊酮为原料合成：

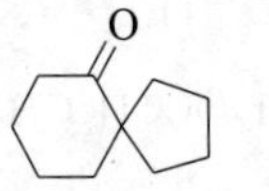

(11) 由环己酮为主要原料合成：

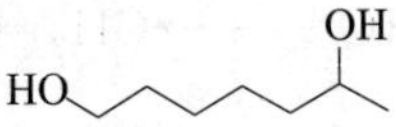

(12) 以甲苯为主要原料合成：

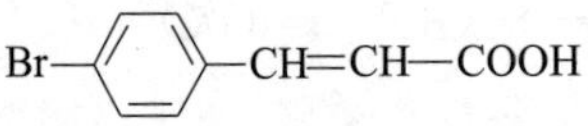

(13) 以 2-甲基环己酮和丙酮为主要原料合成：

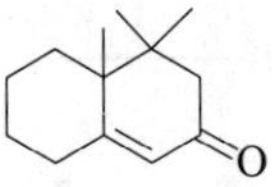

(14) 以苯和 C_2 有机物合成：

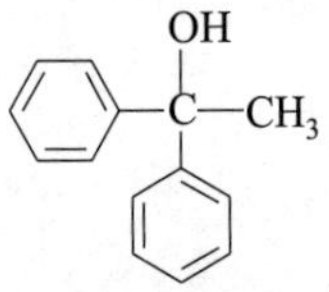

(15) 以环己醇为主要原料合成：

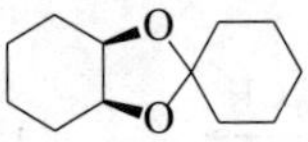

15.12　选择适当的醛或酮与 Grignard 试剂反应制备下列醇。

(1) 1-苯基-2-丙醇 (2) 2-甲基-2-丁醇 (3) 1-甲基环戊醇 (4) 对甲基苯甲醇

15.13　选用卤代烷和羰基化合物经 Wittig 反应合成下列化合物。

(1) $C_6H_5CH=C(CH_3)_2$　(2) $(CH_3)_2C=CH_2$ (3) $CH_3CH=C(CH_3)-Ph$

(4) $C_6H_5CH=CHCH=CH_2$ (6)

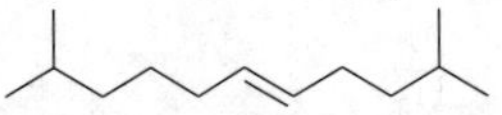

(7) $C_6H_5CH_2CH=CHCH=CH_2$ (8)

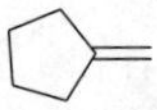

15.14　醛或酮形成半缩醛或半缩酮时，既可以碱作催化剂又可以酸作催化剂。而进一步生成缩醛或缩酮时，只能用酸作催化剂而不能用碱作催化剂，试写出反应历程并简要说明原因。

15.15　写出下列反应的可能机理。

(1)

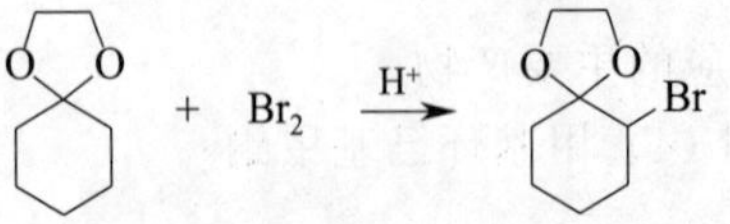

(2)

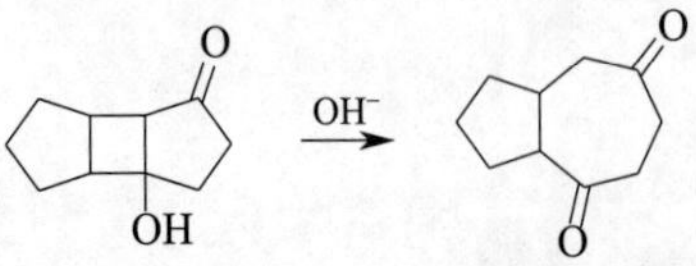

(3)

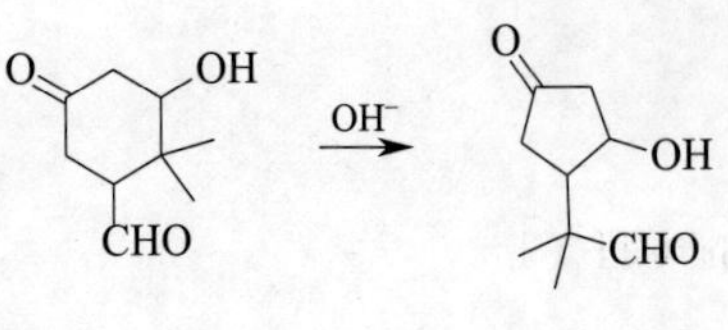

(4)

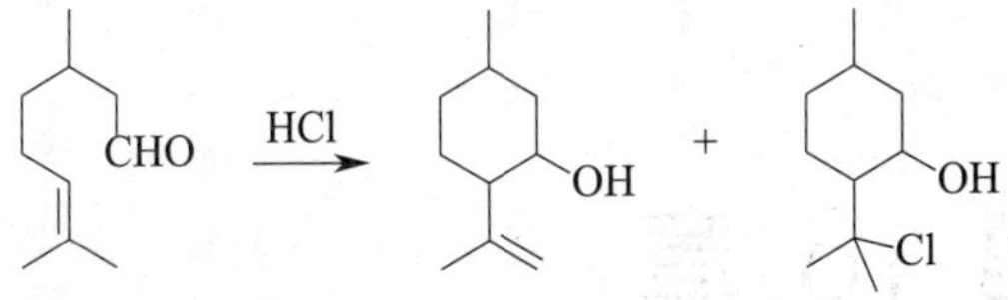

(5)

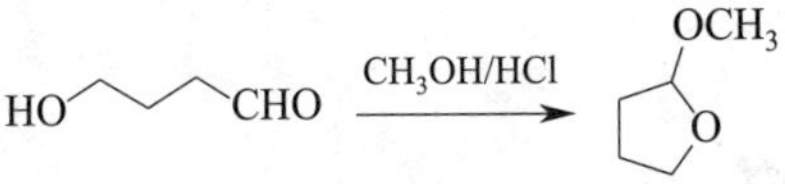

(6)

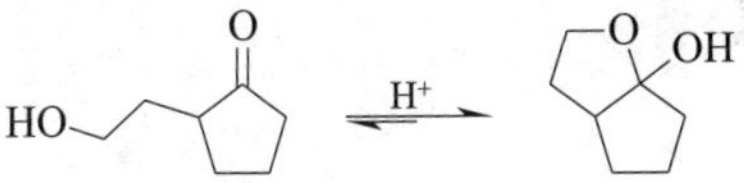

(7)

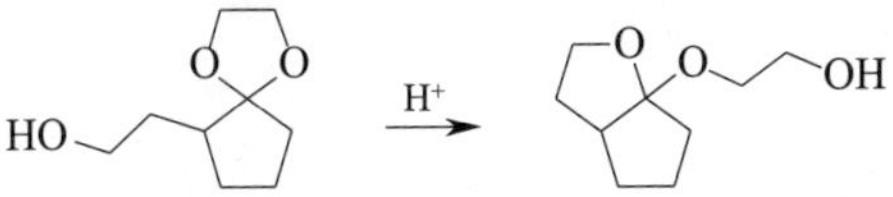

15.16　化合物 A 的分子式为 $C_8H_{14}O$，它能使溴水褪色，也可以与苯肼反应。A 经臭氧氧化生成一分子丙酮和化合物 B。B 具有酸性且能与 $Cl_2/NaOH$ 反应，生成一分子氯仿和一分子丁二酸，试推测 A 和 B 的结构，并写出相关反应式。

15.17　化合物 $A(C_8H_{14}O)$，与 $CH_2=P(C_6H_5)_3$ 反应生成 $B(C_9H_{16}O)$。氢化铝锂 $(LiAlH_4)$ 还原 A 得到两种产率不等量的异构体 C 和 D，它们的分子式均为 $(C_8H_{16}O)$。C 或 D 用浓硫酸处理得到 $E(C_8H_{14})$。E 先臭氧化然后采用 Zn/H_2O 还原得到同时含醛基和酮羰基的化合物 F。将 F 用 $Cr(Ⅵ)$ 溶液氧化得到如下结构的化合物：

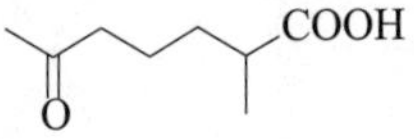

试推测化合物 A～F 的结构，并给出化合物 A 的立体构型。

15.18　3-氧代丁醛与甲醇在干燥 HCl 催化下反应得到分子式为 $C_6H_{12}O_3$ 的化合物 A，反应式如下：

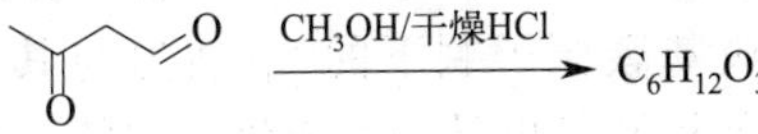

A 的红外光谱图于 $1715cm^{-1}$ 有强特征吸收峰。A 的 ^1H NMR (CCl_4) 有四组信号，分别为：$\delta=2.19$（s，3H），2.75（d，2H），3.38（s，6H），4.89（t，1H）ppm。推测化合物 A 的结构。

15.19　化合物 $A(C_9H_{10}O)$ 可以起碘仿反应，其红外光谱图于 $1708cm^{-1}$ 处有强吸收峰。A 的 ^1H NMR(CCl_4) 有三组信号分别为：$\delta=2.00$（s，3H）、3.50（s，2H）和 7.10（m，5H）ppm。推测化合物 A 的结构。

15.20　化合物 $A(C_{10}H_{12}O_2)$ 不溶于氢氧化钠溶液，能与苯肼反应，但不能与 Tollens 试剂作用。A 经氢化铝锂还原后再水解得到化合物 $B(C_{10}H_{14}O_2)$。A 和 B 都可以发生碘仿反应。A 与 HI 反应生成 $C(C_9H_{10}O_2)$，C 能溶于氢氧化钠溶液，但不溶于 $NaHCO_3$ 溶液。C 经 Zn/浓 HCl 处理得到 $D(C_9H_{12}O)$。B 经高锰酸钾溶液氧化得到对甲氧基苯甲酸。试推测出化合物 A～D 的结构式。

第 ⑯ 章

羧酸

羧酸（carboxylic acid）的官能团为羧基（—COOH，carboxy group），具有酸性。根据与羧基相连烷基的不同和羧基的数目，分为脂肪酸、芳香酸、饱和酸、不饱和酸、一元酸、二元酸和多元酸等。羧酸是许多有机化合物氧化的最终产物，广泛存在于自然界，许多羧酸是动植物代谢过程中的重要物质，对人类生活也非常重要。

16.1 羧酸的结构和命名

16.1.1 羧酸的结构

羧酸中羧基碳原子为 sp^2 杂化，三个杂化轨道共平面，分别与两个氧原子和一个氢原子或烷基碳原子形成三个 σ 键。羧基碳原子剩下的 $2p$ 轨道与其中一个氧的 p 轨道形成 π 键，构成了羧基中的羰基。另外一个氧原子也是 sp^2 杂化，它的一对孤对电子与羰基共轭，形成 p-π 共轭体系。因此羧基具有下列结构：

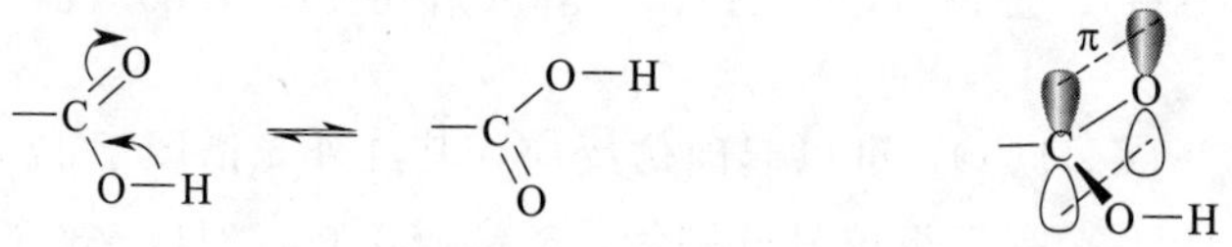

X 射线衍射实验证明，甲酸中 C═O 键长 123 pm，比普通羰基的键长 121pm 略长。碳-氧单键（C—O）键长 136pm，比醇的碳-氧键长（143pm）短得多，说明羧基中羟基氧上未共用电子对与羰基 π 键共轭。

16.1.2 羧酸的命名

除俗名外，羧酸一般采用 IUPAC 命名，方法和醛相似。一元、二元羧酸的命名需选取含有羧基的最长链为主链，从羧基开始编号（用希腊字母标位时，与羧基直接相连的碳原子为 α，然后依次为 β、γ、δ，碳链末端碳有时编为 ω），按所含碳原子数目称"某酸"或"某二酸"。若有支链则将它的位置和名称写在酸的名称之前。如有重键则选取含羧基和重键的最长碳链为主链，并在名称中写明重键的位置。羧酸的英文名称系将相同碳原子数的烃名字尾"e"改为"oic acid"，二元和三元羧酸分别用 dioic acid 和 trioic acid 等作字尾。例如：

HCOOH　　　　　甲酸（methanoic acid）　　　　俗名蚁酸（formic acid）

CH₃COOH　　　　　乙酸（ethanoic acid）　　　　俗名醋酸（acetic acid）

CH₂＝CH—CH₂—COOH　　3-丁烯酸（3-butenoic acid）

CH≡C—COOH　　丙炔酸（propynoic acid）　　别名乙炔甲酸或乙炔羧酸（acetylene carboxylic acid）

CH₃—CH—CH—CH₂COOH　　3,4-二甲基戊酸（3,4-dimethylpentanoic acid）
　　　　｜　　｜
　　　CH₃　CH₃

　　　　CH₃
　　　　｜
CH₃—C—COOH　　2,2-二甲基丙酸（2,2-dimethylpropanoic acid）　　俗名三甲基醋酸
　　　　｜
　　　　CH₃

HOOC—COOH　　　乙二酸（ethanedioic acid）　　　俗名草酸（oxalic acid）

HOOC—CH₂—COOH　　丙二酸（propandioic acid）　　　俗名胡萝卜酸（malonic acid）

HOOC—CH—CH—CH₂—COOH　2,3-二甲基戊二酸（2,3-dimethylpentanedioic acid）
　　　　｜　｜
　　　CH₃　CH₃

HOOC—C≡C—CH＝CH—COOH　　2-己烯-4-炔二酸（2-hexen-4-ynedioic acid）

主链上有两个以上羧基时，以"三羧酸""四羧酸"为字尾，放在烃名称之后。例如：

HOOC—CH₂—CH—CH₂COOH　　1,2,3-丙三羧酸（1,2,3-propanetricarboxylic acid）
　　　　　　｜
　　　　　COOH

CH₃—CH₂—CH—CH₂—CH—CH₂COOH　　1,2,4-己三羧酸（1,2,4-hexanetricarboxylic acid）
　　　　　　｜　　　　｜
　　　　　COOH　　COOH

　　　　　　　　　　COOH
　　　　　　　　　　｜
CH₃—CH₂—C＝CHCH₂—C—CH₂CH₃　　5-辛烯-3,3,6-三羧酸（5-octene-3,3,6-tricarboxylic acid）
　　　　　　｜　　　　　｜
　　　　COOH　　　　COOH

如果支链连有羧基，该羧基称为"羧某基"（carboxyl），例如：

COOH　　　　　CH₂(CH₂)₂COOH
｜　　　　　　　　｜　　　　　　　　　2-(3-羧丙基)-1,1,5,6-庚四羧酸
CH₃CHCHCH₂CH₂CHCHCOOH　　　　　2-(3-carboxypropyl)-1,1,5,6-heptanetetracarboxylic acid
　　｜　　　　　　　｜
　COOH　　　　　COOH

羧基直接连在脂环上的羧酸，其命名系在脂环烃之后加"羰酸或甲酸""二羧酸或二甲酸"等。例如：

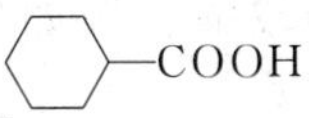

〔环〕—COOH　　环己烷甲酸（cyclohexanecarboxylic acid）

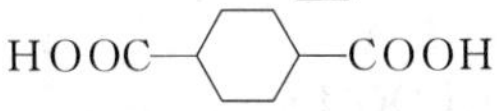

HOOC—〔环〕—COOH　　1,4-环己烷二羧（甲）酸（1,4-cyclohexanedicarboxylic acid）

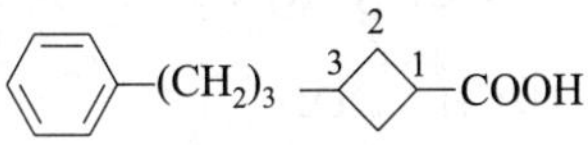

〔苯〕—(CH₂)₃—〔环丁烷〕—COOH　　3-(3-苯丙基)-1-环丁烷羧酸
　　　　　　　　　　　　　　　　　3-(3-phenylpropyl)-1-cyclobutanecarboxylic acid）

羰基连在脂环侧链上的羧酸，一般是将脂环烃作为取代基命名。例如：

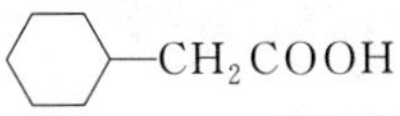

〔环〕—CH₂COOH　　2-环己烷乙酸（2-cyclohexylacetic acid）

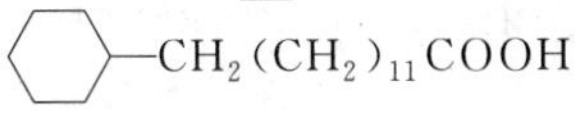

〔环〕—CH₂(CH₂)₁₁COOH　　13-环己烷十三碳酸（13-cyclohexyltridecanoic acid）

羧基直接连在芳环上的芳香酸，可以芳基甲酸作母体，其他基团作取代基。例如：

苯甲酸（benzoic acid）　　　4-乙基苯甲酸（p-ethylbenzoic acid）

羧酸分子中的羧基去掉羟基后的基团叫酰基。酰基的命名将相应羧酸的字尾"酸"改为酰基。英文名称将字尾"oic"改为"oyl"或"nyl"并去掉"acid"，当字尾为 carboxylic acid 时，则改为 carbonyl。中文名则将"羧酸"改为"羰基"，例如：

丙酰基（propionyl）　　　丁二酰基（butanedioyl 或 succinyl）

4-羧基丁酰基（4-carboxybutanoyl）　　　环己基羰基（cyclohexanecarbonyl）

羧酸的俗名一般根据其来源、性状等来命名，例如：

安息香酸　　　水杨酸　　　肉桂酸　　　柠檬酸

苹果酸　　　酒石酸　　　富马酸　　　马来酸

$HOOCCH_2CH_2COOH$　　　$CH_3(CH_2)_{10}COOH$　　　$CH_3(CH_2)_7CH=CH(CH_2)_7COOH$

琥珀酸　　　月桂酸　　　油酸（顺式）

$CH_3(CH_2)_{14}COOH$　　　$CH_3(CH_2)_{16}COOH$　　　$CH_3(CH_2)_4CH=CHCH_2CH=CH(CH_2)_7COOH$

软脂酸（棕榈酸）　　　硬脂酸　　　亚油酸（全顺式）

16.2　羧酸的制备

16.2.1　有机化合物氧化

烯、醇、醛、环酮、环烯氧化可以得到不同类型的羧酸。例如伯醇和醛氧化制备脂肪酸：

$$CH_3CH_2CH_2OH \xrightarrow{Na_2Cr_2O_7/H_2SO_4} CH_3CH_2COOH$$

$$ClCH_2CH_2CHO \xrightarrow[30\sim35℃]{发烟\ HNO_3} ClCH_2CH_2COOH$$

对称烯烃氧化可得到一种羧酸，不对称取代烯烃氧化得两种羧酸，环烯、环酮氧化得二元酸。例如：

$$CH_3(CH_2)_7CH=CH(CH_2)_7COOH \xrightarrow[Na_2CO_3/H_2O]{NaIO_4/KMnO_4} \xrightarrow{H_3O^+} CH_3(CH_2)_7COOH+HOOC(CH_2)_7COOH$$

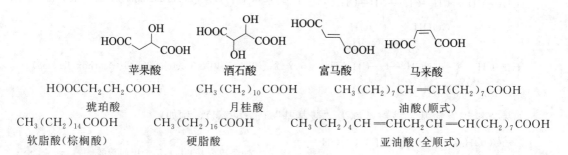

芳香羧酸一般用相应烷基苯氧化，例如：

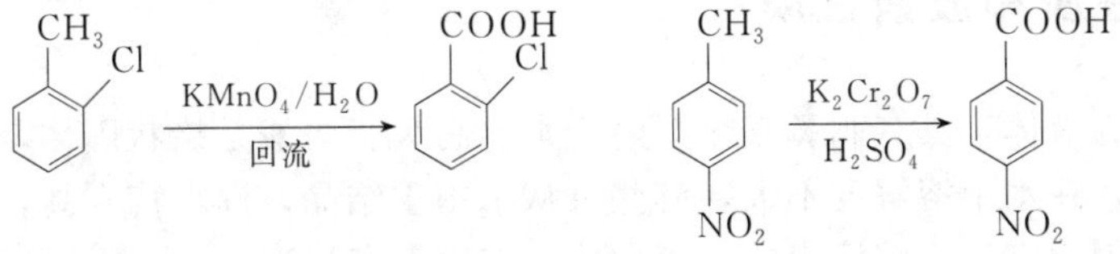

16.2.2　有机金属化合物制备

格氏试剂和有机锂试剂与二氧化碳反应，再水解生成酸。反应要在低温进行，以免生成的羧酸与未反应的有机金属试剂作用，因此，通常是将二氧化碳通入冷的（一般－10～10℃）格氏试剂或有机锂试剂的乙醚溶液中，也可将格氏试剂乙醚溶液倒入过量干冰中，这时干冰既是反应试剂又是冷却剂。此法可将伯、仲、叔不同卤代烷和芳香卤代烷制备成多一个碳原子的羧酸。例如：

$$(CH_3)_3CCl \xrightarrow[Et_2O]{Mg} (CH_3)_3CMgCl \xrightarrow{CO_2} (CH_3)_3COOMgCl \xrightarrow{H_3O^+} (CH_3)_3COOH$$

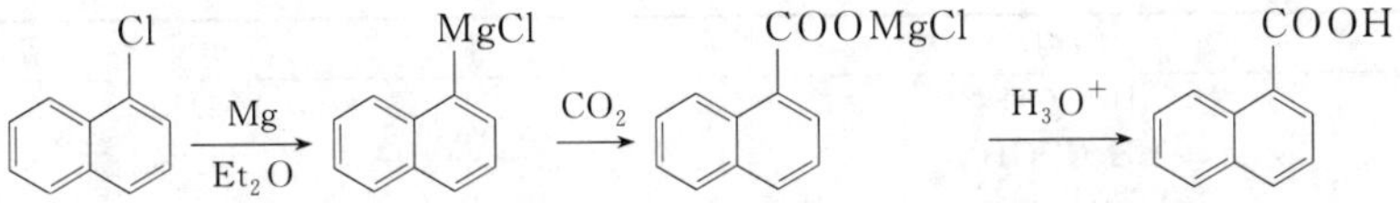

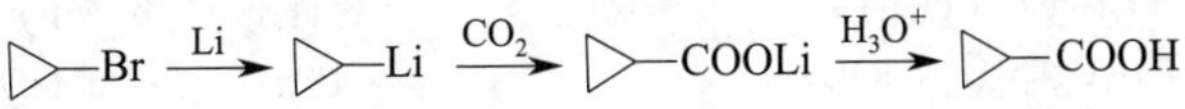

16.2.3　腈水解

腈由卤代烷与氰化钠反应制备，腈在酸性或碱性条件下回流水解得羧酸。例如：

$$(CH_3)_2CHCH_2CH_2Cl \xrightarrow{NaCN} (CH_3)_2CHCH_2CH_2CN \xrightarrow{H_2O/OH^-} (CH_3)_2CHCH_2CH_2COO^-$$

$$ClCH_2COOH \xrightarrow{NaCN/OH^-} NCCH_2COO^- \xrightarrow[\triangle]{OH^-} {}^-OOCCH_2COO^- \xrightarrow{H_3O^+} HO_2CCH_2CO_2H$$

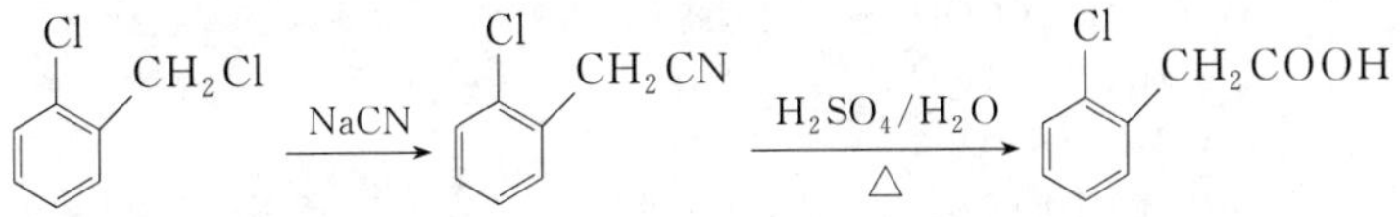

腈在酸催化下水解经历酰胺中间体：

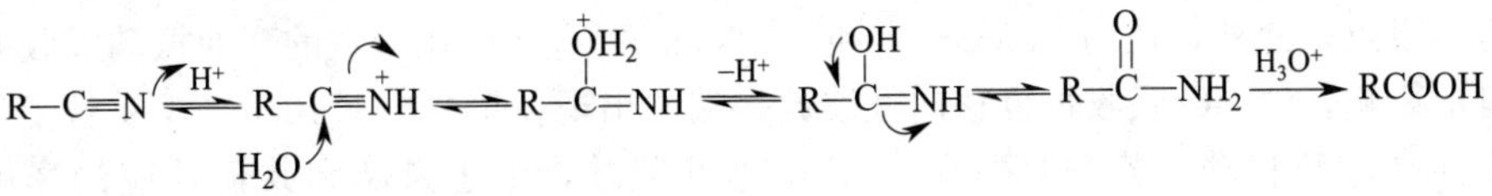

腈在碱催化下水解也经历酰胺中间体：

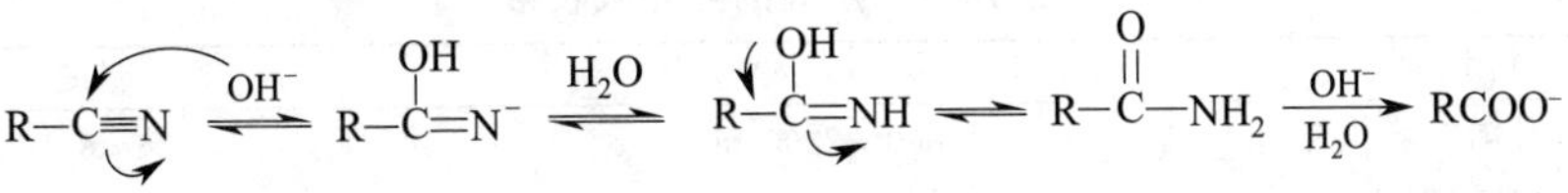

因为酸或碱催化水解都经过酰胺过程，因此，控制水解条件，反应可以停留在酰胺阶段。

16.3 物理性质和波谱性质

低级脂肪酸为液体，具有刺鼻气味，溶于水。高级脂肪酸是蜡状固体，不溶于水。芳香羧酸是结晶固体，在水中溶解度不大，有些可从水中重结晶，沸点特别高，比相同分子量的醇还要高，这是因为它形成较稳定的二缔合体。在固态和液态，以及中等压力时的气态，羧酸以二缔合形式存在，分子量较小的羧酸，如甲酸，甚至在气态也以二缔合体存在。

$$R-C \begin{matrix} O----H-O \\ \\ O-H----O \end{matrix} C-R$$

直链饱和一元羧酸的熔点，随碳原子数增加而呈锯齿形上升。偶数碳原子羧酸的熔点比邻近两奇数碳原子的羧酸高。

二元羧酸都是结晶固体，低级二元羧酸溶于水。奇数碳原子的二元羧酸比少一个碳的偶数碳原子的二元羧酸溶解度大、熔点低。二元羧酸的熔点比分子量相近的一元羧酸高，这是由碳链两端都有羧基，分子间吸引力增大所致。一些常见羧酸的物理常数列于表 16.1。

表 16.1　一些常见羧酸的物理常数

名称	结构	熔点/℃	沸点/℃	pK_a	溶解度 g/(100g 水)
甲酸(蚁酸)	HCOOH	8.4	100.6	3.75	∞
乙酸(醋酸)	CH_3COOH	16.6	118.0	4.76	∞
丙酸(初油酸)	CH_3CH_2COOH	−22.0	141.0	4.87	∞
丁酸(酪酸)	$CH_3CH_2CH_2COOH$	−5.0	164.0	4.88	∞
戊酸(缬草酸)	$CH_3CH_2CH_2CH_2COOH$	−33.8	187.0	4.82	3.7
十二酸(月桂酸)	$CH_3(CH_2)_{10}COOH$	44.0	225.0		不溶
十四酸(肉豆蔻酸)	$CH_3(CH_2)_{12}COOH$	54	326		不溶
十六酸(软脂酸)	$CH_3(CH_2)_{14}COOH$	63	351.5		不溶
十八酸(硬脂酸)	$CH_3(CH_2)_{16}COOH$	70	361		不溶
苯甲酸	C_6H_5COOH	122.4	249	4.18	0.34
乙二酸(草酸)	HOOCCOOH	189.5(分解)		1.27	9.5
丙二酸(缩苹果酸)	$HOOCCH_2COOH$	135.6		2.85	73.5
丁二酸(琥珀酸)	$HOOCCH_2CH_2COOH$	185		4.21	5.8
戊二酸(胶酸)	$HOOC(CH_2)_3COOH$	98		4.34	63
邻苯二甲酸	$o\text{-}C_6H_4(COOH)_2$	213			0.7
间苯二甲酸	$m\text{-}C_6H_4(COOH)_2$	343			0.01
对苯二甲酸	$p\text{-}C_6H_4(COOH)_2$	300(升华)			0.002

由于氢键影响，在红外光谱图上羧酸的—OH 吸收带移向低波数区，在 $3400\sim2300cm^{-1}$ 有非常宽的吸收，此外，在约 $1400cm^{-1}$ 和约 $920cm^{-1}$ 有两个比较宽的弯曲振动吸收峰。同样由于氢键的影响，C=O 吸收带也移向低波数一端，出现在 $1725\sim1710cm^{-1}$，α 位上连有吸电子基时则向高波数移动。芳香羧酸和 α,β-不饱和羧酸，由于氢键和共轭效应的影响，更使 C=O 吸收移向低波数，出现在 $1700\sim1680cm^{-1}$。如表 16.2 所示。

表 16.2　羧酸的红外吸收带

基团	吸收位置	强度
OH 伸缩振动	$3000\sim2300cm^{-1}$	m
C=O 伸缩振动	$1725\sim1680cm^{-1}$	s
饱和脂肪酸	$1725\sim1620cm^{-1}$	s

续表

基团	吸收位置	强度
α,β-不饱和羧酸	$1715\sim1690cm^{-1}$	s
芳香酸	$1700\sim1680cm^{-1}$	s
α-卤代酸	$1740\sim1720cm^{-1}$	s

当有分子内氢键时，C═O 吸收带向低波数移动。例如顺丁烯二酸和反丁烯二酸，前者吸收带在 $1680cm^{-1}$，后者在 $1705cm^{-1}$。

马来酸：　　　　　　　　　　　　　富马酸：

在核磁共振氢谱（^{1}H NMR）中，羧基上氢核化学位移 $\delta=10\sim15ppm$。这是由于两个氧的诱导作用，使屏蔽大大降低。与羧基相连的碳上氢核化学位移与羰基化合物一样向低场移动，$\delta=2.2\sim2.5ppm$。

羧基的核磁共振碳谱（^{13}C NMR），类似于醛和酮，但因 OH 与 C═O 共轭，羧基的碳原子化学位移比醛和酮的羰基碳原子略小。

16.4　羧酸的化学性质

16.4.1　酸性

羧基的两个碳-氧键不同，但当羧基中的氢解离后，氧上带一个负电荷，更容易供电子与羰基的 π 键共轭。因此，羧基负离子—COO⁻ 中三个原子各提供一个 p 轨道，形成一个四电子三中心的 π 分子轨道，如图 16.1 所示。

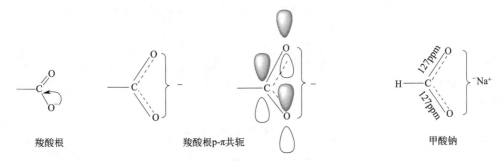

羧酸根　　　　　　　　羧酸根p-π共轭　　　　　　　　甲酸钠

图 16.1　羧酸根和甲酸钠的结构

X 射线衍射实验证明，甲酸钠的两个碳-氧键键长相等，均为 127pm，没有双键与单键的差别（图 16.1），使羧基负离子的稳定性增加，故羧酸显酸性，但为弱酸，其酸性一般小于无机酸，大于碳酸。一元酸系列中，甲酸酸性最强，二元羧酸系列中，草酸酸性最强。与羧基相连的基团不同，酸性也不相同。

16.4.1.1　诱导效应对酸性的影响

与羧基相连的原子（原子团）G 的性质对羧酸的酸性影响很大，将羧酸负离子用下式表示：

$$G-C\overset{O}{\underset{O}{\overset{\|}{\diagdown}}}\Biggr\}^-$$

如果 G 是给电子基，羧酸根稳定性降低，酸性也降低。如 G 是吸电子基，则羧酸根稳定性增加，酸性也增加。

① 羧酸的 α-碳上氢被卤素取代，酸性增大，取代的越多酸性越强，同一卤素离羧基越远，酸性越弱。例如：

$$FCH_2COOH > ClCH_2COOH > BrCH_2COOH > ICH_2COOH > CH_3COOH$$
pK_a：　2.59　　　　2.86　　　　2.90　　　　3.18　　　4.74

$$Cl_3CCOOH > Cl_2CHCOOH > ClCH_2COOH > CH_3COOH$$
pK_a：　0.64　　　　1.26　　　　2.86　　　　4.74

$$CH_3CH_2CHClCOOH > CH_3CHClCH_2COOH > ClCH_2CH_2CH_2COOH > n\text{-}C_3H_7COOH$$
pK_a：2.86　　　　　　4.41　　　　　　　　4.70　　　　　　　4.82

② 与 α-碳原子直接相连的基团不饱和程度越大，吸电子能力越强，酸性越大。例如：

$$NCCH_2COOH > HC\equiv CCH_2COOH > C_6H_5CH_2COOH > CH_2=CHCH_2COOH > n\text{-}C_3H_7COOH$$
pK_a：2.74　　　　　3.32　　　　　　4.32　　　　　　　4.35　　　　　　　4.82

③ α-碳原子上连的烷基越多酸性越弱，例如：

$$HCOOH > CH_3COOH > CH_3CH_2COOH > (CH_3)_2CHCOOH > (CH_3)_3CCOOH$$
pK_a：3.75　　　4.74　　　　4.86　　　　　　4.87　　　　　　5.05

与氢相比，烷基表现的是给电子诱导效应。甲基与氢的电负性相比，甲基的电负性应比氢的电负性大，甲基比氢有微弱的吸电性，但是甲基周围电子云密度比氢大，当烷基与不饱和基团或电负性较强的原子（原子团）相连时表现出给电子诱导效应（+I）。

二元羧酸有两个可以解离的氢，它们分二步解离：

$$HOOC(CH_2)_nCOOH \overset{K_1}{\rightleftharpoons} HOOC(CH_2)_nCOO^- + H^+$$

$$HOOC(CH_2)_nCOO^- \overset{K_2}{\rightleftharpoons} {}^-OOC(CH_2)_nCOO^- + H^+$$

羧基强的 −I 效应，对电离后的羧基负离子有稳定作用，相距越近影响越大，但到丁二酸以后，随碳链增长，这种影响明显减弱，K_1 值相差很小。二元羧酸的 pK_{a1} 和 pK_{a2} 值见表 16.3。

表 16.3　二元羧酸的 pK_{a1} 和 pK_{a2}

化合物	HOOCCOOH	HOOCCH$_2$COOH	HOOC(CH$_2$)$_2$COOH	HOOC(CH$_2$)$_3$COOH
pK_{a1}	1.27	2.85	4.21	4.34
pK_{a2}	4.27	5.70	5.64	5.41

从表 16.3 可以看出，丁二酸和戊二酸的 pK_{a1} 已相差很小。但比除甲酸以外的一元羧酸强。而二元羧酸（除草酸外）的 pK_{a2} 又都比一元羧酸弱，这应归因于第一个羧基解离成负离子后产生 +I 效应，使第二个羧基的氢不易解离。两个羧基越近影响越大，K_1 和 K_2 相差也越大。草酸的 pK_{a2} 比乙酸强是因为草酸具有一个平面的八电子 π 体系，稳定性特别好，结构如下：

$$\underset{\bar O}{\overset{O}{\underset{\|}{\overset{\|}{C}}}} - \underset{O}{\overset{O^-}{\underset{\|}{\overset{\|}{C}}}}$$

16. 4. 1. 2　共轭效应

芳环上的取代基能沿共轭链影响环上的羧基，因此分子中不仅存在取代基的诱导效应，还有共轭效应的影响（表 16.4）。从表 16.4 可以看出，一般的在苯甲酸羧基的邻位，无论是连有吸电子基团还是给电子基团，都使其酸性比连在对位或间位强。

表 16.4　取代基对苯甲酸 pK_a 的影响

取代基	邻位	间位	对位	取代基	邻位	间位	对位
—H	4.20	4.20	4.20	—I	2.86	3.85	4.02
—CH₃	3.91	4.27	4.38	—OH	2.98	4.08	4.57
—F	3.27	3.86	4.14	—OCH₃	4.09	4.09	4.47
—Cl	2.92	3.83	3.97	—CN	3.14	3.64	3.54
—Br	2.85	3.81	3.97	—NO₂	2.21	3.49	3.42

例如，若苯环上有一个硝基（—NO₂），它既有吸电子的诱导效应（—I），又有吸电子的共轭效应（—C），这两种效应均使羧基负离子稳定性增加，酸性增强。当硝基在邻位时，两种效应都很强，在对位时，由于硝基离羧基较远，—I 较弱，主要是—C 起作用。在间位时，尽管—C 使苯环电子云密度降低，但按共轭传递方向，间位碳原子带部分负电荷（δ^-），故羧基负离子不能通过共轭向苯环分散负电荷，即—C 受阻，主要是—I 起作用。所以对羧基负离子的稳定作用，硝基在邻位时最大，对位次之，间位最小。

邻硝基苯甲酸＞对硝基苯甲酸＞间硝基苯甲酸＞苯甲酸
　　—I，—C　　　　—I，—C　　　　—I，—C 受阻

经验：当苯甲酸的环上取代基表现吸电子诱导和吸电子共轭效应时，取代苯甲酸酸性大小顺序是邻＞对＞间。例如氰基、硝基等。

当烷氧基、卤素取代在苯环上时，除了它们的孤对电子苯环有给电子的共轭效应（＋C）外，还有吸电子的诱导效应（—I）。因此，这些取代苯甲酸的酸性取决于这两种方向相反效应的结果。例如，若烷氧基取代在羧基的邻位，—I 和＋C 都很强，＋C 对—I 有一定程度的削弱。取代在间位则＋C 受阻，只有—I。因此，邻位和间位取代苯甲酸的酸性差别不太大。而取代在对位时—I 很弱，主要是＋C 起作用，所以它的酸性比苯甲酸弱。例如：

邻位取代苯甲酸≥间位取代苯甲酸＞苯甲酸＞对位取代苯甲酸
　　—I，＋C　　　—I，＋C 受阻　　　　　　　　—I，＋C

16. 4. 1. 3　场效应

场效应是一种空间的静电作用，即取代基在空间产生的电场对反应中心的影响。例如下面两个羧酸：

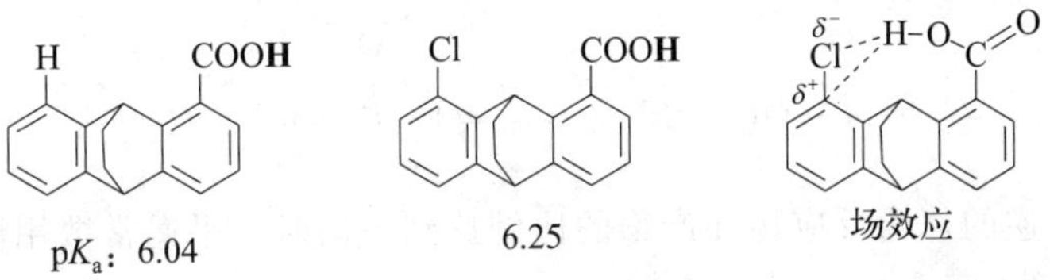

pK_a: 6.04　　　　　　　　6.25　　　　　　　　场效应

氯代酸的酸性反而减弱了。原因是 C—Cl 中带负电荷的一端与羧基氢原子之间的距离小于带正电荷的一端，场效应与距离的平方成反比，距离越远作用越小。因此，氯原子上的负电荷对羧基氢有稳定作用，阻止它离去。所以氯代酸的酸性反而减弱。同样的原因，下面两个化合物的酸性是 A 比 B 弱：

A　pKa: 6.07

B　pKa: 5.67

16.4.2　羧酸盐及其反应

羧酸的酸性小于常见的无机酸，大于碳酸。因此，羧酸与碱反应生成羧酸盐。例如：

$$R—COOH+NaOH \longrightarrow R—COONa+H_2O$$

$$2R—COOH+Na_2CO_3 \longrightarrow 2R—COONa+CO_2 \uparrow +H_2O$$

有些羧酸盐有抑制细菌生长的功能，可用于防腐剂。例如苯甲酸钠、乙酸钙、山梨酸钾（$CH_3CH=CHCH=CHCOOK$）等可用于食品防腐剂。

羧酸盐属于离子型化合物，熔点较高，具有良好的水溶性，一般少于 10 个碳原子的羧酸钠盐或羧酸钾盐都能溶于水，不溶或难溶于非极性有机溶剂。当向羧酸盐溶液中加入无极强酸（如盐酸、硫酸），羧酸又可游离出来：

$$R—COONa+HCl \longrightarrow R—COOH+NaCl$$

羧酸与碳酸钠或碳酸氢钠反应放出 CO_2 这个性质，常用于鉴别羧酸。利用羧酸的酸性和羧酸钠盐的特性以及二者溶解性差异，可以将羧酸与其他不溶于水的物质进行分离和提纯。

羧酸根负离子具有亲核性，可与卤代烷特别是烯丙式或苄基型卤代烷反应生成羧酸酯：

$$CH_3CH_2CH_2COONa+ \langle \rangle—CH_2Cl \longrightarrow CH_3CH_2CH_2COOCH_2—\langle \rangle$$

16.4.3　羧酸衍生物的生成

由于羧基与羟基氧形成 p-π 共轭，与醛、酮相比，羧基中羰基碳的正电性降低，因此一些容易与醛、酮反应的亲核试剂却不易与羧酸反应，但在酸或碱催化下能发生羧基中的羟基被一些原子（原子团）取代，生成羧酸衍生物。

16.4.3.1　羧酸的酯化反应

羧酸和醇在酸催化下加热失水生成酯的反应称为酯化反应。常用的无机酸为浓硫酸、干燥氯化氢、对甲基苯磺酸或强酸性离子交换树脂等：

$$\underset{\substack{\| \\ O}}{R—C}—OH +R'—OH \underset{\triangle}{\overset{H^+}{\rightleftharpoons}} \underset{\substack{\| \\ O}}{R—C}—OR' +H_2O$$

这个反应是可逆的，当反应物和产物的比例达到平衡时，平衡常数用下式计算：

$$K=\frac{[RCOOR'][H_2O]}{[RCOOH][R'OH]}$$

例如，将 1 摩尔乙酸和 1 摩尔乙醇在少量浓硫酸存在下加热反应，达到平衡时只能得到 2/3 摩尔的酯，仍有 1/3 摩尔的酸和醇没有发生反应。

$$CH_3COOH + CH_3CH_2OH \underset{\triangle}{\overset{H^+}{\rightleftharpoons}} CH_3COOCH_2CH_3 + H_2O$$

起始浓度	1	1	0	0
平衡浓度	1/3	1/3	2/3	2/3

若用 1 摩尔酯和 1 摩尔水在硫酸存在下反应，当达到平衡时，也能得到同样的平衡混合物，就是说酸（H^+）既催化正反应（酯化）也能催化逆反应（酯的水解）。

可逆性是羧酸酯化反应的不利因素，为使反应向右进行，提高产率，常采用如下方法。

① 移出一个生成物，H_2O 或酯。

例如，苯甲酸和乙醇在酸催化下反应，采用加入苯使之与醇和反应中生成的水形成三元恒沸物的办法不断地将水移出反应体系：

$$C_6H_5COOH + CH_3CH_2OH \underset{\triangle}{\overset{H^+}{\rightleftharpoons}} C_6H_5COOCH_2CH_3 + H_2O$$

b. p.　　249℃　　　78.4℃　　　　　　213℃　恒沸物(64.6℃)

恒沸物冷却后，水和有机物（苯）分层，将水分离，有机层再返回反应体系。苯毒性较大，注意防护。可选择毒性较小的甲苯代替苯。

② 使其中一反应物过量。

改变达到平衡时反应物和产物的组成。采用这一方法，是将既便宜又容易得到的一种反应物过量。例如，为使不易获得的 4-苯基丁酸尽可能完全地转变成酯，可使用 8 倍乙醇。

$$C_6H_5CH_2CH_2CH_2COOH + CH_3CH_2OH \underset{\triangle}{\overset{H_2SO_4}{\rightleftharpoons}} C_6H_5CH_2CH_2CH_2COOCH_2CH_3 + H_2O$$

当然，采用过量的酸也能把醇尽可能完全酯化。因此在有机合成中，常选用最适当的原料比、最经济的原料得到最好的收率。

③ 移去一生成物和使一反应物过量并用。

$$HOOC(CH_2)_4COOH + 2CH_3CH_2OH \underset{甲苯,\triangle}{\overset{H_2SO_4}{\rightleftharpoons}} C_2H_5OOC(CH_2)_4COOC_2H_5 + 2H_2O$$

b. p.　330.5℃　　　78.4℃　　　　　　251℃　　恒沸物(75℃)

将己二酸、过量乙醇、甲苯和少量硫酸一起加热，甲苯和乙醇与生成的水形成三元恒沸物，沸点 75℃，水一经生成便以恒沸物形式被蒸出，可使酯的产率达到 95%～97%。

用羧酸直接酯化，一级醇最有利，二级醇次之，三级醇产率最低。在羧酸与一级醇和二级醇酯化时，绝大多数情况下是羧酸提供羟基。同位素示踪实验证明，用含 ^{18}O 的醇和羧酸进行酯化，生成了含 ^{18}O 的酯，水分子中无 ^{18}O。

$$R-\overset{\overset{O}{\|}}{C}-OH + R'-^{18}OH \longrightarrow R-\overset{\overset{O}{\|}}{C}-O^{18}-R' + H_2O$$

如果用有光活性的醇与羧酸进行酯化反应，形成的酯仍有光活性：

根据这些事实，可以认为羧酸与一级醇、二级醇在酸催化下酯化反应的机理如下：

该反应经历了加成-消除过程。首先是无机酸提供质子，使羧酸的羰基质子化，其与醇发生亲核加成，形成一个四面体中间物，经质子转移，失去水，再消去质子形成酯。总的结果是羧酸的羟基被烷氧基取代。若没有酸的存在，反应很慢，要很长时间才能达平衡。例如，乙酸和乙醇在室温反应要 16 年才能达到平衡，150℃下反应也得好几天，若用酸催化只需几小时便可达到平衡。

由于羧基中的羰基碳在反应过程中经历了由 sp^2 到 sp^3 四面体中间物阶段，若羧基所连基团越大，形成中间体时就很越拥挤，酯化速率随空间因素影响越大而越小：

$$CH_3COOH>RCH_2COOH>R_2CHCOOH>R_3CCOOH$$

例如，2,4,6-三甲基苯甲酸的酯化，因空间位阻太大，醇分子不能接近羧基碳，所以不能按通常方法酯化，需先将 2,4,6-三甲基苯甲酸形成酰基正离子才能顺利成酯。办法是先将羧酸溶于 100% 硫酸中，形成酰基正离子，再加入醇中。

酰基正离子的碳原子是 sp 杂化，为直线型结构，与苯环共平面，醇分子可从平面上或下进攻酰基碳，反应顺利，产率很高。

羧酸与三级醇酯化，则经历与上述不同的反应机制，因为在酸存在下三级醇易形成三级碳正离子，而三级碳正离子又易与碱性较强的水作用形成三级醇，不易与羧酸作用形成酯，故羧酸与三级醇酯化产率很低。

16.4.3.2　酰卤的生成

羧酸可以和三氯化磷（PCl_3）、五氯化磷（PCl_5）、氯化亚砜（$SOCl_2$）等反应生成酰卤，其机制类似醇的卤代。例如：

$$CH_3COOH+SOCl_2 \longrightarrow CH_3COCl+HCl\uparrow+SO_2\uparrow$$

$$\text{⟨Ph⟩}-COOH+PCl_5 \longrightarrow \text{⟨Ph⟩}-COCl+POCl_3+HCl$$

$$3\text{⟨Ph⟩}-COOH+PCl_3 \longrightarrow 3\text{⟨Ph⟩}-COCl+H_3PO_3$$

三氯化磷用于制备沸点较低的酰氯，五氯化磷用于制备沸点较高的酰氯。二氯亚砜（又称亚硫酰氯）与羧酸反应生成酰氯的副产物为 HCl 和 SO_2 气体，有利于分离，且生成酰氯收率较高，是实验室制备各种酰氯最方便的试剂。

16.4.3.3　酰胺的生成

酰胺是羧酸中的 —OH 被 —NH_2、—NHR 或 —NR_2 取代的化合物。直接合成方法是羧酸与氨或胺反应生成羧酸铵，然后高温或在脱水剂存在下加热得到酰胺：

$$R—COOH+NH_3 \longrightarrow R—COO^-NH_4^+ \underset{\triangle}{\rightleftharpoons} R—CONH_2+H_2O$$

高温下分解成酰胺反应是可逆的，反应过程中不断把生成的水移去，可得很好的产率。这个反应在工业上用来制备聚酰胺，如尼龙-66，就是由己二酸和己二胺缩聚而成：

$$HOOC(CH_2)_4COOH+H_2N(CH_2)_6NH_2 \longrightarrow {}^-OOC(CH_2)_4COO^- \ {}^+NH_3(CH_2)_6NH_3^+$$

尼龙-66 盐

$$[^-OOC(CH_2)_4COO^- \, ^+NH_3(CH_2)_6NH_3^+]_n \xrightarrow[1MPa]{270℃} \left[\overset{O}{\underset{\|}{C}}-(CH_2)_4-\overset{O}{\underset{\|}{C}}-NH-(CH_2)_6-NH\right]_n$$

尼龙-66

酰胺还可以由酰氯、酸酐、酯与氨或胺进行氨解反应制备。

16.4.3.4 酸酐的生成

一元羧酸除了甲酸外，与脱水剂一起共热，分子间失去一分子水生成酸酐：

$$R-\overset{O}{\underset{\|}{C}}-OH + HO-\overset{O}{\underset{\|}{C}}-R \xrightarrow[\triangle]{P_2O_5} R-\overset{O}{\underset{\|}{C}}-O-\overset{O}{\underset{\|}{C}}-R + H_2O$$

脱水剂还可以用乙酸酐，因为乙酸酐很容易与生成的水反应生成乙酸，容易除去。因此，常用乙酸酐作脱水剂，与其他羧酸一起共热制备较高级的羧酸酐。

某些二元酸直接加热可以得到环状酸酐。例如：

无水羧酸钠与酰氯一起加热也可以制备酸酐，通常用于制备混酐：

$$R-\overset{O}{\underset{\|}{C}}-Cl + NaO-\overset{O}{\underset{\|}{C}}-R' \xrightarrow{\triangle} R-\overset{O}{\underset{\|}{C}}-O-\overset{O}{\underset{\|}{C}}-R'$$

16.4.4 羧酸的还原反应

羧酸的羧基反应活性比醛、酮低，因此，较醛、酮难还原，但强还原剂氢化铝锂能顺利地把羧酸还原为一级醇，常用的溶剂有无水乙醚、四氢呋喃等。反应时先形成羧酸锂盐，氢化铝（AlH_3）再与羧酸锂盐的羧基氧形成复合物，然后将负氢离子从铝转移到羧基碳上，再消除生成醛，生成的醛再与第二分子氢化铝锂反应，最后用稀酸水解得一级醇：

$$R-COOH + LiAlH_4 \longrightarrow R-COOLi + AlH_3 + H_2$$

$$R-\overset{O}{\underset{\|}{C}}-OLi \xrightarrow{AlH_3} R-\overset{OAlH_2}{\underset{H}{\overset{|}{\underset{|}{C}}}}-OLi \xrightarrow{-LiOAlH_2} R-CHO \xrightarrow[(2) H_3O^+]{(1) LiAlH_4} R-CH_2OH$$

氢化铝锂能还原不同类型的羧基，但不还原双键，例如：

$$CH_2=CHCH_2COOH \xrightarrow{LiAlH_4} \xrightarrow{H_3O^+} CH_2=CHCH_2CH_2OH$$

乙硼烷也能将羧酸还原为一级醇，例如：

$$O_2N-\!\!\!\!\bigcirc\!\!\!\!-CH_2COOH \xrightarrow{B_2H_6} \xrightarrow{H_2O} O_2N-\!\!\!\!\bigcirc\!\!\!\!-CH_2CH_2OH$$

反应首先是缺电子的硼对羧基氧的络合，然后负氢离子从硼转移到碳上，双键也可被乙硼烷还原，若希望保留反应物的双键时不能用乙硼烷。各种基团与乙硼烷反应活性不同，一般地：$R-COOH > RCH=CHR > R_2CO > R-CN > R-COOR' > R-COCl$。

16.4.5 α-氢的卤代反应

因为羧基碳上的正电性比醛、酮小，所以羧酸 α-碳上的氢比醛、酮的 α-H 活性小，反应需在三氯化磷、三溴化磷等催化剂作用下进行，这一反应称为 Hell-Volhard-Zelinsky 反应：

$$R-CH_2COOH \xrightarrow{PBr_3} R-\overset{\overset{\displaystyle Br}{|}}{C}HCOOH$$

反应时通常是加少许红磷，磷与卤素反应生成三卤化磷。例如，酰溴的生成历程：

$$2P+3Br_2 \longrightarrow 2PBr_3$$

$$R-CH_2-COOH \xrightarrow{PBr_3} R-CH_2-\overset{\overset{\displaystyle O}{||}}{C}-Br \xrightarrow{烯醇化} R-CH=\overset{\overset{\displaystyle OH}{|}}{C}-Br \xrightarrow[Br-Br]{\delta^+ \ \delta^-} R-\overset{\overset{\displaystyle Br}{|}}{C}H-\overset{\overset{\displaystyle ^+OH}{||}}{C}-Br$$

$$\xrightarrow{-H^+} R-\overset{\overset{\displaystyle Br}{|}}{C}H-\overset{\overset{\displaystyle O}{||}}{C}-Br \xrightarrow{R-CH_2-COOH} R-\overset{\overset{\displaystyle Br}{|}}{C}H-\overset{\overset{\displaystyle O}{||}}{C}-OH + R-CH_2-\overset{\overset{\displaystyle O}{||}}{C}-Br$$

羧酸首先反应生成酰溴，酰溴 α-氢互变异构形成少量烯醇式异构体，极化后的溴正电部分进攻 α-碳，溴的负电部分与质子结合生成 α-溴代酰溴。α-溴代酰溴再和未反应的羧酸交换一个溴原子，生成 α-溴代羧酸和酰溴，酰溴再继续循环反应。因此，该反应也可以在酰溴作用下进行。

α-碳上的氢可以逐一被卤素取代，用控制卤素量的办法可得到所要的 α-卤代酸，例如，乙酸和氯气在微量碘的催化下，可得到一氯、二氯和三氯代乙酸。控制氯的用量，可得到所需的氯代酸。

$$CH_3COOH \xrightarrow{Cl_2/I_2} ClCH_2COOH+Cl_2CHCOOH+Cl_3CCOOH$$

工业生产中，乙酸中加入 10%～30% 的乙酰氯制备氯代乙酸。

16.4.6 脱羧反应

许多羧酸或羧酸盐加热失去二氧化碳（脱羧）的反应，称为脱羧反应。除了甲酸加热到 160℃脱去二氧化碳和氢外，其他一元酸高温下脱羧较难，产率很低。羧酸盐，例如无水乙酸钠与碱石灰共热，脱羧得甲烷。

$$CH_3COOH \xrightarrow[\triangle]{NaOH,CaO} CH_4+CO_2$$

芳香酸比脂肪酸容易脱羧，因为芳环起了吸电子作用，有利于碳-碳键断裂：

$$C_6H_5-\overset{\overset{\displaystyle O}{||}}{C}-O^- \xrightarrow{\triangle} C_6H_5^- + CO_2$$

脂肪酸的 α-碳上连有硝基、卤素、氰基、羰基等吸电子基团或 β-碳上有双键时，容易脱羧，但反应机理不完全一样。例如，三氯乙酸盐在水中 50℃就可以脱酸：

$$Cl_3CCOO^- \longrightarrow \ ^-CCl_3+CO_2 \qquad ^-CCl_3 \xrightarrow{H_2O} CHCl_3$$

三个氯的强吸电子能力，使碳-碳间的电子偏向三氯甲基一边，因此三氯乙酸盐羧基负离子上的电子转移到碳-氧之间形成二氧化碳和三氯甲烷碳负离子，三氯甲烷碳负离子再与质子结合形成氯仿，脱羧反应是通过碳负离子进行的。

β-羰基羧酸或 β-碳上有双键的羧酸也容易进行脱羧反应，例如：

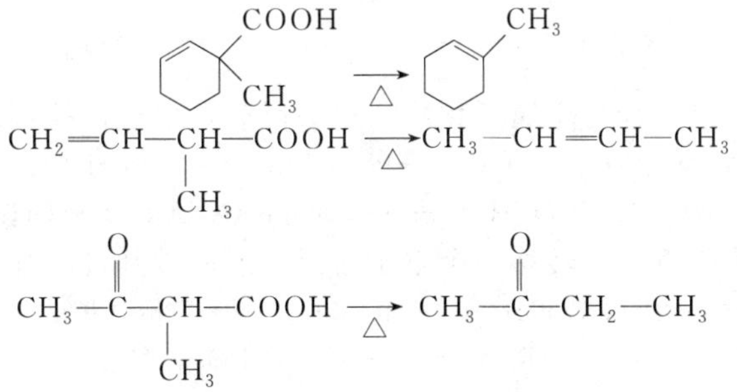

β-羰基羧酸或 β-碳上有双键的羧酸，它们脱羧反应机理是经过环状过渡态：

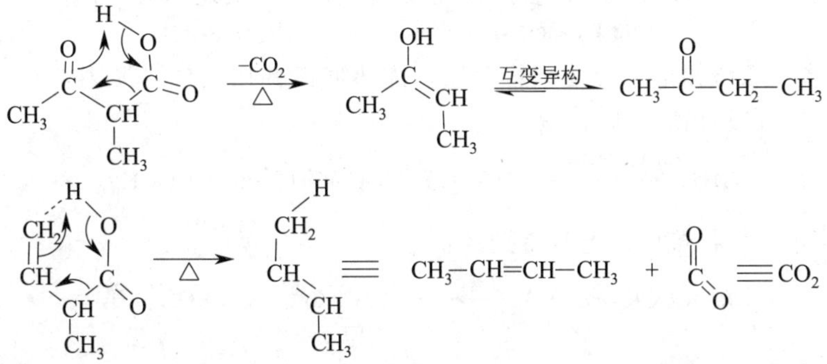

β-羰基羧酸经历环状电子转移过渡态后，β-羰基羧酸先生成烯醇，然后互变异构得到酮，丙二酸型化合物的脱羧一般属于这一类型。β-碳上有双键的羧酸，双键发生位移。必须指出的是，不能形成烯醇中间体的 β-羰基羧酸不能发生上述脱羧反应。例如，下式桥环 β-羰基羧酸不易脱羧，因中间体涉及桥头碳生成双键，而产生这种中间体的可能性是很小的：

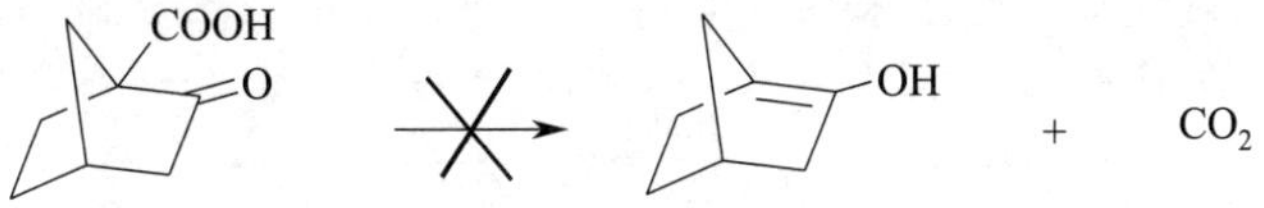

羧酸的银盐在无水的惰性溶剂中，如在四氯化碳中与溴一起回流，失去二氧化碳形成比羧酸少一个碳的溴代烷，这一反应称为 Hunsdiecker（汉斯狄克）反应：

$$R—COOAg \xrightarrow{Br_2/CCl_4} R—Br + AgBr + CO_2$$

产率以一级卤代烷最好，二级次之，三级最差，卤素中以溴反应最好。反应为自由基机理：

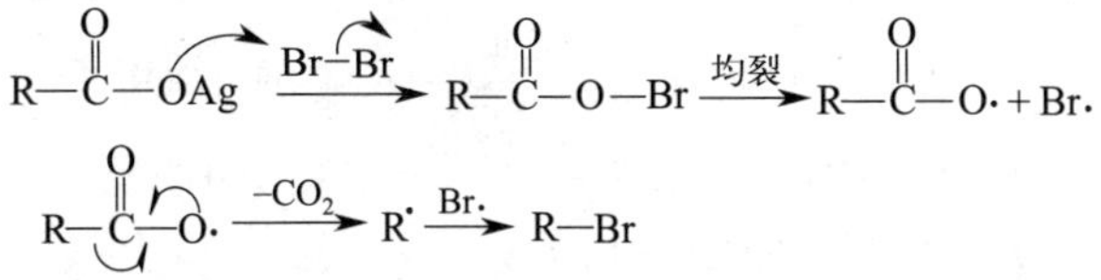

一些不易脱羧的酸，可用 Hunsdiecker 反应间接脱羧。它的缺点是制备无水银盐比较麻烦，而且银也较贵。

Cristol ST（克里斯托尔）直接用羧酸与当量溴于四氯化碳溶剂中，在红汞（HgO）存在下加热回流，反应首先形成汞盐，再转变成 RCOOBr，然后按上述机理进行反应，得到少一个碳的卤代烷，产率也是以一级卤代烷为最好。例如：

$$CH_3(CH_2)_{15}CH_2COOH + HgO \xrightarrow[\text{避光，回流 1h}]{Br_2/CCl_4} CH_3(CH_2)_{15}CH_2Br$$

Kochi（柯奇）用四乙酸铅、金属（锂、钾、钙等）卤化物和羧酸反应，脱羧得到卤代烷，这个方法一级、二级、三级卤代烷产率均较好。

$$R—COOH + Pb(OCOCH_3)_4 + LiCl \xrightarrow[\triangle]{-CO_2} R—Cl + CH_3COOLi + CH_3COOH$$

反应首先是四乙酸铅分别与金属卤化物及羧酸反应，生成铅盐：

$$Pb(OCOCH_3)_4 + LiCl \longrightarrow PbCl(OCOCH_3)_3 + CH_3COOLi$$

$$R—COOH + Pb(OCOCH_3)_4 \longrightarrow RCOOPb(OCOCH_3)_3 + CH_3COOH$$

铅盐均裂分解，羧酸负离子转移一个电子给铅，形成羧基自由基（RCOO·），再裂解：

$$RCOOPb(OCOCH_3)_3 \longrightarrow R—COO· + ·Pb(OCOCH_3)_3$$

$$R—COO· \longrightarrow R· + CO_2$$

裂解的 R· 与 PbCl(OCOCH_3)_3 迅速反应，氯转移一个电子给铅，并立即与 R· 结合生成卤代烷，·Pb(OCOCH_3)_3 再参加前述反应，铅最后被还原为二价。

$$R· + PbCl(OCOCH_3)_3 \longrightarrow R—Cl + ·Pb(OCOCH_3)_3$$

Barton 将含四乙酸铅的四氯化碳悬浮液，加热回流并用钨丝灯照射，加入羧酸和 I_2 的四氯化碳溶液，可得到相应的碘代烷。

$$R—COOH \xrightarrow[h\nu, CCl_4]{Pb(OCOCH_3)_4, I_2} R—I + CH_3COOH + PbI(OCOCH_3)_3 + CO_2$$

Kolbe（柯尔伯）将羧酸盐电解得到烃：

$$2R—COOK + 2H_2O \xrightarrow{电解} \boxed{R—R + 2CO_2} + \boxed{2KOH + H_2}$$
$$\qquad\qquad\qquad\qquad\qquad\quad 阳极 \qquad\qquad 阴极$$

电解反应通过自由基进行，羧酸根负离子移向阳极，失去一个电子生成羧基自由基，其很快失去二氧化碳形成烷基自由基，两个烷基自由基结合生成烷烃。

羧基自由基很容易发生脱羧反应，放出二氧化碳形成烷基自由基，在自由基引发反应中应用广泛。常用的引发剂过氧化苯甲酰（BPO）在温热下即可均裂，生成苯甲酸自由基，然后很快脱羧失去二氧化碳，变成苯基自由基：

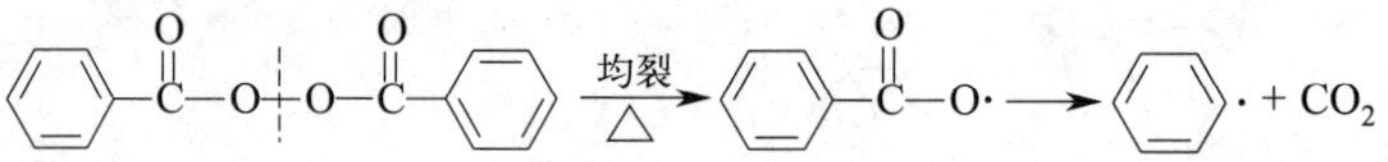

16.5　二元羧酸受热反应

由于两个羧基位置不同，二元羧酸受热后的变化也不相同，有的失水，有的失羧，有的同时失水和失羧。草酸和丙二酸加热失二氧化碳生成少一个碳的一元酸：

$$HOOC—COOH \xrightarrow{160\sim180℃} HCOOH + CO_2$$

$$HOOC—CH_2COOH \xrightarrow{140\sim160℃} CH_3COOH + CO_2$$

丁二酸和戊二酸加热失水主要生成环酐：

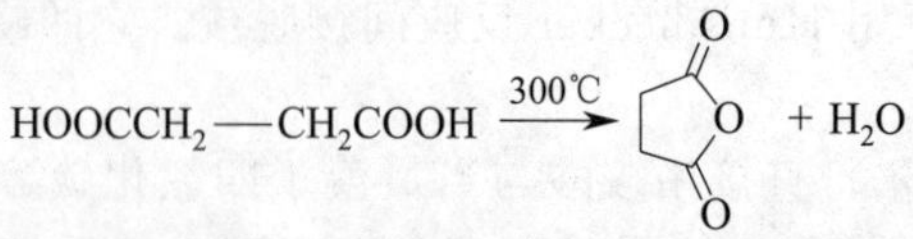

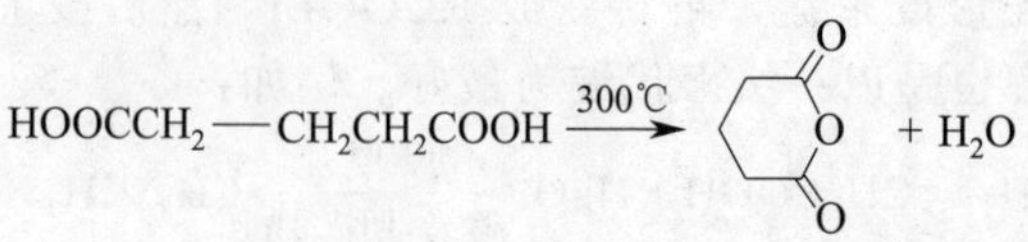

己二酸和庚二酸加热失羧同时失水，主要生成环酮：

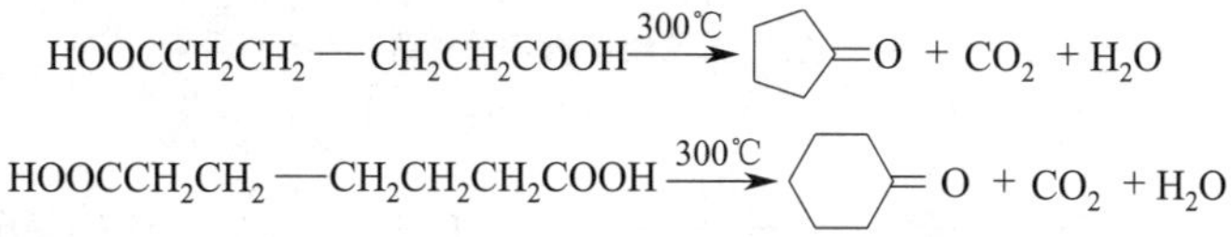

$$HOOCCH_2CH_2 \text{—} CH_2CH_2COOH \xrightarrow{300℃} \bigcirc = O + CO_2 + H_2O$$

$$HOOCCH_2CH_2 \text{—} CH_2CH_2CH_2COOH \xrightarrow{300℃} \bigcirc = O + CO_2 + H_2O$$

庚二酸以上的二元酸，高温时在分子间失水生成高分子酸酐。二元羧酸在高温反应时，如有可能总是倾向于形成张力较小的五元或六元环，而不易形成大环。

草酸在有硫酸存在时，脱羧反应在 100℃ 左右便可进行。因 β-羰基的影响，丙二酸及一取代、二取代丙二酸很容易失羧，一般在水溶液中加热即可。丁二酸以上的二元酸，在脱水剂作用下一起共热，失水反应比较顺利，常用的脱水剂是乙酸酐、五氧化二磷等。芳香二元酸也能进行上述反应：

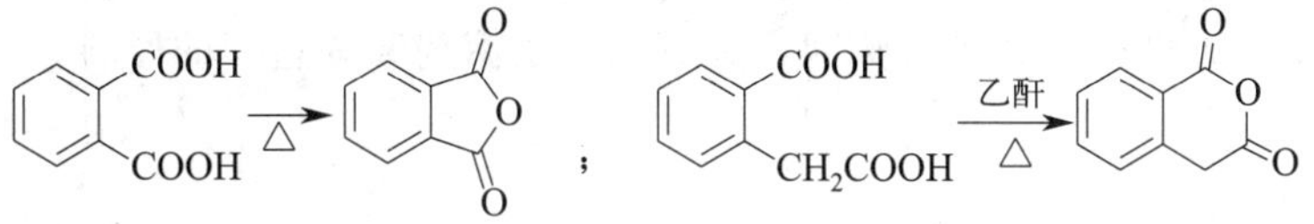

16.6 重要的羧酸与用途

16.6.1 甲酸

工业上是将粉末状氢氧化钠与一氧化碳在高温、高压下反应生成甲酸钠，然后将干燥的甲酸钠加入含有硫酸的甲酸中，再减压蒸馏得到高纯度的甲酸。

$$NaOH + CO \xrightarrow[0.6 \sim 0.8MPa]{120 \sim 130℃} HCOONa \xrightarrow{H_2SO_4} HCOOH$$

无水甲酸为无色、有刺激性的液体，酸性比其他羧酸强。甲酸结构中有醛基，因此有还原性，能使高锰酸钾溶液褪色，能还原 Tollens 试剂，可用于与其他酸的鉴别。

甲酸作为重要的有机化工原料，广泛用于农药、皮革、染料、医药和橡胶等工业。甲酸在浓硫酸存在下脱水生成 CO 和水，这一反应用于实验室中制备高纯度的一氧化碳。

16.6.2 乙酸

工业上乙酸由乙醛催化氧化制备，催化剂为乙酸锰：

$$CH_3CHO + O_2 \xrightarrow[\triangle, p]{Mn(OAc)_2} CH_3COOH$$

另一方法是在羰基铑化合物作催化剂，碘或碘代物作助催化剂催化下使甲醇与一氧化碳直接结合成乙酸：

$$CH_3OH + CO \xrightarrow{(Ph_3P)_3Rh(CO)X/I_2} CH_3COOH$$

乙酸为重要的化工原料，可用来合成醋酸纤维、乙酐、乙酸酯等有机物，是染料、香料、制药和塑料等工业领域不可缺少的原料。例如，由乙酸制成的乙酸乙烯酯是合成维尼纶的主要原料，乙酸及其酯广泛地用作溶剂。

16.6.3 苯甲酸

苯甲酸常用甲苯、邻二甲苯或萘为原料制备，这些原料来自煤焦油或石油。利用甲苯生成苯甲酸主要有两个工艺，一是甲苯催化氧化，二是甲苯氯代后水解：

$$C_6H_5CH_3 \xrightarrow[190\sim200℃,2.5MPa]{O_2/乙酸钴、乙酸锰或环烷酸钴} C_6H_5COOH$$

$$C_6H_5CH_3 \xrightarrow[90\sim180℃,0.15MPa]{Cl_2} C_6H_5CCl_3 \xrightarrow{H_2O} C_6H_5COOH$$

二甲苯或萘在五氧化二钒催化下氧化得到邻苯二甲酸，然后催化脱羧得到苯甲酸：

$$萘 \xrightarrow[V_2O_5]{O_2} 邻苯二甲酸 \xrightarrow[\triangle]{催化剂} C_6H_5COOH$$

苯甲酸俗名安息香酸，有阻止发酵和食物腐败的作用，它的钠盐常用作食品防腐剂。苯甲酸是合成药物、染料以及制备增塑剂、媒染剂、杀菌剂和香料等的原料。

习题

16.1 用 IUPAC 命名法命名下列化合物。

(1) $(CH_3)_3CCOOH$ (2) $C_6H_5CH_2CH_2CH_2COOH$ (3) [结构式：苯环3位取代COOH和CHO]

(4) [结构式：环丙基CH(CH₃)COOH]   (5) [结构式：烯烃，CH₃、H、CH₂CH₂COOH、H]   (6) [结构式：环己烷1位COOH，2位OH]

(7) [结构式：苯环，2位HO，1位COOH，5位NO₂]   (8) [结构式：苯氧基苯甲酸] $C_6H_5\!-\!O\!-\!C_6H_4\!-\!COOH$ (9) [结构式：COOH, H—C—OH, CH₂COOH]

16.2 比较下列各组化合物的酸性强弱。

(1) 丁酸、3-硝基丁酸、4-硝基丁酸

(2) 苯甲酸、对氯苯甲酸、对甲氧基苯甲酸、对硝基苯甲酸、苯酚

(3) 丙酸、盐酸、碳酸、乙炔、正丙醇、2-甲基丙酸、2-氯丙酸、3-氯丙酸

(4) $NCCH_2COOH$、$(CH_3)_2CHCH_2COOH$、$CH_2\!=\!CHCH_2COOH$

(5) [结构式：环己烷COOH，3位CH₃] 、 [结构式：环己烷COOH，3位F] 、 [结构式：环己烷COOH，3位OCH₃]

16.3 按要求比较下列各组化合物的反应活性大小。

(1) 苯甲酸与下列醇酯化反应：① 仲丁醇　② 甲醇　③ 叔戊醇　④ 正丙醇

(2) 用下列酸与乙醇酯化反应：① 苯甲酸　② 2,4,6-三甲基苯甲酸　③ 2,4-二甲基苯甲酸

(3) 用乙酸与下列醇酯化反应：① 顺-4-叔丁基环己醇　② 反-4-叔丁基环己醇

(4) 乙醇与下列酸酯化反应：① 2-甲基丙酸　② 丙酸　③ 2,2-二甲基丙酸

16.4 写出异戊酸与下列试剂发生反应的产物。

(1) ① $NaHCO_3$，② H^+　(2) 过量乙醇/浓硫酸　(3) Br_2/HgO　(4) $P+Br_2$

(5) ① $LiAlH_4$/乙醚，② H_3O^+　(6) ①$LiAlH_4$，② PBr_3，③NaCN

(7) ① $LiAlH_4$，② PBr_3，③ Mg/Et_2O，④ 丙酮，⑤ H_3O^+

(8) ① $SOCl_2$② C_2H_5OH

16.5　丁酸和乙醇在浓硫酸催化下酯化反应如下：

$$CH_3CH_2CH_2CO_2H+C_2H_5OH \underset{}{\overset{H_2SO_4}{\rightleftharpoons}} CH_3CH_2CH_2CO_2C_2H_5+H_2O$$

(1) 写出酯化反应平衡常数 K 的表达式。已知 $K=2$，计算丁酸和乙醇都是 1 摩尔以及丁酸和乙醇分别为 1 摩尔和 2 摩尔时，达到平衡后丁酸乙酯的产率分别是多少？

(2) 如果欲使酸完全转化为酯应该采取什么措施？

16.6　写出可能的反应历程解释下面产物的形成。

(1) CH_3CH_2COOH 在酸性的 H_2O^{18} 中可得到 $CH_3CH_2CO^{18}OH$。

(2) CH_3CH_2COOH 在 D_3O^+ 中得到 CH_3CH_2COOD、$CH_3CHDCOOD$ 和 CH_3CD_2COOD。

16.7　以指定的主要原料进行合成。

(1) 以叔丁基溴为原料合成 2,2-二甲基丙酸　　(2) 以 2-氯乙醇为原料合成丁二酸

(3) 以乙酸为原料合成丙二酸　　(4) 以 1-丁烯为原料合成丁酸

(5) 以 1-丁烯为原料合成丙酸　　(6) 以 1-丁烯为原料合成戊酸

(7) 以 1-丁烯为原料合成 2-甲基丁酸　　(8) 以异丙醇为原料合成 2-甲基-2-羟基丙酸

(9) 以对溴甲苯为原料合成对苯二甲酸　　(10) 由丙酮合成 α-甲基丙烯酸甲酯

(11) 由苯和环己酮合成 6-苯基己酸　　(12) 由戊酸合成癸烷

16.8　简答题。

(1) 3-氯己二酸中哪一个羧基氢的酸性较强？为什么？

(2) 乙酸中也有乙酰基团，但是不发生碘仿反应，为什么？

16.9　在合成 2,5-二甲基-1,1-环戊二羧酸（1）时，得到两个熔点不同的无光活性的物质 A 和 B。当加热时，A 生成两个 2,5-二甲基环戊烷羧酸（2），而 B 只生成一个，试画出 A 和 B 的结构。

16.10　化合物 A 的分子式为 $C_5H_6O_3$，A 与一分子乙醇反应得到两个互为异构体的化合物 B 和 C。B 和 C 分别与氯化亚砜反应后，再与一分子乙醇反应得到同一化合物 D，试写出 A、B、C 和 D 的结构式，并写出主要反应方程式。

16.11　化合物 $C_6H_5CH_2CHBrCOOH$ 的外消旋体与（S）-2-丁醇在酸催化下酯化反应，试回答：

(1) 产物是否具有旋光性？它有几个馏分？为什么？

(2) 能使酸完全转化为酯吗？如有可能，应该采取什么措施？

(3) 写出产物构型式，并用 R/S 表示。

16.12　化合物 $A(C_7H_{10})$ 能与两分子 Br_2 反应生成 $C_7H_{10}Br_4$。A 用 O_3 氧化后再用 Zn/H_2O 还原得到 $B(C_6H_8O_3)$ 和甲醛。B 用酸性重铬酸钾氧化得到 $C(C_6H_8O_5)$，C 加热到 150℃得到 $(CH_3)_2CHCOCOOH$(3-甲基-2-氧代丁酸)。试推测 A、B 和 C 的结构。

$$C_7H_{10}(A) \xrightarrow{2Br_2} C_7H_{10}Br_4 \quad C_7H_{10}(A) \xrightarrow{O_3} \xrightarrow{Zn/H_2O} CH_2O+C_6H_8O_3(B)$$

$$C_6H_8O_3(B) \xrightarrow[H_2SO_4]{K_2Cr_2O_7} C_6H_8O_5(C) \quad C_6H_8O_5(C) \xrightarrow{150℃} (CH_3)_2CHCOCOOH$$

16.13 有三个化合物的分子式均为 $C_4H_8O_2$，在 ^1H NMR 谱中分别具有如下三组化学位移数据，试推出它们的结构。

(1) δ (ppm)：1.0（t，3H）、1.7（m，2H）、4.15（t，2H）、8.4（s，1H）

(2) δ (ppm)：1.2（t，3H）、2.4（q，2H）、3.8（s，3H）

(3) δ (ppm)：1.2（t，3H）、2.0（s，3H）、4.1（q，2H）

16.14 在稀碱性水溶液中 4-戊烯酸和溴（Br_2）反应，生成了非酸性的化合物，其分子式为 $C_5H_7BrO_2$。

(1) 推测该化合物的构造式，并提出形成该化合物的机理。

(2) 能发现一个在形成机理上也合理的新的异构化产物吗？

第 17 章

羧酸衍生物

羧酸分子中羧基的羟基被卤原子（X）、酰氧基（RCOO）、烷氧基（RO）、氨基（NH_2、NHR 或 NR_2）等取代后得到的化合物分别称为酰卤（RCOX）、酸酐 [$(RO)_2O$]、酯（RCOOR′）、酰胺（$RCONH_2$、RCONHR′或 $RCONR'_2$）。这些化合物总称羧酸衍生物（carboxylic acid derivative），可用通式 RCOL 表示。

17.1　结构和命名

17.1.1　羧酸衍生物的结构

羧酸衍生物的官能团为—COL，其电子构型类似羧酸中的羧基，—L 中与羰基碳原子直接相连的原子（X、O 和 N）上的未共用电子对与羰基 π 键形成 p-π 共轭，电子发生离域。因此羧酸衍生物的结构可用共振式表示：

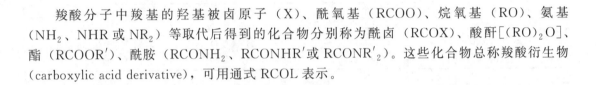

取代基 L 的性质决定了共振式对共振杂化体的贡献大小。L 为氨基时，由于氮原子相对较小的电负性以及与碳的 2p 轨道匹配的 p 轨道，形成较强的 p-π 共轭体系，使酰胺中碳-氮键具有明显的双键性质。例如，X 衍射分析证明，甲酰胺整个分子为一平面，二个氢连在氮上，碳-氮键的旋转能垒达 $75.3 \text{ kJ} \cdot \text{mol}^{-1}$，这一相对较高旋转能垒的产生说明它有较多的双键特性，下面两正则式中，右边的正则式对结构有更大程度的贡献：

甲酰胺分子中各键长和键角见表 17.1。

表 17.1　甲酰胺的键长和键角

键类型	键长/pm	键角类型	键角/(°)
C＝O	119.3	H—C＝O	122.97
C—N	137.6	H—C—N	113.23

键类型	键长/pm	键角类型	键角/(°)
C—H	110.2	N—C＝O	123.80
N—H(a)	117.15	C—N—H(b)	120.62
N—H(b)	100.2	H(a)—N—H(b)	118.88

氮原子的 p 轨道与碳原子的 p 轨道能量与大小较接近，容易形成有效的 p-π 共轭，减弱了酰胺中羰基的特征，使反应活性大大降低。

甲酸甲酯的几何形状同甲酸相似，其正则式和共振杂化体结构如下：

$$\left[\begin{array}{c} \overset{O}{\underset{O—CH_3}{H—C}} \end{array} \quad \longleftrightarrow \quad \begin{array}{c} \overset{O^-}{\underset{\overset{+}{O}—CH_3}{H—C}} \end{array} \right]$$

甲酸甲酯分子中各键长和键角见表 17.2。

表 17.2　甲酸甲酯的键长和键角

键类型	键长/pm	键角类型	键角/(°)
C＝O(羰基)	120.0	H—C＝O	124.95
CO—O(酰氧键)	133.4	O—C＝O	125.87
CH₃—O(甲氧键)	143.7	H—C—O	109.18
H—CO(酰基中碳-氢键)	110.1	CH₃—O—C	114.78

可以看出，酯基中 C^{sp2}—O 键长比甲氧键 C^{sp3}—O 键长短很多。按共振理论，甲酸甲酯的真实结构是 C^{sp2}—O 有一定双键性质。氧原子的 p 轨道与碳原子的 p 轨道能量与大小也较接近，也容易形成有效的 p-π 共轭，但是因为氧的电负性小于氮，共轭效应小于氮，因此，酯的羰基反应活性大于酰胺。

乙酰氯分子中各键长和键角见表 17.3。

表 17.3　乙酰氯的键长和键角

键类型	键长/pm	键角类型	键角/(°)
C＝O(羰基)	119.2	H—C＝O	127.08
CO—O(酰氧键)	149.9	C—C—Cl	112.66
C—Cl(碳-氯键)	178.9	O＝C—Cl	120.26

可以看出其 C—Cl 键长与氯甲烷中的 C—Cl 键长相差不大，对酰氯来说，电负性较大的 Cl 上带有正电荷的正则式对结构的贡献甚小，可以忽略不计。因为卤原子电负性比碳大，且卤原子的 p 轨道较大，形成 p-π 共轭困难，使酰卤中羰基反应活性非常高。

17.1.2　命名

羧酸衍生物均由相应的羧酸和酰基来命名。酰卤系将酰基的名称放在前面，后面接卤素的名称。以"羧酸"(carboxylic acid)为词尾的化合物将"羧酸"改为"碳酰"(carbonyl)：

CH₃COCl

CH₃CH₂CH₂COBr

CH₂(COBr)₂

乙酰氯(acetyl chloride)　　丁酰溴(butyryl bromide)　　丙二酰二溴(malonyl dibromide)

CH₃O—⬡—CO—Cl

4-甲氧苯甲酰氯(p-methoxybenzoyl chloride)

⬡—CO—Cl

环己烷碳酰氯(cyclohexanecarbonyl chloride)

当酰卤作为取代基时，用"卤甲酰"作词头命名。例如：

HOOC—⬡—COCl 对氯甲酰苯甲酸（*p*-chlorocarbonyl benzoic acid）

酰胺的命名：系将相应羧酸改为酰胺。英文名称将字尾 oic acid 或 ic acid 改为 amide。或将 carboxylic acid 改为 carboxamide，中文则将"羧酸"改为"酰胺"。例如：

邻苯二甲酰胺（phthalamide）　　　　　　　　环己烷甲酰胺（cyclohexanecarboxamide）

酰胺的氨基上有烷基且不太复杂时，作为氮原子上的取代基，放在酰胺名称前面命名：

N,*N*-二甲基甲酰胺（*N*,*N*-dimethylformamide，DMF）　　　*N*-甲基苯甲酰胺（*N*-methylbenzamide）

酰胺的氨基上烷基较复杂时，将酰基 RCO— 作为 *N*-取代基来命名：

2-苯甲酰氨基苯甲酸（2-benzamidobenzoic acid）

二元酸的单酰胺，以羧酸作为母体，酰胺作为取代基命名。二元酸形成的环状酰胺，称为某二酰亚胺：

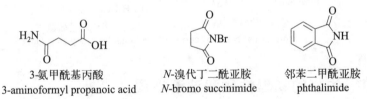

3-氨甲酰基丙酸　　　　　　　　*N*-溴代丁二酰亚胺　　　　　邻苯二甲酰亚胺
3-aminoformyl propanoic acid　　*N*-bromo succinimide　　　　phthalimide

酸酐可看成是两分子一元酸或一分子二元羧酸失去一分子水而成。由两分子相同一元羧酸所得酸酐叫单酐，它们的命名系在原来羧酸名称之后加"酐"字，"酸"字有时省去。由两分子不同一元羧酸脱水所得的酐叫混酐，它们的命名系把简单或低级羧酸的名称放在前面，复杂或高级羧酸的名称放在后面，再加"酐"字。例如：

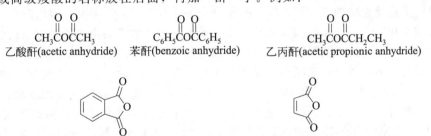

CH_3COCCH_3　　　　$C_6H_5COCC_6H_5$　　　　　　　$CH_3COCCH_2CH_3$
乙酸酐(acetic anhydride)　　苯酐(benzoic anhydride)　　　乙丙酐(acetic propionic anhydride)

邻苯二甲酸酐(phthalic anhydride)　　　顺丁烯二酸酐(butenedioic anhydride)

顺丁烯二酸酐俗名马来酸酐。

酯以相应羧酸和醇命名，即把酸的名称放在前面，醇或酚的烷基名称放在后面，再加一个"酯"字，如果多元酸中仍有羟基氢未被烷基取代，则在酸名之后加"氢"或"单"字。英文系将酸名"ic acid"或"ous acid"改为"ate"或"ite"，醇的烷基名放在前面。

$$CH_3\overset{O}{\overset{\|}{C}}OCH_2CH_3$$
乙酸乙酯（ethyl acetate）

$$CH_3\overset{O}{\overset{\|}{C}}OC_6H_5$$
乙酸苯酯（phenyl acetate）

$$CH_3\overset{O}{\overset{\|}{C}}OCH_2CH_2\overset{O}{\overset{\|}{O}}CH_3$$
二乙酸乙二醇酯（ethylene diacetate）

$$HO\overset{O}{\overset{\|}{C}}—\overset{O}{\overset{\|}{C}}OCH_3$$
草酸单乙酯（monoethyl oxalate）

分子内羧基和羟基失水形成的环状酯称为内酯（lactone），其中五元和六元环内酯最易形成。命名时将羧酸改为内酯，表明原羟基的位号置于内酯之前。将"ic acid"改为"olac-tone"。

γ-羟基丁酸 ⇒ γ-丁内酯 ; δ-羟基戊酸 ⇒ δ-戊内酯

当羧酸衍生物分子中有优先主官能团时，下列基团可做取代基：—CONH$_2$ 称为"氨基甲酰基"，—COOR 称为"烷氧羰基"，—COX 称为"卤甲酰基"，RCOO— 称为"酰氧基"。

3-甲氧羰基环己烷羧酸
(3-methoxycarbonylcyclohexanecarboxylic acid)

3-苯甲酰氧基丙酸
(3-benzoyloxypropionic acid)

对(氯甲酰)苯甲酸
(p-chloroformyl benzoic acid)

$$CH_3CH_2CH\overset{CONH_2}{|}CHCH_2CH_2COCl$$
4-氨基甲酰基己酰氯
(4-carbamoylhexanoylchloride)

17.2　羧酸衍生物的物理性质和波谱性质

低级酰氯和酸酐为液体，有刺激性气味，溶于有机溶剂。低级酯具有水果香味，如醋酸异戊酯有香蕉香味，丁酸丁酯有菠萝香味，戊酸乙酯有苹果香味。酰胺除甲酰胺外，其他 RCONH$_2$ 型酰胺在室温下都是结晶固体。

酰氯的沸点比相应的羧酸低，因为酰氯分子中没有羟基，不能通过氢键缔合。酯的沸点也比相应的酸和醇低，而与同碳原子数的醛、酮差不多。酸酐的沸点比相应的羧酸高。酰胺中氨基上的氢原子可以形成氢键，高度的缔合作用使酰胺的沸点比相应的酸还高。氨基上氢被烷基取代后，由于缔合程度减小而使沸点降低。例如，N,N-二甲基甲酰胺（沸点 153℃）的沸点比 N-甲基甲酰胺（沸点 180～185℃）和甲酰胺（沸点 210℃）的沸点都低。

酰氯和酸酐不溶于水，低级的遇水分解。酯在水中溶解度很小。低级的酰胺可溶于水，N,N-二甲基甲酰胺（DMF）和 N,N-二甲基乙酰胺（DMA）都是很好的非质子极性溶剂，可与水任意混合。低级酯能溶解很多有机物，是良好的有机溶剂。

在红外光谱中，羧酸酯由于不能生成像羧酸那样的二聚物，故羰基（C=O）吸收带出现在较高波数，在 1735cm^{-1}（s）左右。α,β-不饱和酯和芳香酯（ArCOOR）的羰基，因与不饱和键共轭，其吸收带移向低波数，在 1720cm^{-1} 左右。与酯基氧直接相连的基团为双键或芳环（—COOAr）型的酯，酯羰基吸收带向高波数移动，可达 1760cm^{-1} 左右，同时两种非常强 C—O 的伸缩振动吸收带分别在 $1050cm^{-1}$ 和约 $1250cm^{-1}$，可作为特征吸收带与饱和的酯区别。另外，芳香酯在 $1605 \sim 1400cm^{-1}$ 范围还有芳环的特征振动吸收带，可与脂肪族的酯区别。酸酐和酰卤由于 RCOO— 和卤素的吸电子作用，使羰基吸收带向高波数移动较多，约在 $1850 \sim 1750cm^{-1}$。酸酐有两个 C=O，存在对称和不对称两种伸缩振动吸收带：

不对称伸缩振动($1850 \sim 1800cm^{-1}$，s)　　　对称伸缩振动($1790 \sim 1740 cm^{-1}$，s)

链状酸酐，高频峰强于低频峰，而环状酸酐则相反。酸酐的 C—O 伸缩振动吸收在 $1310 \sim 1045cm^{-1}$（s）。

酰胺氮上有一个或两个 H 时，有 N—H 特征吸收。$RCONH_2$ 型的酰胺，C=O 的伸缩振动吸收在 $1690cm^{-1}$（s）左右，缔合体在 $1650cm^{-1}$ 左右，在非极性的稀溶液中，N—H 的伸缩振动在 $3400cm^{-1}$ 和 $3520 cm^{-1}$ 左右，两个吸收带均较弱，有氢键时，吸收在 $3180cm^{-1}$ 和约 $3350cm^{-1}$，N—H 的弯曲振动吸收在 $1600 cm^{-1}$ 和约 $1640cm^{-1}$，这是一级酰胺的两个特征吸收峰，C—N 伸缩振动吸收在 $1400cm^{-1}$ 左右。RCONHR 型的酰胺，C=O 的伸缩振动在 $1680 cm^{-1}$ 左右有强吸收，缔合体在 $1650cm^{-1}$ 左右有强吸收，非缔合体 N—H 伸缩振动吸收在 $3440cm^{-1}$ 左右，缔合体在 $1650cm^{-1}$ 左右，弯曲振动吸收在 $1550 \sim 1530cm^{-1}$。$RCONR'R''$ 型的酰胺，C=O 伸缩振动吸收在 $1650cm^{-1}$（s）左右。

核磁共振谱中，酯的烷氧基中与氧直接相连基团的质子（$RCOOCHR_2$）化学位移为 $3.7 \sim 4.1ppm$。酰胺（RCONH—）氮上质子为活泼氢，化学位移范围很宽，有时可在 $9.0ppm$ 以上，往往不能得到尖锐的峰（活泼氢化学位移特点），常需用重水交换办法来确定其位置，羰基的 α-碳上质子的化学位移在 $2 \sim 3ppm$。表 17.4 列出了 RCOL 型化合物的化学位移值。

表 17.4　RCOL 型化合物的化学位移

L	CH_3COL	CH_3CH_2COL	CH_3CH_2COL
—H	2.20	2.40	1.08
—OH	2.10	2.36	1.16
—OCH_3	2.03	2.13	1.12
—Cl	2.67	—	—
—NH_2	2.08	2.23	1.13

酰氯、酸酐、酯和酰胺的羰基碳原子的 ^{13}C NMR 化学位移差别不大，在 $170ppm$ 附近。

17.3　羧酸衍生物羰基的活性

羧酸衍生物羰基的反应是亲核取代反应。同羧酸一样，反应分两步进行，首先是亲核试剂与羰基碳发生亲核加成，形成四面体结构中间体，然后失去一个负离子，即实际上经历了一个加成-消除反应过程。例如，碱催化下的机理［碱的作用是增强试剂（HNu）的亲核性］：

$$HNu + B^- \rightleftharpoons HB + Nu^-$$

反应速率与羰基所连基团性质有关，所连基团 L 的吸电子能力越强，羰基碳上正电性越多，越有利于加成反应。在消除时，离去基团 L^- 的亲核性（或碱性）越弱越易离去，即 L^- 越稳定越易离去。在羧酸衍生物中，L 基团吸电子能力大小次序为—Cl＞—OOCR＞—OR＞—NH$_2$。L^- 的亲核性（或碱性）大小次序为 NH_2^-＞RO^-＞$RCOO^-$＞Cl^-。因此，羧酸衍生物羰基的活性为酰氯＞酸酐＞酯＞酰胺。立体效应也影响反应速率，R 大则因空间拥挤而使反应减慢。

酸也能催化反应进行，其作用是使羰基氧质子化以增强诱导效应，使羰基碳带更多正电性，使碱性较弱的亲核试剂也能发生反应。酸使羧酸衍生物的羰基氧质子化，而不是 L 中的 O 或 N 的质子化，这是因为酯、酸酐、酰胺以及羧酸中，RO—、—OH、RCOO—及—NH$_2$ 的氧或氮上孤对电子与羰基共轭，部分电荷转移到羰基氧上，使羰基氧带较多负电性，增加了羰基氧的碱性，碱性较强，因而质子结合在羰基氧上：

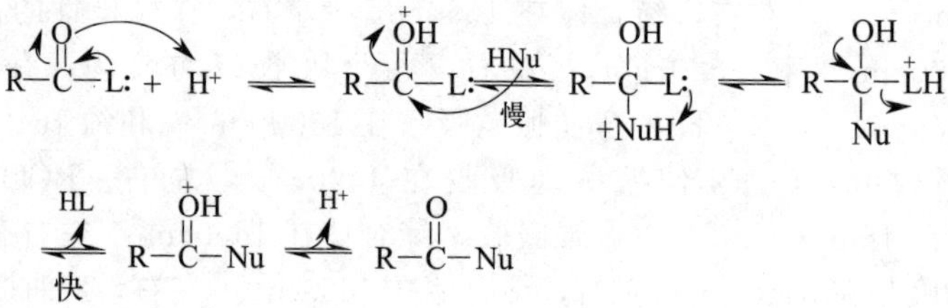

17.4 羰基的亲核取代反应

17.4.1 羧酸衍生物的水解反应

羧酸衍生物水解都生成一种相同的产物羧酸：

$$R-\overset{O}{\underset{}{C}}-L + H_2O \rightleftharpoons R-\overset{O}{\underset{}{C}}-OH + HL \quad L=-X、RCOO-、-OR、-NR_2$$

17.4.1.1 酯的水解

酯水解得到相应的羧酸和醇，反应通常很慢，但能被酸或碱催化。酯的酸催化水解是酸催化酯化反应的逆过程，最后得平衡混合物。酯通常采用碱催化水解，因为 OH^- 是强亲核试剂，容易与羰基碳发生亲核加成反应，反应中生成的酸立即与碱成盐，不可逆，使水解能进行到底，碱既是催化剂又是试剂。

同位素示踪实验证明，不管是酸催化还是碱催化，大多数羧酸酯水解是酰氧键断裂。例如，将乙酸甲酯的烷氧基氧用 O^{18} 标记，用碱或酸催化水解，结果得到的甲醇中含 O^{18}：

$$CH_3\overset{O}{\underset{}{C}}O^{18}CH_3 + H_2O \xrightarrow{H^+ \text{或} OH^-} CH_3COOH + CH_3O^{18}H$$

（1）碱性水解

大多数羧酸酯在碱性溶液中水解，按下述机理进行：

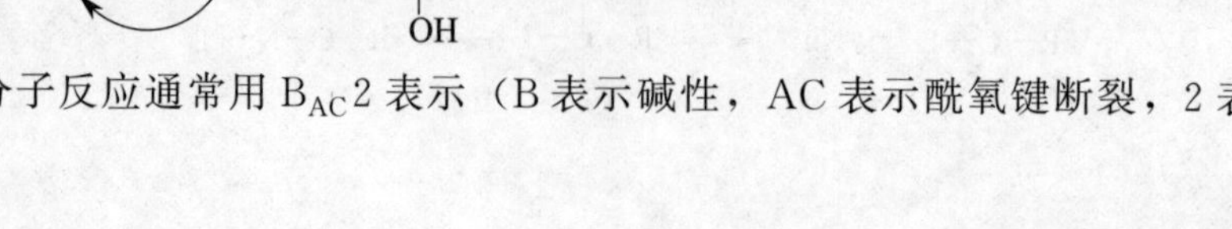

$$R-\overset{O}{\underset{}{C}}-OR'+OH^- \underset{\text{慢}}{\rightleftharpoons} R-\overset{O^-}{\underset{OH}{C}}-OR' \xrightarrow{\text{快}} R-\overset{O}{\underset{}{C}}-OH + RO^- \longrightarrow R-\overset{O}{\underset{}{C}}-O^- + ROH$$

这一双分子反应通常用 $B_{AC}2$ 表示（B 表示碱性，AC 表示酰氧键断裂，2 表示速率决定步骤为双分子反应）。反应历程已被很多实验证明，一个很重要的实验是同位素示踪。将 $RCO^{18}OR'$ 的酯在普通水中部分水解，然后测定未水解酯中 O^{18} 的含量，发现比最初所用原料中 O^{18} 的含量少，发现有不含 O^{18} 的酯。用未标记的酯 $RCOOR'$ 在 H_2O^{18} 中部分水解，发现未反应的酯中有含 O^{18} 的酯，这可用形成四面体中间物过程是可逆的来解释：

$$R\overset{\overset{O^{18}}{\|}}{C}-OR' + H_2O \underset{\text{慢}}{\overset{\text{慢}}{\rightleftharpoons}}$$
$$R\overset{\overset{O}{\|}}{C}-OR' + H_2O^{18} \underset{\text{慢}}{\overset{\text{慢}}{\rightleftharpoons}} \quad R\overset{\overset{O^{18}H}{|}}{\underset{OH}{C}}-OR' \overset{R'OH}{\longrightarrow} R\overset{\overset{O^{18}}{\|}}{C}-OH \text{ 或 } R\overset{\overset{O}{\|}}{C}-OH$$

含 O^{18} 的酯水解时先生成四面体中间物，如果中间物失去 OR' 就得到羧酸，如果失去 OH^- 就变成原料，失去的 OH^- 可以是含同位素的，因此未水解酯中 O^{18} 含量降低。未标记的酯用含 O^{18} 的水部分水解时，中间物含有 O^{18}，当失去 OH^- 变为原料时，O^{18} 就由水转到酯上，因此未反应的酯中有 O^{18}。由于大多数酯水解反应有一个带负电荷的四面体中间物生成，故若羰基附近的碳上有吸电子基团则可使负离子稳定而促进反应，若 R 或 R′ 的体积大则不利于反应。表 17.5 列出了酯的结构对水解反应速率的影响。

表 17.5　电子效应和空间效应对酯水解反应速率的影响

R	CH_3COOR（相对速率）		R	$RCOOC_2H_5$（相对速率）
	$B_{AC}2$	$A_{AC}2$		$B_{AC}2$
—CH_3	1	1	CH_3—	1
—CH_2CH_3	0.6014	0.97	CH_2CH_3—	0.470
—$CH(CH_3)_2$	0.146	0.53	$CH(CH_3)_2$—	0.100
—$C(CH_3)_3$	0.0084	1.15	$C(CH_3)_3$—	0.011
			$ClCH_2$—	290
			Cl_2CH—	6130
			CH_3CO—	7200
			Cl_3C—	23150

当 $RCOOR'$ 中的 R′ 能形成稳定的 R'^+ 时，有时也按烷氧键断裂机理进行，在中性和弱碱性溶液中水解时，已观察到这种现象。但是，如果增大反应体系的 pH 仍会按酰氧键断裂机理进行。例如，邻苯二甲酸-1-甲基-3-苯基烯丙基单酯在 Na_2CO_3 溶液中水解得到互为异构体醇的混合物，这说明烷氧键断裂，生成了烯丙型碳正离子，经重排得到两种碳正离子：

烷氧键断裂反应机理与 S_N1 相似，通常以 $B_{AL}1$ 表示：

$$R\overset{\overset{O}{\|}}{C}-O-R' \overset{\text{慢}}{\rightleftharpoons} R\overset{\overset{O}{\|}}{C}-O^- + R'^+ \quad , \quad R'^+ \overset{OH^-}{\underset{\text{快}}{\longrightarrow}} R'-OH$$

而在 NaOH 溶液中水解则得到结构几乎不变的醇，即按 $B_{AC}2$ 机理：

$$\text{(结构式)} \xrightarrow[\text{B}_{\text{AC}}2]{\text{NaOH}} \text{(结构式)} + \text{(结构式)}$$

油脂是高级脂肪酸甘油酯，经碱水解得到甘油和高级脂肪酸钠，后者是肥皂的主要成分，所以酯的碱性水解也称皂化。工业上以天然的脂肪、油、蜡作原料水解，得到相应的高级脂肪酸。

（2）酸性水解

酯的酸性水解是通过酯的共轭酸进行的，反应的关键一步是水分子对共轭酸的进攻，其他步骤与碱性水解相似。酯的酸性水解通常以 $A_{\text{AC}}2$ 表示，A 表示酸性，机理如下：

$$\text{(机理式)}$$

$$\text{(机理式)}$$

判断酰氧键断裂的证据是用 O^{18} 标记的水（H_2O^{18}）水解丁二酸单甲酯，得到不含 O^{18} 的甲醇和含 O^{18} 的丁二酸：

$$\text{HO}-\text{(结构式)}-\text{O}-\text{CH}_3 + H_2O^{18} \longrightarrow \text{HO}-\text{(结构式)}-O^{18}H + CH_3OH$$

吸电子基团对酯的酸性水解反应速率也有影响，但不如碱性水解的大，这是因为极性基团对酯的质子化和对水分子亲核进攻的影响是相反的。给电子基团有利于酯中羰基的质子化，但不利于水对羰基的亲核进攻，而吸电子基团则反之。和碱性水解一样，空间效应也影响水解反应速率，基团越大，反应速率越慢。当 R' 能形成稳定的碳正离子时，也是发生烷氧键断裂。旋光的酯水解后得到外消旋体，说明水解时烷氧键断裂，导致最终生成了外消旋体：

$$\text{(结构式)} \xrightarrow{H_3O^+} \text{(结构式)} + \text{(结构式)}$$

旋光性 外消旋体

从表 17.5 可以看到 $CH_3COOC(CH_3)_3$ 的酸性水解反应速率反而稍加快，这是因叔丁基能形成稳定的碳正离子，反应按烷氧键断裂机理进行。这点已经同位素示踪实验证明：

$$CH_3-\overset{O}{\underset{}{C}}-O^{18}-\overset{CH_3}{\underset{CH_3}{C}}-CH_3 + H_2O \longrightarrow CH_3COO^{18}H + (CH_3)_3COH$$

实验结果是 O^{18} 在羧酸而不在醇中，说明反应机理与 S_N1 相似，常以 $A_{\text{AL}}1$ 表示。

$$CH_3-\overset{O}{\underset{}{C}}-O^{18}-C(CH_3)_3 + H^+ \xrightarrow{快} CH_3-\overset{\overset{+}{O}H}{\underset{}{C}}-O^{18}-C(CH_3)_3 \xrightarrow{慢} CH_3-\overset{OH}{\underset{}{C}}=O^{18} + (CH_3)_3C^+$$

$$(CH_3)_3C^+ + H_2O \rightleftharpoons (CH_3)_3C-\overset{+}{O}H_2 \rightleftharpoons (CH_3)_3C-OH + H^+$$

17.4.1.2　酰氯、酸酐和酰胺的水解

酰氯和酸酐容易水解。低级酰氯与水相遇，发生猛烈放热反应，生成酸和盐酸。例如：

$$CH_3COCl + H_2O \longrightarrow CH_3COOH + HCl$$

由于芳香酰氯中氯的未共用电子对通过羰基 p 轨道与芳环共轭，所以它比脂肪酰氯稳定，且在水中溶解度小，分子量大的脂肪酰氯在水中溶解度也小，故它们与水的反应速率较慢。但若用一个有机试剂能增加酰氯在反应体系中的溶解度，水解也能迅速发生：

$$n\text{-}C_9H_{19}COCl + H_2O \xrightarrow{THF} n\text{-}C_9H_{19}COOH + HCl$$

酸酐不溶于水，在室温水解很慢，若选择一个适当的溶剂或加热使之成均相，水解也很快，亦可用酸或碱催化来加速反应。酸酐水解得相应的酸。

$$RCOOCOR' + H_2O \longrightarrow RCOOH + R'COOH$$

酰胺水解得到相应的羧酸和氨或胺，酰胺水解比酯慢，通常需要比较激烈的条件，反应需在酸或碱作用下进行，且反应是不可逆的，因为酸水解有铵离子生成，碱水解生成了羧酸根负离子：

$$RCONH_2 + H_2O \xrightarrow{H^+} RCOOH + NH_4^+$$

$$RCONH_2 + H_2O \xrightarrow{OH^-} RCOO^- + NH_3$$

有空间阻碍的酰胺，较难水解。如果用亚硝酸处理，可在室温水解得到羧酸，产率很好。其反应过程是首先由亚硝酸中的 NO^+ 与—NH_2 反应得重氮基—N_2^+，然后以 N_2 离去，得酰基正离子与水结合，再失去质子得羧酸。

17.4.2　羧酸衍生物的醇解反应

酰卤很容易与醇反应得到酯和卤化氢，例如：

$$CH_3COCl + (CH_3)_2CHCH_2OH \longrightarrow CH_3COOCH_2CH(CH_3)_2 + HCl$$

反应通常在有机碱，如 N,N-二甲苯胺、三乙胺、吡啶等存在下进行：

$$CH_3COCl + (CH_3)_3COH \xrightarrow{C_6H_5N(CH_3)_2} CH_3COOC(CH_3)_3 + C_6H_5\overset{+}{N}H(CH_3)_2Cl^-$$

虽然由羧酸经过酰氯再与醇反应成酯要经过两步，但结果往往比直接用羧酸与醇反应酯化好，因为直接酯化是一个平衡反应，不易进行完全，且有的醇在酸存在下容易进行消除反应，因此酰氯醇解常用来合成直接酯化难以得到的酯。

酸酐也容易与醇反应，生成相应的酸和酯：

$$(RCO)_2O + R'OH \longrightarrow RCOOR' + RCOOH$$

环状酸酐醇解，首先得到羧酸单酯：

酯醇解得到一个新的酯和醇，这一反应常称为酯交换反应，反应被酸或碱所催化：

$$CH_3COOC_2H_5 + CH_3OH \underset{}{\overset{H^+ \text{或} CH_3O^-}{\rightleftharpoons}} CH_3COOCH_3 + CH_3CH_2OH$$

反应机理与酯在酸或碱催化下水解类似，是一个可逆反应。为使反应完全，常用过量的

所希望生成酯的醇，或将反应产生的醇除去。通常用于以低沸点醇的酯制备高沸点醇的酯：

$$CH_2=CHCOOCH_3+n\text{-}C_4H_9OH \xrightarrow{\ TsOH\ } CH_2=CHCOOC_4H_9+CH_3OH$$

反应过程中把产生的甲醇不断蒸出，使反应顺利向右进行。酯交换反应可用于二酯类化合物的选择性"水解"，例如：

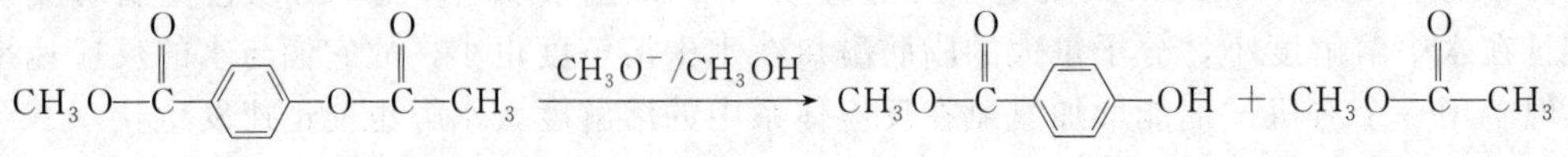

使用大量甲醇，用少许甲醇钠作催化剂进行反应，甲酯保留不变，对羟基苯甲酸甲酯被甲醇交换下来，由于甲醇大大过量，反应可接近完全。

酯交换可以合成一些直接酯化难以得到的酯，例如制备烯醇酯：

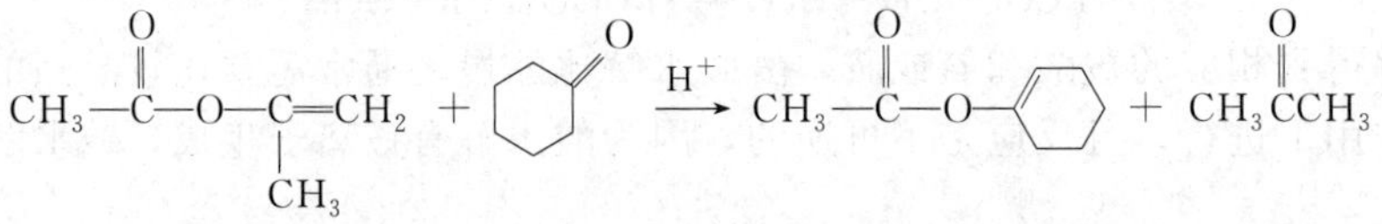

酯交换的另一重要应用是涤纶聚对苯二甲酸乙二醇酯的合成。采用对苯二甲酸和乙二醇进行缩聚反应时，对苯二甲酸的纯度要求很高，一般不易达到要求。通过将对苯二甲酸制备成对苯二甲酸二甲酯，再分馏提纯，然后在催化剂作用下，将对苯二甲酸二甲酯与乙二醇经过酯交换反应得到高聚物涤纶：

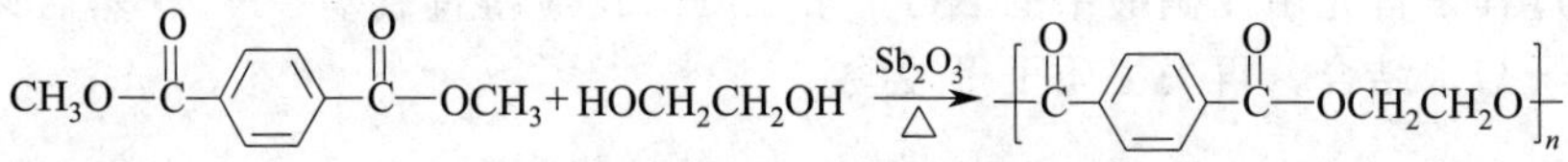

目前，已能制得比较纯的对苯二甲酸，可直接用来与乙二醇聚合生产涤纶，但现在对苯二甲酸二甲酯与乙二醇酯交换法制备涤纶还是工业上主要工艺之一。

酰胺在酸催化下醇解得相应的酯和铵盐：

$$C_6H_5CONH_2+C_2H_5OH \xrightarrow[\triangle]{HCl} C_6H_5COOC_2H_5+NH_4^+$$

酰胺醇解亦可用碱催化，但需要在激烈条件下进行，通常很少使用。

醇解是在醇的氧上进行酰基化反应，所得酯可以水解为原来的醇，故通常用于保护羟基。

17.4.3 羧酸衍生物的氨解反应

羧酸衍生物与氨（胺）反应生成酰胺的反应称为氨解。酰氯与氨（胺）反应生成酰胺过程中产生的氯化氢与氨（胺）作用成盐会消耗一摩尔氨（胺），因此所用酰氯与氨（胺）的物质的量比应为 1：2 以上：

$$CH_3CH_2COCl+2NH_3 \longrightarrow CH_3CH_2CONH_2+NH_4Cl$$

另一个方法是 Schotten-Baumann 法，活性不太高的酰氯用氢氧化钠中和反应生成的 HCl：

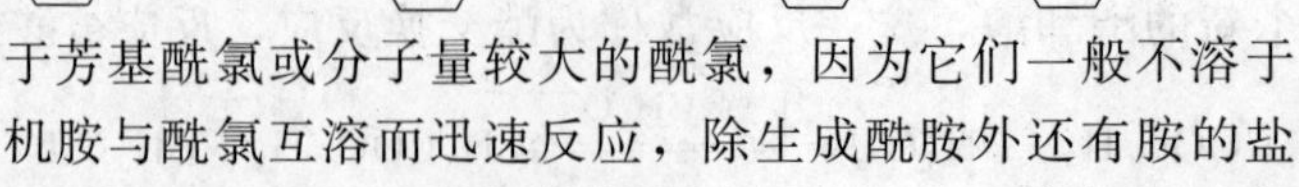

这个方法适用于芳基酰氯或分子量较大的酰氯，因为它们一般不溶于水，故与氢氧化钠水溶液反应慢，有机胺与酰氯互溶而迅速反应，除生成酰胺外还有胺的盐酸盐，后者由有机相移至水相与氢氧化钠迅速反应，胺重新游离返回有机相，再参加与酰氯的反应。

叔胺的氮上没有氢，与酰氯反应生成活性高的酰基铵盐，而不是酰胺：

$$CH_3-\overset{\overset{\displaystyle O}{\|}}{C}-Cl +(CH_3CH_2)_3N \longrightarrow CH_3-\overset{\overset{\displaystyle O}{\|}}{C}-\overset{+}{N}(CH_2CH_3)_3Cl^-$$

酰基铵盐非常活泼，能立即与水、醇或其他亲核试剂反应，因此叔胺不仅常用于中和反应中生成的酸（缚酸剂），而且具有催化功能。

酸酐与氨或胺反应生成一分子酰胺和一分子羧酸。因为生成的羧酸同氨或胺反应成盐，故应使用过量的氨或胺。环状酐得到带有一个酰胺和一个铵盐的产物，酸化后铵盐变成羧酸。

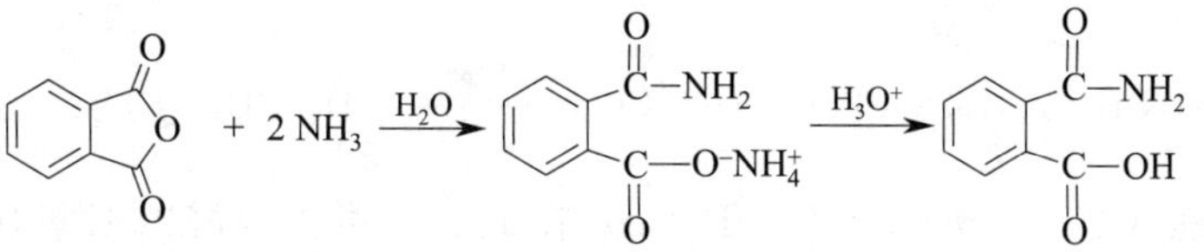

反应亦可在叔胺或吡啶存在下进行，它们可以中和产生的酸，使反应向右顺利进行：

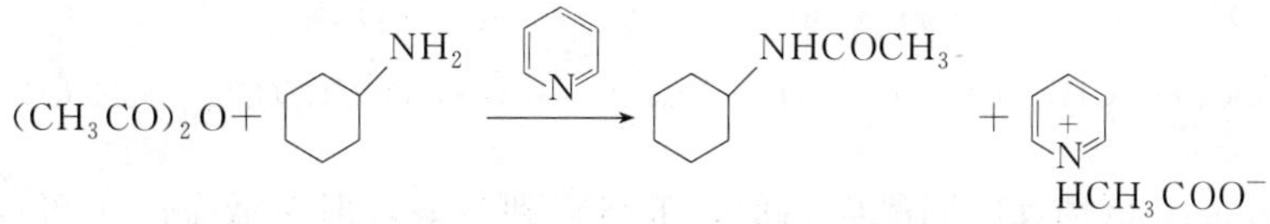

酯与氨或胺反应得相应的酰胺和醇，在相应的酰氯或酸酐不稳定或不便使用时，这一反应是合成酰胺的较好方法。例如：

$$CH_3CH(OH)COOC_2H_5 +NH_3 \longrightarrow CH_3CH(OH)CONH_2 +C_2H_5OH$$

酯还可以与肼或羟胺等反应生成酰肼和 N-羟基酰胺：

$$R-\overset{\overset{\displaystyle O}{\|}}{C}-OR' +H_2NNH_2 \longrightarrow R-\overset{\overset{\displaystyle O}{\|}}{C}-NHNH_2 +R'OH$$

$$R-\overset{\overset{\displaystyle O}{\|}}{C}-OR' +H_2NOH\cdot HCl \xrightarrow{\text{碱}} R-\overset{\overset{\displaystyle O}{\|}}{C}-NHOH +R'OH$$

氨解可看成是在胺的氮上进行酰基化反应，所得酰胺可再水解为原来的胺，因此也常用于保护胺（氨）基。

17.4.4　羧酸衍生物与金属有机试剂的反应

最常用的金属有机试剂是 Grignard 试剂，它同羧酸衍生物（RCOL）反应机理通式为：

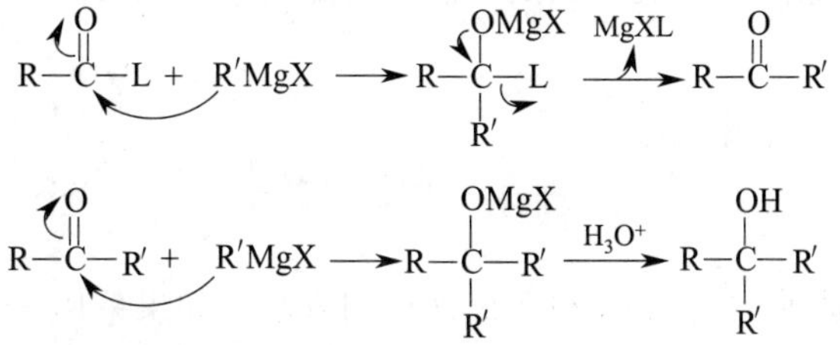

Grignard 试剂与酰氯反应最终生成叔醇。反应经历中间体酮，能否终止在酮的阶段与羰基的活性、试剂用量及反应条件等因素有关。

由于酰氯比酮活泼，与 Grignard 试剂作用比酮快，所以在低温条件下用过量的酰卤

（通常是将 Grignard 试剂滴加到酰卤中），可得到较高产率的酮。例如：

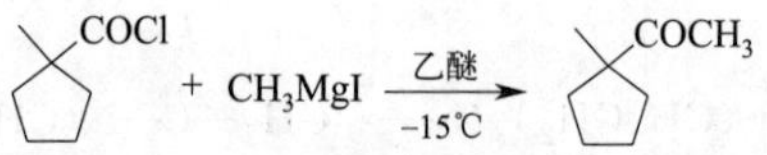

$$\text{环戊烷-COCl} + CH_3MgI \xrightarrow[-15℃]{\text{乙醚}} \text{环戊烷-COCH}_3$$

$$CH_3COCl + CH_3(CH_2)_2CH_2MgCl \xrightarrow[-70℃]{\text{乙醚, FeCl}_3} CH_3COCH_2(CH_2)_2CH_3$$

有机铜锂（二烷基铜锂）试剂的活性比 Grignard 试剂低，前者很容易与酰卤反应得到酮，一般不与酮、酯、酰胺反应或者反应甚慢，具有很高的选择性，例如：

$$(CH_3)_3CCOCl + (CH_3)_2CuLi \xrightarrow[-78℃]{\text{乙醚}} (CH_3)_3CCOCH_3$$

$$ICH_2(CH_2)_8CH_2\overset{O}{\underset{\|}{C}}\!\!-\!\!Cl + (CH_3)_2CuLi \xrightarrow[-78℃]{\text{乙醚}} ICH_2(CH_2)_8CH_2\overset{O}{\underset{\|}{C}}\!\!-\!\!CH_3$$

利用有机铜锂试剂、有机镉试剂（R_2Cd）在低温下可以与醛或酰氯反应，而不与酮、酯等反应，可以制备双官能团化合物：

$$C_2H_5O\overset{O}{\underset{\|}{C}}CH_2(CH_2)_6CH_2\overset{O}{\underset{\|}{C}}Cl + (C_2H_5)_2Cd \xrightarrow{\triangle} C_2H_5O\overset{O}{\underset{\|}{C}}CH_2(CH_2)_6CH_2\overset{O}{\underset{\|}{C}}C_2H_5$$

酸酐与 Grignard 试剂反应同酰卤相似，最终得到叔醇，但在低温时也可停留在成酮阶段。环状酸酐与 Grignard 试剂反应可以制备酮酸：

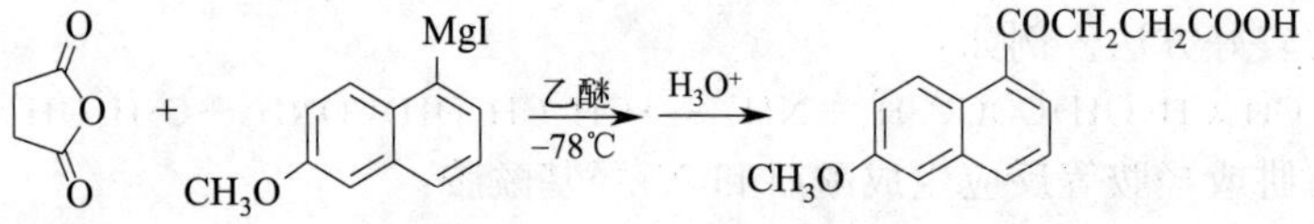

酯与 Grignard 试剂反应是合成三级醇的有效方法。反应最初形成的加成物是不稳定的，很快失去烷氧基卤化镁成酮，由于酮比酯活泼，立即与第二个分子 Grignard 试剂反应，最后水解得到三级醇：

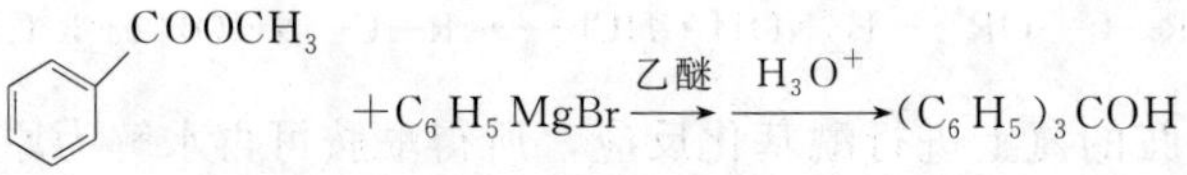

$$\text{苯-COOCH}_3 + C_6H_5MgBr \xrightarrow{\text{乙醚}} \xrightarrow{H_3O^+} (C_6H_5)_3COH$$

甲酸酯与 Grignard 试剂反应可以得到对称的仲醇：

$$2CH_3(CH_2)_2CH_2MgBr + H\overset{O}{\underset{\|}{C}}OCH_3 \xrightarrow{\text{乙醚}} \xrightarrow{H_3O^+} (CH_3CH_2CH_2CH_2)_2CHOH$$

与 Grignard 试剂相似的是有机锂试剂，后者与酯反应得三级醇：

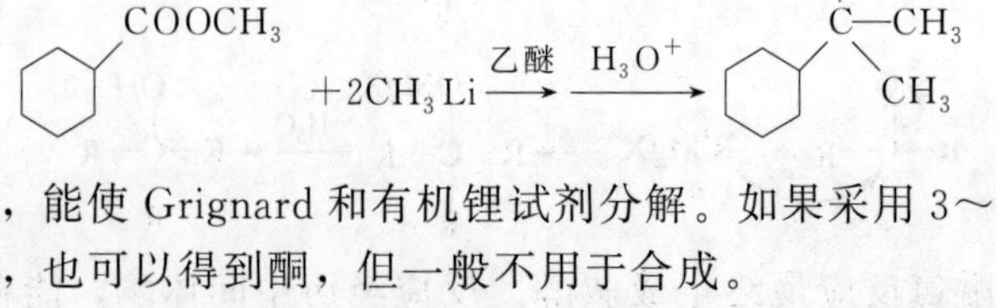

$$\text{环己烷-COOCH}_3 + 2CH_3Li \xrightarrow{\text{乙醚}} \xrightarrow{H_3O^+} \text{环己烷-}\underset{CH_3}{\overset{OH}{\underset{|}{\overset{|}{C}}}}\!\!-\!\!CH_3$$

氮上有氢的酰胺，能使 Grignard 和有机锂试剂分解。如果采用 3～4 倍当量的 Grignard 试剂与酰胺一起加热，也可以得到酮，但一般不用于合成。

17.5　羧酸衍生物的还原

17.5.1　Rosenmund 反应

酰卤可以还原成醛或伯醇，由于酰卤很活泼，所以可选择性地还原为醛。Rosenmund 还原反应是一个催化还原酰卤为醛的方法，所用催化剂是加有少量有机硫化物的钯，以降低催化活性，使产物醛不会再进一步还原成醇。为得到好的产率，应尽可能在低温下反应。此法不能还原硝基、卤代物和酯基。例如：

$$\text{（萘的 COCl 和 Cl 取代物）} + H_2 \xrightarrow[\text{二甲苯}]{Pd/BaSO_4,\text{喹啉-硫}} \text{（萘的 CHO 和 Cl 取代物）}$$

$$CH_3OCCH_2CH_2COCl + H_2 \xrightarrow[\text{二甲苯}]{Pd/BaSO_4,\text{喹啉-硫}} CH_3OCCH_2CH_2CHO$$

17.5.2　用溶解金属还原

酯可以用金属钠在醇溶剂中被顺利地还原，在未发现氢化铝锂时，它是最常用来还原酯的。此法不还原孤立双键，是将油脂还原为长链不饱和醇的有效方法。

$$EtO\text{—}(\cdots)\text{—}OEt \xrightarrow{Na/EtOH} HO\text{—}(\cdots)\text{—}OH$$

反应机理如下：

$$R\text{—}\overset{O}{\underset{}{C}}\text{—}OEt \xrightarrow[①]{\cdot Na} R\text{—}\overset{\bar{O}Na^+}{\underset{}{C}}\text{—}OEt \xrightarrow[②]{\cdot Na} R\text{—}\overset{\bar{O}Na^+}{\underset{+Na}{C}}\text{—}OEt \xrightarrow[③]{EtOH} R\text{—}\overset{OH}{\underset{H}{C}}\text{—}OEt \xrightarrow{EtO^-}$$

$$R\text{—}\overset{O}{\underset{}{C}}\text{—}H \xrightarrow{\text{重复}①②③} R\text{—}CH_2\bar{O}Na^+ \xrightarrow{H_3O^+} R\text{—}CH_2OH$$

反应首先是酯从金属钠接受一个电子生成自由基负离子，再从金属钠得到一个电子生成双负离子，其中碳负离子从醇中接受一个质子，接着失去烷氧基负离子成为醛。醛再经过①～③反应得到醇钠，最后酸化得相应的醇。双键与羰基共轭的酯，双键也被还原：

$$n\text{-}C_{11}H_{23}COOC_2H_5 \xrightarrow[\text{回流}]{Na+CH_3CH_2OH} n\text{-}C_{11}H_{23}CH_2OH$$

$$CH_3(CH_2)_7CH{=}CH(CH_2)_7COOCH_3 \xrightarrow[\triangle]{Na,EtOH} CH_3(CH_2)_7CH{=}CH(CH_2)_7CH_2OH$$

$$RCH{=}CHCO_2Et \xrightarrow[\text{回流}]{Na,EtOH} \left[RCH_2CH{=}\overset{ONa}{\underset{}{C}}\text{—}OEt \right] \longrightarrow RCH_2CH_2CO_2Et \xrightarrow[\text{回流}]{Na,EtOH} RCH_2CH_2CH_2OH$$

酯还可以用铜-铬氧化物作催化剂催化氢化为醇，反应需高温（$200\sim300℃$）和高压（$10\sim30MPa$），分子中若有碳-碳双键也同时被还原。这个反应主要用于催化氢化植物油和脂肪，以获得长链醇类，如硬脂醇、软脂醇等混合物，不饱和脂肪酸的双键同时被还原，它们可以用来做洗涤剂、化学试剂等，苯环在氢化过程中保持不变：

$$\underset{\text{COOC}_2\text{H}_5}{\bigcirc} \xrightarrow[\text{225℃,30MPa}]{\text{H}_2/\text{CuO,CuCrO}_4} \underset{\text{CH}_2\text{OH}}{\bigcirc}$$

17.5.3 用金属氢化物还原

三叔丁氧基氢化铝锂（LiAl[OC(CH₃)₃]₃H）可将酰卤还原为醛。由于三叔丁氧基氢化铝锂与酮反应很慢，与腈、硝基和酯不反应，如用等物质的量试剂与酰卤反应，能得产率很高的醛：

$$\underset{\text{CH}_3}{\overset{\text{COCl}}{\bigcirc}}\text{OCH}_3 + \text{LiAl[OC(CH}_3)_3]_3\text{H} \xrightarrow{\text{Et}_2\text{O}} \xrightarrow{\text{H}_3\text{O}^+} \underset{\text{CH}_3}{\overset{\text{CHO}}{\bigcirc}}\text{OCH}_3$$

$$\text{NC}-\bigcirc-\text{COCl} + \text{LiAl[OC(CH}_3)_3]_3\text{H} \xrightarrow{\text{Et}_2\text{O}} \xrightarrow{\text{H}_3\text{O}^+} \text{NC}-\bigcirc-\text{CHO}$$

氢化铝锂是强还原剂，它将酰氯还原成醇。虽然酯的活性比醛低，但用氧化铝锂或硼氢化锂仍易还原得伯醇。例如：

$$\text{C}_6\text{H}_5\text{COOC}_2\text{H}_5 + \text{LiAlH}_4 \xrightarrow{\text{Et}_2\text{O}} \xrightarrow{\text{H}_3\text{O}^+} \text{C}_6\text{H}_5\text{CH}_2\text{OH}$$

$$n\text{-C}_{15}\text{H}_{31}\text{COOC}_4\text{H}_9\text{-}n + \text{LiBH}_4 \xrightarrow{\text{THF}} \xrightarrow{\text{H}_3\text{O}^+} n\text{-C}_{15}\text{H}_{31}\text{CH}_2\text{OH}$$

羧酸较难还原，通常将羧酸转化为酯再用 LiAlH₄ 还原为醇，产率高，NaBH₄ 单独使用时较难还原酯。

N-取代酰胺在乙醚或 THF 中用氢化铝锂还原得到胺，例如：

$$\text{CH}_3(\text{CH}_2)_{10}\text{CONHCH}_3 \xrightarrow[\text{Et}_2\text{O}]{\text{LiAlH}_4} \xrightarrow{\text{H}_3\text{O}^+} \text{CH}_3(\text{CH}_2)_{10}\text{CH}_2\text{NHCH}_3$$

反应过程被认为是先还原成氨基醇衍生物，随后发生消除反应生成亚胺或亚胺盐，亚胺或亚胺盐再被另一分子 LiAlH₄ 还原成胺：

$$\underset{\text{}}{\overset{\text{O}}{\text{R-C-NR}_2'}} \xrightarrow{\text{LiAlH}_4} \underset{\text{H}}{\overset{\text{OAlH}_3\text{Li}}{\text{R-C-NR}_2'}} \longrightarrow \underset{\text{H}}{\text{R-C}=\overset{+}{\text{N}}\text{R}_2'} \xrightarrow{\text{LiAlH}_4} \xrightarrow{\text{H}_2\text{O}} \underset{\text{H}}{\overset{\text{H}}{\text{R-C-NR}_2'}}$$

17.6 缩合反应

17.6.1 α-氢的酸性

羧酸衍生物的 α-氢同醛、酮一样有弱酸性，几个有代表性的化合物的 pK_a 值列于表 17.6。

表 17.6　几个羧酸衍生物的 pK_a 值

化合物	CH₃COCl	CH₃CHO	CH₃COCH₃	CH₃COOCH₃	CH₃CON(CH₃)₂
pK_a	约 16	17	20	25	约 30

α-氢的酸性次序是酰氯＞醛＞酮＞酯＞酰胺。

同醛、酮一样，羧酸衍生物也形成烯醇式和酮式的平衡：

$$\begin{array}{ccc} & \overset{O}{\underset{\|}{}} & & \overset{O^-}{\underset{\|}{}} \\ RCH_2-C-L & \rightleftharpoons & RCH=C-L \ +H^+ \ (L=Cl、OEt、NR_2') \end{array}$$

烯醇式含量和稳定性与它们的结构有关。酰氯中氯的强吸电子诱导效应使烯醇负离子比醛、酮的烯醇负离子稳定，所以酸性比醛、酮强。酯和酰胺中烷氧基及氨基氮上孤对电子与羰基共轭（p-π 共轭）使酮式稳定，烯醇负离子不稳定，故解离 α-氢需要较大能量，特别是酰胺共轭体系比酯更稳定，因而酯的 α-氢酸性比醛、酮的弱，但比酰胺的强。

17.6.2　Claisen 缩合反应

在强碱，如醇钠等存在下，两分子具有 α-氢的酯之间失去一分子醇生成 β-酮酸酯，该反应称为酯的缩合反应，也常称 Claisen（克莱森）缩合反应。例如两分子乙酸乙酯在计算量的乙醇钠作用下，缩合生成乙酰乙酸乙酯：

$$2 \ \ CH_3\overset{O}{\underset{\|}{C}}OC_2H_5 \ \ \xrightarrow[\text{(2)HOAc}]{\text{(1)}C_2H_5ONa} \ \ CH_3\overset{O}{\underset{\|}{C}}CH_2\overset{O}{\underset{\|}{C}}OC_2H_5 \ +C_2H_5OH+NaOAc$$

反应第一步是一分子的乙酸乙酯在碱作用下形成烯醇负离子：

$$CH_3-\overset{O}{\underset{\|}{C}}-OEt \ \ \xrightarrow{\text{EtONa}} \ \ \left[\overset{-}{C}H_2-\overset{O}{\underset{\|}{C}}-OEt \ \longleftrightarrow \ CH_2=\overset{O^-}{\underset{\|}{C}}-OEt\right]Na^+ \ + \ EtOH$$

反应第二步是烯醇负离子作为亲核试剂与另一个乙酸乙酯的酯羰基进行亲核加成反应：

$$CH_3-\overset{O}{\underset{\|}{C}}-OEt \ + \ CH_2=\overset{O^-}{\underset{\|}{C}}-OEt \ \ \rightleftharpoons \ \ CH_3-\overset{O^-}{\underset{\underset{CH_2COOEt}{|}}{C}}-OEt$$

反应第三步是亲核加成反应的中间体进行消除反应：

$$CH_3-\overset{O^-}{\underset{\underset{CH_2COOEt}{|}}{C}}-OEt \ \ \rightleftharpoons \ \ CH_3\overset{O}{\underset{\|}{C}}CH_2\overset{O}{\underset{\|}{C}}OEt + EtO^-$$

反应第四步是亲核加成反应生成的 β-酮酸酯（乙酰乙酸乙酯）与碱反应失去质子：

$$CH_3\overset{O}{\underset{\|}{C}}CH_2\overset{O}{\underset{\|}{C}}OEt \ \xrightarrow{\text{EtONa}} \ \left[CH_3\overset{O}{\underset{\|}{C}}\overset{-}{C}H-\overset{O}{\underset{\|}{C}}-OEt \ \longleftrightarrow \ CH_3\overset{O^-}{\underset{\|}{C}}=CH-\overset{O}{\underset{\|}{C}}OEt\right]Na^+ \ + \ EtOH$$

最后经酸化反应得到乙酰乙酸乙酯：

$$\left[CH_3\overset{O}{\underset{\|}{C}}\overset{-}{C}H-\overset{O}{\underset{\|}{C}}-OEt \ \longleftrightarrow \ CH_3\overset{O^-}{\underset{\|}{C}}=CH-\overset{O}{\underset{\|}{C}}OEt\right]Na^+ \ \xrightarrow{\text{HOAc}} \ CH_3\overset{O}{\underset{\|}{C}}CH_2\overset{O}{\underset{\|}{C}}OEt+NaOAc$$

乙酸乙酯的酸性（$pK_a \approx 24.5$）比乙醇（$pK_a \approx 16$）弱，因此第一步反应平衡偏向左，在平衡体系中烯醇负离子是很少的。第二步和第三步反应取决于第一步，因此该两步反应平衡也偏向左边，生成很少的乙酰乙酸乙酯。但是乙酰乙酸乙酯中亚甲基上的氢受酮羰基和酯羰基的吸电子影响，酸性比乙醇强，是一个相对较强的酸（$pK_a \approx 11$），迅速与 $C_2H_5O^-$ 反应形成稳定的负离子，使反应偏向右边，是不可逆的过程。因此，即使体系中烯醇负离子浓度很低，但一经形成就不断进行后续反应，使反应能够进行完全，最后酸化转化为乙酰乙酸乙酯。整个反应过程每 2 摩尔酯要消耗 1 摩尔的醇钠，所以，为使反应顺利进行，必须用 1 摩尔以上的醇钠。

若酯的 α-碳上只有一个氢，则缩合反应不能在 $C_2H_5O^-$ 的作用下进行，因为生成的 β-

酮酸酯的活泼氢酸性小于醇，缺乏使平衡向右的驱动力。因此一般至少具有两个 α-氢的酯，即 RCH_2COOR' 型的酯，才能在醇钠的作用下进行克莱森缩合反应。

　　仅有一个 α-氢的酯需采用更强的碱，比如三苯甲基钠，能使生成的 β-酮酸酯形成烯醇负离子，才能进行克莱森缩合反应：

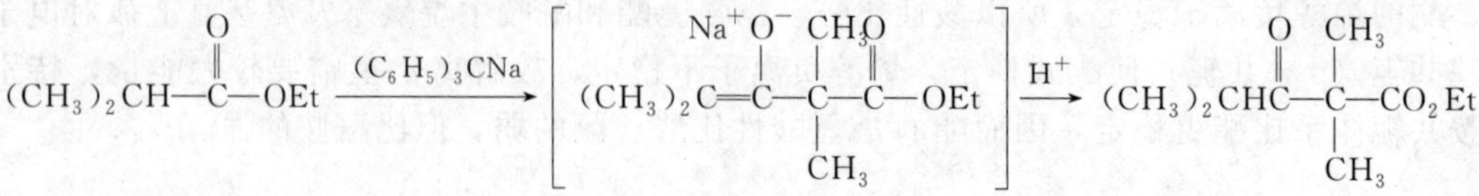

$(CH_3)_2CHCOC(CH_3)_2CO_2Et$ 的酸性很弱（$pK_a \approx 25$），其共轭碱的碱性远大于 $C_2H_5O^-$，使第（4）步反应不能进行，整个平衡偏向左。但是在更强的碱三苯甲基钠作用下，$(CH_3)_2CHCOC(CH_3)_2CO_2Et$ 能形成稳定的烯醇负离子，使反应（1）偏向右方，机理如下：

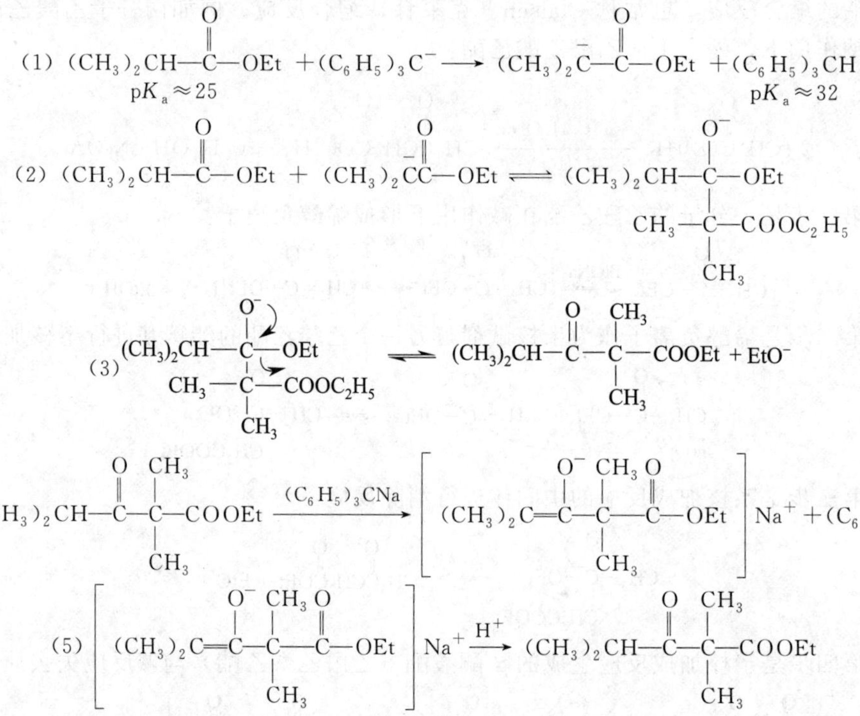

17.6.3　酯的交叉缩合反应

　　克莱森缩合反应也可在不同的酯之间进行，当两个不同酯都有 α-氢时得到四种缩合物，无实用意义。但是其中之一个酯不含 α-氢时，具有合成价值。常见的不含 α-氢的酯有甲酸酯、草酸酯、碳酸酯和苯甲酸酯等。例如：

　　甲酸酯与含 α-氢的酯缩合反应，可在 α-碳上引入一个甲酰基（醛基）：

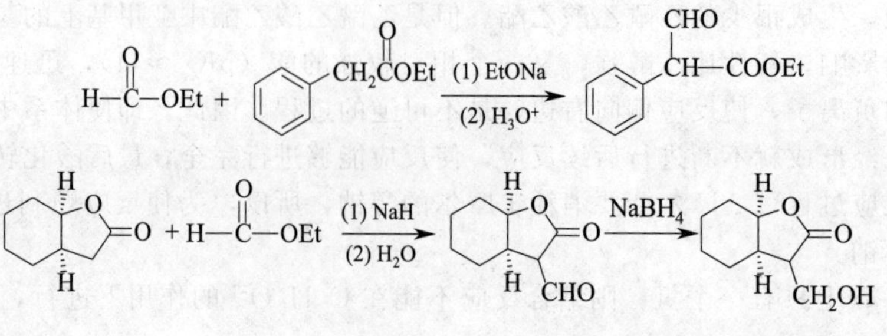

草酸酯中酯基的吸电子效应使相邻酯羰基活性增加，很容易与含 α-氢的酯进行缩合反应，得到 α-羰基酯：

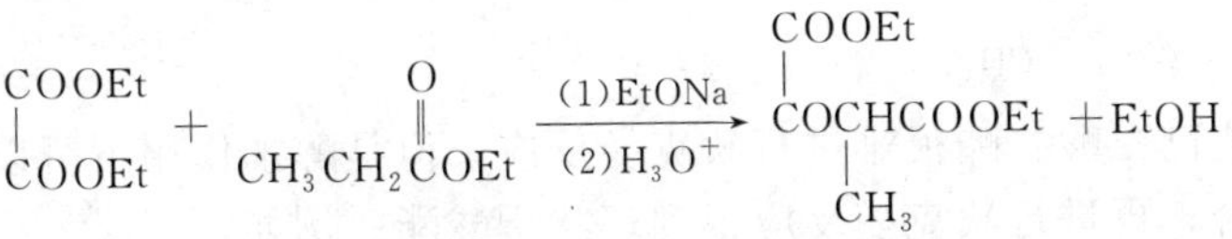
COOEt
COOEt
O
CH_3CH_2COEt
(1)EtONa
(2)H_3O^+
COOEt
COCHCOOEt
CH_3
+EtOH

α-羰基酯加热失去一分子的 CO 生成取代的丙二酸酯类化合物：

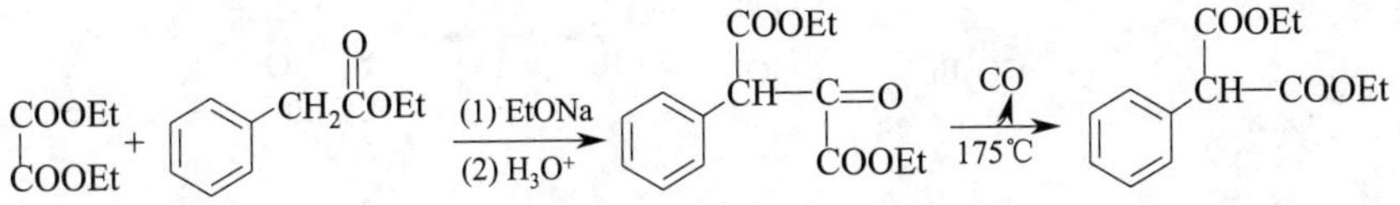
COOEt
COOEt
CH_2COEt
(1) EtONa
(2) H_3O^+
CH—C=O
COOEt
CO
175℃
CH—COOEt

α-羰基酯水解后得到 α-羰基二元酸，受热失去一分子的 CO_2 生成 α-羰基酸：

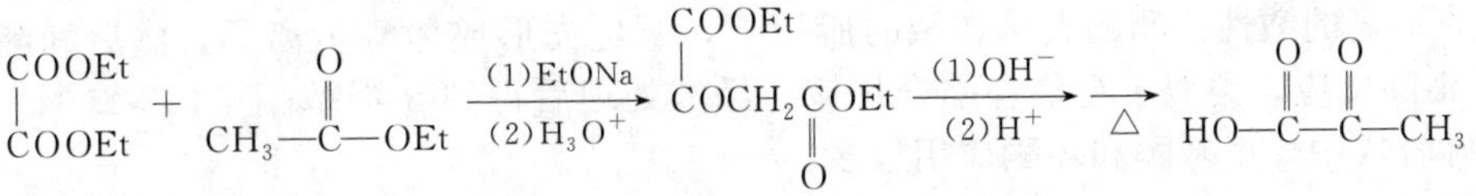
COOEt
COOEt
CH_3—C—OEt
(1)EtONa
(2)H_3O^+
$COCH_2COEt$
(1)OH^-
(2)H^+
△
HO—C—C—CH_3

碳酸酯的羰基活性差，需选用碱性强一些碱作催化剂，在合成上用来制备丙二酸酯：

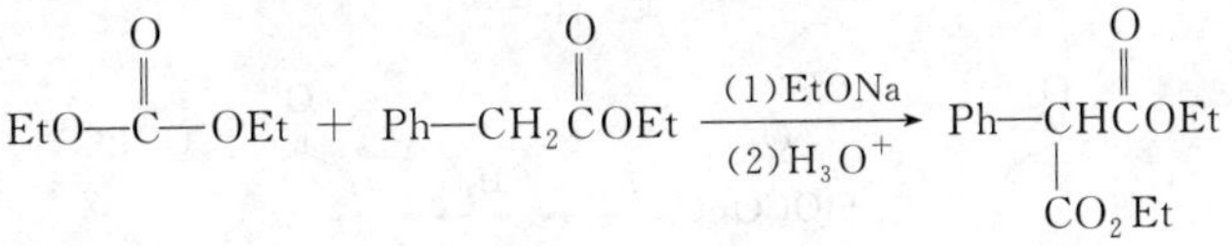
EtO—C—OEt
Ph—CH_2COEt
(1)EtONa
(2)H_3O^+
Ph—CHCOEt
CO_2Et

苯甲酸酯主要用于在 α-C 上引入苯甲酰基：

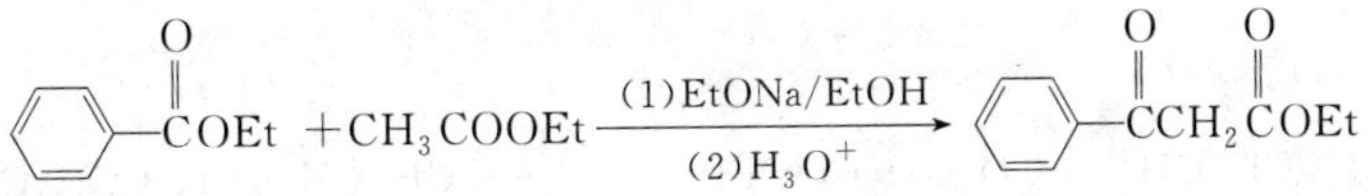
COEt
+CH_3COOEt
(1)EtONa/EtOH
(2)H_3O^+
CCH_2COEt

17.6.4　Dieckmann 缩合反应

含有 α-氢的己二酸酯或庚二酸酯在醇钠作用下发生分子内的酯缩合反应，生成五元或六元环状 β-酮酸酯，这种反应称为狄克曼反应（Dieckmann），在有机合成中常用来制备环状化合物：

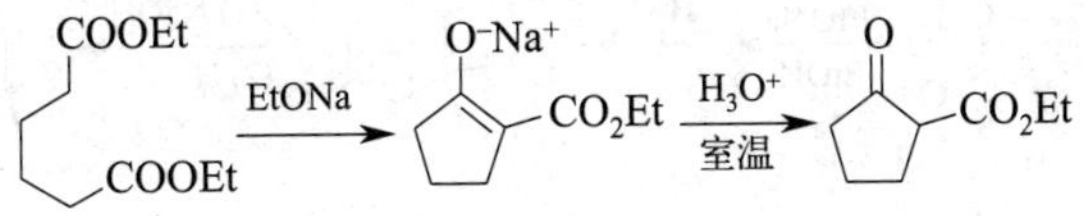
COOEt
COOEt
EtONa
O^-Na^+
CO_2Et
H_3O^+
室温
CO_2Et

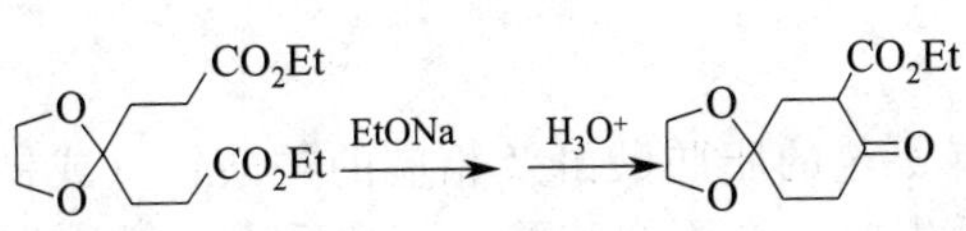
CO_2Et
CO_2Et
EtONa
H_3O^+
CO_2Et

环状 β-酮酸酯水解后生成环状 β-酮酸，受热后脱羧生成环酮：

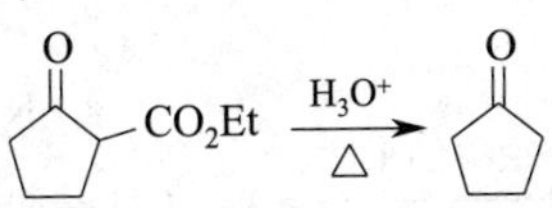
CO_2Et
H_3O^+
△

不对称的己二酸酯或庚二酸酯类反应主要形成热力学稳定的产物：

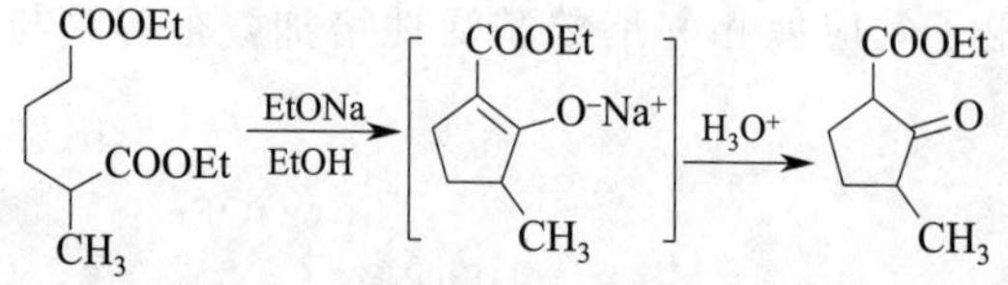

戊二酸二酯或己二酸二酯很难进行狄克曼反应，但是醇钠作用下可以与草酸酯先发生分子间的酯交叉缩合，再进行狄克曼反应得到环状酮酸酯。例如：

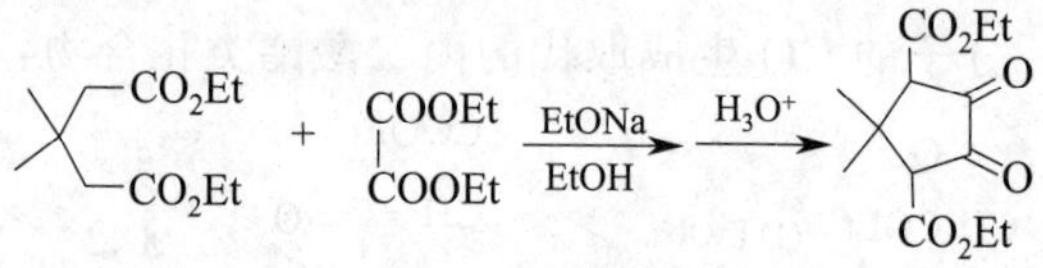

17.6.5 酮与酯的缩合反应

酮的 α-氢的酸性比酯的大，在碱的所用下，酮优先形成烯醇负离子，然后和酯进行亲核加成-消除反应，类似于克莱森缩合反应，经酸处理后得到 β-羰基酮（1,3-二酮）类化合物。实际合成中，甲基酮和环酮应用较多：

$$CH_3\overset{O}{\overset{\|}{C}}CH_3 + CH_3COOEt \xrightarrow[EtOH]{EtONa} \xrightarrow{H_3O^+} CH_3\overset{O}{\overset{\|}{C}}CH_2\overset{O}{\overset{\|}{C}}CH_3$$

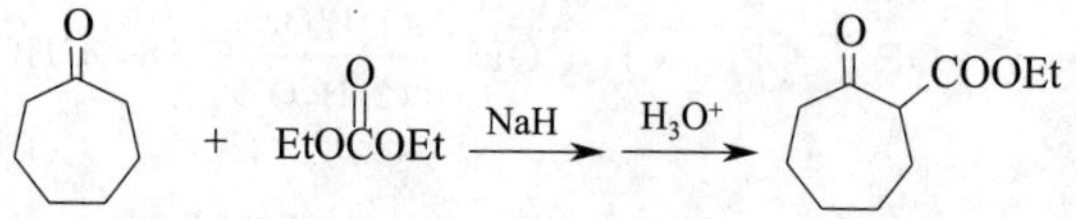

不对称甲基酮与酯的反应一般需在碱性更强的碱作用下进行，主要生成动力学控制的产物：

$$CH_3\overset{O}{\overset{\|}{C}}CH_2CH_3 + CH_3CH_2COOEt \xrightarrow[(2)H_3O^+]{(1)NaH} \underset{\text{(主要产物)}}{CH_3CH_2\overset{O}{\overset{\|}{C}}CH_2\overset{O}{\overset{\|}{C}}CH_2CH_3}$$

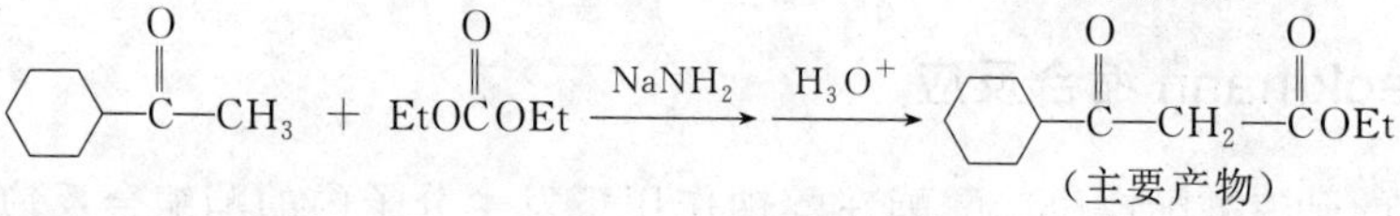

γ-酮酯或 δ-酮酯可以进行分子内的酮酯缩合生成五元或六元环环状的 β-二酮：

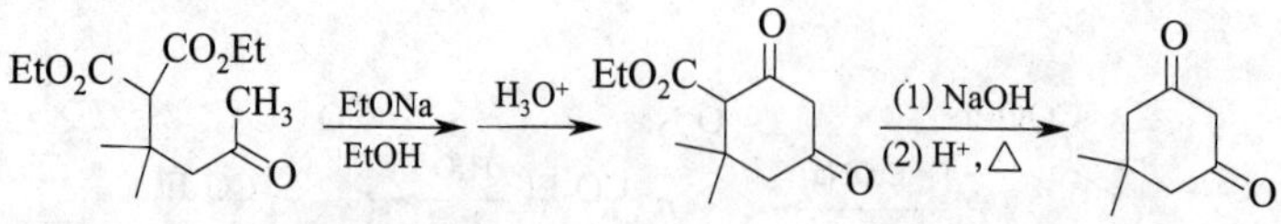

17.6.6 Perkin 反应

不含 α-氢的芳醛与含有 α-氢的脂肪酸酐及相应的羧酸钾（或钠）盐一起加热，发生反应，经 β-醇盐中间体，最后生成 α,β-不饱和酸。这种反应一般称为 Perkin 反应。反应通式如下：

$$ArCHO + \underset{\text{酸酐}}{(RCH_2CO)_2O} \xrightarrow[\triangle]{RCH_2COOK} \underset{\alpha,\beta\text{-不饱和酸}}{Ar-CH=\overset{R}{\overset{|}{C}}-COOH} + RCH_2COOH$$

反应是羧酸盐作为碱夺取酸酐 α-氢，使之形成碳负离子，后者与芳醛加成。以苯甲醛和乙酸酐在乙酸钾作用下生成肉桂酸为例，反应机理如下：

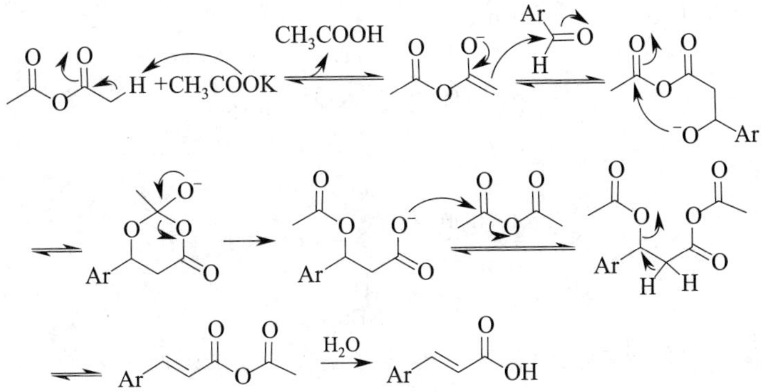

例如，利用 Perkin 反应合成肉桂酸和呋喃丙烯酸（医治血吸虫病药呋喃丙胺的原料）：

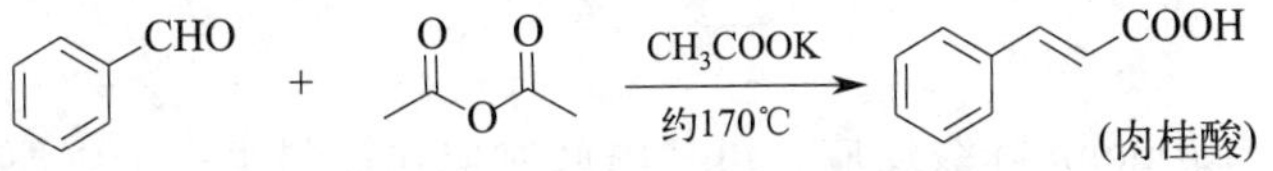

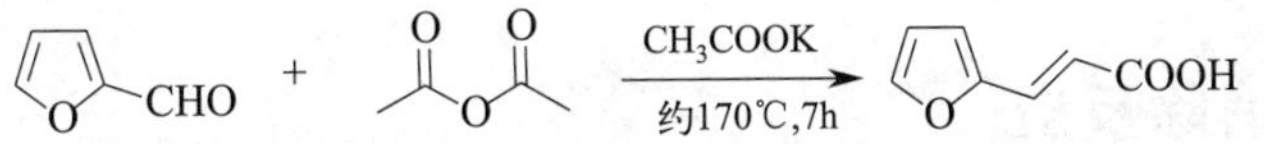

芳醛反应活性与环上取代基性质有关，当连有吸电子取代基时，反应易于进行且产率较高。当连有给电子取代基时，反应速率减慢且产率降低，甚至不能发生反应。

当用邻羟基芳香醛进行 Perkin 反应时，常伴随关环产物：

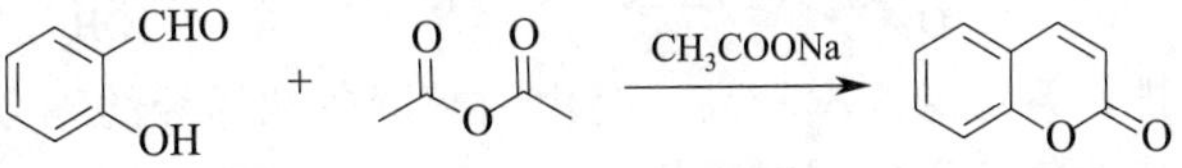

17. 7　酰胺氮原子上的反应

酰胺氮原子上的氢也有酸性，失去质子形成的负电荷分布在氮和氧上，一般酸性大于酮，例如乙酰胺的 pK_a 约为 15。

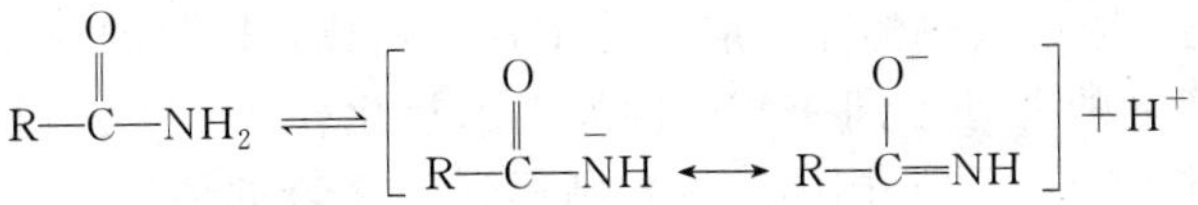

酰胺 N—H 的不稳定性反映在它的许多反应上，一个重要的反应是酰胺的失水。一级酰胺与脱水剂如 P_2O_5、$POCl_3$、$SOCl_2$、$(CH_3CO)_2O$ 等作用可转变成相应的腈：

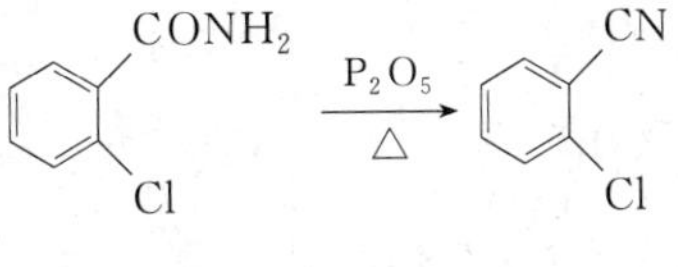

丁二酸和邻苯二甲酸的单酰胺高温脱水形成环状酰亚胺（imide）：

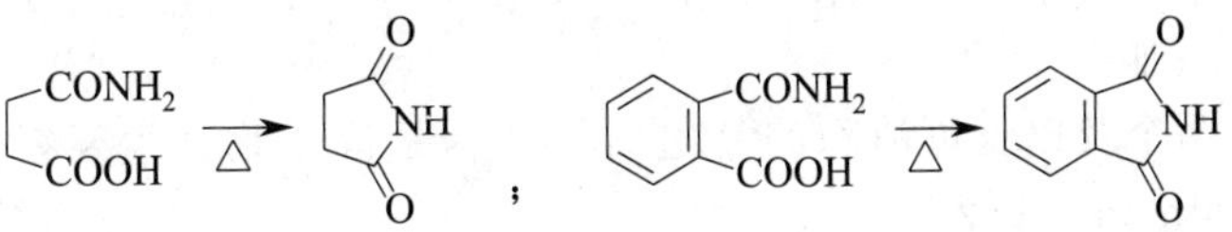

环状酰亚胺氮上的氢受两个羰基的影响，酸性增强，能与氢氧化钠、氢氧化钾反应成盐。例如，丁二酰亚胺与氢氧化钾作用生成钾盐，在碱性溶液中与溴作用生成一种非常重要的溴代试剂 NBS（*N*-bromo- succinimide）：

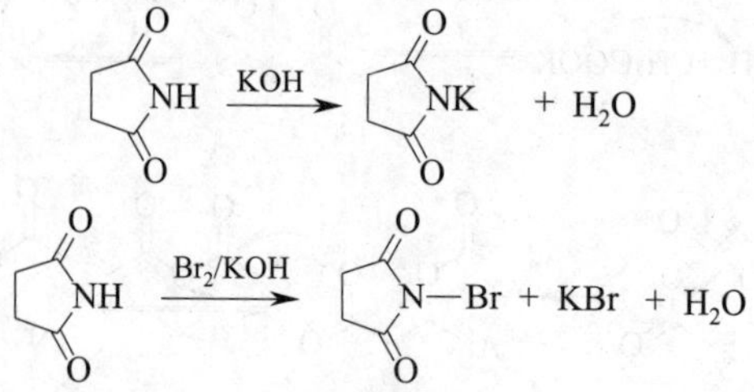

NBS

一级酰胺在碱性水溶液中与溴作用，得到比酰胺少一个碳原子的伯胺：

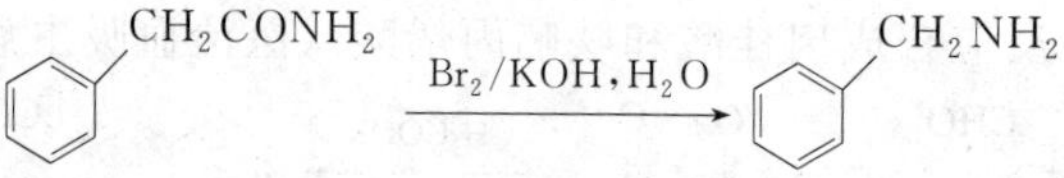

这一反应称为 Hofmann 降级反应，可从酰胺制取比原料少一个碳原子的伯胺。

17.8 酯的热消除反应

羧酸酯在 300～500℃高温下发生热消除反应得到烯烃和羧酸：

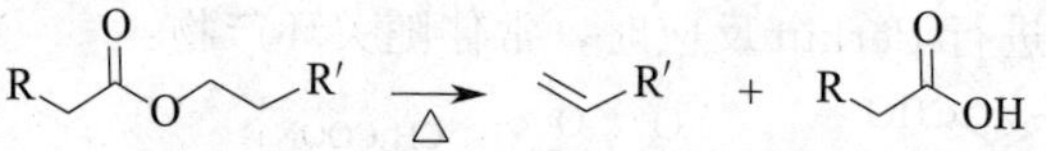

反应中不发生重排，系统的产率较高，是由伯醇制备端烯烃的好方法之一，通常是相应的乙酸酯通过一个电热的气相反应器或不用溶剂将酯直接加热。例如：

$$CH_3COOCH_2CH_2CH_2CH_3 \xrightarrow{500℃} CH_2{=}CHCH_2CH_3 + CH_3COOH$$

反应经过一个六元环状过渡态，*β*-氢转移给离去的基团，同时生成 π 键：

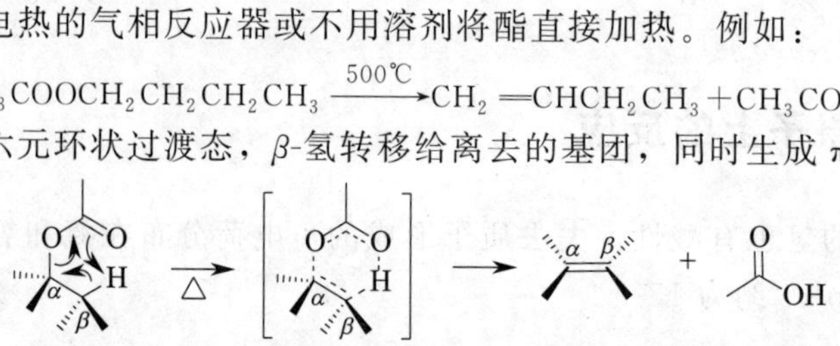

同位素示踪研究表明，酯热消除反应为分子处于重叠式构象的顺式消除，即被消除的酰氧基与 *β*-H 是同时离开的并处于同一侧。例如，加热化合物（Ⅰ）得到含 D 的(*E*)-1,2-二苯乙烯（Ⅱ），而加热（Ⅰ）的异构体（Ⅲ）则得到不含 D 的烯烃（Ⅳ）：

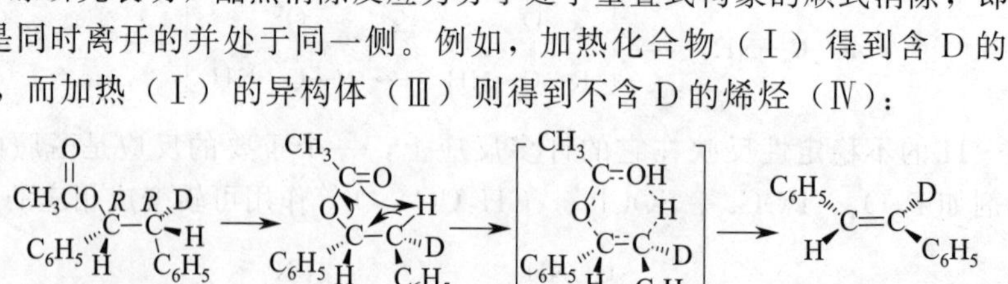
（Ⅰ）　（Ⅱ）

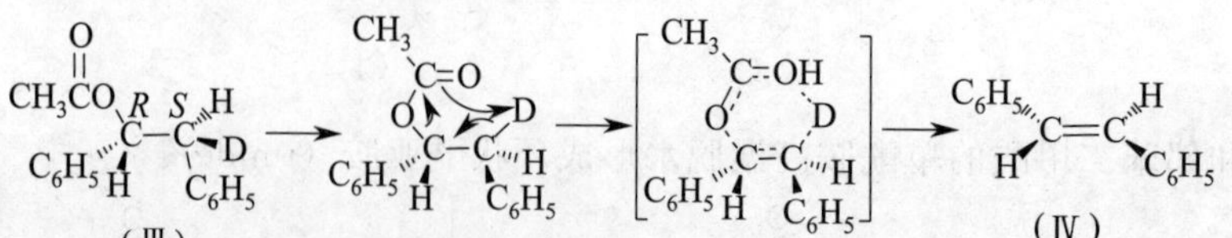
（Ⅲ）　（Ⅳ）

当羧酸酯中有两个及以上可消除的 *β*-氢时，产物是混合物，主要得到双键上连有较少取代基的烯烃（Hofmann 烯烃）：

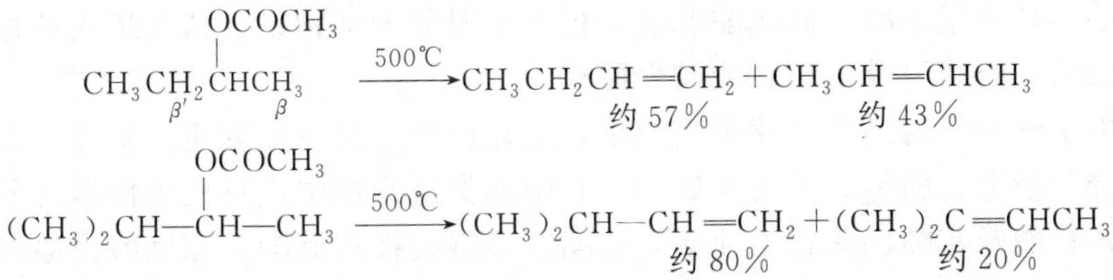

$$CH_3CH_2\underset{\beta'}{CH}\overset{\displaystyle OCOCH_3}{\underset{\beta}{C}}HCH_3 \xrightarrow{500℃} CH_3CH_2CH=CH_2 + CH_3CH=CHCH_3$$
$$\qquad\qquad\qquad\qquad\qquad\qquad 约57\% \qquad\quad 约43\%$$

$$(CH_3)_2CH-\overset{\displaystyle OCOCH_3}{CH}-CH_3 \xrightarrow{500℃} (CH_3)_2CH-CH=CH_2 + (CH_3)_2C=CHCH_3$$
$$\qquad\qquad\qquad\qquad\qquad\qquad 约80\% \qquad\quad 约20\%$$

原因是，发生消除时，β-氢和离去基团处于顺式，在两种过渡态中，导致生成较多烯烃的 A 构象内能要小于 B 构象，因以 A 构象热消除得到的烯烃量比由 B 消除得到的多：

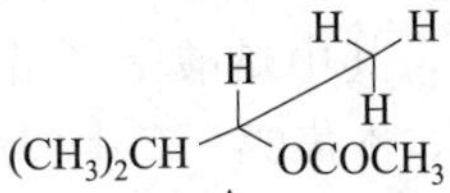

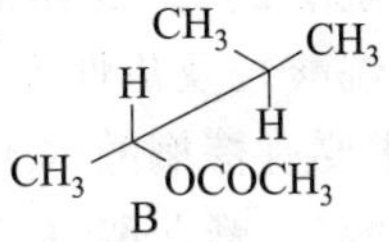

环己烷基羧酸酯热消除要求离去基团与 β-H 处于顺位：

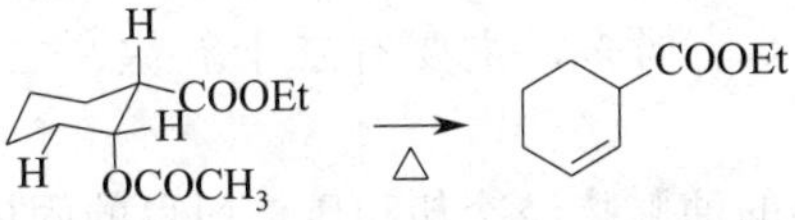

黄原酸酯受热也能发生热消除反应（Chugaev 反应）得到烯烃，优点是反应温度较低：

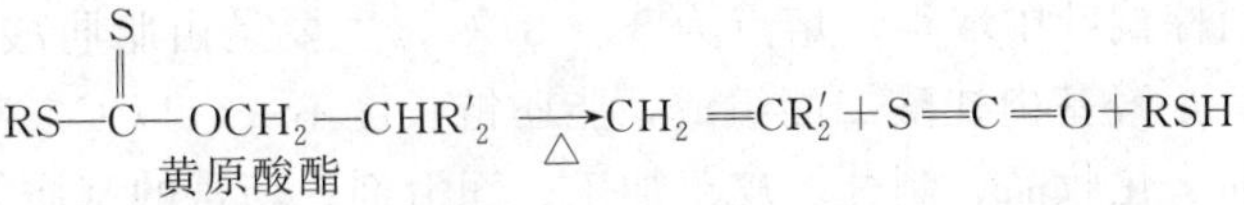

$$RS-\overset{\displaystyle S}{\overset{\|}{C}}-OCH_2-CHR_2' \xrightarrow{\triangle} CH_2=CR_2' + S=C=O + RSH$$
$$\text{黄原酸酯}$$

Chugaev 反应也是遵循分子内的顺式消除机理，醇的 β-H 和黄原酸酯的硫酮硫原子形成一个六元环过渡态，β-H 和黄原酸酯需处于同侧：

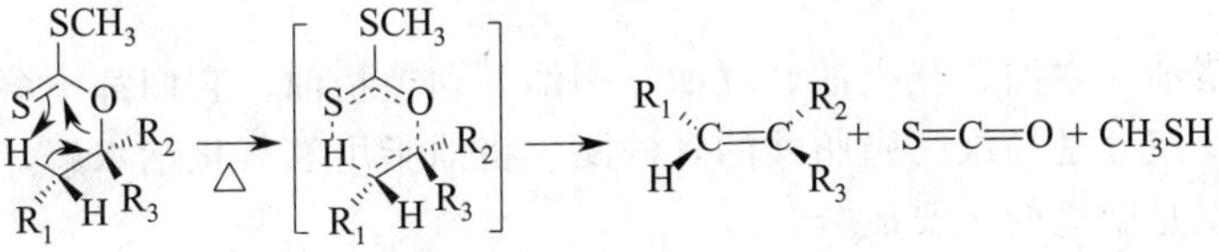

环己烷基黄原酸酯热消除要求离去基团与 β-H 处于顺位：

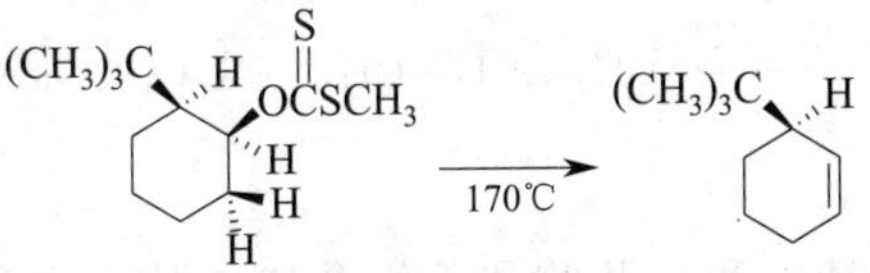

醇在碱（NaH、NaOH 或 KOH）作用下与二硫化碳（CS_2）反应得到黄原酸盐，再与碘代烷（通常用碘甲烷）得到黄原酸酯：

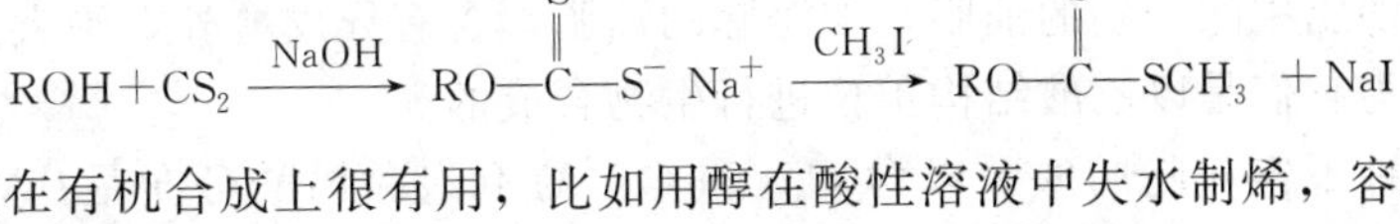

$$ROH + CS_2 \xrightarrow{NaOH} RO-\overset{\displaystyle S}{\overset{\|}{C}}-S^-Na^+ \xrightarrow{CH_3I} RO-\overset{\displaystyle S}{\overset{\|}{C}}-SCH_3 + NaI$$

热消除反应在有机合成上很有用，比如用醇在酸性溶液中失水制烯，容易发生碳正离子重排。把醇转变为羧酸酯或黄原酸酯，再进行热消除就能避免重排。

17.9　蜡和油脂

17.9.1　蜡

蜡是长链羧酸（16 到 36 个碳原子）和长链醇（24 到 36 个碳原子）的酯质类的混合物，

包含有少量游离高级脂肪酸、高级醇和烃。根据来源分为动物蜡、植物蜡或矿物蜡。化学结构上不同于脂肪、石蜡以及人工合成的聚醚蜡。

蜂蜡是由工蜂腹部的蜡腺分泌出来的蜡，是建造蜂窝的主要物质，室温下为固体物，主要成分大致分为酯类、酸类、醇类及烃类。其中酯类是蜂蜡中最具代表性的成分，主要有软脂酸蜂花酯、蜡酸蜂花酯、落花生油酸蜂花酯、棕榈酸蜂花醇酯、棕榈酸虫漆酯、焦性没食子酸蜂花醇酯等，其中软脂酸蜂花酯是蜂蜡最主要的成分，另外棕榈酸蜂花醇酯、棕榈酸虫漆酯、蜡酸蜂花酯等的含量也非常高。酸类是蜂蜡的第二大成分，主要有棕榈酸（十六烷酸）、木焦油酸（二十四烷酸）、新蜡酸（二十五烷酸）、蜡酸（二十六烷酸）、褐煤酸（二十八烷酸）、蜂花酸（三十烷酸）及焦性没食子酸等，其中蜡酸是蜂蜡中最主要的酸类。蜂蜡的第三大成分是醇类，主要有棕榈醇（十六烷醇）、木焦醇（二十四烷醇）、蜡醇（二十六烷醇）、普利醇（二十八烷醇）、蜂花醇（三十烷醇）及油菜甾醇酯等，其中蜂花醇是无公害的植物激素，普利醇有促进肌肤血液循环、活化和修复皮肤细胞的功能。烃类是蜂蜡的第四大成分，其中饱和烃类以 $C_{15} \sim C_{31}$ 居多，主要有二十五烷、二十七烷、二十九烷、三十一烷等。

鲸蜡是从抹香鲸头部取得的油腻物经冷却和压榨而得的固体蜡，熔点低于蜂蜡，主要成分棕榈酸鲸蜡酯（正十六碳酸十六醇酯）。

巴西蜡是从巴西棕榈叶中取得，熔点为 $80 \sim 87℃$，主要是由脂肪酸酯、羟基脂肪酸酯、p-甲氧基肉桂酸酯、p-羟基肉桂酸二酯组成，脂肪链长度不一，以 C_{26} 和 C_{32} 醇最常见。

蜡一般用于食品、化妆品、制药、皮革加工、润滑剂、药膏的基质等。

17.9.2 油脂

油脂指的是猪油、牛油、花生油、豆油、桐油等动植物油。它们都不溶于水而溶于非极性有机溶剂，主要成分是高级三脂酸的甘油酯。将油脂用氢氧化钠水解，得甘油和高级脂肪酸钠盐，后者就是肥皂的主要成分。

$$CH_2-CH-CH_2 \xrightarrow{NaOH} CH_2-CH-CH_2 + R_1COONa + R_2COONa + R_3COONa$$

组成甘油酯的脂肪酸包括饱和脂肪酸和不饱和脂肪酸。饱和脂肪酸以软脂酸（十六碳酸）存在最广，其次是月桂酸（十二碳酸）、蔻酸（十四碳酸）和硬脂酸（十八碳酸）。动物脂肪中含硬脂酸较多，低于 C_{12} 的饱和脂肪酸比较少见，高于 C_{18} 的脂肪酸分布虽广，但含量均较少。天然油脂中除个别的油脂，如海豚的油脂，含有异戊酸外，绝大多数酸是含双数碳原子的酸，因为它们是以乙酸结构单位进行生物合成的。

油脂中的各种不饱和脂肪酸，以含 C_{16} 和 C_{18} 的不饱和烯酸分布最广，如油酸、亚油酸、亚麻酸等，油酸和亚油酸的结构分别是：

油酸（顺-9-十八碳烯酸），熔点 13℃　　亚油酸（顺,顺-9,12-十八碳二烯酸），熔点 -5℃

天然存在的不饱和酸中双键为顺式结构，分子间不能很好地靠近，结构较松散，所以熔点较饱和脂肪酸低。一般说来，不饱和脂肪酸中含量较高的甘油酯在室温为液体，叫做油，如棉子油中饱和脂肪酸甘油酯占 25%，而不饱和脂肪酸甘油酯占 75%。牛油通常叫脂，因为组成它的甘油酯中，饱和脂肪酸含量约为 $60\%\sim70\%$，而不饱和脂肪酸只占 $30\%\sim40\%$，由于天然油脂都是混合物，所以没有恒定的沸点和熔点。

17.10 个别化合物

17.10.1 乙烯酮

乙烯酮可看作是乙酸的内酐，性质也有与酸酐相似的地方。在工业上由乙酸或丙酮热解制备，热裂反应是按自由基历程进行：

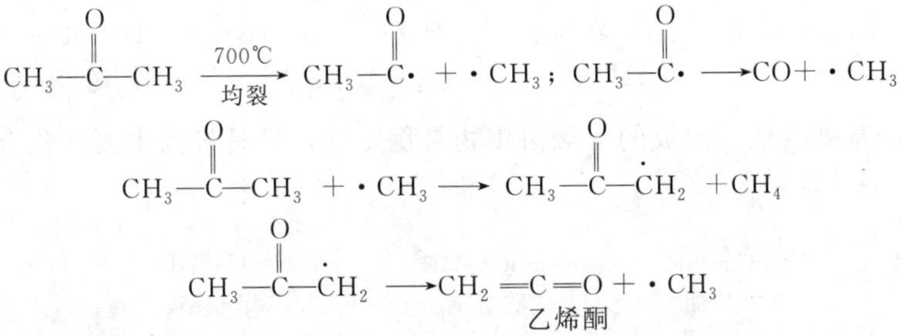

乙烯酮是一个有毒的气体，沸点 $-56℃$，极其活泼，在 $-30℃$ 也能慢慢聚合成二聚体，室温下迅速聚合：

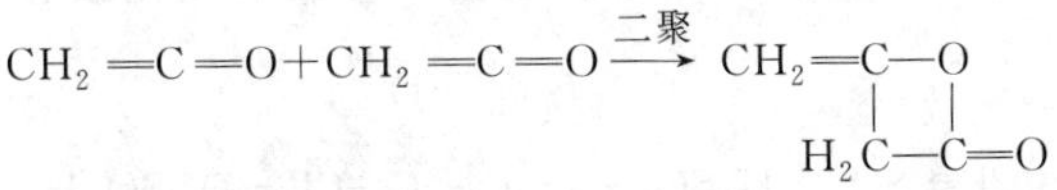

因此，常将乙烯酮以二聚乙烯酮的形式在特殊设备中保存和运输，使用时再加热分解为乙烯酮。使用乙烯酮进行反应时，应将生成的乙烯酮立即通入与它起反应的化合物中。

乙烯酮能与含活泼氢的化合物发生加成反应，加成时氢加在氧上，另一部分加在碳上，氢原子再经转移，得到乙酸及其衍生物：

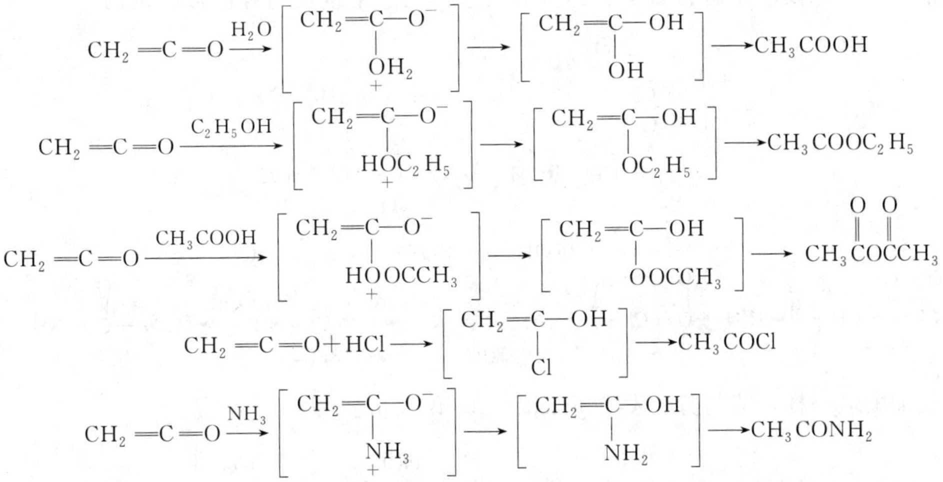

该反应相当于各分子中的氢被乙酰基取代，因此乙烯酮是个很理想的乙酰化试剂。工业

上用乙烯酮与乙酸作用生产乙酐。

乙烯酮与格氏试剂反应，水解后生成酮，可以制备各种甲基酮：

$$CH_2=C=O+RMgX \longrightarrow \left[\begin{array}{c} OMgX \\ | \\ CH_2=C-R \end{array} \right] \xrightarrow{H_3O^+} CH_3\overset{\overset{\displaystyle O}{\|}}{C}-R$$

17.10.2 碳酸衍生物

碳酸是二元酸，pK_{a1} 和 pK_{a2} 分别为 6.38 和 10.25。碳酸极不稳定，不能游离存在，分解物为二氧化碳和水。碳酸单酰氯（氯甲酸）、碳酸单酯、氨基甲酸也不太稳定，易分解。

$$\begin{array}{cccc} \overset{\overset{\displaystyle O}{\|}}{HO-C-OH} & \overset{\overset{\displaystyle O}{\|}}{HO-C-Cl} & \overset{\overset{\displaystyle O}{\|}}{HO-C-OC_2H_5} & \overset{\overset{\displaystyle O}{\|}}{HO-C-NH_2} \\ 碳酸 & 氯甲酸 & 碳酸单乙酯 & 氨基甲酸 \end{array}$$

碳酸两个羟基被取代所形成的碳酸衍生物是稳定的，且是极为重要的化合物：

$$\begin{array}{ccccc} \overset{\overset{\displaystyle O}{\|}}{Cl-C-Cl} & \overset{\overset{\displaystyle O}{\|}}{Cl-C-OR} & \overset{\overset{\displaystyle O}{\|}}{RO-C-OR} & \overset{\overset{\displaystyle O}{\|}}{H_2N-C-OR} & \overset{\overset{\displaystyle O}{\|}}{H_2N-C-NH_2} \\ 光气 & 氯甲酸酯 & 碳酸二酯 & 氨基甲酸酯 & 尿素 \end{array}$$

17.10.2.1 光气

光气（$COCl_2$）是碳酸的二酰氯，简称碳酰氯，可由四氯化碳和 80% 发烟硫酸制备：

$$CCl_4+SO_3+H_2SO_4 \longrightarrow \overset{\overset{\displaystyle O}{\|}}{Cl-C-Cl}+2ClSO_3H$$

工业上用 CO 和 Cl_2 在无光下通过热的活性炭催化剂制备光气：

$$CO+Cl_2 \xrightarrow[100\sim200℃]{活性炭} COCl_2$$

光气为无色窒息性毒气，沸点 8.3℃，能引起肺水肿而导致死亡。光气易溶于苯和甲苯，很活泼，可以发生水解、氨解、醇解等反应，是一个重要的有机合成试剂。

$$\overset{\overset{\displaystyle O}{\|}}{Cl-C-Cl}+H_2O \longrightarrow CO_2+2HCl$$

$$\overset{\overset{\displaystyle O}{\|}}{Cl-C-Cl}+ROH \xrightarrow{0℃} \overset{\overset{\displaystyle O}{\|}}{Cl-C-OR}+HCl$$

$$\overset{\overset{\displaystyle O}{\|}}{Cl-C-Cl}+2ROH \longrightarrow \overset{\overset{\displaystyle O}{\|}}{RO-C-OR}+2HCl$$

$$\overset{\overset{\displaystyle O}{\|}}{Cl-C-Cl} \xrightarrow{NH_3} \overset{\overset{\displaystyle O}{\|}}{H_2N-C-Cl} \xrightarrow{HCl} \underset{氰酸}{HO-C\equiv N} \longrightarrow \underset{异氰酸}{O=C=NH} \xrightarrow{NH_3} \underset{尿素}{\overset{\overset{\displaystyle O}{\|}}{H_2N-C-NH_2}}$$

光气如酰氯一样，能与芳烃发生 Friedel-Crafts 反应：

$$\text{苯}+\overset{\overset{\displaystyle O}{\|}}{Cl-C-Cl} \xrightarrow{AlCl_3} \text{苯-COCl} \xrightarrow{H_2O} \text{苯-COOH}$$

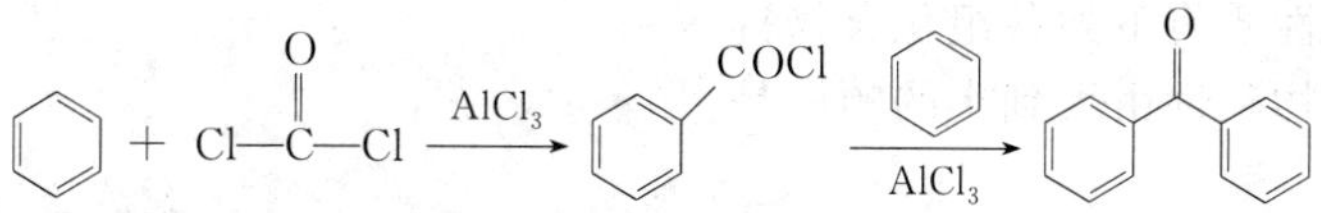

光气在工业上主要用于生成聚碳酸酯和二异氰酸酯等。在实验室或工业中，光气也可用安全性较好、便于操作的双（三氯甲基）碳酸酯（俗称三光气）原位分解得到。

17.10.2.2　氨基甲酸酯

氨基甲酸酯通式为 RNHCOOR′，是一类氨基或胺基直接与甲酸酯的羰基相连的化合物，也可看成是碳酸的单酯单酰胺。氨基甲酸酯可由氯代甲酸酯与氨或胺反应制得。

$$\mathrm{Cl{-}\overset{O}{\overset{\|}{C}}{-}Cl} \xrightarrow[0℃]{\mathrm{ROH}} \mathrm{Cl{-}\overset{O}{\overset{\|}{C}}{-}OR} \xrightarrow{\mathrm{NH_3}\ 或\ \mathrm{R'NH_2}} \mathrm{H_2N{-}\overset{O}{\overset{\|}{C}}{-}OR}\ 或\ \mathrm{R'NH{-}\overset{O}{\overset{\|}{C}}{-}OR}$$

氨或伯胺与光气反应首先生成异氰酸酯，然后再与醇或酚反应制备氨基甲酸酯：

$$\mathrm{Cl{-}\overset{O}{\overset{\|}{C}}{-}Cl} \xrightarrow{\mathrm{RNH_2}} \underset{异氰酸酯}{\mathrm{O{=}C{=}NR'}} \xrightarrow{\mathrm{R'OH}} \mathrm{RHN{-}\overset{O}{\overset{\|}{C}}{-}OR'}$$

氨基甲酸酯是重要的有机合成试剂。氨基甲酸酯类农药低毒高效，具有代表性的农药西维因可通过光气与 α-萘酚反应后再与甲胺反应得到，也可以采用异氰酸甲酯（光气与甲胺反应中间体）与 α-萘酚反应制备。

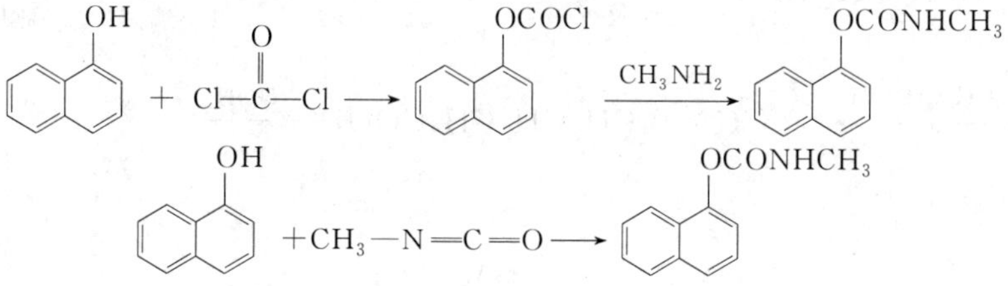

习题

17.1　命名下列化合物。

（1）$C_2H_5OOC(CH_2)_4COOH$　　（2）$\mathrm{H\overset{O}{\overset{\|}{C}}O\overset{O}{\overset{\|}{C}}CH_3}$

（3）$\mathrm{C_6H_5{-}\underset{OH}{\overset{CH_3}{C}}{-}\underset{Cl}{CH}{-}COOC_2H_5}$　　（4）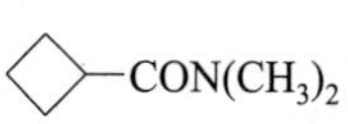

（5）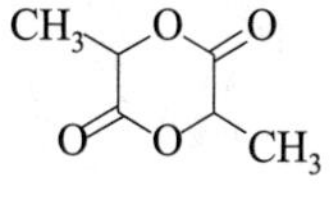　　（6）$\mathrm{CH_3CH_2\overset{CONH_2}{CH}CH_2CH_2COCl}$

（7）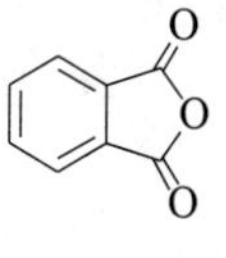　　（8）$\mathrm{Cl{-}\overset{O}{\overset{\|}{C}}{-}C(CH_3)_3}$

17.2　按指定性质将下列各组化合物排序。

（1）下列化合物碱性由大到小的顺序是：

① NH_3　② CH_3CONH_2　③ $CH_3CH_2CON(CH_3)_2$　④（丁二酰亚胺 NH）　⑤（三嗪三酮 HN、NH）

（2）下列化合物与 NH_3 反应生成酰胺的活性由大到小顺序是：

①（苯-COOH）　②（苯-COCl）　③（邻苯二甲酸酐）　④（苯-OH, $CO_2C_2H_5$）

17.3　完成下列反应。

（1）$C_6H_5CH_2COOH \xrightarrow{SOCl_2} ? \xrightarrow{NH_3} ?$

（2）（苯，COCl上，NO_2下）$\xrightarrow{LiAl(OC_4H_9\text{-}t)_3H} \xrightarrow{H_2O} ?$

（3）（苯，$COOC_2H_5$上，NO_2下）$\xrightarrow{LiBH_4} \xrightarrow{H_2O} ?$

（4）（苯，COOH，COOH，NO_2）$\xrightarrow[\triangle]{(CH_3CO)_2O} ?$

（5）$CH_3COCH_2CH_2COCl \xrightarrow[Et_2O]{(CH_3)_2CuLi} ?$

（6）（苯-$CH_2CONHCH_3$）$\xrightarrow[② H_3O^+]{① LiAlH_4} ?$

（7）（丁二酸酐）$\xrightarrow{CH_3CH_2OH} ?$

（8）$BrCH_2CH_2CH_2COOH \xrightarrow[\triangle]{NaOH} ?$

（9）（γ-丁内酯）$\xrightarrow{CH_3MgI} \xrightarrow{H_3O^+} ?$

（10）（D—C(OAc)—H，H—C(CH_3)，C_2H_5）$\xrightarrow{500℃} ?$

（11）$CH_3\overset{O}{\underset{}{C}}-O-（苯）-\overset{O}{\underset{}{C}}CH_3 \xrightarrow[CH_3OH]{CH_3ONa} ?$

（12）（环己烷，OCOCH_3，COOCH_3）$\xrightarrow{\triangle}$

（13）$CH_3-（苯）-CONH_2 \xrightarrow{P_2O_5} ?$

（14）（苯，OH，COOH）$\xrightarrow{(CH_3CO)_2O} ?$

17.4　解释实验事实或回答问题。

（1）$C_6H_5COOCH_3$ 在酸性 H_2O^{18} 中水解得到无 O^{18} 的甲醇，反应中途取样进行鉴定，发现未反应的酯中有 O^{18}，写出反应机理。

（2）写出下面反应的机理。

$$CH_3\overset{O}{\underset{}{C}}-\overset{CH_3}{\underset{C_2H_5}{C}}-C_6H_{13}\text{-}i \xrightarrow{H_2O^{18}/H^+} CH_3COOH + HO^{18}-\overset{CH_3}{\underset{C_2H_5}{C}}-C_6H_{13}\text{-}i$$
外消旋体

（3）$C_6H_5COOCH_3$ 在干燥的 HCl 甲醇溶液中生成 CH_3OCH_3，写出该反应机理。

（4）油和脂都是高级羧酸甘油酯，但是油的熔点比脂低，为什么？

（5）碳酸二甲酯在 OH^- 水溶液中极易水解，而 $C(OCH_3)_4$ 在碱中是稳定的。

（6）H_2NCOCl 与 CH_3OH 反应和 CH_3COCl 与 NH_3 反应的产物相同。

（7）胺为碱性物质，酰胺为中性物质，为什么酰胺中的 NH_2 的碱性不如胺？特别是二酰亚胺中的 NH 呈弱酸性，且能与 KOH 反应？

（8）酰胺质子化反应是在氧上还是在氮上？写出质子化结构式，并说明原因。

（9）下列化合物碱性水解速率由大到小的顺序是：

17.5　写出下列酯在 C_2H_5ONa 催化下进行 Claisen 缩合所得产物的结构。

（1）CH_3CH_2COOEt　　（2）$C_6H_5COOC_2H_5+CH_3COOC_2H_5$

17.6　下列化合物能否进行缩合反应？如能写出产物结构，如不能说明理由。

17.7　以指定的原料和必要的有机及无机试剂合成下列化合物。

（1）以环氧乙烷和甲醇为原料合成 $CH_3CH_2CON(CH_3)_2$　　（2）由丁酸合成丙胺

（3）由 1,4-二氯丁烷合成己二酰氯　　　　　　　　（4）由乙酸合成乙酸叔丁酯

17.8　用化学方法鉴别下列各组化合物。

（1）乙酰胺和乙酸铵　　（2）醋酐和丁酰胺　　（3）丁酰氯和 1-氯丁烷

（4）乙酐和乙酸乙酯　　（5）乙酸、乙酰胺、乙酰氯和乙酸乙酯

17.9　写出下列反应的机理。

(5)

17.10 根据分子式和光谱数据推断化合物的结构。

(1) 分子式为 $C_6H_{11}NO$，光谱数据如下：

^1H NMR（δ，ppm）1.6～1.7（m，6H），2.4（m，2H），3.1（t，2H），8.1（宽峰，1H）；

FTIR（cm^{-1}）3260，1666。

(2) 分子式为 $C_5H_8O_4$，光谱数据如下：

^1H NMR（δ，ppm）2.6（s，4H），3.7（s，3H）。

FTIR（cm^{-1}）3300～2750，1700，1200。

17.11 下面反应生成化合物 A（C_8H_8O）和 B（$C_{10}H_{12}O$）：根据 A 和 B 的 ^1H NMR（δ，ppm）数据判定 A 和 B 的结构。

化合物 A：2.6（s，3H），7.4～7.5（m，2H），7.5～7.6（m，1H），7.9～8.0（m，2H）。

化合物 B：2.2（d，6H），3.5（七重峰，1H），7.4～7.5（m，2H），7.5～7.6（m，1H），7.9～8.0（m，2H）。

17.12 根据下面反应所给条件，推定化合物 A（$C_{10}H_{10}O_3$）、B（$C_{10}H_{12}O_2$）、C（$C_{10}H_{11}ClO$）和 D（$C_{10}H_{10}O$）的结构。

17.13 某化合物的分子式为 $C_{11}H_{14}O_2$，不能发生碘仿反应，也不能与 2,4-二硝基苯肼反应。其红外光谱在 $1720cm^{-1}$ 处有一强吸收峰，^1H NMR（δ，ppm）数据为 1.0（d，6H），2.1（m，1H），4.1（d，2H），7.8（m，5H）。试推定该化合物的结构。

第18章

双官能团化合物

双官能团化合物（difunctional compounds）是指分子中含有两个官能团的化合物。双官能团化合物具有所含单个官能团的典型化学性质，例如，2-环己烯-1-酮既具有烯的反应特性又有酮的反应特性。

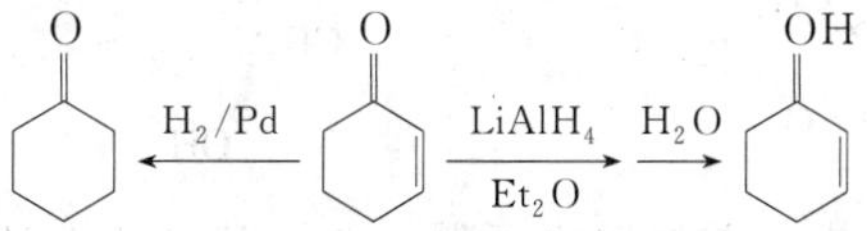

双官能团之间往往相互影响，在许多情况下表现出单官能团化合物所没有的化学性质。2-环己烯-1-酮中两官能团形成共轭体系，能发生一些特殊的反应，例如，它与二甲基铜锂主要发生1,4-加成：

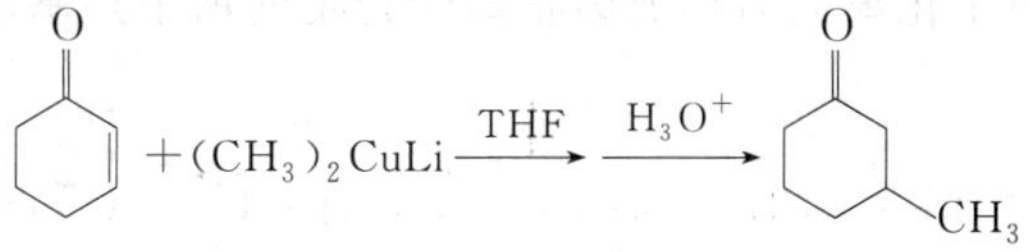

这类化合物前面已涉及一些，本章主要讨论邻二醇、二羰基（二酮、酮醛、酮酸、酮酯）、羟基醛（酮）、羟基酸、卤代酸和 α,β-不饱和羰基化合物、氨基酸等，并把重点放在由两官能团的相互作用而产生的一些独特反应上。

18.1 邻二醇化合物

邻二醇，又称1,2-二醇，可由相应的烯烃氧化或由酮的双分子还原二聚制备，这在前面的有关章节中已讨论过。由于两个羟基处于相邻的碳上，表现出一些有趣的化学特性。

18.1.1 片呐醇重排

片呐醇重排（pinacol rearrangement）是指邻二醇在酸催化下脱水，并发生取代基重排生成羰基化合物的反应。这一类反应是以片呐醇（pinacol）2,3-二甲基-2,3-丁二醇，在酸性条件下发生碳骼重排生成片呐酮（pinacolone）3,3-二甲基-2-丁酮最具有代表性，因而得名：

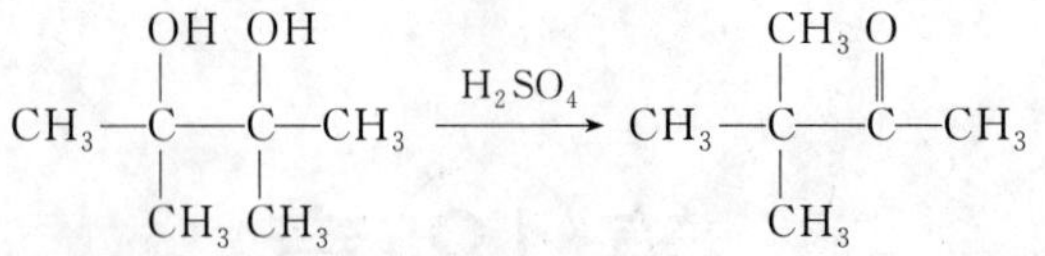

$$CH_3-\underset{\underset{CH_3}{|}}{\overset{\overset{OH}{|}}{C}}-\underset{\underset{CH_3}{|}}{\overset{\overset{OH}{|}}{C}}-CH_3 \xrightarrow{H_2SO_4} CH_3-\underset{\underset{CH_3}{|}}{\overset{\overset{CH_3}{|}}{C}}-\overset{O}{\overset{\|}{C}}-CH_3$$

反应首先是羟基质子化，接着失去一分子水形成碳正离子，同时发生基团的迁移：

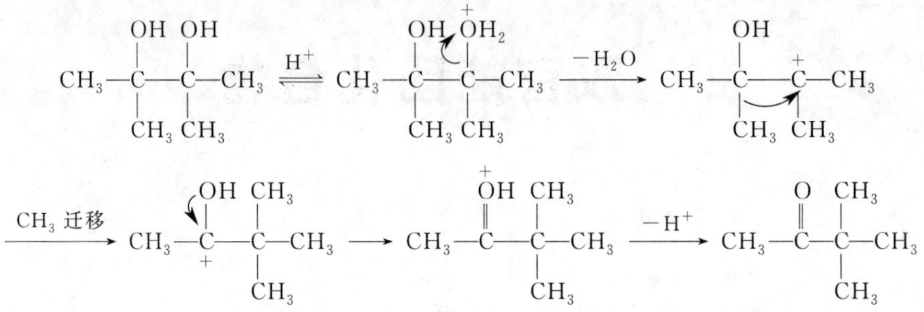

许多实验事实证明，迁移基团是从离去基团的背后进攻，两者处于反式位置，而且反应是协同进行的。例如，顺-1,2-二甲基-1,2-环己二醇和它的反式异构体在相同条件下，前者迅速重排得到取代环己酮，后者则发生缩环反应：

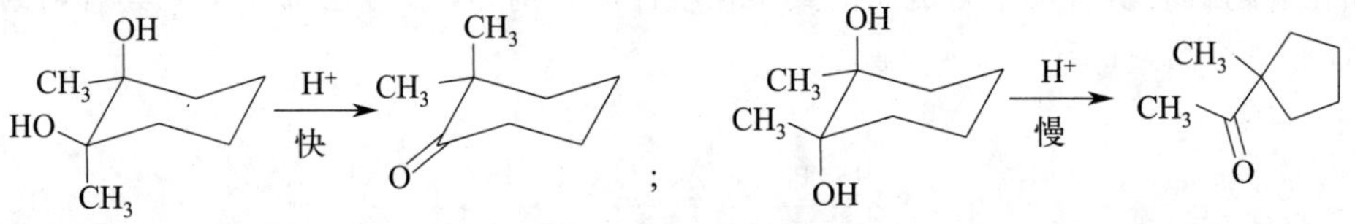

结构不对称的邻二醇重排，首先取决于哪一个羟基是离去基团，即质子究竟优先与哪一个羟基结合？这与羟基所连碳原子上取代基的结构有关。若取代基具有+I 或+C 效应，则所连碳原子上的羟基易与质子结合。即在片呐醇重排中，被质子进攻的首先是电子云密度较大的羟基，或者说羟基质子化离去后形成碳正离子稳定的那个羟基质子化。例如：

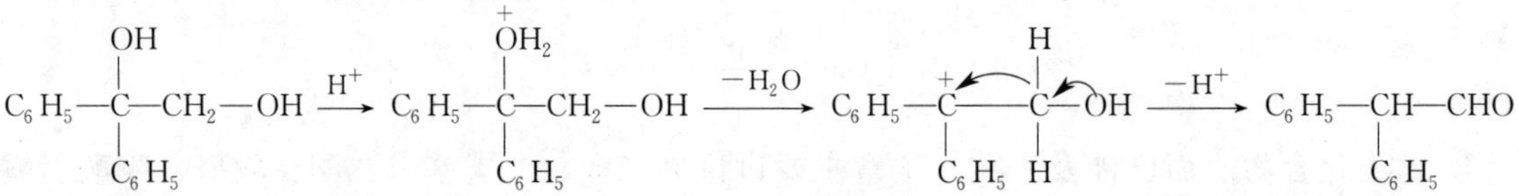

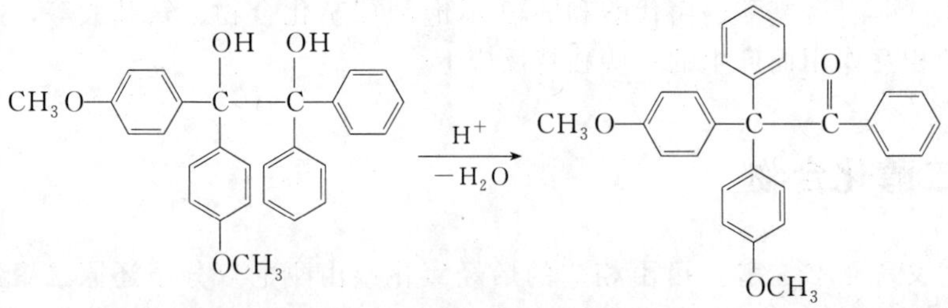

至于不同取代基中究竟是哪个迁移，除了考虑迁移基团的亲核能力外，与碳正离子的稳定性也有关系。一般说，主要取决于迁移基团中心原子的电子云密度，迁移趋势的顺序一般为：苯基＞烷基＞H。例如：

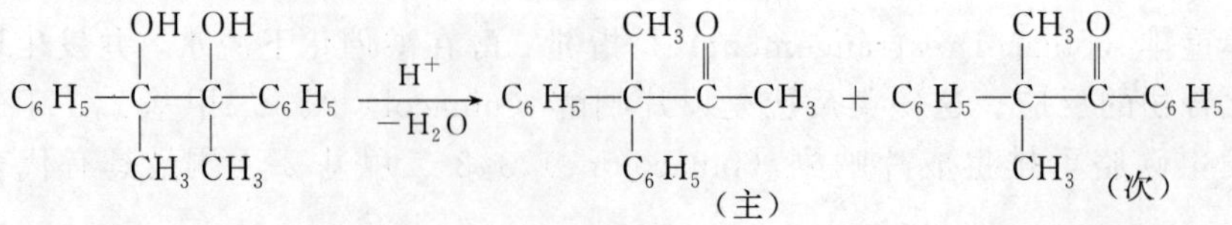

当两个基团均为取代苯环时，则苯基的间位或对位有给电子基团者优先迁移。例如：

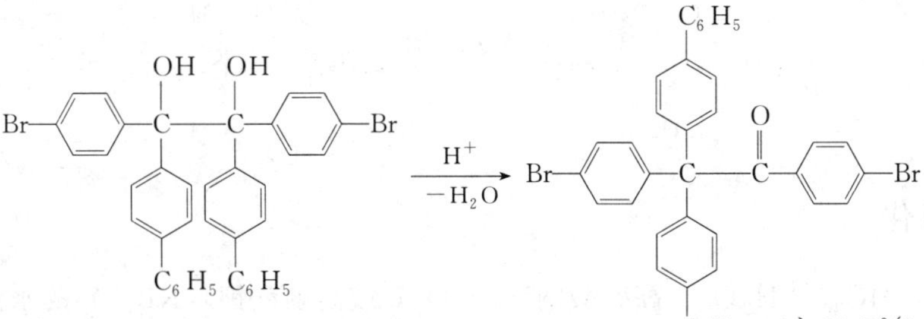

$$\xrightarrow[-H_2O]{H^+}$$

（主 95.5%）

$$\xrightarrow[-H_2O]{H^+}$$

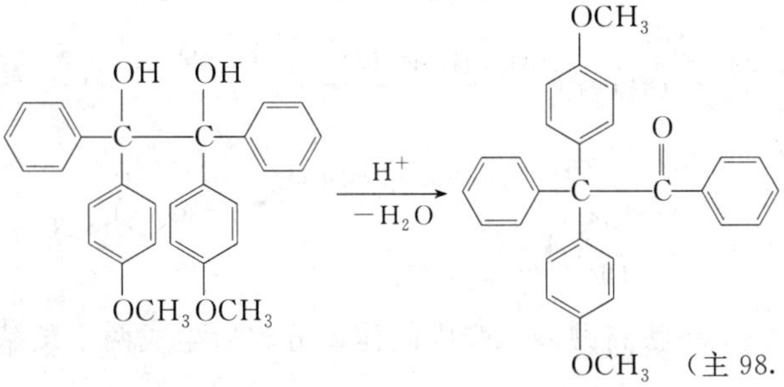

（主 98.6%）

即使是给电子基团，如果处于苯基的邻位，迁移能力也降低，这可能是由于邻位空间位阻较大。几种取代苯基在重排中的相对迁移速率为：

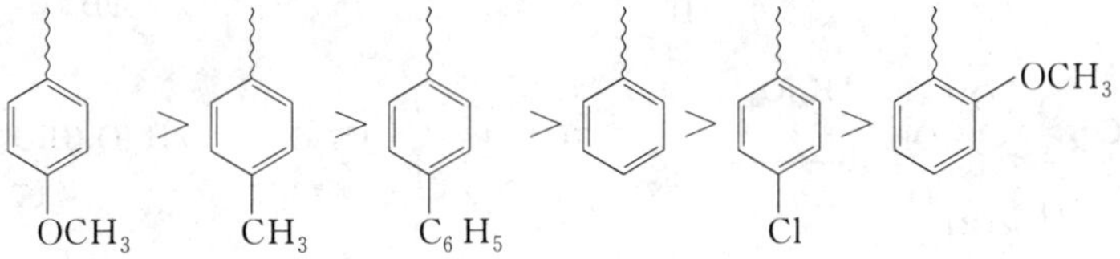

因此，有些邻位取代苯基，一般情况下不发生重排。例如：

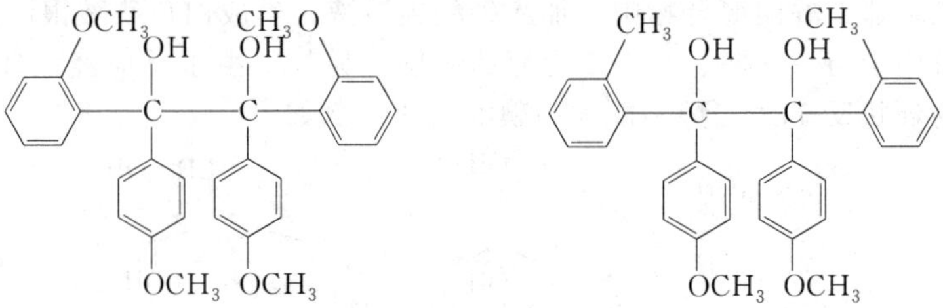

利用这一重排反应，可以得到其他方法难以合成的螺环化合物。例如：

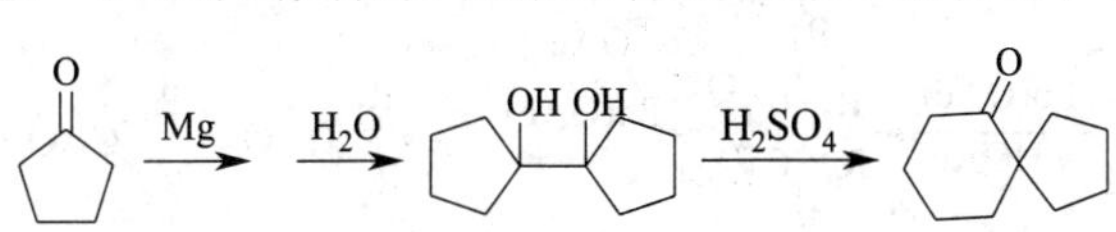

除了邻二醇外，β-卤代醇、β-氨基醇有类似的反应，但是反应条件不同：

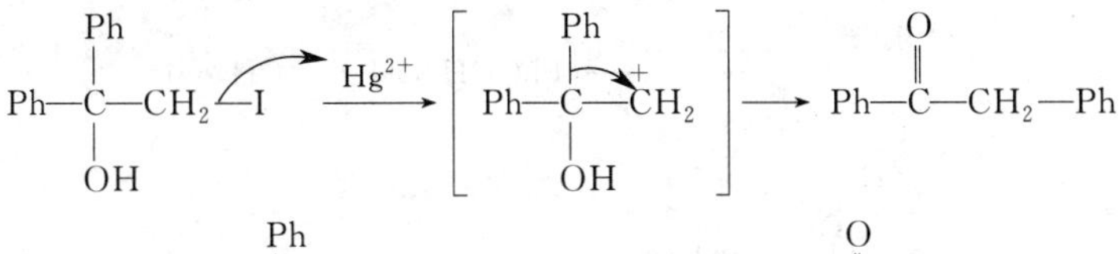

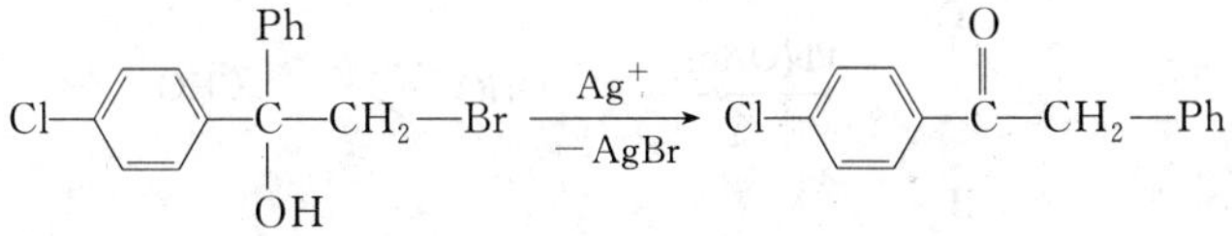

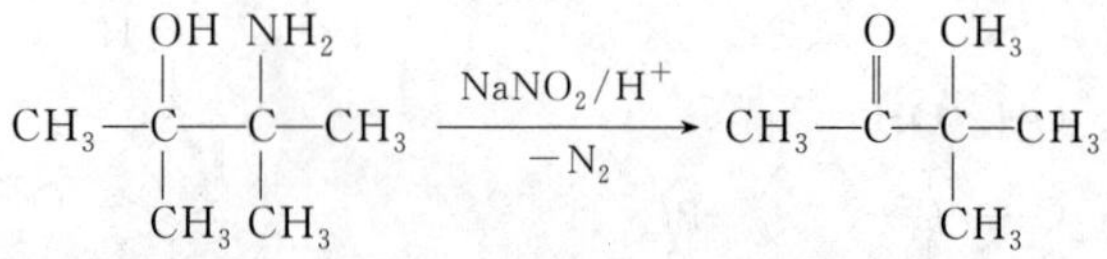

18.1.2 氧化

高碘酸（$HIO_4 \cdot 2H_2O$）、高碘酸钠（$NaIO_4$）或高碘酸钾（KIO_4）的水溶液，可将邻二醇氧化，使邻二醇中连接羟基的 C—C 断裂生成两个羰基化合物。例如：

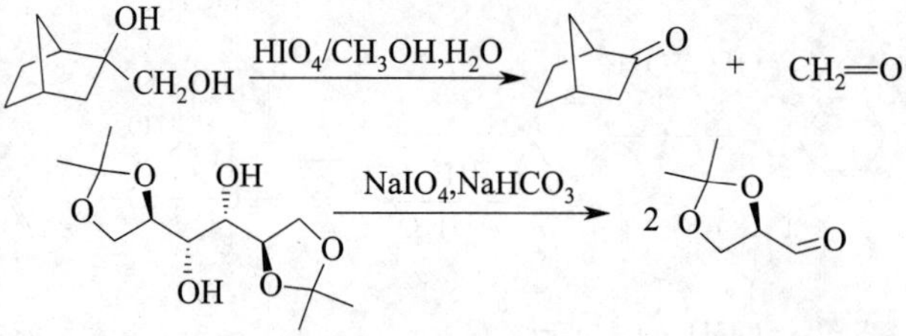

高碘酸氧化经历一个环状高碘酸二酯中间体，分解后生成两个羰基化合物和碘酸：

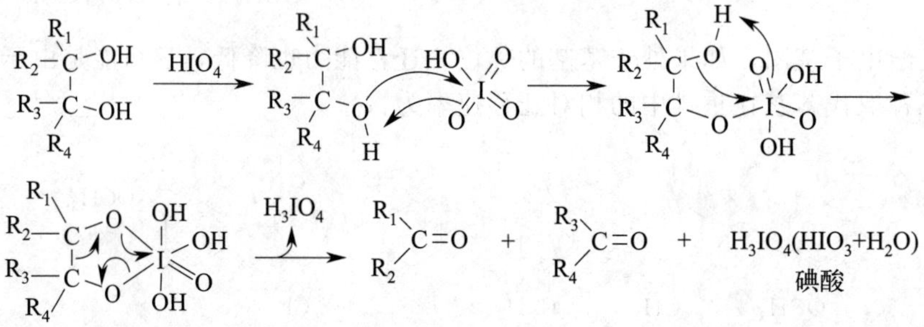

三元醇以上的多元醇，如果羟基均处于相邻位置，高碘酸能将所有相邻连接羟基的 C—C 断裂，生成小分子的羰基化合物。

在高碘酸氧化邻二醇的混合物中，加入硝酸银溶液，生成白色碘酸银沉淀，这是邻二醇特有的反应，可用于与一元醇、1,3-二元醇的区别。另外，由于反应经历环状高碘酸二酯，因此刚性结构的环状反-1,2-二醇不能被高碘酸氧化。例如：

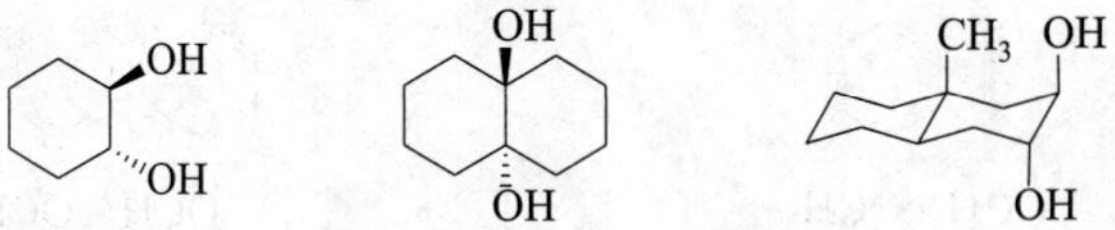

四醋酸铅也能氧化邻二醇，产物也是两个羰基化合物，反应机理经历烷氧铅化合物：

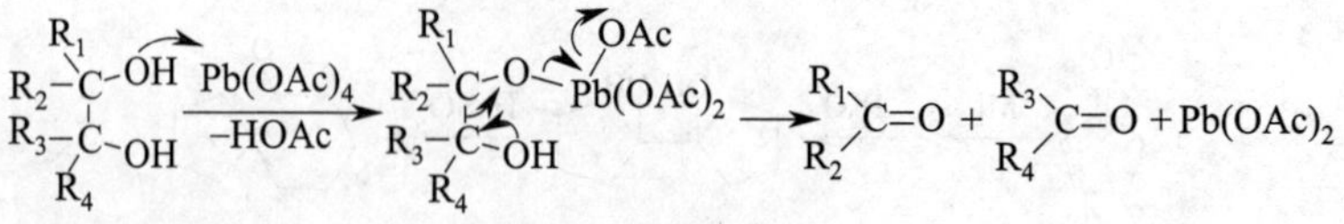

四醋酸铅通过烷氧铅化合物，能氧化顺式和反式的二元醇。例如：

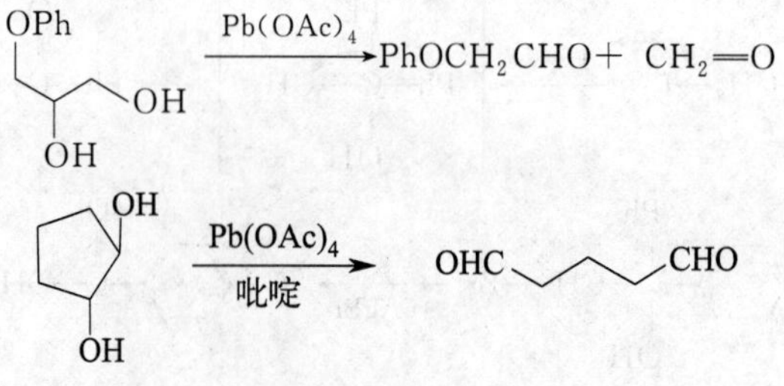

18.2　羟基醛（酮）

羟基醛（酮）是非常普遍的化合物，比如葡萄糖和果糖分别是多羟基醛和多羟基酮类化合物。分子结构中只有一个羟基的醛（酮）主要有 α-、β-、γ-、δ-等羟基醛（酮），其中 α-醛(酮) 和 β-醛(酮) 表现出一些有趣的特性。

18.2.1　制备方法

18.2.1.1　α-羟基醛（酮）的制备

（1）酮醇缩合

α-羟基酮（α-ketoalcohol），简称酮醇。羧酸酯与金属钠在无水的惰性溶剂（如醚、甲苯、二甲苯等）中还原后再水解得到，这一反应称为酮醇缩合（acyloin condensation）。反应首先是羰基从钠接受一个电子，形成自由基负离子（radical anion），两自由基负离子结合生成 α-二酮，后者再从钠接受电子形成烯二醇钠，水解后得 α-羟基酮：

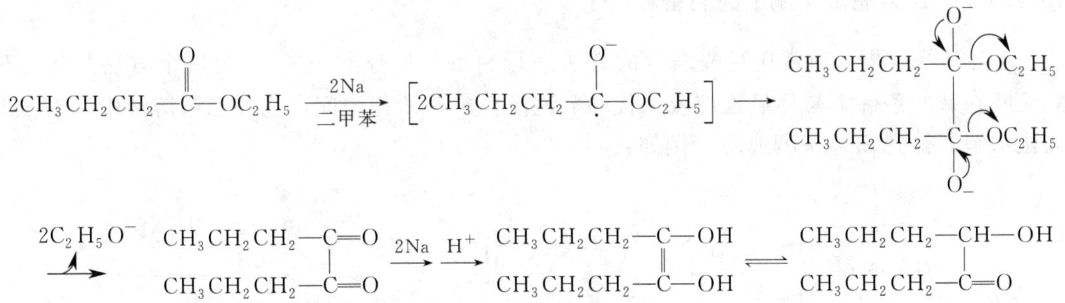

酮醇缩合反应中生成的醇钠会引起 Claisen 缩合副反应，在反应体系中加入 $(CH_3)_3SiCl$ 与醇钠反应，减弱醇钠的碱性来防止副反应。

二元羧酸酯在相同条件下得到环状 α-羟基酮，需在高度稀释的条件下进行，以减少分子间缩合：

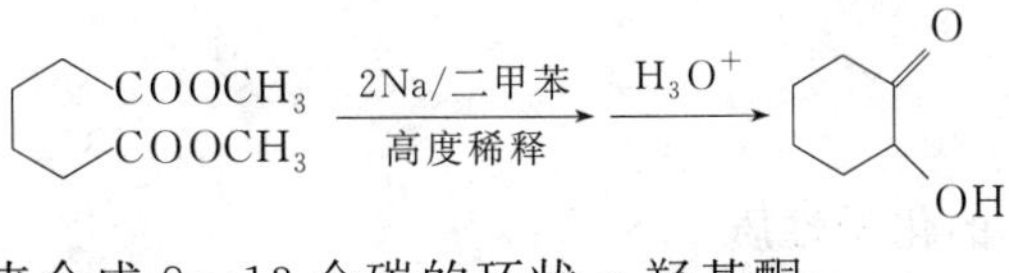

该反应也可以用来合成 8～13 个碳的环状 α-羟基酮

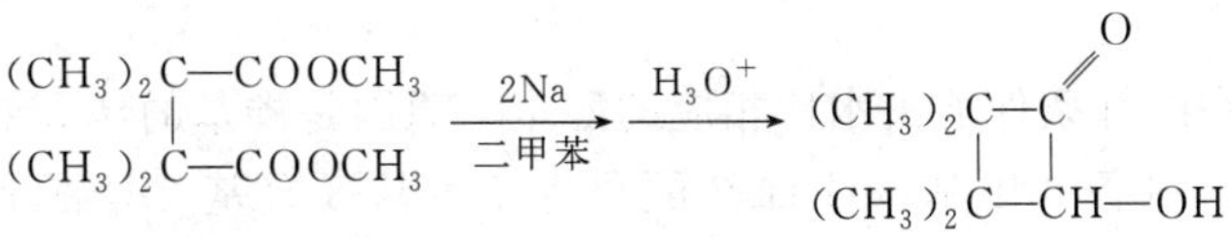

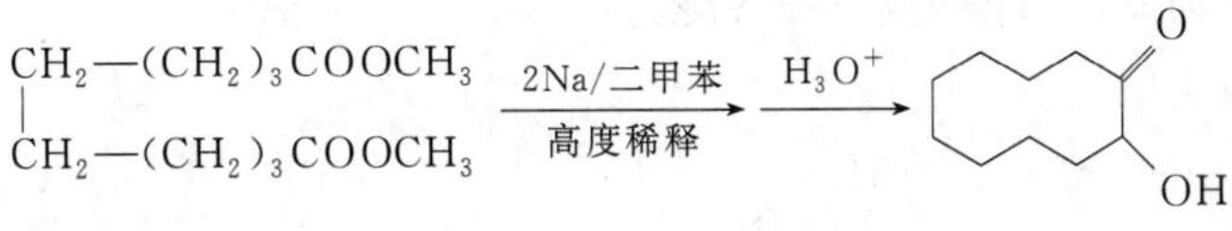

（2）二硫醇缩醛与醛（酮）加成

由于二硫醇缩醛中的氢被两个硫原子活化，酸性较强，当它与强碱（如正丁基锂）作用时很容易形成碳负离子，后者与醛（酮）加成所得到中间产物，在乙腈溶液中用 $HgCl_2$ 催化水解得到 α-羟基醛或酮。例如，采用二硫醇缩甲醛制备 α-羟基醛：

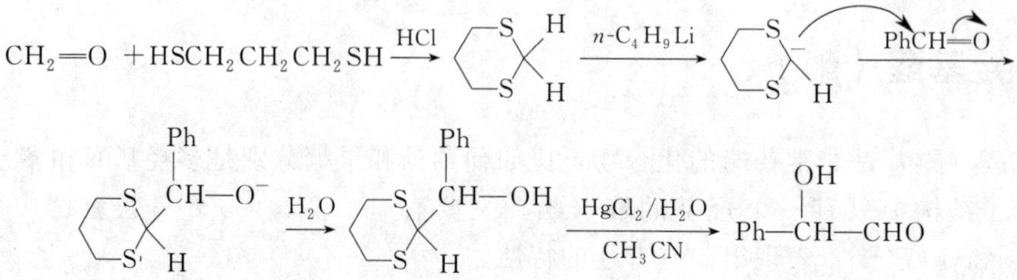

同样的方法，二硫醇缩乙醛制备 α-羟基酮：

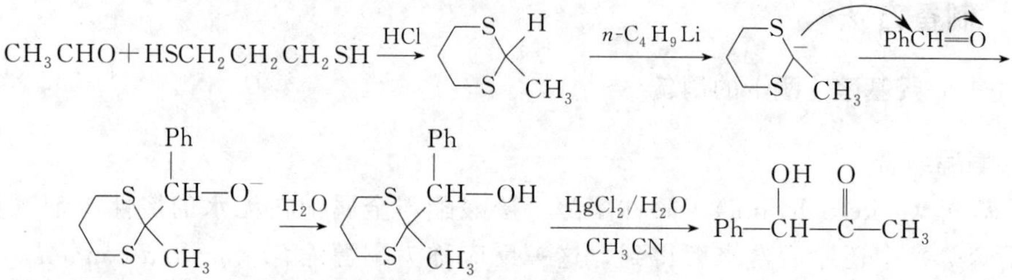

安息香缩合、邻二醇选择性氧化也可以制备 α-羟基酮。

18.2.1.2 β-羟基醛（酮）的制备

β-羟基醛（酮）通常用羟醛缩合的方法进行制备（见醛酮一章）。另一个方法是将二硫醇缩醛在碱性条件下与环氧乙烷或取代环氧乙烷反应，所得中间产物在乙腈溶液中以 $HgCl_2$ 催化水解，得到 β-羟基酮或醛。例如：

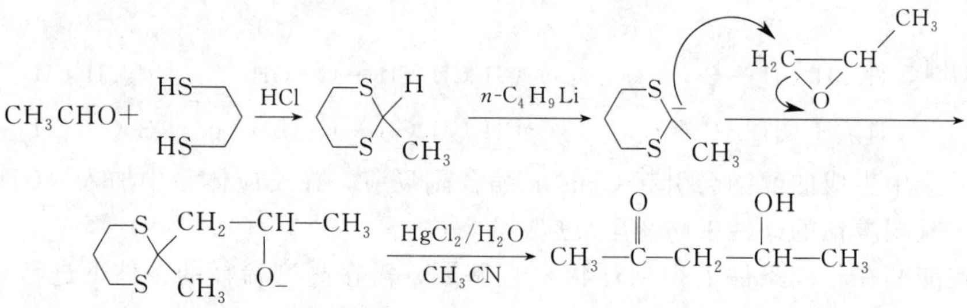

18.2.2 化学性质

18.2.2.1 α-羟基醛（酮）的化学性质

（1）失水反应

α-羟基醛或酮在酸性条件下失水比相应的醇难，原因是羰基的诱导效应使中间体碳正离子难以形成。例如，制备 3-甲基-3-丁烯-2-酮要将 3-甲基-3-羟基-2-丁酮和对甲苯磺酸加热至 150℃进行脱水，远比通常的叔醇失水条件苛刻：

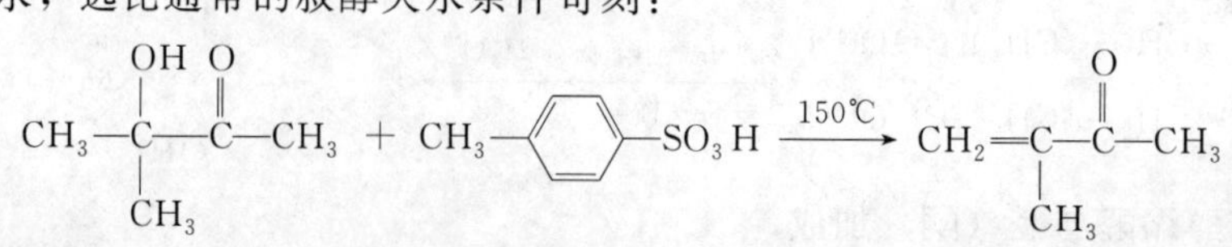

（2）氧化反应

类似于邻二醇，α-羟基醛或酮能被高碘酸氧化，发生 C—C 断裂（注意规律），得到羧酸和醛（酮）。例如：

$$CH_3-\underset{\underset{OH}{|}}{CH}-\underset{\overset{O}{\|}}{C}-CH_3 + HIO_4 \longrightarrow CH_3-CHO + CH_3-COOH + HIO_3$$

$$C_2H_5-\underset{\underset{OH}{|}}{CH}-\underset{\overset{O}{\|}}{C}-H + HIO_4 \longrightarrow C_2H_5-CHO + HCOOH + HIO_3$$

Fehling 试剂不仅能氧化 α-羟基醛，也能将 α-羟基酮氧化成邻二酮，自身还原为砖红色氧化亚铜沉淀，可用于与酮的鉴别：

$$CH_3-\underset{\underset{OH}{|}}{CH}-\underset{\overset{O}{\|}}{C}-CH_3 \xrightarrow{\text{Fehling 试剂}} CH_3-\underset{\overset{O}{\|}}{C}-\underset{\overset{O}{\|}}{C}-CH_3 + Cu_2O + H_2O$$

（3）异构化

在碱性条件下，α-羟基醛或酮通过烯醇使羟基和羰基互变，这一过程也称差向异构：

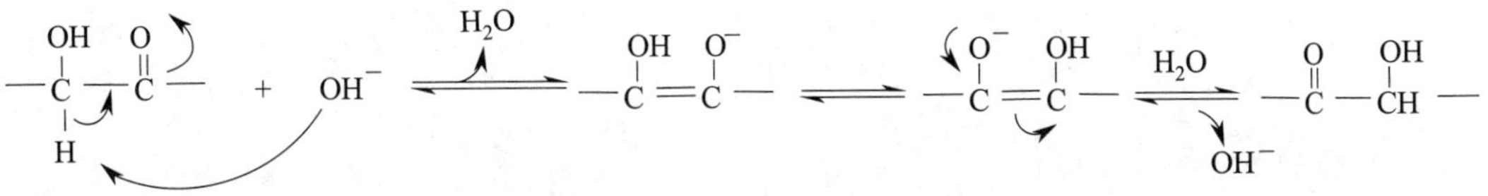

醛糖和酮糖之间在碱性条件下互变就是这个反应原理。

（4）成脎反应

α-羟基醛或酮与苯肼反应生成脎：

$$\begin{array}{l} CH_3-CH-OH \\ CH_3-C=O \end{array} + 3C_6H_5NHNH_2 \longrightarrow \begin{array}{l} CH_3-C=NNHC_6H_5 \\ CH_3-C=NNHC_6H_5 \end{array} + C_6H_5NH_2 + NH_3 + H_2O$$

18.2.2.2　β-羟基醛（酮）的化学性质

β-羟基醛（酮）在酸催化下失水，生成 α,β-不饱和醛（酮），其失水速率远大于相应的醇。例如，在 H_2SO_4 作用下 $CH_3CH(OH)CH_2CH_3$ 和 $CH_3CH(OH)CH_2COCH_3$，失水的相对速率，若前者为 1，后者则大于 10^5。β-羟基醛（酮）失水机理如下：

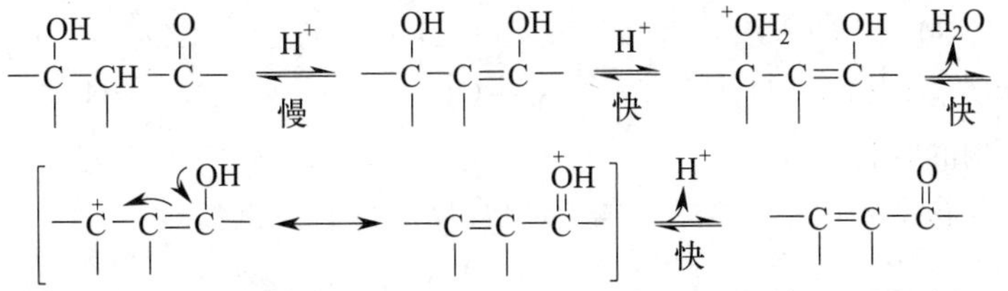

决定反应速率的一步是烯醇式的形成。质子化的烯醇很快失水得到稳定的氧鎓离子即质子化的 α,β-不饱和羰基化合物。

在碱性条件下，β-羟基醛（酮）也很容易发生失水反应，而醇一般不能。反应机理类似于 E1cb 反应，失水过程经历一个烯醇负离子：

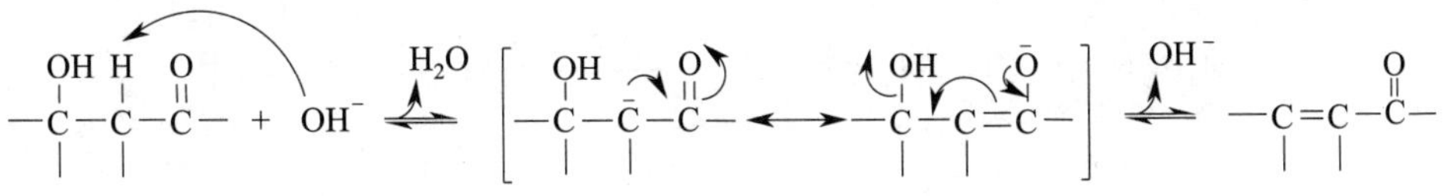

18.3　双羰基化合物

分子中含有两个羰基官能团的化合物称为二羰基化合物，分为 1,2-二羰基化合物、1,3-

二羰基化合物（又称 β-羰基化合物）、1,4-二羰基化合物、1,5-二羰基化合物等。本节主要讨论 1,2-二羰基化合物和 1,3-二羰基化合物。1,2-二羰基化合物虽比较少见，但它们表现出了许多有趣的化学特性，1,3-二羰基化合物是最重要的双羰基化合物，在合成上非常有用。

18.3.1 制备方法

18.3.1.1 1,2-二羰基化合物的制备

（1）α-羟基酮氧化

1,2-二酮（又称 α-二酮）可以通过氧化 α-羟基酮得到。由于 α-二酮也易被氧化而断链，所以必须用非常温和的氧化剂，醋酸铜便是一个常用的有效氧化剂：

$$\xrightarrow[\text{CH}_3\text{COOH},115℃]{(\text{CH}_3\text{COO})_2\text{Cu}} \quad (88\%)$$

（2）酮的氧化

采用 SeO_2 直接氧化某些酮可得到 1,2-二酮或 α-羰醛：

$$+SeO_2 \xrightarrow{\text{二氧六环}/\text{H}_2\text{O}}$$

$$\text{C}_6\text{H}_5\overset{\text{O}}{\underset{}{\text{C}}}\text{—CH}_3 +SeO_2 \xrightarrow{\text{二氧六环}/\text{H}_2\text{O}} \text{C}_6\text{H}_5\overset{\text{O}}{\underset{}{\text{C}}}\text{—CHO}$$

18.3.1.2 1,3-二羰基化合物的制备

1,3-二羰基化合物指两个羰基之间插入一个碳原子形成的一类化合物。

1,3-二酮（β-二酮）：$R'COCH_2COR$，例如 $CH_3COCH_2COCH_3$、$C_6H_5COCH_2COCH_3$。

β-酮酯类：$RCOCH_2CO_2Et$，例如 $CH_3COCH_2CO_2Et$，$PhCOCH_2CO_2Et$。

取代乙酸酯类：$EtO_2CCH_2CO_2Et$，$NC—CH_2CO_2Et$、$O_2N—CH_2CO_2Et$。

（1）1,3-二酮的制备

1,3-二酮化合物主要由不同类型的酮酯缩合反应得到。例如：

$$\text{CH}_3\text{COCH}_3 + \text{CH}_3\text{COOC}_2\text{H}_5 \xrightarrow[\text{Et}_2\text{O}]{\text{NaH}} \xrightarrow{\text{H}_3\text{O}^+} \text{CH}_3\text{COCH}_2\text{COCH}_3 \ (85\%)$$

$$\text{C}_6\text{H}_5\text{COCH}_3 + \text{C}_6\text{H}_5\text{COOC}_2\text{H}_5 \xrightarrow[\text{Et}_2\text{O}]{\text{NaH}} \xrightarrow{\text{H}_3\text{O}^+} \text{C}_6\text{H}_5\text{COCH}_2\text{COC}_6\text{H}_5 \ (73\%)$$

$$\text{CH}_3\overset{\text{O}}{\underset{}{\text{C}}}\text{CH}_2\text{CH}_2\text{CH}_2\text{CH}_2\overset{\text{O}}{\underset{}{\text{C}}}\text{OC}_2\text{H}_5 \xrightarrow{\text{C}_2\text{H}_5\text{ONa}} \xrightarrow{\text{H}_3\text{O}^+}$$

$$+ \text{HCOOC}_2\text{H}_5 \xrightarrow{\text{C}_2\text{H}_5\text{ONa}} \xrightarrow{\text{H}_3\text{O}^+} \xrightarrow{\text{C}_2\text{H}_5\text{OH}}$$

在工业上，乙酰乙酸乙酯是通过乙烯酮的二聚体与乙醇反应得到。如果用其他醇，可以得到相应的酯，产率一般很高。

$$CH_2\text{（β-丙内酯）} \xrightarrow{CH_3CH_2OH} CH_3CCH_2COC_2H_5$$

在工业上，丙二酸酯以氯乙酸为原料制备，反应路线如下：

$$ClCH_2COOH \xrightarrow[\text{(2) NaCN}]{\text{(1) NaHCO}_3} NCCH_2COOH \xrightarrow[\text{(2) C}_2\text{H}_5\text{OH/H}_2\text{SO}_4]{\text{(1) NaOH/}\triangle} C_2H_5OCCH_2COC_2H_5$$

（2）β-酮酯

分子间酯缩合或分子内酯缩合是合成 β-酮酯的主要方法，例如：

$$CH_3COC_2H_5 + CH_3COC_2H_5 \xrightarrow[\text{(2) HOAc}]{\text{(1) C}_2\text{H}_5\text{ONa}} CH_3CCH_2COC_2H_5$$

$$\begin{array}{l}CH_2CH_2COOC_2H_5 \\ | \\ CH_2CH_2COOC_2H_5\end{array} \xrightarrow[\text{(2) HOAc}]{\text{(1) C}_2\text{H}_5\text{ONa}} \text{（环戊酮-COOC}_2\text{H}_5\text{）}$$

$$C_6H_5COC_2H_5 + CH_3COC_2H_5 \xrightarrow[\text{(2) H}^+]{\text{(1) NaH}} C_6H_5CCH_2COC_2H_5$$

酮与碳酸二酯进行酮酯缩合也可以合成 β-酮酯，例如：

$$C_6H_5CCH_3 + C_2H_5OCOC_2H_5 \xrightarrow[\text{(2) H}^+]{\text{(1) NaH}} C_6H_5CCH_2COC_2H_5$$

18.3.2 化学性质

18.3.2.1 互变异构

单酮的酮式和烯醇式平衡中以酮式为主，烯醇式是痕量的。

$>99.99\%$; 99.98%

而在 1,2-二羰基化合物和 1,3-二羰基化合物的互变平衡中，烯醇式存在量要多得多。例如，2,4-戊二酮在水溶液中为 70% 二酮和 30% 烯醇式的混合物，在己烷中几乎全部以烯醇式存在（见醛酮一章：酮式-烯醇式互变异构）：

约 70% 约 30%（水溶液）
约 8% 约 92%（己烷溶液）

这是因为烯醇式能以分子内氢键形成一个稳定的六元环。非极性溶剂有利于分子内氢键的生成，而质子性溶剂能与双羰基化合物形成氢键，不利于分子内氢键生成，故在质子性溶剂中烯醇式含量降低。特别是 β-酮醛两个羰基都可烯醇化，几乎完全以烯醇式存在：

环状 1,2-二酮主要以烯醇式存在，原因是烯醇化能减少两个相邻羰基间的静电排斥作用。

18.3.2.2　1,3-二羰基化合物的酸性

1,3-二羰基化合物（又称 β-二羰基化合物）的酸性比一般的醛、酮或酯强。这是因为位于两个羰基间的亚甲基上的氢很活泼，通常称这类亚甲基为活泼亚甲基，其负离子由于具有较大的离域范围而比较稳定。除羰基外，其他吸电子基团，如硝基、氰基等亦有同样作用，如氰乙酸酯（$NCCH_2COOR$）、硝基乙酸酯（O_2NCH_2COOR）都有活泼亚甲基。表 18.1 为一些具活泼亚甲基化合物的 pK_a 值。

表 18.1　具活泼亚甲基化合物的 pK_a 值

化合物	pK_a	化合物	pK_a
CH_3COCH_3	20	$C_6H_5COCH_2COCH_3$	9.4
CH_3CHO	17	$NCCH_2COCH_3$	9
$C_2H_5OCCH_2COC_2H_5$	13	$CH_3COCH_2COCH_3$	8.9
$NC—CH_2—CN$	11	$CH_3—CH_2—NO_2$	8.6
$CH_3COCHCOCH_3$（CH_3）	11	CH_3COCH_2CHO	5.9
$CH_3COCH_2COC_2H_5$	11	$O_2N—CH_2—NO_2$	3.6

由于活泼亚甲基足够高的酸性，所以在等量的醇钠的醇溶液中或氢氧化钠的水溶液中可以形成较稳定的烯醇负离子。例如：

$$CH_3\overset{O}{\underset{}{C}}-CH_2-\overset{O}{\underset{}{C}}-OC_2H_5 + C_2H_5O^- \rightleftharpoons CH_3\overset{ONa}{\underset{}{C}}=CH-\overset{O}{\underset{}{C}}-OC_2H_5 + C_2H_5OH$$

$$pK_a = 11 \qquad\qquad\qquad\qquad\qquad pK_a = 16$$

烯醇负离子是一个极易受到亲电试剂进攻的活性中间体，在合成上很有价值。

18.3.2.3　二苯羟乙酸重排反应

二苯基乙二酮在碱作用下发生重排反应生成二苯羟乙酸盐，再酸化得到二苯羟乙酸：

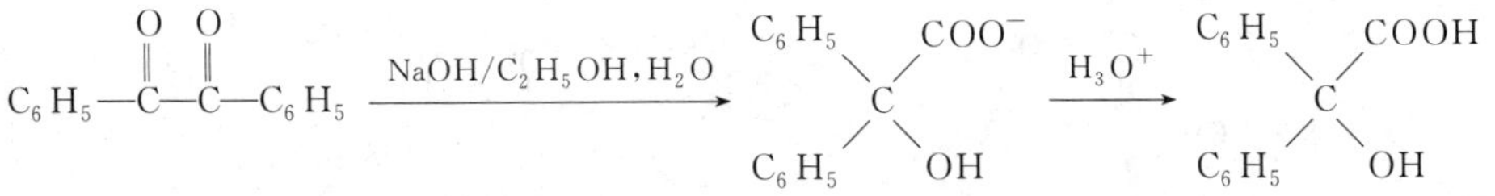

反应速率与二苯基乙二酮和碱的浓度成正比。有些脂肪族二酮也可以发生类似的重排反应：

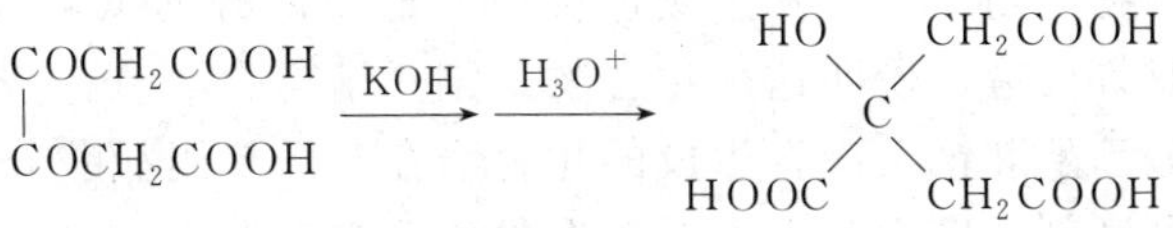

二苯羟乙酸重排反应机理首先是羟基负离子进攻一个羰基碳，促使其上的基团带着一对电子迁移到另一个羰基碳上，接着质子转移变成稳定的羧基离子：

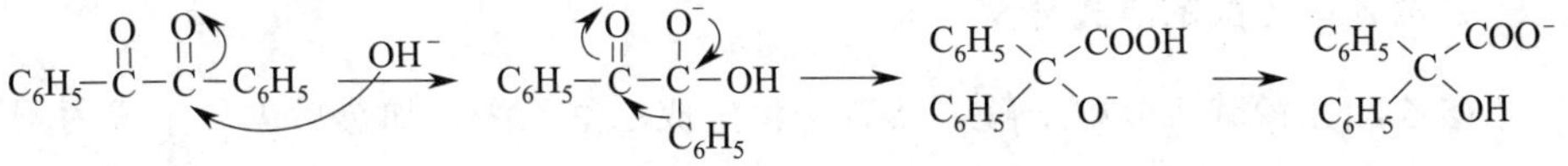

此外，邻醌类、脂环族及杂环族 α-二酮都可发生这种类似的重排反应。例如：

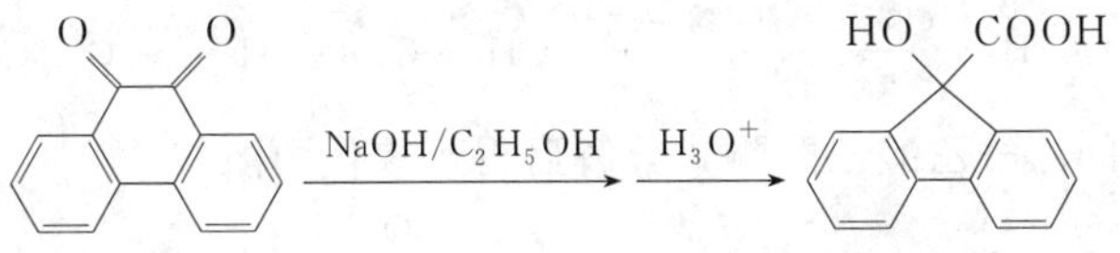

9,10-菲醌　　　　　　　　9-羟基-9-芴甲酸

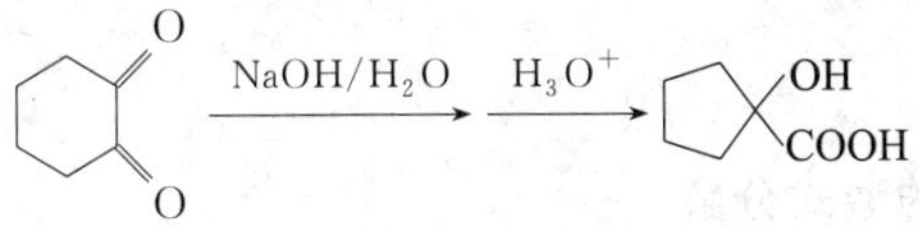

这是一个富电子的基团向缺电子的羰基碳上迁移的重排反应，因此，迁移基团上有吸电子基时不利于重排，反之，给电子基团则对重排有利。

脂肪族二酮重排常会发生醇醛缩合副反应，使重排产物减少，甚至不发生重排反应。例如，2,3-丁二酮主要发生分子间关环的醇醛缩合反应，生成 2,5-二甲基对苯醌：

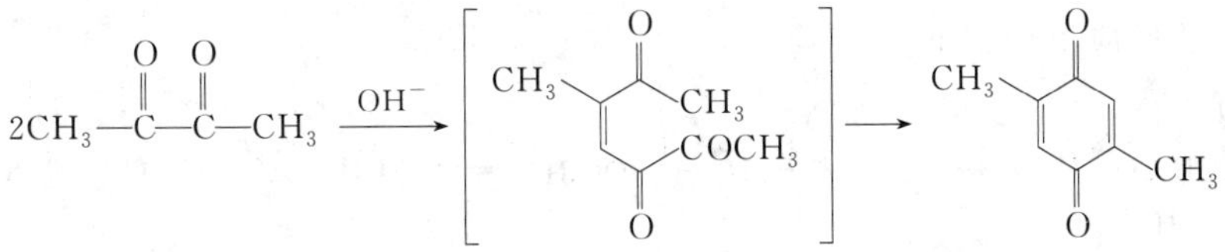

六甲基丁二酮 $(CH_3)_3CCO—COC(CH_3)_3$，由于空间位阻和二个叔丁基的给电子作用，羰基活性降低，以致它不发生重排反应。

18.4　活泼亚甲基在有机合成中的应用

18.4.1　乙酰乙酸乙酯在合成中的应用

18.4.1.1　乙酰乙酸乙酯的互变异构

乙酰乙酸乙酯是一个典型的 β-羰基化合物，室温下酮式和烯醇式之间迅速互变，无法分开，它是由 92.5%酮式和 7.5%烯醇式组成的平衡体系。

$$CH_3CCH_2COC_2H_5 \quad \Longleftrightarrow \quad CH_3 \quad OC_2H_5$$

酮式92.5%　　　　　　　　　　烯醇式7.5%

低温时二者互变的速率很慢。如果将它冷却至 $-78℃$，可以得到熔点为 $-39℃$ 的结晶型化合物。这个结晶化合物不与 $FeCl_3$ 发生颜色反应（酚或烯醇的试验），也不和溴加成，但可与酮试剂如羟胺、肼等反应，说明这个化合物是酮式结构。

如果先将乙酰乙酸乙酯和钠反应，生成的化合物在 $-78℃$ 用盐酸分解则得另一种不能结晶的化合物，它不和酮试剂反应而和 $FeCl_3$ 发生颜色反应，也能与溴发生作用，这个化合物为烯醇式。

18.4.1.2　乙酰乙酸乙酯的酮式分解

乙酰乙酸乙酯在稀碱溶液中水解，然后酸化生成乙酰乙酸，加热后失羧生成丙酮，称为酮式分解（keto form decomposition）：

$$CH_3CCH_2COC_2H_5 \xrightarrow[\text{(2) } H^+]{\text{(1) 稀 NaOH}} CH_3CCH_2-C-O-H \xrightarrow{\triangle} CH_3CCH_3 + CO_2$$

亚甲基有取代基的乙酰乙酸乙酯酮式分解后得到取代丙酮：

$$CH_3CCHCOC_2H_5 \xrightarrow[\triangle]{\text{稀 NaOH} \quad H^+} CH_3CCH_2-R \quad (\text{取代丙酮})$$
$$\qquad\qquad | \atop R$$

18.4.1.3　乙酰乙酸乙酯的酸式分解

乙酰乙酸乙酯与浓的强碱溶液一起加热，然后酸化，产物是两个乙酸，故称为酸式分解（acid form decomposition）：

$$CH_3CCH_2COC_2H_5 \xrightarrow[\triangle]{\text{浓 NaOH} \quad H^+} CH_3COH + CH_3COH + C_2H_5OH$$

酸式分解的反应机理如下：

$$CH_3CCH_2COC_2H_5 \Longleftrightarrow CH_3-C-CH_2-C-OC_2H_5 \Longleftrightarrow CH_3COH + CH_2=COC_2H_5$$
$$\qquad\qquad\ |\qquad\qquad\qquad | \atop OH^- \qquad\qquad\qquad OH$$

酸碱互换 ↓

$$CH_3COH + C_2H_5OH \longleftarrow \xleftarrow[OH^-]{H^+} CH_3COC_2H_5 \xrightarrow{\text{互变异构}} CH_2=COC_2H_5$$

亚甲基有取代基的乙酰乙酸乙酯酸式分解，其中一个羧酸是取代乙酸：

$$CH_3CCHCOC_2H_5 \xrightarrow[\triangle]{\text{浓 NaOH} \quad H^+} R-CH_2COH + CH_3COH + C_2H_5OH$$
$$\qquad | \atop R \qquad\qquad\qquad\qquad\qquad \text{取代乙酸}$$

18.4.1.4　乙酰乙酸乙酯的反应

乙酰乙酸乙酯是最易得的 β-二羰基化合物之一，它与碱作用生成亲核性的碳负离子或烯醇负离子，可以和卤代烷、α-卤代羰基化合物、酰氯或酸酐等进行亲核加成或取代反应，在亚甲基上引入一个取代基，再经酮式分解得到各种不同的酮，因此在合成上用途极广。

（1）合成一取代和二取代丙酮

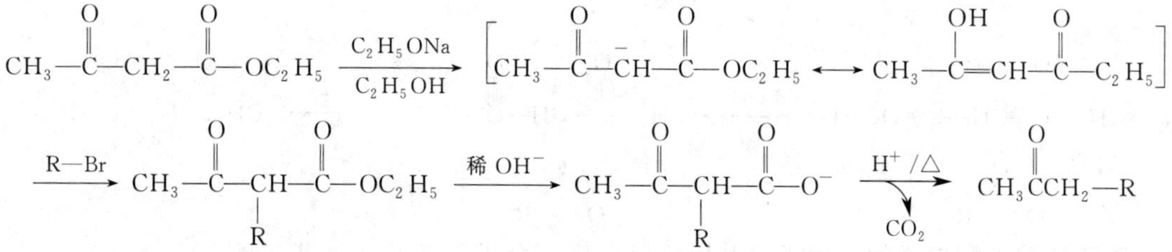

$$CH_3-\overset{O}{\overset{\|}{C}}-CH_2-\overset{O}{\overset{\|}{C}}-OC_2H_5 \xrightarrow[C_2H_5OH]{C_2H_5ONa} \left[CH_3-\overset{O}{\overset{\|}{C}}-\overset{-}{CH}-\overset{O}{\overset{\|}{C}}-OC_2H_5 \longleftrightarrow CH_3-\overset{OH}{\overset{|}{C}}=CH-\overset{O}{\overset{\|}{C}}-C_2H_5 \right]$$

$$\xrightarrow{R-Br} CH_3-\overset{O}{\overset{\|}{C}}-\underset{R}{\overset{|}{CH}}-\overset{O}{\overset{\|}{C}}-OC_2H_5 \xrightarrow{稀OH^-} CH_3-\overset{O}{\overset{\|}{C}}-\underset{R}{\overset{|}{CH}}-\overset{O}{\overset{\|}{C}}-O^- \xrightarrow[CO_2]{H^+/\triangle} CH_3-\overset{O}{\overset{\|}{C}}CH_2-R$$

例如，乙酰乙酸乙酯与 1-溴丁烷为原料合成 2-庚酮：

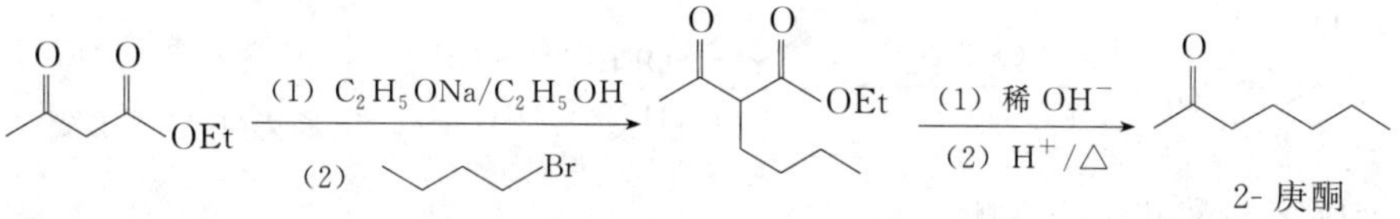

亚甲基上有两个氢，可以进行两次烷基化，两个烷基可以相同也可以不同。例如：

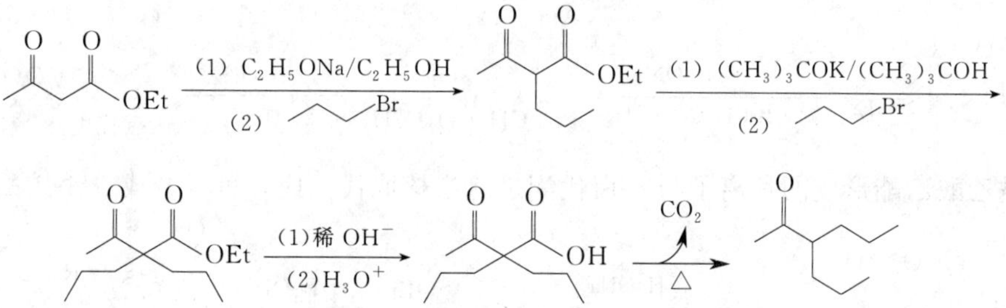

乙酰乙酸乙酯分别与碘甲烷和烯丙基溴进行两次烷基化，合成 3-甲基己-5-烯-2-酮：

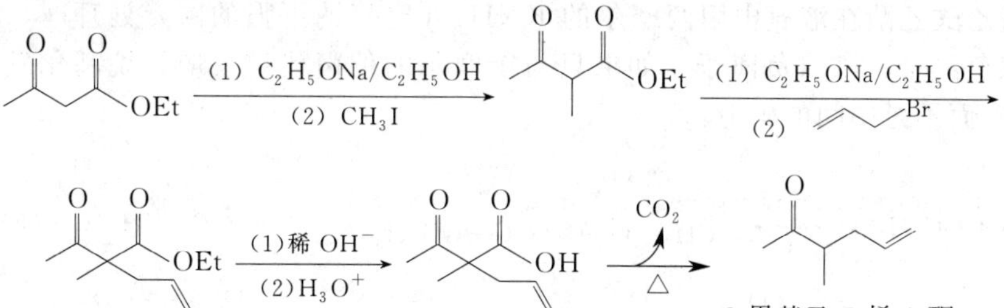

乙酰乙酸乙酯与 1,4-二溴丁烷进行两次烷基化，可以合成 1-环戊基-1-乙酮：

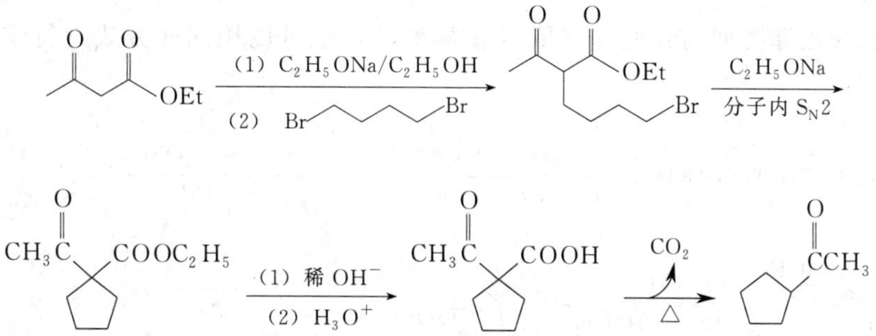

（2）合成 1,3-二酮

乙酰乙酸乙酯形成的负离子与酰氯发生酰基化反应，可以合成 1,3-二酮衍生物。由于酰氯与醇发生醇解反应，因此不能用醇钠作为碱，而常用 NaH 在惰性溶剂中进行：

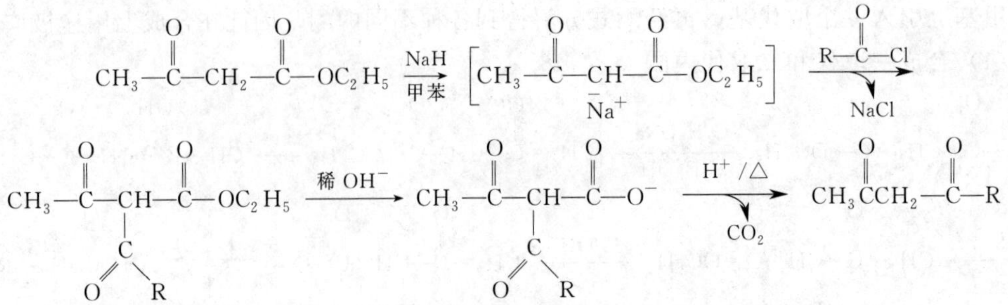

乙酰乙酸乙酯形成的负离子与苯甲酰氯反应，合成 1-苯基-1,3-丁二酮：

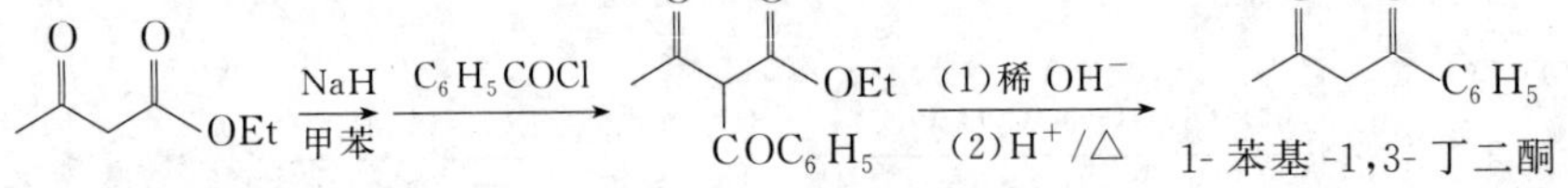

（3）合成 γ-酮酸和 1,4-二酮

乙酰乙酸乙酯形成的负离子与 α-卤代酸酯进行亲核取代反应，可以合成 γ-酮酸：

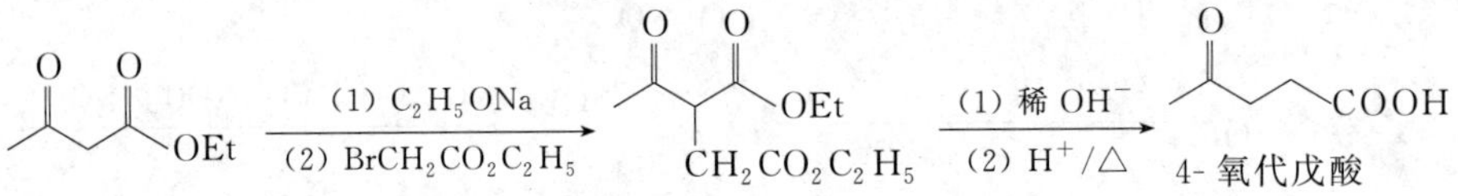

乙酰乙酸乙酯形成的负离子与 α-卤代酮进行亲核取代反应，可以合成 1,4-二酮：

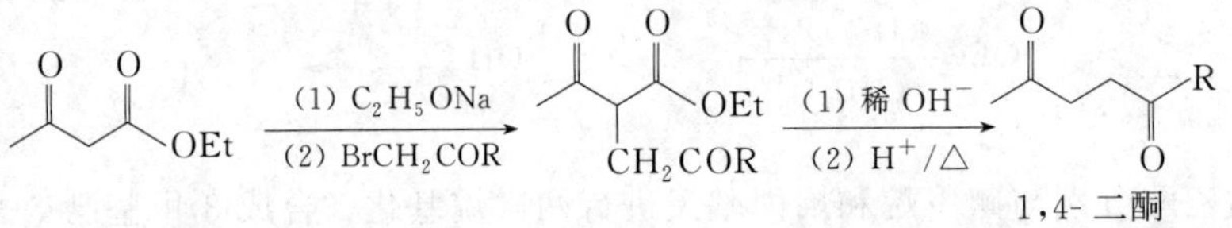

当乙酰乙酸乙酯在液氨中用两摩尔的 KNH$_2$（比醇钠更强的碱）处理时，可以生成共轭稳定的双负离子，该双负离子，如果只与 1 摩尔的伯卤代烷反应，烷基化发生在末端碳（含氢较多）而不是中间的碳上：

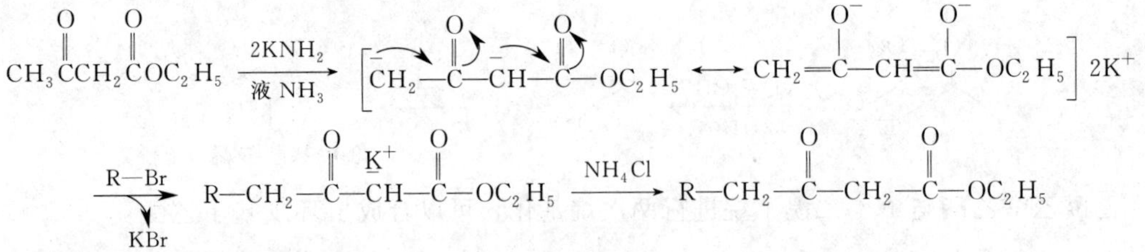

与乙酰乙酸乙酯类似的其他 β-二酮或 β-酮酸酯，也可以用同样方式进行烷基化或酰基化反应，例如：

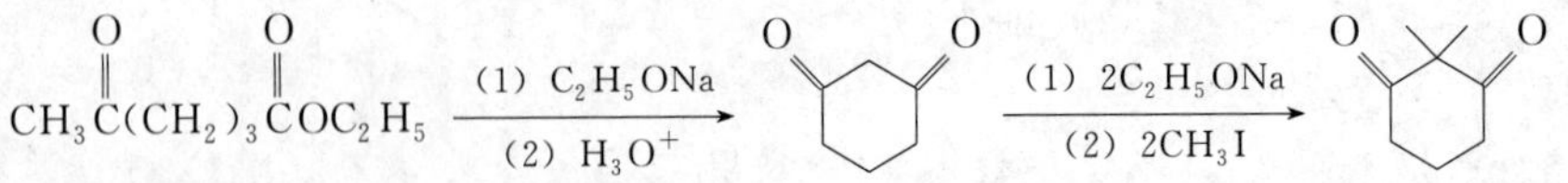

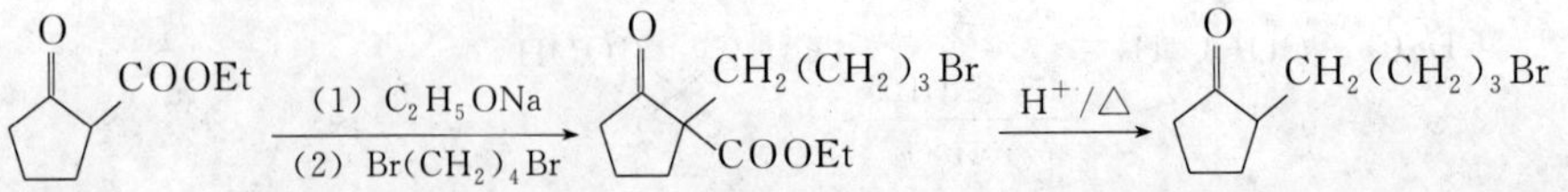

由于烷基化反应都是在碱性条件下进行，三级卤代烷因易发生消除反应而不能烷基化，二级卤代烷也伴有消除副反应发生。

从上面的例子中可以看到，无论是烷基化或酰基化都是发生在碳上，问题是烯醇负离子的负电荷可以在氧或碳上，为什么没有氧烷基化产物呢？

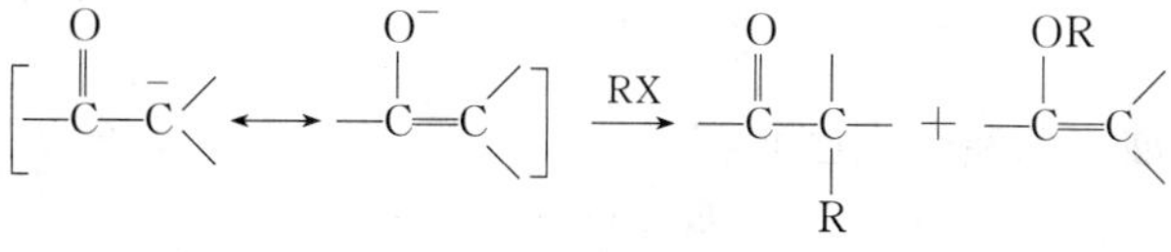

$$\begin{bmatrix} \overset{O}{\underset{}{\parallel}} & \overset{O^-}{\underset{}{\mid}} \\ -C-\bar{C}< & \longleftrightarrow & -C=C< \end{bmatrix} \xrightarrow{RX} \overset{O}{\underset{R}{-C-C<}} + \overset{OR}{-C=C<}$$

碳烷基化　　氧烷基化

主要有两个原因：① 在质子性溶剂中，溶剂以氢键与氧端结合，因而溶剂化程度比碳端强得多，氧的亲核性低；② 一般来说，电负性较弱的碳原子更容易极化，所以碳位点亲核性比氧位点大，即氧烷基化的过渡态所需活化能比碳烷基化高，碳烷基化的速率快，在动力学上有利，所以主要生成碳烷基化产物。

18.4.1.5　逆 Claisen 缩合反应

在 β-二羰基化合物的烷基化反应中，如果活泼亚甲基上的两个氢全被烷基取代，反应结束时碱全部被消耗掉，则产物是稳定的，若碱过量或再加入催化量的碱，会发生逆 Claisen 缩合反应：

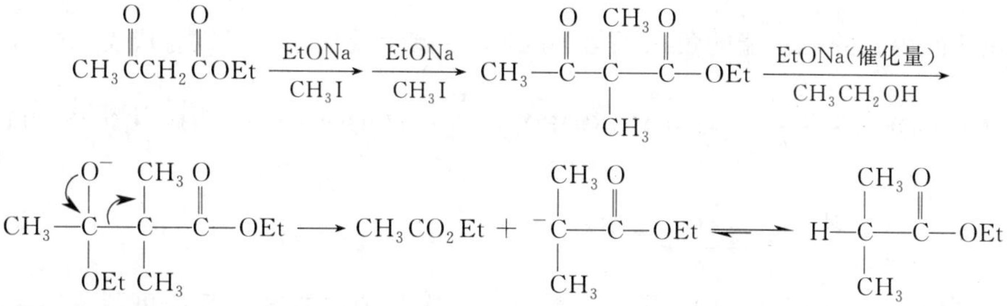

环状化合物则得到开链的酮酸酯。例如：

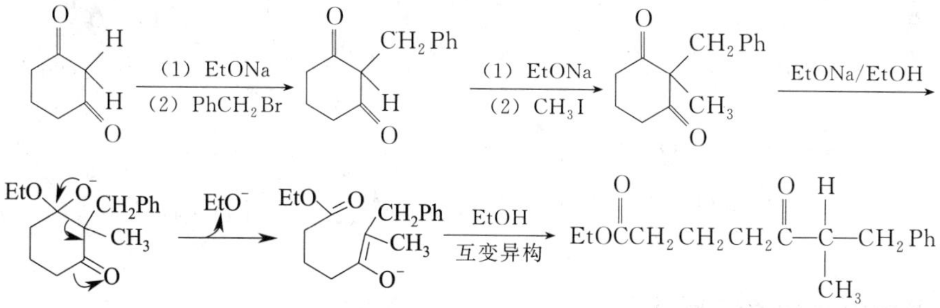

当碱为氢氧化钠时，因为会被反应生成的酸消耗掉，若生成物为二酸则需要 2 摩尔的碱：

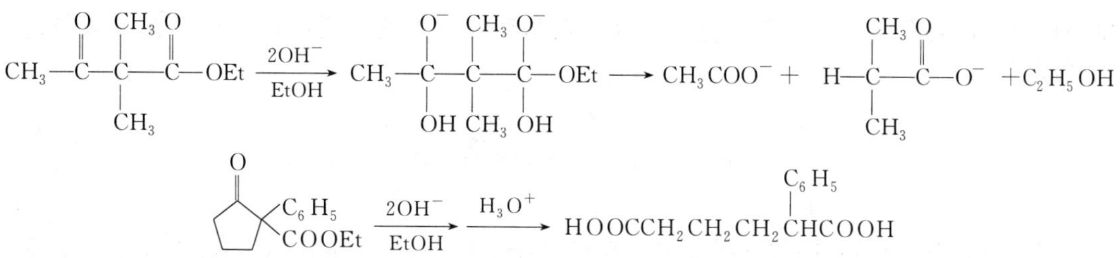

18.4.2　丙二酸二乙酯在合成中的应用

丙二酸酯在碱性试剂存在下也可以烷基化，产物经水解和脱羧后生成羧酸：

$$CH_2(COOC_2H_5)_2 \xrightarrow[\text{(2) R—Br}]{\text{(1) EtONa}} \underset{R}{EtO-CO-CO-OEt} \xrightarrow{H_3O^+} \xrightarrow[\triangle]{CO_2} R-CH_2COOH$$

一取代乙酸

例如，利用丙二酸二乙酯合成己酸：

$$CH_2(COOC_2H_5)_2 \xrightarrow[\text{(2) } n\text{-}C_4H_9Br]{\text{(1) EtONa}} \underset{C_4H_9\text{-}n}{EtO-CO-CO-OEt} \xrightarrow{H_3O^+} \xrightarrow[\triangle]{CO_2} n\text{-}C_4H_9-CH_2COOH$$

利用这种方法不仅可以合成一烷基取代乙酸，还可以合成二烷基取代乙酸：

$$CH_2(COOC_2H_5)_2 \xrightarrow[\text{(2) R—Br}]{\text{(1) EtONa}} \underset{R}{EtO-CO-CO-OEt} \xrightarrow[\text{(2) R'—Br}]{\text{(1) EtONa}} \underset{R \quad R'}{EtO-CO-CO-OEt}$$

$$\xrightarrow{H_3O^+} \underset{R \quad R'}{HO-CO-CO-OH} \xrightarrow[\triangle]{CO_2} \underset{R'}{R-CHCOOH} \quad (二取代乙酸)$$

以 2mol 的丙二酸二乙酯的负离子与 1mol 的二碘甲烷作用，可以合成戊二酸：

$$2CH_2(COOEt)_2 \xrightarrow{2EtONa} 2[NaCH(COOEt)_2]^{+-} \xrightarrow{CH_2I_2} (EtOOC)_2CH-CH_2-CH(COOEt)_2$$

$$\xrightarrow[\triangle]{H_3O^+ \quad 2CO_2} HO-CO-CH_2CH_2CH_2-CO-OH +2CO_2+4EtOH$$

采用适当的二卤代烷，与丙二酸二乙酯进行一次分子内的 S_N2 反应可制备环烷酸：

$$CH_2(COOC_2H_5)_2 \xrightarrow[\text{(2) Br(CH_2)_3Br}]{\text{(1) EtONa}} EtO-CO-CO-OEt \xrightarrow{EtONa} EtO-CO-CO-OEt$$

$$\longrightarrow EtO-CO-CO-OEt \xrightarrow{H_3O^+} \xrightarrow[\triangle]{CO_2} \square-COOH$$

18.4.3 Knoevenagel 反应

Knoevenagel 反应，也称为 Knoevenagel 缩合反应，是指含有活泼亚甲基的化合物，在氨或伯胺、仲胺存在下能与羰基化合物（特别是醛）发生缩合反应，得到 α,β-不饱和化合物的反应：

$$\underset{R'}{\overset{R}{C}}=O + \underset{Z'}{\overset{Z}{CH_2}} \xrightarrow{\text{碱}} \underset{R'}{\overset{R}{C}}=\underset{Z'}{\overset{Z}{C}} +H_2O$$

Z 与 Z′ 可以相同或不相同的基团，主要有 COOH、CHO、COR、COOR、CN、NO$_2$ 等。

Knoevenagel 反应机理类似于羟醛缩合，即在碱（B）作用下，酸性较大的活性亚甲基化合物形成碳负离子，进攻醛或酮的羰基发生亲核加成反应，生成 β-羟基中间体，此时在碱（B）的作用下发生类似于 E1cb 消除反应生成 α,β-不饱和化合物：

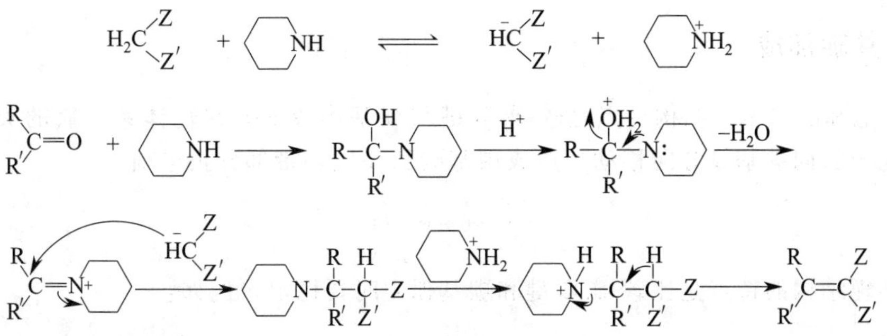

弱碱避免了醛或酮的自身缩合反应，因此 Knoevenagel 反应的收率一般比较高，在合成中应用较多，脂肪族和芳香族醛、酮都能反应，例如：

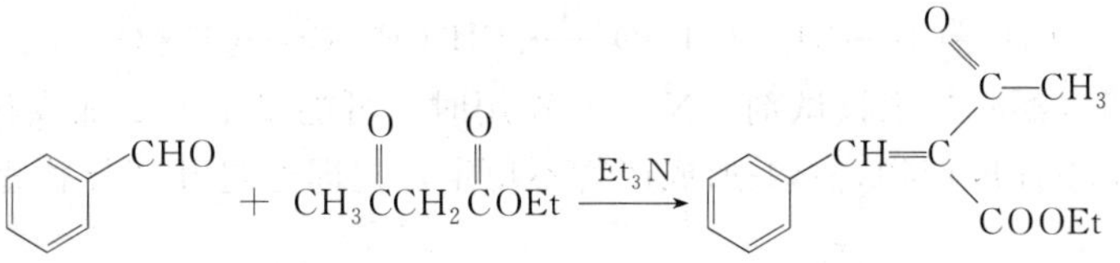

$$CH_3CHO + CH_2(COOH)_2 \xrightarrow{\text{吡啶}} CH_3CH{=}C(COOH)_2 \xrightarrow{-CO_2} CH_3CH{=}CHCOOH$$

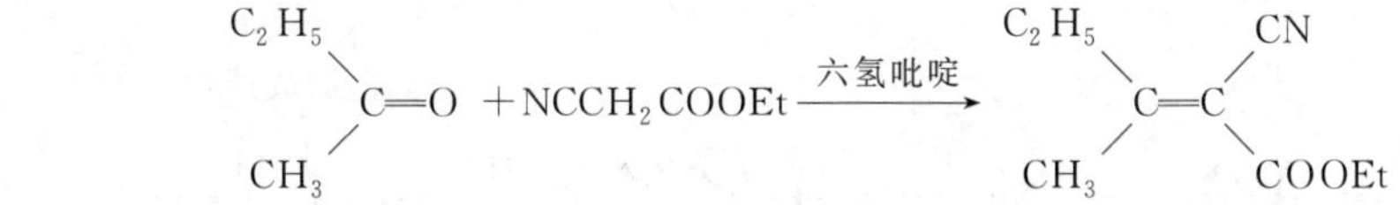

在碱作用下，丙二酸与苯甲醛进行 Knoevenagel 反应，在反应条件下即可脱羧，得到肉桂酸，比 Perkin 反应制备肉桂酸反应条件温和：

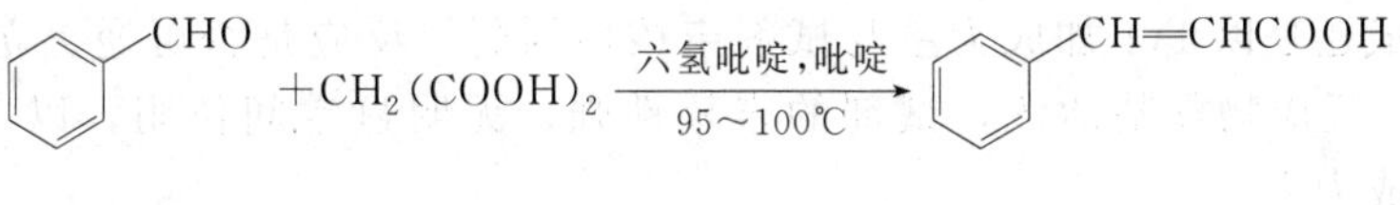

18.5　α,β-不饱和醛（酮）

不饱和羰基化合物可分为不饱和醛酮、不饱和酸、不饱和羧酸衍生物以及醌。根据双键与羰基的相对位置分为烯酮（双键与羰基共用一个碳原子）、α,β-不饱和羰基化合物和孤立不饱和羰基化合物（双键与羰基之间至少有一个饱和碳原子）。本节主要介绍 α,β-不饱和醛或 α,β-不饱和酮。

18.5.1　制备方法

18.5.1.1　β-羟基醛（酮）失水

加热由羟醛缩合得到的 β-羟基醛或酮，发生分子内失水得到 α,β-不饱和醛（酮）。

18.5.1.2　不饱和醇的氧化

在 MnO_2 等不使双键氧化的温和条件下，将烯丙型醇氧化成醛，例如：

$$CH_2{=}CH{-}CH_2OH \xrightarrow[\text{石油醚}]{MnO_2} CH_2{=}CH{-}CHO$$

18.5.2　共轭加成

α,β-不饱和醛（酮）结构特点是碳-碳双键与羰基形成 π-π 共轭体系，氧的吸电子效应使体系中电子云向羰基氧方向移动，造成羰基碳和 β-碳均带部分正电荷：

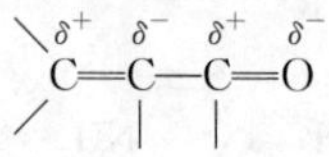

$$\overset{\delta^+}{C}=\overset{\delta^-}{C}-\overset{\delta^+}{C}=\overset{\delta^-}{O}$$

这一共轭结构的特点是比碳-碳双键和羰基孤立时要稳定，例如：

$$CH_2=CH-CH_2-CH=O \xrightarrow{OH^-} CH_3CH=CH-CH=O$$
3-丁烯醛

$$CH_2=CH-CH_2-CH=O \xrightarrow{H^+} CH_3CH=CH-CH=O$$

α,β-不饱和醛（酮）与亲核试剂（Nu^-）作用时，可能发生 1,2-加成和 1,4-加成，得到 1,2-加成产物和 1,4-加成产物，1,4-加成产物不稳定，立即通过互变异构重排为较稳定的加成物。

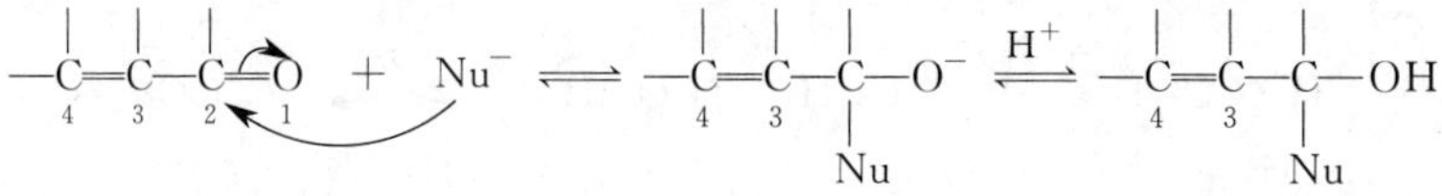

1,2-加成产物

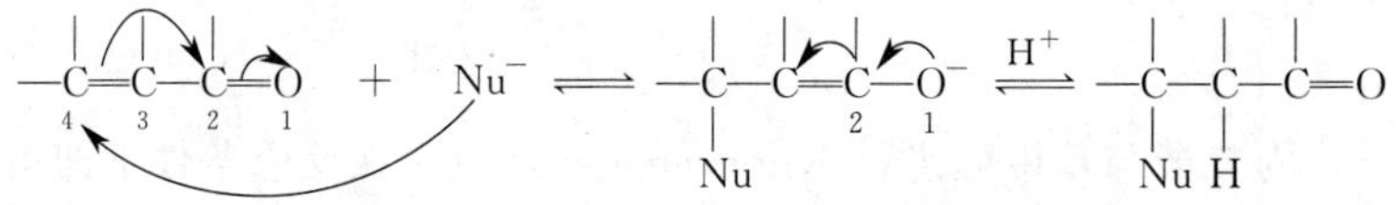

1,4-加成产物

以 1,2-加成还是以 1,4-加成为主与试剂亲核性强弱、反应是否可逆、立体效应等因素有关。一般讲，反应物羰基活泼，试剂的亲核性强，无明显空间位阻，以 1,2-加成为主，否则以 1,4-加成为主。

18.5.2.1　反应温度的影响

由于羰基碳直接与氧相连受到氧的 $-I$ 影响比 β-碳大，1,4-加成物含 $C=O$，1,2-加成物含 $C=C$。$C=O$ 中的 π 键比 $C=C$ 中的 π 键强，故通常 1,2-加成较快，1,4-加成较慢，但异构化转变成碳-碳双键加成物后则较稳定。所以，如果反应是可逆的，当达到平衡时，1,4-加成物为主要产物，若反应是不可逆的，则 1,2-加成物为主要产物。对于同样的反应来说，高温有利于 1,4-加成：

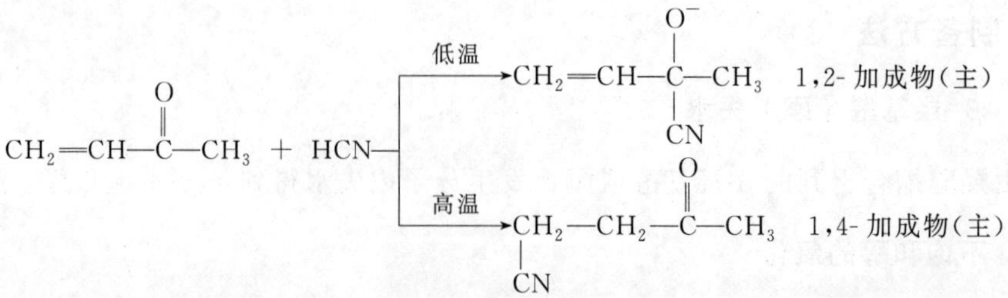

18.5.2.2　亲核试剂的影响

强亲核试剂的加成反应一般是不可逆的，所以 H^-、$RMgX$ 等亲核反应主要得 1,2-加成产物。例如：

$$CH_3CH = CH - CHO \xrightarrow{C_2H_5MgBr} \xrightarrow{H_3O^+} CH_3CH = CH - \underset{\underset{OH}{|}}{C}H - C_2H_5$$

$$1,2\text{-加成},70\%$$

$$CH_3CH = CH - CHO \xrightarrow{LiAlH_4} \xrightarrow{H_3O^+} CH_3CH = CH - CH_2 - OH$$

$$1,2\text{-加成},82\%$$

一般，烷基锂的亲核性比格氏试剂强，因此烷基锂与 α,β-不饱和醛（酮）的加成物是1,2-加成产物，例如：

$$C_6H_5CH = CH - \underset{\underset{O}{\parallel}}{C} - C_6H_5 \xrightarrow{C_6H_5Li} \xrightarrow{H_3O^+} C_6H_5CH = CH - \underset{\underset{C_6H_5}{|}}{\overset{\overset{OH}{|}}{C}} - C_6H_5$$

亲核性相对较弱的试剂（如胺、HCN、HX、H_2NOH、$NaHSO_3$）与 α,β-不饱和醛（酮）加成主要得1,4-加成产物，例如：

$$C_6H_5CH = CH - \underset{\underset{O}{\parallel}}{C} - C(CH_3)_3 + HN\bigcirc \longrightarrow \bigcirc N - \underset{\underset{C_6H_5}{|}}{C}H - CH_2 - \underset{\underset{O}{\parallel}}{C} - C(CH_3)_3$$

$$C_6H_5CH = CH - \underset{\underset{O}{\parallel}}{C} - C_6H_5 + KCN \xrightarrow{CH_3COOH} C_6H_5 - \underset{\underset{CN}{|}}{C}H - CH_2 - \underset{\underset{O}{\parallel}}{C} - C_6H_5$$

$$1,4\text{-加成},93\%$$

二烷基铜锂的亲核性小于格氏试剂与锂试剂，与 α,β-不饱和醛（酮）的加成主要得1,4-加成产物，例如：

$$CH_3CH = CH - \underset{\underset{O}{\parallel}}{C} - CH_3 \xrightarrow{(1)\ (CH_3)_2CuLi} \xrightarrow{(2)\ H_3O^+} CH_3 - \underset{\underset{CH_3}{|}}{C}H - CH_2 - \underset{\underset{O}{\parallel}}{C} - CH_3$$

18.5.2.3　立体效应的影响

羰基所连基团位阻小与试剂亲核强一般有利于1,2-加成，羰基所连基团位阻大或亲核试剂体积较大有利于1,4-加成，例如：

$$C_6H_5CH\!=\!CH\!-\!\overset{\displaystyle O}{\overset{\|}{C}}\!-\!H \xrightarrow[\quad]{C_6H_5MgBr} \xrightarrow[\quad]{H_3O^+} C_6H_5CH\!=\!CH\!-\!\overset{\displaystyle OH}{\overset{|}{C}}H\!-\!C_6H_5$$

约 100%

$$C_6H_5CH\!=\!CH\!-\!\overset{\displaystyle O}{\overset{\|}{C}}\!-\!C(CH_3)_3 \xrightarrow[\quad]{C_6H_5MgBr} \xrightarrow[\quad]{H_3O^+} C_6H_5\!-\!\underset{\underset{\displaystyle C_6H_5}{|}}{CH}\!-\!CH_2\!-\!\overset{\displaystyle O}{\overset{\|}{C}}\!-\!C(CH_3)_3$$

约 100%

$$C_6H_5CH\!=\!CH\!-\!\overset{\displaystyle O}{\overset{\|}{C}}\!-\!CH_3 \left\{ \begin{array}{l} \xrightarrow[(2)\,H_3O^+]{(1)\,C_6H_5MgBr} C_6H_5\!-\!\underset{\underset{\displaystyle C_6H_5}{|}}{CH}\!-\!CH_2\!-\!\overset{\displaystyle O}{\overset{\|}{C}}\!-\!CH_3 + C_6H_5CH\!=\!CH\!-\!\underset{\underset{\displaystyle C_6H_5}{|}}{\overset{\displaystyle OH}{\overset{|}{C}}}\!-\!CH_3 \\[1em] \qquad\qquad 1,4\text{-加成,约 }12\% \qquad\qquad 1,2\text{-加成,约 }88\% \\[1em] \xrightarrow[(2)\,H_3O^+]{(1)\,C_2H_5MgBr} C_6H_5\!-\!\underset{\underset{\displaystyle C_2H_5}{|}}{CH}\!-\!CH_2\!-\!\overset{\displaystyle O}{\overset{\|}{C}}\!-\!CH_3 + C_6H_5CH\!=\!CH\!-\!\underset{\underset{\displaystyle C_2H_5}{|}}{\overset{\displaystyle OH}{\overset{|}{C}}}\!-\!CH_3 \\[1em] \qquad\qquad 1,4\text{-加成,约 }6\% \qquad\qquad 1,2\text{-加成,约 }94\% \end{array} \right.$$

格氏试剂是不与双键加成的,由于羰基共轭作用,1,4-加成才表现为双键被加成。在少量亚铜盐催化下,格氏试剂与 α,β-不饱和醛(酮)反应主要得 1,4-加成物,例如:

$$CH_3CH\!=\!CH\!-\!\overset{\displaystyle O}{\overset{\|}{C}}\!-\!CH_3 \xrightarrow[(2)\,H_3O^+]{(1)\,CH_3MgBr} CH_3CH\!=\!CH\!-\!\underset{\underset{\displaystyle CH_3}{|}}{\overset{\displaystyle OH}{\overset{|}{C}}}\!-\!CH_3 + CH_3\!-\!\underset{\underset{\displaystyle CH_3}{|}}{CH}\!-\!CH_2\!-\!\overset{\displaystyle O}{\overset{\|}{C}}\!-\!CH_3 + 其他$$

无 Cu$^+$	90%	3%	7%
有微量 Cu$^+$	1%	95%	4%

18.5.3　迈克尔加成反应

含活泼亚甲基化合物分别与 α,β-不饱和羰基化合物、α,β-不饱和腈和 α,β-不饱和硝基化合物等共轭体系,在碱性催化剂(如乙醇钠、六氢吡啶、二乙胺等)存在下发生 1,4-加成的反应称为迈克尔(Michael)反应。用于这个反应的不饱和化合物,通常称为 Michael 受体,含活泼亚甲基化合物称为 Michael 给体。含活泼亚甲基化合物在碱性条件下转变为碳负离子,然后对 α,β-不饱和化合物进行 1,4-加成。Michael 反应是形成新的 C—C 的方法,可以将多种官能团引入分子中。例如,丙二酸二乙酯与 3-丁烯-2-酮的 Michael 加成反应:

$$CH_2\!=\!CH\!-\!\overset{\displaystyle O}{\overset{\|}{C}}\!-\!CH_3 + CH_2(COOC_2H_5)_2 \xrightarrow[EtOH]{EtONa} \underset{\displaystyle CH(COOC_2H_5)_2}{CH_2\!-\!CH_2\!-\!\overset{\displaystyle O}{\overset{\|}{C}}\!-\!CH_3}$$

反应机理如下:

$$CH_2(COOC_2H_5)_2 \xrightarrow[\quad]{EtONa} \overset{-}{C}H(COOC_2H_5)_2 \underset{\quad}{\overset{\quad}{\rightleftharpoons}} CH_2\!=\!CH\!-\!\overset{\displaystyle O}{\overset{\|}{C}}\!-\!CH_3$$

$$\left[\underset{\displaystyle CH(COOC_2H_5)_2}{CH_2\!-\!CH\!=\!\overset{\displaystyle O^-}{C}\!-\!CH_3} \longleftrightarrow \underset{\displaystyle CH(COOC_2H_5)_2}{CH_2\!-\!\overset{-}{C}H\!-\!\overset{\displaystyle O}{\overset{\|}{C}}\!-\!CH_3} \right] \xrightarrow{EtOH} \underset{\displaystyle CH(COOC_2H_5)_2}{CH_2\!-\!CH_2\!-\!\overset{\displaystyle O}{\overset{\|}{C}}\!-\!CH_3}$$

根据相似的反应机理，丙二酸二乙酯与 2-环己烯-1-酮的 Michael 加成反应产物如下：

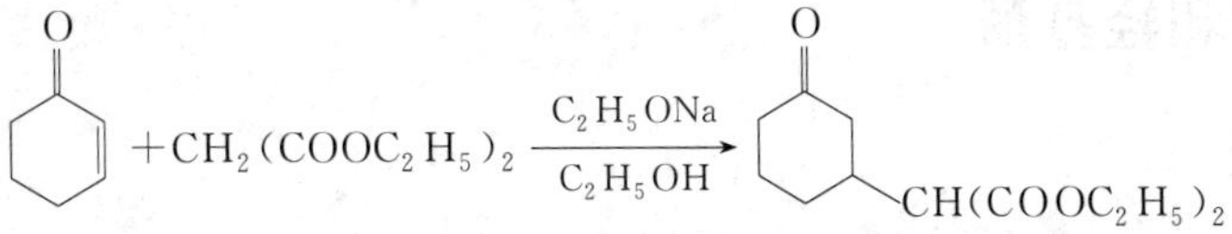

丙二酸二乙酯与丙烯腈也能发生 Michael 加成反应：

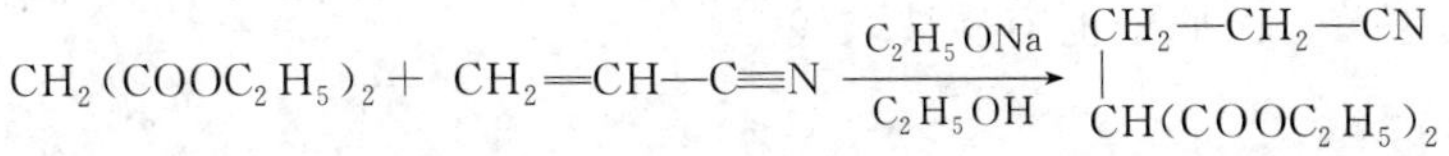

$$CH_2(COOC_2H_5)_2 + CH_2=CH-C≡N \xrightarrow[C_2H_5OH]{C_2H_5ONa} \begin{array}{l} CH_2-CH_2-CN \\ | \\ CH(COOC_2H_5)_2 \end{array}$$

Michael 加成反应通常在乙醇溶剂中进行，C_2H_5ONa 是常用的催化剂，只用催化量就可使反应进行下去，反应条件温和。若使用等物质的量的碱，在较高的反应温度和较长的反应时间下，Michael 反应产物可继续进行缩合反应，例如：

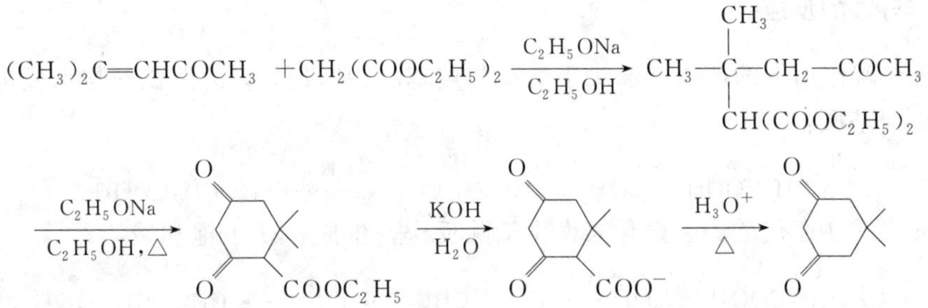

单酮也能发生 Michael 反应，例如：

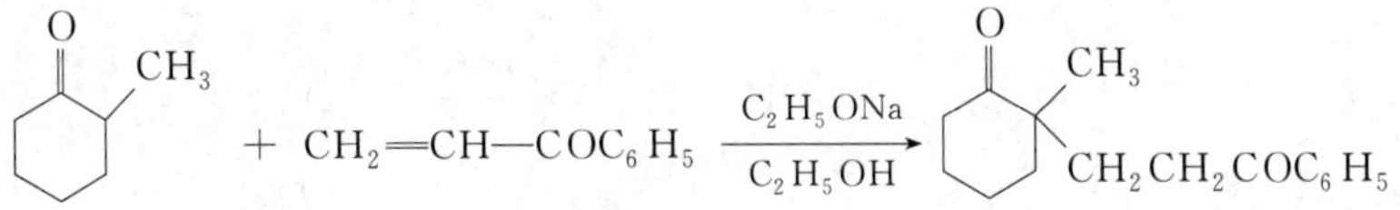

18.5.4　Robinson 环化反应

若用甲基乙烯基酮或其衍生物进行 Michael 加成，则最先形成的产物 1,5-二酮能进一步发生分子内的羟醛缩合，得到环己酮的衍生物：

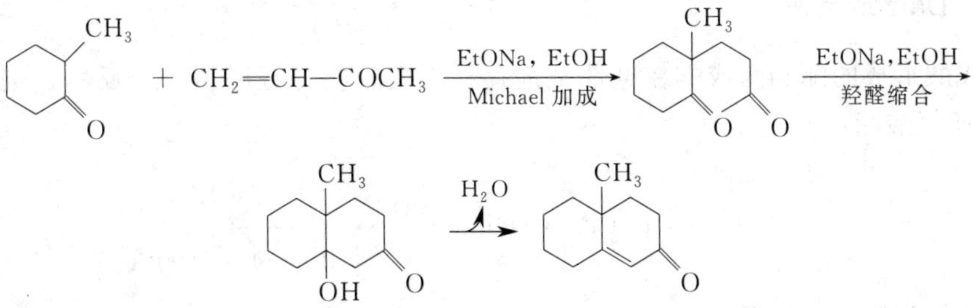

这个过程是联合了 Michael 加成反应和羟醛缩合反应，称为 Robinson 环化反应。

从上面的反应中可以看出，Michael 加成反应总是发生在烷基较多的碳原子上，这可能是因为取代较多的烯醇负离子比较少取代的烯醇负离子稳定，是热力学控制过程：

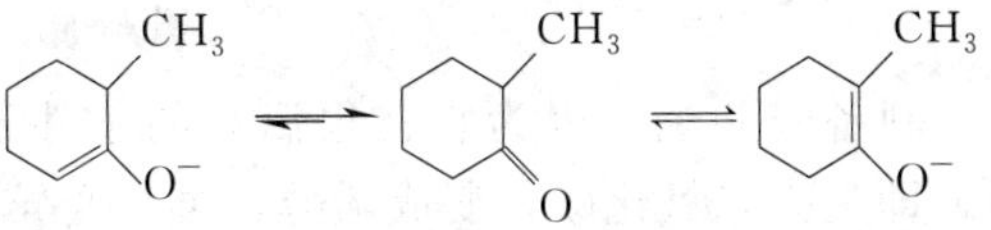

18.6 卤代酸和羟基酸

18.6.1 卤代酸

脂肪族卤代酸，由于卤原子和羧基间的相互影响，卤代酸的酸性较相应羧酸强，与此同时 α-卤代羧酸易失羧，卤原子也容易被取代。

18.6.1.1 酸性

卤原子在羧基的 α 位时对酸性影响最大，随着距离的增大，影响减弱。卤原子对酸性影响的大小顺序为 $F>Cl>Br>I$，α 位上卤原子的数目增加，酸性增强。

18.6.1.2 与碱的反应

卤代酸在碱作用下的产物，取决于卤素与羧基的相对位置，α-卤代酸与水或稀碱一起热沸，生成 α-羟基酸：

$$ClCH_2COOH+NaOH \xrightarrow{H_2O} HOCH_2COONa \xrightarrow{H_3O^+} HOCH_2COOH$$

同样条件下 β-卤代酸失去卤化氢发生消除反应，生成 α,β-不饱和酸：

$$ClCH_2CH_2COOH+NaOH \xrightarrow{H_2O} CH_2{=}CHCOONa \xrightarrow{H_3O^+} CH_2{=}CHCOOH$$

γ-卤代酸及 δ-卤代酸与水或碳酸钠稀溶液共沸，发生分子内亲核取代反应生成内酯：

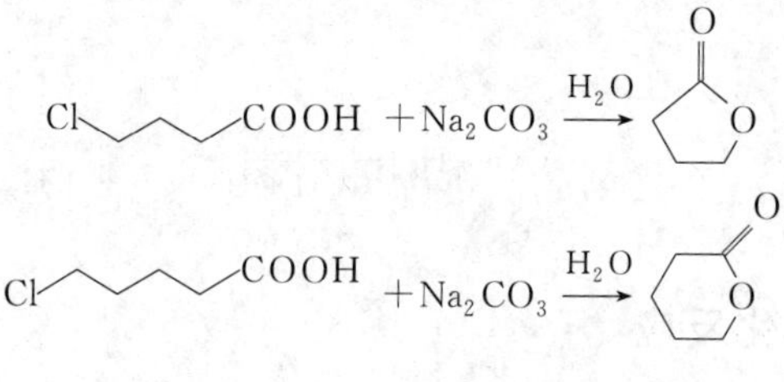

如果将 β-卤代酸，γ-卤代酸及 δ-卤代酸与碱的醇溶液或有机碱（如吡啶等）一起加热，则生成不饱和羧酸。

18.6.1.3 Darzen 反应

α-卤代酸形成的酯和醛或酮在碱性试剂存在下发生类似羟醛型缩合反应，进一步关环，生成 α,β-环氧酸酯：

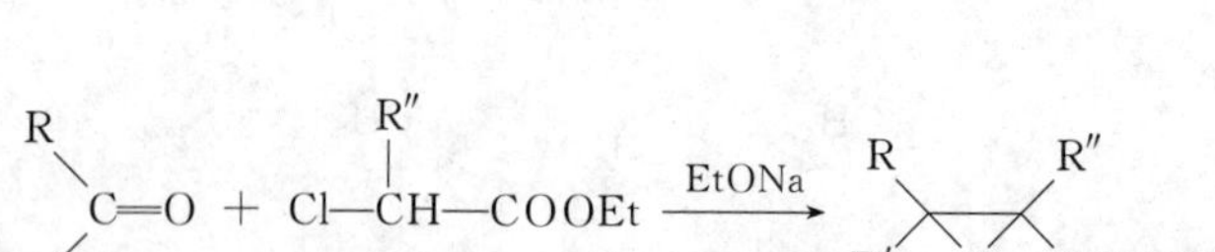

α,β-环氧酸酯生成机理：

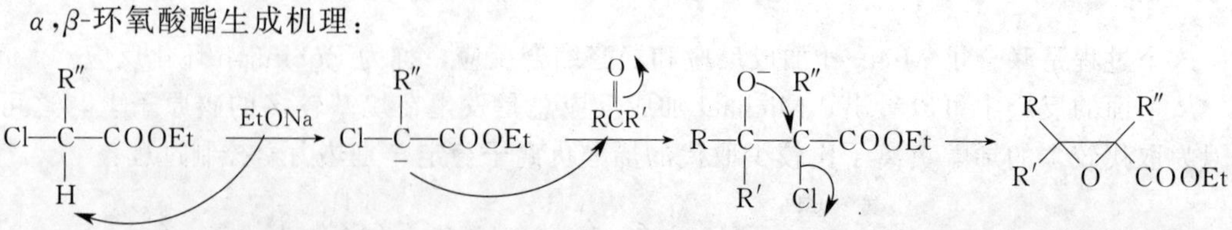

α,β-环氧酸酯的用途是制备醛和酮。因为它在很温和的条件下水解，就能得到游离的酸，但很不稳定，受热后，即失去二氧化碳，变成烯醇，再互变异构为醛或酮：

$$\underset{\text{(R', R, R'', O, COOEt)}}{\text{环氧酯}} \xrightarrow[\text{H}_2\text{O}]{\text{NaOH}} \xrightarrow[\triangle]{\text{H}_3\text{O}^+}$$

反应实例：

$$\underset{\text{C}_6\text{H}_5}{\overset{\text{CH}_3}{\diagdown}}\text{环氧}\,\text{COOEt} \xrightarrow[\text{EtOH, H}_2\text{O}]{\text{NaOH}} \underset{\text{C}_6\text{H}_5}{\overset{\text{CH}_3}{\diagdown}}\text{环氧}\,\text{COONa} \xrightarrow[\triangle]{\text{H}_3\text{O}^+} \underset{\text{C}_6\text{H}_5}{\overset{\text{CH}_3}{\diagdown}}\text{CH-CHO}$$

$$\underset{\text{C}_6\text{H}_5}{\overset{}{\diagdown}}\text{环氧}\,\underset{\text{C}_6\text{H}_5}{\overset{\text{COOEt}}{\diagdown}} \xrightarrow[\text{EtOH, H}_2\text{O}]{\text{NaOH}} \underset{\text{C}_6\text{H}_5}{\overset{}{\diagdown}}\text{环氧}\,\underset{\text{C}_6\text{H}_5}{\overset{\text{COONa}}{\diagdown}} \xrightarrow[\triangle]{\text{H}_3\text{O}^+} \text{C}_6\text{H}_5\text{CH}_2\text{-}\overset{\text{O}}{\overset{\|}{\text{C}}}\text{-C}_6\text{H}_5$$

18.6.1.4　Reformatsky 反应

α-卤代酸形成的酯与锌反应得到的有机锌试剂和醛或酮在无水的惰性有机溶剂中起加成反应，再经酸解生成 β-羟基酸酯，称为 Reformatsky 反应。反应中间物有机锌试剂可以分离，但实际上不必分出，可直接进行下一步反应。所起反应同格氏试剂与羰基化合物的加成类似，但 α-卤代酸酯不能形成格氏试剂，而与锌能形成对酯比较稳定的有机锌试剂，在合成上很方便，用于合成 β-羟基酸酯和 α,β-不饱和羧酸：

$$\underset{}{\overset{\text{R}}{\text{X-CH-COOEt}}} + \underset{\text{R''}}{\overset{\text{R'}}{\diagdown}}\text{C=O} \xrightarrow[]{\text{Zn}} \xrightarrow[]{\text{H}_3\text{O}^+} \underset{\text{R''}}{\overset{\text{OH}}{\text{R'-C-}}}\overset{\text{R}}{\underset{}{\text{CH-COOEt}}}$$

Reformatsky 反应机理如下：

$$\underset{\text{Zn:}}{\overset{\text{R}}{\text{X-CH-C-OEt}}} \longrightarrow \cdots \rightleftharpoons \cdots$$

$$\longrightarrow \rightleftharpoons \xrightarrow[]{\text{ZnX}_2} \underset{\text{R''}}{\overset{\text{OH}}{\text{R'-C-}}}\overset{\text{R}}{\underset{}{\text{CH-COOEt}}}$$

反应首先是锌与 α-卤代酸酯形成有机锌试剂，然后与羰基进行亲核加成反应，加成物再经酸解，得到相应的产物。反应常用的溶剂有乙醚、苯、甲苯和二甲苯。羰基化合物的活性次序为醛＞酮，α-卤代酸酯的活性顺序为：

$$\underset{}{\overset{\text{R}}{\text{I-CH-COOEt}}} > \underset{}{\overset{\text{R}}{\text{Br-CH-COOEt}}} > \underset{}{\overset{\text{R}}{\text{Cl-CH-COOEt}}}$$

因 α-氯代酸酯活性不高，α-碘代酸酯难制备，故常用 α-溴代酸酯，如果 α-溴代酸酯与锌反应太慢，可加微量碘引发反应。

反应实例：

$$PhCHO + BrCH_2COOC_2H_5 \xrightarrow{Zn} \xrightarrow{H_3O^+} Ph\underset{OH}{\overset{}{CH}}CH_2\underset{O}{\overset{}{C}}OEt$$

18.6.2 羟基酸

羟基酸包括醇酸和酚酸，羟基取代在脂肪酸的烷基上叫醇酸，取代在芳香酸的芳环上叫酚酸。生物体内存在许多醇酸和酚酸，如乳酸、柠檬酸、水杨酸等。

18.6.2.1 制备方法

α-羟基酸可由 α-卤代酸、α-羟基腈（氰醇）水解制备，例如：

$$ClCH_2COOH \xrightarrow{OH^-} HOCH_2COO^- \xrightarrow{H_3O^+} HOCH_2COOH$$

采用旋光性的 α-卤代酸，如果在浓氢氧化钠溶液中水解，按 S_N2 反应机理进行，例如 (R)-2-溴丙酸在浓氢氧化钠溶液中水解得到 (S)-2-羟基丙酸。如果在稀氢氧化钠溶液中或氧化银存在下水解，按邻基参与机理进行，例如 (R)-2-溴丙酸在氧化银存在下水解生成 (R)-2-羟基丙酸。

醛、酮与氢氰酸加成得到 α-羟基腈，然后水解得到 α-醇酸：

$$CH_3CH_2CH_2CHO \xrightarrow{HCN} CH_3CH_2CH_2\underset{OH}{\overset{|}{CH}}CN \xrightarrow{H_3O^+} CH_3CH_2CH_2\underset{OH}{\overset{|}{CH}}COOH$$

通过 Reformatsky 反应制备 β-醇酸酯，然后水解得到 β-醇酸。通过羟醛缩合反应合成 β-羟基醛，再将醛基氧化得到 β-醇酸。

氰化钠与 β-氯醇进行亲核取代反应得到 β-羟基腈，后水解得到 β-醇酸：

$$HOCH_2CH_2Cl + NaCN \longrightarrow HOCH_2CH_2CN \xrightarrow{H_3O^+} HOCH_2CH_2COOH$$

二元酸单酯，采用 Na/C_2H_5OH 或 $LiAlH_4$ 将酯基还原为醇，得到不同的羟基醇：

$$HOOC(CH_2)_nCOOC_2H_5 \xrightarrow[\text{或} LiAlH_4]{Na/C_2H_5OH} \xrightarrow{H_3O^+} HOOC(CH_2)_nCH_2OH$$

18.6.2.2 化学性质

（1）酸性

由于羟基的存在，羟基酸的酸性比相应的羧酸强，但羟基对酸性的影响没有卤原子大，且随着羟基与羧基间距离的增大而迅速减弱，β 位上的羟基对酸性影响就很小了。

（2）氧化反应

α-羟基酸中的羟基比醇中醇羟基易氧化，能被 Tollens 试剂氧化为 α-羰基酸。α-酮酸能失羧变成醛：

$$CH_3\underset{OH}{\overset{|}{CH}}-COOH \xrightarrow{[O]} CH_3\underset{O}{\overset{\|}{C}}-COOH \xrightarrow{CO_2} CH_3-CH=O$$

β-酮酸比 α-酮酸更容易脱酸：

$$CH_3-\underset{\underset{OH}{|}}{CH}-CH_2COOH \xrightarrow{[O]} CH_3-\underset{\underset{O}{\|}}{C}-CH_2COOH \xrightarrow{CO_2} CH_3-\underset{\underset{O}{\|}}{C}-CH_3$$

（3）失水反应

羟基酸受热易失水，但失水方式随羟基与羧基的相对位置而异，α-羟基酸受热或用脱水剂处理，两分子间失水成交酯，交酯水解又变回原来的羟基酸，例如：

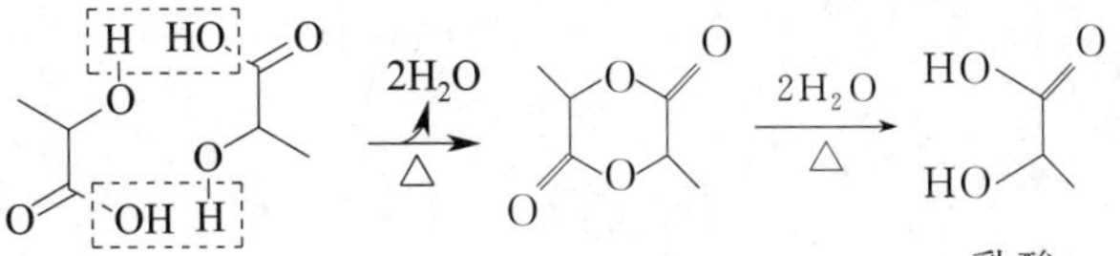

交酯　　　　　乳酸

乳酸形成的交酯，酸催化下醇解得到乳酸酯：

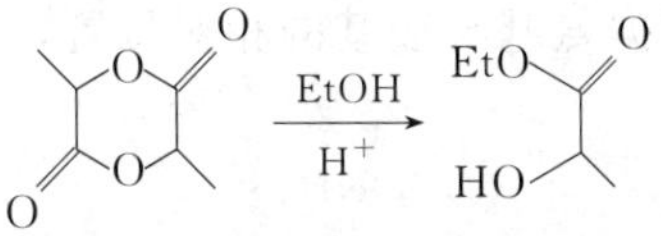

乳酸交酯　　　　乳酸乙酯

β-醇酸在稀硫酸或稀碱中受热失水主要生成 α,β-不饱和酸：

$$CH_3-\underset{\underset{OH}{|}}{CH}-CH_2COOH \xrightarrow[\triangle]{稀硫酸} CH_3-CH=CHCOOH +H_2O$$

γ-羟基酸极易失水变成环状的内酯，γ-羟基酸只有变成盐后才是稳定的。有些 γ-羟基酸不能得到，因为它们游离出来后立即失水成内酯。γ-内酯为稳定的中性化合物，一般只有在热的碱液中才变成 γ-羟基酸盐：

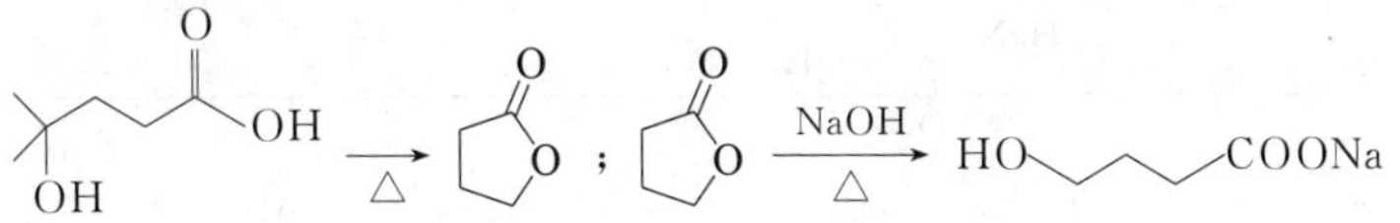

δ-羟基酸也可以生成内酯，但较 γ-内酯难生成，生成后环也很容易断开，在室温放置即吸水呈酸性。羟基和羧基相距四个以上碳原子时，内酯更难生成。

高级醇酸受热分子间脱水酯化，生成聚酯：

$$m\ HOCH_2(CH_2)_nCOOH \xrightarrow{\triangle} H\overset{}{\underset{}{\Big[}}OCH_2(CH_2)_n\overset{\overset{O}{\|}}{C}\overset{}{\underset{}{\Big]_m}}OH +(m-1)H_2O$$
$$n\geqslant 5$$

羟基与羧基之间有 8 个以上碳原子的羟基酸，在极稀的溶液中可以形成大环内酯。

（4）分解反应

α-羟基酸与浓硫酸共热分解为醛（酮）、一氧化碳和水。若用稀硫酸或盐酸，则分解为醛（酮）和甲酸：

$$R-\underset{\underset{OH}{|}}{CH}COOH \xrightarrow[\triangle]{浓\ H_2SO_4} R-CHO +CO+H_2O$$

$$R-\underset{\underset{OH}{|}}{CH}COOH \xrightarrow[\triangle]{稀\ H_2SO_4} R-CHO +HCOOH$$

这是 α-羟基酸特有的反应，可用来区别 α-羟基酸和其他羟基酸。

酚酸中的羧基和酚羟基能分别成酯、成盐。羟基在羧基邻、对位时，加热容易失羧，但需要高温：

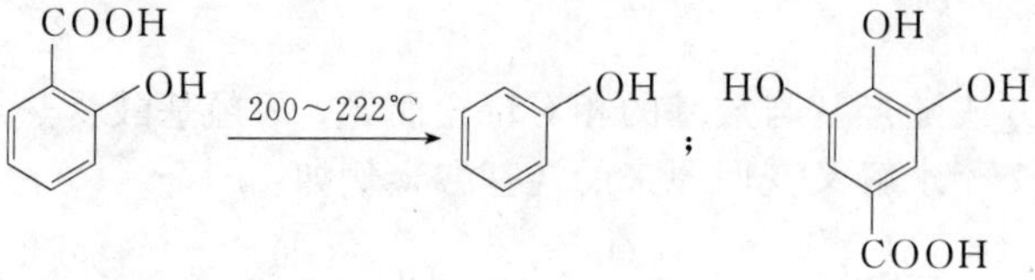

18.7 氨基酸

氨基酸（amino acid）是含有氨基和羧基的化合物，其可以看成是羧酸分子中烷基上的氢原子被氨基取代的化合物。根据氨基与羧基的相对位置，可将氨基酸分为 α-氨基酸、β-氨基酸、γ-氨基酸等。

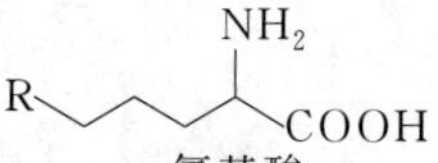

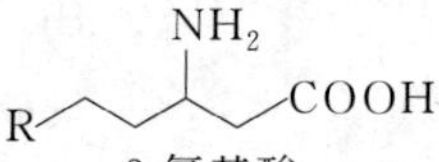

人们已经从自然界中分离得到近百种氨基酸，其中在羧基的 α 位连有氨基的 20 种 α-氨基酸最为常见，是大多数蛋白质结构的基本单元，常称为蛋白质氨基酸，其他氨基酸称为非蛋白质氨基酸。表 18.2 列出了 20 种蛋白质氨基酸的名称、结构、代号和等电点。

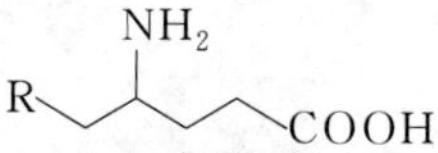

表 18.2　20 种蛋白质氨基酸

名称	结构	代号	等电点(pI)
甘氨酸 glycine	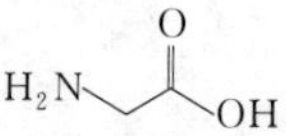	Gly	6.0
丙氨酸 alanine	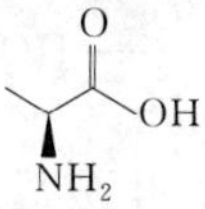	Ala	6.0
缬氨酸 valine	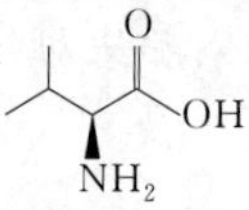	Val	6.0
亮氨酸 leucine	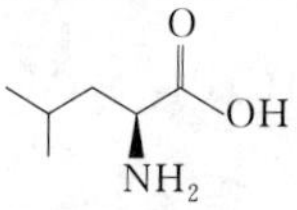	Leu	6.0
异亮氨酸 isoleucine	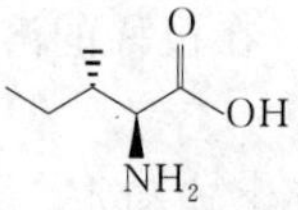	Ile	6.1
苯丙氨酸 phenylalanine	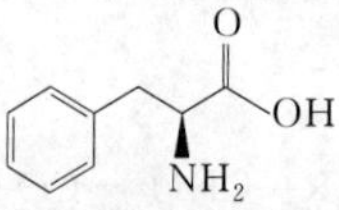	Phe	5.5
酪氨酸 tyrosine	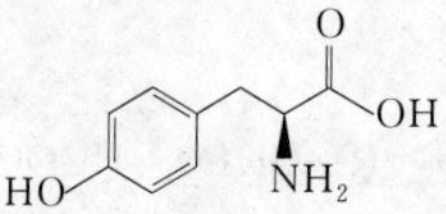	Tyr	5.7

续表

名称	结构	代号	等电点(pI)
色氨酸 tryptophan		Trp	5.9
丝氨酸 serine		Ser	5.7
苏氨酸 threonine		Thr	6.5
脯氨酸 proline		Pro	6.3
半胱氨酸 cysteine		Cys	5.0
甲硫氨酸 methionine		Met	5.8
天冬酰胺 asparagine		Asn	5.4
谷氨酰胺 glutamine		Gln	5.7
天冬氨酸 aspartic acid		Asp	3.0
谷氨酸 glutamic acid		Glu	3.2
赖氨酸 lysine		Lys	9.8
精氨酸 arginine		Arg	10.8
组氨酸 histidine		His	7.6

α-氨基酸结构可以如下通式所示：

L 型：$H_2N \overset{\overset{\displaystyle COOH}{|}}{\underset{\underset{\displaystyle R}{|}}{C}} H$

α-氨基酸，除了甘氨酸（R═H）外，都是 S 构型（或 L 构型）的手性化合物，具有旋光性。氨基酸构型习惯用 D/L 表示，天然氨基酸几乎都是 L 构型，只有极少数为 D 构型。在 Fischer 投影式中，α-氨基酸的氨基位于直线左边的为 L 构型，有两个手性碳的 α-氨基酸，构型取决于 α-C 上的氨基，例如 L-苏氨酸。

根据 R 基团的类型，α-氨基酸分为脂肪族氨基酸、芳香族氨基酸和杂环氨基酸，不同 R 基团微观相互作用，影响着蛋白质的结构和生理活性。

根据氨基与羧基的个数，氨基酸分为中性氨基酸、酸性氨基酸和碱性氨基酸，氨基与羧基相等的氨基酸接近中性，称为中性氨基酸，氨基数多于羧基数的氨基酸呈碱性，称为碱性氨基酸。氨基数少于羧基数的氨基酸呈酸性，称为酸性氨基酸：

赖氨酸
碱性氨基酸

亮氨酸
中性氨基酸

谷氨酸
酸性氨基酸

所有生命体都可以合成氨基酸，但是，很多高等动物没有合成自身所需全部氨基酸的能力，需要通过食物补充一定的氨基酸。人类需要通过饮食补充的氨基酸有八种：缬氨酸、亮氨酸、异亮氨酸、苯丙氨酸、色氨酸、苏氨酸、甲硫氨酸和赖氨酸。

18.7.1 氨基酸的制备

氨基酸制备方法有蛋白质水解、生物发酵和有机合成。本节主要介绍有机合成方法。

18.7.1.1 Strecker 合成法

醛与氨和氢氰酸反应，得到 α-氨基氰化合物，再经水解得到 D-氨基酸和 L-氨基酸的混合物：

$$R-CHO \underset{}{\overset{NH_3}{\rightleftharpoons}} R-\overset{\overset{\displaystyle NH}{\|}}{C}-H \overset{HCN}{\rightleftharpoons} R-\overset{\overset{\displaystyle NH_2}{|}}{\underset{\underset{\displaystyle H}{|}}{C}}-CN \overset{H_3O^+}{\underset{\triangle}{\longrightarrow}} R-\overset{\overset{\displaystyle \overset{+}{N}H_3}{|}}{\underset{\underset{\displaystyle H}{|}}{C}}-COO^-$$

N. D. Zelinsky 对 Strecker 法进行了改进，使用氯化铵和氰化钾的混合水溶液代替氢氰酸参与反应，避免了直接使用氢氰酸。

18.7.1.2 α-溴化法

脂肪羧酸经 α-溴代得到 α-溴代酸，然后进行亲核取代得到 D/L-α-氨基酸，这个合成方法称为 Hell-Volhard-Zelinsky α-溴化法：

$$R-COOH \overset{Br_2/PBr_3}{\longrightarrow} R-\overset{\overset{\displaystyle Br}{|}}{C}-COOH \underset{r.t.,4d}{\overset{NH_3/H_2O}{\longrightarrow}} R-\overset{\overset{\displaystyle \overset{+}{N}H_3}{|}}{C}-COO^-$$

18. 7. 1. 3　Gabriel 法

Gabriel 法是由 α-卤代羧酸酯和邻苯二甲酰亚胺的钾盐反应，然后水解制备氨基酸：

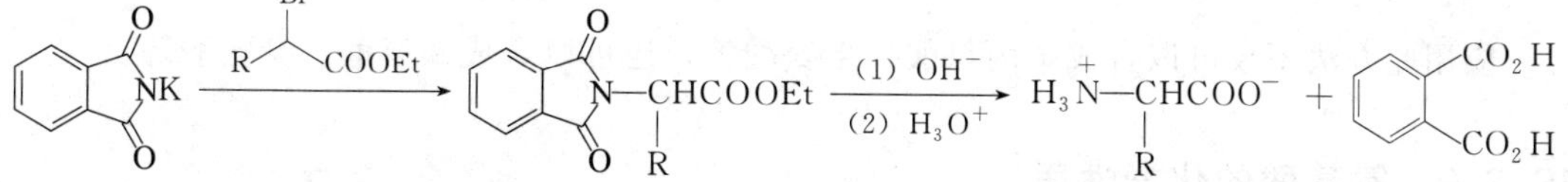

18. 7. 1. 4　由丙二酸二酯合成

溴代丙二酸酯结合 Gabriel 法，可以合成苯丙氨酸、蛋氨酸、丝氨酸、天冬氨酸等 α-氨基酸等。例如苯丙氨酸的合成路线：

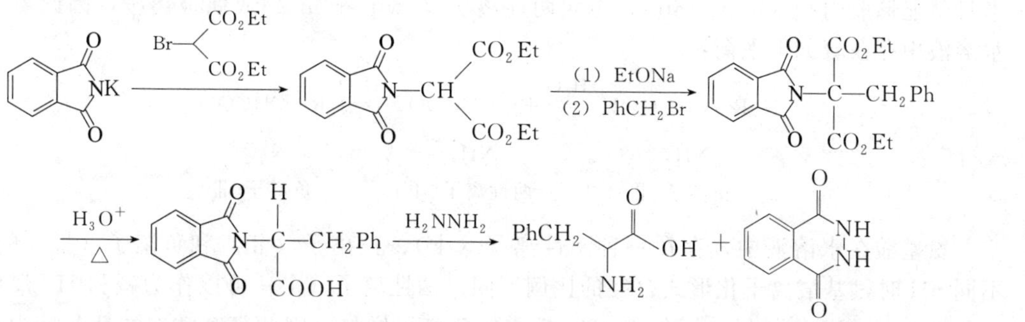

丙二酸酯与溴反应生成溴代丙二酸酯：

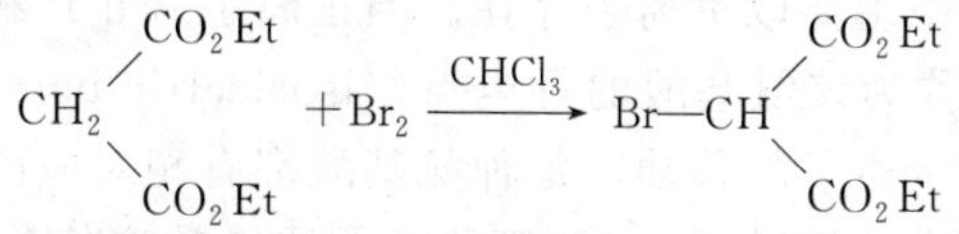

在 Gabriel 法和溴代丙二酸二酯结合的基础上，发展了乙酰氨基丙二酸二酯法合成氨基酸，反应所经历的中间体空间位阻较小，对进一步烷基化更有利。

丙二酸酯与亚硝酸反应生成亚硝基丙二酸酯，然后在醋酐中还原生成乙酰氨基丙二酸二酯，然后在强碱（如 NaH、醇钠）作用下与卤代烷作用生成 α-取代的乙酰氨基丙二酸二酯，最后水解得到 α-氨基酸：

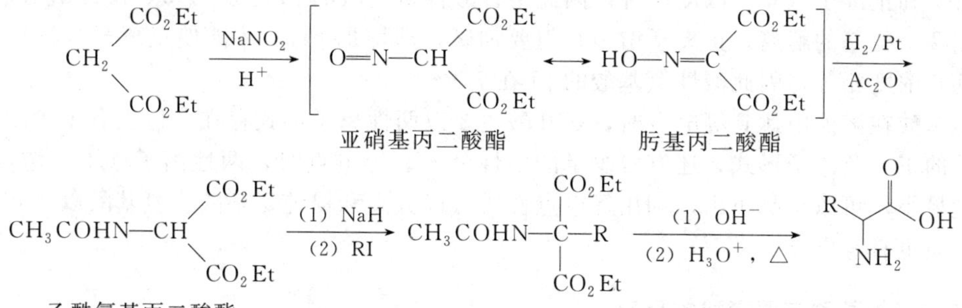

亚硝基丙二酸酯　　　　肟基丙二酸酯

乙酰氨基丙二酸酯

18. 7. 1. 5　相转移催化法合成

醛和 α-氨基酸酯反应生成的亚胺（Schiff 碱），在碱性、相转移催化剂（如 TEBA，苄基三乙基溴化铵）存在下，与卤代烷反应，最后经水解生成氨基酸：

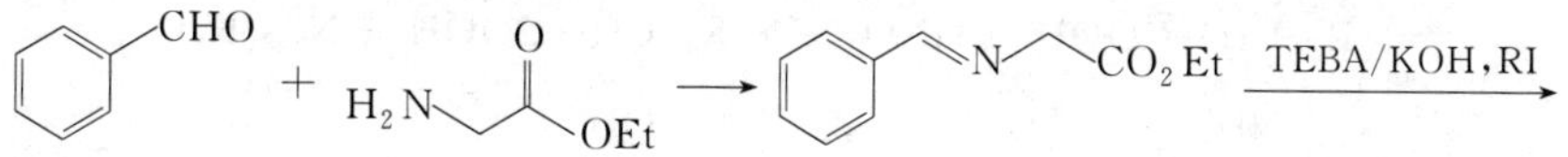

$$\underset{\substack{\text{（苯亚甲基亚胺）}}}{} \quad \xrightarrow[\triangle]{H_3O^+} \quad \underset{NH_2}{R}\overset{O}{\underset{}{C}}OH$$

应用此方法不仅可以合成苯丙氨酸、蛋氨酸等，还可以合成缬氨酸、亮氨酸等。

18.7.2　氨基酸的化学性质

18.7.2.1　两性和等电点

氨基酸分子中既有氨基，又有羧基，所以氨基酸与强酸或强碱都能成盐，实际上氨基酸本身就能形成内盐（inner salt），也叫两性离子（zwitterions）或偶极离子，因此氨基酸在水溶液中存在着如下平衡：

$$\underset{\substack{NH_3^+\\ \text{正离子（Ⅱ）}}}{R-CHCOOH} \underset{}{\overset{H_2O}{\rightleftharpoons}} \underset{\substack{NH_3^+\\ \text{两性离子（Ⅰ）}}}{R-CHCOO^-} \overset{H_2O}{\rightleftharpoons} \underset{\substack{NH_2\\ \text{负离子（Ⅲ）}}}{R-CHCOO^-}$$

氨基酸在水溶液中，存在一种两性离子（Ⅰ）、正离子（Ⅱ）和负离子（Ⅲ）的平衡，不同 pH 时氨基酸离子化形式存在的比例不同。两性离子（Ⅰ）可以作为碱和 H^+ 反应使正离子增加，也可以作为一个酸与 OH^- 反应使负离子增加。因此氨基酸在酸性溶液中主要以正离子存在，在强碱溶液中主要以负离子存在。当正离子（Ⅱ）和负离子（Ⅲ）的浓度恰好相等时，这时溶液的 pH 称为该氨基酸的等电点（isoelectric point），以 pI 表示。在等电点时，氨基酸在电场内不显示离子的移动，每种氨基酸都有相对应的等电点。对于含有一个氨基和一个羧基的氨基酸（中性氨基酸），氨基吸电子诱导效应使羧基酸性增加，而羧基吸电子作用使氨基碱性减弱，因此羧基在水溶液中解离程度大于氨基结合 H^+ 的程度，达到平衡时负离子（Ⅲ）的浓度略大于正离子（Ⅱ）。要达到等电点，需要向溶液中加入酸，即降低pH，使负离子（Ⅲ）和正离子（Ⅱ）浓度相等，因此中性氨基酸的等电点 pI 略小于 7，见表 18.1。酸性氨基酸，因两个羧基的解离，需要加较多的酸，即降低较大 pH，才能使负离子（Ⅲ）和正离子（Ⅱ）浓度相等，因此两种酸性氨基酸的 pI 分别为 3.0 和 3.2。碱性氨基酸，因两个氨基的解离，正离子增多，需要加碱，即增加 pH，才能使正离子（Ⅲ）和负离子（Ⅱ）浓度相等，因此碱性氨基酸的 pI 在 7.6～10.8。

氨基酸在溶液中达到等电点时，氨基酸主要以两性离子形式存在，但也有少量的而且数量相等的正、负离子形式，还有极少量的中性分子。等电点时，两性离子（Ⅰ）浓度最大，溶解度最小，可以结晶析出，利用等电点性质可以分离和提纯氨基酸。氨基酸以酰胺键形成的蛋白质也有等电点。

18.7.2.2　氨基酸与亚硝酸的反应

氨基酸中的氨基可以与亚硝酸反应放出氮气，反应是定量的。通过测定反应放出氮气的量可以计算分子中氨基的含量，氮气中的氮一半来自氨基，一半来自亚硝酸。此反应也叫做 Van Slyke（范斯莱克）氨基测量法，适用于带有伯氨基的氨基酸。

$$\underset{NH_2}{R-CH-COOH} + HNO_2 \longrightarrow \underset{OH}{R-CH-COOH} + N_2 + H_2O$$

18.7.2.3 络合性能

氨基酸分子中的羧基可以与金属成盐，同时氨基氮原子上的孤对电子，可以与某些金属离子形成配位键。因此，氨基酸能与某些金属离子形成络合物。例如：

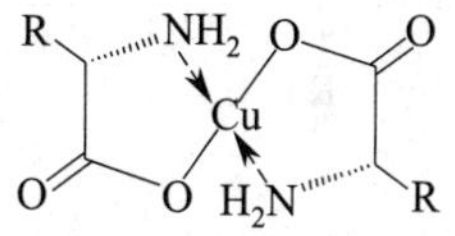

18.7.2.4 与水合茚三酮的反应

凡是具有游离氨基的 α-氨基酸，其水溶液和水合茚三酮反应，可以生成紫色化合物。该反应非常灵敏，用于 α-氨基酸的定性或定量检测。反应机理如下：

首先水合茚三酮与 α-氨基酸的氨基反应，失去水生成脂环亚胺羧酸：

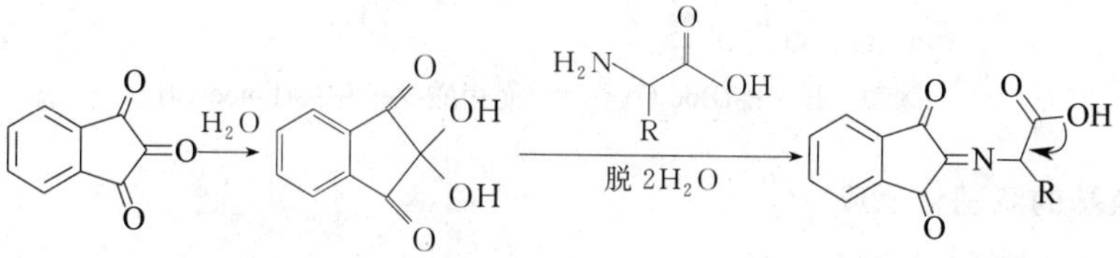

水合茚三酮　　　　　　脂环亚胺羧酸

接着，脂环亚胺羧酸脱羧生成脂环亚胺，互变异构成脂链亚胺：

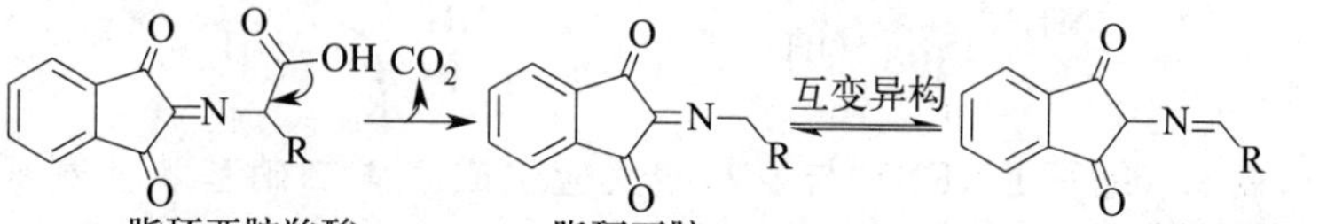

脂环亚胺羧酸　　　脂环亚胺　　　　　脂链亚胺

最后，脂链亚胺水解生成氨基茚二酮和脂肪醛。氨基茚二酮与另一分子水合茚三酮反应生成可互变异构的紫色物质：

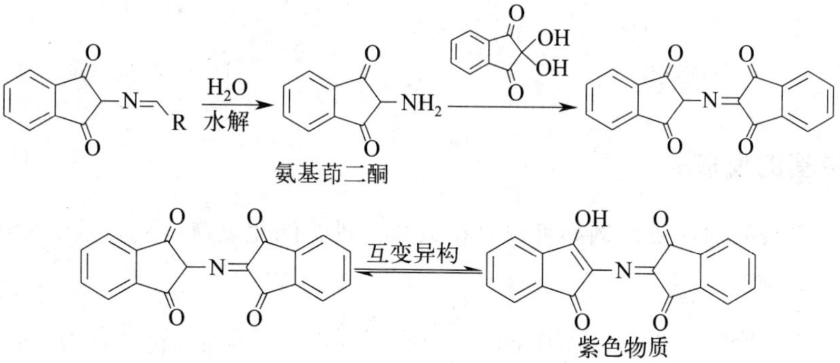

氨基茚二酮

紫色物质

因为 L-脯氨酸的氨基为仲胺，它与水合茚三酮反应只能得到黄色的物质。

18.7.2.5 氨基的酰化反应

氨基酸中氨基与酰化试剂反应生成酰氨基氨基酸：

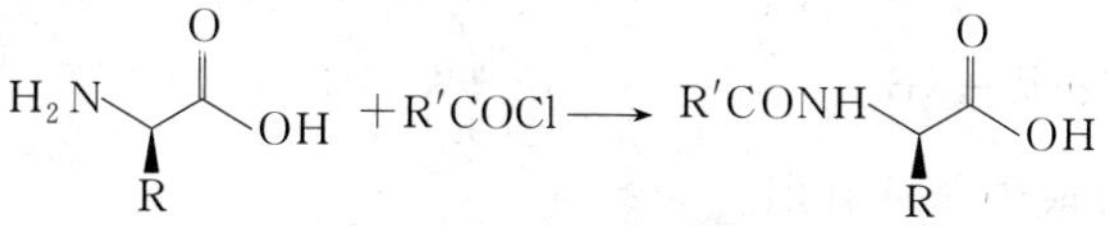

酰化试剂有苄氧基甲酰氯、叔丁氧基甲酰氯、苯甲酰氯等酰氯，乙酸酐、邻苯二甲酸酐等酸酐也常用作酰化试剂。例如：

苄氧基甲酰氯 + H₂N—CH(R)—COOH → 苄氧酰氨基酸

苄氧甲酰基称为 Cbz 基团，是一种常用的保护氨基的基团。其他常用保护氨基的酰化试剂还有二碳酸二叔丁基酯（缩写为 Boc₂O）和氯甲酸-9-芴甲酯（缩写为 Fmoc-Cl）：

二碳酸二叔丁基酯(Boc₂O)　　　氯甲酸-9-芴甲酯(Fmoc-Cl)

18.7.2.6　氨基的烷基化反应

氨基酸与卤代烃进行亲核取代反应生成 N-烷基氨基酸。

2,4-二硝基氟苯（缩写 DNFB）与氨基酸反应生成 2,4-二硝基苯基氨基酸（DNP-氨基酸），这一反应用来鉴定多肽蛋白质的 N 末端氨基酸：

DNFB　　　　　　　　　　　　　　DNP-氨基酸(黄色)

18.7.3　羧基的反应

氨基酸具有羧酸的性质，例如可以直接成盐，进行酯化反应得到氨基酸酯等：

如果将羧基转化为酰氯等活化基团，需将氨基进行保护（见氨基的酰化反应）：

羧基活化在肽的合成中非常有用。

![习题图标] **习题**

18.1　为什么 1,1-二苯基-1,2-乙二醇进行片呐醇重排时主要得到二苯基乙醛，而不是苯基苄基酮？

$$C_6H_5-\overset{\overset{O}{\|}}{C}-CH_2C_6H_5 \quad \overset{H^+}{\not\longleftarrow} \quad C_6H_5-\overset{\overset{OH}{|}}{\underset{\underset{C_6H_5}{|}}{C}}-CH_2-OH \quad \overset{H^+}{\longrightarrow} \quad C_6H_5-\overset{\underset{\underset{C_6H_5}{|}}{|}}{CH}-CH=O$$

苯基苄基酮　　　　　　　　　　　　　　　　　　　二苯基乙醛

18.2　完成下列反应。

(1) ![环戊烷结构] $\overset{H^+}{\longrightarrow}$ (　　)　(2) $CH_3-\overset{\overset{O}{\|}}{C}-CH=\overset{\overset{CH_3}{|}}{C}-OCH_3 \overset{C_6H_5NH_2}{\longrightarrow}$ (　　)

(3) ![苯甲醛] $+CH_2(CO_2C_2H_5)_2 \overset{C_2H_5O^-}{\underset{C_2H_5OH}{\longrightarrow}}$ (　　) $\overset{H_3O^+}{\longrightarrow}$ (　　)

(4) $HOCH_2-\overset{\overset{CH_3}{|}}{\underset{\underset{CH_3}{|}}{C}}-\overset{\overset{OH}{|}}{CH}-CH_2OH \overset{HIO_4}{\longrightarrow}$ (　　)

(5) ![苯基] $COCH_2CO_2Et \overset{C_2H_5O^-}{\underset{C_2H_5OH}{\longrightarrow}} \overset{CH_3CH_2I}{\longrightarrow}$ (　　) $\overset{H_3O^+}{\longrightarrow}$ (　　)

(6) $BrCH_2CH_2CH_2COOH + NaOH \overset{\triangle}{\longrightarrow}$ (　　)

(7) $CH_3\overset{\underset{\underset{Br}{|}}{}}{CH}CH_2COOH + NaOH \overset{\triangle}{\longrightarrow}$ (　　)

(8) ![环己烷结构] $\overset{H^+}{\longrightarrow}$ (　　)　(9) ![环己烷结构] $\overset{H^+}{\longrightarrow}$ (　　)

(10) $(CH_3)_2CHCHO + BrCH_2\overset{\overset{CH_3}{|}}{C}=CHCO_2C_2H_5 \overset{Zn}{\longrightarrow} \overset{H_2O}{\longrightarrow}$ (　　)

(11) $CH_3\overset{\overset{O}{\|}}{C}CH=\overset{\overset{CH_3}{|}}{C}-OH \overset{NaOH}{\longrightarrow}$ (　　)

(12) ![萘满酮结构] $+ CH_3CH_2\overset{\overset{O}{\|}}{C}CH=CH_2 \overset{OH^-}{\underset{C_2H_5OH}{\longrightarrow}}$ (　　)

(13) ![邻甲基苄氯] $+ CH_2\overset{\overset{CN}{|}}{\underset{\underset{CO_2Et}{|}}{}} \overset{C_2H_5ONa}{\longrightarrow}$ (　　)

(14) $CH_3\overset{\overset{O}{\|}}{C}CH_2CH_3 + CH_2=CHCN \overset{C_2H_5ONa}{\longrightarrow}$ (　　)

18.3　完成下列转变。

(1) $CH_3CH_2COOH \longrightarrow CH_3CH_2\overset{\overset{\displaystyle O}{\|}}{C}\overset{\displaystyle CHCO_2C_2H_5}{\underset{\displaystyle CH_3}{|}}$

(2) $CH_3COCH_3 \longrightarrow (CH_3)_3CCOOH$

(3)

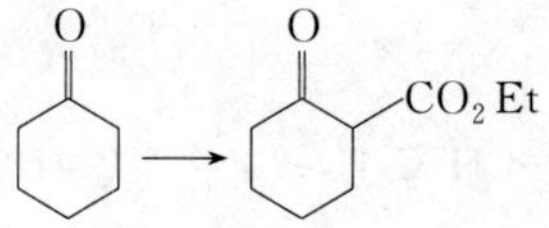

(4)

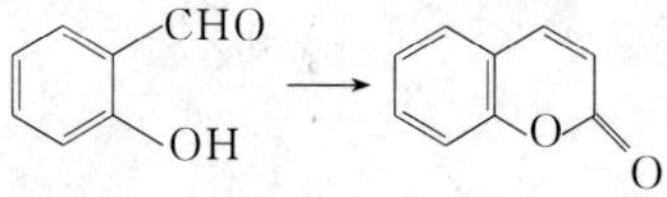

(5)

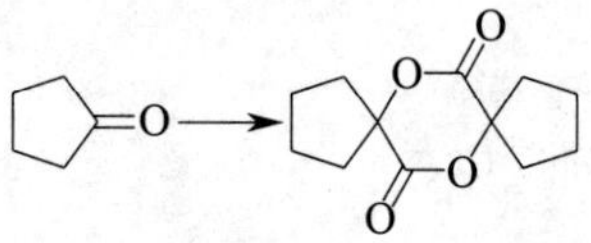

(6)

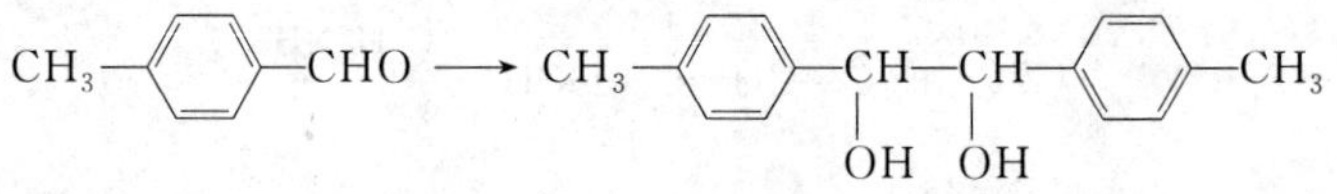

(7) $C_6H_5CH_2COOC_2H_5 \longrightarrow C_6H_5CH(COOC_2H_5)_2$

(8)

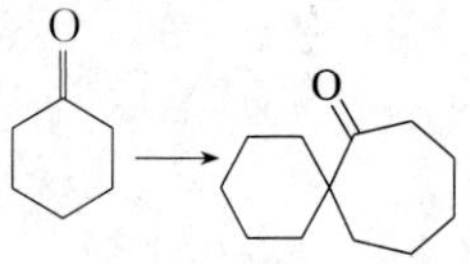

18.4 为下列反应提出合理的机理解释。

(1)

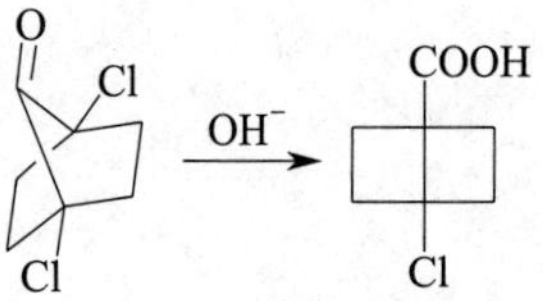

(2) 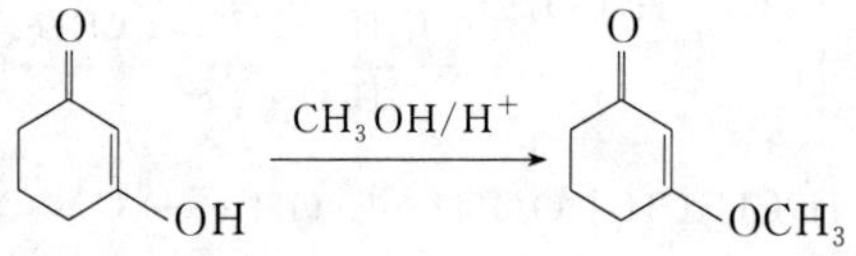 $\xrightarrow{CH_3OH/H^+}$

(3) $\xrightarrow{OH^-}$

(4) $CH_2(COOC_2H_5)_2 \xrightarrow[C_2H_5OH]{C_2H_5O^-} \xrightarrow{\triangle O}$

(5) $+CH_3CH_2CH_2OH \xrightarrow{H^+}$

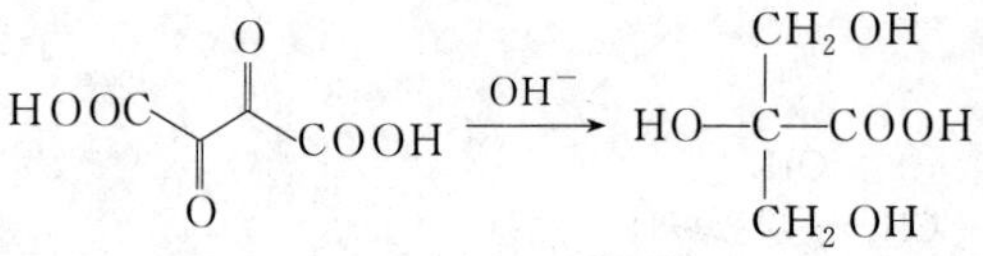

(6) $\xrightarrow[C_2H_5OH]{C_2H_5O^-} \xrightarrow{H_3O^+}$

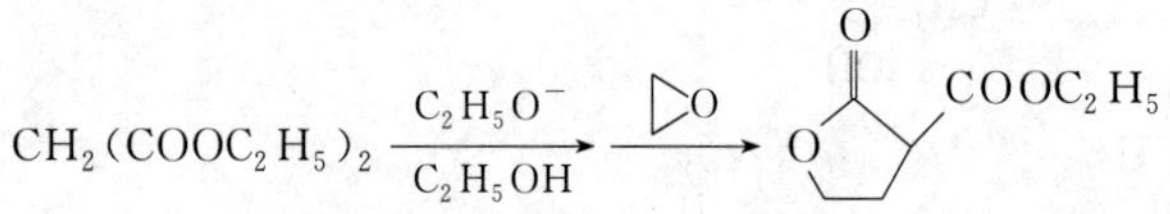

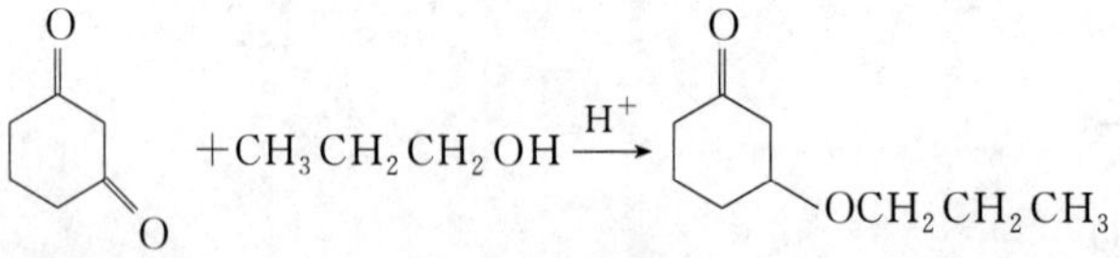

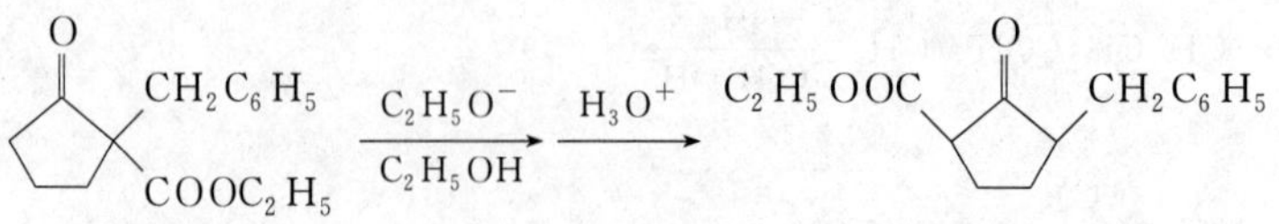

18.5 写出下列反应转变所需的必要条件，并给出反应机理。

(1) 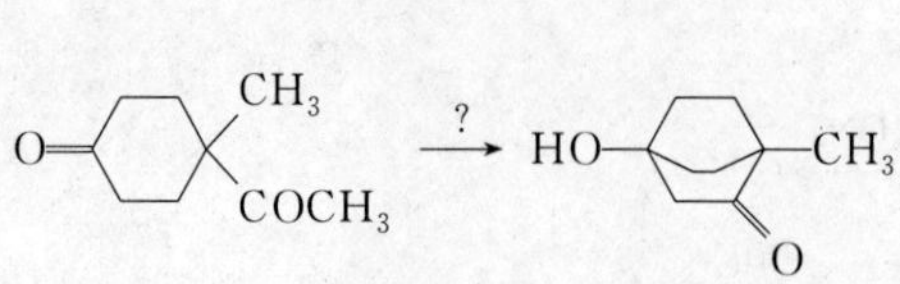 $\xrightarrow{?}$

(2) 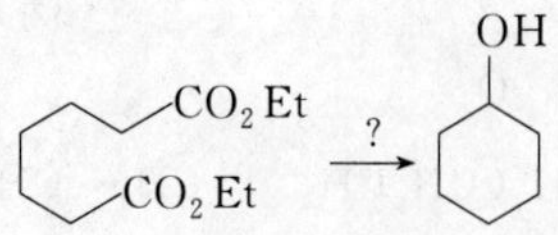 $\xrightarrow{?}$

（3） 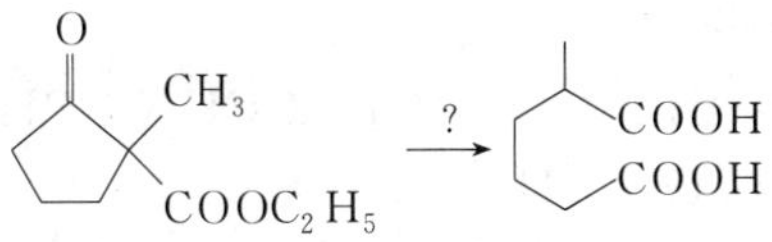　　（4） 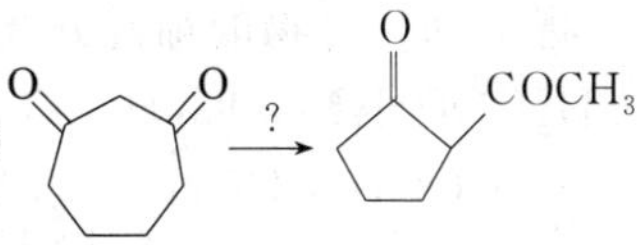

18.6　用指定的原料和必要的有机和无机试剂进行合成。

（1）由丙二酸二乙酯合成  和 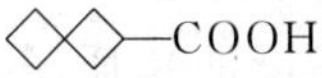

（2）由己二酸二乙酯合成 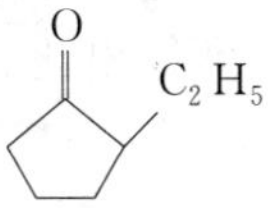

（3）以乙酰乙酸乙酯和苯合成 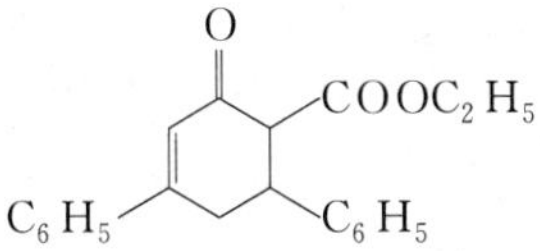

（4）从丁酸合成 $CH_3CH_2CH_2COCH(CH_3)CH_2CH_3$

（5）从乙酸合成 $(CH_3)_2CHCOOH$

（6）以 2-甲基环己酮和丙酮合成 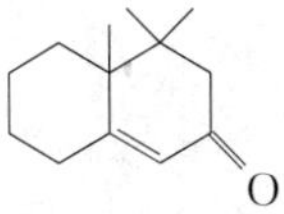

18.7　采用乙酰乙酸乙酯和乙酰乙酸乙酯合成法制备下列化合物。

（1）$(CH_3)_2CHCH_2CH_2COOH$　　（2） 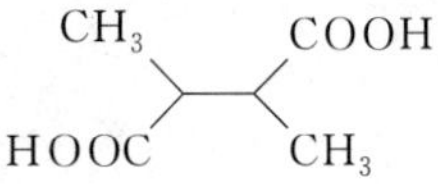

（3） 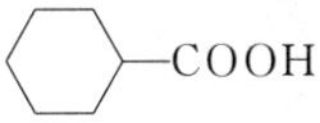　　（4） 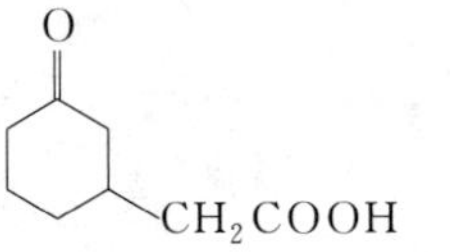

（5） 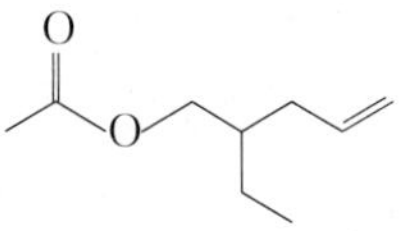　　（6） $CH_3COCH(CH_2CH_3)CH_2CH_2CH_3$

（7） $C_6H_5COCH_2CH_2COCH_3$　　（8） 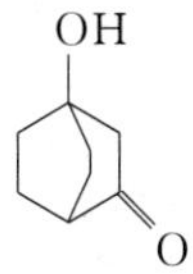

（9） 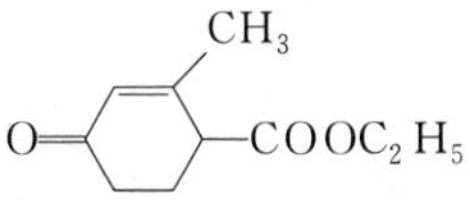　　（10） 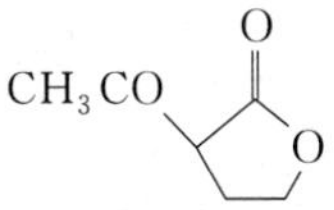

18.8　用何种化合物进行 Robinson 关环反应可制备下列化合物？

（1） 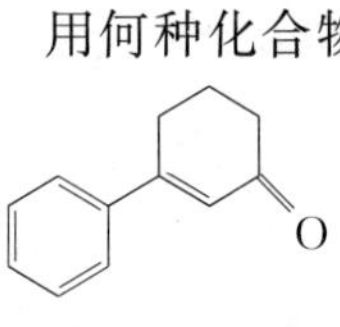　　（2） 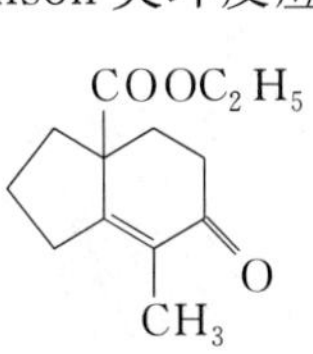　　（3） 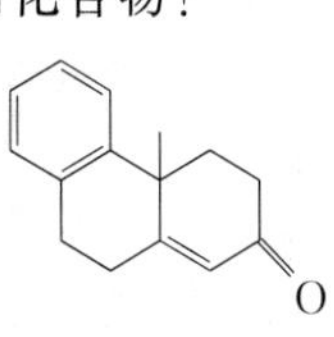

18.9 将下列化合物的烯醇式含量由大到小排序。

(1) $CH_3COCH_2COOC_2H_5$ (2) $CH_3COCH_2CH_3$ (3) $CH_3COCH_2COCH_3$

(4) $C_6H_5COCH_2COCH_3$ (5) $CH_3COCH(COOC_2H_5)_2$

18.10 化合物 2-甲基-3-氧代丁酸乙酯在乙醇钠/乙醇溶液反应后加入环氧乙烷,得到一化合物 A ($C_7H_{10}O_3$),A 的红外光谱在 $1750cm^{-1}$ 和 $1715cm^{-1}$ 各有一个强吸收峰。A 的 ^1H NMR 图有四组不同化学环境的氢质子信号,化学位移 (δ, ppm) 分别为 1.3 (s, 3H)、1.7 (t, 2H)、2.1 (s, 3H) 和 3.9 (t, 2H)。推导出化合物 A 的结构,并写出相关反应式。

第19章

有机含氮化合物

有机含氮化合物（organic nitrogen compounds）是含碳-氮键有机化合物的统称，种类很多，分布广泛。本章主要讨论硝基化合物、腈、胺、重氮和偶氮化合物。

19.1 硝基化合物

硝基化合物（nitro compounds）分子中含有硝基（—NO$_2$），可看作是烃分子中的氢被硝基取代的产物。根据烷基不同，可分为脂肪族硝基化合物和芳香族硝基化合物两大类，分别以通式 R—NO$_2$ 和 Ar—NO$_2$ 表示。其中，芳香族硝基化合物种类较多，应用较广。

19.1.1 结构和命名

硝基化合物的经典结构可以用下式表示：

$$R-N\underset{O}{\overset{O}{\diagdown}} \quad 或 \quad R-\overset{+}{N}\underset{O^-}{\overset{O}{\diagdown}}$$

在硝基中，氮原子呈 sp^2 杂化，三个 sp^2 杂化轨道分别与两个氧原子、一个碳原子形成三个 σ 键。氮原子和两个氧原子上的 p 轨道互相重叠，形成包括三个原子在内的共轭体系，负电荷不是集中在某一个氧原子上，而是平均分布在两个氧原子上，二根氮-氧键键长相等，两个氧原子没有区别，因此，硝基化合物的共振结构又可用下式表示：

$$\left[R-\overset{+}{N}\underset{O^-}{\overset{O}{\diagdown}} \longleftrightarrow R-\overset{+}{N}\underset{O}{\overset{O^-}{\diagdown}} \right] \quad 或 \quad R-\overset{+}{N}\overset{O}{\underset{O}{\diagdown}}{}^-$$

硝基结构中氮原子带正电荷，因此在硝基化合物中，其表现为强的吸电子共轭效应和吸电子诱导效应。许多化合物的性质因硝基的引入而发生较大变化。

硝基化合物的命名类似于卤代烷，把硝基作取代基，烃作母体。命名时，将硝基写在母体之前，称为硝基某烷。例如：

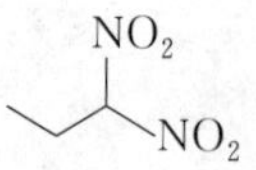

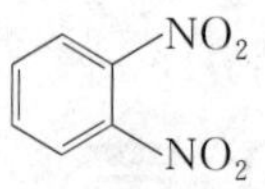

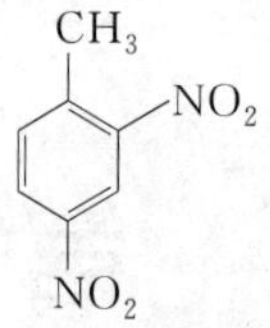

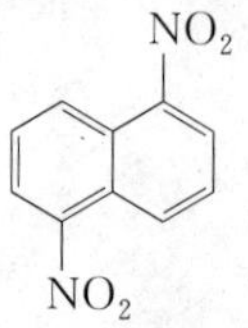

1,1-二硝基丙烷　　1,2-二硝基苯　　2,4-二硝基甲苯　　1,5-二硝基萘

19.1.2 制备方法

19.1.2.1 脂肪烃的气相硝化

烷烃在气相下直接硝化可得到脂肪族硝基化合物。如硝基甲烷可用甲烷与硝酸在气相下反应产生。

$$CH_4 + HNO_3 \xrightarrow{400℃} CH_3NO_2 + H_2O$$

反应是按自由基机理进行，两个碳原子以上的烷烃气相硝化生成混合物。

19.1.2.2 芳香烃的硝化

芳香族硝基化合物一般用芳烃直接硝化制备（第 11 章）。芳环引入硝基后会使芳环钝化，使进一步硝化变得困难。为了得到多硝基芳烃，需提高反应温度和增加硝酸浓度。若用活泼的芳烃进行硝化，然后再进行官能团转化可得多硝基化合物。如将甲苯进行硝化得到 2,4,6-三硝基甲苯（TNT），然后氧化生成相应的羧酸，再脱去 CO_2，可得到更猛烈的炸药 1,3,5-三硝基苯（TNB）。

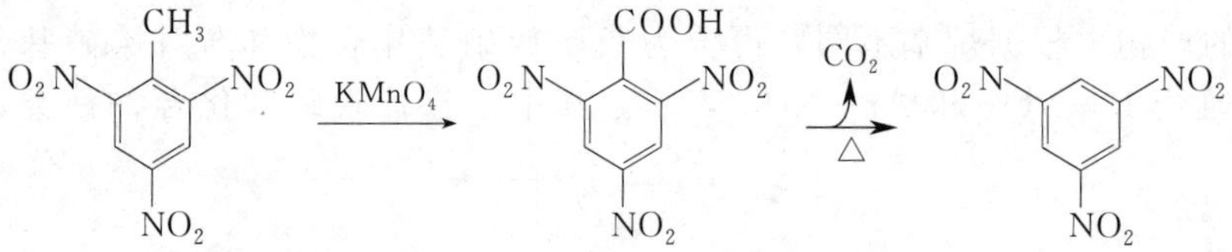

19.1.2.3 亚硝酸盐的烷基化

用亚硝酸的钾、钠、锂、银盐与碘代或溴代伯烷进行亲核取代反应，生成硝基烷及副产物亚硝酸酯。

$$CH_3(CH_2)_6CH_2I + AgNO_2 \longrightarrow CH_3(CH_2)_6CH_2NO_2 + CH_3(CH_2)_6CH_2ONO + 其他$$

$$\text{1-硝基辛烷(83\%)} \qquad \text{1-亚硝酸辛酯(11\%)} \qquad \text{(6\%)}$$

硝基烷与亚硝酸酯互为异构体，它们的产生是由于硝基负离子为两可离子，氮和氧都可以作为亲核中心，氮作为亲核中心进攻卤代烷得硝基烷，氧作为亲核中心得亚硝酸酯：

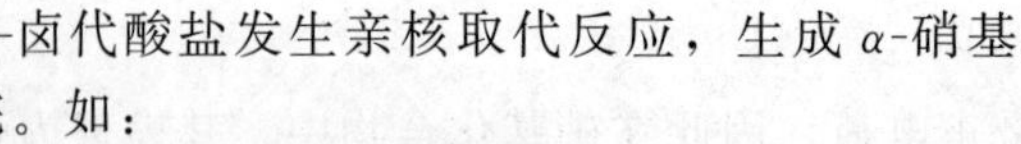

亚硝酸盐还可以与 α-卤代酸盐发生亲核取代反应，生成 α-硝基羧酸盐，后者在水溶液中加热脱羧可生成硝基烷。如：

19.1.3　物理性质

　　硝基化合物的极性较高，偶极矩较大，因此硝基化合物分子间吸引力大，沸点比相应的卤代烷和亚硝酸酯高。如硝基乙烷、亚硝酸乙酯和碘乙烷的沸点分别为114℃、17℃和72℃。

　　脂肪族硝基化合物一般为无色或淡黄色液体，芳香族硝基化合物中，苯环一硝基化合物为高沸点液体，其他为深或浅黄色固体。多硝基化合物易爆炸，如 2,4,6-三硝基甲苯（TNT）可用作炸药。低分子量脂肪族硝基化合物微溶于水，芳香族硝基化合物不溶于水，但它们都能溶于有机溶剂。液体硝基化合物较稳定，能溶解许多无机盐，如硝基苯能溶解无水三氯化铝，它们之间能形成复合物：

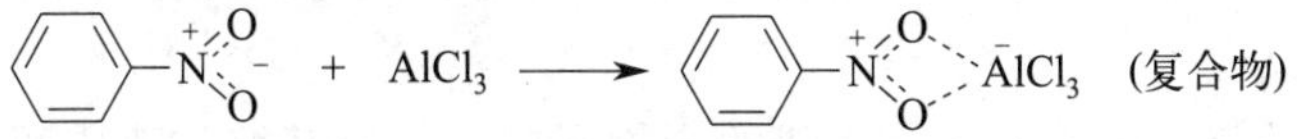

　　因此，一些用 $AlCl_3$ 作催化剂的反应中往往用硝基苯作溶剂。硝基化合物有毒，无论是吸入体内或接触皮肤，都容易引起中毒，使用时应注意安全。

　　硝基化合物的硝基有两个氮-氧键，它的 IR 有两个对称和反对称的伸缩振动吸收峰，其中脂肪族硝基化合物的分别在 $1385 \sim 1350 cm^{-1}$ 和 $1565 \sim 1545 cm^{-1}$。芳香族硝基化合物的分别在 $1365 \sim 1290 cm^{-1}$ 和 $1550 \sim 1500 cm^{-1}$。在 ^1H NMR 中，硝基使脂肪族硝基化物的 α-H 移向低场，δ 在 $4 \sim 5$ ppm，芳香族硝基化合物芳环氢的 δ 在 $6 \sim 8$ ppm。

19.1.4　化学性质

19.1.4.1　脂肪族硝基化合物

　　（1）还原反应

　　在强酸性溶液中用 Fe、Sn、Zn 等金属还原或催化加氢可将硝基转变为氨基（$-NH_2$）。

　　（2）酸性

　　含有 α-H 的伯或仲硝基烷能慢慢溶于 NaOH 等强碱溶液，这说明 α-H 具有一定酸性。

$$R—CH_2—NO_2 \ +NaOH \longrightarrow (RCHNO_2)^- Na^+ + H_2O$$

$$\begin{array}{c} R \\ | \\ R—CH—NO_2 \end{array} +NaOH \longrightarrow (R_2CNO_2)^- Na^+ + H_2O$$

　　硝基的吸电子作用使与之相连的碳原子上氢（α-H）活化，产生两个互变异构体：硝基式和酸式。酸式可与强碱生成盐。

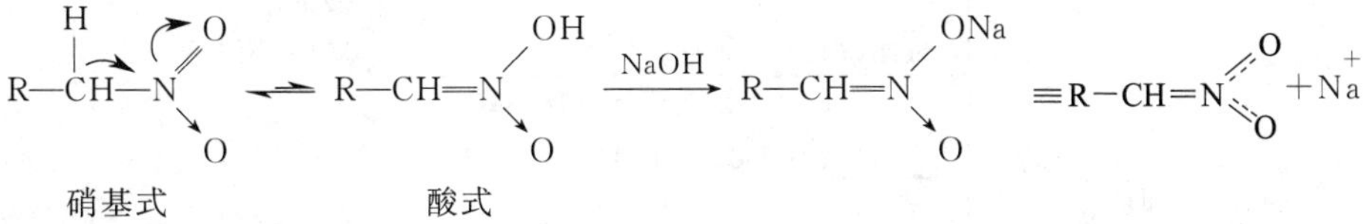

　　　　硝基式　　　　　　　酸式

　　硝基式和酸式互变异构类似于羰基化合物中的酮式和烯醇式互变异构。酸式异构体还能与 $FeCl_3$ 溶液发生显色反应，与 Br_2/CCl_4 溶液进行加成。但酸式在硝基化合物中含量很少，因为酸式热力学稳定性较差。叔硝基化合物（R_3CNO_2）没有 α-H，不存在这种互变异构，因而不溶于 NaOH 溶液。

　　（3）与羰基缩合反应

　　具有 α-H 的硝基化合物在碱作用下可以形成碳负离子，能与醛、酮发生亲核加成反应，类似于羟醛缩合反应。例如：

$$CH_3(CH_2)_7CHO+CH_3NO_2 \xrightarrow[C_2H_5OH]{NaOH} CH_3(CH_2)_7\overset{OH}{\underset{}{CH}}-CH_2NO_2 \ （80\%）$$

$$Ph-CHO +CH_3NO_2 \xrightarrow[25℃]{n\text{-}C_5H_{11}NH_2} Ph-CH=CHNO_2 \ （75\%）$$

$$3HCHO+CH_3NO_2 \xrightarrow{NaOH} HOCH_2\overset{CH_2OH}{\underset{CH_2OH}{\overset{|}{\underset{|}{C}}}}-NO_2 \xrightarrow{H_2/Ni} HOCH_2\overset{CH_2OH}{\underset{CH_2OH}{\overset{|}{\underset{|}{C}}}}-NH_2$$

三羟甲基硝基甲烷　　　　三羟甲基氨基甲烷

三羟甲基氨基甲烷被广泛应用于生物化学和分子生物学实验中的缓冲液的制备。

（4）与亚硝酸反应

不同的硝基烷烃与亚硝酸反应，生成的产物不同。伯硝基烷与亚硝酸作用后脱水生成硝肟酸，它溶于 NaOH 溶液呈红色。仲硝基烷与亚硝酸反应得无色假硝醇，假硝醇没有 α-H，它不溶于 NaOH 溶液，但可溶于苯等有机溶剂，并呈现蓝色。叔硝基烷没有 α-H，不与亚硝酸作用，可用此法鉴别三种硝基烷：

$$R-CH_2-NO_2 \xrightarrow{NaNO_2/H_3O^+} R-\overset{N=O}{\underset{}{\overset{|}{CH}}}-NO_2 \downarrow \xrightarrow{NaOH} \left[R-\overset{N=O}{\underset{}{\overset{|}{C}}}-NO_2\right]Na^+$$

伯硝基烷　　　　　　　　硝肟酸（白色）　　　　　红色溶液

$$R-\overset{R'}{\underset{}{\overset{|}{CH}}}-NO_2 \xrightarrow{NaNO_2/H_3O^+} R-\overset{N=O}{\underset{R'}{\overset{|}{\underset{|}{C}}}}-NO_2 \downarrow$$

假硝醇（无色）

NaOH → 不反应，不溶解
有机溶剂 → 溶解，蓝色溶液

19.1.4.2　芳香族硝基化合物

（1）硝基苯的还原

芳香族硝基化合物的硝基与芳环相连，化学性质与脂肪族硝基化合物有明显差别。硝基苯不同还原条件下还原中间体或产物见图 19.1。

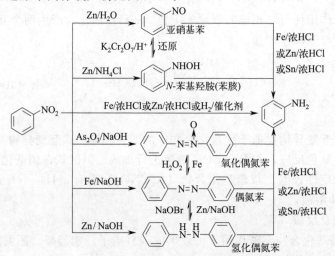

图 19.1　硝基苯不同还原条件下还原中间体或产物

在不同还原剂的作用下，硝基苯可还原成不同产物，这些产物在一定条件下可以互相转变，但最终都可以还原为苯胺。

反应介质对反应产物有很大影响，在强酸性（如浓盐酸）介质中硝基苯用金属（铁或锡或锌）还原生成苯胺，反应机理如下：

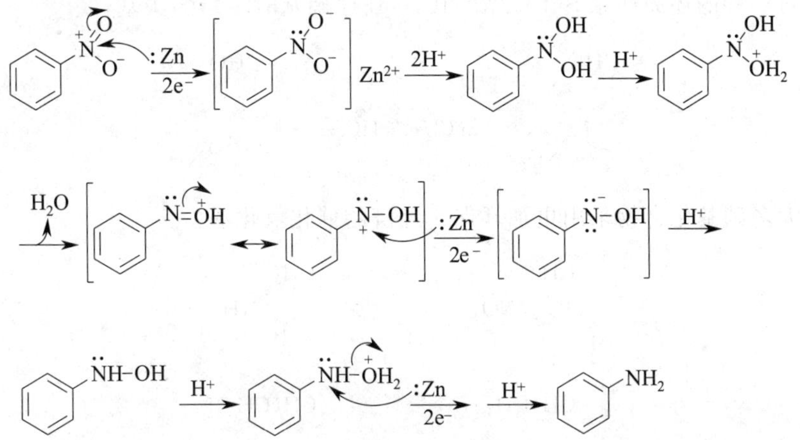

在酸性溶液中，中间产物亚硝基苯和 N-苯基羟胺比硝基苯更容易还原，因此不能分离，只有在中性溶液中才能分离。在碱性溶液中，中间产物亚硝基苯和 N-苯基羟胺相互作用，得双分子还原产物氧化偶氮苯：

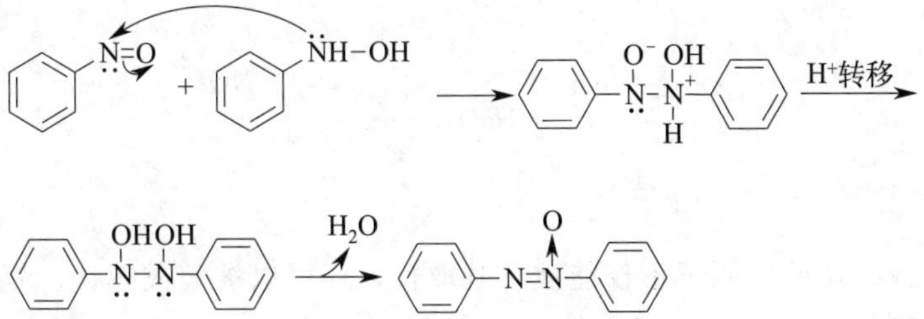

苯胺与亚硝基苯相互作用，得双分子还原产物偶氮苯：

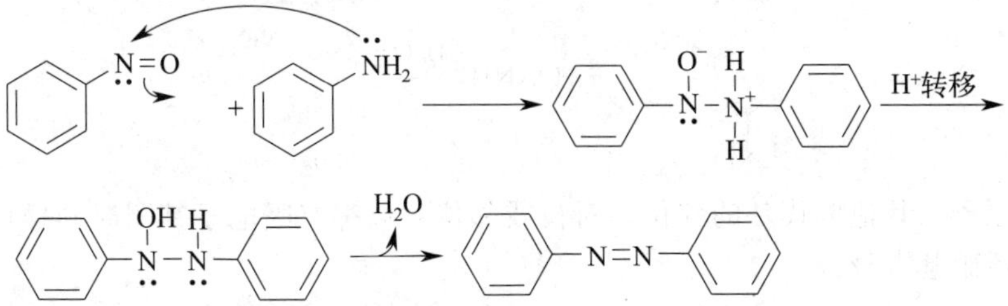

Fe、Zn、Sn 或 SnCl$_2$ 在浓盐酸中能将硝基苯、亚硝基苯、苯胲、氧化偶氮苯、偶氮苯、氢化偶氮苯还原为氨基苯。有多个硝基时没有选择性：

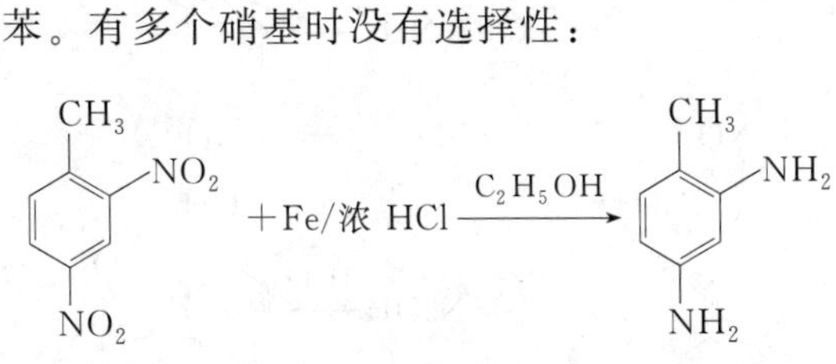

硫化物，如 Na$_2$S、NaHS、NH$_4$S 等，能还原二硝基苯中一个硝基：

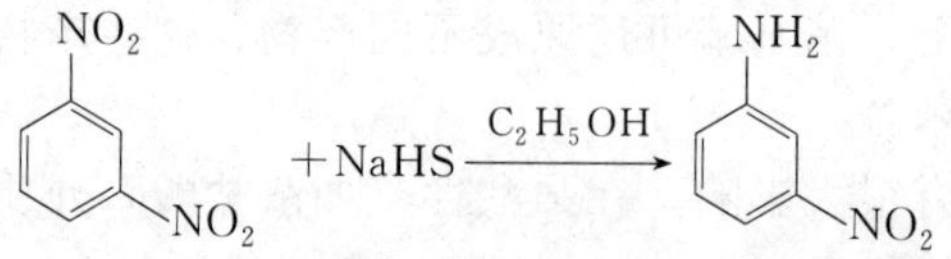

采用相对弱些的还原体系 $SnCl_2/$浓 HCl，还原硝基时不影响羰基：

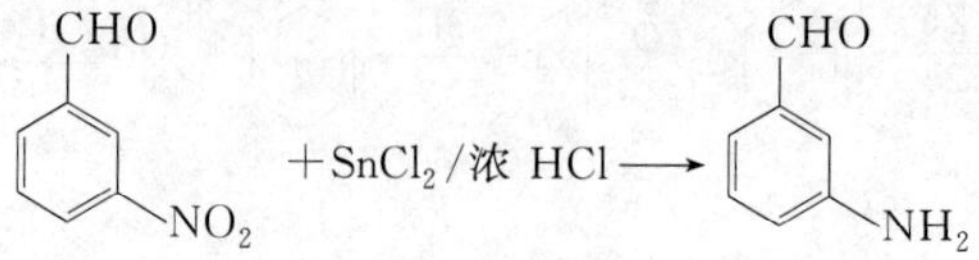

工业上大多硝基化合物采用更加环保、经济的催化氢化法：

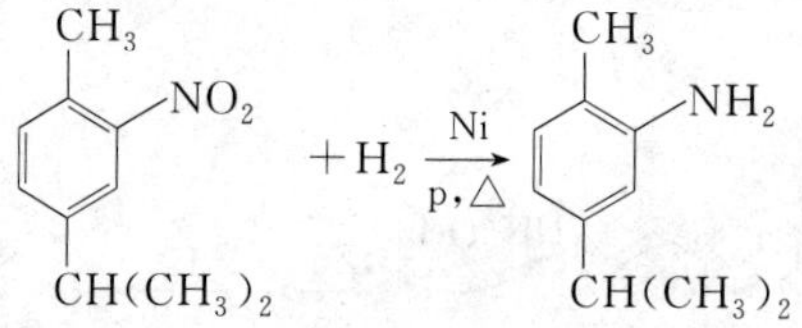

（2）硝基对芳环上取代基的影响

① 对卤原子离去能力的影响。与芳环直接相连的卤原子一般很难直接被其他基团取代，如氯苯只有在高温高压下才能水解为苯酚，但当卤原子的邻位或对位上连有硝基时，该卤原子就容易被取代。例如：

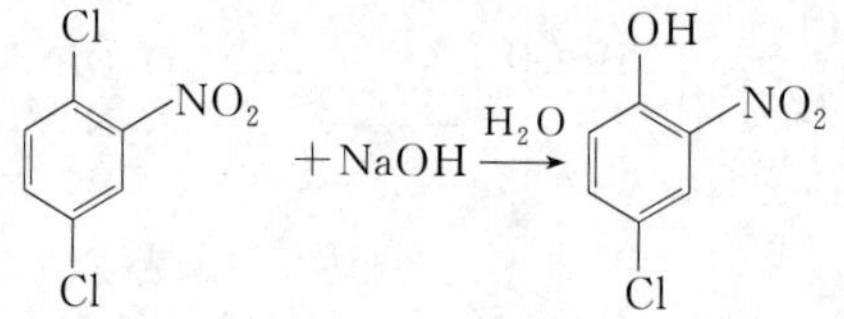

硝基的邻位或对位的卤原子不仅能被羟基取代，还可以被醇或醇钠、氨、胺、肼等其他亲核试剂取代。例如：

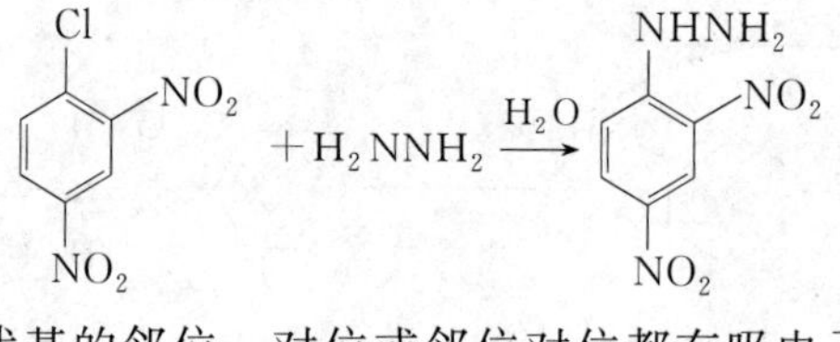

除了卤原子，其他取代基的邻位、对位或邻位对位都有吸电子基团时同样可以被亲核试剂取代，包括硝基本身：

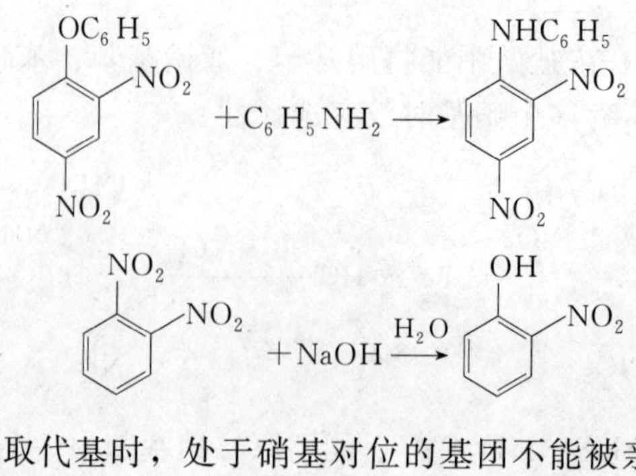

硝基两个邻位有甲基取代基时，处于硝基对位的基团不能被亲核取代：

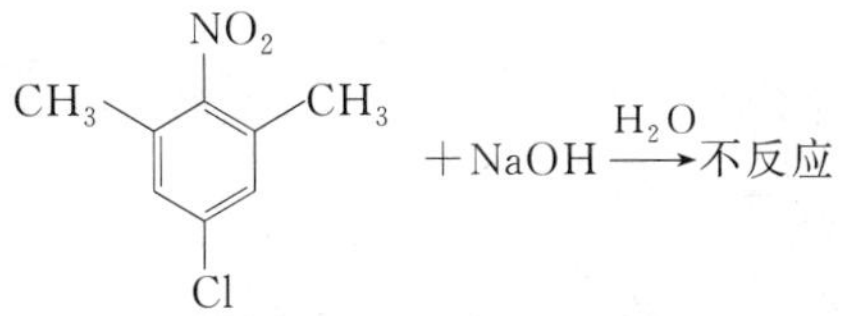

这是因为甲基的空间位阻影响了硝基与苯环的共轭作用。

② 对酸性的影响。酚的芳环上引入硝基后，由于硝基的吸电子诱导效应和共轭效应，酚的酸性明显增强：

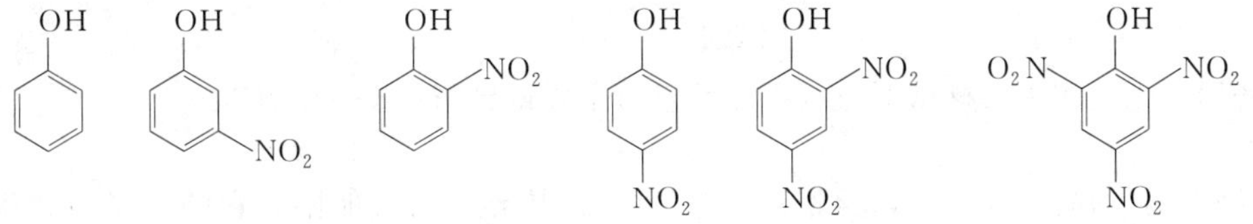

| pK$_a$ | 9.98 | 8.39 | 7.22 | 7.15 | 4.09 | 0.25 |

其中邻、对位的硝基对酚酸性的影响比间位大，因为前者既有吸电子的诱导效应又有吸电子的共轭效应，间位的共轭效应受阻，只有诱导效应，因此间硝基苯酚的酸性比苯酚强但比邻、对硝基酚弱。随着芳环上硝基数目增加，酚的酸性也随之增大，2,4,6-三硝基苯酚（俗称苦味酸）的酸性非常强，几乎与无机酸相当，能与氢氧化钠、碳酸钠和碳酸氢钠反应。硝基对苯甲酸的酸性影响规律与对酚的影响相似。

③ 对烷基活性的影响。如果烷基苯（如甲苯、乙苯）的邻、对位都含有硝基，由于硝基的强吸电子作用，烷基苯侧链的 α-H 活性增加，在碱性条件下能形成碳负离子，与醛基发生亲核加成反应：

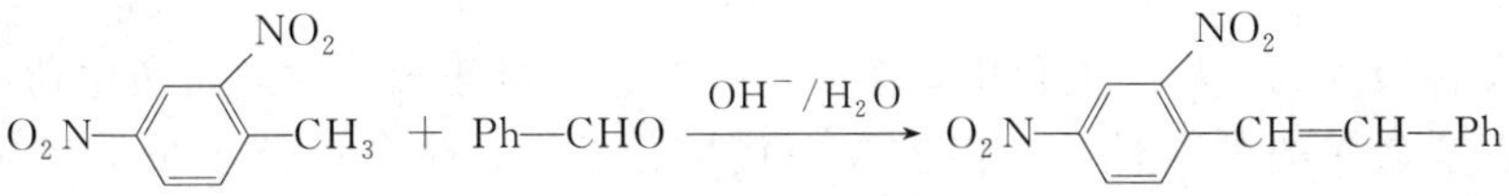

19.2　腈

腈（nitrile）可以看作氰化氢（HCN）分子中的氢被烷基取代的化合物，或看作是烃分子中的氢被氰基取代的化合物。常用通式 RCN 或 ArCN 表示。腈的官能团是氰基（—C≡N）。

19.2.1　结构和命名

氰基为碳-氮叁键，与炔烃的碳-碳叁键相似。氰基中碳和氮都是 sp 杂化，因此碳-氮叁键由一个碳-氮 σ 键和两个碳-氮 π 键组成，是一直线型结构，键长比炔烃中炔键长短，而键能比炔键的小，因此碳-氮叁键比炔键强，发生加成反应的倾向性比炔烃弱。

腈的命名与羧酸类似，根据腈分子中的碳原子数称某腈，或以烃为母体，氰基作取代基叫氰基某烃。以腈为母体命名时氰基碳原子参与碳链编号，用氰基为取代基命名时，则不参与母体碳链编号。例如：

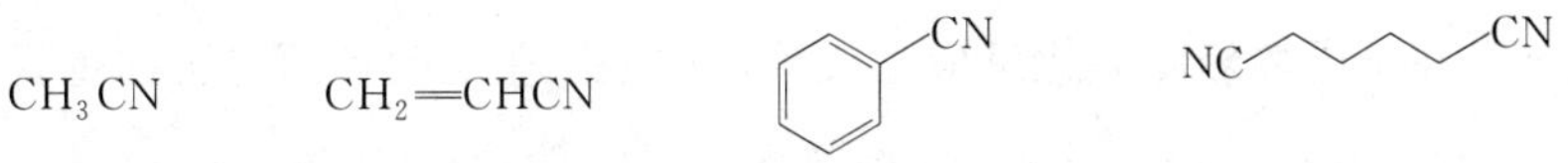

| CH$_3$CN | CH$_2$=CHCN | | |
| 乙腈 | 丙烯腈 | 苯（甲）腈 | 己二腈 |

19.2.2 腈的制备方法

19.2.2.1 卤代烷与氰化物作用

伯卤代烷与氰化钠或氰化钾反应生成腈。反应按 S_N2 机理进行，卤代烷为伯卤代烷：

$$\text{（苄基氯）} \xrightarrow[\text{}]{\text{EtOH/H}_2\text{O}} \text{（苄基腈）} +NaCl$$

$$Br\text{（链）}Br + 2NaCN \xrightarrow{\text{EtOH/H}_2\text{O}} NC\text{（链）}CN + 2NaBr$$

若用氰化银作为亲核试剂与 R—X 反应，主要得异腈（R—N≡C）：

$$R—X + AgCN \longrightarrow R—NC + AgX$$

异腈是腈的同分异构体，异氰基（—N≡C）是异腈的官能团，它的命名与腈相似，但异氰基的碳原子不参与碳链编号。异腈有时又称胩。例如：

$$CH_3—N≡C \qquad CH_3CH_3N≡C \qquad \text{（苯基-N≡C）}$$

异氰基甲烷或甲胩　　　异氰基乙烷或乙胩　　　异氰苯或苯胩

异腈具有恶臭和剧毒，对碱相当稳定，在酸性中比腈容易水解。腈中少量异腈可以用 50% 的硫酸和浓盐酸洗涤除去。

R—X 与 NaCN 和 AgCN 反应所得产物不同，其原因是氰基负离子同亚硝基负离子一样，具有两个反应中心，负电荷可以在 C 或 N 上：

$$\left[{}^-C≡N: \longleftrightarrow :C=N:^- \right]$$

其中电负性较大的氮原子上负电荷多一些，在进攻碳正离子时，带负电荷较多的氮优先作用，反应具有较多的 S_N1 性质。但进攻卤代烷分子时，带负电荷虽少但反应能力更大的碳端优先进攻，反应具有较多的 S_N2 性质。以 AgCN 为亲核试剂时，Ag^+ 能使 R—X 解离生成 R^+，反应具有 S_N1 性质，因而生成异腈。以 NaCN 亲核试剂时，Na^+ 不能使 R—X 解离产生 R^+，反应具有 S_N2 性质，故生成腈。

这种反应的选择性也可以从软硬酸碱理论得到解释。在氰基中氮的电负性比碳大，碳是较软的亲核端，氮是较硬的亲核端。在 S_N2 反应中 RX 是较软的亲电试剂，氰基以软端（碳端）与它反应得到腈。有 Ag^+ 存在时，它促进 R—X 中 X 原子离去，形成硬的亲电试剂烷基正离子（R^+），氰基则以硬端（氮端）与它反应得到异腈。

19.2.2.2 酰胺或肟脱水

酰胺或肟在脱水剂作用下脱水生成腈，P_2O_5 是常用脱水剂之一：

$$R—\overset{O}{\overset{\|}{C}}—NH_2 \xrightarrow[\triangle]{P_2O_5} R—C≡N$$

19.2.2.3 氨氧化法

在催化剂存在下丙烯经氨氧化反应生成腈，这是工业上制备丙烯腈的重要方法。

$$CH_2=CH—CH_3 + O_2 + NH_3 \xrightarrow[\triangle]{\text{磷钼酸铋}} CH_2=CH—CN$$

19.2.3　腈的物理性质

低级腈是无色液体，高级腈为固体。低级腈溶于水，如乙腈与水混溶。随着分子量增加，腈在水中的溶解度迅速降低，大于四个碳原子的腈就较难溶于水。纯净的腈有令人愉快的气味，毒性也小。但一般腈中往往会有少量异腈，使腈产生剧毒和恶臭。

腈的沸点与分子量相近的醇接近，但比相应的烃、醚、醛、酮高得多。如分子量相近的乙腈、乙醛、乙醇的沸点分别为 81.6℃、20.8℃ 和 78.4℃。其原因是腈分子偶极矩大，使分子极性增加，分子间引力增强，因而沸点升高。

氰基在红外光谱 $2260 \sim 2240 cm^{-1}$ 范围有伸缩振动吸收峰。α, β-不饱和腈的氰基伸缩振动吸收峰数值稍低一些，一般小于 $2240 cm^{-1}$。^1H NMR 谱中，腈的 α-H 受氰基的吸电子影响较大，化学位移移向低场，一般化学位移大于 2.0ppm，β-H 受氰基影响较小。

19.2.4　腈的化学性质

腈的氰基与羰基相似，是吸电子的极性不饱和官能团，其中碳带部分正电荷，氮带部分负电荷，因此，腈的主要反应是加成反应，其次是 α-H 的反应。

19.2.4.1　腈的加氢

腈用金属（Ni、Pt、Pd 等）催化加氢或用氢化铝锂还原，生成伯胺：

$$CH_3(CH_2)_{10}CH_2CN \xrightarrow{LiAlH_4} \xrightarrow{H_2O} CH_3(CH_2)_{10}CH_2CH_2NH_2$$

19.2.4.2　腈的水解

腈在酸或碱作用下水解，生成羧酸或羧酸盐。

腈的水解是制备羧酸的重要方法，反应第一步生成酰胺，进一步水解生成羧酸。

$$R-C \equiv N + H_2O \xrightarrow{H^+} \left[R-\overset{OH}{\underset{}{C}}=NH \right] \longrightarrow R-\overset{O}{\underset{}{C}}-NH_2 \xrightarrow{H^+/H_2O} RCOOH$$

在浓硫酸中限制水量，腈水解可得到酰胺。如丙烯腈用 84.5% 的 H_2SO_4 水解，生成酰胺硫酸盐，后者用 CaO 或 NH_3 中和，析出丙烯酰胺：

$$CH_2=CH-CN \xrightarrow{H_2SO_4/H_2O} CH_2=CH-\overset{O}{\underset{}{C}}-NH_2 \cdot H_2SO_4 \xrightarrow{CaO} CH_2=CH-\overset{O}{\underset{}{C}}-NH_2$$

19.2.4.3　醇解

在硫酸或盐酸存在下，腈与醇发生加成反应产生亚胺酯，后者进一步水解生成酯和氨：

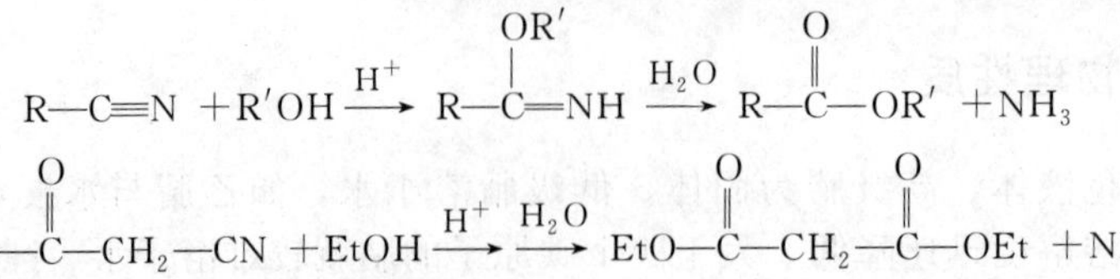

$$R-C\equiv N + R'OH \xrightarrow{H^+} R-\overset{OR'}{\underset{}{C}}=NH \xrightarrow{H_2O} R-\overset{O}{\underset{}{C}}-OR' + NH_3$$

$$EtO-\overset{O}{\underset{}{C}}-CH_2-CN + EtOH \xrightarrow{H^+ \ H_2O} EtO-\overset{O}{\underset{}{C}}-CH_2-\overset{O}{\underset{}{C}}-OEt + NH_3$$

19.2.4.4　与金属有机物加成

在乙醚溶液中，腈与 RMgX 或 RLi 反应，然后水解得到酮。例如：

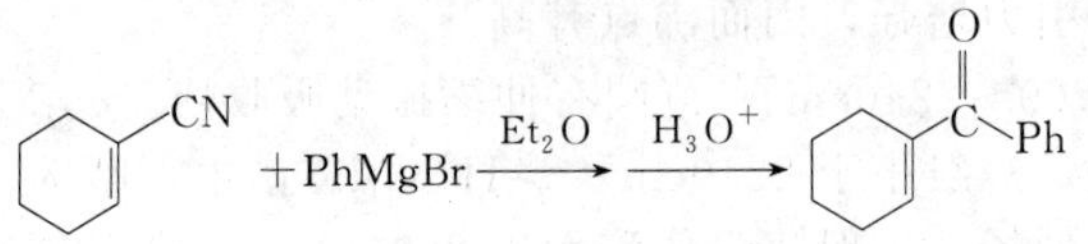

19.2.4.5　α-H 的反应

在强碱作用下，腈的 α-H 容易失去，形成碳负离子作为亲核试剂，发生多种亲核取代或亲核加成反应。例如：

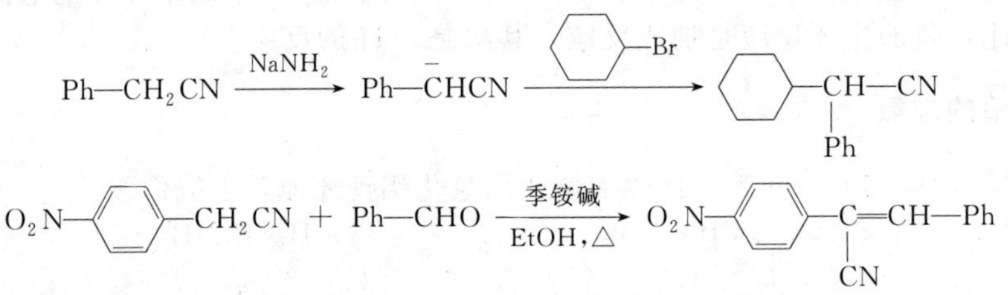

$$Ph-CH_2CN \xrightarrow{NaNH_2} Ph-\overset{-}{C}HCN \longrightarrow$$

在稀溶液中，在强碱（比如二乙基氨、基锂），二腈可发生分子内缩合，经水解脱羧得4～7 元环酮：

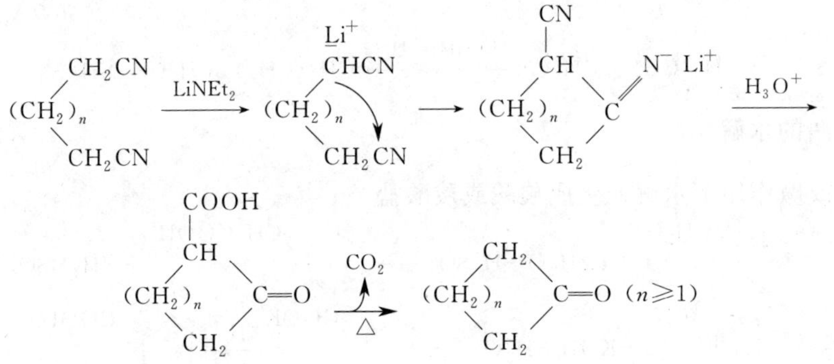

19.3　胺

19.3.1　分类和命名

胺（amine）是氨的烷基衍生物。按照胺中氮原子所连烷基的数目可分为伯胺或称为一级胺（1°）、仲胺或称为二级胺（2°）、叔胺或称为三级胺（3°）。

NH₃	RNH₂	R₂NH	R₃N
氨	伯胺	仲胺	叔胺
（ammonia）	（primary amine）	（secondary amine）	（tertiary amine）

如果铵盐或氢氧化铵中的四个氢原子都被烷基取代，则分别称季铵盐或季铵碱：

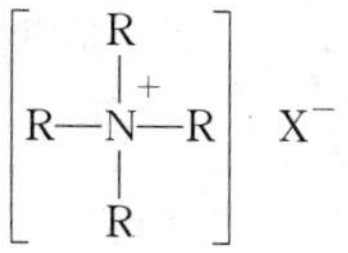

$$\left[\begin{array}{c} R \\ | \\ R-\overset{+}{N}-R \\ | \\ R \end{array}\right] X^-$$

季铵盐
（quaternary ammonium salt）

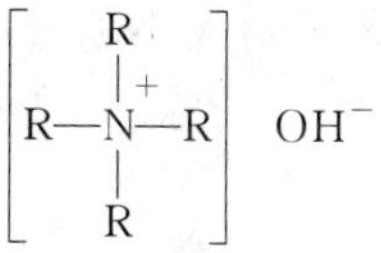

$$\left[\begin{array}{c} R \\ | \\ R-\overset{+}{N}-R \\ | \\ R \end{array}\right] OH^-$$

季铵碱
（quternary ammonium hydrouide）

结构中四个烷基可以相同也可以不相同：

$$[(CH_3CH_2CH_2CH_2)_4N]^+ Br^-$$

四丁基溴化铵

$$[PhCH_2N(CH_3)_3]^+ OH^-$$

三甲基苄基氢氧化铵

根据胺分子中 N 所连烷基的结构，又分为脂肪胺和芳香胺：

脂肪胺：　$CH_3CH_2NH_2$　　　　　　　　　　　　　$CH_3CH_2NHCH_3$　　$(CH_3)_2NCH(CH_3)_2$

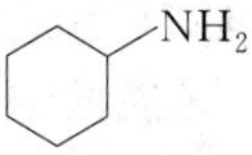

乙胺　　　　　环己胺　　　N-甲基乙胺（甲乙胺）　　二甲基异丙胺

芳香胺：　　　　　　　　　　　　　　　　　　　　　　CH_3　　　　NHCH$_3$

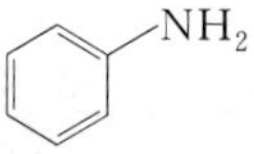

苯胺 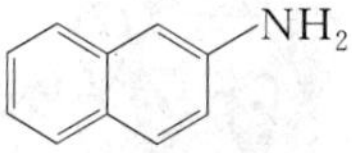　　　　　β-萘胺 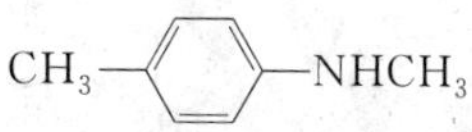　　　　　　N-甲基对甲基苯胺

根据胺分子中氨基数目又可以分为一元胺、二元胺和多元胺。如：

$$CH_3CH_2CH_2NH_2 \qquad H_2NCH_2CH_2NH_2$$

丙胺（一元胺）　　　　乙二胺（二元胺）　　　1,2,4-苯三胺（三元胺）

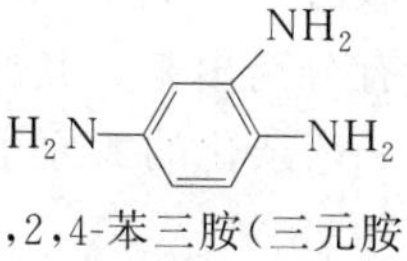

简单胺的命名是以"胺"为词尾，在前面加上所连烷基的名称和数目，英文名称通常是以"amine"作词尾，连在烷基名称之后，取代苯胺的英文名的后缀通常是"aniline"，甲基取代苯胺较特殊，后缀通常是"idine"。例如：

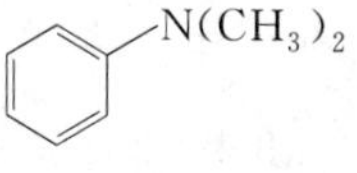

$N(CH_3)_2$　　　　　　　CH_2NH_2　　　　　　　NH_2

N,N-二甲基苯胺　　　　　苄胺　　　　　　m-甲基苯胺
N,N-dimethylaniline　　　benzylamine　　　m-toluidine

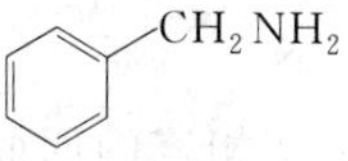

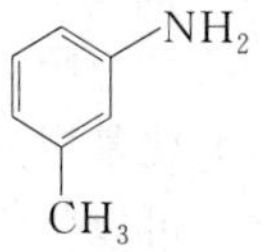

复杂的胺可看作烃的衍生物，把氨（胺）基作取代基命名。如：

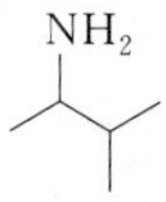

NH_2　　　　　　　$N(CH_3)_2$

H_2N——SO_3H

2-甲基-3-氨基丁烷 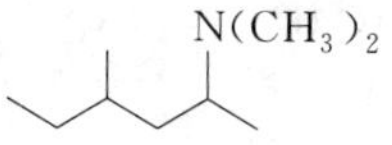　　　2-(二甲氨基)-4-甲基己烷 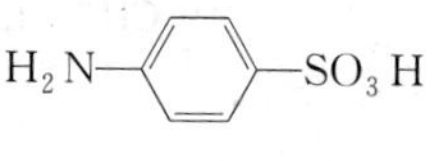　　　对氨基苯磺酸

系统命名中，一些取代的氨基命名如下：

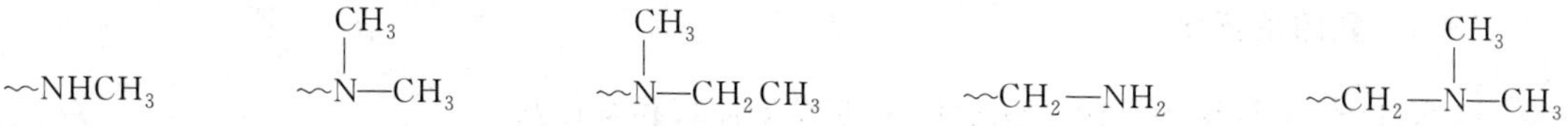

～NHCH$_3$　　　　　CH_3　　　　　　CH_3　　　　　　～CH$_2$—NH$_2$　　　　　CH_3
　　　　　　～N—CH$_3$　　　　～N—CH$_2$CH$_3$　　　　　　　　　　　～CH$_2$—N—CH$_3$

甲氨基　　　　二甲氨基　　　　甲乙氨基　　　　氨甲基　　　　二甲氨基甲基

19.3.2　胺的结构

胺和氨分子中的氮与烷烃中的碳原子一样，是 sp^3 杂化，氮原子外层五个电子中三个未成对的电子分别占据三个 sp^3 杂化轨道，每一个 sp^3 杂化轨道与氢原子的 s 轨道或碳原子的杂化轨道成键，第四个 sp^3 杂化轨道有一对未成键的电子，位于棱锥形的顶点。因此胺与氨

结构一样具有棱锥形，键角大小随着取代基的不同而变化。氨和甲胺的结构：

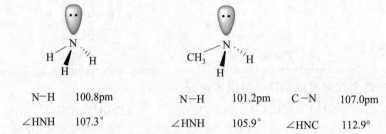

键长：　　　N—H　　100.8pm　　　　　N—H　　101.2pm　　C—N　　107.0pm

键角：　　　∠HNH　　107.3°　　　　　∠HNH　　105.9°　　∠HNC　　112.9°

芳香胺与脂肪胺不同，氮原子上未共用的一对电子占据 p 轨道与苯环 π 电子轨道产生 p-π 共轭。但苯胺仍是棱锥形结构，∠HNH 为 113.9°，HNH 平面与苯环平面交叉角为 39.4°，使氮原子杂化介于 sp² 和 sp³ 之间，但趋近于 sp² 杂化。苯胺的结构及 p-π 共轭示意图如下：

在仲胺和叔胺中，如果 N 上所连的基团不同，胺应具有手性，有一对对映体。但这种对映体至今没有分离出来，其原因是这两个对映体的能垒很低，约 21kJ·mol⁻¹，室温下两个异构体通过 sp² 杂化的氮原子相互迅速转化，故难以分离，也测不出旋光。

但季铵盐是四个烷基以共价键与 N 相连的四面体结构。如果四个烷基不同，对映体之间就不能相互转化，可以将它们拆分。如碘化甲基烯丙基乙基苯基铵的一对对映体已被分离出来：

19.3.3　胺的制备

19.3.3.1　氨的烷基化

以 NH₃ 作亲核试剂与卤代烷反应可生成三种胺和季铵盐：

由于得到的是混合物，因此一般三种胺容易分离时才使用它，如工业上将 NH₃ 与氯乙烷反应，生成的乙胺、二乙胺和三乙胺的沸点相差较大，可用蒸馏法分离。

氨的烷基化适用于伯卤代烷，如果采用叔卤代烷则往往得到烯烃。例如：

$$(CH_3)_3CCl + NH_3 \longrightarrow (CH_3)_2C=CH_2 + NH_4Cl$$

卤代烷较贵，工业上常用醇代替它，但需要较高的温度、一定压力和催化剂：

$$CH_3OH + NH_3 \xrightarrow[425℃,5MPa]{Al_2O_3} CH_3NH_2 + (CH_3)_2NH + (CH_3)_3N$$

采用不同催化剂，调控反应温度、物料比和反应压力可以得到以某一种胺为主的产品。

卤代芳烃一般不能用 NH_3 直接取代。但在液氨中用强碱 $NaNH_2$ 或 KNH_2 等与卤代芳烃反应，可以得到芳胺，反应通过苯炔机理进行。

卤原子的对位或邻位含有强吸电子基的卤代芳烃可以与氨或胺反应生成芳胺：

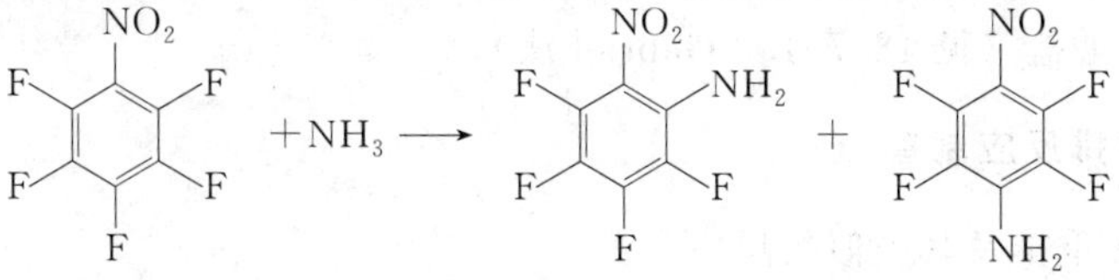

环氧乙烷也可用作烷基化剂，它与 NH_3 作用得到三种羟基胺的混合物：

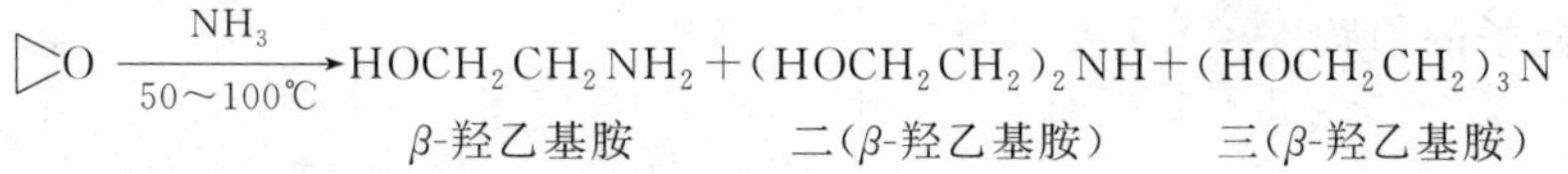

$$\triangleright O \xrightarrow[50\sim100℃]{NH_3} HOCH_2CH_2NH_2 + (HOCH_2CH_2)_2NH + (HOCH_2CH_2)_3N$$

$\qquad\qquad\quad$ β-羟乙基胺 $\qquad$ 二(β-羟乙基胺) $\qquad$ 三(β-羟乙基胺)

19.3.3.2　硝基化合物的还原

见 19.1.4.2（1）硝基化合物的还原部分。

19.3.3.3　腈和酰胺的还原

腈和酰胺用催化加氢或 $LiAlH_4$ 还原主要生成胺：

$$R-CN \xrightarrow{H_2/Ni} R-CH_2NH_2 \; ; \; R-\overset{O}{\overset{\|}{C}}-NR'R'' \xrightarrow[(2)\ H_3O^+]{(1)\ LiAlH_4} R-CH_2-NR'R''$$

19.3.3.4　醛酮的还原氨化

醛、酮与氨、伯胺和仲胺反应，在氢和催化剂作用下还原成相应的伯胺、仲胺和叔胺：

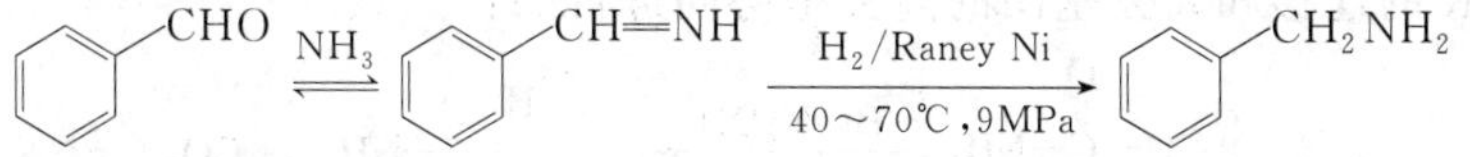

除了采取催化氢化还原外，也常采用化学还原法，例如：

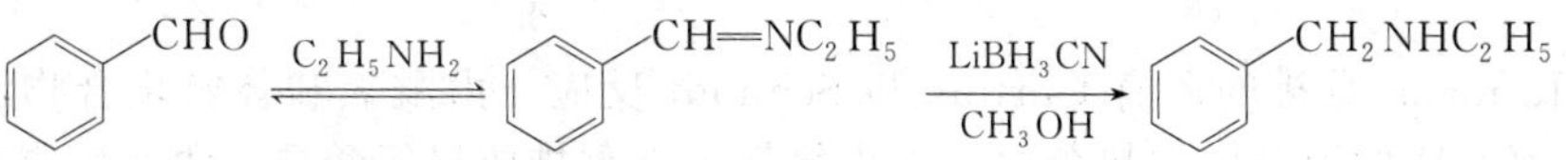

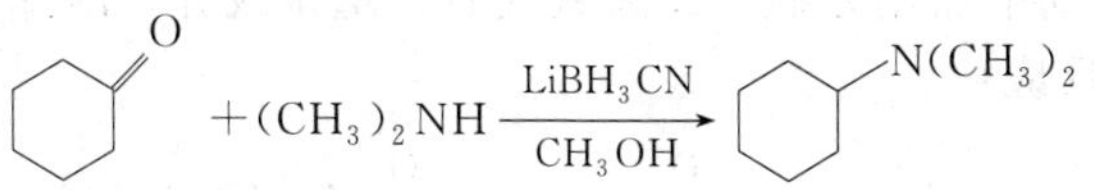

将醛或酮直接与甲酸铵一起加热则生成伯胺。这个反应叫 R. Leukart 反应：

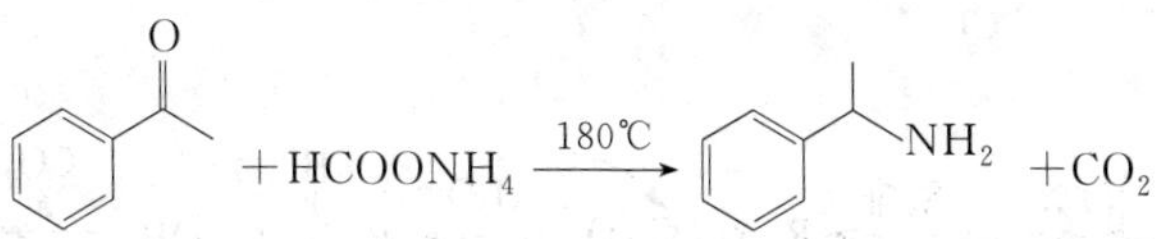

因为甲酸铵可分解为氨和甲酸，因此反应过程是氨与醛、酮反应生成亚胺，甲酸作为还原剂将亚胺还原为胺，甲酸则氧化为 CO_2。

若以伯胺和仲胺代替 NH_3 与过量的甲醛及甲酸一起共热，则生成叔胺。这是伯胺和仲胺甲基化的有效方法，称为 Eschweier-Clarke 反应，是对 R. Leukut 反应的改进：

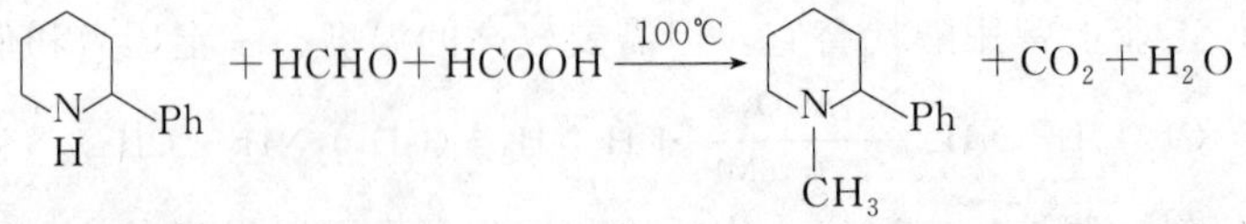

$$\text{(结构式)} + HCHO + HCOOH \xrightarrow{100℃} \text{(结构式)} + CO_2 + H_2O$$

19.3.3.5 Gabriel 合成法

Gabriel 合成法是制备伯胺的好方法，反应的溶剂常为 DMF，可在较低的温度下进行。反应主要为两步，第一步生成 N-烷基取代的邻苯二甲酰亚胺，第二步是在碱性下水解，生成伯胺和邻苯二甲酸盐（见 18.7.1.3 Gabriel 法）。

19.3.3.6 通过重排反应制备

（1）Hofmann 重排及其类似的反应

氮原子上氢没有被取代的酰胺与 NaOBr（Br_2/NaOH）或 NaOCl（Cl_2/NaOH）反应生成少一个碳原子的伯胺。

$$R{-}\overset{\overset{O}{\|}}{C}{-}NH_2 \xrightarrow{\text{NaOBr}} R{-}NH_2 + CO_2$$

该反应称为 Hofmann 重排或 Hofmann 降级。反应中生成的酰基氮烯（也称氮卡宾或乃春）类似于碳烯，是更不稳定的缺电子中间体，很快发生重排生成异氰酸酯，后者与水反应生成胺。反应机理如下：

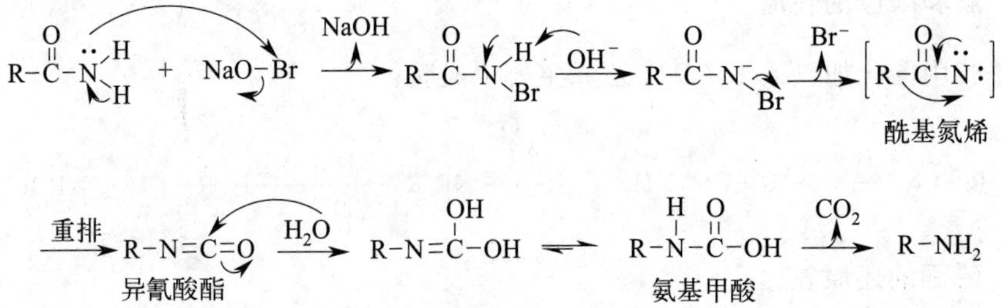

如果含有手性原子的旋光性酰胺进行重排反应，重排产物手性原子的构型（光学纯度）保持不变，即 R 的迁移和离去基团的离去是协同进行的：

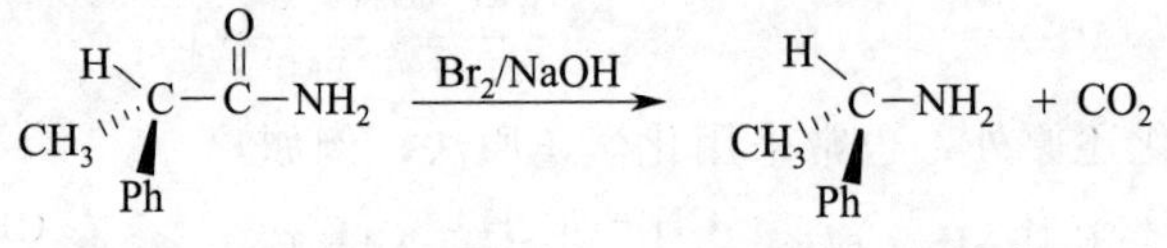

$$\text{(结构式)} \xrightarrow{Br_2/NaOH} \text{(结构式)} + CO_2$$

类似 Hofmann 重排的还有 Curtius 和 Schmidt 反应。由酰氯和叠氮化合物制备酰基叠氮，酰基叠氮在惰性溶剂中加热分解，失去氮气后，重排成异氰酸酯，再水解得伯胺，这个反应称为 Curtius 重排反应：

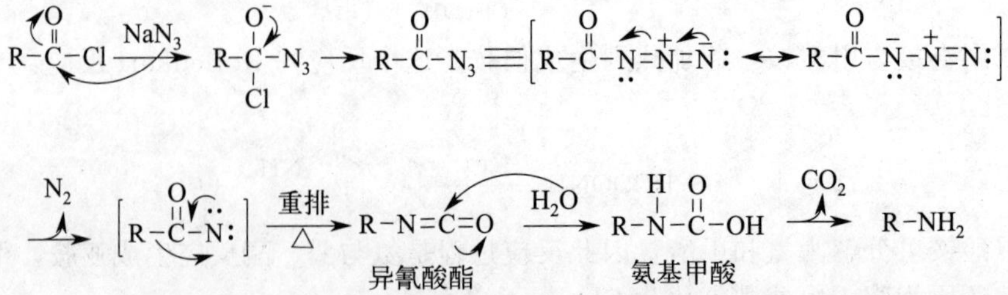

$$(CH_3)_2CHCH_2COCl \xrightarrow[\triangle]{\text{NaN}_3} (CH_3)_2CHCH_2NCO \xrightarrow{H_2O} (CH_3)_2CHCH_2NH_2$$

在强酸的作用下，羧酸与叠氮酸反应生成比羧酸少一个碳原子的伯胺：

$$CH_3(CH_2)_{16}COOH + HN_3 \xrightarrow{H_2SO_4} CH_3(CH_2)_{15}CH_2NH_2$$

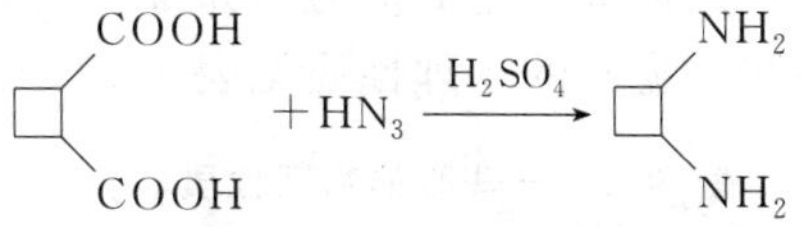

叠氮酸和叠氮化物容易爆炸且有毒，使用时应注意安全。

（2）联苯胺重排

在强酸作用下，氢化偶氮苯类化合物可以重排，主要生成 4,4′-二氨基联苯类化合物，因此称为联苯胺重排（benzidine rearrangement）：

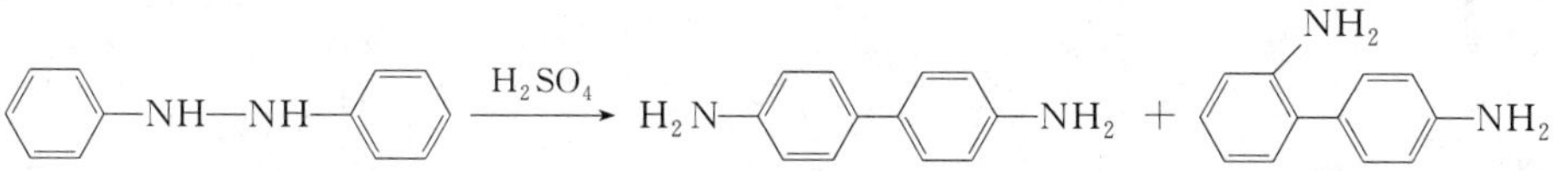

4,4′-联苯胺（约 70%）　　2,4′-联苯胺（约 30%）

将 2,2′-二甲氧基氢化偶氮苯和 2,2′-二乙氧基氢化偶氮苯等物质的量混合，在 H_2SO_4 作用下发生重排，只有各自分子内重排的产物（Ⅰ）和（Ⅱ），没有发现分子间交叉重排产物（Ⅲ），这说明是分子内重排机理：

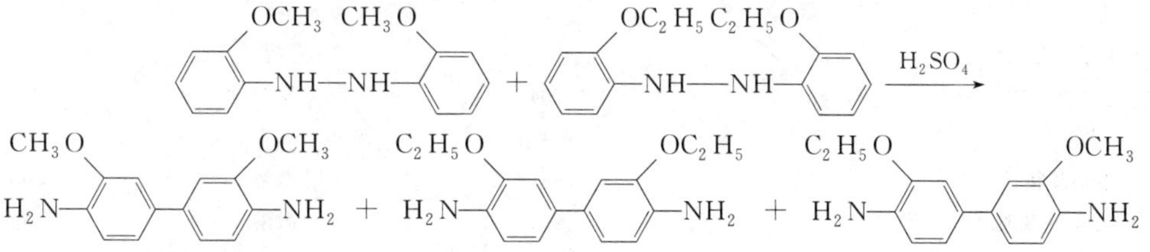

（Ⅰ）　　　　　　　　（Ⅱ）　　　　　　　　（Ⅲ）

目前对联苯胺重排反应机理尚有不同的看法，如果氢化偶氮苯的对位被占据，则重排在邻位：

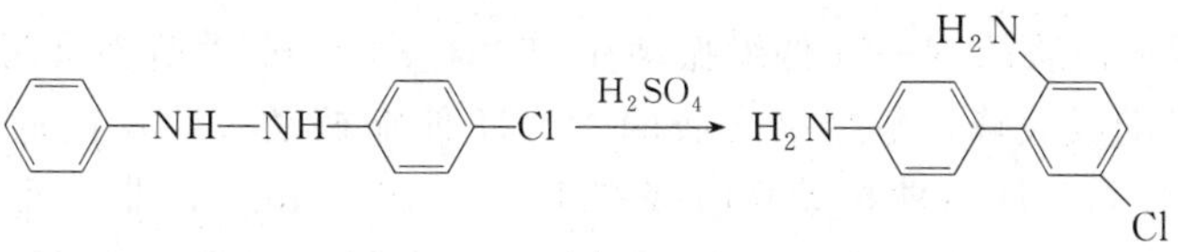

硝基苯类化合物用锌在浓碱中很容易得到氢化偶氮苯类化合物，因此联苯胺重排反应和产物在偶氮染料的合成中应用广泛，4,4′-联苯胺具有致癌性。

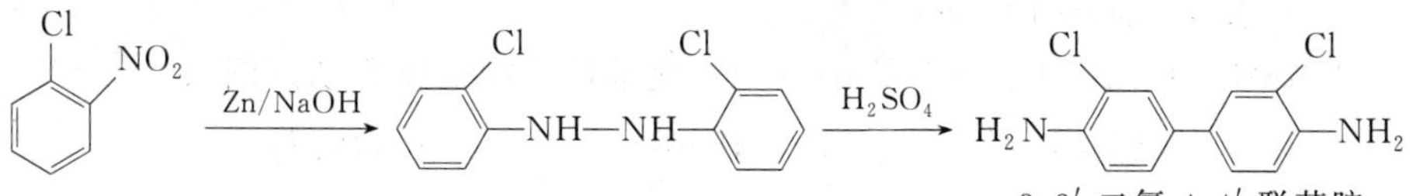

3,3′-二氯-4,4′-联苯胺

19.3.4　物理性质

低级脂肪胺甲胺、二甲胺、三甲胺和乙胺常温下为气体，C_3 及 C_3 以上的伯胺为液体，高级伯胺为固体。低级胺有氨的气味，二甲胺有鱼腥味。二元胺中乙二胺为黏稠液体，C_4 及 C_4 以上二元胺以上为固体。芳香一元胺为高沸点液体，二元胺为结晶固体，稠环芳香胺为固体。芳香胺的毒性较大，苯胺可通过呼吸道吸入或皮肤接触途径使人中毒。β-萘胺、联苯胺等还会导致恶性肿瘤，使用时应特别注意防护。

伯胺和仲胺的氮原子上有氢，能形成分子间氢键。伯胺、仲胺、叔胺三种胺都能与水形成氢键。

但氮原子的电负性比氧小，所以形成氢键的能力不如醇。胺的沸点高于非极性同分子量的烃和醚，但低于相应的醇。一些常见胺的物理性质见表 19.1。

表 19.1　一些胺的物理性质

化合物	熔点/℃	沸点/℃	溶解度/(g/100g 水)	pK_b(25℃)
甲胺	−93	−7.5	易溶	3.38
二甲胺	−96	7.5	易溶	3.27
三甲胺	−117	3.0	91	4.21
乙胺	−80	17	∞	3.36
二乙胺	−39	55	易溶	3.06
三乙胺	−115	89	14	3.25
丙胺	−83	49	∞	3.43
二丙胺	−63	110	微溶	3.34
三丙胺	−93.5	155	微溶	3.34
正丁胺	−49	78	易溶	3.36
环己胺	−17.7	134.5	微溶	3.36
乙二胺	8	117	溶	4.07,7.15
1,4-丁二胺	27	158	溶	—
己二胺	42	204	易溶	约 5
苯胺	−6.2	184.4	3.7	9.40
N-甲基苯胺	−57	196.2	微溶	9.60
N,N-二甲基苯胺	3	194	微溶	9.62
对硝基苯胺	148	332	极微	约 13
间苯二胺	64	282	溶	约 10
β-萘胺	111	306	溶于热水	9.84

红外光谱中，游离伯胺的 N—H 伸缩振动在 $3500\sim3300cm^{-1}$ 范围有两个吸收峰，仲胺有一个 N—H 伸缩振动吸收峰，氢键缔合胺的 N—H 伸缩振动吸收峰向低波数区移动，在 $3200cm^{-1}$ 左右。伯胺 N—H 弯曲振动吸收峰在 $1580\sim1650cm^{-1}$，非平面摇摆振动吸收峰在 $900\sim650cm^{-1}$（宽峰），仲胺 N—H 弯曲振动吸收很弱，非平面摇摆振动在 $750\sim700cm^{-1}$ 有强吸收，叔胺无 N—H 伸缩振动吸收峰。胺 C—N 的伸缩振动：脂肪胺在 $1230\sim1030cm^{-1}$，芳香胺在 $1340\sim1250cm^{-1}$ 处。

胺的 ^1H NMR 中，α-H 受氮的影响较大，化学位移向低场移动。例如：

$$CH_3NR_2 \qquad\qquad RCH_2NR_2 \qquad\qquad R_2CHNR_2$$
$$2.2ppm \qquad\qquad\quad 2.4ppm \qquad\qquad\quad 2.8ppm$$

β-H 受氮原子影响较小，化学位移一般在 1.1～1.7ppm。伯胺和仲胺形成氢键的程度不同，N—H 的化学位移变化较大，与溶剂、浓度、形成氢键的程度等有关，一般在 0.6～6.0ppm。

19.3.5　化学性质

由于氨基氮原子上有未共用电子对，能结合质子，因此胺具有碱性，同时具有亲核性，能与卤代烷、羰基化合物等发生反应。

19.3.5.1　碱性

氨基接受酸中的质子形成盐，例如伯胺成盐：

$$R\overset{\cdot\cdot}{-}N\underset{H}{\overset{H}{|}}H + HX \longrightarrow R\overset{H}{\underset{H}{\overset{|}{-}}}\overset{+}{N}H\ X^-$$

胺与强酸反应形成盐能溶于水，加碱中和胺又游离出来，这一性质可用于胺的鉴别和分离。与氨相似，胺在水中建立如下解离平衡：

$$R\overset{\cdot\cdot}{-}NH_2 + H_2O \rightleftharpoons R\overset{+}{-}NH_3 + OH^-$$

由于水大大过量，其浓度可视为不变，胺的碱性强弱可用解离常数 K_b 或其对数 pK_b 表示，K_b 越大或 pK_b 越小，碱性越强。

$$K_b = \frac{[RNH_3^+][OH^-]}{[RNH_2]} \qquad pK_b = -\log K_b = \log\frac{1}{K_b}$$

胺的碱性还可以用它的共轭酸 RNH_3^+ 在水中的解离常数 K_a 或 pK_a 表示，K_a 越大或 pK_a 越小，胺的碱性越弱。

$$R\overset{+}{-}NH_3 + H_2O \rightleftharpoons R\overset{\cdot\cdot}{-}NH_2 + H_3O^+$$

$$pK_a = -\log K_a = \log\frac{1}{K_a} \qquad K_a = \frac{[RNH_2][H_3O^+]}{[RNH_3^+]} \qquad K_a \cdot K_b = K_w$$

RNH_2 的解离常数 K_b 和 RNH_3^+ 的解离常数 K_a 之间的关系为 $K_a \cdot K_b = K_w$。K_w 是水的离子积，25℃时为 1×10^{-14}。用 pK_a、pK_b 表示胺的碱性时则有 $pK_a + pK_b = 14$。

一般地，脂肪族伯胺、仲胺和叔胺的碱性都比氨强。其原因是胺中烷基给电子作用使氮原子上的负电荷增加，增大了氮与质子的结合能力，随着氮原子上烷基数目增加，碱性随之增大，故在气相条件下或在非质子性溶剂氯苯中碱性大小次序是 $(CH_3)_3N > (CH_3)_2NH > CH_3NH_2 > NH_3$。

但在水溶液中，以上碱性大小次序变化为 $(CH_3)_2NH > CH_3NH_2 > (CH_3)_3N > NH_3$，这是电子效应、空间效应和溶剂化效应综合影响的结果。在水溶液中，氮所连的氢原子与水分子中的氧形成氢键，即发生溶剂化，氢原子越多溶剂化能力越强，形成的铵离子越稳定，碱性越强。

溶剂化能力：

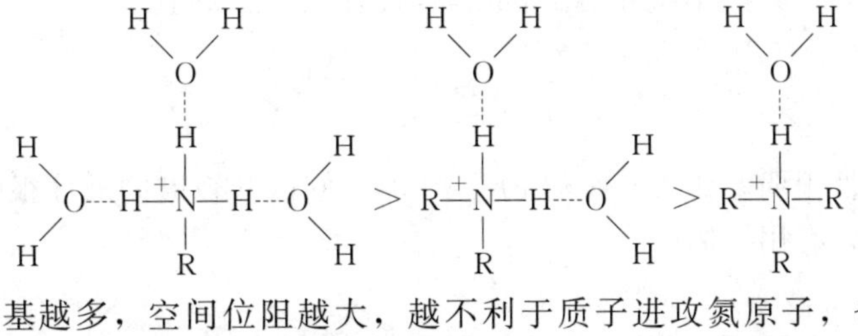

氮上连接的烷基越多，空间位阻越大，越不利于质子进攻氮原子，也不利于氢键的形成。在气相中，脂肪胺的碱性主要取决于烷基的电子效应，而在水溶液中则是烷基的电子效应、溶剂化效应和空间效应等因素综合影响的结果。对于仲胺和伯胺来说，虽然在水溶液中伯胺的溶剂化比仲胺强，空间位阻比仲胺小，但仲胺两个烷基的电子效应比伯胺强，空间效应不是主要影响因素，其结果是仲胺的碱性比伯胺大。

芳香胺的碱性一般低于脂肪胺，这是由于氮原子上孤对电子与苯环形成 p-π 共轭，使氮上电子云密度降低，降低了与质子结合的能力。在气相条件下，Ph_3N 中三个苯基的空间位阻太大，使氮原子上的孤对电子不能与苯环有效共轭，负电荷仍主要集中在氮上，因而碱性较强。而苯胺空间阻碍较小，氮上一对未共用电子与苯环共轭，与质子结合能力减弱，因而碱性较弱，二苯胺则介于二者之间，因此气相中碱性大小次序 $Ph_3N>Ph_2NH>PhNH_2$。

在水溶液中由于溶剂作用的影响，芳胺的碱性大小次序是 $PhNH_2>Ph_2NH>Ph_3N$，即气相与水溶液中三类芳胺碱性次序相反。

如果苯胺的氨基对位有—OH、—OCH₃、—NH₂等给电子基时，诱导效应和共轭效应综合结果使苯胺碱性增强。如果这些基团在氨基的邻位，除上述两个效应外还有氢键和空间效应的影响，情况比较复杂。苯环上有卤素、—NO₂、—SO₃H、—COOH等吸电子基时，苯胺碱性减弱，其中在邻、对位影响最大。以上这些基团主要通过诱导效应或共轭效应导致芳胺氮原子上负电荷增加或减少，使氮与质子结合能力增强或减弱。共轭效应往往比诱导效应大，起主要作用。一些取代苯胺的 pK_b 值见表 19.2。

表 19.2　取代苯胺的 pK_b 值

取代基		H	OH	OCH₃	CH₃	Cl	NO₂
	o 位	9.40	9.28	9.48	9.56	11.35	14.26
pK_b	m 位	9.40	9.83	9.77	9.28	10.48	11.60
	p 位	9.40	8.50	8.66	8.90	10.02	约 13

芳胺氮上孤对电子能与苯环共轭，碱性弱，如果不能共轭碱性强，例如：

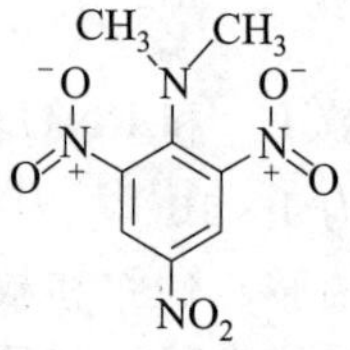

化合物（Ⅱ）的碱性是（Ⅰ）的四万倍，这是因为 N 上甲基与苯环邻位硝基的空间位置，影响了 N 上孤对电子与苯环共轭，碱性较强。

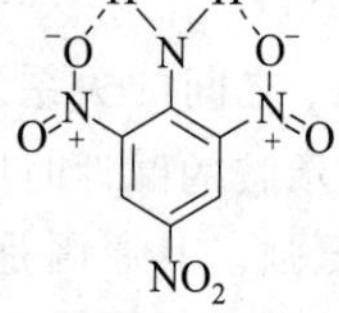

19.3.5.2　酸性

伯胺和仲胺的氮原子上有氢，在碱金属（K、Na 等）或强碱作用下失去质子显酸性。

$$2CH_3NH_2+2Na \longrightarrow 2CH_3NHNa+H_2$$
$$(CH_3)_2NH+PhLi \longrightarrow (CH_3)_2NLi+PhH$$

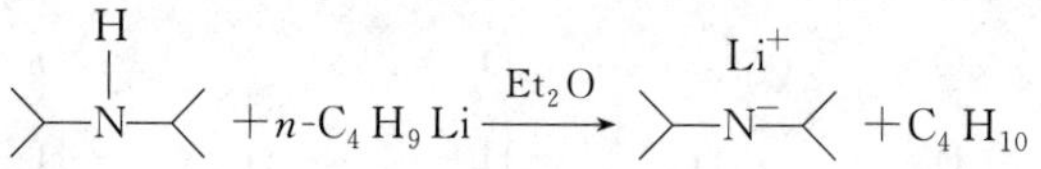

胺的氮上氢酸性很弱，如二乙胺的 pK_a 约 34，它的共轭碱的碱性很强。这类强碱性试剂在有机合成中非常有用。例如：

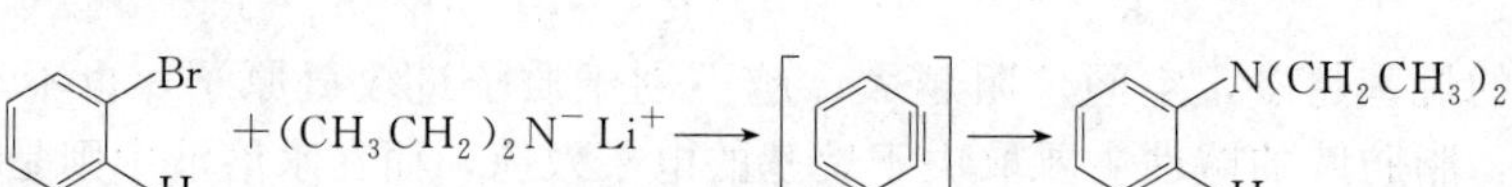

仲胺的金属化合物，如 N,N-二异丙基氨基锂（LDA，lithium diisopropylamino），由于空间位阻很大，碱性很强而亲核性极弱，表现出碱性反应专一性，这种试剂又称非亲核性碱，在有机合成中得到广泛应用。如：

$$CH_3(CH_2)_2CH_2COOCH_3 \xrightarrow{\text{LDA}} [CH_3(CH_2)_2\overset{-}{C}HCOOCH_3] \xrightarrow{CH_2=CHCH_2Br}$$

$$CH_3(CH_2)_2CHCOOCH_3 \xrightarrow{LDA} \xrightarrow{CH_3CH_2I} CH_3(CH_2)_2\overset{\underset{\displaystyle CH_2CH_3}{|}}{\underset{\underset{\displaystyle CH_2CH=CH_2}{|}}{C}}COOCH_3$$
位置: $\underset{\displaystyle CH_2CH=CH_2}{|}$

19.3.5.3 烷基化反应

伯胺与伯卤代烷发生 S_N2 反应，一般生成仲胺、叔胺和季铵盐的混合物。

$$RNH_2+RX \longrightarrow R_2\overset{+}{N}H_2\overset{-}{X} \underset{}{\overset{RNH_2}{\rightleftharpoons}} R_2NH+RNH_3\overset{-}{X}$$

$$R_2NH+RX \longrightarrow R_3\overset{+}{N}H\overset{-}{X} \underset{}{\overset{RNH_2}{\rightleftharpoons}} R_3N+RNH_3\overset{-}{X}$$

$$R_3N+RX \longrightarrow R_4\overset{+-}{N}X$$

季铵碱是强碱，碱性与氢氧化钠相近，所以季铵盐与氢氧化钠不起反应。将季铵盐水溶液与氢氧化银一起摇动，滤去卤化银，蒸发滤液，可得到季铵碱。例如：

$$(CH_3)_4\overset{+-}{N}I+Ag_2O+H_2O \longrightarrow (CH_3)_4\overset{+}{N}\overset{-}{OH}+AgI$$

工业上采用烷基化反应生产胺类：

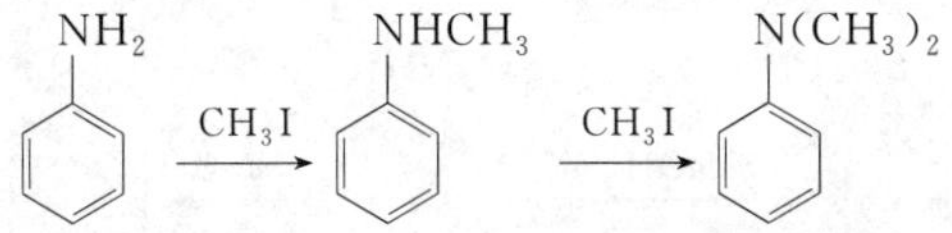

现在工业上用甲醇代替 CH_3I，反应后将生成的混合物分离得到相应的胺。

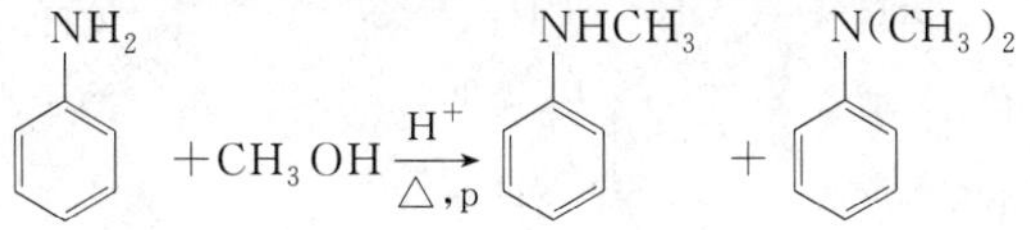

19.3.5.4 酰基化反应

伯胺、仲胺与酰卤、酸酐或酯反应得酰胺（见羧酸衍生物氨解）。叔胺氮原子上没有氢原子，故不发生酰基化反应。例如，苯胺与乙酰氯或醋酐作用生成乙酰苯胺：

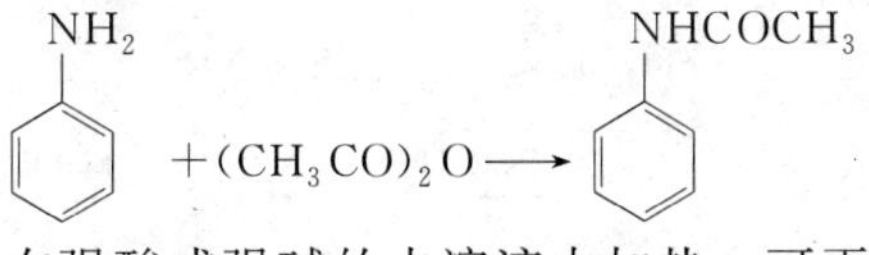

乙酰苯胺是白色固体，在强酸或强碱的水溶液中加热，可再水解成苯胺，因此常用于氨基的保护。由于胺结构的多样性和反应条件的不同，用于氨基保护和脱保护的方法很多，比较常用的一个是氨基与二碳酸二叔丁酯（简称 Boc 酸酐）反应生成叔丁氧羰基（简称 Boc）酰化物，Boc 可用三氟乙酸处理脱去：

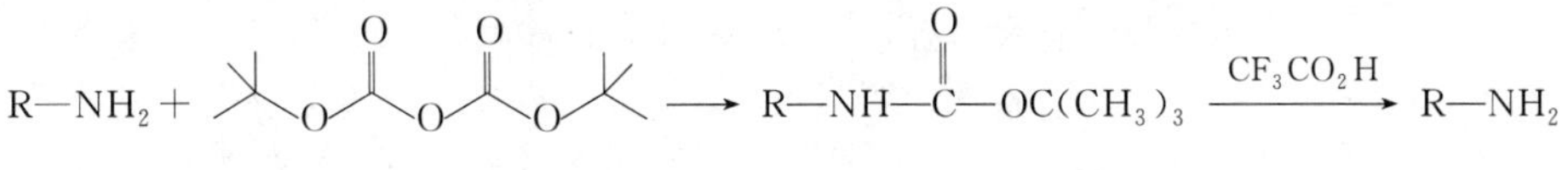

$$R-NH_2+ \text{（Boc 酸酐）} \longrightarrow R-NH-\overset{O}{\overset{||}{C}}-OC(CH_3)_3 \xrightarrow{CF_3CO_2H} R-NH_2$$

Boc 酸酐   缩写为：R—NH—Boc

氨基和氯甲酸苄基酯反应生成苄氧羰基（简称 Cbz）胺，催化氢化可将 Cbz 脱去：

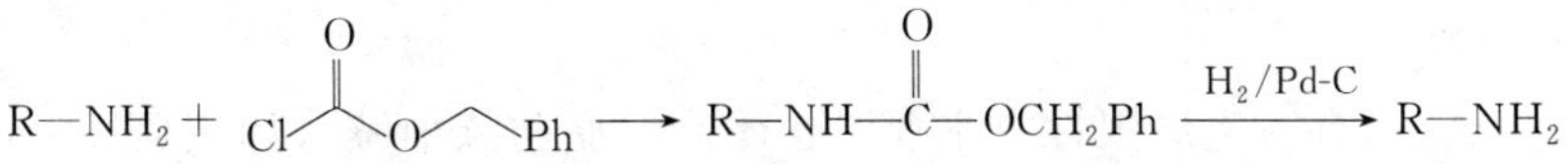

$$R-NH_2+ \text{（氯甲酸苄基酯）} \longrightarrow R-NH-\overset{O}{\overset{||}{C}}-OCH_2Ph \xrightarrow{H_2/Pd-C} R-NH_2$$

氯甲酸苄基酯   缩写为：R—NH—Cbz

一些胺的酰化产物具有药理作用，比如镇痛作用的扑热息痛和非那西汀：

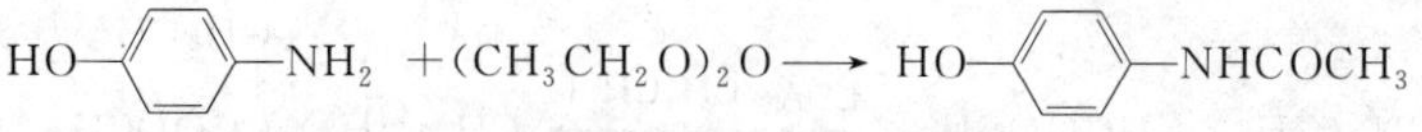

HO—⟨benzene⟩—NH$_2$ + (CH$_3$CH$_2$O)$_2$O ⟶ HO—⟨benzene⟩—NHCOCH$_3$
(扑热息痛，paraspen)

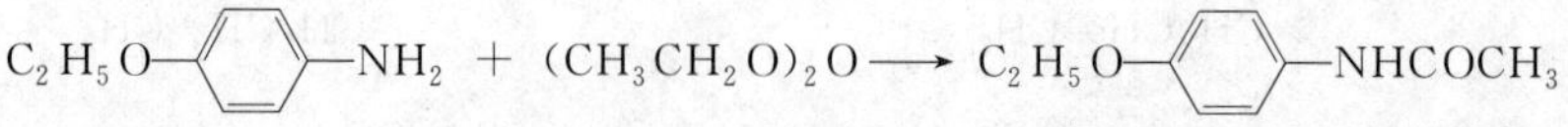

C$_2$H$_5$O—⟨benzene⟩—NH$_2$ + (CH$_3$CH$_2$O)$_2$O ⟶ C$_2$H$_5$O—⟨benzene⟩—NHCOCH$_3$
(非那西汀，phenacetin)

羧酸也可作为酰化剂，但需要较高温度，工业上用二元胺与二元酸缩合制备聚酰胺，例如尼龙 1010 的制备。

n H$_2$N(CH$_2$)$_{10}$NH$_2$ + n HOCCH$_2$(CH$_2$)$_6$CH$_2$COOH ⟶ —[HN(CH$_2$)$_{10}$NHC(CH$_2$)$_8$C]$_n$—
癸二胺　　　　　　　　癸二酸　　　　　　　　　　　尼龙 1010

尼龙（nylon）系商品名，后面的数字分别表示胺和酸的碳原子数。

19.3.5.5　磺酰化反应

胺与芳磺酰氯反应，生成相应的磺酰胺沉淀，称为 Hinsberg 反应。其中 C$_6$ 及 C$_6$ 以下的脂肪伯胺生成的沉淀能溶于氢氧化钠溶液，仲胺反应的生成物则不溶，叔胺不反应：

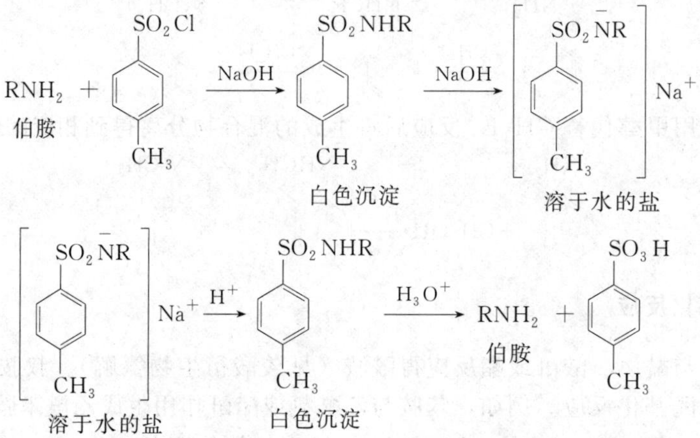

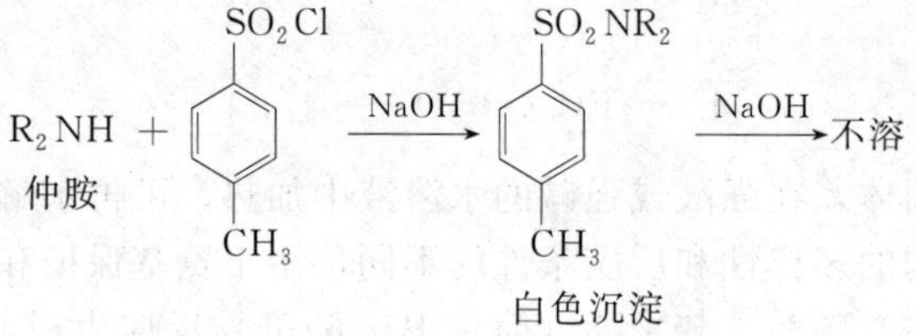

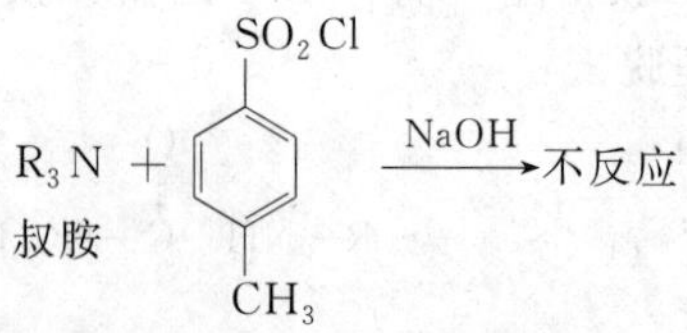

Hinsberg 反应可以鉴别和分离伯胺、仲胺和叔胺。分离时先蒸出不与 TsCl 反应的叔胺，滤出不与 NaOH 水溶液反应的仲胺反应物，滤液用盐酸酸化，沉淀出 TsNHR，再用强酸加热水解得伯胺。

Hinsberg 反应具有一定局限性，主要是：①高级脂肪族伯胺（如正庚胺）与 TsCl 生成的磺酰胺不能溶于 NaOH 水溶液；②三级芳胺与 TsCl 反应时存在芳环取代等副反应；③含有双官能团的两性基团的胺，如 p-Me$_2$N-C$_6$H$_4$COOH 不能用 Hinsberg 反应进行鉴别，因为羧基会与 TsCl 发生反应。因此，在应用 Hinsberg 反应时要考虑胺的结构和反应条件等因素。

19. 3. 5. 6　与亚硝酸反应

伯胺、仲胺和叔胺与亚硝酸反应结果各不相同，亦可用来鉴别不同的胺类。脂肪族叔胺与亚硝酸反应只是结合成不稳定的铵盐，与碱反应为原来的胺。芳叔胺与亚硝酸作用，在芳环上发生亲电取代反应，得到芳环亚硝化产物。

$$R_3N + HNO_2 \longrightarrow R_3\overset{+}{N}H \quad \overset{-}{N}O_2 \xrightarrow[\triangle]{NaOH} R_3N$$

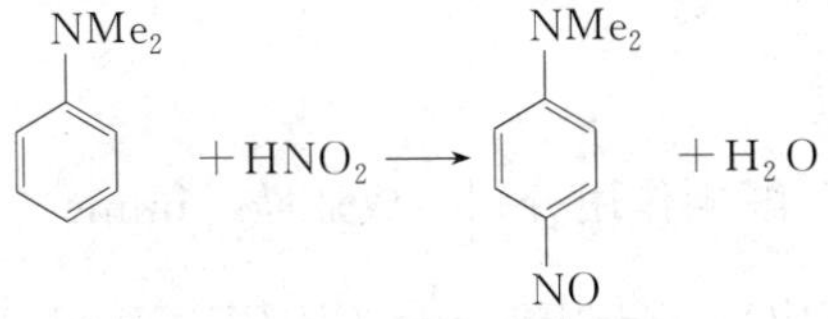

绿色晶体

仲胺与亚硝酸作用生成黄色油状或固体的 N-亚硝基胺化合物（有致癌性），它们与 HCl 或 SnCl$_2$ 反应则分解为原来的仲胺。N-亚硝基芳香胺与盐酸共热亚硝基重排到苯环：

$$R_2NH + HNO_2 \longrightarrow R_2N-NO \xrightarrow{SnCl_2} R_2NH$$

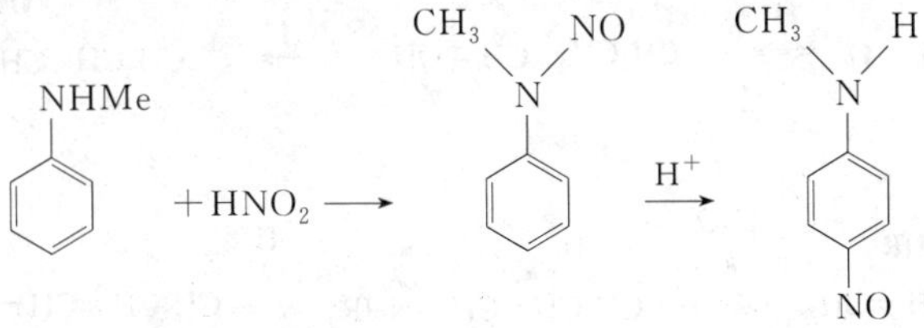

脂肪族伯胺与亚硝酸的反应比较复杂，除了生成醇外，还可能伴有重排产物和烯烃。如正丙胺在亚硝酸作用下，生成两种醇和烯烃的混合物。

$$CH_3CH_2CH_2NH_2 \xrightarrow{HNO_2/H^+} CH_3CH_2CH_2OH + CH_3CH(OH)CH_3 + CH_3CH=CH_2 + N_2$$

这个反应的机理是先形成脂肪族重氮盐，重氮盐很不稳定，分解放出 N$_2$ 和碳正离子，碳正离子再发生碳正离子重排、亲核取代、消除等系列反应，机理如下：

$$HO-NO + H^+ \rightleftharpoons {}^+N=O + H_2O$$

亚硝基离子

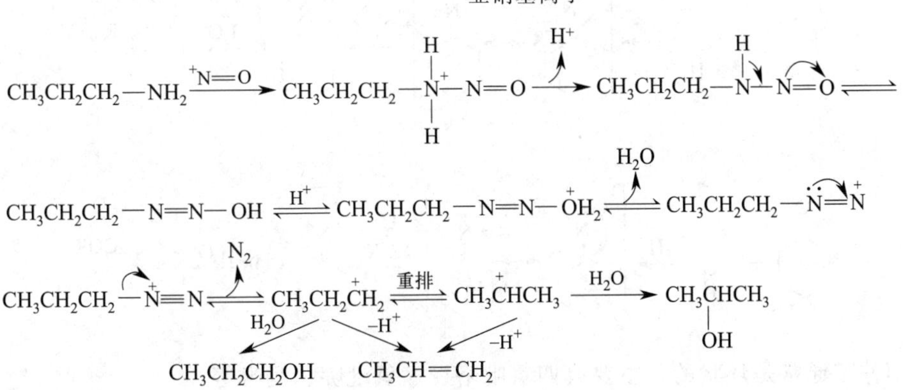

应用上述机理可解释下列两个反应结果：

$$\triangleright\!\!-CH_2NH_2 \xrightarrow{HNO_2/H_2O} \triangleright\!\!-CH_2OH + \text{（环丁醇）} + CH_2=CHCH_2CH_2OH$$

约 48%　　　　　约 47%　　　　　　约 5%

$$\text{（1-氨甲基环己醇）} \xrightarrow{HNO_2/H_2O} \text{（环庚酮）}$$

芳香族伯胺与亚硝酸生成的重氮盐比脂肪族重氮化合物稳定，在低温下可以保存，且有一些特殊的反应，将在 19.4 中讨论。

19.3.5.7　与醛酮的反应

伯胺和仲胺在酸催化下与醛酮作用分别生成亚胺（imine）和烯胺（enamine）。

$$CH_3CH_2CHO + R\!-\!NH_2 \xrightarrow{H^+} CH_3CH_2CH=N\!-\!R \text{（亚胺）}$$

$$CH_3CH_2CHO + R\!-\!\underset{\underset{R}{|}}{N}H \xrightarrow{H^+} CH_3CH=CH\!-\!\underset{\underset{R}{|}}{N}\!-\!R \text{（烯胺）}$$

亚胺形成的反应机理见 15.4.1.2 羰基的加成反应。烯胺形成的机理如下：

$$CH_3CH_2\!-\!CH=O \rightleftharpoons CH_3CH_2\!-\!CH\overset{+}{=}\!\overset{..}{O}H \xrightarrow{R_2\ddot{N}H} CH_3CH\!-\!\underset{\underset{}{|}}{CH}\!-\!OH \rightleftharpoons$$

$$CH_3CH_2\!-\!\underset{\underset{}{|}}{C}H\!-\!\overset{+}{O}H_2 \underset{\uparrow H_2O}{\rightleftharpoons} CH_3CH\!-\!CH\overset{+}{=}NHR_2 \rightleftharpoons CH_3CH=CH\!-\!NR_2$$

伯胺与醛、酮反应也可能有烯胺产生，但主要产物是亚胺。仲胺与醛或酮反应只生成烯胺，仲胺与醛、酮形成的烯胺可用下面所示的两个正则式表示：

$$\text{（环己酮）} \xrightarrow{R_2NH} \left[\text{（:NR_2烯胺）} \longleftrightarrow \text{（+NR_2）} \right]$$

所以烯胺具有较强的亲核性，与 RX、RCOX 等发生亲核取代反应。

所用仲胺通常是环状的，主要有四氢吡咯、六氢吡啶、吗啉等。

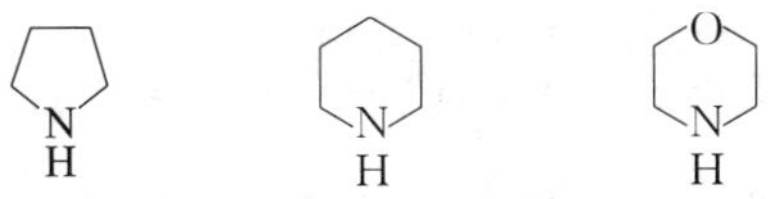

四氢吡咯　　　　六氢吡啶（哌啶）　　　吗啉

它们的氮原子空间位阻小，易与羰基反应，所用催化剂的酸性不能太强，否则与仲胺形成铵盐，失去反应性，一般用 TsOH 催化。R—X 一般是较活泼的卤代烷，例如 CH_3I、CH_2=CH—CH_2X、$PhCH_2X$ 等，以及酰卤、α-卤代酮、XCH_2COOR、XCH_2CN 等。烯胺还能与 α,β-不饱和羰基化合物发生 Michael 加成反应。例如：

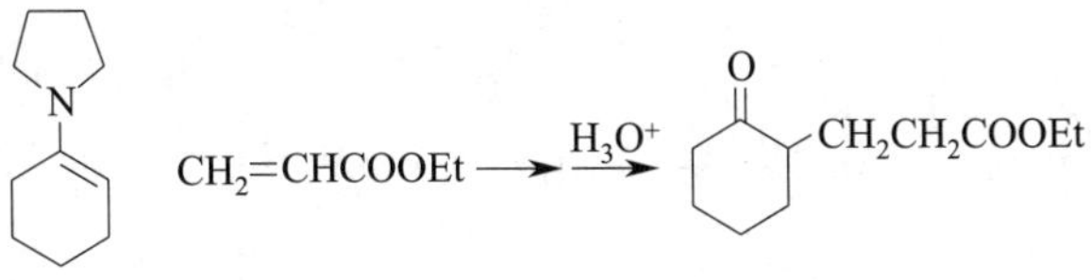

$$CH_2=CHCOOEt \xrightarrow{\quad} \xrightarrow{H_3O^+}$$

不对称酮与仲胺反应产生两种烯胺：

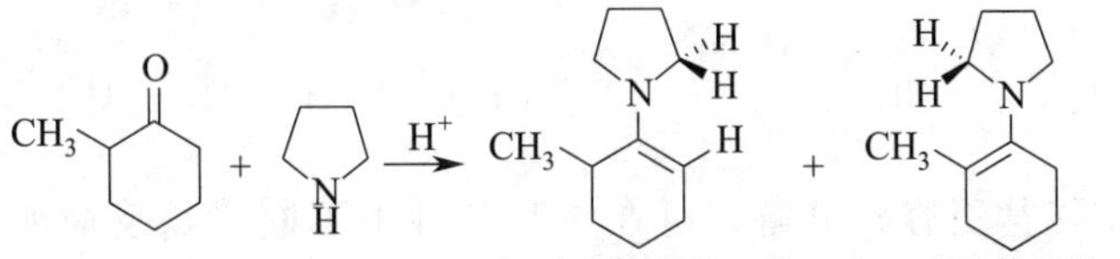

（Ⅰ）约90%　　　　（Ⅱ）约10%

由于空间位阻，Ⅱ 不如 Ⅰ 稳定，Ⅱ 所占比例较少。在设计合成路线时应注意引入基团的次序，例如 2-苄基-6-丙酰基-1-环己酮的合成，先引入苄基再引入酰基：

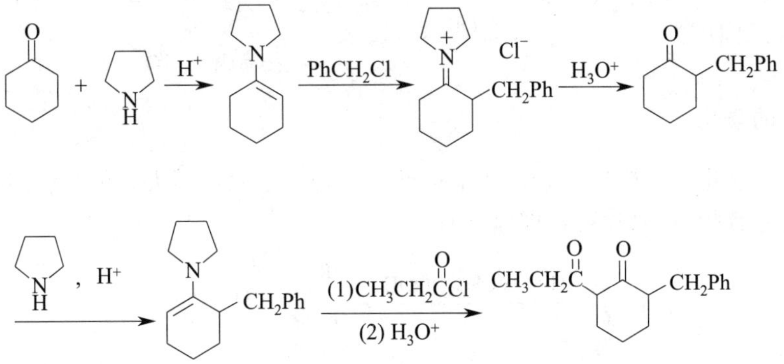

而 2-苄基-2-丙酰基-1-环己酮的合成需先引入酰基再引入苄基：

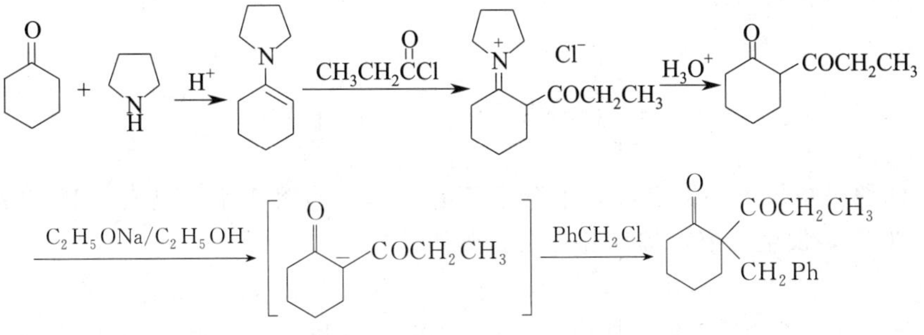

胺与甲醛及具有 α-H 的醛、酮在弱酸性溶液中反应得到 Mannich 碱，即在羰基的 α 位引入氨甲基，该反应称 Mannich 反应。反应一般在水、乙酸或醇中进行。

$$CH_3 \overset{O}{\underset{\|}{C}} CH_3 + CH_2=O + Et_2NH \xrightarrow{H^+} CH_3 \overset{O}{\underset{\|}{C}} CH_2-CH_2NEt_2 + H_2O$$

反应机理是甲醛与胺反应先产生亚胺盐，然后再与醛、酮的烯醇式起缩合反应：

$$CH_2=O \xrightleftharpoons{H^+} CH_2-\overset{+}{O}H \xrightleftharpoons{Et_2NH} HO-CH_2-\overset{H}{\underset{Et}{\overset{|}{N^+}}}-Et \xrightleftharpoons{H_2O} \left[CH_2=\overset{+}{N}-Et \longleftrightarrow \overset{+}{C}H_2-N-Et \right]$$

$$CH_3 \overset{O}{\underset{\|}{C}} CH_3 \xrightarrow{H^+} CH_3-\overset{OH}{\underset{}{C}}=CH_2 \xrightarrow{CH_2=\overset{+}{N}-Et} CH_3-\overset{OH}{\underset{}{C}}-CH_2NEt_2 \xrightarrow{H^+} CH_3 \overset{O}{\underset{\|}{C}} CH_2-CH_2NEt_2$$

Mannich 碱受热时分解成 α,β-不饱和酮：

$$CH_3 \overset{O}{\underset{\|}{C}} CH_2-CH_2NEt_2 \xrightarrow{\triangle} CH_3 \overset{O}{\underset{\|}{C}} CH=CH_2 + HNEt_2$$

Mannich 碱的季铵盐更容易分解，可在缓和条件下不断供给反应所需要的 α,β-不饱和醛、酮。利用 Mannich 反应可以合成一些含氮的天然产物。如早期合成天然产物托品酮需要十多步，现应用 Mannich 反应可简单合成：

$$\overset{CHO}{\underset{CHO}{|}} + CH_3NH_2 + \overset{^-OOC}{\underset{^-OOC}{}}\overset{O}{\underset{\|}{C}} \xrightarrow[35\text{℃}]{pH=7} \text{托品酮} + CO_2 + H_2O$$

19.3.5.8 胺的氧化

胺很容易被氧化，反应较复杂，产率很低，在合成上用途不大。但叔胺用过氧化氢或过氧酸氧化时生成叔胺 N-氧化物，即氧化胺。

$$\overset{R_1}{\underset{R_2}{}}N{\underset{R_3}{|}} \xrightarrow{H_2O_2 或 CF_3COOOH} \overset{R_1}{\underset{R_2}{}}\overset{+}{N}-O^- \text{（氧化胺）}\underset{R_3}{|}$$

当 R_1、R_2、R_3 不同时，氧化胺是手性分子，有一对对映体。下面是可被分离出的具有相反旋光方向的氧化胺对映体。

$$\overset{O^-}{\underset{Ph}{}}CH_3-\overset{+}{N}-C_2H_5 \quad \vdots \quad \overset{O^-}{\underset{Ph}{}}C_2H_5-\overset{+}{N}-CH_3$$

氧化胺的偶极矩较大，熔点高，不溶于乙醚和苯，易溶于水。具有 β-H 的氧化胺加热到 $150\sim200$℃时，发生分解得烯烃和羟胺。例如：

$$\longrightarrow \text{（环己基甲基二甲胺）} \xrightarrow{H_2O_2} \text{（氧化胺）} \xrightarrow{150℃} \text{（亚甲基环己烷）}$$

该反应称为 Cope 消除，用于制备烯烃和从化合物中除去氮。当氧化胺有两种 β-H 可被消除时，往往得到烯烃的混合物，但一般以 Hofmann 烯烃，即取代基较少的烯烃为主要产物。如果生成的烯烃具有顺反异构体，一般以 E 型产物占多数。例如：

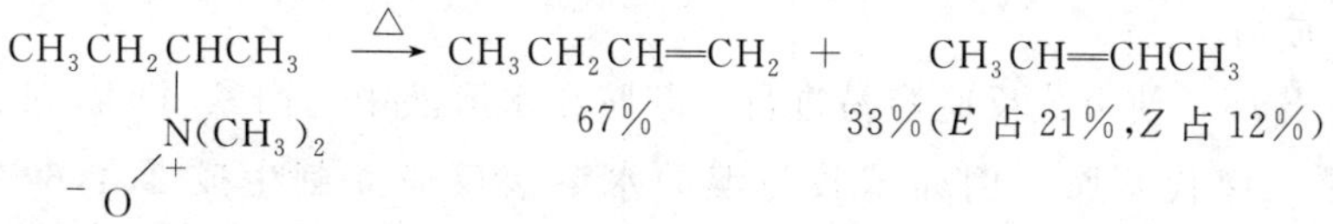

$$CH_3CH_2CHCH_3 \xrightarrow{\triangle} CH_3CH_2CH\!=\!CH_2 \ + \ CH_3CH\!=\!CHCH_3$$

$$\underset{|}{\overset{|}{N(CH_3)_2}}$$

$$\quad\quad 67\% \quad\quad\quad 33\%（E\ 占\ 21\%，Z\ 占\ 12\%）$$

Cope 消除是顺式消除，反应经历五元环过渡态，负氧作为碱夺取 β-H，氨基必须与消除的 β-H 处于同侧，用 Newman 构象式表示为：

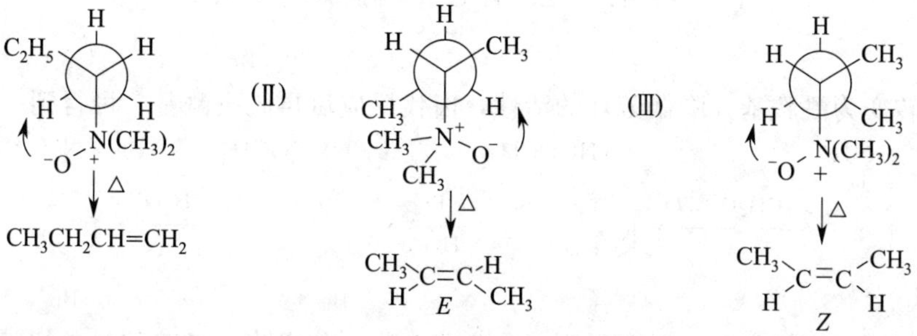

在 Newman 构象式中，形成过渡态时稳定性大小顺序是 Ⅰ＞Ⅱ＞Ⅲ。因此，Cope 消除以 Hofmann 烯烃为主，如烯烃具有 Z/E 构型，一般 E 型烯烃比例大于 Z 型烯烃。下面实例也证明了氧化胺热消除为顺式消除：

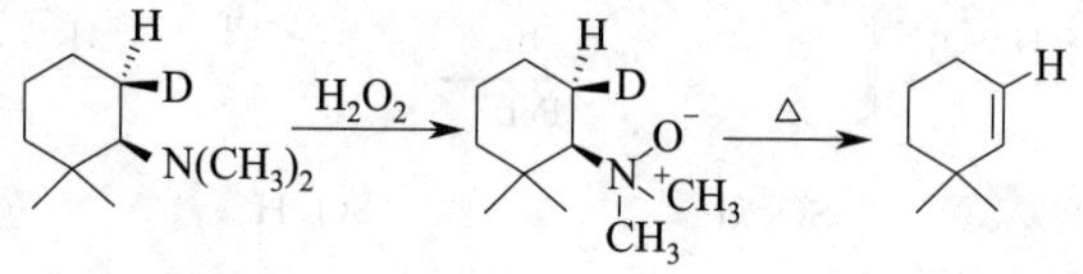

和其他消除反应一样，如果消除反应后能形成更大共轭体系，生成共轭结构的烯烃：

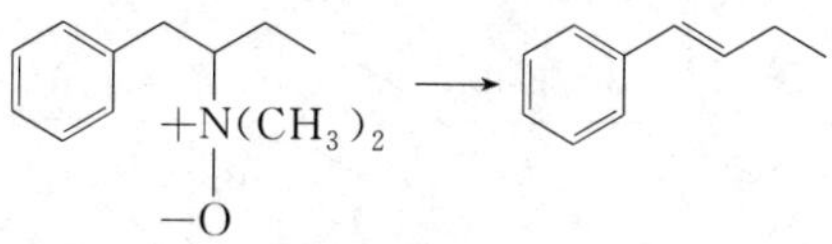

苯胺用 MnO_2/H_2SO_4 氧化时主要生成对苯醌：

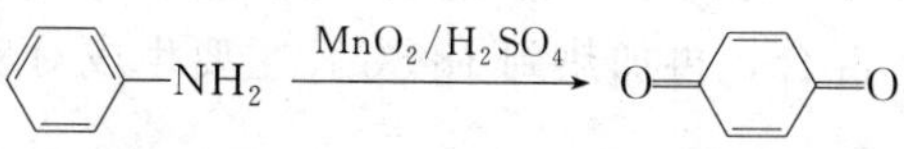

三氟过氧乙酸可将芳伯胺氧化为硝基化合物，氨基邻位含卤素、—NO_2、—CN 等时，有利于反应的进行。

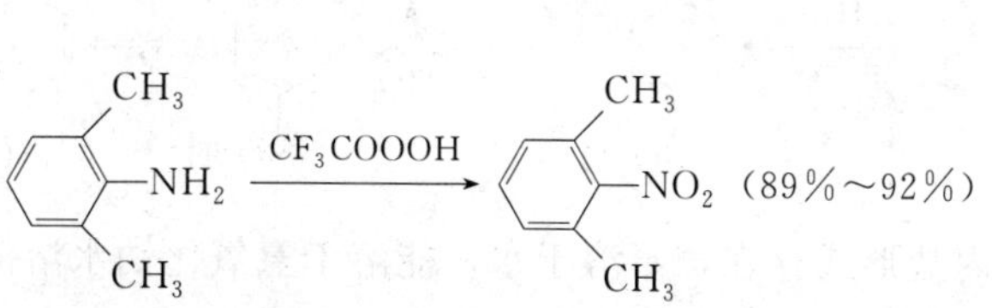

用 $KMnO_4$ 作氧化剂可将叔丁胺氧化为硝基化合物，即 2-甲基-2-硝基丙烷。

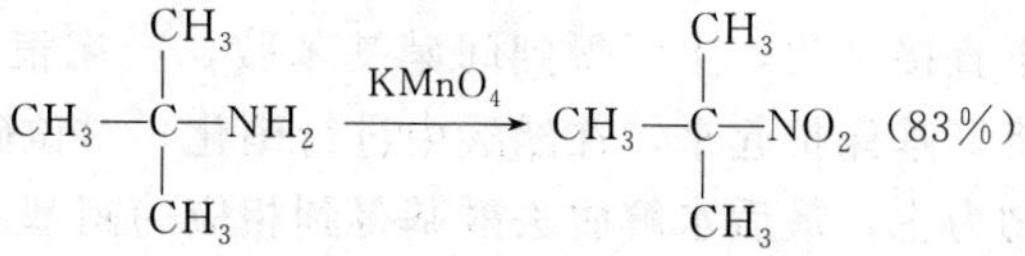

19.3.5.9 芳胺芳环上的亲电取代反应

（1）卤代反应

氨基活化芳环，使卤代反应容易进行。苯胺在水溶液中与卤素（Cl_2、Br_2）反应，几乎唯一产物是三卤代苯胺，例如苯胺与溴的水溶液反应立刻生成 2,4,6-三溴苯胺白色沉淀：

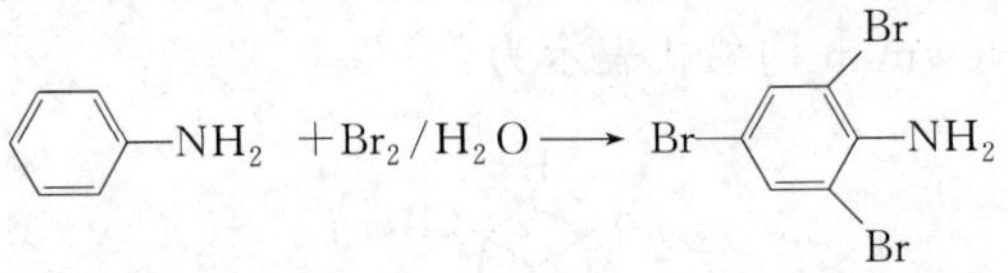

将氨基转变为酰胺基，降低芳环的活性，卤代反应后再脱去酰基，可得到一卤代芳胺：

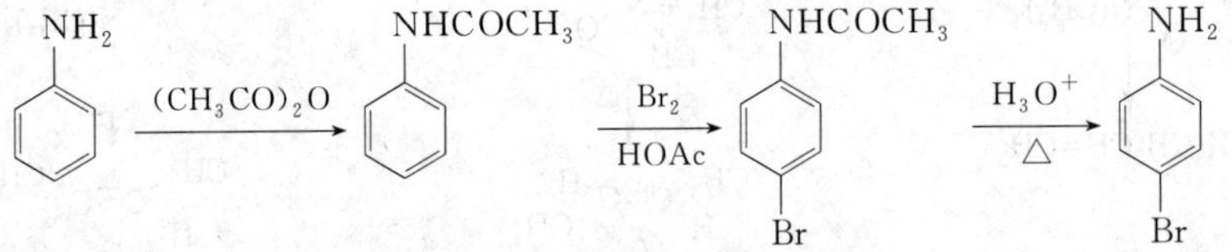

乙酰苯胺因为空间位阻，主要得到对位卤代产物。如果将乙酰苯胺先进行磺化反应再进行卤代，最后水解脱去磺酸基和乙酰基可以合成邻位卤代苯胺：

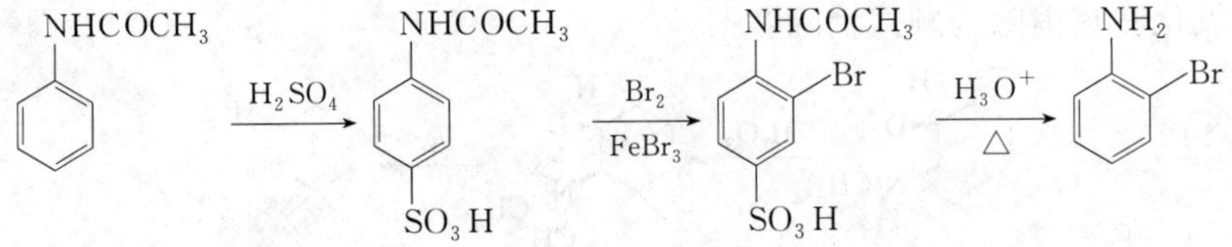

如果制备间溴苯胺，可通过将 1-溴-3-硝基苯还原得到。

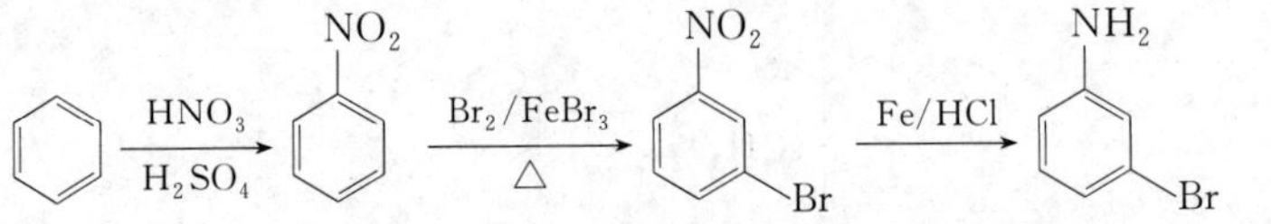

（2）磺化反应

室温下苯胺用浓硫酸磺化，得到苯胺硫酸盐及邻、间、对氨基苯磺酸的混合物。苯胺与硫酸按 1∶1（物质的量比）混合，再加热到 180℃，主要生成对氨基苯磺酸。

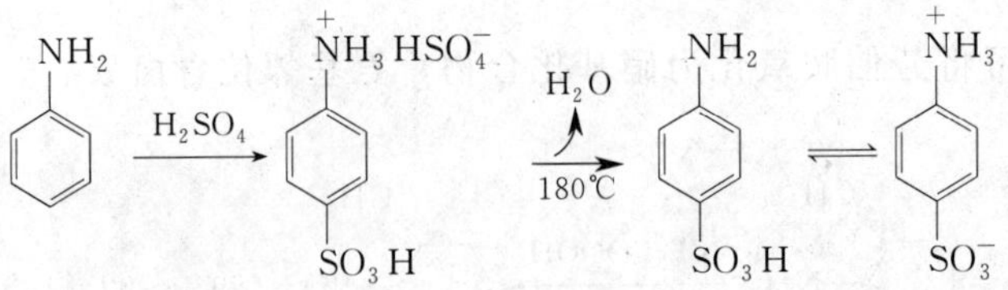

对氨基苯磺酸以内盐形式存在，不溶于水，能溶于氢氧化钠水溶液或碳酸钠溶液，是重要的染料中间体。

（3）硝化反应

苯胺在浓硫酸存在下直接硝化，主要得到间硝基苯胺，产率很低。为了避免氨基氧化，提高产率，一般用酰基将氨基保护起来，在醋酸中进行硝化，对位硝化产物为主，在醋酐中进行硝化，邻位硝化产物为主，最后水解脱去酰基得到相应的硝基苯胺。例如：

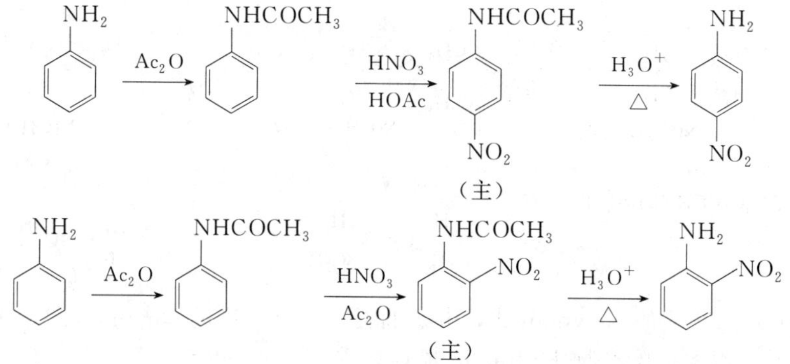

反应是邻、对位产物混合物，二者比例与溶剂、硝化试剂性质等有关，可以用水蒸气蒸馏方法将邻硝基苯胺和对硝基苯胺分离。

（4）氯磺化反应

在醋酐中，乙酰苯胺与氯磺酸反应，生成对乙酰氨基苯磺酰氯：

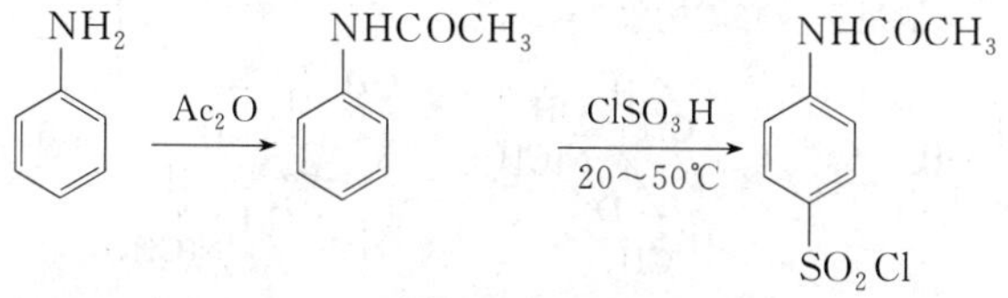

对乙酰氨基苯磺酰氯是重要的药物合成中间体，通过它可以制备一系列磺胺类药物。如：

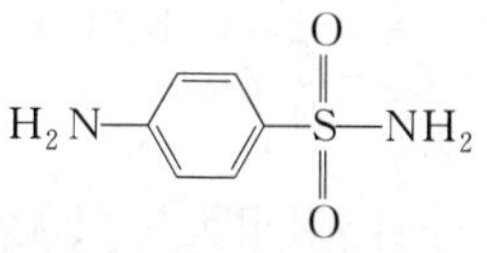

磺胺(SN)

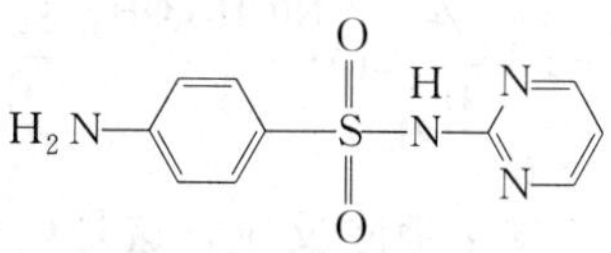

磺胺嘧啶(SD)

磺胺类药物对于局部和全身细菌感染的预防与治疗有很好的效果。

19.3.5.10　季铵碱的热消除反应

将具有 β-H 的浓季铵碱水溶液加热（100℃或大于 100℃）时，发生消除反应，生成烯烃、叔胺和水，该反应称为 Hofmann 消除：

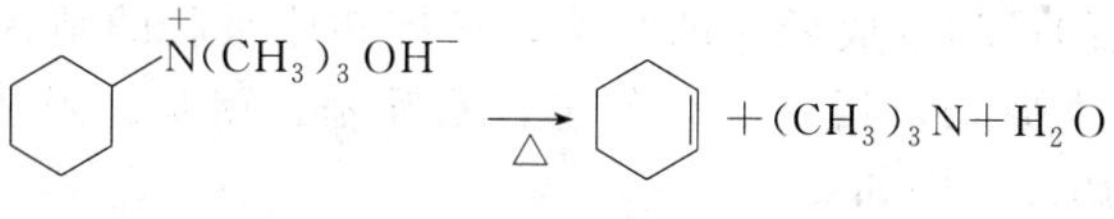

Hofmann 消除反应为单分子消除，一般按 E2 机理进行。当季铵碱有两个烷基或两种 β-氢可以消除时，消除的次序是$-CH_3>-CH_2R>-CHR_2$，即主要生成双键上取代基较少的烯烃（Hofmann 烯烃），例如：

$$CH_3CH_2CH_2-\underset{\overset{|}{\overset{+}{N}(CH_3)_3OH^-}}{CH}-CH_3 \xrightarrow{\triangle} \underset{约\ 96\%}{CH_3CH_2CH_2-CH{=}CH_2} + \underset{约\ 4\%}{CH_3CH_2CH{=}CH-CH_3}$$

这是因为反应的取向与 β-H 的酸性有关，β-C 连有烷基越多，β-H 酸性越弱，就越不容易以质子形式离去。从反应立体化学来看，E2 机理要求被消除 β-H 与含氮基团处于反式共平面。上面反应消除 β-H 时有三种交叉式构象符合这一要求：

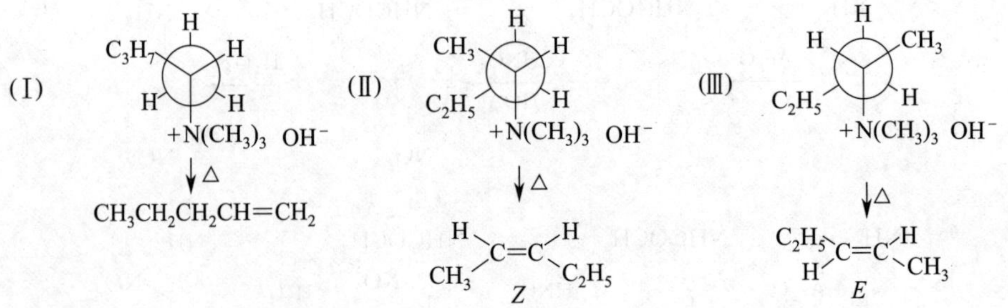

其中 I 是 C1—C2 键的 Newman 式，II、III 是 C2—C3 键的 Newman 式。I 的空间张力最小，能量最低，因此消除产物 Hofmann 烯烃最多。

环己基季铵碱热消除时，环己烷构象必须满足 β-H 与季铵基均处于 a 键。例如：

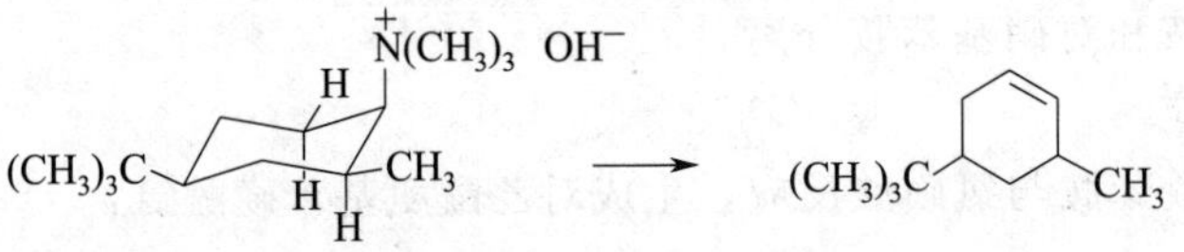

满足反应必需构象　　　　　　　　　　　（主）

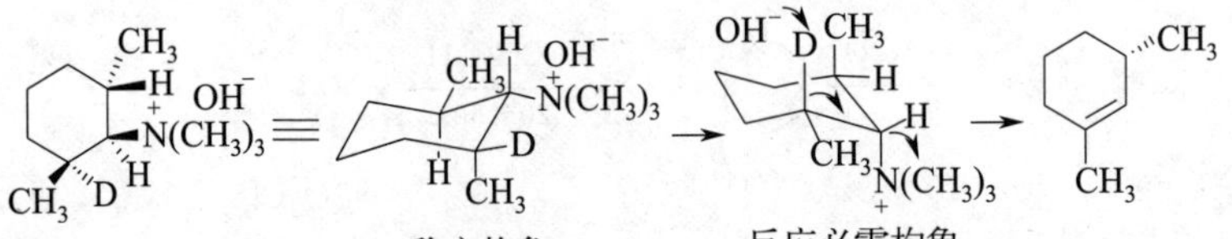

稳定构象　　　　反应必需构象

环己基季铵碱不能满足 β-H 与季铵基均处于 a 键时，则消除反应不能发生，例如：

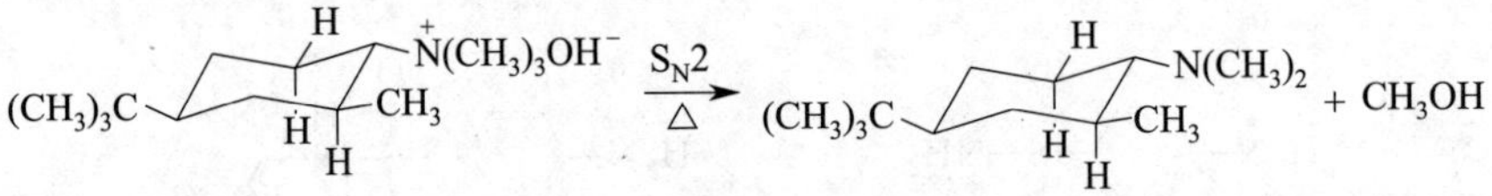

以上反应物不能发生消除反应，这是因为叔丁基空间位阻很大，只能处于 e 键，从而使季铵基团也只能处于 e 键，高温下主要进行亲核取代反应。

对于一个未知胺来说，先以过量碘甲烷与该未知胺进行甲基化反应形成季铵盐，再与湿的氧化银作用，转化为相应的季铵碱，最后进行热消除形成烯烃：

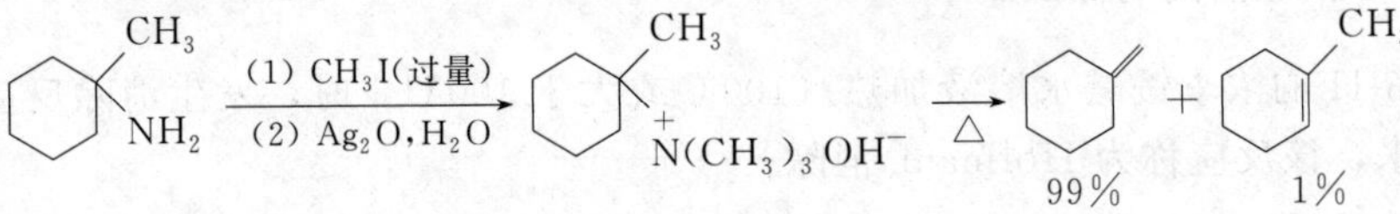

99%　　　　1%

从消耗 CH_3I 物质的量和生成烯烃的结构，可推知原来胺的结构，这一过程称为 Hofmann 彻底甲基化反应。但是，当 β-C 有苯基、乙烯基、羰基、硝基、氰基等吸电子基团时，主要生成 Zaitsev 烯烃。例如：

当 β-碳连有芳环、双键、羰基等吸电子基团时，消除反应不遵守 Hofmann 规则：

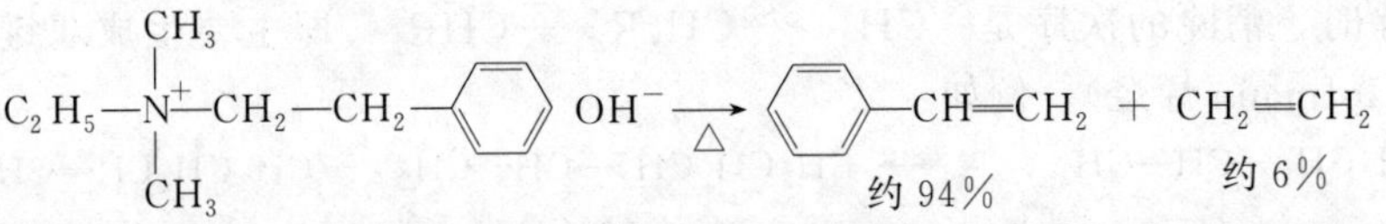

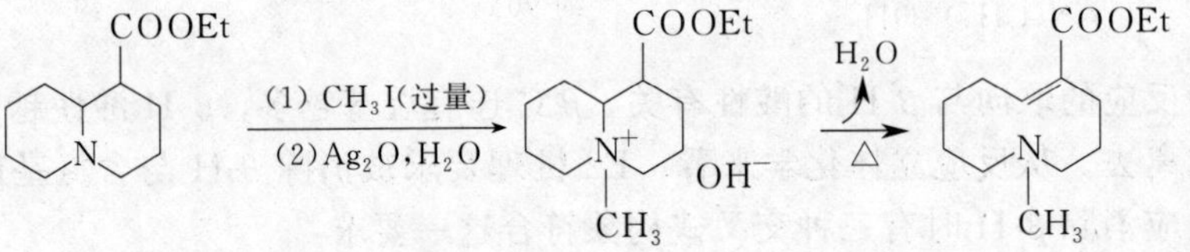

约 94%　　　约 6%

因为吸电子基团使 β-H 的酸性增加，容易离去，同时生成的双键与吸电子基共轭，使分子较稳定。所以 Hofmann 规律一般适用于烷基取代的季铵碱热消除。另外，β-H 附近的空间位阻很大时，比如 β-C 上连有叔丁基时通常以取代反应为主，例如：

$$(CH_3)_3CCH_2CH_2\overset{+}{N}(CH_3)_3\,OH^- \xrightarrow{\triangle} \begin{cases} \underset{\text{约}20\%}{\overset{E2}{\longrightarrow}} (CH_3)_3CCH\!=\!CH_2 \\ \underset{\text{约}80\%}{\overset{S_N2}{\longrightarrow}} (CH_3)_3CCH_2CH_2N(CH_3)_2+CH_3OH \end{cases}$$

无 β-H 的季铵碱不能进行热消除，主要进行亲核取代反应生成醇和叔胺。例如：

$$CH_3\!-\!\overset{\overset{\displaystyle CH_3}{|}}{\underset{\underset{\displaystyle CH_3}{|}}{\overset{+}{N}}}\!-\!CH_3\,OH^- \xrightarrow{\triangle} CH_3\!-\!\overset{\overset{\displaystyle CH_3}{|}}{\underset{\underset{\displaystyle CH_3}{|}}{N}} + CH_3OH$$

19.3.5.11　相转移催化作用反应

合成中往往会遇到非均相反应。例如：

$$CH_3CH_2CH_2CH_2Br+NaCN \xrightarrow{H_2O} CH_3CH_2CH_2CH_2CN+NaBr$$

1-溴丁烷与氰化钠在水中反应速率很慢，产率低。原因是氰化钠溶于水（在水相），而 1-溴丁烷不溶于水（有机相），不能彼此靠拢和有效碰撞，而分子碰撞是发生双分子反应的基本条件。一种方法是在能溶氰化钠和 1-溴丁烷的溶剂中进行，即均相反应，能溶解这两种物质的溶剂有 DMSO、DMF 和 HMPA 等强极性非质子性溶剂，但这种溶剂沸点高不易回收。研究发现，在上述反应中加入一种 $(n\text{-}C_4H_9)_4N^+Br^-$，就能将水相中的 CN^- 转移到有机相，大大增加 1-溴丁烷与 CN^- 的碰撞机会，从而加速反应，提高产率，因此将 $(n\text{-}C_4H_9)_4N^+Br^-$ 称为相转移催化剂。季铵盐是常用的相转移催化剂（用 Q^+X^- 表示），其特点是既具有油溶性又具有水溶性，可在水相和有机相之间来回穿越，把参与反应的试剂不断地在互不相溶的两项之间转移，增加反应收率。这类反应称相转移催化（phase transfer catalysis，PTC）反应，这种试剂叫相转移催化剂。季铵盐是最早被发现的相转移催化剂，以下用卤代烷（R—X）与氰化钠（NaCN）在季铵盐（Q^+X^-）催化下生成腈（RCN）的反应为例，进一步说明相转移催化原理。

$$\underset{\text{有机相}\quad\text{水相}}{R\!-\!X+NaCN}\xrightarrow{\quad Q^+X^-\quad}\underset{\text{有机相}\quad\text{水相}}{R\!-\!CN+NaX}$$

相转移催化反应示意过程如下：

$$Q^+X^- + NaCN \longrightarrow NaX + Q^+CN^- \quad \text{水相}$$

$$\text{╫} \qquad\qquad\qquad\qquad\qquad \text{╫} \quad\text{两相界面}$$

$$Q^+X^- + R\!-\!CN \longleftarrow R\!-\!X + Q^+CN^- \quad \text{有机相}$$

溶于水也溶于有机相的相转移催化剂 Q^+X^- 首先与 Na^+CN^- 交换负离子，形成可溶于有机相的离子对 Q^+CN^-，进入有机相。CN^- 在有机相中溶剂化程度低，反应活性很高，能迅速与 R—X 反应生成腈留在有机相，而催化剂正离子 Q^+ 带着负离子 X^- 返回水相。如此反复来回穿过界面转运负离子（CN^-），使反应顺利进行。

作为相转移催化剂应满足两个基本要求，一是能将所需要的离子由一相有效地带入另一相；二是转移了的离子较活泼，能迅速发生反应。相转移催化剂按其结构主要有以季铵盐为代表的鎓盐、冠醚等。其中季铵盐具有生产简便、便宜、毒性小等优点，因此应用广泛。一些常用的相转移催化剂及缩写见表 19.3。

表 19.3　一些常用的相转移催化剂与缩写

化合物名称	结构式	缩写
苄基三乙基溴化铵	$(C_2H_5)_3N^+(CH_2Ph)Br^-$	TEBA 或 TEBAB
苄基三乙基氯化铵	$(C_2H_5)_3N^+(CH_2Ph)Cl^-$	BETAC 或 TEBAC
苄基三甲基氯化铵	$(CH_3)_3N^+(CH_2Ph)Cl^-$	TMBAC
十六烷基三甲基溴化铵	$C_{16}H_{33}N^+(CH_3)_3Br^-$	CTAB 或 CTMAB
四丁基溴化铵	$(C_4H_9)_4N^+B^-$	TBAB
四苯基溴化鏻	$(C_6H_5)_4P^+Br^-$	TPPB
十六烷基三乙基溴化鏻	$C_{16}H_{33}P^+(C_2H_5)_3Br^-$	CTEPB
十六烷基三丁基溴化鏻	$C_{16}H_{33}P^+(C_4H_9)_3Br^-$	CTBPB
18-冠-6	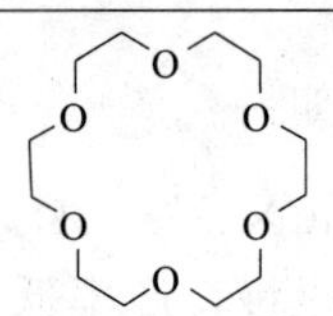	18-C-6
二苯并-18-冠-6	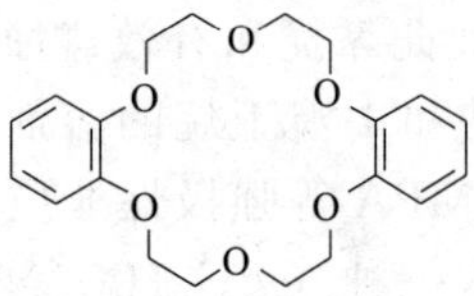	DB-18-C-6
二环己基-18-冠-6	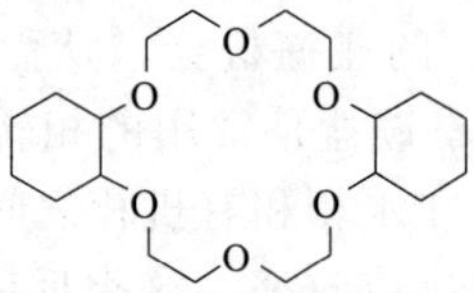	DC-18-C-6

相转移催化反应是 20 世纪 60 年代发展起来的有机合成新方法，以下是几类相转移催化反应的实例。

（1）卡宾的加成反应

环己烯与氯仿在氢氧化钠溶液中反应速率很慢，收率很低，如果在相转移催化剂 TEBAB 或 TEBAC 存在下反应，反应速率加快，收率提高到 85% 左右：

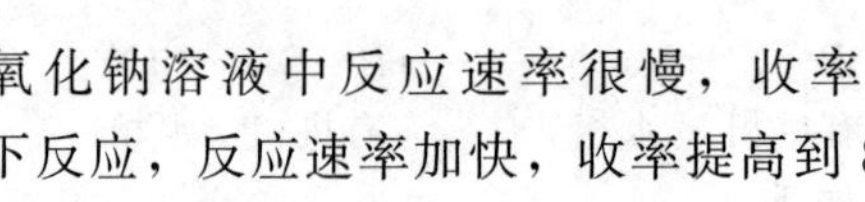

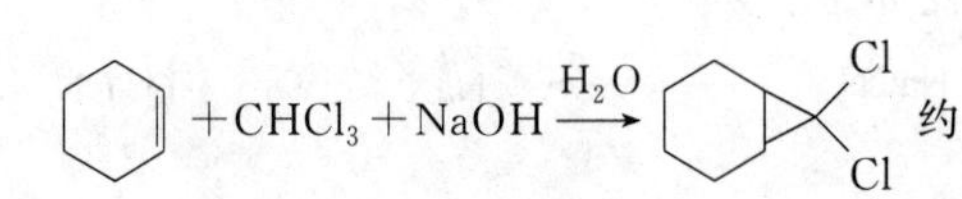

（2）烷基化反应

C-烷基化：

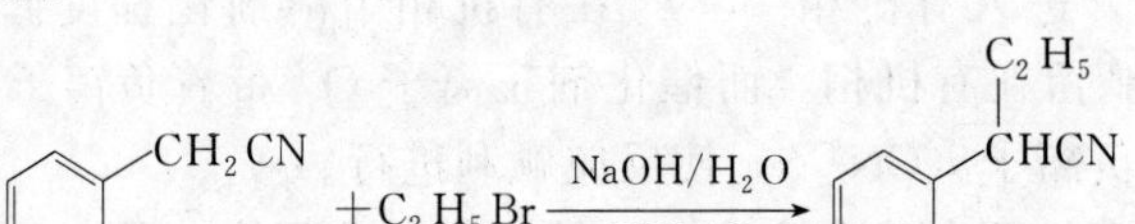

O-烷基化：$CH_3(CH_2)_2CH_2OH + PhCH_2Cl \xrightarrow[\text{TBAB}]{\text{NaOH/H}_2\text{O}} CH_3(CH_2)_2CH_2OCH_2Ph$

92%

（3）亲核取代反应

$$CH_3(CH_2)_2CH_2Br + KF \xrightarrow[\text{CH}_3\text{CN}]{\text{18-C-6}} CH_3(CH_2)_2CH_2F \quad 92\%$$

（4）消除反应

约 100%

$$\underset{\underset{Br}{|}}{\overset{\overset{Br}{|}}{PhCHCHCOOCH_3}} \xrightarrow[\text{H}_2\text{O/甲苯,CTBPB}]{\text{NaI,Na}_2\text{S}_2\text{O}_3} PhCH{=}CHCOOCH_3 \quad 95\%$$

（5）缩合反应

（6）氧化反应

90%

$$C_6H_{11}CH_2NH_2 + NaOCl/H_2O \xrightarrow[\text{CH}_3\text{CO}_2\text{C}_2\text{H}_5]{\text{R}_4\text{N}^+\text{X}^-} C_6H_{11}C{\equiv}N \quad 76\%$$

19.4　重氮和偶氮化合物

重氮和偶氮化合物都含有—N_2—官能团。—N_2—只有一端与碳原子相连的化合物称重氮化合物，比如重氮甲烷（CH_2N_2）和氯化重氮苯（PhN_2Cl）。—N_2—的两端都与烷基相连的化合物称为偶氮化合物，比如偶氮苯（$PhN{=}NPh$）。

19.4.1　重氮甲烷

19.4.1.1　结构和物理性质

重氮甲烷（diazomethane）化学式为 CH_2N_2，常温常压下为黄色气体，沸点 $-23℃$。重氮甲烷有剧毒，易爆炸，极不稳定，在制备和使用时应特别注意安全，但它的乙醚溶液较为稳定，因此一般都使用其乙醚溶液。重氮甲烷是线型分子，用共振论将其结构表示如下：

$$[\overset{-}{C}H_2{-}\overset{+}{N}{\equiv}N: \longleftrightarrow CH_2{=}\overset{+}{N}{=}\overset{-}{N}: \longleftrightarrow \overset{+}{C}H_2{-}\overset{-}{N}{=}N: \longleftrightarrow \overset{-}{C}H_2{-}\overset{+}{N}{=}N:]$$

重氮甲烷是一个线型分子，为三原子 π 键体系，键长超平均化，因此它虽有极性，但偶极矩并不很高。

19.4.1.2　制备方法

最常用的方法是将 N-亚硝基-N-甲基-对甲苯磺酰胺在碱作用下分解得到重氮甲烷。

$$\underset{\text{CH}_3}{\text{SO}_2\text{Cl}} \xrightarrow{\text{CH}_3\text{NH}_2} \underset{\text{CH}_3}{\text{SO}_2\text{NHCH}_3} \xrightarrow{\text{HNO}_2} \underset{\text{CH}_3}{\overset{\text{NO}}{\text{SO}_2\overset{|}{\text{N}}\text{CH}_3}} \xrightarrow{\text{NaOH}} \text{CH}_2\text{N}_2 + \underset{\text{CH}_3}{\text{SO}_3\text{Na}} + \text{H}_2\text{O}$$

19.4.1.3 化学性质

重氮甲烷非常活泼，从其极限式看，重氮甲烷的碳原子既有亲和性又有亲电性，也是一个偶极分子，能发生多种类型的化学反应。

（1）与酰氯的反应

二分子重氮甲烷与一分子酰氯作用生成活泼的 α-重氮甲基酮：

$$\underset{}{\text{R}-\overset{\text{O}}{\overset{\|}{\text{C}}}-\text{Cl}} + 2\text{CH}_2\text{N}_2 \longrightarrow \text{R}-\overset{\text{O}}{\overset{\|}{\text{C}}}-\text{CHN}_2 + \text{CH}_3\text{Cl} + \text{N}_2$$

反应过程中第一分子重氮甲烷充当亲核试剂，第二分子充当碱，机理如下：

$$\text{R}-\overset{\text{O}}{\overset{\|}{\text{C}}}-\text{Cl} \xrightarrow{\ ^-\text{CH}_2-\overset{+}{\text{N}}=\text{N}:\ } \text{R}-\overset{\overset{-}{\text{O}}}{\underset{\underset{\text{Cl}}{|}}{\overset{|}{\text{C}}}}-\text{CH}_2-\overset{+}{\text{N}}=\text{N}: \xrightarrow{\text{Cl}^-} \text{R}-\overset{\text{O}}{\overset{\|}{\text{C}}}-\overset{\text{H}}{\underset{}{\overset{|}{\text{C}}}}\text{H}-\overset{+}{\text{N}}=\text{N}: \xrightarrow{\ ^-\text{CH}_2-\overset{+}{\text{N}}=\text{N}:\ }$$

$$\left[\text{R}-\overset{\text{O}}{\overset{\|}{\text{C}}}-\text{CH}=\overset{+}{\text{N}}=\text{N}: \longleftrightarrow \text{R}-\overset{\text{O}}{\overset{\|}{\text{C}}}-\text{CH}=\overset{+}{\text{N}}=\overset{-}{\text{N}}: \right] + \text{CH}_3-\overset{+}{\text{N}}=\text{N}:$$

α-重氮甲基酮   甲基重氮盐

反应生成的甲基重氮盐立刻与 Cl$^-$ 反应生成氯甲烷和 N$_2$：

$$\text{Cl}^- + \text{CH}_3-\overset{+}{\text{N}}=\text{N}: \longrightarrow \text{CH}_3\text{Cl} + \text{N}_2$$

α-重氮甲基酮在加热、光照或催化剂 Ag$_2$O 存在下放出氮气生成卡宾（酮碳烯）中间体，进而重排生成反应性很强的烯酮，这一反应称为 Wolff 重排。

$$\text{R}-\overset{\text{O}}{\overset{\|}{\text{C}}}-\text{CH}=\overset{+}{\text{N}}=\text{N}: \xrightarrow{\text{Ag}_2\text{O}} \left[\text{R}-\overset{\text{O}}{\overset{\|}{\text{C}}}-\ddot{\text{CH}} \right] \xrightarrow{\text{Wolff 重排}} \text{R}-\text{CH}=\text{C}=\text{O}$$

烯酮

烯酮可与水、醇、氨或胺反应生成羧酸及其衍生物。如果从羧酸出发经生成酰氯、α-重氮甲基酮重排（Wolff 重排）、水解等步骤，可得到增加一个碳原子的羧酸，这一系列反应称为 Arndt-Eistert 合成或反应。

$$\text{R}-\overset{\text{O}}{\overset{\|}{\text{C}}}-\text{OH} \xrightarrow{\text{SOCl}_2} \text{R}-\overset{\text{O}}{\overset{\|}{\text{C}}}-\text{Cl} \xrightarrow{2\text{CH}_2\text{N}_2} \text{R}-\overset{\text{O}}{\overset{\|}{\text{C}}}-\text{CHN}_2 \xrightarrow{\text{Ag}_2\text{O}} \text{R}-\text{CH}=\text{C}=\text{O} \xrightarrow{\text{H}_2\text{O}} \text{RCH}_2\text{CO}_2\text{H}$$

Wolff 重排是分子内重排，在非质子性介质中，中间体烯酮能分离出来，从而证实上述机理的正确性，这一反应是增长碳链的方法之一。

一分子重氮甲烷与一分子酰氯作用则生成 α-氯代甲基酮：

$$\text{R}-\overset{\text{O}}{\overset{\|}{\text{C}}}-\text{Cl} + \text{CH}_2\text{N}_2 \longrightarrow \text{R}-\overset{\text{O}}{\overset{\|}{\text{C}}}-\text{CH}_2-\overset{+}{\text{N}}=\text{N}: \xrightarrow{\text{Cl}^-} \text{R}-\overset{\text{O}}{\overset{\|}{\text{C}}}-\text{CH}_2\text{Cl} + \text{N}_2$$

α-氯代甲基酮

（2）与醛、酮反应

重氮甲烷与醛反应生成甲基酮，如：

$$R-\overset{\overset{O}{\|}}{C}-H \ +CH_2N_2 \longrightarrow R-\overset{\overset{O}{\|}}{C}-CH_3 \ +N_2$$

重氮甲烷与环酮反应生成高一级的酮和环氧化物：

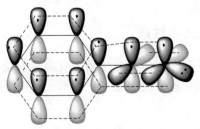

63%   15%

生成的酮还可以再与 CH_2N_2 反应，该反应往往得到混合物，一般制备价值不大。

（3）甲基化反应

重氮甲烷与羧酸、酚、烯醇作用得到相应的甲基酯和甲基醚。甲基酯形成机理如下：

$$RCOOH \ + \ \overset{-}{C}H_2-\overset{+}{N}\equiv N: \longrightarrow RCOO^- + CH_3-\overset{+}{N}\equiv N: \longrightarrow RCOOCH_3+N_2$$

CH_2N_2 作为甲基化试剂，反应速率快，产率高，不需要催化剂，因产生 N_2，无分离问题，可以根据重氮甲烷颜色变化和 N_2 生成与否指示反应始终点。

（4）1,3-偶极环加成反应

重氮甲烷为三中心四电子共轭体系，相当于二烯体，能与不饱和化合物发生 1,3-偶极环加成反应，生成五元杂环吡唑啉类化合物，该化合物受热分解出 N_2 得到环丙烷衍生物：

（5）生成碳烯（卡宾）

在光照或加热下，重氮甲烷发生分解生成卡宾，又称碳烯：

$$\overset{-}{C}H_2-\overset{+}{N}\equiv N: \xrightarrow{\triangle 或 h\nu} :CH_2+N_2$$

碳烯是有机反应中活性中间体，可以与碳-碳双键加成得到环丙烷化合物（见烯烃）。

19.4.2 芳香族重氮盐的结构和制备

芳香族重氮盐可用通式 $ArN_2^+Cl^-$ 表示，最简单的是卤化苯基重氮盐，其结构如下：

重氮基—$\overset{+}{N}\equiv N$ 上两个氮原子的 p 轨道可与苯环的 π 轨道发生 p-π 共轭，使正电荷分散，因此芳香族重氮化合物比脂肪族重氮化合物稳定。芳香族重氮盐为白色固体，在干燥时受热或震动会猛烈爆炸。它的水溶液在低温下可以保存数小时，加热则分解为酚、卤代苯和氮气。

$$\text{（重氮盐）} + H_2O \longrightarrow \text{（苯酚）} + N_2 + HX$$

芳香族重氮盐的稳定性取决于芳环的取代基及与它结合的阴离子。芳环上有—NO$_2$、—X、—SO$_3$H 等吸电子基团其稳定性增加。与重氮基结合的阴离子有 X$^-$、HSO$_4^-$ 和 NO$_3^-$ 等，当阴离子为 BF$_4^-$ 和 PF$_6^-$ 时，重氮盐比较稳定，高温下才会分解。

芳香族伯胺与亚硝酸在低温下生成芳香族重氮盐，这一过程称重氮化。例如：

$$\text{（苯胺）} + NaNO_2 + HCl \xrightarrow{0\sim5℃} \text{（重氮盐）} + H_2O$$

苯胺形成苯基重氮盐的反应机理如下：

$$2HNO_2 \underset{H_2O}{\rightleftharpoons} O{=}N{-}O{-}N{=}O \rightleftharpoons O{=}N{-}O^- + \overset{+}{N}{=}O$$

先将 1 摩尔苯胺溶于 2.5～3.0 摩尔盐酸溶液，冰浴冷却，在不断搅拌下慢慢加入 NaNO$_2$ 水溶液，保持温度为 0～5℃，以免生成的重氮盐分解。若芳环上含有—NO$_2$、—SO$_3$H、—COOH 等吸电子基团，反应温度可以提高。

不溶于盐酸的芳胺（如对氨基苯磺酸）可将其溶于碱（如 Na$_2$CO$_3$）的水溶液，然后加入 NaNO$_2$，在冰盐冷却下滴加盐酸（反加法）。用 KI/淀粉试纸检验亚硝酸是否过量来判断反应终点（亚硝酸使它变蓝）。过量亚硝酸用尿素分解，反应原理如下：

$$H_2N{-}\overset{O}{\overset{\|}{C}}{-}NH_2 + HNO_2 \xrightarrow{\text{重氮化}} N_2 + CO_2 + H_2O$$

重氮化反应需在强酸性介质中进行，盐酸（或硫酸）用量一般超过理论量的 0.5 摩尔以上。其作用一是与 NaNO$_2$ 反应产生亚硝酸，二是使亚硝酸产生亚硝基离子（$^+$N=O）。过量的盐酸可避免生成的重氮盐与苯胺发生偶联。如果盐酸用量不足，很可能发生下述反应。

$$\text{（重氮盐）} + \text{（苯胺）} \longrightarrow \text{（偶氮化合物）}$$

19.4.3　芳香族重氮盐的化学性质

芳香族重氮盐性质活泼，制备后应立即使用。它的化学反应主要有取代、还原和偶联。取代反应中重氮基被其他基团取代后放出氮气。还原和偶联反应中没有氮气放出，保留两个个氮原子。

19.4.3.1　取代反应

（1）羟基取代

芳胺在硫酸中形成的重氮盐加热时生成酚并放出氮气：

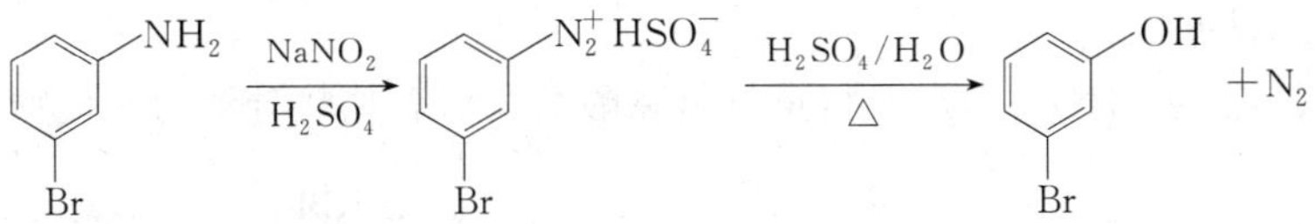

这个反应可以用来制备特殊的酚类化合物，比如间二硝基苯进行选择性还原得到间硝基苯胺，再经重氮化和水解反应得到间硝基苯酚：

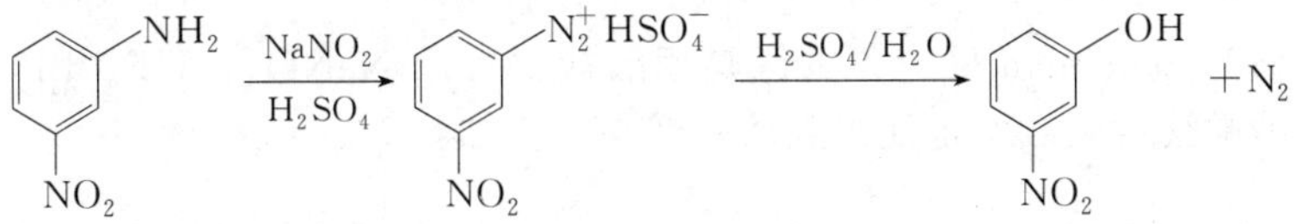

如果溶液中有氯离子，会有副产物氯苯生成。因此要得到羟基取代物，一般在 40%～50%的硫酸水溶液中反应。

（2）碘取代

重氮盐与碘化钾在水溶液中于室温下反应得到碘代化合物。

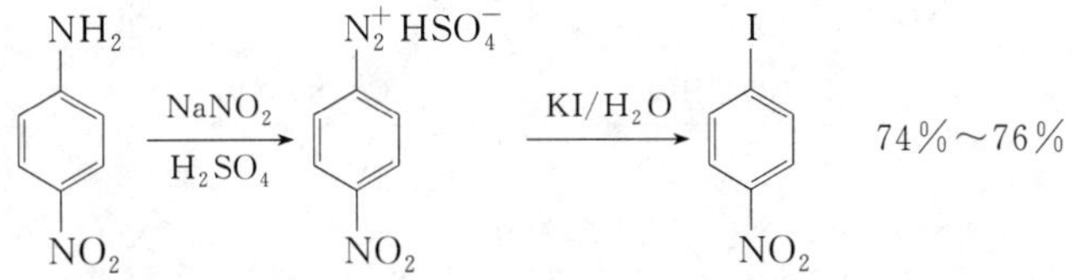

这是制备芳香族碘化物的有效方法，反应机理与羟基取代相同。由于 Br⁻ 和 Cl⁻ 的亲核性不如 I⁻，它们还不足以抑制水分子对芳基正离子的进攻，因此一般不能用 KBr 和 KCl 与重氮盐反应制备溴代芳烃和氯代芳烃。

（3）氯、溴和氰基取代

重氮盐与氯化亚铜、溴化亚铜及氰化亚铜共热，得相应的氯代物、溴代物和腈。

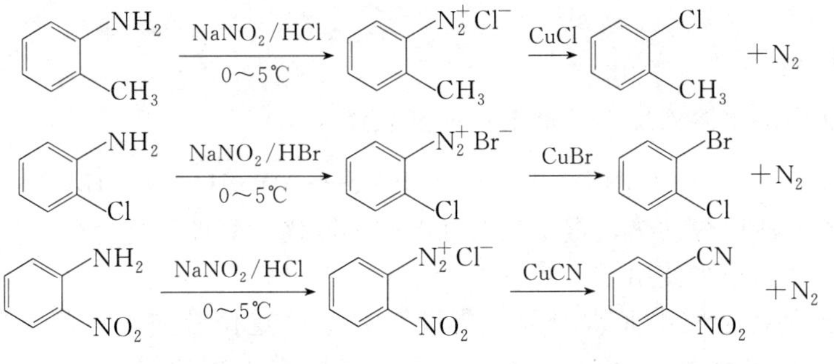

上述反应称为 Sandmeyer 反应，产率较高，应用范围广。在制备腈时，要先用碱中和过量的酸，以防止产生有毒的氰化氢。Sandmeyer 反应是自由基反应，反应中有芳基自由基生成。机理如下：

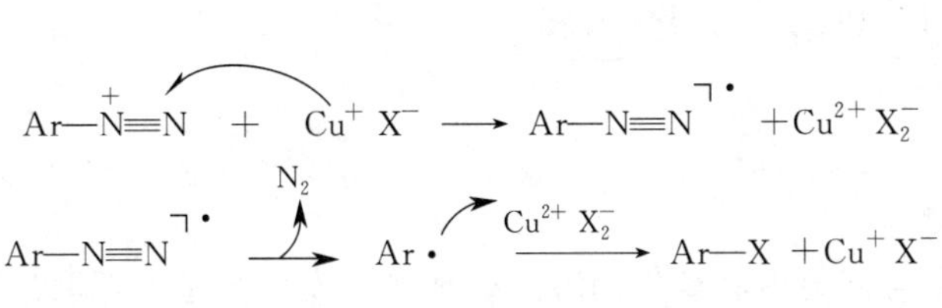

Gattermann 发现直接用铜催化，芳香族重氮盐与盐酸或氢溴酸反应生成相应的氯代芳烃和溴代芳烃，该反应称为 Gattermann-Sandmeyer 反应。

$$Ar-N_2^+ X^- + HX \xrightarrow{Cu} Ar-X \ (X=Cl、Br)$$

（4）氟代和硝基取代

重氮盐与氟硼酸（HBF$_4$）反应得重氮氟硼酸盐，后者加热分解为氟代物和 N$_2$：

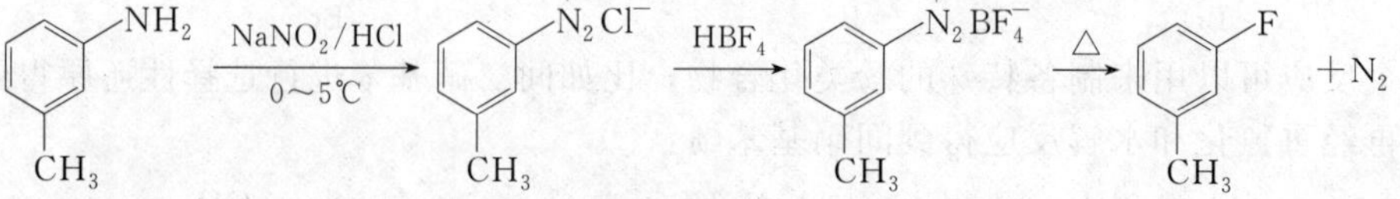

这个反应称为 Schieman 反应，重氮氟硼酸盐也可用 NaNO$_2$、HF、BF$_3$ 在 0℃下直接制取。用六氟磷酸代替氟硼酸也能得到较好产率，例如：

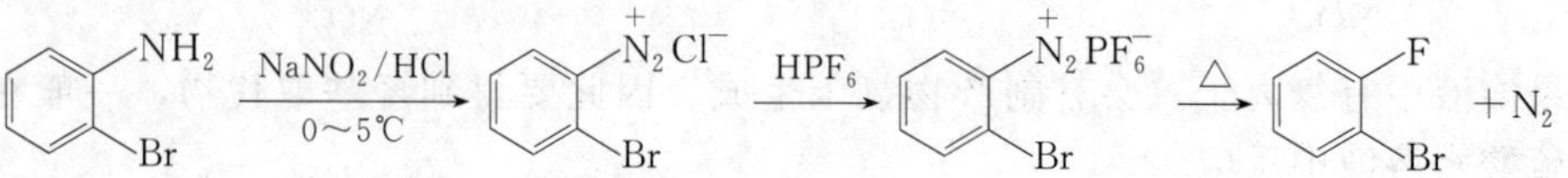

若将重氮氟硼酸盐与铜粉、NaNO$_2$ 溶液一起共热，重氮基则被硝基取代，利用这一反应可得到直接硝化法难以得到的硝基化合物。

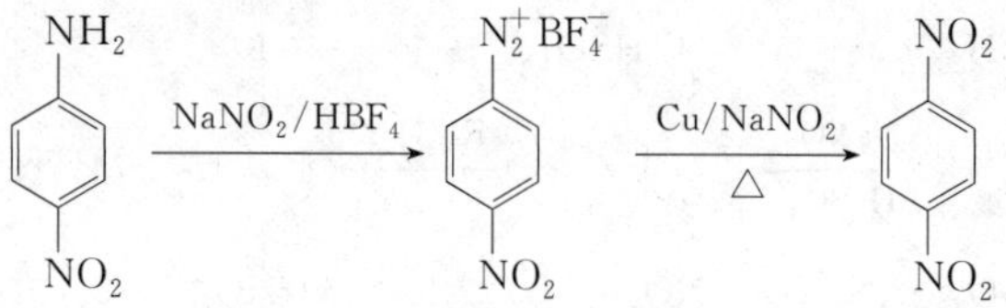

在金属铜催化下，芳香族重氮盐与亚硝酸钠或硫氰酸钾反应得到硝基和硫氰基取代的芳烃：

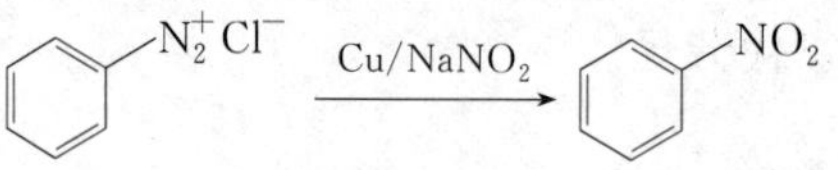

（5）氢取代

重氮盐与次磷酸水溶液反应，重氮基被氢取代。

$$\text{Ar} \overset{+}{-} \text{N} \equiv \text{NX}^- + H_3PO_2 + H_2O \longrightarrow \text{Ar} - H + N_2 + HX$$

重氮盐与乙醇或甲醇共热，重氮基也可以被氢取代，醇被氧化为醛，还有副产物芳醚产生，目前这一方法已很少使用。

氢取代重氮基在合成中非常重要，借助于氨基的定位效应，可将某基团引入芳环的某个位置，然后利用重氮化反应和氢取代重氮基反应去掉原氨基，得到所要的化合物。如 1,3,5-三溴苯的合成：

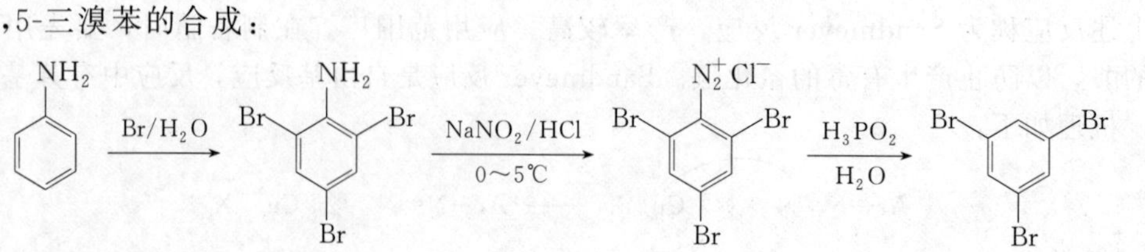

（6）芳基化反应

重氮盐酸性溶液与芳烃用氢氧化钠溶液处理时，发生芳基的偶联反应，得到联苯型衍生物，该反应也称 Gomberg-Bachmann 反应。

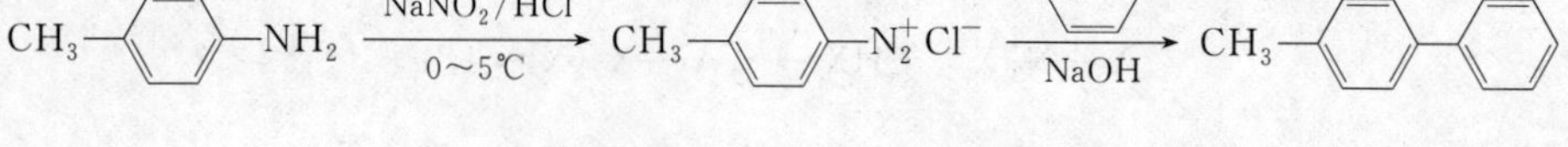

反应按自由基机理进行，以苯基重氮盐与苯偶联为例：

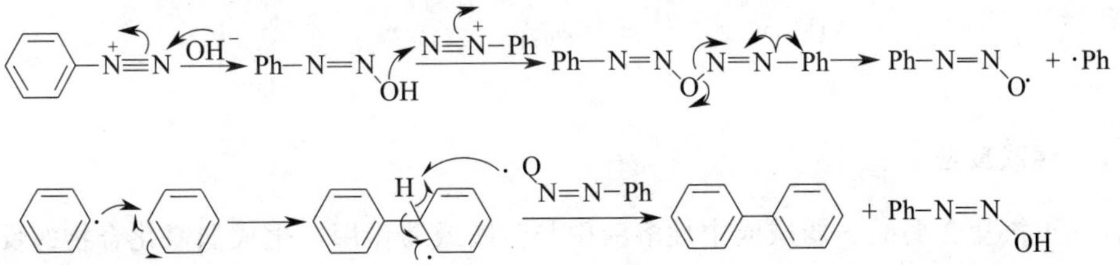

如果用取代苯与重氮盐反应往往得到邻、间和对位取代的混合物。该反应一般产率不太高，如果在分子内发生反应，可以合成其他方法难以得到的化合物，如 α-苯基邻氨基肉桂酸形成的重氮盐，在铜粉或亚铜盐存在下共热，生成 9-菲甲酸：

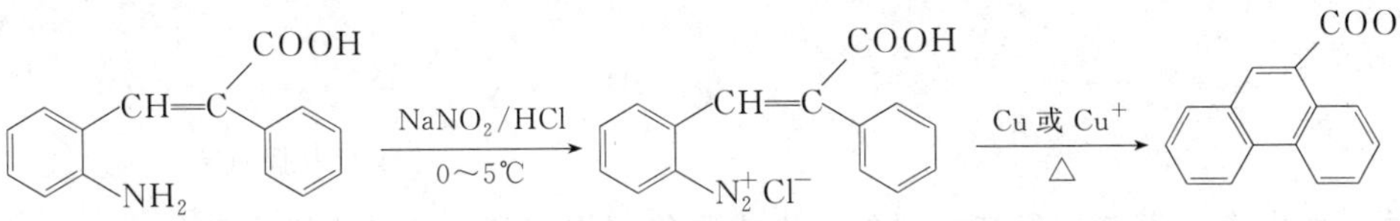

以下结构的化合物也可以应用芳基化反应合成。

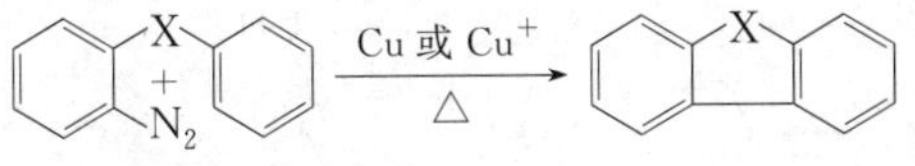

X＝CH_2、O、CO、CH_2CH_2、CH ＝CH、S、SO_2

（7）苯炔的生成

邻氨基苯甲酸采用亚硝酸酯（RONO）在非质子性溶剂中进行重氮化反应得到重氮苯甲酸，后加热分解生成活性中间体苯炔：

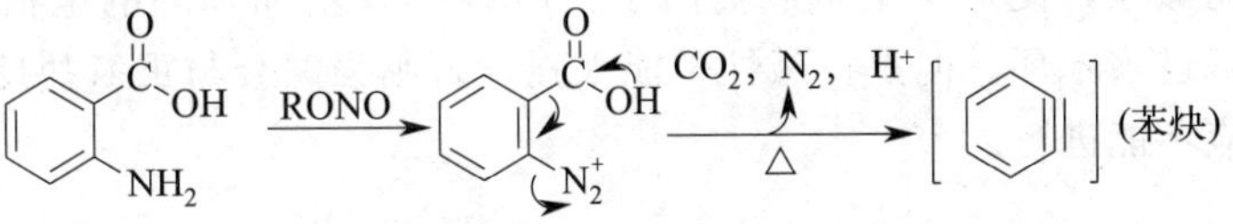

苯炔很活泼，可以间接证明，比如形成的苯炔容易二聚形成双联苯：

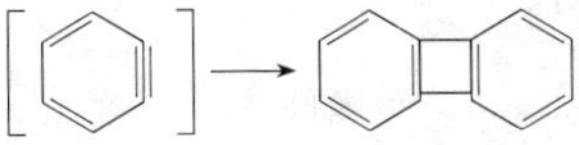

在形成苯炔的反应体系中加入蒽，苯炔与蒽发生 Diels-Alder 反应生成三蝶烯：

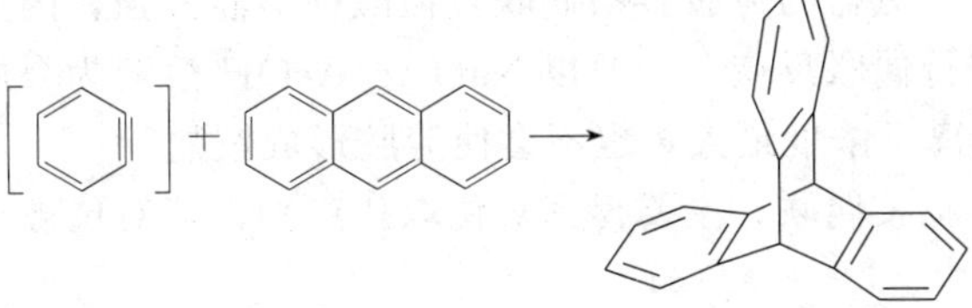

19.4.3.2　还原成肼

重氮盐在亚硫酸钠、亚硫酸氢钠、氯化亚锡、锡/盐酸或锌/盐酸等还原剂作用下还原生成肼。亚硫酸钠还原苯基重氮盐得到苯肼的反应过程如下：

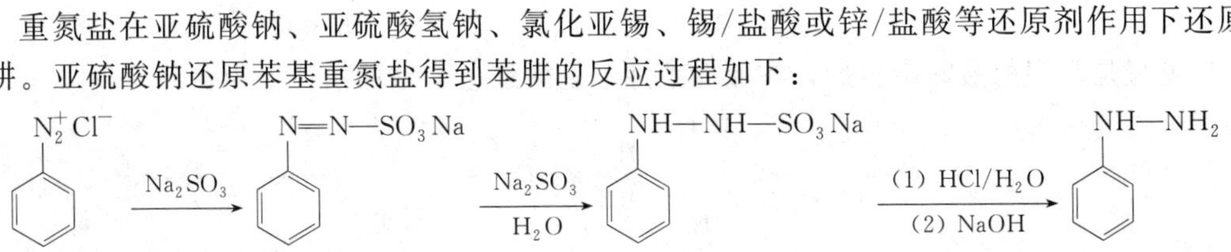

苯肼是无色液体，沸点 241℃，不溶于水，呈碱性，在空气中易氧化变黑。它是合成药物和染料的重要工业原料。比如苯肼与 3-羰基丁酰胺在酸催化下反应，生成 1-苯基-3-甲基-5-吡唑酮，后者是合成解热镇痛、消炎药物安乃近的中间体。

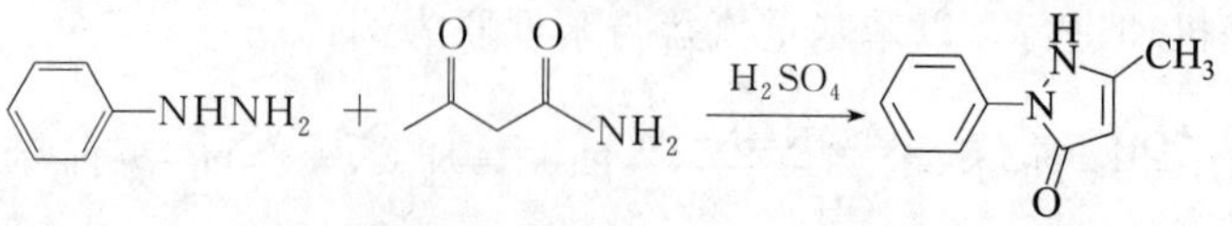

19.4.3.3 偶联反应

芳香族重氮盐在弱酸、弱碱或中性溶液中与芳胺或酚作用，生成偶氮化合物的反应称偶联反应。偶联反应属于亲电取代，重氮基作为弱的亲电试剂，能与活化的芳环发生反应。

（1）与酚偶联

在弱碱性介质中重氮盐与酚发生偶联反应：

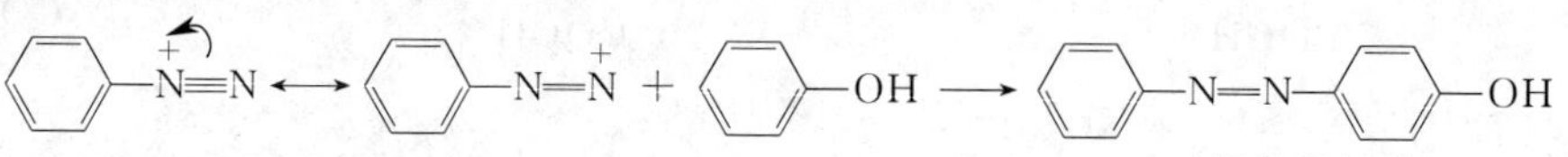

4-羟基偶氮苯

偶联一般发生在氨基或羟基的对位，生成取代产物，若对位被占则在邻位反应：

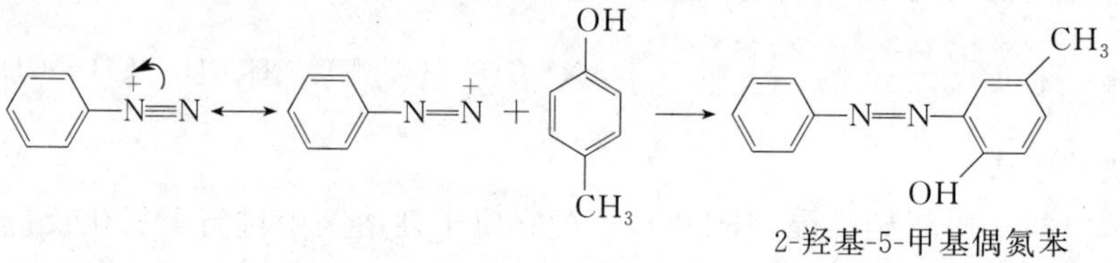

2-羟基-5-甲基偶氮苯

溶液应保持弱碱性，使酚产生苯氧负离子（PhO^-），增加苯环的电荷密度，有利于亲电性较弱的重氮基进攻苯环。但是，碱性不能太强，否则强碱会与重氮盐反应生成重氮酸或重氮酸盐，使反应不能进行。

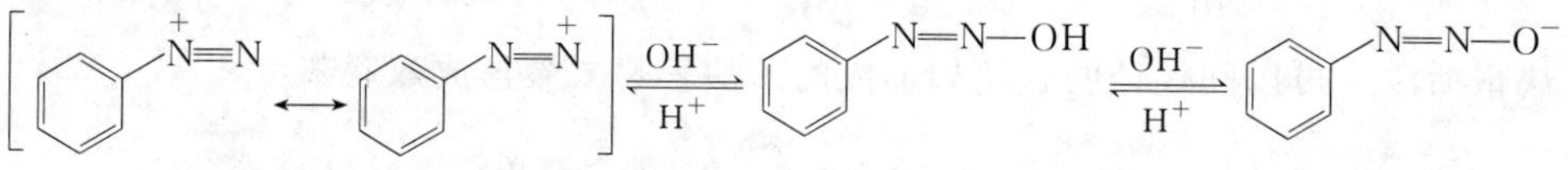

重氮盐   重氮酸   重氮酸盐

（2）与芳胺偶联

在弱酸性或中性介质中重氮盐与芳胺容易偶联，但酸性不能太强，因为强酸与芳胺易形成铵盐使芳环钝化，不能进行偶联反应。一般以 NaOAc/AcOH 溶液为介质，一般在这个溶液中（pH＝5～7），重氮盐离子浓度最大，也不会使芳胺形成铵盐。

与酚相似，重氮盐与芳叔胺偶联，主要得到对位取代产物，若对位被占则偶联在邻位：

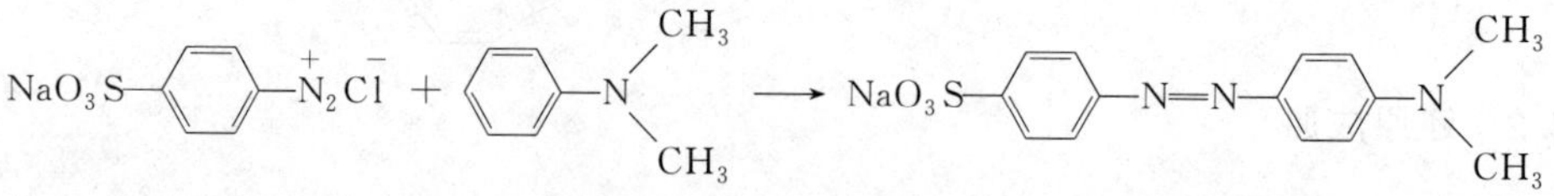

甲基橙

甲基橙是常用的酸碱指示剂，在酸性条件下呈橙红色，碱性条件下为黄色。

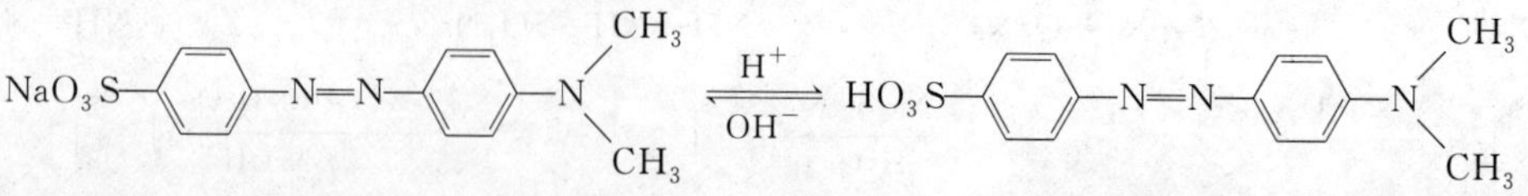

黄色   橙红色

芳香伯胺和芳香仲胺与重氮盐偶联时，重氮基首先进攻氨基的氮原子，生成重氮氨基化合物：

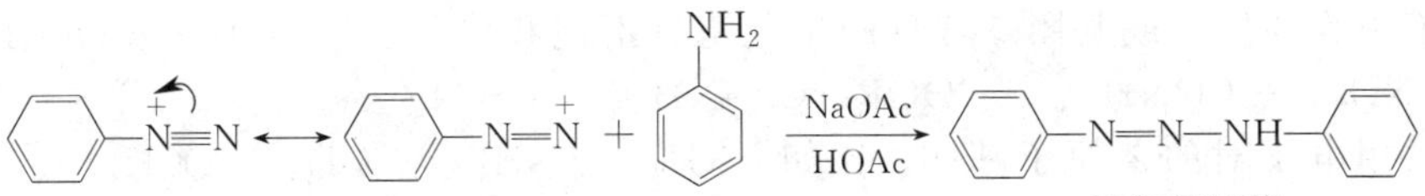

重氮氨基苯与盐酸一起加热，生成对氨基偶氮苯，反应是通过分子重排进行的，这个重排反应称为重氮氨基苯重排。重氮氨基苯重排一般得对位产物，若对位已有取代基，则重排在邻位：

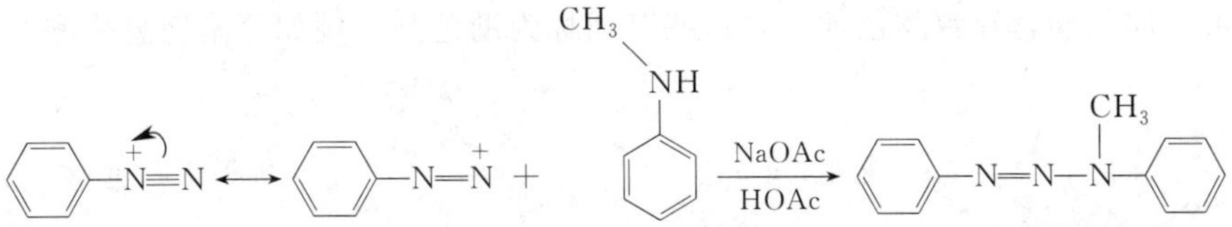

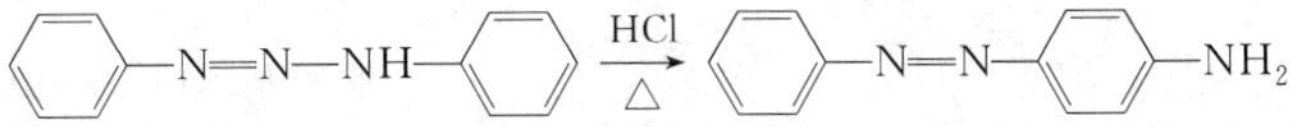

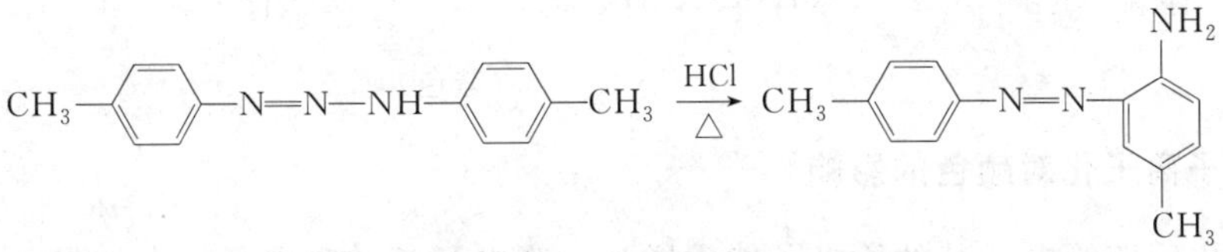

重氮氨基苯与苯胺盐酸盐或苯酚一起共热时，生成的产物除了有 2-氨基-4′,5-二甲基偶氮苯外，还有 4-氨基-4′-甲基偶氮苯或 4-羟基-4′-甲基偶氮苯：

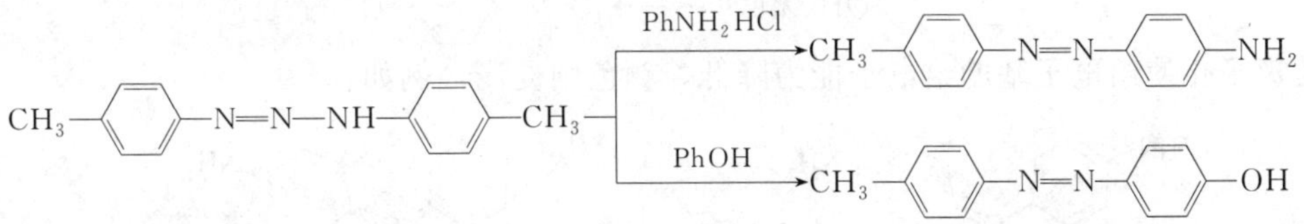

这说明反应机理是重氮氨基苯化合物先发生解离，然后再与苯胺或苯酚结合，得到相应的偶氮苯产物。

19.4.4 偶氮染料

通过芳香族重氮盐的偶联反应可以合成一些特殊的化合物——偶氮染料。偶氮基（—N=N—）是发色基团，因此芳香族偶氮化合物都具有颜色，可作为染料的则称偶氮染料。染料是一种能较牢固地附在纤维上且耐洗、耐光的有色物质，颜色是染料的主要特征之一。有机化合物的分子结构与颜色有密切关系，总结起来可概括如下。

19.4.4.1 共轭体系对颜色的影响

有机分子中共轭体系的增长会导致颜色加深。如二苯乙烯是无色的，但把链长增至有四或五个共轭双键时 [Ph(CH=CH)$_n$Ph，n=4、5 等]，颜色呈黄绿色或橙色。若用一个亚甲基（CH$_2$）将共轭体系切断，颜色随即消失，显然共轭体系是至关重要的。

19.4.4.2 生色基与助色基对颜色的影响

能在一段光波内产生吸收的基团，称为这一波段的生色基或发色团。生色基一般具有碳-碳共轭结构、含杂原子的共轭结构、能进行 n-π* 跃迁的基团以及能进行 n-σ* 跃迁且在近紫外区有吸收的原子或基团。常见的生色基有不饱和体系、$C=O$、—COOH、$C=C$、—NO、—NO_2、—$CONH_2$、—COOR、$C=NH$、—$N=N$—等。

含未共用电子对的杂原子基团，比如—NH_2、—NHR、—OH、—OCH_3、—$NHCOCH_3$ 等，引入有机共轭体系，形成 p-π 共轭，使电子活动范围增大，降低分子激发能，使化合物吸收向长波方向移动，导致颜色加深，这些基团称为助色基。例如氨基使蒽醌颜色加深：

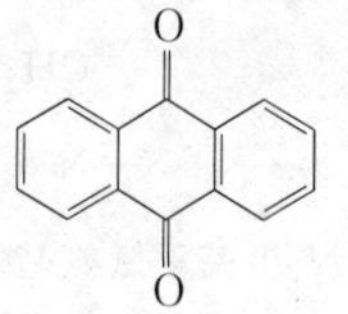

蒽醌（浅黄色） 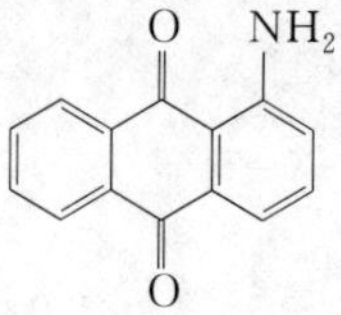 1-氨基蒽醌（红色）

生色基引入共轭体系后，一般形成 π-π 共轭，降低分子激发能，使分子吸收向长波方向移动，导致颜色加深：

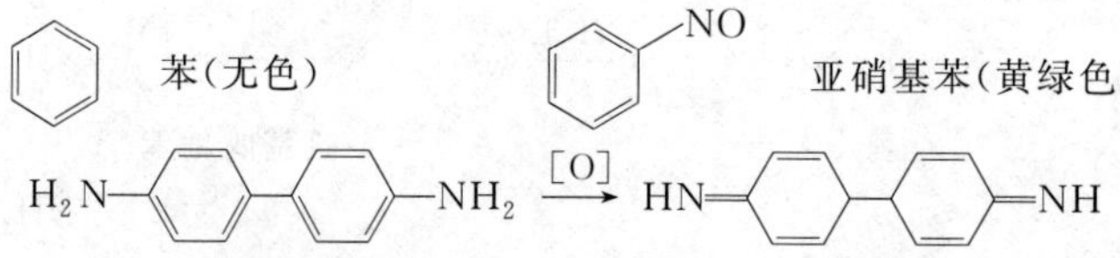

苯（无色） 亚硝基苯（黄绿色）
（无色） （蓝色）

19.4.4.3　有机分子离子化对颜色的影响

有机分子离子化后使给电子基的给电子能力增强，吸电子基的吸电子能力加强，该分子的最大吸收移向长波，颜色加深。例如，对硝基苯酚是无色的，而对硝基苯酚盐呈黄色。

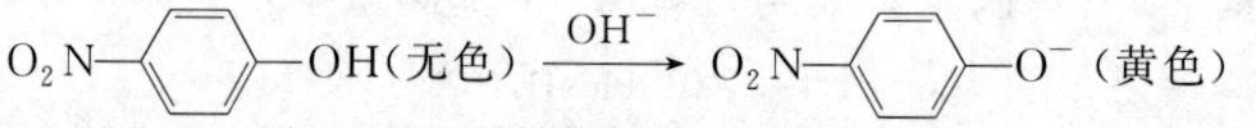

若离子化使给电子基的给电子能力降低，颜色则变浅，例如：

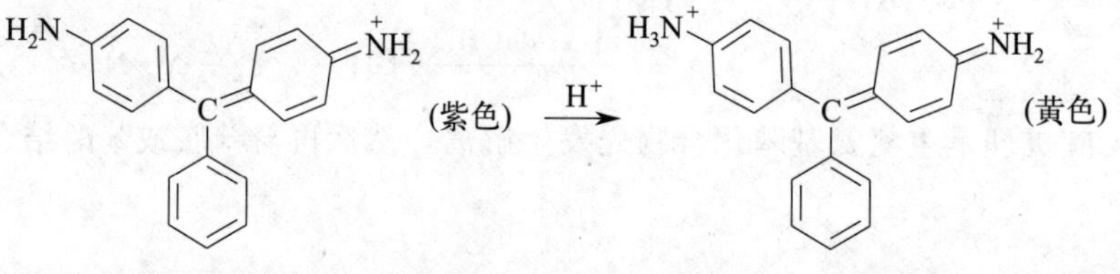

（紫色） （黄色）

染料化学中常将给电子基氨基、羟基以及吸电子基羧基、磺酸基作为助色团，主要作用是加深染料颜色，易与纤维结合及成盐后具有水溶性而便于染色。

英国化学家 Perkin 用苯胺经一系列化学反应，合成了第一个人工染料苯胺紫，其主要成分的结构很久以后才得到证实。

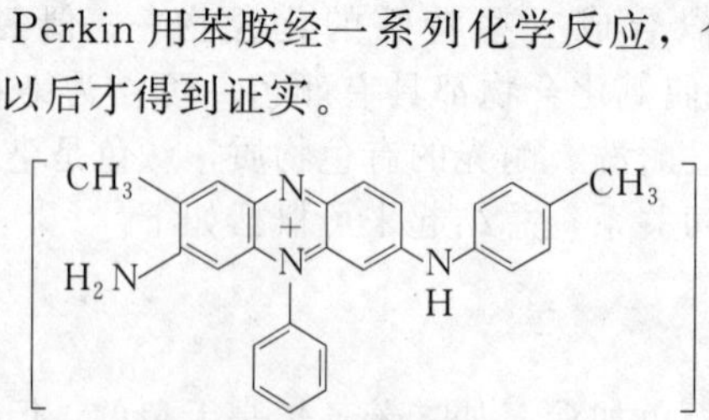

苯胺紫 A（mauveine A）

19.4.4.4　偶氮染料种类与合成

（1）种类

根据含有偶氮基的数目分为三类，即单偶氮染料、双偶氮染料和多偶氮氮料。根据溶解性分两类，一是可溶性偶氮染料，一般指能溶解在水中的染料，二是不溶性偶氮染料，包括冰染染料和其他不溶于水的偶氮染料。

偶氮染料是印染工艺中应用广泛的合成染料，用于多种天然和合成纤维的染色和印花，也用于油漆、塑料、橡胶等的着色。在特殊条件下，它能分解产生 20 多种致癌芳香胺，经过活化作用改变人体的 DNA 结构，引起病变和诱发癌症。

利用偶氮化合物在还原剂条件下发生还原反应，将偶氮键断裂生成胺，用于合成胺类化合物：

（2）合成工艺

偶氮染料制备方法，主要采用偶联反应，包括重氮化和偶合反应两步。例如以苯胺为起始原料合成红色单偶氮染料：

H 酸与对硝基苯基重氮盐偶联可以合成双偶氮染料萘酚蓝黑 B：

用相似方法可合成如下偶氮染料：

19.5 个别含氮化合物

19.5.1 硝基苯

硝基苯是淡黄色油状液体，有一种类似苦杏仁的特殊气味。沸点 210.9℃，熔点 5.7℃，不溶于水，但可随水蒸气蒸发，能与许多溶剂互溶，还能溶解一般溶剂难溶的物质。由于其比较稳定，故常可作为傅-克反应的溶剂。硝基苯有弱氧化作用，可作为氧化脱氢的氧化剂。硝基苯能通过皮肤或呼吸道进入人体，造成慢性中毒，原因是它能将血液中的血红蛋白变成高铁血红蛋白，使之失去载氧功能，造成体内缺氧，导致窒息。

除了作为高沸点的溶剂和弱氧化剂外，硝基苯还是重要的工业原料，用于制备苯胺、间苯二胺、间硝基苯磺酸、偶氮苯、炸药以及染料、医药、香料等。

19.5.2 苯胺

苯胺是无色油状液体，熔点−6.2℃，沸点 184.4℃，有刺激性气味，有毒。其暴露于空气中很容易氧化成棕色。苯胺难溶于水，易溶于乙醚、乙醇、苯等有机溶剂，工业上制取苯胺的主要方法是硝基苯还原。传统方法是采用铁屑还原（有盐酸），由于反应中生成大量铁泥（Fe_3O_4），污染环境，又不利于连续化生产，已逐渐为催化加氢法所取代，催化加氢法不产生废渣，几乎不污染环境，便于连续化生产，产率高达理论量的 98%～99%。苯胺不仅在氨基上发生反应，而且也能在苯环上发生多种反应，它是染料制备、药物合成、树脂合成等工业的重要原料。

19.5.3 乙二胺

乙二胺是无色透明黏稠液体，沸点 117℃，熔点 8℃。其溶于水、甲醇、乙醇，微溶于乙醚，不溶于苯。工业上乙二胺由 1,2-二氯乙烷与氨反应制备。

$$Cl—CH_2—CH_2—Cl+4NH_3 \xrightarrow[1.01MPa]{110～150℃} H_2N—CH_2—CH_2—NH_2+2NH_4Cl$$

乙二胺可用于无氰电镀、环氧树脂固化剂，是农药工业中合成杀菌剂代森锌等的原料。在碳酸钠水溶液中，乙二胺与氯乙酸钠反应生成乙二胺四乙酸钠，酸化后得到乙二胺四乙酸，简称 EDTA。

$$H_2NCH_2CH_2NH_2+ClCH_2COONa \xrightarrow{Na_2CO_3} \begin{matrix} NaOOCCH_2 & & CH_2COONa \\ & NCH_2CH_2N & \\ NaOOCCH_2 & & CH_2COONa \end{matrix}$$

EDTA 及其钠盐是分析化学中常用的金属离子络合剂，它能与许多金属离子形成很稳定的络合物，广泛应用于染料、合成橡胶、化纤、医药、化工等领域。

19.5.4 己二胺

己二胺是 1,6-己二胺的简称，其为无色片状结晶，熔点 42℃，沸点 204℃，微溶于水，易溶于乙醇、乙醚、苯等有机溶剂。可由己二酸、丁二烯、丙烯腈得到己二腈，再催化加氢合成。己二胺主要应用是与己二酸反应生产尼龙-66，用于制备牢固的线及织物，如渔网、降落伞、轮胎帘子线、衣、袜等。

19.5.5　乙腈

乙腈为无色透明液体，易燃，与水、醇、醚可任意混溶，与水形成的恒沸液（乙腈含量 84.2%）沸点为 76.7℃。乙腈的制备有酰胺脱水法、醋酸氨化法、乙炔和氨合成法等。

乙腈分子中的氰基虽然是叁键，却很稳定。乙腈常用作溶剂，它不但能溶解有机物，也能溶解硝酸银、硝酸锂、溴化镁等无机盐。乙腈不仅是重要的有机溶剂，而且是重要的有机化工原料，在橡胶、医药、油脂、香料、化肥等工业中都有应用。

19.5.6　丙烯腈

丙烯腈为无色液体，有辛辣味，能溶于水、乙醇、乙醚、丙酮、苯和四氯化碳等，易挥发，有腐蚀性，蒸气有毒。在氧存在下遇光或热能自行聚合，并易燃易爆。丙烯腈的工业生产有乙炔法、环氧乙烷法和丙烯氨氧化法。

$$HC\equiv CH + HCN \xrightarrow{CuCl, NH_4Cl} CH_2=CH-CN$$

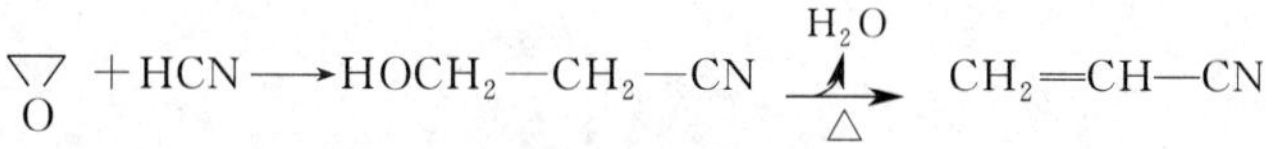

$$\triangle\!\!\!\!O + HCN \longrightarrow HOCH_2-CH_2-CN \xrightarrow[\triangle]{H_2O} CH_2=CH-CN$$

$$CH_2=CH-CH_3 + NH_3 + O_2 \xrightarrow[\triangle]{催化剂} CH_2=CH-CN + H_2O$$

目前应用最多的是丙烯氨氧化法。所用催化剂是以硅胶为载体的磷、钼、铋、铈等的氧化物。氧化钼和氧化铋为主催化剂，五氧化二磷是助催化剂，少量 P_2O_5 加到氧化钼和氧化铋中，能提高催化剂的活性。

丙烯氨氧化机理还不很清楚，一般认为是经历丙烯醛阶段。生成丙烯腈的同时，还有乙腈、丙烯醛、氢氰酸等副产物生成。

丙烯腈是重要的化工原料，经水解反应可以得到丙烯酰胺和丙烯酸。丙烯腈醇解得到丙烯酸酯。在自由基引发剂（如过氧化苯甲酰）作用下，丙烯腈聚合成线型高分子化合物聚丙烯腈。聚丙烯腈可制成合成纤维腈纶，俗称"人造羊毛"，它质地柔软，相对密度小，保暖性好，耐晒、耐酸、耐大多数有机溶剂等。

习题

19.1　命名下列化合物或写出构造式。

(1)

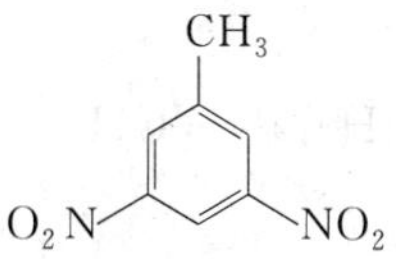

(2)

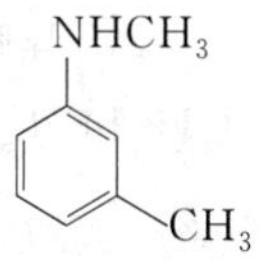

(3)

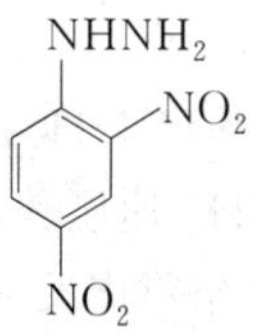

(4)

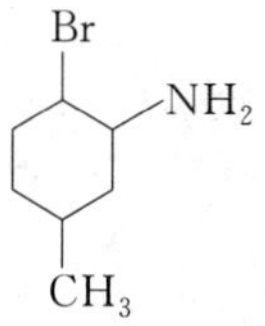

(5)

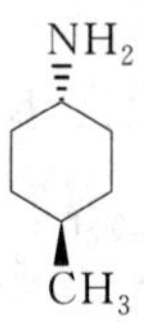

(6)

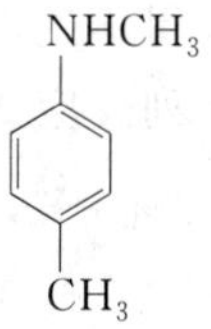

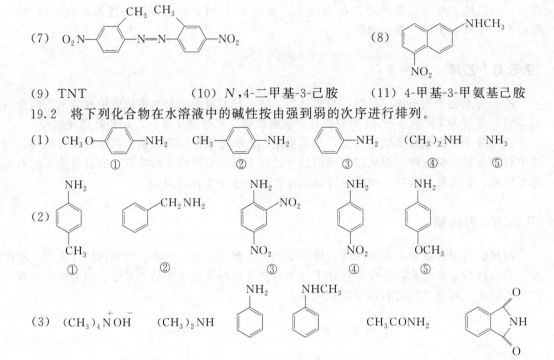

(9) TNT （10）N,4-二甲基-3-己胺 （11）4-甲基-3-甲氨基己胺

19.2 将下列化合物在水溶液中的碱性按由强到弱的次序进行排列。

(1) CH_3O—⟨⟩—NH_2　　CH_3—⟨⟩—NH_2　　⟨⟩—NH_2　　$(CH_3)_2NH$　　NH_3
　　　　①　　　　　　　　②　　　　　　　③　　　　　④　　　　　⑤

(2) 【结构式①～⑤】
　　①　　　②　　　③　　　④　　　⑤

(3) $(CH_3)_4\overset{+}{N}\overset{-}{OH}$　　$(CH_3)_2NH$　　⟨⟩—NH_2　　⟨⟩—$NHCH_3$　　CH_3CONH_2　　【邻苯二甲酰亚胺结构】
　　①　　　　②　　　　③　　　　④　　　　⑤　　　　⑥

(4) $CH_3SCH_2CH_2NH_2$　　$CH_3CH_2NH_2$　　$ClCH_2CH_2NH_2$　　$CF_3CH_2NH_2$
　　①　　　　　　②　　　　　　③　　　　　　④

19.3 简要回答和解释下列问题。

(1) 比较丙醇、丙胺、甲乙胺、三甲胺和丁烷的沸点。

(2) 下列含氮化合物中，哪些是具有手性的分子？哪些分子的外消旋体是不可分离的？

$PhCH_2\overset{+}{N}Et_3\overset{-}{Br}$　　　$CH_3CH_2\overset{CH_3}{\overset{|}{N}}H(CH_3)_2$　　　$Ph—\overset{CH_3}{\underset{CH_3}{\overset{|}{\underset{|}{N^+}}}}—C_2H_5 Cl^-$　　　$CH_3—\overset{O^-}{\underset{C_2H_5}{\overset{|}{\underset{|}{N^+}}}}—CH_2Ph$

　　①　　　　　　　②　　　　　　　③　　　　　　　　④

(3) 溴代烷（RCH_2Br）与 NaCN 和 AgCN 分别反应，得到的主要产物不同，为什么？

$$RCH_2Br+NaCN \xrightarrow{Bu_4\overset{+}{N}\overset{-}{Br}} \underset{\text{腈}}{RCH_2CN}+NaBr$$

$$RCH_2Br+AgCN \longrightarrow \underset{\text{异腈}}{RCH_2NC}+AgBr$$

(4) 肼（NH_2NH_2）与二摩尔碘甲烷（CH_3I）反应，生成 $H_2NN(CH_3)_2$ 的速度比 $CH_3NHNHCH_3$ 速度快，为什么？

(5) 氯苯经硝化反应合成 2,4-二硝基氯苯时，反应结束后如果用碳酸钠水溶液除去反应产物中的酸，得不到产品，为什么？

19.4 在下列反应式的括号里填入合适的试剂、反应条件或主要产物。

(1) $CH_2{=}CH_2 \xrightarrow{\text{(a)}}\underset{}{}\xrightarrow{\text{(b)}}\xrightarrow{\text{(c)}} H_2N$⌒⌒$NH_2$

（2） 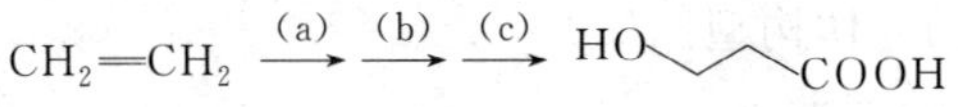 $CH_2=CH_2$ $\xrightarrow{(a)}$ $\xrightarrow{(b)}$ $\xrightarrow{(c)}$ HO—CH$_2$CH$_2$—COOH

（3）

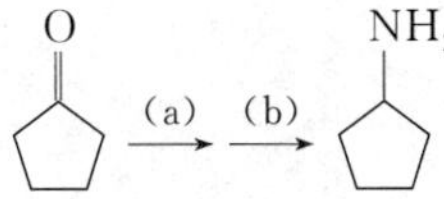

（4）

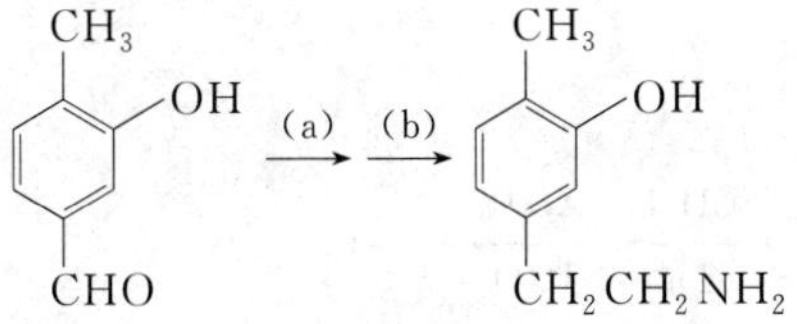

（5）

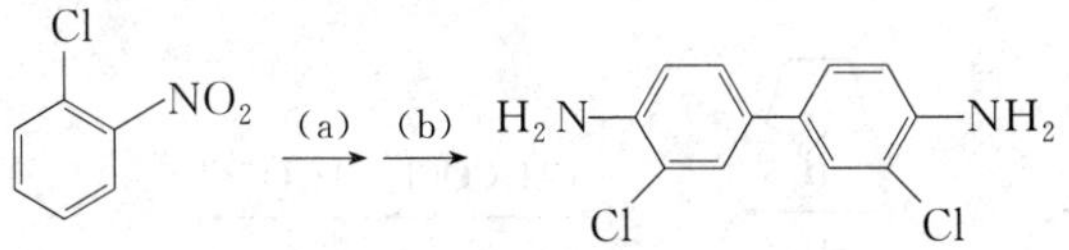

（6）

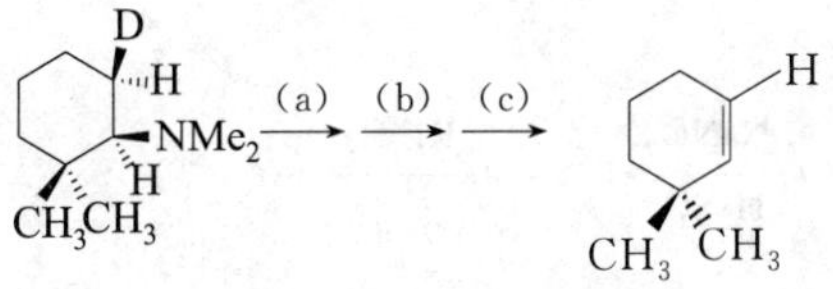

（7）

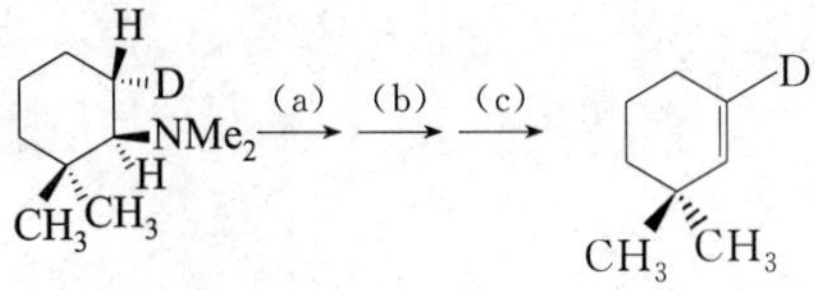

（8）

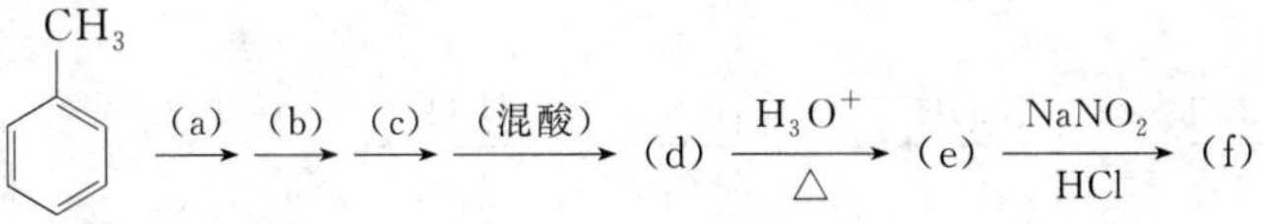

（9）

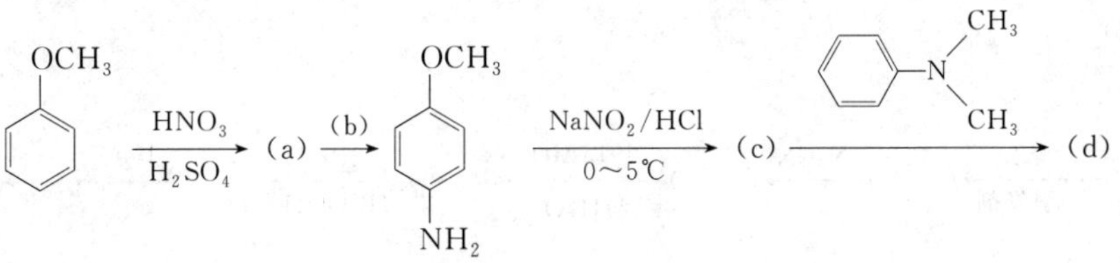

（10）

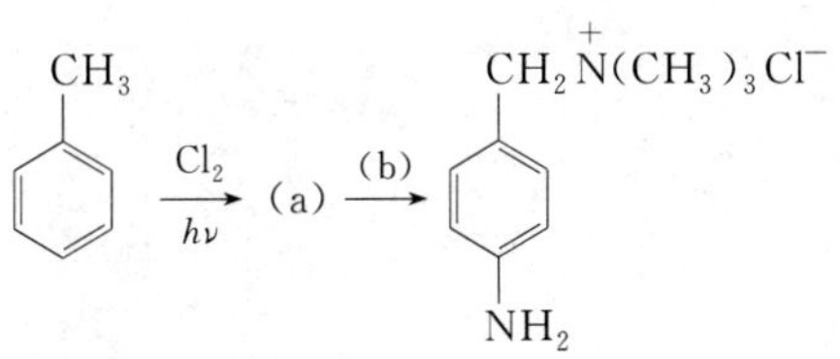

（11）

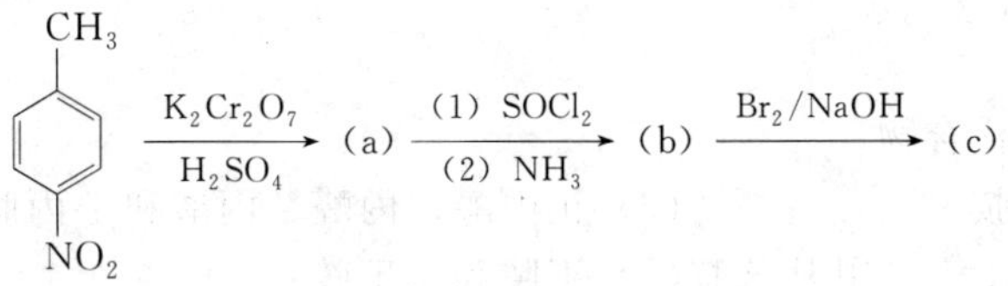

（12）

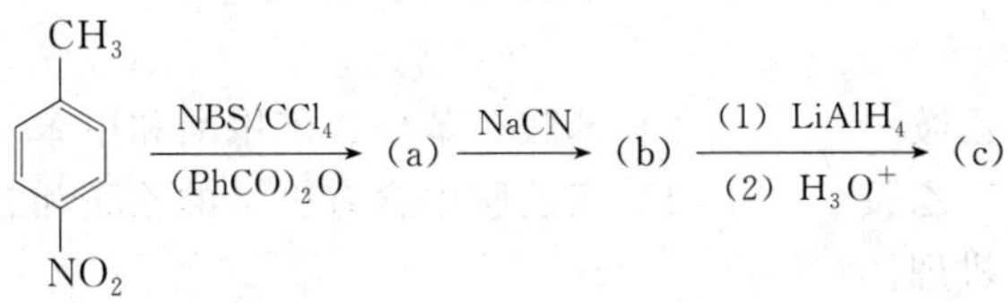

19.5 完成下列反应，注意标明产物的立体构型。

(1) $\xrightarrow{SOCl_2}$ (　) $\xrightarrow{2CH_2N_2}$ (　) $\xrightarrow{Ag_2O}$ (　) $\xrightarrow{H_2O}$ (　)

(2) $\xrightarrow[Et_2NH]{HCHO}$ (　) $\xrightarrow{\triangle}$ (　)

(3) $\xrightarrow[过量]{CH_3I}$ (　) $\xrightarrow[H_2O]{Ag_2O}$ (　) $\xrightarrow{\triangle}$ (　) $\xrightarrow[过量]{CH_3I}$ $\xrightarrow[H_2O]{Ag_2O}$ $\xrightarrow{\triangle}$ (　)

(4) $\xrightarrow[H^+]{}$ (　) $\xrightarrow[(2)H_3O^+]{(1)CH_3I}$ (　) $\xrightarrow[H^+]{}$ (　) $\xrightarrow{CH_3COCl}$ $\xrightarrow{H_3O^+}$ (　)

(5) $\xrightarrow[H_2O]{NaOH}$ (　) $\xrightarrow{Br_2/NaOH}$ (　) $\xrightarrow[H_2SO_4]{NaNO_2}$ (　) $\xrightarrow{KI/H_2O}$ (　)

(6) $\xrightarrow[HCl]{NaNO_2}$ (　) $\xrightarrow{Sn/HCl}$ (　)

(7) $\xrightarrow{Na_2S}$ (　) $\xrightarrow{TsCl}$ (　) $\xrightarrow{NaOH}$ (　) $\xrightarrow{HCl}$ (　) $\xrightarrow{H_3O^+}$ (　)

(8) $\xrightarrow[引发剂]{NBS}$ (　) $\xrightarrow{NaCN}$ (　) $\xrightarrow[(2)H_3O^+]{(1)LiAlH_4}$ (　) $\xrightarrow[HCOOH]{2HCHO}$ (　) $\xrightarrow[\triangle]{H_2O_2}$ (　)

(9) $\xrightarrow{H_2O_2}$ (　) $\xrightarrow{\triangle}$ (　)

(10) $\xrightarrow{\triangle}$ (　)

19.6 用化学方法鉴别下列化合物。

(1) 正丁胺、二乙胺、三乙胺　　　　　　(2) 正丙醇、丙醛、丙酸和1-丙胺

(3) 苯胺、N-甲基苯胺、N,N-二甲基苯胺(4) 丁腈和二丁胺

19.7 分离、提纯下列化合物。

(1) 乙胺中有少量二乙胺和三乙胺　　　　(2) 苯胺、苯酚、苯甲酸和甲苯

(3) 二乙胺中有少量的乙胺和三乙胺　　　(4) 三乙胺中含有少量的乙胺和二乙胺

19.8 按题意写出下列反应的机理。

(1) $CH_3CH_2CH_2\overset{O}{\overset{\|}{C}}NH_2 \xrightarrow{Br_2/CH_3ONa,\ CH_3OH} CH_3CH_2COOCH_3$

(2) 乙酰乙酸乙酯 $+NH_2OH \longrightarrow$ 异噁唑酮

(3) N-甲基-2-氯甲基吡咯烷 $\longrightarrow$ 1,3-二甲基哌啶

(4) 环己酮 $+$ 吡咯烷 $\xrightarrow{H^+} \xrightarrow{CH_3Br} \xrightarrow{H_3O^+}$ 2-甲基环己酮

(5) 胺 $\xrightarrow{HNO_2}$ 烯

(6) 顺-丁烯经过如下反应得到氧化叔胺，然后热解得到 1-丁烯和 2-丁烯，试说明 2-丁烯的异构体中哪一个含有 D，哪一个不含 D。

$$\underset{\substack{H}}{\overset{\substack{CH_3}}{}}C=C\underset{\substack{H}}{\overset{\substack{CH_3}}{}} \xrightarrow[\text{(2)}\ H_2O_2,\ OH^-]{\text{(1)}\ B_2D_6} \underset{OH}{CH_3\overset{D}{\overset{|}{C}}H-CHCH_3} \xrightarrow{TsCl} \underset{OTs}{CH_3\overset{D}{\overset{|}{C}}H-CHCH_3} \xrightarrow[C_2H_5OH]{NaN_3}$$

$$\underset{N_3}{CH_3\overset{D}{\overset{|}{C}}H-CHCH_3} \xrightarrow{LiAlH_4} \underset{NH_2}{CH_3\overset{D}{\overset{|}{C}}H-CHCH_3} \xrightarrow[HCOOH]{HCHO} \underset{N(CH_3)_2}{CH_3\overset{D}{\overset{|}{C}}H-CHCH_3} \xrightarrow{H_2O_2}$$

$$\underset{\substack{N(CH_3)_2 \\ -O}}{CH_3\overset{D}{\overset{|}{C}}H-CHCH_3} \xrightarrow{150℃}\ 1\text{-丁烯}+\text{顺-2-丁烯}+\text{反-2-丁烯}$$

(7) 环戊基甲胺 $\xrightarrow{HNO_2}$ 三种醇＋三种烯

19.9 由指定原料和必要的试剂合成下列化合物。

(1) $CH_3CH_2CH_2COOH \longrightarrow CH_3CH_2CH_2NH_2$（三种方法）

(2) $Ph\overset{O}{\overset{\|}{C}}CH_3 \longrightarrow Ph\overset{N(CH_3)_2}{\overset{|}{C}}HCH_3$

(3) 环戊酮 $\longrightarrow$ 环己酮

(4) 丁二烯 $\longrightarrow HOOC\text{———}COOH$

(5) 丁二烯 $\longrightarrow H_2N\text{———}NH_2$

(6) 苯 $\longrightarrow$ 1,2,3-三溴苯

(7) 甲苯 $\longrightarrow$ 间氟甲苯

（8）以甲苯和乙醇为原料合成普鲁卡因：H_2N—⟨⟩—$\overset{\overset{O}{\|}}{C}OCH_2CH_2N(C_2H_5)_2$

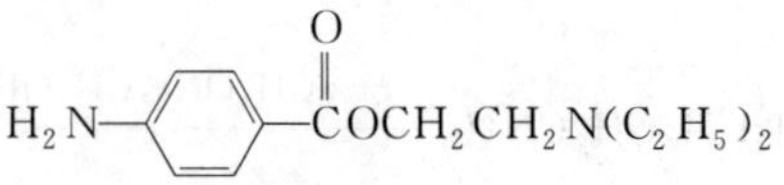

（9）以 1,3-丁二烯、丙烯醛和硝基乙烷合成：

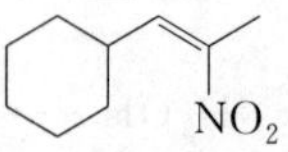

（10）以 1-氯-3-硝基苯合成：

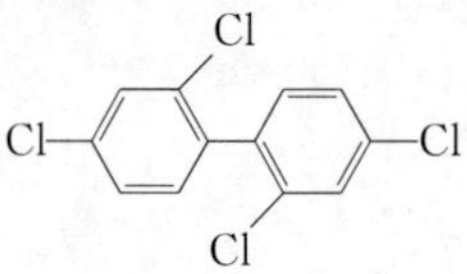

（11）以甲苯、丙烯酸甲酯和苯为原料合成：C_6H_5—⟨N⟩—Ph

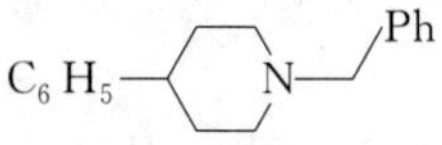

（12）以苯为原料合成：

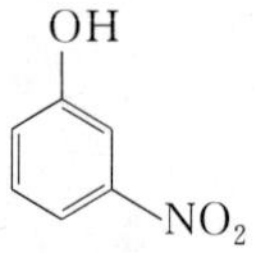

（13）以苯为原料合成：$(CH_3)_2N$—⟨⟩—$N=N$—⟨⟩—$N=N$—⟨⟩—$N(CH_3)_2$

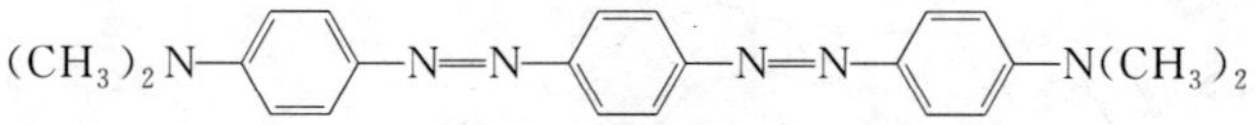

19.10　采用对甲苯胺与 $NaNO_2/HCl$ 在 0℃反应制备重氮盐，然后用于如下反应：

（1）制备的重氮盐与 CuBr 作用制备 4-溴甲苯，结果得到一混合物，混合物是什么？如何避免？

（2）制备的重氮盐在 NaOAc/HOAc 溶液中与 N,N-二甲基苯胺反应得到黄色物质，写出反应式。

（3）制备的重氮盐在 NaOAc/HOAc 溶液中与 N,N,N-三甲基苯胺反应得不到黄色物质，为什么？

19.11　推导结构。

（1）一碱性物质 A（$C_5H_{11}N$）经臭氧氧化后生成甲醛和其他物质。A 催化加氢得到 B（$C_5H_{13}N$），B 也可由己酰胺与 $Br_2/NaOH$ 反应制得。A 与过量碘甲烷反应得到一种盐 C（$C_8H_{18}NI$）。C 与湿的 Ag_2O 一起加热处理得到二烯烃 D（C_5H_8）。D 与丁炔二甲酸二甲酯反应得到 E（$C_{11}H_{14}O_4$）。E 用 Pd 催化脱氢得到 3-甲基邻苯二甲酸甲酯。试推测出 A～E 的结构式，并写出每步的反应式。

（2）化合物 A（$C_8H_9NO_2$）在浓 NaOH 溶液中用 Zn 还原生成 B，B 在强酸中发生重排生成 C，C 用亚硝酸进行重氮化反应后，再用次磷酸（H_3PO_2）处理得到 3,3′-二乙基联苯（D）。推测出 A～D 的结构式，并写出每步反应式。

（3）化合物 A（$C_5H_{11}NO_2$）还原后得到 B（$C_5H_{13}N$）。B 与过量碘甲烷反应得到一种盐 C（$C_8H_{20}NI$）。C 与湿的 Ag_2O 一起加热处理得到三甲胺和 2-甲基-1-丁烯。试推测 A～C 的结构式，写出各步反应式。

（4）化合物 A（$C_8H_{11}N$）与亚硝酸反应得到 B（$C_8H_{10}N_2O$）。A 与一摩尔 C_2H_5I 反应生成碱 C（$C_{10}H_{15}N$）。B 与浓盐酸煮沸得到其异构体 D。D 与 C_2H_5I 反应生成 E（$C_{10}H_{14}N_2O$），E 也可以用 C 与亚硝酸反应制备。试推测出 A～E 的结构式，并写出每步反应式。

（5）有一纯旋光性化合物 A（$C_{13}H_9N_2O_3Br$），不溶于稀酸也不溶于稀碱。A 用 NaOBr 处理后仍得到纯旋光性的 B（$C_{12}H_9N_2O_2Br$），B 能溶于稀盐酸。根据下列情况分别推测 A、B 和 C 的结构。

① B 用 Sn/HCl 还原成 C，C 无旋光性。

② B 用冷的 $NaNO_2/HBr$ 处理，再与 CuBr 反应得到 C，C 有旋光性。

（6）有一化合物 A（$C_8H_{17}N$），其核磁共振氢谱（^1H NMR），无双重峰。A 与两摩尔碘甲烷反应得到一种盐，该盐与湿的 Ag_2O 一起加热得到化合物 B（$C_{10}H_{21}5N$）。B 进一步进行彻底甲基化反应得到另一种盐，然后与湿的 Ag_2O 一起加热得到一种碱，将该碱加热生成三甲胺、1,5-辛二烯和 1,4-辛二烯混合物，试推测 A 和 B 的结构式，并写出反应式。

（7）化合物 A（$C_7H_{15}N$）和碘甲烷反应得到一种水溶性化合物 B（$C_8H_{18}NI$），B 与湿的 Ag_2O 一起加热处理得到化合物 C（$C_8H_{17}N$）。将 C 再与碘甲烷反应，继而与湿的 Ag_2O 一起加热处理得到化合物 D（C_6H_{10}）和三甲胺，D 可以吸收两摩尔的 H_2 得到 E（C_6H_{14}）。E 的 ^1H NMR 显示有一个七重峰和一个双重峰，它们的比例为 1∶6。试推测出 A～E 的结构式。

（8）有一局部麻醉剂 A 的分子式为（$C_{13}H_{20}N_2O_2$），不溶于水和稀碱，但能溶于稀酸。它与 $NaNO_2/HCl$ 反应生成的中间物与 β-萘酚反应生成红色固体。A 与稀碱加热后用乙醚萃取，水层小心酸化得到白色固体 B（$C_7H_7NO_2$），如果继续加酸 B 又可以溶解。B 的红外光谱在 $840cm^{-1}$ 处有一特征吸收峰。醚层蒸出乙醚后得到 C（$C_6H_{15}NO$）。C 可溶于水，其水溶液可使石蕊试纸变蓝。C 可由环氧乙烷和二乙胺反应制备。推测出写出 A～C 的结构式和主要反应式。

（9）根据下列化合物 A 经过系列反应得到 H 的合成路线，推测出 A～H 的结构。

第20章

芳香杂环化合物

有机化学中，通常将碳原子和氢原子以外的原子称为杂原子。有机化合物中最常见的杂原子是氮原子、氧原子和硫原子。如果组成环的原子包含杂原子，这类环称为杂环（heterocycle）。含有杂环的有机化合物称为杂环化合物。因此，内酯、内酰胺、环氧乙烷、环酐、交酯和环状缩醛等都是杂环化合物，但这类化合物容易开环形成链状化合物，它们的性质与相应的脂肪族化合物相似，习惯上不把它们归入杂环化合物。本章所讨论的是具有一定芳香性、比较稳定的杂环化合物，即芳香杂环化合物（aromatic heterocyclic compound）。

芳香杂环化合物广泛存在于自然界，与生物学有关的重要化合物多数为杂环化合物，在生物体内起着重要的生理作用，与生物的生长、发育、繁殖、遗传、变异等密切相关。

20.1 分类和命名

杂环化合物的数目很多，按它们的结构和性质可分为单杂环和稠杂环两大类。单杂环又可分为五元杂环和六元杂环，它们还分别可含1个、2个或2个以上杂原子。稠杂环一般是指苯环和单杂环或单杂环之间稠合而成的化合物。

杂环的命名常采用音译法，根据西文名词音译成汉字，再加上偏旁"口"字，以表示环状。如果杂环上有取代基，需给杂环编号：①一般从杂原子依次用1、2、3……编号，有时可用 α、β、γ 等希文表示杂环碳原子的位次；②环上含两个相同杂原子时，使连有取代基（或氢原子）的杂原子编号最小；③环上含不同杂原子时按 O、S、N 的顺序（即按周期表中高族者优先于低族者、同族者中原子序数小的优先于原子序数大的原则）编号；④尽可能使连有取代基的碳原子编号最小。

20.1.1 五元杂环和六元杂环

（1）一杂五元环

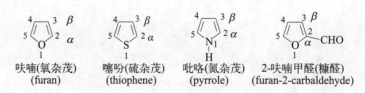

呋喃(氧杂茂)
(furan)

噻吩(硫杂茂)
(thiophene)

吡咯(氮杂茂)
(pyrrole)

2-呋喃甲醛(糠醛)
(furan-2-carbaldehyde)

（2）二杂或多杂五元环

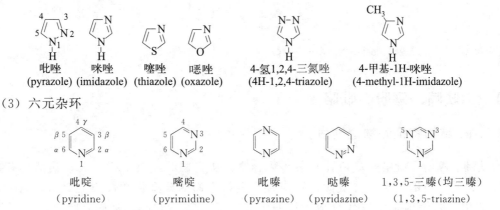

吡唑	咪唑	噻唑	噁唑	4-氢1,2,4-三氮唑	4-甲基-1H-咪唑
(pyrazole)	(imidazole)	(thiazole)	(oxazole)	(4H-1,2,4-triazole)	(4-methyl-1H-imidazole)

（3）六元杂环

吡啶（pyridine）　　嘧啶（pyrimidine）　　吡嗪（pyrazine）　　哒嗪（pyridazine）　　1,3,5-三嗪（均三嗪）（1,3,5-triazine）

20.1.2　稠杂环

稠杂环一般有特定名称。没有特定名称的稠杂环，若两个环中有一个是苯环，一般把"苯"字放在前面，杂环名称放后面，中间为介词"并"字。编号有时根据习惯，不一定从杂原子开始（如异喹啉，吖啶等）。

（1）苯并五元杂环

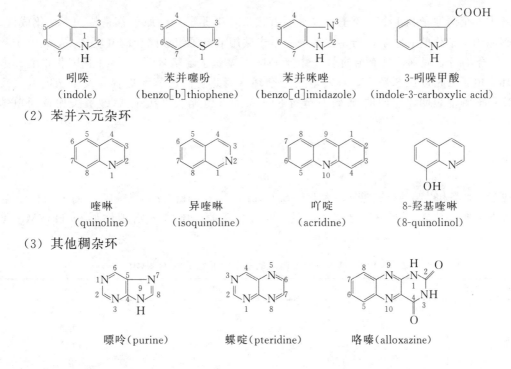

吲哚（indole）　　苯并噻吩（benzo[b]thiophene）　　苯并咪唑（benzo[d]imidazole）　　3-吲哚甲酸（indole-3-carboxylic acid）

（2）苯并六元杂环

喹啉（quinoline）　　异喹啉（isoquinoline）　　吖啶（acridine）　　8-羟基喹啉（8-quinolinol）

（3）其他稠杂环

嘌呤（purine）　　蝶啶（pteridine）　　咯嗪（alloxazine）

20.1.3　杂环衍生物

杂环衍生物的命名一般与取代基种类有关。若取代基是烷基、—NO_2、—NH_2（或—NHR，—NR_2）、—COR 等，将杂环作母体，取代基的位次和名称置于母体之前。若取代基为—COOH、—COOR、—SO_3H 等，将它们作为化合物词尾，杂环作为取代基。例如：

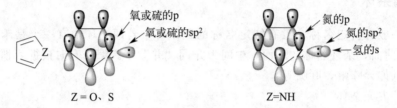

3-甲基呋喃　　　　3-氨基吡啶　　　　噻吩-3-磺酸　　　　吡啶-3-甲酸(烟酸)　　　　β-吲哚乙酸

20.2　呋喃、噻吩、吡咯

20.2.1　结构特征和物理性质

　　呋喃、噻吩、吡咯是单杂五元杂环化合物。从它们的经典结构式看，其都具有共轭二烯的结构，具有一定的加成倾向反应性，但是它们的典型化学性质类似苯，能进行硝化、磺化、卤代等亲电取代反应。按照分子轨道理论，呋喃、噻吩、吡咯的分子表示如下：

环中4个碳原子和1个杂原子组成平面五边形，碳原子和杂原子都是按 sp^2 杂化成键，每个碳原子未杂化的 p 电子，与杂原子的一对未共用 p 电子组成闭合的共轭体系，π 电子数为 6，符合 $4n+2$ 规则，具有芳香性。由于呋喃、噻吩、吡咯环是 5 个原子共享 6 个 π 电子，环上电子云密度比苯环大，是富电子芳杂环，因此它们比苯环更容易发生亲电取代反应。X 衍射测定表明，它们的碳-碳双键键长比普通双键略长，碳-碳单键键长比普通单键略短：

　　噻吩、吡咯和呋喃的离域能分别为 125.5kJ·mol^{-1}、90.4kJ·mol^{-1} 和 71.1kJ·mol^{-1}。它们的芳香性顺序为苯＞噻吩＞吡咯＞呋喃。呋喃、噻吩、吡咯的物理性质和 ^{1}H NMR 见表 20.1。

表 20.1　呋喃、噻吩、吡咯的主要物理性质和 ^{1}H NMR

性质		呋喃	噻吩	吡咯
气味		似氯仿	特殊气味	似苯胺(弱)
状态		无色液体	无色液体	无色液体
沸点/℃		31.4	84	130
熔点/℃		−85.6	−38.3	−23.4
水溶性		微溶	不溶	微溶
^{1}H NMR(ppm)，α-H		7.42	7.18	6.68
	β-H	6.08	7.04	6.22
	N—H	/	/	7.25

　　呋喃、噻吩、吡咯的偶极矩大小见表 20.2。

表 20.2　呋喃、噻吩、吡咯的偶极矩

一杂五元脂环结构、偶极矩	一杂五元芳香环结构、偶极矩	ΔD
 （氧杂环戊烷）↓1.68	 （呋喃）↓0.71	0.97
 （硫杂环戊烷）↓1.87	 （噻吩）↓0.52	1.35
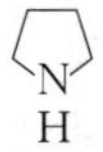 （N-H 杂环戊烷）↓1.57	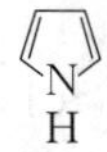 （吡咯 N-H）↑1.80	3.37

20.2.2　制备方法

呋喃、噻吩、吡咯分别存在于木焦油、煤焦油和骨焦油中，但含量不多。工业上用糠醛（α-呋喃甲醛）脱羰基制备呋喃。

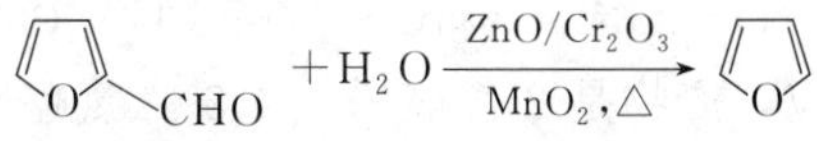

糠醛

噻吩可以由含四个碳原子的链状化合物与 S 或 P_2S_5 反应制备：

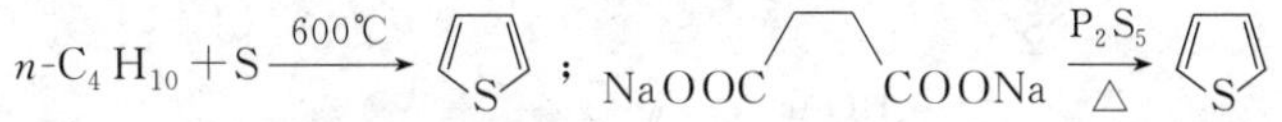

呋喃和氨在高温下反应得到吡咯：

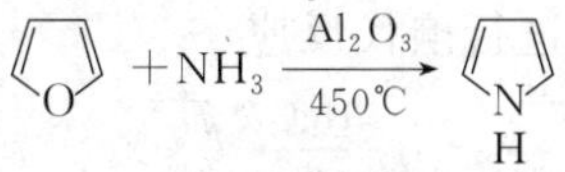

实验室制取呋喃、噻吩和吡咯衍生物的方法很多，其中通过 1,4-二羰基化合物环化法合成制备呋喃、噻吩或吡咯，也称 Paal-Knorr 合成法：

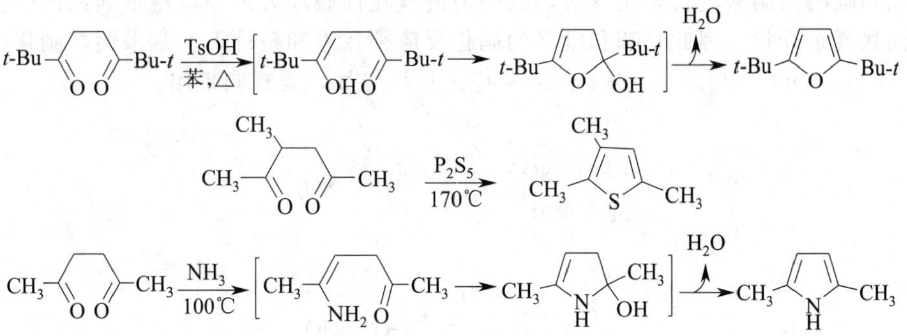

20.2.3　化学性质

20.2.3.1　亲电取代反应

呋喃、噻吩、吡咯能像苯一样发生系列的特征反应，由于它们是富电子芳杂环，所以比苯更容易发生亲电取代反应，其反应活性相对次序是吡咯＞呋喃＞噻吩＞苯。比如它们的溴化反应相对速率是 3×10^{18}、6×10^{11}、5×10^{9}、1。

（1）卤代反应

像苯酚和苯胺一样，吡咯、呋喃、噻吩很容易发生卤代反应。吡咯的卤代必须在低温下进行，一般得多卤代产物，吡咯即使于 0℃溴代也得到四溴吡咯：

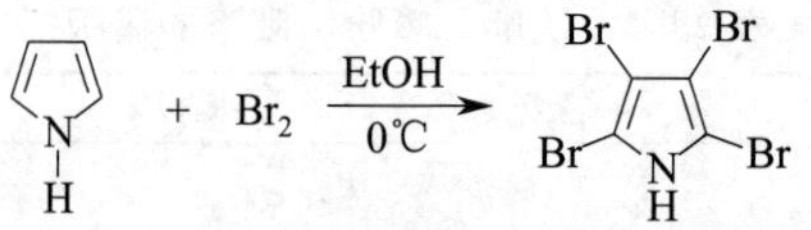

吡咯与硫酰氯（SO$_2$Cl$_2$）或 NCS（N-氯代丁二酰亚胺）在乙醚中反应可以得到 2-氯吡咯，吡咯与 NBS 反应得到 2-溴吡咯：

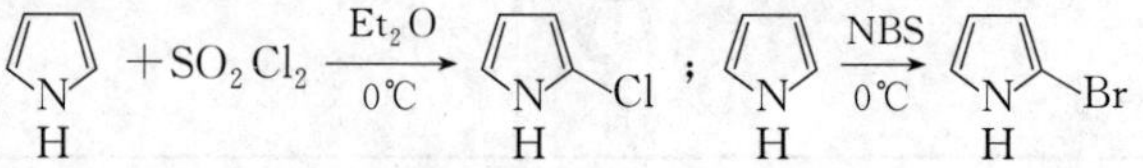

呋喃与 Br$_2$ 反应也很激烈，只能在低温下（0℃）进行，在二氧六环中反应得到一溴代产物，与 Cl$_2$ 即使在 −40℃下反应也得到混合产物：

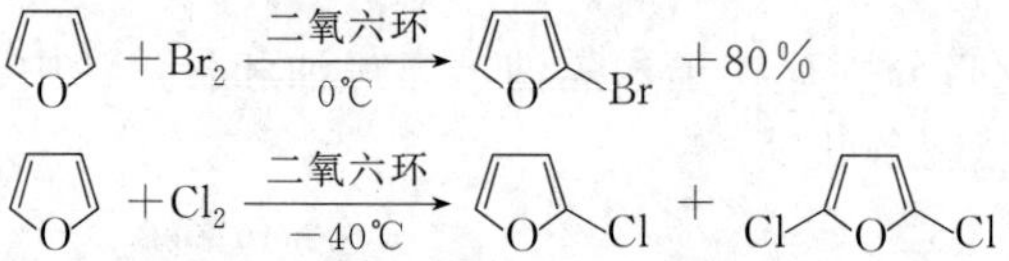

噻吩与 Cl$_2$ 在 50℃能反应，产物是 2-氯噻吩、2,5-二氯噻吩和一些加成产物的混合物，收率较低。噻吩与 Br$_2$ 可在室温下进行，主要是一溴代产物，收率较高：

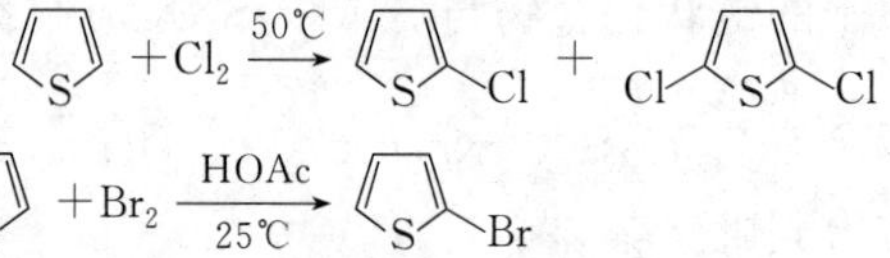

在 HgO 存在下，噻吩可直接进行碘代反应：

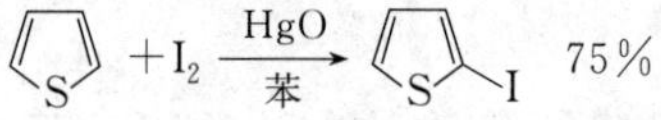

（2）硝化反应

呋喃和吡咯与硝酸进行硝化反应，因硝酸的氧化性破坏芳杂环，得不到预期产物，而是生成焦油状复杂产物。因此呋喃和吡咯的硝化反应须在温和条件下，常采用弱硝化试剂硝酸乙酰酯（CH$_3$COO$^-$NO$_2^+$），这一试剂不稳定且易爆炸，要现制现用。

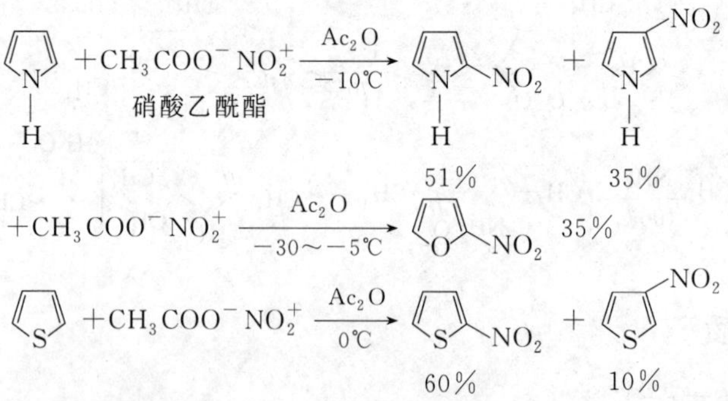

（3）磺化反应

吡咯、呋喃不能直接用硫酸磺化，因为它们在浓硫酸中发生聚合。通常用温和的磺化试剂吡啶-SO$_3$ 进行磺化，吡咯可以得到收率较高的吡咯-2-磺酸：

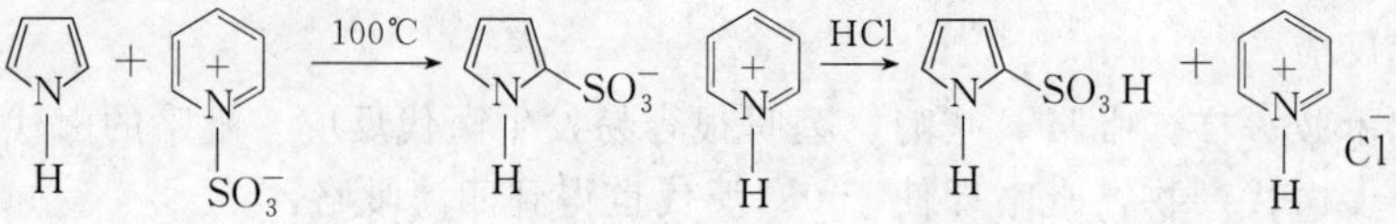

呋喃进一步磺化可以得到呋喃-2,5-二磺酸：

$$\text{（furan）} + \text{（pyridine-SO}_3^-\text{）} \xrightarrow[\text{(2) HCl}]{\text{(1) Ac}_2\text{O}} \text{（furan）}SO_3H \xrightarrow[\text{Ac}_2\text{O}]{\text{吡啶-SO}_3 \quad \text{HCl}} HO_3S\text{（furan）}SO_3H$$

噻吩比较稳定，可直接用浓硫酸在室温下快速磺化反应得到噻吩-2-磺酸：

$$\text{（thiophene）} + \text{浓 } H_2SO_4 \xrightarrow{25℃} \text{（thiophene）}SO_3H$$

利用噻吩室温易磺化而苯较难反应的性质，可以除去煤焦油得到的苯中含有的少量噻吩。方法是将含有噻吩的苯与浓硫酸一起振摇，生成的噻吩-2-磺酸溶于硫酸中，然后分液除去。

（4）酰基化反应

Friedel-Crafts 酰化需在活性较温和的催化剂存在下进行，比如 BF_3、$SnCl_2$ 等。例如：

$$\text{（furan）} + (CH_3CO)_2O \xrightarrow{BF_3} \text{（furan）}COCH_3 \quad \text{2-乙酰基呋喃}$$

吡咯活性较高，可不用催化剂，用酸酐在 150～160℃下直接酰化：

$$\text{（pyrrole）} + (CH_3CO)_2O \xrightarrow{150～160℃} \text{（pyrrole）}COCH_3 \quad \text{2-乙酰基吡咯}$$

噻吩酰基化反应需小心控制反应条件，如用无水三氯化铝、氯化锡等催化剂易产生树脂状物质，必须先将三氯化铝与酰化剂反应，形成活泼的亲电试剂，然后再与噻吩反应。所以，含有噻吩的苯在进行 F-C 酰基化反应前必须先除去噻吩，有时也可用磷酸作催化剂：

$$\text{（thiophene）} + (CH_3CO)_2O \xrightarrow{H_3PO_4} \text{（thiophene）}COCH_3 \quad \text{2-乙酰基噻吩}$$

呋喃、噻吩、吡咯进行烷基化反应时，很难得到一烷基取代物，往往生成混合的多烷基取代物，甚至不可避免地产生树脂状物质，因此用途不大。

（5）定位规则

呋喃、噻吩、吡咯亲电取代反应机理同苯相似。它们的定位规则分一取代和二取代两种情况。

呋喃、噻吩和吡咯发生一取代反应时，可以有两种不同的取代位置，比较下面不同亲电位置的中间体稳定性，亲电这剂（E^+）主要进入 α 位（2 位）。

取代在 α 位，中间体有三种正则式，取代在 β 位，只有两种。故取代在 α 位的中间体稳定。中间体越稳定越易生成，所以一取代时 α 位取代产物是主要的。

若呋喃、噻吩和吡咯环上已有一个取代基时，它对第二个基团有定位效应，同时环上杂原子也有定位效应。

原有取代基（G）在呋喃的 α 位时，无论该取代基是邻、对位定位基还是间位定位基，第二个取代基进入 C5 位。原有取代基（G）在噻吩或吡咯的 α 位时，如果该取代基是邻对位定位基，得到 C3 和 C5 取代的混合物，其中 C5 为主要产物，如果该取代基为间位定位基，得到 C4 和 C5 取代的混合物，其中 C4 为主要产物：

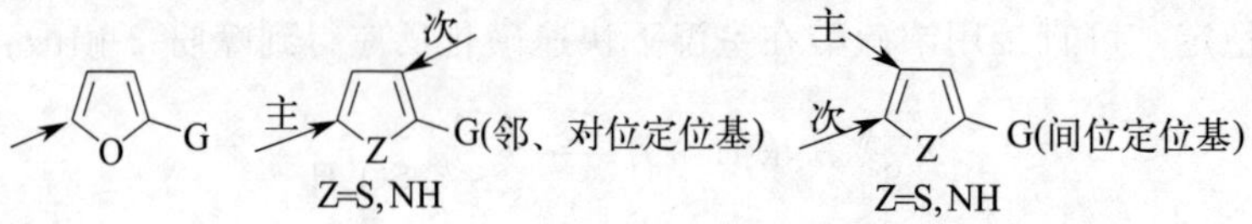

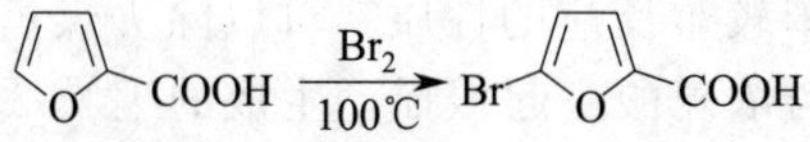

原有取代基（G）在呋喃、噻吩或吡咯的 β 位时，如果该取代基是邻、对位定位基，第二个取代基进入 C2（α）位。如果该取代基是间位定位基，得到 C5 取代为主的产物：

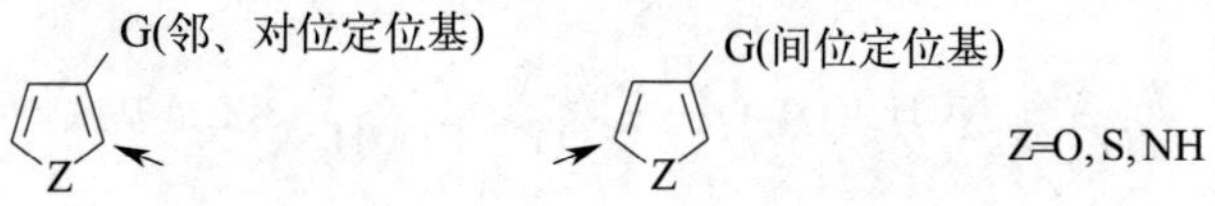

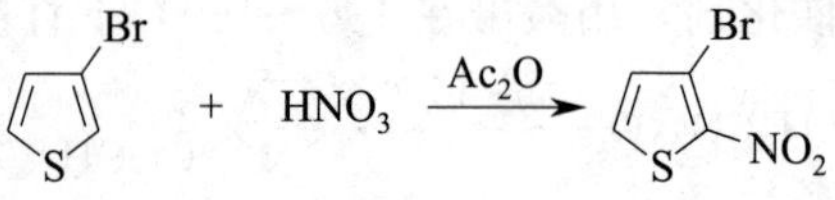

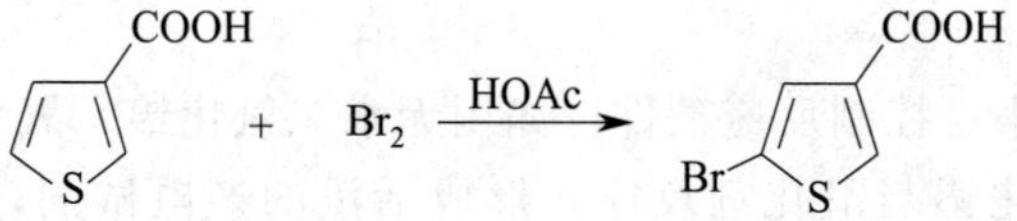

20.2.3.2　加成反应

呋喃、噻吩、吡咯分子中都有一个顺丁二烯型结构，它们具有不饱和性质，用共振能来衡量，它们的稳定性和不饱和性有如下顺序：

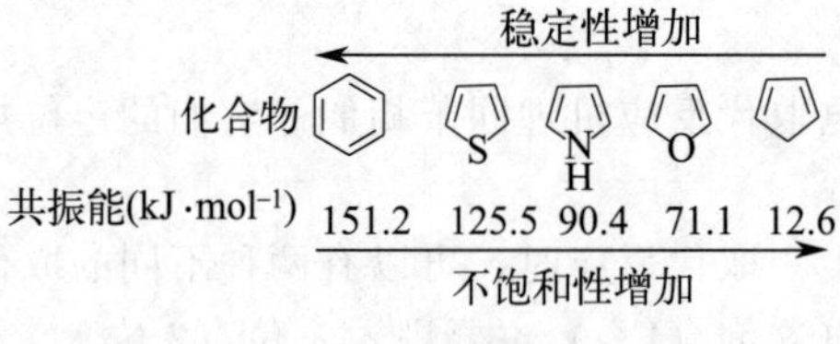

加成反应是不饱和化合物的最典型反应。呋喃、噻吩、吡咯能像环戊二烯分子那样催化加氢生成相应的饱和环状化合物。呋喃在钯或镍催化下加氢生成重要的有机溶剂四氢呋喃：

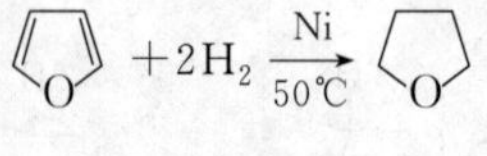

吡咯需在高温下才能被 Raney Ni 催化加氢生成四氢吡咯，四氢吡咯是生物碱的主要骨架之一：

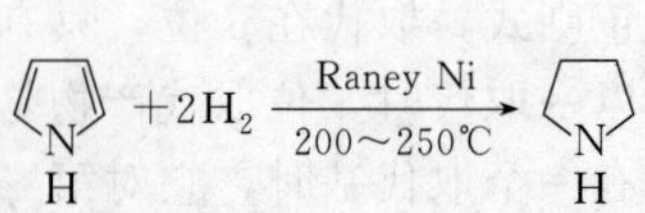

噻吩含有硫原子，催化加氢时会使常规金属催化剂中毒，特别是钯催化剂，失去催化能

力，因此常用二硫化钼或 Na-Hg/EtOH 代替金属催化剂进行还原：

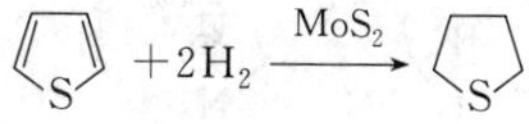

呋喃具有明显的共轭双烯的性质，很容易与马来酸酐发生 Diels-Alder 反应，生成含氧桥的环状化合物：

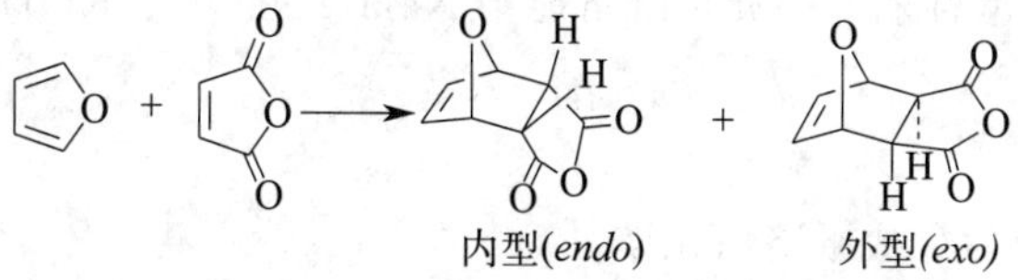

内型(endo)　　外型(exo)

内型是动力学控制产物，因此，在 40℃下的乙腈溶液中生成内型产物比外型产物快 500 倍。但是，随着反应时间延长，产物主要由热力学控制，最初形成的内型产物可转化为更稳定的外型产物。

呋喃还可以与丁炔二酸酯、苯炔等亲双烯体反应：

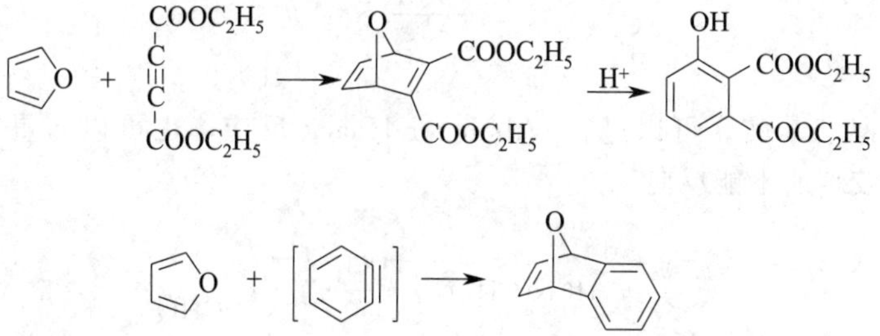

吡咯的稳定性高于呋喃，它与马来酸酐不发生 Diels-Alder 反应，只与比较强的亲二烯体苯炔、丁炔二酸酯发生类似的反应：

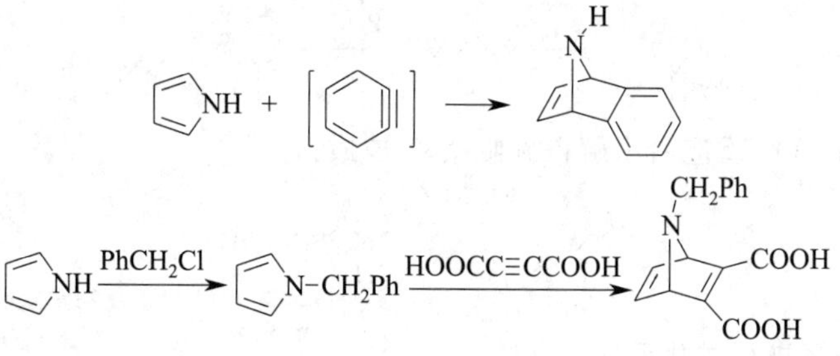

噻吩的共振能较大，比较稳定，只能与很活泼的亲二烯体在较高温度下发生 D-A 反应：

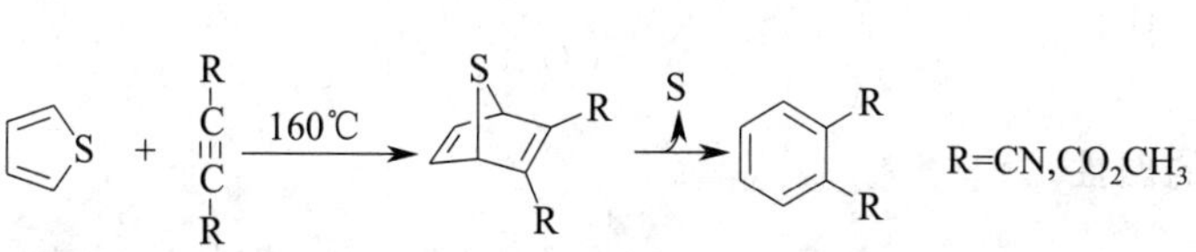

$R=CN, CO_2CH_3$

20.2.3.3　吡咯的酸碱性

吡咯可以看作二级胺。氮原子上未共用 p 电子参与了环的共轭，一方面使它的碱性大为减弱（$K_b=2.5\times10^{-14}$），比苯胺（$K_b=3.8\times10^{-10}$）的碱性还要弱，只能溶于冷的稀酸中，加热此溶液，则会形成吡咯的聚合物吡咯红。

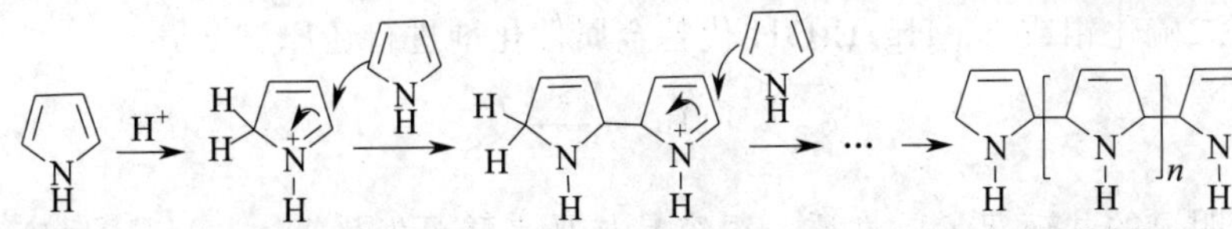

吡咯红

另一方面氮上的氢具有微弱酸性（$pK_a = 13.6$），比醇（$pK_a = 15.9$）酸性强，比苯酚（$K_a = 1.3 \times 10^{-10}$）的酸性弱。因此，吡咯能与 NaH、NaOH、KOH 等反应生成吡咯盐：

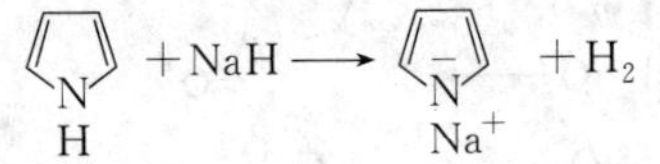

吡咯与格氏试剂反应生成吡咯卤化镁：

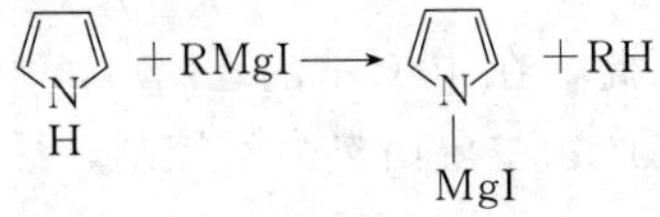

吡咯和吡咯盐能发生许多反应。吡咯钾盐进行碘代反应生成四碘吡咯：

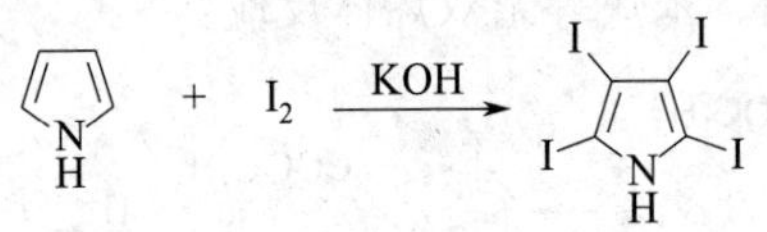

吡咯活性类似于苯胺，可以进行 Vilsmeier-Haack 反应，也可以与重氮盐进行偶合反应。呋喃和噻吩较难或不能反应：

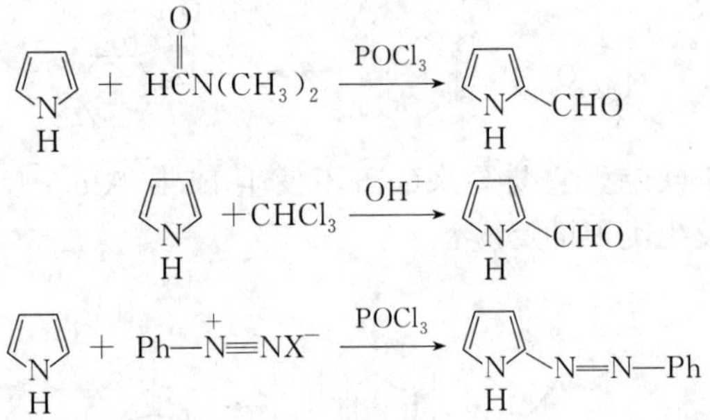

吡咯卤化镁与 CO_2 反应后水解得到吡咯-2-羧酸：

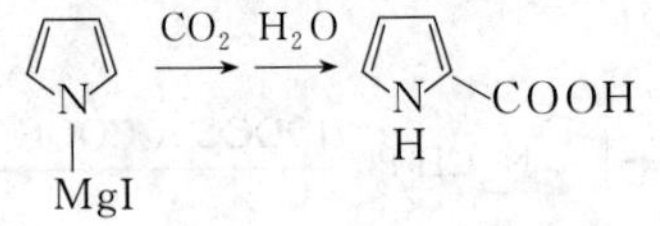

吡咯盐能与酰氯进行酰化反应：

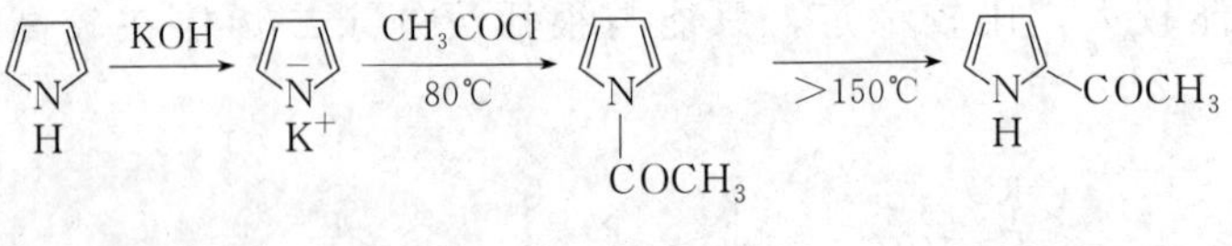

20.2.3.4 呋喃的碱性

呋喃的氧原子上有两对未共用电子对，其中位于未杂化 p 轨道的孤对电子参与了共轭，另一对在杂化形成的 sp^2 轨道，未参与共轭，在一定条件下能发生质子化反应。但因氧的碱性很弱，形成的氧-氢键能很弱，容易断裂，因此呋喃质子化过程一般发生在 C2 上。在稀酸条件下呋喃质子化反应往往导致开环反应，生成 1,4-二羰基化合物。例如：

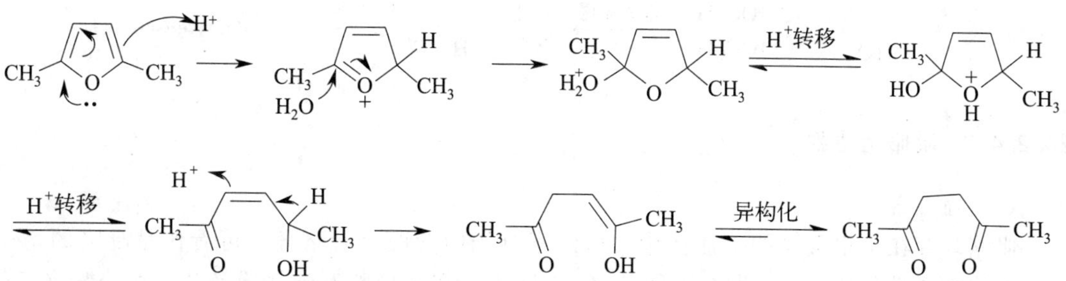

（反应机理图示：2,5-二甲基呋喃在 H^+ 作用下的水解反应过程）

$$CH_3COCH_2CH_2COCH_3$$

20.2.4　一杂五元环的重要衍生物

20.2.4.1　呋喃衍生物

呋喃的重要衍生物是 α-呋喃甲醛，俗称糠醛，传统工业主要由稻糠、甘蔗渣、高粱杆、玉米芯、花生壳等农副产品与酸共热、蒸馏制取。这些农副产品中含聚戊糖，经酸水解转化为戊糖，戊糖在酸作用下进一步脱水生成糠醛：

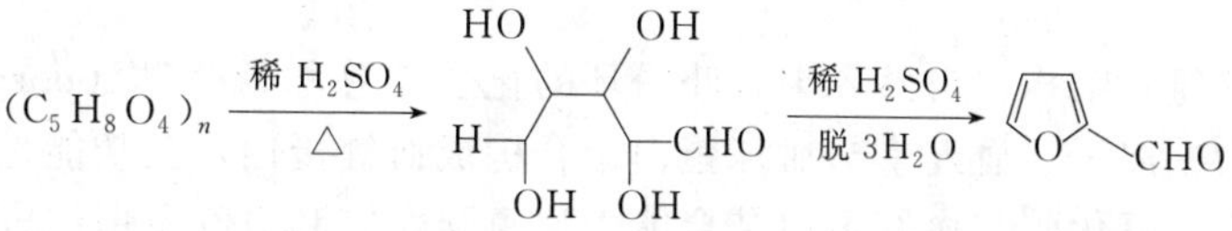

$$(C_5H_8O_4)_n \xrightarrow[\triangle]{稀\ H_2SO_4} 戊糖 \xrightarrow[脱\ 3H_2O]{稀\ H_2SO_4} 糠醛$$

聚戊糖　　　　　　　　戊糖　　　　　　　　糠醛

糠醛是无色透明液体，沸点 161.7℃，易溶于醇和醚，在空气中颜色逐渐变深直至棕褐色。工业上糠醛常用作精炼石油的溶剂，溶解含硫物质及环烷烃，还可用于精制松香、脱除色素、溶解硝酸纤维素等。

糠醛进行氧化还原反应得到糠醇、糠酸、马来酸酐等。

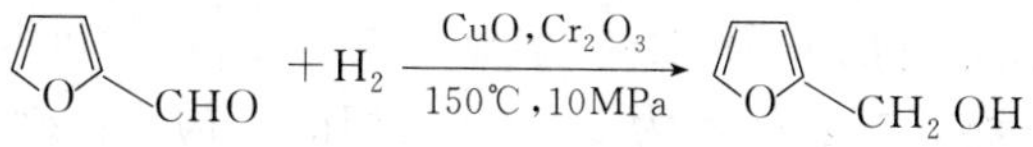

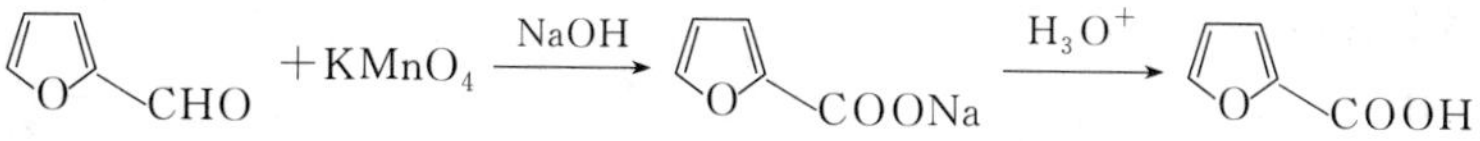

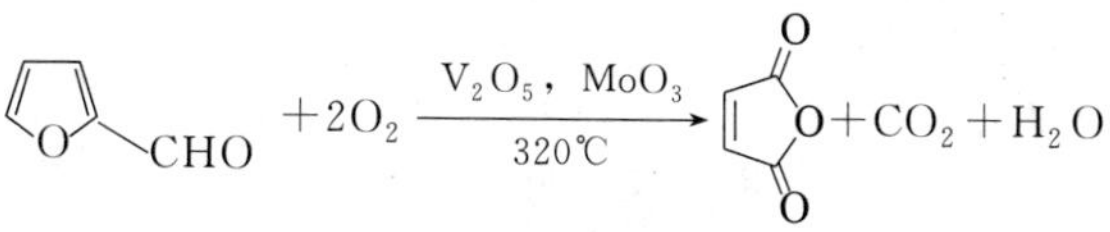

（反应式）$\text{呋喃}-CHO + H_2 \xrightarrow[150℃,10MPa]{CuO,Cr_2O_3} \text{呋喃}-CH_2OH$

（反应式）$\text{呋喃}-CHO + KMnO_4 \xrightarrow{NaOH} \text{呋喃}-COONa \xrightarrow{H_3O^+} \text{呋喃}-COOH$

（反应式）$\text{呋喃}-CHO + 2O_2 \xrightarrow[320℃]{V_2O_5,\ MoO_3} \text{马来酸酐} + CO_2 + H_2O$

与不含 α-氢的苯甲醛相似，可以发生安息香缩合、Perkin 反应、Cannizarro 反应、Knoevenagel 反应等。

（反应式）$2\ \text{呋喃}-CHO \xrightarrow[或维生素\ B1]{KCN/C_2H_5OH}$　安息香缩合

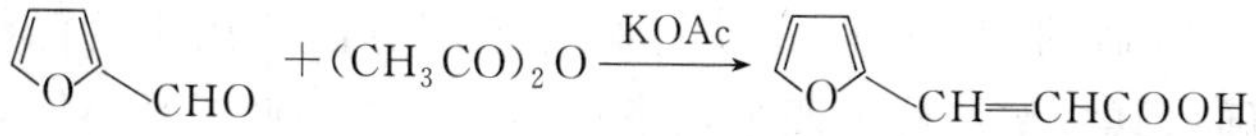

（反应式）$\text{呋喃}-CHO + (CH_3CO)_2O \xrightarrow{KOAc} \text{呋喃}-CH=CHCOOH$　Perkin 反应

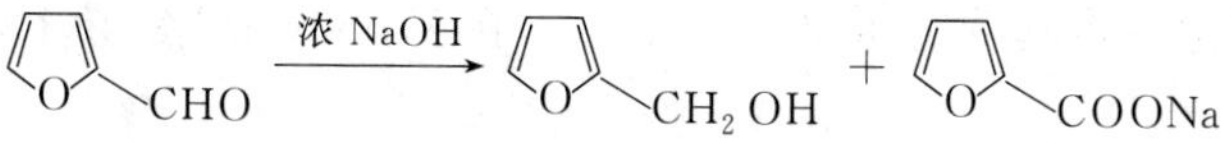

（反应式）$\text{呋喃}-CHO \xrightarrow{浓\ NaOH} \text{呋喃}-CH_2OH + \text{呋喃}-COONa$　Cannizarro 反应

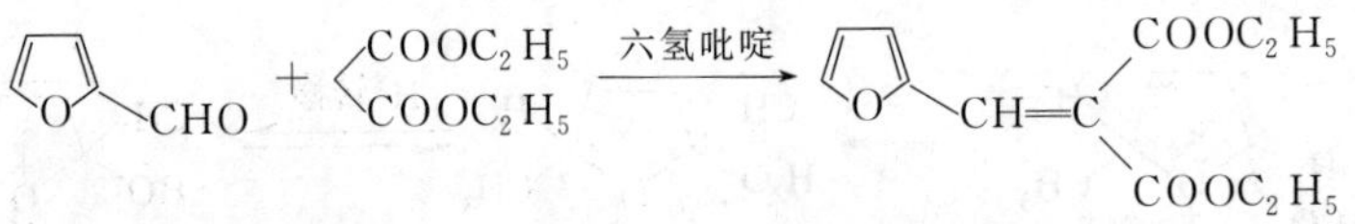

$$\text{（furfural）CHO} + \begin{array}{c}\text{COOC}_2\text{H}_5\\ \text{COOC}_2\text{H}_5\end{array} \xrightarrow{\text{六氢吡啶}} \text{（furyl）CH=C}\begin{array}{c}\text{COOC}_2\text{H}_5\\ \text{COOC}_2\text{H}_5\end{array} \qquad \text{Knoevenagel 反应}$$

20.2.4.2 吡咯衍生物

（1）血红素

吡咯环存在于很重要的生命体中。血红素分子中含四个吡咯环，可看作是吡咯的衍生物。其中四个吡咯环是通过四个次甲基（—CH ＝）在 α 位相互连接成环状，称卟吩（porphine）。卟吩和血红素结构如下：

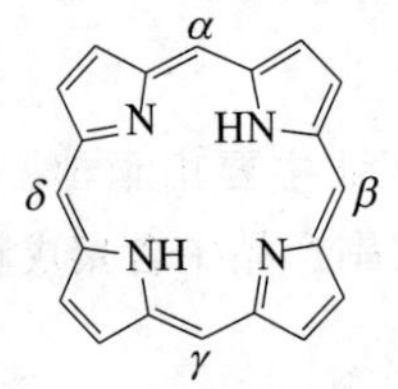

卟吩为封闭的氮穴结构，自然界中含卟吩环的化合物总称为卟啉（porphyrin），含量丰富的血红素穴内为铁离子。血红素与血球蛋白结合构成血红蛋白，其功能是输送氧气，供组织新陈代谢。因为一氧化碳与血红蛋白结合能力比氧强，它和血红蛋白结合后，阻止氧气与血红蛋白的结合，能使人中毒缺氧而导致窒息。

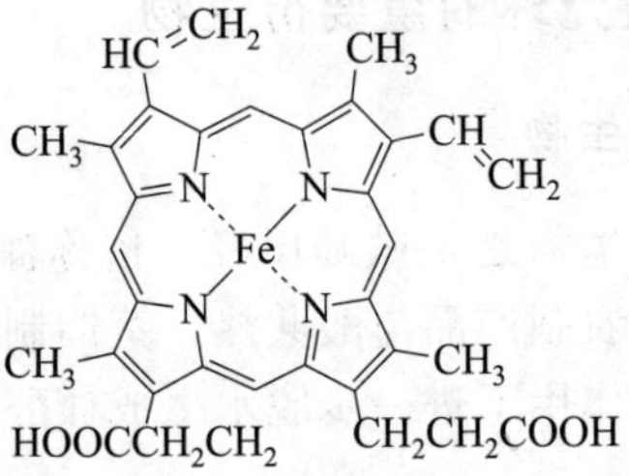

（2）叶绿素

叶绿素也可看作是吡咯的衍生物，广泛存在于绿色植物细胞的叶绿体中。叶绿素含有一个镁离子，是光合作用中不可缺少的催化剂和电子传递体。

$$mCO_2 + nH_2O \xrightarrow[\text{光合作用}]{\text{叶绿素}/h\nu} C_mH_{2n}O_n + mO_2$$

自然界叶绿素是由蓝绿色的叶绿素 a（熔点 117～120℃）和黄绿色的叶绿素 b（熔点 120～130℃）组成的混合物，二者比例为 5∶2，它们的结构均被确认。叶绿素 a 于 1960 年由 Woodward 等全合成。

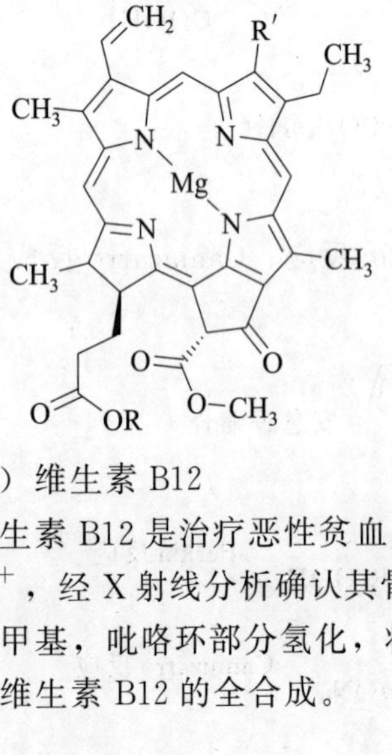

R′= CH₃　　叶绿素 a

R′= CHO　　叶绿素 b

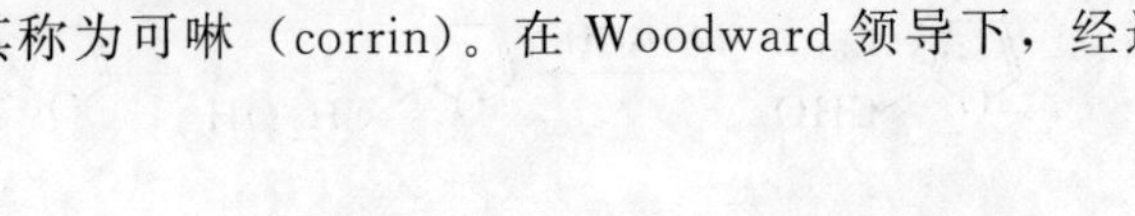

$$R= CH_3CHCH_2CH_2 + CH_2CHCH_2CH_2 \not\mid_n CH_2C=CHCH_2-$$

（3）维生素 B12

维生素 B12 是治疗恶性贫血的特效药，是从肝脏有效部分离析出来的深红色晶体，含有 Co^{3+}，经 X 射线分析确认其骨架结构由四个吡咯环形成，但与卟吩环不同，在 δ 位少了一个次甲基，吡咯环部分氢化，将其称为可啉（corrin）。在 Woodward 领导下，经过 13 年完成了维生素 B12 的全合成。

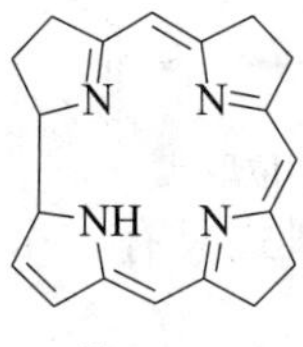

可啉(corrin)

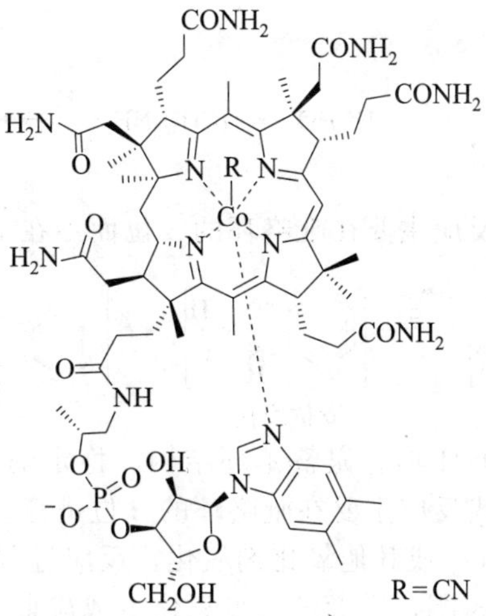

R＝CN

维生素 B12 中除了离子还含一个氰基，因此又称氰基钴胺素，它是人工合成的最复杂的非高分子化合物之一，是有机合成艺术的重大成就。

（4）吲哚

吲哚由一个苯环和一个吡咯环稠合而成，片状晶体，熔点为 52℃，碱性很弱，存在于煤焦油和茉莉花油中，高浓度具有恶臭气味，但在浓度很低时却具有香味，因而可用作香料。吲哚衍生物是重要的化工原料或合成中间体。

吲哚具有芳香性，亲电取代反应比苯容易但比吡咯难。亲电取代主要发生在吡咯环上的 β 位。由于吲哚环对酸和氧化剂敏感，因此需采用与吡咯相似的反应试剂：

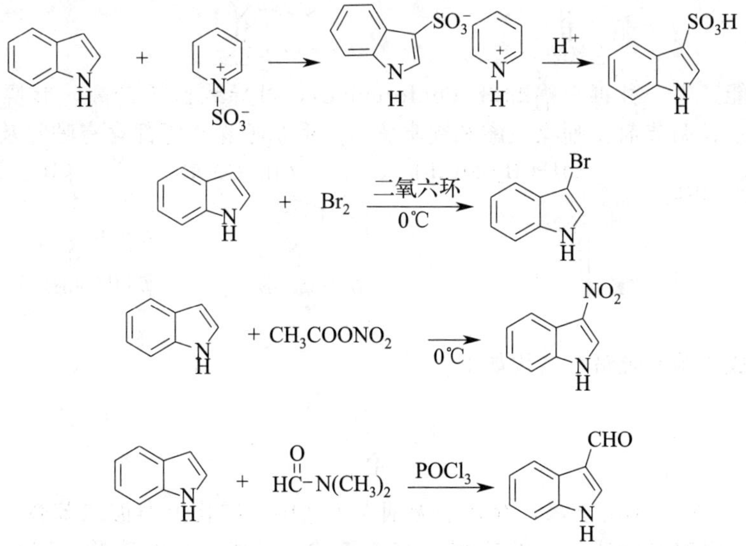

吲哚也能发生偶联反应和 Mannich 反应：

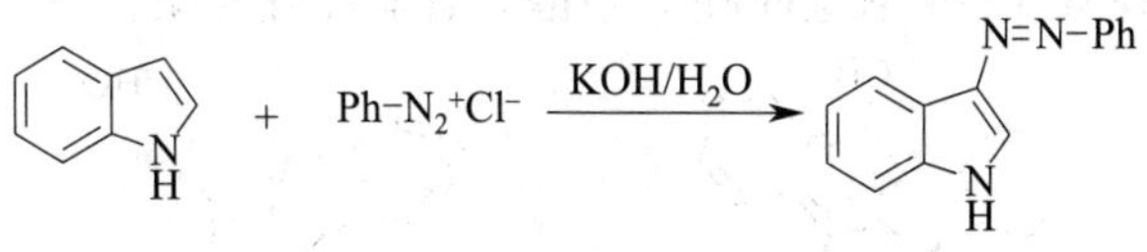

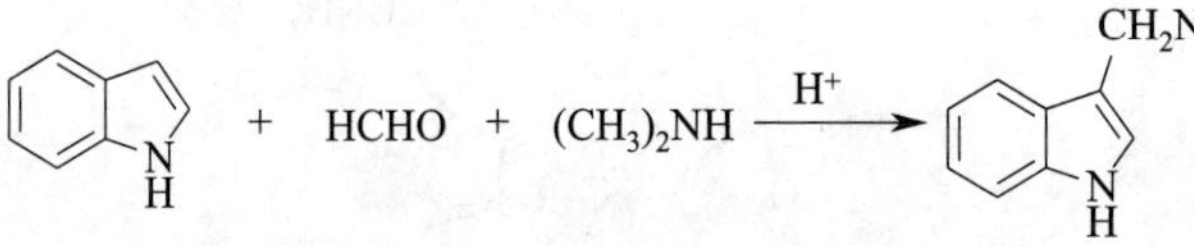

Mannich反应

吲哚的亲电取代反应主要在吡咯环的 β 位而不在 α 位，这与反应中间体的稳定性有关：

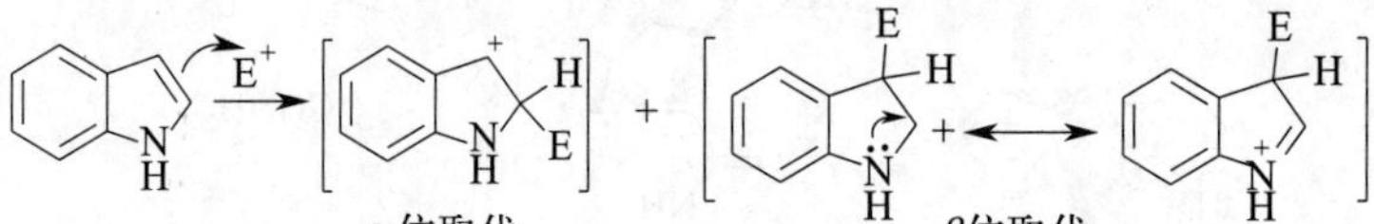

α位取代　　β位取代

进攻 α 位时，中间体具有完整苯环结构、稳定的正则式只有一个，而进攻 β 位则有两个，因此吲哚亲电取代反应主要在吡咯环的 β 位进行。

吲哚能被空气中 O_2 或其他氧化剂氧化，反应过程较复杂。吲哚自动氧化时生成过氧化物，继而转化为吲哚-3-酮，后者进一步氧化生成靛蓝（indigo）。2500 年前，我国马王堆出土的蓝色麻织物就是用靛蓝染成的。

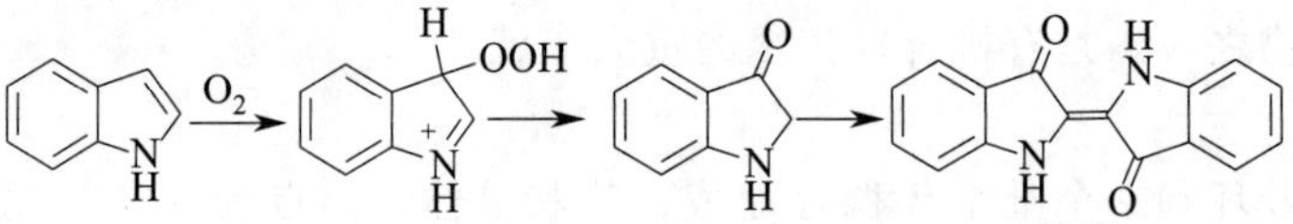

靛蓝

人体必需的色氨酸含有吲哚基团，它在人体内在酶的催化下经羟基化和脱羧生成血清素 5-羟基色胺，它具有收缩血管的作用，也是神经细胞传导脉冲所必需的神经递质。

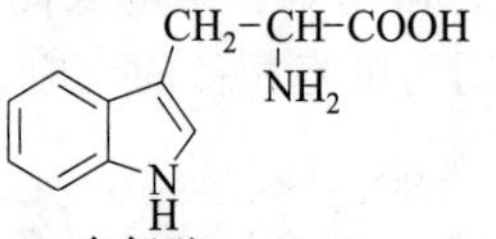

色氨酸

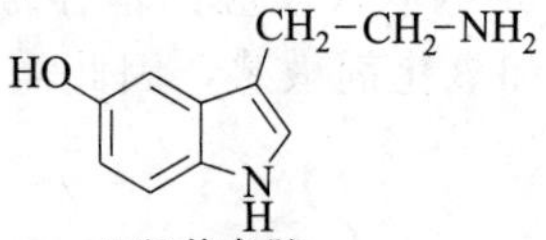

5-羟基色胺

蟾蜍皮肤能产生一种毒素蟾蜍碱（bufotenine），可导致血压升高，麻痹脊髓和大脑运动中枢。植物生长调节剂 β-吲哚乙酸和粪臭素（β-甲基吲哚）等都含有吲哚基团。

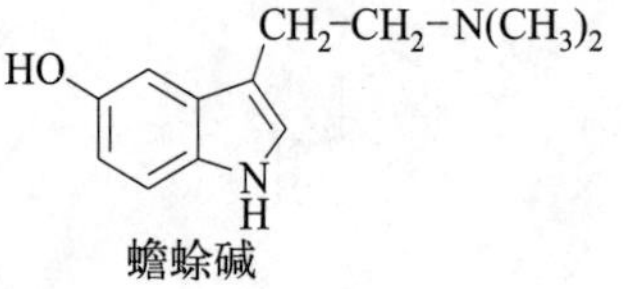

蟾蜍碱

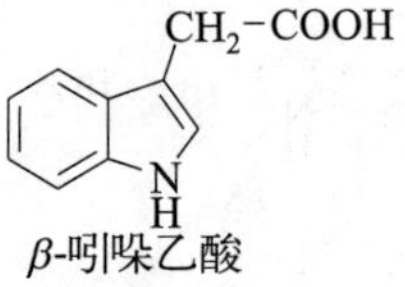

β-吲哚乙酸

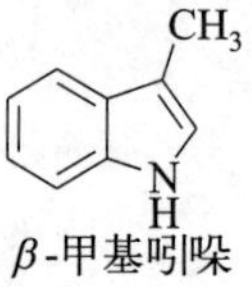

β-甲基吲哚

（5）咔唑

咔唑可看成二苯并吡咯，结构如下：

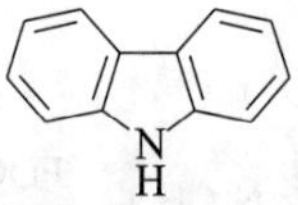

咔唑熔点 245℃，不溶于水，存在于无烟煤焦油中。结构上类似二苯胺，但碱性远弱于二苯胺，也弱于吡咯和吲哚，因此咔唑不溶于稀酸，仅能溶于浓硫酸，用水稀释咔唑又析出，不发生聚合反应。

玫瑰树碱和九里香碱（1-甲氧基咔唑-3-甲醛）含有咔唑骨架：

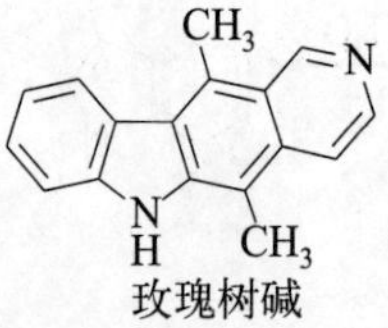

玫瑰树碱

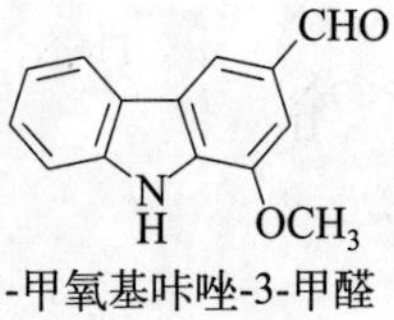

1-甲氧基咔唑-3-甲醛

两分子 3-氨基咔唑和 2,3,5,6-四氯苯醌经缩合反应后再磺化得到天狼星蓝，其结构如下：

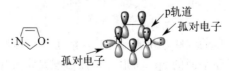

咔唑与乙炔在高温高压下反应可得到 9-乙烯基咔唑，后者聚合得到聚（9-乙烯基咔唑）。它是一种导电聚合物，在光照时导电性升高，广泛用于电子摄影和复印。

9-乙烯基咔唑   聚(9-乙烯咔唑)或聚 N-亚乙基咔唑

20.2.4.3 噻吩衍生物

噻吩衍生物存在于真菌和高级植物中。例如存在于真菌中的 5-(1-丙炔基)噻吩-2-甲醛和从菊科植物中提取的 5-(4-戊烯-1-炔基)-2,2′-联二噻吩都具有杀线虫的活性：

$CH_3-C≡C-$ CHO $-C≡C-CH_2-CH=CH_2$
5-(1-丙炔基)噻吩-2-甲醛   5-(4-戊烯-1-炔基)-2,2′-联噻吩

噻吩衍生物已应用于合成医药、农药、燃料、功能材料。目前 α 位噻吩衍生物较 β 位用量大，主要有噻吩-α-乙酸、α-氯甲基噻吩、α-乙酰基噻吩、噻吩-α-甲醛。β-噻吩衍生物有特殊的活性，主要有 β-甲基噻吩、噻吩-β-甲醛、噻吩-β-乙酸乙酯、β-溴噻吩等。

20.3 含有两个杂原子的五元杂环

含有两个杂原子的五元杂环，如果至少有一个杂原子是氮，称为唑。其中比较常见的是噁唑、噻唑和咪唑。

20.3.1 噁唑和噁唑衍生物

噁唑具有芳香性，环上所有原子均为 sp^2 杂化，结构如下：

p 轨道
孤对电子
孤对电子

噁唑有两对孤对电子，分别在氧原子和氮原子上，氧原子 p 轨道的一对电子参与环共轭，因此，噁唑是富 π 电子杂环体系，氧原子上还有一对电子处于环平面的 sp^2 轨道。噁唑中带孤对电子的氮原子称为吡啶氮，因为氮原子的电负性降低了整个共轭体系的电子出现的概率密度，所以噁唑亲电取代反应发生在 C5 或 C4 位，亲核取代反应发生在 C2 位。

噁唑中吡啶氮具有碱性，可以与酸成盐，也具有亲核性，可与卤代烷进行亲核取代反应：

噁唑亲电取代反应发生在 C4 或 C5 位，副反应是加成反应。

噁唑与亲核试剂反应发生在 C2 位，在亲核试剂作用下，噁唑先开环再关环。如果亲核试剂是氨则生成咪唑衍生物。

天然噁唑衍生物很少，从链霉素中分离出来的 5-(1H-3-吲哚基)-2-甲基噁唑以及从一年生黑麦的根中分离提取到的一种生物碱安纽洛林，都具有噁唑环结构。

安纽洛林

噁唑衍生物常以醛氰醇与醛在无水 HCl 催化下缩合得到：

苯并噁唑为无色晶体，熔点 31℃，是由 2-氨基苯酚和羧酸或羧酸衍生物经缩合反应得到：

20.3.2 噻唑和噻唑衍生物

噻唑具有芳香性，环上所有原子均为 sp^2 杂化，结构如下：

噻唑为无色液体，有腐臭的气味，沸点 118℃，溶于水。硫原子 p 轨道中一对电子参与环共轭，还有一对电子处于环平面的 sp^2 轨道。虽然噻唑是富 π 电子杂环体系，但 π 电子主要集中在杂原子上。噻唑有两对孤对电子，分别在硫原子和氮原子上，噻唑中带孤对电子的氮原子也称为吡啶氮，因为氮原子的电负性降低了整个共轭体系的电子出现的概率密度，所以噻唑亲电取代反应发生在 C5 位，C5 位被占时则发生在 C4 位，亲核取代反应发生在 C2 位。

噻唑中吡啶氮具有碱性，由于硫的电负性小于氧，因此噻唑的碱性强于噁唑，弱于吡啶。噻唑可以与酸成盐，质子化发生在吡啶氮上。

噻唑环的碳上较难进行亲电取代反应，噻唑与卤代烷反应只发生在氮原子上。如果噻唑环上有给电子基，可增加噻唑环的活性，因而可以进行溴代反应，主要发生在 5 位：

5-甲基噻唑硝化反应生成 5-甲基-4-硝基噻唑，但硝化速度很慢。4-甲基噻唑硝化反应速度稍快，生成 4-甲基-5-硝基噻唑。2,4-二甲基噻唑能快速进行硝化反应，生成 2,4-二甲基-5-硝基噻唑。

噻唑的 C2 无取代基时可与格氏试剂、有机锂试剂反应生成亲核性的噻唑金属化合物：

利用噻唑金属化合物的亲核性，通过与活泼卤代烃、CO_2、羰基化合物等反应制备 2-取代噻唑衍生物。

亲核试剂如 $NaNH_2$ 与噻唑进行亲核取代反应发生在 C2 位。如果 C2 位有易离去基团容易被亲核试剂取代：

噻唑衍生物因具有低毒、优良的生物活性和结构多样化特点，在农药、医药、日用品中应用广泛。自然界存在的噻唑衍生物还具有特殊的芳香性，例如 4-甲基-5-乙烯基噻唑是可可豆和西番莲主要香味成分之一，西红柿的香味成分是 2-异丁基噻唑，2-乙酰基噻唑则是烤肉的主要香味。成分 2-(4-氯苯基)噻唑-4-乙酸是抗炎药物，含噻唑环的硝咪唑用于治疗血吸虫病。

2-(4-氯苯基)噻唑-4-乙酸   硝咪唑

20.3.3 咪唑和咪唑衍生物

20.3.3.1 咪唑的结构

咪唑具有芳香性，环上所有原子均为 sp^2 杂化，结构如下：

一个氮原子的 p 轨道中一对电子参与环共轭，处于 sp^2 轨道的一对电子与氢形成 N—H，咪唑是富 π 电子杂环体系，但 π 电子主要集中在氮原子上。咪唑只有一对孤对电子，带孤对电子的氮原子称为吡啶氮，形成 N—H 的氮原子称为吡咯氮。

咪唑为无色晶体，熔点 90℃，沸点 205℃。咪唑溶于水和质子性溶剂，微溶或难溶于非质子性溶剂。咪唑的熔点和沸点远高于噁唑和噻唑，这是因为咪唑分子既是氢键给体也是氢键受体，通过分子间氢键的形成增大了分子间作用力。

$$\cdots N\diagdown N-H\cdots N\diagdown N-H\cdots N\diagdown N-H\cdots$$

20.3.3.2 咪唑的化学性质

（1）咪唑的酸碱性

咪唑带孤对电子的氮具有碱性，其共轭酸的 pK_a 为 7.00，碱性大于噻唑和噁唑：

$$\text{(imidazole)} > \text{(thiazole)} > \text{(oxazole)}$$

咪唑可以与盐酸、硫酸、硝酸成盐，也可以与草酸、苦味酸等成盐。

$$\text{(imidazole)} + HCl \Longleftrightarrow \text{(imidazolium)} \ Cl^-$$

1 位未取代的咪唑具有弱酸性，pK_a 为 14.52，其酸性大于吡咯和乙醇。咪唑可以与乙醇钠在乙醇中反应生成咪唑盐（强酸置换弱酸）：

$$\text{(imidazole)} + C_2H_5ONa \xrightarrow{C_2H_5OH} \text{(imidazolide)}\ Na^+ + C_2H_5OH$$

因此，咪唑是两性的，既可以作为酸也可以作为碱。

（2）咪唑的互变异构

咪唑互变异构体不能分离，因此 4(5)-甲基咪唑是由不可分离的 4-甲基咪唑和 5-甲基咪唑组成的混合物。这是因为 1 氢可在 1 位和 3 位之间快速迁移：

$$\underset{\text{4-甲基咪唑}}{\text{CH}_3\text{（结构）}} \underset{\text{H转移}}{\Longleftrightarrow} \underset{\text{5-甲基咪唑}}{\text{CH}_3\text{（结构）}}$$

这种质子快速迁移形成两个无法分离的异构体的现象，称为互变异构现象，但这两种异构体可用光谱法证实。

（3）咪唑金属化反应

1-取代咪唑与有机锂试剂在非质子性溶剂中反应，生成具有亲核性的咪唑金属化化合物：

$$\underset{\text{CH}_3}{\text{（结构）}} \xrightarrow{n\text{-BuLi}} \underset{\text{CH}_3}{\text{（结构）Li}} \xrightarrow{\text{CH}_3\text{-I}} \underset{\text{CH}_3}{\text{（结构）CH}_3}$$

（4）咪唑的亲电取代反应

咪唑烷基化、酰基化、磺化、硅烷化等亲电取代反应都发生在 3 位氮原子上。其他亲电试剂发生在 C4 和 C5 位，两者互变异构体。

咪唑与卤代烷在没有碱存在下反应形成季铵盐，然后很快失去质子得到 1-烷基咪唑。1-烷基取代咪唑与卤代烷进行反应得到 1-烷基-3-烷基咪唑盐，该盐的阴离子可与其他阴离子进行交换得到不同阴离子的咪唑盐。

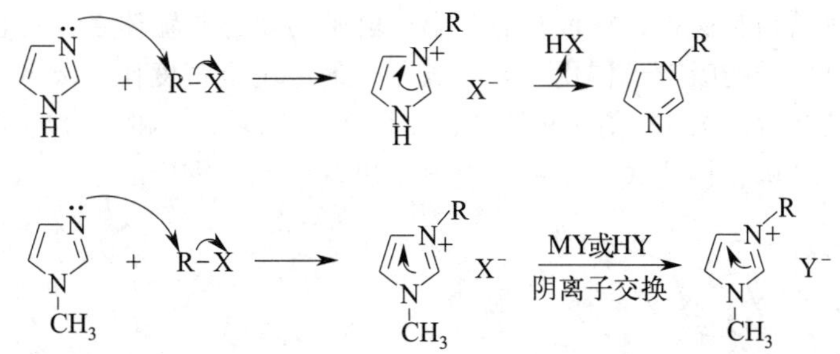

早期人们发现许多烷基咪唑盐在室温时是液体，因而称为离子液体。离子液体是指由有机阳离子和无机或有机阴离子构成的、在室温或室温附近呈液态的盐类。咪唑型离子液体是最常见的之一，常见的咪唑型离子液体 1 位是长链烷基，3 位为甲基，阴离子为氯盐、溴盐、四氟硼酸盐、六氟磷酸盐、磺酸盐、三氟乙酸盐等。例如：

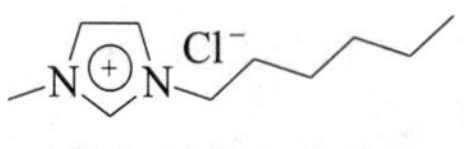

1-己基-3-甲基咪唑氯盐 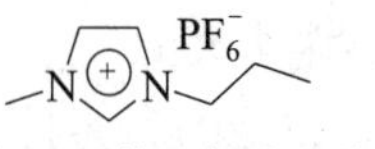　　1-甲基-3-丙基六氟磷酸盐 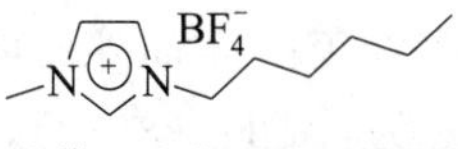　　1-己基-3-甲基咪唑四氟硼酸盐

离子液体具有不挥发、液程宽、溶剂性强、可调节等特点，在材料科学、化学化工、环境科学、农药和医药等领域具有重要的应用价值。

（5）咪唑衍生物

组氨酸和组胺是最重要的天然产物。组氨酸（histidine）是在人体内帮助形成和保持健康组织的氨基酸，咪唑环的酸碱两性，可同时以游离碱和共轭酸存在于蛋白质的组氨酸中，调控酸碱平衡。组胺是组氨酸在酶的作用下脱羧形成的，它具有扩张血管和降压的作用，还可以收缩平滑肌和调节胃酸分泌。

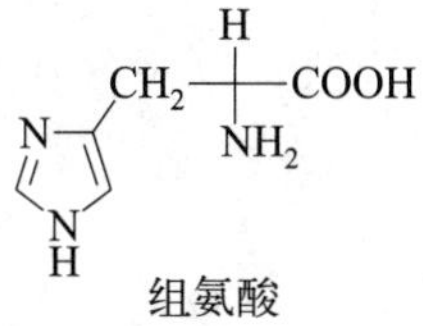

组氨酸 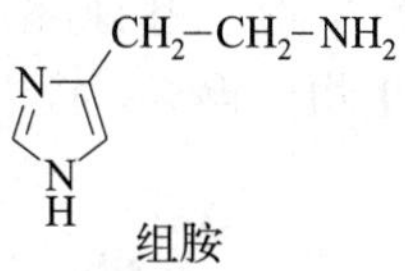　　　　　　　　　　组胺

咪唑是一种药物研发的优势骨架，存在于多种药物的核心结构中。治疗滴虫病感染的灭滴灵、抗真菌药联苯苄唑和治疗高血压的依普沙坦等药物分子中均含有咪唑骨架：

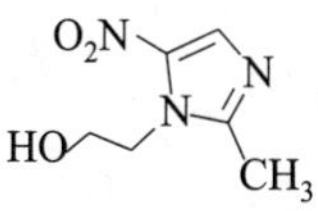

灭滴灵 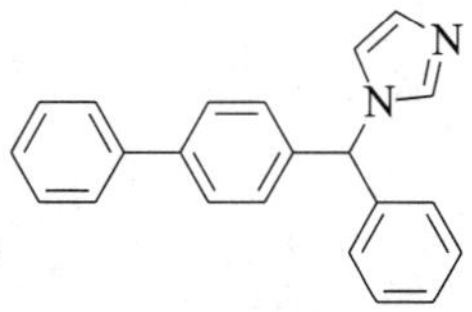　　　　联苯苄唑 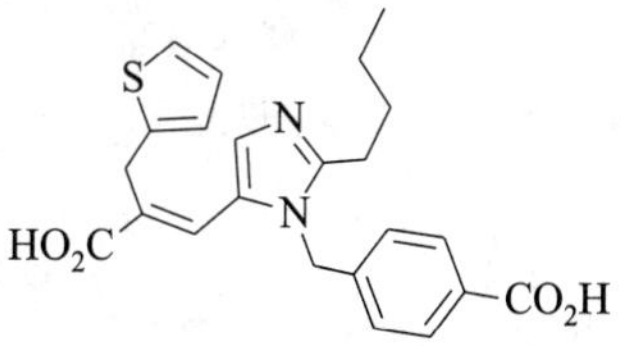　　　　依普沙坦

N,N'-羰基二咪唑（CDI）是在有机合成中用于活化羧基的试剂。CDI 在 THF、氯仿等溶剂中与羧酸反应形成酰基咪唑使羧基活化，更易于与亲核试剂反应，咪唑作为离去基团被亲核试剂取代。

20.4　一杂六元环

20.4.1　结构特征和物理性质

吡啶可看作是苯环上一个碳原子被氮原子取代。碳原子与氮原子都是 sp^2 杂化，六个与环平面垂直的 p 轨道相互交盖，形成具有 6 个 π 电子的闭合共轭体系，符合 $4n+2$ 规则，具有芳香性。由于氮原子的吸电子作用，环上碳原子的电子云密度比苯环低。因此，吡啶是缺电子芳香杂环，其共振能为 $134kJ \cdot mol^{-1}$。相比于 β 位，α 位和 γ 位电子云密度降低更多一些。吡啶的分子结构、构造式及吡啶环上电子出现的概率密度如下所示。

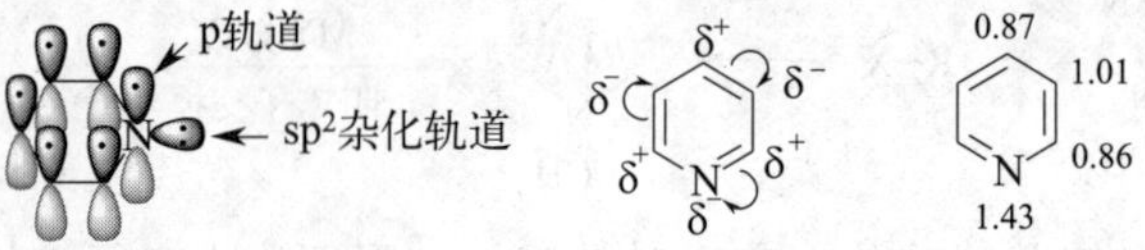

吡啶是无色有恶臭气味的液体，沸点 115.5℃，熔点 −42℃，相对密度 0.982，偶极矩 2.22D，比其相应的饱和六氢哌啶的偶极矩（1.17D）还大。吡啶与水、乙醇和醚等以任意比例混溶。

红外光谱中，吡啶 C—H 伸缩振动在 $3080 \sim 3010 cm^{-1}$，环上 C—C、C—N 伸缩振动在 $1600 \sim 1430 cm^{-1}$，C—H 面外弯曲振动在 $748 cm^{-1}$、$703 cm^{-1}$。^1H NMR 中，各质子的化学位移（δ, ppm）为：α-H（8.72），β-H（7.20），γ-H（7.57）。

20.4.2 来源和制备方法

吡啶存在于煤焦油、页岩油和骨焦油中，它的衍生物广泛分布于自然界，如植物碱、维生素、辅酶Ⅰ和Ⅱ中都含有吡啶环，工业上由煤焦油的轻油部分用无机酸萃取得到。由于吡啶用量越来越大，现在主要由合成得到，例如可以糠醛为原料合成：

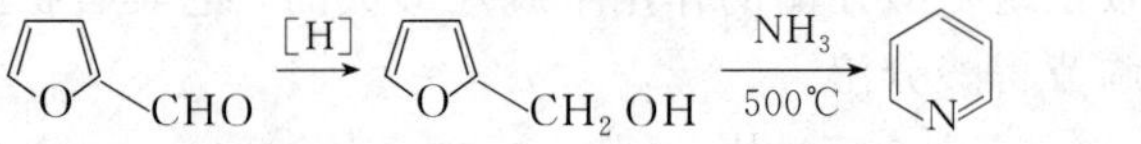

实验室合成吡啶及其衍生物常用 Hantzsch 合成法，以 β-羰基酸酯与醛、氨经缩合反应。反应经历 1,4-二氢吡啶衍生物，再氧化成吡啶环。

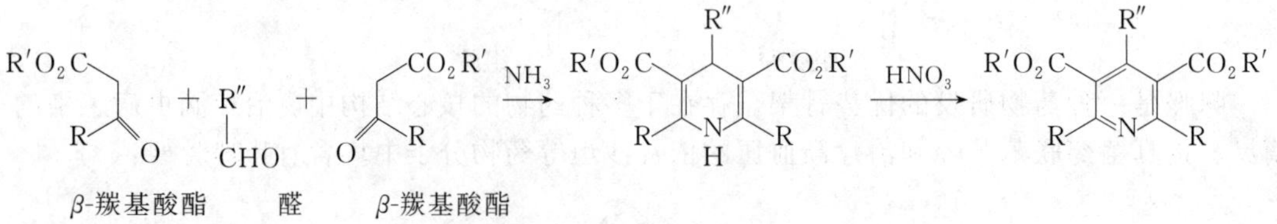

β-羰基酸酯　　醛　　β-羰基酸酯

反应机理是一分子 β-羰基酸酯和醛发生缩合反应：

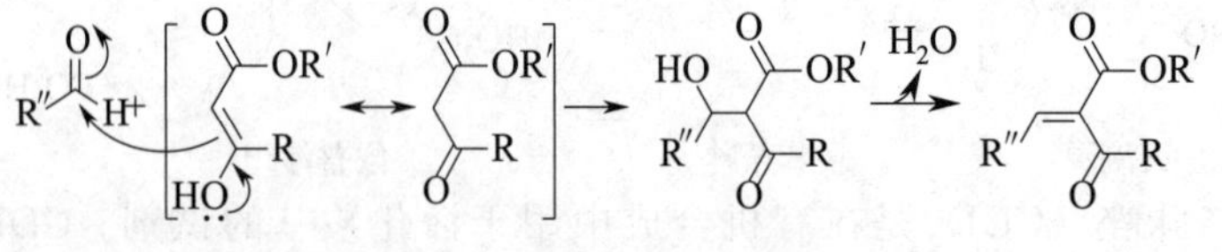

另一分子 β-羰基酸酯与氨反应形成 β-氨基烯酸酯：

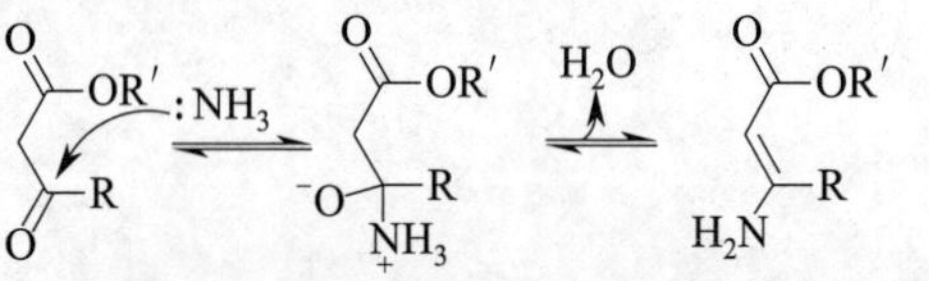

上述两个中间产物发生 Michael 加成反应，然后关环、氧化得到吡啶二羧酸酯，后者进一步水解失羧，产生 2,4,6-三取代吡啶。用不同的醛及 β-羰基酸酯得各种不同取代的吡啶。

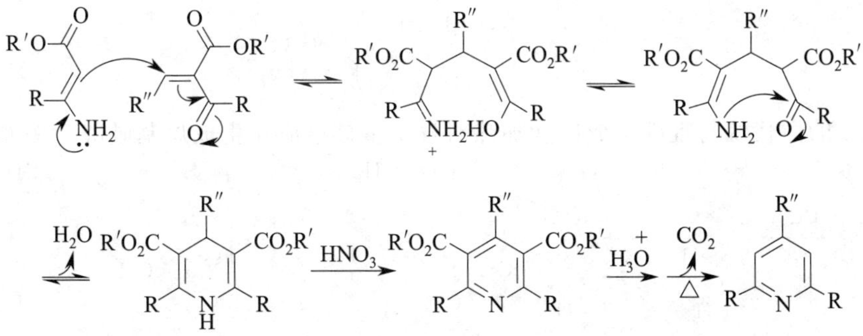

采用 1,3-二酮化合物和 β-氨基-α,β-不饱和羰基化合物反应合成取代吡啶。例如：

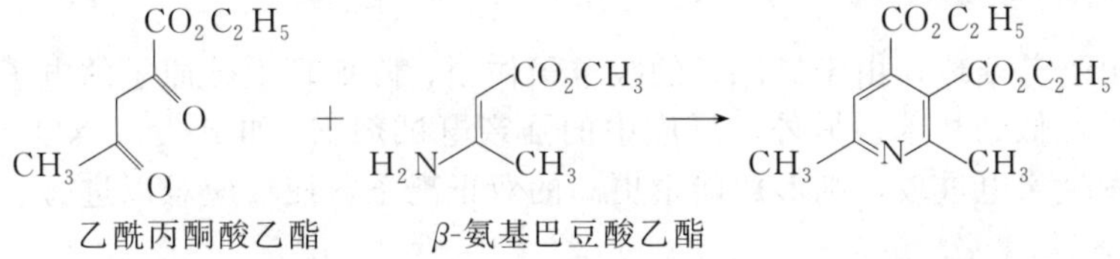

乙酰丙酮酸乙酯 β-氨基巴豆酸乙酯

类似 Hantzsch 合成的另一种方法是用碱催化 β-二羰基化合物与氰乙酰胺反应，例如：

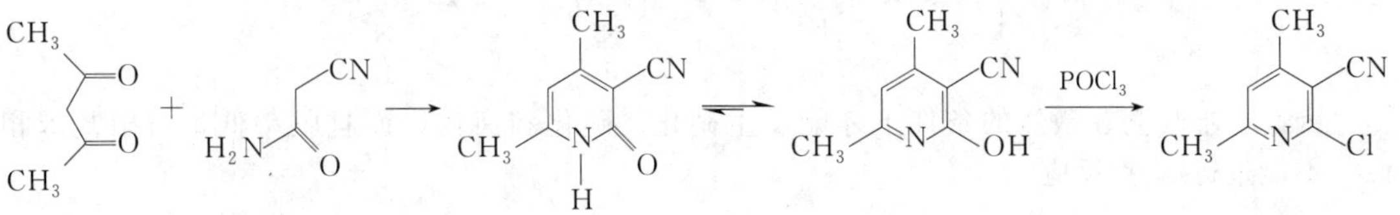

20.4.3　化学性质

20.4.3.1　碱性和亲核性

吡啶分子中氮原子的 sp^2 杂化轨道上有一对未共用电子，这对电子与吡啶环共平面，不参与环的共轭，像叔胺一样能与强酸反应生成吡啶盐（强酸弱碱盐）。

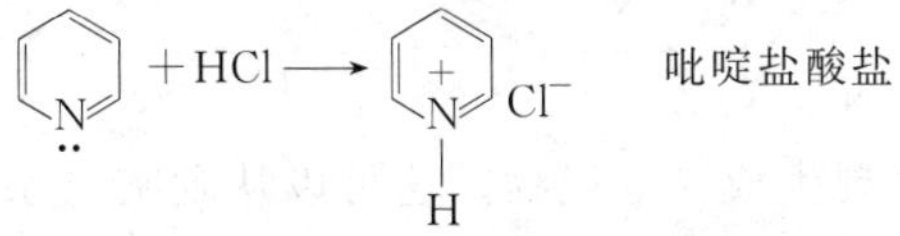

吡啶盐酸盐

吡啶的碱性没有叔胺强，是一个弱碱，比脂肪胺和氨碱性弱，比苯胺碱性稍强。

吡啶中氮上孤对电子具有亲核性，吡啶作为亲核试剂能与亲电试剂形成吡啶盐，常称为鎓盐，由于吡啶氮原子上孤对电子不参与环共轭，仍保持吡啶的芳香性，所以吡啶盐也具有芳香性。吡啶与卤代烷或活化的卤代烷进行亲核取代反应生成 N-烷基吡啶鎓盐。吡啶与 $AlCl_3$、$SbCl_5$、SO_3、Br_2、$^+NO_2BF_4^-$ 等形成 N-加合物，比如吡啶-SO_3 加合物是温和的磺化试剂。吡啶与酰氯、酸酐反应形成 N-酰化吡啶鎓盐，使酰基更活泼。在酸催化下，吡啶能与丙烯酸衍生物发生 Michael 加成反应。双氧水或过氧化物能将吡啶氧化成 N-氧化物。

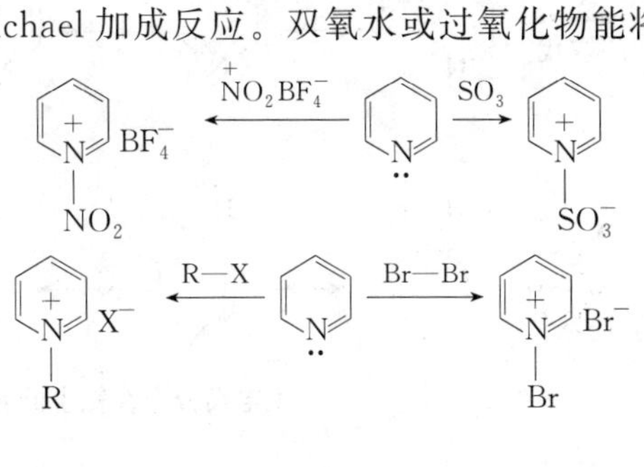

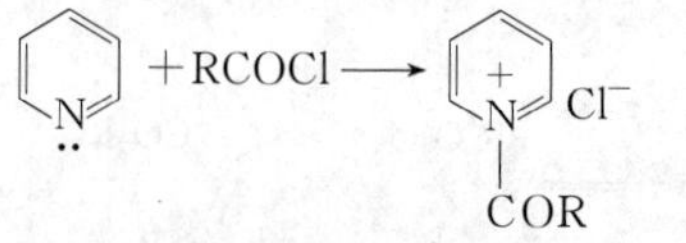

某些活泼的卤代烷与吡啶生成的盐加热时发生重排反应，生成烷基吡啶。例如：

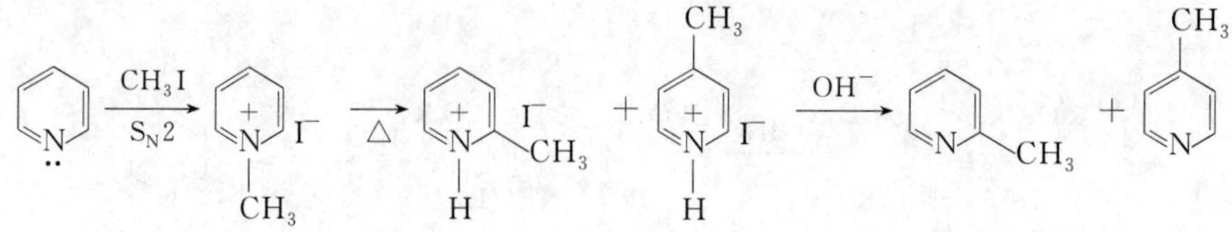

20.4.3.2　亲电取代反应

吡啶是缺电子芳杂环，由于氮原子的吸电子作用，降低环上碳原子的电子云密度，它的亲电取代反应活性似硝基苯。另外，反应中的强亲电试剂 E^+ 如 Br^+、$^+NO_2$ 等易与吡啶生成吡啶盐，再发生亲电进攻，则形成能量更高的双正离子，使反应难以进行。

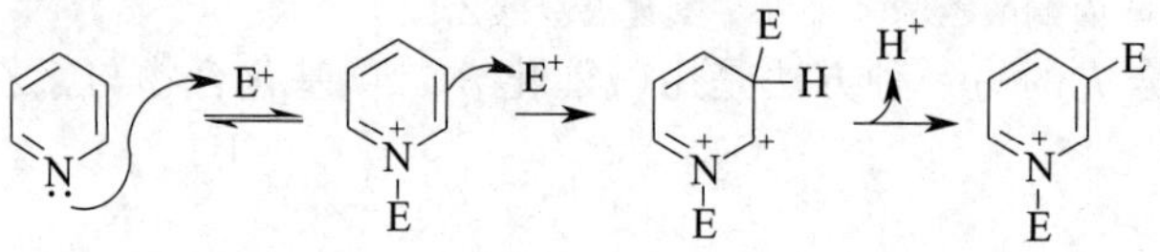

因此，吡啶需在激烈的条件下才能发生硝化、磺化和卤代，而且收率低，与硝基苯相似，不能进行傅-克反应。

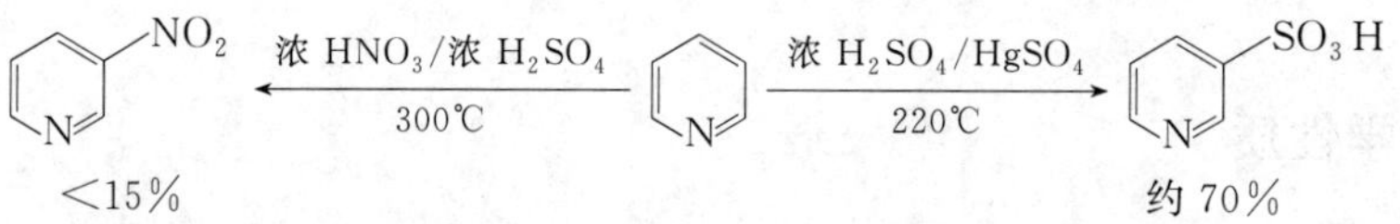

吡啶在 300℃ 左右高温下与 Cl_2 或 Br_2 反应，生成以 3-卤代吡啶和 3,5-二卤代吡啶为主的混合物。温度更高时可能经历自由基过程生成以 2-卤代吡啶和 2,6-二卤代吡啶为主的混合物。

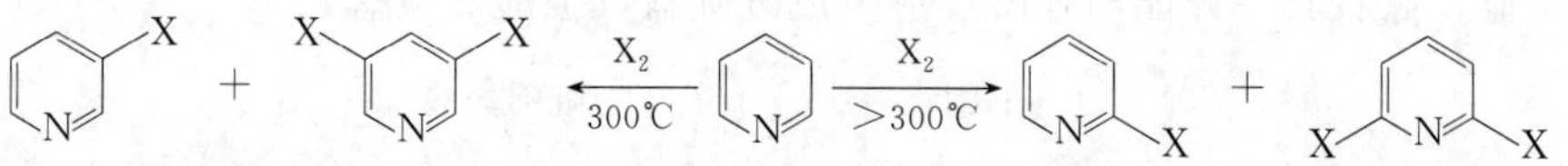

吡啶的亲电取代反应主要生成 β 取代物。这可以从吡啶与亲电试剂（E^+）形成的三种中间体稳定性得到解释。

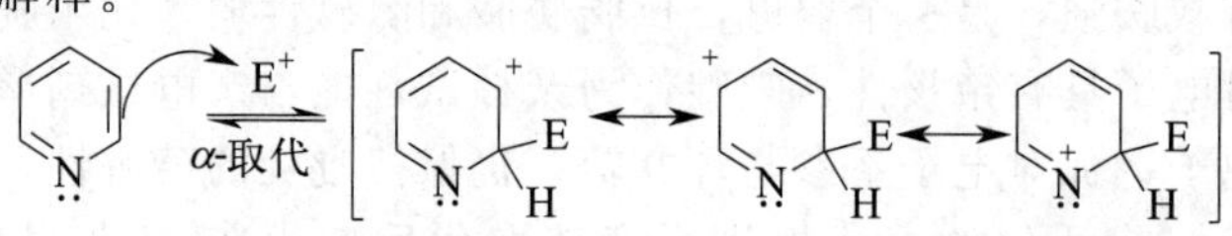

正电荷分布在氮上的共振结构

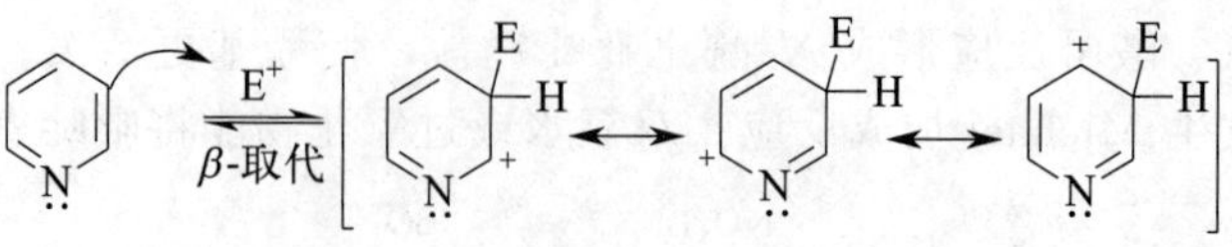

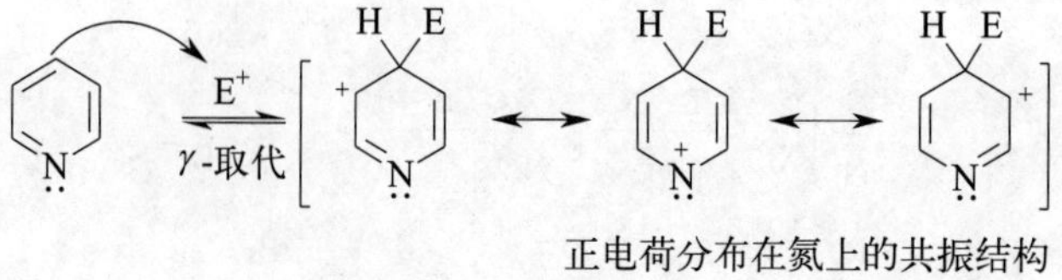

正电荷分布在氮上的共振结构

在 α 位和 γ 位取代时，反应中间体中的正电荷分散在两个碳原子和电负性较大的氮原子上。β 位取代时，反应中间体的正电荷分散在三个碳原子上，故 β 位取代比 α 位和 γ 位取代形成的中间体能量低，较稳定，易形成。

吡啶环有给电子基团时，能增加吡啶的亲电反应活性，提高产率。例如：

强给电子基位于吡啶环 β 位时，亲电取代反应在 C2 位，如果 C2 位被占，发生在 C4 位。

20. 4. 3. 3　亲核取代反应

吡啶环 α 位电子云密度最低，可与强亲核试剂（如烷基锂）反应，主要生成 α 位取代产物，若 α 位被占据，则生成 γ 位取代产物。

通过芳基锂或烷基锂与吡啶作用生成芳基或烷基吡啶的反应称为吡啶芳基化或烷基化。吡啶与氨基钠（强碱）作用后，再水解得 α-氨基吡啶，该反应称为 Chichibabin 反应：

Chichibabin 反应机理：

亲核试剂也可以取代吡啶环上 α 位和 γ 位的卤原子。例如：

2,4-二溴吡啶，因为负电性氮的场效应，使亲核试剂主要取代 C4 位的溴：

20.4.3.4　氧化反应

吡啶环是相当稳定的共轭体系，用浓硝酸、酸性重铬酸钾、酸性高锰酸钾等强氧化剂都不能氧化吡啶环，但它的侧链非常容易被氧化成羧基：

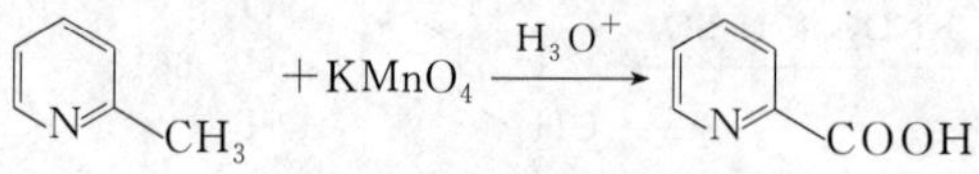

2-吡啶甲酸（picolinic acid）

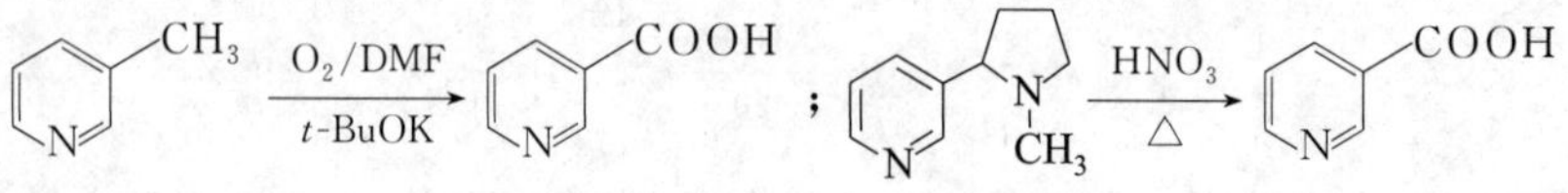

烟碱　　烟酸

同叔胺相似，吡啶被过氧化氢或过氧酸氧化生成吡啶 N-氧化物。

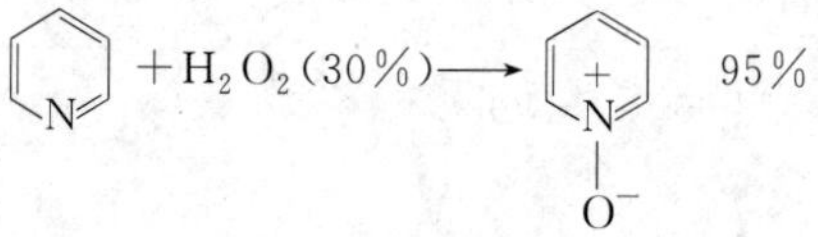

95%

吡啶 N-氧化物是有机合成的重要中间体，它使吡啶环活化，容易在 α 位或 γ 位发生亲电取代反应。这一反常现象被认为是分子中氧原子上的电子对向吡啶环转移，导致 α 位和 γ 位电子云密度增加：

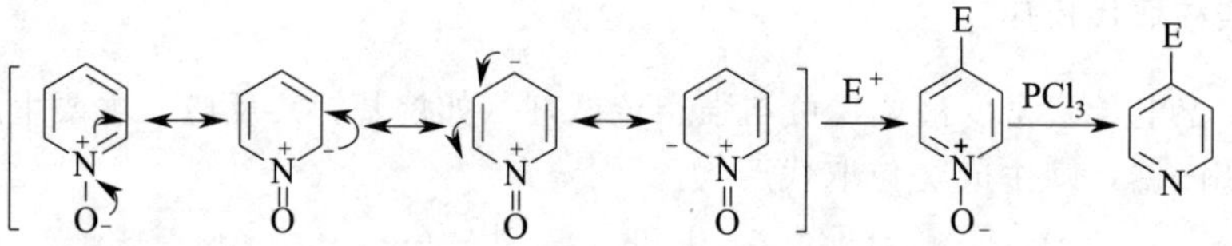

吡啶 N-氧化物用三氯化磷还原处理，可恢复为吡啶环，例如：

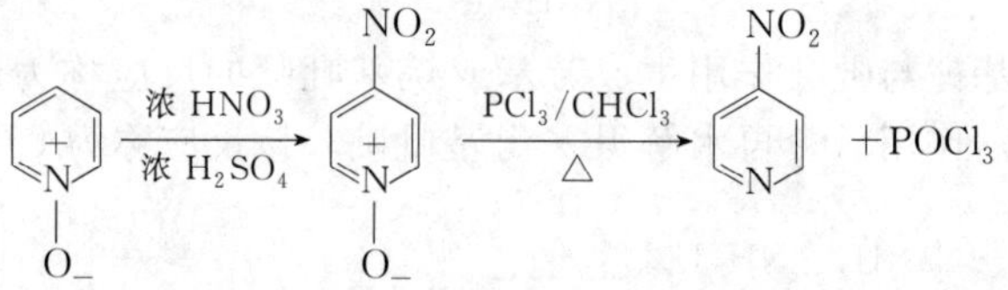

吡啶 N-氧化物也能与强亲核试剂反应，取代位置也是在 C4（γ）位：

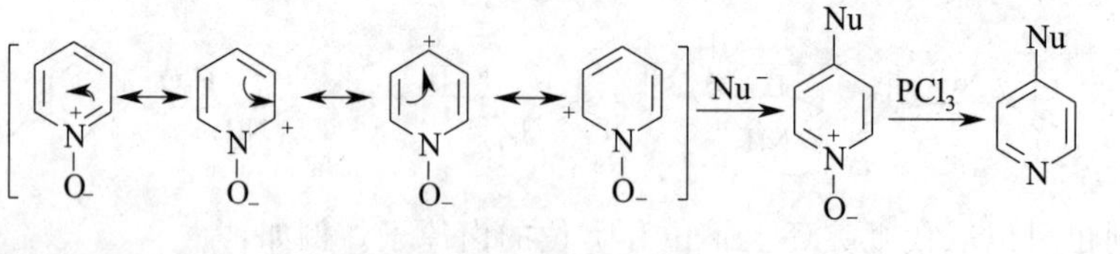

吡啶 N-氧化物也可将卤代烷氧化为醛，反应过程如下：

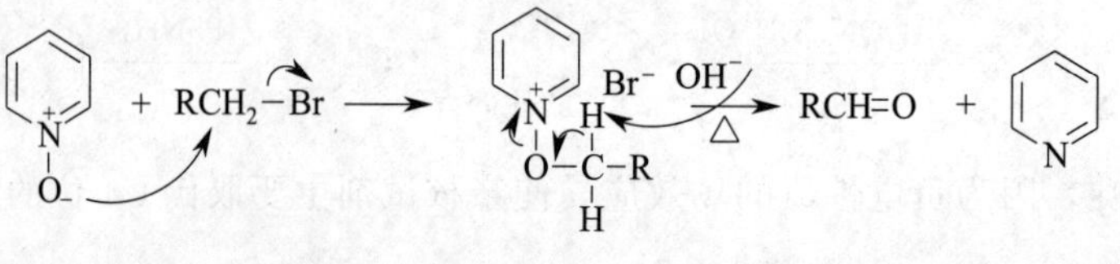

20.4.3.5　还原反应

吡啶环比苯容易还原，催化加氢或用 Na/C_2H_5OH 可将吡啶还原为六氢吡啶，也称哌啶。

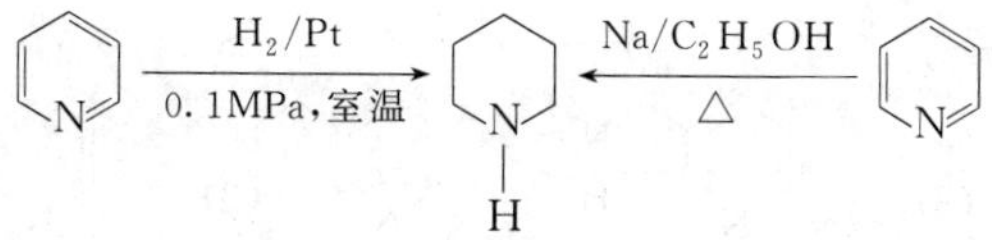

六氢吡啶是无色液体，沸点 106℃，能与水混溶，具有二级胺的特性，其碱性比吡啶强，常用作缩合反应的催化剂。例如：

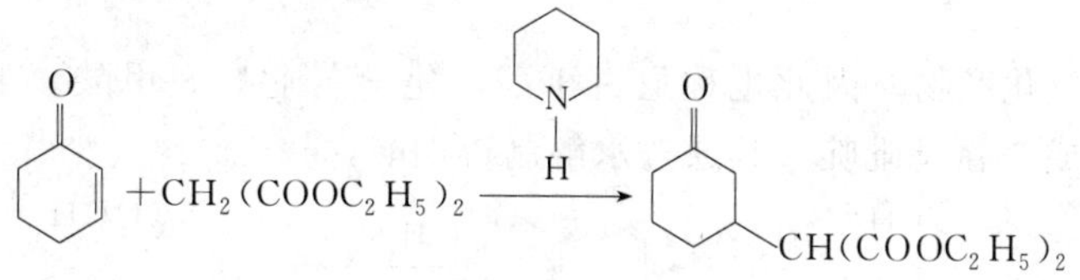

20.4.3.6　侧链 α-H 的反应

吡啶中 C═N 与羰基化合物中的 C═O 相似，吡啶 2,4,6-位烷基的 α-H 与羰基的 α-H 相似，在强碱作用下形成碳负离子，能发生亲核取代和亲核加成反应。

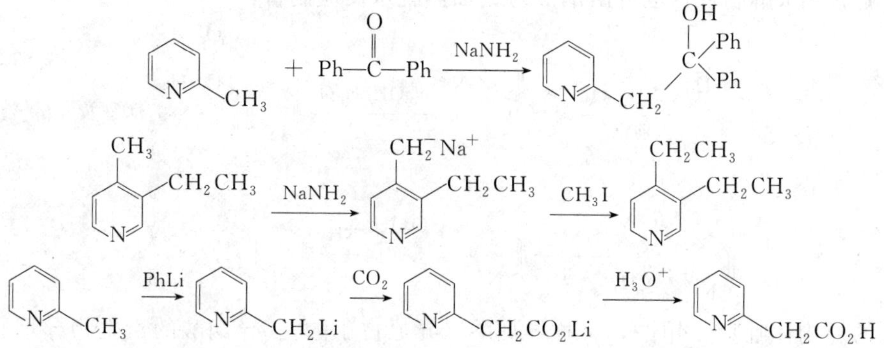

N-烷基吡啶盐侧链的烷基，α-H 更活泼，在弱碱（如六氢吡啶）作用下，室温就能与羰基发生亲核加成反应。例如：

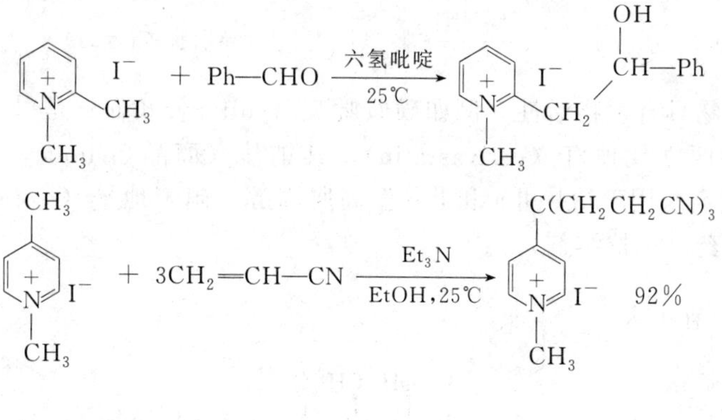

20.4.4　吡啶衍生物

20.4.4.1　烟碱

烟碱又称尼古丁（nicotine），广泛存在于茄科植物中。烟草的重要成分是烟碱，微黄色液体，少量服用能使中枢神经兴奋，血压升高。大量服用则抑制中枢神经系统，使心脏麻痹，一次服用 40mg，有致命危险。与尼古丁相似的生物碱还有降烟碱、烟碱烯、毒黎碱等。

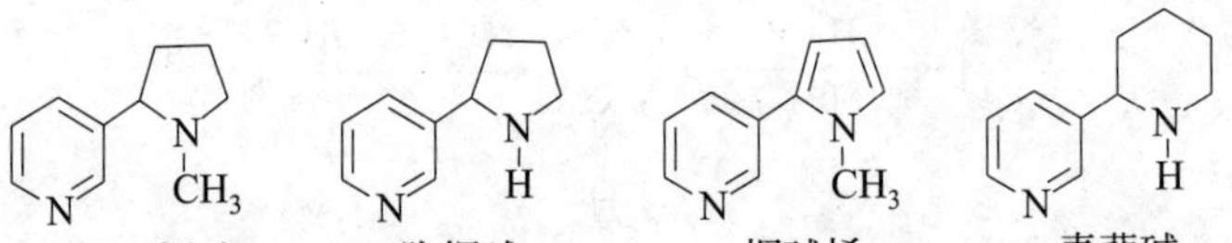

尼古丁(烟碱)　　降烟碱　　烟碱烯　　毒藜碱

20.4.4.2　烟酸

烟酸是烟碱的氧化产物，因此也称尼古丁酸，化学名吡啶-3-甲酸。工业上以 3-甲基吡啶为原料经氨氧化成 3-氰基吡啶，其通过水解制得烟酸：

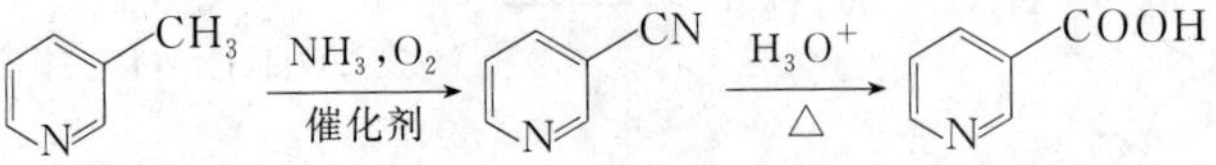

3-氰基吡啶

烟酸及其重要衍生物烟酰胺属于维生素 B 类，成人日需约 20mg，缺少尼古丁酸可引起皮肤病。烟酰胺具有重要的生理作用，参与机体氧化还原过程和促进新陈代谢。烟酰胺可由 3-氰基吡啶部分水解制备，也可由烟酸与氨加热脱水反应制备：

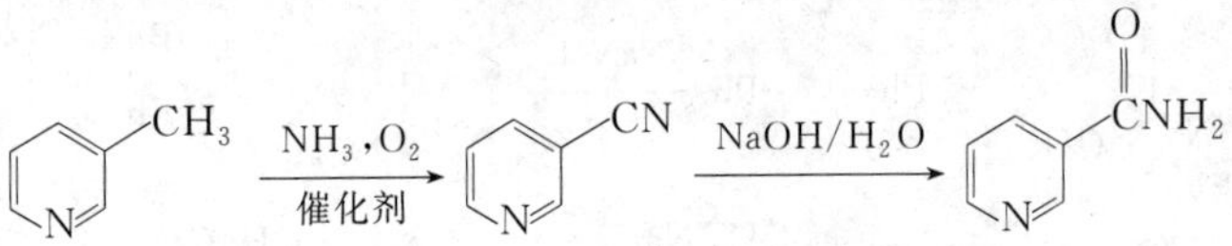

烟酰胺

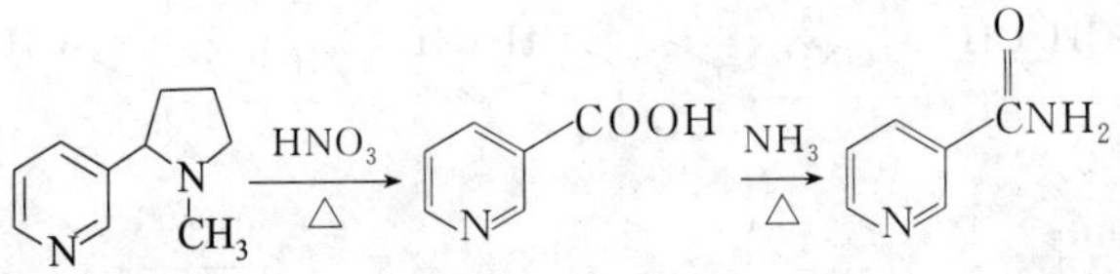

烟酸的异构体吡啶-4-甲酸，又称异烟酸（异尼古丁酸）。异烟酸的衍生物异烟肼是治疗肺结核的药物，商品名叫雷米封（remifon）。

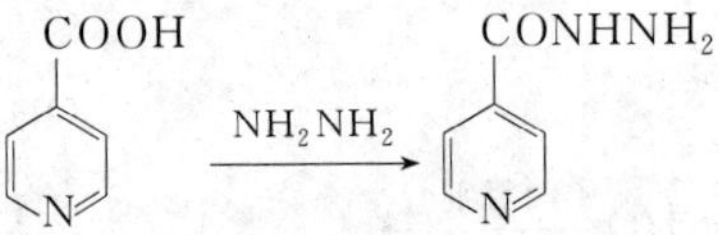

异烟肼(雷米封)

许多吡啶衍生物具有生物活性，例如磺胺吡啶（sulfapyridine）是最早使用的磺胺类抗菌药，含吡啶环的西立伐他汀（cerivastatin），其钠盐（商品名 liobay）是有效的 HMG-CoA 还原酶的抑制剂，用于治疗Ⅱa 和Ⅱb 型高胆固醇，硝苯地平（一种吡啶二氢衍生物）是常用的抗高血压药（钙抗结剂）。

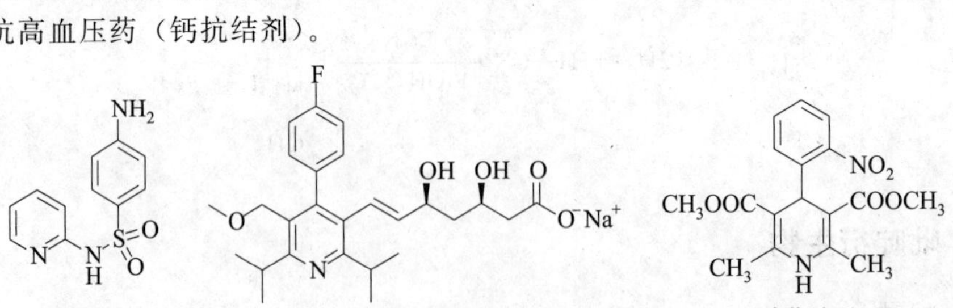

磺胺吡啶　　　　　　西立伐他汀　　　　　　硝苯地平

20.5　喹啉和异喹啉

喹啉（quinoline）和异喹啉（isoquinoline）的结构和环的编号如下：

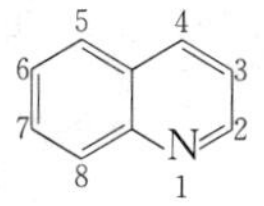

喹啉

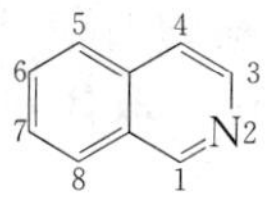

异喹啉

喹啉和异喹啉是由苯环和吡啶环稠合而成，也可看成萘环中的一个 CH 被 N 置换而生成的杂环。它们共存于煤焦油中，许多植物碱中也含有喹啉和异喹啉环。喹啉是无色油状液体，有恶臭，沸点 238℃，熔点−15.6℃，异喹啉熔点 26℃，沸点 243℃，在水中溶解度很小。它们能与酸形成盐，异喹啉比喹啉碱性略强（喹啉 $pK_a=4.94$，异喹啉 $pK_a=5.40$），利用这一性质可将异喹啉从粗喹啉中分离出来。

20.5.1　喹啉

20.5.1.1　喹啉的合成

将甘油、苯胺、浓硫酸及弱氧化剂（如 $PhNO_2$、As_2O_5 或 $FeCl_3$）存在下共热可得到喹啉，这一反应称为 Skraup 合成法：

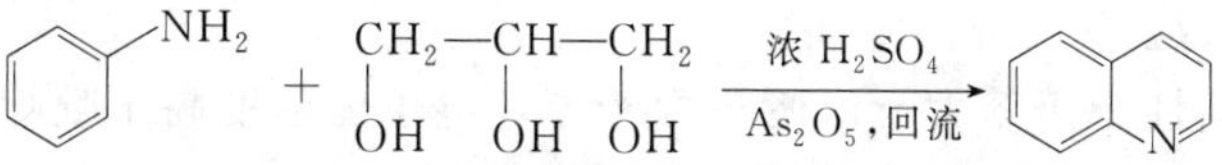

84%～91%

反应机理主要包括四步，首先甘油在浓硫酸作用下脱水生成丙烯醛：

$$\underset{\text{OH}}{CH_2}-\underset{\text{OH}}{CH}-\underset{\text{OH}}{CH_2} \xrightarrow{\text{浓 } H_2SO_4} CH_2{=}CH-CH{=}O + 2H_2O$$

然后苯胺与丙烯醛发生 Michael 加成反应，再经历环化脱水和氧化脱氢反应生成喹啉：

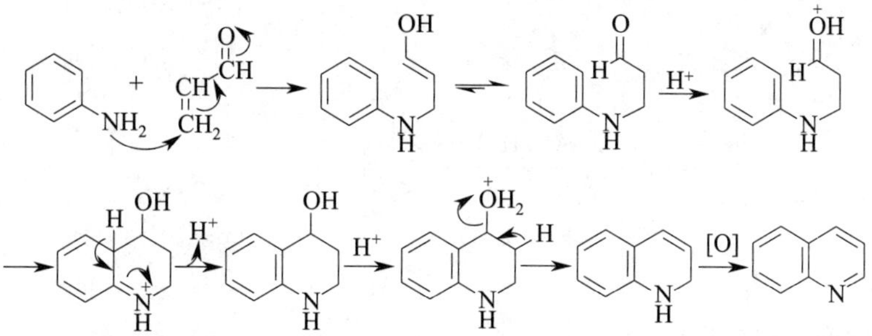

采用 α,β-不饱和醛、酮代替甘油与苯胺反应可以合成喹啉衍生物：

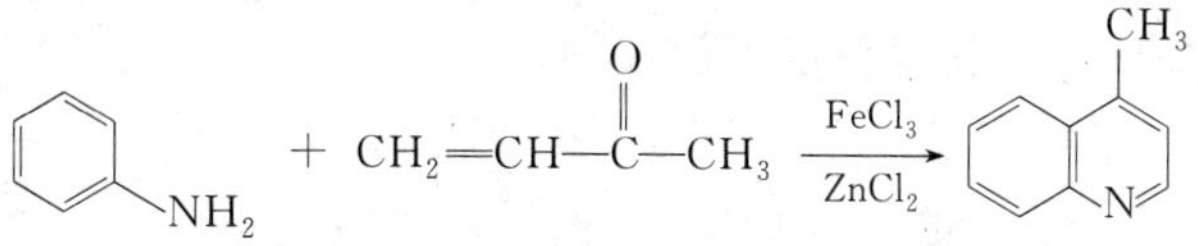

邻位或对位取代苯胺进行 Skraup 反应合成喹啉衍生物时，新成环位置是唯一的：

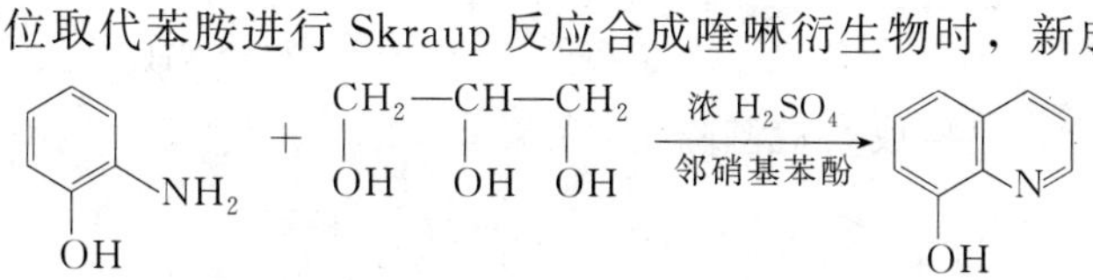

8-羟基喹啉

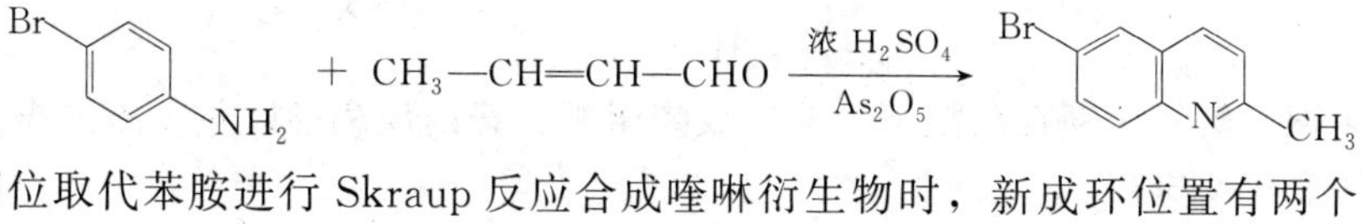

间位取代苯胺进行 Skraup 反应合成喹啉衍生物时，新成环位置有两个。如果取代基为

给电子基，成环位置在给电子基的对位，得到 7-取代喹啉。如果取代基为吸电子基，成环位置在该吸电子基的邻位，得到 5-取代喹啉。

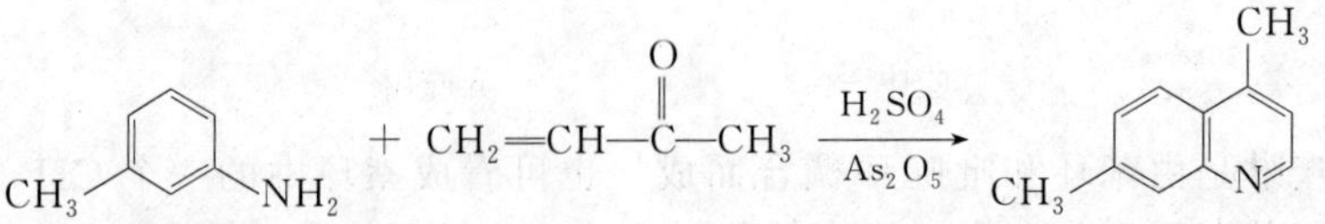

邻氨基苯甲醛或酮与酮在碱性条件下先缩合再关环可以合成喹啉衍生物，该方法称为 Friedlander 合成：

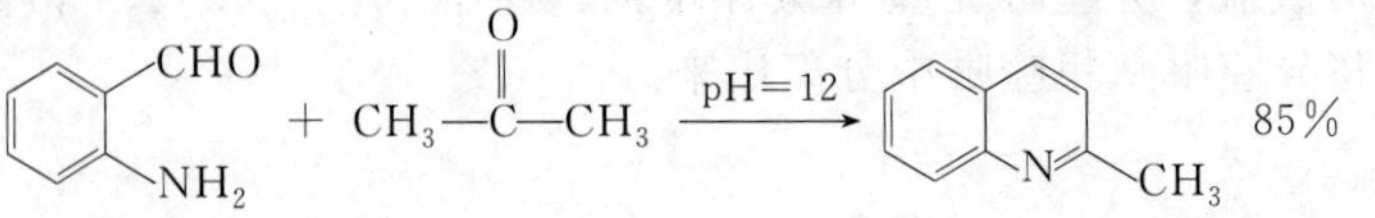

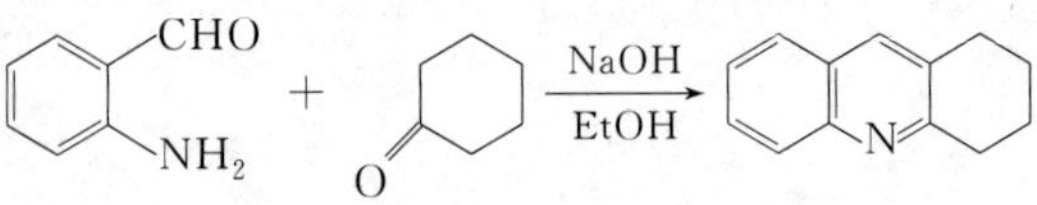

20.5.1.2　喹啉的化学性质

（1）喹啉的亲电取代反应

喹啉的亲电取代反应活性小于苯大于吡啶。由于苯环电子云密度高于吡啶环，因此喹啉亲电取代反应主要发生在 5 位或 8 位，选择性较低。例如：

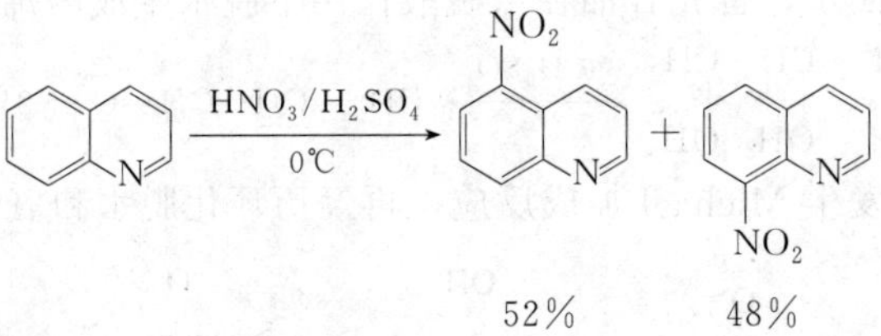

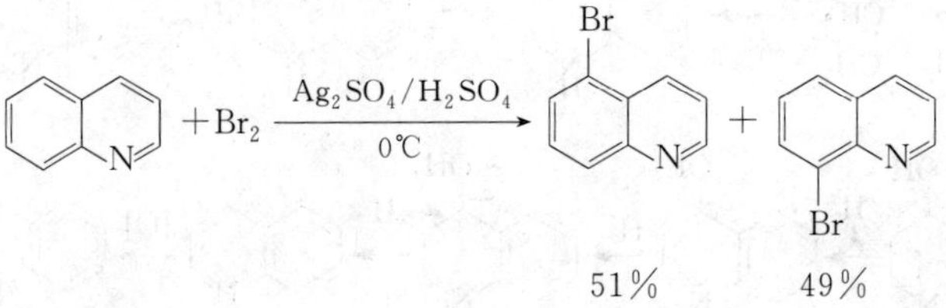

（2）喹啉的亲核取代反应

喹啉亲核取代反应在吡啶环上发生，生成 2 位和 4 位取代喹啉混合物。喹啉亲核取代反应比吡啶容易，因为苯环通过共轭稳定了加成物。

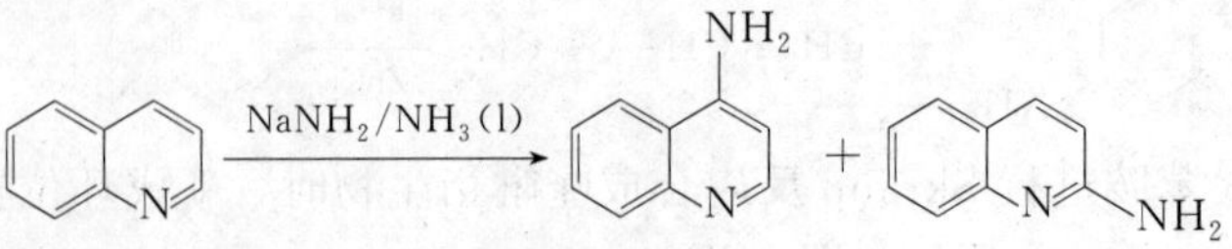

喹啉与有机锂试剂反应，只生成 2-烷基喹啉：

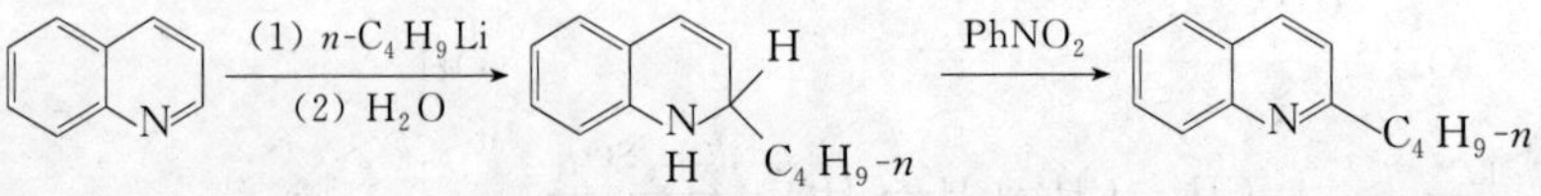

喹啉与氢氧化钠、氢氧化钾在高温下反应生成喹诺酮。普遍认为是以负氢离子作为离去基团的芳香族亲核取代反应：

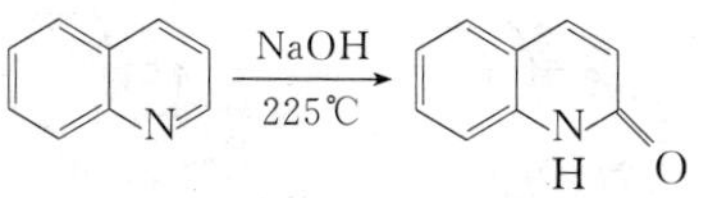

2-卤代喹啉和 4-卤代喹啉的卤原子容易被亲核试剂取代。例如：

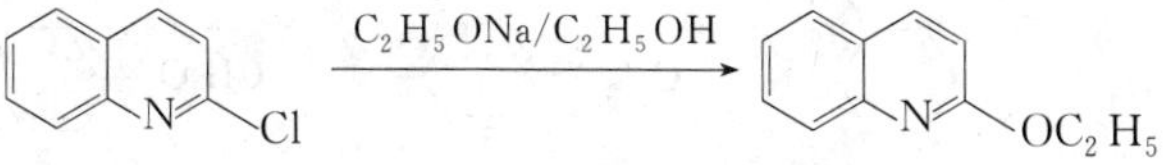

（3）喹啉侧链的反应

有 α-氢的 2-取代异喹啉，在酸或碱作用下可以发生缩合或取代反应。

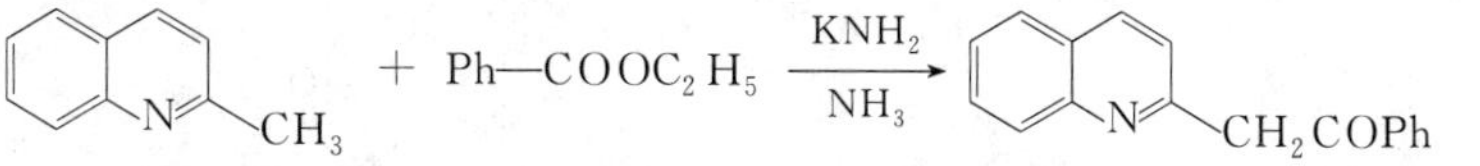

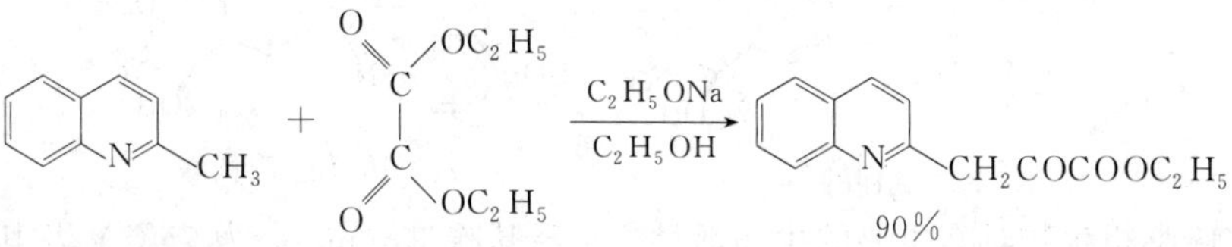

（4）喹啉的氧化和还原反应

喹啉发生氧化反应时，电子云密度较高的苯环氧化而吡啶环保持不变。例如高锰酸钾可将喹啉氧化生成吡啶-2,3-二甲酸，吡啶-2,3-二甲酸受热脱去 α-羧基生成烟酸：

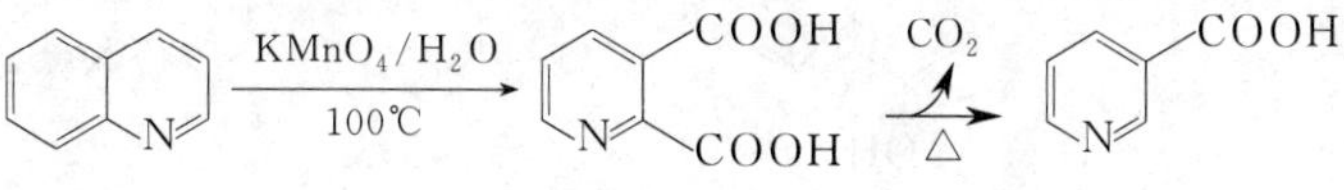

吡啶-2,3-二甲酸

喹啉氧化苯环被破坏，吡啶环保留，证明了吡啶环比苯环稳定。但是，如果用过氧化氢或过氧酸作氧化剂，得到喹啉的 N-氧化物，后者进行亲电取代发生在吡啶环。例如：

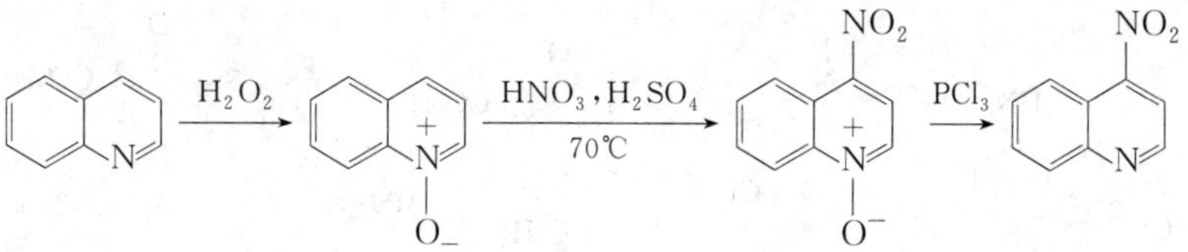

喹啉进行催化氢化或用 Sn/HCl、Na/EtOH 进行化学还原，首先生成 1，2，3，4-四氢喹啉，在更强还原剂作用下可继续还原生成十氢喹啉：

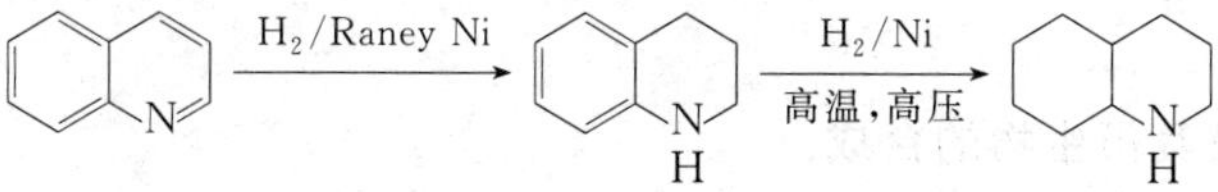

四氢喹啉　　　　十氢喹啉

在 Birch 还原条件下（在液氨中 Na 或 Li 还原），喹啉被还原位 1,4-二氢喹啉：

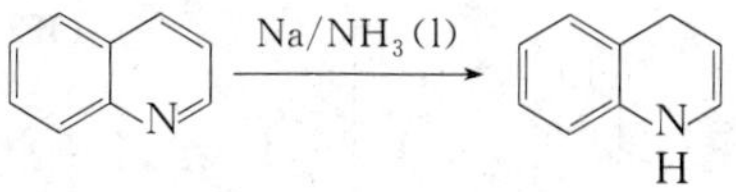

1,4-二氢喹啉

20.5.1.3　喹啉衍生物

许多天然生物碱中含有喹啉结构。例如金鸡宁（辛可宁）、辛可宁丁、奎宁、奎宁丁等生物碱均含有喹啉结构：

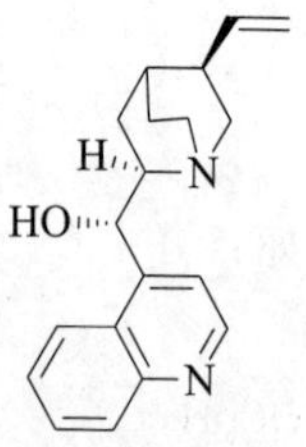

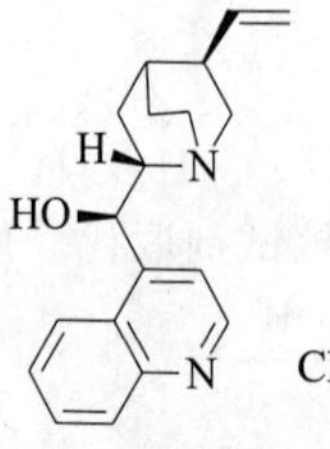

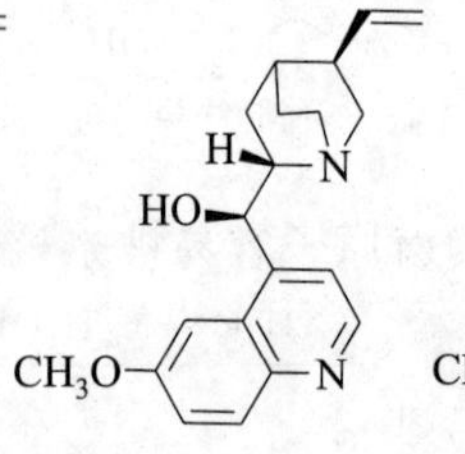

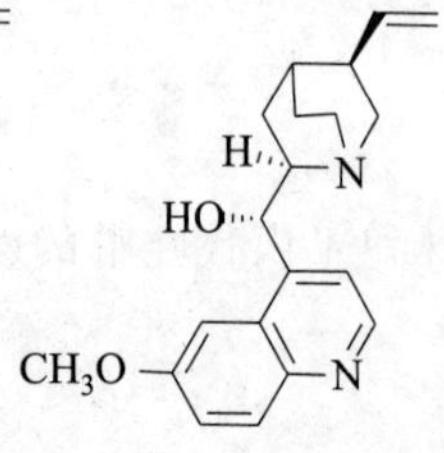

辛可宁　　　　辛可宁丁　　　　奎宁　　　　奎宁丁

从中国喜树的树干中分离得到的喜树碱（camptothecin）和（S）-10-羟基喜树碱都是高毒性生物碱。

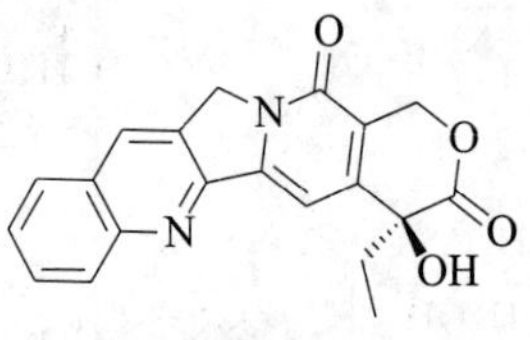

喜树碱 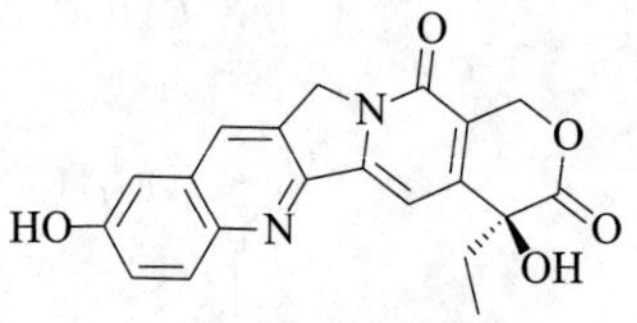　　　　　　　　　10-羟基喜树碱

许多喹啉衍生物具有重要的生物活性。8-羟基喹啉（m.p. 为 75℃）及其衍生物用作抗菌剂。从蜈蚣中分离得到的 3,8-二羟基喹啉、从白花前胡中分离得到的 2,6-二甲基喹啉均为具有高生物活性的生物碱：

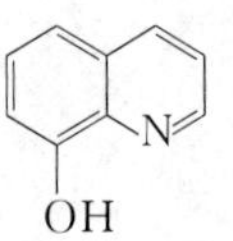

8-羟基喹啉 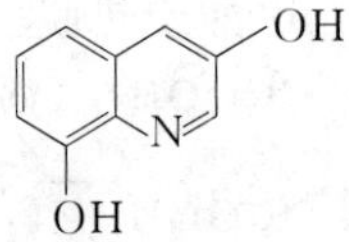　　　　3,8-二羟基喹啉 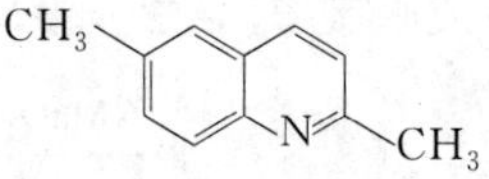　　　　2,6-二甲基喹啉

氯喹是使用最早的抗疟疾药之一，一些具有喹啉骨架的喹诺酮衍生物，比如萘啶酸、环丙沙星等均是高效抗菌药。

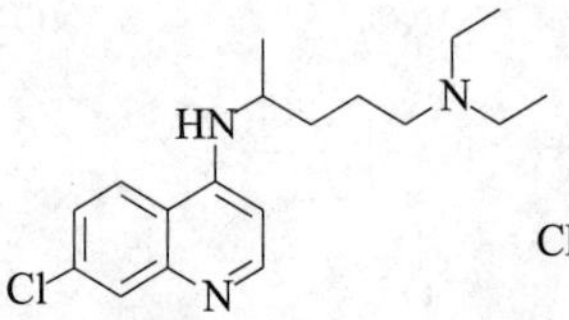

氯喹 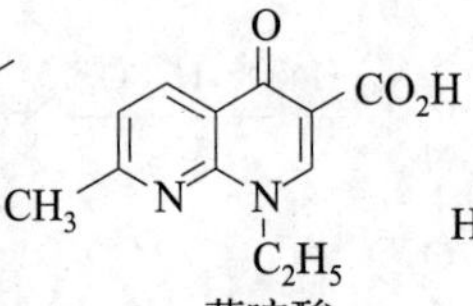　　　　　　萘啶酸 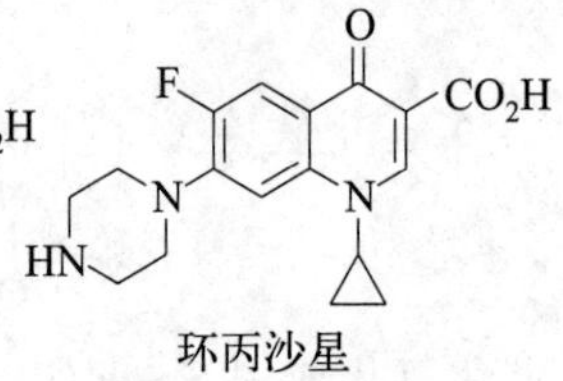　　　　　环丙沙星

20.5.2　异喹啉

20.5.2.1　异喹啉及其衍生物的合成

在硫酸等酸催化下氨基乙醛缩二乙醇和苯甲醛反应得到异喹啉，这一合成方法称为 Pomeranz-Fritsch 反应。

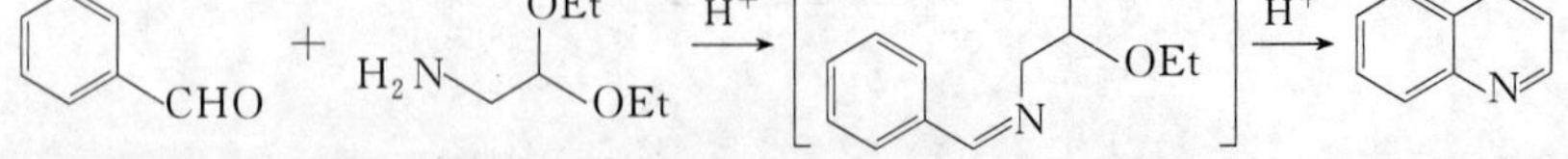

采用取代苯甲醛可以合成苯环上有取代基的异喹啉衍生物，例如：

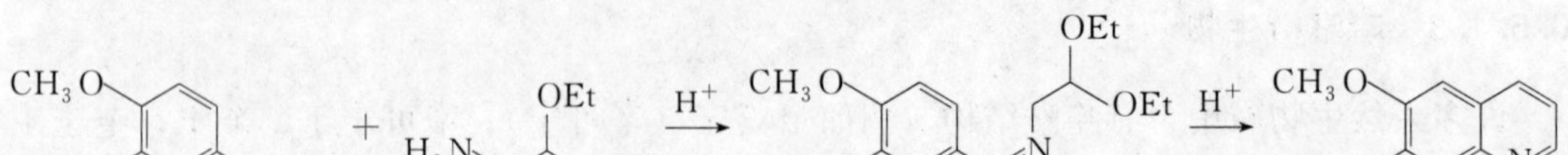

N-乙酰基-β-苯乙胺在 P_2O_5 作用下脱水、环化生成二氢异喹啉，后者在钯存在下脱氢得到吡啶环有取代基的异喹啉衍生物，这一合成异喹啉方法称 Bischler-Napleralski 反应：

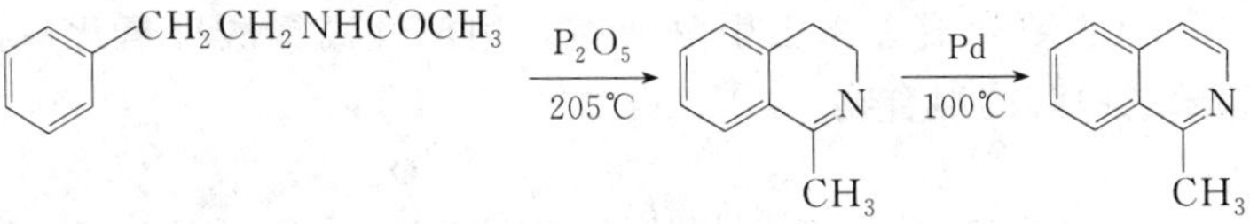

20.5.2.2　异喹啉的化学性质

（1）异喹啉的亲电取代反应

异喹啉和喹啉的化学性质类似，亲电取代反应发生在苯环上，硝化反应生成以 5-硝基喹啉为主的产物。在强质子酸中或强 Lewis 酸作用下溴代主要生成 5-溴异喹啉，在低于 180℃用发烟硫酸磺化主要得到异喹啉-5-磺酸。

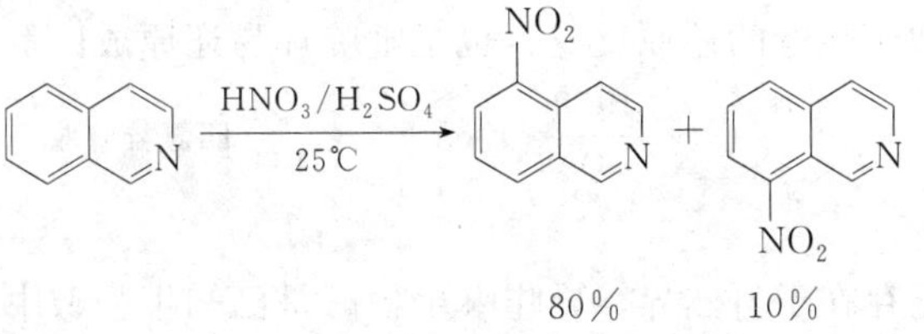

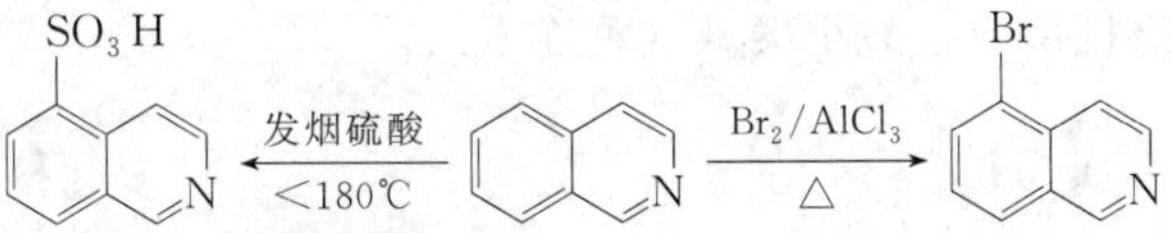

（2）异喹啉的亲核取代反应

异喹啉的亲核取代反应发生在吡啶环，主要生成 1-取代异喹啉或 1,2-二氢异喹啉，后者氧化脱氢得到 1-取代异喹啉。例如：

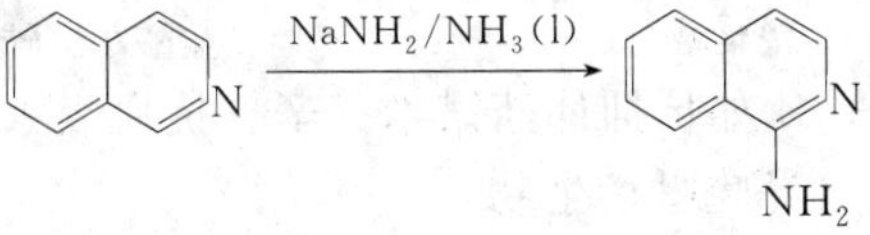

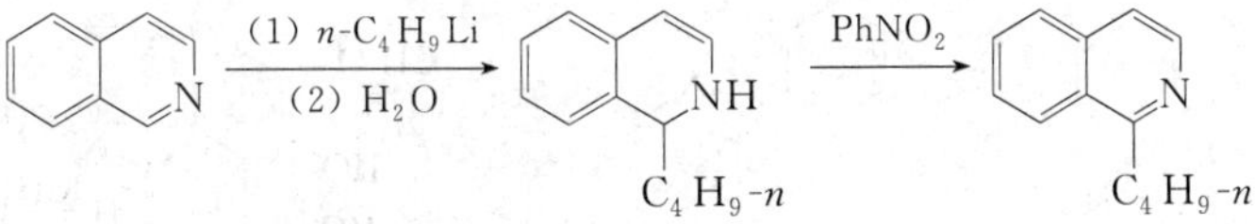

1-卤代异喹啉的卤原子容易被亲核试剂取代，1,3-二卤异喹啉可选择性地取代 1-卤原子：

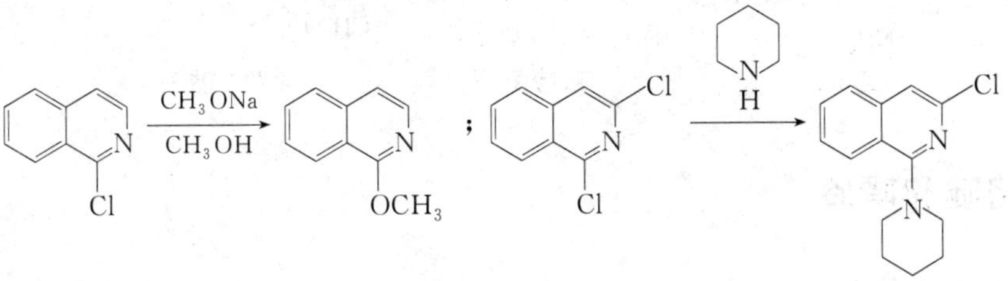

（3）异喹啉侧链的反应

有 α-氢的 1-取代异喹啉，在酸（包括路易斯酸）或碱作用下可以发生缩合或取代反应，在相同条件下其他位置取代基有 α-氢的几乎不反应。

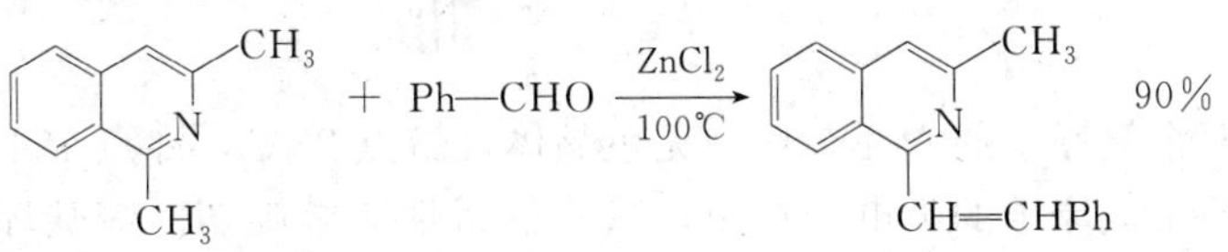

（4）异喹啉的氧化还原反应

异喹啉也能发生类似于喹啉的氧化还原反应。氧化条件不同所得主要产物有差异。异喹啉用中性高锰酸钾氧化主要生成邻苯二甲酰亚胺，用碱性高锰酸钾氧化后再酸化主要生成3,4-吡啶二酸和邻苯二甲酸的混合物：

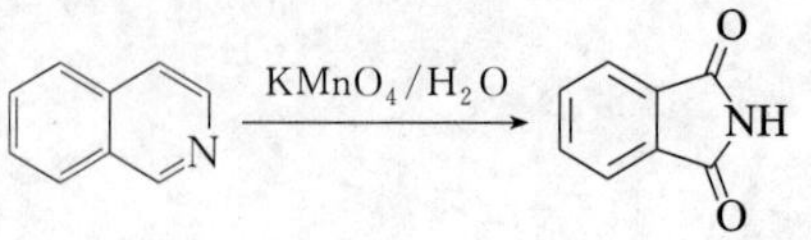

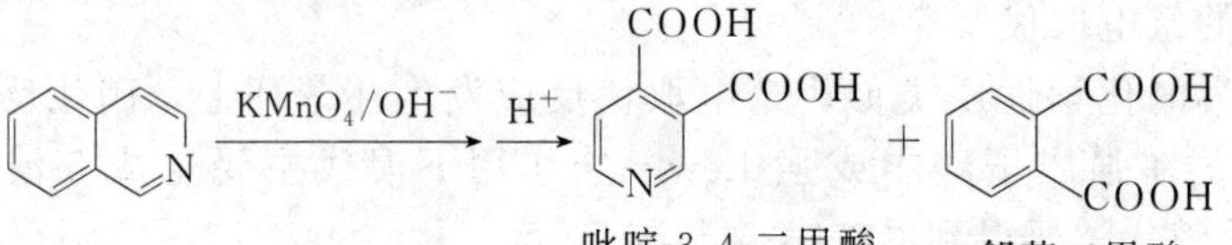

吡啶-3,4-二甲酸　　邻苯二甲酸

异喹啉能发生类似于喹啉的还原反应，也是吡啶环易还原成四氢异喹啉：

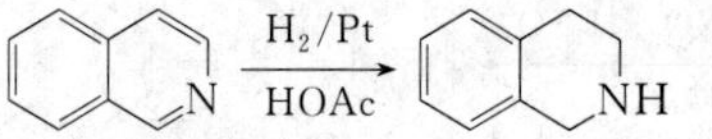

四氢异喹啉

（5）异喹啉衍生物

异喹啉衍生物广泛存在于自然界，异喹啉生物碱是已知生物碱中最大的一类。例如有解痉作用的罂粟碱、广谱抗菌药盐酸小檗碱（黄连素）：

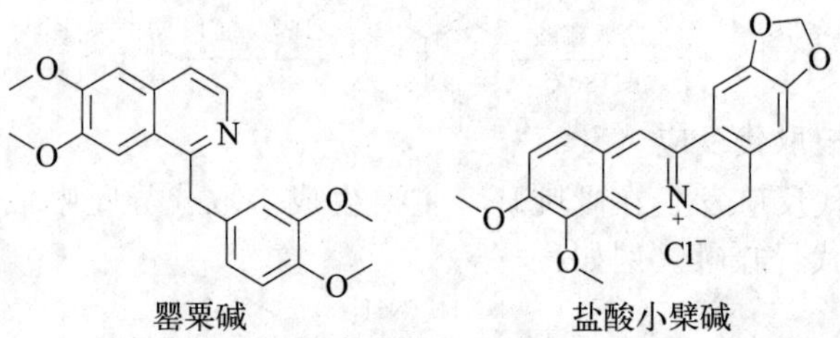

罂粟碱　　　　　　　　　盐酸小檗碱

部分氢化异喹啉衍生物，比如抗抑郁药诺米芬辛、抗血吸虫吡喹酮和天然抗炎降压功能的木兰花碱都是1,2,3,4-四氢异喹啉衍生物：

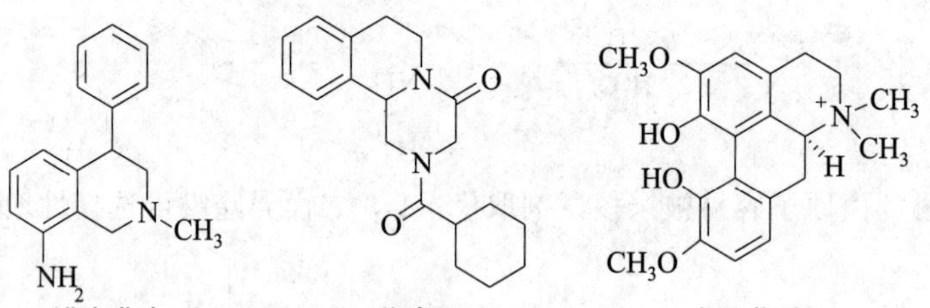

诺米芬辛　　　　　　吡喹酮　　　　　　　　木兰花碱

20.6　嘧啶和嘌呤

嘧啶与嘌呤的结构如下：

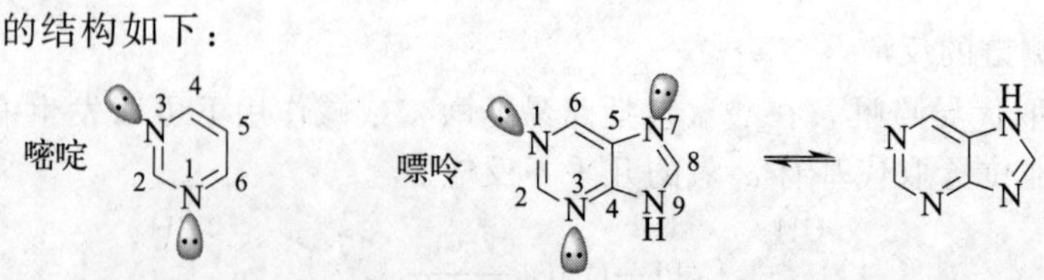

嘧啶是含有两个氮原子的六元杂环，无色晶体，熔点22℃，沸点124℃，易溶于水，显示弱碱性。由于两个氮原子的吸电子作用，嘧啶的碱性比吡啶弱。嘧啶环是缺电子芳杂环，

环上碳原子的电子密度比吡啶环还小，因此嘧啶的亲电取代反应比吡啶困难，而亲核取代反应比吡啶容易。

嘌呤由一个嘧啶环和一个咪唑环稠合而成，无色结晶，熔点 216～217℃，易溶于水，其水溶液为弱碱性。固体时，嘌呤几乎是以 7H-嘌呤式存在，在溶液中嘌呤具有两个互变异构体 9H-嘌呤和 7H-嘌呤，达到平衡时二者浓度相同。

20.6.1　嘧啶及其衍生物

嘧啶衍生物广泛存在于自然界，其中最重要的是在 DNA 和 RNA 的碱基中，有三种嘧啶衍生物：尿嘧啶（uracil）、胸腺嘧啶和（thymine）胞嘧啶（cytosine），它们都存在互变异构体平衡体系：

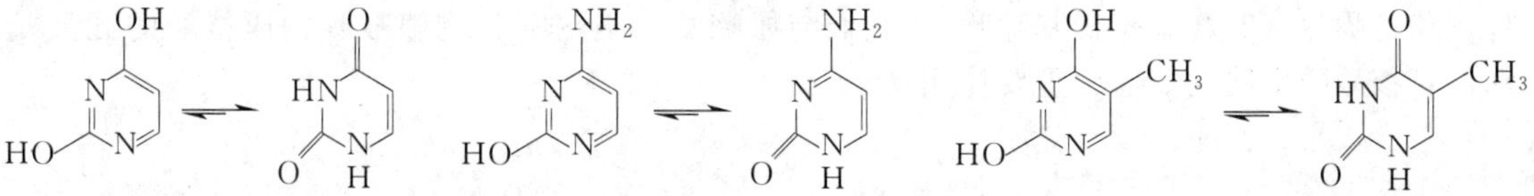

尿嘧啶（U）　　　　胞嘧啶（C）　　　　胸腺嘧啶（T）

胸腺嘧啶只出现在脱氧核糖核酸中，尿嘧啶只出现在核糖核酸中，而胞嘧啶两者均可。在碱基互补配对时，胸腺嘧啶或尿嘧啶与腺嘌呤以 2 个氢键结合，胞嘧啶与鸟嘌呤以 3 个氢键结合。

天然或人工合成嘧啶衍生物具有生物活性。例如维生素 B1（又称硫胺素）存在于酵母菌、糠和各种五谷杂粮中。合成药物磺胺嘧啶中磺酰胺与碱反应形成的磺胺嘧啶钠对许多革兰氏阳性和阴性菌具有抗菌作用。

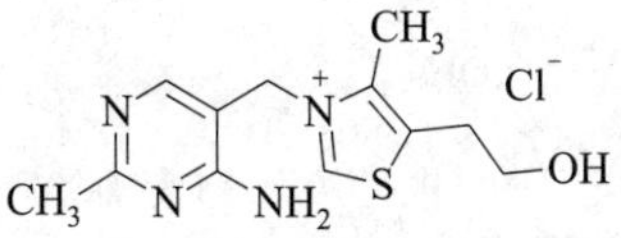

维生素B1 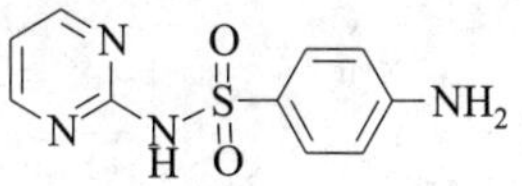　　　　磺胺嘧啶

具有嘧啶环骨架的衍生物是许多药物、农药的核心功能部分。比如 5-氟尿嘧啶具有抗肿瘤功能，3′-叠氮-2′,3′-脱氧胸苷（齐多夫定，AZT）可以治疗 HIV 疾病，乳酸清可以治疗代谢紊乱，苄嘧磺隆阻碍支链氨基酸的生物合成，进而阻止细胞分裂和生长，使杂草生长受阻而死亡。

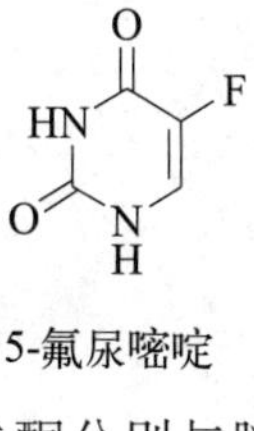

5-氟尿嘧啶 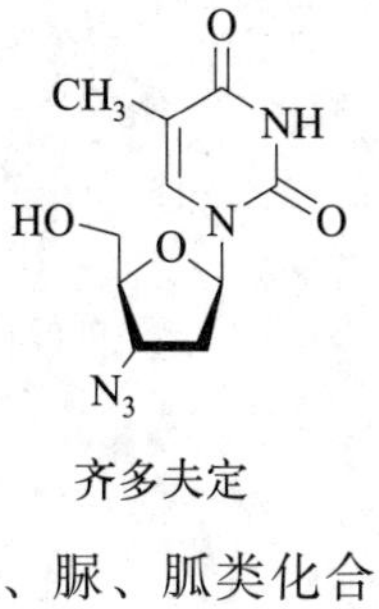　　齐多夫定 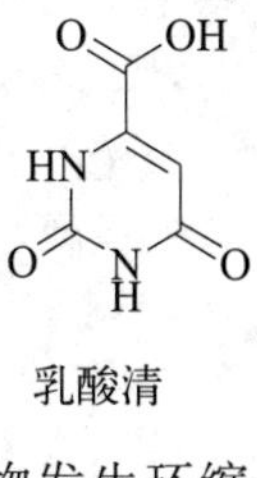　　乳酸清 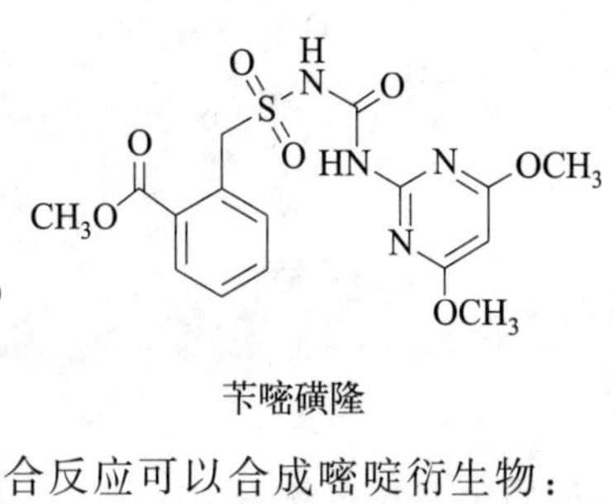　　　　苄嘧磺隆

1,3-二酮分别与脒、脲、胍类化合物发生环缩合反应可以合成嘧啶衍生物：

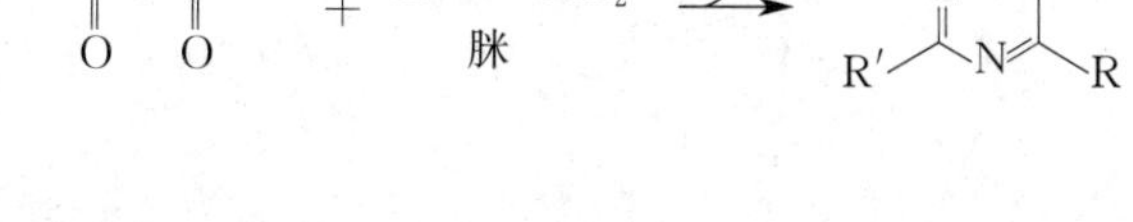

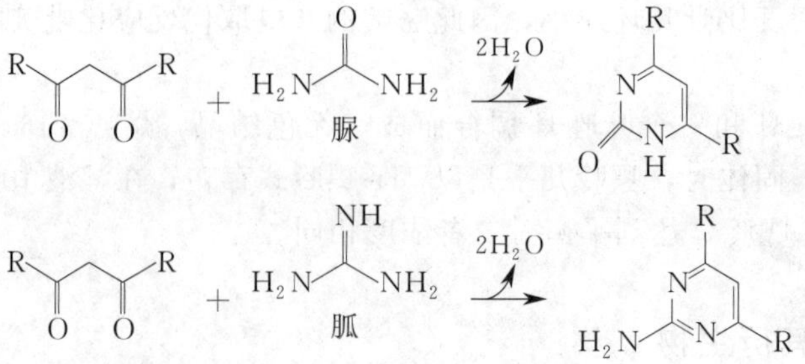

有机化学

20.6.2 嘌呤及其衍生物

嘌呤衍生物广泛存在于自然界，其中最重要的两个嘌呤衍生物分别是腺嘌呤（6-氨基嘌呤）和鸟嘌呤（2-氨基-6-羟基嘌呤），它们与尿嘧啶、胞嘧啶和胸腺嘧啶构成核酸的五大碱基，对核酸的生物功能起到重要作用：

6-氨基嘌呤，即腺嘌呤(A)　　　2-氨基-6-羟基嘌呤，即鸟嘌呤(G)

纯嘌呤环自然界中不存在，嘌呤衍生物广泛存在于动植物体中，如尿酸和黄嘌呤。

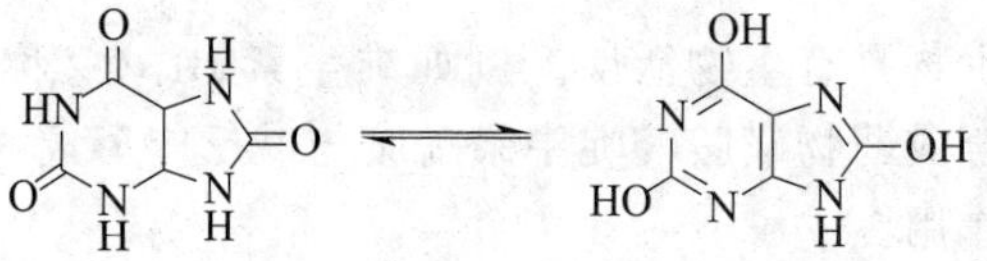

尿酸存在于鸟类、爬虫类的排泄物和人类尿液中，是无色晶体，难溶于水。黄嘌呤存在于茶叶、动物血液、肝脏和尿液中。黄嘌呤的重要衍生物是咖啡碱（1,3,7-三甲基黄嘌呤）、茶碱（1,3-二甲基黄嘌呤）和可可碱（3,7-二甲基黄嘌呤），它们都有兴奋中枢神经作用，其中咖啡碱的作用最强。

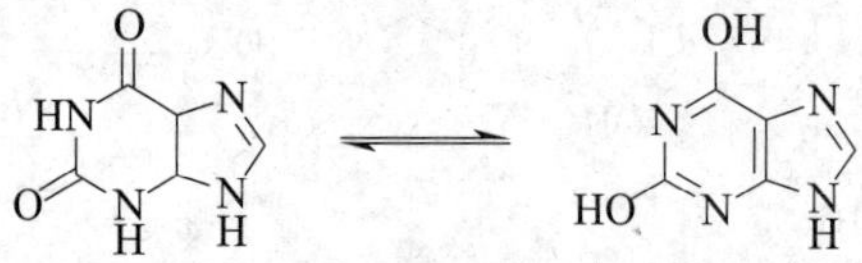

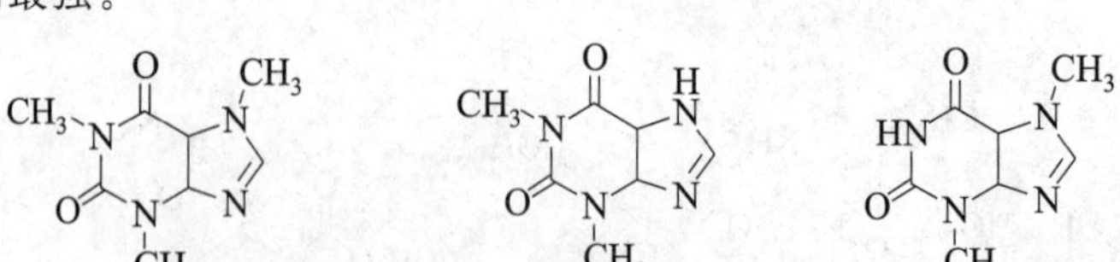

咖啡碱　　　　　　茶碱　　　　　　可可碱

习题

20.1　命名下列化合物。

556

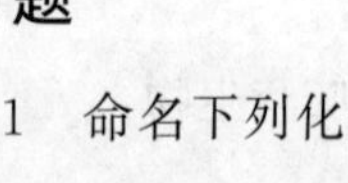

(5) 结构式：5-氯-1-甲基-吡咯-2-甲酸 (Cl—，N—CH₃，COOH)

(6) 4-硝基吡啶-N-氧化物 (NO₂，N⁺，O⁻)

(7) 异烟酰肼 (CONHNH₂，吡啶)

(8) 5-氯-8-溴喹啉 (Cl，Br，喹啉环)

(9) 1-甲基异喹啉 (CH₃)

(10) 6-氯-吲哚-3-乙酸 (CH₂COOH，Cl，N—H)

20.2 写出下列化合物的结构式。

(1) 2,5-二氢呋喃　　(2) 8-硝基喹啉　　(3) 糠醛　　(4) 5-甲基咪唑

(5) N-乙烯基咔唑　　(6) 烟酸　　(7) 烟碱　　(8) N-甲基吡咯烷酮

(9) 4-氨基嘧啶　　(10) 鸟嘌呤　　(11) 3-苯基-1,2,4-三唑

20.3 写出下列反应的主要产物。

(1) 2-甲基呋喃 $\xrightarrow[BF_3]{(CH_3CO)_2O}$?

(2) 2-甲基噻吩 $\xrightarrow[HNO_3]{(CH_3CO)_2O}$?

(3) O₂N—噻吩—CH₃ $\xrightarrow{HNO_3/H_2SO_4}$?

(4) 呋喃-3-甲酸 $\xrightarrow[25℃]{Br_2/CH_3COOH}$?

(5) 吡咯(N—H) $\xrightarrow{Br_2/CH_3COOH}$?

(6) 2-硝基噻吩 $\xrightarrow{HNO_3}$?

(7) 吡啶 $\xrightarrow{n\text{-}C_4H_9Li}$?

(8) 3-甲基吲哚 $\xrightarrow{Br_2/CH_3COOH}$?

(9) 3-硝基喹啉 $\xrightarrow{HNO_3/H_2SO_4}$?

(10) 4-甲基-呋喃-2-甲醛 $\xrightarrow[CH_3COOK]{CH_3COOH}$?

(11) 2,3-二氯吡啶 $\xrightarrow{C_6H_5NH_2}$?

(12) 2-甲基吲哚 $\xrightarrow[(2)\ H_2O]{(1)\ DMF,POCl_3}$?

(13) 呋喃 $\xrightarrow[0℃]{Br_2/二氧六环}$?

(14) 吡咯(N—H) $\xrightarrow{吡啶-三氧化硫}$?

(15) 4-氯-3-溴吡啶 $\xrightarrow[C_2H_5OH]{C_2H_5ONa}$?

(16) 2,3-二甲基吡啶 $\xrightarrow{PhCHO/ZnCl_2}$?

(17) 1,3-二甲基异喹啉 $\xrightarrow[ZnCl_2]{PhCHO}$?

(18) 2,3-二甲基吡啶 $\xrightarrow{PhCHO/ZnCl_2}$?

(19) (环己酮苯基衍生物) $\xrightarrow[\triangle]{P_2O_5}$?

(20) 咪唑(N—H) $\xrightarrow{HNO_3/H_2SO_4}$?

(21) [吡咯] $\xrightarrow{CH_3COCl/吡啶}$?　　　(22) [3-(吡咯-2-基)吡啶] $\xrightarrow{CH_3I}$?

(23) $HO_3S-\!\!\!\diagdown\!\!\!\diagup\!\!-N_2^+Cl^-$ $\xrightarrow{\;吡咯\;}$?　　　(24) [吡啶] $\xrightarrow[\triangle]{NaNH_2, PhN(CH_3)_2}$?

20.4 完成下列反应式。

(1) [呋喃-2-甲醛] $\xrightarrow{Cl_2}$ (　) $\xrightarrow[(2)\ H_3O^+]{(1)\ 浓\ NaOH}$ (　)

(2) [吡啶] $\xrightarrow{H_2O_2}$ (　) $\xrightarrow[H_2SO_4,\ \triangle]{发烟\ HNO_3}$ (　) $\xrightarrow{PCl_3}$ (　)

(3) [2-甲基吡啶] $\xrightarrow{n\text{-}C_4H_9Li}$ (　) $\xrightarrow[0\sim10℃]{CH_2\!=\!CHCHO}$ (　)

(4) [噻吩] $\xrightarrow{Br_2}$ (　) $\xrightarrow{Mg/Et_2O}$ (　) $\xrightarrow{CO_2}$ (　) $\xrightarrow{H_3O^+}$ (　)

(5) [吡咯] $\xrightarrow{CHCl_3, KOH}$ (　) $\xrightarrow{浓\ NaOH}$ (　)

(6) [2-甲基吡啶] $\xrightarrow{NaNH_2}$ (　) $\xrightarrow[(2)\ H_2O]{(1)\ PhCHO}$ (　)

(7) [烟酸乙酯 OC_2H_5] + [1-甲基-2-吡咯烷酮] $\xrightarrow{C_2H_5ONa}$ (　) $\xrightarrow{H_3O^+}$ (　) $\xrightarrow{\triangle}$

[3-(2-甲氨基乙酰基)吡啶 $CH_2CH_2NHCH_3$] $\xrightarrow{NaBH_4}$ (　) $\xrightarrow{HBr}$ (　) $\xrightarrow{OH^-}$ [3-(1-甲基吡咯烷-2-基)吡啶]

20.5 根据休克尔规则判断，下列哪些化合物具有芳香性？

(1) [1-甲基-1,2-二氢吡啶类]　　(2) [氮杂环庚三烯酮]　　(3) [2H-吡喃]　　(4) [1,3,4-噁二唑]

(5) [咪唑]　　(6) [吲哚]　　(7) [喹啉]　　(8) [吡咯]

20.6 比较下列化合物各对化合物的碱性强弱，并简述理由。

(1) [咪唑] 和 [吡咯]　　(2) [咪唑] 和 [噁唑]　　(3) [咪唑] 和 [嘧啶]

(4) [咪唑] 和 [吡唑]　　(5) [4-二甲氨基吡啶] 和 [4-甲基吡啶]　　(6) [喹啉] 和 [吲哚]

20.7 将下列化合物的碱性按由大到小的顺序排列。

(1) ①甲胺 ②苯胺 ③吡咯 ④吡啶 ⑤喹啉 ⑥氨 ⑦乙酰胺

(2) ①吡咯 ②吡啶 ③咪唑 ④六氢吡啶

(3) ①〔吡咯〕 ②〔吡啶〕 ③〔4-氟吡啶〕 ④〔吗啉〕 ⑤〔六氢吡啶〕

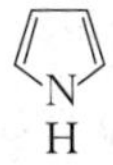

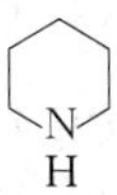

20.8 如何鉴别下列各组化合物。

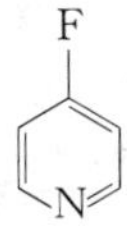

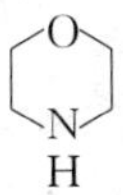

(1) 吡啶和 α-甲基吡啶 (2) 苯和噻吩

(3) 吡啶和六氢吡啶 (4) 甲苯和吡啶

20.9 由指定原料和必要的试剂完成下列转变。

(1) 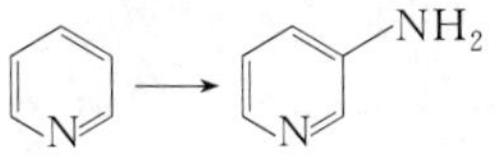 〔吡啶〕 → 〔3-氨基吡啶〕

(2) 〔3-甲基吡啶〕 → 〔3-氨基吡啶〕

(3) 〔吡啶〕 → 〔4-氨基吡啶〕

(4) 〔2-甲基吡啶〕 → 〔2-吡啶乙酸〕

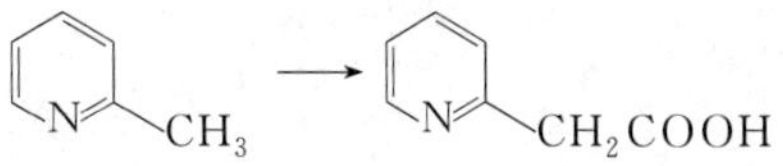

(5) 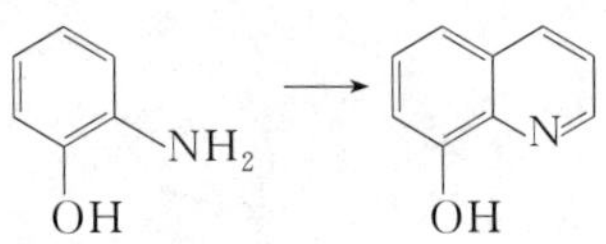 〔2-氨基苯酚〕 → 〔8-羟基喹啉〕

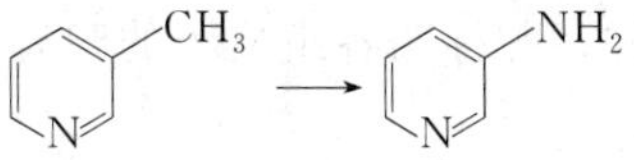

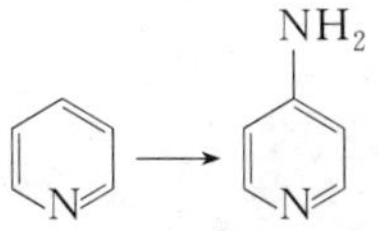

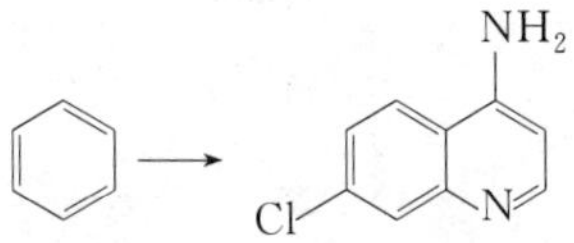

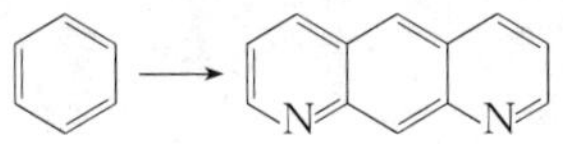

(6) 〔苯〕 → 〔7-氯-4-氨基喹啉〕

(7) 〔苯〕 → 〔1,7-萘啶〕

(8) 〔甲苯〕 → 〔二苯乙烯〕

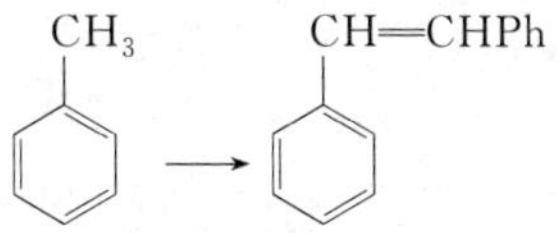

(9) 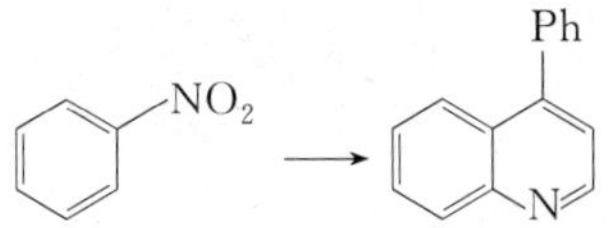 〔硝基苯〕 → 〔4-苯基喹啉〕

(10) 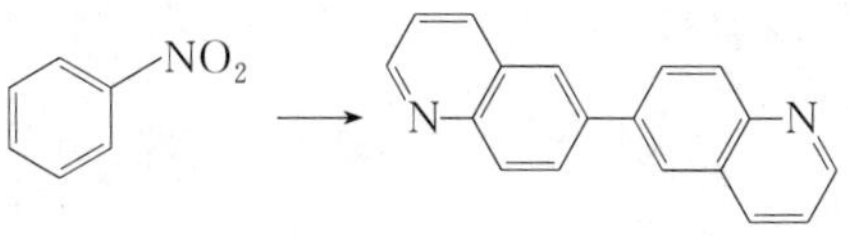 〔硝基苯〕 → 〔联喹啉〕

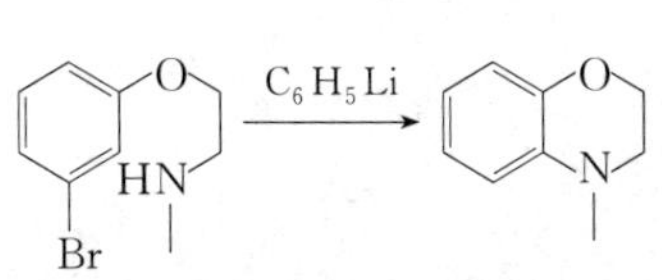

20.10 给下列反应提出合理的反应机理。

(1) 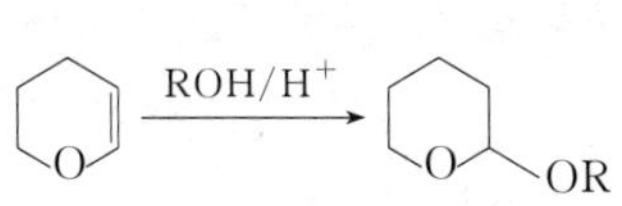 〔二氢吡喃〕 $\xrightarrow{ROH/H^+}$ 〔四氢吡喃-2-基醚〕

(2) 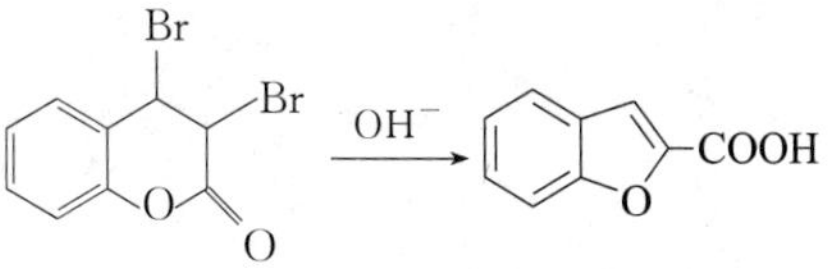 〔3,4-二溴香豆素-2-酮〕 $\xrightarrow{OH^-}$ 〔苯并呋喃-2-甲酸〕

(3) 〔溴代苯并噁嗪〕 $\xrightarrow{C_6H_5Li}$ 〔苯并噁嗪〕

(4) 〔吡咯烷衍生物〕 $\xrightarrow{OH^-}$ 〔桥环腈醇〕

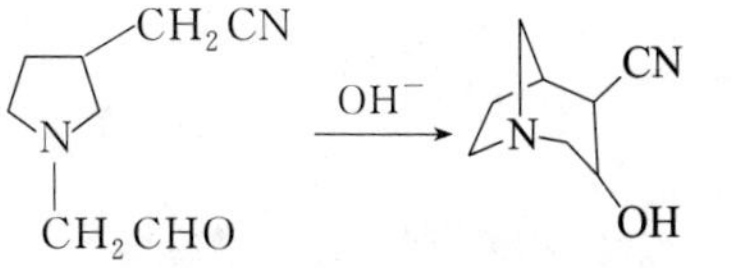

20.11 吡啶甲酸有三个异构体 A、B 和 C。A 的熔点为 137℃，B 的熔点为 234～237℃，C 的熔点为 137℃。喹啉氧化得到二元酸 D（$C_7H_5NO_4$），D 加热时有 CO_2 放出，并可得到 B。异喹啉氧化生成二元酸 E（$C_7H_5NO_4$），E 加热时也有 CO_2 放出，并可得到 B 和 C。试推测 A、B、C、D 和 E 的结构。

20.12 从罂粟中分离得到的罂粟碱分子式为 $C_{20}H_{21}NO_4$。罂粟碱与过量的 HI 反应得到 4 摩尔的 CH_3I。将罂粟碱用 $KMnO_4$ 氧化首先生成中间体酮（$C_{20}H_{19}O_5N$），继续氧化得到下面的混合物：

$$CH_3O-\underset{\underset{COOH}{|}}{\text{异喹啉}}-N \quad ; \quad CH_3O-C_6H_2(COOH)_2-OCH_3 \quad ; \quad \underset{\underset{OCH_3}{|}}{C_6H_2}\overset{COOH}{-}OCH_3 \quad ; \quad CH_3O-\underset{\underset{COOH}{|}}{\text{吡啶}}-OCH_3$$

这些混合物逐一分离和鉴定，试推测出罂粟碱的结构。

20.13　某杂环化合物 A（$C_8H_{10}O_3$）为中性。A 的 ^1H NMR 数据（δ, ppm）为：7.08（d, 1H, $J=5$），6.13（d, 1H, $J=5$），6.78（q, 2H, $J=7$），1.20（t, 3H, $J=5$），2.38（s, 3H）。

试推出 A 的结构，并标明各组质子的归属。

第 ㉑ 章

周环反应

　　传统化学工业应用化学反应创造了大量对人类有用的产品，极大地丰富了人类的物质生活和提高了生活质量，但在生产和使用化学产品的过程中也产生了大量污染环境的废物。绿色化学提倡化学反应和过程以"原子经济性"为基本原则，充分利用参与反应的每个原料原子，实现"零排放"。周环反应不同于前面章节讨论的有机化学反应，不存在自由基和正、负离子反应活性中间体。

　　周环反应（pericyclic reaction）是一类经历了环状过渡态、化学键的断裂和生成同时发生的反应，也称为协同反应（concerted reaction）。这类反应在加热或光照条件下就可进行，反应中不产生活性中间体，反应速率一般不受酸、碱、催化剂和溶剂极性的影响，也不受自由基引发剂和抑制剂的影响，具有高度的立体选择性。

　　这类反应曾一度使化学家们迷惑不解。直到 1965 年，Woodward 和 Hofmann 根据这类反应事实并结合他们在合成维生素 B12 过程中的发现，系统地研究了周环反应，终于找到控制这类反应进程的重要因素，提出了协同反应中轨道对称守恒（conservation of orbital symmetry）原理，即当反应物和产物的分子轨道对称性一致时，反应易于发生，而不一致时反应难以发生，这一原则是分子轨道对称性守恒原理的核心内容，它解释了化学反应进行的难易程度以及产物构型。轨道对称守恒原理是近代有机化学最大成就之一，它不仅符合大量的实验事实，而且不违背有机化学规律，极大地推动了理论有机化学及合成有机化学的深入研究和发展。

　　目前对分子轨道对称守恒原理有三种理论解释，即前线轨道理论、能量相关理论和芳香族过渡态理论。其中以前线轨道理论简明、直观、易懂。

　　常见的周环反应有电环化反应、环加成反应和 σ-迁移反应。它们具有以下共同特点：①反应中没有离子或自由基中间体生成；②反应条件是加热或光照，反应不受溶剂或催化剂影响；③具有高度的立体专一性，是高度空间定向反应，即反应产物中只生成几种可能立体异构体中的一种，或反应只按几种可能方式中的一种方式发生；④反应过程中有两个或两个以上的键同时断裂和生成，即反应是以协同方式进行的。

21.1　分子轨道对称性和前线轨道理论

21.1.1　对称和反对称

　　轨道的对称性在分子轨道理论中非常重要。应用分子轨道对称守恒原理来说明化学反应时,通常是通过分析有关分子轨道图形的对称性来完成。原子轨道和分子轨道除了在数学上用波函数表示外,还可以用更形象的几何图形来表示,它能把轨道的对称性更直观地显示出来。对称问题是一个范围广泛的数学课题,以下讨论只限于与分子轨道对称守恒原理有关的对称性问题。

一个图形经过某些不改变图形中任意两点的距离的操作之后,能恢复原来的形象,那么这个图形就具有对称性。这种能使图形完全复原的动作称为对称操作。而施行对称操作所依据的几何要素(点、线、面等)称为对称元素。如乙烯分子 π 键的成键轨道和反键轨道中的对称元素(图 21.1)。

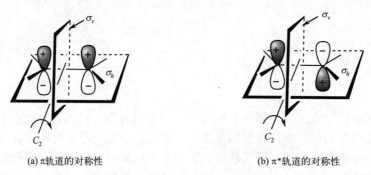

(a) π轨道的对称性　　　　　　　　　　(b) π*轨道的对称性

图 21.1　乙烯的 π 成键轨道和 π* 反键轨道的 σ_v 对称面

如图 21.1(a)所示,第一个对称元素是垂直并等分 C—Cσ 键的平面 σ_v,把它看作一个镜面,对成键 π 轨道来说,经过反映,图形与原来的完全一样,因此成键 π 轨道对平面 σ_v 是对称的。而反键 π* 轨道对 σ_v 平面经反映操作后,图形虽然复原,但轨道瓣的符号相反,因此 π* 轨道对平面 σ_v 是反对称的,如图 21.1(b)所示,反对称也是对称性的一种形式。

第二个对称元素是包括乙烯分子 5 个 σ 键的平面 σ_h。从图 21.1 可以看出乙烯的 π 和 π* 轨道对 σ_h 面来说都是反对称的,平面 σ_h 对反应过程起化学变化的键起不到分类作用,因此一般不使用 σ_h 这个对称元素。

第三个对称元素是通过 σ_v 和 σ_h 两个平面交线的二重旋转轴 C_2。通常使一个图形沿某一轴线旋转 $360°/n(n=1,2,3\cdots\cdots)$ 后,使图形完全恢复原样,n 等于几,就说这个图形有几重对称轴。这里 $n=2$,称为二重对称轴,以符号 C_2 表示。乙烯的 π* 轨道绕 C_2 轴旋转 180°,图形复原,因此乙烯的 π* 轨道对 C_2 轴来说是对称的,操作方式如图 21.2(b)所示。而 π 轨道绕 C_2 轴旋转 180°后,图形虽相同,但轨道瓣的符号相反,是反对称的,操作方式如图 21.2(a)所示。

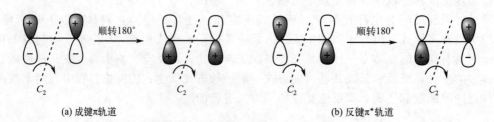

(a) 成键π轨道　　　　　　　　　　　(b) 反键π*轨道

图 21.2　乙烯的 π 成键轨道和 π* 反键轨道的 C_2 对称轴

σ_v 和 C_2 两个对称元素,能把反应过程中各个有关分子的轨道按位相(轨道瓣的符号)变化,分为对称(symmetric)和反对称(antisymmetric)两类,并分别以符号 S 和 A 表示对称和反对称。成键轨道 σ(C—C)与反键轨道 σ*(C—C)对 σ_v 平面和 C_2 轴的对称性如图 21.3 所示。轨道图中，如 σ^*（C—C），只表示波函数的位相变化，而不表示电子密度的实际分布。

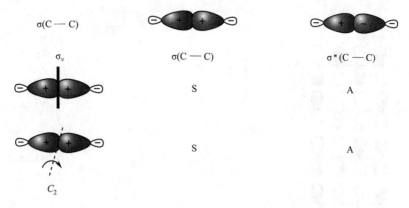

图 21.3　（C—C）σ 轨道的对称性

在协同反应中，当反应物与产物的轨道对称性一致时，反应易于发生，称为对称性允许反应。而当反应物与产物的轨道对称性不一致时，反应难以进行，称为对称性禁阻反应。如果反应物的分子轨道具有某些对称因素，那么这些对称因素在反应过程中都保持不变，直到生成产物。

21.1.2　前线轨道理论和前线电子

在一个有机分子中，原子轨道线性组合形成能级不同的分子轨道。能级低的轨道占有电子，能级高的轨道是未占有电子的空轨道。在化学反应过程中最活跃、最先起作用的轨道是最高占据轨道 HOMO（highest occupied molecular orbit，缩写为 HOMO）和最低未占据轨道 LUMO（lowest unoccupied molecular orbit，缩写 LUMO），它们统称为前线轨道（FMO），前线轨道中的电子叫前线电子，类似于原子中的价电子。HOMO 在占据电子的轨道中能级最高，对电子的束缚较为松弛，具有电子给予体的性质。而 LUMO 在未占据电子的轨道中能量最低，对电子的亲和力较强，具有电子接受体的性质。因此，HOMO 上的电子很容易激发到 LUMO，在进行化学反应时，HOMO 对电子的束缚较弱容易将电子给予能量相近的空轨道。根据前线轨道理论还可以用图像来说明化学反应中的一些经验规律，它简单、直观，易于理解，便于掌握，因而应用较广。

21.1.3　线性 π 体系分子轨道的对称性

线性 π 体系分子如乙烯、1,3-丁二烯、1,3,5-己三烯及烯丙基、1,3-戊二烯离子和自由基的分子轨道、能级、对称性、节面数、电子排布、HOMO 和 LUMO 分别见表 21.1、表 21.2。

表 21.1　乙烯，1,3-丁二烯，1,3,5-己三烯的 HOMO 和 LUMO

分子	分子轨道	能级	对称性		节面数	电子排布	
			σ_v	C_2		基态	激发态
乙烯	ψ_2　π_2	E	A	S	1	—LUMO	╪ HOMO
	ψ_1　π_1		S	A	0	╫ HOMO	╪

分子	分子轨道	能级	对称性 σ_v	对称性 C_2	节面数	电子排布 基态	电子排布 激发态
1,3-丁二烯	ψ_4 π_4	$E\uparrow$	A	S	3	—	—LUMO
	ψ_3 π_3		S	A	2	—LUMO	⊣ HOMO
	ψ_2 π_2		A	S	1	⫯ HOMO	⫯⫯
	ψ_1 π_1		S	A	0	⫯	⫯

分子	分子轨道	能级	对称性 σ_v	对称性 C_2	节面数	电子排布 基态	电子排布 激发态
1,3,5-己三烯	ψ_6 π_6	$E\uparrow$	A	S	5	—	—
	ψ_5 π_5		S	A	4	—	—LUMO
	ψ_4 π_4		A	S	3	—LUMO	—HOMO
	ψ_3 π_3		S	A	2	⫯ HOMO	⫯
	ψ_2 π_2		A	S	1	⫯	⫯
	ψ_1 π_1		S	A	0	⫯	⫯

表 21.2 烯丙基、1,3-戊二烯离子和自由基的 HOMO 和 LUMO

分子	分子轨道	能级	对称性 σ_v	对称性 C_2	节面数	基态电子排布 —C+	基态电子排布 —C·	基态电子排布 —C⁻
烯丙基	ψ_3 π_3	$E\uparrow$	S	A	2	—	—LUMO	—LUMO
	ψ_2 π_2		A	S	1	—LUMO	⫯ HOMO	⫯ HOMO
	ψ_1 π_1		S	A	0	⫯ HOMO	⫯	⫯

分子	分子轨道	能级	对称性		基态电子排布		
			σ_v　C_2	节面数	—C+	—C•	—C-
	ψ_5　π_5		S　A	4	—	—	—
1,3-戊二烯	ψ_4　π_4	E↑	A　S	3	—	—LUMO	—LUMO
	ψ_3　π_3		S　A	2	—LUMO	↑—HOMO	↑↓—HOMO
	ψ_2　π_2		A　S	1	↑↓—HOMO	↑↓	↑↓
	ψ_1　π_1		S　A	0	↑↓	↑↓	↑↓

从两表中可以看出，能级最低的分子轨道，除了分子所在的平面外没有节面。其余分子轨道节面数分别为 1、2、3 等。节面数越多，能级越高。其中 1,3-丁二烯、烯丙基负离子、1,3-戊二烯正离子都含四个 π 电子，属 $4n$ 体系，π 电子占据能级最低的两个分子轨道。HOMO 的对称性对 σ_v 和 C_2 分别为 A 和 S，LUMO 则分别为 S 和 A。乙烯、烯丙基正离子、1,3,5-己三烯、1,3-戊二烯负离子分别含有 2 个或 6 个 π 电子，属 $4n+2$ 体系，它们的 HOMO 对称性对 σ_v 和 C_2 分别是 S 和 A，LUMO 则为 A 和 S。因此，含 $4n$ 个 π 电子体系的 HOMO 和 LUMO 的对称性，分别与 $4n+2$ 个 π 电子体系的 LUMO 和 HOMO 相同。

21.2　电环化反应

在加热或光照下，共轭多烯烃转变成环烯烃或其逆反应（环烯烃变成共轭多烯的反应）称为电环化反应（electrocyclic reaction）。如丁二烯与环丁烯之间的转变。

在反应中丁二烯的大 π_4^4 键变成环丁烯中的 π 键和 σ 键。

21.2.1　电环化反应特点

电环化反应有如下几个特点：①单分子反应，反应条件是加热或光照；②反应中起主要作用的轨道是 HOMO，热反应只与基态有关，其轨道是基态时的 HOMO，光照反应与激发态有关，其轨道是激发态的 HOMO（即基态时的 LUMO）；③电环化反应是可逆的，根据微观可逆原则，正反应和逆反应所经历的途径相同。

21.2.2　含 4n 个 π 电子的体系

$(Z.E)$-2,4-己二烯含有 4 个 π 电子，属于 $4n$ 体系（$n=1$、2、3……），当加热和光照

时，发生如下反应：

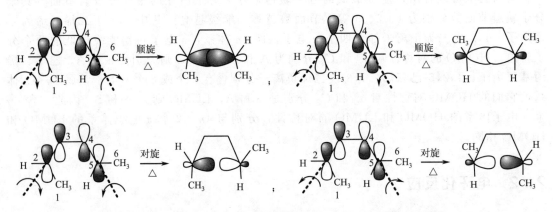

式 21-1 式 21-2

在热反应中，反应方向取决于共轭多烯和环烯烃的热力学稳定性。由于环丁烯的环张力大，不如 2,4-己二烯稳定，因此在热反应中反应向左进行，主要观察到开环反应（式 21-1）。在光化学反应中反应可向右进行，主要生成环丁烯，其原因是环丁烯比共轭二烯的吸光能力弱（式 21-2）。

(Z,E)-2,4-己二烯在加热下关环生成顺-3,4-二甲基环丁烯（式 21-1），光照下关环生成反-3,4-二甲基环丁烯（式 21-2），这个电环化反应的立体化学专一性主要取决于 (Z,E)-2,4-己二烯分子轨道的对称性。在热反应中，它采用基态下的 HOMO，与表 21.1 中丁二烯的 ψ_2 相同，加热时 C2—C3 和 C4—C5 沿键轴（虚线）旋转，分别有两种顺旋（conrotatory）和两种对旋（disrotatory）方式进行关环，如图 21.4 所示。

图 21.4 (Z,E)-2,4-己二烯加热条件下生成顺-3,4-二甲环丁烯

在顺旋中，C2 和 C5 形成 σ 键时轨道位相符号相同，是对称性允许的，能够重叠成键，发生反应。在对旋中 C2 和 C5 形成 σ 键时轨道位相不同，是对称性禁阻的，不能重叠成键，不发生反应。因此，(Z,E)-2,4-己二烯在热反应中是顺旋关环，生成顺-3,4-二甲基环丁烯。

在光反应中 (Z,E)-2,4-己二烯用的分子轨道是激发态的 HOMO，与表 21.1 中丁二烯的 ψ_3 相同，它也可以发生两种顺旋和两种对旋方式关环，如图 21.5 所示。

同热反应中的情况相反，C2 和 C5 对旋关环形成 σ 键时，它们的轨道位相符号相同，是对称性允许的，反应可以进行。而 C2 和 C5 顺旋关环形成 σ 键时，它们的轨道位相符号不同，是对称性禁阻的。因此在光反应中 (Z,E)-2,4-己二烯生成反-3,4-二甲基丁烯。

对称性允许的含义是沿协同反应途经所需的活化能较小，分子轨道可以相互匹配形成能量较低的过渡态，有利于反应的进行。对称性禁阻的含义是沿协同反应途径进行所需要的活化能很大，分子轨道不能相互匹配，反应难以进行，但不排除沿其他途径（如自由基反应）进行的可能性。"允许"和"禁阻"仅表示进行协同过程的难易程度。对称性禁阻途径需要的活化能比对称性允许途径约高 $62.7 kJ \cdot mol^{-1}$，接近双自由基反应途径所需要的活化能。

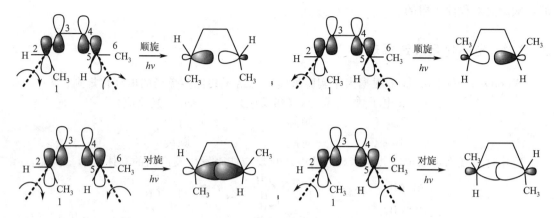

图 21.5　(Z,E)-2,4-己二烯光照条件下生成反-3,4-二甲环丁烯

21.2.3　含 4n+2 个 π 电子的体系

　　(Z,Z,E)-2,4,6-辛三烯含有 6 个 π 电子，属于 $4n+2$ 个 π 电子体系，采用 $4n$ 个 π 电子体系同样方式处理，得到相反的结果。(Z,Z,E)-2,4,6-辛三烯电环化时，热反应中的 HO-MO 与表 21.1 中 1,3,5 己三烯中的 ψ_3 相同，光反应中的 HOMO 与 ψ_4 相同。其顺旋和对旋关环结果分别如图 21.6 和图 21.7 所示。

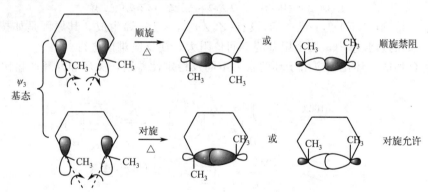

图 21.6　(Z,Z,E)-2,4,6-辛三烯热反应过程

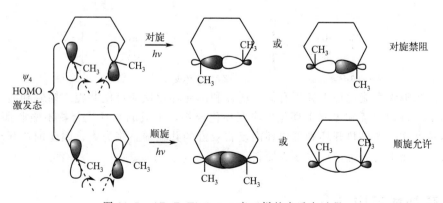

图 21.7　(Z,Z,E)-2,4,6-辛三烯的光反应过程

　　在热反应中对旋是对称性允许的，顺旋是对称性禁阻的。在光反应中顺旋是对称性允许

的，对旋是对称性禁阻的。

21.2.4 电环化反应选择规则

Woodward 和 Hofmann 根据大量实验事实，总结了共轭多烯烃的电环化规则。

π 电子数	△（热反应）	$h\nu$（光反应）
$4n$	顺旋	对旋
$4n+2$	对旋	顺旋

应用这一规则可以预测共轭多烯烃的电环化反应能否发生及产物的立体化学。例如：

(E,Z,Z,E)-2,4,6,8-癸四烯　　反-7,8-二甲基-1,3,5-环辛三烯　(Z,Z,Z,E)-2,4,6,8-癸四烯

电环化反应的选择性主要取决于分子轨道的对称性。此外，还与分子的环张力及空间位阻有关。如反-3,4-二甲基环丁烯顺旋开环有两种方式，分别得到(E,E)-2,4-己二烯和(Z,Z)-2,4-己二烯：

反-3,4-二甲基环丁烯　　(E,E)-2,4-己二烯　(Z,Z)-2,4-己二烯

实际上只得到(E,E)-2,4-己二烯，没有(Z,Z)-2,4-己二烯生成。其原因是如按生成(Z,Z)-2,4-己二烯的过渡态中，两个甲基的空间位阻大，使反应难以进行。

下列化合物的电环化反应由于环的张力不同及稳定性差别，关环和开环产物比例或反应方向不同。

(Z,E)-1,3-环辛二烯因其含有环内反式双键，张力很大，在 $80℃$ 就可以环化为双环化合物。

(Z,E)-1,3-环辛二烯　　　　　　　(Z,Z)-1,3-环庚二烯

共轭二烯吸收光能比环丁烯更有效，所以利用光环化反应可使共轭二烯顺利地转化为环丁烯，如 1,3-环庚二烯在光照下环化生成双环化合物，生成的双环化合物不吸收照射的光，故反应不易可逆。如果热开环则形成环内反式双键的共轭烯，张力大，因此加热开环反应也是不利的，产物不会通过逆反应变为原料。

21.3　环加成反应

两个 π 电子体系的两端同时生成两个 σ 键而闭合成环的反应称为环加成反应（cycloaddition reaction)。环加成反应可以根据反应物中 π 电子数目多少来分类。如两分子乙烯加成生成环丁烷叫[2+2]环加成。一分子丁二烯与一分子取代乙烯加成生成环己烯叫[4+2]环加成。1,3-偶极分子与一分子乙烯加成生成杂环叫[3+2]环加成。

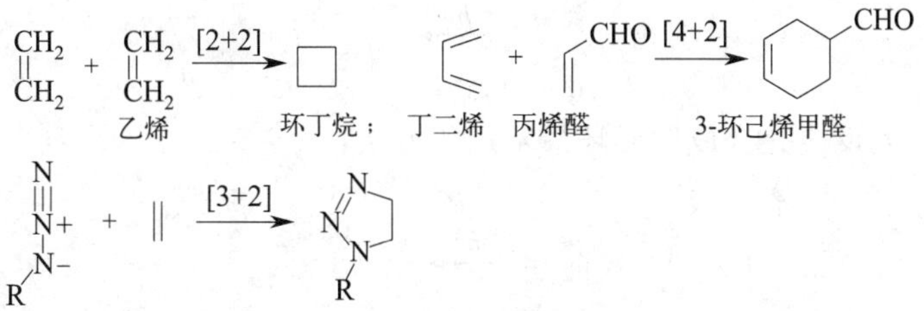

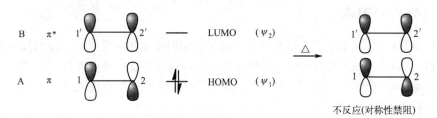

环加成反应的共同特点是：①只生成 σ 键而不断裂 σ 键；②反应中不消除原子（原子团）；③反应过程是一个分子的 HOMO 与另一分子的 LUMO 交盖形成两个新的 σ 键。

21.3.1　[2+2]环加成

乙烯分子中有 2 个 π 电子，两分子乙烯环加成生成环丁烷，π 电子数为[2+2]。根据前线轨道理论，只有当一个乙烯分子的 HOMO 与另外一个分子的 LUMO 的轨道对称性一致时，才能成键。基态下一个乙烯分子的 HOMO（ψ_1）与另一个乙烯分子的 LUMO（ψ_2）面对面（同面）互相接近，C1 和 C1′ 轨道位相一致，C2 和 C2′ 轨道位相不一致，不能重叠成键。C2 和 C2′ 轨道的异面位相一致，但重叠交盖需要的能量很大，难以成键。因此，基态下（加热），[2+2]同面加成是对称性禁阻，不能反应，见图 21.8。

图 21.8　两个乙烯分子在基态（加热）下的环加成

在激发态（光照）下，乙烯分子 A 中的一个电子跃迁到了 π^* 轨道上，乙烯的 HOMO 是 π^*，另一个乙烯分子 B 基态的 LUMO（ψ_2）也是 π^*，发生同面加成，C1 和 C1′ 轨道位相一致，C2 和 C2′ 轨道位相也一致，是对称性允许的，相互重叠成键，形成环丁烷，如图 21.9 所示。

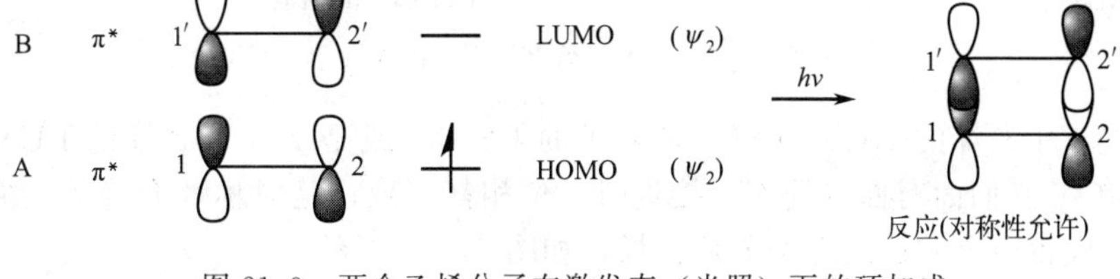

图 21.9　两个乙烯分子在激发态（光照）下的环加成

其他单烯烃的轨道对称性与乙烯相同，因此[2+2]环同面加成在光照下反应是对称性允许的，热反应是对称性禁阻的。如 Z-2-丁烯和 E-2-丁烯在光照下各自生成两个 1,2,3,4-四甲基环丁烷的混合物。

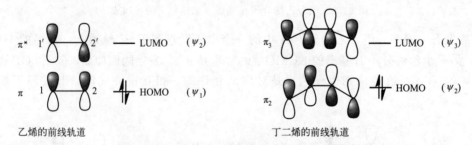

(Z)-2-丁烯

(E)-2-丁烯

烯烃的[2+2]光反应是合成四元环最常用的方法：

2-环己烯酮　异丁烯　8,8-二甲基双环[4.2.0]-2-辛酮

对皮肤受紫外线的辐照后产生皮肤癌的机制研究表明，其主要原因是皮肤中 DNA 上的碱基胞嘧啶在紫外线照射下发生了二聚，即发生了[2+2]环加成反应引起了 DNA 结构的变化，导致 DNA 变性。

21.3.2　[4+2]环加成

1,3-丁二烯有 4 个 π 电子，乙烯有 2 个 π 电子，它们在加热时生成环己烯的反应称为[4+2]环加成反应。Diels-Alder 反应即[4+2]环加成反应，加热下反应即可进行。

根据前线轨道理论，[4+2]环加成对于热反应（基态）是对称性允许的。1,3-丁二烯和乙烯分子在基态下的前线轨道分别如图 21.10 所示。

图 21.10　乙烯和 1,3-丁二烯基态的 HOMO 和 LUMO

无论是 1,3-丁二烯的 HOMO 和乙烯分子的 LUMO 或是 1,3-丁二烯的 LUMO 和乙烯分子的 HOMO。它们面对面（同面）接近时，位相都一致，是对称性允许的，能发生最大重叠，通过形成较稳定的过渡态生成环己烯，如图 21.11 所示。

在光照条件下，乙烯分子中的电子发生跃迁，乙烯基态时的 LUMO（ψ_2）变成了激发态的 HOMO（ψ_2），与基态的丁二烯的 LUMO（ψ_3）分子轨道对称性不匹配，所以在光照下[4+2]反应是禁阻的，如图 21.12 所示。

Diels-Alder 反应是两个平面的交盖，是立体专一性的顺式加成反应。因此共轭二烯

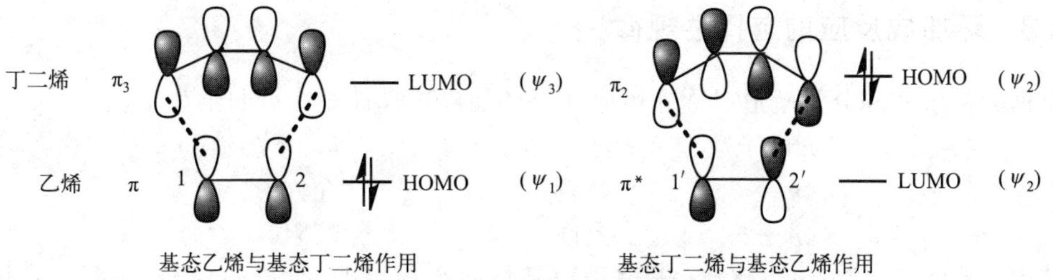

图 21.11　基态的 1,3-丁二烯和基态的乙烯环加成

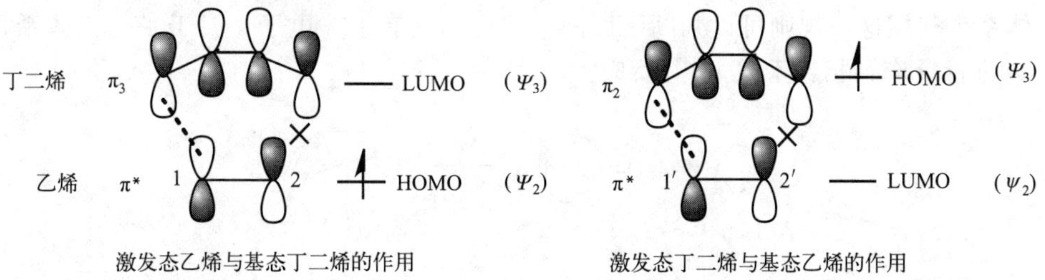

图 21.12　基态 1,3-丁二烯和激发态乙烯的环加成

（二烯体）和取代乙烯（亲二烯体）中取代基的立体关系均保持不变。例如：

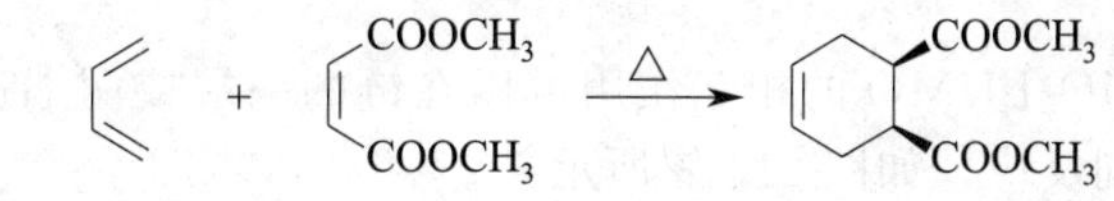

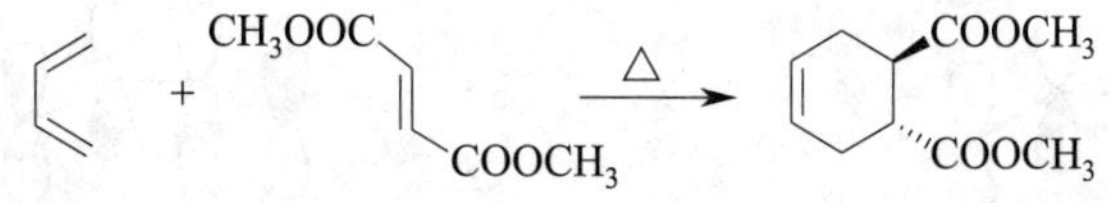

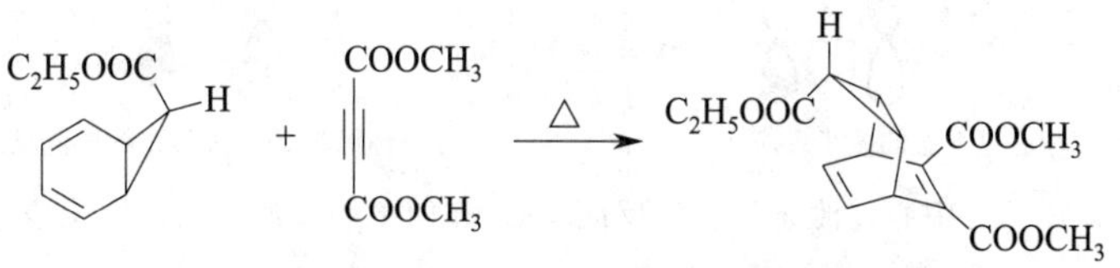

含有 C＝O、N＝O、N＝N 的化合物也可以作为亲二烯体发生[4＋2]环加成：

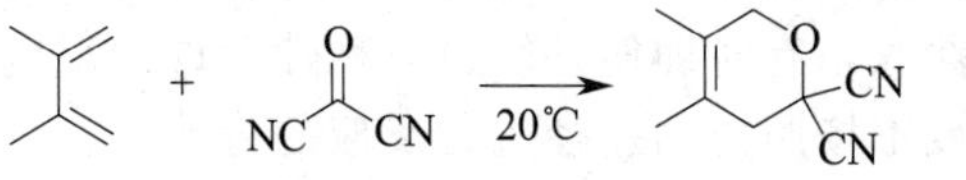

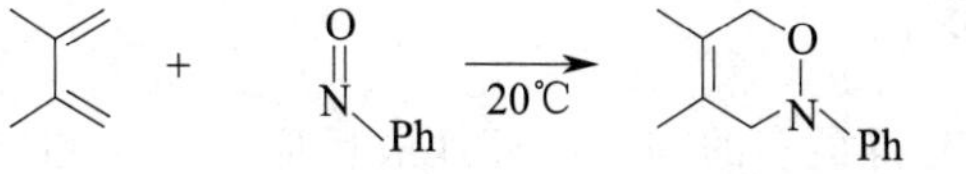

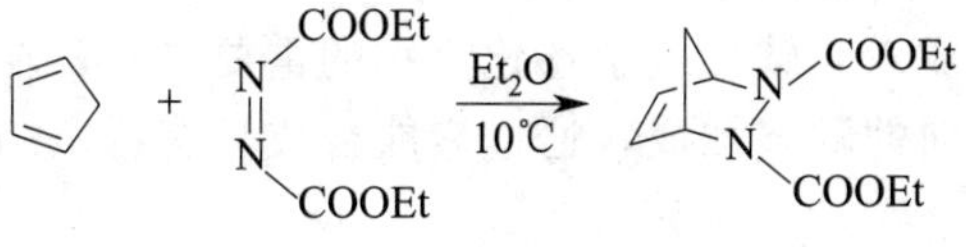

21.3.3　环加成反应的选择性规律

根据大量事实和分子轨道对称守恒原理，环加成选择性规律可归纳如下：

π电子数	△（热反应）	$h\nu$（光反应）
$4n$	禁阻	允许
$4n+2$	允许	禁阻

其中 $n=1$、2、3……正整数，π电子数是指两个烯烃的 π 电子总数，如两个乙烯分子反应，每个乙烯有 2 个 π 电子，共有 4 个 π 电子，即[2+2]环加成，属于 $4n$ 体系。1,3-丁二烯有 4 个 π 电子，乙烯有 2 个 π 电子，共 6 个 π 电子，它们的加成是[4+2]环加成，属于 $4n+2$ 体系。利用这一规则可以判断下面两个反应物共有 10π 电子，属于 $4n+2$ 体系，在加热下可以进行反应，相当于[4+6]反应。

两个 π 体系起双分子反应时，它们的分子轨道相互作用产生的新轨道可看作过渡态轨道。如果一个 π 体系的 HOMO 能与另一个 π 体系的 LUMO 重叠，则有利于协同反应的进行，反应是对称性允许的。如果 HOMO 和 LUMO 的对称性不同，不能重叠，则反应是对称性禁阻的。

二烯与烯烃的 HOMO-LUMO 的相互作用可以在链的一端或两端进行，分别称为二中心多步反应和四中心协同反应，如图 21.13 所示：

(a) 二中心过渡态的多步反应 　　　　　　　　 (b) 四中心过渡态的协同反应

图 21.13　二中心过渡态的多步反应（a）和四中心过渡态的协同反应（b）

这里对称性允许是指四中心过渡态比二中心过渡态更稳定。对称性禁阻是指四中心过渡态没有二中心过渡态稳定。因此，[4+2]环加成一般都是以四中心过渡态进行，是对称性允许的协同反应。但是应当注意，有时即使是轨道对称性允许的反应，在空间因素和取代基的电性影响下也有不起反应或不按照协同途径进行反应的可能。

21.3.4　Diels-Alder 反应

Diels-Alder 反应是研究得最多的[4+2]环加成反应，二烯和亲二烯体的结构多种多样。二烯中一个或两个碳原子可换成杂原子，亲二烯体中的一个或两个碳原子也可换成杂原子。Diels-Alder 反应是一步合成六元碳环或杂环化合物的重要方法，在有机合成中应用广泛。

Diels-Alder 是立体定向的顺式加成，通过它能合成具有特定结构的化合物。例如：

开链的二烯烃存在以下构象平衡：

只有 *s*-顺式构象才能起 Diels-Alder 反应。当 R 取代 1 位氢且为顺式二烯时，因 R 空间效应妨碍 *s*-顺式构象的形成，不利于反应，当 R 体积很大时，甚至不起加成反应。例如，当 R 为—CH$_3$ 时，即顺-1-甲基取代二烯与马来酐的反应，产率只有 4%，R 为苯基或叔丁基时，则不发生反应。

环状共轭二烯与环状亲二烯体一般生成内型加成产物。例如环戊二烯与马来酸酐加成时生成 98.5% 以上的内型（*endo*）产物和小于 1.5% 的外型（*exo*）产物：

*endo*型（＞98.5%）   *exo*型（＜1.5%）

两个环戊二烯分子室温时就发生环加成，主要生成内型产物：

*endo*型（约100%）

环状二烯与环状亲二烯体主要生成内型加成产物的原因是"次级轨道（图中虚线）"相互作用（secondary orbital intereaction），使形成内型的环状过渡态更稳定。例如环戊二烯与马来酸酐反应时，两个分子可采取两种不同方式相互接近，如图 21.14。

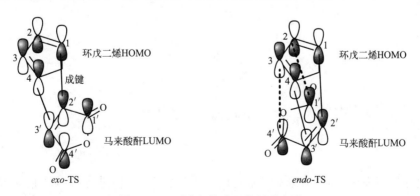

图 21.14　"次级轨道"作用示意图

在形成内型产物的过渡态中，除了 C1—C2′ 和 C4—C3′ 成键轨道（图中实线）作用外，还有 C2—C1′ 和 C3—C4′ 次级轨道（图中虚线）的作用，使过渡态能量较低。而形成外型产物过程中没有次级轨道作用，过渡态能量较高，不如前者稳定，所以内型产物容易形成。

内型产物虽然因为次级轨道的作用容易形成，但在高温下它能转化为外型产物，内型产物是动力学所控制，外型为热力学所控制。如呋喃与马来酰胺的环加成在 25℃ 时主要是内型产物为主，当加热到 90℃ 则转化成外型产物。

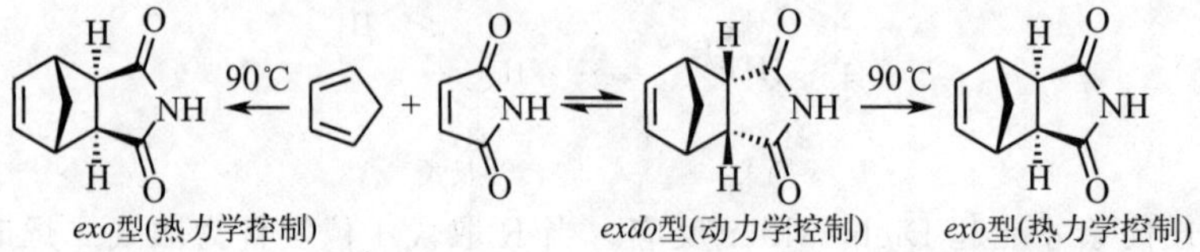

*exo*型(热力学控制)   *exo*型(动力学控制)   *exo*型(热力学控制)

Diels-Alder 反应具有区域选择性，即不对称二烯与不对称亲二烯体发生反应时，可能得到 2 个产物，其中一个是主要产物，另一个是次要产物。1-取代二烯与含吸电子基的亲二烯体反应时主要生成两个取代基互为"邻位"的产物，2-取代二烯反应时则主要生成两个取代基互为"对位"的产物：

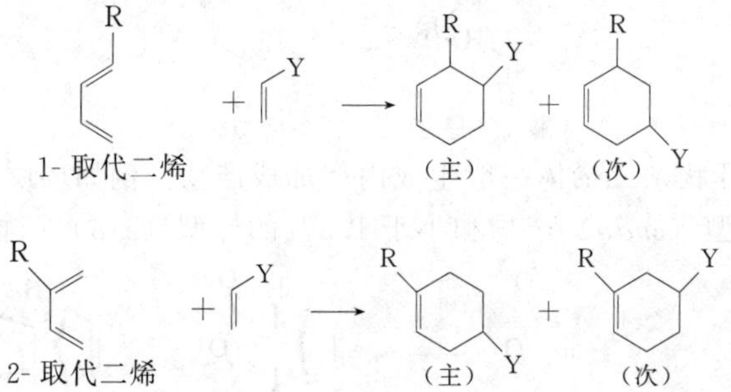

1-取代二烯   （主）   （次）

2-取代二烯   （主）   （次）

式中：R＝烷基、—Ar、—NR$_2$ 等；Y＝—COOR、—CN、—NO$_2$、—COR 等吸电子基。

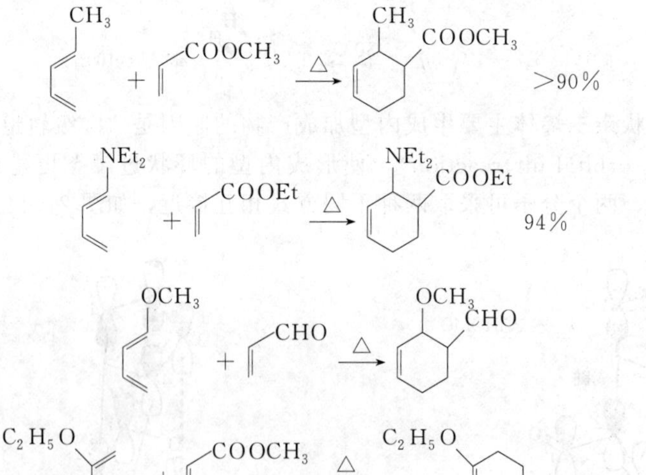

$>90\%$

94%

蒽与马来酸酐发生 Diels-Alder 环加成时，反应在 9、10 位进行而不在 1、4 位。蒽的位置选择性与反应产物的稳定性有关。在 9、10 位反应时形成两个隔离的苯环，在 1、4 位反应则产生一个萘环，萘环不如苯环稳定，因此主要在 9、10 位发生环加成。

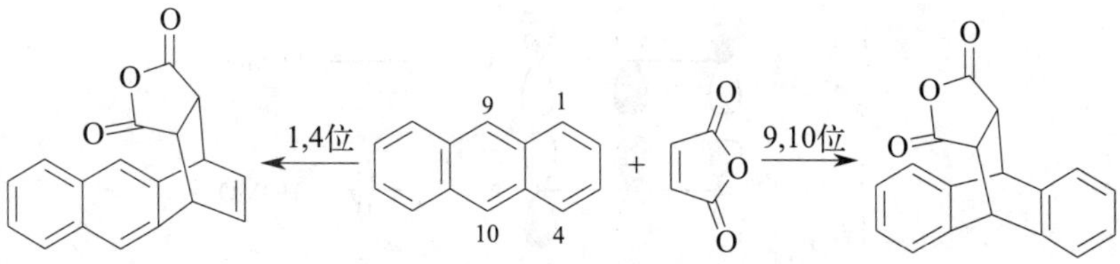
1,4位
9
1
10
4
9,10位

二烯分子含有给电子基，亲二烯体含有吸电子基时，Diels-Alder 反应速率加快：

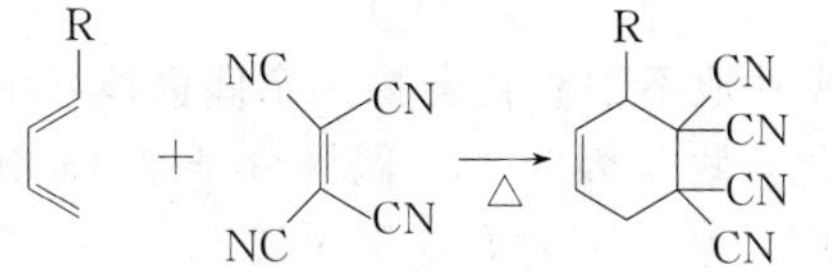

R：	H	CH_3	C_6H_5	OCH_3
v：	3.228	5.243	5.814	7.935

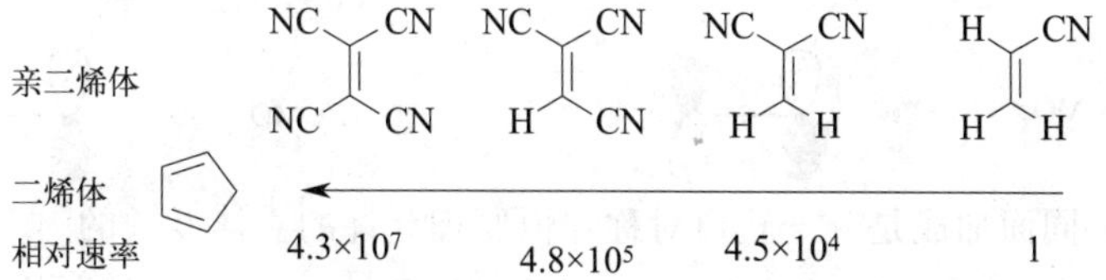
亲二烯体
二烯体
相对速率
4.3×10^7
4.8×10^5
4.5×10^4
1

2,3-二氰基苯醌与 1,3-丁二烯的环加成得 2 个产物，其比例不同与氰基吸电子性有关：

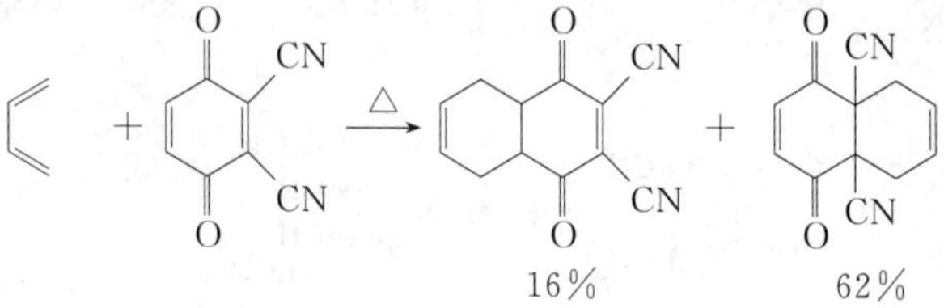
16%
62%

21.3.5　1,3-偶极化合物环加成反应

能用偶极共振式描述的化合物称为 1,3-偶极化合物。可用下面通式表示：

$$a=\overset{+}{b}-\overset{-}{c} \longleftrightarrow \overset{+}{a}-\ddot{b}-\overset{-}{c} \qquad a\equiv\overset{+}{b}-\overset{-}{c} \longleftrightarrow \overset{+}{a}=\ddot{b}-\overset{-}{c}$$

常见的 1,3-偶极分子：

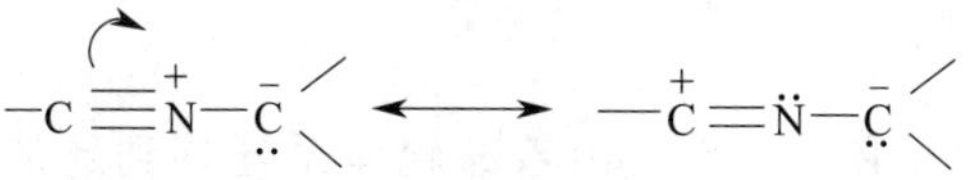
(腈叶利德)

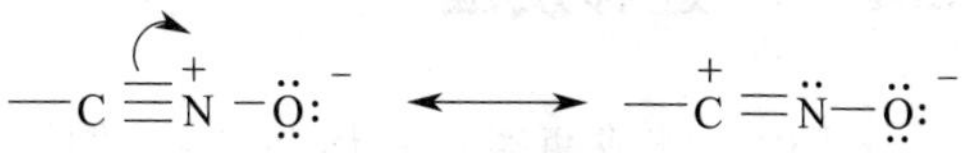
(氧化腈)

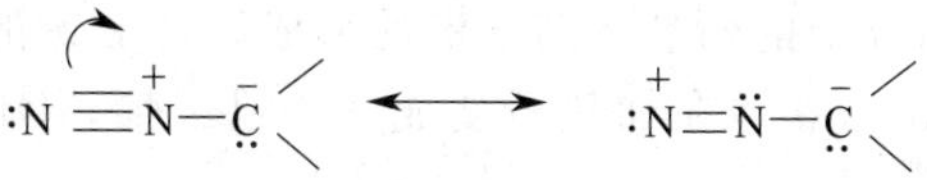
(重氮烷)

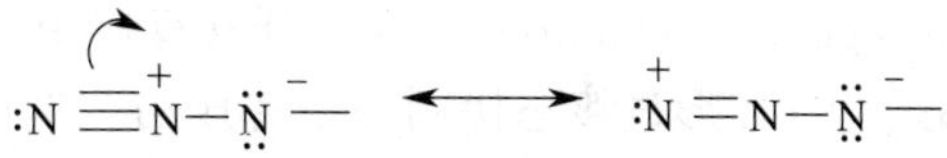
(叠氮化合物)

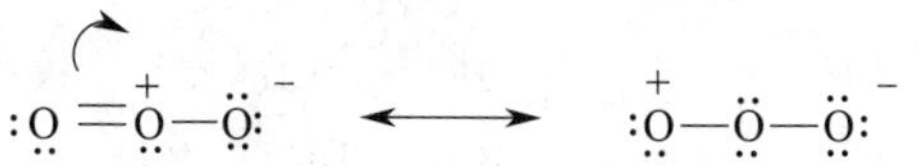
(臭氧)

1,3-偶极分子基本上都是三原子体系，因其在原子 1 和原子 3 上分别带有正电荷和负电荷而得名。1,3-偶极分子存在一个离域的 4π 电子体系，其分子轨道与烯丙基负离子结构相似：

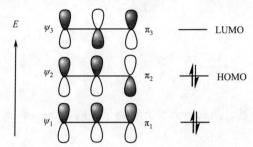

1,3-偶极化合物与烯烃或其他不饱和化合物（亲偶极体）的环化加成称为 1,3-偶极加成反应，生成含五元环的杂环化合物。因为 1,3-偶极分子是 4π 电子体系，如果采用前线轨道理论处理 1,3-偶极环加成反应，基态下时有如下过渡态：

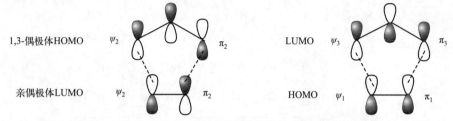

基态时，同面-同面加成是分子轨道对称守恒原理允许的立体专一的[4＋2]环加成。例如：

$$\begin{array}{c}\bar{C}H_2\\ \| \\ N \\ \overset{+}{\underset{\cdot\cdot}{N}} \end{array} + \begin{array}{c} CO_2CH_3 \\ \\ CO_2CH_3 \end{array} \longrightarrow \left[\begin{array}{c} CO_2CH_3 \\ N \\ N \\ CO_2CH_3 \end{array} \right] \overset{\text{异构化}}{\longrightarrow} \begin{array}{c} CO_2CH_3 \\ HN \\ N \\ CO_2CH_3 \end{array}$$

$$\begin{array}{c}\bar{C}H_2\\ \| \\ N \\ \overset{+}{\underset{\cdot\cdot}{N}} \end{array} + \begin{array}{c} CH_3 \quad CO_2CH_3 \\ \\ CH_3 \quad CO_2CH_3 \end{array} \longrightarrow \begin{array}{c} CO_2CH_3 \\ CH_3 \\ N \\ CH_3 \\ N \quad CO_2CH_3 \end{array}$$

$$\begin{array}{c} Ph \\ \| \\ C \\ \| \\ C \\ | \\ H \end{array} + \begin{array}{c} \overset{+\cdot\cdot}{N} \\ \| \\ N^- \\ | \\ \underset{\cdot\cdot}{N} \\ | \\ Ph \end{array} \longrightarrow \begin{array}{c} Ph \quad N \\ N \\ N \\ Ph \end{array} + \begin{array}{c} N \\ Ph \quad N \\ N \\ Ph \end{array}$$

21.4 σ-迁移反应

分子中一端或两端与 π 体系相接的原子或原子团（σ 键）沿着共轭体系迁移到新的位置，同时伴随着 π 键转移的反应称为 σ-迁移反应（σ-migvation reaction）或 σ-重排反应（σ-rearr-angement reaction）。在 σ-迁移反应中，原有 σ 键的断裂，新 σ 键的形成以及 π 键的迁移都是经过环形过渡态协同一步完成的。例如 1,3-己二烯在加热后变成 2,4-己二烯，C1 的氢原子迁移到 C5 上，π 键也随着移动：

$$\underset{\text{1,3-己二烯}}{\begin{array}{c} {}_4CH \overset{3}{=} CH_2 \\ \| \quad 2 \\ {}_5CH_2 \quad CH \\ \underset{H}{|} \quad \underset{1'}{|} CH_3 \end{array}} \xrightarrow[\text{200~245℃}]{\text{[1,5]H迁移}} \left[\begin{array}{c} H \\ HC \overset{C}{=} CH \\ \| \quad \| \\ H_2C \quad CH \\ \underset{H}{|} \quad CH_3 \end{array} \right] \longrightarrow \underset{\text{2,4-己二烯}}{\begin{array}{c} H \\ HC \overset{}{=} CH \\ \| \\ H_2C \quad CH \\ \underset{H}{|} \quad CH_3 \end{array}}$$

$$\text{H} \quad \underset{1}{\text{CH}_2} - \underset{2}{\text{CH}} = \underset{3}{\text{CH}} - \underset{4}{\text{CH}} = \underset{5}{\text{CD}_2} \xrightarrow[\triangle]{[1,5]\text{H} \text{迁移}} \underset{1}{\text{CH}_2} = \underset{2}{\text{CH}} - \underset{3}{\text{CH}} = \underset{4}{\text{CH}} - \underset{5}{\text{CD}_2} \quad \text{H}$$

σ-迁移系统命名是以反应物中发生迁移的 σ 键为标准，从该 σ 键的两端分别编号，把新生成 σ 键所连结的 2 个原子位置 i、j 放在方括号中，称[i,j]迁移。例如：

$$\overset{i}{\underset{j}{\text{H}}} \underset{1}{\text{CH}_2} - \underset{2}{\text{CH}} = \underset{3}{\text{CH}} - \underset{4}{\text{CH}} = \underset{5}{\text{CH}} - \underset{6}{\text{CH}} = \underset{7}{\text{CH}_2} \longrightarrow \underset{1}{\text{CH}_2} = \underset{2}{\text{CH}} - \overset{\text{H}}{\underset{3}{\text{CH}}} - \underset{4}{\text{CH}} = \underset{5}{\text{CH}} - \underset{6}{\text{CH}} = \underset{7}{\text{CH}_2} \quad [1,3]\sigma\text{-迁移}$$

$$\overset{i}{\underset{j}{\text{H}}} \underset{1}{\text{CH}_2} - \underset{2}{\text{CH}} = \underset{3}{\text{CH}} - \underset{4}{\text{CH}} = \underset{5}{\text{CH}} - \underset{6}{\text{CH}} = \underset{7}{\text{CH}_2} \longrightarrow \underset{1}{\text{CH}_2} = \underset{2}{\text{CH}} - \underset{3}{\text{CH}} = \underset{4}{\text{CH}} - \overset{\text{H}}{\underset{5}{\text{CH}}} - \underset{6}{\text{CH}} = \underset{7}{\text{CH}_2} \quad [1,5]\sigma\text{-迁移}$$

σ-迁移除了碳-氢键外，碳-碳键或碳-氧键也可以发生 σ-迁移。例如：

$$\underset{j}{\underset{1}{\text{CH}_2}} - \underset{2}{\text{CH}} = \underset{3}{\text{CH}} - \underset{4}{\text{CH}} = \underset{5}{\text{CH}} - \underset{6}{\text{CH}} = \underset{7}{\text{CH}_2} \longrightarrow \quad [3,3]\sigma\text{-迁移}$$

这些都是协同反应，只需加热或光照反应便可进行。

21.4.1　氢原子的[1,j] σ-氢迁移

丙烯的氢迁移是[1,3]氢迁移。

$$\overset{\text{H}}{\underset{1}{\text{CH}_2}} - \underset{2}{\text{CH}} = \overset{*}{\underset{3}{\text{CH}_2}} \xrightarrow{[1,3]\text{H} \text{迁移}} \text{CH}_2 = \text{CH} - \underset{*}{\overset{\text{H}}{\text{CH}_2}} ; \quad \overset{\text{D}}{\underset{1}{\text{CH}_2}} - \underset{2}{\text{CH}} = \overset{*}{\underset{3}{\text{CH}_2}} \xrightarrow{[1,3]\text{D} \text{迁移}} \text{CH}_2 = \text{CH} - \underset{*}{\overset{\text{D}}{\text{CH}_2}}$$

加热条件下，[1,3]氢迁移的 HOMO 是表 21.2 中烯丙基自由基的 ψ_2 轨道，氢原子从 C1 迁移到 C3 有两种可能途径，即同面迁移和异面迁移（图 21.15）：

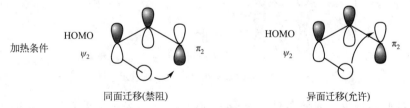

图 21.15　加热条件下氢原子参加的[1,3]迁移

[1,3]H 同面迁移是对称性禁阻的，因为氢的 s 轨道不能和两个反相的 p 瓣轨道交叠。氢的[1,3]异面迁移是对称性允许的，但需要的活化能大，不利于协同反应的进行。

加热条件下，[1,5]氢同面迁移是对称性允许的，异面迁移是对称性禁阻的（图 21.16）。[1,5]氢迁移的 HOMO 相当于表 21.2 中的戊二烯自由基 ψ_3 轨道：

C1 和 C5 的 p 轨道在同一边的位相相同，氢原子的 s 轨道既可以同 C1 的 p 轨道重叠又可

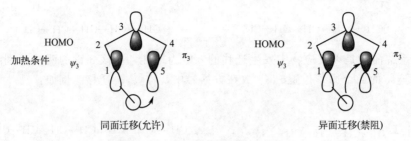

图 21.16 氢原子参加的[1,5]迁移

以同 C5 的 p 轨道同面重叠，当氢原子与 C1 间的键开始断裂时，与 C5 间的键就开始生成。因此，同面的[1,5]氢迁移是对称性允许的。而异面的[1,5]氢迁移则是对称性禁阻的。因此，常见的$[1,j]\sigma$-氢迁移是[1,5]迁移。例如，下列化合物加热后得到同面氢迁移的异构体。

(2E,4Z,6S)-2D-6-甲基-2,4-辛二烯   (3Z,5Z,2S)-2D-6-甲基-3,5-辛二烯

(2E,4Z,6R)-2D-6-甲基-2,4-辛二烯   (3Z,5Z,2R)-2D-6-甲基-3,5-辛二烯

反应物和产物的构型经测定，结果表明，理论上的预测和实际产物完全一致，得到同面迁移异构体产物。

加热条件下，氢原子的[1,3]同面迁移是对称性禁阻的，但在光照条件下，氢原子的[1,3]同面迁移是对称性允许的。烯丙基自由基基态和激发态分子轨道如图 21.17 所示：

图 21.17　烯丙基自由基的分子轨道示意图

按照前线轨道理论，光照条件下氢原子的[1,3]迁移采用烯丙基激发态的 HOMO，烯丙基自由基激发态的 HOMO 为ψ_3（π_3）分子轨道，[1,3]氢迁移示意图见图 21.18。

光照条件下，氢原子的[1,3]迁移可以进行，例如：

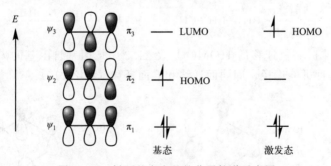

[1,j]氢迁移轨道对称性守恒规则如下：[1,3]、[1,7]、[1,11]……迁移，热反应异面允许，光反应同面允许。[1,5]、[1,9]、[1,13]……迁移，热反应同面允许，光反应异面允许。

图 21.18　光照条件下氢原子参加的[1,3]迁移

21.4.2　碳原子参加的 [1, j] 迁移

与氢的 [1, j] 迁移反应相似，加热条件下碳原子参加的 [1,3] 迁移见图 21.19：

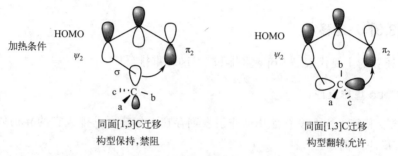

图 21.19　加热条件下碳原子参加的[1,3]迁移示意图

碳原子参加的 [1,3] 迁移可以分为两种情况。一是 π 共轭体系原子与碳原子的 sp^3 杂化轨道的同一瓣成键，如果迁移基团是手性的，在同面迁移中，构型保持不变时 [1,3]C 迁移是对称性禁阻。二是 π 共轭体系原子与碳原子的 sp^3 杂化轨道的未成键的另一瓣成键，如果迁移基团是手性的，在同面迁移中，构型翻转时 [1,3] 碳迁移是对称性允许。例如，将氘代双环 [3.2.0] 庚烷衍生物加热到 307℃，得到外型降冰片烯的衍生物，这是一个 [1,3] 碳迁移反应，经测定，反应过程中 C^* 的构型发生了转化：

同理分析，碳原子参加的 [1,5] 迁移，π 共轭体系原子与碳原子的 sp^3 杂化轨道的同一瓣成键，如果迁移基团是手性的，构型保持不变时，在同面迁移中，[1,5]C 迁移是对称性允许的。π 共轭体系原子与碳原子的 sp^3 杂化轨道的未成键的另一瓣成键，如果迁移基团是手性的，在同面迁移中，构型翻转时 [1,5]C 迁移是对称性允禁阻的。加热条件下碳原子参加的 [1,5] 迁移见图 21.20：

例如，6,9-二甲基螺 [4.4]-壬-1,3-二烯，在加热下重排成 2,5-二甲基双环 [4.3.0]-壬-1,7-二烯，这一过程中包括了 [1,5] 碳迁移和 [1,5] 氢同面迁移：

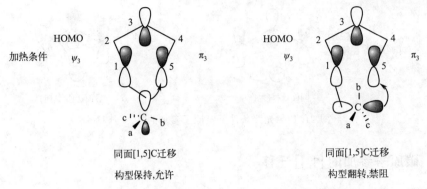

图 21.20　加热条件下碳原子参加的[1,5]迁移示意图

21.4.3　[3,3] σ-迁移

[3,3]σ-迁移的主要代表是 Cope 重排和 Claisen 重排反应。

21.4.3.1　Cope 重排反应

1,5-二烯及其衍生物在没有催化剂或引发剂存在下加热，重排成它的异构体的反应，称为 Cope 重排反应。例如：

3-苯基-1,5-己二烯　　165~185℃　　1-苯基-1,5-己二烯

1,5-己二烯-3-醇　　△　　[OH 烯醇中间体]　　5-己烯醛

Cope 重排反应的立体化学研究表明，加热条件下，化学键的生成和断裂是定向的。例如，3,4-二甲基-1,5-己二烯分子含有两个相同的手性碳原子，其中内消旋体（meso）在 225℃下加热发生 Cope 重排反应后生成了 99.7％的 (2Z,6E)-2,6-辛二烯，(2E,6E)-2,6-辛二烯只有 0.3％，而它的外消旋体在 100℃下加热生成 90％的 (2E,6E)-2,6-辛二烯，(2Z,6Z)-2,6-辛二烯为 10％，只有痕量的 (2Z,6E)-2,6-辛二烯。

(3R,4S)-3,4-二甲基-1,5-己二烯　225℃　　(2Z,6E)-2,6-辛二烯(99.7%)　+　(2E,6E)-2,6-辛二烯(0.3%)

(3R,4R)-3,4-二甲基-1,5-己二烯　100℃　　(2E,6E)-2,6-辛二烯(90%)　+　(2Z,6Z)-2,6-辛二烯(10%)

这说明 Cope 重排反应经历椅型构象过渡状态：

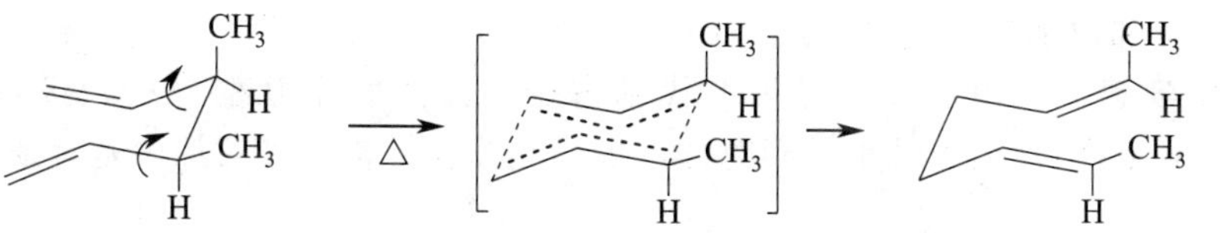

(3R,4S)-3,4-二甲基-1,5-己二烯　　　六元环过渡态　　　(2Z,6E)-2,6-辛二烯(99.7%)

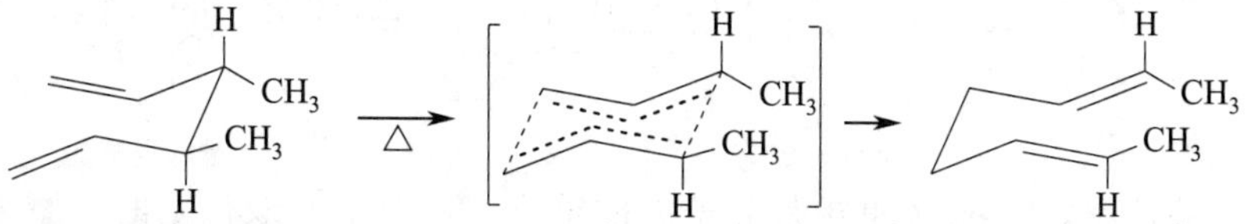

(3R,4R)-3,4-二甲基-1,5-己二烯　　　六元环过渡态　　　(2E,6E)-2,6-辛二烯(90%)

Cope 重排是[3,3]σ-迁移反应，在[3,3]σ-迁移中，假定碳原子 1 和 1′之间的 σ 键断裂，生成两个烯丙基自由基，其 HOMO（ψ_2）轨道 π_2 中的 3 和 3′两个碳原子上 p 轨道靠近的一瓣对称性是匹配的，可以重叠：

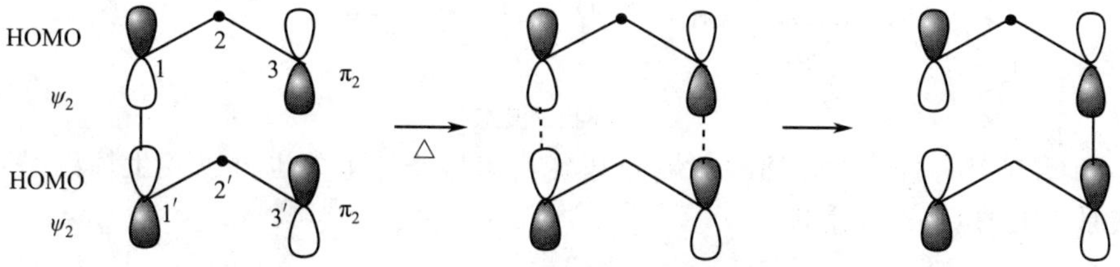

六元环过渡态

Cope 重排具有可逆性的特点，3 位和/或 4 位连有吸电子基的 1,5-己二烯衍生物进行 Cope 重排生成稳定性更高的产物，可以用于合成特殊的化合物，例如：

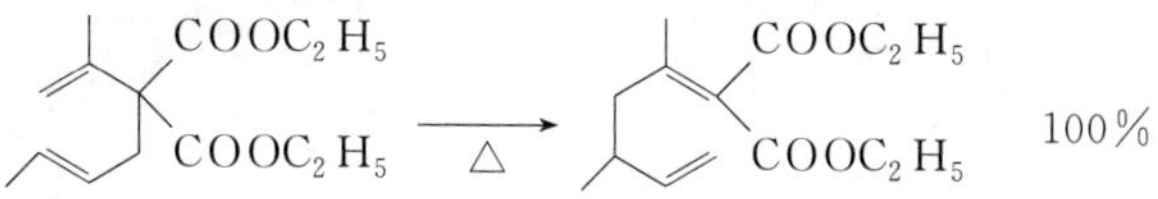

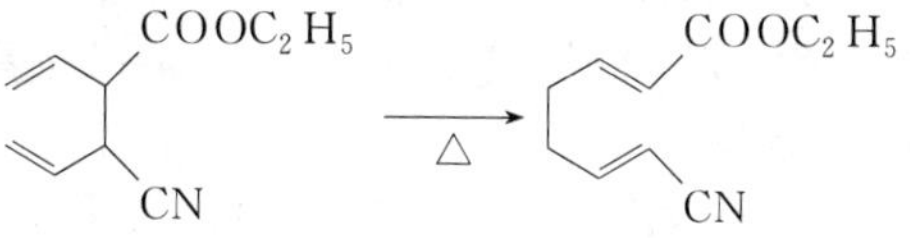

21.4.3.2　Claisen 重排反应

Claisen 重排原指芳香烯丙基醚转变为烯丙基酚的重排反应。

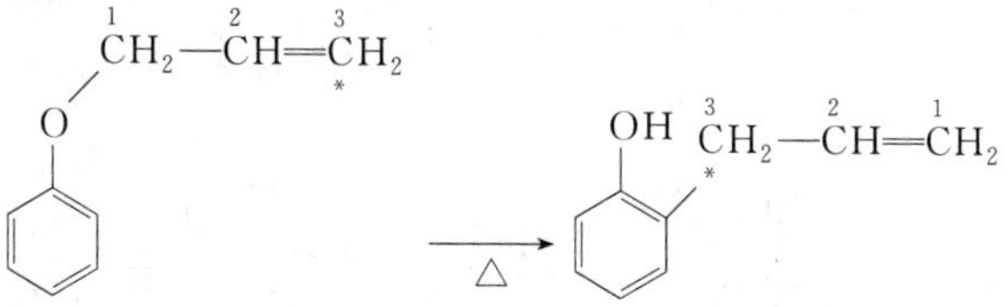

Claisen 重排可以看作[3,3]σ-迁移，如果邻位没有取代基或只有一个取代基，烯丙基迁移到邻位，经过酮式和烯醇式的互变异构得到邻烯丙基苯酚，是一个经过环状过渡态的协同反应：

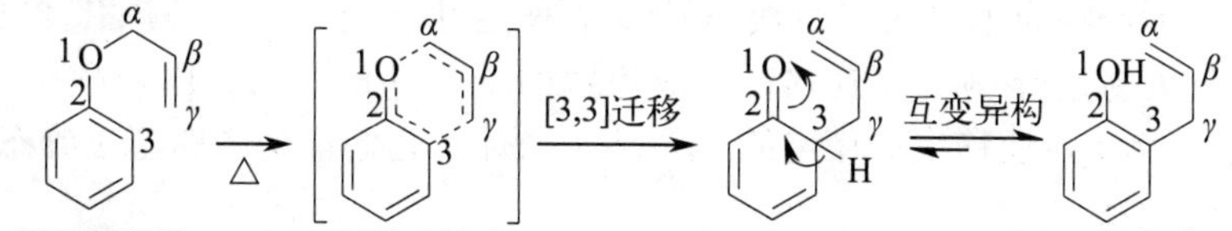

烯丙基酚醚　　　　　　环状过渡态　　　　　　　　　　　　邻烯丙基酚

如果酚的两个邻位都有取代基，经历两次[3,3]σ-迁移。首先经[3,3]迁移（Claisen 重排）烯丙基重排到邻位，由于邻位已被取代基占据，无法发生互变异构，接着再经一次[3,3]迁移（Cope 重排），烯丙基重排到对位，最后经互变异构得到对烯丙基苯酚：

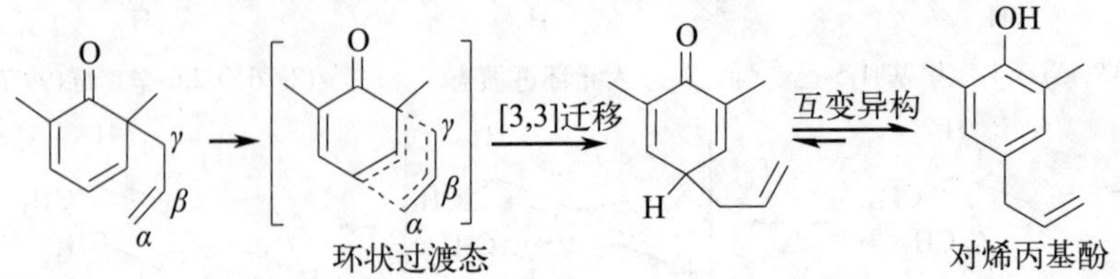

交叉反应实验证明，Claisen 重排是分子内的重排。烯丙基有取代基时，原来双键无论是 Z 型或 E 型，重排后新双键的构型都是 E 型，这是因为重排反应经历的六元环过渡态为稳定的椅型构象。

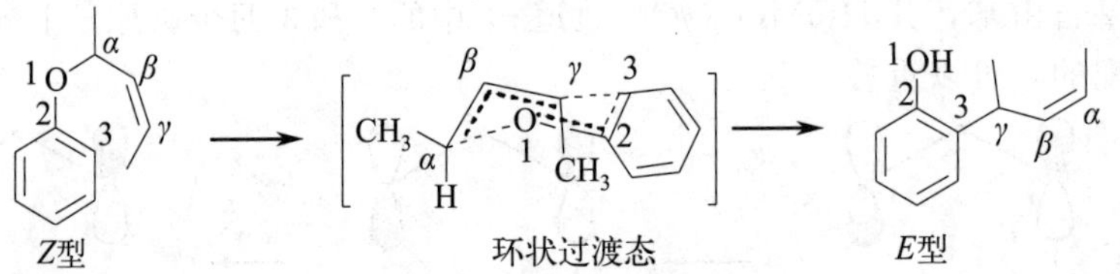

Claisen 重排具有普遍性，烯醇的烯丙基醚在加热条件下，也可以发生烯丙基从氧原子迁移到碳原子上的 Claisen 重排：

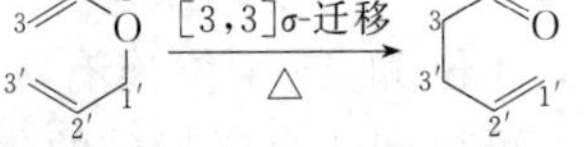

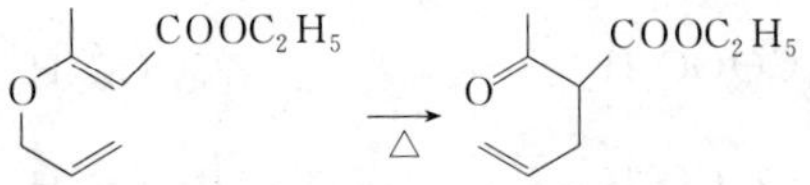

Claisen 重排具有立体选择性，如(E,E)-(1-丙烯基)-1′-(2-丁烯基)醚加热后发生 Claisen 重排，主要经椅型过渡态产生 97% 的苏式 2,3-二甲基-4-戊烯醛，只有 3% 的经过船型过渡态生成赤式-2,3-二甲基-4-戊烯醛：

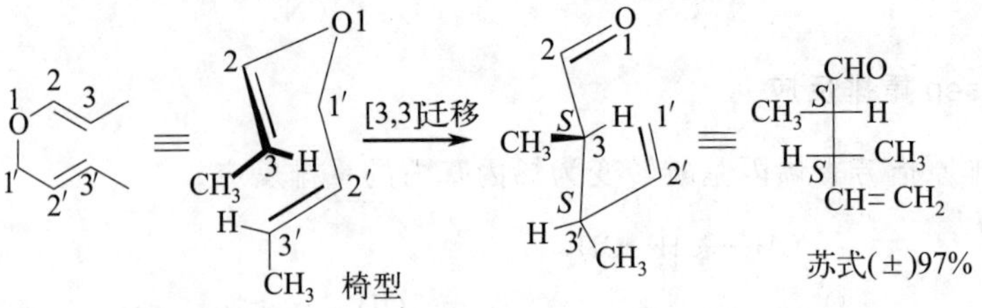

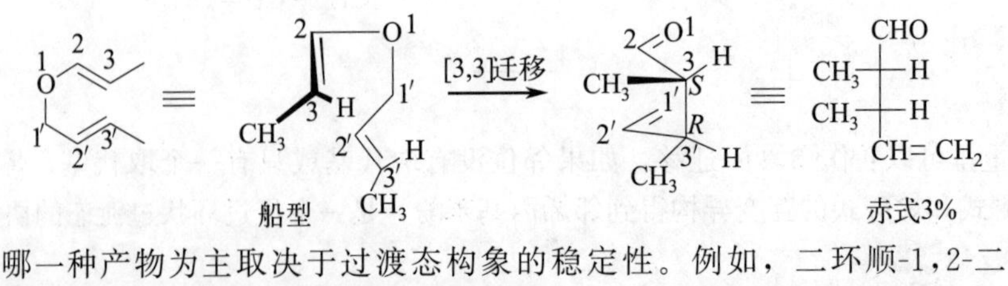

反应以哪一种产物为主取决于过渡态构象的稳定性。例如，二环顺-1,2-二乙烯基环丙烷，因环张力较大易进行[3,3]σ-迁移，生成稳定的 1,4-环庚二烯，同样顺-1,2-二乙烯基环丁烷也容易进行[3,3]σ-迁移生成稳定的 1,5-环辛二烯。它们都是经船型过渡态向右进行：

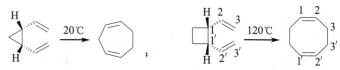

，
由于(1E,5E)-1,5-环壬二烯没有顺-1,2-二乙烯基环戊烷稳定。所以高温时顺-1,2-二乙烯基环戊烷不易进行[3,3]σ-迁移反应，而(1E,5E)-1,5-环壬二烯易进行[3,3]σ-迁移反应生成顺-1,2-二乙烯基环戊烷，反应经船型过渡态，反应向左进行：

1,5-环壬二烯

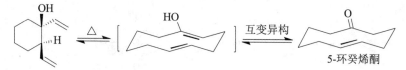

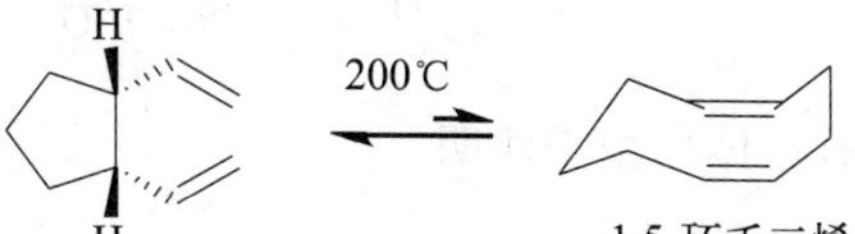

反-1,2-二乙烯基环己烷进行[3,3]σ-迁移是经椅型构象，平衡时以稳定的六元环为主：

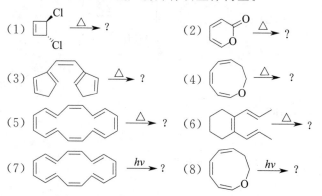

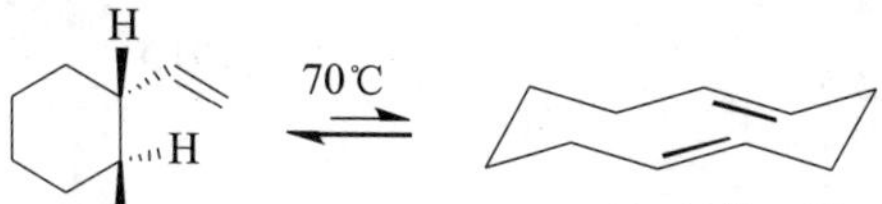

1,5-环癸二烯

有时可发生重排，生成大环化合物：

5-环癸烯酮

习题

21.1　写出下列反应产物并标明立体构型。

(1) (2) (3) (4) (5) (6) (7) (8) 21.2　写出下列反应的条件，加热还是光照、对旋还是顺旋。

(1) (2) (3) (4)

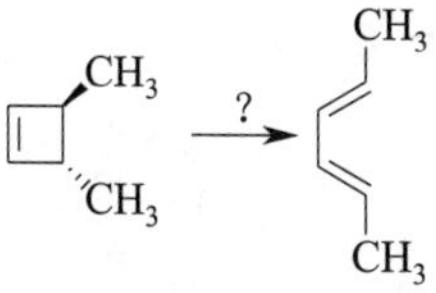

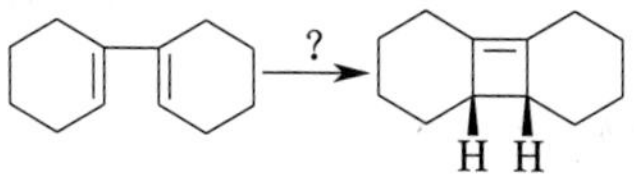

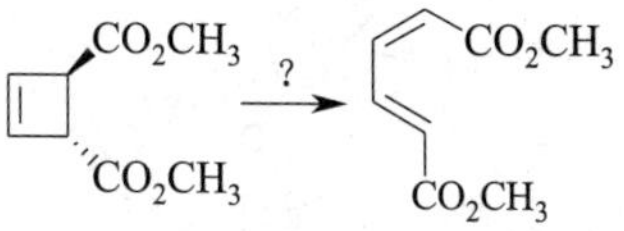

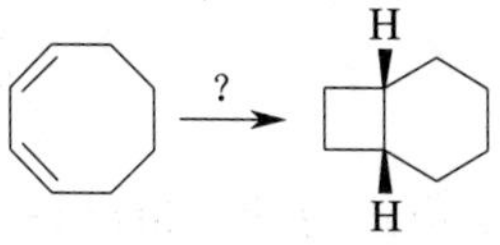

有机化学

(5) 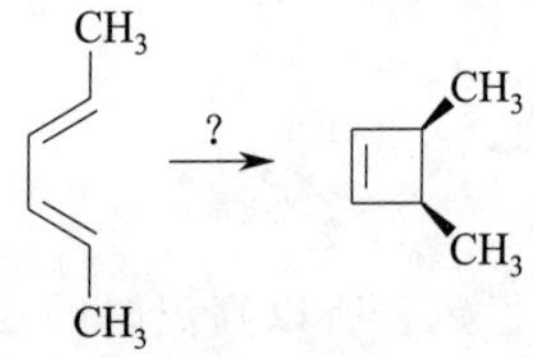 ?

(6) 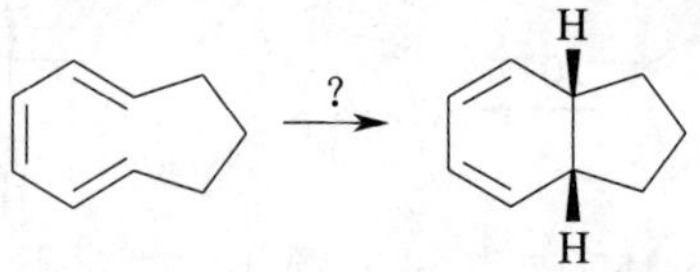 ?

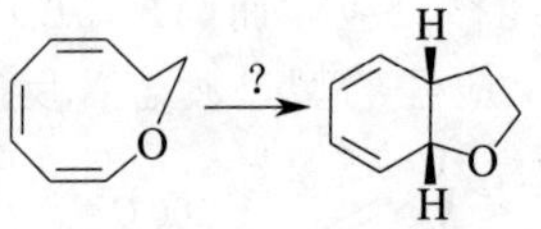

21.3 完成下列反应，有立体构型需注明。

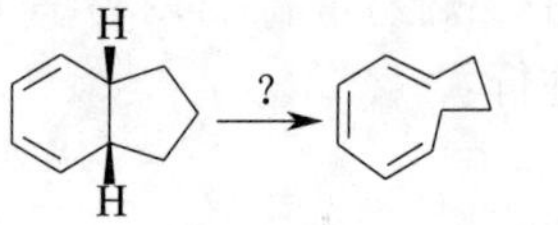

(1) 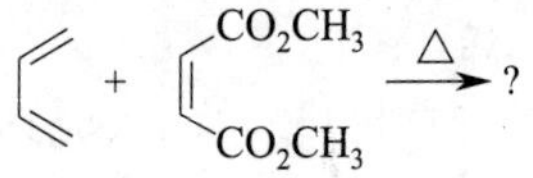 + CO₂CH₃ / CO₂CH₃ $\xrightarrow{\triangle}$?

(2) 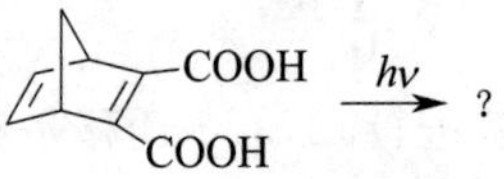 COOH / COOH $\xrightarrow{hv}$?

(3) 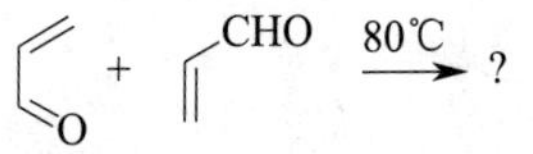 + CHO $\xrightarrow{80℃}$?

(4) 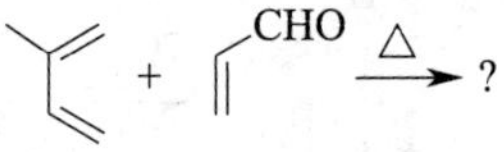 + CHO $\xrightarrow{\triangle}$?

(5) 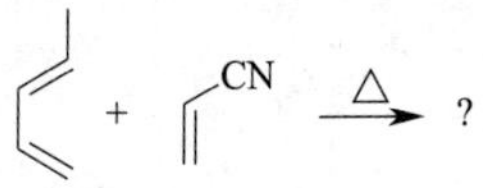 + CN $\xrightarrow{\triangle}$?

(6) 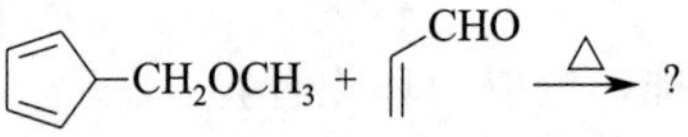 —CH₂OCH₃ + CHO $\xrightarrow{\triangle}$?

(7)  + $\xrightarrow{\triangle}$?

(8) 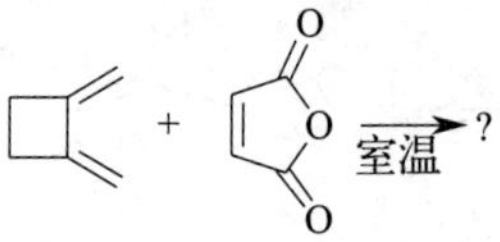 + (马来酸酐) $\xrightarrow{室温}$?

(9) 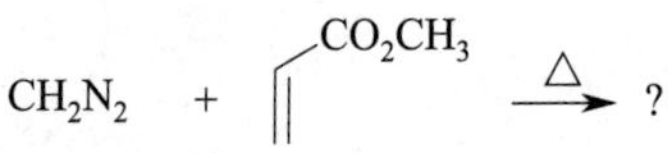 CH₂N₂ + CO₂CH₃ $\xrightarrow{\triangle}$?

(10) 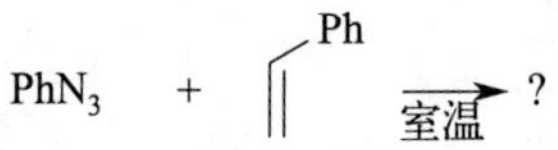 PhN₃ + Ph $\xrightarrow{室温}$?

(11) 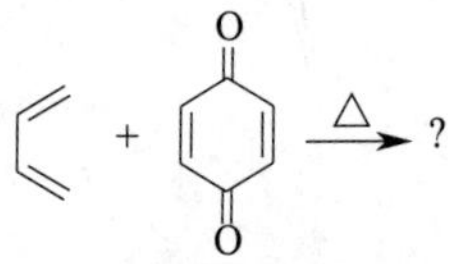 + (醌) $\xrightarrow{\triangle}$?

(12) 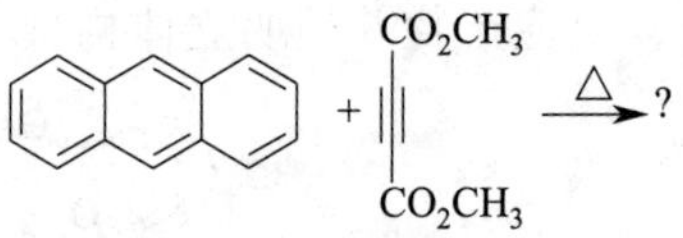 + CO₂CH₃ / CO₂CH₃ $\xrightarrow{\triangle}$?

21.4 写出下列反应产物。

(1) 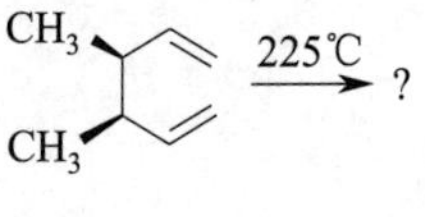 CH₃ / CH₃ $\xrightarrow{225℃}$?

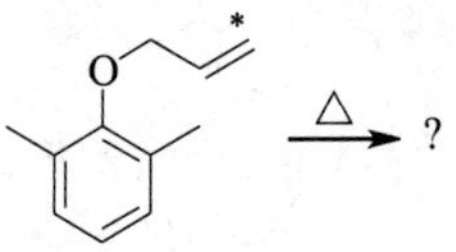

(2) 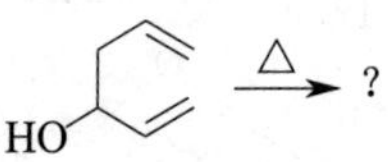 HO $\xrightarrow{\triangle}$?

(3) 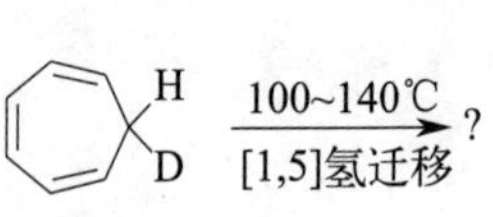 H / D $\xrightarrow[\text{[1,5]氢迁移}]{100\sim140℃}$?

(4) O—CH₂—CH=CH₂* $\xrightarrow{\triangle}$?

(5) H / H $\xrightarrow{120℃}$?

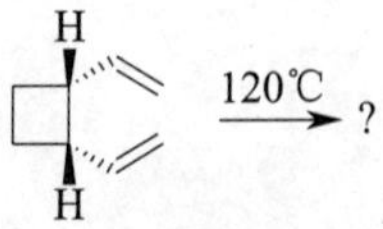

(6) 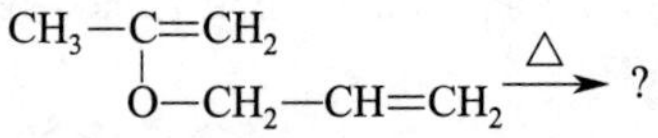 CH₃—C=CH₂ / O—CH₂—CH=CH₂ $\xrightarrow{\triangle}$?

21.5 如何实现下列转化。

(1) 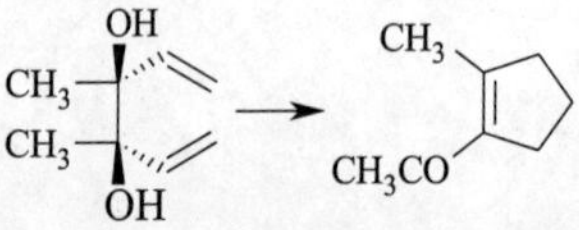 CH₃ / CH₃ — OH / OH → CH₃ / CH₃CO —

(2) 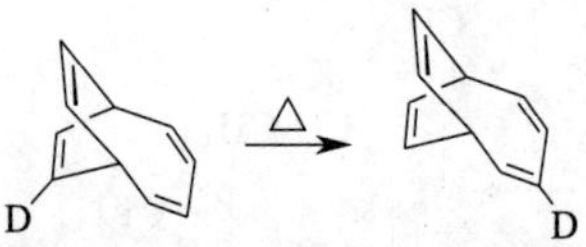 D $\xrightarrow{\triangle}$ D

21.6 下列转化是按协同反应进行的，指出每一步反应是哪一类周环反应。

584

(1)

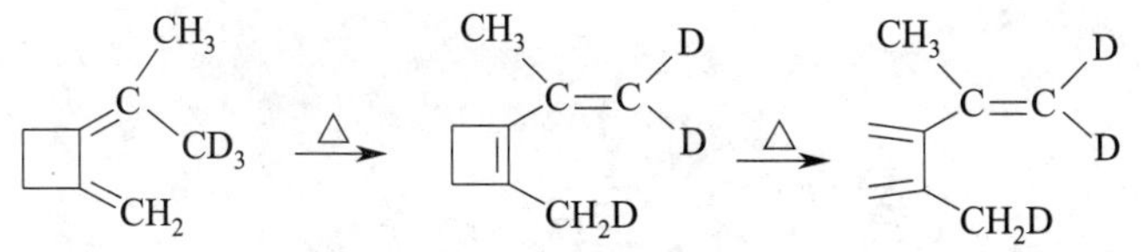

(2)

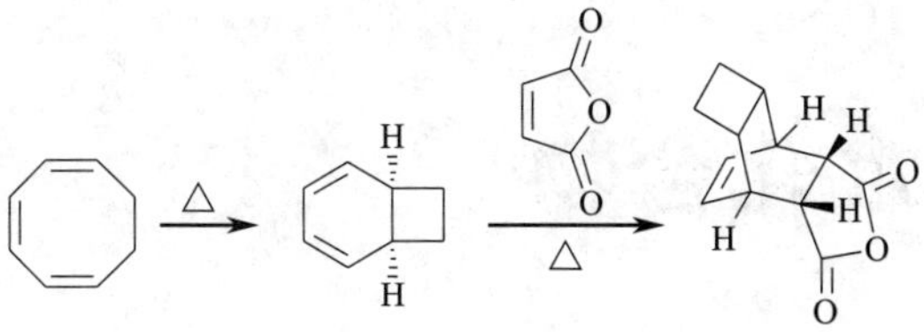

(3)

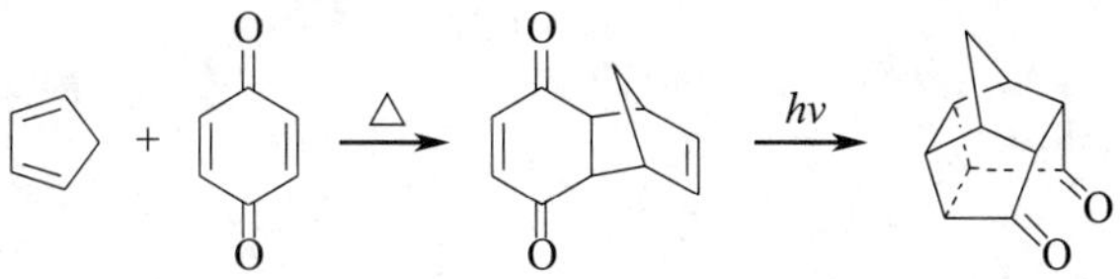

21.7 用环戊二烯、碳原子数不大于 4 的有机物以及必要的试剂合成下列化合物。

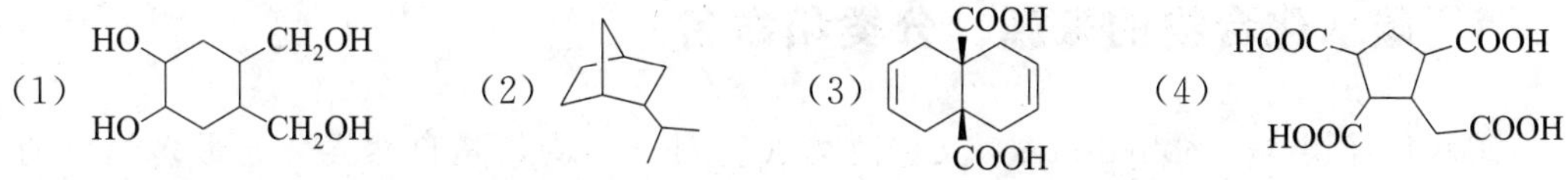

(1) (2) (3) (4)

21.8 下列变化是由五个连续的周环反应产生的，试写出反应过程和反应条件。

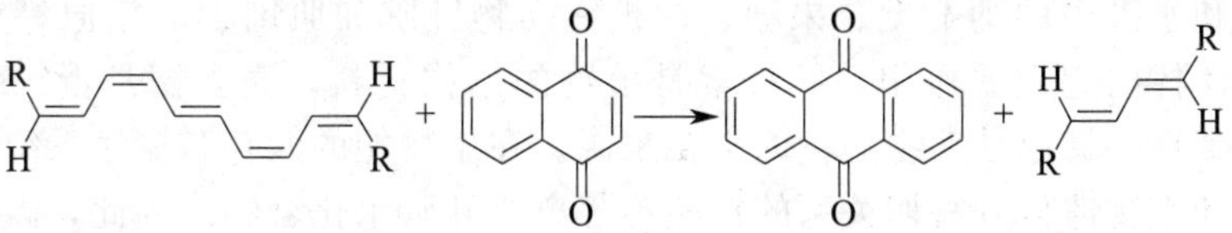

21.9 某些离子型体系也可以发生环加成反应，试指出下列反应中有关环加成反应，并说明其类型是[2+2]还是[4+2]型。

(1)

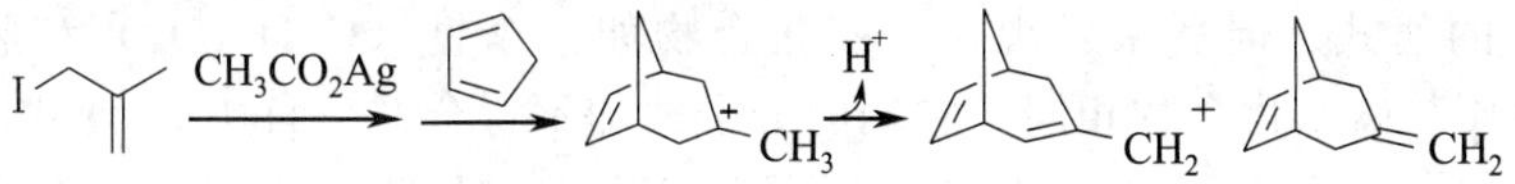

(2)

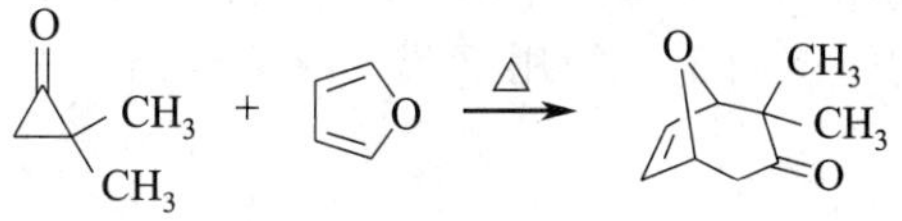

第 22 章

碳水化合物

22.1 碳水化合物的来源、分类和命名

碳水化合物（carbohydrates）又称糖类（saccharides），是自然界分布最多最广的一类有机化合物，几乎存在于所有生物体中。如植物种子和块茎中的淀粉，棉、麻、竹、木中的纤维素，蜂蜜和水果中的葡萄糖、果糖、蔗糖，动物肝脏和肌肉中的糖原等都是碳水化合物。它们在生命体内起重要作用。纤维素是植物的结构材料，壳多糖是蛋、虾蟹等的壳原料。淀粉、葡萄糖、糖原是动物能量的主要来源。在生物能的贮存和输送系统中起关键作用的三磷酸腺苷和生物遗传有密切关系的核酸等都离不开碳水化合物。因此，碳水化合物的研究具有极其重要的意义。

"碳水化合物"这一名称，来源于最初发现这类化合物具有碳、氢、氧三种元素，组成上符合 $C_m(H_2O)_n$ 的通式。但后来发现，有些化合物如鼠李糖（$C_6H_{12}O_5$）和脱氧核糖（$C_5H_{10}O_4$）等的性质与碳水化合物相同，它们的分子式却不符合 $C_m(H_2O)_n$ 通式。而另一些化合物如甲醛（CH_2O）和醋酸（$C_2H_4O_2$）等虽然符合 $C_m(H_2O)_n$ 通式，性质却与碳水化合物区别很大。因此，这个名称是不确切的，但由于它沿用已久，故至今仍然采用。

22.1.1 来源

碳水化合物由绿色植物光合作用（photosynthesis）产生。如自然界存在最广泛的葡萄糖就是植物依靠阳光提供的能量，在叶绿素作用下利用 CO_2 和 H_2O 合成。

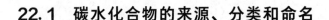

$$6CO_2 + 6H_2O \xrightarrow[\text{光能}]{\text{叶绿素}} \underset{\text{葡萄糖}}{C_6H_{12}O_6} + 6O_2$$

吸收的光能约 $2823kJ \cdot mol^{-1}$，放出的氧气来自水。据统计，地球上植物每年通过光合作用合成糖类折合成葡萄糖约 4500 亿吨，释放出氧气约 4800 亿吨。

光合作用是地球上最基本的生命活动过程，它将 CO_2 和 H_2O 变成糖类，产生 O_2 供人类和动物呼吸，如果没有光合作用，人和动物就无法生存。因此，对光合作用的研究不仅与地球生命起源这一理论问题密切相关，而且能促进对光能的转化、利用及生物催化应用等研究，以期将来能用人工方法合成粮食。

碳水化合物在动植物体内的代谢是光合作用的逆过程。在这个过程中发生一系列化学变

化，碳水化合物被氧化成 CO_2 和 H_2O，同时释放出能量，其中一部分能量变成热，大部分以其他形式贮存于体内，为肌肉收缩和体内所需各种化合物的生物合成提供能量。

22.1.2　分类

按碳水化合物的结构和性质不同可将其分为单糖、低聚糖和多糖。

22.1.2.1　单糖

单糖（monosaccharide）是指多羟基醛、酮，不能再水解成更简单的糖，分子中含醛基的叫醛糖（aldose），含酮基的叫酮糖（ketose）。根据分子中所含的碳原子数，可分为四碳糖（丁糖）、五碳糖（戊糖）、六碳糖（己糖）等。例如：

己醛糖　　　　　　　己酮糖　　　　　　　戊醛糖

22.1.2.2　低聚糖

低聚糖（oligosaccharide）是由 2～10 个单糖分子间脱水聚合而成，低聚糖可水解为单糖。根据水解生成单糖分子的数目，低聚糖可分为二糖、三糖、四糖等，其中最重要的是二糖，如蔗糖、麦芽糖等。

22.1.2.3　多糖

水解时生成 10 个以上单糖分子的碳水化合物叫多糖（polysaccharide），多糖是食物的主要成分。淀粉、许多天然纤维属于这类化合物，是与人类生活关系最密切的两个多糖。

22.1.3　单糖的构型与表示方法

单糖构型标记一般采用 D/L 法，而且通常只标明分子中编号最大手性碳的构型。D/L 标记法中相对标准是甘油醛。如果编号最大手性碳的构型与 D-甘油醛相同，称此糖为 D 型糖，与 L-甘油醛构型相同，则是 L 型糖。例如：

D-甘油醛　　D-醛糖　　D-酮糖　　L-甘油醛　　L-醛糖　　L-酮糖

天然单糖构型大多是 D 型。单糖的开链式构型常用 Fischer 投影式表示，其方法是将碳链垂直放置，醛基或酮基放在上方，碳链从上端开始编号。为了书写简便，手性碳原子可省去不写，竖线和横线交叉处表示手性碳。手性碳上的氢原子也可省去，有时甚至用短横线表示羟基，用"△"表示醛基（—CHO），用"□"表示—CH_2OH。这样 D-（＋）-葡萄糖就可以写成以下几种，见图 22.1。

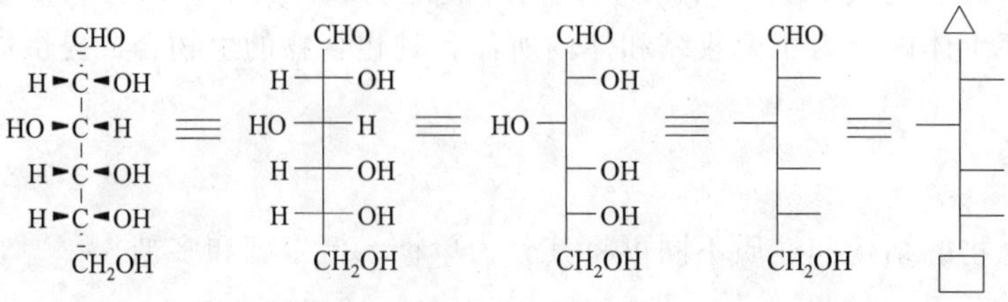

图 22.1 D-(＋)-葡萄糖构型表示方法

22.1.4 单糖及其衍生物的命名

单糖和单糖的衍生物可用俗名和系统命名。具有三、四、五、六个碳原子的醛糖都有俗名，一般不用系统命名。如丙糖称为甘油醛（注意不用甘油糖），丁糖有赤藓糖和苏糖，戊糖包括阿拉伯糖、来苏糖、核糖和木糖，己糖包括阿洛糖、阿卓糖、葡萄糖、甘露糖、古罗糖、艾杜糖、半乳糖和太罗糖。

单糖的系统命名包括两部分，即构型（D 或 L）加糖类命名。糖类主要是根据单糖分子碳原子数目、含醛基或酮基分别用醛糖或酮糖来命名。如具有三、四、五、六……十个碳原子的醛糖分别称丙、丁、戊、己……癸醛糖等。超过十个碳原子的醛糖用汉字数字表示，如十一醛糖……二十醛糖等。具有 4～10 个碳原子的酮糖命名与醛糖相似，但应标明酮羰基的位置。有时为了标明糖的旋光方向，可在构型符号后面加上（＋）或（－）符号。例如：

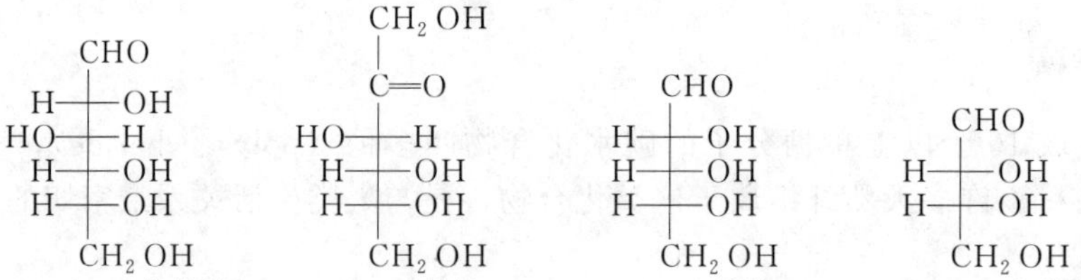

俗名：D-(＋)-葡萄糖   D-(－)-果糖   D-(－)-核糖   D-(－)-赤藓糖

单糖衍生物的命名一般根据原来单糖的结构。如果一个糖或其衍生物分子中具有两个官能团，必须选择其中一个为主要官能团，此官能团位于 Fischer 式上端，命名碳原子官能团的选择次序是—CHO（醛）＞—COOH（酸）＞C＝O（酮）。例如：

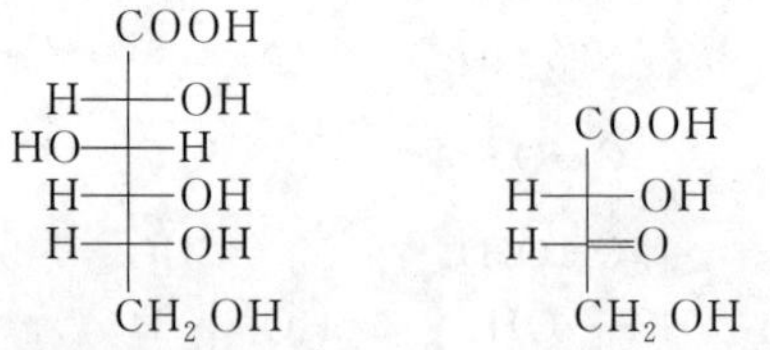

D-葡萄糖酸   D-3-丁糖酮酸

如果糖及其衍生物中一个醇羟基上的氢被另一个原子或基团取代，命名时将此原子或基团的名称置于原来糖或其衍生物名称之前，用阿拉伯数字标明取代基所在碳原子的位置，并用斜体大写英文字母"O"表示取代基是在氧原子上，若有几个相同的取代原子或基团，则用一个 O 字即可，其数目用中文字写在"O"之前，用斜体大写英文字母"C"表示是取代在碳原子上。例如：

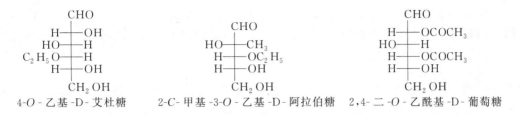

4-O-乙基-D-艾杜糖　　2-C-甲基-3-O-乙基-D-阿拉伯糖　　2,4-二-O-乙酰基-D-葡萄糖

氧上取代的糖及其衍生物也可以醚或酯来命名，糖名在前，醚或酯在后，中间为取代基：

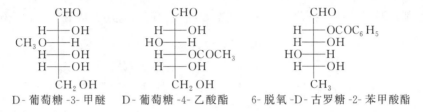

D-葡萄糖-3-甲醚　　D-葡萄糖-4-乙酸酯　　6-脱氧-D-古罗糖-2-苯甲酸酯

22.2　单糖的性质

22.2.1　物理性质

单糖一般为无色结晶，由于分子中含有多个羟基，所以易溶于水，而不溶于己烷、苯等非极性溶剂。单糖的水溶液绝大多数具有甜味，它在水中的溶解度很大，能形成过饱和溶液，即糖浆。单糖分子间存在氢键，所以单糖的沸点、熔点很高。

22.2.2　化学性质

单糖分子中含有羟基和羰基，除了具有醇和醛、酮的性质外，还有一些特殊的化学性质。

22.2.2.1　互变异构

在碱性水溶液中，葡萄糖、甘露糖和果糖可以通过羰基-烯醇式互变，形成三者平衡混合物，以链式结构表示的它们之间的平衡关系如下：

其中 D-葡萄糖、D-甘露糖都是醛糖，仅 C2 构型不同，互为差向异构体，二者互变现象称差向异构化。果糖是 2-酮糖。它们都是通过烯醇式中间体相互转化。在生物体内酶的作用下也能进行类似的转化。

22.2.2.2 氧化

使用不同的氧化剂可将单糖氧化成不同的产物。

（1）Tollens 试剂和 Fehling 试剂氧化

它们都是弱氧化剂，将葡萄糖氧化成葡萄糖酸，而本身还原成氧化亚铜或银镜沉淀：

$$\begin{array}{ccc}
\text{CHO} & & \text{COOH} \\
\text{H}-\text{OH} & & \text{H}-\text{OH} \\
\text{HO}-\text{H} & \xrightarrow{\text{Ag(NH}_3\text{)}_2^+/\text{OH}^-} & \text{HO}-\text{H} \\
\text{H}-\text{OH} & & \text{H}-\text{OH} \\
\text{H}-\text{OH} & & \text{H}-\text{OH} \quad + \quad \text{Ag}\downarrow \\
\text{CH}_2\text{OH} & & \text{CH}_2\text{OH} \quad （银镜）
\end{array}$$

D-葡萄糖   D-葡萄糖酸

$$\begin{array}{ccc}
\text{CHO} & & \text{COOH} \\
\text{H}-\text{OH} & & \text{H}-\text{OH} \\
\text{HO}-\text{H} & \xrightarrow{\text{Cu(OH)}_2} & \text{HO}-\text{H} \\
\text{H}-\text{OH} & & \text{H}-\text{OH} \\
\text{H}-\text{OH} & & \text{H}-\text{OH} \quad + \quad \text{Cu}_2\text{O}\downarrow \\
\text{CH}_2\text{OH} & & \text{CH}_2\text{OH} \quad （砖红色）
\end{array}$$

D-葡萄糖   D-葡萄糖酸

果糖能被 Tollens 试剂和 Fehling 试剂氧化，原因是这两种试剂均为碱性溶液，在碱性条件下果糖通过互变异构成醛糖（主要是 D-葡萄糖和 D-甘露糖），醛糖不断被消耗，平衡向醛糖移动，使反应能有效地进行。能被 Tollens 和 Fehling 试剂氧化的糖称为还原糖，反之称非还原糖。

（2）溴水氧化

溴的水溶液含有次溴酸，能将醛糖氧化成糖酸，但不能氧化酮糖（比如果糖）。这一反应可用于醛糖和酮糖的鉴别。

D-葡萄糖   D-葡萄糖酸   D-葡萄糖酸-δ-内酯   D-葡萄糖酸-γ-内酯

糖酸在酸性条件下自动分子内脱水形成稳定的内酯。

（3）稀硝酸氧化

稀硝酸的氧化性比溴水强，它能将醛糖氧化成糖二酸。根据醛糖氧化生成的糖二酸是否具有旋光性，可推测糖的构型。如 D-（＋）-半乳糖用硝酸氧化成糖二酸后旋光性消失，而 D-葡萄糖二酸有旋光性：

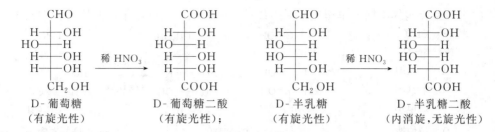

D-葡萄糖　　　　　D-葡萄糖二酸　　　　D-半乳糖　　　　D-半乳糖二酸
（有旋光性）　　　　（有旋光性）；　　　 （有旋光性）　　 （内消旋,无旋光性）

酮糖用硝酸氧化导致 C1 和 C2 之间键断裂，生成少一个碳原子的二元酸。例如 D-果糖用稀硝酸氧化得到 D-阿拉伯糖二酸，与 D-阿拉伯糖用稀硝酸氧化产物相同：

$$\text{CH}_2\text{OH}$$
$$\text{C}=\text{O}$$
$$\text{HO}-\text{H}$$
$$\text{H}-\text{OH}$$
$$\text{H}-\text{OH} \quad \xrightarrow{\text{稀 HNO}_3} \quad \begin{array}{c}\text{COOH}\\\text{HO}-\text{H}\\\text{H}-\text{OH}\\\text{H}-\text{OH}\\\text{COOH}\end{array} \quad \xleftarrow{\text{稀 HNO}_3} \quad \begin{array}{c}\text{CHO}\\\text{HO}-\text{H}\\\text{H}-\text{OH}\\\text{H}-\text{OH}\\\text{CH}_2\text{OH}\end{array}$$
$$\text{CH}_2\text{OH}$$

　　　 D-果糖　　　　　　　D-阿拉伯糖二酸　　　　　D-阿拉伯糖

（4）高碘酸氧化

单糖用高碘酸氧化时，如果相邻两个碳原子都有羟基，或一个碳原子有羟基另一个为羰基时，碳-碳键发生断裂。例如，有"*"碳被氧化为甲酸：

$$\begin{array}{c}*\text{CHO}\\\text{H}-*\text{OH}\\\text{HO}-*\text{H}\\\text{H}-*\text{OH}\\\text{H}-*\text{OH}\\\text{CH}_2\text{OH}\end{array} \quad \xrightarrow{5\text{HIO}_4} \quad 5\text{HCOOH}+\text{HCHO}$$

$$\begin{array}{c}\text{CH}_2\text{OH}\\*\text{C}=\text{O}\\\text{HO}-*\text{H}\\\text{H}-*\text{OH}\\\text{H}-*\text{OH}\\\text{CH}_2\text{OH}\end{array} \quad \xrightarrow{5\text{HIO}_4} \quad 4\text{HCOOH}+2\text{HCHO}$$

反应机理与高碘酸对邻二醇的氧化相似。反应一般是定量进行的，每断裂一个碳-碳键就消耗 1 分子高碘酸。因此可用于糖的结构测定。

22.2.2.3　还原反应

单糖与硼氢化钠、氢化铝锂等还原剂反应或催化加氢生成相应的多羟基醇，即醛糖醇（alditol），根据还原生成的糖醇是否具有旋光性，可以推测原来糖类的构型。

$$\begin{array}{c}\text{CHO}\\\text{H}-\text{OH}\\\text{HO}-\text{H}\\\text{H}-\text{OH}\\\text{H}-\text{OH}\\\text{CH}_2\text{OH}\end{array} \quad \xrightarrow[(2)\text{H}_2\text{O}]{(1)\text{NaBH}_4} \quad \begin{array}{c}\text{CH}_2\text{OH}\\\text{H}-\text{OH}\\\text{HO}-\text{H}\\\text{H}-\text{OH}\\\text{H}-\text{OH}\\\text{CH}_2\text{OH}\end{array} \quad \begin{array}{c}\text{CHO}\\\text{H}-\text{OH}\\\text{HO}-\text{H}\\\text{H}-\text{OH}\\\text{CH}_2\text{OH}\end{array} \quad \xrightarrow[(2)\text{H}_2\text{O}]{(1)\text{NaBH}_4} \quad \begin{array}{c}\text{CH}_2\text{OH}\\\text{H}-\text{OH}\\\text{HO}-\text{H}\\\text{H}-\text{OH}\\\text{CH}_2\text{OH}\end{array}$$

D-葡萄糖　　　　　　D-葡萄糖醇　　　　　D-木糖　　　　　 D-木糖醇
（有旋光性）　　　　 （有旋光性）；　　　 （有旋光性）　　 （内消旋,无旋光性）

两个构型异构体不同的单糖还原后生成的糖醇相同，也可用于推测原来糖的构型：

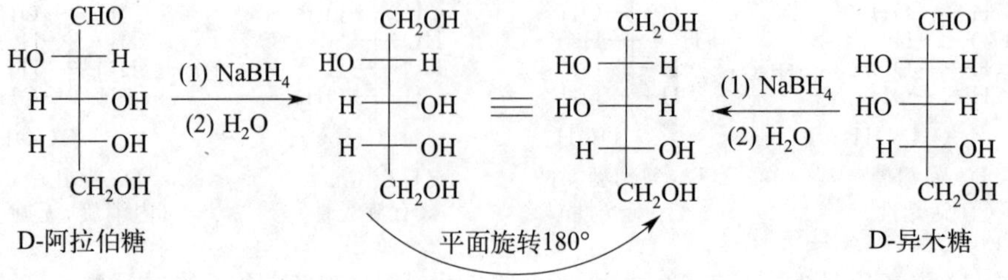

D-阿拉伯糖　　　　　　　　　　平面旋转180°　　　　　　　　　D-异木糖

22.2.2.4　醛糖的升级反应

将一个醛糖变成多一个碳原子或高一级醛糖的过程叫醛糖的升级（chain extension）。醛糖的升级反应是增长碳链的重要方法，它们在糖的结构测定和有机合成中起重要作用。

醛糖的醛基与 HCN 发生加成反应得 α-羟基腈，将后者用 $Ba(OH)_2$ 水解、酸化后生成羟基酸，羟基酸脱水产生 γ-内酯，再经 Na-Hg 还原得高一级醛糖，此法称 Kiliani-Fischer 合成法。例如将 D-(-)-赤藓糖升级变成 D-(-)-核糖和 D-(-)-阿拉伯糖：

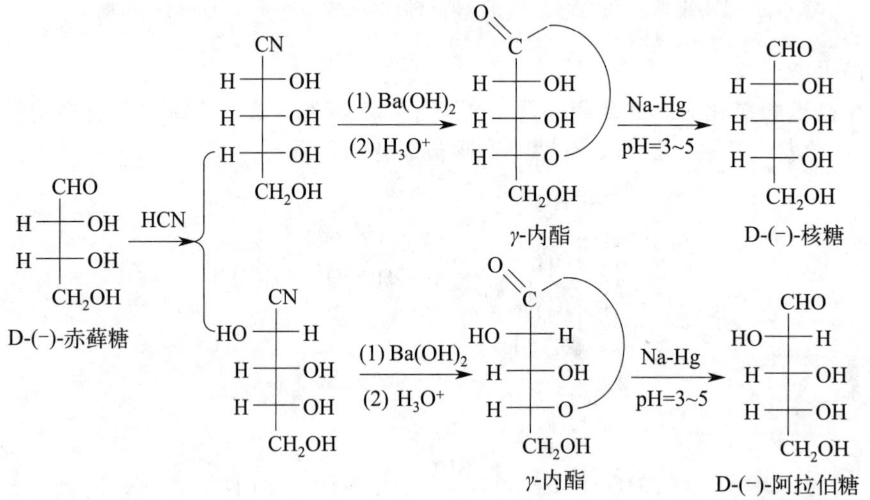

22.2.2.5　醛糖的降级反应

将一个醛糖变成少一个碳原子（或低一级）醛糖的过程叫醛糖的降级或递降反应。醛糖的降级是缩短碳链的重要方法，它们在糖的结构测定中起重要作用。

（1）Wohl 降级反应

Wohl 降级法可以看作是 Kiliani-Fischer 合成法的逆反应。将醛糖首先与羟胺反应生成肟，肟在醋酐作用下酯化、脱水转化为氰基，然后在碱性下水解得氰醇。由于氰醇与羰基加成是可逆反应，因此在碱性溶液［如 $Ag(NH_3)_2^+$］中加热可脱去氰基而得到少一个碳原子的醛糖：

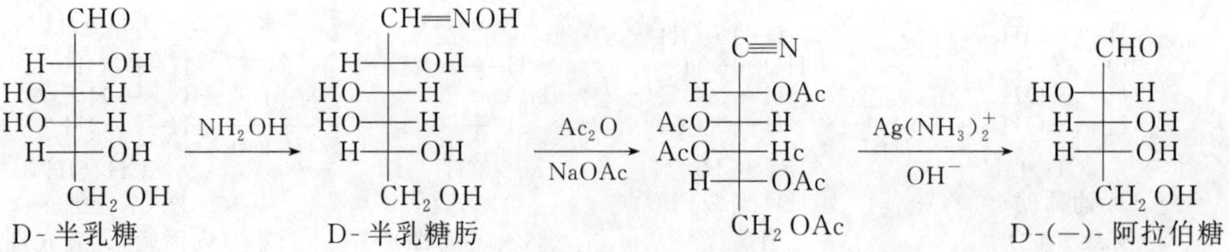

D-半乳糖　　　　　D-半乳糖肟　　　　　　　　　　　　　　　　D-(-)-阿拉伯糖

Wohl 降级反应中醇钠代替 $Ag(NH_3)_2{}^+$，可提高低一级糖的产率。

（2）Ruff 降级法

Ruff 发现将单糖用溴水氧化生成的单糖酸再与氢氧化钙反应生成糖酸钙，钙盐在 Fe^{3+} 或 HgO 存在下，用过氧化氢氧化成一个不稳定的 α-羰基酸，后者经加热失去二氧化碳，得到低一级的单糖。例如：

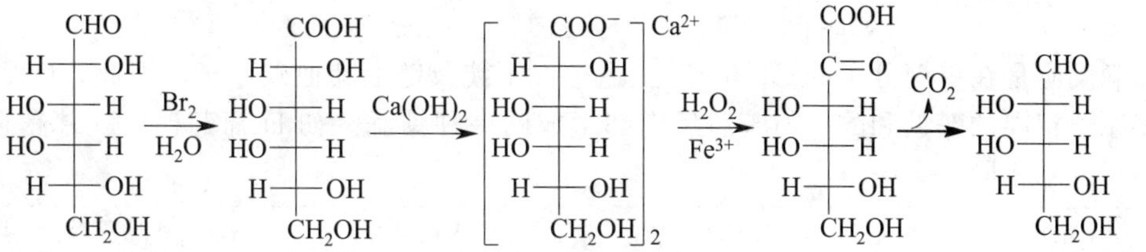

D-(+)-半乳糖　　D-(+)-半乳糖酸　　D-(+)-半乳糖酸钙　　　　　　　　　D-(−)-阿拉伯糖

单糖可以逐步地降级成低级的单糖。比如，用 D-阿拉伯糖进行降级反应，根据降级后单糖的氧化、还原等产物的构型可以推测上一级单糖的构型。

22.2.2.6　成脲反应

单糖与苯肼在醋酸存在下反应形成糖脲的反应称为叫成脲反应。例如：

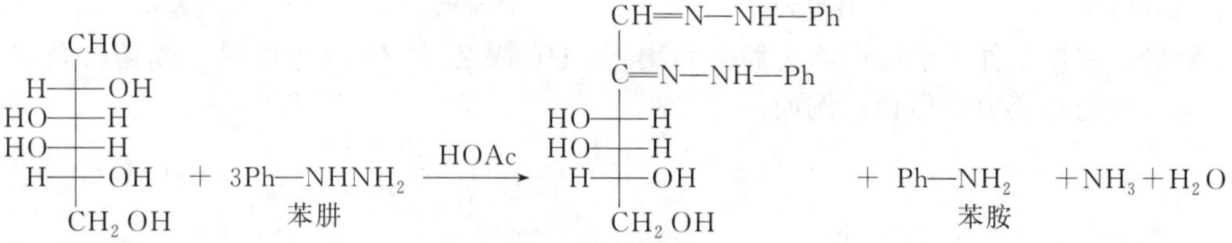

D-半乳糖　　　　　　　　苯肼　　　　　　　　　D-半乳糖脲　　　　　　　　　苯胺

糖脲是黄色结晶，不溶于水。各种糖脲都有特殊的结晶形状和一定的熔点，而且成脲的速率也不相同，因此可用来鉴定糖。成脲反应机理可能如下：

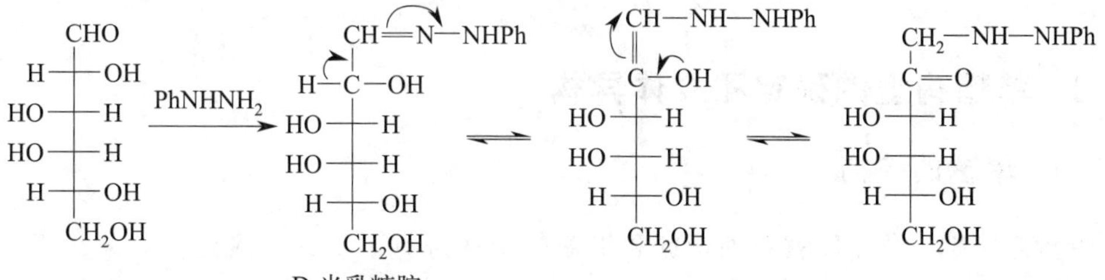

D-半乳糖腙

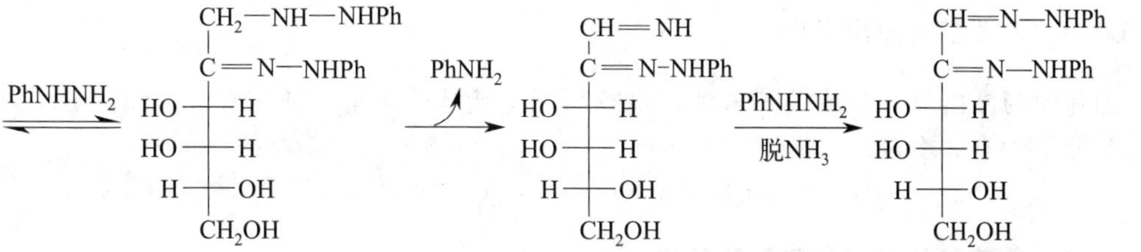

1 摩尔的单糖需与 3 摩尔的苯肼反应才能生成脲。由于产物脲能通过氢键形成稳定的六元螯合环，因此成脲以后不能继续与苯肼反应。例如 D-半乳糖脲分子内氢键结构如下：

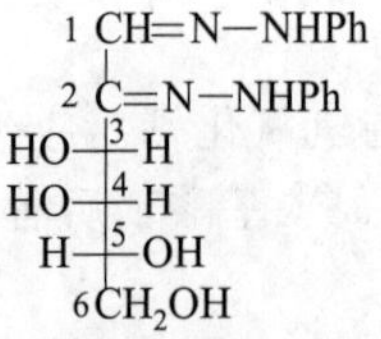

D-半乳糖脎 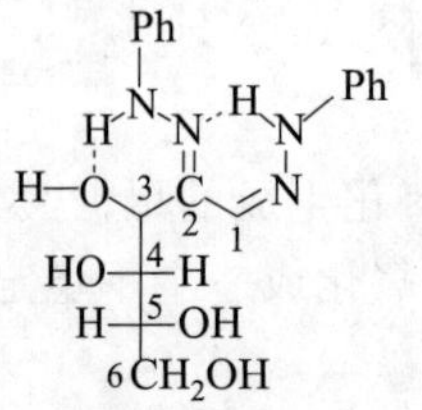   D-半乳糖脎形成的分子内氢键

成脎反应是在单糖分子的 C1 和 C2 上进行，不涉及链上其他碳原子。因此，C3、C4 等手性碳原子相同的醛糖和酮糖与苯肼反应都生成同一种糖脎。如 D-葡萄糖、D-甘露糖和 D-果糖的形成脎相同：

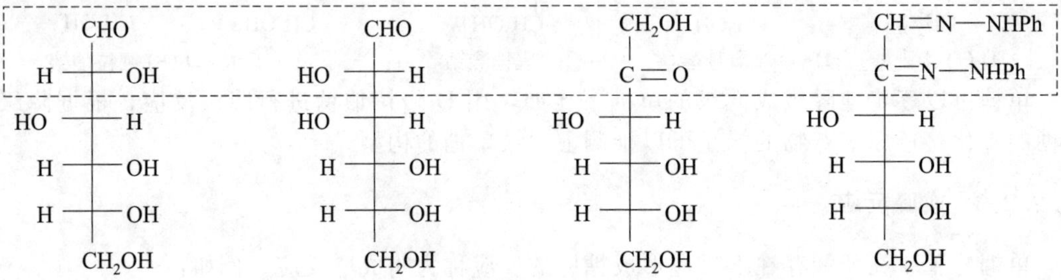

D-葡萄糖   D-甘露糖   D-果糖   糖脎

糖脎在酸性条件下水解产物为脎。脎用 Na-Hg 或 Zn/HOAc 还原得 2-酮糖，利用这一反应可将醛糖转变为 2-酮糖。例如：

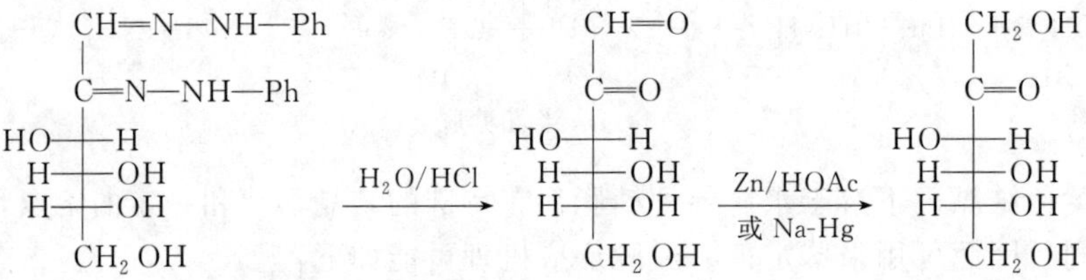

22.3 单糖构型的确定和立体异构

22.3.1 单糖的结构

19 世纪末期，化学家就对葡萄糖和果糖的结构进行了研究和测定。经碳、氢、氧元素定量分析确认葡萄糖和果糖的经验式为 CH_2O。经分子量测定，发现它们的分子式均为 $C_6H_{12}O_6$。此外葡萄糖还有一些特殊的性质。

22.3.1.1 葡萄糖与醋酐反应

葡萄糖与醋酐反应生成的醋酸酯，水解后测定醋酸的含量，证实有五个醋酸分子，说明葡萄糖分子中有 5 个羟基。

$$C_6H_7(OH)_5O + 5(CH_3CO)_2O \longrightarrow C_6H_7(OCOCH_3)_5O + 5CH_3COOH$$

22.3.1.2 葡萄糖与羟胺或氢氰酸反应

葡萄糖可与 1 摩尔羟胺或 1 摩尔氢氰酸反应生成一元肟或一元羟腈化合物，说明葡萄糖分子中含有一个羰基：

$$C_5H_{12}O_5(\ C{=}O\ )+H_2NOH \longrightarrow C_5H_{12}O_5(\ C{=}NOH\ )$$
$$C_5H_{12}O_5(\ C{=}O\ )+HCN \longrightarrow C_5H_{12}O_5[C(CN)OH]$$

22.3.1.3　葡萄糖能被弱氧化剂氧化

葡萄糖能与 $Ag(NH_3)_2{}^+$、溴水反应，这说明葡萄糖是一个多羟基醛。

22.3.1.4　葡萄糖与碘化氢和磷反应

葡萄糖能被碘化氢和磷还原生成正己烷，这说明它是一个直链化合物。综上所述，可以得知葡萄糖可能是一个开链、含有 5 个羟基的己糖，构造式可用下式表示：

$$\underset{OH}{CH_2}{-}\underset{OH}{CH}{-}\underset{OH}{CH}{-}\underset{OH}{CH}{-}\underset{OH}{CH}{-}CH{=}O$$

果糖的构造与葡萄糖相似，关键是确定羰基在碳链中的位置，醛糖用硝酸氧化时得相应糖二酸，碳链不变。酮糖用硝酸氧化后碳链发生断裂。与葡萄糖不同，果糖用硝酸氧化生成的产物经分析后为三羟基戊二酸和甲酸。推测果糖的 C2 为羰基：

$$\underset{OH}{CH_2}{-}\underset{OH}{CH}{-}\underset{OH}{CH}{-}\underset{OH}{CH}{-}\underset{O}{C}{-}\underset{OH}{CH_2} \xrightarrow{\text{稀 } HNO_3} HO{-}\underset{O}{C}{-}\underset{OH}{CH}{-}\underset{OH}{CH}{-}\underset{OH}{CH}{-}\underset{O}{C}{-}OH \ +HCOOH$$
三羟基戊二酸

此外，将葡萄糖和果糖分别与氢氰酸加成后水解，再用 HI 还原，葡萄糖生成正庚酸，而果糖生成 2-甲基己酸：

$$\underset{OH}{CH_2}{-}\underset{OH}{CH}{-}\underset{OH}{CH}{-}\underset{OH}{CH}{-}\underset{OH}{CH}{-}CH{=}O \xrightarrow[\quad]{HCN \quad H_3O^+ \quad HI/\text{磷}} CH_3(CH_2)_5COOH$$
正庚酸

$$\underset{OH}{CH_2}{-}\underset{OH}{CH}{-}\underset{OH}{CH}{-}\underset{OH}{CH}{-}\underset{O}{C}{-}\underset{OH}{CH_2} \xrightarrow[\quad]{HCN \quad H_3O^+ \quad HI/\text{磷}} CH_3(CH_2)_3\overset{CH_3}{\underset{\ }{CH}}COOH$$
2-甲基己酸

这些实验结果不仅证明果糖的羰基在第二个碳原子上，是含有 5 个羟基的酮糖，而且进一步证实了葡萄糖的结构。

22.3.2　葡萄糖手性碳原子构型的确定

在确定了葡萄糖的直链结构以后，接着就是如何确定葡萄糖分子中 4 个手性碳原子的构型。有机分子的构型对有机立体化学和反应机理的研究具有重要作用。在 1951 年以前，人们还没有适当的仪器和方法测定旋光物质的构型，只能根据旋光物质的性质和相对标准（如 D-甘油醛和 L-甘油醛）来推测，单糖构型的确定也是如此。

葡萄糖最早是在 1747 年被发现，1838 年正式命名为葡萄糖，1892 年德国化学家 E. Fischer 采用一系列化学实验确定了葡萄糖的链状结构及其立体异构体。E. Fischer 先是假定葡萄糖 C5 的构型，接着从（-）-阿拉伯糖升级反应中确定了葡萄糖 C3 的构型，然后通过硝化产物的旋光性推知 C4 和 C2 的正确构型，最终 4 个手性碳原子的构型都被确定，解决了当时争论不休的葡萄糖结构的问题。为此他获得了 1902 年 Nobel 化学奖。

22.3.2.1 假定葡萄糖 C5 是 D 型

$$
\text{假定葡萄糖为 D 型：}
\begin{array}{c}
\text{CHO} \\
| \\
\text{(CHOH)}_3 \\
| \\
\text{H} \!-\!\!-\! \text{OH} \\
| \\
\text{CH}_2\text{OH}
\end{array}
$$

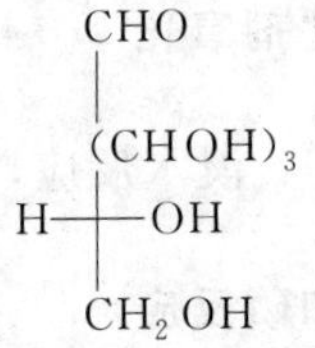

22.3.2.2 (–)-阿拉伯糖升级反应

从（一）-阿拉伯糖升级反应得到（＋）-葡萄糖和（＋）-甘露糖可推知，（一）-阿拉伯糖 C2、C3、C4 的构型分别与（＋）-葡萄糖和（＋）-甘露糖的 C3、C4、C5 的构型相同，则（＋）-葡萄糖和（＋）-甘露糖仅是 C2 的构型不同。（一）-阿拉伯糖升级为（＋）-葡萄糖和（＋）-甘露糖反应过程如下：

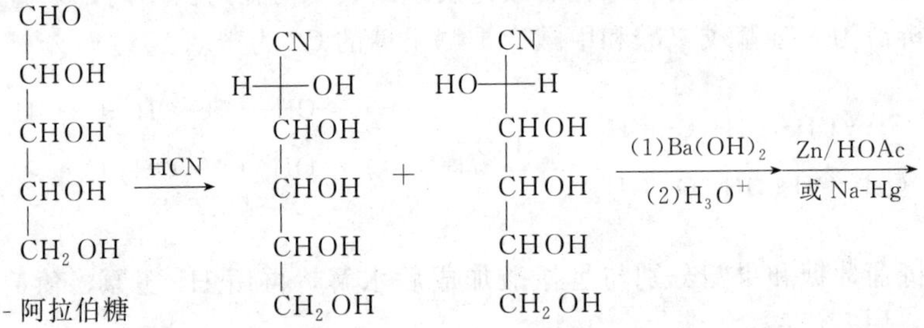

（一）-阿拉伯糖

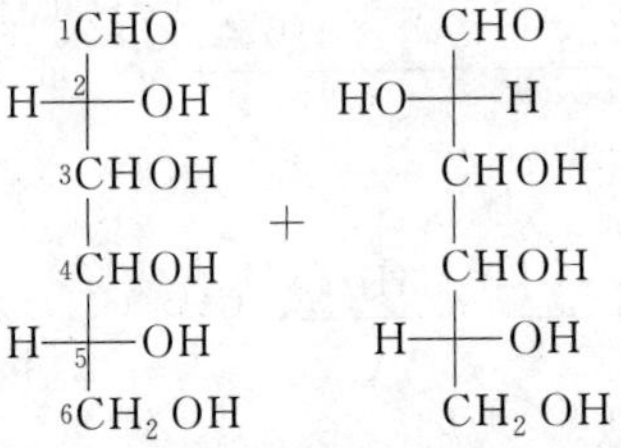

（＋）-葡萄糖或（＋）-甘露糖

（一）-阿拉伯糖用稀硝酸氧化得到旋光性糖二酸，推知（一）-阿拉伯糖的 C2 和 C4 的构型必定相反：

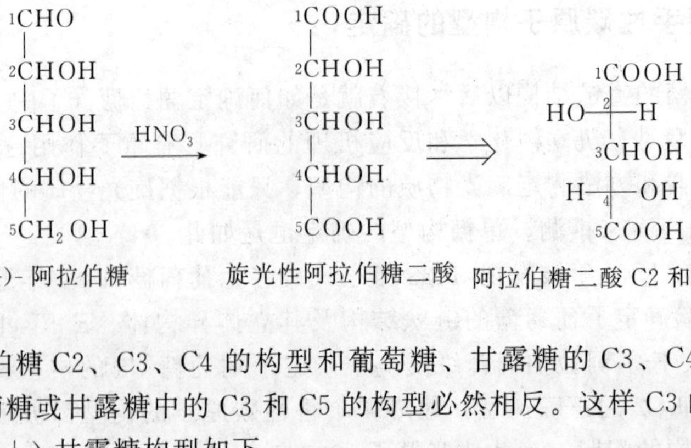

（一）-阿拉伯糖　　旋光性阿拉伯糖二酸　阿拉伯糖二酸 C2 和 C4 构型

因为（一）-阿拉伯糖 C2、C3、C4 的构型和葡萄糖、甘露糖的 C3、C4、C5 的构型完全相同，所以推知葡萄糖或甘露糖中的 C3 和 C5 的构型必然相反。这样 C3 的构型就被确定下来，（＋）-葡萄糖或（＋）-甘露糖构型如下：

（＋）-葡萄糖或（＋）-甘露糖的构型：

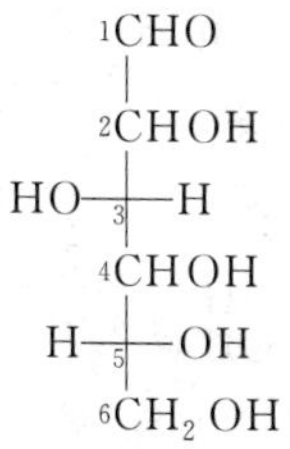

$$
\begin{array}{c}
^1CHO \\
^2CHOH \\
HO-^3-H \\
^4CHOH \\
H-^5-OH \\
^6CH_2OH
\end{array}
$$

22.3.2.3 C4 构型的确定

将（－）-阿拉伯糖升级得到的（＋）-葡萄糖和（＋）-甘露糖用硝酸氧化后得到的二元酸，两个都具有旋光性，因此推知 C4 的构型必定与 C5 的构型相同。

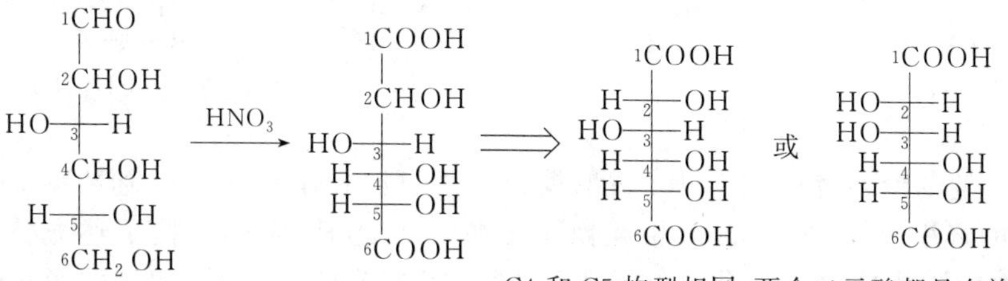

C4 和 C5 构型相同，两个二元酸都具有旋光性

如果 C4 和 C5 的构型不同，它们氧化成的糖二酸中就一定有一个是内消旋的：

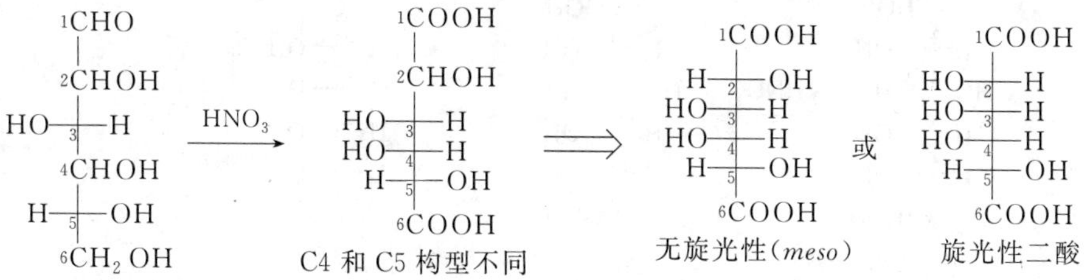

C4 和 C5 构型不同　　无旋光性（*meso*）　　旋光性二酸

D-（＋）-葡萄糖的构型只差 C2 没有确定，因此可以写成：

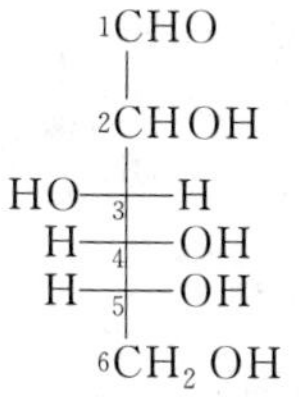

22.3.2.4 C2 构型的确定

葡萄糖 C2 的构型只有两个可能，即（1）式或（2）式。为了确定葡萄糖 C2 的构型，E. Fischer 想到了两个糖二酸（3）和（4）：

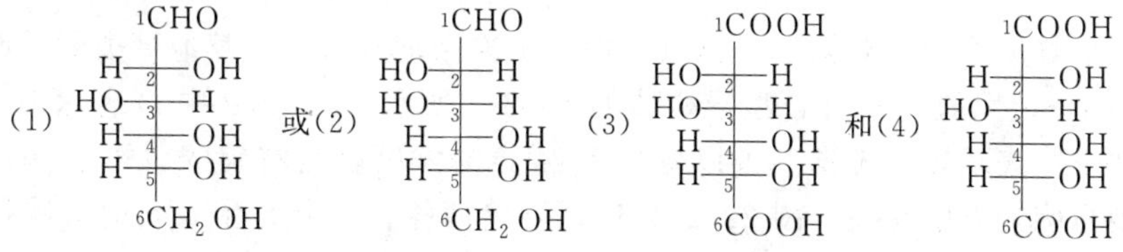

糖二酸（3）只能由己醛糖（2）氧化得到：

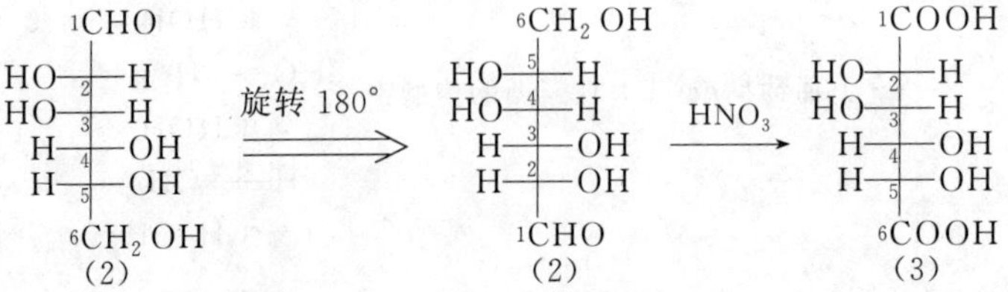

$$
\begin{array}{c}
\mathrm{^1CHO} \\
\mathrm{HO-\overset{2}{C}-H} \\
\mathrm{HO-\overset{3}{C}-H} \\
\mathrm{H-\overset{4}{C}-OH} \\
\mathrm{H-\overset{5}{C}-OH} \\
\mathrm{^6CH_2OH} \\
(2)
\end{array}
\xrightarrow{\text{旋转}180°}
\begin{array}{c}
\mathrm{^6CH_2OH} \\
\mathrm{HO-\overset{5}{C}-H} \\
\mathrm{HO-\overset{4}{C}-H} \\
\mathrm{H-\overset{3}{C}-OH} \\
\mathrm{H-\overset{2}{C}-OH} \\
\mathrm{^1CHO} \\
(2)
\end{array}
\xrightarrow{HNO_3}
\begin{array}{c}
\mathrm{^1COOH} \\
\mathrm{HO-\overset{2}{C}-H} \\
\mathrm{HO-\overset{3}{C}-H} \\
\mathrm{H-\overset{4}{C}-OH} \\
\mathrm{H-\overset{5}{C}-OH} \\
\mathrm{^6COOH} \\
(3)
\end{array}
$$

而糖二酸（4）可由两种己醛糖（1）和（7）氧化得到：

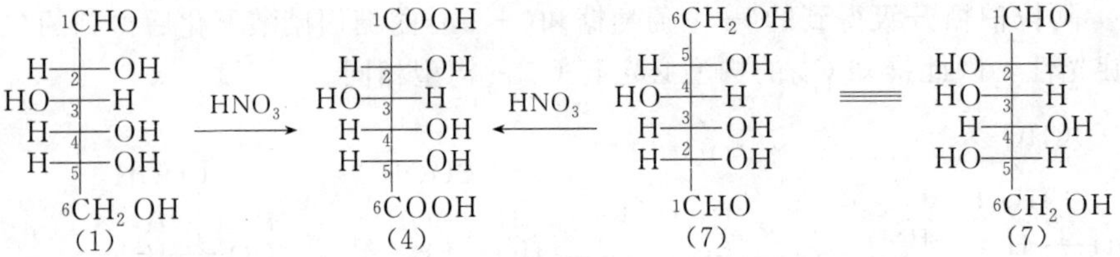

$$
\begin{array}{c}
\mathrm{^1CHO} \\
\mathrm{H-\overset{2}{C}-OH} \\
\mathrm{HO-\overset{3}{C}-H} \\
\mathrm{H-\overset{4}{C}-OH} \\
\mathrm{H-\overset{5}{C}-OH} \\
\mathrm{^6CH_2OH} \\
(1)
\end{array}
\xrightarrow{HNO_3}
\begin{array}{c}
\mathrm{^1COOH} \\
\mathrm{H-\overset{2}{C}-OH} \\
\mathrm{HO-\overset{3}{C}-H} \\
\mathrm{H-\overset{4}{C}-OH} \\
\mathrm{H-\overset{5}{C}-OH} \\
\mathrm{^6COOH} \\
(4)
\end{array}
\xleftarrow{HNO_3}
\begin{array}{c}
\mathrm{^6CH_2OH} \\
\mathrm{H-\overset{5}{C}-OH} \\
\mathrm{H-\overset{4}{C}-OH} \\
\mathrm{H-\overset{3}{C}-OH} \\
\mathrm{H-\overset{2}{C}-OH} \\
\mathrm{^1CHO} \\
(7)
\end{array}
\equiv
\begin{array}{c}
\mathrm{^1CHO} \\
\mathrm{HO-\overset{}{C}-H} \\
\mathrm{HO-\overset{}{C}-H} \\
\mathrm{H-\overset{}{C}-OH} \\
\mathrm{HO-\overset{}{C}-H} \\
\mathrm{^6CH_2OH} \\
(7)
\end{array}
$$

（1）式为（＋）-葡萄糖，（7）为 L-（＋）-古罗糖，（7）可以看作是（＋）-葡萄糖 Cl 的醛基（—CHO）和 C6 的羟甲基（—CH$_2$OH）相互换了位置。于是 E. Fischer 按下述方法合成 L-（＋）-古罗糖，并将它用 HNO$_3$ 氧化，结果得到与（＋）-葡萄糖氧化形成的糖二酸（4）相同，因此葡萄糖的 C2 构型最后被确定下来为（1）式。

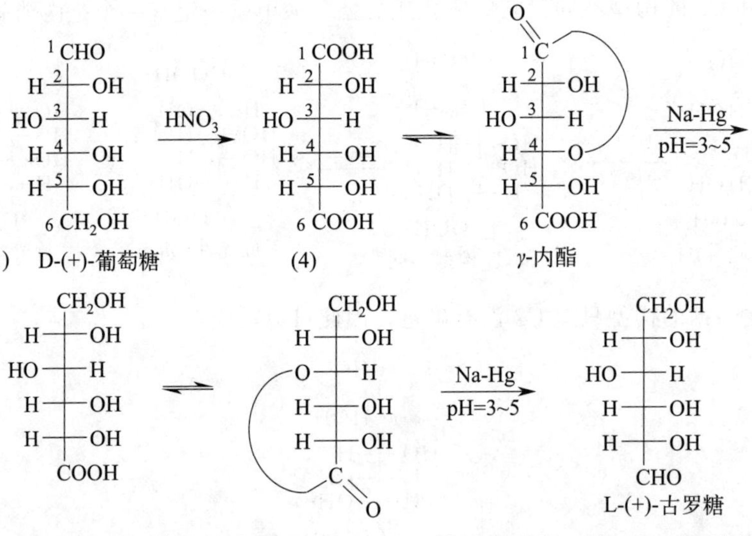

$$
\begin{array}{c}
\mathrm{^1CHO} \\
\mathrm{H-\overset{2}{C}-OH} \\
\mathrm{HO-\overset{3}{C}-H} \\
\mathrm{H-\overset{4}{C}-OH} \\
\mathrm{H-\overset{5}{C}-OH} \\
\mathrm{^6CH_2OH} \\
(1)\quad \text{D-(+)-葡萄糖}
\end{array}
\xrightarrow{HNO_3}
\begin{array}{c}
\mathrm{^1COOH} \\
\mathrm{H-\overset{2}{C}-OH} \\
\mathrm{HO-\overset{3}{C}-H} \\
\mathrm{H-\overset{4}{C}-OH} \\
\mathrm{H-\overset{5}{C}-OH} \\
\mathrm{^6COOH} \\
(4)
\end{array}
\rightleftharpoons
\begin{array}{c}
\gamma\text{-内酯} \\
\end{array}
\xrightarrow[pH=3\sim5]{Na\text{-}Hg}
$$

$$
\begin{array}{c}
\mathrm{CH_2OH} \\
\mathrm{H-C-OH} \\
\mathrm{HO-C-H} \\
\mathrm{H-C-OH} \\
\mathrm{H-C-OH} \\
\mathrm{COOH}
\end{array}
\rightleftharpoons
\quad
\xrightarrow[pH=3\sim5]{Na\text{-}Hg}
\begin{array}{c}
\mathrm{CH_2OH} \\
\mathrm{H-C-OH} \\
\mathrm{HO-C-H} \\
\mathrm{H-C-OH} \\
\mathrm{H-C-OH} \\
\mathrm{CHO} \\
\text{L-(+)-古罗糖}
\end{array}
$$

1951 年 Bijvoet 用 X 衍射结晶法证实了 D-（＋）-甘油醛的绝对构型，从而证明 E. Fischer 原来假定（＋）-葡萄糖的相对构型是正确的。因此上述（＋）-葡萄糖的相对构型也就是它的绝对构型。如果用 R/S 法表示，D-（＋）-葡萄糖是：($2R,3S,4R,5R$)-2,3,4,5,6-五羟基己醛。用类似的方法 E. Fischer 等还确定了果糖、甘露糖、古罗糖等单糖手性碳原子的构型。

22.3.3　单糖的立体异构

由于确定了甘油醛的绝对构型，就可以用一定方法把甘油醛同其他糖类联系起来，其中从 D-（＋）-甘油醛衍生的一系列 D 型异构体如图 22.2 所示。图 22.2 中 D 表示构型，括号中的"＋"或"－"表示旋光方向。可以看出 D 型异构体可以是右旋的也可以是左旋的，它表明糖的构型与旋光方向无关。图 22.2 中 D 系列单糖各有一个 L 型系列的对映体，它们旋光度相同，旋光方向相反。

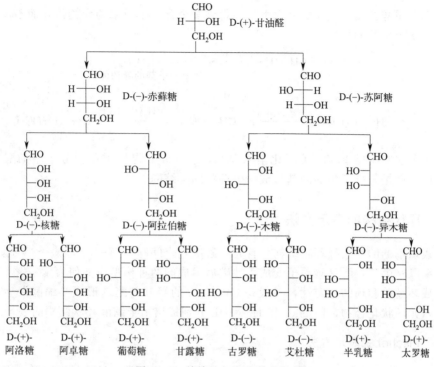

图 22.2 单糖的 D 型立体异构体

单糖的立体异构体数目也遵循 2^n 规则，如己醛糖有 4 个手性原子，共有 $2^4 = 16$ 个立体异构体，除了图 22.2 中的 8 个 D 构型异构体外还有 8 个 L 构型的异构体，它们的结构都已被测定出来。其中 D-(＋)-葡萄糖、D-(＋)-甘露糖和 D-(＋)-半乳糖存在于自然界，其余 13 个己醛糖都是人工合成。

22.4 单糖的环状结构

22.4.1 葡萄糖环状结构的实验依据

虽然许多反应能证明单糖分子是含醛基或酮基的直链结构，却不能解释单糖的一些其他性质。

22.4.1.1 葡萄糖不与亚硫酸氢钠发生加成反应

葡萄糖是己醛糖，但不发生一些醛类的典型反应，比如不能与亚硫酸氢钠饱和溶液反应。

22.4.1.2 具有变旋现象

常温下用水或乙醇结晶而得的葡萄糖熔点为 146℃，其新配制水溶液的（比旋光度为 $+112° \cdot dm^{-2} \cdot kg^{-1}$）比旋光度逐渐下降，直至 $52.7° \cdot dm^{-2} \cdot kg^{-1}$。在较高温度下用醋酸或吡啶结晶而得的葡萄糖熔点为 150℃（比旋光度为 $+19° \cdot dm^{-2} \cdot kg^{-1}$），其新配制的水溶液放置时，比旋光度逐渐上升，直至比旋光度恒定为 $52.7° \cdot dm^{-2} \cdot kg^{-1}$。这种现象称为糖的变旋现象。D-果糖、D-半乳糖、D-甘露糖等单糖都有类似的变旋现象。

22.4.1.3 葡萄糖与甲醇反应

葡萄糖与甲醇在无水氯化氢催化下反应得到 2 个含一个甲基的异构体，而不像普通醛那样生成含有 2 个甲基的缩醛。

$$C_6H_{12}O_6 + CH_3OH \xrightarrow{\text{干燥 HCl}} C_6H_{11}O_6(CH_3) + H_2O$$
两个一甲基的异构体

$$\underset{}{R-\overset{\overset{\displaystyle O}{\parallel}}{C}-H} + CH_3OH \xrightarrow{\text{干燥 HCl}} \underset{\text{半缩醛}}{R-\overset{\overset{\displaystyle OH}{|}}{C}H-OCH_3} \xrightarrow{CH_3OH/HCl} \underset{\text{缩醛}}{R-\overset{\overset{\displaystyle OCH_3}{|}}{C}H-OCH_3}$$

为了解释这些实验事实，英国化学家 W. N. Haworth 提出了单糖分子中的醛基或酮基不是游离的，而是与分子中的羟基形成一个环状的半缩醛。

22.4.2 环状结构的表示方法

为了表示单糖的半缩醛环状结构，首先要解决两个问题：第一，是哪一个羟基与醛基反应生成半缩醛？第二，醛基碳原子变成手性碳后形成的两种构型应如何表示？

根据成环经验和环的稳定性，一般是 C4 或 C5 的羟基与醛基形成半缩醛，生成相应的五元环或六元环状化合物，Fischer 和 Haworth 分别提出了半缩醛环状结构的表示方法。

22.4.2.1 Fischer 式表示方法

在 D-(+)-葡萄糖中，主要是 C5 的羟基与 C1 的醛基形成六元环状半缩醛。半缩醛羟基可以在 Fischer 式的右边或左边，即六元环平面的上边或下边。其画法是：将葡萄糖的链状 Fischer 式（A）的 C4—C5 按箭头方向旋转 120°成（B）式，使羟基（—OH）位于竖线（保持 C5 构型不变），和 C1 的醛基指向同一方向，再画出环状半缩醛式(1)和(2)。

D-(+)-葡萄糖(A)　　　　(B)　　　　(1)　　　　(2)

如果将（A）式中 C5 的羟基直接与 C1 醛基相连形成(3)式和(4)式是错误的。因为在(A)式中 C5 的羟基在横线上，与 C1 的醛基不在同一方向，不能形成半缩醛。因此由 Fischer 开链式画成环状半缩醛时须将(A)式变成(B)式，(B)式也可以将(A)式 C5 上的—OH、—H 和—CH_2OH 交换 2 次（偶数次）得到，构型保持不变，再由(B)式形成(1)和(2)式才是正确的。

D-(+)-葡萄糖(A)　　　　(3)　　不正确　　(4)

22.4.2.2　Haworth 式表示方法

为了更直观形象地表示单糖分子的空间构型，Haworth 提出将 D-(＋)-葡萄糖的立体式 (C)横过来看得到(D)，再将(D)式中 C4—C5 旋转 120°得(E)式，然后画出形成半缩醛后的 六元环，可得到半缩醛羟基在环上方和下方的两种立体异构体：

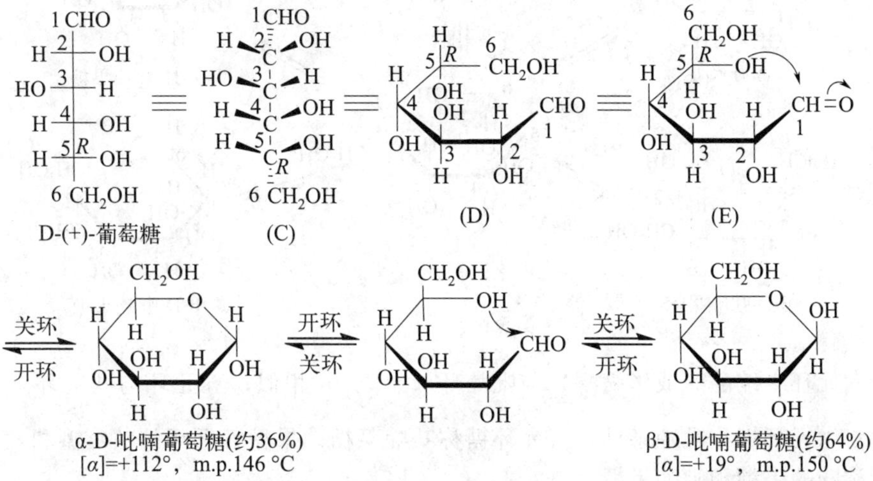

其中半缩醛羟基在环平面下方的为 α 型，在环平面上方的为 β 型，它们是 C1 差向异构 体。其他醛糖或酮糖也能形成半缩醛（或半缩酮）差向异构体。判断 α 和 β 构型可用下述方 法：半缩醛（或半缩酮）羟基与环上编号最大手性碳上的羟甲基（若这个碳上没有羟甲基， 则与这个碳上的氢原子比较）处于环平面同侧为 β 构型，处于异侧则为 α 构型，其熔点和比 旋光度都不相同。

在不必要标明 α 和 β 构型时，则把 C1 的羟基写在环平面上。为了书写方便，也可省去 手性碳原子上的氢。如 D-(＋)-葡萄糖环状构型可写成：

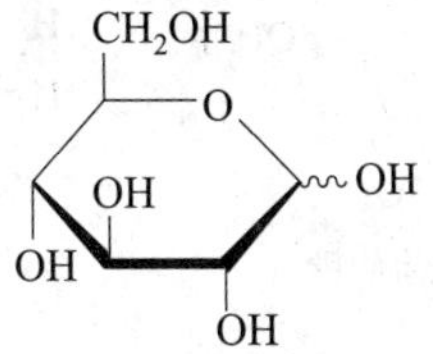

α 和 β 型异构体除了比旋光度、熔点不同外，化学性质也有区别。如 α-D-(＋)-葡萄糖 的 C1 和 C2 的羟基处于环平面同侧，在脱水剂硫酸存在下可与丙酮反应，生成 1,2-O-异亚 丙基-α-D-葡萄糖：

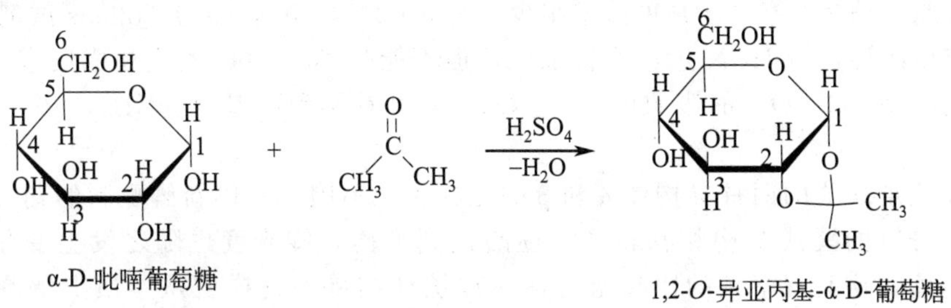

这一反应类似于顺式邻二醇在相同条件下与丙酮的脱水反应。而 β-D-(＋)-葡萄糖不能 发生这个反应。醛糖或酮糖不仅能以六元环半缩醛（或半缩酮）形式存在，而且也能以五元 环的形式存在。例如果糖：

α-D-呋喃果糖 β-D-呋喃果糖 D-果糖 α-D-吡喃果糖 β-D-吡喃果糖

由于六元环半缩醛（或半缩酮）与吡喃环（ ）相似，五元环与呋喃环（ ）相似，故常将六元环糖称吡喃某糖，五元环糖称呋喃某糖。果糖五元环的呋喃型和六元环的吡喃型分别称呋喃果糖和吡喃果糖。

在 D-呋喃果糖中，半缩酮是由 C5 的羟基和 C2 的羰基缩合产生，而 D-吡喃果糖中，半缩酮是由 C6 的羟基与 C2 的羰基缩合产生。

同样，D-葡萄糖中的六元环称为 D-吡喃葡萄糖，也有 D-呋喃葡萄糖存在，但含量很少。以呋喃型存在的单糖还有 D-核糖和 D-脱氧核糖等：

D-葡萄糖 D-呋喃葡萄糖 ， D-核糖 D-呋喃核糖

22.4.3 环状结构对实验现象的解释

糖的环状结构能比较圆满地解释前面提到的实验事实。由于在水溶液平衡中葡萄糖几乎完全是以环状半缩醛存在，游离的醛基很少（约 0.02%），它仍能与 Tollens 试剂和 Fehling 试剂反应产生沉淀，与 HCN 进行亲核加成，但不能与 $NaHSO_3$ 发生加成反应。红外光谱中观察不到羰基（$C=O$）的吸收峰，在 NMR 上也看不到醛基（—CHO）中质子的吸收信号。

因为环状半缩醛的两种异构体 α 和 β 的比旋光度不同，所以新鲜配制的葡萄糖溶液放置后能通过开链的醛式结构相互转变，逐渐达到平衡，旋光度也随之发生变化，最后达到一恒定的值，这时观察到的比旋光度是一种统计结果。这样就从本质上解释了单糖的变旋现象。

达到平衡后 α 和 β 异构体的比例不同，这与它们的稳定性有关。经 X 衍射研究证明，单糖的六元环半缩醛是以椅型构象存在的，α 和 β 型 D-(+)-葡萄糖的构象如下：

α-D-吡喃葡萄糖，约36%　　　链状D-葡萄糖，约0.02%　　　β-D-吡喃葡萄糖，约64%

在 β 型构象中体积较大的取代基—CH_2OH 和—OH 都是处于 e 键位置，而 α 型构象中半缩醛的羟基处于 a 键，因此前者比后者稳定，平衡时 β 型比 α 型所占比例大。开链型所占比例虽然极少，但是 α 和 β 型异构体是通过它才能达到平衡。

同样，因为是半缩醛结构，葡萄糖与甲醇在干燥 HCl 作用下反应不像普通醛那样生成含 2 个甲基的缩醛，而是生成 2 个一甲基异构体，即 α-O-甲基-D-吡喃葡萄糖苷和 β-O-甲基-D-吡喃葡萄糖苷。它们实际上是糖的半缩醛羟基与其他羟基化合物脱水后形成的缩醛，在糖类化学中把它们称为"糖苷"（glycoside）。

D-吡喃葡萄糖　　　　　　β-O-甲基-D-吡喃葡萄糖苷　　　　α-O-甲基-D-吡喃葡萄糖苷

m.p.=115~116℃　　　　　　m.p.=168℃

糖苷也叫配糖体，糖苷中糖的部分叫糖基，非糖部分叫配基。糖苷广泛存在于自然界，它对碱稳定，在酸性溶液中水解成单糖和醇。糖苷无半缩醛羟基，不能还原 Tollens 试剂和 Fehling 试剂，也不与苯肼反应，无变旋现象。

22.4.4　环状结构大小的证明

葡萄糖半缩醛环的大小是 Haworth 确定和证明的。他利用糖苷的某些性质推测了葡萄糖是六元环半缩醛，即 C5 的羟基与 C1 醛基反应，形成环状结构。

Haworth 将 D-葡萄糖苷用硫酸二甲酯和碱处理，或用碘甲烷和 Ag_2O 处理，使糖苷中其他 4 个羟基甲基化，变成 4 个甲氧基，生成五甲基葡萄糖苷。将五甲基葡萄糖苷在稀盐酸中水解，只有 C1 上的甲氧基（缩醛）被水解，得到四-O-甲基-D-葡萄糖（环状的半缩醛），它在溶液中可产生开链的化合物。在开链化合物中，醛基和带有羟基的碳原子处容易发生氧化反应，用硝酸将四-O-甲基-D-葡萄糖氧化，根据氧化产物可以推测游离羟基所处的位置和环状半缩醛中环的大小。将 α-D-甲基葡萄糖苷经上述一系列反应后得到三甲氧基戊二酸、二甲氧基丁二酸和甲氧基乙酸。

α-D-吡喃葡萄糖　　　　五-O-甲基-D-葡萄糖苷　　　　四-O-甲基-D-葡萄糖

$$^1CHO \quad \xrightarrow{HNO_3} \quad ^1COOH \quad \begin{array}{c} C4—C5断裂 \end{array}$$

2,3-二甲氧基丁二酸 + 2-甲氧基乙酸

2,3,4-三甲氧基戊二酸

C5—C6断裂

从最后氧化产物推知，四-O-甲基-D-葡萄糖是六元环的半缩醛，如果是五元环的呋喃半缩醛结构，最后得到的产物应是 2,3-二甲氧基丁二酸、2-甲氧基丙二酸、2,3-二甲氧基丙酸、2-甲氧基乙酸，这一结论也被 X-衍射分析所证实：

$$^1CHO \xrightarrow{HNO_3} {}^1COOH$$

C₃—C₄断裂

2-甲氧基丙二酸 + 2,3-二甲氧基丙酸

C₄—C₅断裂

2,3-二甲氧基丁二酸 + 2-甲氧基乙酸

22.5 二糖

二糖（disaccharide）又称双糖，是由两个分子的单糖通过苷键连结起来的。其连结有两种方式，一是由一个单糖的半缩醛羟基与另一个单糖分子的半缩醛羟基脱去一分子水形成互为苷键的二糖，如蔗糖；二是由一个单糖分子中的半缩醛羟基和另一个单糖分子中的醇羟基（如 C4 的羟基）脱去一分子水而相互连结的二糖，如麦芽糖、纤维二糖和乳糖等。

22.5.1 麦芽糖

麦芽糖（maltose）为无色晶体，分子式为 $C_{12}H_{22}O_{11}$，味甜，易溶于水，比旋光度为 $+137° \cdot dm^{-2} \cdot kg^{-1}$，是植物淀粉和动物中糖原的组成部分。淀粉经 β-淀粉酶水解得麦芽糖，发芽的大麦芽中含有 β-淀粉酶，最初用大麦芽作用于淀粉生成麦芽糖，麦芽糖因此而得名。

麦芽糖用无机酸或 α-葡萄糖苷酶水解，生成两分子葡萄糖，因此它是两分子葡萄糖失水而成。

$$淀粉 \xrightarrow{\beta-淀粉酶} C_{12}H_{22}O_{11}（麦芽糖） \xrightarrow[或麦芽糖酶]{H^+} 2C_6H_{12}O_6（葡萄糖）$$

麦芽糖是还原性二糖，它能还原 Tollens 试剂和 Fehling 试剂，与苯肼反应生成脎，用溴水氧化生成一元酸（麦芽糖酸，$C_{11}H_{21}O_{11}COOH$）。麦芽糖有 α 和 β 两种异构体，比旋光度分别为 $+168° \cdot dm^{-2} \cdot kg^{-1}$ 和 $+112° \cdot dm^{-2} \cdot kg^{-1}$，在水溶液中发生变旋光现象，平衡后比旋光度为 $+136° \cdot dm^{-2} \cdot kg^{-1}$，α 和 β 异构体的比例分别为约 42% 和约 58%，这

些事实说明麦芽糖和单糖相似，含有一个环状的半缩醛结构。将麦芽糖完全甲基化后再水解得到一分子 2,3,6-三-O-甲基-D-葡萄糖和一分子 2,3,4,6-四-O-甲基-D-葡萄糖，因此麦芽糖可看作是一个葡萄糖苷，并且是由一个葡萄糖分子 C1 的羟基（半缩醛羟基）与另一个葡萄糖分子中的 C4 的醇羟基失去一分子水产生的。

双糖的苷键可分别用两种酶区别，通常 α 型苷键可以被麦芽糖酶水解，通常 β 型苷键可以被苦杏仁酶水解。因为麦芽糖可以被麦芽糖酶催化水解生成两个分子的 D-葡萄糖，所以麦芽糖是 α-葡萄糖苷，其苷键为 α-1,4-苷键。因此麦芽糖的结构如下。

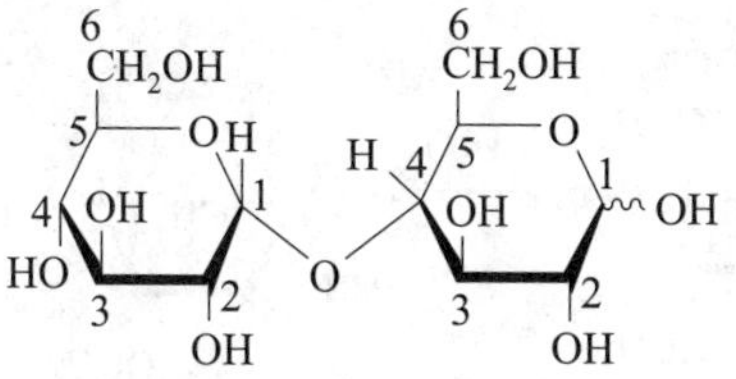

麦芽糖(4-O-α-D-吡喃葡萄糖苷-D-吡喃葡萄糖)

麦芽糖在水溶液中存在的构象平衡：

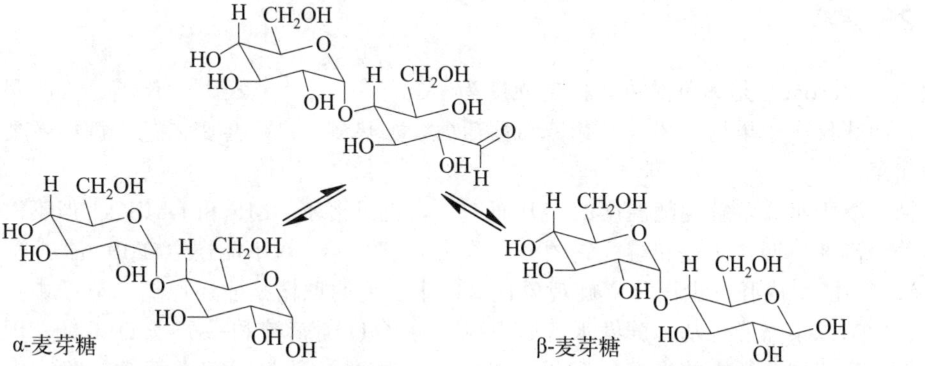

α-麦芽糖
4-O-(α-D-吡喃葡萄糖基)-α-D-吡喃葡萄糖
$[\alpha]=168°$

β-麦芽糖
4-O-(α-D-吡喃葡萄糖基)-β-D-吡喃葡萄糖
$[\alpha]=112°$

将麦芽糖中的羟基完全甲基化得到八-O-甲基麦芽糖，在酸性下水解得到 2,3,4,6-四-O-甲基葡萄糖、2,3,6-三-O-甲基葡萄糖和一分子甲醇。

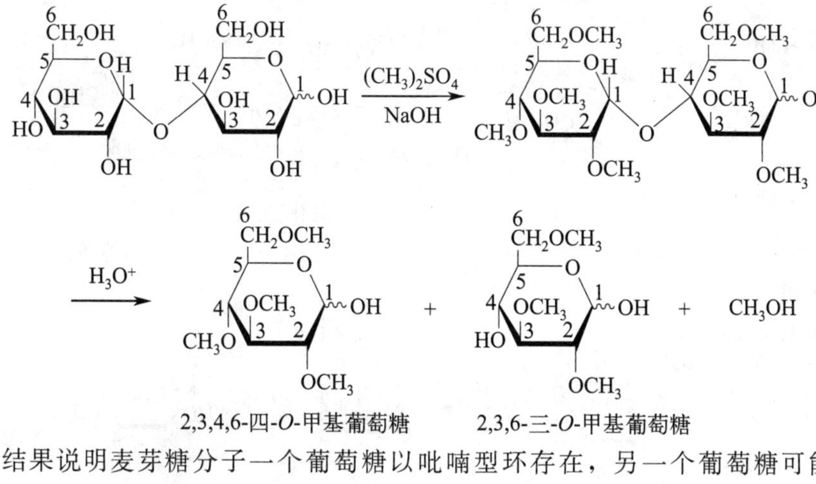

2,3,4,6-四-O-甲基葡萄糖　　2,3,6-三-O-甲基葡萄糖

以上结果说明麦芽糖分子一个葡萄糖以吡喃型环存在，另一个葡萄糖可能是吡喃环以 C4 上羟基与第一个葡萄糖生成苷键，也可能是呋喃环以 C5 上的羟基与第一葡萄糖分子形成苷键。将麦芽糖用溴水氧化得麦芽糖酸，再甲基化得八-O-甲基型麦芽糖酸，后者水解后生成一分子 2,3,4,6-四-O-甲基葡萄糖和一分子 2,3,5,6-四-O-甲基葡萄糖，说明另一分子葡

萄糖是以 C4 的羟基参加苷的生成，即两个葡萄糖分子以 α-1,4 苷键相连的。因此麦芽糖称
4-O-α-D-吡喃葡萄糖基-D-吡喃葡萄糖。

2,3,4,6-四-O-甲基葡萄糖　2,3,5,6-四-O-甲基葡萄糖酸

22.5.2　蔗糖

蔗糖（sucrose）是无色晶体，比旋光度为 $+66.5 \cdot dm^{-2} \cdot kg^{-1}$。蔗糖是人类最常用的
食用糖，甜味仅次于果糖，超过麦芽糖和葡萄糖，加热到 200℃ 会变褐色。蔗糖主要来源于
甘蔗和甜菜。

蔗糖易溶于水，溶解度随温度的上升而增加，也可溶于 DMF 和 DMSO，但不溶于无水
乙醇、苯、汽油、四氯化碳和醚。它的分子式为 $C_{12}H_{22}O_{11}$，不能还原 Tollens 试剂和 Feh-
ling 试剂，不能生成脎，也没有变旋观象，这些事实说明蔗糖是非还原糖，分子中没有游离
的醛基、酮基或半缩醛羟基。蔗糖水解后生成一分子 D-葡萄糖和一分子 D-果糖。因此蔗糖
可以看作是葡萄糖分子中的半缩醛和果糖分子中半缩醛羟基之间缩水而成，即生成 1,2-糖
苷键或 2,1-糖苷键，它既是果糖苷，又是葡萄糖苷。蔗糖是右旋的，但它水解生成等量的
葡萄糖和果糖后，得到的混合物却是左旋的，由于水解使旋光方向发生转变，因此把蔗糖的
水解产物叫转化糖，蜂蜜中的主要成分是转化糖。

(+)-蔗糖，[α]=+66.5°　　D-(+)-葡萄糖，[α]=+52.7°　D-(−)-果糖，[α]=−92.0°
转化糖，[α]=−19.85°

蔗糖完全甲基化生成八-O-甲基蔗糖，后者水解得 2,3,4,6-四-O-甲基葡萄糖和 1,3,4,
6-四-O-甲基果糖：

八-O-甲基蔗糖　　2,3,4,6-四-O-甲基葡萄糖　1,3,4,6-四-O-甲基果糖

上述结果证明蔗糖分子中的葡萄糖是吡喃型环，果糖是呋喃型环，并且是以 1,2-糖苷
键或 2,1-糖苷键相连。确定这个苷键是 α 还是 β 构型时，可用酶催化反应的专一性。蔗糖可

以被 α-葡萄糖苷酶水解而不能被 β-葡萄糖苷酶水解，证明蔗糖中葡萄糖单元的半缩醛羟基是 α 型的。又因蔗糖可以被蔗糖酶（转化酶）水解成转化糖，这种酶存在于蜜蜂体内，它是一种只能水解蔗糖的转化酶，能水解 β-呋喃果糖苷键而不能水解 α-呋喃果糖苷键。因此，蔗糖中果糖单元的半缩醛羟基是 β-型。于是（＋）-蔗糖可以命名为 α-D-吡喃葡萄糖基-β-D-果糖苷或 β-D-呋喃果糖基-α-D-吡喃葡萄糖苷。

22.5.3　纤维二糖

将纤维素部分水解得纤维二糖（cellobiose）。纤维二糖可看作是麦芽糖的一种异构体，化学性质与麦芽糖相似，是一个还原糖，有变旋光现象。纤维二糖完全甲基化后水解也得到 2,3,4,6-四-O-甲基-D-葡萄糖和 2,3,6-三-O-甲基-D-葡萄糖。说明纤维二糖中的两个葡萄糖单元是以 1,4-糖苷键连接起来的。但是与麦芽糖不同的是纤维二糖不能被 α-葡萄糖苷酶水解，只能被 β-葡萄糖苷酶即苦杏仁酶水解。证明纤维二糖中的两个葡萄糖单元是以 β-1,4-苷键相连，其结构式见下图：

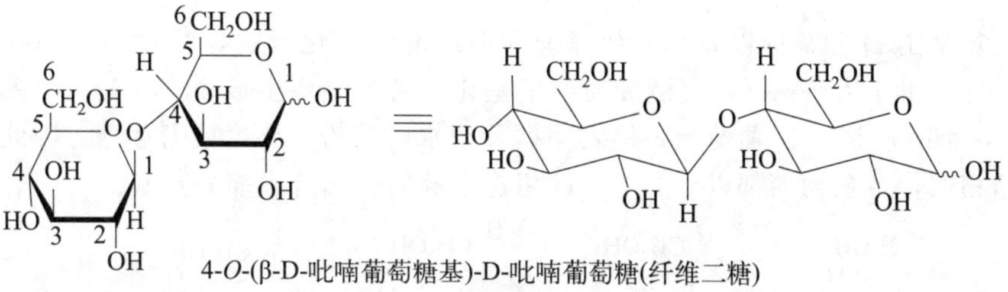

4-O-(β-D-吡喃葡萄糖基)-D-吡喃葡萄糖(纤维二糖)

纤维二糖与麦芽糖在结构上仅是 β-1,4-糖苷键和 α-1,4-糖苷键之分，但在生理作用上差别很大，麦芽糖有甜味，纤维二糖没有。麦芽糖在人体中能被分解，纤维二糖却不能。

22.5.4　乳糖

乳糖（lactose）为哺乳动物奶汁的主要糖分，因此而得名。工业上乳糖是从牛奶制奶酪的副产品——乳清中提取的。在乳酸杆菌的作用下乳糖被氧化成乳酸，牛奶变酸就是因为其中的乳糖被氧化成乳酸。

乳糖溶于水，有变旋现象，用酸或苦杏仁酶水解生成一分子葡萄糖和一分子半乳糖，这说明它是一个 β-型糖苷。乳糖是还原性二糖，它被溴水氧化后水解，得一分子半乳糖和葡萄糖酸，这证明是半乳糖的半缩醛羟基与葡萄糖的醇羟基脱水形成苷键，因此，乳糖是半乳糖苷。经甲基化和水解方法证明乳糖结构如下：

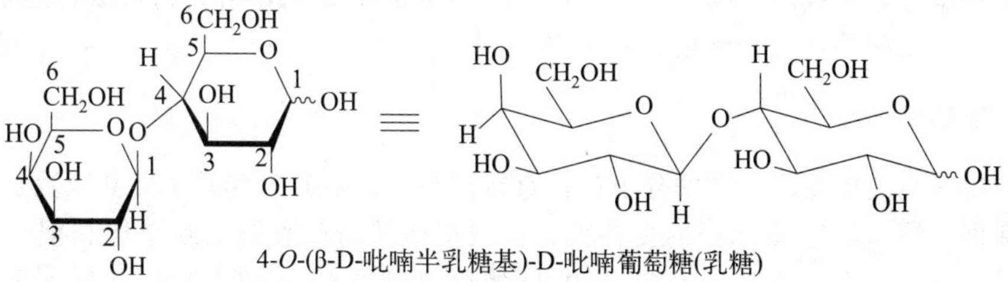

4-O-(β-D-吡喃半乳糖基)-D-吡喃葡萄糖(乳糖)

22.6　多糖

多糖（polysaccharide）是由许多单糖分子缩合脱水形成的高聚物，是人和动物食物的主要成分，它与人的生命活动有密切关系。多糖分子中的单糖结构单位也是通过苷键相互连结，没有还原性和变旋现象，也没有甜味，而且大多数难溶于水。自然界中最重要的多糖是淀粉和纤维素。

22.6.1 淀粉

淀粉广泛存在于种子和块茎植物中，如稻谷、麦类、玉米、马铃薯中含量丰富。淀粉的分子式可用 $(C_6H_{10}O_5)_n$ 表示，在酸作用下水解，逐步生成小分子，最终产物是葡萄糖。用淀粉酶水解淀粉可得到麦芽糖。

$$(C_6H_{10}O_5)_n \xrightarrow{水解} (C_6H_{10}O_5)_x \xrightarrow{水解} C_{12}H_{22}O_{11} \xrightarrow{水解} C_6H_{12}O_6$$
$$\text{淀粉} \qquad\qquad \text{糊精} \qquad\qquad \text{麦芽糖} \qquad \text{葡萄糖}$$

淀粉为白色粉末，它包括直链淀粉和支链淀粉两部分，其比例随植物种类而异。

22.6.1.1 直链淀粉

直链淀粉是由 D-葡萄糖以 α-1,4-苷键聚合形成的链状化合物，约含 $50\sim200$ 个葡萄糖结构单元，分子量 1 万～6 万，直链淀粉经甲基化水解，主要生成 2,3,6-三-O-甲基-D-葡萄糖和 2,3,4,6-四-O-甲基-D-葡萄糖，用麦芽糖苷酶水解淀粉主要生成麦芽糖。因此，直链淀粉与麦芽糖相似，各葡萄糖都以 α-1,4-苷键相连，链的一端含半缩醛羟基。

2,3,4,6-四-O-甲基-D-葡萄糖 　　2,3,6-三-O-甲基-D-葡萄糖 　　　麦芽糖

从结构上看，直链淀粉具有半缩醛羟基，应该具有还原性。实际上，直链淀粉不具有还原性，这主要是半缩醛羟基在分子中所占的比例太小而显示不出来。虽然直链淀粉是链状分子，但它的构象不是一条伸展的直链，而是卷曲盘旋，呈螺旋状的大分子。每个螺旋约含 6 个葡萄糖结构单元，组成的空间通道正好可以容纳碘分子钻入，与淀粉形成蓝色的络合物，这一性质可用于淀粉的检验和碘量法分析中。

22.6.1.2 支链淀粉

支链淀粉又叫淀粉皮质，它的分子量比直链淀粉大，从几万到几十万甚至数百万。支链淀粉用麦芽糖苷酶水解生成 50% 的麦芽糖，说明支链淀粉与直链淀粉结构相似。将支链淀粉甲基化后水解，除生成 2,3,6-三-O-甲基-D-葡萄糖和 2,3,4,6-四-O-甲基-D-葡萄糖外，还有大量 2,3-二-O-甲基-D-葡萄糖，说明支链淀粉中葡萄糖除了以 α-1,4 苷键相连外，还以 α-1,6 苷键相互连结形成直链，每隔 $6\sim7$ 个葡萄糖单位就出现一个侧链，见图 22.3。

支链淀粉比直链淀粉易溶于水，这是因为支链淀粉是高度分支的开链结构，比较容易接近以氢键缔合的溶剂水分子。而直链淀粉紧密堆积的螺旋式结构造成分子内氢键的强烈作

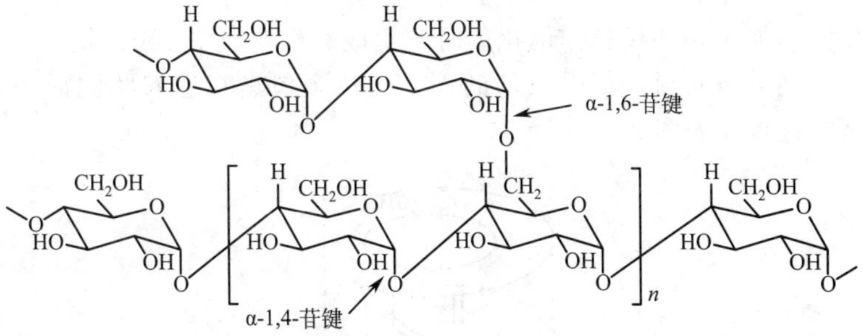

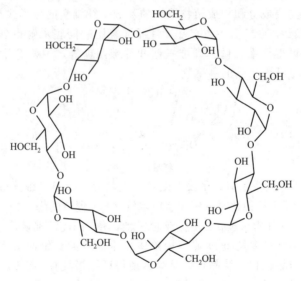

图 22.3 支链淀粉结构

用，不利于外部溶剂水分子接近，所以水溶性较差。

22.6.1.3 环糊精

环糊精（cyclodextrin）是淀粉用特殊的杆菌（bacillus macewans）发酵得到的环状糊精，它由 6～12 个 α-D-葡萄糖单元以 α-1,4-苷键连结成环，其中分别由六个、七个和八个 α-D-葡萄糖形成的环六糊精（α-环糊精）、环七糊精（β-环糊精）和环八糊精（γ-环糊精）已被分离出来，并已商品化。图 22.4 是环糊精的七聚体结构示意图。

图 22.4 β-环糊精结构（七聚体）

环糊精中间的空穴是亲油性的，环外是亲水性的。空穴内径和内腔深度按聚合的葡萄糖单元数有所不同，如表 22.1 所示。

表 22.1 不同环糊精的内径和内腔深度

环糊精	葡萄糖单元数	比旋光$[\alpha]_D^{20}$	内腔直径/pm	内腔深度/pm
六聚体（α-环糊精）	6	+145°	450	670
七聚体（β-环糊精）	7	+160°	700	700
八聚体（γ-环糊精）	8	+168°	800	700

中间空穴可以包裹适当大小的有机物而溶于水中。环糊精的这一性质已用于有机物的分

离、有机合成和医药工业等方面。例如苯甲醚用次氯酸氯化时生成邻、对位异构体的比例是 67：33，当在反应中加入 α-环糊精作催化剂时，生成的产物几乎 100％是对位异构体。因为苯甲醚进入 α-环糊精的空穴后，使甲氧基的邻、间位全包裹在空穴状的筒中，只有对位露在筒外接受试剂的进攻，如图 22.5 所示。

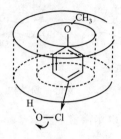

图 22.5　α-环糊精的包裹催化作用

22.6.2　纤维素

纤维素（cellulose）广泛分布于棉花、亚麻、木材、竹子、芦苇、稻草、野草等植物中，是植物细胞壁的主要成分和构成植物组织的基础。纤维素的分子式与淀粉相同，分子量随其来源不同而异，通常在 25 万～200 万。将纤维素用酸彻底水解得到 D-葡萄糖，若用高浓度的酸水解纤维素可得纤维二糖、纤维三糖和纤维四糖等，说明纤维素的基本单位是 D-葡萄糖，也可以看作是纤维二糖的高聚物。

纤维素

纤维素的结构与直链淀粉相似，是没有支链的链状分子，但纤维素分子中的 D-葡萄糖是以 β-1,4-苷键相连。由于人体消化系统中没有能水解 β-1,4-糖苷的酶，所以人不能消化纤维素，而食草动物消化系统中含有能水解 β-1,4-糖苷的纤维素酶，因此纤维素是它们的营养物质。

X 衍射测定表明，纤维素是由 D-葡萄糖单体缩聚而成的直链高分子聚合物，链和链之间通过氢键作用形成结晶区和非结晶区。结晶区使得纤维素具有一定的结晶性和稳定性，而非结晶区则为纤维素提供了分子链的柔性和可塑性。纤维素不溶于水，也不溶于有机溶剂，加热后分解而不熔化。纤维素的糖苷键对酸不稳定，对碱比较稳定。纤维素除了作为食草动物的食物外，还广泛用于纺织、造纸等领域。

22.6.2.1　硝化纤维

纤维素与硝酸反应可以得到硝化纤维，又称纤维素硝酸酯：

纤维素　　　　　　　　　　　　　　　硝化纤维

实际上纤维素中每个葡萄糖单元中的三个羟基不可能完全被硝化，因此硝化纤维素的酯化度常用含氮量表示。纤维素中三个羟基都被硝化后氮的理论含量是 14.4%。通常把含氮量大于 13% 的硝化纤维称高氮硝化纤维，用来制造火棉和炸药等。含氮量在 11%～13% 的硝化纤维称中氮硝化纤维，用于制造火棉胶、照相底片。而含氮量小于 11% 的称低氮硝化纤维，用于制造塑料和喷漆。

22.6.2.2 醋酸纤维素

纤维素与醋酐反应得醋酸纤维素酯，简称醋酸纤维素。

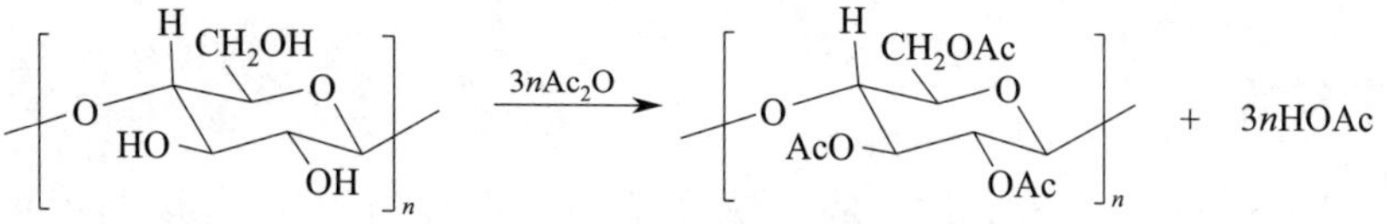

纤维素   醋酸纤维素

醋酸纤维素比硝化纤维对光稳定，不易燃烧，因此在制造胶片、喷漆及各种塑料制品方面已逐渐取代硝化纤维，但它的最大用途是制造人造丝。

22.6.2.3 人造纤维

人造纤维又称再生纤维。自然界提供的一些比较粗糙、不宜纺织的纤维，经过制浆后化学处理和机械加工，变成纺织用的纤维。如将较短的碎棉纤维溶于适当的溶剂，然后将此溶液加压通过极细的小孔，就能得到细长的丝状纤维，干燥后可供纺织使用，这种经过改造的纤维素称人造纤维。

（1）胶化法

将纤维素与 NaOH 反应生成碱性纤维，再与二硫化碳反应生成碱纤维黄原酸盐，在此盐中加入少量水得到黏稠的溶液，使之通过细孔，进入硫酸溶液，黄原酸盐就分解，得到细长的纤维，这种方法获得的人造纤维叫黏胶或人造丝。

（2）铜氨法

将 $CuSO_4$ 溶于 20% 的氨水，得到的铜氨溶液是纤维素的良好溶剂，它使纤维素首先剧烈膨胀，然后溶解。其主要原因是纤维素分子中的羟基与铜形成铜氨络合物。原理如下：

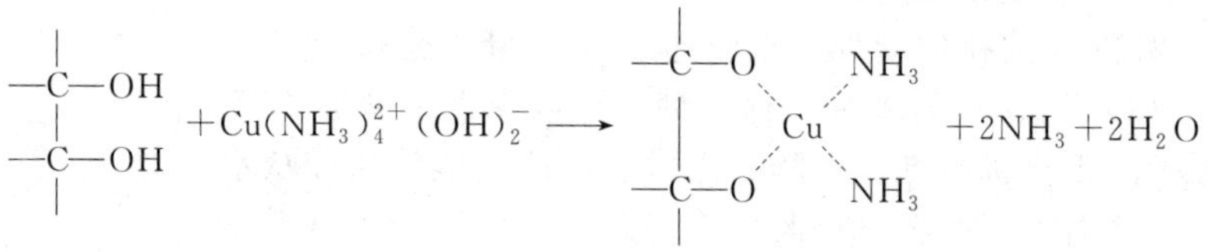

铜氨络合物遇酸迅速分解，纤维素即沉淀出来，因此工业上把纤维素的铜氨溶液过滤后压入细孔进入稀硫酸，纤维素就形成细丝再生出来，用这种方法获得的人造丝为天然丝细度的 1/3。铜氨法逐渐代替胶化法。

22.6.2.4 纤维素醚

纤维素在碱性条件下与卤代烷反应得到烷基化产物，即纤维素醚。比如甲基纤维素、乙基纤维素、苯甲基纤维素等可用于喷漆、纺纱上浆、精密铸件等。在碱性条件下，纤维素与氯乙酸反应得到羧甲基纤维素。纤维素中参与反应的羟基有多少决定了产品的性质，低醚化度的羧甲基纤维素是白色粉末，溶于稀碱或分散于水中成黏稠的溶液，广泛应用于造纸、纺织等工业领域。

22.6.3 糖原

糖原（glycogen）广泛存在于人和动物的各种组织细胞中，以肝脏含量最高，因此又称肝糖。糖原的分子结构与支链淀粉相似，但支链更多更短。每隔 10～20 个葡萄糖单位就有一个端基，两个分支之间约有 6 个葡萄糖结构单位，分子量可达 100 万到数百万。糖原为白色无定形粉末，具有极强的旋光性，比旋光度为 $+198°～200°$，它溶于水成半透明溶液，具有很弱的还原性。糖原遇碘呈棕红色。

22.6.4 杂多糖

杂多糖（heteropolysaccharide）是多糖分子中除羟基外还含有羧基或酯基、氨基、$—OSO_3^-$ 等基团的糖类总称。其中重要的有果胶、卡拉胶和甲壳素等。

22.6.4.1 果胶

果胶（pectin）广泛存在于各种高级植物细胞壁和细胞间的空间，对组织起软化和黏合作用。软组织含果胶量多，如柑皮（约 $30\%～50\%$）、苹果粕（约 $15\%～20\%$）、甜菜粕（约 25%）、胡萝卜（约 10%）、西红柿和马铃薯（各约 $2.5\%～3.0\%$）等。

果胶的化学组成包括三种多糖，主要是多聚 D-半乳糖醛酸，还有多聚 D-半乳糖和多聚 L-阿拉伯糖。这三种多糖紧密结合在一起，溶解性质基本相同，在抽提过程中一并抽出。其中主要成分为多聚 D-半乳糖醛酸，含有羧基，所以果胶呈酸性。1% 的果胶溶液 pH 约 $2.7～3.0$。在多聚 D-半乳糖醛酸（果胶酸）中，各醛糖酸单位间经 α-1,4-苷键相连。

果胶酸

果胶酸中羧基大多数不是游离状态，而以羧酸甲酯形式存在于果胶中，一般果胶含甲基 $9.5\%～11\%$，相当于酯化程度 80%。

除 D-半乳糖和 D-阿拉伯糖外，果胶还含有 L-鼠李糖和少量的 D-木糖、L-岩藻糖、2-O-甲基-D-木糖、2-O-甲基-L-岩藻糖。这些糖主要以中性多糖形式存在。

果胶一般不溶于有机溶剂。甲醇、乙醇、丙酮等能使果胶从水溶液中沉淀出来。在过氧化物、高锰酸钾、卤素等存在下果胶发生降解。

果胶具有优良的胶凝化和乳化作用，因此在食品工业用于胶冻、果酱、软糖等产品中。在医药方面果胶用于治疗腹泻、重金属中毒、止血等。

22.6.4.2 卡拉胶

卡拉胶（carrageenan）存在于红藻类植物，经济价值高，是人们研究得较多的杂多糖之一。卡拉胶主要有 K、L、γ 三种类型，是含不同硫酸酯量的乳单糖。

K-卡拉胶　　　　　　L-卡拉胶　　　　　　γ-卡拉胶

　　K-卡拉胶中重复单位的单糖是 β-D-乳单糖-4-硫酸酯-3,6-内酯-α-D-乳单糖，硫酸酯基含量约 35%。L-卡拉胶中重复单位的单糖是 β-D-乳单糖-4-硫酸酯-3,6-内酯-α-D-乳酸-2-硫酸酯，硫酸酯基含量约 30%。γ-卡拉胶中重复单位的单糖是 β-D-乳单糖-4-硫酸酯-α-D-乳单糖-2,6-二硫酸酯，硫酸酯基含量约 35%。卡拉胶工业品通常含有 Ca^{2+}、K^+ 和 Na^+，用于食品工业中制造人造牛奶、透明水果软糖、果酱、人造糖浆等。其也用于日用品、化妆品和医药品等方面，如以它为黏合剂制作的牙膏不会被纤维素酶分解而破坏，香精油不易分离，膏体光泽而均匀。

22.6.4.3　甲壳素

　　甲壳素（chitin）又名甲壳质、壳蛋白，是一种含氨基的杂多糖。它来自低等动物虾、蟹、昆虫等的外壳及低等植物菌类和藻类。每年生物合成甲壳素数十亿吨以上。甲壳素用作黏结剂、填充剂、乳化剂、上光剂等，也用作螯合剂、絮凝剂、固定化酶的载体等。甲壳素经 NaOH 水解得壳聚糖。

甲壳素　　　　　　　　　　　　　　　　壳聚糖

　　壳聚糖的分子式为 $(C_6H_{11}NO_4)_n$，类白色粉末，无臭，无味，微溶于水。壳聚糖具有生物降解性、生物相容性、无毒性、抑菌、抗癌、降脂、增强免疫等多种生理功能，广泛应用于食品添加剂、纺织、农业、环保、日用品、医用材料、药物开发等众多领域。

习题

22.1　己醛糖有 16 个异构体，其中 8 个 D 型异构体的开链结构见图 22.2，回答下列问题。

（1）用 R，S 分别标明各异构体手性原子的构型。

（2）采用 HNO_3 分别氧化各异构体得到相应的己二酸，指出哪些糖的氧化产物是内消旋的。

22.2　写出葡萄糖与下列试剂反应生成的主要产物。

（1）羟胺　　（2）苯肼　　（3）溴水　　（4）HIO_4　　（5）乙酐　　（6）CH_3OH/HCl
（7）$NaBH_4$　　（8）① HCN，② $Ba(OH)_2$，③ H_3O^+，④ Na-Hg　　（9）① Br_2/H_2O，② $Ca(OH)_2$，③ H_2O_2/Fe^{3+}，④ △　　（10）① NH_2OH，② Ac_2O，③ $Ag(NH_3)_2$

22.3　α-D-甘露糖的比旋光度为 +29.3°，β-D-甘露糖的比旋光度为 -17.0°。将它们分别溶于水以后都得到比旋光度为 +14.2° 的溶液，试计算在水溶液中平衡时 α-异构体和 β-异构体的相对含量。

22.4　D-葡萄糖和 $Ca(OH)_2$ 水溶液放置数天后，得到 D-甘露糖、D-果糖、乙醇糖（α-羟基乙醛）、D-赤藓糖及 D-葡萄糖的混合物，用开链式说明各个产物是如何生成的。

22.5　写出下列糖的 Haworth 式和稳定的构象式。

（1）α-D-吡喃甘露糖　　（2）β-D-吡喃葡萄糖　　（3）α-D-甲基-吡喃葡萄糖苷
（4）β-D-核糖　　　　　（5）α-D-吡喃果糖　　（6）4-O-(β-D-吡喃半乳糖基)-D-吡喃葡萄糖
（7）D-葡萄糖-δ-内酯　　（8）麦芽糖　　　　　（9）蔗糖

22.6　解释下列事实。

（1）葡萄糖、D-甘露糖和D-果糖都能与苯肼作用生成相同的脎。

（2）己醛糖能与Fehling试剂反应，能生成脎，但不能与亚硫酸氢钠发生加成反应。

（3）蔗糖既是葡萄糖苷又是果糖苷。

22.7　用化学方法鉴别下列糖类。

（1）D-赤藓糖和D-苏糖　　（2）葡萄糖、蔗糖、果糖和支链淀粉

（3）D-核糖和D-阿拉伯糖；（4）麦芽糖和蔗糖；（5）D-葡萄糖和己六醇

（6）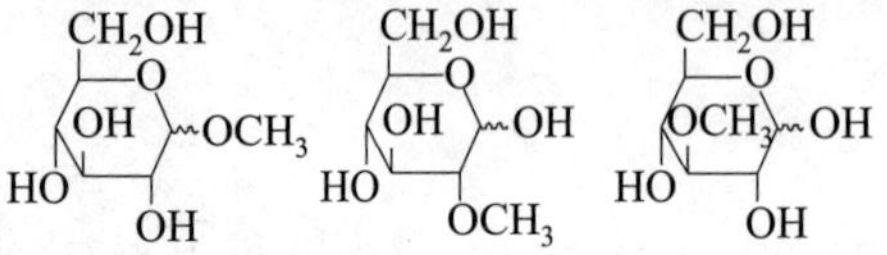

22.8　根据下面A、B、C、D四个糖的结构，回答下列问题。

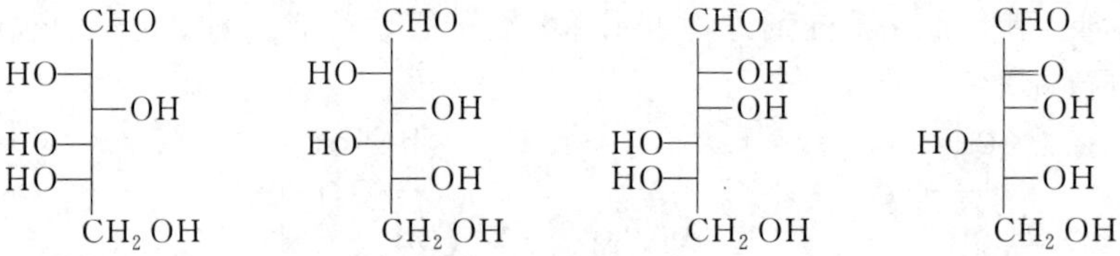

A　B　C　D

（1）哪些是D型糖或L型糖　（2）是否有对映体、内消旋体或差向异构体

（3）哪些能生成相同的脎　（4）用HNO_3氧化后的产物有无旋光性

22.9　怎样实现下列转化反应？

（1）D-葡萄糖转化为*R*,*S*-酒石酸　（2）D-半乳糖转化为6-脱氧半乳糖

（3）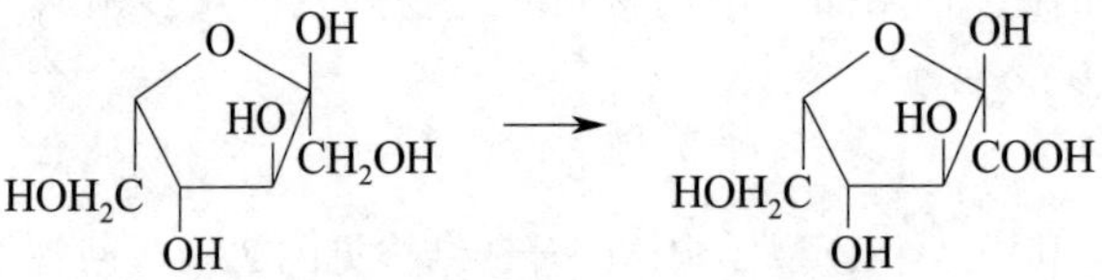

22.10　单糖为多羟基化合物，它与醛、酮生成环状缩醛或缩酮，一般规律是丙酮与邻二醇生成五元环的缩酮，苯甲醛与1,3-二醇反应生成六元环的缩醛，反应如下：

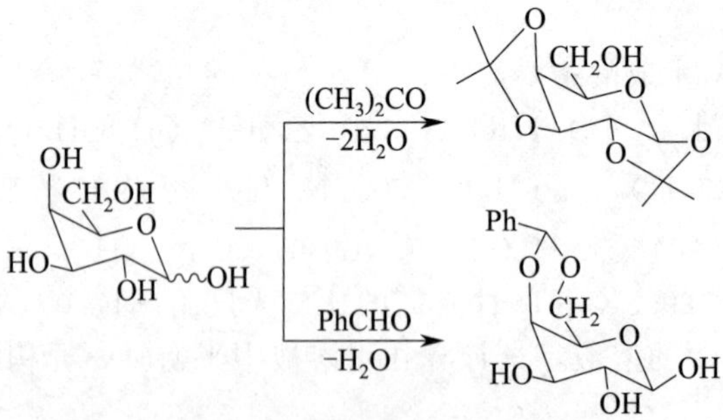

1,2,3,4-二-*O*-亚异丙基-β-D-半乳糖

4,6-二-*O*-苯亚甲基-D-半乳糖

（1）已知D-葡萄糖可与两分子丙酮反应生成1,2,3,4-二-*O*-亚异丙基-β-D-葡萄糖，试推测葡萄糖是以什么结构参与反应并写出反应式。

（2）利用糖与醛、酮形成环状缩醛或缩酮的反应可以保护羟基。试利用上述反应从葡萄糖制备D-葡萄糖-3-甲醚。

22.11　推导结构。

（1）一具有旋光性的化合物A（$C_4H_8O_4$），溶于水并能还原Fehling试剂，与乙酰氯反应生成三乙酸酯。A与C_2H_5OH/HCl反应得到两个光学异构体B和C（$C_6H_{12}O_4$）的混合

物。B 用高碘酸氧化得一旋光性产物 D（$C_6H_{10}O_4$），而 C 同样的反应生成 E，E 是 D 的对映体。A 用 HNO_3 氧化得旋光性的二元酸 F（$C_4H_6O_6$）。推出 A 到 F 的结构。

（2）某旋光性的 D-醛糖 A 经过 $NaBH_4$ 还原得到糖醇 B，B 无旋光性。A 经过① Br_2/H_2O、② $Ca(OH)_2$、③ H_2O_2/Fe^{3+} 降解反应后得到戊糖 C，C 用 HNO_3 氧化得到戊糖二酸 D，D 有旋光性。试推测 A 到 D 的构型，并用 R，S 标明 A 和 B 中各手性原子的构型。

（3）某二糖的分子式为 $C_{12}H_{22}O_{11}$，可还原 Fehling 试剂，用 β-葡萄糖苷酶水解得到两分子 D-葡萄糖。如将此二糖完全甲基化后再水解得到等量的 2,3,4,6-四-O-甲基-D-葡萄糖和 2,3,4-三-O-甲基-D-葡萄糖。试推测这个二糖的结构式。

（4）某二糖 A（$C_{11}H_{20}O_{10}$）能被 α-D-葡萄糖苷酶水解得到一个 D-葡萄糖和一个 D-戊糖。A 与 Tollens 试剂呈阴性反应，与 $(CH_3)_2SO_4/NaOH$ 作用得到含 7 个甲氧基的醚 B。B 经酸水解可得到 2,3,4,6-四-O-甲基-D-葡萄糖和 2,3,4-三-O-甲基戊糖 C。C 用 Br_2/H_2O 氧化后得到 2,3,4-三-O-甲基-D-核糖酸。推测 A 到 C 的结构。

（5）D-型单糖 A 分子式为 $C_5H_{10}O_4$，能还原 Tollens 试剂和 Fehling 试剂，具有旋光性，但不能成脲。A 用溴水氧化后生成一个旋光性的一元酸 B。A 用 HNO_3 氧化生成一个旋光性的二元酸 C。A 与 CH_3OH/HCl 反应生成 α 和 β 甲基糖苷的混合物 D。D 再用 $(CH_3)_2SO_4/NaOH$ 完全甲基化后生成 E（$C_8H_{16}O_4$）。E 经水解后再用硝酸氧化生成两个二元酸 F（$C_3H_4O_4$）和 G（$C_5H_8O_5$）。F 无旋光性，G 有旋光性。在这个氧化过程中尚有甲氧基乙酸和 CO_2 生成。将 B 完全甲基化后得到三甲基醚，后者再与 $P+Br_2$ 反应后水解，生成 2,3,4,5-四羟基戊酸，其钙盐与 H_2O_2/Fe^{3+} 作用后降解，再用 HNO_3 氧化则生成内消旋酒石酸。写出 A 到 G 的结构式。

（6）柳树皮中存在一种叫做水杨苷的糖苷，用苦杏仁酶水解水杨苷时得到 D-葡萄糖和水杨醇（邻羟基苯甲醇）。水杨苷用硫酸二甲酯和氢氧化钠处理得到五-O-甲基水杨苷，然后用酸催化水解得到 2,3,4,6-四-O-甲基-D-葡萄糖和邻甲氧基甲基苯酚。推测出水杨苷的结构式。

第 23 章

萜类、甾族化合物和生物碱

萜类（terpene）和甾族（steroid）化合物在生物体内的量虽远不及糖和蛋白质，但具有重要的生理作用。生物碱（alkaloid）是指存在于生物体中的有机碱性物质，由于它们主要存在于植物中，所以也叫植物碱。它们对于植物本身有什么作用还不很清楚，但对人类很重要，许多生物碱有很强的药理作用，具有药用价值。

23.1 萜类

许多植物的根、茎、叶和花经水蒸气蒸馏或溶剂提取，可得到挥发性较大有香味的液体化合物，叫香精油。从中可以分离到一系列纯的化合物，它们在结构上有一个共同点，就是可看成是两个或多个异戊二烯分子骨架相结合而成，通式为 $(C_5H_8)_n$，称为异戊二烯规则。

异戊二烯单位可以是饱和的也可以有双键。萜类化合物通常按所含异戊二烯单位多少分为单萜（$n=2$）、倍半萜（$n=3$）、二萜（$n=4$）、三萜（$n=6$）、四萜（$n=8$）及多萜等。根据碳架又可分为无环萜（开链萜）、单环萜、双环萜、多环萜等。萜类化合物分子中常含有碳-碳双键及羟基、羰基等官能团。许多萜类化合物能与亚硝酰氯（NOCl）、溴或氯化氢等生成结晶型加成物，可用来提纯、分离和鉴定。

萜类环系的命名按英文俗名意译，后接"烷""烯""醇""醛"等。有少数名称沿用英文音译已久，则在括号内加以注明，各环系均有固定编号。

23.1.1 单萜

23.1.1.1 无环萜

橙花醇（β-柠檬醇）、牻牛儿醇（香叶醇）、柠檬醛 a（牻牛儿醛、香叶醛）、柠檬醛 b（橙花醛）等是比较重要的无环单萜。结构如下：

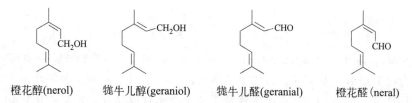

橙花醇(nerol)   牻牛儿醇(geraniol)   牻牛儿醛(geranial)   橙花醛(neral)

橙花醇和牻牛儿醇互为顺反异构体，它们存在于玫瑰油、橙花油、香茅油中，为无毒有玫瑰香的液体。牻牛儿醇香气浓郁，橙花醇香气柔和而优雅。柠檬醛是柠檬醛 a（牻牛儿醛）和柠檬醛 b（橙花醛）的混合物，存在于柠檬草油、桔子油中，有很浓的柠檬香气，用于制造香料。柠檬醛还是合成维生素 A 的原料。

23.1.1.2 单环萜

从结构上看，单环单萜是薄荷烷（孟烷）的衍生物，常采用薄荷烷的固定编号。比较重要的有孟烯和薄荷醇。

对薄荷烷(*p*-menthane)   1,8(9)-对孟二烯[1,8(9)-menthadiene]   薄荷醇(menthol)

1,8(9)-对孟二烯有一个手性碳原子，有一对对映体。左旋体存在于松针油、薄荷油中，右旋体存在于柠檬油、橙皮油中。外消旋体存在于香茅油中。它们都是有柠檬香气的无色液体，用作香料、溶剂等。薄荷醇俗名薄荷脑，是由薄荷的茎和叶经水蒸气蒸馏所得薄荷油的主要成分。薄荷醇分子中有 3 个手性碳原子，有 8 个立体异构体，4 对对映体。天然存在的是左旋体，3 个取代基均在椅型构象的 e 键上，构象式如下：

人工合成可得到几种异构体的混合薄荷醇。薄荷醇在医药上用作兴奋剂，治疗皮肤病及鼻炎等症，在化妆品、糖果和烟酒等中作为香料。

23.1.1.3 双环萜

根据两个环的连接方式可将双环萜分为守、蒈、蒎、菠（莰）四大类，并以它们为母体来命名，此外蒈、蒎、菠三个去掉甲基后剩余骨架称为"降某烷"，亦作为命名母体。它们都有固定编号。

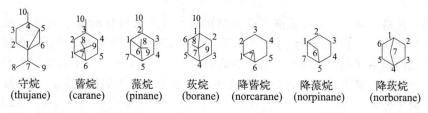

守烷(thujane)   蒈烷(carane)   蒎烷(pinane)   莰烷(borane)   降蒈烷(norcarane)   降蒎烷(norpinane)   降莰烷(norborane)

自然界存在较多也较重要的双环萜是蒎和菠两类化合物，主要有：

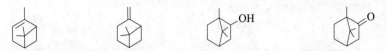

α-蒎烯(α-pinene)　β-蒎烯(β-pinene)　β-菠醇(β-borneol)　β-菠酮(樟脑，β-camphor)

  α-蒎烯为松节油的主要成分，占松节油质量的 60% 以上。α 和 β-蒎烯均为不溶于水的油状液体，可用作漆、蜡等的溶剂。α-蒎烯是工业上用来合成冰片、樟脑等化合物的原料。菠醇又名冰片或龙脑，为无色片状结晶，有清凉气，难溶于水，用于医药、化妆品和配制香精。樟脑存在于樟树中，为无色或白色晶体，易升华，有强心效能和愉快香味，是医药、化妆品工业的重要原料，也是硝化纤维素的增塑剂。樟脑分子中有两个手性碳原子，但由于桥头碳只可能在环的一边，故实际上只有一对对映体。樟脑树中存在的为右旋体。

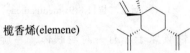

樟脑　　　　　　　　樟脑的旋光异构体

23.1.2　倍半萜

  倍半萜含有三个异戊二烯单位，一般都有俗名。

  榄香烯[(−)-β-elemene]属于倍半萜类化合物，淡黄色或黄色澄明液体，有辛辣的茴香气味。在石油醚、乙醚、乙醇中易溶，在水中几乎不溶，对癌症有辅助疗效。

榄香烯(elemene)

  金合欢醇（又名法呢醇）和山道年均为倍半萜。金合欢醇为无色黏稠液体、有铃兰香气味，存在于玫瑰油、茉莉油、金合欢油和橙花油中，是一种珍贵香料。

金合欢醇(farnesol)　　山道年(santoninum)　　杜鹃酮(germacrone)　　愈创木奥(suaiazulene)

  金合欢醇具有保幼激素活性，是一种保幼激素。昆虫的生长都有从幼虫蜕皮成蛹、蛹蜕皮成虫的变态过程，但在"保幼激素"作用下，幼虫最初几次蜕皮仍能保持幼虫特征。保幼激素过量，会抑制昆虫的变态和性成熟，使幼虫不能成蛹，蛹也不能成虫，成虫不能产卵，从而达到杀死害虫的目的。从天蚕中分离出的保幼激素结构如下：

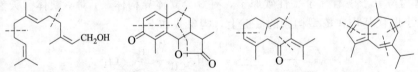

 (a) $R_1 = R_2 = C_2H_5$　　　　(b) $R_1 = C_2H_5$，$R_2 = CH_3$　　　　(c) $R_1 = CH_3$，$R_2 = CH_3$

  化合物 c 是倍半萜，a 和 b 是倍半萜的衍生物。许多天然保幼激素有一环氧基，不稳定，合成也较困难。人们设计合成了许多保幼激素类似物，活性比天然的高，也较稳定。

  山道年是由山道年花蕾中提取出的无色结晶，不溶于水，易溶于有机溶剂，分子中有一个内酯环，所以能在碱中水解为山道年酸盐而溶于水中。若再加酸酸化，又重新变为山道年，并从溶液中析出。

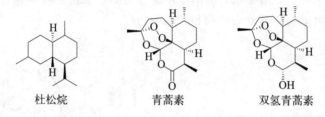

山道车   山道年酸钠

  山道年在医药上用作驱蛔虫药，是宝塔糖的主要成分，其作用是使蛔虫麻痹而被排出体外。但山道年有毒，使用时要小心。

  杜鹃酮又名大搹儿酮，长方形柱状晶体或白色结晶性粉末，溶于一般有机溶剂，难溶于水。由杜鹃花科兴安杜鹃叶，经水蒸气蒸馏而得的挥发油，再经 0～5℃ 放置，析出结晶。杜鹃酮有镇咳祛痰作用。愈创木奥简称愈创奥，具有抗氧化活性，能消炎、促进烫伤愈合，是烫伤膏的主要成分。

  由我国化学家和药物学家自主开发的速效、低毒抗疟疾药物青蒿素，是从传统中草药青蒿中分离得到，已经在国内外广泛使用。青蒿素的结构为具有过氧桥的倍半萜类内酯，可以看作是具有倍半萜杜松烷骨架的衍生物。因为创制新型抗疟疾药物青蒿素和双氢青蒿素的贡献，我国科学家屠呦呦获得了 2015 年诺贝尔生理学或医学奖。

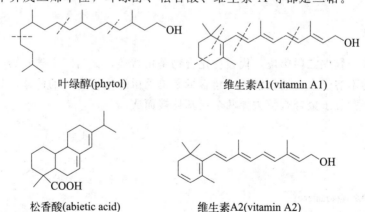

杜松烷   青蒿素   双氢青蒿素

23.1.3 二萜

  二萜含 4 个异戊二烯单位，叶绿醇、松香酸、维生素 A 等都是二萜。

叶绿醇(phytol)   维生素A1(vitamin A1)

松香酸(abietic acid)   维生素A2(vitamin A2)

  叶绿醇由叶绿素经碱水解得到，是合成维生素 E 的原料。松香酸是松香的主要成分，为黄色结晶，不溶于水，易溶于乙醇、乙醚、丙酮等有机溶剂。松香酸的钠盐或钾盐有乳化作用，常把它加在肥皂中以增加肥皂的泡沫。松香酸还用于造纸上胶、制清漆、制药等。维生素 A 存在于动物的肝、奶油、蛋黄和鱼肝油中，有 A1 和 A2 两种。A2 的生理活性只有A1 的 40%。通常将 A1 叫做维生素 A，其化学名称为视黄醇，当体内缺乏视黄醇（维生素A）时，就会导致眼角膜硬化症和夜盲症等。

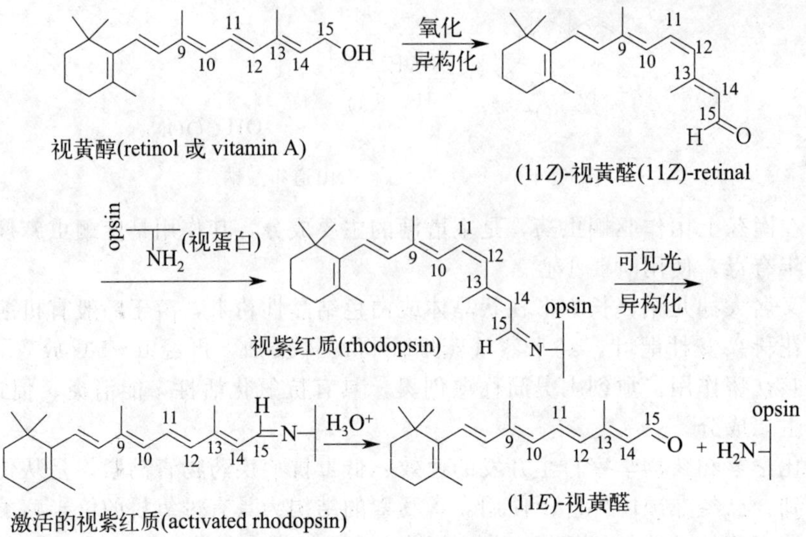
11
15
9
10
12
13
14
OH
氧化
异构化
视黄醇(retinol 或 vitamin A)
(11Z)-视黄醛(11Z)-retinal
opsin
NH2
(视蛋白)
视紫红质(rhodopsin)
可见光
异构化
H3O+
激活的视紫红质(activated rhodopsin)
(11E)-视黄醛
H2N

紫杉醇（taxol），一种具有抗癌作用的天然产物药，属于三环二萜类化合物，为白色结晶性粉末，无臭，无味，难溶于水，易溶于甲醇、乙腈、氯仿、丙酮等有机溶剂。在临床上已经用于乳腺癌、卵巢癌和部分头颈癌和肺癌的治疗。

地塞米松(dexamethasone)

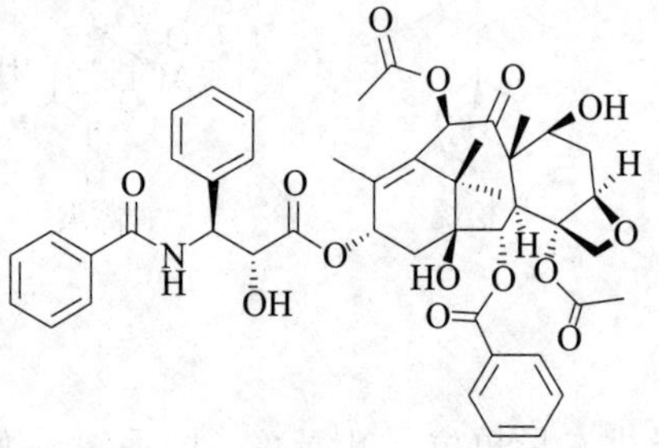

23.1.4 三萜

三萜含有 6 个异戊二烯单位，代表性化合物是角鲨烯，又名三十碳六烯，它是鲨鱼肝油的主要成分，为不溶于水的油状液体。角鲨烯是羊毛甾醇生物合成的前体，其结构特征是中心对称，相当于两分子金合欢醇去掉两个羟基连接而成。

角鲨烯(squalene)

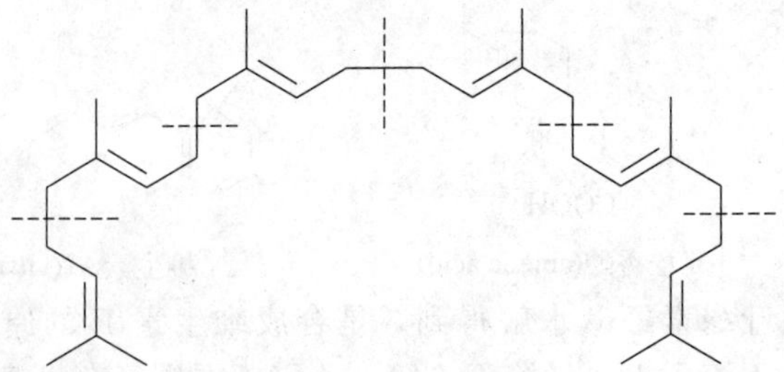

23.1.5 四萜

四萜为含较长共轭链的化合物，多带有黄或红色，故又称多烯色素。最早发现的四萜是胡萝卜素（carotene），后来又发现了许多结构与胡萝卜素类似的色素，所以这类物质又叫做胡萝卜素类化合物。它们难溶于水，易溶于有机溶剂，遇浓硫酸或三氯化锑的氯仿溶液都显深蓝色，可用于这类化合物的定性实验。

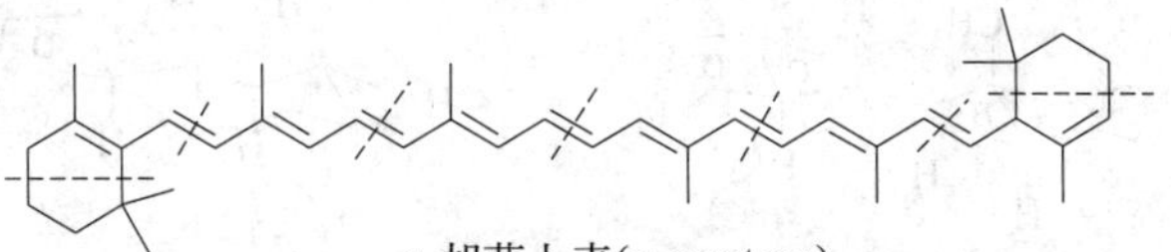

α-胡萝卜素(α-carotene)

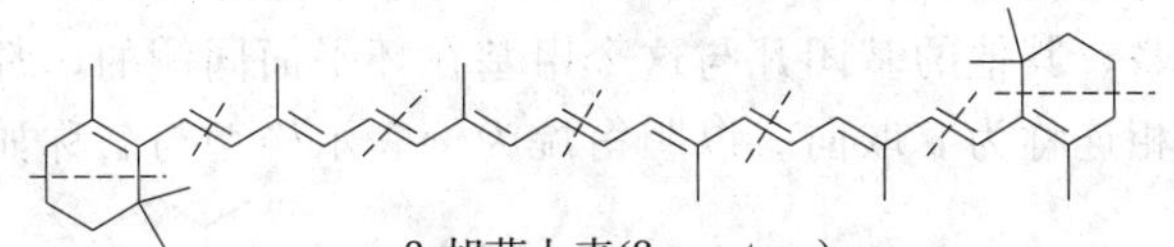

β-胡萝卜素(β-carotene)

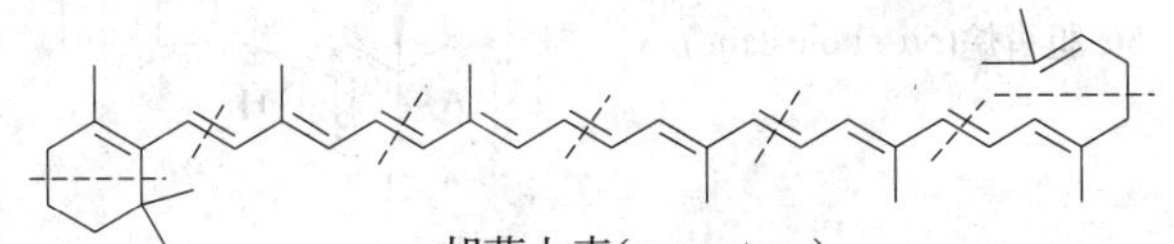

γ-胡萝卜素(γ-carotene)

　　胡萝卜素不仅存在于胡萝卜中，也广泛存在于植物的叶、花、果实以及动物的乳汁和脂肪中，有 α、β、γ 三种异构体。β-胡萝卜素在动物肝脏中酶的作用下可以裂解成两分子维生素 A1，是确定食物中维生素 A 含量的标准物质。一个国际单位的维生素 A 活性相当于 0.6 微克 β-胡萝卜素所具有的活性。

　　其他常见的四萜还有叶黄素（使秋天的树叶变黄）和番茄红素（存在于许多水果中）。

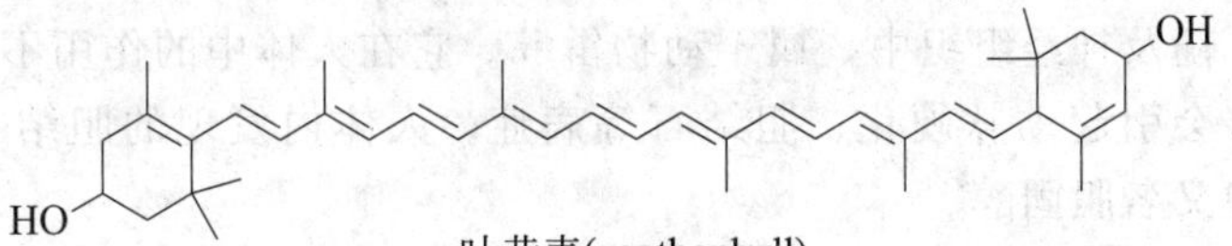

叶黄素(xanthophyll)

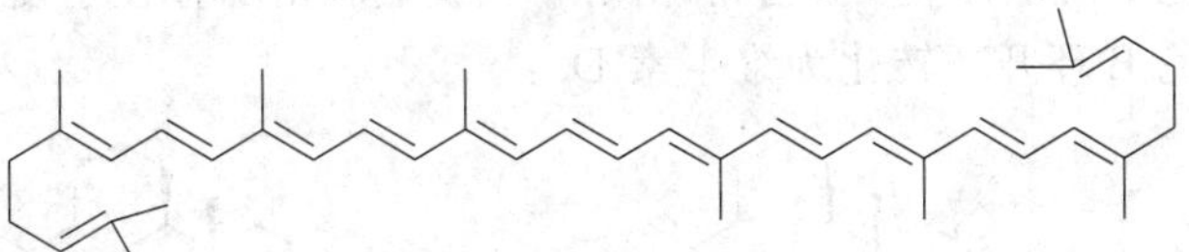

番茄红素(lycopene)

23.2　甾族化合物

　　甾族化合物广泛存在于动植物组织内，并对生命活动起着重要作用。这类化合物的结构特征是含有一个环戊烷并多氢菲母核，一般含有三个支链。结构可用下面通式表示：

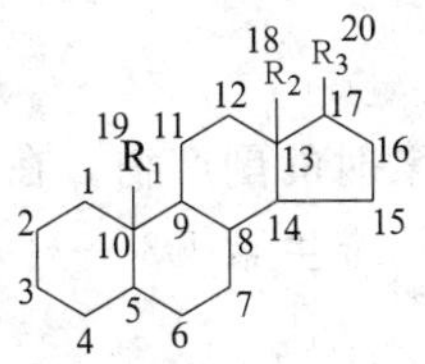

R_1 和 R_2 为甲基时，通常将甲基称为角甲基；

R_3 为具有数个碳原子的侧链。

　　甾族化合物的立体化学理论相当复杂，从母体骨架看 C5、C8、C9、C10、C13、C14、C17 等都是手性的，因此可能有 $2^7 = 128$ 个立体异构体。但是，由于多个环并联在一起互相牵制，故实际上天然存在的只有两种构型。即 A、B 两环以顺式或反式并联，而 B、C 和 C、D 环之间则多以反式并联：

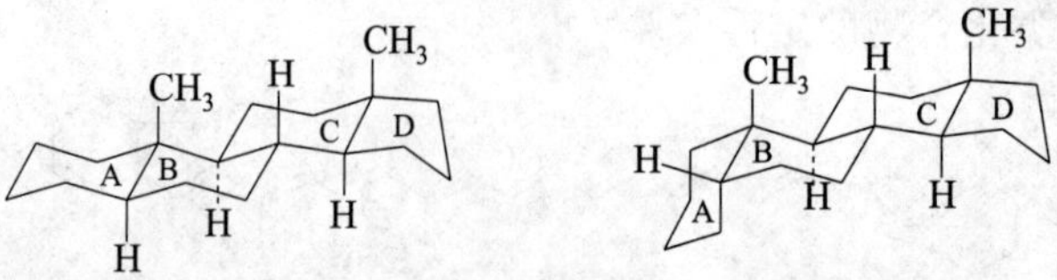

在表示甾族化合物的构型时，是以 A、B 环间的角甲基为标准，把它放在环系平面的前面，并用实线与环相联，其他的基团凡与这个甲基在环平面同侧的，都用实线相连称为 β 取向。在异侧的用虚线相连称为 α 取向。以胆甾烷为例表示构型与名称如下：

5α-胆甾烷(5α-cholestane)

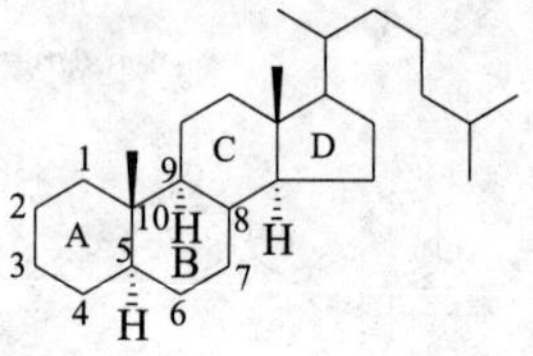

23.2.1 甾醇

23.2.1.1 胆甾醇

胆甾醇，学名 5-胆甾醇-3β-醇是最早发现的甾体化合物，无色或浅黄色的结晶，熔点 148.5℃，高真空下可升华，微溶于水，易溶于乙醇等有机溶剂。胆甾醇存在于人及其他动物的血液、脂肪、髓及神经组织中，属于动物甾醇。它在人体中的作用不是很清楚，但是人体内胆甾醇量过多会引起动脉硬化、胆结石等病症。人体内发现的胆结石主要由胆甾醇组成，因此，胆甾醇又名胆固醇。

胆甾醇在酶催化下脱氢产生 7-脱氢胆甾醇。7-脱氢胆甾醇存在于皮肤组织中，在日光照射下发生化学反应使 B 环开环转化为维生素 D3：

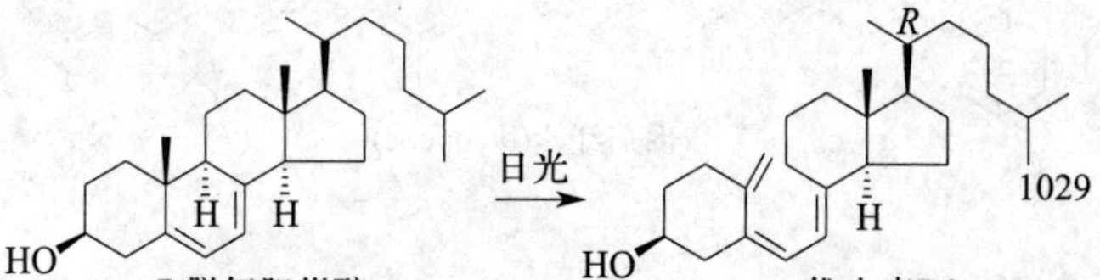

7-脱氢胆甾醇　日光→　维生素D3

维生素 D3，又称胆钙化醇，是从小肠中吸收 Ca^{2+} 过程中的关键化合物。体内维生素 D3 浓度太低会引起 Ca^{2+} 缺乏，影响骨骼正常生成甚至导致软骨病。

23.2.1.2 麦角甾醇

麦角甾醇存在于酵母、霉菌及麦角中，是生产青霉素时的副产物。在紫外线照射下，麦角甾醇 B 环打开形成维生素 D2（钙化醇）。维生素 D2 同维生素 D3 一样，儿童缺乏会得佝偻病，成人缺少易得软骨病。

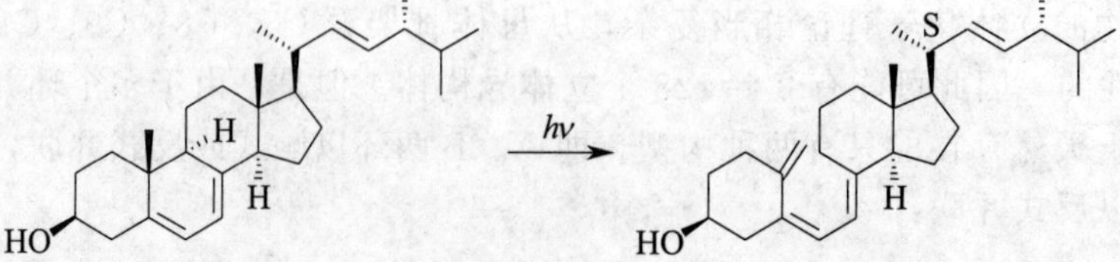

麦角甾醇(ergosterol)　hv→　维生素D2

23.2.2　胆汁酸

从人和牛的胆汁中分离出来的胆汁酸主要是胆酸和去氧胆酸。结构如下：

胆酸(cholic acid)　　　　去氧胆酸(deoxycholic acid)

胆酸，学名 3α，7α，12α-三羟基-5α-胆烷-24-酸，在胆汁中以盐形式存在，即胆酸中的羧基与甘氨酸（H_2NCH_2COOH）或牛磺酸（$H_2NCH_2CH_2SO_3H$）中的氨基形成酰胺键，得到甘氨胆酸或牛磺胆酸，再形成羧酸或磺酸盐，其作用是使脂肪乳化，促进脂肪在肠中的水解与吸收。

23.2.3　甾族激素

激素是由动物体内各种内分泌腺分泌的具有生理活性的化合物，可通过血液或淋巴液循环至体内不同组织和器官，对各种生理机能和代谢过程起着重要的协调作用。根据化学结构特点激素分为两大类：一类为含氮激素，包括胺、氨基酸、多肽和蛋白质，另一类是甾族化合物。甾族类激素根据来源分为肾上腺皮质激素和性激素两类，它们的结构特点是在 C17 上没有长的碳链。

23.2.3.1　性激素

性激素分为雌性激素和雄性激素两类，它们是性腺的分泌物，有促进动物发育及维持第二性特征如声音、体形等的作用，它们的生物活性很强，极少量就能产生很大的影响。

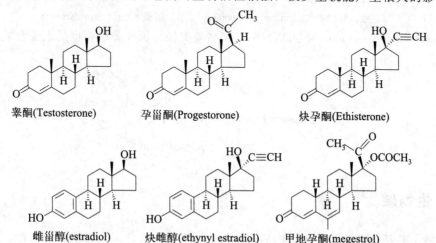

睾酮(Testosterone)　　　孕甾酮(Progestorone)　　　炔孕酮(Ethisterone)

雌甾醇(estradiol)　　　炔雌醇(ethynyl estradiol)　　　甲地孕酮(megestrol)

孕甾酮也叫黄体酮，是雌性激素，它的生理作用是抑制排卵，并使受精卵在子宫中发育，医药上用于防止流产。睾酮是雄性激素，其结构与孕甾酮极为相似，区别在于 C17 上所连的取代基，它们的生理作用却全然不同。

口服避孕药主要是甾体化合物，它们可以阻碍或干扰女性的排卵周期。例如炔雌醇、炔孕酮、甲地孕酮是效果比较好而作用时间较长的避孕药。

23.2.3.2 肾上腺皮质激素

肾上腺皮质激素简称皮质激素，是一种重要的内分泌激素，可以调控代谢、抗炎、抗过敏、影响免疫系统等，对维持生命意义重大。例如，可的松、氢化可的松对促进糖代谢有强大的作用，临床上多用于控制严重中毒感染和风湿病等，对动物极为重要，缺乏它会引起机能失常以至死亡。

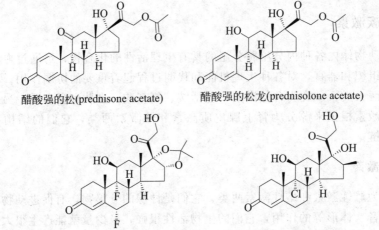

可的松(cortisone)　　氢化可的松(hydrocortisone)

醋酸强的松、醋酸强的松龙、肤轻松和倍氯米松是人工合成的肾上腺皮质激素类新药：

醋酸强的松(prednisone acetate)　　醋酸强的松龙(prednisolone acetate)

氟轻松，肤轻松(fluocinolone acetonide)　　倍氯米松(beclomethasone)

地塞米松（dexamethasone，DXMS），又名氟美松、德沙美松，也是人工合成的皮质类甾醇。

地塞米松(dexamethasone)

23.3 生物碱

生物碱主要是指存在于生物体内的碱性的含氮有机化合物，主要来源于植物，因此也叫植物碱，同一科属的植物所含生物碱的结构往往是相似的。生物碱是结构较复杂的多环化合物。大多数生物碱含有氮杂环，常以有机酸或无机酸盐形式存在于生物体的不同器官内。也有少数以游离碱、糖苷、酯或酰胺形式存在。游离生物碱多为固体，难溶于水，能溶于氯仿、乙醇、醚等有机溶剂。大多数生物碱有旋光性，且多为左旋。能与一些试剂生成不溶性的沉淀或发生颜色反应，常用来检验生物碱的存在。

　　许多生物碱对人有很强的生理作用，是极有价值的药物。在它们的结构确定之后，人们常可以根据这些结构合成出更简单更有效的新药，从而有效地促进了合成药物的发展。此外，在对生物碱的结构进行研究时往往发现新的杂环体系，所以也促进了杂环化合物化学的发展。

23.3.1　维生素 B6

　　维生素 B6，又称吡哆素，是吡啶衍生物，包括吡哆醇、吡哆醛、吡哆胺：

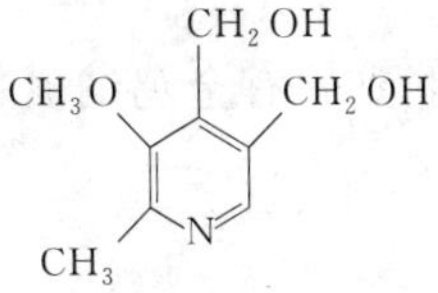

吡哆醇（pyridoxine，PN） 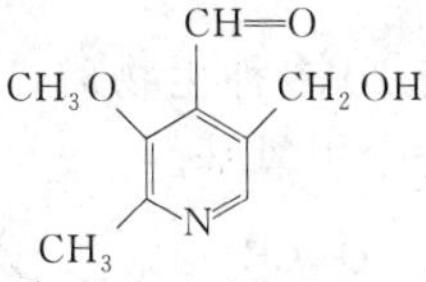　　　吡哆醛（pyridoxal，PL） 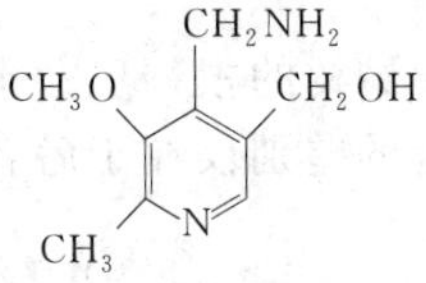　　　吡哆胺（pyridoxamine，PM）

　　维生素 B6 是水溶性维生素，在酸液中稳定，在碱液中易被破坏，吡哆醇耐热，吡哆醛和吡哆胺不耐高温。

　　在生物体内，它们主要是以 3-磷酸酯形式存在。人体中如果缺少维生素 B6，代谢会受到阻碍，甚至造成神经系统紊乱。维生素 B6 广泛存在于鱼、肉、谷物和蔬菜中，人体每天从这些食品中吸收一定量的维生素 B6 以维持正常的代谢作用。目前临床上使用的是人工合成的吡哆醇盐酸盐，为白色或微黄色结晶，熔点 205～209℃（分解）。

23.3.2　颠茄碱

　　颠茄碱又叫阿托品，存在于许多茄科植物中，如颠茄和莨菪中，结构为：

颠茄碱(atropine)

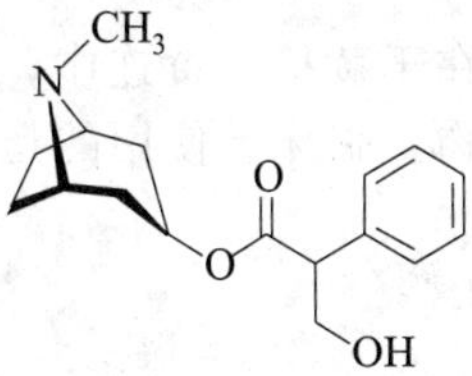

　　颠茄碱为白色结晶，难溶于水，易溶于乙醇，有苦味。其硫酸盐有镇痛及解痉挛等生理作用，并能扩散瞳孔，还可以作为有机磷和锑剂中毒的解毒剂。

23.3.3　古柯碱

　　古柯碱，也称可卡因，存在于古柯叶中，结构为：

古柯碱(cocaine)

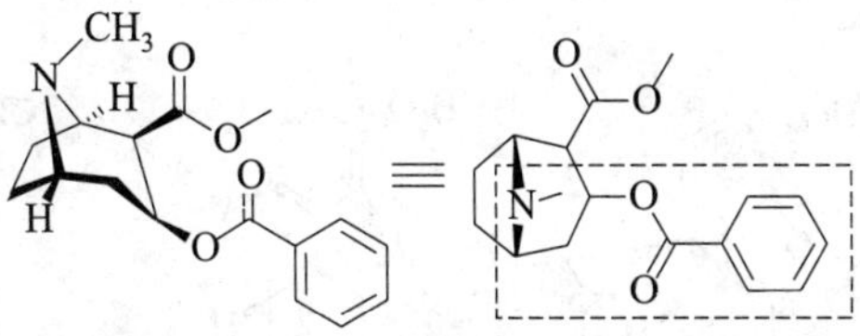

　　古柯碱是一种局部麻醉剂，但毒性大、易成瘾、副作用多。长期研究证明结构中虚线框进的部分为局部麻醉的活性基团，以此为活性中心设计合成了多种结构比古柯碱简单但局部

麻醉效果更好的药物分子，例如盐酸普鲁卡因和盐酸潘妥卡因等。

盐酸普鲁卡因（Procaine hydrochloride）　　　　　　盐酸潘妥卡因（Pontocain hydrochloride）

23.3.4　金鸡纳碱

金鸡纳树的根、皮、干及枝中含有 20 多种生物碱，其中最重要的有金鸡纳碱和辛可宁碱，两者的差别仅在于后者分子内少一个甲氧基。

金鸡纳碱(quinine)　　　　　　辛可宁碱(cinchonine)

金鸡纳碱又叫奎宁，具有退热作用，是优良的抗疟药物。在它的化学结构确定之后，许多药物研究者合成了数千种化合物，并从中找到了氯喹、帕马喹等新型生物碱分子。

氯喹(chloroquine)　　　　　　帕马喹(pamaquine)

23.3.5　小檗碱

小檗碱又叫黄连素，存在于黄柏、黄连中，黄色结晶，味极苦，是一种抑制痢疾杆菌、链球菌和葡萄球菌的抗菌药物。临床上使用的是其盐酸盐的二水合物。

小檗碱(berberine)

23.3.6　吗啡碱

鸦片中含有许多生物碱，其中含量最多的是吗啡，结构为：

吗啡(morphine)　　　　　　可待因(codeine)　　　　　　海洛因(heroin)

吗啡是微溶于水的结晶，味苦，具有镇痛、镇静、镇咳和抑制肠蠕动等功效，常作局部麻醉剂，但能成瘾。可待因是吗啡的甲基醚，也是鸦片中所含的一种重要的生物碱，有良好的镇咳功能，但镇痛作用较弱，约为吗啡的十分之一，成瘾性也较小。海洛因对人类的身心健康危害极大，比吗啡的药物依赖性更强。

23.3.7　利血平

萝芙木属植物，含有几十种生物碱，其中具有降血压作用的是利血平，结构如下：

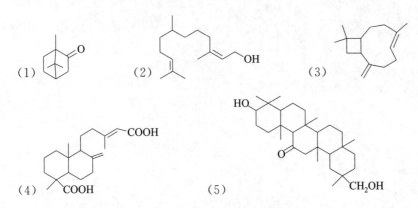

利血平(reserpine)

药用利血平主要是从人工培植的萝芙木根中提取的。我国药用"降压灵"是从萝芙木根中提取的弱碱性混合生物碱。

习题

23.1　分割下列化合物的异戊二烯单位，并指出它们分别属于哪一类萜。

(1)　　　　　(2)　　　　　(3)

(4)　　　　　(5)

23.2　写出胆甾醇与下列试剂反应的主要产物，并命名所得产物。

(1) Br_2/CCl_4　　　　　　　　(2) ①H_2/Pt、②CrO_3/吡啶

(3) ①B_2H_6、②CH_3COOD　(4) ①$PhCO_3H$、②H_3O^+

23.3　有一单萜化合物 A 的分子式为 $C_{10}H_{10}$，可催化加氢生成分子式为 $C_{10}H_{22}$ 的化合物 B。A 经高锰酸钾氧化可得到化合物 4-氧代戊酸（$CH_3COCH_2CH_2COOH$）、乙酸和丙酮，试推测出 A 和 B 的结构。

23.4　阿托品水解后生成托品和（±）-托品酸，试写出反应式，并回答下列问题。

(1) 画出托品的结构，判断托品有无立体异构体。

(2) 如果有立体异构体，它们是什么样的异构体？

(3) 托品有手性碳原子，却没有旋光性，为什么？

（4）托品酸是否有立体异构体？

23.5 写出甾族化合物的基本骨架，并标出碳原子的编号顺序。甾族化合物就 A、B、C、D 四个环来说，共有几个手性碳原子？理论上有多少个立体异构体？

23.6 以 1,5,5-三甲基-1,3-环戊二烯和醋酸乙烯酯合成冰片（龙脑）。

参考文献

［1］ 邢其毅，裴伟伟，徐瑞秋，等．基础有机化学［M］．第 4 版．北京：北京大学出版社，2016.

［2］ 胡宏纹．有机化学［M］．第 4 版．北京：高等教育出版社，2013.

［3］ 史达清，赵蓓，曾润生，等．有机化学［M］．北京：高等教育出版社，2019.

［4］ L. G. Wade，Jr. Organic Chemistry，Seventh Edition［M］．北京：机械工业出版社，2011（2020 重印）.

［5］ Peter Vollhardt，Neil Schore. Organic Chemistry—Structure and Function，Seventh Edition［M］. New York：W. H. Freeman and Company，2014.

［6］ Jie Jack Li. 有机人名反应——机理及合成应用［M］．荣国斌译，朱士正校．原著第 5 版．北京：科学出版社，2020.

［7］ 中国化学会《有机化合物命名审定委员会》．有机化合物命名原则［M］．北京：科学出版社，2018.

［8］ K. Peter C. Vollhardt，Neil E. Schore. 有机化学结构与功能（Organic Chemistry：Structure and Function）［M］．戴立信，席振峰，罗三中等，译．原著第 8 版．北京：化学工业出版社，2022.

［9］ Michael B. Smith，Jerry March. 高等有机化学——反应、机理与结构（March's Advanced Organic Chemistry—Reactions，Mechanisms，and Structure）［M］．李艳梅，译．第 5 版．北京：化学工业出版社，2017.

［10］ Eric V. Anslyn，Dennis A. Dougherty. 现代物理有机化学［M］．计国桢，佟振合等，译．北京：高等教育出版社，2021.

［11］ 黄素秋，郑穹，季立才．有机化学导论［M］．武汉：武汉大学出版社，1993.

［12］ Meislich，H. 全美经典——有机化学习题精解［M］．佘远斌，译．北京：科学出版社，2002.